U0262852

中国工程院重大咨询项目

建设生态文明　促进科学发展

——海西经济区（福建省）生态环境安全与可持续发展研究

卢耀如　王思敬　尹伟伦　王梦恕　王　浩　石建省　刘　琦等　著

科学出版社

北　京

内 容 简 介

中国工程院重大咨询项目“海西经济区（闽江、九龙江等流域）生态环境安全与可持续发展研究”包括八个课题，涉及福建省重要资源问题、灾害防治和环境保护问题、海西经济区今后地下空间开发利用问题、流域的地质-生态环境问题及两岸经济发展的重大工程。本书是项目成果的总结，在海西经济区发展原则、开发与保护关系、城乡统筹、城市群一体化、建设生态流域等方面有重要的理念创新，提出建设闽江、九龙江流域为生态流域，并相应重点建设六个生态城镇群，创新性地提出了海西经济区发展战略，并阐述了今后发展的重要思路，其中一些重要对策建议已被当地政府和有关部门采纳。

本书可为政府决策部门提供参考，也可供生态文明建设相关研究、管理人员参阅。

图书在版编目(CIP)数据

建设生态文明 促进科学发展：海西经济区（福建省）生态环境安全与可持续发展研究／卢耀如等著. —北京：科学出版社，2021. 11

中国工程院重大咨询项目

ISBN 978-7-03-070661-4

Ⅰ.①建… Ⅱ.①卢… Ⅲ.①生态环境建设-研究-福建②生态经济-经济可持续发展-研究-福建 Ⅳ.①X321. 2②F124. 5

中国版本图书馆 CIP 数据核字（2021）第 231046 号

责任编辑：张 菊／责任校对：樊雅琼

责任印制：肖 兴／封面设计：无极书装

科学出版社 出版

北京东黄城根北街 16 号

邮政编码：100717

http://www.sciencep.com

北京汇瑞嘉合文化发展有限公司 印刷

科学出版社发行 各地新华书店经销

*

2021 年 11 月第 一 版 开本：889×1194 1/16

2021 年 11 月第一次印刷 印张：34

字数：960 000

定价：409. 00 元

（如有印装质量问题，我社负责调换）

本书编写组

组　长　卢耀如

副组长　王思敬　尹伟伦　王梦恕　王　浩

指　导

陈厚群　周丰峻　王景全　周绪红　王光谦　茆　智　邓起东

谢华安　金鉴明　雷志栋　徐　洵　孙　钧　范立础　林学钰

沈照理

组　员　（按姓名笔画排序）

王　芳　王建秀　王贵玲　甘　泓　石建省　石振明　叶为民

申建梅　冯小铭　庄树裕　刘　琦　刘长礼　刘正华　刘顺桂

刘保国　许建聪　许美辉　孙继朝　李向全　吴江鸿　余兴光

汪　林　沙中然　张凤娥　张玉珍　陈润生　陈福龙　林　军

林才浩　林玉火　林玉锦　林立栋　周玉华　荆继红　秦毅苏

殷跃平　唐龙飞　唐益群　陶建华　葛先飞　葛伟亚　董建文

褚俊英　谭忠盛　翟明普

“海西经济区（闽江、九龙江等流域）生态环境安全与可持续发展研究”项目组

牵头单位

中国地质科学院水文地质环境地质研究所

参加单位

中国水利水电科学研究院
北京林业大学
自然资源部第三海洋研究所
中国科学院地质与地球物理研究所
北京交通大学
同济大学
福建省地质矿产勘查开发局

重大咨询项目人员组成名单

一、顾问委员会

主　席：中国工程院原院长周济院士

副主席：中国工程院原常务副院长潘云鹤院士、原副院长沈国舫院士

成　员：周干峙院士、石玉林院士、梁应辰院士、金鉴明院士、宋振骐院士、雷志栋院士、王秉忱教授、沈照理教授（俄罗斯工程院外籍院士）

二、项目组

组　长：卢耀如院士

副组长：王思敬院士、尹伟伦院士、王梦恕院士、王浩院士

三、各课题名称及研究人员

第一课题：海西经济区水资源合理调配与可持续发展利用（王浩院士负责，汪林研究员协助。挂靠单位：中国水利水电科学研究院）

第二课题：海西经济区林业生态建设与可持续发展研究（尹伟伦院士负责，翟明普教授协助。挂靠单位：北京林业大学）；农业生态与可持续发展（谢华安院士负责，唐龙飞教授协助。挂靠单位：福建省农业科学院）

第三课题：海西经济区河口海洋污染防治与生态修复途径研究（徐洵院士负责，刘正华教授协助。挂靠单位：自然资源部第三海洋研究所）

第四课题：海西经济区地质灾害的风险度划分与防治对策研究（王思敬院士负责，刘顺桂博士协助。挂靠单位：中国科学院地质与地球物理研究所）

第五课题：海西经济区地下水封洞库的可行性与安全性研究（王梦恕院士负责，刘保国教授协助。挂靠单位：北京交通大学）

第六课题：海西经济区城市群岩土工程特性及地下空间开拓安全性研究（孙钧院士、范立础院士负责，许建聪副教授协助。挂靠单位：同济大学）

第七课题：海西经济区水域–陆地–港口系统地质–生态环境基本特性与协同发展途径研究（卢耀如院士负责，陶建华总工程师、石建省研究员协助。挂靠单位：中国地质科学院水文地质环境地质研究所、福建省地质矿产勘查开发局）

第八课题：台湾海峡通道前期方案论证（王梦恕院士负责，谭忠盛教授协助。挂靠单位：北京交通大学）

参加研究工作的院士还有陈厚群院士、王景全院士、周丰峻院士、茆智院士、周绪红院士、王光谦院士、邓起东院士、林学钰院士等。

综合研究组：卢耀如、石建省、陶建华、刘琦、陈福龙、刘顺桂、王贵玲、庄树裕、张凤娥、林玉火

参加有关专题研究的专家还有秦毅苏、孙继朝、张玉珍、周玉华、刘长礼、李向全、荆继红、唐益群、余兴光、葛先飞、吴江鸿、林才浩、林军、陈润生、甘泓、褚俊英、王芳、董建文、林玉锦、许美辉、林立栋、申建梅、葛伟亚、冯小铭等。

项目的核心领导小组由组长卢耀如院士，副组长王思敬院士、尹伟伦院士、王梦恕院士、王浩院士及石建省研究员、陶建华总工程师、殷跃平教授、何永金教授级高级工程师组成。福建省科学技术协会国际联络部（院士办）沙中然主任也参加了项目研究的领导。

前　言

2009 年 5 月，国务院颁布《国务院关于支持福建省加快建设海峡西岸经济区的若干意见》，明确了海峡西岸经济区（简称海西经济区）在全国发展中的战略地位。海西经济区以福建为核心，包括浙江南部温州、丽水、衢州，江西东部上饶、鹰潭、抚州、赣州，以及广东东北部汕头、梅州、潮州、揭阳地区，总面积为 28.28 万 km^2。

海峡西岸以福建为核心，与东岸台湾地区有着地缘相近、血缘相亲、文缘相承、商缘相连、法缘相循的“五缘”密切优势，在促进两岸和平交流方面，具有明显的区位优势。

要更好更快地发展海西经济区，应当大力提高海西经济区的生态环境质量，保障生态安全，以取得可持续的快速发展。为此，2010 年，我和一些院士联合提出了“海西经济区（闽江、九龙江等流域）生态环境安全与可持续发展研究”这一咨询项目，受到中国工程院周济院长、潘云鹤常务副院长等重视，被列为中国工程院 2011～2012 年重大咨询项目，内设八个课题。先后共有 26 位院士、几十个院校和科研院所近百位专家参与了本项目的调研咨询工作。

在 21 世纪初，福建已获得批准建设生态省，福建生态省建设国家评审专家组当时就指出，福建可以争取首先建成生态省。原因是福建的闽江、九龙江等流域都发源及奔流于福建省域内而入海，易于控制相关生态环境质量；福建省内植被覆盖率居于全国前列，当时达 62% 左右；福建开发相对较晚，生态环境质量基本保持良好状态；福建人才荟萃，在科技、经济等方面，有一大批国内外著名的院士、教授、专家，可为福建更好地发展而出力；福建与台湾是一峡之隔，台湾 80% 以上人口祖籍福建，可以更好地开展两岸协作；福建也是许多侨胞之故乡，可以争取在发展经济与保护生态环境方面得到更多合作与支持。此外，当时福建省领导特别重视生态省建设，抓规划、组织力量，并率团到京汇报。这几点，在近十年的实践中已得到充分证实。

保护生态环境，最主要应当考虑和人类生存与发展密切相关的资源性条件，主要是土地资源、水资源、矿产资源、能源、生物资源；此外必然涉及灾害性条件，即气候（气象）灾害、地质灾害（包括地震）及生物灾害。另外，应当汲取世界发达国家发展过程的教训，保护生态环境，防治大气、水、土壤污染，并且在发展与开发过程中，避免诱发大的地质灾害与生物灾害。因此，在本项目研究中，主要从这三方面入手。考虑到福建有三大重要港口群，即福州港群、湄州湾（泉州）港群、厦门港群，而利用港口发展对外商贸，在福建发展的历史上起了极重要的作用，所以本项目中也特别关注了港口资源利用问题，以为今后更好地发展海外商贸，也为福建更好地提升经济实力和向海洋开拓发展提供重要的基础条件。

正当本项目准备提交结题报告之时，中国共产党第十八次全国代表大会（党的十八大）

胜利召开，因此党的十八大提出的重要决策，对本项目起到了适时指引的作用。特别是，在党的十八大上习近平同志强调生态文明建设，其融入经济建设、政治建设、文化建设和社会建设之中，成为“五位一体”总体布局。依照党的十八大精神，在总结本项目的研究成果时，就更明确了研究工作的内容、观点及有关的思路。生态文明建设最基本的内涵还是涉及生态环境安全，以及今后可持续发展或永续发展的问题。本项目的总结报告就是以促进和保障生态文明建设为核心进行论述并提出相关建议的。最后本项目成果结集为《建设生态文明　促进科学发展——海西经济区（福建省）生态环境安全与可持续发展研究》。

我们期望，这项成果能为今后福建的经济发展、生态文明建设起到积极的推动作用，更期盼福建在今后的经济发展与生态文明建设方面能起到示范作用。

福建省人民政府根据我们研究报告中的建议，上报了《关于恳请支持福建省实施生态省战略加快建设生态文明示范区的请示》。

我们将研究成果呈送给首先大力进行福建省生态省建设规划、时任福建省省长的习近平同志。经国家发展和改革委员会征求教育部、科学技术部、工业和信息化部及财政部等20多个国家重要部门的意见并组织实地考察后，形成了《关于支持福建省加快建设国家生态文明先行示范区的若干意见（征求意见稿）》。

2014年1月3日国家发展和改革委员会专门送信函给我，说明了经中共中央办公厅转信函后进行调查研究的过程，并认为我们的研究“全面总结了福建省的生态环境特征，系统分析了生态文明建设的现状与存在的问题，明确了生态文明建设的重要原则和主要内容，提出了福建省建设全国生态文明示范省的构想与建议，为贯彻落实国家生态文明建设以及海峡西岸经济区建设的战略部署提供了有益参考和支撑”。

福建省发展和改革委员会及有关领导也认为我们的研究成果对福建省批准为生态文明建设示范区起到了积极作用。

项目研究中，得到中国共产党福建省委员会、福建省人民政府、中国共产党福建省委员会政策研究室、福建省发展和改革委员会、福建省科学技术协会、福建省自然资源厅、福建省地质矿产勘查开发局、福建省地震局、福建省水利厅、福建省生态环境厅、福建省农业农村厅、福建省林业局、福建省住房和城乡建设厅、福建省环境科学研究院、福建省地质调查研究院、海峡（福建）交通工程设计有限公司，以及福州市、南平市、三明市、宁化县、长汀县、龙岩市、漳州市、厦门市、泉州市等人民政府及其所属有关自然资源、林业、水利、生态环境等部门的支持与帮助。

在此，谨对支持与领导此项研究工作的中国工程院周济院士、潘云鹤院士和土木、水利与建筑工程学部办公室唐海英主任等表示衷心感谢！对上述有关单位、领导和专家的支持与协作，表示深切的谢忱！愿为今后福建省生态文明建设的发展继续奉献。

2021年11月

目　录

第1篇　总　论

第2篇 分 论

第1篇 总 论

第一章　福建省生态环境基本特征

第一节　自然地理与地质条件

一、自然地理概况

福建省地处中国东南沿海，东隔台湾海峡，与台湾省相望；东北与浙江省毗邻；西北横贯武夷山脉与江西省交界；西南与广东省相连。

福建省是中国著名侨乡，旅居世界各地的闽籍华人华侨共有1580万人。福建省与台湾省关系密切，两省之间的交流更是源远流长，台湾同胞中80%左右的祖籍是福建省。福建省居于中国东海与南海的交通要冲，是中国距东南亚、西亚、东非和大洋洲最近的省份之一。

截至2011年11月，福建省常住人口为3689万，城镇化水平为48.7%，管辖9个设区市、26个市辖区、14个县级市、45个县、173个街道办事处、591个镇、322个乡、18个民族乡。

福建省属多山地区，陆地总面积为12.4万km^2，其中山地、丘陵占陆域的80%，俗称“八山一水一分田”。地势西北高、东南低，自西向东由武夷山带、闽中大谷地、鹫峰山—戴云山—博平岭一带到沿海丘陵、台地、平原，略似马鞍形倾斜。西部的武夷山脉走向为NNE—SSW，主峰黄岗山海拔为2160.80m，为省内最高峰。海域面积为13.63万km^2，陆地海岸线为3752km，岛屿1545个。海岸线曲折多湾，形成众多天然良港。全省耕地面积为135.40万hm^2，人均耕地面积为0.038hm^2，人均土地面积和耕地面积均不到全国人均的一半。福建省海域宽阔，滩涂广阔，目前在理论基准面以上的滩涂资源有20.67万hm^2，主要分布在三都澳、兴化湾、罗源湾等港湾，其中可围垦的滩涂资源约有4.27万hm^2。可作业的海洋渔场面积约有12.5万km^2，水产品总量居全国第三位，人均占有量居全国第一位。

福建省地处亚热带，气候温和，雨量充沛。年平均气温为20.1℃，年降水量为1452.9mm。福建省水系发育，流程在20km以上的水系有37条，总长度为13 596km，流域面积为112 842km^2。流域面积在50km^2以上的河流有597条，流域面积在500km^2以上的一级河流（指流入海的）有闽江、九龙江、汀江、晋江、交溪、敖江、霍童溪、木兰溪、诏安东溪、漳江、荻芦溪、龙江12条河流。水资源总量多年平均为1180.56亿m^3，占全国水资源总量的4.2%，人均水资源量高于全国平均水平，是我国水资源蕴藏量丰富的省份之一。

福建省地处东南沿海，地质构造位置独特，地质历史漫长，岩石类型丰富，在漫长的地质演化历史中，留下众多不同类型的宝贵地质遗迹，主要有丹霞地貌、岩溶地貌、花岗岩地貌、火山岩及古火山地貌、变质岩地貌、构造地貌、水体景观、典型地层剖面、典型化石产地、典型矿产地、古火山构造、特殊地质构造现象、地质灾害遗迹等，拥有十分丰富的旅游资源。

二、地 质 条 件

（一）地层岩性

福建省地层，除志留系、中下泥盆统和古近系缺失外，从元古界至第四系发育比较齐全。岩石类型复杂，沉积岩、变质岩地层的总和占全省陆地面积的三分之一，火山岩地层出露面积也占三分之一，其余三分之一为侵入岩。福建省地层属华南地层区，地层分区性明显：北部及西北部以元古代变质岩地层为主；中部及西南部出露震旦纪至晚白垩世的浅变质岩、沉积岩及火山岩地层，尤以晚古生代沉积地层发育较齐全，古生物化石较为丰富。其中，石炭纪至早二叠世地层，为石灰岩、无烟煤、铁矿、锰矿、铅锌矿的重要含矿层位；政和至广东大埔一线以东的福建东部地区，则以大面积出露的晚侏罗-早白垩世陆相火山岩地层占主导地位，其岩性复杂，厚逾万米，是研究中国东南沿海中生代火山岩地层的重要地区之一；新近系及第四系地层分布零星，在沿海一带较为发育，由基性火山岩、沉积岩及海相、陆相松散沉积物组成。福建省地层自元古界至第四系共建立 11 个系 56 个岩石地层单位。通过调查，基本查明了各时代地层的岩性特征、沉积特征、古生物特征及岩相古地理面貌演化和有关矿产的时空生成与分布。

福建省侵入岩出露面积为 40 316km^2，约占陆地面积的 33%。侵入活动期有加里东期、华力西-印支期、燕山期和喜马拉雅期。其中，燕山期不仅规模大，且有多阶段和多次侵入活动。福建省侵入岩岩类齐全，有超基性、基性、中性、中酸性、酸性、碱性等。其中，中酸性和酸性岩类占侵入岩的 97% 以上。花岗岩类中除了广泛分布的黑云母花岗岩外，还有十分独特的晶洞钾长花岗岩。各期侵入岩多沿一定的方向呈带状分布。

（二）第四纪地质概况

福建省沿海第四系沉积物主要分布在沿海河口区及零星分布于低山区的山间盆地中；其中，河口区平原面积只占沿海面积的 10%，而山间盆地也只占全省面积的 3.5%，且分布面积均较小，超过 100km^2 的沉积平原有福州、龙海、漳州、泉州、莆田、长乐六处，山间盆地大的也仅有 20～50km^2。

在沿海地区，由于受到第四纪时期海平面升降运动的影响，海侵时沉积了海相灰黑色淤泥层，海退后，在河口平原又沉积了漫滩相黄色黏土；在山区和沿海第四纪海平面变动影响不到的地区，沉积物均为陆相的冲积、冲洪积、坡积等，沉积厚度较薄。

（三）主要活动断裂

福建省 NE 向、NW 向断裂发育，组成网格状的断块构造格局。上述断裂晚更新世以来都具有较为强烈的张性活动，表现为高角度倾滑型。在它们交汇的地方，如福州、莆田、泉州—晋江、漳州—龙海—厦门、诏安—东山地区，形成了断陷盆地、平原和海湾。例如，福州盆地、马尾港；莆田平原、兴化湾；晋江平原、泉州湾；漳州平原、龙海平原、厦门港；诏安平原、东山湾等。这些海岸、港湾的形成、发育和演变，大多受到 NE、NW 向断裂的严格控制。

第二节　资源性条件

一、土地资源

福建省土地总面积为 1240.16 万 hm^2，其中，农用地面积 1076.46 万 hm^2，占土地总面积的 86.80%（图 1-1）；建设用地面积为 58.89 万 hm^2，占土地总面积的 4.75%；未利用地面积为 104.81 万 hm^2，占土地总面积的 8.45%。

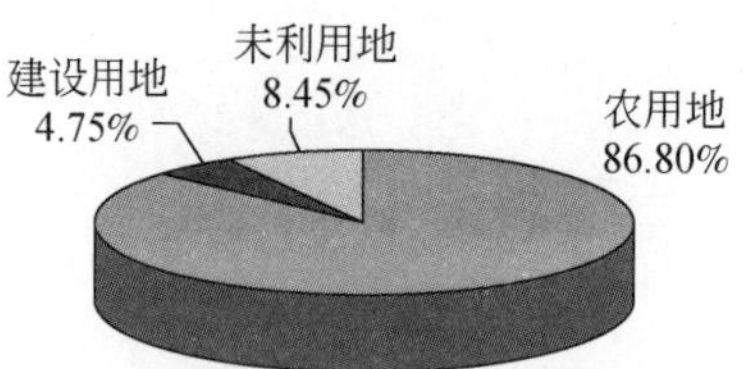

图 1-1　福建省土地利用现状结构图

（一）农用地

1. 耕地

福建省耕地面积为135.40万hm^2，占土地总面积的10.92%。主要包括灌溉水田、望天田和旱地，其中灌溉水田面积为86.18万hm^2，望天田面积为22.97万hm^2，旱地面积为21.23万hm^2，合占耕地面积的96.29%。

福建省耕地主要分布于沿海地区（包括福州市、厦门市、莆田市、泉州市、漳州市和宁德市）。沿海地区耕地面积为77.45万hm^2，占全省总量的57.20%，人均耕地面积为0.03hm^2；内陆地区（包括三明市、南平市和龙岩市）耕地面积为57.95万hm^2，占全省总量的42.80%，人均耕地面积0.07hm^2。

2. 园地

福建省园地面积为61.94万hm^2，占土地总面积的5.00%。主要包括果园和茶园，其中果园面积为44.79万hm^2，茶园面积为14.17万hm^2，分别占全省园地面积总量的72.31%和22.88%。

福建省园地主要分布于沿海地区。沿海地区园地面积为45.81万hm^2，占全省总量的73.96%；内陆地区园地面积为16.13万hm^2，占全省总量的26.04%。

3. 林地

林地是福建省面积最大的用地类型。林业部门统计面积为908.07万hm^2，土地利用变更调查数据为832.54万hm^2（按国土部门分类的统计口径，包括有林地、灌木林地、疏林地、未成林造林地、迹地和苗圃，不包括园地和林业部门统计口径的宜林地，下同）。全省森林覆盖率为63.1%。全省林地以有林地为主，有林地面积为667.33万hm^2，占全省总量的80.16%。

福建省林地集中分布于内陆地区。内陆地区林地面积为547.64万hm^2，占全省总量的65.78%；沿海地区林地面积为284.90万hm^2，占全省总量的34.22%。

4. 牧草地

福建省牧草地面积为0.26万hm^2，占土地总面积的0.02%。其中，天然草地面积为0.19万hm^2，占全省草地面积总量的73.08%；牧草地在全省零星分布，近年来面积基本没有变化。

5. 其他农用地

福建省其他农用地面积为46.31万hm^2，占土地总面积的3.73%。全省其他农用地主要分布于沿海地区。沿海地区其他农用地面积为27.23万hm^2，占全省总量58.80%；内陆地区其他农用地面积为19.08万hm^2，占全省总量的41.20%。

（二）建设用地

1. 城镇工矿用地

福建省城镇工矿用地面积为16.58万hm^2，占土地总面积的1.34%，人均城镇工矿用地为99m^2。

福建省城镇工矿用地集中分布于沿海地区。沿海地区城镇工矿用地面积为12.94万hm^2，占全省总量的78.06%，人均用地面积为97m^2；内陆地区城镇工矿用地面积为3.64万hm^2，占全省总量的21.94%，人均用地面积为104m^2。

2. 农村居民点用地

福建省农村居民点用地面积为25.76万hm^2，占土地总面积的2.08%，人均用地面积为$139m^2$。

福建省农村居民点用地集中分布于沿海地区。沿海地区农村居民点用地面积为18.36万hm^2，占全省总量的71.27%，人均农村居民点用地面积为$133m^2$；内陆地区农村居民点用地面积为7.40万hm^2，占全省总量的28.73%，人均用地面积为$155m^2$。

3. 交通、水利及其他建设用地

福建省交通、水利及其他建设用地面积为16.55万hm^2，占土地总面积的1.33%。其中，交通运输用地面积为6.71万hm^2，水利设施用地面积为6.04万hm^2，分别占全省交通水利及其他建设用地总量的40.54%和36.50%。

福建省交通水利及其他建设用地主要分布于沿海地区。沿海地区交通水利及其他建设用地面积为10.64万hm^2，占全省总量的64.30%；内陆地区交通水利及其他建设用地面积为5.91万hm^2，占全省总量的35.70%。

（三）未利用地

福建省未利用地面积为104.81万hm^2，占土地总面积的8.45%。主要以荒草地、滩涂、河流水面为主。其中，荒草地面积为51.98万hm^2，占未利用地总面积的49.59%，主要分布在内陆地区；滩涂面积为22.94万hm^2，占未利用地总面积的21.89%，主要分布在沿海地区；河流水面面积为15.51万hm^2，占未利用地总面积的14.80%，主要分布在沿海地区。

二、水　资　源

福建省雨量充沛，多年平均降水量为1000～2200mm，从东南向西北递增；西北部的武夷山脉、鹫峰山脉、太姥山脉作为天然的屏障，冬季阻拦和削弱冷空气南下入侵，春夏季阻挡东海暖湿气流北上，形成爬山雨，因此西北部雨量丰富，年降雨量在2000～2500mm。东南部地势较为平缓，降雨量相对较少。

根据福建省水资源综合规划评价结果：1956～2000年全省平均水资源总量为1180.56亿m^3，人均水资源占有量为$3200m^3$（2010年人口，下同），亩①均水资源占有量为$5866m^3$，依次为全国的1.5倍和3.2倍。但是水资源分布与地区人口、经济的发展不匹配。闽西部三市（南平市、三明市、龙岩市）水资源丰富，人均、亩均水资源占有量分别为$8652m^3$和$7521m^3$，而东部沿海六市水资源贫乏，人均、亩均水资源占有量分别为$1760m^3$和4562 m^3；特别是沿海突出部与海岛，人均、亩均水资源占有量不足$500m^3$和1000 m^3，属于严重缺水地区。2010年东部沿海六市经济总量占全省的82.5%，而多年平均水资源量仅占全省的43.5%，水资源将成为沿海城镇带（特别是福州市、厦门市、泉州市三大中心城市）及六大港湾经济社会发展和保持良好生态环境的制约因素之一。各地市人均、亩均水资源量见表1-1。

表1-1　福建省行政区社会经济与水资源分布状况

地区	人口		耕地		多年平均水资源量		水资源占有量	
	（万人）	占全省（%）	（万亩）	占全省（%）	（亿m^3）	占全省（%）	人均（m^3）	亩均（m^3）
福州市	711.5	19.3	246.9	12.3	101.76	8.6	1 430	4 122
厦门市	353.3	9.6	32.8	1.6	12.64	1.1	358	3 855

① 1亩≈666.7m^2。

续表

地区	人口		耕地		多年平均水资源量		水资源占有量	
	（万人）	占全省（%）	（万亩）	占全省（%）	（亿 m^3）	占全省（%）	人均（m^3）	亩均（m^3）
莆田市	277.8	7.5	113.1	5.6	35.06	3.0	1 262	3 100
三明市	250.3	6.8	288.1	14.3	213.39	18.1	8 525	7 408
泉州市	812.8	22.0	222.7	11.1	96.49	8.2	1 187	4 333
漳州市	481.0	13.0	270.6	13.4	121.26	10.3	2 521	4 481
南平市	264.5	7.2	353.3	17.6	269.86	22.9	10 202	7 639
龙岩市	256.0	6.9	245.3	12.2	183.64	15.6	7 173	7 485
宁德市	282.2	7.6	240.0	11.9	146.46	12.4	5 190	6 103
全省	3 689.4	100.0	2 012.7	100.0	1 180.56	100.0	3 200	5 866
沿海六市	2 918.6	79.1	1 126.0	55.9	513.7	43.5	1 760	4 562
闽西三市	770.8	20.9	886.7	44.1	666.9	56.5	8 652	7 521

注：按2010年人口、耕地面积计算

福建省地下水含水岩组主要由松散堆积层含水岩组、基岩裂隙含水岩组、碳酸盐岩类含水岩组等组成。其中，松散堆积层含水岩组属于第四系地层，包括冲洪积、海积、风积层，一般厚十余米，大者也不超过百米，地下水赋存于砂、砾卵石层中，其富水性一般。碳酸盐岩类含水岩组包括石炭系黄龙组、船山组、二叠系霞组及长兴组灰岩、硅质灰岩、白云岩，地貌上多形成盆地，单体面积最大为66.5 km^2（龙岩盆地），是福建省最富水的岩组，同时其也最具供水意义。覆盖型岩溶盆地区含水层有流量大于1000m^3/d的岩溶泉，最大可达到20 686 m^3/d；单孔水量多在1000～3000 m^3/d，最大可达17 488m^3/d（龙岩市）。基岩裂隙含水岩组包括侵入岩、变质岩、火山岩及各类碎屑岩等，出露面积约112 137 km^2，约占全省面积的92.4%。福建省多年平均地下水资源总量为342.38亿m^3，其中，山丘区地下水资源量为338.59亿m^3，平原区地下水资源量为2.77亿m^3，地下水资源和地表水资源间的不重复量仅1.24亿m^3。现状平原区浅层地下水开采率为0.5%～4.3%。

虽然地下水资源量和地表水资源量不重复的数量不大，但是在汇入大江河之前，在地下赋藏运移的地下水资源，仍应作为宝贵资源对待。而地下水汇入大江河中，又多数成为地表洪水的组成部分而汇入大海。因此，在未汇入大江河而入海的地下水资源，应当予以可控地开发利用。当然，不能过量开发以诱发不良效应。

截至2010年底，福建省已建大型水库21座，中型182座，蓄水工程总库容为206.22亿m^3，总兴利库容为122.93亿m^3；引水工程20万余处（其中大型4处）、提水工程1.47万处；上规模跨流域调水工程4处。现状各类水源总供水能力约211.37亿m^3，其中地表工程供水能力为203.9亿m^3，地下水工程供水能力为6.8亿m^3，其他水源供水能力为0.7亿m^3。

福建省水资源开发利用程度总体较低，但闽东南沿海的泉州、厦门、莆田等市水资源开发率达到25%以上。福建省总体上以工程性缺水为主，部分区域存在资源性、水质性缺水现象，通过合理开发利用可以解决目前的缺水状况。2010年福建省万元GDP用水量约为137m^3，万元工业增加值用水量为127m^3，农田灌溉亩均用水量为683m^3，与浙江、广东、江西等相邻省份相比，用水效率不高，有较大的节水增效空间。

三、矿产资源

（一）基本情况

截至2011年底，福建省已发现矿产133种，占全国矿产总数的77.8%；已探明储量矿产101种，占全国已探明储量矿产的63.5%。其中，能源1种，金属27种，非金属71种，水气2种。全省已探明固体矿区960处（含共生矿）。其中，煤矿257处，黑色金属184处，有色金属354处，贵金属88处，稀有稀土金属72处，非金属矿5处；特大型3个，大型63个，中型158个，小型736个。保有储量居全国前10位的有37种矿产，前5位的有17种矿产，依次为水泥标准砂、铸型用砂、水泥用安山玢岩、建筑用砂、玉石、叶蜡石、粉石英、建筑用花岗岩、明矾石、压电水晶、玻璃用砂、宝石、高岭土、岩棉用玄武岩、普通萤石、熔炼水晶、陶粒页岩。

（二）矿产资源特点

福建省矿产种类齐全，能源（主要煤炭）、黑色金属、有色金属、贵金属、稀有、稀土金属、非金属矿产均有分布。矿产资源的主要特点如下。

（1）矿产具有明显的区域性分布特征，且储量相对集中。铁矿主要集中分布在闽西南的龙岩、漳平、安溪、大田一带；马坑铁矿和行洛坑钨矿的探明储量分别占全省总量的73.8%、95.1%；锰矿集中在连城、武平、永安、清流一带；铌钽矿仅产于南平市；煤集中在龙岩、永定、大田、永安、永春五大煤炭基地；石灰岩主要分布在龙岩、永安、漳平、明溪、将乐、顺昌一带；叶蜡石主要集中在东南沿海火山岩地区，尤其是福州市；萤石主要分布在闽北的邵武、建阳、光泽、顺昌一带；饰面花岗岩石材、石英砂则以闽江口以南的东南沿海地带最为丰富；地下热水主要分布于闽江以南。

（2）非金属矿产资源丰富，类型多样，砂、石、土资源在全国占有重要地位，保有储量位居全国前5位的矿种均为非金属矿产，主要分布在沿海地区。铸型用砂、玉石、建筑用砂、水泥标准砂、水泥用安山玢岩5种矿产储量名列全国第一，叶蜡石、粉石英、建筑用花岗岩3种矿产排名第二；明矾石、压电水晶、砖瓦黏土、高岭土、宝石、玻璃用砂6种非金属矿产的储量居全国第三。

（3）金属矿产主要分布在闽西南和闽西北地区。全省探明的大型、特大型金属矿床只有4处。已探明的金属矿床以多组合矿床为主，如铅锌矿多与硫铁矿伴生在一起，含有铜、银等多种有益元素。上杭紫金山矿床，有金、铜、硫铁矿、明矾石等多种矿产。此类矿床由于含多种有益元素，提高了矿床的经济价值，但同时因为矿石成分复杂，增加了开发与选矿的难度。

四、能　源

（一）煤炭

福建省矿区含煤地层大部为晚二叠世龙潭煤组，含煤从几层至几十层的均有，如龙岩地区的坑炳煤矿含煤达76层，可采和局部可采者10余层，龙岩苏邦矿区则含煤19层，可采者3层，局部可采煤10层。永定矿区含煤也有10余层，可采者3～5层，局部可采者数层。少数矿区的含煤系为早侏罗世的梨山统，如邵武煤矿和建瓯煤矿均属早侏罗世的梨山统煤系，含可采煤均为1层。

福建省煤炭“查明资源储量”为11.41亿t，分布于129个矿点，其中无烟煤为11.07亿t，占97%。但全省煤炭经济可采储量仅2.82亿t，仅占1/4（24.72%），“基础储量”和资源量各为4.52亿t和6.89亿t，分别占全省煤炭“查明资源储量”的39.61%和60.39%。截至2003年底，全省县营及以上煤矿（核定能力在3万t/a以上的矿井）的保有可采储量为15 862万t，其中省营煤矿为9498万t，约占全省保有可采储量的60%，县营煤矿的保有可采储量为6364万t，占40%。

现阶段福建省主要是有煤炭资源量，其保有储量为11亿多吨，目前年开采原煤最好不超过3000万t。2010年能源生产3062万tce，比1978年的461万t，增加了4倍多，而能耗2010年达9868万tce，比1978年的688万t，增加了11倍多。能耗增长率大大超过能源生长率。能源生产与消耗的对比见表1-2。

表 1-2　能源生产与消耗对比表

能源	1978 年（Mtce）	2010 年（Mtce）
生产	461	3062.32，比 2009 年增加 10.7%
消耗	688	9868.2，比 2009 年增加 10.0%

（二）地热

福建省地处东南沿海地区水热活动密集带，是我国的地热分带之一，地热资源丰富，开发利用潜力巨大。据统计，福建省温泉天然放热量共计 2.92×10^{15}J，相当于燃烧 9.98 万 t 标准煤产生的热量。取可采系数 5.0，则福建全省对流型地热可采资源为 1.46×10^{16}J，折合标准煤为 49.9 万 t。

福建省主要城市浅层地温能资源量为 3.48×10^{12}kW · h/a，相当于 4.28 亿 t 标准煤完全燃烧所释放的能量。如果城市建筑面积系数取 0.25，浅层地温能可采系数取 0.3，利用效率取 0.5，则浅层地温能可利用资源总量为 1.31×10^{11}kW · h，折合 0.1608 亿 t 标准煤。

福建省干热岩资源丰富，几乎遍及全区，具有很好的开发利用前景。据初步估算，福建省内 3.0 ~ 10.0km 深处干热岩资源总计折合标准煤 131 000 亿 t，如果开采其中的 2%，是福建省目前年度能源消耗总量的 2463 倍。

福建省沿海温泉较多，主要出露于第四系盆地中。出露特点主要包括：首先，大部分出露于第四系凹地中，如福州、南靖、厦门杏林等；其次，温泉带范围常一侧以河，另一侧以二级阶地为界，如福州、漳州等，而且宽度亦狭，常重合于凹地内之较小断裂；最后，构造相同之相邻盆地之间的温泉，有时甚至在同一盆地内（如福州北区与南区）均少有水力联系。

福建省的温泉（泉水）温度多为 20 ~ 60℃，以中低温为主，占温泉总数的 70%，60 ~ 80℃ 中高温的占 24%，大于 80℃ 高温的占 6%。全省温泉平均温度为 51℃，最高孔温为 120℃（漳州），最高泉温为 89℃（德化南埕）。区域上分为：闽中南沿海咸水温泉区；闽东南中高、高温温泉区；闽西南中、低温高流量温泉及碳酸水区；红土台地无泉区；闽西北低温少泉区；闽东北中温少泉及氡水区。沿海一带温泉分布较多，泉温较高，水量较大。

（三）水电资源

福建省河流多属山区性河流，水系发育，水量丰富，河网密度大，水力资源蕴藏量丰富。中华人民共和国成立以来，1977 年、1988 年、2003 年和 2007 年分别开展了四次较大规模的水力资源普查、复查或调查工作。根据 2007 年普查结果，全省水力资源理论蕴藏量为 1358.6 万 kW，可开发利用水电站装机容量为 1355.8 万 kW，年发电量为 460.65 亿 kW · h。

福建省水能资源在华东各省中相对比较丰富，水力发电在能源中长期占据重要地位，电力结构长期具有“水主火辅”的特征，随着能源需求的增加，目前逐渐转变为火、水、核组成的电源多元化构成。截至 2010 年底，全省已建、在建水电站总装机容量为 1148.68 万 kW，年发电量为 397.09 亿 kW · h，座数为 6215 座，开发率为 84.7%。4 座大型水电站已全部开发完毕；32 座中型水电站已开发 22 座，总装机容量为 187.5 万 kW，年发电量为 60.16 亿 kW · h，开发率 69.0%；6919 座小型水电站已开发 6189 座，总装机容量为 701.18 万 kW，年发电量为 259.03 亿 kW · h，开发率为 85.1%。福建省小型水电建设，在全国曾起到示范作用，召开过全国有关交流会。

福建省尚待开发的水电站总装机容量为 207.11 万 kW，年发电量为 63.56 亿 kW · h，座数为 740 座。其中，中型水电站为 10 座，装机容量为 84.1 万 kW，年发电量为 21.41 亿 kW · h；小型水电站为 730 座，装机容量为 123.01 万 kW，年发电量为 42.15 亿 kW · h。今后应继续按照优先开发利用可再生清洁能源的原则，择机开发建设。

五、生物资源

（一）林业资源

福建省林业用地面积为914.81万hm^2，占土地总面积的75.29%，占全国林业用地的2.99%，森林面积为766.65万hm^2，占林地面积的83.80%。森林覆盖率达63.1%，居全国第一。林业用地中，有林地为717.33万hm^2，灌木林为70.02万hm^2，疏林地为9.14万hm^2，未成林地为47.36万hm^2，苗圃地为0.24万hm^2，宜林地为49.3万hm^2。

福建省现有森林面积为766.65万hm^2，其中人工林为359.18万hm^2，活立木蓄积量为53 226.01万m^3，森林蓄积量为48 436.28万m^3，平均每公顷蓄积量为63.1791 m^3。

森林资源按照起源可分为：天然林为407.47万hm^2，人工林为359.18万hm^2。

森林资源按照林种可分为：防护林为154.22万hm^2，用材林为374.58万hm^2，经济林为51.97万hm^2，薪炭林为3.60万hm^2，特种用途林为33.65万hm^2。

福建省的森林资源组成物种也相当丰富。全省有高等植物4703种（特有植物近160种），其中木本植物共有1943种，约占全国木本植物种的39%；针叶林以我国特有的马尾松林为主，被子植物以壳斗科和樟科种类最多。

（二）农业资源

1. 气候、耕地资源

福建省属亚热带海洋性季风气候，全年气候温和，日照充足，雨量充沛，雨热同期，温暖湿润。年平均气温为17～21℃，≥10℃积温达5500～7700℃，无霜期为240～330天，年降雨量为1300～1900mm，且80%集中在3～9月，有利于农作物的生长和动植物的繁殖。

福建省耕地总面积为2352.66万亩（156.84万hm^2），其中灌溉农田为1365.37万亩，占耕地面积的58%。随着福建省人口的增长和产业结构的调整，耕地资源仍在减少。根据福建省农业科学院农业经济与科技信息研究所提供的数据，2000～2010年福建耕地、人均耕地面积见表1-3。

表1-3 2000～2010年福建省耕地、人均耕地面积

年份	全省耕地面积（hm^2）	总人口（万人）	人均耕地面积（hm^2）
2000	1 381 540.5	3 410	0.040 5
2001	1 379 504.2	3 440	0.040 1
2002	1 371 220.9	3 466	0.039 6
2003	1 366 414.7	3 488	0.039 2
2004	1 359 848.5	3 511	0.038 7
2005	1 353 989.7	3 535	0.038 3
2006	1 337 016.0	3 558	0.037 6
2007	1 333 075.7	3 581	0.037 2
2008	1 330 104.0	3 604	0.036 9
2009	1 341 780.0	3 627	0.037 0
2010	1 338 552.3	3 689	0.036 2

福建省人均耕地面积为0.54～0.61亩，是我国人均耕地最少的省份之一，也低于联合国粮食及农业组织确定的人均耕地0.8亩的警戒线。

同时，耕地质量总体不高。据有关资料统计，近年来，城镇化、工业化建设占用了城镇周边大量地势平坦、交通便利的耕地，被占用的耕地有70%～80%为城郊高产稳产的水田及菜地，因此造成土地质量下降。2000年全省耕地中水田只有1440.62万亩，占耕地总数的80.9%（其余均为旱地、望天田、水浇地等），现有耕地中坡度在15°以上的有335.4万亩，其中25°以上的有42.6万亩，高坡度耕地所占比例高于全国平均值。据调查，全省耕地中海拔200m以上的占55.3%，其中海拔500m以上的占22.9%。

福建省栽培的农作物、茶、果等品种繁多，经长期人工选育，不乏优良的地方品种。

2. 主要的粮油作物资源

福建省的主要粮油作物有水稻、甘薯、马铃薯、花生等。其中，保存的水稻品种资源有5000多份；收集的甘薯品种资源有240多份；现存的小麦品种资源有600多份；收集的大麦品种资源有500多份；保存的大豆的品种资源有622份；收集的花生资源品种有220份；保存的油菜品种资源有350份。近年来，由于农业产业结构的调整，福建省粮油作物种植面积缩小、非粮作物增加。

3. 主要蔬菜品种

福建省主要蔬菜品种有92个种，包括822个栽培品系，8个野菜品种。现在供外贸出口和南菜北调的品种有花椰菜、西芹、芋、四季豆、番茄、甘蓝、长豇豆、蒜头、芹菜、韭菜、菠菜、苦瓜、合掌瓜、洋葱、豌豆、石刁柏、竹笋、生姜、莲子、藕等30余种。另外，供本地市场的品种还有大白菜、小白菜、空心菜、萝卜、芥菜、宽叶韭菜、甜椒、丝瓜、葫芦、南瓜等。

4. 水果品种资源

福建省地处南亚热带，气候温暖潮湿，对热带、亚热带水果品种生长十分有利，水果资源丰富，素有“南方水果之乡”之称。全省现有亚热带、热带和温带果树46科、86属、182种和变种、2000多个品种品系。其中，柑桔有3属13种；龙眼有225个品种品系；荔枝有52个品种；枇杷有169个品种品系。其中龙眼、荔枝、枇杷、杨梅、番石榴、香蕉、柚子、芦柑、菠萝、橄榄等在全国享有盛名，是我国南方水果的主产区，近年引种台湾、东南亚等地水果品种（如青枣、火龙果、圣女果、葡萄、芭乐等）产量也较高，种植面积逐步提高。

由于现代农业技术应用与农业结构性调整，水果的生产与效益得到提高。例如，2000～2010年水果种植面积从56.370万hm^2下降到53.615万hm^2，但水果产量却增加了近70%（表1-4）。2000年水果产量为356.44万t，居全国第五位，“九五”期间年均递增13.3%。

表1-4　2000～2010年福建省水果实有面积及产量

年份	水果种植面积（万hm^2）	水果产量（万t）
2000	56.370	356.44
2001	55.819	401.19
2002	55.381	424.93
2003	55.443	441.68
2004	54.765	468.90
2005	55.067	479.36
2006	54.208	495.40

续表

年份	水果种植面积（万 hm^2）	水果产量（万 t）
2007	53.643	517.29
2008	54.143	553.37
2009	53.804	564.08
2010	53.615	564.48

5. 花卉品种资源

福建省的水仙花、茉莉、建兰、仙人掌、棕榈科植物、杜鹃花和榕树盆景是六大特色品系；近年与台湾省的专业生产商合作使蝴蝶兰、文心兰、石斛兰、火鹤花等已形成产业化生产规模，2000 年销售额达 9.5 亿元，“九五”期间销售额年均增长 36.07%。

6. 食用菌品种资源

福建省有丰富的野生香菇、红菇及木耳品种资源，其现在种植的常见食用菌有香菇、毛木耳、银耳、黑木耳、灵芝等，可供栽培的有 45 个品种，其中较大规模栽培的约有 20 多个品种。20 世纪 70 年代后，人工大量种植食用菌有白木耳、香菇、蘑菇、金针菇、姬松茸、杏鲍菇等，已成为我国食用菌主产区，2000 年食用菌产量 40.84 万 t，居全国第 1 位。

7. 茶叶品种资源

福建省是全国重点茶区之一，茶叶品种丰富，为全国之冠，安溪县和武夷山市茶区素有“茶树品种资源宝库”之称。全省已收集到茶树种质资源有 2000 多份，其中省茶科所保存 1800 多份、安溪保存 64 份、武夷山保存 126 份。福建省种植的主要茶叶品种有铁观音、武夷岩茶、福鼎白茶、福州绿茶（茉莉花茶）等，2000 年茶叶产量为 12.35 万 t，居全国第 1 位。

（三）动物、渔业资源

陆生脊椎野生动物达 873 种，约占全国的 28.6%；昆虫近 6000 种，约占全国种总数的 53%；鸟类达 543 种，占全国的 45.3%。

福建省海洋及淡水生物资源丰富，海洋渔场面积为 12.5 万 km^2，海洋生物种类多达 3000 多种，淡水鱼类也有 160 多种。水产品品种占世界 50%，总量为全国第一。

六、港口资源

福建省沿海大陆海岸线长约为 3324km，其中基岩海岸约 44%，主要在闽江口以北；沙质海岸约 9%，主要位于海湾内；淤泥质海岸约 24%，主要分布于闽江口以南的港湾；河口海岸约 10%，主要分布于大河流入海口处；人工海岸约占 22%，主要分布于平原地段及港湾围垦地段。目前包括人工围海影响，海岸线的长度为 3752km。曲折的海岸线形成众多优良的港湾，其中有沙埕湾、三沙湾、罗源湾、兴化湾、湄洲湾、厦门湾、东山湾 7 处拥有可大规模开发建设 10 万 t 级以上泊位的天然深水岸线。目前，已利用深水建港自然岸线 47.1km，占规划深水建港自然岸线的 15%。不同海岸线长度对比如图 1-2 所示。

2009 年 8 月福建省委八届六次全会通过《福建省港口体制一体化整合总体方案》，确定福建省三大港口范围。其中，北部福州港由福州港域与宁德港域组成；中部湄洲湾港由泉州港域、莆田港域组成；南部厦门港由厦门港域、漳州港域组成。三大港口群位置分布如图 1-3 所示。

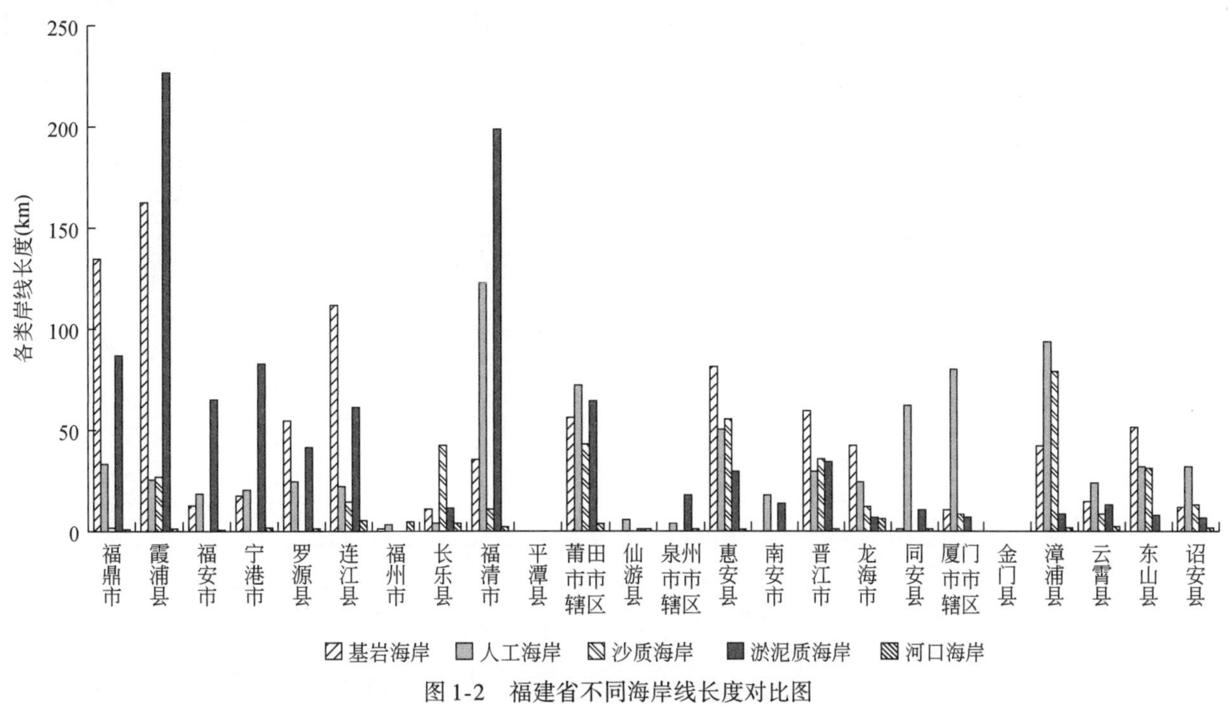

图 1-2　福建省不同海岸线长度对比图

注：研究时行政区划与现在不完全相同。下同

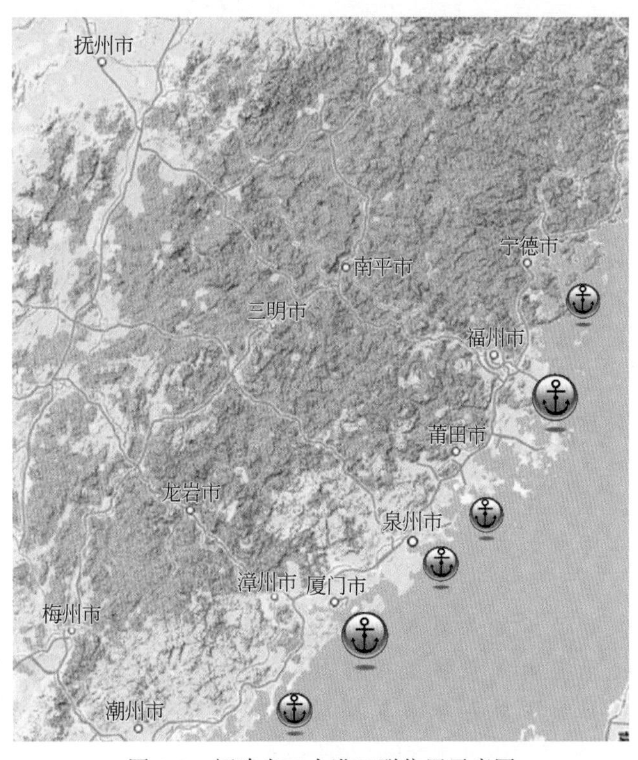

图 1-3　福建省三大港口群位置示意图

福州港海岸线北起福鼎市与浙江省苍南县交界处的沙埕镇虎头鼻，南至福清、莆田两市交界处的江口镇，岸线总长约 1826km，截至 2010 年福州港共有生产性泊位 168 个，年通过能力为 9656 万 t。其中，福州港域生产性泊位 124 个，年通过能力为 8320 万 t；宁德港域生产性泊位 44 个，年通过能力为 1336 万 t。

湄洲湾港海岸线北起莆田市江口镇江口大桥中点，南至与厦门市交界的菊江村，岸线长约为 813km，截至2010年湄洲湾港共有生产性泊位143个，年通过能力为9999万t。其中，莆田港域生产性泊位42个，年通过能力为1364万t；泉州港域生产性泊位101个，年通过能力为8635万t。

厦门港海岸线北起与湄洲湾港交界的菊江村，南至广东省交界的诏安县，岸线总长约1113km，截至2010年厦门港共有生产性泊位128个，年通过能力为12 259万t。其中，厦门港域生产性泊位111个，年通过能力为11 803万t；漳州港域生产性泊位17个，年通过能力为456万t。沿海港口的泊位情况，见表1-5。

表1-5　2010年福建省沿海港口泊位情况

港口	码头长度（m）	泊位数（个）	其中：深水泊位数（个）	通过能力	
				（万t）	其中集装箱（万TEU）
合计	59 343	439	122	31 914	1 282
一、福州港	20 334	168	42	9 656	245
宁德港域	4 367	44	2	1 336	3
福州港域	15 967	124	40	8 320	242
二、湄洲湾港	16 547	143	23	9 999	140
莆田港域	3 881	42	4	1 364	4
泉州港域	12 666	101	19	8 635	136
三、厦门港	22 462	128	57	12 259	897
厦门港域	20 828	111	56	11 803	897
漳州港域	1 634	17	1	456	0

注：TEU是以长度为20ft（英尺1ft=0.3048m）的集装箱为国际计量单位，也称国际标准单位

福建省的港口是一个好资源，其货流主要来自台湾省、东南亚、东北亚、美洲、大洋洲等地，而欧洲、非洲就较少。而出口物流，除本海西经济区之外，应当以中南、湖北、湖南及西南贵州、重庆、四川等地为主，以及西北部分地区。

七、海洋资源

福建省位于我国东南沿海，海洋国土面积为13.6万km^2，是全省国土的“半壁江山”。福建省大陆海岸线总长为3324km，居全国第二位；海岸线直线长度为535km，曲折率1∶6.21，居全国首位。沿海分布着面积在500m^2以上的大小岛屿共1546个，岛屿总面积约1400km^2，岛屿岸线总长为2 804km。福建省海湾拥有“渔、港、景、油、能”五大优势资源和独特的对台区位优势。

（一）港口资源

福建省海岸线曲折，多港湾。全省共有大小港湾125个，其中深水港湾22个，可建5万t级以上深水泊位的天然港湾有沙埕湾、三沙湾、三都澳、罗源湾、兴化湾、湄洲湾、厦门港、东山湾8个港湾，可开发利用建港的岸线全长475km，其中深水岸线149km，中深岸线59km，浅水岸线267km，初步估计可供开发深水泊位数百个，其中最大泊位可达50万t级。

（二）滩涂资源

滩涂资源，指分布在平均高潮线以下（由岸线至0m线范围），仍处在潮水约束下，正在不断沉积堆高的陆海过渡地带的潮间带滩涂。福建省已有滩涂面积达2054.52 km^2，约占海岸带土地面积的16.38%。福建省滩涂资源类型和面积的地理分布特点是：在闽江口以北的岸段，海泥土属的面积最大，有534.69km^2，占本岸段滩涂面积的85.25%，而海沙土属约47.15 km^2，占本岸段滩涂总面积的8.03%；在

闽江口以南岸段，则以海沙土属面积为多。从长乐、平潭至诏安等16个县（市），海沙土属的面积有338.39 km^2，占南岸段滩涂总面积的20.85%。

（三）水产资源

福建海洋鱼类有800种以上，绝大部分为暖水性种，暖温性种次之。福建省浅海（0～10m水深）、滩涂水产生物种类繁多，可供养殖的底栖生物种类也很多。缢蛏、褶牡蛎、花蛤、泥蚶四大贝类养殖历史悠久，为全国“四大贝类之乡”，促进了全国少有的港湾型浅海滩涂养殖业的发展。除“四大贝类”之外，经济价值较高的养殖对象种类有锯缘青蟹、凸壳肌蛤、渤海鸭嘴蛤、长竹蛏、波纹巴非蛤、菲律宾蛤仔、文蛤、捧锥螺、西施舌、杂色鲍、泥东风螺、翡翠贻贝、栉江珧、华贵栉孔扇贝、太平洋牡蛎、青蛤、日本对虾、斑节对虾、南美白对虾、真鲷、大黄鱼、黄鳍鲷等。

（四）盐业资源

福建省盐业生产纯系海盐生产，气候条件至关重要。闽江口以南属南亚热带季风气候范围，对盐业生产十分有利。福建沿海，特别是闽江口以南广大地区。滩涂条件好，大多数地方海拔在3～4m。在这样的滩涂上建盐田，可以减少第一、第二道扬水动力，实现纳潮、进滩海水自流化，对于节省能源，降低成本有很大的作用。福建省盐产品主要分为食用盐（含农、牧、渔用盐）和工业用盐，其中食用盐为主导产品。

（五）滨海矿产资源

福建省滨海矿产资源分布包括浅海区、滨海区和海岸带，目前已经发现和勘察的种类有金属、非金属、地热、矿泉水、油气等60多种，有工业利用价值的21种，矿产地达300多处，其中型砂、水泥标准砂、建筑砂、建筑用花岗石、叶蜡石等探明储量居全国前列；其他如饰面花岗石、砖瓦黏土、高岭土、明矾石在全国占有重要地位；台湾海峡的油气资源和重矿物砂矿资源也已经显示出较好的资源潜力。

（六）海洋能和风能资源

潮汐能：福建省沿岸是全国潮汐能最丰富的省份。潮汐能理论计算年发电量284.4×10^8kW·h，可能开发的装机容量达1033×10^4kW，占全国可开发装机容量的49.2%，居全国首位。据21处港湾初步测算，在开发的水域面积上，全省可利用的海水面积约3000km^2，海湾水库平均0.25 km^2以上有64处。按装机规模，500～5000kW的有19处，5000～50 000kW的有23处，大于5×10^4kW有22处，大于100×10^4kW有4处。

风能：福建省沿海是全国沿海风能资源最为丰富的地区。沿海突出部及岛屿年有效风能达2500～6500kW·h/m^2，有效风能密度达200W/m^2，年有效风速利用时数可达7000～8000h，年有效风频大于70%，可达80%～90%，一些大风频繁的岛屿，每天平均可发电19～22h。而且，可供风力发电的地域范围也较大，季节性变化特征明显（秋、冬季是旺季，春、夏季是淡季），可与水电调节使用。

（七）滨海旅游资源

海岸山色雄、奇、幽、芳，各具特色，拥有很高观赏价值。福建省海岸带名山颇多，有被列入全国重点风景区的清源山、太姥山、鼓浪屿-万石岩等名山，还有诸如福州鼓山、泉州九日山、漳浦海月岩、龙海南太武山和云洞岩等，都以“山海大观”为共同特征，既可赏山景，又可揽海胜。同时，各大名山各具特色，如太姥山以雄奇著称，奇峰竞秀、岩洞曲幽、云雾变幻，堪称太姥“三绝”。清源山以古为奇。万石岩以幽秀取胜，万石争流、千树竞秀、百花斗艳，可谓万石岩三大特色。

岛幽、湾秀、滩美，海洋旅游开发前景广阔。福建省沿岸海岛棋布，宛如碧蓝海面上的珍珠，东山岛、湄洲岛、海坛岛、宁德嵛山岛、三都澳青山岛、斗帽岛等海光岛色，相映增辉、沙海绿洲，环境清幽，气候宜人，是避暑消夏、度假休养的佳地。福建省海岸沙滩连绵，著名的厦门黄厝环岛路、鼓浪屿港仔后、惠安崇武、东山金銮湾、石狮黄金海岸、平潭龙王头等沙滩，滩缓、浪平、砂粒适中，海水洁净，日照充足，为优良海水浴场。

滨海人文旅游独具特色。福建省滨海带囊括了“八闽之都”的福州，“世界宗教博物馆”的泉州，闽越古风与中原文化的融合，历史文化与现代文化的结合，华夏文化与外来文化的交融，形成了绚丽多彩、独具特色的闽越文化，成为中华文化体系中的一枝奇葩。整个区域文化渊源深、积淀厚、领域广，如福州的名人文化和船政文化，莆田的始祖文化，闽南的侨乡文化，厦门的商贸文化和音乐文化，泉州的宗教文化和海洋文化等。

第三节　灾害性条件

一、气候灾害

福建省地处亚热带海洋季风气候区，气候温和，雨水充沛，立体气候明显，海陆差异显著，气候区域差异较大。年平均气温为15.0～21.7℃，平均年降水量为1132～2059mm，有较明显的雨季和干季，3～9月的降水量占全年降水量的82%，常有洪涝灾害发生，10～2月降水量仅占全年的18%，是秋冬旱频繁出现的季节，东南沿海地带和岛屿为少雨易旱地区。20世纪90年代以来福建气候变化的最显著特点是：年平均气温偏高，暖冬明显，冰雪和寒害天气减少；雨季降水强度呈“强弱分化”特征；极端天气气候事件出现频繁。由此引发的气候灾害主要为台风、暴雨洪涝、雨雪冰冻、大风、低温、高温、气象干旱、雷电、冰雹、大雾等。

福建省及邻近地区，530年来洪涝和干旱情况的频率，统计于表1-6中。

表1-6　海西地区及海东地区1470～2000年水旱灾害频率表

灾害 地区	灾害频率（%）				
	重水灾	轻水灾	常年	轻旱灾	重旱灾
温州	11	23	40	16	10
上饶	17	23	36	17	7
赣州	11	23	46	15	4
福州	14	27	30	21	8
永安	15	32	27	17	9
漳州	14	20	28	25	13
台北	9	38	39	9	6
台南	13	35	34	13	4

福建省台风、风暴潮等自然灾害发生频繁，登陆或影响福建省的台风占我国遭遇台风总数的62%以上。1949～2008年，平均每年影响福建省沿海的热带气旋数为7.8个。1985～2008年，福建全省共出现237站次风暴，暴雨涨水超过当地警戒线水位，年均1次。1966～1993年，台湾海峡海域海浪高为6m以上的狂浪年平均为7.29次。

从表1-6中可以看出，温州的水灾频率达34%，旱灾频率达26%；福州的水灾为41%，旱灾为21%（轻）；江西的上饶和赣州，水灾频率占40%和34%，旱灾频率为24%和19%；漳州的水灾频率为34%，旱灾频率为38%；台北和台南的水灾频率为47%和48%，旱灾频率为15%和17%。

登陆或影响福建省的台风主要集中在夏季，7～9月合计登陆台风个数占全年的85.5%，有影响的台风个数占全年的75.8%。一次台风过程，福建省沿海地区的大风历时，短者1～2天，长者可达5～6天。

福建省是中国暴雨高频区之一，从3月份起暴雨次数逐渐增多，至6月中旬出现暴雨高峰期，8月前后再次出现暴雨相对多发期（多为台风暴雨），之后暴雨的出现次数逐渐减少。暴雨多发区有三个，分别出现在闽南地区大部、闽东地区西部的局部和南平北部、三明西北部的局部。

福建省全年降雪天气主要发生在中北部地区，最多的在武夷山脉和鹫峰山脉，有三个中心，分别为武夷山脉的建宁、鹫峰山脉的周宁、寿宁一带。降雪天气只在11～4月出现，1月和2月最为频繁。

大风日数以厦门、泉州、福州三地大风的日数为最多，年平均为10～28天，其余地（市）所在地年平均大风在5天以下。海岛和大陆突出部，大风日数为50～108天，多于平原地区。最大风速8级以上的大风区主要位于沿海地区，其中12级以上的大风区位于闽东北部沿海、平潭和晋江—漳州沿海，以东山沿海最大，达15级以上。

极端最低气温的地理分布为西北部低、东南沿海高。全省各站历年极端最低气温在-12.8～4.4℃，最低值出现在建宁县，最高值出现在东山县。福建高温具有明显的季节性和地域性特征，主要发生在夏季7～8月，南部地区高温过程出现的频数明显少于中北部地区。南平南部、三明东部、泉州西北部及福州西部所围成的闽中腹地是夏季高温天气的集中地区。

气候干旱根据传统的农业生产布局，以季节划分有春旱、夏旱、秋冬旱。春旱的级别主要以小旱为主，其次是中旱，大旱及特旱发生的年份较少。夏旱约两年半一次，旱级主要是以小旱和中旱为主。秋冬旱大约每两年就出现一次，且强度较强，主要以中旱和大旱为主。年气象干旱约每3年出现一次，重气象干旱年，大约每5年出现一次。从发灾次数上看，闽江口以南沿海各县市是高频多发区；鹫峰山脉的高山县为少发区。

雷电的地域分布特点是内陆多，沿海少：南平、三明、龙岩三地区多在65～75天，高值中心位于长汀、上杭、宁化，年平均81天；沿海六地市多在40～65天。沿海岛屿最少：平潭24天，崇武27天，东山35天。春夏（3～9月）是福建雷暴的多发季节，占全年的95%。除个别海岛与沿海突出部外，大部地区雷暴高峰期在8月。

冰雹以3～4月最多，7～8月次之，月际分布呈双峰型，主峰在早春，次峰在盛夏。2～5月占71.8%，7～8月占19.0%，合计占全年的90.8%。冰雹的多发区主要出现在南平地区的谷地和戴云山脉、博平岭一带。最强中心在尤溪。

大雾分布具有明显的地理分布特征。大雾日数分布呈现出明显的由西北往东南逐渐递减的倾向，从内陆丘陵地带到沿海地区递减明显，最大值中心在武夷山南麓，其次在戴云山脉东侧，鹫峰山脉东侧也较多，最少的闽东北沿海，年平均大雾日数仅12天。大雾的月分布呈现出明显的双峰形，峰值出现在秋冬季（11～12月），次峰值出现在春季（3～4月），其中12月最多，其次是11月、3月和4月。

统计表明，登陆和影响福建的台风危害程度占气象灾害造成经济损失的比例为54%，位居各种气象灾害的首位，其次分别为暴雨洪涝、干旱、低温冻害和雷电冰雹。各种气候灾害造成的损失，其比例如图1-4所示。

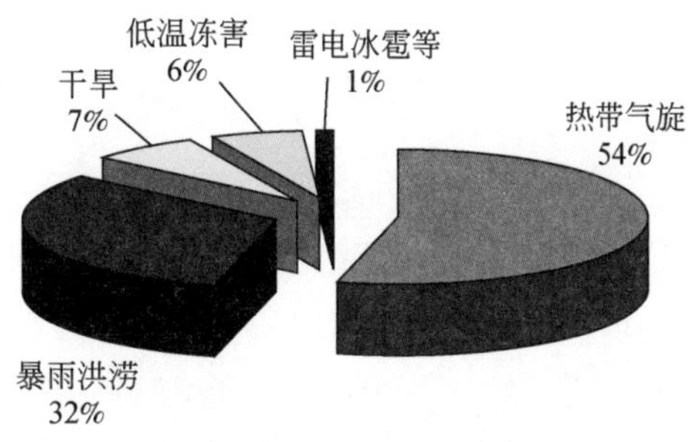

图1-4　福建省气象灾害各灾种的损失比例图

随着防灾减灾能力的不断提高，气象灾害造成的经济损失占 GDP 的比例正逐步下降，如图 1-5 所示。

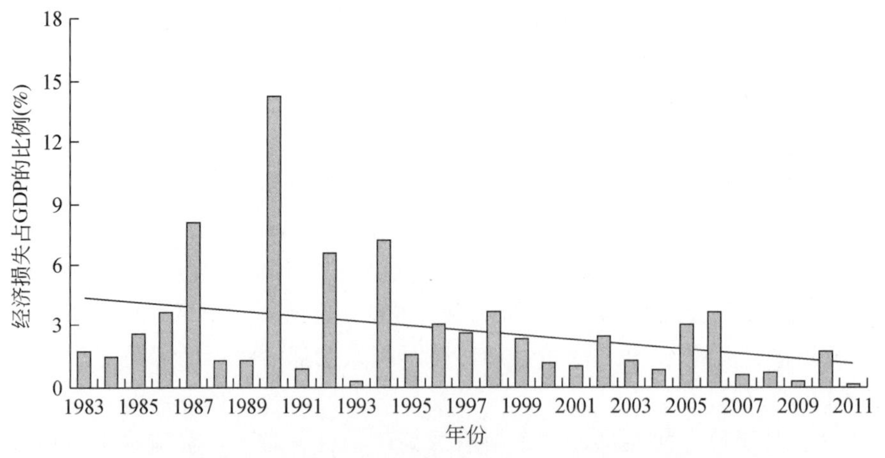

图 1-5 福建省气象灾害造成的经济损失占 GDP 的比例历史变化图

二、地震活动

东南沿海地震带是我国华南地震区两个主要的地震活动带之一，带内发生多次 7.0 级以上地震和 6.0～6.9级地震，其中北起浙江温州，南至潮汕盆地的泉州地震带先后发生 7.0 级以上地震 3 次，6.0～6.9 级地震十余次，4.75～5.9 级地震三十余次（丁祥焕等，1999）。区内 3 次 7.0 级以上地震为 1600 年 9 月 29 日南澳 7 级地震，1604 年 12 月 29 日泉州海外 7.5 级地震和 1918 年 2 月 13 日广东南澳 7.25 级地震。十余次 6.0～6.9 级地震分别发生于福建、漳州、东山海外、金门海外、广东潮安和揭阳等地。中、强地震多生于 NE 向活动断裂与 NW 向活动断裂交汇部位，如闽江、兴化湾、晋江、九龙江、黄岗水和汕头等 NW 向断裂与长乐—诏安等 NE 向活动断裂交汇部位，尤其是在这些断裂所控制的活动盆地中，如漳州盆地、泉州、厦门海外、广东南澳、东山海外及潮汕盆地等均发生过多次中强地震，其中包括泉州海外和南澳 3 次 7 级和 7 级以上地震，见表 1-7。

表 1-7 福建东部及毗邻沿海地区 6.0 级以上地震活动统计简表

日期	时间	纬度	经度	震级
1185 年 06 月 08 日	00：00：00	24.6°N	117.6°E	6.5
1445 年 12 月 12 日	00：00：00	24.5°N	117.6°E	6.25
1600 年 09 月 29 日	00：00：00	23.5°N	117.2°E	7.0
1604 年 12 月 29 日	00：00：00	25.0°N	119.5°E	7.5
1878 年 11 月 23 日	00：00：00	23.5°N	118.0°E	6.5
1906 年 03 月 28 日	06：58：40	24.3°N	118.6°E	6.25
1918 年 02 月 13 日	14：07：13	23.6°N	117.3°E	7.3
1918 年 02 月 14 日	04：25：19	23.6°N	117.3°E	6.7

泉州地震带中强地震的时间分布有明显起伏，其中在 15 世纪中叶以前，地震资料缺失严重，自 1445 年以来，特别是自 16 世纪以来，地震活动可以分为两个地震活动期，其中包括两个地震活跃期，即 1445～1691年和 1791 至今。在前一地震活跃期先后发生了 18 次 4.75 级以上地震，其中于 1600 年和 1604 年先后发生了 1 次 7 级和 1 次 7.5 级地震，为大释放阶段；在后一地震活跃期已先后发生了 26 次 4.75 级

以上地震，其中1918年在南澳发生1次7.25级地震，在该地震前后27年（1895～1921年）内先后发生过7次6～6.75级地震，目前该地震带尚处在第二地震活跃期后期。

三、地质灾害

福建省属典型的沿海山地丘陵地区，素有“八山一水一分田”之称，山地丘陵面积约10.6万km^2，占全省陆地面积的87%。省内地形起伏大，构造发育，岩体风化强烈，台风暴雨多，是地质灾害多发易发省份之一。根据地质灾害调查成果，全省现有地质灾害隐患点12 000多处，类型以滑坡、崩塌为主，其次为泥石流、地面塌陷，各类型地质灾害数量比例饼图如图1-6所示；威胁人数20多万人，威胁财产50多亿元。

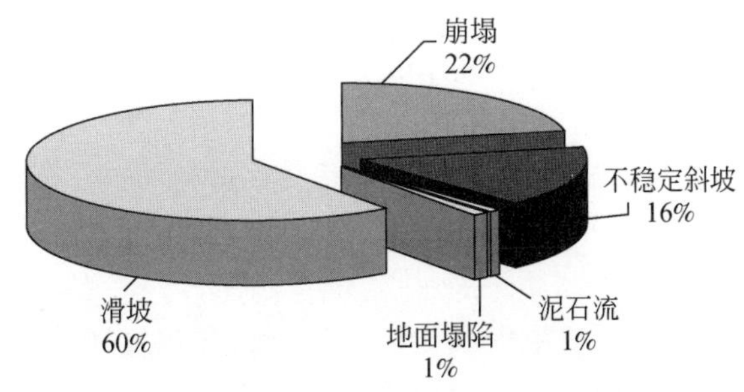

图1-6　各种类型地质灾害数量比例饼状图

各种地质灾害2004～2010年的情况，统计于表1-8中。

表1-8　各种地质灾害历年情况统计表

年份	地质灾害点数（个）	毁坏房屋（间）	死亡人数（人）	直接经济损失（万元）
2004	113	203	8	868.20
2005	4 346	8 257	4	3 979.20
2006	6 473	16 830	97	166 612.15
2007	1 141	2 510	25	2 710.15
2008	318	509	3	899.50
2009	391	587	3	1 234.3
2010	7 022	32 345	81	800 000

注：本表数据来源于福建省年度地质灾害统计报表

崩塌、滑坡、泥石流的发生与地形关系密切，受强降雨和工程活动的诱发，易在短时间（1天）内群发。以设区市为尺度，崩塌、滑坡、泥石流大规模群发的重现期为4～7年。孕灾地形上，易发生在原始坡度为20°以上斜坡；发灾时间上，易发于5～6月强降雨期和7～9月台风暴雨期；成灾部位上，易发在房前屋后削坡、种植经济林、顺坡弃土等区段。总之，内陆变质岩地区在5月初6月末梅雨期易发生大型土质滑坡及由此诱发的坡面型泥石流；沿海侵入岩地区在8月初9月末易发生小型浅层土质崩塌。

崩塌、滑坡、泥石流高易发区基本与极端降雨分布区重合，可划为三个区域：闽北武夷山区，包括南平市的延平区、顺昌县、建瓯市、浦城县、松溪县、政和县；闽中—闽西—闽南戴云山—玳瑁山区，包括三明市的尤溪县、大田县、沙县，龙岩市的新罗区、永定区，漳州市的华安县、平和县，泉州市的德化县、永春县、安溪县，莆田市的仙游县；闽东—闽中鹫峰山—太姥山区，包括宁德市的寿宁县、福安市、柘荣县。

岩溶地面塌陷主要分布于闽西南的新罗、长汀、连城、武平、清流、永安等局部灰岩区域。采空地面塌陷主要分布于闽西南的尤溪、永安、大田、永定、武平、新罗等局部矿业发达、地下开采较为普遍的区域。

地震动下斜坡动力稳定性评估结果表明，部分沿海地区对地震有较强敏感性，当地震灾害发生时，应注意滚石和滑坡灾害，震后的强降雨非常容易产生滑坡、泥石流等地质灾害。福建省西北部斜坡对地震的影响较不敏感，地震诱发崩塌、滑坡、泥石流的概率小。

四、生物灾害

（一）林业方面

水土流失严重影响到生物资源林业的安全，对林业等生物资源也产生了灾害。2000年福建省土壤侵蚀总面积为13 127.31km^2，占全省土地总面积的10.72%。土壤侵蚀在空间分布上也呈现出从东南沿海向西北内陆山区下降的趋势。东南沿海的泉州、漳州、宁德、福州、莆田和厦门六市，土地面积占全省土地总面积的44.20%，其土壤侵蚀面积却占了全省土壤侵蚀总面积的55.71%，而闽西北山区仅占全省土壤侵蚀总面积的44.29%。

林业有害生物频繁暴发，严重影响了生态建设和新农村建设。一是马尾松毛虫、刚竹毒蛾、竹蝗、栗疫病、竹笋期害虫等重大生物灾害的暴发周期缩短，发生面积居高不下，危害程度日益加重，造成的经济和生态损失巨大；二是危险性外来有害生物的不断入侵，松材线虫、松突圆蚧、红棕象甲、椰心叶甲、刺桐姬小蜂、桉树枝瘿小蜂、扶桑棉粉蚧、红火蚁、加拿大一枝黄花、微甘菊等重大危险性外来有害生物相继入侵，有的物种已猖獗危害，且每年还有新的危险性有害生物在不断地传入和扩散，形势越来越严峻；三是全球气候变暖和不合理的林业经营方式诱发林业有害生物的频繁暴发，气候变化使发生林业有害生物的种类和数量明显增加。

（二）农业方面

1. 农业病虫害

福建省农业生产区域生态条件差异较大，耕作制度比较复杂，病虫害种类多、危害较严重。福建常年发生的对农业有害生物有1500多种，其中可对作物造成严重危害的有100多种。常年发生病、虫、草、鼠害面积达8000万~9000万亩次，防治面积达1亿亩次，挽回粮食损失50万~60万t，挽回果、蔬、茶损失100万t以上，但仍造成60万t农作物的实际损失。

水稻重大病虫害：福建近几年危害较大的水稻病虫害有稻飞虱、白背飞虱、稻纵卷叶螟、三化螟、稻白叶枯病、纹枯病和稻瘟病等，由于福建省在水稻种植期间多雨水、田间湿度大，气温较高，在水稻生长盛期或后期易发生上述病虫害，特别是遇到洪涝灾害之后。估计每年病虫害发生面积约3000万亩，要实施防治处置4000万亩次。

蔬菜重大病虫害：重要病虫害有小菜蛾、斜纹夜蛾、黄曲条跳甲、蚜虫、斑潜蝇、烟粉虱、霜霉病、枯萎病、疫病、病毒病、炭疽病等，每年发生病虫害面积约800万亩，实施防治处置1000万亩次。

果树重大病虫害：重要病虫害有柑橘黄龙病、荔枝蒂蛀虫、荔枝蝽象、荔枝霜疫霉病、橘小实蝇、柑橘红蜘蛛、柑橘潜叶蛾、柑橘疮痂病、果树炭疽病等，发病面积约1500万亩，实施防治处置2000万亩次。

茶树病虫害：重要病虫害有茶假眼小绿叶蝉、茶叶螨、茶黑刺粉虱、茶丽纹象甲、茶尺蠖、炭疽病等，发病面积约1000万亩，实施防治处置1500万亩次。

食用菌病虫害：主要有真菌性病害（疣孢霉病、轮枝霉病、木霉等），细菌性病害（斑点病）；虫害有尖眼菌蚊、嗜菇瘿蚊、蚤蝇、食菌大果蝇、跳虫、螨类（菌虱、红蜘蛛）等。

2. 生物入侵物种

近年出现的生物入侵物种包括大米草、薇甘菊、紫茎泽兰、互花米草、空心莲子草、水葫芦、金钟草、假高粱、澎琪菊等。昆虫品种有美洲斑潜蝇、蔗扁蛾、红棕象甲，对粒材小蠹、曲纹紫灰蝶等。专家估计，近10年来，新入侵我国的外来生物至少有20余种，平均每年递增2种。外来有害生物入侵正威胁着我国农业生产安全、经济安全和生态安全，导致巨大的经济损失，必须引起各部门的重视。

第二章　福建省生态文明建设现状与问题

党的十八大提出了生态文明建设的四个方面的内容：①优化国土空间开发格局；②全面促进资源节约；③加大自然生态系统和环境保护力度；④加强生态文明制度建设。这四方面的详细内容，将生态文明建设提到了突出的地位，融入经济建设、政治建设、文化建设和社会建设等各个方面的全过程。生态文明建设也达到前所未有的深度和广度。

根据党的十八大精神与要求，对照福建省已有生态文明建设的情况进行分析，可以更好明确今后生态文明建设的重要方向。

第一节　国土空间开发格局

国土空间涉及很多方面，这里重点探讨有关土地资源、水资源的开发问题。

一、土地资源开发与保护

（一）土地资源特点

（1）土地资源绝对量少，人均耕地少。福建省土地总面积仅占全国土地总面积的1.30%，人口占全国的2.70%。人均土地为0.35hm^2，仅占全国平均水平的48.14%。全省人均耕地为0.038hm^2，仅占全国平均水平的41.14%。

（2）宜林地多，宜耕地少。全省丘陵山地约占土地总面积的90%，宜林地约占土地总面积的74%。宜耕土地主要分布在平原（主要包括漳州平原、福州平原、泉州平原、兴化平原）和河谷盆地，仅占土地总面积的11%左右。

（3）耕地中高产田少，中低产田多。依据福建省“十一五”农田基本建设专项规划，全省耕地中、高产田占30.6%，中产田占51.3%，低产田占18.1%，中低产田约占全省耕地面积的69.4%。

（4）建设用地分布不均衡，土地利用效益区域差异明显。建设用地分布不均衡，沿海地区建设用地面积合计占全省总量的71.22%。建设用地利用效益区域差异也明显，沿海地区现状单位建设用地第二、第三产业产值为116.49万元/hm^2，是内陆地区（50.74万元/hm^2）的2.3倍。

沿海福州市、泉州市和厦门市土地利用情况分别如图2-1～图2-3所示。

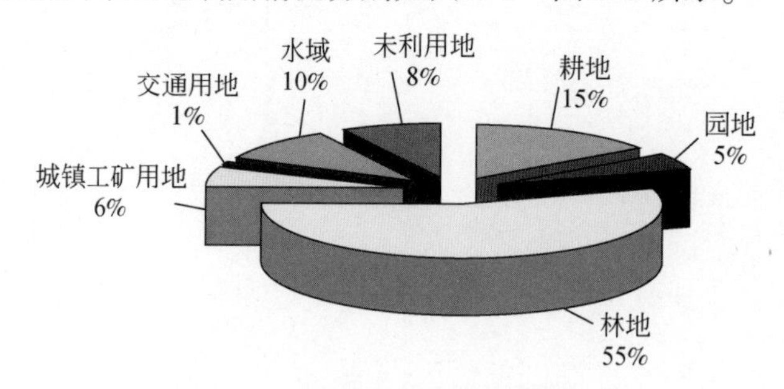

图2-1　福州市土地利用现状图

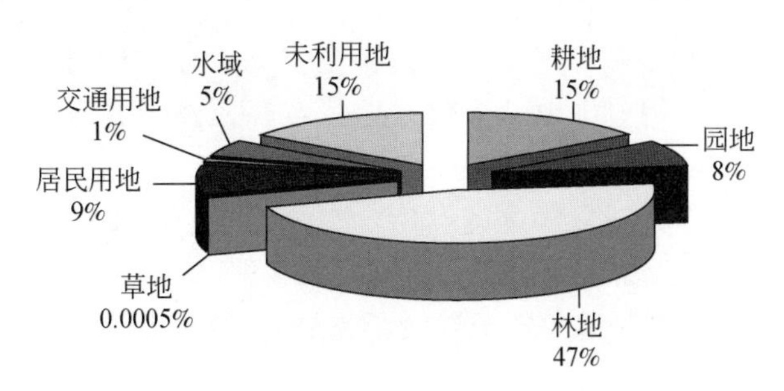

图 2-2 泉州市土地利用现状图

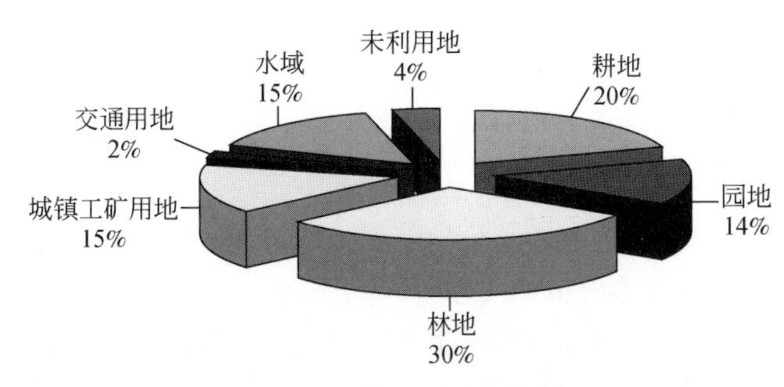

图 2-3 厦门市土地利用现状图

（5）浅海滩涂广阔，开发利用仍有潜力。海域宽阔，海岸线长达 3752km。沿海的海湾 125 个，其中大型天然深水良港 7 个。港湾内侧大多分布着浅海滩涂，开发利用潜力较大。

（二）土地资源开发利用和保护及其存在问题

（1）土地资源开发利用缺乏中长期科学规划。城镇群产业布局近似雷同，无法形成科学、合理的产业链，造成土地资源的一些浪费。

（2）海西经济区沿海城市群与长三角、珠三角地区及江西和湖南等内陆省份的上下游产业无法衔接，大量的优质港口资源无法发挥效益。

（3）缺少科学、合理的农村城镇化建设规划，大量的优质耕地被农民作为宅基地无序开发。农村污水无法集中处理，严重污染了大片的优质土地资源。

（4）福建省各大城市地下人民防空工程多，大量的地下人民防空设施还没有得到科学开发与利用。应结合城市发展规划，充分开发利用这些地下人民防空工程。可以以福州、厦门和泉州市为示范，大力加速开拓海西经济区城市群的地下空间资源，综合利用与改造已有地下人民防空设施。

（5）制定立体化的地下空间开发与利用中长期科学规划，科学开拓利用地下空间资源，建设节约型、集约型和低碳环境保护（环保）型的海西经济区现代化城市。建造地下立体交通网络和物流网络，解决城市发展瓶颈。

（6）在历史名城的旧城改造中充分开拓和利用地下空间资源，营造人居与环境的和谐发展。

（7）土地资源利用变化区域差异性大，沿海与山区之间变化幅度不平衡。福建省各土地利用类型的变化，特别是耕地和建设用地，无论从总量上还是速率上，都有明显的区域差异，耕地面积的减少主要集中在沿海地带的福州、漳州、泉州三地。变化率最快的集中在东南沿海经济发达的厦门、泉州、福州、漳州、莆田五地。居民点和工矿用地面积明显增加的主要集中在泉州、福州和漳州。与沿海地区的明显变化形成鲜明对比的是，内陆山区变化较为缓慢。

（8）土地利用空间有限。全省坡度小于 15°的土地面积仅占土地总面积的 23.67%，但分布着全省现有 71.64% 的耕地和 66.40% 的建设用地，现有及规划的生产、生活和各项建设的用地都集中于此，行业间用地矛盾突出。并且沿海地区土地资源紧缺，沿海地区既是城镇化、工业化发展的主要承载空间，同时也是主要农业产区，随着耕地保护力度的加大，土地资源的瓶颈日益凸显。

（9）土地资源低效利用的现象依然存在。一方面，全省土地开发利用强度低，仅为4.75%，土地开发利用强度亟待提高。另一方面，闲置土地、低效土地依然存在，主要表现在城镇内部结构和布局不尽合理，存量土地亟待盘活；农村居民点多面广，存在“只见新房，不见新村”和“空心村”现象；部分沿海县市农村居民点建设散乱；部分开发区土地利用效率不高，平均投资强度和容积率低。根据“四查清、四对照”，全省低效用地约有8.20万hm^2。

（10）耕地后备资源匮乏。根据耕地后备资源专项调查，全省国家级耕地后备资源总量仅有5.25万hm^2，主要是可开垦荒草地和可开垦滩涂，合计占全省耕地资源后备总量的93.35%。其中，可开垦荒草地分布零散，集中连片少，开发利用受到地形坡度和水资源的制约；滩涂围垦投资成本高，存在生态环境保护等政策方面的制约。

二、水土资源配置

福建省现状水利工程供水能力211.39亿m^3（$P=95\%$），2010年实际用水量202亿m^3，需水量和供水量基本平衡，扣除少量水质不合格供水量和地下水超采量后，现状缺水约0.8亿m^3，主要出现在枯水年和特枯水年。预计至2030年，福建省$P=95\%$条件下，需水量①将达到251.56亿m^3，与现状年相比增加需水量约44亿m^3。目前需努力构建节水为先、保护为重、上蓄下引、三水并举、分区配置、以丰济缺的优化配置新格局。按照“北水南调、西水东济”的总体流向，在今后仍需做些研究工作，再做进一步定夺。规划建设水资源配置骨干工程，提高对水资源的调蓄能力。在目前的规划工程条件下，2030年时，福建省供水能力将提高到269.91亿m^3，可基本解决未来特枯水年份供需缺口（表2-1）。

表2-1　福建省沿海地区城市水资源-土地资源对照表

内容		福州	宁德	莆田	泉州	漳州	厦门
水资源多年平均（亿m^3）		101.76	146.46	35.06	96.49	121.26	12.64
人均水资源（m^3）		1430	5190	1262	1187	2521	358
亩均水资源（m^3）		4122	6103	3100	4333	4481	3855
2030年缺水（亿m^3）		0	0	0.04	0.31	0	0
未利用土地（km^2）	荒草地	497.9	796.9	258.0	1041.1	1177.9	15.9
	其他	465.0	547.1	202.0	631.6	806.0	45.3

福建省水资源质量状况总体较好，但晋江、木兰溪等部分河流或河段呈下降趋势，湖泊和水库总氮和总磷超标比较普遍，大多数处于中营养至轻度富营养化水平（图2-4），产业开发和发展过程中的水环境限制因素日益突出。闽江下游河道无序过量采砂及上游来砂减少，致使河床严重下切，海水入侵的趋势增强，已危及下游部分重要水源地的取水口及生活饮水安全。需构建福建省“六江两溪九点一带”水资源保护与污染防治战略，以保障海西经济区的水环境水生态安全。

从未利用上土地看，可以说福建省的土地利用已是极限，不能再过多地占用。当然，也不宜大片填海造田，增加水资源负担，也给海洋生态造成影响。

福建省沿海地区核心区人口密度达491.96人/km^2，全国平均为138人/km^2，福州市辖区达2000人/km^2，石狮和晋江也达1001～2000人/km^2，2007年时，福建省人口密度如图2-5所示。

① 数据源自《福建省水资源综合规划（2007年）》。

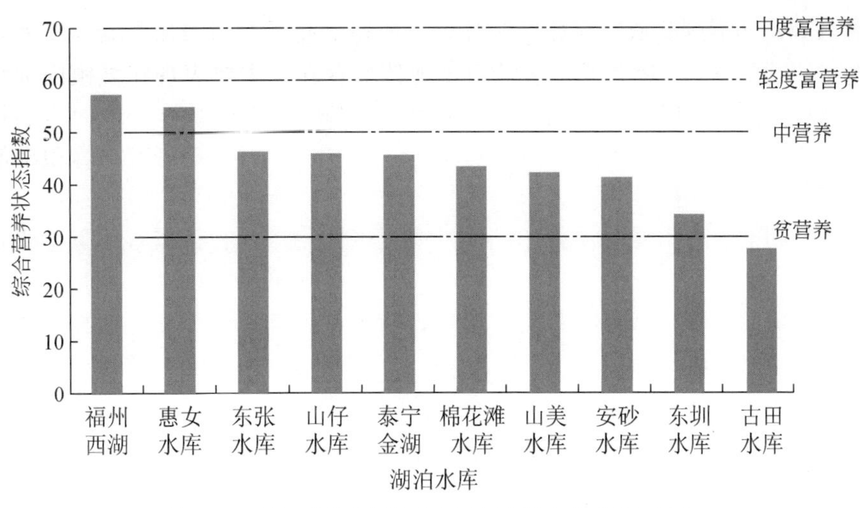

图 2-4　2010 年福建省湖泊水库的综合营养状态指数

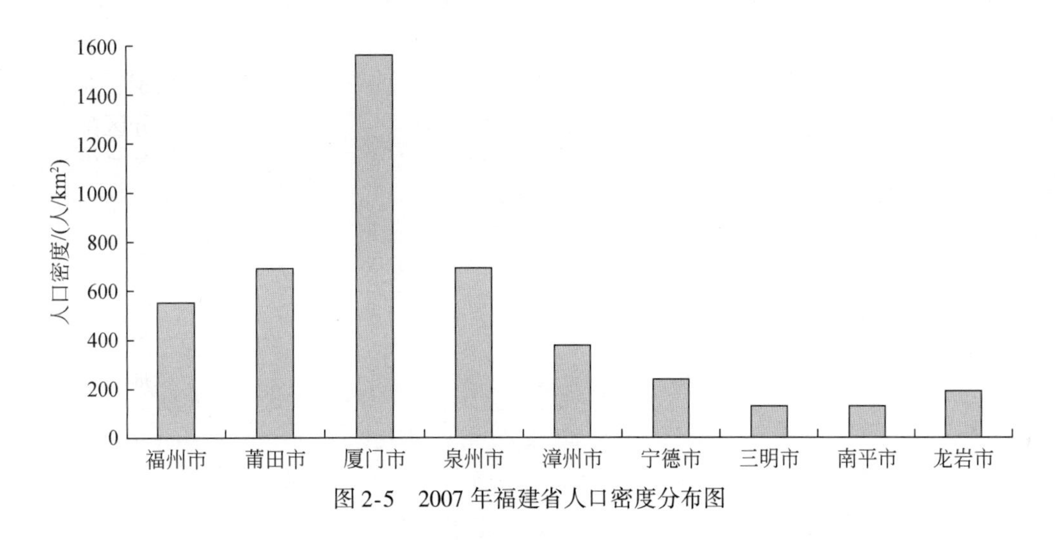

图 2-5　2007 年福建省人口密度分布图

从图 2-5 上反映，南平、三明和龙岩等西部城市的人口密度相比沿海城市少很多，沿海和内陆城市水资源对比见表 2-2。

表 2-2　福建省沿海和内陆城市水资源对比表

地区	多年平均水资源（亿 m^3）	人均水资源（m^3）	亩均水资源（m^3）
沿海城市	513. 7	1760	4562
闽西三市	666. 9	8652	7521

从水-土资源匹配、人口密度及土地的使用情况，以及经济发展情况来看，应当采取如下措施。

第一，控制沿海城市的耗水产业；控制人口过度增长。

第二，沿海以发展高端创新产业，面向海洋的有关产业，高层次综合先进产业及有关科学研究与教育机构为主。

第三，内陆发展结合自然条件，以高一级先进农、林及利用当地产品、种植、养殖的原料，生产的新一代高端生物医药、绿色与有机食品工业，以及内陆山区的民生与机械制造为主。

第四，发展生态流域，沿海城市、内陆城市及相关的小城镇与农村，应当统一规划相应产业发展，全流域应当系统考虑生态文明建设。

第五，一个流域以河流出口的滨海城市为该河流的生态流域实施的主导城市，即应广泛密切地与上游城市群共建生态流域，并协调产业发展，即闽江流域以福州市为首，九龙江流域以厦门为首，晋江流域以泉州为首，负责协调全流域生态环境的统筹建设。

第六，在横向上看，应是三个屏障或三道层次的生态文明建设带：第一道——武夷—宁化—长汀为福建西部山区屏障经济发展与生态文明建设带；第二道——南平—三明—龙岩为福建省中部腹地经济发展与生态文明建设带；第三道——宁德—福州—莆田—泉州—漳州—厦门为沿海经济发展与生态文明建设带。这三个带必须密切配合、协同发展，才能使沿海经济区得以快速发展显示其重要的作用，并体现出高层次的生态文明。

福建省虽然人均水资源丰富，但分配不均，沿海城市还是人均水资源少，为缺水地区。而且，土地资源少，影响农业发展也影响到今后发展。所以，水-土匹配还是密切影响海西区今后发展与生态文明的建设。

从生态文明及长远发展上看，高效利用水资源和土地资源，仍是生态文明建设的中心环节。

三、海洋开发与海洋环境

（一）入海污染物通量持续增大，近岸海域环境污染趋势尚未得到有效控制

海洋环境污染是海洋生物多样性面临的最主要威胁之一。海洋污染物的来源和种类很多且复杂，如大陆径流、工业和生活排污、农业面源、垃圾倾倒、海水养殖、化学品泄漏、海难事故、大气沉降等都可能造成污染。

2010年福建省近岸海域受污染面积比例为40.5%，中度污染和严重污染海域主要分布在宁德沿海近岸、罗源湾、闽江口、泉州湾和厦门沿海近岸局部海域。闽江口和九龙江口仍是污染较为严重海域，主要污染物仍为无机氮和活性磷酸盐，甚至不能满足海水水质三类或四类标准，已凸显富营养化状态，赤潮发生风险增大。值得注意的是，新型污染物（如新型农药等）和持久性有机污染物等污染状况正在加剧，如九龙江流域与河口区仍检出76种农药，结果表明九龙江流域河口区已受到明显的农药污染，并呈现新型和传统农药污染并存的现象，甚至部分酰胺、苯胺、唑类杂环和菊酯类等新型农药被检出浓度和范围远高于传统的有机氯和有机磷农药。这些农药和抗生素等低浓度的有毒有害污染物，通过食物链的富集作用，不仅对河口区的生物造成损害作用，同时通过水产品对消费人群的健康也会构成威胁。

陆源污染尤其是河流携带入海仍是海洋污染的源头，且源多面广，防治难度大。福建省近岸海域接纳的污染物约80%以上，来自陆域污染源排放的污水（包括畜禽养殖废水、工业废水、生活污水和面源排放），随着沿海城市化进程的加快和临港工业的发展，陆域直接或间接入海的生活污水、工业废水、农业面源污染物不断增加，超过海域的自净能力，导致局部海域污染物种类和污染程度不断加重。闽江口、九龙江河口区污染物的浓度增量相对较高，就是由于河流携带污染物的影响，以及承受周边城市发展带来的污水排放的压力较大。

（二）围填海需求增大，滨海湿地自然环境发生重大改变

围垦、填海是国家拓展陆域，曾是一些地域缓解人地矛盾的最主要方式之一。虽然大规模的围填海造地确实能在短期内能解决增大土地面积的要求，但同时也带来了生态破坏和环境退化等一系列严重后果。主要包括：①海域物理特性的变化，如海域面积减少，岸线资源缩减，海岸线走向趋于平直，海岸结构发生变化，濒海湿地面积缩减，海岸自然景观破坏等；②海陆依存关系的变化，如海底淤积，海岸带侵蚀，港湾和滨海湿地纳潮能力下降，海岸防灾减灾能力降低等，都是海陆依存关系发生变化的先例；③海洋生态系统的变化，如生物多样性、均匀度和生物密度降低、重要渔业资源衰退、湿地、海岸等生态系统功能退化，海水增养殖产量减少。上述造成的破坏和影响中，对海域生态系统的破坏是不可逆转和无法估量的，而其中对围填海临近海域底栖生物生态的破坏尤为严重。

长期以来，福建省一直将围填海作为解决沿海土地资源贫乏的重要途径，自20世纪50年代围填海活动以来，全省围填海面积可能已经达到1114km^2，大面积的围填海活动比比皆是，泉州市外走马埭围垦，面积达34.67 km^2，福清市东壁岛围垦和连江县大官坂围垦，面积分别为28.98 km^2和27.53 km^2。围填海改变了水文动力条件，造成海湾纳潮量减少和流速降低，加重了海湾淤积；围填海引起海域水换变差，多处围垦地带无机氮和活性磷酸盐含量较围垦前普遍增长1～3倍。泉州湾和旧镇湾无机氮增加近6倍。围填海活动较多的海湾，环境容量的损失可达1/3左右。福建省将建设一大批海岸工程，港口及临港工业项目建设刺激新一轮的围填海造地，尤其是在环三都澳、闽江口、湄洲湾、泉州湾、厦门湾五大发展区。产业发展及城市建设诱发的围海造地对海洋生态环境的累积性影响比较突出。各重点海湾的围填海，致使大面积的湿地资源丧失，造成红树林等重要生态系统严重退化。因围填海沙埕港和罗源湾红树林的消亡，三都澳水禽湿地保护区的缩小、漳江口红树林保护区的破坏等。围填海完全或部分改变海岛周边海域的自然属性，破坏海岛及周围岛礁海域的生态环境和海洋生物资源。

（三）外来物种入侵严重，生态系统威胁不减

为保滩护岸、改良土壤、绿化海滩和改善海滩生态环境，1979年我国从美国引进互花米草，1980年10月在福建沿海等地试种。因其密集生长，抗逆性与繁殖力极强，在福建省已经造成严重的生态入侵，其危害性主要表现在：①破坏近海生物栖息环境，影响滩涂养殖；②堵塞航道，造成内湾淤积，影响船只出港；③影响海水交换能力，导致水质下降，并诱发赤潮；④侵占威胁本土种的生存空间，如红树林等湿地植被，致使其生长繁衍受到严重威胁。目前，福建省沿海互花米草入侵区域面积为99.24km^2，宁德三都湾、福州罗源湾、泉州湾、闽江口、九龙江口和漳江口等地都不同程度地受到互花米草的入侵。

闽江口北岸的连江晓澳和南岸从潭头镇五门闸到梅花镇浪头鼻的鳝鱼滩，有大量的大米草和互花米草入侵。2003年，闽江河口自然保护区监测时，未见互花米草分布；2004年，互花米草开始在闽江河口上呈点状零星出现；2005年底，互花米草由点状零星分布扩大为块状分布，面积达到900亩；2006年，互花米草猛长，由块状分布连接形成片状分布，占据了鳝鱼滩潮间带的高潮位下部大部分区域，并且侵蚀到鳝鱼滩北侧的核心区零星滩涂，2006年12月互花米草面积超过2250亩；如今，互花米草在闽江口湿地总面积已经超过3000亩，生长速度令人咋舌，严重威胁闽江口湿地的生态安全。由于互花米草生长速度快、无病虫害、根系发达且深、密度大等，形成外来物种入侵，对闽江河口的中、高潮位湿地生态系统的破坏几乎是毁灭性。同时，互花米草所起的破坏生态作用，能加快湿地促淤，将使闽江河口的高潮位区成为旱地而改变湿地属性。互花米草已经成为闽江河口湿地头号生态杀手。

1986年和1998年九龙江口未分布互花米草，2003年在厦门西港海沧一侧滩涂，发现有零星的米草分布，面积为0.0032km^2。但近几年互花米草的入侵程度明显加强，2010年九龙江口米草滩分布面积达到1.67km^2，主要分布于甘文片区的红树林外围、大涂洲及附近的冲积光滩上。

（四）捕捞过度造成渔业资源退化，珍稀濒危物种保护严峻

福建海域渔业资源丰富，鱼类有800种以上，绝大部分为暖水性种，暖温性种次之，底栖和近底层鱼类有545种，占总数的72.5%。中、上层鱼类共有153种，占20.9%。岩礁鱼类有50种，占0.6 %。福建省捕捞业发达，20世纪70～90年代是捕捞业迅速发展的时期，从2000年开始，捕捞量超过200万t，其中主要为鱼类，鱼类捕捞量占总捕捞量比重超过75%，其次为虾蟹类，所占比重占17%左右。但是由于过度捕捞、环境污染及鱼类栖息地的破坏等，渔业资源严重衰退，传统的高价值的渔业资源（如大黄鱼、小黄鱼等）资源几乎枯竭。部分海湾中珍稀濒危物种的生存也受到了严重的威胁，如厦门湾的中华白海豚和文昌鱼等海洋生物的数量大量减少，多样性也不断降低。

2009年在九龙江口海域开展的游泳生物调查结果显示，其个体大小组成以小型种类和近岸河口种类为主、未成熟鱼和幼鱼占绝对优势。这也说明了渔业资源呈现退化状态。厦门湾曾经是良好的渔场，但

是由于过度捕捞、环境污染及生态破坏等原因，厦门渔业资源已经严重衰退，导致主要经济鱼类呈现低龄化、小型化和性成熟提早的趋势，也导致种群数量衰减。位于九龙江入海处至鼓浪屿之间的鸡屿是厦门的主要渔场之一，盛产哈氏仿对虾、青蟹、鲈鱼、鲻鱼，主要有春秋两个汛期，目前资源严重衰退；同安的五通至刘五店沿岸有一片礁石带，曾是真鲷的产卵场，年捕捞量曾可达50t，后因过度捕捞，资源量急剧衰退，现产卵场基本消失了；此外，位于东部和南部海域的大担-青屿渔场是厦门的主要渔场之一，曾经是大黄鱼和鳓鱼流刺网的优良渔场，后因过度捕捞，现已形不成鱼汛。

（五）赤潮灾害频发，海洋环境风险持续加大

海洋生态灾害和环境突发事件持续增多，重大海上溢油污染风险不断加大，赤潮、绿潮、海岸侵蚀、海水入侵、土壤盐渍化、外来物种入侵等危害严重，气候变化对海洋生态环境的影响逐步显现，给海水养殖和滨海旅游业带来严重影响，不断威胁着海洋生态安全和公众用海需求。

尤其需要指出的是，福建省临港工业特别是石化工业的快速发展，各类海洋船舶活动显著增加，海上溢油、危险化学品泄漏等污染事故时有发生，使海洋生态环境存在较大的安全隐患。但全省应对溢油、危险化学品泄漏等突发事件应急响应能力建设，却十分薄弱。在海峡西岸经济区建设过程中，福建省将形成环三大港口群，而大力发展港口和临港工业。随着港口建设及临港工业开发，码头航运的事故风险机会也会随之增加。一旦发生油品或化学品溢漏事件，将对湾内及周边环境造成重大影响，特别是对海洋生态敏感区造成极大危害。这些溢油、污水排泄及撞船事故，都曾发生过。今后急需加强这方面的防范措施与处置能力，并有预案措施。此外，福建省赤潮灾害频发，持续时间延长，大面积赤潮增加、区域集中，有毒有害藻种类增加，对滨海旅游和海水养殖等活动造成严重威胁。2010 年，福建省共发现赤潮 17 起，较 2009 年增加 5 起；累计影响面积约 2691. 5km^2，是近几年赤潮灾害面积最大的一年；累积时间 120 天，比 2009 年增加 13 天。赤潮主要发生区域在霞浦近岸、连江黄岐半岛近岸、长乐至平潭近岸海域及莆田南日岛至石城海域。赤潮的主要藻种为东海原甲藻、夜光藻和血红哈卡藻。6 月，深沪湾梅林港海域发生米氏凯伦藻有毒赤潮 1 起，造成海域内成品鱼和幼鱼死亡。

2000 年以前，九龙江流域及河口很少发生藻华或赤潮。进入 21 世纪，在库区开始有小规模藻华发生。近年来，藻华发生的频率、面积、持续时间不断增加。2009 年九龙江多数库区都发生了藻华，特别是在下游江东库区的藻华持续长达 1 个月之久。2010 年初九龙江河口区发生大规模赤潮，这已经严重威胁流域人民的饮用水安全。

（六）海洋垃圾急需治理，危害海洋生态系统安全

海洋垃圾是指海洋和海岸环境中具持久性的、人造的或经加工的固体废弃物。研究显示，海洋垃圾对人类、自然界生物及环境的危害是多方面的，不仅影响海洋景观，造成视觉污染，还会造成水体污染，水质恶化；威胁航行安全，并对海洋生态系统的健康产生负面影响；对于海鸟、海龟等小型动物来说，塑料袋、渔网等海洋垃圾已成公认的“杀手”，海洋生物往往将一些塑料制品误当食物吞下，如海龟就特别喜欢吃酷似水母的塑料袋，塑料制品在动物体内无法消化和分解，误食后会引起胃部不适，甚至死亡。海中最大的塑料垃圾是废弃的渔网，它们有的长达几英里，被渔民们称为“鬼网”，在洋流的作用下，这些渔网绞在一起，成为海洋哺乳动物的“死亡陷阱”，它们每年都会缠住和淹死数千只海豹、海狮和海豚等。人类海岸活动和娱乐活动，航运、捕鱼等海上活动是海滩垃圾的主要来源。

2010 年福建省 5 个区域的监测结果表明，福建省监测海域海面漂浮的大块及特大块垃圾平均密度为 0. 071 个/km^2，较 2009 年减少近三成。表层水体中小块及中块垃圾平均密度为 1983. 8 个/km^2，平均重量为 5830. 5g/km^2。垃圾组成主要为木制品、聚苯乙烯泡沫类、橡胶类等。福建省沿海海滩垃圾平均密度为27 200 个/km^2，较 2009 年有所下降，平均重量为 926 000g/km^2，垃圾种类以塑料类、木制品类为主。

（七）河口淡水及泥沙输入日益减少，影响下游河口海洋生态系统

河口是流域径流、泥沙和其他化学物质在流域内运移的最后出口，是海、陆相互作用的集中地带。其生态系统是在淡水径流下泻与咸水潮汐上涌应力平衡作用下的动态开放系统，是融淡水生态系统、咸水生态系统、咸淡水生态系统、潮滩湿地生态系统等为一体的复杂系统。因此，保持一定的径流入海量对于维持河口水沙、水盐、水热和养分及生态系统平衡都是必要的和重要的。

河口入海泥沙的减少是影响河口环境问题的另一个重要方面。河流入海物质在口外的扩散，而形成的冲淡水飘浮在盐水层上面，构成河口锋。泥沙在河口锋区域沉积，形成河口三角洲。可以说，河口泥沙输入是促进河口更新的最主要方式。我国主要河口与世界上其他许多河口一样，都面临着入海泥沙显著减少的现象。

近几十年来，随着全球性、区域性的气候变化，流域内社会经济发展对水资源的大量需求，上游水电站的兴建，是我国径流及泥沙入海量急剧减少的主要原因之一。九龙江流域水电站建设发展迅速，据统计，九龙江流域主要干支流的上中游地区，已建成上百座大中小型水电站，占可开发利用水能的90%。然而大部分水电站没有按要求落实必要的最小下泄流量，下游生态环境用水得不到保障，造成许多河段断流、水质变差。这些水电站将原本通流顺畅的河流，截断成一个个小水库，在一定程度上破坏了正常的水生生态系统。尤其在枯水期时，上游水电站为蓄水发电而截留河水会加剧下游水量的供给。例如，漳州二水厂取水口的位置在近10年内下降了约5m。

（八）海岸侵蚀影响海域海岸带安全

福建省海岸侵蚀总体表现为闽江口以北的海岸侵蚀，主要发生在突伸入海的半岛和开阔海域中岛屿的基岩海岸。由于人工设施较少，海岸侵蚀速率较小，海岸侵蚀的危害性不甚明显。闽江口以南至九龙江口以北的开敞海区，红壤型风化壳残坡物等第四纪“软岩类”地层广泛分布，是海岸频频发生侵蚀的内在因素。九龙江口以南岸段海岸稳定性与中部岸段大体相近，但发生海岸侵蚀现象略小。

另外，不合理海岸开发利用、海岸管理薄弱及人为破坏等因素，也加剧了海岸侵蚀的发生及其影响。晋江东石的白沙、塔头一带，人为影响加剧了海岸蚀退，近20年蚀退达20～80 m，高潮滩蚀低0.5～1 m。霞浦东冲半岛长达4 km的海岸，20年蚀退了近100 m。此外，在平潭的长江澳和大澳的风沙很大，大量海滩沙向岸上运移堆积，对居民生活和生产都产生了严重影响。

福建省海岸线蚀退速率见表2-3，福建省海岸线淤积速率见表2-4 。

表2-3　福建省海岸线蚀退速率

海岸位置	侵蚀海岸类型	蚀退地点	蚀退速率（m/a）
福宁湾	沙岸	下浒塘	7
三都澳	沙岸	北菱	7.7
闽江口	沙岸	湖南镇	10
海潭岛	岩岸	流水-西庄	1.0～2.0
福清湾	岩岸	东萤	0.2
兴化湾	岩岸	乌宅	0.7～1.0
湄洲湾	岩岸	南庄	0.2
深沪湾	沙岸	土地寨	7.7
围头湾	沙岸	塔头	1.0～4.0
同安湾	沙岸	莲河	0.95
厦门港	岩岸	曾厝安	1.61～4.83

续表

海岸位置	侵蚀海岸类型	蚀退地点	蚀退速率（m/a）
前湖湾	沙岸	肖溪口	0.3～2.0
东山前港	沙岸	悟龙	0.2～1.0
诏安湾	岩岸	烟墩岭	0.34

表2-4　福建省海岸线淤积速率

海岸位置	零米线向外推移距离（m）	淤积速率（m/a）	统计时间（a）
福宁湾	910～1820	70～140	13
鳌江口	650～1820	50～140	13
闽江口	1300～2600	100～200	13
海潭岛	650～2000	50～154	13
兴化湾	1300～1700	100～130	13
湄州湾	800～3000	38～143	21
泉州湾	3150～3600	150～171	21
围头湾	500	24	21
同安湾	2700	129	21
九龙江口	600～2300	32～121	19
东山湾	300～2200	14～100	22
诏安湾	1100	50	22

第二节　能源资源利用

一、矿产资源开发利用

（一）工业污染

工业污染主要涉及石化、火电、电镀、水泥、冶炼、纺织印染等，主要原因是生产工艺水平低，其结果多造成大气、水流及土壤的污染，而且工业污染中，很多是重金属污染。福建沿海地区地表水重金属含量超标区如图2-6所示，沿海地区浅层地下水重金属元素超标区如图2-7所示。

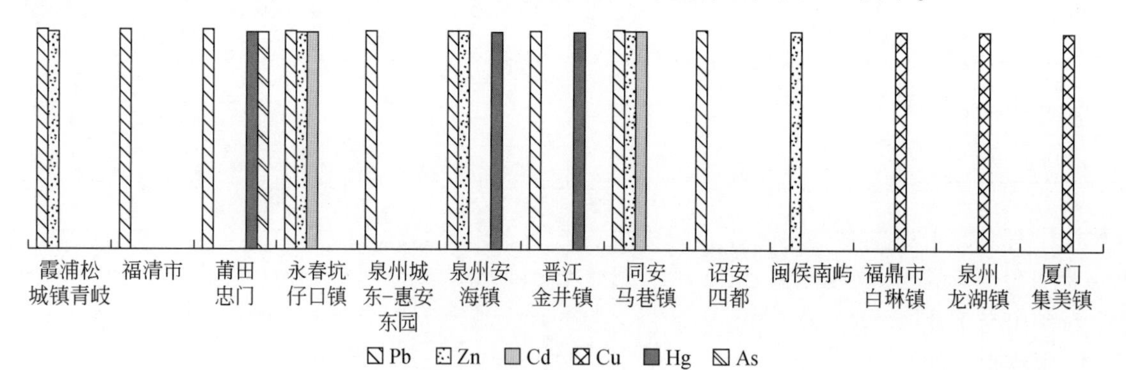

图2-6　福建省沿海地区地表水重金属含量超标区分布图

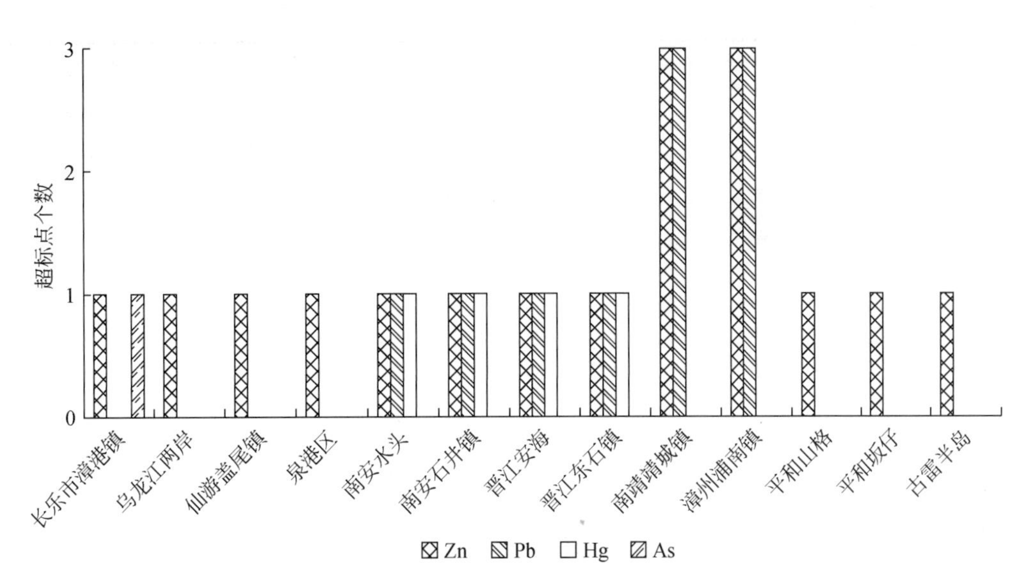

图 2-7　福建省沿海地区浅层地下水重金属元素超标区

（二）矿山与工业的污染

矿山开发对环境的污染也是福建省应注意的问题。泉州市德化县和福州市永泰县与三明市龙溪县的三县交界处，被称为金三角地区，因多年无序地开发炼金，致使当地土壤中汞含量最大值达 29. 30mg/kg，平均含量为 1. 27mg/kg，Ⅲ类和超Ⅲ类地区达 216km^2，土壤中汞含量为水系中含量十几至几十倍，最大的达 1723. 5 倍。

陆地河流污染，最后也影响到滩涂，以及海洋水流和海底沉积。浅海滩涂区金属含量超标区，见表 2-5。

表 2-5　福建浅海滩涂区金属含量超标区一览表

超标区编号	超标区所在地	超标元素最高含量（10^{-6}g/g）
Dn1—Cr-Cu	沙埕港内湾	Cr，112；Cu，60. 3
Dn2—Cr-Cu	沙埕港湾口	Cr，95；Cu，41. 1
Dn3—Cr-Cu	晴川湾	Cr，104；Cu，43
Dn4—Cr-Cu	福宁湾	Cr，100；Cu，41
Dn5—Pb	浮鹰岛东西两侧	Pb，938. 3
Dn6—Pb	西洋岛南侧	Pb，102. 4
Dn7—Cu-（Pb）	泉州湾	Cu，50. 8；Pb，66. 5
Dn8—Pb-As-Hg-Zn	九龙江口-厦门港	Pb，133. 7；As，46. 7；Hg，0. 517；Zn，281
Dn9—Hg-Cr	龙海白坑海域	Hg，1. 416；Cr，189
Dn10—Cr	龙海新厝海域	Cr>105

农业污染有点源，更主要是多无数点就构成面源污染。矿山工业的污染，当然有大的点源，但是，多个小企业和大企业的污染汇聚成的结果，也造成对土壤、河流及海洋的面源污染。所以，在生态文明建设中，对矿山与工业的污染，特别是重金属的污染，应当予以密切注意。相应地，对土壤、水域环境的修复，是很难得，而且代价也是昂贵的。所以目前矿山及工业生产中，注意节省减排，防止污染，还是很重要的任务。

二、能源多元化

福建省能源主要靠煤炭和水力资源，天然气和石油缺乏，核能开始刚刚起步，太阳能、潮汐能没有开发，风能开发量也有限，只占能源总生产量的 1.17%。福建省地热能源有潜力，也没很好开发（表 2-6）。工业生产总值与有关能源消耗见表 2-7。表明福建的工业生产能耗增加很快。

表 2-6 福建省能源生产结构对比表

年份	总标准煤（万 t）	煤炭（%）	石油（%）	天然气（%）	水力（%）	风力（%）
1978	461.0	65.5	—	—	34.5	—
2000	1 654.17	60.3	—	—	39.7	—
2010	3 260.42	56.1	—	—	42.8	1.1

注：每吨标准煤相应平均工业产值为 10.5 万元

表 2-7 工业生产总值有关能源消耗统计表

项目	1978 年	2000 年	2010 年
工业总产值（亿元）	63.14	3 994.86	25 805
原煤消耗（万 t）	423.05	375.03	2 442.73
发电量（亿 kW · h）	40.09	403.73	1 356.32

（一）地热能

目前，福建省地热资源的开发利用方式主要为城镇地热水供应、医疗保健、水产养殖、农业利用、温泉旅游、工业利用、体育锻炼等。据统计，全省各行业已开发利用地下热水总量已达 1900 万 m^3/d，约占已探明地热资源总量的 30%，地热资源开发利用的重点区域主要位于福州市和漳州市。

（二）太阳能

福建省太阳能年总辐射量在（42.5～52.5）$\times10^8$ J/m^2，空间分布由沿海城市向内陆西北地区减少。漳州、厦门及泉州的沿海地区、龙岩的东南部地区多介于（47.5～52.5）$\times10^8$ J/m^2，东山县最大为 54.6$\times10^8$J/m^2；南平北部在（47.5～50.0）$\times10^8$ J/m^2，为福建省的次高区；宁德、福州北部沿海和泉州的德化一带为 52.5$\times10^8$ J/m^{2}左右。

福建省的太阳能资源具有明显的月变化，夏秋季较大，冬春季较小，其中 7 月总辐射最多，为 562.1MJ/m^2；2 月最少，为 241.3MJ/m^2。

总的来说，在福建省利用太阳能资源最有利的地区是闽南及沿海岛屿地区，因地理纬度较低、太阳高度角较高、总雨量较少、阴天日数少和日照时数多等，而成为全省太阳年总辐射的高值区；最有利的季节是春、夏两季，但在秋季和冬季太阳的日照时数相对较多，因此充分利用全年的太阳能资源具有较大的潜力。

截至 2010 年，福建省太阳能光伏电池产能 190MW（其中薄膜 150MW），在建规模 450MW（其中薄膜 250MW）；太阳能热水器集热面积生产能力达到 100 万 m^2，累计使用量超过 1200 万 m^2。

（三）风能

福建省海域广阔、海岸线长，全省海域面积有 13.6 万 km^2，海岸线包括岛屿总长 6128km，风能资源丰富，风能理论蕴藏量大，开发海上风电具有得天独厚的条件。浅深及一些岛屿可开发风能。

福建省沿海风资源的区域分布特点与台湾海峡的“狭管效应”相一致，北部宁德市和南部漳州市位于海峡的两端，受“狭管效应”的影响较小，风资源储量相对较小，海峡地区年有效风功率密度介于（262.4～417.7）W/m^2。中部的福州、莆田和泉州三市位于台湾海峡的中部，是“狭管效应”最明显的地区，风资源储量相对较大，年有效风功率密度介于（516.7～930.4）W/m^2；其中福州中南部沿海是台湾海峡最窄的地区，位于该区域的平潭是福建省沿海风资源储量最多的地区，年有效风功率密度高达930.4W/m^2；此外，漳浦赤湖一带的年有效风功率密度也较高，为509.9W/m^2。

截至2010年，福建省风电装机规模约26万kW，在建装机规模约20万kW。

（四）潮汐能

福建省海岸线曲折，港湾多，潮差大，平均潮差为4.2m，在沿海各省中，稍逊于浙江省，开发利用潜力巨大。

据普查，福建全省海湾水面积在0.25km^2以上的共有65处，其潮汐能的理论蕴藏量为3424.68万kW，年平均电能966.42亿kW·h，其中可开发的潮汐能装机容量为1033.27万kW，年平均电量283.84亿kW·h，占全国可开发的潮汐能年电量的46%，居全国首位。

福建省潮汐能资源主要集中于三都澳、福清湾、兴化湾和湄洲湾，这四处可能开发的潮汐能装机容量均超过100万kW，合计装机容量为604.51万kW，占全省潮汐能装机容量的58.5%。按潮汐能电站规模分类，可能开发的装机容量小于0.5万kW的有17处，0.5万～5万kW的有25处，装机容量5万～100万kW的有18处，大于100万kW的有4处。

20世纪80年代以来，福建省开展了对本省潮汐能资源情况的详细勘察，并依据勘察结果做出了初步开发规划。1989年初利用围垦工程建成了平潭县幸福洋潮汐电站，装机容量为1280kW，年发电量约315万kW·h。

第三节　减灾与环境保护

一、地质灾害防治

福建省灾害主要是气候灾害台风，地质灾害，如滑坡、泥石流及岩溶塌陷等。而在气候灾害和地质灾害之间，存在着灾害链。所以，在气候灾害中应当考虑到对地质灾害产生的影响，以及有关防灾减灾的效果，而考虑地质灾害的防灾减灾，也应当首先考虑气候因素的影响，除台风的风力影响之外，更多的是降雨的强度、降水量及降水的方式与特性等影响。

地震的灾害，对福建省特别是海岸一带及盆地，有活动断裂分布与影响地带，也应加强监测，并建立有关预警预报系统。应当认识到，虽然准确预报地震灾害有一定困难，但对可发生地震的危险地带，应该考虑地震如果发生，对周围诱发地质灾害的可能性，所以应当加强预先处理加固措施。

所以，下面所讨论的地质灾害治理，包括考虑地震的震动引起地质灾害，以及气候条件对地质灾害的影响。

地质灾害的防治及减灾，应持续长期重视，保障地区经济社会的可持续发展。从当前经济社会发展水平出发，建议以地质灾害防治“百千万工程”为基础，规划并实施一个十年减灾计划，着重提高地灾群测群防水平和防治能力，从根本上掌控地灾的危险性，大幅度降低地灾风险。构建一个以风险管理为指导的减灾模式，对东南沿海地灾防治将起到积极示范作用。地质灾害减灾十年规划包括以下五大行动。

（一）城乡居民区灾害风险的防范与治理

结合福建省现有的67个丘陵山区县地质灾害详细调查项目和地质灾害防治“百千万工程”，调查评估城乡居民区房前屋后边坡的成灾风险，分级分批实施监测和治理，以防地灾突发失稳风险。

（二）重大工程建设防灾控制

在地灾易发区开展重大工程建设，应设立边坡避让缓冲带，落实重大工程地质灾害风险评价、监测和防护治理的管理制度，制定相关标准和规程细则，降低并控制重大工程潜在的地灾风险。对交通、通信、电力等重大线性工程的防灾控制，开展专题示范研究。

（三）地灾危险区的地质环境保护

结合海西经济区及各地的地质灾害防治规划，对靠山工程边坡设置避让缓冲带，综合采取边坡植被、疏浚河道、山坡排水等地质环境保护措施，在生态文明建设和城镇化进程中贯彻实施，减小新城镇和老城镇改造的成灾风险。先行在试点小城镇进行示范。

（四）建立现代化监测预警系统

针对海西经济区崩塌、滑坡、泥石流短时群发特点，以细分区域致灾雨量阈值为重点，建立以移动传感网为基础的专业监测和群测群防相结合的预警应急系统，应对重大灾情发生。参照香港防灾模式，对已查明的边坡和受威胁对象进行详细编目，收集通信联络方式，预警到点、到人，提高定向防灾能力和效率。建立德化沿海台风暴雨区和顺昌内陆强降雨区地灾区域气象预警及单体临滑预警示范区。

（五）加强地灾防治的科技发展

结合水文气象、遥感遥测和地灾信息系统，研究海西区地质灾害频度、分布和发育规律。开展降雨诱发滑坡泥石流生成条件、活动过程及灾害规模和防治技术研究。调查海西区残坡积层厚度及风化特征，发展有效的防治技术。对长乐地震带及岩溶发育区进行调查、勘测并制定相应的地灾防治工程规程。

建立地质灾害防治示范区，推进地质灾害防治技术的发展；建立福建省地质灾害监测预警信息平台，提供群测群防技术含量；大力建设山地丘陵地质灾害防治重点实验室，提高福建省地质灾害防治的科技水平。

二、农业面源污染

农业面源污染的主要原因：现代农业生产过分追求作物产量和依赖化学品（化肥、农药和塑料物品）使用，造成了对农业生态系统的负面影响。农业面源污染的主要形式有：化肥污染、农药污染、农膜污染、秸秆燃烧、养殖污染及水土流失等。农业面源污染导致土地退化。在全世界不同程度退化的12亿hm^2耕地中，有12%是由面源污染引起的。面源污染使美国40%河流、湖泊水质不合格，引起地表水氮、磷富营养化；中国农业面源污染造成的氮、磷富营养化也显著高于城市生活用水的点源污染和工业的点源污染。根据试验，我国化肥利用率为氮肥30%～35%、磷肥10%～20%，钾肥30%～50%；大量流失的化肥进入水体和土壤造成江河湖泊水体的严重污染；农药改变土壤结构与功能、直接危害土壤中的生物、破坏土壤生态系统的平衡，农药中的有害物质通过食物链的累积直接危害人体健康。农田喷施的农药约有80%进入环境，随降水、径流、土壤过滤进入水体，造成环境污染；中国水体污染严重的区域由养殖业污染、农田污染所占的比重明显高于城市生活用水和工业污染。近年来福建省化肥年施用量约120万t，农药使用量在5.33万t左右，在我国东南各省中每亩使用量与广东省、浙江省处于同一水平。这些化学品的使用对环境造成较大的压力。过量使用化肥不但造成养分的浪费，而且使土壤板结、地力下降，过多氮肥造成食物中硝酸盐或亚硝酸盐积累，影响人们身体健康。据统计，2003年福建省农作物农药平均施用量为21.9kg/hm^2，为全国平均值的2.52倍，盲目使用现象较严重。福建省2005年农用地膜使用量为3.60万t，比2000年增加1.48万t，增加率为69.8%。

福建省是我国重要的蔬菜、花卉和瓜果基地之一，农业集约化成分提高，化肥、农药施用量不断增加。自2000年来，化肥施用量农药施用量如图2-8所示。由于城市化和工业发展占用了部分农田，农药化肥施用强度高居不下，化肥平均施用强度是国际公认安全上限 225kg/hm² 的 3.6 倍，化肥利用率仅为 40%；农药平均施用强度为 49kg/hm²，高于全国平均值 13.4kg/hm²，农药利用率仅为 30% ~40%。

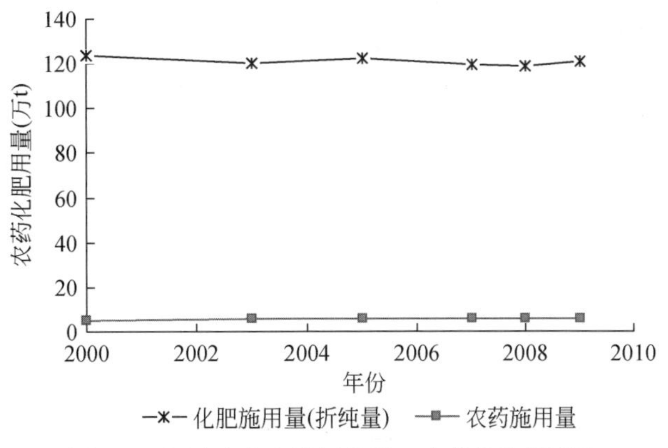

图 2-8　福建省农业施用化肥、农药情况统计图

大量使用农膜虽有利于农业生产，但也可造成土壤污染、耕土层被割水割肥，影响作物生长。目前比较好的农业面源污染防治措施包括：最佳的农田栽培管理措施（如严格控制农业生产中化学品投放量、尽量使用有机绿肥、采用生物制剂、微生物菌剂防治病虫害和建立农业生产物质与能源循环利用技术等）；退耕还林、牧草覆盖裸地，控制水土流失，建立植被过滤带（在农田区与水流之间建立森林防护带、种植林木隔离带等）和人工湿地（恢复和保持当地原生态的小河、小湖及沼泽地等）。

农业与养殖业污染问题，禽畜养殖污染同样十分严峻。福建省畜牧业快速发展，在农业经济中比重达 18.3%，仅次于种植业和渔业；生猪养殖数目呈明显的增大趋势。据测算，福建省畜禽养殖 COD 排放量占工业、城镇生活和畜禽养殖三种污染物 COD 排放量总和值 40% 左右，成为部分地区环境污染的主要污染源。福建省养殖业情况如图 2-9 所示。

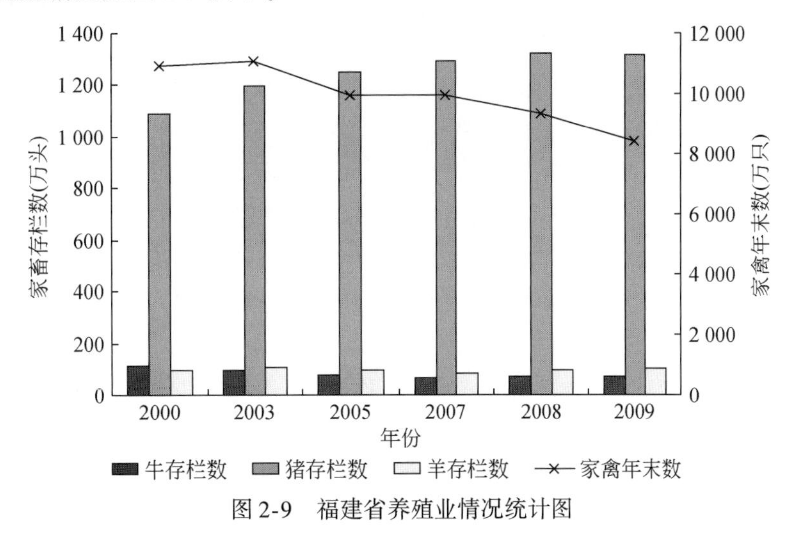

图 2-9　福建省养殖业情况统计图

福建省养猪业多，虽然有“洛东式排放”“猪沼草”等模式养猪，但还是不少将猪排泄物直接排入江河之中，一头猪的排泄量等于 5 个人，仅龙岩一个区，就曾有饲养 500 万头猪，现在通过治理，也有 200 多万头，而饲养牛羊的就较少，这应从草地、农田等土地的综合利用上，增加牛羊的饲养量，但牛羊粪便类的处理也是个问题。

水产养殖污染影响也日益明显。福建省是水产养殖大省，近 20 年来，福建省淡水和海洋养殖面积呈现逐年递增的趋势，其中又以海洋水产养殖面积增长较快。水产养殖特别是流域湖泊、水库淡水水产养殖，以及近岸海域的水产养殖，对流域和近岸海域水环境影响最为突出。根据国家海洋局《2010 年中国海洋环境状况公报》，福建省监测的四个海水养殖区环境质量除罗源湾海水养殖区处于优良等级外，三沙湾、闽江口和平潭沿海增养殖区均处于及格等级。福建省水产养殖面积表示如图2-10所示。

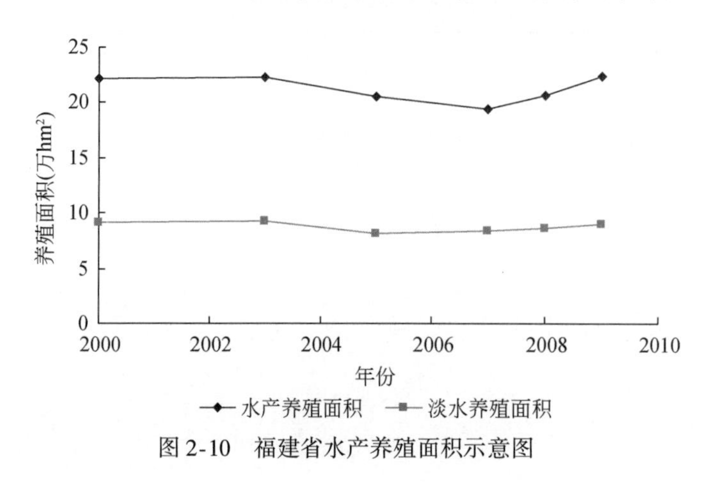

图2-10 福建省水产养殖面积示意图

三、林业结构与效益

（1）森林面积大，但质量较低。福建省森林覆盖率居全国第一，也高于台湾省的54.7%，但单位面积蓄积量为63.19m^3，低于全国平均水平（70.20m^3）和世界平均水平（110m^3），更低于台湾省平均水平（近180m^3）。主要问题是森林经营水平尚有待于提高，培育模式有待于优化。

（2）福建省森林的生态服务功能明显，总价值每年超过7000亿元，每年每公顷森林提供的价值平均为8.27万元。其中：涵养水源为2786.48亿元；保护生物多样性为1927.74亿元；固碳释氧为1004.69亿元；净化大气环境为419.32亿元；保育土壤为497.28亿元；森林游憩为299.86亿元；积累营养物质为73.94亿元；沿海防护林为3.42亿元。存在的主要问题如下：第一，人工林面积大，全省林地面积中人工林约占一半；第二，人工林树种结构失调，人工针叶树纯林占比重大；第三，林分结构不合理，森林生态系统不稳定；第四，生物多样性丧失较严重；第五，生态功能与市场需求之间有矛盾；第六，生态恢复周期较长、技术水平低。

（3）林业产值逐年快速增加，但和先进省有明显差距。福建2005年林业产业总值为919.48亿元，2007年为1180.75亿元，增加值为473.91亿元；2009年增加到1472.72亿元，比2005年增长了60.2%，年均增长12%左右；2010年和2011年福建林业产业总值分别达到了1673.15亿元和2559.4亿元。但在全国的排名从2005年的第一，下降到了2011年的第四。主要问题是：森林资源结构性供求矛盾十分突出，森林经营总体水平不高，林地产出率偏低，森林的综合效益还有待提高；林业产业结构有待调整优化升级；林业企业品牌带动力不足，市场竞争力不强，技术水平和创新能力有待提升；林业产业聚集度不高，特色不够鲜明，且缺乏有效的扶持措施。

四、环境污染

（一）大气污染

根据五大经济区（环渤海经济圈、长三角经济圈、海西经济区、珠三角经济圈、北部湾经济圈）环境评价结果及福建省内有关环保方面监测资料，海西经济区环境空气质量总体较好，沿海地区比内陆山区要好，这是受沿海大气的密切影响，不像内陆山盆、谷地，更易有低压回流，影响空气中的污染物，不易消散。内陆三明、龙岩等地区，因工业废气中颗粒难以稀释，所以空气质量要比沿海地区差些。

2005～2007 年环境空气质量的统计结果对比见表 2-8。

表 2-8　海西经济区环境空气质量统计结果

气象场分区	统计类别	SO_2	NO_2	PM_{10}
沿海地区	年均浓度（mg/m^3）	0.003～0.047	0.014～0.600	0.046～0.087
	占标率（%）	5～78	18～75	46～87
内陆地区	年均浓度（mg/m^3）	0.024～0.076	0.021～0.030	0.067～0.120
	占标率（%）	40～127	26～38	67～120

福州及厦门地区的大气中，二氧化硫（SO_2）含量也较大，氮氧化物排放量大的为福州、厦门和漳州，大气污染主要是火力发电厂、水泥厂、造纸、炼钢、化工等企业及交通。

目前，海西经济区虽然大气质量尚好，但对于今后产业的发展、布局、工艺创新等许多方面，都需结合提高大气质量和整个环境质量进行科学抉择。

（二）水环境污染

闽江流域水质 2010 年比 2005 年提高，保持优等级，水环境功能达标率和Ⅰ～Ⅲ类水质比例也不断上升，达 98.6%～99.1%，有的比 2005 年提高了 7.1%。

九龙江流域水环境污染主要集中在龙岩地区，农业面源、城镇和生活源的污染较多，主要是 COD 和氨氮污染物。一些地区的饮用水还是有超标的现象。

2010 年，流域各设区市集中式饮用水源地水质达标率均高于 98%，县级市及县城集中式生活饮用水源地水质达标率为 99.2%。

城市内河水质总体呈上升趋势，部分河段水质较差。2010 年福州内河水质功能达标率只有 50%，多为生活有机污染，超标项目主要为五日生化需氧量（BOD_5）和氨氮。福建省海湾的水质、污染问题前面已论述，今后应当重视治理与控制。

（三）土壤污染

福建省内土壤污染中较为严重的是重金属元素污染，特别是汞（Hg）、镉（Cd）和铅（Pb），有关情况见表 2-9。这三个重金属元素，特别是汞和镉的污染情况，是不可忽视的，而铅的污染特别是Ⅲ类，面积已很大，占闽江流域面积的 83.81%。

表 2-9　海西经济区主要重金属（Hg、Cd、Pb）土壤情况对比表

类别		汞	镉	铅
闽江流域	超Ⅲ类	≥1.5 mg/kg 面积 160 km^2 占全流域面积的 0.77%	≥1.0 mg/kg 面积 248 km^2 占全流域面积的 1.20%	≥500 mg/kg 面积 88 km^2 占全流域面积的 0.42%
	Ⅲ类	0.3～1.5 mg/kg 面积 840 km^2 占全流域面积的 4.05%	0.3～1.0 mg/kg 面积 2 364 km^2 占全流域面积的 11.4%	500～2500 mg/kg 面积 17 368 km^2 占全流域面积的 83.81%
九龙江流域	超Ⅲ类	≥1.5 mg/kg 面积 4 km^2 占全流域面积的 0.03%	1.0 mg/kg 面积 196 km^2 占全流域面积的 1.35%	500 mg/kg 面积 60 km^2 占全流域面积的 0.08%
	Ⅲ类	0.3～1.5 mg/kg 面积 572 km^2 占全流域面积的 3.94%	0.3～1.0 mg/kg 面积 1 244 km^2 占全流域面积的 8.56%	500～250 mg/kg 面积 112 km^2 占全流域面积的 0.77%

汞、镉、铅、锌、铜、铬、镍和砷等金属元素，在土壤表层土中的地球化学参数的分类标准中，Ⅰ类、Ⅱ类是属于相对优良级的标准，而Ⅲ类和超Ⅲ类则是不良的分类（表2-9和表2-10）。

表2-10　土壤表层中重要金属元素的地球化学分类表

类别	参数	汞	镉	铅	锌	铜	铬	镍	砷
Ⅰ类	含量（10^{-6}）	≤0.15	≤0.2	≤35	≤100	≤35	≤90	≤40	≤15
	面积（km^2）	11 752	11 396	4 480	12 188	13 560	14 360	14 636	13 804
	占全区比例（%）	79.64	77.23	30.36	82.60	91.89	97.32	99.19	93.55
Ⅱ类	含量（10^{-6}）	0.15～0.3	0.2～0.3	35～250	100～200	35～50	90～150	—	15～30
	面积（km^2）	2 380	1 956	10 104	2 332	828	388	—	748
	占全区比例（%）	16.13	13.26	68.47	15.80	5.61	2.63	—	5.07
Ⅲ类	含量（10^{-6}）	0.3～1.5	0.3～1.0	250～500	200～500	50～400	150～300	40～200	—
	面积（km^2）	620	1 212	112	192	368	8	120	—
	占全区比例（%）	4.20	8.21	0.76	1.30	2.49	0.05	0.81	—
超Ⅲ类	含量（10^{-6}）	>1.5	>1.0	>500	>500	>400	>300	>200	>30
	面积（km^2）	4	192	60	44	0	0	0	204
	占全区比例（%）	0.03	1.30	0.41	0.30	—	—	—	1.38
最大值（10^{-6}）		1.525	21.03	6 609.6	2 093	299.2	200	64.2	270.32
最小值（10^{-6}）		0.015	0.006	11.2	19.3	1	3	1.1	0.37
平均值（10^{-6}）		0.126	0.185	58.9	77.8	17.04	32.5	11.6	6.57
中值（10^{-6}）		0.095	0.115	43.7	66.4	13.3	23.6	8.8	4.5
算术平均值（10^{-6}）		0.093	0.135	47.5	70.1	15.2	31.3	10.5	5.25
标准离差（10^{-6}）		0.046	0.082	20.45	25.8	9.7	21.6	6.1	3.54

注：根据样品数统计

第三章 福建省生态文明建设基本原则

针对海西经济区所处的自然地理位置，归纳已有发展的基础，再展望今后加速发展的趋势前景，才能更好地思考今后海西经济区发展的基本方向与途径的问题。

福建省河流多发育于本省流域内；森林覆盖率为63.1%，居全国第一；已有开发的效应还是较好；生态环境基本上属于良好层次，污染程度不是很严重。虽然如此，但仍是存在不少生态环境问题，第一章和第二章已论述。因此，在以福建省为核心的海西经济区，为今后的可持续发展，应当在此良好的基础上，加强生态文明建设。这是海西经济区发展中得以保障生态环境安全与可持续发展这两大目标的最重要前提。

第一节 海西经济区（福建省）发展定位

发展海西经济核心区——福建省，在目前是一个很好的机遇，也是一个严峻的挑战。在总结福建省已有生态文明基本情况后，首先仍需对海西经济区（福建省为核心）予以更确切的定位。

一、海西经济区的核心是福建省

福建省首先提出建立海西经济区是针对台湾海峡而言，国务院批复的海西经济区还包括浙江省南部的温州、丽水、衢州，江西省的上饶、鹰潭、抚州、赣州及广东省东北部的汕头、梅州、潮州、揭阳等地区。总面积达28.28万km^2。其中，核心区福建省只有12.4万km^2。

所以，福建省只是海西经济区的近一半面积，但是这一片核心的面积的重要性，在于其有完整的闽江、九龙江、晋江等流域发育。而浙南、赣西北及粤东北，与福建省又有地理、地质及气候等自然条件的近似，特别是经济、文化、历史、政治和社会等方面的关联。所以，发展海西经济区的核心——福建省，也必须考虑带动与促进其他海西区域内邻地的发展。

将福建省定位为海西经济区的核心，也就更明白发展福建省对整个海西经济区发展的重要性。

二、福建省为牵手海东密切交流的最前缘平台

建立海西经济区，是相对海峡东部地区的台湾省而言。福建省和台湾省有五缘相通的情况，这是很重要的客观事实。在台湾省的居民，有80%以上的祖先来自福建省。

20世纪70年代末改革开放后，海峡两岸于80年代中期才开始恢复同胞探亲回大陆，并在经济发展上有所合作。

目前，台湾省与大陆许多省、直辖市都有了经济发展上的交往。但是，福建省作为海峡的西岸，与台湾省之间有着更胜一筹的悠久历史渊源，所以将福建省立为大陆牵手台湾省的最前缘平台，这个定位是非常重要的。

三、海西经济区是连接珠三角与长三角两个经济区的纽带

20世纪80年代初，依靠连接港澳的地理位置，邓小平同志第一次南部视察，掀起了珠三角地区的经济发展。20世纪90年代初，邓小平同志二次南部视察，催生了长三角地区的经济腾飞。接着21世纪初，环渤海地区经济的发展，以及振兴东北老工业基地，使得中国自东北—环渤海—长三角连成沿海的北半部，而中间发展海西经济区后，才能使东南部的珠三角地区与之相连贯通。

所以，海西经济区定位为连接珠三角经济区与长三角经济区的重要纽带，这是非常重要而正确的。

长三角经济区和珠三角经济区，原先的经济基础就比较好，自1949年后，都是在较好的基础上发展经济。而福建省在这段时间中，却发展缓慢，20世纪80年代中期后才有所发展，但与珠三角和长三角两个经济区相比，还是很薄弱的。

显然，海西经济区作为我国两大主要经济发展区中间的纽带，没有坚强的经济纽带的韧性，就不可能起到连接作用。这种韧性，就是要依靠加大发展力度，而促使福建省经济水平接近长三角与珠三角，才能有力地挽着两个三角洲，促进两岸的和平统一。所以，海西经济区经济实力的强大基础，是不可或缺的。

四、背靠中南–西南广大腹地

利用福建省的优良三大港口群，更好地开拓海外航运，带动经济发展，这需要有更多的物流、人流作为后盾。我国西南、中南地区，应当作为福建省发展的重要腹地，如江西省、湖南省、贵州省、重庆市、四川省等地，利用通向腹地的快速交通网络，增长这些腹地的物流和人流，使其能够利用福建省港口群更好地发展，也使这些中南、西南腹地通过利用福建省港口群，而获得向台湾省及海外开拓的良好条件。

抗日战争前，福建省至内陆的交通网络还不发达，当时美孚石油进口就是利用福建省的三都澳港。目前，福建省通向腹地的快速通道也具备基本规模，今后进一步发展内联快速通道，对海西经济区、两江经济区（重庆）和川西经济区的发展都是有益的。

福建省的定位，如图3-1所示。

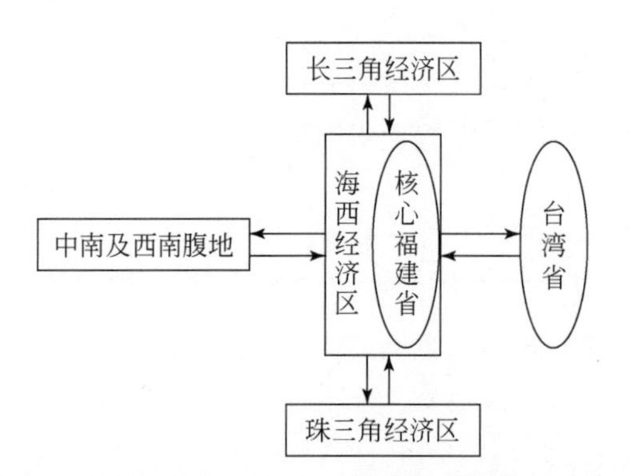

图3-1　海西经济区核心——福建省经济发展区位图

第二节　福建省生态文明建设基本原则

今后如何发展，发展的具体目标是什么，如何进行生态文明建设，这首先应当从海西经济区的自然条件、已取得的成就、获得的支撑因素，以及存在的问题等方面进行深入的综合分析。从中吸取正确的

经验，并吸取不足与错误的教训，以得出正、反的经验与认识，才能提高到理性上去认识，以更有力地推动生态文明建设，促进科学的可持续发展。针对海西经济区，特别是福建省的情况，初步归纳出今后发展的几个重要原则。

一、合理、高效与循环利用当地资源

要发展海西经济区，首先应从当地资源条件出发，能合理、高效并循环地利用当地资源，这些资源包括土地资源、水资源、能源、矿产资源与生物资源。合理利用资源，必然应注意提高资源利用的高效，最大效应地利用资源，也就必须能循环地利用资源。这种循环利用资源，并不是重复利用资源于一种方式，而是在资源被利用时，产生相变及能量变换过程中，能不断使其发生效益。这方面循环利用资源，是符合循环经济的范畴，也是生态文明建设的内涵。这方面，包容了循环经济的内容。

据上所述，海西经济区土地资源是不多的，因此合理利用，就必须考虑相对应的节约与集约利用土地资源问题。2000 年全省耕地面积为 1 381 540. 5hm^2，至 2010 年时为 1 338 552. 3hm^2，减少了 42 988. 2hm^2。特别是在沿海地区，大面积圈地建设各种开发区，或建设新城供发展用地等，都应当注意节约与集约用地。海西经济区，人均水资源相对丰富，每年有 3200 多立方米，但在地区及时空上分布不均匀，而且大量为洪水（60% ~80%），并汇入海洋，这就需要考虑如何利用洪水资源这些问题。海西经济区矿产资源的大矿床不多，在加强寻找新矿源之外，也需要考虑高效利用与循环利用矿产资源的问题。

1869 年动物学家海克尔（Haeckel）提出生态（ecology）的概念，最初就是有家居的意思，即生物的居住环境的关系。而后，生态更多注意到生物群、生物群落与环境的关系。后来，生态更多地探讨食物营养分级、能量的转化与生物多样性。1939 年，特罗尔（Tron）提出了景观生态学，而后又拓展为地学生态学（geoecology），使生态学研究更多与地学相结合，也使生态学研究与地质环境相融合。所以，合理、高效与循环利用资源，这是一个很重要的生态内涵。

二、节约与存储并举，利用两种资源

在能源和一些矿产资源方面，海西经济区在本土内是不能解决的。因此，需要利用两种资源，即本土资源和海外资源。当然，这两种资源都应节约使用，同时也应当考虑储存问题。

例如，能源问题，本土虽然有煤炭资源，但已探明储量有限，只有 11 亿 t 煤炭，而福建省近年来年耗能近 1 亿 t 煤炭。因此，目前一方面应开采本土煤炭（以年产 3000 万 t 为好），另一方面也应进口煤炭。从长远战略上考虑，本土的煤矿不能过多开采，而应当留有一定的安全储量，留在地下不予开采。进口外煤，除补充当年本土开采煤炭不能满足的需求量之外，应当多进口煤炭，以作储存。煤炭储存地，可挑选海湾与交通方便的地带。

对于石油能源也是如此。应当更好地选择一些地带，建设地下水封洞库以储原油，争取储存量达 1000 万 ~2000 万 t，甚至更多。

水封地下油库是和石化炼油企业相对应的。福建省现在已确定建立三大石化基地：①湄洲湾石化基地；②漳州古雷石化基地；③泉州石化工业布局基地。宁德尚没有确定下来，宁德可建水封地下油库，并应当重视。这里需强调的是应当注意如何减少、防治石化企业对环境的污染危害。这是建设生态文明中极需关注的一个方面。

石化虽然污染环境，但是可以促进经济强势与 GDP 增长，所以目前对其仍有争论。这几个大石化基地的作用与环境影响是肯定的，但如何控制，需要进一步研究。有一点应明确指出，福建宁德等地区的储油条件是非常好的。

无论如何，全面节约集约开发利用各种资源仍是福建省发展的一个重要方向，这也是生态文明建设中的要点。而储存外来油气及煤炭，也是不可或缺的措施。

三、开发清洁、安全新能源与能源多元化并注意环境效应

根据目前科学发展，并且从环境保护出发，发展与利用清洁、安全能源，这已是世界潮流所趋。水力能源，作为清洁能源已有千年历史，首先是水力磨坊，而水力发电也有百余年历史。目前，清洁、安全与可再生能源，包括核能、太阳能、风能、潮汐能、地热能等。

福建省全省对流型地热资源可采量，折合约每年49.9万t煤炭；太阳能各地总和为（47～52）$\times10^8 J/m^2$；风能功率密度为262～930W/m^2，目前，风机容量只有26万kW，在建20万kW，在浅海地带发展风能较好；潮汐能，装机容量为0.5万～100万kW，平潭幸福洋潮汐电站的装机容量为1280kW，年发电量约31.5万kW·h。核电站三代装置，装机也在兆千瓦以上。这些数据表明，福建省发展多元化能源，是完全可行的，关键在于建立节能的先进产业，同时建立新的能源与消耗的观念。

福建省已建成两处核电站，拟建一处，应当认真从抗震、水-电应急能力，以及抗其他地质灾害等方面，深入科学地进行安全审核，并有更完善的监测与预案措施。目前，平潭也开发了风能，其他新能源尚没有很正规开发，多是小规模太阳能热水器与地热水的洗浴。这些新能源是无碳能源，符合发展低碳经济、建设生态文明的要求。但过量与不当开发，也会影响生态环境，所以需要深入研究、合理规划、科学开发，以符合生态文明的需求。

水力发电的大水库，或过密集的梯级小水力枢纽群，对生态环境还会造成一定的影响，特别是在水质方面。所以目前尚有不同争论，也还需要认真地研究水利水电措施，如何布局对生态与水质不产生大的影响问题，水电能源应当还有科学开发的潜力。

至于风电，也会对环境产生不良效应，如增温及风机影响下生物、土壤的不良效应等。目前比较好的风能是在浅海的海域及岛屿地带。太阳能开发也会产生相应的温度变化。地热能的开发，也存在开采方式与对地壳长期产生不良效应问题。所以，新能源的开发，也必须在探讨对地质环境产生效应的基础上，合理、正确地开发。

四、向海洋发展，寻求与开发海洋资源以发展蓝色经济

长期以来，中国只强调960万km^2的陆地面积，而忽视了300万km^2的领海面积。中华人民共和国成立的几十年来，除了近海渔业及少量的航海交通（物流为主）之外，对海洋开发是很少的，也没有成熟的开发领海计划。

中华人民共和国成立后，甚至是改革开放以后，我国对海洋的发展，除了制造一些装备和船舶之外（不少还是为他国制造的远洋渔业及远洋物流航运的船只），主要就是填海造地，也造成了对海洋环境的不良影响。

向海洋开拓，发展蓝色经济主要包括：①探测海底蕴藏的油气能源和其他矿产资源，包括水合物可燃冰等；②开发领海内的岛礁，包括渔业及旅游业等；③发展高技术的远洋渔业；④发展远洋的物流及人流（高级游船）的远洋航运；⑤发展海洋基地，有助于开发海洋资源及领海的保卫；⑥发展有关海洋的装备制造产业，除了造船业之外，有更多的海洋发展需要的制造业，包括钻井平台、深水潜水器、深海捕鱼装备、海岛浮动平台、码头、海洋浮动停泊码头等。海西经济区可重点探测东海中生代的油、气能源，也可与台湾省联手勘探开发，当然要注意海洋生态的保护。海西经济区应为发展海洋而做出更大贡献。

福建省委于2012年8月初，曾作出决定要大力发展蓝色经济，依托两岸共同试验的平潭，更好地向海洋发展。福建省以前是发展海洋的先驱基地。原在明朝时，就是海上丝绸之路的重要起点。目前是一个机遇，福建省应恢复以往的雄风，更好地发展蓝色经济，成为海洋强省。

五、防治自然灾害达到减灾、避灾效果以保护海西经济区的海陆发展

自然灾害是不可避免的，特别是海西经济区处在季风气候直接影响的重要区域，而且受太平洋板块的运动影响，福建省的地质构造也是很活跃的。在海西经济区，除了涉及福州、泉州、厦门的滨海活动断裂之外，还有NW向与之交会的活跃断层。而且，福建省经常在春夏之交至夏秋之交的季节，有强大的台风、风暴潮产生。而在气候灾害-地质灾害之间，存在着灾害链，也是海-陆灾害链，可诱发海港的冲刷、淤积，以及陆地的滑坡、泥石流、崩塌、塌陷等地质灾害，而危害大片地区和数以万计的人民生命与财产。所以，目前要加强预警预报系统和预案处理措施的建立完善。

因此，建立一些预警系统仍是必要的。目前，世界上尚没有准确的地震预报系统（特别考虑在地表产生的P波和S波之间的短暂十多秒的警报问题）。但对于海西经济区而言，也应当在发展中考虑到今后可能会发生较大的地震，正确地选择稳定与相对安全的发展项目，采取防灾及减灾的措施。所以，气候-地质灾害链和地震-其他地质灾害链，在海西经济区（福建省）的经济发展中，都应当进行危险度区划，对特高危险度的地带，应有尽可能完善的防灾减灾的措施，这是很重要的一个原则。

从生态文明建设上看，应当积极普及防灾避灾的知识，并提高“群测群防”的技术水平，分期分批制定灾害防治措施计划。

六、防治污染、节能减排，注意保护陆海生态环境安全

中国以往的发展，不少是粗放型的，过多消耗资源与能源，也污染了不少的江河湖海，危害到生态-环境的质量与安全。其结果是对今后的发展造成更多的障碍。为了保护环境，国家也强调了节能减排，并下达了相应的指标。福建省的环境污染也是客观上存在的，第二章已有了具体数字与分析。虽然闽江流域、九龙江流域水质基本上还可保持在Ⅲ类水平，但是，目前检测的项目有限，没有更系统全面的分析成果，包括有机成分的几十项监测，还是分析监测得不多。目前，福建省有的矿山、河段污染情况严重，这已敲响了警钟。大气质量以往只监测PM_{10}，其结果已有超标，目前刚开始监测$PM_{2.5}$，虽然在2012年76个城市中，空气质量好的10个城市里，福州为第二，厦门为第四，但福建省的环境状况还是不可忽视。

福建省今后的发展中，必须更好地节能减排，包括生产及生活中节能，以及从固、液、气三方面减少灾害物质的排放。海西经济区的核心——福建省可选福州、厦门作为垃圾分类处理试点。

“防治污染、节能减排，以建设生态文明”在实践中通常不易实施，这是因为人们多认为造成环境污染而危害生态应是大企业之事，与个人及小单位无关，而不知道这方面需要全民努力并多管齐下，宣传深入人心才易于达到生态文明建设的目标。

七、保护中开发、开发中保护，以提高发展功效与环境质量

任何开发必然会影响到原来的自然条件，或者是已平衡的早期开发的环境。所以，在开发的过程中，首先必须研究掌握开发地带的原有环境，特别是地质环境的特性，注意开发的项目可能对原有环境产生什么样的双重效应，极力避免由于开发而产生的不良效应。应当贯彻“在保护中开发”这一原则，保护措施应当实施在前。

反之，在“开发中保护”，就是实施了开发措施后，要结合着保护环境而适时进行调整，以避免产生不良的效应。这个原则，是希望开发能达到最大最佳的效益，而对环境的影响减到最低最少的程度，尽量不在开发中诱发较大的或者是长时期的不良效应。

八、统筹城乡、相互依存而共同发展及共建生态文明

我国城镇化率已达50%以上，其中包括农村向城镇转移工作的，真正为城市居民的，只有35%左右。许多乡村“剩余”劳动力仍不断向城市转移。但是，从目前的发展来看，大城市发展快，农村相对发展慢，城乡差别还是很大，对今后的经济发展与保护环境方面都是不利的。

我国城市发展的特点是人口密集居住，经济也集中发展。而把这种现象称为城镇化是不确切的。城镇化更能反映出城市的不同规模与级次，我国的城镇可分五个级别，城镇的经济及文化教育等方面的辐射作用，对提高农村（特别是山区）的经济发展，以及改变农村山区面貌，都是有好处的。这种辐射作用，也是巩固和加速城市经济发展所必需的。

根据海西经济区各地工业生产总值和农业生产总值的比值，可以看出广大农村、山区仍然产值较低，相对靠近发达城市的农村，其经济也就较好。

所以，应当有更多的城市起到辐射作用，加速城乡一体化，以使这种趋势面不会有太多的集中。其目的就是要使农村山区的当地工业及第三产业产值得以提高，农民人均收入也得以提高。本书认为，为增加广大农村人均收入、增大工业服务业产值的比重，以及吸收农村真正剩余的劳动力，今后应更多地建立小型城镇。在整个城乡结构上是一个基础和五层金字塔形的城镇结构。一个基础，就是广大的农村，五层金字塔形的城市结构如下。

第一层为山村基础城镇。在农村和山区中，利用自然条件较好、交通易于建设发展的地带，建立具有山区乡镇企业、农产品转运和商贸中心、中等教育文化和医疗中心，以及农村山区科技推广中心等功能结构的小城镇，这是最直接的为农村山区服务并沟通农村山区与外界大城市的重要联结枢纽，也是未来20 ~ 30年内吸收大部分农村迁移人口的城镇。目前，这种城镇有的已具雏形。

这样的小城镇，可属于上级城市管辖，也应有利于促进城乡一体化。城乡一体化并不是乡村与大城市一样规模发展，而是相互有特点而又相互依托发展，交流更密切，从而缩小差距。

第二层为县级城镇。福建省的县、县级市等，基本上属于这一层次，将来可以有少量增减。此层城镇的功能，主要在于管理与控制山村基础城镇与农村山区，协调两者之间的生产建设等最基本的基层事务。目前这类城镇不宜扩大，而是应当提高县级城镇的质量。该级城镇对基础工农业生产及生态文明建设应当具有最重要的监督与调节作用。

第三层为地区中心城市。目前在福建省有9个行政地区，其中有宁德、南平、兰明、龙岩、漳州、莆田，各个地区所在的城市，都可属于这一层。其功能，主要是对县级城镇起到监督、指导与支援的作用。根据前面的分析，应当在这些地区中心城市中，优先发展现代化的城市，以起到经济辐射的作用。地区中心城市，可以加速发展一些现代化工业。对这几个城市，不仅期望能更好地起着地区核心的经济辐射作用，而且也应是科技与文化的地区中心，都应有高水平的高等学校和研究机构。当然，这是展望，还有一些此类地区中心城市，可根据今后发展的情况，酌情列入此类中心城市之列。

第四层为省级重要综合性现代化城市。这一层次主要是各省的省会及重要的城市，在本区域内的福州、厦门、泉州都应当属于这一层次。这些城市连同城区和郊区，人口都在百万至几百万以上。因此，此类城市不宜再发展，而是应当提高城市现代化水平，成为带动、指导、监督、帮助与提高下层中心城市和县级城市的重要后盾，也是把经济、科技、文化等成就向下面两级城市进行辐射的全省及大区域的中心。在该层城市间，必须有高速公路相连，而且也都应当有现代化的航空港。随着经济的发展，将来还可以将部分城市列入此类城市的行列，但人口不宜再扩大到这些城市的水准。

第五层为国家级大都市。目前北京、上海、天津和广州都可属于国家级大都市。本区也有可能出现1个此类大都市，但要发展成为此类城市，不仅仅是靠人口上的规模，而是要在城市的科学功能进展与作用上与已有的大都市相比。要发展成为此类城市，还需要一个长期的发展过程。此类大城市、大都市对农村山区的开发都应当起重要的指导与支持的作用。该类国家级大都市，主要起着沟通国际及协调与指

导省级综合现代化城市的作用。国家级大都市，应当为工农业、商业达到国际先进水平及发展有中国特色、独创的领先科学技术，真正起带头的作用。五层城镇结构功能见表3-1。

表3-1　城镇结构功能简表

城镇级次	城镇名称	结构力	功能特性
Ⅴ级	国家级大都市	具政治、经济与社会方面抗震动的结构力，居于城镇结构的最上层	政治、科技、教育与经济的控制中心功能，现代化先进的首都及少数直辖市
Ⅳ级	省级现代化城市	具坚固的内结构力，可抗御外来冲击力，本身也具荷载力	向现代化大城市发展，具在本省（区）协调经济的能力，对外有补偿应急能力，为省科教文化中心
Ⅲ级	地区中心城市	具传递应力的作用，将上层荷载力安全传至下层，本身具抗风险的能力	地区城市，具当地经济、科技、教育的调节功能，一般为中等规模但具有特色的城市
Ⅱ级	县级城镇	具坚固的结构力，是基础的基本荷载力，具抗自然及人为灾害的基本能力	县级重点城镇，具生产的增长与调节作用，也具环境保护的最重要性能
Ⅰ级	山村基础城镇	具最基本的承载力，本级城镇自身有荷载力，通过与农村联系的基桩，深入农村地基基础	发展经济的基础，具承受上述四级城市结构的荷载能力，为资源供给基地，也是商品的市场倾销地和环境保护地
农村居民点	基础村庄	承受五级城镇的坚固基础支撑力（生产力）	以大农业的发展力为上述五级城镇提供农产品、工业原料，也是大市场所在

Ⅴ级和Ⅳ级的大都市与省级现代化城市不能无限制地发展，为了可持续发展，应当重点发展Ⅰ级和Ⅱ级城市，这是荷载城镇，是塔状城市结构的重要基础层次的城市。此外，应当在Ⅰ级和Ⅱ级城镇中重点发展现代化乡镇工业，也可吸收大部分来自基础农村的剩余劳动力。这两级城镇，应当是21世纪城市化发展的重要目标。

当然也只有Ⅰ级和Ⅱ级城镇向现代化都市发展，才能真正体现出国家的强盛与现代化。

目前，在发展中必须统筹城乡发展，科学合理地依据自然、人文条件统一规划，以使城乡能和谐发展并共同建设生态文明，为减少乃至消灭城乡间发展的过大差别、保障生态的和谐，而创造前提条件，这是福建省应当坚持发展的一个重要的原则。

城乡一体化，并不是让乡镇向大城市看齐，而是城与乡更好地相互和谐发展而又相互依存，城乡之间在开发资源、防治灾害方面，都应当统一考虑相应的措施。城乡一体化，主要是统筹城乡的发展。

九、城镇群的一体化和谐发展以加速城市科学发展和生态文明建设

任何一个城市要想很好地发展，既能获得好的效应与成就又能保护好环境，必然涉及邻近城市的相应发展问题。相邻的几个城市结为城市群，由于自然环境相似，在各自开发中必定有相互影响的问题，每个城市所具有的条件也有所不同。所以，相邻几个城市成为城市群，可相应取长补短，相互依存，相互支持，又相互补充与制约。这样就会更有力地促进城市科学发展。城市群的共同发展，可更好地达到与周围区域的和谐，并达到更高的生态文明的水平。对海西经济区而言，这里强调的城市，应当是大城市福州、泉州、厦门为骨干和周边县（市）级中等城镇组成的城镇群。

城镇群发展，资源方面可共享互通，环境方面可联合采取措施，交通上人流与物流可以更便捷通畅，科技上可更好地相互协作，产业上可有更多整合的场所与空间，文化教育上可以更好地相互提高，金融上也可相互调整经济与相互支持。总之，城镇群会促进城镇共同发展与提高。很难相信，邻近城镇不能共同建设生态文明，而能促进单一城镇有效地发展经济。城镇群和城市群提法不同，内涵也不同。城市群，易于关注大城市（Ⅴ级、Ⅳ级），而城镇群，就是除了大城市之外，还包括规模小的Ⅱ级城市，更需包含新、老小城镇发展，这会促进发展不快的农村和小城镇，使其能更好发展。

十、以流域为单位协调发展，建设生态流域，发展流域绿色经济

很显然，一个流域的生态环境，从上游到下游都是密切关联的。中国长江、黄河、珠江等大流域流经多个省、自治区、市，要使上游至下游这些城市都同步进入生态好的状况是很难的。所以大流域要能建成生态流域，困难重重。

海西经济区，除了赛江发源于闽浙交界的洞宫山，河流流经之地主要在福建省内。海西经济区最大的河流是闽江，其次是九龙江，这两个流域从上游至下游，涉及山区及沿海的主要城市，方便统一考虑合理开发，也方便统一考虑研究防灾减灾，以保障生态环境安全，取得更好的发展。当然，这样也有利于建设全流域的绿色经济。

福建省在2002年初就开展了生态省的建设。利用福建省目前的发展，首先应争取闽江、九龙江两大流域进入生态流域，随后再促进其他流域进入生态流域，福建全省的生态水平就易于达标。更主要的是，闽江、九龙江进入生态流域，在全国可起示范作用，也可对海西经济区的全面发展起引导与促进的功效。所以，生态流域建设成为福建省生态建设的重要内容。

十一、调整产业结构建设生态文明以保障绿色经济与蓝色经济的可持续发展

中国要从粗放型发展过渡到建设生态文明，在陆地上可持续发展绿色经济。这种绿色经济就是在陆地河流上发展和谐、友好、生态的经济，生产完善、无公害的绿色食品及各种工业产品，以及更高一级的有机食品，发展不污染环境的产业经济，使人们有良好的生存与发展的空间，充分体现出高层次的生态文明。

要达到绿色经济，应基本符合上述的十个方面。其中包括低碳经济，即生活生产发展中减少碳的消耗与排放；也包括循环经济，就是节约与集约使用资源；更包括生态环境的安全。要在生态环境上得到安全保障，只有通过发展绿色经济，才能达到目标。

蓝色经济，主要是针对海洋发展的有关方面，使其具有高层次的生态文明效果。就是向海洋发展的同时，不污染海洋环境，不破坏海洋生物多样性，使海洋仍保持着蓝色的自然生态系统。

目前，在陆地上达到绿色经济是国内的主要追求，海洋上能得到保护而又有效开发，就需注意海洋生态文明建设，绿色经济和蓝色经济要协调发展，在福建省的建设中，应当有这种开创性的认识。

十二、立足海西、携手海东为两岸和谐环境与生态文明共同创造相应的坚固平台

福建省是海西经济区的主体，相对而言就有海东——台湾地区。但需要强调的是海西经济区不只代表福建省，还应包括浙南、赣东和粤北地区，但最主要的是福建属于海西经济区，应担负起作为大陆和台湾和谐共同发展与和平统一的桥梁的任务。

所以，立足海西，必须考虑携手海东——台湾，以达到大陆和台湾的共同发展与和平统一，这是最大也是最基本的原则。

目前，两岸交往已日益密切，需要进一步为和谐自然与人文环境，以及生态文明建设而共同努力。

如图3-2所示，12条有关生态文明建设的重要原则，贯彻了党的十八大有关大力推进生态文明建设提到的四项要求，涉及国土开发格局与海洋的权益和开发，也包含了主要的水资源、矿产资源和能源等的开发与保护，并且涉及生态环境的保护，以及防灾问题，最后也强调了相关建设目标与牵手台湾的问题。

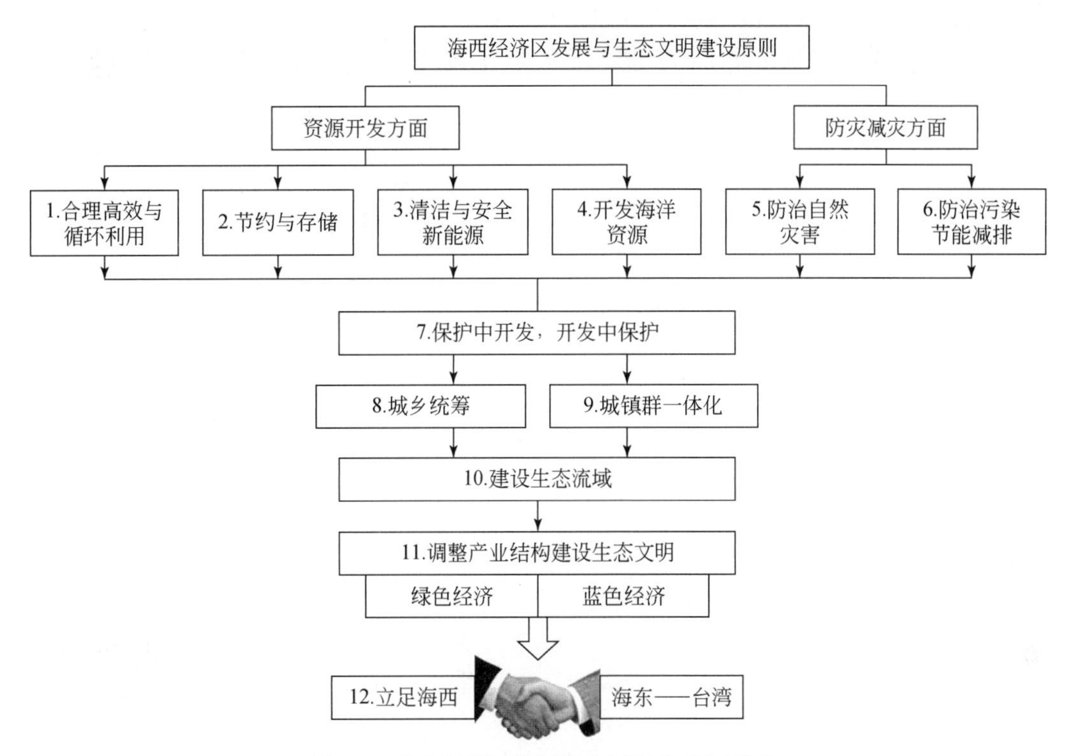

图 3-2　海西经济区发展战略原则关系分析图

第三节　绿色经济链与蓝色经济链融合

第二节中论述了生态文明建设中的 12 条战略原则，其中包括建立绿色经济与蓝色经济问题。同时，也应将建设绿色经济和蓝色经济融入五位一体中，即将有关绿色经济链和蓝色经济链，贯彻融入经济、政治、文化、社会和生态文明五位一体的建设中。下面将讨论绿色经济链和蓝色经济链问题。

一、绿色经济链

1. 林业方面

倡导森林资源节约与环境友好的发展模式，实现发展的速度、结构、质量、效益的统一，构建绿色经济链：①遵循生态优先的原则，走生产发展、生活富裕、生态良好的文明发展道路；②发挥森林的生态、经济和社会功能，正确处理农、林、牧、水、工的关系，改善城乡人居环境，全面满足人民的物质和精神需求；③拓展林业产业发展空间，拉长产业链条，加快竹产业、茶产业、花卉产业和其他非木质林产品产业发展，提高风景游憩林、森林旅游产品及其服务质量，壮大林业产业规模；④吸取海峡西岸特色的区域文化、历史文化和民族文化精华，大力弘扬和发展新时期具有海峡西岸特色的森林生态文化。

2. 农业方面

海西经济区的生态文明建设关系到福建省能否可持续发展，其中，绿色产业链的建设是重要的组成部分。狭义上的绿色产业包括粮食作物、畜牧、林木材料深加工、水产、果品、食品深加工、饮料、食品包装、无公害农业生产资料和人类其他多元化生活用品等的生产、加工的产业链。福建省地处南亚热带，东邻浩瀚的东海，全年雨量充沛、气候温暖湿润，有益的富硒土地资源丰富。另外，福建省丘陵山地面积大，决定了各地气候、地理条件的差异明显，农林、畜牧、海产品生产具有多样性的特点，各地都有较丰富的特色产品，如连城“八大干”，漳州水果、水仙花，建瓯竹笋、椎栗，莆田兴化桂圆，福州橄榄，罗源湾水产品，安溪、武夷山茶叶等知名产品。改革开放以来，食品深加工、饮料、食品包装、无公害农产品生产呈快速发展势头，做好绿色产业链建设具有一定的基础。为了做好这一方面工作，就农业生产而言，建议在南平、三明和龙岩等森林覆盖率高、水资源丰富，但海拔高、运输、转口距离相对较远的地区发展高优农业、林产品精细开发为主，适度发展禽畜养殖-食品深加工复合产业，竹笋、板栗、食用菌等耐储藏的特色农产品加工产业，尝试无公害食品及有机食品的规模化生产；漳州在加强与台湾农业合作的基础上，以花卉、特色水果产业化经营、食品深加工为主，适度发展海产品加工业，大力生产富硒农产品；福州、厦门以农产品出口、海产品加工业、转口贸易为主，加快发展无公害蔬菜种植、绿色食品生产；泉州以开展旱地农业和节水型、少水型农产品生产为主，不提倡发展小水电，而应采用风电或太阳能和煤发电方式提供能源，以减少对水资源的依赖。

3. 工业方面

从产业布局而言，各地区第一产业、第二产业和第三产业比例不尽相同，侧重面也不同。总之，应根据气候条件、资源分布、产业基础及地域特点合理布局、科学发展福建绿色经济产业链。在高速发展的同时做到生态安全和可持续发展。为了实现这一目标，要投入一部分资金与人力对各地区第一产业、第二产业和第三产业布局进行规划，并防范与监督工农业生产中易出现的面源污染、点源污染对环境造成的压力。

这方面，特别是第一产业、第二产业，成为节约资源、能源，体现低碳经济、循环经济的产业，相应成为建设绿色经济的主要方面。这方面也应是控制污染、保护良好生态的关键性所在。其中，对大的化工企业的控制，采用先进的技术，改造与提高热电厂、水泥厂、造纸厂、电镀厂等落后工厂的生产工艺，以及控制矿山开采对环境的影响，适时复垦保护与修复生态，也是极为重要的措施，以共同建设绿色经济。

二、蓝色经济链

根据国家发展和改革委员会于2012年11月颁发的《福建海峡蓝色经济试验区发展规划》，立足福建在海洋经济发展中的综合优势，落实国家关于发展海洋经济的战略部署，科学确定福建海峡蓝色经济试验区的发展定位，为提升我国海洋经济科学发展水平提供示范。在构建蓝色经济链方面应坚持陆海统筹、合理布局，有序推进海岸、海岛、近海、远海开发，突出海峡、海湾、海岛特色，着力构建“一带、双核、六湾、多岛”的海洋开发新格局。

（1）打造海峡蓝色产业带。以沿海城市群和港口群为主要依托，加强海岸带及邻近陆域、海域的重点开发、优化开发，突出产业转型升级和集聚发展，突出创新驱动与两岸合作，加快构建特色鲜明、核心竞争力强的现代海洋产业体系，形成以若干高端临海产业基地和海洋经济密集区为主体、布局合理、具有区域特色和竞争力的海峡蓝色产业带。

（2）建设两大核心区。把福州都市圈、厦门漳州和泉州都市圈建设成为提升海洋经济竞争力的两大核心区。充分发挥沿海都市圈产业基础好、科研力量强、港口及集输运体系较为完备等方面的优势，加强海洋基础研究、科技研发、成果转化和人才培养，深化闽台海洋开发合作，加快发展海洋新兴产业和现代海洋服务业，率先构筑现代海洋产业体系，推动海洋开发由低端向高端发展、由传统产业向现代产业拓展，建设成为我国沿海地区重要的现代化海洋产业基地、海洋科技研发及成果转化中心。加快沿海都市圈内同城化步伐，推进产业、城市、港口之间的有机衔接和互动发展，增强现代城市服务功能，提升中心城市的集聚辐射能力，形成引领海峡蓝色经济试验区和带动周边地区发展的两大海洋经济核心区。

（3）推进三大港口群（六大海湾）区域开发。依托福州港口群、湄洲湾港口群及厦门港口群，包括环三都澳、闽江口、湄洲湾、泉州湾、厦门湾、东山湾六大重要海湾，坚持优势集聚、合理布局和差异化发展，建设形成具有较强竞争力的海洋经济密集区。

（4）加强特色海岛保护开发。按照“科学规划、保护优先、合理开发、永续利用”的原则，重点推进建制乡（镇）级以上海岛保护开发，探索生态、低碳的海岛开发模式；结合海岛各自特点，发展特色产业。

蓝色经济，更需要注意陆地污染影响到海洋环境，恶化海洋生态。应注意保持良好的海洋环境，注意海洋生态文明建设对海湾大陆的不良效应。这方面，当然涉及海洋-陆地灾害链。所以，应当统一考虑绿色经济与蓝色经济链，作为五位一体所应当关注的核心问题。

第四章　福建省生态文明建设主要内容

早在2000年，时任福建省省长的习近平同志就提出建设生态省的战略构想，强调“任何形式的开发利用都要在保护生态的前提下进行，使八闽大地更加山清水秀，使经济社会在资源的永续利用中良性发展”，2002年3月，在福建省政府的工作报告中，正式提出建设生态省的战略目标。2002年8月，福建被批准为全国生态省建设试点省份。

2004年11月，福建省委、省政府批准《福建省生态省建设总体规划纲要》，提出推进生态文明建设。

2010年1月，《福建生态功能区划》正式实施，为生态省建设中进一步规范国土空间开发秩序、促进人与自然和谐发展提供了科学定位。

2012年12月，福建省发布实施《福建省主体功能区规划》，深入实施生态省战略，统筹谋划国土空间建设布局，提出了科学开发国土空间的行动纲领和远景蓝图，明确了未来国土空间开发的三大战略格局，推进形成四类主体功能区。

三大战略格局分别如下。

（1）城市群协调发展战略格局。构建以福州和厦漳泉大都市区为中心，以快速铁路和高速公路沿线走廊、主要港口为依托，以多个区域中心城市为骨干，以国家和省级重点开发区域为主要支撑点，以一些中心城镇为基础城市群的发展战略格局。

（2）生态安全格局。构建以“五江两溪”为主要水生生态廊道，以武夷山—玳瑁山山脉和鹫峰山—戴云山—博平岭两大山脉为核心，以近岸海域和海岸带为门户屏障，以限制开发的重点生态功能区为支撑点，以点状分布的禁止开发区域为重要组成的全省生态安全战略格局。

（3）现代农业格局。努力推进形成闽东南沿海高优农业、沿海蓝色农业和闽西北绿色农业三大特色农业产业带。

四类主体功能区分别如下。

（1）优化开发区域。主要指那些国土开发密度已经较高、资源环境承载能力开始减弱的区域，包括福州、厦门和泉州中心城区，共9个区。这些区域要改变依靠大量占用土地、大量消耗资源和大量排放污染实现经济较快增长的模式，把提高增长质量和效益放在首位。

（2）重点开发区域。主要指资源环境承载能力较强、经济和人口集聚条件较好的区域，包括国家层面的海西沿海城市群和闽西北省级层面的产业集中区域，共32个县（市、区）。这些区域要充实基础设施，改善投资创业环境，促进产业集聚发展，壮大经济规模，加快工业化和城镇化。

（3）限制开发区域。主要指以提供农产品和生态产品为主体功能，资源环境承载能力较弱、大规模集聚经济和人口条件不够好并关系到地区生态安全的区域，包括农产品主产区和重点生态功能区，共34个县（市）。这些区域要坚持保护优先、适度开发、点状开发，加强生态修复和保护，引导人口有序转移。

（4）禁止开发区域。是指依法设立的各级、各类自然文化资源保护区域以及其他需要特殊保护的区域，包括自然保护区、风景名胜区等7类，共197处，其中国家级禁止开发区域69处。这些区域要依据法律法规和相关规划实行强制性保护，控制人为因素对自然生态的干扰。

对一些生态环境脆弱的地区，要引导人口和经济向适宜开发的区域集聚，为农业发展和生态保护腾出更多的空间，促进人口、经济、资源环境的空间均衡。

第一节 生态流域建设

一、基本要求与目标

闽江、九龙江流域均发源于福建本省，这两个流域总面积为7.52km^2，占福建省面积的三分之二多，这两个河流能建成生态河流，对建设福建生态省，起着关键的作用。

从目前情况来看，生态流域的基本要求与目标应当体现以下几个方面。

（1）地绿：有良好植被，没有乱开发的大片光秃山岭的“挂白”景观，野外工地文明施工，避免砂、石乱飞扬，已开发的矿山适时复垦。

（2）水净：水质都应保持在三类以上，应有较多地段，保持在一、二类水平。没有发生恶性富营养化及水质严重污染事件，应进一步控制企业排污，特别控制冶炼、造纸、电镀等行业。对小型水利开发，及大型水库水质变异，经进行相应的调查研究后采用相应的治理措施。

（3）天蓝：控制废气的排放，特别是火电、水泥等企业。目前应更广泛开展$PM_{2.5}$的检测。

（4）海清：主要是接受闽江水、九龙江水汇入海湾地区，保持洁净的海水，无海上垃圾团漂浮，这就要求临海的企业不能直接将污水排入海水，防止赤潮的发生。海湾内油污的污染，应当有预案处理，并有严格的控制。

（5）减灾：对台风、地震、地质灾害及各种气候灾害应当有积极的防治预案，不能有造成严重的伤亡事件。自然灾害虽不可避免，但应能防灾减灾。

（6）生物多样性：在整流域内，从山区、陆地至海湾，体现动植物的多样性，反映出山河湖海环境的质量，与生物多样生存的和谐。不能有生物入侵的危害。

二、主要要素

（一）建设生态农业

农业对流域的影响是多方面且广泛的。因此，要建设生态农业，才能避免由农业的面源污染与面上对环境的不利效应而导致流域生态恶化，是非常重要的。

有关绿色生态农业建设，主要是农业生产减少化肥、农药用量，使其高效作用，并开展使用生物肥料、农药，减少面源污染。保障农产品的安全，也是保障生态安全。

（二）立体产业结构的生态

生态农业是广泛上的影响，立体产业结构，则是多方面产业的立体布局对流域的影响。将山地、平原、河流及海口的产业布局和大农业（农、林、牧、副、渔）及工业的布局结构统一在生态文明建设与和谐环境的层面上进行调整，更有利于生态文明的发展。主要有以下三个方面：①有机农产品和有机工业结合，有机无公害的工业产品原材料应当与有机农产品的生产基地密切相结合。例如，有机茶叶种植和茶叶制造厂结合。目前，以产茶著称的福建省尚无名品牌有机茶叶，而国内其他省份如贵州等地则早就开始有机茶叶的生产。②各行业集约利用资源。在工业和农业生产上，首先采取集约利用资源，节约利用水土资源；福建省水资源虽然丰富，但分布不协调，土地资源少，但却存在工业用地优先的现象，从而挤压了农业用地。福建省仅有2 067万亩农地，仅占全国18亿亩农业用地的1/90，工业用地优先的现象再发展下去，则农业用地将少之又少；所以应当考虑流域内合理高效地集约使用土地，使工业和农业得以共同发展。③全流域需统一考虑防灾减灾及污染防治。农药、化肥及农村污水的治理问题应当与城镇污水治理统一进行安排。流域内的安全水源地应该予以严格保护，避免在安全水源地周边进行房地产开发。

（三）建设全流域综合与共同发展的理念及相应的规划

目前存在的问题是单一行业、单一地区或单一企业考虑的是当地行业和企业的发展，而缺乏大范围内综合发展、共同发展的意识。流域生态环境不能得到有效的保护，反而顾此失彼。因此，应该在全流域内节约、高效地开发利用资源。

三、闽江生态流域建设

闽江流域，面积为6.0992万km^2，占福建省面积的一半，干流长559km，多年平均流量为619亿m^3。分为建溪、富屯溪、沙溪三大支流，其流域面积为4.2322万km^2。以沙溪为正源。此外，尚有古田溪和大樟溪二支流。闽江流域内包括福州、南平、三明、古田、连城等36个县、市、区，占福建省陆域面积近一半的位置，闽江在中国河流中占第12位，但流域平均流量占全国第7位，其水量与黄河流域的流量相近。闽江除了上述五大支流之外，流域面积在500km^2以上的支流还有33条。

2010年，闽江流域人口占福建全省总数的35%，经济总量约占福建全省的33%，是福建省重要的经济区之一。

闽江流域水资源资丰富，其他能源、矿产资源和生物资源，在福建省也是属于前列。当然，闽江地区也存在很多自然灾害。其中最主要的台风灾害，每年6~8月高发。2010年风暴潮和台风，对闽江流域就造成很大的灾害。此外，闽江流域虽然水资源丰富，但是由于分布不均，所以也经常发生冬、春旱，甚至是春夏（初）连旱。最主要的原因是降水多迅速汇入海洋。

闽江流域有害元素Cd、Hg、Pb、En、Ni等含量高；农业营养有益元素C、N、Mg、B背景含量高，卤族元素I、稀有元素和稀土元素La、Ce、Y、Li、Be、Rb、Nb、Er、Sc，铁族元素Ti、V、分散元素Ga、Ge，放射性元素Th、V及W、Al背景含量高。Hg、Cd、Pb含量高，除背景值高之外，与污染有关。

硒是人体必需的元素，具有较强的抵抗自由基能力。全世界有72%土壤缺硒。缺硒会使人免疫力下降，但硒过量也不利健康。

闽江流域、九龙江流域，富硒土壤分别占流域面积的24.38%和33.78%。

今后应结合土壤中有益元素及有害过量元素的地球化学分布情况，而采取相应的措施，提高农业的科学发展，这是建设生态文明的重要内涵。

闽江流域中，福州市、南平市和三明市的地质灾害和地质点密度的数据，见表4-1。

表4-1 闽江流域主要城市的地质灾害统计对比表

地区	包含范围	面积（km^2）	地质点数（个）	地质点密度（个/km^2）
福州市	6区2市6县	11 803.311	654	5.54
南平市	1区4市5县	26 457.24	2 063	7.80
三明市	2区2市6县	23 024.14	1 954	8.49

从表4-1中可知，西部山区的南平市和三明市的地质灾害密度，大于福州地区，2010年6月24日南平市延平区水东街道办塔下村后坑2万m^3发生滑坡，威胁到铁路南站及线路和十余户庄民的安危，滑坡体为石英云母片岩和砂质黏土，滑坡发生与构造，水动力条件及岩土体地质灾害密切有关，通过相关处理，保障了滑坡体的稳定。对于西部山区的滑坡、泥石流灾害，今后应加强监测，对危险度大、危害性强的滑坡，除做好预警之外，有的应采取防治措施。

2009年闽江流域污水排放量为6.3亿t，化学需氧量（COD）排放量为27.8万t，氨氮排放量为2.0

万t。其中，点源COD为88%，面源COD为21.2%，城市生活为43.8%，养殖业为36.4%，工业为15.0%，流域工业COD排放量为4.18万t；氨氮排放量为0.25万t。

工业中，主要是造纸、化工及农副产品加工等对环境的污染。

闽江口及其海域，2009~2011年：PH、COD、活性磷酸盐，石油类以及重金属，基本上满足《海水水质标准》第一类或第二类标准，而无机氮劣于其标准。污染物入海总量为：陆源污染物入海平均82.27万t/a，最小为60.04万t/a；主要污染物COD共559.45万t（2006~2011年），占总量的97.15%。

以上情况表明：闽江流域污染程度虽不算严重，但发展趋势还须引起注意。在生活污水、工业排放及农业生产方面，今后都需更加注意采用新技术、新工艺，通过创新提高工农业生产的先进水准，才能保持与提高闽江及入海口的海域的水质，这方面参数也是相应生态-环境质量的重要标志性的指标之一。

闽江流域除污染之外，还有海水入侵问题，特别是在长乐一带，有的海水入侵陆地已达0.7km。

长乐市樟港镇一带的海水入侵，已深入陆地1.7km，0.7km处最高氯含量为7748mg/L，矿化度达15.966g/L。长乐市文岭镇一带，海水入侵0.7km，0.5km处氯离子达694mg/L。应当说海水入侵是随经济发展，过多或过量开采地下水而引发的，另外也与海平面上升有关。这种海水入侵现象目前还不是很严重，但是其趋势需要予以密切注意。

闽江海水受海潮影响是明显的。海潮是由于地-月系统中，月球对地球海水产生吸力而出现潮水，这是正常现象。相对地，月球对地球也可引起固体潮。

目前，闽江水与海水的界限，2011年测得在金刚腿断面，界面处盐度氯值为874.73mg/L。严重的海水潮上溯至马尾造船厂附近，轻的只到琅歧东歧码头附近。

目前，闽江口海水顶托，已达洪山桥附近，有时达到水口坝址下游。

这里需要强调的是：海水入侵和海水顶托河水之间有密切联系，但两者是不同的现象，海水入侵是海水和河水或地下水，直接相混，产生化学成分变化。而海水顶托是海水潮受月球引力产生的动能，与河水由河床形变和落差产生的动能是不同的，两者间产生动力差值变化就会影响河水流速与其水位的升降变化，这就导致海潮顶托河水上涨的情况。

从目前已有地质生态环境上看，闽江流域虽具备建成生态流域的条件，但需重点采取以下措施。

（1）提高及调整一些有污染的产业，如造纸、电镀、小化石、冶炼、水泥等产业，提高其治理水平。

（2）对土壤中重金属、有害元素的地带，采用生物治理与土壤的改革措施。

（3）控制水资源保护，特别是饮用水源地保护，完善应急安全水源地的建设。

（4）有规划地分期分批处理对集中居民点、城镇及企业周边有危害人身安全与建设的地质灾害隐患点进行防治。

（5）合理调配水资源，使其发挥防洪、发电、抗旱、航运的综合功能，并防治库水的停滞与水质水环境恶化。

对于闽江流域，本书建议发展三个生态城镇群，即福州-宁德生态城镇群、南平-武夷生态城镇群及三明-宁化生态城镇群，这里的每个城镇群都包括其周围城镇。

四、九龙江生态流域建设

九龙江流域为福建省第二大流域，由北溪、西溪和南溪组成。流域面积为14 241 km^2，约占福建省陆域面总和的12%。主要支流有雁石溪、船场溪、水平溪、龙山溪等。流域范围包括龙岩新罗、漳平，漳州华安、长泰、南靖、芗城、龙文的大部分地区。

九龙江流域人口占全省人口的17%，经济总量约占全省经济总量的26.7%。流域主导产业为矿业、冶金电子、信息、装备制造和石油化工等。

九龙江流域Se、S含量高。P、S、U、$Al_2O_3$4种元素和指标背景含量最高，有37种元素和指标背景含量是三个河口（闽江、九龙江、晋江）平原中最低的。

九龙江流域中重金属有害元素含量属自然背景区中的Ⅰ类，包括 Cr、Ni、As、Cu、Zn；高背景的Ⅱ类元素为 Pb，占流域面积 68.407%，此外是 Hg 和 Cd。对农作物和人类健康造成危害的Ⅲ类元素为 Zn、As、Pb，这表明 Hg 和 Cd 是本区危害最大的元素，此外是土壤中 Cu、Zn、As、Pb。

九龙江流域中的漳州和龙岩分别处在其下游出口和上游地带，而厦门的有害元素都分布在岛上，滑坡、泥石流等地质灾害相对较少。九龙江流域中厦门、漳州和龙岩的地质灾害情况对比见表 4-2。

表 4-2　九龙江流域地质灾害情况对比表

地区	包含范围	面积（km^2）	地质点数（个）	地质灾害点密度（个/km^2）
厦门	—	1 565.09	96	6.13
漳州	1 区 5 县及其他市部分地带	26 457.24	2 063	7.80
龙岩	1 区 1 市 5 县	19 079.34	1 150.00	6.03

龙岩地区的岩溶塌陷问题较为突出，如 2010 年 10 月 19 日上午，龙岩新罗区适中镇东村下坂石粉厂（319 国道盖头岭东侧）岩溶塌陷造成下坂石粉厂 6 名人员陷入塌陷坑中并且失踪，受到影响的还有一辆汽车及相关厂房等；塌陷坑直径为 40～50 m，面积 1900 m^2，可测深度为 25～28 m，总塌陷体达 2000 m^3。

龙岩地区岩溶的塌陷与抽取地下水、地下工程施工排水等因素有关，有的是天然岩溶作用过程中产生，但主要是人类开发工程而诱发的，所以，在危险度高的地带，建立预警系统，并对周边的有关工程实施进行预先防范措施，以免诱发岩溶塌陷灾害的发生。

“十一五”期间，九龙江流域的水质明显改善，2010 年九龙江西溪、北溪龙岩段和北溪漳州段的水质状况分别为优、良好。全流域水文环境功能达标率为 91.7%；西溪全河段水域功能达标率有所提高，河口水质依然较差。全流域Ⅰ～Ⅰ$_2$类水质断面比例由 2005 年的 88.9% 提高到 2010 年的 90.8%，Ⅴ～劣Ⅴ类占 4.2%，其中Ⅰ～Ⅱ类水质占 31.6%。含水系出现超标的有北溪龙岩段雁石桥、北溪漳州华安西陂、九龙江口及西溪上坡 4 个断面，主要超标项目为氨氮、总磷和五日生化需氧量（BOD_5），年超标率分别为 6.67%、5.83% 和 5.00%。“十一五”期间超标断面和超标因子见表 4-3。

表 4-3　九龙江流域“十一五”期间超标断面和超标因子

控制河段	超标断面	超标因子				
		2006 年	2007 年	2008 年	2009 年	2010 年
北溪龙岩段	漳平顶坊断面	—	—	氨氮、总磷	—	—
	新罗区雁石桥断面	氨氮、总磷和五日生化需氧量	氨氮、总磷和五日生化需氧量	氨氮、总磷和五日生化需氧量	氨氮、总磷和五日生化需氧量	氨氮、总磷和五日生化需氧量
漳州段	华安西坂断面	—	—	—	氨氮、总磷和五日生化需氧量	氨氮、总磷和五日生化需氧量
西溪	南靖牛崎头桥断面	—	溶解氧	溶解氧	溶解氧	—
	南靖洪濑汤坑桥断面	五日生化需氧量	石油类	—	—	—
	南靖城关上游断面	—	总磷	总磷	溶解氧	
	上坂断面	—	—	总磷	总磷	总磷
河口段	河口断面	石油类	溶解氧、石油类	石油类、氨氮、溶解氧	总磷、石油类	总磷、石油类

九龙江平均综合污染指数高于全省平均值，在全省12条河流中按升序列为第十。

2010年全流域废水排放量为4.2亿t，主要污染物化学需氧量（COD）排放量为12.2万t，氨氮排放量为0.67万t。COD主要来源于规模化畜禽养殖、农业面源和城镇生活源，占总排放量分别为33%，31%和27%。

2010年，流域畜禽养殖存栏量296万头（有达500多万头），牛3.8万头，鸡569万只，共排放COD7.3万t。其中生猪规模化养殖存栏量117万头，占总存栏量的40%。新罗区和南靖县生猪养殖存栏量大，分别占流域总存栏量的39.5%和19.3%。龙岩和漳州市畜禽养殖COD排放，分别占流域总量的62.6%和37.4%，主要在龙岩新罗区和漳州市龙文区、龙海市（图4-1）。

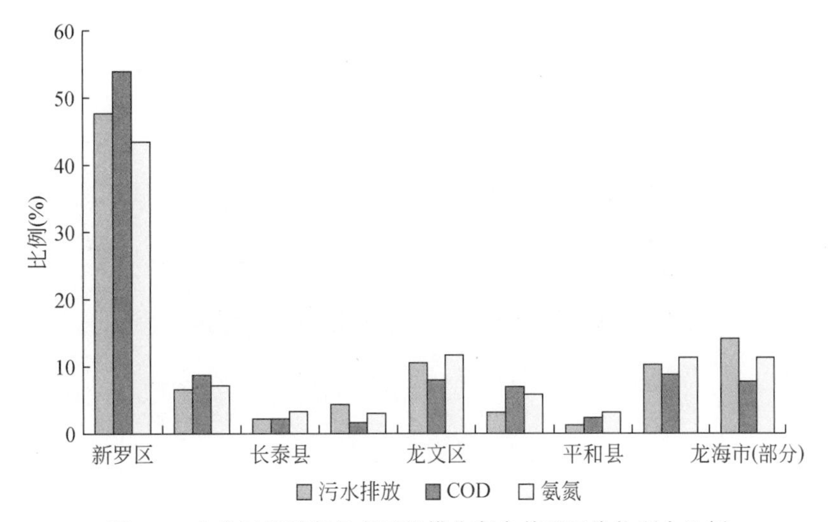

图4-1　九龙江流域各县市区规模化畜禽养殖污染物所占比例

根据2010年核定的环境容量，九龙江流域水环境容量COD为141 412t、氨氮为3764t，可利用容量COD为104 286t、氨氮为2323t。其中，龙岩市水环境容量COD为75 767t、氨氮为1889t，可利用容量COD为26 310t、氨氮为757t（九龙江流域各县市区规模化禽畜养殖污染物比例，如图4-1所示）；漳州水环境容量COD为65 645t、氨氮为1874t，可利用容量COD为42 451t、氨氮为856t。

九龙江流域各县市氨氮可利用容量如图4-2所示，COD、Cr可利用容量如图4-3所示。

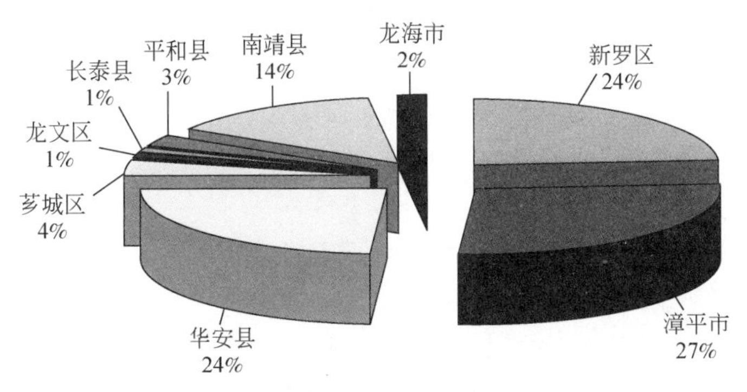

图4-2　九龙江流域各县市区氨氮可利用容量结构图

九龙江流域虽然面积较小，且目前尚有些氨氮的容量，但其水质的优劣对厦门的供水仍然存在威胁。所以，全流域为生态流域建设，应当采取如下措施。

（1）加强对畜禽养殖业面源污染的控制与治理；

（2）加强流域上水土流失与地质灾害的防治与减灾措施；

（3）加强流域内矿产资源开发时，对地质-生态环境的保护；

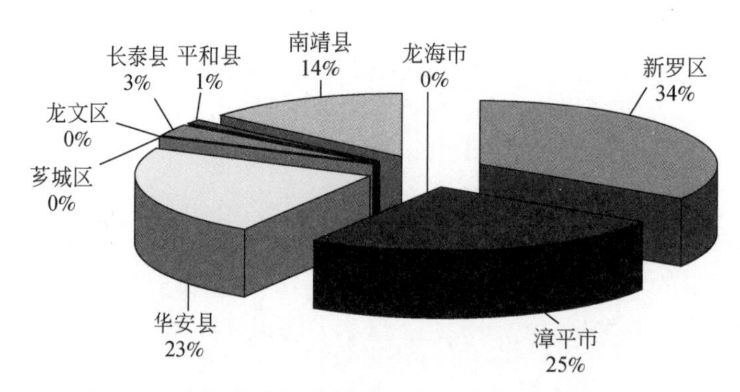

图 4-3 九龙江流域各县市区 COD、Cr 可利用容量结构图

（4）建设绿色农业的基地，发展山区绿色经济；

（5）发展无危害的现代新民生工业，逐渐减少对烟草生产工业的依赖；

（6）注意过密中小型水利措施梯级开发对水质的影响；

（7）发展西部革命老区山区绿色经济。

第二节 生态林业建设

一、政策层面

大幅提高生态公益林补偿标准。森林的生态服务功能巨大，但是现行补偿标准极低，和森林营造、维护、管理的实际付出极不相称。所以，国家及森林生态效益受益部门和行业，应当按照市场价值给予补偿。

实施林权改革后的技术经济配套措施。林权改革后，林农急需解决森林经营中的良种选育、有害生物防治、技术支撑与服务等大量问题，该项工作必须加紧出台相应的技术经济政策并尽快实施。

加强科技平台建设，增强科技支撑力度。在政策和投入方面大力扶持新建的“南方水土保持研究院”和“海峡两岸现代林业研究中心”，使“南方水土保持研究院”在我国南方地区的水土保持研究中发挥引领作用和示范作用，“海峡两岸现代林业研究中心”在海峡两岸林业交流与合作中发挥稳定作用，并形成长效机制。

二、工程技术层面

鉴于福建省森林质量提升和产业发展的潜力巨大，需进一步加强林地生产力提升，林业产业链延伸和效益增强，生态安全潜在危险规避及相应工程的实施等方面。实施森林近自然、可持续经营和森林健康经营。

福建省地处亚热带地区，水热资源充沛，适宜多种林木生长，且具有速生丰产林的营造经验，有些林地的生产水平（如杉木人工林）曾达到全国最高水平，总结和推广已有经验并吸收新成果和新技术，助推以杉木为主的速生丰产林建设工程，珍贵用材林建设工程，碳汇林建设工程，沿海防护林建设工程，山地水土保持林建设工程及特色林果业建设工程。

加快林纸、林板、林化一体化进程，挖掘后续产业发展潜力。大力实施产业集群战略、名牌战略和龙头带动战略；优先发展林业第二产业，大力巩固林业第一产业，延伸提升林业第三产业。

第三节 生态农业建设

在海西经济区生态安全和福建生态省建设中的农业可持续发展策略如下。

根据我国的自然资源条件、人口数量和经济发展现状及可持续发展战略的需要，我国农业发展道路必须坚持绿色理念、走高优农业和创意农业途径，实现农业的可持续发展。

一、基础条件

自从2000年习近平提出在福建省建设生态省的任务以来，各地政府和人民群众对加强生态建设的重要性与紧迫性认识在逐步加强，经过十几年的努力，“经济建设不以牺牲环境为代价”的认识得到加强，在各领域的长期计划与实际开发中都注意坚持“不造成环境污染和可持续发展”为前提条件。加上福建较优越的自然环境因素和原有的工作基础，福建省森林覆盖率近十几年来持续增加，始终处于全国之首，林分质量得到不断提高，因而闽江流域水质较好。福州、厦门、三明等大中城市空气优良天数全年保持在300天以上，处于全国较好的水平。在经济快速发展的前提下，福建仍然保持山清水秀、环境优美的自然环境，是难能可贵的。

近几年以来，现代农业生产方式正在逐步发展。各地对生态农业、高优农业的生产方式和技术模式进行尝试，也取得一些成效。表现在农、林、牧各种产业的“生态友好型”开发技术模式不断涌现，规模不断扩大。例如，漳浦县台湾农民创业园钜宝生物科技有限公司蝴蝶兰基地发展优质的花卉种苗，将乐国有林场与北京林业大学合作建设的南方林区综合实践基地、漳州规模化绿色果品生产及山地生态果园建设、龙岩市龙马原种猪场无公害生猪标准化养殖等项目。做大做强这些项目可以带动周边地域的良性发展。

“环境友好型”的高优农业生产方式是我国未来农业的生产趋势。本研究比较系统地调研了福建省农业生产的现状与农业环境。福建具有“八山一水一分田”的地貌环境，以及不到全国人均耕地的一半水平的条件，要发展高效、优质的农业难以采用发达国家所提倡的以保护生态环境为唯一判别标准的休闲型和有机投入型的生态农业生产方式（即优质低效农业），而应该走可持续发展及集约化生产道路。长期以来，中国用世界十分之一的耕地养活世界四分之一的人口，2012年还胜利实现粮食“九年增”，这同样归功于我国农业走的是“生态友好型”的高优农业发展道路，即在不破坏生态大环境前提下采用集约化、高效的农业生产措施，获得优质农产品的生产方式，实现“环境友好型”的高优农业生产方式（即优质高效农业）。这同样是一种对生态安全的可持续发展方式。“可持续发展”这一概念是1972年首次在瑞典的斯德哥尔摩国际会议上提出的，它指明了经济发展必须考虑环境安全的问题。当前福建省农业要以生态安全发展为目标，可持续发展为评判标准，在自然资源、农业耕地资源的合理开发利用条件下，生产无公害农产品。在保持农业第一产业生产力的同时，合理布局以休闲农业、观光农业、生态村旅游为主线的农村第三产业，既保护农村自然生态环境，又高速发展农业经济。

二、主要对策

（一）通过发展生态农业来解决福建省生态安全、食品安全问题

在海西经济区的生态文明建设中，发展生态农业是一个重要环节。

（1）首先要坚持安全发展，农业生产与人类生存、环境安全息息相关，如在重要水源涵养地上游乱砍滥伐、进行工农业开发生产，将危及水资源生态安全；滥用化肥农药造成面源污染将危及河流、湖泊及地下水源水质，影响人类生活。这些问题不仅要政府立法杜绝，还要采用最佳的农田栽培管理措施

（退耕还林、牧草覆盖裸地，控制水土流失），建立植被过滤带和人工湿地等措施要从现代农业工程方面加以配合，农业生产要与自然生态环境兼顾，和谐统一的原则要在各生产层面得到落实。

（2）要坚持绿色发展，即农药、化肥、兽药节量及安全使用，不对环境和产品安全造成有害影响；改变单一种植、养殖方式为复合种养模式，增加农业生产系统的多样性和对逆境的缓冲能力。采取生态恢复的技术措施，杜绝不合理的开垦种植方式，控制环境污染和减少水土流失。

（3）要坚持循环发展，注意在农业生产系统中建立循环利用的途径。实现种植业、养殖业、食用菌业的有机结合，特别是各业生产中的废弃物再生循环利用，既可降低农业生产废弃物对环境污染的压力，又可延长物质循环利用路径、节约能源。图4-4是福建龙海角生态观光园的生产模式。

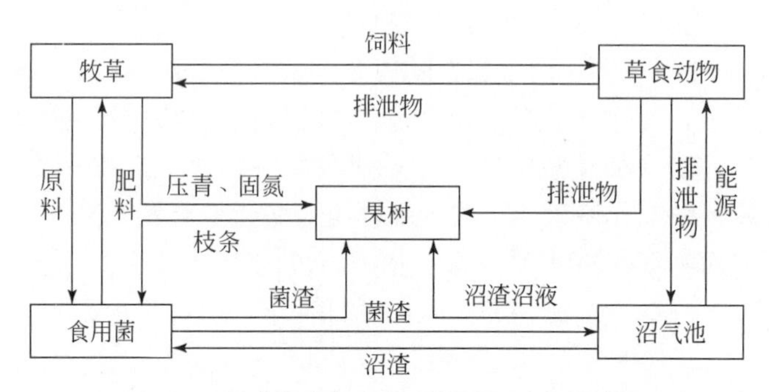

图4-4　福建龙海角生态观光园的生产模式图

（4）要坚持低碳发展，通过选择优良农作物品种、使用先进技术达到对物质能源的高效利用；通过育种和农耕措施提高作物抗性，使农业生产少用农药，在农业生产系统中尽量利用上一级有机生物材料废弃物作为下一级生产环节的原料或肥料，从而减少农田肥料、无机物料的投入，促使农业生产达到高效、低耗、无污染目标。

我国的生态农业是在具体历史条件和生态经济条件下形成的，以满足社会需求为目的，符合生态和经济规律，具有强大的自然再生产能力和社会再生产能力，具有良好的社会、经济和生态效益的新型农业，应当符合七大特征（图4-5）。

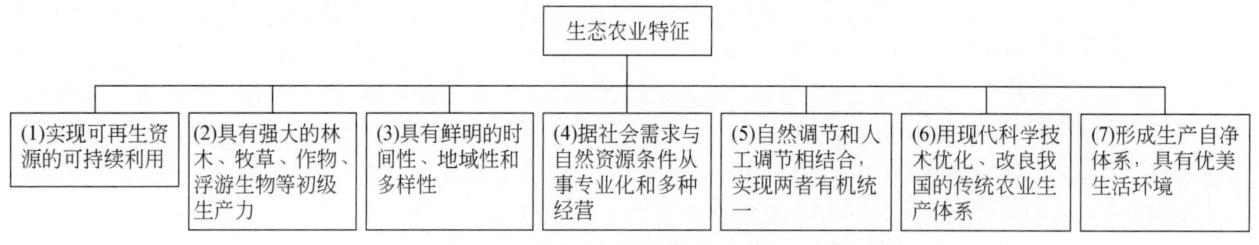

图4-5　福建省生态农业形成所需要达到的基本特征图

（二）在福建省大力推进“环境友好型”农业生产方式

以高产优质农业和农业可持续发展为导向，充分利用好农业资源，使福建省农业生产水平提高到新的水平。

我国人均耕地、人均水资源数量大大低于世界平均水平，中国人口增长的压力在未来二三十年仍然存在。因此，我们要实施“集约化”和“高效优质”的农产品生产策略，在不破坏农业生产地生态系统的前提下，鼓励采取土地流转承包、家庭农场、农业专业合作社等生产组织方式，集中连片生产品质好、产量高和效益明显的农、牧、渔业产品。例如，漳州的优质特色水果、漳浦的花卉树苗、安溪的乌龙茶；闽北建瓯的椎栗、竹笋和古田的食用菌，以及闽西连城的特色“八大干”加工产品、福州的蜜饯橄榄等。

目前，福建省几乎没有真正的“有机米”“有机蔬菜”生产基地。为了着眼未来、提高人民的生活水准、实现农业的可持续发展，建议在远离污染区的山区县市或具有生产有机食品条件的区域开展有机食品生产的尝试。例如，在福建宁化、明溪一带建立有机米生产基地，在闽北、闽东山地结合反季节蔬菜种植开展有机蔬菜生产的尝试，并逐步创建福建独特的有机食品产业。随着福建省人民生活水平的进一步提升，有机食品的生产必须提到农业生产的议事日程中。

有机农业的主要方法包括：①轮种粮食和绿肥作物，轮种豆科作物、绿肥作物和覆盖作物在有机食品生产中占有重要地位；②耕作方法，多用免耕或浅耕（6～10cm）的圆盘耙，一般不犁翻土层；③维持土壤肥力，经过添加和分解有机物。使用的肥源包括生物固氮、秸秆、粪肥、磷矿石、海绿沙（一种钾肥）、海藻和次鱼。在没有磷矿石的地方也使用酸化的磷肥；④控制病虫草害，主要采用非化学方法。经过轮作、隐蔽、排灌、尼龙覆盖、诱饵作物来控制虫害；经过轮作、翻耕、耙碎、放牧、作物竞争、间作、及时种植移栽、适当密植，甚至手工拔除来控制杂草。采用微生物制剂、植物杀虫剂、油、肥皂、硅藻土和寄生蜂、捕食螨、寄生蝇、瓢虫、粉蚧天敌、蚧壳虫天敌等生物方法及诱虫灯、灭虫灯等物理方法控制病虫害。

（三）推广与实施中国的生态农业技术

（1）有待推广的生态农业技术。生物物质和能量的多级利用：据研究，在农作物的生物产量中只有20%～30%能被人类直接利用，在人们不能利用的生物物质中（秸秆、根、叶等）含有大量的营养元素和生物潜能，可作家畜、家禽的饲料利用，在生产产品的同时可产出大量粪便，再作为沼气发酵基质和动物与鱼类饲料的添加物，则可收到更好的能源转化利用效果；食用菌生产可大量可利用的植物性秸秆，50kg稻草可产20～50kg鲜平菇，500kg蔗渣可产30～75kg干菇，菇渣还可以用来生产蚯蚓，它是非常好的动物性蛋白饲料，是养鸡为主的农场的强化环。

（2）立体生产技术。生态农业十分重视立体生产技术，利用农业生物群落内各层生物的不同生态特性和相互共生关系，分层利用自然资源。例如，作物种植业中的合理间作、套作，南方水田稻的萍鱼共生、稻田放养红萍、胶园多层种植等。

（3）生物能和其他可再生能的开发利用。最具开发利用的有沼气发酵、速生薪炭林建设、山村小水电开发等。

（4）生物养地技术。我国在种植豆科绿肥、红萍等固氮生物方面有丰富的经验；利用高富钾植物，如空心莲子草、金鱼藻等。

（5）有害生物的综合治理。通过改良品种增加抗性、改进栽培技术提高环境质量，增加有害生物天敌数量，必要时才辅以农药治理，加强农化物质投入最小化研究，并开展禽畜粪便多用途的综合利用，以提倡清洁生产、遏制面源污染，调节农业生态系统朝着对有害生物不利的方向发展。

（6）生产自净化技术。采用多级氧化塘、种植水生植物、污水养鱼、污水灌溉等以增加生产，又净化环境。

（7）水土流失的综合治理技术。以生态学原理作指导，采用改造局部地形（修水平层、作梯埂等），改变植被状况（造林、种草）、增强土壤结构，促进土壤持水保肥能力三个技术环节，以小流域为单位进行综合治理。

（8）几种生态农业模式。①低洼地基塘生态农业，这种水陆综合型体系盛行于华南和华东，具有显著的生态合理性（物质循环封闭性，鱼塘是能源节约的生态系统，基塘系统有鱼、蚕、禽的配合，水域环境稳定，系统稳定性高，低塘高基，为水旱轮作提供条件），因此具有很高的生产力。②稻（萍）鸭共作耕作制（由日本农民创立，采用在水稻田放养役用鸭、套种红萍的方式生产有机米。鸭子起松土、捉虫、添加有机肥的作用）。③稻萍鱼体系（由福建省农业科学院研发，采用在稻田挖坑、沟，放养罗非鱼、红萍等形式使水稻生产少使用化肥与农药，持续保持土壤肥力和稻谷产量的增长）。④菲律宾马雅农场模式（在养殖大量猪、牛、鸭的情况下，这个农场经过完整的循环利用体系使这个出产鱼、鸭、肉类加工品和面粉的综合性农场不但能获得显著的经济效益、而且有十分好的生态效益）。⑤美国的生态农业模式（1971年美国*Acres*杂志提出生态农业思想，实行养地用地、作物轮作、增施粪肥，采用生物防治、放牧地混种牧草并混合放牧，同时利用多种资源发展多种小型畜、禽养殖，尽量利用各种再生资源和劳畜力，保护各种动物、植物资源）。

（四）保持农业生态系统的稳定性，促进农业生产力的发展

（1）稳定耕地面积。国土资源部发布的2011年度全国土地变更调查数据显示，我国耕地保有量保持在18.247 6亿亩，耕地净减的势头得到有效控制。自2009年，全国耕地保有量连续3年保持在18.24亿亩以上。福建省也有效遏制了耕地流失的势头。今后还应实行最严格的耕地保护制度，为粮食增产和保障粮食安全发挥重要作用。

（2）控制水土流失面积和强度。在水力侵蚀区，利用乔、灌、草结合，形成立体的水土保持生物墙，是水土流失治理的首推方案，其具低成本、高功效的特点，而且还具涵养水源、固碳减排、调节小气候、生态恢复的多重功能。但它是一个循序渐进的过程。水土保持草种直接覆盖地表，被认为是水土保持的最后一道生物防线，也是水土流失土地修复的首选措施。本小节讨论的水土流失，主要是指表面土颗粒中土块为水冲刷而流失，不是滑坡或泥石流的土体滑塌造成的流失。

在严重侵蚀区，如长汀河田、宁化石壁、连城文亨、清流灵地等往往寸草不生，与土壤有机质低下，表土侵蚀殆尽有关，单纯依靠自然修复很困难。如何选用适应性极强的草种，加上局部土壤人工改良，构建草被生存、生长的微环境，是草被建植的关键。

果茶园是山地开发的传统产业，尤其是茶园，存在一定水土流失风险，福建省31.46%的果园和46.62%的茶园存在水土流失。合理构建推广果-草、茶-草复合生态模式，为打造果茶产业绿色、有机生产奠定基础。

水土流失区需要发展，但是生态系统又十分脆弱，保持发展与生态的平衡是解决该区域经济发展的关键。就农业而言，关键在于如何调整农业结构，发展特色产业，把农业第一产业与第三产业发展统一起来。

（五）以种业工程驱动福建现代农业发展

2010年12月，福建省政府决定从2011年起的连续3年，每年拨专款5000万元共1.5亿元支持发展农业优良品种，由福建省农业科学院牵头组织莲雾、红肉蜜柚、优质高产苦瓜、名贵中药材金线莲及铁皮石斛、白羽半番鸭、海兰蛋鸡、石斑鱼、罗非鱼、杉木和珍贵树种十大种业的工程项目。

2012年，福建种业工程依靠自主创新与产业化，共建成科技平台28个，促成大批种业科技自主创新成果产业化应用，累计引领带动企业投资20多亿元。同时，种业工程项目的实施也让农民尝到了甜头，成为驱动现代农业发展、促进农民增收的主导力量。

经过2011～2012年的努力，福建已建成全国最北缘的热带水果莲雾产业带，示范基地每亩投入1.5万元，纯收入达6.5万元；建成全国最大的名贵中药材金线莲组培苗产业、全国第三大石斑鱼产区；率先实现杉木组培苗的规模化生产，闽楠、芳樟等8个珍贵树种苗木的产量占全国的80%。今后还要继续推行种业工程驱动政策，又好又快地发展现代农业。

（六）福建省开展生态农业建设的形式与政策层面的支持

在普及和落实生态省建设和生态农业过程中，建议以县为单位集合福建省相关技术力量开展绿色、高优和创意农业生产模式的示范与推广。由于福建省各地地理条件和经济发展水平差异较大，可以在闽南漳州地区和闽北南平地区各设立一个示范县。

在政策层面上，一要完善政策法规，强化生态农业经营管理措施，特别注意对已有国家、省级法规和管理措施的落实；二要建立生态建设补偿机制，即在政府资金支持之外，实行谁污染谁治理、谁受益

谁补偿的原则；三要各地政府抽调专用基金用于鼓励使用生态农业技术措施及发展废弃物循环再利用技术。尝试沼气发电的并网和经济补贴；健全有机食品、绿色食品的认证制度与权威性，落实不同级别产品的价格差别，使有机食品、绿色食品生产有利可得。

总之，生态省建设、生态农业发展需要政府的主导推动、资金与政策的支持；农林、环境、水文地质各行业学会配合及科学技术的进步与创新才能完成。

（七）对福建省生态农业、经济建设中的生态安全性和可持续发展的基础知识进行培训

在生态建设、环境安全和可持续发展等方面，福建省各地干部、专业人员和直接生产者理解认识水平不一致，除了受当地农业生产力水平和文化程度不同的影响外，其主要的原因是没有接受过相关的训练或培训。另外，农村的直接生产者在从事农牧产品生产时如果没有相应的无公害食品、绿色食品或有机食品生产标准的知识，他们不可能生产出无公害、绿色或有机食品来的。农村直接生产者群体文化素质和科学知识的提高对我国环境污染的控制、食品卫生安全、人民身体健康至关重要，要对他们进行相关知识的培训。并要加强环境污染、食品生产监控，在经济发展的同时保证生态的安全和农业生产力的可持续增长。

生态农业、可持续农业自20世纪70年代末提出以来，引起各国的重视，我国政府也十分重视生态保护和可持续发展这个命题。近40年来，国内外在生态农业和可持续农业方面进行了诸多尝试，并创造了许多可行的技术模式，都有值得我们学习和借鉴的地方。我们必须对各级领导和农业直接生产者进行宣传，讲授有关生态农业和可持续农业发展方面的经验与教训，才能从根本上打好未来农业的可持续发展基础。

（八）做好蓝色经济链的开发

在提升福建省产业经济总量的努力中，多数人偏重把注意力集中在农、林业，各大中城市、内陆沿江区域的开发之上，即偏重绿色经济链的开发。实际上，福建省的耕地面积仅有2076.3万亩，人均耕地为0.63亩，不及全国平均水平的一半；中、低产田面积占83%，达1724万亩。福建森林覆盖率虽为全国之首，但由于福建省总面积仅占全国的1.29%，森林绝对量较少。这些均制约了绿色经济链的做大做强的后劲。与此相反，福建海域宽阔、海岸线长达3324km，位居全国第二位，大型深水港6个，港湾内侧大多分布着浅海滩涂，滩涂面积约353万亩，开发利用潜力巨大。因此，要做大做强福建省的蓝色经济，使福建省成为我国的海洋强省之一。本书提出“要加强绿色经济链与蓝色经济链的对接、发展现代的海上丝绸之路”，这种思路很有意义。要利用海峡两岸在“九二共识”基础上加速和平发展的契机，着力加强福建省蓝色经济链的建设，做好福州、厦门、湄洲湾港口群的基础建设，大力利用好福建海岸线长、港湾多的优越条件，发展浅海养殖与滩涂养殖，发展远洋渔业和水产品深加工企业，做好做大福建省的海洋经济。并建设通港运输系统，使蓝色经济链与绿色经济链有机结合起来。

第四节 生态城镇群的建设

一、生态城镇群的基本要求

福建省河流流域较短，城市规模较小，山区多、平原少。在局限的自然背景下，如何快速建设生态流域，从而达到城乡统筹发展、生态城镇群间相互协作，需要克服很多难处。国内外相关成功经验将对我国沿海其他地区的发展，以及内陆许多城市的生态文明建设，起到示范与引领作用。

福建省的生态城镇群，应当体现出地绿、水净、天蓝、海清、减灾等显著特点。在建设过程中应做到：①高效、循环利用各种资源；②发展低碳经济，多元利用能源；③注重“三废”（废气、废水、废

固）治理，也包括生活垃圾的无害化处理；④注意绿色农业生产及食品绿色加工，降低有机化肥、农药等使用量；⑤城内及城镇间的交通，尽量减少使用石化能量，发展新式城镇交通。

二、福建省六个生态城镇群概述

福建省六个生态城镇群包括：福州—宁德生态城镇群、南平—武夷生态城镇群、三明—宁化生态城镇群、龙岩—长汀生态城镇群、厦门—漳州生态城镇群、泉州—莆田生态城镇群。前五个城镇群主要包含在闽江流域、九龙江流域内，后者涉及晋江流域。该六个生态城镇群包含了福建省的主要大小城市及所辖乡镇。六大城镇群，加强生态文明建设，共同从属于一个科学的发展战略，相互配合、密切协作，突出区域特色，就会极大有力地促进闽江、九龙江建设生态流域，也可以极大有力地发挥城市的功能，使福建省得以快速提高其实力与影响力。从根本而言，生态文明建设，既包含人与自然界的生态友好，也体现人与人、地区与地区的关系上的生态文明。

（一）地理位置

福建省六个生态城镇群包括福州、厦门、宁德、莆田、三明、泉州、漳州、南平、龙岩9个设区市，以Ⅳ级和Ⅲ级城镇为主，也包括了Ⅱ级县市区。

（二）生态环境问题

福建省六个生态城镇群9个中心城市存在生态环境问题主要如下。

1. 地质灾害

统计表明，福建省9个主要城市（面积8770km^2）共发育地质灾害点500多处，其中南平市发育灾害数量最多，达100多处，漳州市最少，为10多处。地质灾害给9个主要城市造成了较大的经济损失，威胁近18 000人，威胁财产达1.5亿元。

2. 地下水环境问题

（1）缺水。沿海主要城市缺水人口超400万，人均水资源量只有1000多立方米，约为全省平均值的1/3，低于全国平均水平。沿海突出部、丘陵台地及半岛、岛屿更是缺水严重，遇到干旱年份更加不能满足需求，属资源型严重缺水地区。

（2）地下水污染。主要分布于城市的周边地区和厂矿企业附近。沿海的福州、莆田、泉州、漳州、厦门五个城市由于经济较发达，人口密度大，生活污水、工业废水、废弃物排放量较大，不仅地表水质量差，地下水也受到不同程度的污染；就地下水而言，松散岩类孔隙水污染较普遍，沿海地区局部浅层基岩裂隙水也受到污染。

3. 土壤污染

根据福建省沿海经济带1∶25万多目标区域地球化学调查评价结果表明，沿海主要城市土壤质量“清洁-基本清洁”的面积为7579.77 km^2，占评价面积的98.85%；“初始-中度污染”的面积为82.78 km^2，占评价面积的1.08%，重度污染的面积为5.36 km^2，占评价面积的0.07%。重度污染区主要见于福州、漳州、莆田三个城市，空间位置为人口密集的老城区、工业加工区、农田保护区、养殖场等，主要为点状污染（表4-4）。污染元素以Hg为主，其次是Cd、Cu、Zn、Cr、Ni等。

表 4-4 土壤环境质量评价结果 （单位：km^2）

地区	污染等级						合计
	清洁	基本清洁	初始污染	轻度污染	中度污染	重度污染	
福州	2913.2	52.8	17.5	12.4	7.0	3.0	3005.9
厦门	1543.62	28.75	4.88	1.26	—	—	1578.51
泉州	528.55	11.24	0.30	—	—	—	540.09
漳州	223.52	34.01	17.06	6.85	2.55	0.79	284.78
莆田	612.42	15.21	7.97	3.38	1.38	1.57	641.93
宁德	1612.29	4.16	0.25	—	—	—	1616.7
合计	7433.6	146.17	47.96	23.89	10.93	5.36	7667.91

4. 特殊性土

（1）软土。软土主要分布于滨海城市福州、厦门、莆田、泉州等，主要为淤泥及淤泥质土，易导致地基不均匀沉降及软土震陷等。

（2）饱和（液化）砂土。砂性土类主要分布于滨海城市福州、厦门、莆田、泉州等，主要为中、细砂，一般呈中密-密实状态，易导致饱和砂土液化。福州以南沿海城市在烈度Ⅶ度以上地震时，局部地段存在饱和砂土液化，液化等级为轻微-中等液化。

5. 海岸带环境地质问题

（1）海岸蚀退。海岸蚀退从北至南主要分布于东冲半岛、秀屿半岛、湄洲岛、厦门岛等岸段。长期的侵蚀作用，造成岸线后退，陆域缩减，造成局部防护林消失、人工堤坝垮塌等灾害，影响沿岸的建筑、农田与当地居民的生命财产安全。

（2）海岸扩张、潮滩淤积。主要出现在淤泥质海岸、河口海岸及部分砂质岸段，分布在闽江口猴屿、长乐松下、莆田东吴、宁德城南、厦门环东海岸等地段。由围海工程造成的海岸线外扩，使得海湾生态环境恶化；海岸淤积，破坏港口，码头建设，影响航运，不利于港口城市经济发展。

6. 城市垃圾处置污染环境问题

城市垃圾处置现状。据福建省建设事业统计资料显示：2010 年，全省 23 个设市城市和 44 个县的生活垃圾清运量分别为 391 万 t 和 299 万 t，分别是 2000 年的 1.94 倍和 1.96 倍。福州、厦门、泉州、莆田、三明、漳州、南平、龙岩和宁德 9 个地级城市 2010 年垃圾无害化处理率为 69.46%，其余 30.54% 的垃圾则以分散的形式就近倾倒在坑塘、河流、湖泊或海岸等地方，严重污染地下水及地表水体质量。

三、六个生态城镇群重点发展方向

建立城镇群，并不是指群内的城镇都必须达到同样的发展规模和发达水平，更重要的是应体现出统筹城乡之间的发展。例如，闽江流域的三明—宁化生态城镇群，其中宁化作为老区，相对发展不是很快，和三明联结意在更好地发展宁化，达到三明与宁化间相互依存。同样，九龙江流域的龙岩—长汀生态城镇群，也应体现出更好地发展长汀，而和龙岩相互依存，促进城市与乡镇的一体化。当然，其中也应包括永定等城镇在内的和谐发展。

（一）福州—宁德生态城镇群

福州—宁德生态城镇群，应当着眼闽江全流域，密切与南平、三明两个城镇群协作，共同提高闽江生态环境质量，促使自身城镇群更好发展，保障促进全流域可持续发展。

福州是中国历史文化名城，有三坊七巷文化、船政文化、昙石文化、寿石山文化等品牌，福州的近代文化教育也是对国内有影响的。目前，应当发扬文化传统，将文化更好地融入经济发展，使文化与科学技术更密切结合，发挥文化在生态建设中的作用，发展生态文化、创意文化。建议生态城镇群的重要发展内涵如下。

（1）闽江流域经济发展主导与协作中心；

（2）发扬历史文化名城作用，促进可持续发展；

（3）发扬优良面向海洋的传统而重振开拓海洋发展的新途径；

（4）控制污染，提高生态环境质量；

（5）建设高端信息等产业中心；

（6）发展机械冶金工业；

（7）发展海西经济区服务业；

（8）开展地热资源综合开发研究；

（9）建设成通向内陆与连接海东的立体交通枢纽；

（10）建设海峡两岸金融合作中心。

至于农业、纺织服装等许多方面，仍可继续发展。重点发展的产业如图 4-6 所示。

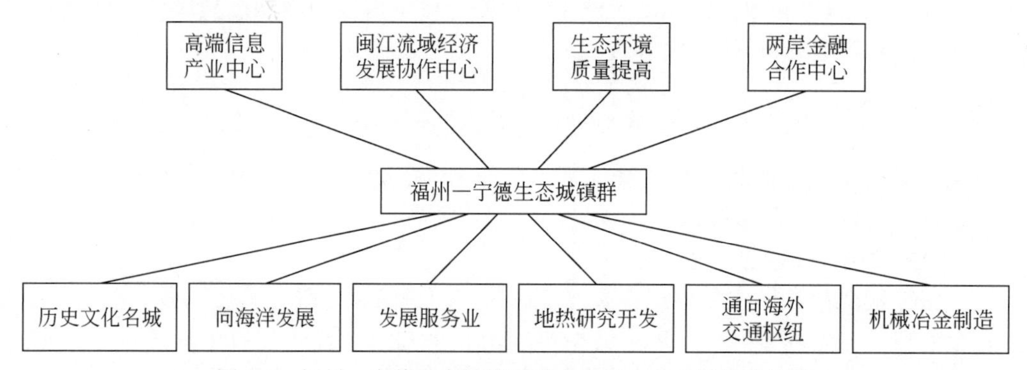

图 4-6　福州—宁德生态城镇群重点发展的产业结构建议图

福州—宁德生态城镇群的建设，在闽江生态流域建设中需要特别注意有关问题之外，需要增加考虑的问题：①福州市内小河沟污染严重，必须大力治理；②防止闽江口海水入侵扩大，加强对海水入侵的防治；③闽江口地带注意淤积，特别是人工填海等影响闽江水的排泄与淤积；④考虑闽江下游滨海地带，修建地下水库以增蓄。

（二）南平—武夷生态城镇群

南平地区有 4000 多年历史，有闽越文化、朱子文化、武夷山茶道文化，也是齐天大圣文化发源地。10 个县市、区，建立历史都在千年以上，素有“闽邦邹鲁”“道南理密”之称，历史名人辈出。抗日战争时期，南平地区也是福建省大名校搬迁汇聚之地，而有抗日的文化教育。南平地区的文化传统应当更好发扬。其中，包括提高有关教育文化水平，以及发展文化创意产业。

针对南平这地区已有发展的情况，南平—武夷生态城镇群，应当重点发展一些方面产业，建议如下。

（1）发扬历史文化圣地传统更好发展文化事业；

（2）革命历史的重要教育基地；

（3）建成海峡两岸闽北经济重镇；

（4）建设清洁能源的综合研究与产业中心；

（5）建立生物医药产业中心；

(6) 建设闽北生态农业基地；
(7) 建立竹木的综合开发利用基地；
(8) 建成矿产资源开发与合理作用的基地；
(9) 建立地质灾害治理与预警试验基地；
(10) 建设闽北旅游中心。

南平—武夷生态城镇群产业结构的调整发展的建议，如图 4-7 所示。

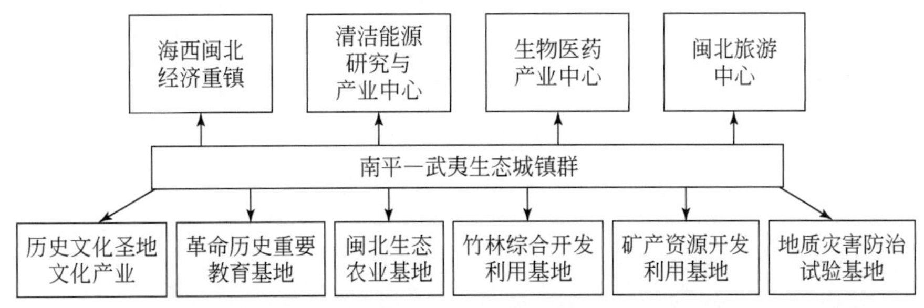

图 4-7　南平—武夷生态城镇群经济结构建议图

南平—武夷生态城镇群建设中，应当特别注意：①节约土地，避免过大场面的新城市建设；②加强对地质灾害的防治；③对已有的传统化工等产业的改造、升级，防治污染；④注意土壤地球化学状况，控制农肥、农药，应用新的营养液，发展绿色食品的生产与加工，向有机食品努力。

(三) 三明—宁化生态城镇群建设

三明的 12 个县市区，都是革命老区，有 7 个县是中央苏区县，宁化是红军长征出发地之一，毛泽东、朱德、周恩来等老一辈革命家都曾在三明从事革命活动。

对三明—宁化生态城镇群发展之重点建议如下。

(1) 发扬红色革命地区的传统教育基地；
(2) 发扬重要的文化基础，建立闽中新的文明科技中心；
(3) 形成福建省林业科技产业中心；
(4) 加强建设新工艺钢铁、化工产业的第一产业基地；
(5) 建立生物医药产业中心；
(6) 建立食品及日用品工业基地；
(7) 建成城乡一体化的示范基地；
(8) 建设矿产资源先进开发利用的基地；
(9) 构建闽中旅游和第三产业的重要中心；
(10) 建立三明—宁化生态城镇群。

这十方面的发展内容与结构，如图 4-8 所示。

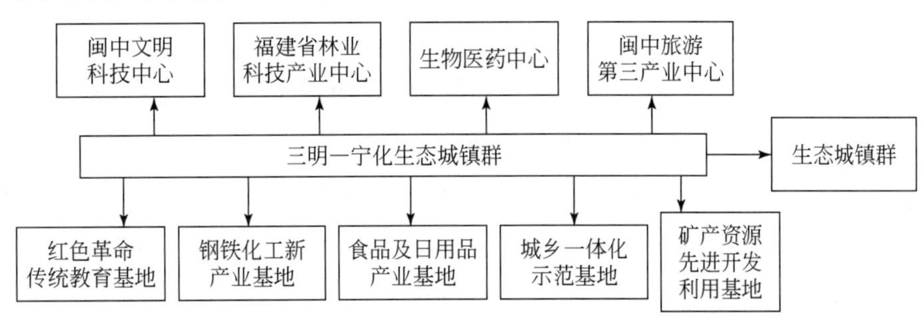

图 4-8　三明—宁化生态城镇群产业结构建议图

对三明—宁化生态城镇群的建设，建议注意以下几点：①发扬及提高林业功能，提高其生态价值与有关产业；②注意水土流失的治理，并加强地质灾害的防治；③对老的钢铁、化工，进一步提升其技术层次，有力减少污染的状况；④城市与乡村的生态文明建设的统筹规划；⑤利用客家资源，加强引进有关生态文明的建设；⑥发展闽西生态文明建设的效应，扩展旅游与第三产业的收效。

（四）厦门—漳州生态城镇群建设

厦门具有创新的发展历史，目前正向国家创新型城市的方向快速发展，更好地融财引资、凝聚引进人才、创新服务、优化创新环境。厦门自改革开放以来，就吸引了台资、台人才，开展了合作，引进了合作产业。在此基础上，要更好体现出厦门的活力，使其成为海西经济区携手海东以共同发展的前沿都市。

这里对厦门今后发展的重点方向做如下建议。

（1）建设创新型城市；

（2）携手海东——台湾的前沿都市；

（3）高端信息产业的重要核心城市；

（4）新能源与环保节能设施工业发展基地；

（5）现代化航运中心的港口城市；

（6）和谐环境的清洁示范城市；

（7）发展向海洋发展的有关设备制造；

（8）现代服务业的引领城市；

（9）厦门新型金融中心；

（10）构建九龙江出口与厦门湾的绿色经济与蓝色经济链生态港口城市。

漳州市与厦门岛相隔一海湾，实际上厦门和漳州是连为一体，漳州重要的发展方向如下。

（1）水果花卉产业之都；

（2）建立绿色食品工业基地；

（3）闽台先进绿色农业合作前沿基地；

（4）城乡一体化建设示范地；

（5）建成闽南旅游中心；

（6）建设特色生态环境的滨海城市。

厦门—漳州生态城镇群产业结构建议如图4-9所示。

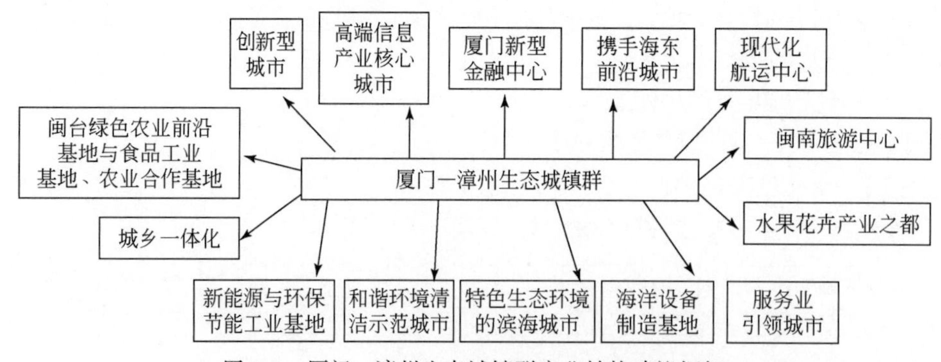

图4-9 厦门—漳州生态城镇群产业结构建议框架

建设厦门—漳州生态城镇群，建议注意：①注意水资源的安全，在厦门岛上试行分质供水，加强污水处理与中水利用；②厦门通过节能、节水、开拓新兴产业，以建立创新生态城市；③漳州特别注意农业的面源污染，以保护环境；④建立绿色食品基地与绿色食品加工业；⑤注意海水入侵及海平面升高对港口与城市的生态影响；⑥发展生态文明有关的文化产业和制造业，并注意污染。

（五）龙岩—长汀生态城镇群建设

龙岩境内有三大水系，即闽江、九龙江、韩江，有四大河流，即闽江沙溪、九龙江北溪、河口和梅江。龙岩市所辖地带，基本上都是早期土地革命时的老区，如长汀、永定、上杭等地。因此，今后注意建设革命老区以换新面貌，相应地发展其山区经济，是重要的内容。

对龙岩—长汀生态城镇群今后发展的战略方向，建议如下。

（1）建设革命历史圣地的新面貌；

（2）无公害矿山开发基地；

（3）发展清洁的民生工业；

（4）科学发展竹、林业的基地；

（5）科学无污染养殖业的重要基地；

（6）建立生态山区研究产业中心；

（7）构建城乡一体化的重要基地；

（8）建立山区地质灾害防治中心；

（9）建立稀土开发与利用产业科学中心；

（10）建立水土流失的研究与治理中心。

龙岩—长汀生态城镇群产业调整建议如图 4-10 所示。

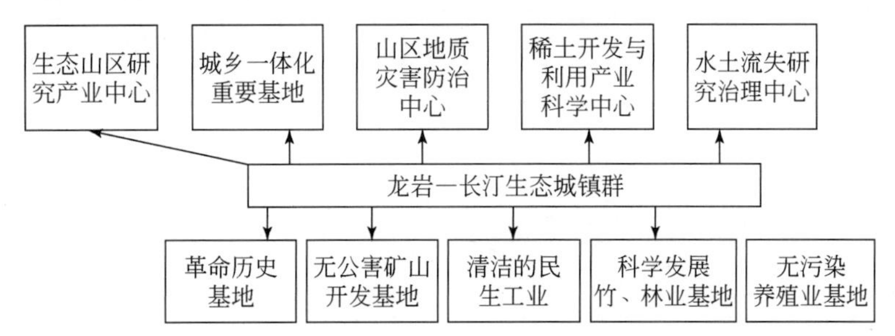

图 4-10　龙岩—长汀生态城镇群产业调整建议框架图

建设龙岩—长汀生态城镇群，应当关注：①矿山城镇的地质环境保护与污染防治，创新矿山开发的生态文明；②发展绿色农业基地，建立有关绿色食品工业；③加强防治水土流失，以及岩溶塌陷等地质灾害的治理；④进一步推广无（或少）污染的规模养猪业，进一步调整停止个体的临江河溪沟一带的养猪；⑤防止沿海污染企业的转移；⑥调整传统的有污染产业；⑦逐渐减少有害的烟草工业的收益，建立无污染的健康民生工业。

（六）泉州—莆田生态城镇群建设

泉州境内溪流密布，100 km^2以上河流有 34 条，其中晋江水系 15 条，九龙江水系 5 条，闽江水系 9 条，单独入海 5 条，泉水境内属九龙江水系和闽江水系的较少，主要属晋江水系，泉州处在湄洲湾中，其地理位置独特，且又是历史上明朝海上丝绸之路的起点，而且目前泉州的经济发达，其产值（GDP）多年居于福建省第一。

泉州虽然河流众多，但却是水资源缺乏的地区，水资源总量只有 96.79 亿 m^3，人均只 1191m^3/a，比联合国现定的人均 1700 m^3/a 少得多，附近又无过境大河流。另外就是水环境问题，由于近些年污染治理相对经济发展还是不足。2010 年 COD、NH_3N（氨、氮）、SO_2、NO_x分别占全市排放量的 21.60%、12.46%、95.02%、81.3%。2010 年全市废水排放量为 1976 万 t，占全市排放量的 38.66%。

泉州拥有令人骄傲的历史文化的成就，目前应当在此光荣的历史文化的遗迹上，更好地继承与发扬，更要发展成为联合国教育、科学及文化组织定位的“世界多元文化展示中心”，更要保持这多元文化中心的特色。这里也是“世界宗教博物馆”，所以不能追求经济发展，而忽视保护这些美誉的含量。

利用湄州湾，发扬古代海上丝绸之路，发扬泉州港的历史传统，更好地开拓，走上海上发展之路。

目前湄州湾也是石化工业基地之一，其产品年产量达1000多万吨，对海湾的污染影响是必然的。所以，泉州港的质量也会降低。

莆田的发展相对缓慢，其也是侨乡重地。目前莆田已有高铁通向北京，这将对莆田起到促进作用。

泉州虽然生产总值居全省第一，但污染情况也是严重的。所以应当大力提升环境治理的力度，建立绿色经济。这方面包括发展无公害农业，逐渐提升绿色农业至有机农业，使各种工业更好地节能减排，提升环境质量。如果泉州能够在农业、工业方面提升，使其建成绿色经济，其效应必定使泉州的经济实力得到更好的提升。泉州应很好地保护海湾环境，发展良好的丝绸之路，应建立起蓝色经济的理念。

福建省最缺水的地区是泉州，而泉州的总产值又居全省第一。目前计划在西溪建大型蓄水工程，以解决泉州城市的缺水问题。远景也考虑引闽江水以解缺水问题。无论采取何种水利措施，能够蓄引的水都是有限的。所以，应大力提倡节水为先的措施。

所以，泉州市也应发展有关节水的设备的生产，做好水资源的节约。今后应当以供定需，发展高效节水的企业。泉州应成为海西经济区乃至全国的节水示范城市。包括节水设备的生产，以及节水的水资源管理。

对于泉州—莆田生态城镇群，今后发展方向的建议如下。

（1）加强历史文化名城建设的发展效应；

（2）发扬开拓“海上丝绸之路”；

（3）发展民生工业、创立名牌、扩大海外市场；

（4）加强建立民营企业的发展之城；

（5）形成民间金融的中心；

（6）建立侨胞台胞优质服务之城；

（7）建设闽南旅游中心；

（8）大力治理生态环境，发展绿色经济和蓝色经济交汇基地；

（9）发展节水工业促进建成节水示范城市。

泉州—莆田生态城镇群产业结构调整发展建议如图4-11所示。

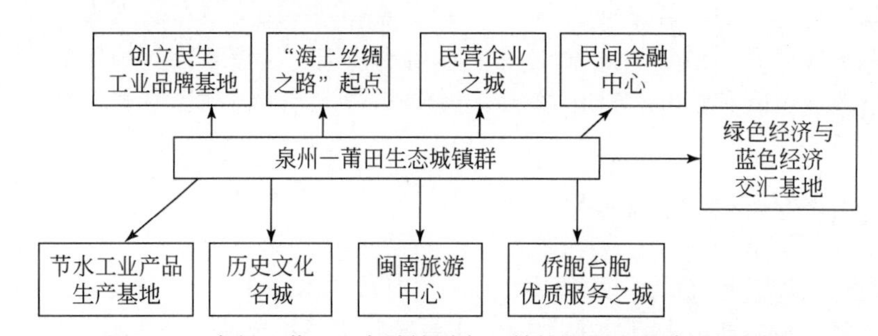

图4-11　泉州—莆田生态城镇群产业结构调整发展建议框架图

建设泉州—莆田生态城镇群，应注意以下几点：①泉州一带城镇应加强污染治理；②加强节水与污水治理的中水利用，试验分质供水，以解水资源匮乏；③注意港口一带地下水的开采，防治海水过量入侵；④建立绿色农业及绿色食品加工的基地。

虽然福建省森林覆盖率达64.4%，但是主要城市莆田、泉州、厦门等，森林覆盖率只有30%～47%。所以，这些城镇群生态建设任务仍是繁重的，在提高林业的质量的效益上，仍需要更加努力对其提高与改造。

福建省生态河流、生态城镇群、生态港口群等战略结构，如图4-12所示。

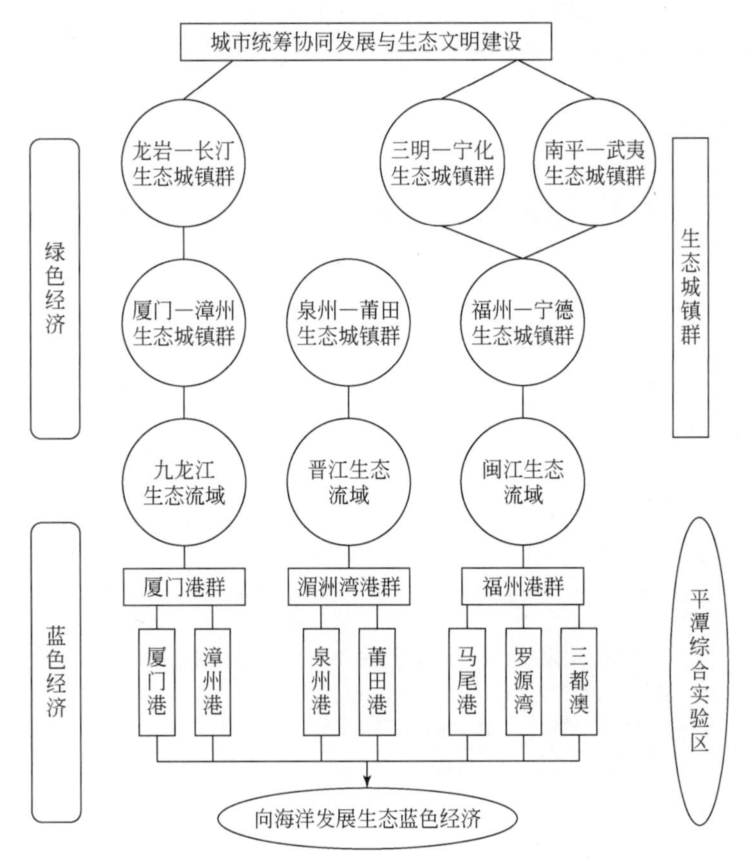

图 4-12　海西经济区发展战略目标结构图

（七）生态城镇群发展应与主体功能区划结合

1. 福建省主体功能区规划

2013 年 1 月 22 日，福建省政府颁布实施《福建省主体功能区规划》，将全省国土空间划分为优化开发、重点开发、限制开发和禁止开发 4 类区域。《福建省主体功能区规划》中福建省主体功能区的总体布局是“沿海一线、山区三点”。生态城镇群发展应与福建主体功能区划结合，走大中城市发展与中小城镇发展协调、环境保护与经济发展协调的城镇化道路。

优化开发区域主要指那些国土开发密度已经较高、资源环境承载能力开始减弱的区域，包括福州、厦门和泉州中心城区，共 9 个区。

重点开发区域主要指资源环境承载能力较强、经济和人口集聚条件较好的区域，包括国家层面的海西沿海城市群和闽西北省级层面的产业集中区域，共 32 个县（市、区）。

限制开发区域是指以提供农产品和生态产品为主体功能，资源环境承载能力较弱、大规模集聚经济和人口条件不够好并关系到地区生态安全的区域，包括农产品主产区和重点生态功能区，共 34 个县（市）。

禁止开发区域是依法设立的各级、各类自然文化资源保护区域以及其他需要特殊保护的区域，包括自然保护区、风景名胜区等 7 类，共 197 处，其中国家级禁止开发区域 69 处。

2. 实施与福建主题功能区划结合、建设生态城镇群的战略

将上述生态城镇建设目标与福建主体功能区规划结合起来考虑，福建六个生态城镇群建设战略对策见表 4-5。

表 4-5　六个生态城镇群建设的战略对策

<table>
<tr><th>区域</th><th>优化开发区</th><th>重点开发区</th><th>限制开发区</th><th>禁止开发区</th></tr>
<tr><td>福州—宁德生态城镇群</td><td>福州鼓楼区、台江区、苍山区</td><td>福州马尾区、长乐区、福清市、罗源县、连江县、闽侯县等全部，闽清县的梅溪镇、梅城镇、白章镇等。宁德市的蕉城区、福安市、霞浦县、福鼎市等</td><td rowspan="6">以提供农产品和生态产品为主体功能，资源环境承载能力较弱、大规模集聚经济和人口条件不够好并关系到地区生态安全的区域，包括农产品主产区和重点生态功能区</td><td rowspan="6">依法设立的各级、各类自然文化资源保护区域及其他需要特殊保护的区域</td></tr>
<tr><td>厦门—漳州生态城镇群</td><td>厦门思明区、湖里、海沧区</td><td>厦门集美区、同安区、翔安区，漳州的诏安县、云霄县、漳浦县、龙海市，南靖县的靖城镇、山城镇、山城街道，长泰县的武安镇</td></tr>
<tr><td>泉州—莆田生态城镇群</td><td>丰泽区、鲤城区、晋江市、石狮市</td><td>泉州南安市、惠安县、洛江区、泉港区及安溪县的龙门镇、官桥镇、城厢镇、凤城镇、参内乡、湖头镇、魁斗镇、蓬莱镇、金谷镇，永春县的五里街镇、桃城镇、石鼓镇、蓬壶镇、达埔镇，德化县的浔中镇、龙浔镇、三班镇、盖德乡。莆田市全部</td></tr>
<tr><td>南平—武夷生态城镇群</td><td>无</td><td>南平市延平区的西芹镇、夏道镇、大横镇、梅山街道、黄墩街道、紫云街道、四鹤街道、水东街道，建瓯市南雅镇、东峰镇、徐墩镇、瓯宁街道、芝山街道、建安街道、通济街道。建阳区童游街道、潭城街道、将口镇、崇雒镇，浦城县仙阳镇、石陂镇、河滨街道、南浦街道，邵武市昭阳、通泰街道、水北街道、晒口街道、拿口镇、城郊镇、沿山镇、水北镶，顺昌县双溪街道、洋口镇、埔上镇、大干镇等</td></tr>
<tr><td>龙岩—长汀生态城镇群</td><td>无</td><td>新罗区，永定县凤城镇、湖雷镇、抚市镇、坎市镇、高陂镇、培丰镇，漳平市西园乡、菁城街道、和平镇、桂林街道，上杭县临城镇、临江镇，长汀县大同镇、汀州镇、策武乡</td></tr>
<tr><td>三明—宁化生态城镇群</td><td>无</td><td>梅列区、三元区，永安市区、贡川镇、曹远镇，沙县虬江、凤岗街道、高砂镇、青州镇，将乐县水南镇、万安镇、古镛镇、高唐镇，尤溪县梅仙镇、城关镇、西城镇、西滨镇、洋中镇，宁化县翠江镇、城郊乡、石壁镇、城南乡</td></tr>
</table>

具体建设措施包括：

（1）优化开发区调整产业结构，集约节约用地，迁出高能耗产业，扶持高科技产业；

（2）重点开发区充实基础设施，改善投资创业环境，促进产业集聚发展，壮大经济规模，加快工业化和城镇化发展；

（3）限制开发区坚持保护优先，适度开发，加强生态修复，引导人口有序转移；

（4）禁止开发区实行强制保护。

第五节　生态港口群建设（三大港口群）

一、生态港口的基本要求

福建省三大生态港口群，实际上分属于福州—宁德生态城镇群、泉州—莆田生态城镇群及厦门—漳州生态城镇群。虽然生态港口群与城镇群的生态文明建设密切相关，但还应有其单独的生态建设内容，其中特别重要的方面如下。

（1）港口海水的洁净。港口所在多是海湾，与当地河口入口密切相关。所以，首先要使港口所在地一带海口，不受河口排入的污水影响，港口自身更不能对海港的水流造成影响。目前，福建港口的海水水质基本上符合较洁净-洁净等级，而在河流入海地带，则是中度至严重污染。在保护海洋海水环境与质量方面，还需加强防治。

（2）外来物种破坏原生态。港口地带，防治外来物种很重要。第二章已提到福建省受外来物种的入侵，已达相当规模，影响了当地的原生态，这种情况应当予以控制及治理。

（3）保护生物的多样性。由于填海造地，已影响到当地生态，使有的物种消失。这对港口地带来讲，也是重要的问题。维持生物多样性是非常重要的，相应地，也不能偏重某种生物，而大量人工繁殖，那样也必然会污染海域，导致某一些物种的消失。

（4）港区没有危险品的地表仓储。作为大的港口，必然有储油气的设备，也会有危险的货物需要暂时储放。对这类油氯及化学方面危险品，在港口地区不能储存在地表仓储中，而应当有安全的地下储藏的洞库。

（5）港区一带不应当有污染源的工矿企业。目前港区一带，还存在有污染的工矿企业，应停止建设，以保护港口良好的生态环境。石化一类的企业应该和多数的综合性港口分开，应有其专用码头，而生产车间也应远离综合大港口。

（6）海底地貌与航道的稳定。海港地带必然有航道的要求，保持海底地貌特别是近港的航道及周边地貌的相对稳定非常重要。影响航道及海底地貌的变化的原因，主要是河流入口的淤积，以及海浪对岸边的侵蚀，再加上还海流的动能侵蚀、运移与堆积、淤积作用。常会导致港口地带的海底地貌与航道的变化。

（7）具有抗灾害的能力。港口地带，最易遭受强大的台风等的袭击，也容易诱发规模较大的地质灾害，如滑坡、泥石流和塌陷等灾害的袭击，以及地面大片沉降。对港口而言，仅仅自身有抗当地风灾、地质灾害的相应措施还不够，应当对邻近地区包括河流带来的大规模的滑坡、泥石流等灾害的影响高度重视。对软土分布的地带，更应注意到大面积的地面沉降，而招致更大的暴风雨灾害及港口沉没、淹没。

（8）生活区与港口作业区分开。生活区及港口作业区，都应当有相应的污水治理系统及垃圾分类治理。

（9）有应对港口海难的预案与设施。对于港口及海湾一带可能发生的大量石油漏溢、发生风浪或相撞造成轮船倾覆等灾难，应当有一定的预案和设施，能及时应付、使灾害限制在最小的范围内。

（10）具有快捷立体通道以集结转运人、物流。现代先进的港口，应当有快速立体的通道，以快速集聚与输送人流及物流，这种海河陆空吞吐的快速通道，与港口紧密联系，才能快速地吞吐人流与物流。目前，对福建省三大港口群而言，尚缺乏快速的货运专线与铁路相连，以及时运送货物至腹地中南、西南及福建西部，以及反向集聚各地的货物至港口，以通向五大洲。

二、三大生态港口群发展总体思路

福建省三大港口群：福州港，包括宁德港和马尾湾；湄洲湾港，包括泉州港和莆田港；厦门港，包括漳州港。

从港口发展看，2000年以来，福建省沿海港口进入了快速发展时期，特别是海西经济区发展战略的实施，进一步促进了腹地运输需求的快速增长。吞吐量由2000年的6944万t发展到2011年的37 275万t，年均增长率达到16.5%，增速已经超过长三角和珠三角地区，成为全国沿海地区发展较快的港口群之一。福建省沿海主要港口完成的吞吐量在全国港口中的比重已由2000年的5.5%上升至2011年的6.1%，在全国港口中的地位逐步提高。港口已成为福建省经济社会发展的重要支撑，成为推动台海两岸经贸往来的重要门户和台海经济全面对接的重要枢纽。

但是，目前看来，港口还远未达到其可承载能力的物流、人流的吞吐数量。福建省沿海港口吞吐能力的发展情况，如图4-13所示，1991年以来福建省港口货物吞吐量发展情况，如图4-14所示。

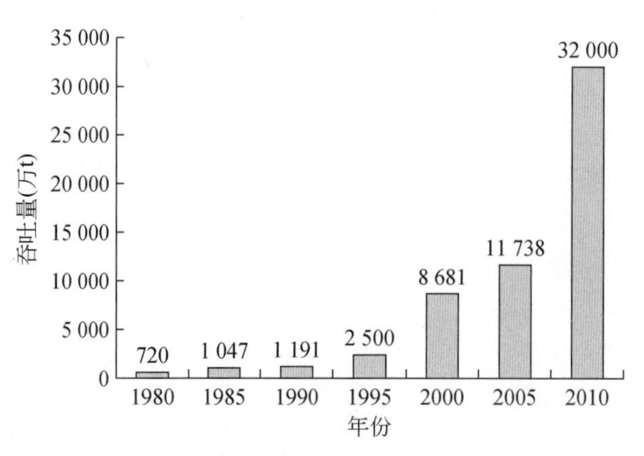

图 4-13 福建省沿海港口吞吐能力发展情况

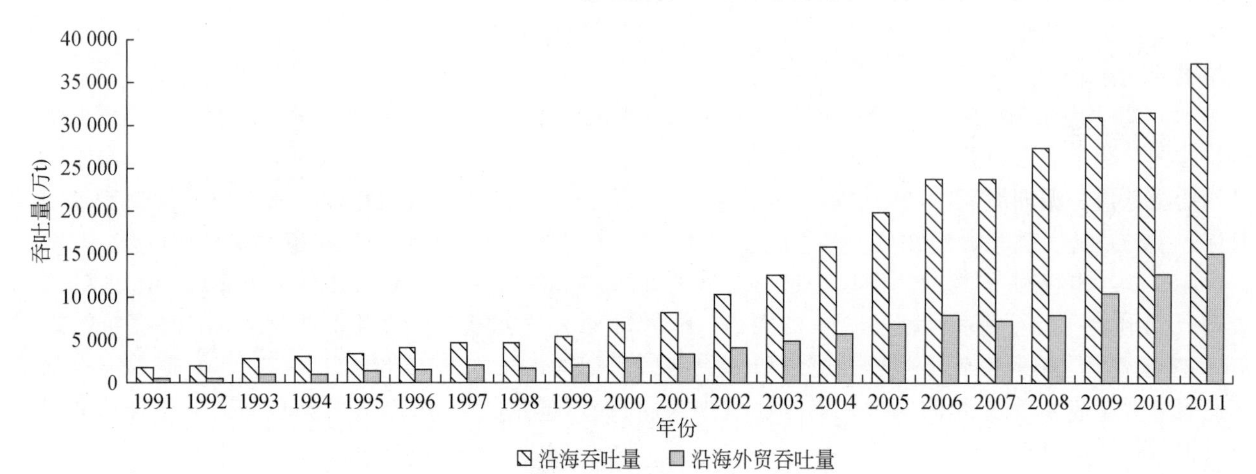

图 4-14 1991 年以来福建省港口货物吞吐量发展情况

综合福建沿海港口的发展环境、发展条件、结合现代港口的发展理念，未来福建沿海港口的总体发展思路如下。

(1) 以“大港口”为发展重点，充分发挥港口对海西经济区建设的支撑作用。积极打造三大港口群，逐步形成面向世界、连接两岸、促进对外开放、服务内陆腹地、带动临港产业、促进经济发展的规模化、大型化、信息化的海峡西岸港口群，实现福建省港口跨越式发展，实现海西经济区发展战略目标的要求。

(2) 以“综合交通”为发展理念，加强港口同其他交通方式的协调发展。发挥港口在综合交通运输体系中的龙头作用，对各种运输方式进行统一规划、建设与管理，形成规模化、集约化、快捷高效、结构优化的现代集疏运体系，实现多种运输方式协调发展，增强港口物流服务的集聚效应。

(3) 以“服务两岸”为发展特色，发挥港口在两岸交流中的纽带作用。依托福建沿海港口较为完善的基础设施和规划的海峡通道布局，加强两岸经贸合作和人员往来，争取在两岸“三通”上有更大作为、有更多贡献、有更重地位，在福建沿海与台湾直接往来上有拓展、有创新、有特色，推进福建沿海港口成为中西部省份进出台湾的重要海上通道和两岸“三通”的前沿平台。

(4) 以“转型升级”为战略导向，集约利用港口岸线、土地和海洋资源，推动绿色安全港口建设，提高港口的可持续发展能力。抓住经济增长方式调整优化的历史契机，坚持合理高效、低碳、可持续的原则，转变港口发展理念和模式、有效实施港口结构调整与资源整合、着力拓展港口服务功能、大力推动港口绿色安全发展、提高港口企业效益、提升港口技术保障水平，构建布局合理、要素完善、功能齐全、节能环保、服务先进的现代港口体系。

三、港口布局建议

结合三大港口的特点、优劣势，三大港口的发展各有侧重，具体来看，港口布局建议如下。

1. 福州港

功能定位：是国家综合运输体系的重要枢纽、我国沿海主要港口；是做大做强省会中心城市、实现工业化的重要依托；是福州市、宁德市发展外向型经济和连接国际市场的重要支撑；是两岸“三通”的重要口岸。

发展方向：依托外海港区规模化的开发及江阴保税物流园区的建设，逐步发展成为以能源、原材料等大宗物资运输为主，集装箱协调发展的区域航运枢纽港。

服务范围：以闽中、闽北地区为主，随着综合运输网的不断完善，将为浙、赣、湘的部分地区提供运输服务。

2. 湄洲湾港

功能定位：湄洲湾港是我国东南沿海地区综合运输体系的重要枢纽；是东南沿海及中西部地区大宗散货的中转基地、国家战略物资储备基地；是海峡西岸经济区承接台湾产业转移的依托和两岸“三通”的重要口岸；是福建省、莆田市和泉州市国民经济发展的基础，是发展临港工业和现代物流业的重要依托。

发展方向：充分发挥大型能源企业及临港工业的带动作用，以能源、原材料等大宗物资和内贸集装箱运输为主，逐步发展成为特色鲜明的散货物流中心和内贸集装箱枢纽港。

服务范围：以泉州市、莆田市为主，随着综合运输网不断完善，其腹地范围将扩展至周边地市及赣、湘的部分地区。

3. 厦门港

功能定位：厦门港是我国集装箱干线港、国家综合运输体系的重要枢纽、我国沿海主要港口；是海峡西岸经济区率先实现现代化的重要依托；是福建调整产业结构、优化生产力布局、加快新型工业化进程和基本实现工业化的重要支撑；是福建及周边地区扩大对外开放和全面参与经济全球化的战略资源；是海西区经济社会发展的重要平台，是两岸“三通”的重要口岸。

发展方向：充分发挥厦门集装箱干线港、保税港区和特区政策优势，将厦门港建成集装箱运输为主、散杂货运输为辅、客货并举的国际航运枢纽港和国际集装箱中转中心。

服务范围：覆盖整个海峡西岸经济区，随着地区综合运输网不断完善，其腹地范围将扩大到赣、湘等其他内陆地区。

四、港口环境保护的重点措施

1. 加强港口规划设计环节环境因素的作用

注重港口规划设计阶段环境因素的作用，从源头降低港口对环境的负面影响。

首先，应加强港口及码头的选址研究工作，避免在自然保护区等敏感水域及其附近建设噪声及振动影响较大和施工作业较多的港口码头，尽可能避免对水动力条件和沉积物环境的扰动及改变，尽可能减少对底栖生物、鱼卵仔鱼和渔业资源的损害，对于不得已而造成的扰动和损害要及时采取弥补湿地、人工鱼礁和增殖放流等适当的生态补偿、修复对策，帮助生态环境尽快恢复其正常功能。

其次，港口规划应当体现合理利用岸线资源的原则，遵循“深水深用、浅水浅用”的原则，集约使用岸线资源建设港口。结合区域特点和岸线情况，合理开发近海岛屿岸线。减少海湾内大规模的填海造陆工程，避免因围填海而造成的海湾面积缩小、生境变化、水体交换能力下降、航道淤浅、码头港池淤积加剧等严重影响海湾资源可持续利用的现象出现。

再次，在岸线不可再生的强力约束下，深入研究港口功能定位和可持续发展。根据港口的区位优势、自然条件、发展规模和发展潜力等，分层次、分系统和分区域规划港口布局，形成统一规划、层次分明、合理分工、大中小结合的港口体系，实现地区之间、码头类型之间的协调发展。

最后，在具体港口规划设计中重视港口生态规划，加强与城市生态规划、设计相衔接，充分考虑借助、协调城市生态环境的“边缘效应”提升港区的环境质量；并且在设计中力求在平面布置、结构设计、构建生产运营系统等方面，应用先进、成熟的节能环保技术，体现生态修复理念和措施，使港口对生态环境的影响降至最低。

2. 重视港口建设过程中的污染防治措施

为将污染降至最低，港口施工过程中，严格按环保有关规定，采取系列污染防治措施。

港口疏浚、挖泥作业采用产生悬浮泥沙少的挖泥船，严格到指定抛泥区抛泥；造陆采用先筑围堰后抛泥的施工程序，以减少流入海中的淤泥量。采用防污帘和沉降剂等措施，以减轻悬浮物对海域浮游生物的影响。

陆域施工时，及时清扫道路上的散落物，在回填区和进场道路进行必要的洒水和覆盖措施，防止沙尘污染大气。

采用符合噪声标准的施工设备，并采取消音、隔音措施。控制施工时间，最大限度降低噪声危害。

建筑垃圾设置垃圾堆场，分类集中堆放并且及时清理；生活垃圾设置垃圾袋（箱）收集，由市政垃圾车外运处理。

3. 积极推广先进的港口作业方式

码头、堆场等使用的陆上运输机械漏油是港口作业的主要污染源之一。“油改电”工艺在国内外港口作业中有过成功的实践，轮胎式集装箱门式起重机是集装箱作业的重要机械，厦门港应用节能技术对轮胎式集装箱门式起重机进行“油改电”，改造后集装箱吊运作业单箱能耗下降50%，单箱作业成本下降70%。该项目全面推广，将极大地减少环境污染、降低作业噪声、增强设备运行安全、节能减排。

4. 重点强化港口生产运营中的环保措施

国内大中型港口在生产运营中已积累了众多环境保护的措施，尤其是对污染严重的大宗散货，福建省港口在发展过程中应充分借鉴这些先进的措施，减少对环境的影响。

粉尘防治措施：码头采用先进的除尘、防尘技术和设备，最大限度地降低粉尘排放量。以湿式防尘为主、干式除尘为辅，在装卸、堆存、搬运等主要起尘环节洒水抑尘、密闭防尘。

有害气体污染防治措施：化工原料及制品装卸、储存、木材熏蒸在指定区域进行，并采用毒性较小的熏剂，同时加强对操作人员的劳动保护；码头辅助区设卫生防护区和防护林带，以吸附有毒、有害气体。

港区污水防治措施：港区排水采用雨污水分流排水体制。港区产生的含矿、含油等生产污水及生活污水应集中收集，经污水处理厂处理达标后排放。港区停靠码头的船舶机舱含油水应严格执行有关规定，由船舶配备的油水分离器处理，含油浓度低于15mg/L后按海事部门的有关规定排放。

噪声污染防治措施：各功能区合理布局，将高噪声机械作业区集中布置并远离生活区，港区机械选用低噪声动力设备，并设隔声、消声装置，控制夜间作业时间，保证港区周围的声环境质量。

固体废弃物防治措施：建立垃圾站收集陆地、船舶垃圾，配备清扫车、垃圾箱和清运车，及时把垃圾运出并送到指定地点集中处理。

港口绿化和美化措施：绿化是综合性防治污染措施，港区为消音、除尘、绿化美化环境，应统一规划和实施绿化工程。

5. 危险品事故溢出的防范措施

建立事故应急反应中心，设立以海事、港务、环境保护等部门组成的区域事故应急领导小组，制定区域和港口应急计划，通过组织开展港口与船舶溢油事故综合演习等方法，加强应急能力培训。配备围油栏等应急设施，及时处理化工、油品和其他有毒、有害物质溢出事故和其他事故，防止引起水体的污染和其他危害，使港区事故性危险品泄漏得到及时处理。

6. 加强港区环境监测与监督管理

港口的环境监测工作应由环境监测站定期进行。港区应成立环保管理机构，配备专职环保管理人员负责港区环境管理和监测。

第六节　生态海洋建设

近岸生态港口群的建设，必然涉及远岸海洋的生态保护，有关港口的生态问题对远岸海洋也是一样的要求。

建设福建省生态海洋，应以构建海洋生态文明为宗旨，以海洋环境容量和资源承载力为发展前提，坚持陆海统筹、综合管理、科学引领，在优化产业结构布局、陆海统筹完善污染防控体系、加强生态保护和修复、健全环保法规体系、提高风险源管理水平和应急能力、提升海洋环境监管能力、增强公众参与意识等方面加大投入和研究，进一步完善提高福建省海洋经济可持续发展保障体系。

在遵循以上原则的基础上，从福建省蓝色经济发展和海洋生态保护协调发展的角度出发，建议采取以下两个优先行动。

一是建设具有国际影响力蓝色经济示范区，如“厦门蓝色经济示范区”。通过科学规划海洋空间、集约节约利用海洋资源、优化海洋产业布局、完善海岸带综合管理体制、建立蓝色经济发展成效评估机制、加强对台合作和促进国际交流等途径，总结形成中国蓝色经济发展的示范模式，为建立亚太蓝色经济示范网络，分享全球蓝色经济发展最佳实践经验打下基础。

二是“基于生态系统途径，构建流域–河口–海岸带的生态安全屏障”。例如，闽江和九龙江，通过在全国率先制定流域–河口–海岸带综合管理法规体系、建立高级别的流域–河口–海岸带管理委员会，促进跨区域跨部门的流域污染物排海总量控制体系的建立，加强防灾减灾预警、防控、应急和保障体系的建设，提升流域–海岸带的综合管理成效，保障流域–海岸带的生态安全，丰富海洋生态文明建设内涵。

第五章 构建福建牵手海东——台湾的纽带和平台

福建为海西经济区的核心，台湾处在海峡的东岸，福建和台湾在历史上有着密切的渊源。今日，着手海西的发展，也就是为了牵手海东——台湾，更好地促进两岸的交流。

近年来两岸逐渐恢复与开展了多方面的往来交流，展望未来，应当会有更大的发展。为两岸人们的福祉，福建应当承担更紧迫与光荣的任务，为走向和平统一的未来做出应有的贡献。

第一节 平潭综合实验区的定位与发展

平潭距台湾新竹只有68海里（1海里=1852m），是大陆距台湾最短距离之地。近年来福建作为海峡西岸的核心区，与海峡东岸的台湾有着密切的关系，发展两岸同胞交流、商贸、旅游、探亲、合作开发等，诸多方面都取得了很大的进展。2009年5月国务院颁发了《国务院关于支持福建省加快建设海峡西岸经济区的若干意见》。该意见公布后，海峡西岸经济区有了更快的发展，也大大促进了与台湾的交流与合作，两岸签订了经济合作框架协定（ECFA）后，福建省委在2009年7月召开的八届六次全体会议上，决定设立平潭综合实验区。2011年3月，“加快平潭综合实验区开放开发”写入国家“十二五”规划纲要和国务院批准的《海峡西岸经济区发展规划》，平潭的开发开放已上升为国家战略。

平潭有深水港口，也有滨海的独特景观和特殊的花岗岩体的景观，以及良好的沙滩。目前平潭正在进行基础设施建设。规划中有中心商务区、港口经贸区、高新技术产业区、科技研发区、文化教育区、旅游休闲区等，实行“多区、多组团”。

一、定 位

平潭综合实验区位于台湾海峡中北部，是大陆距台湾最近的地区，具有对台交流合作的独特优势。应突出平潭综合实验区的先行先试功能，创新体制机制，推进两岸更紧密合作，发挥平潭综合实验区在两岸交流合作和对外开放中的先行作用。

（一）两岸交流合作的先行区

积极探索更加开放的合作方式，实行灵活、开放、包容的对台政策，开展两岸经济、文化、社会等各领域交流合作综合实验，促进两岸经济全面对接、文化深度交流、社会融合发展，为深化两岸区域合作发挥先行先试作用。

（二）体制机制改革创新的示范区

加快平潭在经济、社会、行政管理等方面的体制机制改革创新，在一些重点领域和关键环节先行先试，争取率先取得突破，为我国新时期深化改革发挥示范作用。

（三）两岸同胞共同生活的宜居区

开辟两岸往来便捷通道，优化投资环境，完善城市服务功能，健全生活服务设施，创新社会管理服务机制，努力构建经济发展、文化繁荣、社会和谐、环境优美的幸福宜居区，逐步建设成为两岸同胞向往的幸福家园。

(四) 海峡西岸科学发展的先导区

广泛吸收借鉴国内外先进发展理念和经验，大力推广低碳技术，优先发展高端产业，加快转变经济发展方式，探索出一条低投入、低消耗、高产出、高效益发展的新路子。

二、发展内涵

平潭地处福建东南沿海，东临台湾海峡，由126个大小岛屿组成，总面积为392.92 km^2，海域总面积为6064 km^2。主岛面积为324.13 km^2，是全国第五大岛、福建第一大岛。平潭要建成两岸的共同实验区，生态文明建设也应占首位。

当前，两岸关系已站在新的历史起点上，为平潭综合实验区在对台交流合作中发挥更加重要的作用，提供了难得的机遇。加快平潭开发开放，对于促进海峡西岸经济区快速发展，推动两岸交流合作向更广范围、更大规模、更高层次迈进，具有重要意义。

(1) 有利于打造推动两岸关系和平发展的新载体。充分发挥平潭独特的区位优势，抓住两岸关系和平发展的有利时机，在平潭建设两岸合作综合实验区，有利于开展两岸经济、文化、社会等多领域的交流合作，打造台湾同胞的“第二生活圈”，构建两岸同胞共同生活、共创未来的特殊区域，促进两岸经济社会的融合发展。

(2) 有利于探索两岸区域合作的新模式。通过平潭综合实验区的开发建设，在两岸经济合作、文化交流、社会管理等方面先行先试，有利于探索两岸同胞建设共同家园的新模式和扩大两岸交流合作的新机制，为推进两岸更紧密合作创造和积累经验。

(3) 有利于开辟新时期深化改革、扩大开放的新路径。平潭综合实验区的先行先试，有利于凝聚两岸同胞的共同智慧，充分借鉴国内外成功经验，加快体制机制创新，进一步建立充满生机、富有效率的体制机制，为全国深化改革、扩大开放积累经验、提供示范。

三、具备条件

平潭综合实验区地理位置优越，开发空间广阔，具有进一步发展的良好自然条件和深化两岸交流合作的潜在优势。

(一) 对台区位优势突出

平潭综合实验区地处台湾海峡中北部，是两岸交流合作的重要前沿平台，能够发挥沟通两岸的重要桥梁和纽带作用。

(二) 自然资源条件优越

平潭岸线资源丰富，拥有良好的港湾和优越的深水岸线，适宜建设大中型港口。旅游资源独具特色，优质沙滩长达70km，海蚀地貌景观遍及全区，拥有平潭海岛国家森林公园和海坛国家重点风景名胜区。清洁能源资源丰富，可供开发的风能、潮汐能潜力较大，具备加快开发建设的较好基础条件。

(三) 对台合作基础较好

平潭对台交往历史久远，两地民众交流交往十分密切，商贸文化往来频繁，平潭是中国大陆最早设立台轮停泊点和开展对台小额贸易的地区之一。随着两岸交流合作的不断深入和拓展，平潭综合实验区的前沿平台作用将进一步凸显。

（四）发展空间广阔

作为待开发的海岛，平潭土地资源相对充裕。平潭背靠海峡西岸经济区，发展腹地广阔，在推动两岸交流合作、承接台湾产业转移、促进周边地区联动发展等方面，具有较大的发展空间和潜力。

同时，平潭综合实验区发展还面临着一些困难：①经济发展基础比较薄弱，产业支撑能力相对不足；②社会事业发展相对滞后，公共服务水平较低；③生态环境相对脆弱，经济建设与环境保护的矛盾较为突出；④高层次专业人才相对缺乏，干部队伍整体素质有待进一步提高。此外，适应综合实验区开发建设与扩大两岸交流合作的体制机制还需进一步完善。

四、对合作实验区——平潭的建议

由于地理位置优势，已有海西经济区与台湾合作的先例，对平潭的开发，本书提出如下建议。

（一）积极投入前期基础建设，完善近期与长远发展有序规划

改革开放初期，利用邻近港澳的优势，在深圳迅速建起了新兴城市，当时深圳的发展取得了全国的支持。目前，平潭要取得像深圳一样的发展优势是很难的，加上形势不同，平潭的开放开发，应当立足积极投入，应根据统一的理念而编制近期与长远发展规划。

（二）携手海峡两岸，重点发展高端最先进的电子产业

目前，厦门、福州都有相当规模的两岸合作平台，发展电子等高端产业。虽然这些产业有一定的影响力，但还不是最先进与影响最大的层次。因此，应利用平潭这个实验区平台，合作发展能起到引领作用并发挥其最大影响力的高端电子产业。

（三）共同创建蓝色经济，建立两岸合作的海洋产业

平潭有良好的港口大泊位，大的可达30万t。两岸应当利用海峡合作，发展和开发无污染、无公害的蓝色经济，包括远洋渔业、开发海洋矿产资源等，发展多方面与海洋有关的制造业和航海业，以及有关文化教育产业。

（四）建设通向台湾的快速通道的海峡西岸桥头堡

通过多年对比研究，目前将平潭作为通向台湾新竹的快速交通通道的起点是最合适的，这也被两岸有关人士和企业及科技专家所认同。根据两岸的海洋环境和110多公里的距离，直接用一个隧道相通是有困难的。

为此，建议参考港珠澳大桥与隧道相结合的经验，可在平潭将北京—福州—平潭的高速铁路的终点——平潭的澳前火车站建在地下，就可直接由地下转接通向海峡通道，直奔牛山岛再穿越海峡，通往台湾新竹。若平潭火车站不建在地下，那就要修建铁路至澳前港口，然后利用桥梁或浅隧道通向海岸外10km左右的牛山岛，再在距离牛山岛十几公里的海上寻找岛屿，扩建为一个人工岛，作为地下深百多米的海峡隧道的西入口。新竹也应在距岸30km处建立人工岛，这样在两个人工岛间，距离只有50多公里，就易于建设深埋百米的海底隧道。修建两岸快速通道也需要较长时间，目前可在海西平潭岸边，开展海峡通道的地质勘测研究和有关问题的研究。

（五）建立新能源合作开发基地

平潭风大，目前已建有一些风力发电机，今后应扩大海上风力发电，也可进行两岸合作，建立潮汐发电、太阳能等综合新能源的研究基地。

（六）开展旅游与体育竞赛

平潭可结合福建厦门、漳州、泉州、福州，分别开展旅游业，特别可利用良好的沙滩，开展休闲度假的旅游业。此外，也可开展国际性的游泳、帆船、海上摩托、潜水等多项体育比赛。

平潭要成功成为两岸共建实验区，福州市的福清及长乐，都可设一定的地带，作为平潭开放开发的侧翼，这样既有利于平潭的发展，又对福州发展有好处。

建设平潭综合实验区的生态文明，应当考虑如下几点。

（1）平潭气候条件不尽理想，风大的日期占多数，要大力建设沿岛防风林带，做好防风措施。

（2）利用风大的特点，可以发展风电，并研究如何储蓄电能，以及相应发展利用风力电能的产业。

（3）平潭陆地面积只有约300km^2，节约土地资源仍是建设生态文明的关键。

（4）平潭发展要靠闽江水资源，引水工程正建设，应考虑采用两个供水系统，在平潭建设地下水库。

（5）保护海岛的海洋生态，应禁止随意填海造地。增加有限的人工土地，不仅会隐藏着大量地面沉降的危险，也会危及海岛的海流，影响海洋的区域生态环境。

第二节　海峡通道——两岸携手共同发展的蓝色纽带

对于建设大陆与台湾之间的跨海通道已经酝酿了多年。近年来两岸的交往更加密切了两岸的关系。ECFA的签订使得修建海峡通道的需求更加迫切。目前，应当更进一步讨论以下几个问题。

一、建设海峡两岸快速交通通道的重要性

目前，海峡两岸的交往在不断地发展，相信今后两岸各方面的交流会更加密切。大陆目前正快速发展高速铁路网，时速在250～350 km/h，北京—天津乘高铁只需29min，武汉—广州只需约4h，已建成通车的京沪高铁，也都大大缩短了行程的时间。海峡两岸最短的线路——福建平潭与台湾新竹之间距离约120 km，如果修建高速铁路，时速约250 km，通车时间也只要半个多小时。

改革开放后，有句名话就是“要想富，先修路”，对海峡两岸而言，就是“促发展，建通道”。

韩国为促进经济上的交流，曾提出要修建中国—韩国—日本海底隧道。后来在成都的国际隧道会议上，有记者对中国—韩国—日本隧道交通的看法进行提问。当时中方认为：中国—韩国—日本三国海底隧道目前不会考虑，大陆最关心的是海峡两岸同胞的密切交往与促进共同发展而能双赢的海峡通道。

这个通道的兴建，如何将铁路与公路汽车运输相结合，还是今后值得进一步研究的问题。

需要强调的是，建设海峡隧道，不只是单纯为增加物流、人流的需要（目前估计，这个通道可数倍以上增加人流与物流），更主要的是密切联系两岸，更好地共同发展通向海洋、通向世界的开拓战略。

二、建设海峡通道的基本地质条件与通道布置

海峡通道建设中，涉及地质条件问题。

台湾属于受太平洋板块对欧亚板块挤压而形成的岛弧范畴，台湾东部太平洋岸一带，地震频繁发生。中部隆起3000 m以上中央山脉，主要为大南澳变质岩，时代为中生代-古生代。西部地区地势低，主要是古近系、新近系及第四系沉积等。始新统、渐新统地层为黏板岩系，海相碎屑岩，也有石英砂岩，中新统为碎屑岩组夹煤层，上新统为海相碎屑岩，更新统有砾岩厚几十米至千米。第四系以砂、砾及珊瑚礁石为主。西部在澎湖地区的地下还有玄武岩分布。

海峡地质构造较为发育，多为NE向和NNE向构造，NE向如平潭半岛-东山兄弟岛的断裂，NNE向如义竹断裂。海峡东岸的台湾岛其地震构造是NNE向断裂，如台湾中央山脉断裂，西岸福建是NNE向和

NW 向断裂交汇处。

三、台湾海峡隧道的线路比选

台湾海峡隧道，曾进行了多年的讨论比选。①北线方案，平潭—台湾新竹，长度为123km，最大水深为67m，花岗岩、火山岩、第三系砂页岩、石灰岩及第四系海洋沉积。隧道距震中远，附近地震级别低，在陆地接轨好。②中部方案，泉州—台中。其中线路1长度为133km，水深为70m，线路2长度为179m，水深为50m。地层也是以花岗岩、火山岩及古进系-新近系砂岩为主，以及海相第四系沉积。但有几个地震区，有7.0级地震，陆地上接轨差些。③南部方案，厦门—嘉义，长度为207 km，水深为124m，岩性也是花岗岩、火山岩及第三系砂页岩，还有渐新统板岩及煤系，经澎湖列岛区有深槽，距离震区较远。

福建一带主要是花岗岩，海岸带及海水下还有火山岩分布。更新世之前的构造运动，使整个台湾西部地区褶皱回返，形成了摩拉斯建造。在澎湖地区中新统只有200m，其下为中生代地层。更新世晚期古冰期时，中国东部海平面比目前低近百米，那时大陆和台湾西部一些地带，除了局部仍为海湾地带外，应当是相连的。

通过比较以上线路的长度、水深及地震断裂情况，显然北线平潭—新竹是首选。

目前，我国已将平潭列为两岸共同开发的实验区，在海峡隧道的西端与内陆联系的快速铁路和公路也连接较好。选择平潭—新竹这条线路，是公认较易实现的海峡通道的线路。

四条线路的平面示意剖面图如图5-1所示，四条线路比选条件见表5-1。

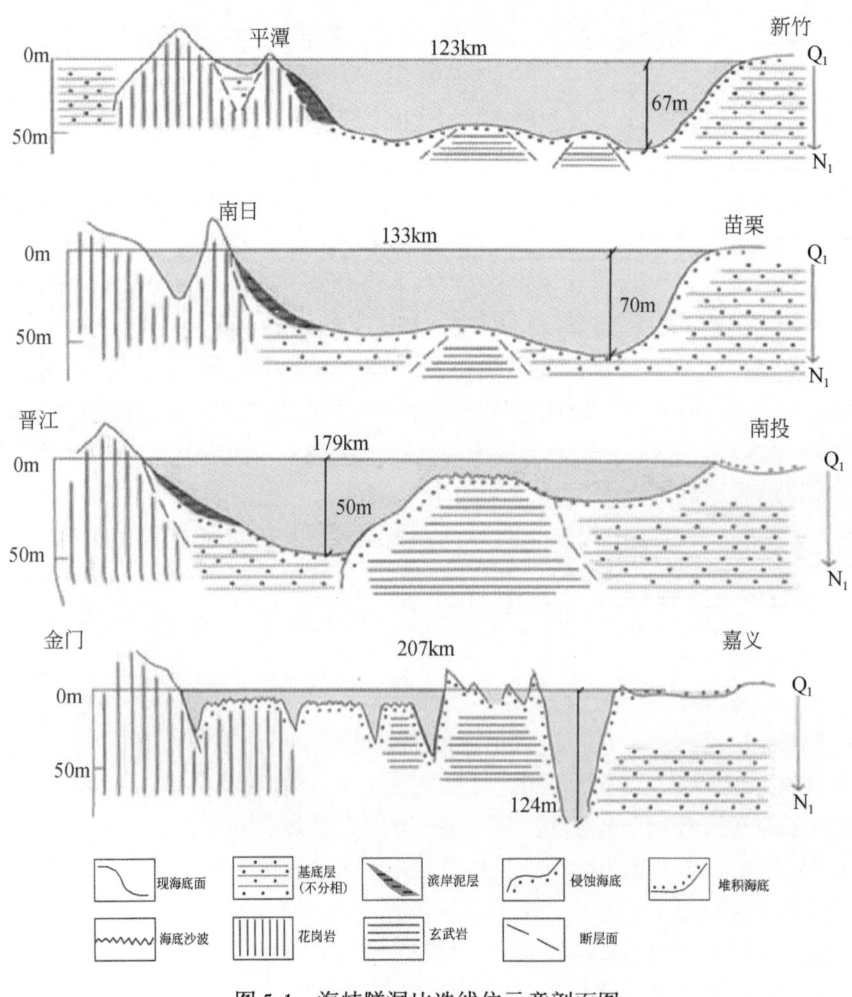

图5-1 海峡隧洞比选线位示意剖面图

表5-1 台湾海峡隧道选线比选

线位方案	北线方案	中线一方案	中线二方案	南线方案
海上长度（km）	123	133	179	207
最大水深（m）	67	70	50	124
海底地形	海底地形不平并带有深水槽多个，50～60 m	海底有深水槽，水深70m以上	海地较平坦，水深一般较浅	澎湖列岛东侧有一深水槽
地层岩性	福建东海岸为燕山期花岗岩，T_3-J火山岩系；海下为第四系海洋沉积，玄武岩，第三系砂页岩；台湾西海岸为更新世上部为砾石红黏土及砂，更新世下部为砂页岩、泥岩、石灰岩	福建东海岸为燕山期花岗岩，T_3-J火山岩系；海下岩性基本与Ⅰ线相同；台湾西海岸岩性基本与Ⅰ线相同	福建东海岸为燕山期花岗岩，T_3-J火山岩系；海下主要沉积为厚层第四系海洋沉积物，下部为第三系砂页岩、砾岩等。台湾西海岸上部为第四系冲积洪积扇积物，下部为第三系砂页岩及砾岩	福建东海岸为燕山期花岗岩，T_3-J火山岩系；海下第四系沉积厚度不同，另有玄武岩熔岩，下部仍为第三系砂页岩；台湾西海岸第四系冲洪积层，下部是第三系砂页岩
主要地质构造	福建滨海断裂及海下的台西盆地断裂带	福建滨海断裂及海下的台湾西海岸活动断裂	主要为福建滨海断裂	福建滨海断裂，九龙江凹陷处断裂构造发育
附近地震区	隧道整体距震中较远，且附近地震级别均低于5.0级	隧道附近分布有5个震区，最大震级可达6.0～6.9级	隧道福建端穿过7.0级震区，台湾端震区较少	只在福建端隧道周围分布较小的震区，之后的隧道距震区较远
与既有铁路、公路接轨	与既有公路接轨的引线较短，与既有铁路接轨	与既有公路接线较长，与规划中的公路直接接轨；与既有铁路接线较长	与既有公路及铁路接轨引线较长	与既有公路直接接轨，与既有铁路接轨引线很长

在海峡隧道建设中，目前急需做好地质环境调查，特别是深部海峡中的百多米深的隧道可能遇到的突水与稳定的问题，也涉及海底油气藏的赋存与开采问题，这些问题都会影响隧道本身及海峡两岸的生态文明建设。

采用北线方案，虽只有120km左右长度，但如果用一个全长隧道建设，那是较困难的。在2010年的一次会议上，作者曾建议学习港珠澳大桥，应有两个人工岛，分三段建设。后来，香港报纸也进行了报道。这个提议就是，在海峡隧道的两端，都向海中隧道延伸方向30～40km处，利用礁石小岛，扩建成人工岛。这样由两岸的起点到这个人工岛间，可建浅层隧道（或用沉管法修建）。由人工岛向深部埋深可大于120m，在较好基岩中，修建深处海峡通道的主体，这段主体隧道只有50～60km长，施工的条件相对难些，但应当可以克服，可用钻爆法或盾构推进，需比较。

目前，考虑深部主隧道，应当是双向的两个隧道，中间有工作洞相通，或者中间另有工作隧道，这由设计部门据今后勘探资料再定。整个海底隧道的完工期取决于海峡隧道东段台湾地带开始施工的日期。

四、海峡隧道建设中的一些问题

在台湾海峡的通道建设中，无论采用什么样的建设方案，在线路选择与具体安排上，以及具体的设计与施工方案上，都应很好调查研究有关地质环境等问题，这些问题主要如下。

（一）地质环境

① 海岸带、海底的地震及有关海啸灾害；② 季风条件造成气候灾害-地质灾害链，特别是风暴潮-台风与诱发的滑坡、泥石流等灾害对海峡隧道两端工程及人工岛的稳定性影响；③ 海平面的上升对海峡通道的安全运行的影响；④海岸的变迁，特别是海岸的侵蚀（蚀退）和淤积（海岸向前推移），对海峡隧道

长期运行安全与效能的影响；⑤海水入侵对海峡隧道安全与寿命的影响，包括天然状态下海水入侵及施工及运行中抽水等对周围基础稳定性的影响，以及海水对隧道水泥建筑的影响；⑥海岸带的隆升及沉降对隧道周边环境的影响。

当然，上面这六个方面主要是自然情况下可能造成的对海峡隧道的地质环境的影响。还有重要的一方面是两岸已有的工程建设对地质环境会产生的效应，以及产生复合效应的问题。

（二）具体影响海峡通道的主要地质环境与有关防灾及安全问题

这方面问题，涉及海峡通道的安全施工和长期安全运行问题。

（1）海峡构造活动性：台湾西部在新近纪末有一次构造运动，强烈褶皱、断裂发生，福建东部也受燕山及喜马拉雅运动影响，有很多NNE、经向、纬向断裂。因此，在海峡地带海底基岩必定有一系列与海峡近于平行的NNE向构造及近东西向构造发展。所以，近通道部位构造稳定性对不同建筑方案都是一个需要论证监测的重要问题。

（2）岩石的风化与岩体强度问题：台湾西部的黏板岩及福建平潭一带的花岗岩，以及海峡下面的火成岩和火山岩，是否还有盆地沉积古近系和新近系地层仍需查明。这些地层都有古风化的问题存在。深切的囊状风化及球状风化，以及软弱夹层，对通道的开掘及渗透水流导向隧道溃入等问题，都关系重大。

（3）人工岛的基础稳定性问题：建设海峡通道，修建两个人工岛是必须的，应当尽量减少海底隧道的长度与降低建设的难度。但是在近岸地带，如何选择人工岛位置，如何保证人工岛的稳定性与安全，这是很重要的一个课题，有待研究。

（4）隧道中的突水危害问题：在海峡中开挖隧道，无论采用什么方法，都需要考虑水流溃入的问题，水的来源有海水、松散海底沉积层中水、基岩中的水等。在海洋下，如果有水流大量溃入，也会挟带泥、沙及块石溃入，危害性是很大的。所以，在施工中，需要考虑隧道中掘进时采取的防水措施及排水的方法与途径，以保障工程顺利进行与安全。

（5）海底隧道的基础稳定性：在海峡修建海底隧道，其长度在40～50km（两岸修浅隧道或桥至人工岛），在这种长度中，隧道上部、底部岩体的稳定性，特别是在运行中不断震动情况下的稳定性问题，是需要研究的。从基础岩土体的稳定性上看，隧道在深部的岩体中，比处在海底砂层或淤泥质沉积层中要好。

（6）海底深隧道的地应力与岩爆问题：海底下百多米岩体与海底构造密切相关，海峡底部的岩体，必然受到太平洋板块的挤压，以及台湾岛与大陆间的地壳活动等影响，存在着地应力的复杂变化情况，这与隧道的走向、施工时的对应措施，都有密切的关系。海底下开挖时，应当考虑深海水及百多米岩体自重的影响下，岩体产生应力急剧变化而产生岩爆的危害，采用适宜的途径。

（7）引桥基础稳定性：大陆与台湾岛两岸，都可修建30km左右长度的引桥，这种最大水深在60多米（水深尚需据进一步深测海底变化而定）的桥基，其稳定性还是需要考虑的问题。

（8）海底深部有害气体危害问题：海峡地带水下深部岩体中可能蕴藏着油气，如果线路通过此地带，即使没有大的油气存在，但是由于挖掘隧道破坏了这段岩石的致密性，或由于开掘而使岩体产生膨胀，可导致一些有害气体从深部上涌溃入隧洞。况且在海洋底部，由于还原环境、生物作用，也常在浅部就有气体蕴藏。因此，当开凿隧道时，也可促使这些气体泄入隧道。这个问题也是不可忽视的。

（9）边坡的稳定性问题：大陆与台湾岸边及人工岛隧道入口地带的边坡稳定性，也是需要论证的问题，特别是隧道在人工岛的进口处的边坡稳定性，会影响整个隧道的安全问题，甚至会导致海水侵入隧道造成灾害。

此外，在海峡通道建设中，抗震、抗台风及有关灾害链诱发地质环境的恶化问题，需要结合着上述问题，予以论证。

目前，对海峡通道基础情况尚不清楚，这需要由大陆和台湾两岸相互协作开展相应勘测研究工作。

第一，应当有通道地带的海底及两岸的海水下地质图，这是最基本的资料。目前，海底地质情况还是掌握得很少。

第二，应当有相应的隧道通过地带的实际地形、地质剖面图及物探和一些海洋钻探资料为基础。

第三，应当对岸边及海底采集的岩、土、水样进行相应的实验研究。

第四，通过一定的钻探、物探，编制出相应的图件，以作为人工岛位置的选择。

第五，早日着手建立相应的观测站，包括选择通道线路附近进行气象、水文、地质灾害的监测。

这些勘测研究，应当伴随着海峡通道的具体进展，不断加深进行。这对海峡两岸建设通道是非常重要的基本要求。当然，这方面调查研究也有很大的困难，需要通过科学的调查研究，才能选定最佳线路的确切位置，针对详细的地质条件，才能进行合适的设计与施工，也才能顺利建设海峡通道。

（三）创新思维、架起两岸人民心中的隧道是建设这座蓝色快捷通道的关键

海峡两岸携手共同发展面向海洋的蓝色经济，其中包括海洋航运、海洋渔业、海洋矿产资源与油气资源的开发、海洋旅游业等。海峡通道的建设，对两岸携手向海洋、向世界发展蓝色经济有很大的好处，并会起着整合、聚集两岸力量的积极作用。所以，这条通道也是双赢、共同繁荣和平的中华民族的一条蓝色通道。

当然，建设海峡两岸的通道是一项重要的伟大建设，也是需要一个较长时间的决策过程。首先仍强调一点，即应当有思维上的创新，架起两岸人民心中的桥梁和通道，这是最重要的建设工程。有了这思维上的创新，更好地认识蓝色通道的作用与价值，才能有共同的决心来兴建这通道，才能有科技上的创新以保障这一通道的胜利建设。

目前，进行相应的学术探讨是必要的。但是在两岸没正式联手进行勘测、设计之前，要通过多方努力，进一步完成在两岸广大人民之间，于心灵上架起跨越海峡的通道的重要任务。两岸人民之间的心灵通道架起来了，真正的海峡通道的建设就不会是遥远的愿望了。

第三节　两岸关系发展前景的“五和”理念

大陆和台湾各方面都在不断发展。归纳起来，主要在以下五个方面。

一、经济上的交往合作

目前台湾有数以万计的企业在大陆经商，福建也是台商的一个重要经营之地。而大陆在台湾进行投资、发展经济的合作方面还没有很好开展。所以，今后应当进一步密切两岸经济建设上的相互合作，特别是福建应利用海峡两岸的优势，加大、加强福建和台湾之间的经济上的相互依存，应当使两岸在经济建设中更好、更顺利地合作。这是以经促统的重要途径。

二、两岸同胞交流的深入发展

两岸恢复同胞间的往来，已从探亲、经商、旅游，发展到两岸年轻人的学习交流与各种学术上的交流合作。应当说，目前旅游上的往来占了主要比重。对福建而言，两岸人员的深层次交往应当更加深入。这就需双方更加显示同胞情，更加表示善意的和好的追求。

三、两岸相共的生态环境

两岸相隔台湾海峡，今后可密切合作探测海底资源，并可共同开发；两岸也需努力合作建设两岸的快速通道。两岸还可合作开展远洋运输，共同发展蓝色经济。多方面的合作建设，也必然涉及生态环境的保护与安全问题。

除了自然的生态之外，还需要更好地建立两岸之间关系上的和谐生态。

四、两岸的和平统一

两岸的和平统一是全中华民族的衷心愿望。“一个中国”已是中华民族不可动摇的信念。今后，随着经济的交流发展，同胞间的接触交流将更加密切。两岸同胞之间必定会更多地追求和平的统一，这需要两岸共同努力奋斗。

五、两岸发展的前景

目前两岸同胞在密切交往中充分表达了同胞兄弟情。两岸都从交往中获益，两岸经济、生活、学习等方面都产生了良好的效应。

今后，随着两岸间交流的升华，带给两岸同胞的未来，特别是和平统一的未来，必定会让广大的两岸同胞都感受到幸福与美好。

所以，归结而言，今后两岸的关系上重要的理念是，在福建与台湾“五缘”相循的基础上，努力实现“五和”的理念，即经济发展上的和顺；同胞交往上的和好；生态文明上的和谐；统一理念上的和平；发展前景上的和美。

相信，随着岁月的延伸，这“五和”的理念，定会更加深入两岸同胞的心中，两岸未来的前景，定是光明和美的未来。

第六章　福建省建设全国生态文明示范省的构想与建议

为充分发挥福建省在海西经济区乃至全国范围内的区位优势和自然资源特点，在科学发展观的指导下，探索加快发展与保护生态并重的新型发展道路，以后发优势实现“后发先至”的生态文明发展目标，福建省在全面地推进生态文明建设过程中，最主要的目标应是将福建省建成全国生态文明建设示范省。

第一节　生态文明示范省建设的重大意义

改革开放使中国经济迈上了高速发展的快车道，取得了举世瞩目的伟大成就，但由于发展初期对生态建设重视不足，也付出了沉重的生态环境代价，我国经济社会的发展面临着资源约束趋紧、环境污染严重、生态系统退化的严峻形势。为此，党中央提出了“必须树立尊重自然、顺应自然、保护自然的生态文明理念，把生态文明建设放在突出地位，着力推进绿色发展、循环发展、低碳发展，从源头上扭转生态环境恶化趋势”的要求，并提出了优化国土空间开发格局、全面推进资源节约、加大自然生态系统和环境保护力度、加强生态文明制度建设的具体任务。全国范围内生态文明建设进入全新的发展阶段。

生态文明建设作为贯彻落实科学发展观、调整产业结构、转变发展方式的重要决策，在中国特色发展道路上具有“革命性”的里程碑意义，也是建设美丽中国、实现中华民族永续发展的关键抉择。生态文明建设涉及发展理念的转变、政绩观和发展成果评价的调整、资源节约集约利用、生态环境保护、体制机制创新等非常广泛的自然科学、社会科学、社会管理范畴，是复杂的系统工程，在一些独具特色的先行省域开展生态文明示范省建设，探索创新发展经验，具有重大的示范带动意义。

考虑到生态文明建设的复杂性和多样性，生态文明示范省应优先选择自然生态系统具有多样性特点且省域间生态系统关系比较简单、经济发展阶段适中、具有一定经济支持能力、科技支撑和人文支持环境相对比较优越的省份。从国家层面看，建立省级的生态文明建设示范区，可以真正产生对全国的示范作用。

生态文明示范省建设的目标，主要是探索经济持续发展和生态环境有效保护的科学发展模式、探索适应生态发展的体制机制和制度规范、探索支撑生态文明发展的科技保障体系。评价示范省建设的成效，要看区域内生态系统是否得到有效保护和显著改善，同时经济保持平稳较高速度发展，人民生活水平和质量持续得到提升。国家可以通过包括财税在内的政策支持和对发展成果评价方式的调整，鼓励、支持和调动地方政府对生态文明建设的积极性。

第二节　福建省建设生态文明示范省的有利条件与主要依据

福建省作为建设生态文明建设示范省具有得天独厚的自然条件、发展阶段、生态环境现状、人文支持环境等优势，可以在全国起到生态文明建设示范作用。

一、自然条件具有独特优势

（1）福建省地理单元相对独立，山、河、陆、海、岛兼备，区内密切关联，自成体系，全省河流绝大部分发源于本省境内，并在本省入海，易于控制全流域的生态环境的质量。

（2）福建省有山脉、河流、岛屿、海洋，较全面地发育了相应地貌条件，生态文明建设，涉及多种不同地势、地理条件，可以更好地展示生态环境建设与经济发展的结合中，对这多元自然条件的控制，并保障其良好的生态效应。

（3）福建省地质构造条件复杂，岩层上有火成岩、火山岩、变质岩、沉积岩（砂页岩等）及碳酸盐岩（石灰岩、白云岩等）。在这复杂多元地质条件上，开展生态文建设，所起的示范作用，也易于为其他省、自治区、直辖市所借鉴。

（4）福建省资源条件属于中等条件，不能完全依靠资源性条件而求发展。福建省目前矿产资源种类虽多，但规模不大，武夷山成矿带、东海油气等资源，仍有较好前景，福建省矿业走向海外已有较好效果。

（5）福建省能源不多，煤炭只有 11 亿 t，水电已发展很多，但福建省具有发展新能源，如风能、潮汐能、地热能、太阳能及核能的资源和区位优势，可走多元结构能源道路。

（6）福建省森林覆盖率为 63.1%，居全国第一。虽然林业质量还有待提升，但利用这一条件，可以更好发展林业，并可发挥森林吸氮、固氮的作用。

（7）福建省水资源丰富，年人均 3200 多立方米，虽然分布不均，但通过合理调配，增强水土资源配置，可以满足人民生活及经济发展的需求。

（8）福建省气候条件独特，适应多种生物生长，福建省的山区竹、菇、中药材等特产，以及花卉、水果等，都有很好的前景。

（9）福建省地处东海，也受台风、地质灾害的多种威胁。有关防灾减灾的措施，以及群策群防的防灾经验，为今后更好建立预警系统、收到更好的防灾减灾的效果，打下了一定的基础。今后作为生态文明建设的示范省，也会对其他省、自治区、直辖市的防灾、减灾起到一定的示范作用。

（10）福建省内划分了闽中、闽东、闽西及闽江、九龙江一些生态功能区，建立了 38 个省级以上自然保护区，51 个省级以上风景名胜区，81 个省级以上国家森林公园，10 个省级以上湿地公园，11 个省级以上地质公园。这些数量众多的保护区、名胜与公园，遍及全省各地，其生态环境必定对当地起着重要的影响，会促进周边地带的生态文明建设。

这 10 个方面的自然条件，是福建省建设生态示范省的重要依据与坚实的自然基础。

二、经济发展特点鲜明

1. 经济实力居全国中上游

目前福建省 GDP 在全国位列 8～9 名，只是处在中上游，但是这种地位，反映其具有一定的经济实力，也有一定条件，在今后发展经济中，能够发挥自然条件优势，更好地支持生态文明建设，其生态文明建设的示范影响更加具有可复制性。

2. 目前生态环境条件有问题但不严重

改革开放 30 多年来，福建省才开始较好地发展，急起直追。目前生态环境的质量基本良好，有一定问题存在，但也有改变与提高的潜力。例如，大气的污染较轻，$PM_{2.5}$监测结果显示，在全国 78 个城市中，福州位列 10 个良好城市中的第二，厦门位列第四。水质污染虽然存在，但基本上仍以Ⅱ～Ⅲ类水为主。局部工矿地带的土壤有的已严重污染，需加以治理。因而，通过生态文明示范省建设，可以进一步提高福建省生态环境的质量。有问题存在，但通过努力予以提高，达到高一层的优质标准，这样生态文明建设的示范作用，就显得更有实际的示范意义。

3. 后发优势更有利于控制发展中的环境影响

福建省在经济建设中起步较晚，因此有条件更好地吸取早期外省市在建设中因缺少经验或认识不足在建设中所付出的环境代价，以及留下的难以弥补的生态环境问题的经验或教训。在福建省内，近些年也大力发展了多项建设，如港口、机场、高速铁路、高速公路等。在道路建设方面，1978 年前修建的 1009 km 铁路，经常发生坍塌、滑坡等灾害而中断行车。1978～2010 年，铁路通车里程数增加，但出现问题却减少了。目前在建的高速铁路，虽也有少数出现问题，但问题都得到了解决。

目前一些石化企业、核电站等所处的位置，有的需要加强监测，注意地质构造稳定性的影响。显然今后生态文明建设中需要加强安全认识，更好地进行监测，并应有预案措施。因为在生态文明建设中，人类不可能做到不发生自然灾害，而是应当做到减灾与避灾，使受灾损失最小化。

4. 福建省城市规模适中，易于控制生态环境

2010 年全省人口总数为 3689 万人，而各市、地区人口在 250 万～711 万人。真正在一个市区内的人口，只有几十万至百多万人。所以，城市人口并不是太集中。福州市包括市区之外的 2 市 6 县及农村人口共有 711 万人。所以，在这样人口不是过多、占地不是过广的城镇群，更易于进行生态文明建设和控制生态问题。

三、科技和人文支持环境优越

1. 福建省的人民教育文化素质较好

福建省在改革开放前有三个全国第一：①公路全国第一，当时公路建设居全国前列；②普通话推广全国第一，就是山区偏远地区，老百姓也都能讲普通话，这对宣传生态文明建设，也是有好处的；③全国高考水平第一，当时福建省的高考水平在全国名列前茅，目前在国内外很多著名的专家学者是福建人，全省中等教育居前，专家学者数量多也有利于生态文明建设。

2. 福建省有较多的海外乡亲的关注

福建省有 1000 多万的福建籍乡亲居住在海外，2012 年 11 月，世界客属第 25 届恳亲大会就在福建三明召开。众多海外人士，对家乡福建的美好，都非常关心，必然从多方面关注福建省的生态文明建设，为建设福建的生态文明示范省增加动力。福建省作为海西经济区核心区，建设国家生态文明示范省，建设“美丽福建”，对于增进海峡两岸民众感情、促进祖国统一大业具有重要意义。

3. 福建省在全国率先基本实现了多目标区域地球化学调查全覆盖

福建省多目标区域地球化学调查，获得了系统的表层土壤、深层土壤、浅海滩涂表层沉积物、深层沉积物等 54 项指标，地表水、地下水等 21 项指标的高质量数据，数据的系统性、规范性、可对比性在国际上处于领先水平，具有极其重要的使用价值。这套数据系统地反映了福建省不同介质中元素的空间分布特征，可以为地学、农学、医学、环境学、生态学等学科建立大信息量的、内涵丰富的研究平台，为福建省生态省建设提供准确的基础性地球化学资料，为优化国土空间开发格局和环境保护整治提供了重要的基础资料。

从上述三个方面的有利条件来看，选择福建省率先建设全国生态文明建设示范省是适宜的。当然，

要将福建省建成生态文明示范省，需要中央的支持，也需要全国科技界的参与，以及海外侨胞和台湾同胞支持与合作。

第三节　生态文明示范省建设的战略构思

生态文明示范省建设的谋划，一要体现生态优先的理念，应特别强调和谐环境，以及构建绿色经济链和蓝色经济链，并且应强调河流从上游山区陆地至滨海及海洋岛屿作为一个系统，综合考虑其生态系统的完整性的好转；二要体现城乡统筹、流域统筹的理念，生态文明建设不能单独一城一地进行，而是必然涉及城乡之间发展的平衡问题，以及不同城市间的和谐发展的问题，需要在完整的流域内，进行统筹规划，主要围绕闽江和九龙江流域，从流域的生态环境安全来统筹该流域内城镇、山区与沿海的和谐快速发展；三要体现走向海洋、海陆统筹的理念，要发挥港口的综合作用，海西经济区有三大港口群，福建发展的历史也表明，能充分利用港口并向海洋发展，才有更美好的前景。福建省就是古“海上丝绸之路”的起点。没有海洋的开拓，就不可能有滨海城市的发展。

基于这些认识，本书对福建省建设国家生态文明示范省的策略内涵，提出如下看法。

1. 科学发展以福建省为核心的海西经济区

一是应当贯彻科学发展观，采用新的生产方式与技术，避免造成不良的环境影响。二是跨越发展海西经济区，就是海西经济区应当跨越台湾海峡，牵手东岸——台湾，使两岸携手共同发展。

2. 科学发展高端引领产业和基础民生产业及先进农林业

针对福建省的现有条件调整产业结构，相互配合和谐发展四方面重要产业。一是优先发展包括电子、信息、软件、平板电脑、自动化系统、精密械制造业等的高端引领产业；二是现代化、自动化与集约化地发展基础及民生工业；三是发展特色、优质、节水的先进绿色农业；四是发展先进林业，提高森林质量和林业产业效益。

3. 构建陆地-河流-海洋-岛屿的绿色经济链和蓝色经济链

一是重点建设闽江和九龙江两个生态流域；二是重点发展福州—宁德生态城镇群、南平—武夷生态城镇群、三明—宁化生态城镇群、厦门—漳州生态城镇群、龙岩—长汀生态城镇群、泉水—晋江生态城镇群；三是形成武夷山—宁化—长汀生态屏障带、南平—三明—龙岩生态核心带、厦门—泉州—福州—宁德生态前沿带三个生态带。这六个生态城镇群及三个生态带，是建设闽江、九龙江生态流域的基本内涵，也体现出陆地-河流-滨海地带的绿色经济链。滨海地带是绿色经济链的末端，也是面向海洋的蓝色经济链起点。

4. 城市统筹、优化城镇群、和谐海峡环境、防灾兴利

统筹城乡就是推进城乡一体化，使城乡得以同步发展，相互支持、协调，缩小城乡差别；优化城镇群，重要之处在于城市之间可更好地相互配合发展，缩小城市间的分异隔阂；和谐海峡环境，各方面发展应当与海峡两岸环境相和谐，包括海峡两岸的关系之间的和谐；防灾兴利，重点是城镇的发展要注意防灾减灾，各种建设应当注意保护好生态环境，为民兴利造福，而不能带来灾难与祸害。

5. 加强两岸合作共建实验区

平潭作为两岸共建的实验区，应当能通过共同开发与发展，成为共同家园，促进两岸各种关系的和谐。实际上，这是为了将来两岸更好、更广泛地合作进行探索，以集聚好的方式与成效，用以引导今后两岸的合作。

6. 依托港口群及快速交通网络，振兴与拓展通向世界的“海上丝绸之路”

福建省为海西经济区主体，要依托厦门湾、湄州湾、福州和宁德港口（马尾港、罗源湾、三都澳港）等，实现向海洋开拓，就必须依靠快速交通网集聚内陆与海外的进出口物流、人流，使港口发展有可靠的物流保障。

福建省交通在这几年有很大的发展，高速公路、高速铁路，通向南北沿海及内陆各地，对三大港口群向海外发展，提供了交通的基本保障。但三大港口及相应通向内陆的交通网络，都需要再进一步发展。

上述观念和观点共同构成了福建省生态文明建设的理念模式（图 6-1）。

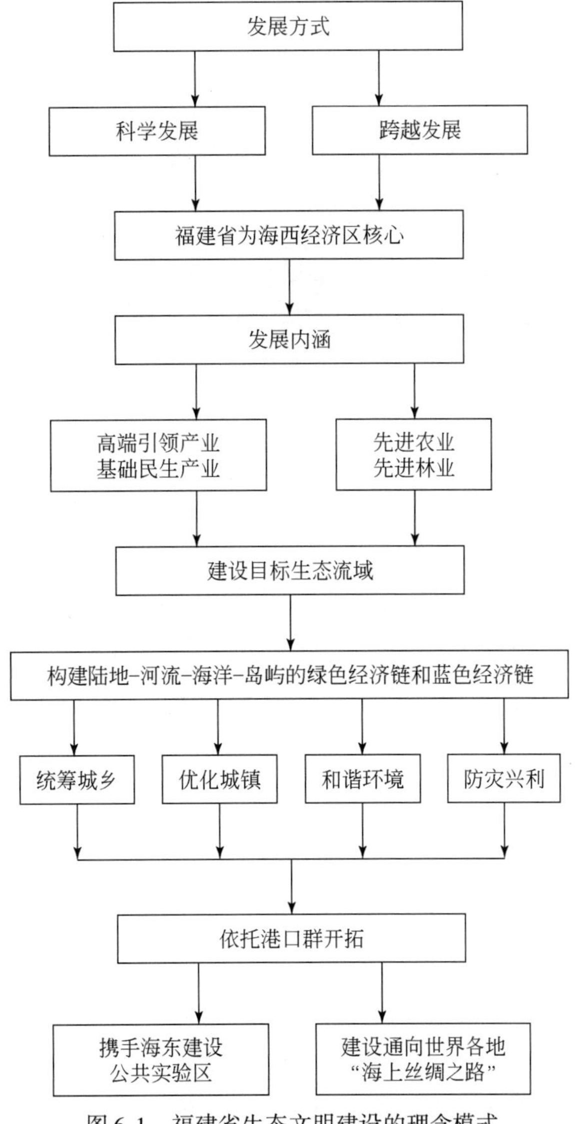

图 6-1　福建省生态文明建设的理念模式

福建省生态文明建设的最终目标就是生态福建、美丽福建。

2004 年福建省已获准积极建设生态省，通过调查研究，本书认为，福建省自然条件和生态系统状况总体上是良好的，存在的一些生态环境问题和隐患应当在今后发展中改进。所以说“生态福建，美丽福建”不是口号，而是通过生态文明建设可以争取实现的目标。福建省应当在这方面在全国起到示范作用。

福建省生态文明建设的战略理念如图 6-2 所示。

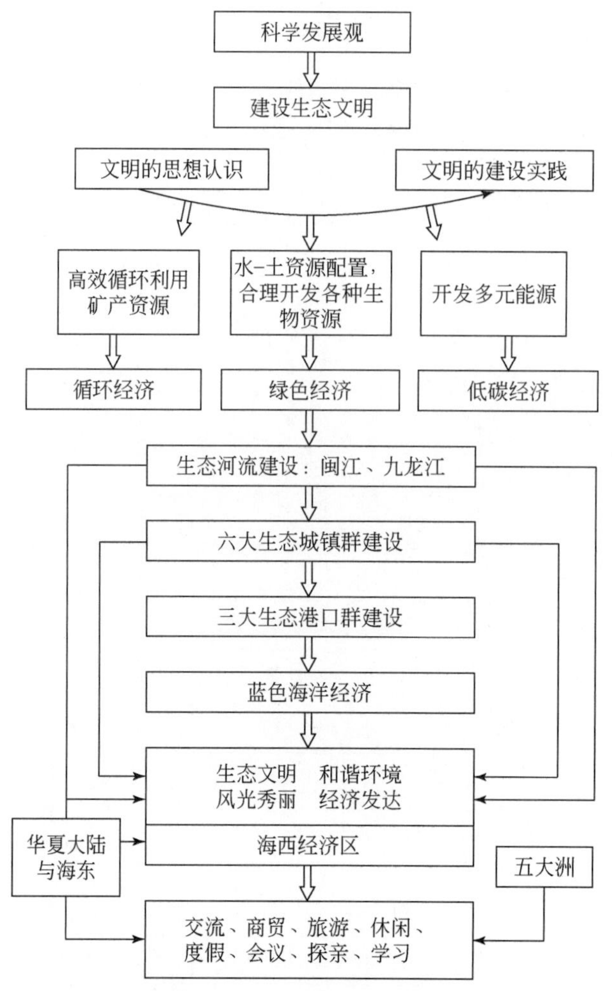

图6-2　福建省生态文明建设的战略内涵示意图

第四节　对福建省生态文明示范省建设的几点建议

建设福建省为生态文明的示范省，是一项影响全局并涉及方方面面的系统工程，需要加强统筹谋划，做好顶层设计和分阶段规划，落实到各项工作计划中去。要实现这个目标，需要工程措施、政策措施、科技支撑措施的相互配合。第四章已经就生态文明建设的具体内容提出了一系列具体的对策建议，在此，经综合考虑，建议对以下几个方面问题给予重点关注。

一、以生态建设重大工程协调发展与保护的关系

加强生态文明建设绝不意味着不问青红皂白，一味限制发展，而是把发展的理念和思路调整到重视生态环境、减轻生态危害、保障民生、永续发展上来，生态文明建设也需要通过一定的工程措施使生态环境状况得到显著改善。所以，生态建设也是投资，生态产品也可以消费，生态成果也是政绩。本书认为，福建省在建设国家生态文明示范省工作中，可以考虑在以下生态工程方面加强投资，尽快取得实效。

1. 水资源优化配置工程

福建省水资源比较丰富，但仍有缺水地区和干旱季节，在极端干旱的年份甚至出现“水荒”。建议实

施水资源优化配置工程措施，主要内容包括：一是建设晋江西溪水库解决泉州城镇群缺水问题；二是在山区及滨海地带修建地下水库，以调蓄地表水与地下水，并可增蓄洪水，以作应急水源；三是在闽江入海口地带，择地修建地表地下相连水库，作为平潭的供水水源；四是在九龙江入海口附近，修建地表与地下相连水库，以调蓄清洁水源，作为厦门应急水源；五是根据对金门供水的协议，结合厦门供水建设，相应考虑对金门供水的专门水利设施。

2. 林业提质增效工程

福建省森林覆盖率位居全国首位，但森林质量和林业效益有待提升。建议实施林业提质增效工程，全面调查评价林业资源，开展林业资源功能区划分，分区分类推进森林质量提升，显著提高森林蓄积量，提高林地生产力和森林的生态服务功能，大力发展林业产业。

3. 高效特色优质农业培育工程

结合国家高标准基本农田建设规划，针对福建省耕地面积少，但气象水热和地质地球化学资源具有优势的特色，在农业地球化学、土壤污染、地下水污染调查评价和监测的基础上，充分挖掘多目标区域地球化学调查成果等资源优势，开展绿色农业布局、土地分等定级与利用规划和富硒农产品开发和水土资源配置，通过扶持、引导和产业化组织，大力培育发展特色优质高效农产品，建立高特优基本农田保护制度，形成一批享誉国内外的特优农产品品牌。

4. 河口海岸带生态修复工程

根据十八大报告提出的“实施重大生态修复工程”的要求，建议尽快实施福建省河口海岸带生态修复工程，通过开展水土流失治理、涵养水源、植树造林、增殖放流、岸线整治、清除互花米草、红树修复、土壤与地下水污染修复等流域-河口-海洋综合整治和生态修复手段，尽快扭转河口海岸带生态环境恶化趋势，构建海岸带生态环境屏障。

5. 气象-地质灾害链防治工程

结合国家地质灾害防治工程规划要求，针对福建省台风暴雨气象灾害和暴雨诱发群发型小规模地质灾害多发的特点，实施气象-地质灾害链防治工程，开展地质灾害条件调查和危险性评估，进行地质灾害危险性分区，构建地质灾害易发区预警监测体系，实施严重危险区搬迁避让，完善地质灾害群测群防体系。

6. 城市生态环境保护综合措施

实施城市污水集中处理达标排放和水资源循环利用；结合城市供水管网建设和改造，积极推进分质供水，保证优质水源供应生活用水，循环用水用于工业和生态用水。首先建议在建的平潭实行分质供水，随后厦门也可试行。福州、泉州等可以先从小片地区，特别是新建市区，进行分质供水的工程示范。推行城市垃圾分类处理，在福州、泉州厦门等滨海城市，以及南平、三明和龙岩内陆城市，都可开始试行垃圾分类处理。

二、以高效、优质、低耗、非常规产业拉动经济发展

（一）大幅提升港口、交通、地下空间、海岛建设等基础设施建设水平

建议开发三都澳 50 万 t 级泊位，更好地与台湾航运相协作，甚至吸引韩国的加入。开发三都澳，可军民两用、互不影响，也有利促进两岸的和谐交往。这项建议已有很多人士呼吁，需要中央决策及支持。

建议完成福州—北京、福州—湖南、南平—三明—龙岩的高速铁路建设，以及连接长三角、珠三角

的沿海高速铁路货运专线建设；建设与三大港口密切联系的铁路货运线，与沿海高速大道相连。

发展立体交通，在西部地带，连接武夷山—泰宁—宁化—长汀这一线，作为福建西部的生态屏障，有高速公路相通之外，应发展空中交通网络，即福州—宁德生态城镇群，泉州—莆田生态城镇群及厦门—漳州生态城镇群，这三个滨海生态城镇群至西部武夷山—泰宁—宁化—长汀，都应有短程的货运客运的航空网。武夷至宁化、长汀，也可以有小型短途航运。

福建省有1500多个岛屿，这些岛屿虽然分散，但是对经济发展、国防建设都有重要作用。对重要的岛屿，应当由国家予以支持，有的可作为通向台湾的海峡通道中的中间立足点，如牛山岛；有的可作为多元化能源基地，如潮汐能、风能、太阳能等发电枢纽地；有的可作为保护海洋生态的基地，发展相应植被红树林等；有的可作为旅游基地；有的可作为科研基地、远洋航行的中间站、海洋渔场等。充分利用岛屿，也涉及岛屿供水、保护等问题。这方面并不是个人所能承担的，当然，有些小岛可由个人申请经营，也需要统筹考虑。

福建省土地少，如何更好地发挥土地立体功效，向地下空间开拓是非常重要的。这方面包括地下交通网络、地下仓储、地下休闲公园、地下商场、地下住所等。国家应当对土地产权有更明确规定，进行地下空间开拓与地表建筑不是同一产权单位时，如何界定应研究相关政策。

（二）建立能源多元化实验示范基地

利用福建省具有能源多元化的优势，可建立国家级的能源多元化实验与研究示范基地，涉及水能、风能、核能、太阳能、潮汐能、地热能等。以干热岩为例，干热岩是指从地下3～10km低渗透性岩石中经济开采深层地热资源的人工热能系统，是基本上取之不尽、用之不竭、对人类十分友好的未来清洁新能源。福建省位处我国四大高热流区，具有得天独厚的发展中高温地热和干热岩发电的地质背景条件，干热岩资源丰富，具有很好开发前景和在全国示范作用，初步估算福建省干热岩资源如果能够开采2%，就可达到目前能源消耗总量的近2500倍。尽管目前干热岩的研究尚处于起步阶段，但国内外已经高度关注，相关部门也已作出相关计划安排，即将启动示范性工作。开展干热岩工作需要进行资源勘查、评价，建立示范基地，开展高温钻探、人工热储建造、热能交换利用等关键技术研发，带动地质勘查、特种材料与制造、特种仪器仪表等产业发展。因此，建议由国家科研单位与福建省相关单位合作，在闽东南地区建立干热岩示范研究基地，在全国率先开展相关科技攻关，带动相关产业发展。

（三）大力发展生物医药和高端制造产业

利用山区和海洋生物资源发展生物制药产业，提高人类健康水平，是一个非常重要的科研与产业结合的方面。利用福建的自然条件、生物多样性与已有的基础，建立国家级先进生物医药基地是非常重要和有前景的。

高端制造业的发展已经得到福建省各级政府部门的高度关注，作出了具体的部署，显现出很好的发展前景。

三、创新生态要素补偿交易机制体现生态建设效益

如果说不顾生态保护的经济发展必将付出生态代价的话，重视生态保护的经济发展也必然会适当约束一些发展，造成直接经济效益受限。建设生态文明是党中央的战略抉择，是中华民族永续发展的必然选择，必须解决好生态建设与经济建设的利益转换问题。很长时期以来，尽管提出了生态补偿的概念，但因缺乏可操作的相关政策，始终存在难以落实的问题，这很大程度上造成了生态建设说起来重要、做起来不要的局面。解决生态补偿问题，关键是要切实转变发展思路和理念，尽快调整考核发展的指标体系，把生态文明建设的相关内容不仅纳入政绩考核，而且做出与经济发展指标一样的量化、可交易制度安排。在此基础上，按照社会主义市场经济规律，按照主体功能区划要求的区域功能定位，在公平负担

基础上就经济要素和生态要素进行区域间的交易，切实保障生态建设重点地区区域发展效益和人民生活水平提高，使生态建设和生态产品与经济建设和经济产品一样具有同等价值和效益。

此外，在政策和管理层面，还要建立杜绝发生有长远环境影响和重大社会影响的生态环境事件的机制，如矿山环境、区域地下水污染、大面积生态破坏等。重点是加强监测、评价和预警，防患于未然，通过行政性措施，及时化解重大隐患。

四、加强生态文明建设基础条件调查和科技支撑

福建省的生态建设已经积累了大量基础资料和成果经验，对开展生态文明示范省建设可以起到一定的科技支撑作用。但更高水平的生态文明建设需要更坚实的基础资料支持和更具创新性的科技支撑引领，建议重点关注以下几个方面。

（1）系统开展生态文明建设基础条件调查评价。为更准确掌握生态文明建设各项基础条件的分布、发育及演化规律，需要进一步深入开展包括有利资源性条件和不利危害性条件在内的基础性调查，主要包括生态资源要素详查、地质资源（突出非常规资源，如地热干热岩、地下空间）与地质环境调查、重要基础设施和城市群断裂带及区域地壳稳定性调查评价、平原地区水土污染调查、地质灾害危险性调查、海洋岛屿地质-地下淡水与环境调查、海域油气勘查等。在系统调查基础上，建立统一的福建省生态文明建设基础条件信息系统和决策支持平台。

（2）构建生态文明建设相关指标体系和监测系统。生态系统演变受自然因素变化和人为因素双重影响，处于动态变化过程。生态文明建设是长期持续的尊重自然、改造自然的过程，需要确定生态文明建设涉及哪些自然系统要素，用哪些指标对生态系统状况进行表述和量化评价，对这些处于动态变化中的指标体系需要进行长期持续的监测和动态评价，及时提供决策支持。因此，构建指标体系和建设监测系统，是落实生态文明建设规划、评估生态文明建设成效、调整生态-经济发展关系的重要基础工作，应当总体设计、统筹建设、协调管理。

（3）构建生态应急响应和科技支持体系。在生态文明建设中，除了针对区域特点开展的常态化生态保护工作外，在福建省应更加突出关注台风暴雨、极端干旱、群发性地质灾害、严重污染事件、大面积生态破坏等重大突发事件对生态文明建设的影响，有必要开展极端气候和生态事件下的应急技术研究和相关应对体系建设。

（4）加强创新引领发展和生态技术研发。把与生态建设相关，或有利于促进生态文明建设的相关自然资源、农林、海洋、交通、生物医药、先进制造、非常规能源利用等领域列为优先支持的生态科技领域，加大智力引进力度，优先发展生态科技学科高等教育，建立生态创新示范园区，大力研发生态技术和产品，营造有利于生态科技创新的财税、土地、金融等政策环境。

五、推进有利于两岸交流合作的基础设施相关工作

海峡通道的建设酝酿已久，两岸科技人员已多次开会讨论，两岸同胞都有期盼。2012 年 2 月初在台湾召开的海峡通道的研讨会上，有台湾学者就强调：在两岸之间，已有无形的桥梁存在。本书也认为目前已架起了两岸同胞心中的桥梁。目前，应当通过和台湾有关部门进行研讨，更好地开展两岸合作进行海峡通道的前期地质勘探与合作可行性问题的研究。建议国家支持海峡西岸先行开展平潭至牛山岛的地质勘测工作及相关生态环境的调查与监测，为进一步论证海峡通道的可行性做前期准备。

以上提出了几个方面，需要中央及有关部门予以大力支持，以促进福建省成为生态文明建设示范省并在较短时间内取得明显的示范效果。

结　语

福建省具有优良的自然条件，福建省自改革开放后，取得了很好的发展。但由于以往发展少，底子仍薄，所以经济上仍是处在全国中上的水平。福建省与台湾省相隔一个海峡，但目前福建省与台湾省相比仍是有些不足。为了和平统一的愿景，应当更好地发挥福建省与台湾省具有的历史上“五缘”相通、相循与相近的特点，应当更好发挥“福建牵手台湾”这个平台的作用。

所以，发展福建省的经济，仍是全国重要的一步棋。

据党的十八大精神，经济建设应当与生态文明建设密切结合。根据上面论述，关于海西经济区（闽江、九龙江等流域）的生态环境安全与可持续发展，可有以下战略认识。

科学发展以福建省为核心的海西经济区；跨越发展高端引领产业和基础民生产业及先进农林业，构建陆地-河流-海洋-岛屿的绿色经济链与蓝色经济链；统筹城乡、优化城镇群、和谐海峡环境、防灾兴利；加强两岸合作共建实验区，依托优质港口群及沟通各地的快速交通网络，振兴与拓展通向世界的“海上丝绸之路”。

要实现这个战略，当然必须以生态环境安全为前提，而达到长远发展不可忽视的目标就是可持续发展。

所以，要保障这个战略理想的实现，必须在为达到生态环境安全与可持续发展的过程中，不断深入地提高对建设生态文明的重要层次的认识与实践。就是说，在海西经济区今后的发展中，应当以建设生态文明作为重要前提，这样才可对生态环境安全有保障，也才能更好地推进上述发展战略，以使海西经济区得以可持续发展。

海西经济区今后在建设生态文明方面的战略性理念如下。

以科学发展观为指导思想，节约、高效与循环利用资源，开拓多元清洁新能源，合理配置水-土资源，发展有机生物资源，综合建立陆地-河流的绿色经济。高举创新旗帜，建设两大生态流域、六大生态城镇群。防治气候-地质（及地震）灾害链，控制发展中不良效应与污染，真正防灾兴利。建设三大生态港口群，扬起通向五大洲的新“海上丝绸之路”的船帆，发展蓝色经济。将海西经济区（福建省为核心）建成生态文明、和谐安全、山川美丽、人民富裕和牵手海东——台湾的可持续发展的示范区。

福建省与台湾省有着地缘相近、血缘相亲、文缘相通、商缘相连和法缘相循的“五缘”密切关系。通过建设海西经济区牵手海东，应当促进两岸交流与共同发展，达到“五和”的境地。

这“五和”是经济发展上的和顺；同胞交往上的和好；生态文明上的和谐；统一理念上的和平；发展前程上的和美。

党的十八大专门提出生态文明建设问题，将经济建设、政治建设、文化建设、社会建设及生态文明建设共列为一体化的目标。使经济建设战略内涵与生态文明建设的战略理念相结合，一定会有力地推动海西经济区科学、更好地发展，有利于将福建省建成生态福建、美丽福建、幸福福建。

第2篇　分　　论

第七章　海西经济区水资源合理配置与可持续开发利用

第一节　水资源开发利用现状及面临的挑战

福建省属亚热带海洋季风气候。横亘西北的武夷山脉挡住北方寒冷空气入侵，海洋的暖湿气流源源不断地输向陆地，使得大部分地区冬无严寒、夏少酷暑、雨量充沛。其主要特征是：①季风环流强盛，季风气候显著；②冬短夏长，热量资源丰富，无霜期在250～336天，多数地区接近或超过300天；③冬暖夏凉，南北温差冬季大、夏季小；④降雨充沛，雨、干季分明，降水量从东南向西北递增，多年平均在1000～2200mm；⑤地形复杂，气候多样；⑥灾害天气频繁，水、旱、风、寒历年可见，气候经常偏离常态，水灾主要是梅雨型洪涝和台风型洪涝。

福建省河流密布，水系发达。流域面积在50km^2以上的河流有597条，流域面积在5000km^2以上的一级河流（指直接入海的河流）有闽江、九龙江、晋江和赛江4条。闽西主要河流——汀江为广东省韩江的源流之一，在福建省内面积为9022km^2。

一、水资源数量与质量

（一）水资源数量

1. 水资源总量

福建省雨量充沛，水资源相对丰富。1956～2000年多年平均年降水量为1677.5mm，折合降水总量为2077.53亿m^3；多年平均径流深为952.2mm，折合地表水资源量为1179.32亿m^3，地下水资源量为342.38亿m^3，地下水与地表水不重复量为1.24亿m^3，水资源总量为1180.56亿m^3。人均多年平均水资源占有量为8652m^3（2010年人口），亩均水资源占有量为7521m^3，均高于全国平均水平。各行政分区多年平均水资源状况见表7-1。

表7-1　福建省行政分区水资源情况表（1956～2000年平均）

行政区名	年降水量（亿m^3）	地表水资源量（亿m^3）	地下水资源量（亿m^3）	地表水与地下水不重复量（亿m^3）	水资源总量（亿m^3）	产水系数
福州市	184.93	101.46	24.73	0.30	101.76	0.55
厦门市	24.57	12.64	3.47	0	12.64	0.51
莆田市	64.07	34.76	10.7	0.30	35.06	0.55
泉州市	180.51	96.30	32.39	0.19	96.49	0.53
漳州市	210.03	120.81	36.05	0.45	121.26	0.58
龙岩市	323.72	183.64	54.64	0	183.64	0.57
三明市	393.22	213.39	67.36	0	213.39	0.54

续表

行政区名	年降水量（亿 m³）	地表水资源量（亿 m³）	地下水资源量（亿 m³）	地表水与地下水不重复量（亿 m³）	水资源总量（亿 m³）	产水系数
南平市	467.49	269.86	80.02	0	269.86	0.59
宁德市	228.99	146.46	33.01	0	146.46	0.64
全省	2077.53	1179.32	342.37	1.24	1180.56	0.56

在地域分布上，福建省水资源量内陆地区多，沿海地区少。闽西部三市水资源丰富，人均水资源占有量为8652m³（2010年人口，下同），亩均水资源量为7521m³；而东部沿海六市水资源贫乏，人均水资源占有量为1760m³，亩均水资源量为4562 m³；特别是沿海突出部与海岛，人均水资源占有量不足500m³，亩均水资源量不足1000 m³，属于严重缺水地区。2010年东部沿海六市经济总量占全省的82.5%，而多年平均水资源量仅占全省的43.5%，水资源分布与经济发展不协调状况，将成为沿海城镇带（特别是福州、厦门、泉州三大中心城市）及六大港湾经济社会发展和保持良好生态环境的制约因素之一。这里将行政区划的水资源状况列于表7-2。

表7-2 福建省行政区社会经济与水资源分布状况

区域名称	人口		耕地		多年平均水资源量		水资源占有量	
	（万人）	占全省（%）	（万亩）	占全省（%）	（亿 m³）	占全省（%）	人均（m³）	亩均（m³）
福州市	711.5	19.3	246.9	12.3	101.76	8.6	1 430	4 122
厦门市	353.3	9.6	32.8	1.6	12.64	1.1	358	3 855
莆田市	277.8	7.5	113.1	5.6	35.06	3.0	1 262	3 100
三明市	250.3	6.8	288.1	14.3	213.39	18.1	8 525	7 408
泉州市	812.8	22.0	222.7	11.1	96.49	8.2	1 187	4 333
漳州市	481.0	13.0	270.6	13.4	121.26	10.3	2 521	4 481
南平市	264.5	7.2	353.3	17.6	269.86	22.9	10 202	7 639
龙岩市	256.0	6.9	245.3	12.2	183.64	15.6	7 173	7 485
宁德市	282.2	7.6	240.0	11.9	146.46	12.4	5 190	6 103
全省	3 689.4	100.0	2 012.8	100.0	1 180.56	100.0	3 200	5 866
沿海六市	2 918.6	79.1	1 126.0	55.9	513.7	43.5	1 760	4 562
闽西三市	770.8	20.9	886.7	44.1	666.9	56.5	8 652	7 521

注：按2010年人口、耕地面积计算

在时程分布上，福建省水资源量年际波动较大，最大值与最小值之比一般为2～4。年内分配也不均匀，汛枯相差悬殊，汛期为4～9月，占全年的75%～80%，且往往集中于几场洪水，枯水期为10～翌年3月，只占20%～25%。

2. 水资源可利用量

水资源可利用总量包括地表水资源可利用量和地下水可开采量中与地表水资源量的不重复量。福建省水资源可利用总量为390.79亿m³，占全省水资源总量1180.56亿m³的33.1%，其中地表水可利用量为389.55亿m³，占可利用总量的99.7%，地下水可开采量中与地表水资源量的不重复量为1.24亿m³（表7-3）。

表 7-3　福建省水资源可利用总量

三级区	水资源总量（亿 m^3）	地表水资源可利用量（亿 m^3）	地下水可开采量中与地表水资源量的不重复量（亿 m^3）	可利用总量（亿 m^3）	可利用率（%）
闽东诸河	164.63	55.46	0.00	55.46	33.69
闽江	575.78	187.60	0.30	187.90	32.63
富春江坝址以上	1.23	0.28	0.00	0.28	22.78
闽南诸河	312.46	112.10	0.94	113.04	36.18
长江	10.67	2.82	0.00	2.82	26.47
韩江白莲以上	115.79	31.28	0.00	31.28	27.02
全省合计	1180.56	389.54	1.24	390.78	33.10

注：引自《福建省水资源综合规划》

福建省现状平均地表水资源开发利用率（地表水供水量/地表水资源量）为 15.2%，其中，闽江、九龙江、晋江、汀江（韩江百莲以上）、木兰溪、交溪（赛江）分别为 13.5%、17.5%、33.6%、11.3%、27.1%、7.9%；平原区浅层地下水开采率（浅层地下水开采量/地下水资源量）依次为 0.7%、4.3%、4.3%、0.7%、3.7%、0.5%。总体开发利用程度较低，但闽东南沿海的泉州、厦门、莆田等市水资源开发率达到 25% 以上，开发利用程度相对较高，可开发利用潜力相对较小。

（二）水资源质量

福建省水资源质量状况总体较好，但部分河流或河段呈下降趋势。现状水质分布特征是：山区好于沿海，上游好于下游，水库好于河流。污染主要集中在城市内河、城镇过境河段及工业生产相对集中的局部区域。部分湖库区水质长期出现超标，呈现富营养化。饮用水源地水质总体优良，少数水源地水质超标。

1. 河流

福建省河流水质具有以下七个方面特征。

一是河流水质达标率总体呈上升趋势。2010 年 12 条主要河流 135 个常规水质监测断面整体水质为优，水域功能达标率和优于Ⅲ类水质的比例分别由 2004 年的 81.9% 和 83.6%（“十五”期间达标率最低年份，主要受当年降雨量比多年平均偏少影响）提高到 2010 年的 97.1% 和 95.6%，为历史最高。其中，Ⅱ类水质比例最高，为 47.8%，Ⅲ类水质比例次之，为 44.5%，水质总体优良（图 7-1）。在 12 条主要

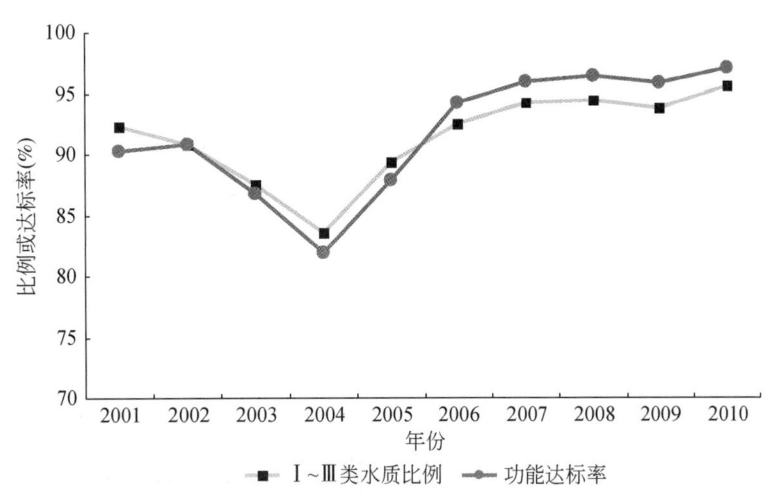

图 7-1　2001～2010 年福建省 12 条主要河流水质变化过程

河流中，交溪、霍童溪、敖江、晋江、漳江和东溪 6 条河流的水域功能达标率和Ⅰ～Ⅲ类水质比例均为 100%，闽江、汀江和九龙江高于 90.0%，水质均为优，木兰溪和萩芦溪水质良好，龙江水质呈中度污染。

二是受降水量季节变化、河流径流量分布不均的影响，福建省水环境质量在年度之间有一定程度的波动，在枯水年份或季节对河流水质影响较大。例如，2009 年福建省平均降水量与多年平均相比降低 14.4%，河流水质达标率偏低（图 7-2）；尤其是枯水期河流径流量小，径污比小，水体自净能力下降，1 月和 3 月水质达标率较低，平均综合污染指数较高。

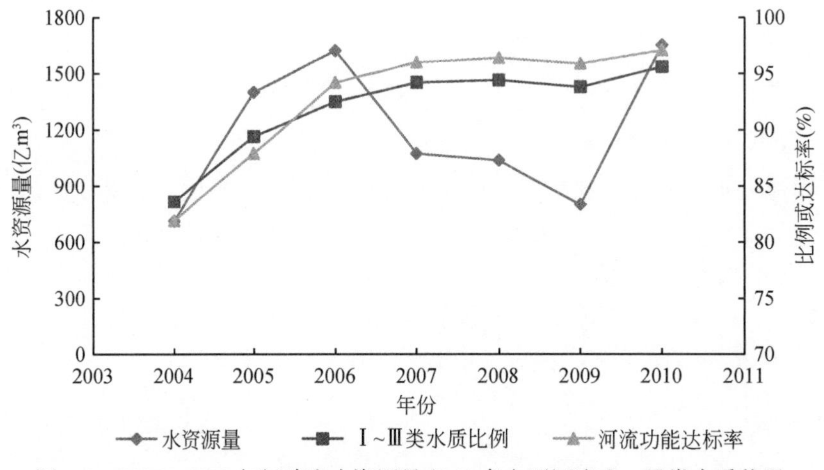

图 7-2 2004～2010 年福建省水资源量和 12 条主要河流Ⅰ～Ⅲ类水质状况

三是河流Ⅲ类水质达标比例呈现逐年增高的趋势。福建省主要河流Ⅲ类水质比例由 2001 年的 21.9% 提高到 2010 年的 44.5%，劣Ⅴ类水质达标比例总体上呈下降的趋势，这表明通过多年流域水污染整治工作，福建省水质污染较为严重的区域水质逐年得到改善，但是Ⅰ～Ⅱ类水质比例从 2001 年的 70.4% 下降到 2010 年 51.1%，呈不显著下降趋势（表 7-4、图 7-3 和图 7-4）。其中，在全省水质较好的晋江、汀江和漳江呈显著下降，东溪和敖江等河流呈不显著下降。主要是由于这些河流中总磷、氨氮等主要水质项目浓度值上升，溶解氧下降，致使相关断面水质由Ⅱ类降为Ⅲ类。

表 7-4 2001 年以来福建省河流各类水质所占比例及其定性评价

年份	各类水质比例（%）						Ⅰ～Ⅱ 类水质比例（%）	定性评价
	Ⅰ类	Ⅱ类	Ⅲ类	Ⅳ类	Ⅴ类	劣Ⅴ类		
2001	6	64.4	21.9	3.1	2.3	2.3	70.4	优
2002	3.1	61.4	26.3	4.8	1	3.4	64.5	优
2003	3.7	52.3	31.5	8.1	1.5	2.9	56	良好
2004	2.9	42.5	38.2	10.1	1.8	4.5	45.4	良好
2005	3.2	46.8	39.4	6.6	1.2	2.8	50	良好
2006	2.9	52.5	37.1	3.6	1.6	2.3	55.4	优
2007	—	—	—	—	—	—	—	优
2008	—	—	—	—	—	—	—	优
2009	3.6	48.2	42	3	1.5	1.7	51.8	优
2010	3.3	47.8	44.5	2.1	1.1	1.2	51.1	优

注：数据引自福建省环境状况公报、福建省环境质量报告书（2001～2010 年）

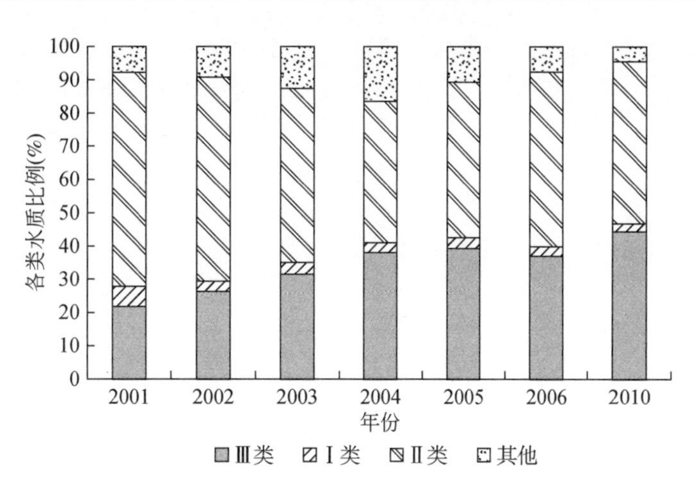

图 7-3　2001 年以来福建省 12 河流各类水质所占比例

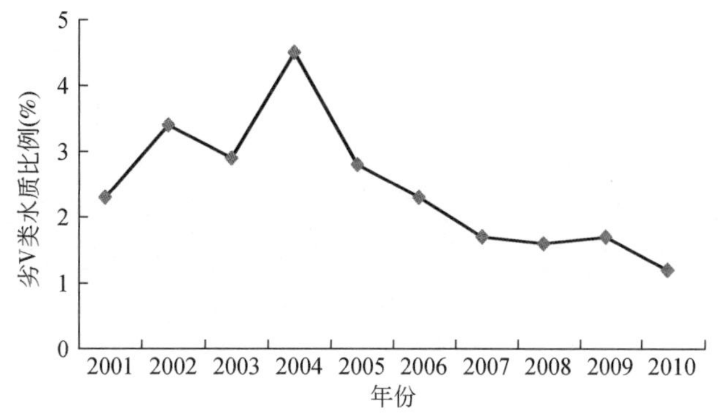

图 7-4　2001 年以来福建省河流劣Ⅴ类水质所占比例

四是部分河流、局部河段水质仍存在超标问题。福建省部分流域及河段水质超标，尤其是城市过境河段、感潮河段的水质仍较差。例如，龙江倪埔桥、海口桥、九龙江北溪龙岩段雁石桥和木兰溪三江口等断面所在河段，污染问题比较突出，近年来水质改善程度不大，主要为劣Ⅴ类水。其中，平均综合污染指数、主要超标项目年均值龙江最高、九龙江次之，氨氮最大值出现在雁石桥，其余超标项目总磷、五日生化需氧量等最大值均出现在龙江。龙江是福建省水质最差河段之一（主要原因是径流量很小），近年来通过水环境综合整治，龙江流域水域功能Ⅰ~Ⅲ类水质类别达标率由 0 上升到 2006 年的 27.8%，2010 年水域功能达标率提高到了 75%，水质状况有所好转，但仍以Ⅳ~劣Ⅴ类水质为主，约占 50%（图 7-5）。

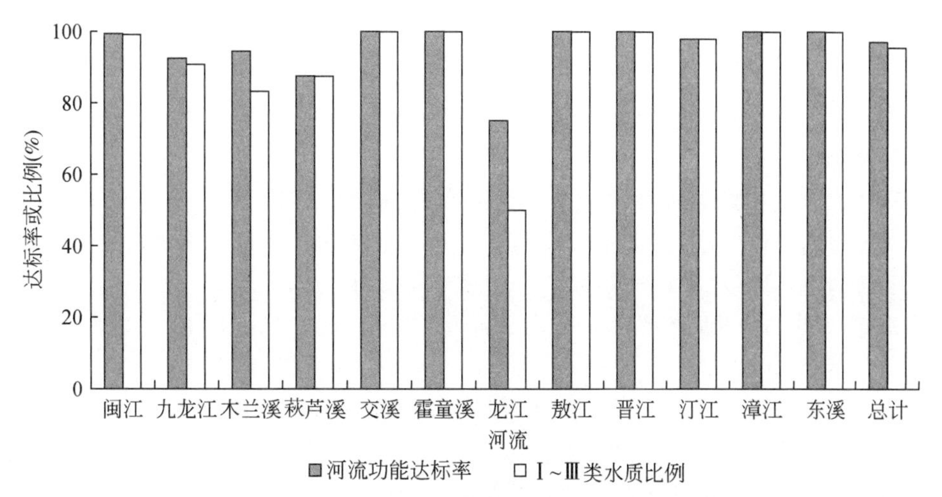

图 7-5　2010 年福建省 12 条河流功能达标率与Ⅰ~Ⅲ类水质比例比较

五是城市内河水质有一定改善。近年来福建省城市内河的水域功能达标率由 2002 年的 50.3% 提高到 2010 年的 72.4%（图 7-6）。其中，泉州、长乐、福安、龙海 2010 年为 100%。但是福建省仍有不少城市内河功能达标率较低，其中龙岩市内河污染较严重，其主要超标指标有溶解氧、氨氮、五日生化需氧量、化学需氧量和总磷等，已经直接影响到城市景观环境。城市内河水质污染严重的主要原因是城市环保基础设施建设滞后、配套管网建设不完善等问题，以及大量生活污水等未经处理排入内河。

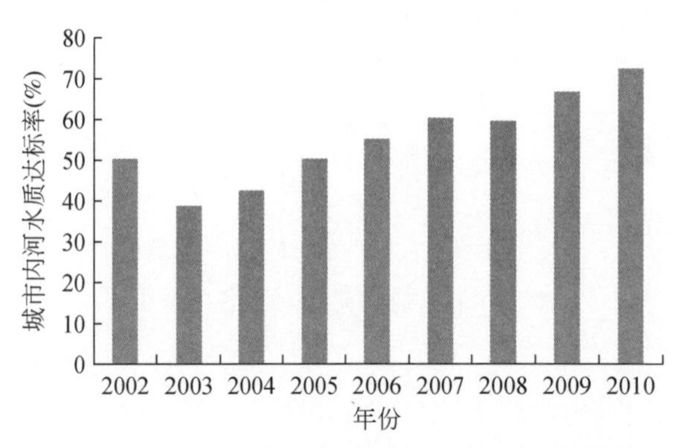

图 7-6　2002 年以来福建省城市内河水质达标情况

六是耗氧有机物仍为主要污染物，总磷超标问题突出。福建省 2010 年河流水质主要超标项目为总磷、氨氮、五日生化需氧量、溶解氧、高锰酸盐指数和石油类，全年超标率分别为 3.35%、2.73%、2.11%、1.73%、0.87% 和 0.62%，污染分担率（分项指数占综合指数的比例）六项合计为 67.9%，表明福建省河流水质以耗氧有机污染物污染为主的状况仍在持续。总磷年均浓度值在主要超标项中较 2009 年有所上升。其中，龙江、木兰溪、萩芦溪和九龙江总磷浓度值和超标率都明显高于其他河流。总磷仍可能是福建省河流水质未来的主要超标项之一，其对于湖、库水质富营养化的不利影响应引起重视。

七是突发性水污染事件出现。近两年由于气温突升、干旱少雨、多级水电站的拦截、河流自净能力较弱，加上九龙江畜禽养殖污水的大量排放，导致九龙江出现甲藻水华，高藻水团的出现与下移，直接影响厦门市和漳州市的饮用水源地安全。

依据水利部门 2010 年对全省闽江、九龙江、汀江、晋江、交溪、闽东诸河、木兰溪、闽南诸河水系 102 个断面的水质监测结果，在评价的 353km 河长中，全年期综合评价水质达到地表水Ⅰ～Ⅲ类标准的河长占总评价河长的 85.6%，污染（Ⅳ类、Ⅴ类和劣Ⅴ类）河长占 14.4%。水质符合和优于Ⅲ类的河长在汛期占 87.4%，在非汛期占 83.1%。水体的主要超标项目为氨氮、溶解氧、总磷、五日生化需氧量和高锰酸钾指数等。

2. 湖泊和水库

福建省湖泊和水库总氮和总磷的超标比较普遍，大多处于中营养至轻度富营养化水平，导致湖泊和水库的水环境功能达标率偏低。

2010 年福建省 11 个主要湖泊水库水域功能达标率为 56.1%，比 2005 年提高了 13.7%。其中，福州西湖、东圳水库、泰宁金湖和古田水库 4 个湖泊水库的水域功能达标率为 100%；山仔水库、东张水库、惠女水库和山美水库 4 个水库超过其相应的水域功能要求，水域功能达标率长期为 0；安砂水库、棉花滩水库和厦门筼筜湖 3 个湖泊水库水质出现超标。湖泊水库超标项目主要为氮、磷等营养状态指标。

在水质类别上，东圳水库、泰宁金湖、古田水库、安砂水库和棉花滩水库 5 个湖泊水库水质为Ⅲ类，东张水库和山仔水库水质为Ⅳ类，福州西湖和惠女水库水库水质为Ⅴ类，山美水库水质为劣Ⅴ类，厦门筼筜湖水质为劣海水四类。福建省主要湖泊水库水质状况见表 7-5。

表 7-5　福建省主要湖泊水库水质情况

城市	湖库	水质类别		功能达标率（%）							超标项目
		2006 年	2010 年	2001 年	2002 年	2003 年	2004 年	2005 年	2006 年	2010 年	2010 年
福州	西湖	Ⅴ类	Ⅴ类	0	0	0	0	0	100	100	—
	山仔水库	Ⅲ类	Ⅳ类	0	0	33.3	66.7	0	0	0	总磷、总氮
	东张水库	Ⅲ类	Ⅳ类	100	100	66.7	0	0	0	0	总磷、总氮、五日生化需氧量、高锰酸盐指数、溶解氧
三明	安砂水库	Ⅲ类	Ⅲ类	66.7	66.7	66.7	66.7	66.7	66.7	88.9	总氮
	金湖	Ⅲ类	Ⅲ类	100	0	50	100	100	100	100	—
龙岩	棉花滩水库	Ⅲ类	Ⅲ类	100	100	0	0	0	100	87.5	总磷、总氮
莆田	东圳水库	Ⅳ类	Ⅲ类	100	100	100	100	100	66.7	100	—
泉州	山美水库	劣Ⅴ类	劣Ⅴ类	0	0	0	0	0	0	0	总氮
	惠女水库	Ⅴ类	Ⅴ类	0	0	0	0	0	11.1	0	总磷、总氮、五日生化需氧量、粪大肠菌群、溶解氧
宁德	古田水库	Ⅲ类	Ⅲ类	100	100	100	83.3	100	100	100	—
厦门	筼筜湖	劣海水四类	劣海水四类	0	0	0	0	0	0	25	活性磷酸盐、无机氮

按福建省湖泊水库的综合营养状态指数评价其营养化状况，2010 年福州西湖和惠女水库为轻度富营养状态，古田水库为贫营养状态，其余湖库均为中营养状态（图 7-7）。

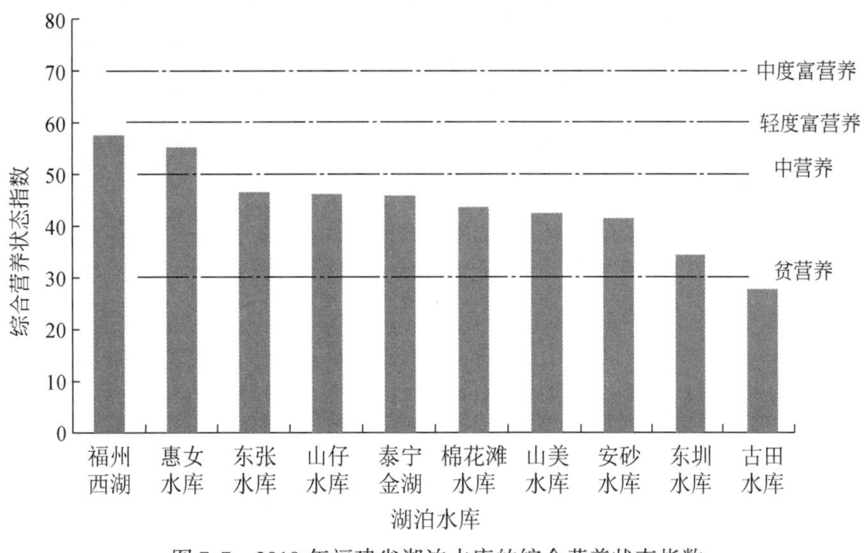

图 7-7　2010 年福建省湖泊水库的综合营养状态指数

依据 2010 年水利部门对 20 座大型水库的评价结果，东圳水库丰水期水质为Ⅴ类，惠女水库、古田水库丰水期水质为Ⅳ类，惠女水库、沙溪口水库枯水期水质为Ⅳ类，其余水库各水情期水质大部分符合和优于Ⅲ类标准。全年期评价水质符合Ⅰ～Ⅱ类标准的水库有 12 座，占 60.0%，符合Ⅲ类标准的有 7 座，占 35.0%。丰水期山仔水库、东张水库、东圳水库、南一水库、峰头水库水体呈轻度富营养状态，枯水期惠女水库呈轻度富营养状态。在全年期评价中，惠女水库、南一水库、峰头水库呈轻度富营养状态。

3. 饮用水水源地

福建省加大对饮用水源环境保护力度，已全面完成城市、县城和大部分乡镇的集中式生活饮用水地表水源保护区的划定，有力地促进了饮用水源保护区管理的法治化、规范化。2010 年全省县级以上集中式生活饮用水水源地水质总体较好，水质达标率有了一定程度提高，具体情况如下。

一是设区市水源地水质总体较好。2010 年 9 个设区市的 34 个集中式生活饮用水源地总取水量为 104 861.46 万 t，总达标水量为 95 163.83 万 t，水质达标率为 90.8%，水源地水质总体较好。2010 年在 9 个设区市中，福州、泉州、漳州和南平 4 个城市饮用水源地出现超标，但水质达标率均大于 95.0%。厦门和莆田 2 个城市饮用水源地水质相对较差，水质达标率分别为 79.1% 和 79.8%；设区市饮用水源地水质超标项目有总磷、总氮、氨氮、粪大肠菌群、铁、锰、高锰酸盐指数、化学需氧量和溶解氧（表 7-6）。

表 7-6　2006 年与 2010 年福建省设区市饮用水源地水质达标情况

城市	2006 年		2010 年	
	达标率（%）	超标项目	达标率（%）	超标项目
福州	97.8	铁、锰	98.9	氨氮
厦门	100	—	79.1	总磷、总氮、锰、高锰酸盐指数、化学需氧量
莆田	100	—	79.8	总磷、总氮、粪大肠菌群
三明	99.5	粪大肠菌群	100	—
泉州	97.5	粪大肠菌群	96.8	溶解氧、总氮、氨氮、铁、锰
漳州	100	—	95.1	锰
南平	96.8	粪大肠菌群	98.3	总磷、氨氮、粪大肠菌群、铁、锰
龙岩	100	—	100	—
宁德	100	—	100	—

二是县级市水源地水质总体呈显著上升趋势。2010 年 14 个县级市的 22 个集中式生活饮用水源地总取水量为 20 856.33 万 t，总达标水量为 20 426.33 万 t，水质达标率为 97.9%，较 2006 年（为“十一五”期间达标率最低的年份）提高了 17.8%，总体水质较好。但福清市饮用水源地水质较差，水质达标率为 83.6%（图 7-8）。

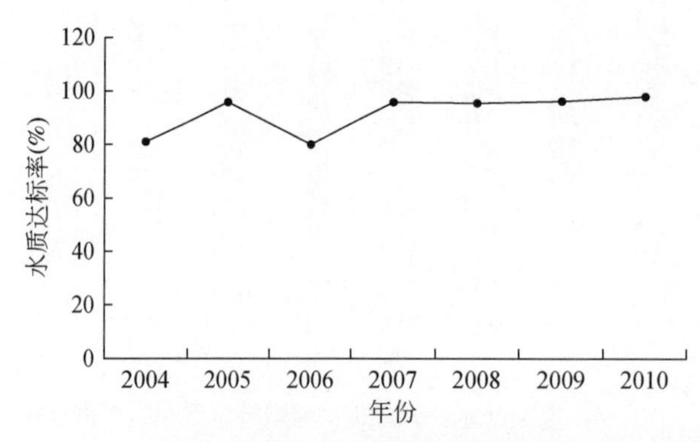

图 7-8　2004～2010 年福建省县级市饮用水源地水质达标变化情况

三是县城水源地水质呈逐年上升趋势。44 个县城的 63 个集中式生活饮用水源地总取水量为 14 489.09 万 t，总达标水量为 14 319.39 万 t，水质达标率为 98.8%，呈逐年上升趋势。但长泰、华安、松溪、永定和上杭 5 个县城饮用水源地水质均出现超标，其余 39 个县城水源地水质均能达标。县城饮用水源地水质超标项目为总磷、总氮、粪大肠菌群、铁、锰和 pH。

依据水利部门2010年对全省九个设区市14个集中式生活饮用水水源地的评价结果，水质较好的是龙岩的北门水厂水源地和宁德的金涵水库，年测次达标率均为100%。水质较差的是福州闽江北港的鳌峰洲、南平闽江西溪的新建桥和建溪的安丰3个供水水源地，主要超标项目为粪大肠菌群、氨氮、溶解氧、铁和锰。

4. 近岸海域

按照《海水水质标准》（GB 3097—1997）评价，福建省近岸海域四类和劣四类水质占27.7%，近岸海域水域功能达标率仅为48.1%。

二、水利工程现状

“十五”期间，福建省及时启动了“千万农民饮水工程”，推进了“千万亩节水灌溉工程”建设，一批蓄水工程和引调水工程相继建成投入使用，有效地缓解了全省特别是闽东南沿海地区的用水需求压力。在蓄水工程方面，诏安龙潭水库等14座灌溉供水中型水库和45座小型水库相继建成，累计新增蓄水库容5.25亿m^3。在引调水工程方面，白眉水库供水工程、石狮引水工程、北溪引水左干渠（厦门段）改造工程、福清市闽江调水工程、晋江市供水一二期工程等相继完成，新增日供水能力328万m^3。在农村饮水方面，共建成乡镇供水319处，村级供水4143个，新增日供水能力65万m^3，乡镇所在地自来水普及率达到100%。

“十一五”期间，基础设施建设取得重大进展。仙游金钟、福州溪源等一批大中小型水库相继建成；泉州金鸡拦河闸重建工程、莆田平海湾跨海供水应急工程等一批引调水工程相继发挥效益，水利工程年供水能力达到211.37亿m^3；29个水电农村电气化县建设全面完成，农村水电装机容量达695万kW；农田水利建设持续加强，实施了两批20个小型农田水利重点县的建设，全省有效灌溉面积达到1400万亩，沿海滩涂围垦有序推进，围垦总面积达154.9万亩。水资源保障能力全面提升。

截至2010年底，福建省已建成大型水库21座（其中12座为发电水库），中型水库182座，小型水库3469座，此外还有众多的小塘坝。蓄水工程总库容206.22亿m^3，总兴利库容122.93亿m^3，现状供水能力达到72.5亿m^3。已建引水工程20.04万处，现状供水能力达到106.84亿m^3；提水工程1.46万处，现状供水能力达到24.58亿m^3；主要的跨流域调水工程5处，即龙门滩调水、福州二水源工程、福清市闽江调水工程、金钟调水工程和九仙溪引调水工程，现状供水能力达到10.15亿m^3。

三、供用水结构与用水效率

1. 供用水结构

福建省近30年供用水总量呈阶段性增长趋势。1980~1990年用水总量稳定在130亿~140亿m^3。1990年以后用水总量迅速增加，至2005年超过180亿m^3，此后保持较为稳定的水平。近几年随着经济迅速发展，供用水量出现第二次快速增长趋势。2010年供用水总量突破200亿m^3。从供水水源分析，地表水一直是主要水源，占总供水量的96%以上，地下水呈现缓慢增长趋势（表7-7，图7-9）。

表7-7　福建省供水量变化趋势　（单位：亿m^3）

年份	地表水				地下水	其他	合计
	蓄	引	提	小计			
1980	46.38	74.24	13.79	134.41	2.96	0.48	137.85
1985	47.53	68.07	14.47	130.07	2.89	0.48	133.44

续表

年份	地表水				地下水	其他	合计
	蓄	引	提	小计			
1990	48. 85	63. 05	18. 15	130. 05	3. 08	0. 53	133. 66
1995	62. 77	92. 79	23. 76	179. 32	3. 48	0. 62	183. 42
2000	65. 36	91. 26	25. 2	181. 82	3. 51	0. 64	185. 97
2005	65. 19	84. 92	23. 7	173. 81	5. 48	0. 65	179. 94
2010	59. 04	87. 51	51. 04	197. 59	4. 65	0. 26	202. 50

注：2010 年数据源自《福建省水资源公报》，其他数据源自《福建省水资源综合规划》

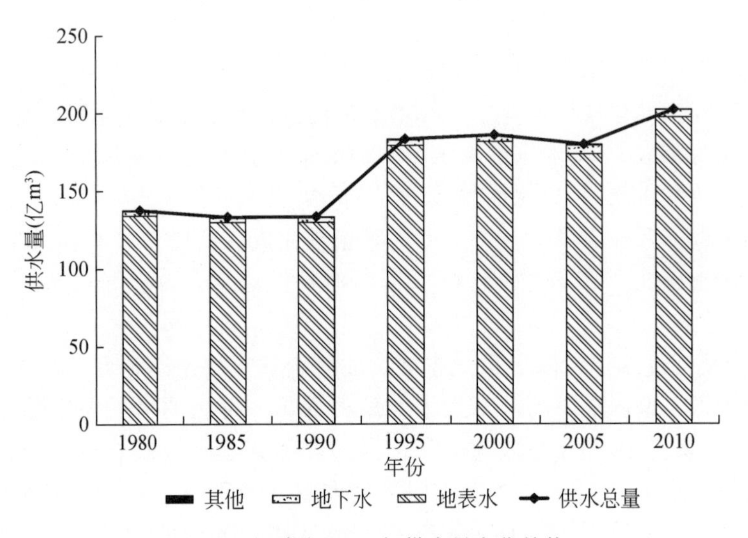

图 7-9　福建省近 30 年供水量变化趋势

2010 年福建省总供水量为 202. 45 亿 m³。其中，地表水源供水量为 197. 54 亿 m³，约占 97. 6%；地下水供水量为 4. 65 亿 m³，约占 2. 3%；其他水源供水量为 0. 26 亿 m³，约占 0. 1%（表 7-8）。

表 7-8　2010 年福建省经济社会供水量　（单位：亿 m³）

行政分区	地表水源供水量				地下水供水量（浅层）	其他水源供水量			总供水量	海水直接利用量
	蓄水	引水	提水	小计		污水处理回用	海水淡化	小计		
福州	7. 95	6. 70	22. 59	37. 23	0. 30	—	—	0. 00	37. 53	—
厦门	1. 64	3. 75	0. 24	5. 64	0. 60	0. 10	—	0. 10	6. 33	9. 16
莆田	5. 08	2. 91	1. 02	9. 01	0. 08	0. 16	—	0. 16	9. 25	5. 50
三明	5. 51	11. 90	9. 49	26. 90	0. 21	0. 00	—	0. 00	27. 11	—
泉州	8. 85	16. 81	3. 83	29. 49	2. 13	—	—	—	31. 61	17. 96
漳州	7. 07	11. 15	3. 53	21. 75	0. 48	—	—	—	22. 22	—
南平	8. 49	16. 28	2. 55	27. 32	0. 02	0. 00	—	0. 00	27. 34	—
龙岩	5. 84	9. 74	9. 37	24. 95	0. 68	0. 00	—	0. 00	25. 63	—
宁德	7. 13	7. 11	1. 02	15. 25	0. 16	—	—	—	15. 41	—
合计	57. 56	86. 35	53. 64	197. 54	4. 66	0. 26	—	0. 26	202. 43	32. 62
沿海六市	37. 72	48. 43	32. 23	118. 37	3. 75	0. 26	—	0. 26	122. 35	32. 62
闽西三市	19. 85	37. 92	21. 41	79. 17	0. 91	0. 00	—	0. 00	80. 08	0. 00

1980～2010 年福建省用水量以年均 1.29% 的速度增长，其中生活、工业用水量分别以年均 4.0% 和 12.9% 的速度增长，占总用水量比重不断上升；相同来水频率年份农业用水量总体呈下降趋势，占总用水量比例在逐年下降。生活、工业、农业用水结构比例 1980 年为 6.5% ：1.5% ：91.9% ，至 2010 年调整为 14.4% ：40.1% ：45.4% 。主要年份主要行业年供用水量变化趋势参见表 7-9 和图 7-10，1980 年、2010 年用水结构见图 7-11。用水量的持续增长和用水结构的调整，特别是生活和工业用水及生态用水比例的不断增加，对供水水质和保障程度的要求不断提高。

表 7-9　福建省经济社会用水量变化

项目	1980 年	1985 年	1990 年	1995 年	2000 年	2005 年	2010 年	1980～2010 年均增减率（%）
总用水量（亿 m^3）	137.65	133.29	131.47	169.78	176.41	186.86	202.45	1.29
生活（亿 m^3）	8.97	10.91	13.17	25.62	27.53	27.89	29.25	4.02
工业（亿 m^3）	2.12	2.93	7.12	21.86	32.4	63.49	81.26	12.92
农业（亿 m^3）	126.56	119.45	111.18	122.3	116.48	95.48	91.94	-1.06

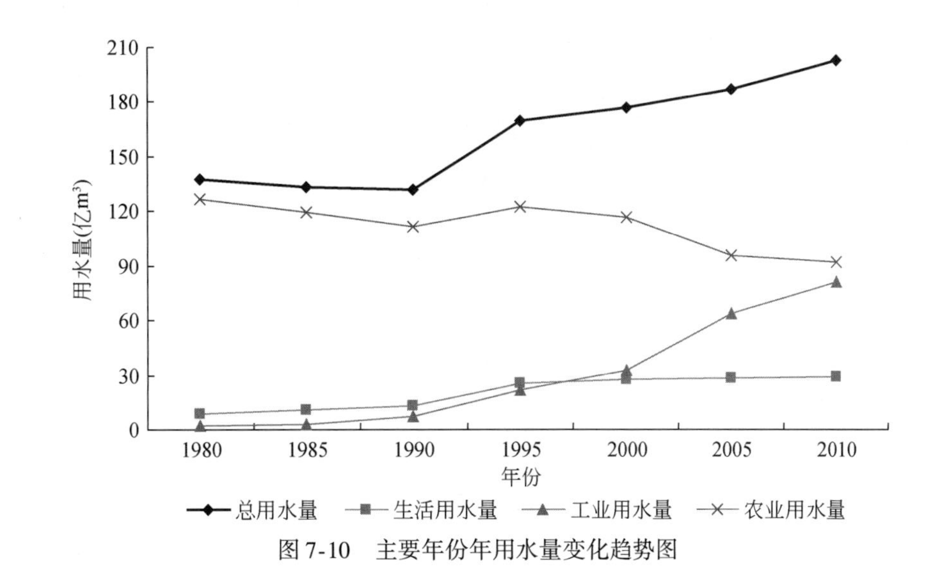

图 7-10　主要年份年用水量变化趋势图

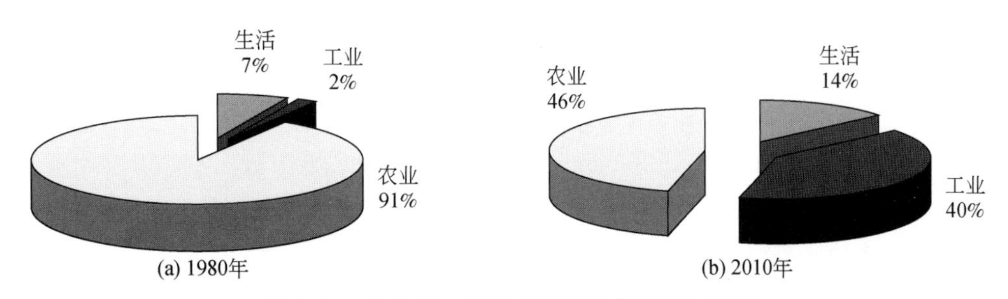

图 7-11　1980 年、2010 年用水结构变化示意图

2. 用水效率

1980 年以来，福建省人均综合用水量基本持平。除了生活水平提高带来生活用水指标有所增长外，其他用水指标均呈下降趋势，其中万元 GDP 用水量年均下降率约 11% ，农田灌溉亩均用水量（同频率下）也有所下降，用水效率不断提高（表 7-10）。

表7-10 福建省1980~2010年用水指标变化

项目	1980年	1985年	1990年	1995年	2000年	2005年	2010年	1980~2010年均增减率（%）
当年人均水资源量（m^3）	4168	4562	4859	3793	3954	3964	4480	—
人均综合用水量（m^3）	548	492	446	568	508	529	549	0.004
万元GDP用水量（m^3/万元）	4950	2597	1531	913	450	281	144	-11.120
万元工业增加值用水量（m^3/万元）	473	359	437	293	228	226.6	137	-4.043
城镇居民生活用水量（L/人）	118	124	127	134	142	133	139	0.558
农村居民生活用水量（L/人）	67	71	74	80	84	96	99	1.301
农田灌溉用水量（m^3/亩）	966	919	830	899	831	718	683	-1.151

2010年福建省万元GDP用水量约为144m^3，仅为1980年的2.9%，为2005年的51%；城镇居民、农村居民生活用水指标有所提高，分别为139L/(人·d)与99L/(人·d)，较1980年分别增加21L/(人·d)和32L/(人·d)；万元工业增加值用水量为137m^3，仅为1980年的29%；农田灌溉亩均用水量683m^3，较1980年下降了30%。尽管福建省用水效率较1980年有了很大提高，但与发达国家及国内节水先进地区相比仍有较大差距。与相邻省份的用水指标相比（表7-11），也处于相对较低的水平，说明未来福建省提高节水水平和用水效率还有一定空间。

表7-11 2010年福建省及相邻省份用水效率比较

省份	人均GDP（万元）	人均用水量（m^3）	万元GDP用水量（m^3/万元）	农业实灌亩均用水（m^3/亩）	人均生活用水量（L/d）		万元工业增加值用水量（m^3/万元）
					城镇生活	农村生活	
福建	4.003	550	137	683	212	97	127
浙江	5.171	379	73	383	217	151	47
江西	2.125	539	254	541	223	90	134
广东	4.474	456	102	741	299	129	65
平均	3.94	481	141.5	587	238	117	93

资料来源：《2010年中国水资源公报（附件）》

四、水资源开发利用面临的挑战

（1）水资源相对丰富，但与经济发展布局不匹配，现有水利工程体系已不适应海西经济区建设和发展的需要。

福建省多年平均降水量为1000~2200mm，从东南向西北递增；水、旱、风、寒灾害天气频繁。1956~2000年平均水资源总量为1180.56亿m^3，人均水资源占有量为3200m^3（2010年人口），亩均水资源占有量为5 866m^3，依次为全国的1.5倍和3.2倍，但是水资源分布与地区人口、经济发展不匹配。福建省现行大多数水利供水设施建于20世纪六七十年代，达不到现行国家标准，并存在工业生活用水挤占农业用水、生态环境用水现象，特别是闽东南沿海地区，资源性和水质性缺水问题突出。随着土地资源的日益紧缺、水利工程建设移民难度的增加和生态环境保护标准的提高，今后水安全保障任务更加繁重，建设水利工程的难度加大，需要未雨绸缪、科学安排适度超前的水资源工程建设布局。

（2）河流坡陡流急，现状水利工程调蓄能力不足，进一步开发利用难度较大。

福建省流域面积>50km^2以上的河流有597条，>5000km^2以上的一级河流有4条（闽江、九龙江、晋江和赛江）；除赛江发源于浙江，汀江流经广东出海外，其余都发源于境内并在本省出海。在已建的21座大型水库中，以发电为主的占12座，以灌溉供水功能为主的水库兴利库容仅43.36亿m^3，不足总兴利库容的44%，供水调蓄能力明显不足。汛期大部分水量流入大海，枯水季节又无水可用，洪涝灾害与干旱缺水交替发生，枯水年和特枯水年缺水问题较为突出。闽江流域水资源丰富，现状水资源利用率仅有13.5%，占晋江流域面积2/3的西溪上尚无控制性蓄水工程，主要受制于建库淹没和移民的难度很大。

（3）现状水资源开发利用程度和用水效率较低，工程性、资源性、水质性缺水现象并存。

福建省现状水利工程供水能力约为211.37亿m^3，地表水资源开发利用率约为15.2%，平原区浅层地下水开采率为0.5%~4.3%，水资源开发利用程度总体较低，但闽东南沿海的泉州、厦门、莆田等城市的水资源开发率达到25%以上。总体上看以工程性缺水为主，部分区域存在资源性、水质性缺水现象。2010年全省万元GDP用水量约为137m^3，万元工业增加值用水量为127m^3，农田灌溉亩均用水量为683m^3，与浙江、广东、江西等相邻省份相比，用水效率不高，有较大的提升空间。

提升水资源对经济社会发展的支撑能力，保障海西经济区的可持续发展，客观上需要进行跨地区、跨流域的水资源调配。闽江流域在保障本流域水资源供应和生态用水的同时，有能力调出一部分水，支援晋江、龙江及木兰溪流域等。但是，长距离调水工程，涉及面广，涉及的相关因素多，需要科学论证，并做好相关地区和部门的协调工作。

（4）水资源质量总体较好，但部分河流或河段水质呈下降趋势，水资源与水环境保护任重道远。

目前，福建省地表水污染主要集中在城市内河、城市过境河段及工业和畜禽养殖业生产相对集中的局部区域。近几年闽江、汀江、九龙江和敖江水质均有所好转，其中，闽江、汀江和九龙江水质为优，但晋江、木兰溪等部分河流呈下降趋势，龙江呈中度污染。在以供水为主的大型水库中，东圳水库、泰宁水库、古田水库、安沙水库、棉花滩水库水质较好，山美水库水质较差；除古田水库呈贫营养化状态，其余均呈中营养、轻富营养化状态。九个设区市的34个集中式生活饮用水源地水质总体达标率在90%以上，但是厦门和莆田水质较差，福州、泉州、漳州等出现超标现象，主要超标项目有总磷、总氮、粪大肠菌群，部分出现铁、锰超标。下游河道无序过量采砂及上游来砂减少，致使闽江下游河段河床严重下切，海水入侵的趋势增强，枯水期潮区界从候官上移12km至竹岐，潮流界从旧洪山桥上移6km至侯官，已危及下游部分重要水源地的取水口及生活饮用水安全。

第二节　水资源供需平衡分析

改革开放30多年来，福建省经济总量持续增长，特别是2002年以来，经济增长呈现出持续快速协调健康的态势。2010年福建省地区生产总值约为1.45万亿元，人均GDP为3.92万元。福建省九地市的经济总量和发展水平存在较大的差异性，2010年地区生产总值泉州市是宁德市的4.84倍，人均地区生产总值厦门市是宁德市的2.19倍。以人均地区生产总值为评价标准，大体上可划分为三个档次，即人均地区生产总值超过50 000元的厦门，在35 000~45 000元的泉州、福州、莆田、三明和龙岩，以及低于35 000元的漳州、南平和宁德。

沿海六地市是福建省发展的核心区域，是聚集人口和经济的重点区域，在我国经济结构调整提升，激发经济发展活力，增强整体竞争力中占有特殊且重要的地位。2010年福建省沿海地区总人口约为2918.6万人，国内生产总值约为1.20万亿元，人均GDP为4.03万元，土地面积、人口总数、国内生产总值分别占全省的45%、79%和81%，是福建省人口最为稠密、经济最为发达的地区。

一、需水预测

福建省地处长三角与珠三角连接带，区域地理位置优越，是海西经济区的主体，是我国经济发展最强劲、经济活力最强的地区之一，未来区域经济发展将保持较快的发展势头。

预计至2030年福建省地区生产总值（GDP）将达到106 537亿元，人均GDP将达到22.4万元，三次产业结构从现状的9∶49∶42调整为2030年的2∶57∶41。

根据国家有关土地管理法规与有关政策，考虑基础设施建设和工业化、城市化发展等占地的影响，福建省未来耕地面积总体呈缓慢缩小的态势。同时，随着灌溉设施的不断完善，农田灌溉面积基本保持平稳，林果灌溉面积、牲畜养殖数量呈逐渐增加的趋势。

根据福建省未来行业经济发展特性，以趋势分析为主，考虑各行业节水水平的提高，预测 2030 水平年福建省各主要行业用水定额和需水总量如下。

2030 年：城镇供水管网综合水利用系数达 0.88，城镇生活用水定额为 177 L/(人·d)，农村生活用水定额为 135L/(人·d)，全省生活用水量将达到 28.23 亿 m^3；工业万元增加值用水量降低到 46.3m^3，工业用水量将达到 73.28 亿 m^3；农田灌溉水利用系数达到 0.58，农业用水量达到 129.17 亿 m^3（$P=95\%$）；河道外生态用水量将达到 10.09 亿 m^3；总用水量将达到 251.56 亿 m^3（$P=95\%$），较现状基准年增加 33.05 亿 m^3。福建省各地市各水平年需水量见表 7-12。

表 7-12　福建省各地市现状及未来需水情况表（95%）　（单位：亿 m^3）

地区	水平年	生活			工业	建筑和第三产业	农业	河道外生态	总计
		城镇	农村	合计					
福州	基准年	1.94	1.12	3.07	6.97	1.11	19.21	5.74	36.08
	2030 年	3.97	1.1	5.07	13.68	3.25	17.21	6.07	45.28
厦门	基准年	0.92	0.24	1.16	2.08	0.65	3.65	0.1	7.66
	2030 年	2.19	0.11	2.3	4.71	1.8	2.54	0.3	11.65
莆田	基准年	0.47	0.61	1.08	1.64	0.24	7.02	0.06	10.04
	2030 年	1.4	0.64	2.05	3.07	0.74	6.59	0.2	12.66
泉州	基准年	2.25	1.57	3.81	10.04	1.15	15.4	1.28	31.69
	2030 年	4.45	1.34	5.79	21.63	3.2	13.21	2.56	46.38
漳州	基准年	1.09	0.77	1.86	4.87	0.51	23.62	0.11	30.97
	2030 年	2.28	0.9	3.18	7.65	1.43	19.87	0.31	32.45
三明	基准年	0.53	0.52	1.05	6.5	0.41	22.21	0.07	30.23
	2030 年	1.09	0.68	1.77	8.81	0.71	19.21	0.16	30.67
南平	基准年	0.65	0.51	1.16	4.39	0.42	28.41	0.06	34.44
	2030 年	1.2	0.69	1.89	5.53	0.73	25.33	0.15	33.62
宁德	基准年	0.58	0.52	1.1	2.51	0.36	12.08	0.06	16.11
	2030 年	1.29	0.76	2.05	4.19	0.63	10.35	0.17	17.39
龙岩	基准年	0.5	0.57	1.07	1.91	0.28	17.97	0.06	21.29
	2030 年	1.06	0.73	1.79	4.02	0.65	14.85	0.16	21.46
全省合计	基准年	8.93	6.43	15.36	40.91	5.13	149.57	7.54	218.51
	2030 年	18.94	6.95	25.89	73.28	13.13	129.17	10.09	251.56

注：采用《福建省水资源综合规划》强化节水方案成果

二、供水能力分析

（一）现状供水能力分析

1. 地表水源工程

a. 蓄水工程

截至 2010 年底，福建省已建成的蓄水工程有 5.57 万座，总库容为 206.22 亿 m^3，总兴利库容为

122.93 亿 m³。包括大型水库 21 座（表 7-13），总库容为 122.70 亿 m³，总兴利库容为 69.88 亿 m³，其中 9 座以供水灌溉功能为主，总库容为 23.07 亿 m³，总兴利库容为 15.38 m³；中型水库为 182 座，总库容为 49.30 亿 m³，总兴利库容为 29.77 亿 m³；小型水库 3469 座，总库容为 28.80 亿 m³；塘坝约 5.20 万座，总库容为 5.43 亿 m³。蓄水工程现状供水能力为 72.50 亿 m³，设计供水能力为 75.37 亿 m³（表 7-14）。

表 7-13　福建省已建大型水库基本信息

序号	三级区	名称	所在水系	所在地市	流域面积（km²）	正常蓄水位（m）	总库容（亿 m³）	兴利库容（亿 m³）	水库功能	建成年份
1	闽江上游	东溪	闽江建溪	南平	554	266	1.13	0.8	发电、防洪	1986
2		安砂	闽江沙溪	三明	5 184	265	7.35	4.4	发电	1978
3		沙溪口	闽江沙溪	南平	25 562	88	1.64	0.81	发电	1992
4		池潭	闽江金溪	三明	4 766	275	8.7	6.65	发电	1980
5	闽江中下游	水东	闽江尤溪	三明	3 785	143	1.08	0.34	发电	1995
6		古田溪(一级)	闽江古田溪	宁德	1 325	382	6.41	5.44	发电	1959
7		街面	闽江尤溪	福州	1 604	290	18.24	10.95	发电、防洪	2007
8		金钟	闽江大樟溪	莆田	200	245	1.06	0.91	灌溉、供水	2009
9		水口	闽江	福州	52 438	65	26	8.4	发电、防洪	1996
10	闽南诸河	万安	九龙江	龙岩	667	365	2.29	1.68	发电、灌溉、供水	1994
11		白沙	九龙江	龙岩	1 307	266	1.99	1	防洪、发电、灌溉、供水	2006
12										
13		南一	九龙江	漳州	522	303.5	1.58	1.14	防洪、发电	1993
14		山美	晋江东溪	泉州	1 023	96.48	6.56	4.53	灌溉、供水、发电	1972
15		东圳	木兰溪延寿溪	莆田	321	80.5	4.35	2.79	灌溉、供水、发电	1960
16		惠女	洛阳江	泉州	106	75.75	1.23	0.67	灌溉、供水	1960
17		东张	龙江	福州	200	54	2.06	1.54	灌溉、供水、发电	1958
		峰头	漳江	漳州	333	74	1.77	1.2	灌溉、供水、发电	1989
18	闽东诸河	芹山	赛江	宁德	453	755	2.65	1.95	发电	1999
19		山仔	敖江	福州	1 646	90	1.76	1.06	灌溉、供水、发电	1995
20		洪口	霍童溪	宁德	1 701	165	4.5	2.4	发电	2009
21	韩江及粤东诸河	棉花滩	汀江	龙岩	7 907	173	20.35	11.22	发电、防洪	2001
合计					111 604	—	122.70	69.88	—	—

表 7-14　福建省现状蓄水工程及供水能力统计表

工程规模	数量（座）	总库容（亿 m³）	兴利库容（亿 m³）	现状供水能力（亿 m³）	设计供水能力（亿 m³）
大型	21	122.70	69.88	17.53	18.19
中型	182	49.30	29.77	20.09	21.00
小型	3469	28.80	18.49	25.86	26.99
塘坝	约 5.20 万	5.43	4.75	9.02	9.19
合计	约 5.57 万	206.22	122.89	72.50	75.37

b. 引提水工程①

福建省现状引水工程共20.06万座，现状供水能力为106.84亿 m^3，设计供水能力为108.59亿 m^3。其中大型和中型引水工程各1处，现状供水能力分别为4.31亿 m^3、4.06亿 m^3；小型引水工程现状供水能力为98.47亿 m^3。

提水工程共计1.46万座，均为小型提水工程，现状供水能力为24.58亿 m^3，设计供水能力为24.93亿 m^3（表7-15）。

表7-15 福建省现状引提水工程及供水能力统计表

工程规模	引水工程			提水工程		
	数量（座）	供水能力（亿 m^3）	设计能力（亿 m^3）	数量（万座）	供水能力（亿 m^3）	设计能力（亿 m^3）
大型	1	4.31	4.38	0	0	0
中型	1	4.06	4.1	0	0	0
小型	约20.04万	98.47	100.11	1.46	24.58	24.93
合计	约20.06万	106.84	108.59	1.46	24.58	24.93

c. 调水工程②

福建省现状主要的调水工程共有五处，现状总供水能力为10.15亿 m^3。包括：①龙门滩调水工程，从闽江支流大樟溪调水入晋江东溪山美水库，工程规模为27.66 m^3/s，现状供水能力为3.82亿 m^3。②福清闽江调水工程，从闽江调水入福清市（龙江流域），设计调水规模为15 m^3/s，现状规模为10 m^3/s，供水能力为2.85亿 m^3。③福州二水源工程，从敖江调入闽江流域的福州市区，设计调水流量为9.26 m^3/s，供水能力为2.92亿 m^3。现状已建成一期工程，调水为3.47 m^3/s，现状供水能力为1.1亿 m^3。④金钟调水工程，从闽江支流大樟溪到莆田市城区（木兰溪流域），调水规模为8 m^3/s，现状供水能力为1.68亿 m^3。⑤九仙溪引调水工，从大樟溪支流九溪通过九仙溪梯级电站工程调水到莆田市木兰溪支流仙水溪，供水能力为0.7亿 m^3。

现有调水工程均通过水库工程调蓄后供水，供水能力已经包含在相应的蓄水工程中，故在总供水能力中不再单独列出。

2. 地下水源工程

福建省现状地下水供水能力为6.78亿 m^3。其中浅层地下水开采井2.31万眼，年供水能力为6.27亿 m^3，深层地下水开采井400多眼，年供水能力为0.51亿 m^3。

3. 其他水源工程

其他水源工程主要包括污水处理再利用（再生水）与集雨工程，现状总供水能力为0.67亿 m^3，仅厦门、福州等少数城市具备污水处理再利用条件，年污水处理再利用供水能力约为100万 m^3；集雨工程主要集中在漳州市和宁德市的山区，年利用能力为0.66亿 m^3。此外，厦门、莆田、宁德等沿海城市具备一定的海水直接利用能力，现状折合淡水供水能力为1.25亿 m^3。

根据上述统计，福建省现状总供水能力约为211.37亿 m^3，各区域及不同水源供水能力统计见表7-16。

---

① 以《福建省水资源综合规划》(2007) 中2004年引水工程统计数为基础，补充近期完成的工程供水能力。

② 指跨流域二级水资源分区的调水工程。

表7-16　福建省现状供水能力　(单位：亿 m^3)

地区	地表水				地下水	其他	合计
	蓄水	引水	提水	小计			
福州	13.19	15.24	5.27	33.70	1.68	0.01	35.39
厦门	2.34	4.14	0.28	6.76	0.59	0.10	7.45
莆田	6.24	2.93	0.34	9.51	0.37	0.16	10.04
泉州	11.67	17.08	1.90	30.65	0.98	0.00	31.63
漳州	8.83	16.33	3.53	28.69	0.49	0.00	29.18
三明	5.94	12.41	10.08	28.43	0.34	0.00	28.76
南平	10.01	18.15	1.79	29.95	0.51	0.00	30.46
宁德	7.44	7.37	0.92	15.73	0.13	0.40	16.26
龙岩	6.84	13.19	0.47	20.50	1.69	0.00	22.19
合计	72.50	106.84	24.58	203.92	6.78	0.67	211.37

注：调水工程供水能力计入蓄水工程能力中

福建省现状总供水能力与基准年需水量大体相当，供水保障程度总体较高，进一步挖潜可以保障一定程度的需求增长，但部分区域在枯水年会出现一定程度的缺水。在现状地表水供水量中引水工程供水量最大，说明工程调控能力相对较弱，不利于区域之间的丰枯调配，需进一步提高骨干工程控制能力。

（二）规划工程与新增供水能力分析

规划工程建设包括地表水、地下水和其他水源工程三类。福建省地表水资源量占水资源总量的99%以上，由于山区性河流多、河短坡陡、暴雨时易洪涝、汛期弃水量大，故蓄水工程是地表水利用体系建设的重点。但现状蓄水工程供水能力仅占地表水供水能力的35.6%，水库调蓄能力不足。根据《福建省水资源综合规划》(2004年）成果及近期实施方案调整情况，规划新建扩建大型蓄水工程8座，总库容为27.23亿 m^3，可增加供水能力25.02亿 m^3（表7-17）；规划新建扩建中型蓄水工程50座，总库容为11.09亿 m^3，新增供水能力17.11亿 m^3。

表7-17　规划新建扩建大型蓄水工程　(单位：亿 m^3)

工程名称	三级区	水系	地市	总库容	兴利库容	供水能力	供水范围
上白石	闽东诸河	赛江	宁德	2.56	1.65	1.68	宁德
茶富	闽江上游	富屯溪	南平	4.57	3.97	3.63	光泽
安砂扩建	闽江上游	沙溪支流九龙溪	三明	4.6	4.04	4	九龙江下游
龙湘	闽江中下游	大樟溪	福州	2.85	2.19	5	福州
白濑	闽南诸河	晋江西溪	泉州	6.55	5.34	5.39	泉州
山美扩建	闽南诸河	晋江东溪	泉州	0.5	0.3	0.46	泉州
霍口	闽南诸河	敖江	福州	4.4	3.03	3	连江、罗源
长泰枋洋	闽南诸河	龙津溪	漳州	1.2	1.08	1.86	厦门
合计				27.23	21.6	25.02	—

注：水库扩建数据为新增库容及供水能力。引自《福建大水网规划》(2012年3月)

规划兴建扩建中型以上引水工程26处，总设计引水规模达到275.4m^3/s，增加供水能力8.58亿 m^3。主要规划引水工程见表7-18。

表 7-18 主要规划引水工程

工程名称	地市	取水口	设计引水规模（m^3/s）	供水能力（亿 m^3）	供水量（亿 m^3）	供水范围
连江敖江引水工程	福州	塘坂水库	3.47	1.1	1.1	福州连江及可门港区
罗源湾供水工程	福州	傍尾水库	3.23	1.02	1.02	福州罗源开发区
湄洲湾北岸供水工程	莆田	东圳水库	3	0.63	0	莆田东南部
外度引水工程	莆田	萩芦溪	25	0.48	0	莆田东南部
南干渠改造工程（含玉田分渠）	泉州	金鸡闸	38.5	9.36	0	晋江石狮南安
南干渠晋江供水工程（二期）	泉州	金鸡闸南渠	10	3.15	1.1	晋江市
北干渠改造整治工程	泉州	金鸡闸	27.7	0.5	0	泉州惠安
晋江石狮供水第二通道	泉州	金鸡闸	6	2.84	0	石狮
古雷供水工程（一期）	漳州	峰头水库	11.6	1.1	0	古雷
穆阳溪引水工程	宁德	穆阳水库	20.7	0.56	0	塞江下游右岸
茜安引水扩建工程	宁德	茜安水库	5.6	1.2	0	塞江下游右岸

以上规划蓄水工程建设主要集中在山区，而引水工程建设对现有水源扩建改造又占了较大比例，故可增加的供水量有限，尚难以保障东部沿海及海岛缺水地区的用水需求。因此，为了保障平潭及沿海缺水地区经济发展需水的快速增长，《福建省水资源综合规划》从闽江下游引水至福州、平潭综合实验区和古雷半岛等沿海地区（表 7-19）。

表 7-19 规划引调水工程

工程名称	取水口	线路长度（km）	调水流量（m^3/s）	调水量（亿 m^3）	投资（亿元）	受水区
平潭引水工程	莒口	160	35	7.2	63	平潭综合实验区、长乐、福清、闽侯（青口、南通、南屿）
福州主城区引水工程	竹岐	24	25	4.8	11.1	福州
古雷半岛引水工程	峰头	49.6	11.6	1.1	6	古雷半岛

福建省地下水供水量基本稳定在每年 4 亿 m^3 左右，仅占供水总量的 2%。现状地下水开采主要分布在龙岩市和闽东南沿海地区。未来在地表供水保障能力弱的区域可适当增加地下水供水量。

其他水源供水能力增加未来将主要集中在福州、厦门等城市，主要为再生水和海水淡化利用。

综上所述，考虑工程建设的可行性和区域分布状况，预计到 2030 年将新增供水能力 25.28 亿 m^3（表 7-20）。其中，新增引水工程能力为 16.46 亿 m^3，约占 2030 年新增总供水能力的 65.1%。2030 年福建省供水能力将达到 269.91 亿 m^3（表 7-21）。

表 7-20 福建省规划水平年新增供水能力 （单位：亿 m^3）

地区	地表水源供水量			地下水	其他	小计
	蓄水	引水	调水			
福州	0.36	10.81	0	0.04	0.13	11.34
厦门	0.11	1.24	0	0	0.11	1.46
莆田	0.35	0	0	0	0.02	0.37
泉州	0	1.48	0	0.01	0.1	1.59

续表

地区	地表水源供水量			地下水	其他	小计
	蓄水	引水	调水			
漳州	1.72	2.93	0	0.01	0.03	4.69
三明	2.73	0	0	0	0.01	2.74
南平	0.49	0	0	0.02	0.01	0.52
宁德	0.48	0	0.5	0	0.01	0.99
龙岩	0.5	0	1.07	0	0.01	1.58
合计	6.74	16.46	1.57	0.08	0.43	25.28

表7-21 福建省规划水平年供水能力 （单位：亿 m^3）

地区	地表水源供水量			地下水	其他	小计
	蓄水	引水	调水			
福州	13.74	33.28	5.27	1.77	0.35	54.41
厦门	3.62	6.98	0.28	0.6	0.39	11.87
莆田	7.22	3.28	0.34	0.38	0.21	11.43
泉州	19.38	20.94	1.9	1.01	0.12	43.35
漳州	13.24	20.36	3.53	0.51	0.08	37.72
三明	9.2	12.53	10.08	0.35	0.02	32.18
南平	15.52	18.15	1.79	0.56	0.02	36.04
宁德	8.3	8.77	0.92	0.13	0.42	18.54
龙岩	7.92	14.26	0.47	1.7	0.02	24.37
合计	98.14	138.55	24.58	7.01	1.63	269.91

三、现状工况下供需平衡分析

福建省水平年水资源供需基本平衡，缺水主要出现在枯水年和特枯水年。本节以95%来水条件下的现状供水能力与相应需水量进行水资源供需平衡，分析各区域现状及未来供水保障状况。规划水平年2030年需水量采用福建省水资源综合规划强化节水方案预测成果，考虑近期经济发展和生态环境保护需求适当调整。

在现状供水能力条件下，遭遇95%特枯水年时，2010年全省缺水量为17.91亿 m^3，主要表现为农业和生态缺水。在区域上，缺水主要出现在泉州、福州、漳州和南平，见表7-22。

表7-22 福建省2010年供需平衡结果（95%） （单位：亿 m^3）

地区	需水量							供水能力	缺水
	生活			工业及第三产业	农业 $P=95\%$	生态	总计		
	城镇	农村	合计						
福州	2.31	1.20	3.51	10.78	18.62	5.81	38.72	35.39	3.33
厦门	1.26	0.26	1.52	3.49	3.15	0.16	8.31	7.45	0.86
莆田	0.64	0.69	1.33	2.25	6.82	0.09	10.48	10.04	0.44
泉州	2.69	1.65	4.35	14.86	14.68	1.90	35.79	31.63	4.16

续表

地区	需水量							供水能力	缺水
	生活			工业及第三产业	农业 $P=95\%$	生态	总计		
	城镇	农村	合计						
漳州	1.31	0.88	2.19	7.43	22.30	0.16	32.08	29.18	2.90
三明	0.66	0.58	1.24	8.79	20.89	0.09	31.01	28.76	2.24
南平	0.80	0.57	1.37	5.66	27.24	0.09	34.35	30.46	3.89
宁德	0.76	0.59	1.35	3.40	11.51	0.09	16.35	16.26	0.09
龙岩	0.64	0.64	1.27	2.86	16.79	0.08	21.00	22.19	0.00
合计	11.07	7.06	18.13	59.52	142.00	8.47	228.09	211.36	17.91

在现状供水能力和95%来水频率条件下，2030年将缺水40.90亿 m^3，其中泉州、福州、厦门等区域供需缺口较大（表7-23），需要规划建设必要的蓄水工程和引水工程保障供水安全。

表7-23　现状工程下2030水平年供需平衡结果（95%）　（单位：亿 m^3）

地区	需水量							供水能力	缺水
	生活			工业及第三产业	农业 $P=95\%$	生态	总计		
	城镇	农村	合计						
福州	3.97	1.10	5.07	16.93	17.21	6.07	45.28	35.39	9.89
厦门	2.19	0.11	2.30	6.50	2.54	0.30	11.65	7.45	4.19
莆田	1.40	0.64	2.05	3.82	6.59	0.20	12.66	10.04	2.62
泉州	4.45	1.34	5.79	24.83	13.21	2.56	46.38	31.63	14.75
漳州	2.28	0.90	3.18	9.08	19.87	0.31	32.45	29.18	3.26
三明	1.09	0.68	1.77	9.52	19.21	0.16	30.67	28.76	1.90
南平	1.20	0.69	1.89	6.25	25.33	0.15	33.62	30.46	3.16
宁德	1.29	0.76	2.05	4.81	10.35	0.17	17.39	16.26	1.13
龙岩	1.06	0.73	1.79	4.66	14.85	0.16	21.46	22.19	0.00
合计	18.93	6.95	25.89	86.40	129.16	10.08	251.56	211.36	40.90

四、规划方案供需平衡分析

考虑规划工程后，2030年福建省供水能力将提高到269.91亿 m^3，在95%来水保证率条件下，可基本解决未来特枯水年的供需缺口。但由于新增供水能力和新增需水量在区域分布上的不均衡性，莆田、泉州等部分区域特枯水年将出现少量缺水，2030年缺水4.26亿 m^3，主要缺水用户为农业。规划水平年供需平衡结果见表7-24。

表7-24　2030水平年规划方案供需平衡结果（95%）　（单位：亿 m^3）

地区	需水量							供水能力	缺水
	生活			工业及第三产业	农业 $P=95\%$	生态	总计		
	城镇	农村	合计						
福州	3.97	1.1	5.07	16.93	17.21	6.07	45.28	54.41	0
厦门	2.19	0.11	2.3	6.5	2.54	0.3	11.65	11.87	0

续表

地区	需水量							供水能力	缺水
	生活			工业及第三产业	农业 $P=95\%$	生态	总计		
	城镇	农村	合计						
莆田	1.4	0.64	2.05	3.82	6.59	0.2	12.66	11.43	1.23
泉州	4.45	1.34	5.79	24.83	13.21	2.56	46.38	43.35	3.03
漳州	2.28	0.9	3.18	9.08	19.87	0.31	32.45	37.72	0
三明	1.09	0.68	1.77	9.52	19.21	0.16	30.67	32.18	0
南平	1.2	0.69	1.89	6.25	25.33	0.15	33.62	36.04	0
宁德	1.29	0.76	2.05	4.81	10.35	0.17	17.39	18.54	0
龙岩	1.06	0.73	1.79	4.66	14.85	0.16	21.46	24.37	0
合计	18.93	6.95	25.89	86.40	129.16	10.08	251.56	269.91	4.26

五、供水安全保障对策

供需平衡分析结果表明，福建省现状以工程性缺水为主，未来需重点防范水质性缺水。在充分挖潜现有工程供水能力的基础上，规划水源开发工程建设，并通过水系连通工程增强全省水量总体调控能力，实现丰枯调配、南北互济，为海西经济区发展提供供水安全保障。根据各区域的分阶段的水量供需平衡状况，规划的重点水源建设工程如下。

1. 霍口水库

霍口水库位于敖江中上游罗源县境内，是敖江梯级开发的骨干工程，距罗源县城40km。水库总库容为4.4亿m^3，兴利库容为3.03亿m^3，为年调节水库，其开发任务是以供水为主，结合防洪、发电和满足生态环境需水等综合利用。工程总投资约22亿元，保证年供水量4.5亿m^3。工程建成后，对保障敖江下游供水和闽江口开发区供水具有重要意义。

2. 龙湘水库

龙湘水库位于永泰县境内，大樟溪干流中游上段，坝址下游距永泰县城63km。水库总库容为2.85亿m^3，兴利库容为2.19亿m^3，为年调节水库，以城乡供水为主，兼顾防洪、发电等综合利用。工程总投资约25亿元，保证年供水量达5.0亿m^3，对保障福州市辖区及相关区县供水具有重要意义。

3. 白濑水利枢纽工程

白濑水利枢纽工程位于泉州市安溪县，晋江西溪干流上，坝址位于安溪县白濑乡上格村洋上角落。水库总库容为6.55亿m^3，兴利库容为5.34亿m^3，为多年调节水库，以供水为主，结合防洪、灌溉、发电，同时具有改善下游河道生态环境等综合利用功能。工程建成后，通过水库蓄丰补枯和补偿调节，多年平均可增加晋江干流金鸡拦河闸供水量达2.57亿m^3，特枯年（95%）可增加可供水水量达4.82亿m^3，能基本解决泉州市近中期水资源紧缺问题，还可将安溪与南安两城区防洪能力由现状的20年一遇分别提高到30年一遇或35年一遇；工程总投资约100亿元，保证年供水量达5.39亿m^3。

4. 山美水库扩蓄

山美水库扩蓄位于泉州市南安县，晋江东溪干流上。水库总库容为6.55亿m^3，兴利库容为4.53亿m^3，为不完全多年调节水库，以灌溉为主，结合防洪、供水、发电等综合利用。山美水库扩蓄工程，总库容增加0.5亿m^3，兴利库容增加0.3亿m^3，增加年供水量0.3亿m^3。扩蓄工程总投资约3.19亿元。

5. 长泰枋洋水利枢纽工程

长泰枋洋水利枢纽工程位于龙津溪干流中上游漳州市长泰县境内。水库总库容为1.2亿m^3，兴利库容为1.08亿m^3，为多年调节水库。其开发任务是以供水为主，结合灌溉、发电和航运等综合利用。工程总投资约12.38亿元，保证年供水量达1.86亿m^3。

6. 安砂水库扩建工程

安砂水库扩建工程位于沙溪支流九龙溪中游，是沙溪梯级开发的“龙头水库”，距永安市安砂镇2km。水库总库容为7.4亿m^3，兴利库容为4.4亿m^3，为季调节水库，以发电、供水为主，兼有防洪、灌溉等综合利用。安砂水库扩建后，总库容增加4.6亿m^3，兴利库容增加4.04亿m^3，年供水量增加约4.0亿m^3。工程总投资约21.0亿元。

7. 茶富水库

茶富水库位于光泽县北溪上游的寨里镇镇区下游约500m处。水库总库容为4.57亿m^3，兴利库容为3.97亿m^3，为多年调节水库，以防洪为主，结合供水、生态补水、灌溉、发电等综合利用。工程总投资约17.2亿元，保证年供水量达4.9亿m^3。该工程的建设是完善闽江流域防洪体系、改善和提高闽江上游水资源和水环境承载能力的重要举措。

8. 上白石水库

上白石水库位于福安市上白石镇，是赛江东溪梯级开发规划的龙头水库。水库总库容为2.56亿m^3，兴利库容为1.65亿m^3，为年调节水库，以防洪为主，结合供水、发电等综合利用。工程总投资23.86亿元，保证年供水量达1.68亿m^3。

9. 平潭引水工程

平潭引水工程从大樟溪莒口取水，总取水流量为35m^3/s（大樟溪取水流量为15～30m^3/s，取水量为4.8亿m^3；闽江干流补充流量为5～20m^3/s，补水量为2.4亿m^3），取水量为7.2亿m^3，向平潭、福清、长乐（含琅岐）和闽侯（青口、南通、南屿）供水，流量分配依次为9m^3/s、9m^3/s、9m^3/s和8m^3/s，水量分配分别为1.9亿m^3、1.9亿m^3、1.9亿m^3和1.5亿m^3。

10. 福州主城区（闽江北岸）引水工程

福州市城区现由取自闽江的6座水厂供水，现状总供水规模为106万m^3/d。针对闽江下游咸潮上溯，可能发生水质变化造成福州主城区供水紧张的局面，规划从闽江竹岐左岸建泵站抽水至下游20km处的福州西区水厂，引水流量为25m^3/s，引水量为4.8亿m^3，以保障福州主城区供水安全。

11. 峰头—古雷输水工程

峰头—古雷输水工程为西水东济工程的一部分，近期从峰头水库输水到古雷半岛南太武新区，解决古雷半岛严重缺水的局面。输水线路起于峰头水库，终点至规划的古雷二水厂，引水规模为11.6m^3/s，调水量为1.1亿m^3，可以支撑近期古雷开发区城镇供水30万t/d。输水线路总长度约为49.6km，其中隧洞约为25.4km，管道约为24.2km。远期可以通过西水东济古雷支线（芦溪分水口-峰头水库）实现从汀江补水。

第三节　水资源配置目标与战略布局

一、水资源规划目标与总体布局

依照“宏观布局、顶层设计、统筹规划、科学比选、慎重决策、分期实施”的原则，从宏观战略高度为福建省海西经济区发展提供全方位水资源安全保障。

节水目标：推进节水型社会建设，加强需水管理，提高用水效率，控制用水总量过快增长，主要用水指标达到同类地区先进水平。

水资源保护目标：水（环境）功能区水质全部达到功能区水质目标，水库富营养化问题基本解决，主要江河湖泊的水生态系统恢复良性循环，基本满足闽南诸河主要河流河口区生态环境用水的需求。

水资源配置目标：优先利用地表水，合理开发地下水，积极利用其他水源。以高效利用和有效保护当地水资源为主、跨流域跨区域调水为辅，因地制宜地构建蓄引提调相结合的水网体系，形成配置合理、保障有力、可持续利用的水资源保障体系。

水资源配置总体格局：以主要江河为骨架、蓄引提调工程为节点，按照“北水南调、西水东济”的总体流向，规划建设水资源配置骨干工程，提高对水资源的调蓄能力，努力构建节水为先、保护为重、上蓄下引、三水并举、分区配置、以丰济缺的优化配置新格局。总体上可分为闽东南沿海地区和闽西北山区两大部分。闽西北山区是河流发源地和水源涵养区，生态环境优良、人口密度较小，经济发展相对滞后。闽东南沿海地区人口稠密，经济发达，但水资源相对不足，水环境相对较差，急需建设必要的水资源配置工程，改善水资源和水环境条件。同时，进一步建立健全水生态补偿机制，以沿海地区的经济实力支持和激励上游地区进一步加强水资源保护。通过规划建设必要的跨流域跨区域调水工程，逐步缩小不同流域区域之间人均水资源量的差距，改善沿海及岛屿资源性缺水地区的水资源条件。

二、流域与区域布局

按照自然地理、社会经济和水资源分布特点，福建省可分为闽西北山区和闽东南沿海两个大区。其中，闽西北山区是主要江河的发源地，水资源丰富、水环境优良、人口密度较小、经济社会发展相对滞后、水资源消耗量较少，是全省的水源涵养调蓄区。在两个大区内部，按照地级市行政区与流域水系相结合的方式进一步进行区域性水资源配置网络规划布局。

1. 流域布局

福建省主要河流水资源丰缺程度不一，闽江流域最为丰富，开发利用程度较低，其次为九龙江、汀江、赛江及敖江流域，晋江与木兰溪流域水资源较为紧缺，开发利用程度较高。从河流现状水质看，闽江、汀江、敖江、交溪水质较好，九龙江水质次之，木兰溪、晋江的水质相对较差。

（1）闽江流域。主要包括福州、南平、三明三市，流域面积为60 992 km^2，其中省内流域面积为59 922km^2，约占全省陆域面积一半，多年平均径流量为586. 90 亿 m^3，水资源丰富，但时空分布不均，现状水资源开发利用率约为14. 1%，开发利用程度较低。未来流域内主要存在工程性缺水问题，水资源供应可立足于本流域内，通过采取节水措施和建设供水工程予以解决。在保障本流域水资源供应和生态用水的同时，闽江流域也有能力调出一部分水，是支援晋江流域、龙江流域及木兰溪流域等缺水流域的主要水源区。

（2）九龙江流域。主要涉及漳州、厦门、龙岩三市，流域面积为14 741 km^2，多年平均径流量为146. 10 亿 m^3，水资源总量比较丰富，但在厦门、漳州、龙门三市间分配不均。在加大节水力度和优化水资源配置格局后，基本可解决未来本流域的缺水问题。同时，九龙江流域存在水电过度开发问题，对水生态环境产生了不利影响。

（3）晋江流域。主要在泉州市境内，流域面积为5629 km^2，多年平均径流量为55.02亿 m^3，沿海供水区人均水资源量不足500 m^3，为福建省水资源最紧缺流域。现状水资源开发利用率已超过33%，加之建水库条件差，淹没损失和移民成本很高，水资源进一步开发利用的潜力较小，即使采取强化节水措施，中远期还将出现资源性缺水问题，需要外流域调水加以补充。该流域水环境质量相对较差，存在水质性缺水隐患，未来应加大保护力度。

（4）鳌江流域。主要在福州市境内，流域面积为2655 km^2，多年平均径流量为28.62亿 m^3，水资源相对丰富。鳌江既是福州市的第二水源，又是鳌江中下游平原和罗源湾开发区的水源。未来在加强水资源保护的同时，可相继兴建蓄水工程，以满足福州市和流域中下游用水增长的需求。

（5）汀江流域。主要在龙岩市境内，流入广东省，流域面积为9022 km^2，多年平均径流量为84.60亿 m^3，水资源相对丰富，但流域内水土流失问题比较严重。未来在建设供水工程的同时，需要加强水土保持。从水资源条件分析，该流域水资源承载能力可以支撑未来流域内经济社会的发展需要。

（6）木兰溪流域。主要在莆田市境内，流域面积为1732 km^2，多年平均径流量为15.50亿 m^3，人均水资源量不足1000 m^3，是水资源紧缺流域。在完成金钟水库建设后，近期流域内缺水问题能够得到解决，但中远期可能出现资源性缺水问题，需要外流域调水进行补充。

（7）赛江流域。主要在宁德市境内，流域面积为5549 km^2，多年平均径流量为54.17亿 m^3，水资源相对丰富。未来在加强水资源保护的同时，加快推进上白石水库开发，并建设必要的引调水工程，保障流域内主要城镇和沿海缺水地区的用水安全。

综上所述，以上七个主要流域的水资源供需发展趋势是“一丰四平二缺”，近期水系连通的重点是闽江、晋江、木兰溪三大流域，中远期向其他流域延伸。

福建省其他独流入海的小流域水资源也比较紧张，水资源开发利用立足于流域内节水挖潜，有条件的可与邻近水系连通，相互调剂。

2. 区域布局

（1）闽东南沿海地区（含福州、厦门、莆田、泉州、漳州、宁德）。降雨径流相对较少，调蓄能力不足，加上人口集中，经济比重大，发展速度快，预计今后相当长的时间内福建省经济发展重心仍将往沿海倾斜，该地区的水资源日趋紧缺，部分地区呈现工程性、资源性和水质性缺水并存的现象。水资源配置策略是开源节流并举，节流优先；开发保护并重，保护为先；重点突出优化经济结构，提高用水效率和水资源承载能力。同时，强化水资源保护和水污染防治，充分挖潜多种水源开发利用潜力，着重解决工程性缺水和水质性缺水的矛盾，以立足于当地水资源供需平衡为基本目标。对确实存在资源性缺水的地区，可在坚持“先节水后调水，先治污后通水，先环保后用水”原则的前提下，通过合理规划水系联通、调剂余缺的方式予以解决。

（2）闽西北山区（含龙岩、三明、南平三市）。处于闽江、九龙江、汀江等主要流域的源头，降雨径流丰富，地表植被覆盖率高，人口密度小，经济社会发展与沿海相比有一定差距，未来主要呈现工程性缺水。水资源开发利用以加强水资源保护为重点，建立绿色发展机制，发展生态环保产业。水资源配置策略是节水减污、保护水质、蓄引为主、支撑发展。立足对现有工程设施挖潜改造，同时结合河流的综合开发，兴建一批有调节能力的大中型蓄水工程和引水工程，蓄丰补枯，提高供水保证率，支撑地区经济社会发展，并在满足本地区水资源需求的同时，向沿海缺水地区输送优质水资源。

三、分区水资源配置策略

（1）福州市：水资源较为丰富，属工程性、水质性缺水，尤以经济发达的罗源沿海、连江黄岐半岛、长乐市和福清市等地区缺水严重。解决供需矛盾应重点保证闽江下游片区，兼顾敖江和龙江片区。水资源配置策略：闽江为主，敖江、龙江为辅，依托三座大型水库和闽江引水工程，节水治污并重。从闽江及支流大樟溪调引水量补给闽江下游地区及福清，从敖江调水补给可门港、罗源湾，实现福州市水资源合理配置。

（2）平潭综合实验区：水资源贫乏，属资源性和工程性缺水。随着平潭综合实验区的迅猛发展，需水将呈快速递增趋势。水资源配置策略：以三十六脚湖为核心，依靠岛外调水，挖掘本岛水资源开发利用潜力。实施平潭引水工程和福清应急调水工程，完善雨水收集系统。

（3）莆田市：水资源较为贫乏，以工程性和水质性缺水为主，未来供需矛盾将突出。水资源配置策略：节水保护并重，立足东圳水库、金钟水库、外度水库，蓄引提中小并举。

（4）泉州市：水资源较为贫乏，以工程性和水质性缺水为主，未来区域经济发展势头良好，用水需求强劲，晋江引水第二通道工程和白濑水利枢纽工程建成后，可基本满足2030年以前发展需求。水资源配置策略：山美水利枢纽工程、惠女水利枢纽工程、白濑水利枢纽工程补枯，合理调配，节水治污并举。

（5）厦门市：水资源贫乏，属资源性和工程性缺水，未来需水将呈稳步递增。在挖掘本地水源潜力的基础上，需考虑跨流域调水。水资源配置策略：外引内蓄、以蓄补引，全面联网、优化配置。一要加快推进水源工程建设；二要加快输配水管网工程建设；三要加快应急备用水源工程建设。

（6）漳州市：水资源较为丰富，但诏安、云霄、东山、漳浦等沿海县水资源紧缺，未来需进一步依托九龙江骨干水网体系完善供水格局。水资源配置策略：挖掘本地水源，向沿海区域引水，节水保护并重，远景西水东济。在有条件的地方适时兴建蓄水工程，提高北溪枯水期供水能力；建设闽南沿海供水工程体系，解决沿海水资源紧缺问题。远景考虑沟通汀江、九龙江水系，西水东济。

（7）龙岩市：现状水资源供需矛盾不突出，主要问题是城市供水过度依赖地下水。水资源配置策略：保护为重，节水减污，兴建蓄水工程，蓄丰补枯。在九龙江、汀江上游兴建蓄水工程，增强水资源时空调配能力，既满足本地区用水要求，又缓解厦门、漳州等地用水紧张状况。适时调整万安溪水库和白沙水库功能，发挥供水效益。

（8）三明市：水资源相对丰富，现状水资源供需矛盾不突出，未来工程性缺水将会加剧。应进一步挖掘现有水利工程的供水潜力，发挥闽中山区水塔优势。水资源配置策略：节水保护并重，建设蓄水工程，蓄丰补枯，增强水资源时空调配能力，提高闽江枯水期流量，为北水南调工程提供水源保障。

（9）南平市：水资源相对丰富，现状缺水主要为农业缺水，未来工程性缺水问题加剧。水资源配置策略：发挥水塔优势，建设蓄水工程，节水保护并重。为北水南调工程提供水源保障，改善闽江生态环境。

（10）宁德市：地处闽东赛江流域，水资源相对丰富，沿海地区经济发展前景乐观但供水设施相对滞后。水资源配置策略：境内调配，山海协作，沿海为主，蓄引兼顾。在霍童溪、赛江等主要河流中上游兴建大中型骨干枢纽工程，蓄洪补枯，提高地区径流调节能力，下游建设区域引调水工程解决沿海地区用水需求。

四、远景水安全保障战略通道构想

从保障海西经济区跨越式发展、建设生态优美之区的战略高度，构建福建省远景水安全保障战略通道，按照“北水南调、西水东济”的总体流向，将闽北、闽西相对丰富的水资源调入水资源紧缺的闽东南沿海地区，实现双水源供水，建设特大干旱年应急供水储备水源，从根本上解决闽东南沿海地区的资源性缺水局面，全面保障供水安全和生态安全。

沿海大通道（闽江—莆田—泉州—厦门）调水工程。从闽江右岸竹岐抽水流量60m^3/s，取水量为10.4亿m^3（含补充大漳溪水量2.4亿m^3），调水给莆田（2.5亿m^3）、泉州（3.5亿m^3）和厦门（2亿m^3，备用），外流域调水量约为8亿m^3，占闽江多年平均来水量的1.52%、特枯水年来水量的2.57%；外流域调水流量为40m^3/s，占该断面多年平均流量的2.40%、特枯水年保证流量的9.52%。

汀江西水东济调水工程。西水东济工程取水口位于棉花滩水库坝前左岸，从汀江调水 35 m^3/s，调水量为 7 亿 m^3，用以解决漳州沿海地区及厦门的缺水问题，从根本上解决东山湾水资源紧缺，实现厦门、古雷-南太武新区九龙江、汀江双水源供水，同时与北水南调工程相连通，实现沿海地区多源补水。工程规划总体布局为“一干两支”，调水干线，起点为汀江棉花滩水库，由西向东至南靖芦溪镇，然后分水为两条支线。其中古雷支线（芦溪分水口—古雷），从棉花滩水库调水入峰头水库，调水流量为 15m^3/s，为古雷半岛供水；厦门支线（芦溪分水口—汀溪水库），从汀江棉花滩水库调水，自流经南三水库、利水水库、汀溪水库调蓄，西水东济入厦门，调水流量为 20 m^3/s。线路总长度为 268km，总投资为 72.3 亿元。

第四节　闽江流域生态安全与保护

一、闽江流域生态演变现状

闽江流域水循环支撑的生态系统主要是河流、河口湿地与近岸海域，近 30 年来淡水生态系统发生了很大变化。

（1）干流上段丰水期径流略有减少，枯水期径流略有增加；干流下段在 20 世纪 70 年代前，南北港分流比枯水期为 3∶7，洪水期相反，“1998 年特大洪水”后南港枯水期不再断流，且分流量逐渐加大并超过北港；20 世纪 90 年代中期以来，泥沙含量显著改变。据竹岐站 1956～2010 年实测径流统计分析，干流上段丰水期径流略有减少，枯水期径流略有增加。干流下段自淮安头被南台岛分为南北两支，1976 年以前，北港河道窄深，河底平均高程要比河道宽浅的南港低 5m 左右。枯水时过水断面北港大于南港，洪水时则相反，南港大于北港。这些河道特性，导致洪、枯水南、北港分流量占闽江流量比例相反。南、北港的分流水量随着闽江不同流量而变化。受到淮安分流口地形的制约，南、北港形成了天然的水量分配规律（枯水期“北港∶南港”约 7∶3，洪水期相反），并保持其长期相对的稳定性。

1976 年以后由于航道及桥梁改造建设，南北港分流比相应发生了一些变化，特别是 2000 年以后，南港河道在采砂量增大和潮流冲刷共同影响下，剧烈下切，导致南港分流水量不断增大（表 7-25），目前南港枯水、洪水分流比例都在 70% 以上，而且这一趋势还在发展中。

表 7-25　各时期北港、南港水流状况改变主要原因

时间	原因	附注
1976 年	建侯官丁坝（长 540m）	建在南港口门右岸
1981 年	建淮安头丁坝（长 450m）	建在南港口门左岸
1981～1983 年	建侯官和古山洲丁坝群	—
1987 年	拆除旧洪山桥 4 座桥墩	桥墩拆后北港分流比速增 南港 1988 年枯水期开始出现断流
1992 年	“7.7 洪水”冲垮旧洪山桥 2 座桥墩	—
1994 年 9 月	旧解放大桥南段江南桥部分桥墩冲垮	—
1995 年 4 月	旧解放大桥北段万寿桥部分桥墩冲垮	—
1995 年 7～9 月	拆除旧解放大桥、清理基础	大桥无法修复整体拆除重建
1996 年 10 月	新解放大桥建成通车	—
1997 年	旧洪山桥又一桥墩被水流冲掏倾倒	—
1998 年 6 月	“1998 年特大洪水”冲刷，南港入口河道下切	“1998 年特大洪水”后南港枯水期恢复过流
1998 年至今	河道采砂挖深和潮流冲刷共同影响	—

随着闽江潮流界从20世纪80年代初的旧洪山桥附近上延到目前的梅溪口以上。受潮流的影响，闽江下游河道的水流特性与天然的非感潮河流相比发生了巨大的变化。如今枯水期南、北港分流比的概念也发生了根本改变，不仅有退潮的最大流量和过程水量的比值，还有涨潮的最大流量与过程水量的比值，而不是以前单一的流量比。

有关水利部门于2008年采用多普勒流速剖面仪实测了12月15日天然大潮与12月22日小潮情况下的南、北港分流比。由于南、北港河道的下切，潮流上溯，南、北港河道水动力主要受潮流控制。大潮期文山里站观测的河道涨、退潮流量远大于小潮期。受潮流影响大潮过程南、北港分流比大致在1∶0.7，小潮过程分流比约是1∶0.4。

随着上游水口水库等大中型水库的建成运行，闽江的推移质输沙量和大部分悬移质输沙量被拦截，干流竹岐站多年平均年悬移质输沙量减少了95%。引水式水电站造成部分河段枯水期脱水。

（2）潮差增加，涨落潮历时改变，潮区界和潮流界上移。闽江口的白岩潭、琯头、梅花潮水位站多年平均潮差比较稳定，分别在3.82m、4.15m、4.44m。南北港分流后，1993年潮差比1982年增加了0.60m，比1971年增加了0.74m；北港文山里站比1982年增加了0.37m，20世纪90年代初涨潮历时增加了18h，落潮历时缩短了18h。河道下切使闽江下游河段纳潮容积大幅度扩大，潮区界上移，现在潮区界可达水口坝址，潮流界从旧洪山桥下游向上延伸到闽清梅溪口以上，上延48 km左右。

（3）河道下切，河口湿地减少，水生态系统空间变化加剧了环境要素的变化。根据1989年、2003年及2009年闽江下游水口坝址至长门段数字化河底地形图分析计算，水口坝址—南、北港出口河段，1989~2009年河床高程平均下降了4.11m（南港平均下降了3.55m，北港平均下降了4.61m），其中2003~2009年，平均下降了2.02m，水口坝址—长门河口段平均下降了2.07m。但是，局部地区如北港文山里站，至2009年总刷深达9.83m。闽江河口湿地在1986~2002年共减少131.0km^2，平均每年减少8.2km^2。河道下切与河口湿地面积减少，使得生态系统的空间发生了变化。河道下切，使同等流量的流速增加，也加剧了潮流的变化，使下游的盐度增加。

（4）洄游珍稀鱼类减少，鱼类种群结构低龄与小型化，湿地鸟类群落减少。闽江流域已建有大、小水电站674座，不同程度地影响、破坏了各类生物物种栖息地及鱼类的洄游通道。名贵鱼类如胭脂鱼、花鳗鲡、长吻鮠和经济鱼类赤眼鳟、鲻、鳡、鯮、翘嘴红鲌、白甲鱼等已濒临绝迹，鱼类种属年龄组成从高龄趋向低龄，个体趋向小型化。据调查统计，在闽江鱼类捕捞产量中，小型鱼类、底层鱼类和各种正在生长的低龄鱼、幼鱼约占70%。沿海滩涂减少和破碎化，掠夺式捕捞滩涂小鱼虾、捡拾贝壳类等底栖动物，使鸟类食物量大幅减少，造成沿海越冬、栖息的候鸟、海水鸟呈不断下降的趋势。

二、生态安全目标及控制性指标

（一）生态安全目标

闽江流域的水生态安全以维护流域水生态系统稳定为目标。根据闽江生态系统演变的分析，威胁系统稳定的主要因素是河道下切改变干流下游与河口区的咸淡水环境、水利工程建设对产卵通道的阻断、梯级电站导致的脱水河段，以及河口湿地面积的减少。因此，生态安全要求保障系统稳定对以上影响因素的最低要求。

（二）河道稳定

1. 河道稳定的判定标准

河床纵向稳定性系数以洛赫金数表示，即床砂中径与河道比降之比。根据以往研究成果，闽江床砂中径约为0.3mm，河道比降为0.55‰，天然河道洛赫金数为0.54，显著小于5，基本处于欠稳定状态。

河床横向稳定系数用枯水河槽宽度与平滩河宽之比表示，根据遥感影像初步判定，在南北分港之前，横向稳定系数接近1.0，比较稳定。南北分港之后河道比较散乱，稳定性较差。

2. 闽江下游河道不稳定的归因分析

a. 长期采砂对河道形态的影响

闽江河砂资源丰富，且质量极好，是很好的建筑材料。长期以来，下游采砂量比较大，改革开放初期主要是造地，21世纪以来主要是出口。根据多种途径收集到的采砂数量见表7-26，从1985～2010年总采砂量2.44亿t。从《福州市河道采砂管理办法》一再修改的情况来看，非法采砂现象非常严重，屡禁不止，若按非法采砂占总采量15%计算，采砂量就达到2.8亿t。以砂比重约1.55t/m^{3}计算，采砂容积达1.36亿～1.81亿m^3。水口以下至马尾段，河道水面面积122.03km^2，则采砂使河床下切1.1～1.5m。

表7-26 闽江下游采砂量统计

时段	总采砂量（万t）	年均采砂量（万t/a）	用途	资料来源
1985～1989年	5 225	1 045	马尾开发区，仅青州造地就4 500万t	宋友好①
1990～1994年	1 005	201	从魁岐至壁头段取砂	
	3 750	600～900	从水口坝下至马尾段，采砂及石子	
1995～1997年	2 040	680	—	本次取均值估算
1998～2001年	12 154	462	建设工程与吹砂造地	同上
2002～2004年		1 000+462	出港砂量1 000万t	据福建省电力有限公司“关于水口水电站闽江下游河段采砂情况的报告”（闽电函［2007］64号）
2005～2006年		3 000+462	出港砂量3 000万t	
2007～2010年	200	50	—	考虑闽江下游福州段2012～2014年河道采砂规划招标公告等，本次估算每年河道采砂50万m^3
合计	24 374/28 000	—	考虑15%的非法采砂	—

b. 海平面上升加剧咸潮上溯的影响

20世纪80年代以来中国沿海地区气候持续变暖，海平面呈明显上升趋势。21世纪以来中国沿海平均气温与海温较20世纪90年代分别上升0.4℃和0.2℃，较80年代分别上升了1.0℃和0.6℃；气压呈下降趋势，平均气压较90年代和80年代分别下降了0.4hPa和0.5hPa。中国沿海平均海平面较90年代上升了25mm，较80年代上升了55mm。海平面上升与咸潮之间的关系引人注目，海平面的上升加速了咸潮的蔓延。

c. 水口水库建成拦截泥沙的影响

推移质泥沙是塑造河床的主要物质。闽江流域面积大，上游暴雨中心较多，泥沙颗粒较粗。以往的研究计算了1958～1982年竹岐断面推移值与悬移值平均比为26.5%。多年平均悬移质输沙量为748万t/a，计算推移质输沙量198万t/a，按粗砂比重1.55t/m^{3}的比重计算，每年推移质的体积为128万m^3。同时，相关研究认为悬移质泥沙中仅有不足5%的较粗部分能淤落在河床上，这部分泥沙粒径为0.1mm以上。

1993年4月水口电站大坝下闸蓄水后，据1994年实测数据，悬移质输沙量急剧减小，减少到目前的33万t，减少了95%。有323万t悬移质输沙量留在大坝库区。同时拦蓄在库区的还有全部推移质泥沙。

① 宋友好.1996. 闽江下游北港河道急剧刷深的原因分析. 水利科技，(3)：37-39，43。

从 1994～2009 年累计减少量 2280 万 m^3，按整个下游河道水面面积 122 km^2 计算，平均减少深度 0.2m。由此可见，水库建成后更大的影响是水中含沙量的下降，改变其动力条件。

d. 南北港分流比变化的影响

南、北港分流比以 1976 年为原型，随后变化呈现四个时期：第一时期是 1977～1987 年北港分流增量为 10.6%～23.4%，主要原因是航运部门为增加北港枯水期航道流量和水深；第二时期是 1988～1993 年北港分流增量为 27.3%～51.7%，此时期出现闽江流量小于 600m^3/s，则全部汇入北港河道，主要原因是拆除旧洪山桥桥墩引发水文连锁效应；第三时期是 1994～1997 年北港分流增量为 30.3%～54.0%，此时期出现闽江流量小于 1000m^3/s，则全部汇入北港河道，主要原因是旧解放大桥桥墩被冲垮和拆除、重建大跨度新拱桥，又引发一场新的水文连锁效应；第四时期是 1998 年至今，闽江“98·6”大洪水对南港入口段河道的冲刷，南港分流水量不断增大，南港枯水、洪水分流比例都在 70% 以上。

e. 河道下切及其对潮流的影响

1987 年稳定分流比改变以来，闽江下游水口坝址—南、北港出口河段，1989～2009 年河床平均下降了 4.11m，其中，北港平均下降 4.61m，南港平均下降 3.55m。同时，2003～2009 年平均下降 2.02m，说明 1998 年洪水后，北港的刷深减少，但总的刷深在显著增加。

潮流的变化不仅潮差增加，北港文山里涨潮历时增加 18h，落潮历时缩短 18h。

f. 综合分析

闽江下游近 30 年的建设已将河道来沙全部采走，这些量折算成河床厚度，相当于引起河道下切 1.5m，占总刷深量的 36%。1994 年水口水库建成，水流含沙量的显著减小，使河流来水的侵蚀能力增强。采砂与刷深后的河道，增加了河道的潮蓄水量，实际的水文资料显示退潮历时显著减小，因此，退潮的流量显著增大，增加了对河道的冲刷。正是上游淡水与咸潮水动力条件的双重改变，才是导致河道大幅度下切的主要因素。

（三）河道连通性

1. 洄游鱼类

闽江流域鱼类资源丰富，由纯淡水鱼类、洄游性鱼类和过河口型鱼类三大生态群组成。纯淡水鱼类有 119 种，占总数的 76.28%；洄游性鱼类有 16 种，占总数的 10.26%；在近海河口生活而能进入淡水的有 21 种，占总数的 13.46%。

2. 洄游路径的连通性分析

水利工程阻隔和生态环境恶化造成闽江鱼类资源不断减少，但闽江上游鱼类分布最多，需要重点保护以逐渐恢复鱼类资源。另外，在泰宁池潭水库刀鲚的存在，说明刀鲚洄游路程可超过中游而到达上游，可见上游还是一些洄游鱼类重要的繁殖栖息场所。因此，闽江上游支流需重点保护水生生物栖息地，满足其繁殖产卵季节对水量的要求。在上游三条支流中，重点保护建溪。该支流是闽江水量最大的支流，沿河有许多河岸边滩，且浅滩深潭遍布，分布有许多天然的鱼类栖息地，约有 40 处。同时，该支流开发利用强度不高，水利工程也较少，是鱼类保护的重点河段和鱼类资源复壮的理想场所。

由于水口水库的建设已经破坏了下游干流的河道连通性，建溪的保护是就现在还存在的物种。从整个福建省来看，大樟溪也具有相近的生态条件，因此，建议未来建设要保障大樟溪干流的鱼类洄游通道。

（四）河流生态流量

闽江水资源比较丰富，河流天然流量比较大，水利工程建设与水资源开发利用对汛期流量过程几乎没有影响，可能产生影响的是枯季流量与产卵期流量，因此，生态需水计算枯季生态流量与产卵期生态流量。

1. 枯季生态流量

闽江鱼类丰富，考虑到中上层鱼类食物来源于滨岸丰富的底栖生物，水资源开发要求保护河流小边滩，从湿周～水位关系建立鱼类生境与水文要素的关系，以此计算枯季生态流量，见表7-27。

表7-27　各站枯季最小生态需水量

河流	断面	最小生态流量（m^3/s）	多年平均天然径流量（m^3/s）	占天然径流量的比例（%）	水位（m）	水面宽（m）
闽江干流	竹岐站	350	1757.6	20	3.0	160
沙溪	沙县站	44.4	302.4	14.7	104	225
富屯溪	洋口站	85	444.3	19.1	107.5	326
建溪	七里街站	120	501.7	23.9	89.8	220
大樟溪	龙门滩水库	4.42	13.7	32	2.9	—

2. 产卵期生态流量

产卵期生态流量以关键物种产卵的水文条件来计算，关键鱼类由该区域的濒危物种、顶级物种和优势物种构成。

闽江国家重点保护的珍稀种或濒危鱼类中，胭脂鱼为新近纪早期在北半球温带水域形成，在亚洲大陆仅分布于长江和闽江；香鱼是中国淡水鱼之王，属易危物种。闽江的优势鱼种是鲤科鱼类，基本占到总鱼类种类的50%左右。这些关键鱼类的生态水文特点见表7-28。

表7-28　闽江鱼类生态特点

鱼类名称	水温（℃）	水深（m）	产卵场要求	产卵时间（月）	保护及濒危等级
中华鲟	17.5～19.5	8.1	产卵场往往是在江面宽窄相间、上有深水急滩，下有宽阔的石砾或卵石河床。产黏着性沉性卵，卵黏附于石砾上孵化	9～11	国家一级保护野生动物，易危物种
胭脂鱼	16.5～18	3	产卵时要求水质清澈，含氧量高，水位及水温都较稳定的急流浅滩。产卵为黏着性卵，卵粒黏附于水底石块或水藻上	3～4	国家二级保护野生动物，易危物种
香鱼	15～20	0.6	产卵时喜趋于溪流入海的咸淡水交汇，底质为石砾、卵石和细沙的浅滩急流。产黏性卵，附着于流水的石砾上孵化	9～11	中国淡水鱼之王，易危物种
石斑鱼	22～25	0.9	产卵场分布在岩礁林立且有珊瑚礁丛生处。产浮性卵	5～7	名贵鱼类
鲤科	21～24	0.45	产卵场分布在河道宽窄相间或弯道段的浅滩微流处，水流通过时流速发生变化，流态较紊乱。产黏着性卵	4～7	主要经济鱼类

闽江已经明确的产卵场如下：三明、永安、沙县是鲤鱼产卵场，闽江安仁县、沙县的东门、塔下、青州和建瓯附近为银鲴产卵场，闽江安仁溪、南平桥下是三角鲂产卵场，建瓯附近有胭脂鱼产卵场，建阳童游附近是单眼华鳊产卵场，顶头村是鳜鱼产卵场。

以关键鱼类产卵场在产卵季节所要求的水深计算生态需水，见表7-29。

表 7-29　满足鱼类产卵水深的生态需水量

关键鱼类		胭脂鱼	香鱼	石斑鱼	鲤科
产卵水深（m）		3	0.6	0.9	0.45
产卵流速（m/s）		1	1	0.5	0.3
产卵时间（月）		3～4	9～11	5～7	4～7
各站点生态需水量（m^3/s）	竹岐站	705	141	105.75	31.73
	沙县	—	135	101.25	30.38
	洋口站	—	195.6	146.7	44.01
	七里街站	660	132	99	29.7
	龙门滩水库	—	—	8	—
	街面	—	—	14.4	—
	坂面	—	—	27.4	—

3. 综合生态需水过程

通过对枯季生态流量和鱼类产卵期所需生态流量按时间综合，可得闽江流域各站各月的生态需水量，见表 7-30。

表 7-30　主要站点各月生态需水量　　（单位：m^3/s）

站名	各站点各月生态需水											
	1	2	3	4	5	6	7	8	9	10	11	12
竹岐站	350	350	705	705	350	350	350	350	350	350	350	350
沙县站	44.4	44.4	44.4	44.4	101.25	101.25	101.25	101.25	135	135	44.4	44.4
洋口站	85	85	85	85	146.7	146.7	146.7	146.7	195.6	195.6	85	85
七里街站	120	120	660	660	120	120	120	120	132	132	120	120
龙门滩水库	4.42	4.42	4.42	4.42	8	8	8	4.42	4.42	4.42	4.42	4.42

（五）河口湿地面积

闽江口湿地中的鳝鱼滩是目前面积最大的一块湿地，对于区域生物多样性保护极为重要。目前已建成鳝鱼滩省级自然保护区和国家湿地公园，以保护河口湿地生态系统及生物多样性为目标。该自然保护区为重点河口湿地保护对象。另外，由于围涂造田，侵占了许多湿地土地，对于闽江口湿地需要逐步恢复维持湿地稳定所需的土地面积。

闽江河口有 6 块面积超过 $3km^2$ 的独立成片的天然湿地，其中位于梅花水道的湿地 2007 年 12 月被列为省级自然保护区的核心区，保护区由鳝鱼滩、周边潮间带、红树林沼泽和河口水域组成，总面积为 $31.29km^2$，其中核心区面积为 $8.7\ km^2$。河口湿地的低盐环境是众多珍稀物种的栖息地，维护湿地稳定的最小面积是自然保护区面积，即 $31.29km^2$。

三、生态保护对策

对比生态控制性指标现状值与目标值可知，影响闽江生态稳定的主要影响因素是河道稳定性与连通性，相应的保护对策如下。

（1）严格禁止下游河道采砂，并借助工程改善河道比降，控制河道继续下切。引起河道下切的主要原因是人为采砂，以及淡水潮水双重水动力条件改变所致。因此，需要严厉打击采砂活动，坚决杜绝人为因素对河道稳定的破坏。同时，需要加强河道和港口工程建设，改善河道的比降，减少冲刷能力，控制河道继续下切。

（2）加强水库合理调度，保障河流生态流量。生态流量是维护河流生态健康的基本条件。闽江目前水电站建设导致局部河段出现脱水现象，河道一旦断流对所在河段的会造成致命的影响。为此，需要改进水电站的调度方式，适当减少枯季发电量，保障河道生态基流，以维护流域生态安全。

（3）维护建溪的连通性，保护闽江鱼类产卵场。建溪是目前保护较好的河流，也是闽江淡水鱼类产卵场相对较多的河流。在未来闽江开发中，选择与水生态保护相结合的开发项目，维护建溪河道的连通性，加强建溪产卵场的保护。

第五节　海西经济区水资源保护与污染防治

福建省现状水环境质量总体良好，但产业开发与发展过程中水环境的限制性因素日益突出。未来的一段时期，随着海峡西岸贸易的推进、产业基地的规模化建设、临港经济的发展及城镇化的加快，水污染物种类将大幅增加、污染负荷将大量集聚、突发性污染风险也将增大，如缺乏强有力的防范对策，将难以避免走向边发展、边污染的老路。

福建省在进一步开发利用水资源的同时，必须发挥后发优势，实行绿色新型低碳发展战略，加强水污染的全过程防控，强化水资源的保护，确保区域社会经济快速发展过程中的水质安全与水环境改善。

一、水污染成因分析

（一）城镇生活污水处理滞后

福建省的总人口从1952年的1270万人增加到2009年的3627万人，增长了2.9倍，2009年城镇人口已达1864万人，城镇化率为51.4%（图7-12）。随着城市化建设和城市人口不断增加，城镇生活污水的排放量日益增加，2010年生活污水排放量为11.33亿t，是2000年的1.75倍；COD排放量为28.81万t，氨氮排放量为2.32万t。据有关测算，目前城镇生活污水氨氮排放量占工业、城镇生活和农业（包括畜禽养殖、水产养殖和种植业）氨氮排放总量的60%以上。

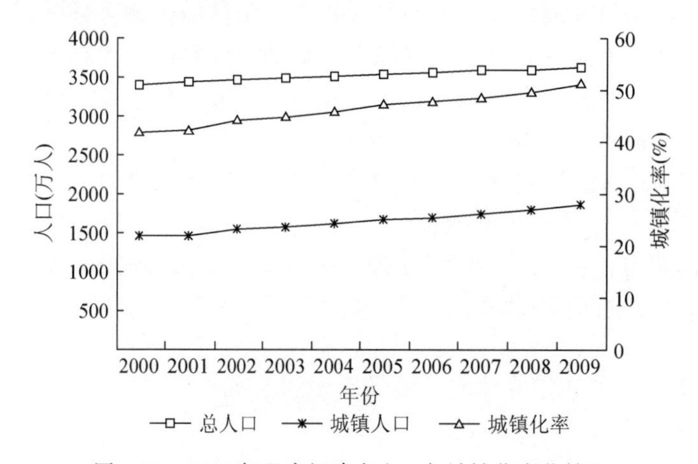

图7-12　2000年以来福建省人口与城镇化变化情况

福建省“十一五”期间新建、扩建近80座污水处理厂，如期实现“每个县（市）至少建成一座污水处理厂”的目标，使全省城市污水集中处理率从2006年的41.1%提高到2010年的70%，但是城镇生活污水排放的污染物未得到全面有效的治理，特别是部分沿江地区的污水处理厂及排污管网配套建设相对滞后，尚有大量生活污水未经处理直接排放，城镇生活污水将成为影响福建省河流水质的重要因素。

（二）工业污染防治有待加强

在工业污染方面，尽管福建省加大污染减排资金投入，加强重点流域综合整治，重点扶持减排工程治理项目，工业污染负荷减排效果明显。2009年，工业废水排放量是生活污水排放量的1.4倍，COD和氨氮污染物排放量约为生活排放量的1/4，工业废水达标排放率为98.8%。但是，福建省部分工业园区污水集中处理设施建设仍然滞后，部分偏远地方发现明令淘汰的“五小”企业。有些工矿企业尤其是小型工业区和乡镇、个体企业环保治理设施运行不正常，废水治理深度不够等原因造成污水的不达标排放，威胁河流水质安全。

（三）农业与养殖业污染突出

（1）畜禽养殖污染仍十分严峻。福建省畜牧业快速发展，在农业经济中比重已达18.3%，仅次于种植业（41.3%）和渔业（28.3%），据统计，2005年福建省有大型畜173.7万头、生猪1315.8万头和家禽8422.2万只。自2000年来，生猪养殖数目呈明显增大趋势（图7-13）。各类畜禽粪污染物的无序排放，对福建省水环境质量带来不可忽视的影响，导致河流氨氮和其他耗氧有机物污染指标不能满足要求。

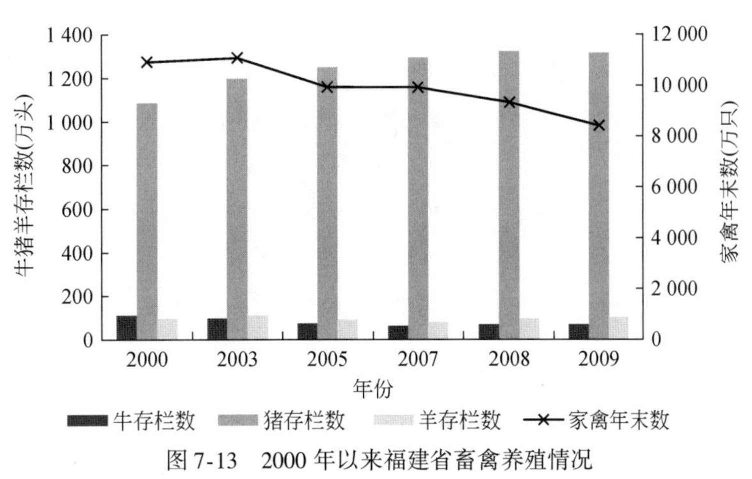

图7-13　2000年以来福建省畜禽养殖情况

福建省近年来已采取有力措施加强畜禽养殖污染整治、遏制禁养区内养殖回潮，推动了禁养区外养殖场的治理工作。2010年，削减养殖场1.1万家、减少存栏生猪约60万头，治理禁养区外规模化养殖场2500多家。由于部分地区养殖发展规划不到位，畜禽养殖规模的扩大，污染物处理和利用率较低，相当数量的畜禽养殖场污染物未经处理或处理不达标即排入江河。据有关测算，福建省畜禽养殖COD的排放量占工业、城镇生活和畜禽养殖COD排放总量的40%左右，成为福建省部分区域水环境污染的主要污染源。

（2）农业非点源污染不可忽视。福建省是我国重要的蔬菜、花卉和瓜果基地之一。随着农业生产的发展，农业集约化程度越来越高，大面积农田、茶园和果园等化肥和农药的施用量逐年增加。自2000年来，化肥施用量基本稳定在120万t（折纯），农药施用量5.8万t（图7-14）。化肥施用强度是国际公认安全上限（225kg/hm^2）的3.6倍，化肥利用率仅为40%左右；农药平均施用强度为49kg/hm^2，高于全国农药平均施用强度13.4kg/hm^2，农药作物利用率仅为30%～40%。化肥和农药大量流失，带来不同程度的土壤与水体污染。

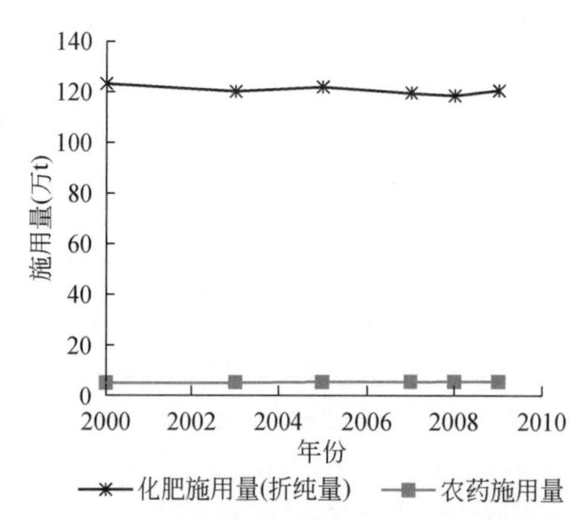

图 7-14　2000 年以来福建省化肥农药施用情况

（3）水产养殖污染的影响日益凸显。福建省是水产养殖大省，近 20 年来，淡水和海洋养殖面积呈现逐年递增的趋势，其中又以海洋水产的养殖面积增长较快（图 7-15）。2010 年，水产养殖面积为 22.4 万 hm^2，其中淡水养殖面积为 9.0 万 hm^2。水产养殖业的迅猛发展对河流、水库及近岸海域的水环境影响日益突出。依据国家海洋局《2010 年中国海洋环境状况公报》，福建省海水增养殖区环境质量除罗源湾海水增养殖区环境质量处于优良等级外，三沙湾、闽江口和平潭沿海增养殖区的环境质量仅处于及格等级。

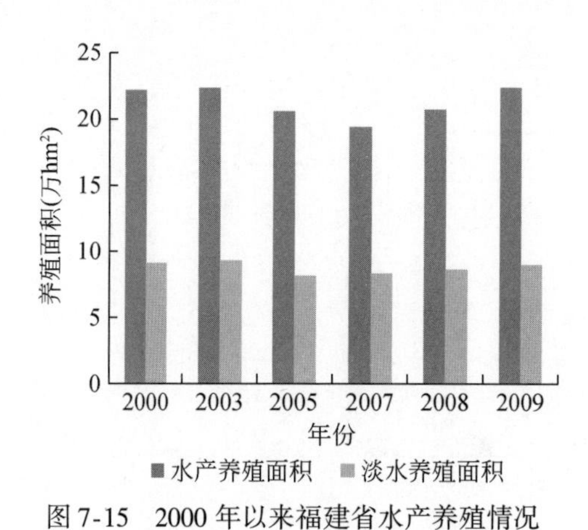

图 7-15　2000 年以来福建省水产养殖情况

（四）水电站过度开发，河流湖库化现象比较严重

福建省河流径流丰富、比降大，水能资源理论蕴藏量达 1050 万 kW，在华东居首位。由于降水量季节变化较大和地域分布的不均衡性，福建省兴建了许多偏重发电和灌溉的水库工程，而工程建设在保护水质和生态环境方面考虑较少。在一些流域的主河段和山区小支流，流域水电过度开发导致河流枯水期湖库化现象严重，已使自然河流转变为半天然河流或人工控制的河流，加快水体富营养化过程，枯水季节对水质影响很大。有的水库电站建在市县城区的下游，受城区排污水量的影响，水流稀释功能减弱，水质下降，使个别河流型水源地水体受到富营养化影响，不能作为生活饮用水源。据不完全统计，仅闽江和九龙江流域就建有大大小小的水电站上千座。其中，九龙江流域多个河段已经出现严重的湖库化，部分水体甚至出现富营养化。

（五）水环境管理能力建设有待于进一步提高

海西经济区水环境管理体制与机制亟待健全，具体表现在：一是区域和流域环境管理体制不健全，管理条块分割，缺乏统一的规划和监管，没有形成部门合力；二是水环境保护综合协调机制不完善，闽江、九龙江和晋江流域开展了上下游生态补偿机制试点工作，泉州市在晋江流域实施的生态补偿机制值得各地借鉴和推广，但整体处于探索阶段；三是水环境管理手段和方法有待提高，水环境监测网络不健全，各部门数据不协调；污染物排放征收标准过低，即使所有污染物全部达标排放也难以实现水质达标；水污染应急处置能力较为薄弱；水环境执法监管能力不足；水污染防治基础设施的融资效率较低。

二、水污染发展趋势分析

（一）经济的快速发展与水环境容量不匹配

受到福建省独特的地理结构、社会经济发展特点的影响，福建省产业布局与水环境容量不匹配。具体表现在以下方面。

（1）东部沿海地区：土地面积占福建省的25.7%，人口占福建省的58.4%，主要以技术资金密集型产业为主，如石化、汽车和电子产业向福州、厦门为主的区域集聚，纺织、服装、鞋帽、食品产业向以泉州、福州和莆田为主的区域集聚，污染主要来自工业和生活污废水的排放。未来规划建设沿海产业集聚带，如以石化中上游原料为重点的湄洲湾南北岸重化工基地、福州江阴工业区化工项目组团、福州现代制造业基地、泉州现代制造业基地和厦门高新技术产业基地等。该区域水资源缺乏，主导产业以耗水型和重污染居多，水环境容量极其有限，部分河段已无剩余容量可用。

（2）中西部地区：土地面积占福建省的74.3%，人口占福建省的41.6%，主要以资源密集型产业为主，如铁、铝制品、农副产品、林产工业和水泥等产业，污染主要来自畜禽养殖为主的农业非点源。该区域水环境容量相对较为宽裕，目前开发利用程度低，局部地区水环境容量较为缺乏。

区域经济快速发展与水环境容量不匹配的问题日益突出，按照现有模式发展，东南部沿海地区面临的水污染压力将不断升级，对经济社会的可持续发展带来威胁。

（二）城市化进程加快带来水环境风险

依据2008年建设部批复的《海峡西岸城市群协调发展规划》，海西城市群将形成“一带（沿海城镇密集带）、四轴（西部山区发展轴、北部福武发展轴、中部核心发展轴和南部厦龙发展轴）、双极（依托一北一南两大中心职能地区形成的福州大都市区和厦泉漳大都市区）、多核（多个区域次中心）”的空间格局。根据2010年修编的《福建省建设海峡西岸经济区纲要》，加快建设以区域中心城市为骨干，中小城市和小城镇为基础的布局合理、优势互补的海峡西岸城市群体系。随着城镇人口的增加、城镇面积的扩大、城乡一体化进程的加快及人均收入水平的增加，城镇生活污水和污染负荷排放量迅速增加。如城镇污水处理设施建设滞后，污染负荷得不到有效削减，将对水功能区水质带来威胁。此外，城镇垃圾排放量大幅度增加，无害化处理程度低、处理效果差（部分指标达不到国家标准），带来垃圾渗滤液污染地下水问题。

（三）主导产业基地建设带来水污染压力

海西经济区正处于工业化加速发展的重要时期，将围绕三大主导产业（即电子信息、装备制造、石化），发展信息、生物医药、新材料、新能源、节能环保等战略性新兴产业，改造和提升建材、冶金、林产、纺织等传统优势产业。在产业结构调整与转型过程中，工业各行业污染物种类不断增多，尽管单位产品污染排放强度有所降低，但由于经济规模持续增大，若污染治理不能及时有效，污染物排放量可能居高不下，为水环境带来压力。

（四）临港经济发展威胁近海水环境质量

海西经济区海域水域功能达标率仅为48.1%。经济区近岸海域属富氮型海区，氮、磷浓度高，易于产生赤潮。随着《海峡西岸经济区发展规划》实施，沿海地区依托港口将形成以重化工业为主的资本密集型产业群。规划建设的石化及下游精细化工项目，排污量较大，产生的水环境压力巨大。此外，随着滨海旅游业的繁荣、港口航运的增加及海水养殖业的扩大，对重要江河入海口、海湾、岛屿及海洋带来环境压力。

（五）突发性水污染进入高发期

当前以及未来一段时期，海西经济区突发性水污染事故进入高发期。由于自然、历史等原因，海西经济区化工、制药、冶金等重污染企业沿海、沿江分布，一些排污口临近水源地取水口。这些企业在原材料运输、污水设施运行、生产过程中存在污染风险，对水源地水环境安全隐患构成重大危险。经济区石化、皮革、纺织和食品等多种行业的污染物成分交织，水体呈现污染叠加的综合效应。经济区未来水电工程的大规模兴建，加上气候变化的不确定性增大，部分河段自净能力有所下降，如排入水体的污染负荷得不到有效预防和处置，将带来水体富营养化和大面积水华爆发。

三、水资源保护对策

海西经济区应该发挥后发优势，实行绿色新型低碳发展战略，加强水污染的全过程防控，强化水资源的保护，确保区域社会经济快速发展过程中的水环境安全。通过结构、技术、工程、管理等综合措施，加强自然水循环和社会水循环污染的综合调控（图7-16），建立源头减排、过程控制与末端治理相结合的水污染防控模式，避免走“先污染、后治理”的老路。

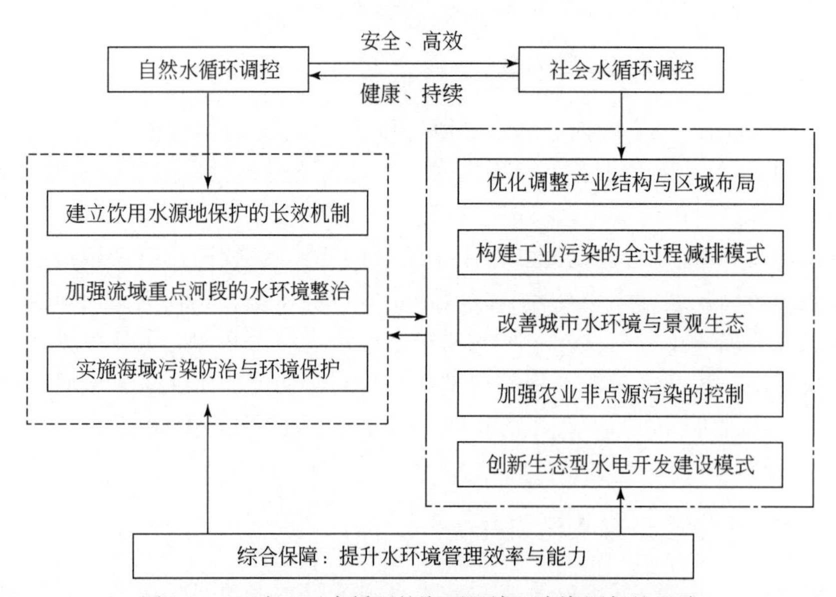

图7-16　面向二元水循环的海西经济区水资源保护思路

（一）优化调整产业结构与区域布局

（1）推进产业结构的调整。实施严格项目环保准入标准，严防污染企业转嫁进入。逐步淘汰关闭污染严重的化工、印染和造纸等企业，淘汰落后的酒精、味精、柠檬酸等生产能力。鼓励工业企业通过整合进行技术改造和产业升级。

（2）优化产业生产力布局。在科学核定环境容量基础上，确定各地区产业发展要求。在宁德、南平和三明等水环境容量较大的经济欠发达中西部地区，适度发展资源依赖型产业；在厦门、泉州和莆田等水环境容量资源较为贫乏的东南部，限制发展重污染行业和劳动密集型产业；在福清、长乐、连江等沿海县市，利用海域环境容量，合理发展石化、钢铁、化工和机械制造行业。

（3）实施重大项目规划环评。对区域重大设施布局，如东南地区的机场布局、东北地区的港口布局、沿海能源重化工布局和沿海的城际轨道（高速公路网）等，严格进行规划环评，从源头对这些重大设施的布局、结构、规模等科学合理地确定，促进经济社会与资源环境的协调。

（二）构建工业污染的全过程减排模式

（1）大力推进工业清洁生产。转变经济增长方式，加强化工、冶金、电力、造纸、建材和食品等行业的清洁技术改造和审核，从源头上减少污染负荷的产生与排放。以闽江、九龙江、晋江、汀江、敖江、龙江、木兰溪和交溪等流域为重点，开展造纸、钢铁、建材、啤酒等高能耗、重污染行业清洁生产的先行先试。编制海西经济区行业清洁生产标准与清洁生产审核指南，建立清洁生产示范工程，实现生产清洁化、资源使用减量化和废物处置资源化。

（2）提高工业水污染减排的基层管理水平。完善减排项目档案台账，建立减排重点项目库，推进重点企业的污水深度处理。出台有利于各行业水污染减排的价格、金融和贸易等措施，建立形成上下联动、良性互动的监督管理体系。重视以持久性有机污染物（POPs）、持久性有毒污染物（PTS）为代表的新型工业污染物的防治。

（三）改善城市水环境与景观生态

（1）大幅提升城镇污水的处理能力。加大城市与县城污水处理厂建设规模，设区市城市污水处理率达到80%，其中福州市、厦门市、泉州市污水处理率达到90%，县城区平均处理率达到70%。推行污水处理厂的建设与运行的市场融资模式。实施已有污水厂的工艺改造，新建污水处理厂必须具备除磷、脱氮功能，并同步安装进水、出水在线监测设备与实现联网。

（2）加强城镇生活垃圾的无害化处理。为减少垃圾堆砌带来的城镇降雨径流污染和地下水污染，应加强垃圾处理场建设，结合区域自然地理、社会经济发展水平及垃圾特性，合理选择垃圾处理方式，优先推广垃圾焚烧和堆肥处理工艺，有条件的可建设垃圾焚烧发电厂。加强垃圾处理过程的管理和监测，防止出现二次污染。

（3）探索生态城市发展模式。城市内的河道与湖泊担负着排洪、泄洪、景观等多种功能，在改善环境质量和景观生态方面具有极其重要的价值。实施清淤、驳岸、绿化和截污等工程，对城市河道进行生态修复，解决河道黑臭问题。遏制福州西湖、泉州西湖等城市内湖富营养化趋势。以平潭、福州、厦门、莆田为重点建设高水准的滨海生态示范城市。

（四）加强农业非点源污染的控制

（1）开展畜禽养殖的污染防治与循环经济示范。开展零污水排放技术试点，以沼气为纽带的立体生态种养模式和经济适用的能源生态农业模式，实现沼气、沼渣和沼液综合利用，有条件的可采用人工湿地与生化处理工艺结合的生态模式处理养殖废水。优先在闽江、九龙江、晋江、汀江、敖江、龙江、木兰溪和交溪等流域生态敏感区，建设畜禽养殖污染防治示范工程。

（2）大力发展生态农业模式。建立农业生态示范区，严格控制化肥、农药的施用量，禁止或限制使用剧毒、高残留性农药。实施“沃土工程”，通过对土、水、肥三个资源的优化配置，提高土壤肥力。实行农产品质量认证和标志认证制度，建设农产品标准化生产示范基地，大力开发和鼓励使用低污染、无污染的农业生物技术产品。

（3）建设农村生活污水与垃圾处理系统。结合福建省《家园清洁行动》和《福建省农村小康环保行动计划实施方案》，推进农村环境基础设施建设，采取化粪池、污水净化池、人工湿地、地埋式污水处理系统等进行农村生活污水处理。提高农村生活垃圾收集率、清运率和处理率，经济较发达地区推广“村收集—镇集中—县处理”的城乡生活垃圾一体化处置模式，经济欠发达、交通不便地区采取堆肥、简易填埋或焚烧方式，有条件地区进行无害化处理或纳入县（市、区）集中处置系统。

（五）创新生态型水电开发建设模式

（1）实现水电站的适度开发。为维系河流的健康生命，应合理确定水能资源开发利用的程度、方式，给流域环境和河流生态留足环境流量和自净容量，实现水能资源的合理配置。从宏观上考虑福建大中河流的干流河段，全省水能开发度不宜超过60%，山区小河溪河段不宜超过70%。对于过度开发的河段，对规划未建的水电站应从严掌握，一般的不予推荐，对规划已建的水电站，应进一步论证。

（2）加强水电站的多目标优化调度。水资源开发利用应以保护水环境功能为前提，兼顾流域上、下游之间的水资源需求，保证生态用水，维持河流的自净能力。应对福建省已建的梯级水电站制定流域生态调度方案，转变单一电力调度运行模式为电力、供水与生态调度相结合的运行模式，发挥水库型电站蓄洪补枯的功能，加大枯水期河流生态流量和水环境容量。

（3）建设生态型水电站运行模式。采用合理措施开发利用死库容，设置底孔排水功能；在汛期对水库弃水期进行合理调度，既发挥发电效益，又提高水体的净化能力。

（六）建立饮用水源地保护的长效机制

（1）实行严格的水源保护区划管理。把饮用水源保护纳入经济社会发展规划，加强水源地区划管理，严禁在饮用水源保护区和畜禽养殖禁养区内从事养殖活动。加强小流域整治，建设水源涵养林和水土保持相结合的综合治理工程。

（2）加强重点城镇与乡镇的饮用水源地整治和保护。加强厦门、莆田、福州、泉州、漳州和南平等城市饮用水源地的整治，将水质达标率提高到95%以上。采取有力措施，提高福清等县级市水源地及长泰、华安、松溪、永定和上杭5个县城饮用水源地的水源质量。构建流域保护水源地的三道防线，即山区实施生态修复、水源周边建立生态缓冲区、人类活动较多的中间地带进行综合治理。开展乡镇饮用水源地的基础环境调查，尽快编制乡镇饮用水源地环境保护规划，完成建制镇饮用水源保护区警示标志的设立。

（3）提高水源地污染风险的预警与应急能力。建立并完善饮用水水源潜在风险源数据库和风险评估，识别重点风险源并强化风险源的管理。完善水源地污染突发事故应急预案，储备应急物资，提高应急指挥、协调和综合处置能力。建立水源地污染预警、水质安全应急处理和水厂应急处理的饮用水水源应急综合保障体系，加强水电站下泄流量监管和水体富营养化防治，制定水华爆发的应急预案。

（4）加强饮用水源地的监测与执法。加强对饮用水源地水质及水源地环境的管理，在断面设置、监测频次、监测职责等方面制定水源地监测方案，及时掌握城乡饮用水水源环境状况。建设三明东牙溪水库、莆田东圳水库和福清东张水库水源地水质自动监测站。逐步对日供水10万t以上的河道型水源地和日供水5万t以上的湖库型水源地建设水质自动监测站和安装视频监控装置。加强湖库水源地环境生物学指标的监测，密切关注藻类繁殖和存在潜在的污染隐患，遏制其富营养化的发展。坚决查处污染和破坏水源的违法行为。

（七）加强流域重点河段的水环境整治

加强流域重点河段的水环境整治，包括闽江流域淮安—旧洪山桥段、沙溪；九龙江流域漳州、龙海城区河段、长泰的龙津溪，平和的花山溪及诏安县的东溪河、龙岩的雁石溪河段等；木兰溪流域的莆田市下游河段和北洋河网，以及沧溪流域笏枫公路桥以上河段；福清的龙江、宁德市东侨区的东湖塘、古田县的新丰溪、柘荣县的龙溪；汀江流域的旧县河、黄潭河、朋口河和中山河以及梅江平川河。针对不同河段的污染特点，采取源头减排、河道净化和生态修复等综合措施，恢复水环境。

（八）实施海域污染控制与环境保护

福建省海域面积超过陆域面积，随着沿海地区的产业崛起及近海养殖区的建设，将对海水环境质量带来威胁。

（1）实行严格的污染物入海通量控制。严格执行福建省海洋功能区划和近岸海域环境功能区划，对莆田、宁德等六大海湾排海的COD、氨氮、总氮和总磷等主要污染物的入海通量进行严格控制。

（2）加强海域和江河入海口生态整治。突出污染源控制和生态恢复并重，实现闽江、九龙江、晋江等主要河口、湄洲湾、泉州湾、厦门湾等主要港湾的环境整治。控制滩涂围垦和填海，加快建成沿海防护林体系，加快受损海洋生态系统的恢复。

（3）严格控制海水养殖的发展。规范海水养殖行为，合理控制养殖品种、规模和密度，对环境敏感区域的养殖活动进行严格限制。

（4）建立海洋污染的预警与应急机制。强化能源重工业等企业、海上、港口的船舶污染治理和风险控制，建立突发性水污染应急预案，建立专门机构，组织专业人员，提高突然性水污染的应急能力。

（5）完善海洋水质动态监测体系。建立由岸站、船舶、卫星遥感等组成的立体监测监视系统，对海洋及海岸带资源、环境、生态及重大自然灾害等进行动态监测监视。

（九）提升水环境管理效率与能力

（1）完善流域与区域结合的水环境管理体制。实行上下游联合巡查、联合监测和联合治理的“三联合”，完善整治考评、上下游联合交叉执法以及分段负责的“河长”制。

（2）建立最严格的水环境管理制度。实施面向水功能区的限制纳污总量控制。提高水污染物的排污收费标准，激励企业进行污染治理。完善水污染防治的法律体系，提高执法与监管能力。探索完善流域饮用水源保护区的生态补偿机制，泉州市在晋江流域实施的生态补偿机制值得各地借鉴和推广。采取政府补贴、部门支持、企业自筹、市场运作等多种方式，建立水资源保护与污染防治的多元化投融资机制。

四、水资源保护与污染防治总体布局

针对福建当前的水环境现状与制约性作用，以及未来可能面临的严峻的水环境压力，本次通过调查分析提出，构建福建省“六江两溪、九点一带”水资源保护与污染防治战略。其中，“六江”指闽江、九龙江、晋江、汀江、敖江和龙江；“两溪”指木兰溪与交溪（赛江）；“九点”指现状水质劣于Ⅲ类的九座湖库；“一带”指闽东沿海河口、海湾及海岛示范带（含平潭综合实验区），具体对策如下。

（一）闽九晋汀敖龙六江

（1）强化“六江”重污染河段的整治与污染物总量控制。整治与控制重点：闽江的支流大樟溪凤洋段、古田溪古田莲桥河段、闽江下游魁岐及马尾河段；九龙江的龙岩的东兴—漳平河段、西溪的龙山、西溪桥闸河段及干流的石码河段；晋江的上游永春河段；汀江的黄谭、中山河段及龙江干流。在实行COD入河总量控制基础上，加强对闽江、九龙江、晋江、汀江、龙江氨氮的入河总量控制及九龙江、汀江总磷的入河总量控制。

（2）加强源头的水资源风险防范。闽西部山区的龙岩、三明、南平三市，处于闽江、九龙江、汀江的源头，特别需关注工业企业突发性水污染风险和非点源污染负荷的排放。2010年7月，龙岩市上杭县紫金矿业污染事故，应该引起高度重视。建议福建省通过实行水源保护区划、开展污染源搬迁、实行污水收集与处理、进行垃圾处理及建设水源涵养林等多种形式，以确保六江源头水资源安全。

（3）实施流经城市河道的生态治理与修复。以福州、厦门、泉州、龙岩等城市为重点，建设污水收集与集中处理系统，并采用鱼类投放、生态岸坡及动植物培育等生态技术净化城市河道水体，改善城市河道的生态景观形象，推进高水准、高品质滨海水生态示范城市建设。

（4）推进畜禽养殖与工业污染的有效防范。选择三明沙县和福州闽侯县的典型畜禽养殖场进行规模化畜禽养殖污染整治先行先试。以厦门集美区、泉州晋江市、漳州龙海市、三明尤溪县和大田县为重点，开展皮革、电镀、氟化工、涉铅电池加工等行业整治和敏感区域的在线监测，提高对铅、铬等重金属以及其他持久性有机污染的防范能力。

（5）制定生态型水电运行模式。福建省在实现水电站的适度开发的基础上，尽快制定六江主要水库与水电站的生态联调方案，确保下游的生态用水，提高水体环境容量，发挥水电的综合效益。

（二）木交两溪

（1）加强木兰溪的仙游鲤城、莆田新度、涵江区和支流延寿溪东圳等污染河段的环境整治，实行严格的氨氮、总磷和 COD 入河总量控制。

（2）尽快实施交溪周宁城关河段环境整治，实行严格的氨氮入河总量控制。

（三）九点（座）湖库

具体包括福州的山仔水库、东张水库与西湖；莆田的东圳水库；泉州的山美水库和惠女水库；南平的沙溪口水库和厦门的筼筜湖；宁德的古田水库。根据水利或环保部门的监测结果（表 7-31），九座湖库的水质全年、枯水期或丰水期均不能满足Ⅲ类水质要求，需要引起重视并分类采取有力措施，保护其水质安全，具体如下。

表 7-31　福建省水质劣于Ⅲ类的主要水库水质状况

城市	湖库	2006 年	2010 年		水质目标	水质超标因子
		环保部门	环保部门	水利部门		
福州	西湖	Ⅴ类	Ⅴ类	—	Ⅴ类	—
	山仔水库	Ⅲ类	Ⅳ类	Ⅱ类（全年、丰和枯）	Ⅱ类	总磷、总氮
	东张水库	Ⅲ类	Ⅳ类	Ⅱ类（全年、丰和枯）	Ⅱ类	总磷、总氮、五日生化需氧量、高锰酸盐指数、溶解氧
莆田	东圳水库	Ⅳ类	Ⅲ类	Ⅳ类（全年）、Ⅱ类（枯）、Ⅴ类（丰）	Ⅲ类	—
泉州	山美水库	劣Ⅴ类	劣Ⅴ类	Ⅱ类（全年）、Ⅰ类（枯）、Ⅲ类（丰）	Ⅲ类	总氮
	惠女水库	Ⅴ类	Ⅴ类	Ⅲ类（全年）、Ⅳ类（丰、枯）	Ⅲ类	总磷、总氮、五日生化需氧量、粪大肠菌群、溶解氧
宁德	古田水库	Ⅲ类	Ⅲ类	Ⅱ类（全年）、Ⅲ类（枯）、Ⅳ类（丰）	Ⅲ类	—
厦门	筼筜湖	劣海水四类	劣海水四类	—	海水四类	活性磷酸盐、无机氮、阴离子表面活性剂
南平	沙溪口水库	—	—	Ⅲ类（全年）、Ⅳ类（枯）、Ⅱ类（丰）	—	—

（1）加强城市内湖的生态保护与修复。以福州的西湖和厦门的筼筜湖为重点，采用水利生态调度、生态岸坡、景观布设等多种方式，提高湖泊水体的自净能力，打造水清、岸秀、景美的滨水休闲观光风景带。

（2）推进水质超标水库的水环境综合整治。以福州的山仔水库、东张水库和泉州的惠女水库和山美水库为重点，加强入库污染物的总量控制，推进水（环境）功能区水质达标。因地制宜地推广山美水库前置库的污染物削减经验。

（3）注重水库季节性水质污染的防范。以莆田的东圳水库和宁德的古田水库为重点，加强水库丰水期的污染防治；以南平沙溪口水库为重点，加强水库枯水期的污染防治。

（四）闽东南沿海及岛屿带

（1）加强沿海主要河口与海湾的水环境保护。以闽江、九龙江、晋江等河口为重点，以湄洲湾、泉州湾、厦门湾为主体，确保其生态流量、大幅削减污染物通量，保护和改善主要河口与港湾的水环境质量。

（2）重视平潭综合实验区的水资源保护，通过严格管制提高企业的环保准入门槛，打造两岸水资源可持续利用的海岛典范，服务于生态宜居的国际旅游岛建设。

第六节　主要结论和建议

一、主要结论

（1）福建省水资源开发利用面临的挑战。①水资源相对丰富，但与经济发展布局不匹配，闽东南沿海地区水资源紧缺、水环境较差，现有水利工程体系已不适应海西经济区建设和发展的需要。②大多数河流坡陡流急，现状水利工程调蓄能力不足，进一步开发利用难度较大。③现状地表水开发利用率仅15.2%，用水效率与相邻省份相比较低，工程性、资源性、水质性缺水现象并存。④水资源质量总体较好，但主要江河水质呈下降趋势，水资源与水环境保护任重道远。

（2）水资源配置目标与战略布局。随着海西经济区建设的推进，福建省区域经济将保持较快的发展势头，预计至2030年，$P=95\%$条件下需水量将达到251.56亿m^3，与现状相比年增加需水量约33亿m^3。依照“节水为先、保护为重、宏观布局、分期实施”的原则，应优先利用地表水，合理开发地下水，积极利用其他水源；以主要江河为骨架、蓄引提调工程为节点，按照“北水南调、西水东济”的总体流向，规划建设水资源配置骨干工程，提高对水资源的调蓄能力，努力构建节水为先、保护为重、上蓄下引、三水并举、分区配置、以丰济缺的优化配置新格局。重点解决平潭综合实验区、泉州湾发展区、古雷—南太武新区的水资源紧缺，完善区域水网；2030年全面保障沿海六湾三生用水安全，架构安全可靠、高效利用的水网体系；远景从建设生态优美之区的战略高度，规划建设水安全保障战略通道，将闽北、闽西相对丰富的水资源调入缺水的闽东南沿海地区，实现双水源供水，建设特大干旱年应急供水储备水源，全面保障供水安全和生态安全。

（3）水环境保护与水污染防治。福建省现状水环境质量总体良好，但经济发达、人口稠密地区的水污染日益加重，水质性缺水问题已经显现。未来随着海西经济区城市化进程的推进、主导产业基地的建设、临港经济的发展，对水环境质量将带来前所未有的压力。必须发挥后发优势，通过结构、技术、工程与管理等综合措施，加强对自然水循环和社会水循环污染的综合调控，建立源头减排、过程控制与末端治理相结合的水污染防控模式。在社会水循环方面，应逐步优化调整产业结构与布局、构建工业污染全过程减排模式、改善城市水环境与景观生态、加强农业非点源污染的控制以及创新生态型水电开发建设模式；在自然水循环方面，应建立饮用水源地保护的长效机制、加强流域重点河段的环境整治以及实施海域的污染控制与环境保护。

（4）闽江流域生态安全保障措施。现状水利工程阻隔和水环境恶化造成闽江鱼类资源不断减少，在未来水网体系构建中，需要保障河道内的基本生态流量，重点保护水生生物栖息地，满足其繁殖产卵季节对水量的要求；对阻挡鱼类洄游的重点工程需要采取适当的措施，保证洄游鱼类的上溯路线不中断，从而保护一些珍稀濒危物种。要高度重视闽江口咸潮上溯，导致城市取水口水质超标的问题，综合考虑严格河道采砂管理、全流域梯级水库电站统一调度等管理措施和截污导流、调整取水口规划布局、建立应急储备水源等工程措施。

二、建　　议

（1）福建省现状主要用水指标与同类地区的先进水平相比还有一定差距，应继续推进节水型社会建设，加强需水管理，提高用水效率。

（2）福建省生态环境总体良好，但面临着海西经济区开发建设对生态环境的压力。应始终坚持“在保护中开发，在开发中保护”的原则。泉州市在晋江流域实施的生态补偿机制值得各地借鉴和推广。

（3）福建省水资源总量丰富，但时空分布不均，调蓄能力不足，水资源难以有效利用，未来发展应坚持“节水优先、保护为重、立足当地、适度开源”的原则，综合运用工程措施和非工程措施解决不同地区存在的资源性缺水、工程性缺水和水质性缺水问题。

（4）远景水安全保障战略通道构想是一个从长远着眼的概念性构想，具体方案的选定和具体规划应遵循“科学决策、民主决策”的原则，进行广泛深入的研究和论证。

第八章　海西经济区林业生态建设与可持续发展研究

第一节　福建省林地资源和森林资源现状

福建省总面积为12.14万km^2，约占全国土地总面积的1.3%，跨中亚热带和南亚热带，气候温和、雨量充沛、光照充足、土壤肥沃，境内峰岭耸峙，丘陵连绵，河谷、盆地穿插其间，素有“八山一水一分田”之称，具有发展林业得天独厚的自然条件。

一、福建省林地资源现状

福建省林业用地为914.81万hm^2，占土地总面积的75.29%，占全国林业用地的2.99%，森林面积766.65万hm^2，占林地面积的83.80%，森林覆盖率达63.1%，居全国第一，表8-1为各类林地面积情况，图8-1为各类林地面积结构。

表8-1　各类林地面积情况

项目	面积（万hm^2）	比例（%）
有林地	717.33	78.41
疏林地	9.14	1.00
灌木林	70.02	7.65
未成林地	47.36	5.18
苗圃地	0.24	0.03
无立木林地	21.42	2.34
宜林地	49.3	5.39
合计	914.81	100

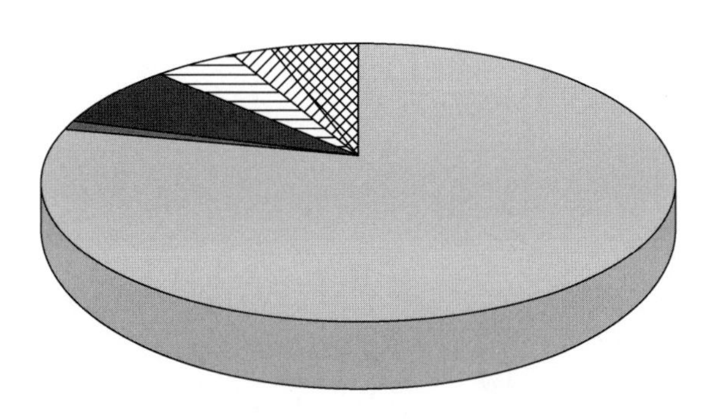

图8-1　各类林地面积结构图

二、福建省森林资源现状

福建省的森林资源相当丰富。全省有高等植物4703种（特有植物近160种），其中木本植物共有1943种，约占全国木本植物种的39%；针叶林以我国特有的马尾松林为主，被子植物以壳斗科和樟科种类最多。

陆生脊椎野生动物达873种，约占全国的28.6%；昆虫近6000种，约占全国的53%；鸟类达543种，占全国的45.3%。

现有森林面积为766.65万hm^2，其中人工林面积为359.18万hm^2，活立木蓄积量为53 226.01万m^3，森林蓄积量为48 436.28万m^3，具体见表8-2～表8-5和图8-2～图8-4。

表8-2 森林资源的面积、蓄积、单位蓄积情况

项目	森林面积（万hm^2）	森林蓄积（万m^3）	单位蓄积（m^3/hm^2）
福建	766.65	484.362 8	63.179 1
全国	19 545.22	13 720.803 6	70.200 3
比例（%）	3.92	0.035 3	—

表8-3 森林蓄积年均生长量消耗量情况

类别	总生长和		总消耗		净生长	
	量（万m^3）	率（%）	量（万m^3）	率（%）	量（万m^3）	率（%）
国有	642.23	5.74	652.03	5.82	586.32	5.24
集体	3474.83	6.90	3080.98	6.11	3267.04	6.49
合计	4117.06	6.68	3733.01	6.06	3853.36	6.25

表8-4 乔木林资源面积蓄积按林种统计表

类别	面积（万hm^2）	蓄积（万m^3）
防护林	154.22	13 066.45
特用林	33.65	3 544.06
用材林	374.58	31 744.63
薪炭林	3.60	81.14
经济林	51.97	—
合计	618.02	48 436.28

表8-5 森林资源面积蓄积按起源统计表

类别	面积（万hm^2）	蓄积（万m^3）
天然林	407.47	288.3473
人工林	359.18	196.0155
合计	766.65	484.3628

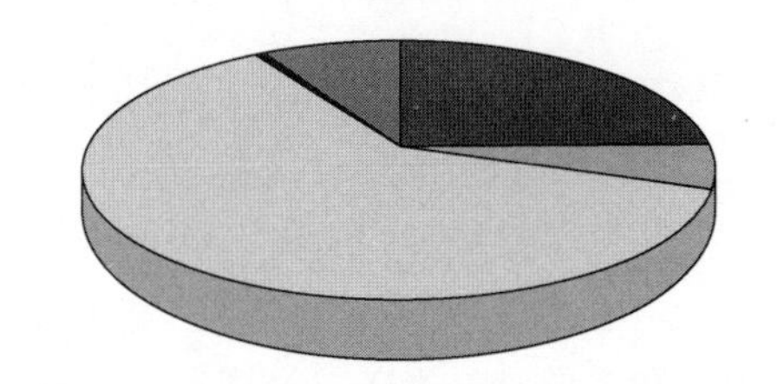

图 8-2　各林种面积结构图

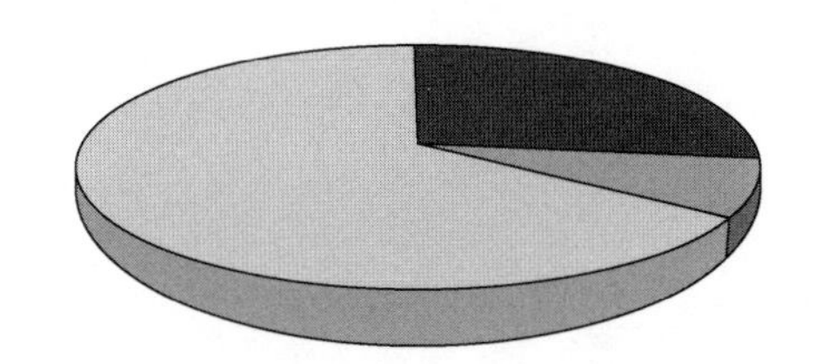

图 8-3　各林种蓄积结构图

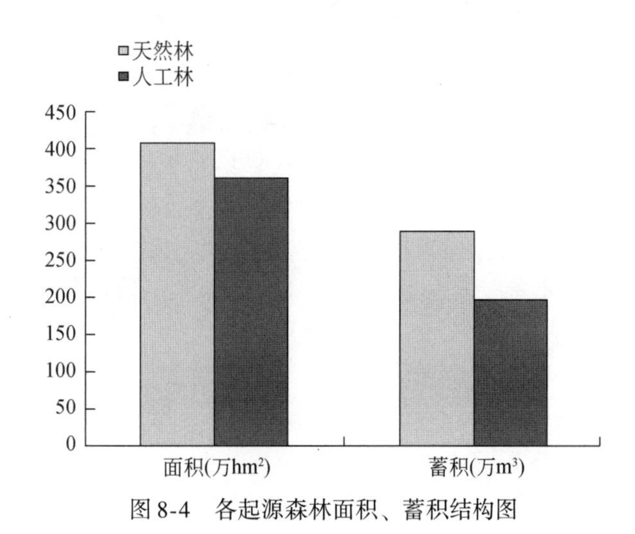

图 8-4　各起源森林面积、蓄积结构图

第二节　福建省森林资源历史变迁

一、地史时期森林资源概况

从古生代末即二叠纪的后期，地球上出现了松、柏、苏等以种子繁殖的裸子植物后，在地壳的发展史上又经历了中生代和新生代这两个阶段。

（一）中生代

中生代包括三叠纪、侏罗纪和白垩纪。在三叠纪主要分布着以苏铁为主的植物群，其次是蕨类植物、银杏类及种子蕨类植物。侏罗纪到白垩纪期间由于气候由湿热转变到干燥炎热，植物群在属种数量、丰富程度上均有显著的减退现象，种子蕨类、苏铁植物明显倒退，植物化石主要以小型叶片的蕨类和具紧贴与鳞片状叶的松柏类为主，苏铁类、银杏类次之。

（二）新生代

新生代包括古近纪、新近纪和第四纪 。古近纪早期福建省主要植被类型为南亚热带常绿-落叶阔叶混交林和热带红树林区。到了新近纪，福建省沿海出现山地，以宁德—尤溪—上杭一线为界出现了两个植被区：界线以北分布着以落叶阔叶林为主的中亚热带常绿落叶阔叶混交林区 ；界线以南分布着南亚热带常绿阔叶林热带稀疏草原及滨海红树林区。根据有限的资料推断，第四纪福建省的植被区域轮廓与现代近似 。

二、历史时期森林资源概况

考古材料证明，5000 年前，全省的土地上几乎到处都覆盖着茂密的森林；分布着以栲、栎为主的南亚热带常绿阔叶林，常有虎、象、熊、鹿等野兽出没。

（一）唐代以前

早在远古时期，福建先民已开始采伐利用森林木材。考古材料证明，商周时期，福建采伐利用竹、木的技术，已有相当高的水平。早在秦、汉福建已开始经营林木花卉。南北朝时，有成片造林的文字记载：“刘宋元嘉元年（公元 424 年），建安郡守华谨之，倡导植松 1.5 万株于今建瓯县黄华山麓”。

（二）唐宋代

唐代，福建经营杉、竹、果、桑、茶渐盛，城邑、驿道的绿化和村边、宅旁、寺庙、景区的植树也渐兴起。现已发现不少唐代所植、存活至今的古树，如武平县永平乡唐屋村的 4 株杉木，德化县小湖和泰宁县龙湖的巨樟，泉州市开元寺的古桑，长汀县旧试院柏树，永春县一都的柳杉等。

宋代，福建发展成为全国有名的林、果产区，杉、茶、纸、笋为四大特产，造林绿化已具相当规模[①]。宋代规定，“凡县令，在任期内就必须栽树 3 万 ~6 万株”[②]。福建的木竹生产加工已相当发达，沿海地区用本省出产的大宗木材建造了无数海船。

（三）明清至民国

明代，林业经营和人工造林有较大发展。木材贸易逐渐兴起。

清代，由于木材销路好，获利大，林区便有以人工栽植杉木为业的林农，并逐步形成租山、雇工、自耕、合伙、团体等多种经营形式。绿化造林和经济林的经营也逐步有所发展。晚清，地方官府已将林业作为富国裕民的重要政事之一，劝谕百姓多种树木。清代还实行封禁以保护森林。

民国时期，福建省提倡植树造林。民国 30 年，全省拥有苗圃地 3698 亩，育苗 1758 亩。民国 31 年，全省荒山造林共 46 万多亩。

（四）中华人民共和国成立后森林资源变化

中华人民共和国成立后，政府十分重视林业，把发展林业摆到国民经济建设的重要位置上，建立起各级林业管理机构，兴办林业科技、教育事业，制定了一系列的林业方针、政策、法规，大力恢复发展林业生产。福建省林业工作开始走上振兴的道路。

初期，福建省林业工作以护林为主。全省开展山林所有制改革，废除封建剥削的山林占有制，实行农民的山林所有制。

---

① 朱维干 . 2008. 福建史稿 . 福州：福建教育出版社。

② 中国林业史学会 . 1990. 林史文集（第一集）. 北京：中国林业出版社。

中华人民共和国成立后，福建省是南方重点集体林区，在南方48个重点林业县中，占有28个（分布在南平、三明、龙岩等地市）。第一次至第七次森林资源清查结果数据见表8-6。从表8-6可看出，森林资源变化总的趋势是：除了特殊的时段以外，森林总面积、人工林面积和森林覆盖率逐步增加，活立木蓄积量和森林蓄积量也呈上升趋势，但天然林面积逐步缩小。所谓特殊的时段，主要是指第二次（1977～1981年）和第三次（1984～1988年）森林面积比第一次清查的面积有所减少，直到第四次（1989～1993年）森林面积才基本恢复到第一次清查的水平。造成这个时期森林面积缩小的主要原因是大面积砍伐天然林。图8-5为一类调查林业用地、森林、人工林面积变化，图8-6为一类调查活立木总蓄积量与森林蓄积量变化。不同时期各优势树种面积蓄积变化和不同龄组面积蓄积统计见表8-7和表8-8及图8-7～图8-13。

表8-6　1973～2008年福建省森林资源概况

时段	林业用地面积（万 hm^2）	森林面积（万 hm^2）	人工林面积（万 hm^2）	森林覆盖率（%）	活立木总蓄积量（万 m^3）	森林蓄积量（万 m^3）
1973～1976年	910.00	590.00	174.00	48.50	24 330.00	19 599.00
1977～1981年	887.47	449.64	196.49	37.00	43 055.91	29 637.98
1984～1988年	897.90	500.34	261.18	41.18	37 888.24	26 382.32
1989～1993年	893.40	614.84	328.10	50.60	39 465.20	32 168.89
1994～1998年	901.83	735.37	360.54	60.52	41 763.62	36 490.99
1999～2003年	908.07	764.94	356.98	62.96	49 671.38	44 357.36
2004～2008年	914.81	766.65	359.18	63.10	53 226.01	48 436.28

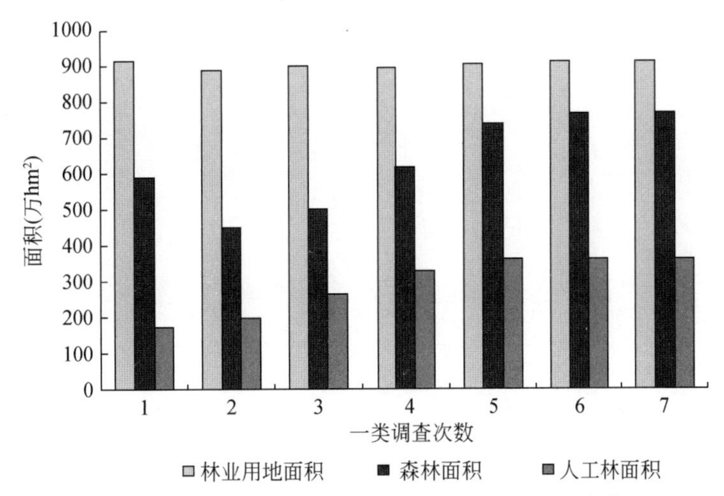

图8-5　一类调查林业用地、森林、人工林面积变化

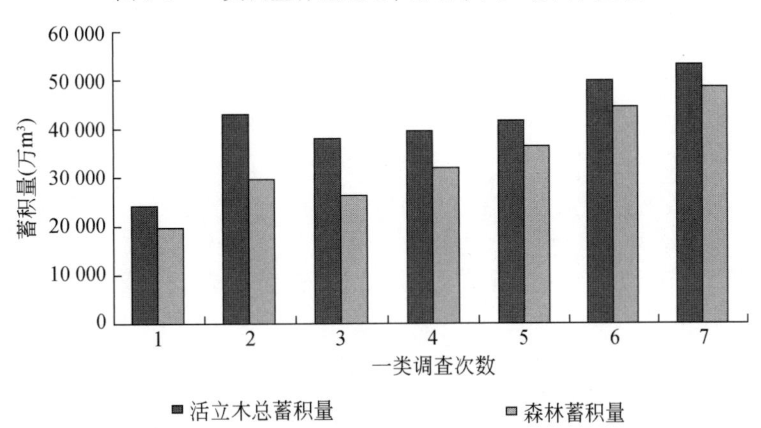

图8-6　一类调查活立木总蓄积量与森林蓄积量变化

表 8-7　不同时期各优势树种面积蓄积统计表

优势树种	杉木		马尾松		阔叶树		合计	
年份	面积（万 hm^2）	蓄积（万 m^3）	面积（万 hm^2）	蓄积（万 m^3）	面积（万 hm^2）	蓄积（万 m^3）	面积（万 hm^2）	蓄积（万 m^3）
1957	32. 593 50	4 038. 39	160. 736 60	19 605. 29	60. 446 80	9 306. 22	253. 776 90	32 949. 90
1962	24. 067 60	2 709. 40	136. 616 00	15 290. 50	45. 028 80	7 261. 70	205. 712 40	25 261. 60
1974	55. 913 33	1 414. 80	325. 120 00	11 376. 90	466. 173 30	19 257. 60	847. 206 60	32 049. 30
1988	89. 971 13	3 922. 84	290. 636 40	17 697. 80	129. 200 20	10 930. 33	509. 807 80	32 550. 98
1999	212. 160 00	9 325. 52	172. 520 00	11 518. 04	159. 700 00	15 291. 92	544. 380 00	36 135. 48
2003	190. 510 00	16 026. 50	181. 140 00	9 962. 17	185. 470 00	17 872. 44	557. 120 00	43 861. 11
合计	605. 215 56	37 437. 45	1 266. 769 00	85 450. 71	1 046. 019 20	79 920. 21	2 918. 004 00	202 808. 37

表 8-8　不同时期不同龄组面积蓄积统计表

年份	项目	幼龄林	中龄林	近熟林	成熟林	过熟林	合计
1957	面积（万 hm^2）	5 152. 160	10 469. 25	4 763. 48	4 992. 8		25 377. 69
	蓄积（万 m^3）	61. 468	1 452. 44	815. 87	965. 212		3 294. 99
1962	面积（万 hm^2）	3 393. 21	5 023. 05	4 020. 67	8 134. 31		20 571. 24
	蓄积（万 m^3）	49. 09	467. 16	577. 55	1 432. 36		2 526. 16
1974	面积（万 hm^2）	31 622. 667	3 980. 00	—	11 014. 667		46 617. 333
	蓄积（万 m^3）	204. 06	335. 16	—	1 386. 54		1 925. 76
1988	面积（万 hm^2）	22 225. 494	20 496. 332	3 712. 879	4 546. 074		50 980. 779
	蓄积（万 m^3）	524. 31	1 671. 545	441. 061	618. 181		3 255. 098
1999	面积（万 hm^2）	25 427. 00	23 599. 00	3 825. 00	1 443. 00	144. 00	54 438. 00
	蓄积（万 m^3）	669. 15	2 157. 65	526. 669	232. 862	27. 209	3 613. 548
2003	面积（万 hm^2）	15 564. 00	26 510. 00	8 634. 00	4 475. 00	529. 00	55 712. 00
	蓄积（万 m^3）	429. 087	2 221. 655	1 020. 299	620. 864	94. 206	4 386. 111
2008	面积（万 hm^2）	19 158. 00	25 344. 00	10 203. 00	6 327. 00	770. 00	61 802. 00
	蓄积（万 m^3）	454. 009	2 180. 073	1 146. 289	923. 853	139. 404	4 843. 628

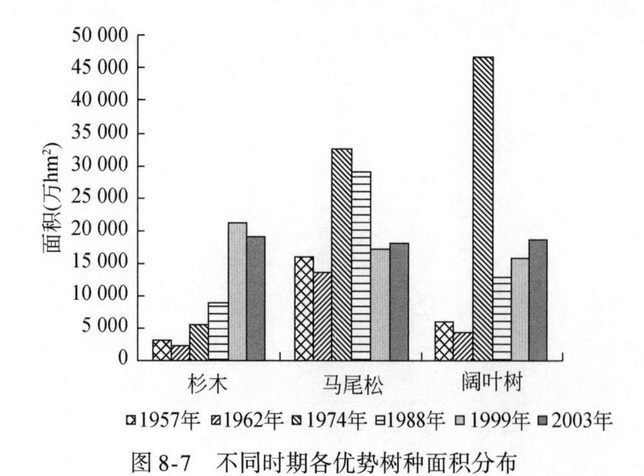

图 8-7　不同时期各优势树种面积分布

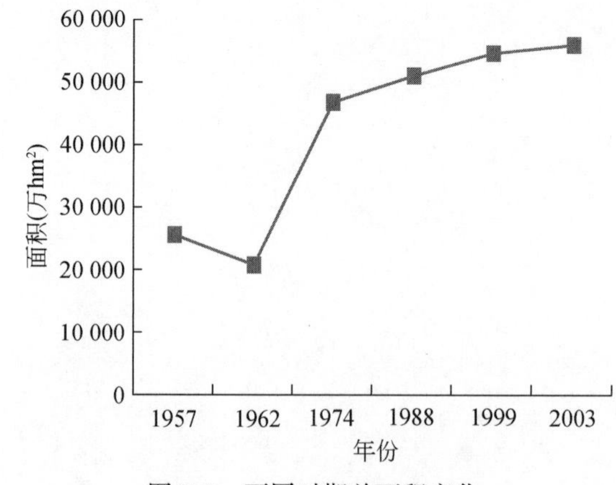

图 8-8　不同时期总面积变化

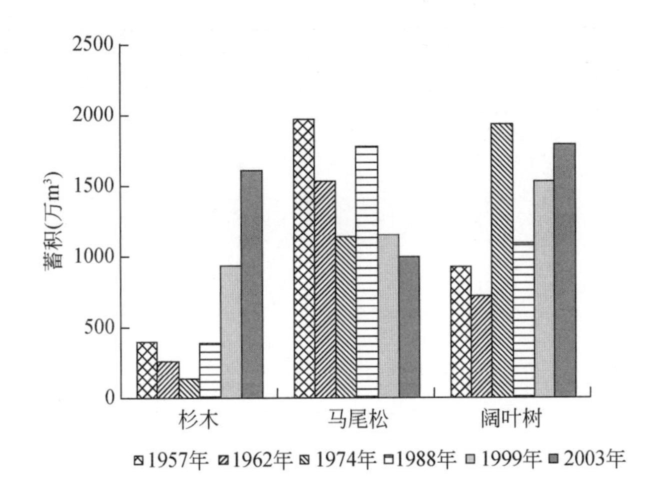

图 8-9　不同时期各优势树种蓄积分布

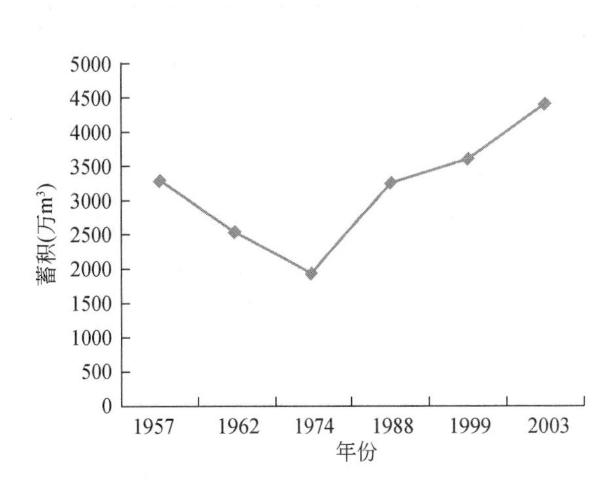

图 8-10　不同时期总蓄积变化

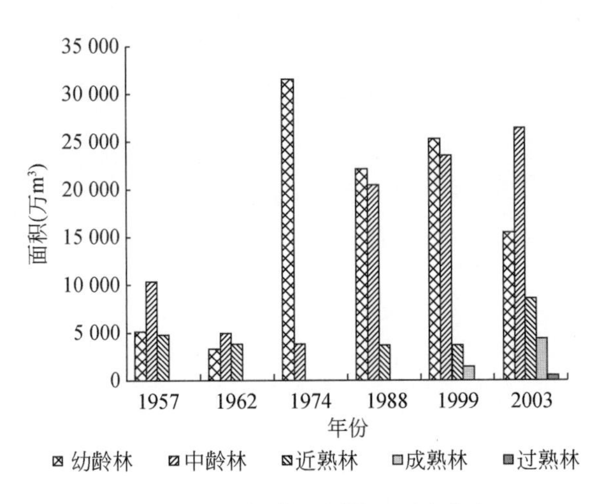

图 8-11　不同时期不同龄组面积分布

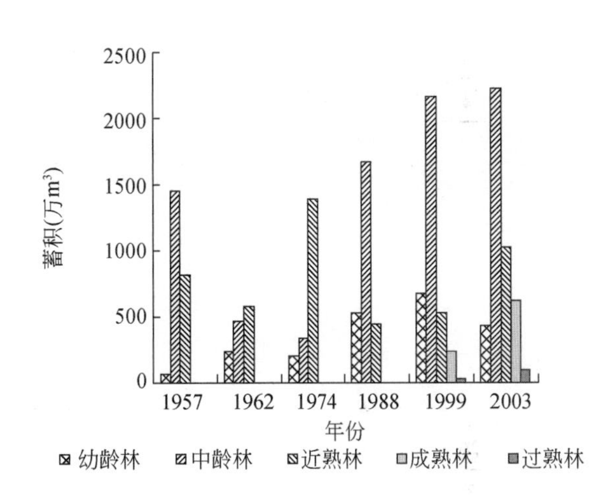

图 8-12　不同时期不同龄组蓄积分布

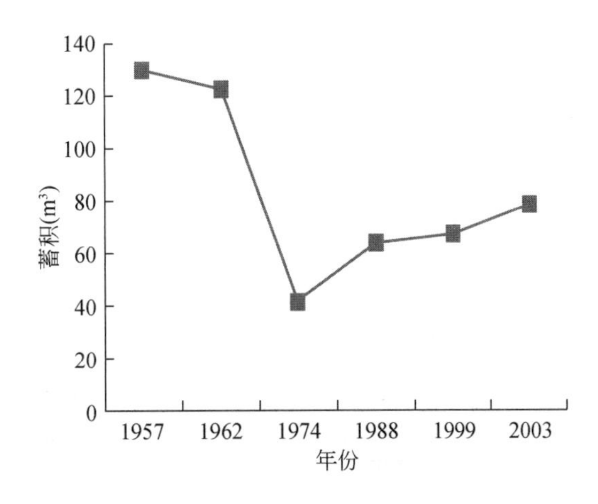

图 8-13　不同时期每公顷蓄积量变化

三、林业传统生产方式概述

（一）造林

种苗采集：从零星分散的母树采种，到集中成片地建立林木种子生产基地；从自给性育苗，到多种形式大面积集中育苗，并逐步形成完整的种苗生产体系。

造林布局：因地制宜，全面发展，宜林则林，宜果则果，林区速生丰产用材林，沿海防护林，薪炭林。

造林形式：根据造林经营方式的不同分国营造林、集体造林、合作造林、个体造林等。

用材林：杉木、马尾松、木荷、湿地松、柳杉、福建柏、樟树、闽楠等。

竹林：毛竹、篓竹、麻竹、绿竹。

经济林：资源丰富，名优特品种多，油茶、乌桕、板栗、柿树、紫胶寄主树、栲胶原料植物、余甘、荔枝、龙眼、杜仲、肉桂。

防护林：水土保持林、沙荒防护林、农田防护林、海滩红树林、“五江”绿化造林及沿海防护林体系。

薪炭林：马尾松、相思树、合欢。

特种用途林：国防林、实验林、母树林、环境保护林、风景林、名胜古迹和革命纪念地的林木、自然保护区的森林。

表 8-9 为 1950 ~ 1990 年福建省主要树种累计造林面积统计表。

表 8-9　1950 ~ 1990 年福建省主要树种累计造林面积统计表　（单位：hm^2）

主要树种	造林面积
杉木	2 426 000
马尾松	2 289 333
湿地松	27 333
柳杉	3 600
福建柏	3 133
檫树	680
樟树	461
闽楠	227
竹林	62 000

（二）营林

森林抚育：杉木中耕除草结合扶苗、培兜、除萌。每隔三四年，分林地实行间种，以耕代抚，施肥。樟树、闽楠等的抚育方法，和杉木基本相同。马尾松、木荷等除草、松土、补植、修枝、除萌等相思树、薪炭林，一般只除草抚育，结合适度修枝。板栗、油茶等经济林，幼林抚育较精细，包括锄草松土（间种作物）、补植、培兜、施肥、修枝、整形等。此外，许多林地还需进行病虫害防治，整修防火线等。

封山育林：通常采用半封、全封、轮封三种方式。封山育林三五年应进行育林成效检查，如仍未达预期要求，应加强人工促进措施，或改用其他更新措施。

人工促进天然更新：主要是在新采伐迹地（采伐三年内）进行。每亩均匀保留目的树种幼树 300 ~ 400 株；更新期间，严加封禁保护。

森林保护：森林火灾、森林病虫害。

（三）采伐

伐区调查设计：伐前上山确定伐区和资源、采伐面积、数量、采伐与集运材方式、集运里程、迹地更新等。

轮伐期：历史上杉木轮伐期30～35年，马尾松天然林60年以上、人工林40～45年，阔叶树天然林40～45年。

采伐季节：历史上依赖水运，重视木材砍伐季节。杉木在霜降至春分砍伐，材质坚实，色泽红亮，易干燥，不变质，称佳材。改为以陆运为主后转为常年砍伐。

采伐方式：杉木人工林小片块状皆伐；马尾松和阔叶树等天然林采用择伐。

（四）集材

集材道选择：尽量吸引所购买山场范围内的资源；利用旧集材道或旧路：减少或避免逆坡集材；优先选择运距短或道路修筑花工少的道路。

集材工序：溜山、肩驮或担筒、出付（装轳、装车）、拖轳（人力或畜力）、整堆等。

集材机具：平车、机车牵引、德式台车、平台车及手拉板车（胶轮车）、拖拉机、架空索道（动力或无动力）、汽车等。

（五）运输

福建古代陆路交通闭塞，木材运输主要依靠水运，在20世纪50年代中期以前，全省木材水运量占90%以上。现今陆运占据主要地位，水运量大幅度减少。

林区木材陆运则以汽车为主，建西林区及部分国营伐木场建有森林铁路和简易森林铁路。

四、闽江九龙江流域森林资源历史变迁对区域生态建设和可持续发展的影响

（1）闽江流域的生态环境直接影响全省1/3地区的水源涵养、气候调节，对全省农业的持续发展乃至福建的生态安全，有着举足轻重的影响。

（2）闽江流域的森林资源是福建省森林资源的主要组成部分，是福建林业建设及地方经济发展的重要物质基础。

（3）从闽江流域森林资源的连续清查分析看，流域森林面积与林木蓄积量虽然呈上升的趋势，但是林分质量呈总体下降的趋势，天然林比例减少，针叶林化趋势上升，林分低龄化、稀疏化，如图8-14和图8-15所示。

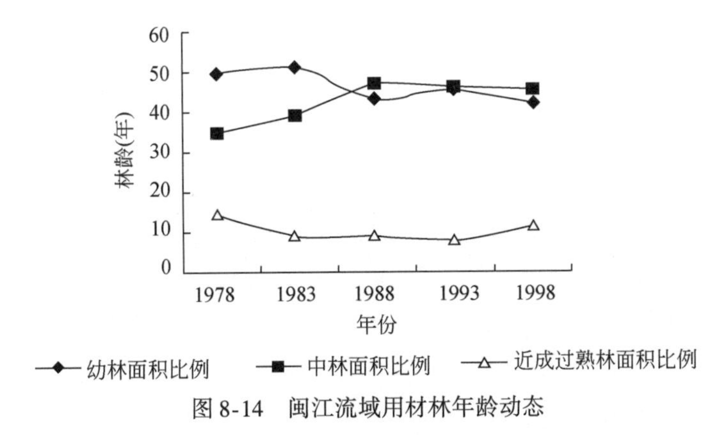

图8-14　闽江流域用材林年龄动态

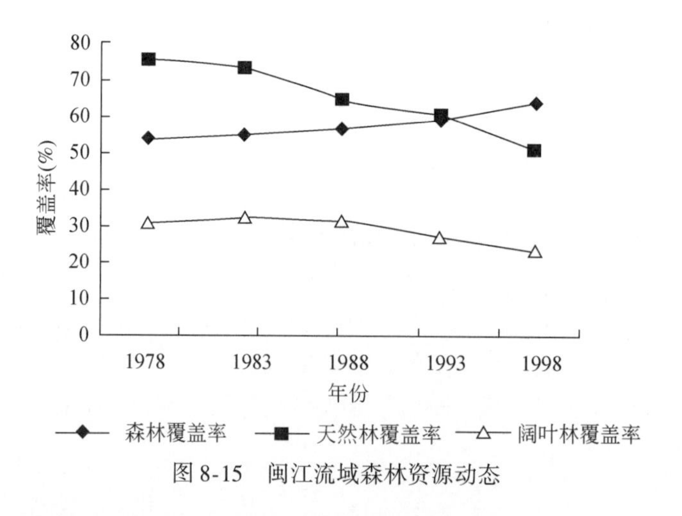

图 8-15 闽江流域森林资源动态

（4）长期以来单一的资源利用方式，已造成了天然林资源的过度消耗，造成森林资源、森林生态系统的功能的衰退，引发了局部地区乃至流域性的一系列的生态问题。

（5）改善闽江流域生态环境建设的关键措施之一是提高现有森林总体质量。

（6）采取全新的可持续经营战略，变革现有的经营方式，调整采育更新方式和强度，应用高新技术和先进的管理方法，创建新型的综合产业体系和管理体系。

第三节 福建省林业产业概况

一、福建省林业产业发展的条件和优势

林业产业是以经营森林为主体的生态经济系统产业，主要包括林木种植业、经济林培育业、花卉培育业、木竹采运业、木竹加工业、人造板制造业、木浆造纸业、林产化学加工业、林副产品采集加工业、森林旅游业等。

福建省气候和土壤条件得天独厚，具有发展林业产业的自然环境和资源优势。全省现有林地面积 914.81 万 hm^2，占土地总面积的 75.3%，森林面积 766.65 万 hm^2，森林覆盖率居全国第一位达 63.1%，活立木蓄积量 5.32 亿 m^3，居全国第七位。人工林面积 359.18 万 hm^2，人工林蓄积量居全国首位达 1.96 亿 m^3，竹林面积 1489.65 万亩，约占全国的 1/5，居全国首位；福建省具有发展林业产业的地理优势，福建省地处东南沿海，与台湾隔海相望，陆地面积 12.14 万 km^2，海域面积 13.6 万 km^2，属亚热带，气候温和、雨量充沛、光照充足、土壤肥沃，具有发展林业优越的自然条件。

福建省具有发展林业产业的政策优势，林业产业已成为山区经济支柱产业，是当地财税重要来源之一，是农民增收的主要途径，一些主要林区的农民从林业发展中获得的收入已占到家庭收入的一半以上，林业也是乡村集体收入不可缺少的部分，一些重点林区县的村财收入中的林业收入可达 10 万元以上。福建省农民人均林业收入由 2005 年的 89.35 元增加到 2011 年的 210.52 元，增长了 2.36 倍。农民人均林业收入占农民人均纯收入的比例也由 2005 年的 2.01% 上升到 2011 年的 2.40%。

从福建省林业产业总值增长情况看，2005 年，福建省林业产业总值为 919.48 亿元，2007 年福建省林业产值 1180.75 亿元，林业增加值 473.91 亿元。2009 年增加到 1472.72 亿元，比 2005 年增长了 60.2%，年均增长 12% 左右。2010 年和 2011 年福建省林业产业总值分别达到了 1673.15 亿元和 2559.4 亿元，如图 8-16 所示。

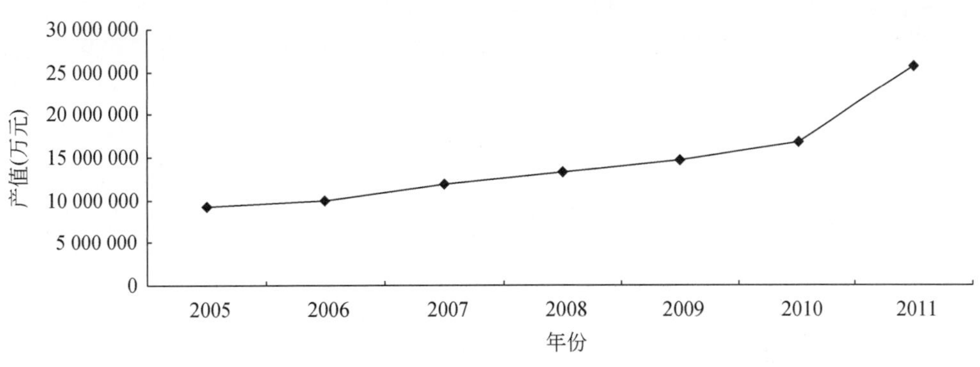

图 8-16　2005～2011 年福建省林业产业总产值

2005～2011 年，福建省林业产业总值占福建地区生产总值的比例呈略微下降又上升的态势，2011 年福建省林业产业总值占地区生产总值比例达到 14.58%，表 8-10 为福建省林业产业总值及占地区生产总值的比例。

表 8-10　福建省林业产业总值及占地区生产总值的比例

项目	2005 年	2006 年	2007 年	2008 年	2009 年	2010 年	2011 年
地区生产总值（亿元）	6 554.69	7 583.85	9 248.53	10 823.01	12 236.53	14 737.12	17 560.18
林业产业总值（亿元）	919.48	1 002.26	1 180.75	1 323.76	1 472.72	1 673.15	2 559.4
林业产业总值占比（%）	14.03	13.21	12.77	12.23	12.04	11.35	14.58

二、福建省林业产业发展与区域经济发展

福建省林业产业总值总量总体变化为上升趋势，所以林业产业可细分为三大产业。

林业第一产业主要包括林木的培育和种植；木材和竹材的采运；经济林产品的种植与采集（包括：水果及干果的种植与采集；茶及其他饮料作物的种植与采集；林产中药材的种植与采集；森林食品的种植与采集）；花卉的种植；陆生野生动物繁育与利用；林业生产辅助服务，2006～2011 年福建省林业第一产业产值结构如图 8-17 所示。

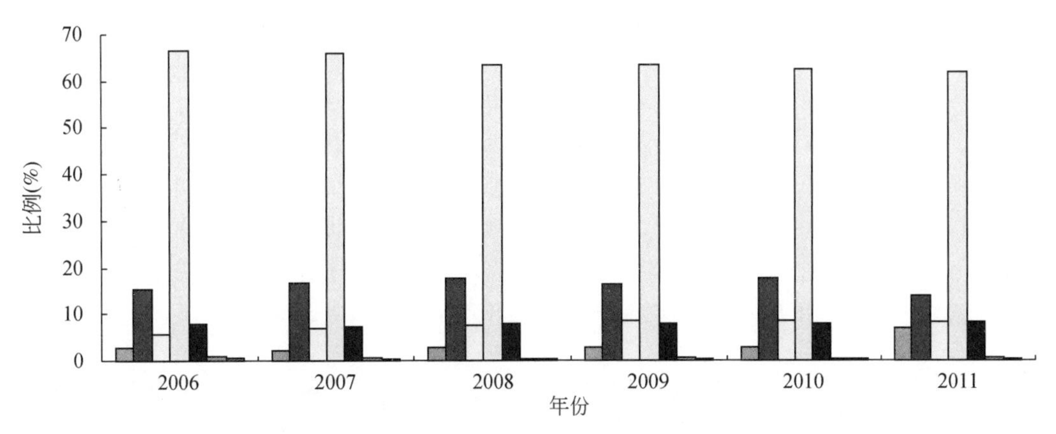

图 8-17　福建省林业第一产业产值结构（2006～2011 年）

在福建省林业第一产业中，经济林产品的种植与采集的产值贡献率最大，占林业第一产业产值的63%以上；其次是木材采运，其产值占林业第一产业产值的15%左右；花卉种植的产值约占8%。在林业第一产业中，林木培育和种植、竹材采运的产值贡献率呈逐年增长的趋势，尤其是竹材采运。

林业第二产业主要包括木材加工及木、竹、藤、棕、苇制品制造；木、竹、藤家具制造；木、竹、苇浆造纸；林产化学产品制造；木制工艺品和木制文教体育用品制造；非木质林产品加工制造，2005～2011年福建省林业第二产业产值结构如图8-18所示。

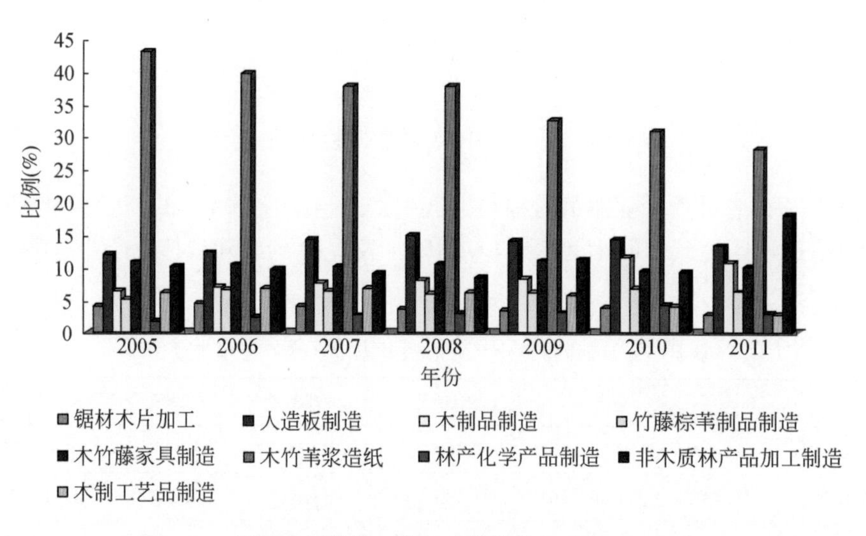

图8-18　福建省林业第二产业产值结构（2005～2011年）

在林业第二产业中，人造板、木竹藤家具制造、木竹苇浆造纸和非木质林产品加工占有重要的份额，对林业第二产业产值的贡献率都在10%以上，尤其是木竹苇浆造纸产业的产值占到30%以上。

林业第三产业主要有林业旅游与休闲服务；林业生态服务；林业专业技术服务；林业公共管理及其他组织服务，2006～2011年福建省林业第三产业产值结构如图8-19所示。

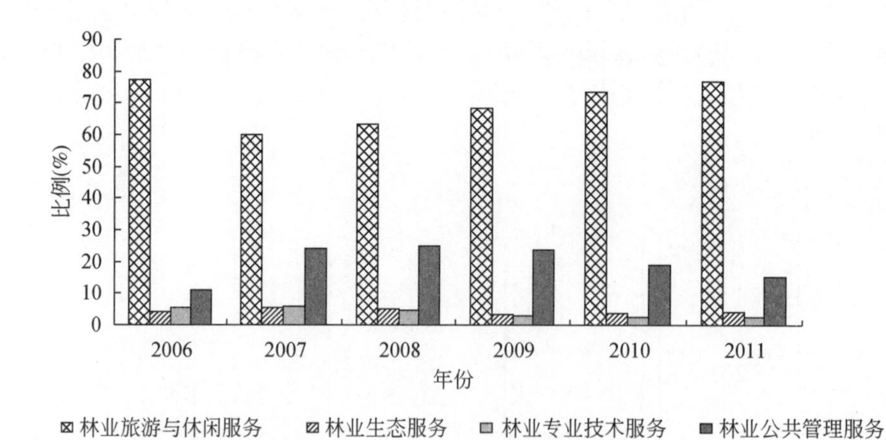

图8-19　福建省林业第三产业产值结构（2006～2011年）

从福建省林业第三产业产值结构看，林业旅游与休闲服务的产值比例最大，2006～2011年均在60%以上；其次是林业公共管理服务，其产值约占林业第三产业产值的20%左右。

林业产业结构不断优化，福建林业第一、第二、第三产业结构由2006年的30.66：68.23：1.11调整为2011年的20.31：78.05：1.64，林业第二、第三产业的产值贡献率不断提升，如图8-20所示。

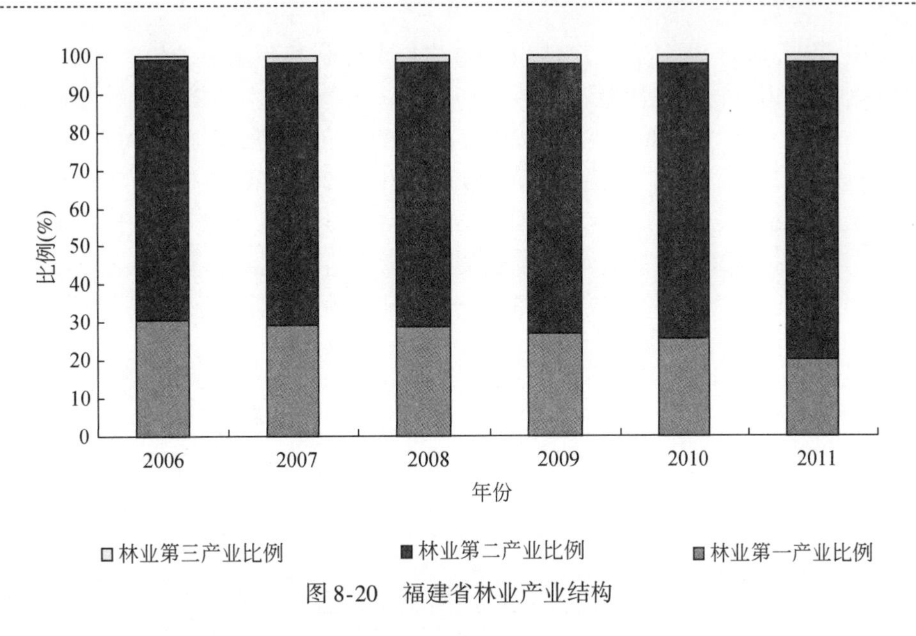

图 8-20 福建省林业产业结构

三、福建省林业产业产品结构与产量分析

近几年，福建省木材产量呈现先增加后减少的变化趋势，而竹材产量呈现逐年增长的变化，锯材产量呈现倒“U”形变化，从人造板产品结构看，胶合板、纤维板和刨花板产量都有不同程度的增长，但纤维板产量占人造板产量的比重呈递减的趋势，刨花板产量占人造板产量的比重呈现增长的态势，而胶合板产量所占比例呈不规律的变化。

福建省木材产量占全国的比例呈现下降的变化趋势。2005 年福建省林业产业总值占全国的 10.87%，2006 年为全国的 9.41%，2007 年为全国的 9.42%，2008 年为全国的 9.19%，2009 年为全国的 8.41%，2010 年为全国的 7.35%，2011 年为全国的 8.36%，比 2005 年下降了 2.51%，由 2005 年的全国第一，下降到全国第四位。与此形成鲜明对比的是广东省林业产业产值的增长，2005 年广东省林业产业总值为 440.7 亿元，为全国的 5.12%，是福建省林业产业总值的 47.9%；2009 年，广东省林业产业总值达到 2200.12 亿元，占全国的 12.58%，是福建林业产业总值的 1.5 倍；2011 年，广东省林业产业总值达到 3328.1 亿元，占全国的 10.88%，是福建林业产业总值的 1.3 倍。浙江省活立木森林蓄积量为 2.54 亿 m^3，不足福建省的 1/2，2011 年林业产值为 3154.8 亿元，约为福建省的 1.2 倍，如图 8-21 所示。

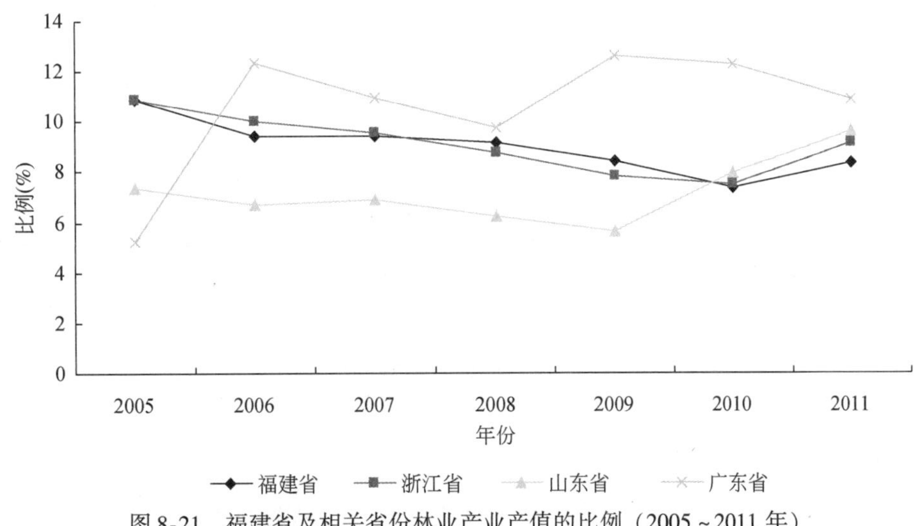

图 8-21 福建省及相关省份林业产业产值的比例（2005 ~ 2011 年）

福建省的林产化工产品在全国具有优势地位，尤其是在樟脑和药用炭的生产方面。松香深加工产品在全国也有一定的地位，但其优势在减弱。

2005～2011年，福建省木材产量呈现先增加后减少的变化趋势，其中2005～2007年木材产量由627.88万m^3增加到702.38万m^3，但随后木材产量逐年下降，2009年木材产量为559.21万m^3，比2007年减少了143.17万m^3；2010年木材产量增加到了612.64万m^3，但2011年又下降到510.09万m^3，比2005年减少了217.79万m^3。2005～2011年，福建省竹材产量呈现逐年增长的变化，2005年竹材产量为2.58亿根，2011年增加到4.53亿根，增长了75.6%，福建省木竹产量如图8-22所示。

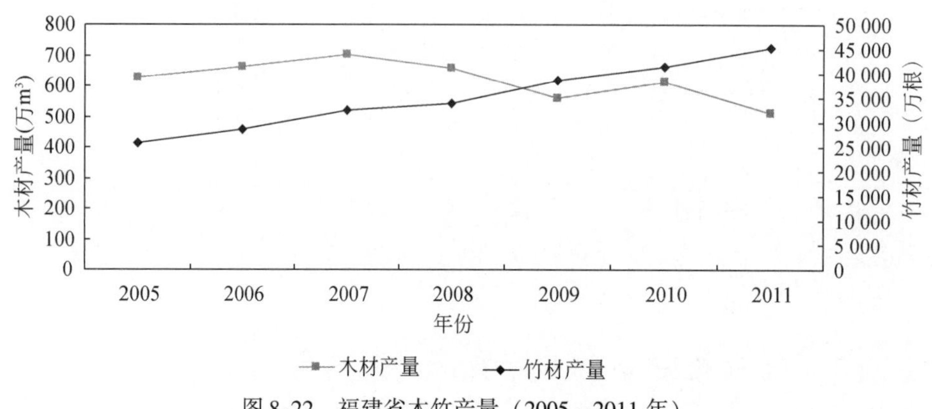

图8-22　福建省木竹产量（2005～2011年）

2005～2011年，福建省锯材产量呈现较大幅度的波动变化，2005年锯材产量为117.93万m^3，2006年为134.71万m^3，2007年上升到143.56万m^3，2008年达到153.45万m^3，但2009年迅速下跌到133.85万m^3，甚至低于2006年的水平，2010年又增加到了163.84万m^3，2011年进一步增加到169.11万m^3，如图8-23所示。

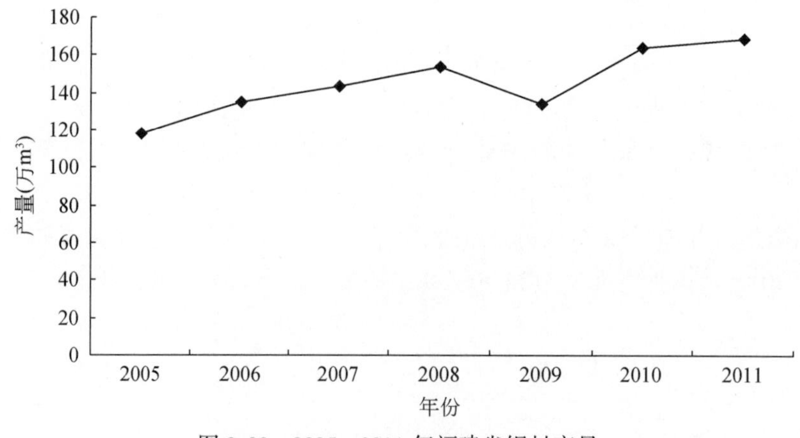

图8-23　2005～2011年福建省锯材产量

福建省人造板产量增长较快，2005年，人造板产量为358.56万m^3，到2009年，人造板产量增加到了702.12万m^3，比2005年增长了96%，2010年人造板产量达到749.45万m^3，2011年又迅猛增加到846.28万m^3。

四、福建省林业产业发展取得的成效与做法

（一）福建省林业产业发展取得的成效

福建省林业产业发展取得的成效：①森林资源稳步增长；②林业产业优化升级，竞争力增强；③森

林生态、森林文化建设持续增强。

（二）福建省林业产业发展的主要做法

深化集体林权改革，增强林业产业发展活力。通过深化林权制度改革，福建省建立了以现代林业产权制度为核心的林业发展机制，实现了林业生产力的进一步解放和林业产业发展环境的不断优化。

完善政策保障，支持林业产业发展。目前已制订的相关政策有：《福建省林产加工业发展导则》及其配套政策《福建省林产加工业发展目录》《中共福建省委 福建省人民政府关于持续深化林改建设海西现代林业的意见》《福建省林业产业振兴实施方案》。

五、福建省林业产业发展存在的主要问题

（1）全球气候变化引起的对环境保护前所未有的重视，要求控制森林资源的采伐、增加森林的固碳能力的呼声很高，势必给传统木材加工业带来更加严峻的挑战。而福建省森林资源结构性供求矛盾十分突出，森林经营总体水平不高，林地产出率偏低，森林的综合效益还有待提高。

（2）林业产业结构还有待调整优化升级。当前福建省林业产业结构还是以第二产业即林产加工业为主，林业第三产业尤其是以林业旅游与休闲服务、林业生态服务等为主的非木质资源开发利用产业仍发展不快。

（3）林业企业品牌带动力不足，市场竞争力不强，林产加工业总体科技含量不高，技术水平和创新能力有待提升。

（4）林业产业产品附加值低，科技含量不高，产业链不长，初级粗加工产品多，精深加工产品少。

（5）林业产业聚集度不高，特色不够鲜明，且缺乏有效的扶持措施，难以发挥示范带动作用。

六、福建省林业产业发展目标

（一）做强第一产业

发展林木培育和种植业。

大力发展竹业、速生丰产林、工业原料林、大径材和珍贵树种（香樟、楠木、红锥、乳源木莲、枫香、丹桂、南方红豆杉等珍贵树种）。

大力发展木本粮油、花卉苗木、森林药材、森林食品、林产化工原料和野生动植物驯养繁殖利用等产业。

（二）做精第二产业

改造提升人造板、家具、制浆造纸、林产化工、木竹制品等传统产业，往深加工发展、提高产品附加值，大力培植生物制药等新兴产业，积极开发生物质材料和生物质能源，培育新增长点。

（三）做大第三产业

大力发展森林旅游、休闲养生、林业生态服务、林业中介等服务产业，打造森林文化产业，建设生态文明。

七、福建省林业产业发展的保障措施

福建省林业产业发展的保障措施如下：①深化林业机制体制改革：进一步深化集体林权制度改革；

强化金融对林业发展的支持；完善生态公益林管护与生态效益补偿机制；不断完善林木采伐管理机制；积极引导林业经营组织改革。②加大林业公共财政投入。③动员全社会参与林业建设。④强化林业队伍建设和法制保障。⑤继续推进闽台林业合作。

第四节　福建省森林生态服务功能

一、福建省森林生态服务功能现状和价值评估

（一）福建省森林生态基本情况

福建省地处泛北极植物区的南缘，是泛北极植物区向古热带植物区的过渡地带。植物种类丰富，以亚热带区系成分为主，区系成分较复杂。全省植物有4500种以上，保留有一些古近纪和新近纪的森林植被类型和不少珍稀孑遗植物，以及较多的珍贵动物，如武夷山国家级自然保护区就以“生物物种模式标本产地”而闻名遐迩。福建省高等植物有4500种以上，特有植物近160种，珍稀植物175种。

在水平方向上大致以闽中大山带为界，东南部为南亚热带季风常绿阔叶林地带，西北部为中亚热带常绿阔叶林地带；地带性植被为常绿阔叶林。

（二）水土流失与水土保持

水土流失是福建省主要的生态灾害，长汀可为代表。

长汀地处福建省西部、武夷山脉南麓，辖18个乡（镇），总人口为52万人，土地面积为3099km^2（其中林地面积390.92万亩、耕地面积30.7万亩），属全省第五大县。长汀是全国南方花岗岩地区水土流失最严重的区域，目前经济实力总体较弱，仍为福建省经济欠发达县和需要省财政转移支付补助的困难县。

长汀是我国南方重点集体林区县，全县林业用地面积为390.92万亩，占土地总面积的83.91%，居全省第五位，其中有林地面积为370.12万亩；森林覆盖率为79.4%，居全省第七位；全县林木蓄积量为1284.77万m^3；生态公益林面积为116.33万亩，占林业用地面积的29.76%，居全省第四位；毛竹林面积为59.93万亩，占林业用地面积的15.33%，居全省第八位。

长汀水土流失源于社会动荡、处于缺煤少电、成于群众砍伐，其历史之长、面积之广、程度之重、危害之大，居全省之首。据1985年遥感普查，全县水土流失面积达146.2万亩，占土地总面积的31.5%，“山光、水浊、田瘦、人穷”是当时以河田为中心的水土流失区生态恶化、生活贫困的真实写照。长汀严重的水土流失引起了历届省委、省政府的高度重视。1983年，在项南老书记的推动下，省委、省政府把长汀列为全省治理水土流失的试点。1999年和2001年，时任代省长和省长的习近平同志先后两次专程到长汀视察、指导水土流失治理工作。在2001年视察的时候，习近平同志做出了“再干8年，解决长汀水土流失问题”的批示。在他的亲自倡导和关心下，省委、省政府从2000年开始将长汀水土流失治理工作列入民办实事项目之一。从此，长汀水土流失治理迈上规范、科学、有效的道路。国家和地方林业部门对于长汀的水土保持给予了高度关心和大力支持，省林业厅主持制定了《水土流失治理规划》《汀江流域造林绿化与生态建设规划》等规划，2012年，福建省农林大学与县政府联合制定了新一轮水土流失治理系列规划共17项。2006年和2009年，国家林业局分别把长汀列入全国100个经济林示范县和全国油茶产业发展重点县。2011年长汀被列为全国生态文明示范工程示范点。

监测表明，长汀的水土流失面积从1985年的146.2万亩，降低到1999年的110.65万亩和2009年的48.36万亩。按照新的规划，2012～2016年，现有水土流失面积将得到全面有效的治理。

（三）森林生态价值评估结果

福建省2010年10月31日首次向社会公布森林生态服务功能及其价值评估成果：福建省森林生态服务总价值每年超过7000亿，每年每公顷森林提供的价值平均为8.27万元。此次评估工作是由中国林业科学研究院、国家林业局中国森林生态系统定位研究网络中心和福建省林业科学研究院共同组织数十位专家、科研人员，以福建省2007年森林资源二类数据为基础，依据《森林生态系统服务功能评估规范》（LY/T 1721—2008）进行的。

福建省林地面积1.37亿亩，其中生态公益林面积4226万亩；竹林面积1490万亩，居全国首位。建成沿海防护林基干林带3037km，沿海绿色生态屏障得到巩固和完善。

此次评估共选取了涵养水源、保育土壤、固碳释氧积累营养物质、净化大气环境、保护生物多样性、森林防护、森林游憩8项功能13个指标。各项功能价值量及所占比例各为：涵养水源2786.48亿元/a、39.73%；保护生物多样性1927.74亿元/a、27.49%；固碳释氧1004.69亿元/a、14.33%；净化大气环境419.32亿元/a、5.98%；保育土壤497.28亿元/a、7.09%；森林游憩299.86亿元/a、4.28%；积累营养物质73.94亿元/a、1.05%；森林防护3.42亿元/a、0.05%；共计7012.73亿元/a，如图8-24所示。

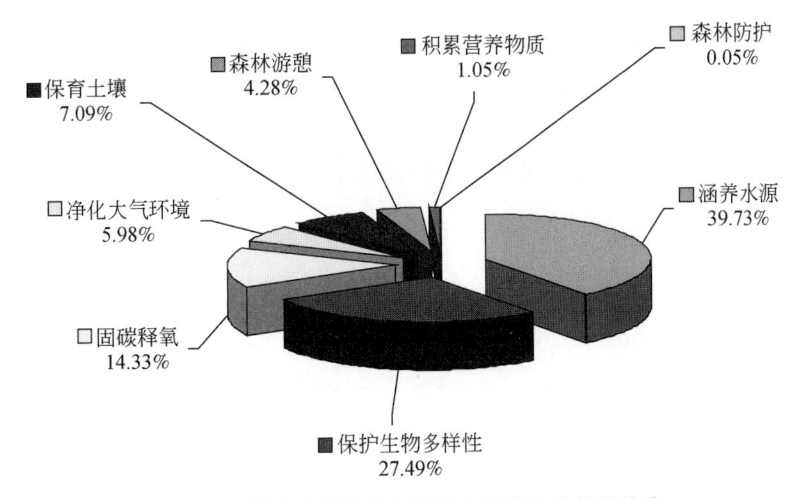

图8-24　福建省森林生态系统生态服务价值量构成

福建省2007年国内生产总值（GDP）为9207亿元，森林生态系统生态服务价值为7012.73亿元，占GDP的76.17%。2007年福建省林业总产值为1200亿元，森林生态系统生态服务价值是林业总产值的5.84倍，表8-11为福建省森林生态系统生态服务价值量分布统计。

表8-11　福建省森林生态系统生态服务价值量分布统计　　（价值量单位：亿元/a）

地区	涵养水源	保育土壤	固碳释氧	积累营养物质	净化大气环境	保护生物多样性	森林防护	森林游憩	小计	比例（%）
福州市	218.56	36.42	78.14	6.53	33.61	162.61	0.59	15.23	551.69	7.87
厦门市	25.06	3.35	6.43	0.57	2.83	15.17	0.01	1.90	55.32	0.79
莆田市	114.34	11.59	25.96	2.07	10.71	52.61	0.24	6.08	223.60	3.18
泉州市	218.34	35.50	70.64	5.49	30.70	145.37	0.20	17.97	524.21	7.48
漳州市	348.71	38.55	88.13	6.42	31.86	162.07	0.57	20.77	697.08	9.94
龙岩市	451.60	84.07	178.65	13.93	79.12	362.61	0.00	49.20	1219.18	17.39
三明市	396.61	108.41	214.18	14.99	89.62	392.48	0.00	47.22	1263.51	18.01
南平市	628.55	130.79	247.79	16.57	98.52	440.20	0.00	125.64	1688.06	24.07
宁德市	384.71	48.60	94.77	7.37	42.35	195.14	1.81	15.85	790.60	11.27

续表

地区	涵养水源	保育土壤	固碳释氧	积累营养物质	净化大气环境	保护生物多样性	森林防护	森林游憩	小计	比例（%）
合计	2786.48	497.28	1004.69	73.94	419.32	1927.75	3.42	299.86	7012.74	100.00
比例（%）	39.73	7.09	14.33	1.05	5.98	27.49	0.05	4.28	100.00	—

二、森林的生态功能和效益

森林不仅创造诸多直接价值，生产木材原料和多种多样的林副、特产品，它还具有更重要的无与伦比的生态功能。

它可以防风固沙，保持水土，涵养水源，调节地表温度从而改善气候，吸附尘埃，净化水、空气和整个地球生物圈，防止污染，减少噪音，保障农作物生长，有益于人体健康。

三、福建省森林生态功能提升的目标

总体目标：确立以生态建设为主体的林业可持续发展道路，通过林业重点生态工程的实施，强化野生动植物、湿地和红树林资源保护和利用，建立起以森林生态系统为主体的国土生态安全保障体系，构建以生态经济为特色的林业产业体系，维护区域生态安全与生态平衡，促进人口、资源、环境的协调发展，形成山川秀美、生态良好、人与自然和谐相处的生态文明社会。

（一）全面提升森林生态质量

通过“森林福建省”的建设，福建省将成为以森林生态系统为主体，城乡环境绿化、美化、优化，生物多样性丰富的绿色世界，全面提升森林质量，以发达国家的森林覆盖率、人均森林面积等指标为参照，使福建省的森林生态质量达到发达国家的水平。全面提升生态公益林质量等级，就是要构建起多树种、多层次、复合式、高效益的生态公益林体系，生态退化问题得到有效解决，森林生态系统步入良性循环，自然生态得到改善，国家和地方生态安全得到有效维护。

（二）减少生态灾害、优化人居环境

提高森林生态服务功能，营造空气清新、环境优美、生态良好、人与自然和谐共处的创业发展和生活居住环境，以联合国生物圈生态与环境组织提出的人居环境标准（绿化覆盖率≥40.0%，人均绿地40～50m^2，人均公共绿地≥20m^2）为参照，人居环境得到全面有效改善，成为人们安居乐业的理想场所。

（三）发展森林旅游、构建生态文明

以国家森林公园为龙头，省级森林公园为骨架，市县级森林公园和自然保护区全面发展，福建全省要建成各类森林游憩场所、构建具有地方特色且文化底蕴深厚的森林旅游休闲体系，成为具有比较发达的生态经济、和谐的生态家园、繁荣的生态文化，人与自然和谐相处的可持续发展省。

（四）绿色 GDP 比例显著提高

福建省将构筑起以森林植被为主体，乔、灌、藤、草相结合，具备多样性和完整性的林业生态安全体系和符合生态系统承载力要求，经济效益高、生态功能和谐的林业生态产业体系。生物多样性得到有效保护，森林质量不高、生态功能脆弱、水土流失、荒漠化、城市森林景观效益差等生态问题得到全面改善，国民经济建设的资源环境成本和生态损失得到有效控制，绿色 GDP 占 GDP 的比例显著提高，国民经济增长正面效应显著。

（五）目标值

（1）森林覆盖率：63.1%→70.0%。

（2）生态公益林占林业用地面积比例：30.7%→35.0%。

（3）生态公益林区域内一级保护林、二级保护林比例：92.0%。

（4）自然保护区占国土面积比例：6.14%→10.0%。

（5）珍稀濒危动植物物种保护率：100.0%。

（6）森林公园占国土面积比例：12%。

（7）绿色通道绿化率：96.0%。

（8）城市绿化覆盖率：35%→40.0%、乡镇绿化覆盖率：18.5%→21%。

（9）森林生态服务价值：7000亿元/a→8800亿元/a、单位面积森林生态服务价值：8.27万元/hm^2→8.5万元/hm^2。

四、福建省森林生态存在的问题

福建省森林生态存在的主要问题如下。

（1）人工林面积大，全省林地面积627.59万hm^2，其中人工林307.17万hm^2。

（2）人工林树种结构失调且针叶化现象普遍。

（3）林分结构不合理，森林生态系统不稳定。

（4）林地土壤侵蚀严重。

（5）生物多样性丧失较严重。

（6）生态功能与市场需求之间有矛盾。

（7）生态恢复周期较长、技术水平低。

五、实现森林生态功能提升的途径

快速提升森林生态功能的主要途径如下。

（1）进行森林生态功能区划、完善资源布局。

（2）加快森林城市创建，包括：①加快森林城市建立绿化生态网络系统；②城市园林绿化植物的生态位配置；③构建具地方特色的城市森林体系。

（3）加强植树造林和林相改造、促进生态恢复，包括：①依托退耕还林工程，加大混交林的林分占有比例；②用人工的方法来改变林相。

（4）加强防护林体系建设充分发挥森林生态功能，包括：①做好全省防护林工程建设的总体规划；②搞好造林树种的选育和树种的混交配置，提高防护效益；③全面采用工程技术、生化技术；④搞好防护林保护。

（5）林业生态工程建设：①自然保护区群网构建；②森林生态恢复技术研究及应用；③沿海防护林的更新和培育。

六、森林生态价值的利用

森林生态价值的利用包括：①野生种质资源的驯化、开发；②发展林下栽培；③流域防护功能方面的利用、减少生态灾害；④森林文化、森林食品的利用；⑤进入碳交易市场。

第五节　福建省生态文化体系建设

一、生态文化的内涵和作用

生态文化是人与自然关系的文化内涵。生态文化包括物质层次、精神层次与制度层次三个方面。随着乡村生态旅游等休闲型旅游形式所创造的生态文化对城市游客的感化，人们急需一个和谐的环境，作为促进生态文化发展与提高人们生活质量的平台。

福建省生态文化的作用：促进城乡协调发展，缩短城乡间的差距；提升环境意识水平；培养了人们形成更加科学的现代生活方式；促进了闽台文化的交流与合作。

二、福建省生态文化建设主要措施

（一）深度挖掘生态文化内涵

科学文化内涵：①以生态知识为主的自然科学知识；②以植物精气和森林环境对人类健康影响为主题的森林生态服务功能。

文学艺术内涵：以诗词歌赋等为形式的文学艺术作品。

社会科学内涵：以森林耕作制度变更为内容的社会科学知识。

（二）大力推进文化载体建设

福建省现有国家级自然保护区10个，省级自然保护区22个，县（区）级自然保护区53个。县级以上森林公园106处，其中国家级森林公园28处，省级森林公园59处，县级森林公园21处。全省现有森林人家337处，它成为挖掘林区饮食文化、林业耕作文化、森林休闲文化等重要阵地。

三、福建省生态文化建设的产业前景

（一）转变林区生产方式，促进城乡协调发展

福建省作为一个南方重点林区，林农占农村人口的比例较高。林业改革后，全省4294.3万亩的林区变成了公益林，一部分林农也因此失去了经营林业的条件。依托良好的生态资源，开展以林区和乡村生态旅游，是传统林业经营者转变生活方式的一个很好选择；开展生态文化建设，对于提升生态旅游的整体质量具有十分重要的意义。

（二）促进产业升级，做大产业规模

2009年，福建省森林旅游总产值达22亿元，其中以森林公园为主体的生态旅游总收入达2.4亿元，旅游人数达1564万人次。2010年的情况更加突出。生态文化建设的推进，适应了福建省乡村旅游发展的需要，促进了森林旅游产品的升级，打造了森林旅游产业快速发展的新品牌和平台，森林生态文化的产业前景将更加广阔。

四、福建省生态文化体系布局及建设重点

（一）布局依据

福建省生态文化体系布局依据可归纳为福建省的文化依据（包括福建省五江一溪水系对文化格局的影响和方言对文化格局的影响）及生态环境资源依据。

（二）布局框架——“一带三区”

一带：闽东南沿海滨海湿地与闽台生态文化风光带。主要包括：福州市、莆田市、泉州市、厦门市、漳州市。

三区主要包括如下地区。

（1）闽西北丹山碧水生态文化区，主要包括：南平市、三明市部分县市。

（2）闽西客家文化红色旅游生态文化区，主要包括：龙岩市各县市区及三明市（宁化县、明溪县、清流县）。

（3）闽东畲族生态文化区，主要包括：宁德市部分县市。

（三）建设重点

1. 闽东南沿海滨海湿地与闽台生态文化风光带建设重点

闽东南沿海滨海湿地与闽台生态文化风光带建设的重点包括：①湿地生态文化建设；②海洋生态文化建设；③森林生态文化建设；④闽台生态文化建设。

2. 闽西北丹山碧水生态文化区建设重点

闽西北丹山碧水生态文化区建设重点包括：①丹霞碧峰生态文化保护与建设。②山里人家生态文化建设：着力打造森林人家的品牌，挖掘林区农耕文化、推行林农生产生活体验、品味山乡四季美食，是该区生态文化品牌创建的一个亮点。③林区产业生态文化建设。④地带性森林植被保护及自然保护区生态文化建设。⑤闽江源生态文化建设。

3. 闽西客家文化、红色旅游生态文化区建设重点

闽西客家文化、红色旅游生态文化区建设重点包括：①红绿相映的红色旅游生态文化建设；②峰林交融的绿色旅游生态文化建设；③山水交融的客家文化建设。

4. 闽东畲族生态文化区建设重点

闽东畲族生态文化区建设重点包括：①畲乡本土生态文化建设；②闽东亲水生态文化旅游区建设；③闽东奇山秀水文化旅游区建设；④滨海渔耕生态文化建设。

（四）森林文化建设的主要措施

森林文化建设的主要措施：高度重视人才队伍培养；深度挖掘生态文化内涵；着力强化解说系统设计；大力推进文化载体建设。

其中，强化解说系统设计应重点注意做好以下几部分，表达内容的多元化：深度挖掘生态文化内涵；表现形式的多样化：传统手段和高新技术；科学文化：以生态知识为主的自然科学知识；文学艺术：以诗词歌赋等为形式的文学艺术作品；社会科学：以森林耕作制度变更为内容的社会科学知识等。

五、森林文化载体

（一）森林文化载体

森林文化载体包括以下几种。

大型载体：自然保护区、城市森林、森林公园、湿地公园等；

中型载体：乡村人居林、生态风景林、森林古道等；

小型载体：古树名木、碑刻、诗词歌赋等。

其他特色森林文化载体：除了以上载体外，还有许多独具特色的生态文化载体，如茶（茶园、茶饮等）、竹林、苏铁、松、竹、梅等许许多多文化内涵极其丰富的树种。松的高洁、竹的虚心、梅的傲雪，都是人们咏物言志典型例子，古代典籍对其均有诸多记述，这些文人韵味极其浓厚的树种，承载了极其深厚的文化内涵。

（二）台湾省生态文化建设中的经验

在台湾省，生态文化教育的直接形式是生态文化解说系统建设，社会各界普遍认为，解说系统的目的就是提高全岛居民的生态环境保护意识。通过解说系统，配合一定的景观设施，使游客更能亲近自然，了解大自然的原始风貌。台湾省生态文化建设中值得借鉴的经验包括以下。

（1）成立专门机构——解说教育科。负责解说设施的规划设计，解说人员训练、解说资料编印、解说服务、游客中心展示及保育宣传报道工作等。

（2）设备齐全的游客中心——非现场虚拟展示，其主要手段有：录影带、多媒体展示厅、解说丛书、手册、画册、报告等。

（3）“自导式”的解说——解说牌示，其主要为方便游客进行较为深度的森林游憩而设置。

（4）各种参与式的活动。

（5）预约解说服务的制度，游客可以通过电话索取解说宣传资料；或通过传真、电话等先行安排好解说员负责导游解说服务。

（6）义务解说员队伍，义务解说员不是公园的工作人员，而是分布在台湾省各个地区、各个行业、各个单位的具有上述精神和相应的生态知识，通过考试被录取的自然人。他们不索取任何报酬，只求献身环境保护工作。他们的工作主要是为游客团体做带队解说，做定点或机动解说，以及从事公园管理部门举办的各种解说活动。

第六节　闽台林业对比分析与两岸林业合作交流

一、闽台森林资源对比

闽台两地一水之隔，台湾省林业与福建省林业血脉相连，地质、气候和人文等相似，同属物种资源比较丰富的地区，这些为闽台林业合作提高了很好的前提条件，也使闽台林业合作有了可能性。

（一）闽台森林资源基本状况对比

福建省与台湾省林业原本为一家，两地在气候、地质和人文等相似，福建省的土地面积约为台湾的3倍，林业用地总面积和森林面积也均为台湾省的3倍左右，森林覆盖率略高于台湾省，活立木总蓄积量约为台湾省的1.5倍（表8-12）。

表 8-12　闽台森林资源基本状况对比

项目	福建省	台湾省
土地面积（万 km^2）	12.14	3.6
林业用地总面积（万 km^2）	908.07	359.15
森林面积（万 km^2）	766.67	196.95
森林覆盖率（%）	63.10	54.70
活立木总蓄积量（亿 m^3）	5.32	3.59

（二）台湾省森林资源概况

台湾省曾经进行过三次大规模的全省森林资源调查。新时代的森林资源调查，除了解森林面积、调查森林现况、建立森林资源监测系统，还加入推估全省森林碳储量的新项目。本书中有关台湾省森林资源的数据均来自台湾省第三次全省森林资源调查。

台湾省总面积为 36 000km^2，其林业用地总面积达 196.95 万 hm^2，占土地总面积的55%，人均森林面积达 0.9hm^2。林木蓄积量为 358 744 000m^3。其中针叶林占20%，针阔叶混交林、阔叶林占72.5%，竹林占5.7%（图8-25）。

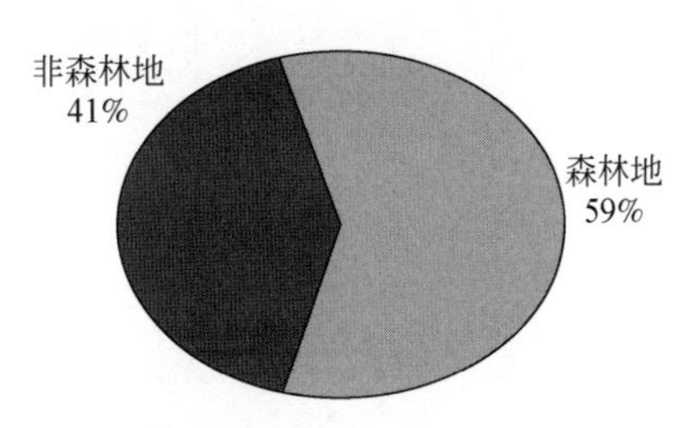

图 8-25　台湾省森林面积组成图

台湾省的森林地林型可以分为人工林和天然林两大类，其中天然林占的比例较大，高达 80%（图8-26）。人工林可分为人工混交林（占3%），人工阔叶林（占7%），人工针叶林（占10%）；天然林可分为天然阔叶林（占47%），天然混交林（占16%），天然针叶林（占10%），竹林（占7%）。图8-27为台湾省森林地林型蓄积组成图。

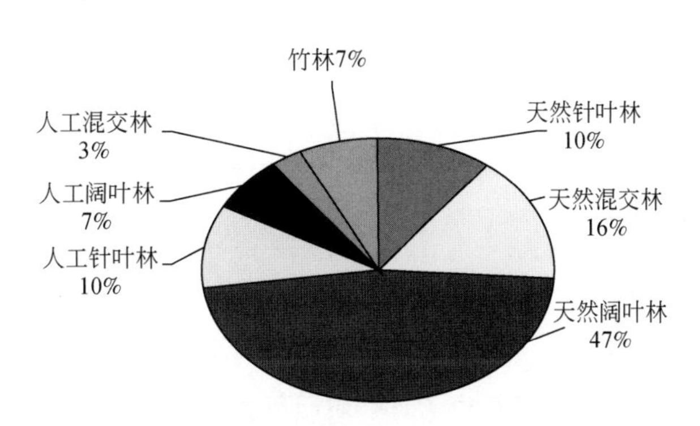

图 8-26　台湾省森林地林型面积组成图

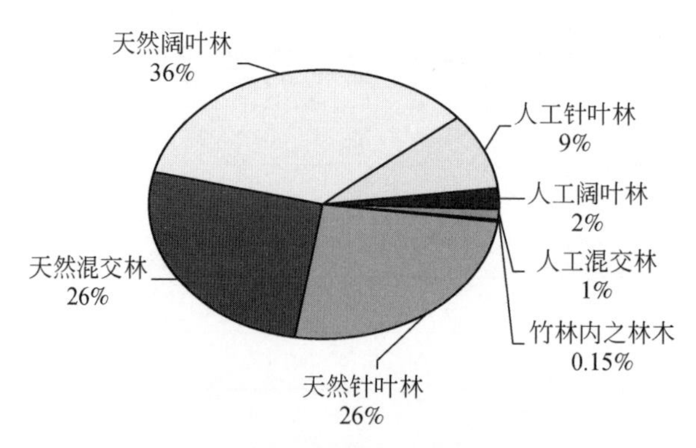

图 8-27　台湾省森林地林型蓄积组成图

随着林业的不断发展和可持续经营理念的不断深入，台湾省的年采伐面积和采伐量逐年递减，至2000年，林木年采伐材积比例仅占全省材积总量的5.25%（表8-13）。

表8-13　台湾省森林主产物之年伐采面积及采伐量

年份	林木			竹	
	面积（hm^2）	林积（m^3）	林积比例（%）	面积（hm^2）	株数
1987	5 546	670 410	100	2 444	6 311 927
1993	575	71 735	10.70	675	2 176 352
1996	500	56 362	8.41	293	2 323 761
1998	458	49 529	7.39	260	1 508 053
1999	393	42 945	6.41	493	1 841 708
2000	632	35 179	5.25	383	1 716 292

二、闽台动植物资源对比

（一）福建省动植物资源概况

福建省拥有优越的自然条件，孕育了丰富的生物资源。

全省有高等植物4703种，脊椎野生动物1600多种，种类占全国三分之一。

为加强对生物多样性的保护，建成省级以上自然保护区32处，其中国家级自然保护区10处，全省自然保护区面积达1213.5万亩，占土地总面积的6.66%，居华东地区首位。

（二）台湾省动植物资源概况

台湾省的植物种类数量高于世界平均的60倍，是亚洲知名的植物园；台湾省动物种数合计25 151种，特有种11 195种，原生种保护类174种；台湾省目前共有52处“重要野鸟栖地”；鱼类丰富，被誉为天然的“海洋生物牧场”。

（三）自然保护区

目前，台湾省对自然保护区的规划，可分为自然保留区、野生动物保护区、野生动物重要栖息环境、国有林自然保护区及国家公园，总面积约占台湾省陆域面积的19%。

台湾省具有丰富的物种多样性，但灭绝情况也是很严重的。其主要原因是栖息地破坏、过度利用、环境污染和外来入侵等。

三、闽台湿地资源对比

（一）福建省湿地资源概况

福建省近海与海岸湿地为625 736hm^2，主要湿地为浅海水域、潮间沙石海滩、潮间淤泥海滩、红树林沼泽、河口水域。

浅海湿地面积为167 287hm^2，潮间滩涂湿地面积为189 800hm^2，河流、湖泊等各类淡水湿地面积为117 936hm^2，围垦区水面为22 400hm^2，其他湿地类型面积为128 313hm^2。

达到国际重要湿地标准的湿地有：三都湾、闽江河口、福清湾、兴化湾、泉州湾、深沪湾、九龙江河口、厦门湾和东山湾。

（二）台湾省湿地资源概况

台湾省的湿地大致可分为沿海湿地、内陆湿地、人工湿地三种类型。其中大多都是沿海湿地，人工、内陆比较少。

台湾省湿地的面积在1万~2万hm^2，分布在宜兰地区的兰阳溪口、竹安、五十二甲、无尾港；台北地区的挖子尾、关渡、立农、华江桥；新竹地区的港南；彰化地区的大肚溪口；嘉义地区的鳌鼓；台南地区的四草、曾文溪口；屏东地区的高屏溪口、龙銮潭；以及台东地区的大陂池共16个。

闽台均有丰富的湿地资源，福建省的湿地面积是台湾省的3倍以上，两地在湿地资源方面均面临着一些问题：①湿地的盲目开垦和改造；②湿地严重污染；③湿地生物资源过度利用；④湿地水资源的不合理利用；⑤外来物种入侵。

四、闽台林业产业对比

福建省的森林覆盖率居全国第一。主要林产品产量位居全国前列。除了林产品市场方面，福建省林业技术需求市场也较大，福建省土地以林地为主，然而大部分林地经营水平较低，经营粗放，缺乏投入，目前急需技术和资金的投入，同时也需要先进经营管理方式的引入。这些为台湾省林业的向外拓展提供了非常好的平台，是台湾省林业继续发展的有效途径。

台湾省林业资本投入有扎实的经济基础；台湾省林业技术先进；台湾省除了资金与技术方面的优势外，经营管理水平和人才等方面也具有优势。

丰富的森林资源，充足廉价的劳动力和广阔的市场是福建省林业发展的优势，而这些是台湾省林业所不具备的；资源、劳动力和市场等福建省林业的优势与台湾省林业发展面临的瓶颈的一致性为闽台林业合作提供了极为有利条件，台湾省林业经过了半个多世纪的较快发展，林产品精加工产品在质量和数量上都具有很大的竞争力；因此在市场方面，福建省与台湾省具有极大的互补性。福建省林业的发展需要台湾省的“溢出”部分，台湾省则需要福建省的市场，来消化“溢出”的部分，为台湾省林业的继续发展寻求市场支持。

五、台湾省森林生态系统经营

（一）台湾省森林生态系统经营的执行过程

执行过程包括：森林多目标经营→林地经营计划→新林业（新展望）→森林生态系统经营，如图8-28所示。

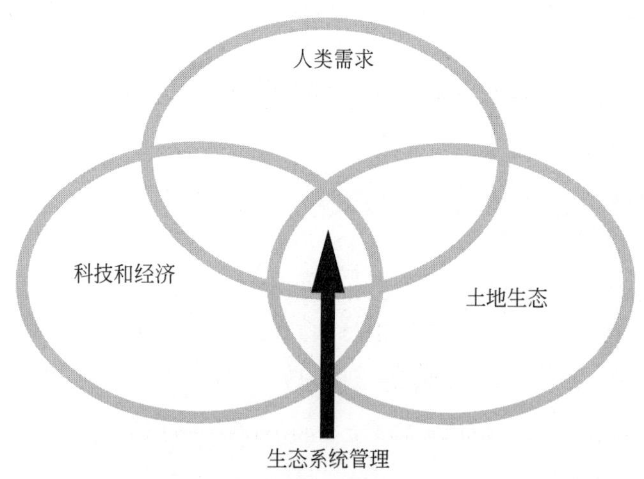

图 8-28 森林生态系统经营示意图

（二）森林的多目标价值

森林的多目标价值包括：木材资源生产功能；生态体系保育功能；森林环境服务功能。

（三）整体目标

整体目标包括：长期生产力的维护；物种与生态多样性的保持；森林更新能力的保存。

（四）在林分阶层作业

在林分阶层作业可包括如下。

（1）改变树种的组成，以符合特定生育地问题（如根腐、低氮），以至于提供更多的野生动物栖息地。

（2）改变林分结构，建造二层林、二龄林及极度疏植，以适合野生动物使用及增加林下的饲料植物。

（3）视各种功能及需要，改变轮伐期。

（4）保留非商业伐留物（倒木、枯立木）于现存林分，以提供所谓的生物遗产。

因此，符合自然生态原则下的森林资源经营管理，应该从树种组成、林龄分布、伐区大小与配置等各方面着手。最实用的做法为从伐采方法及更新方法着眼，详细比较施业（森林资源经营管理活动）体系，就各个森林选择其最适的经营管理方式。

台湾省的森林生态经营模式不仅符合我们目前所了解的自然或生态的原则，即维持了结构的多样性以及环境保育的需要，也同时可以有下列好处。

（1）森林经营将更有效率，获利性增加。

（2）减少对于更多的环境法规上的忧虑，增加对于育林作业的投资。

（3）更多稳定的雇用及生产，稳定乡村的小区。

（4）维持所有的森林结构，免除因栖息地损失而使物种濒临灭绝。

（5）增加高质量林产品流通，可减少其他更有污染性替代品的使用，而达成环境保育目标。

（五）台湾省森林多目标经营方法

维持地力的经营管理手段有：①延长伐期；②人工林之复层林作业；③天然林之生态系经营作业；④设置专供观察比较之天然林保护林。

台湾省达成森林永续经营的育林作业模式：延长轮伐，强化森林功能；提高木材品质及制材率；增加林分水平及垂直的复杂度；发挥水土涵养功能；碳储存。

六、台湾省林业发展远景及发展方向

进入21世纪，台湾提出森林资源发展的远景和发展方向，建议在有限的人力与经费的支持下，实现以下目标。

（1）恢复美丽海岛自然故乡——建立确保生态系健全的自然保育系统。

（2）营造永续经营人工林——实施增进碳贮存与生物多样性保护的人工林永续经营。

（3）构建水土保育环境林——推进改善水资源质量的森林经营。

（4）发展自然野趣生态旅游——倡导保育与教育相结合的森林生态旅游。

（5）创建生机勃勃的新山村——落实新环境主义的山村振兴计划。

七、闽台林业对比小结

闽台两岸在林业生态和可持续发展方面各具特色，互有所长。福建省要充分利用自身的自然资源优势、劳动力优势以及市场环境来吸引台湾省前来投资合作，同时要充分学习台湾省在可持续经营造林技术方面的特长和其他林业技术，来推进福建省林业的快速发展。特别要与台湾省合作发展花卉产业、中药种植、森林旅游等，在学习中合作，在合作中进步。

要抓好福建省内各级对台林业交流合作特色示范区、示范基地的建设，不断完善并加强平台对科技、产业的吸纳、承接功能，充分发挥示范辐射及带动作用，全面推进对台林业合作、引进及推广工作。

台湾省林业具有资金的优势，地区经济较为发达，资本雄厚，然而劳动力成本较高，导致林业经营者更多地用资金去替代劳动力，表现在大量机械设备的使用等，同样也出现了替代的高成本，或者称为替代的不经济性。福建省则可通过自身优势来弥补台湾省林业的不足，引进台湾省的资金进行发展。

应借鉴台湾省先进的管理经验和造林政策，发展健康、永续的林业，充分调动林业经济的活力，推动福建省林业加速前进。

八、闽台两岸林业合作案例——海峡两岸（三明）现代林业合作实验区

自2005年6月14日三明成立海峡两岸现代林业合作实验区园以来，经过多年的不懈探索和积极运作，取得了积极的进展。

（一）两岸业界交流机制逐步完善

自2005年以来，三明先后与台湾省的“中华林学会”、自然资源保育协会、工业协进会、中小企业协会、家具工业协会、嘉义大学、嘉农农业发展基金会及福建省农林大学校友总会等20多家社团组织建立交流协作关系，并有台湾省的各界人士近3万人次前来三明观光考察、商洽投资。

（二）对台招商引资成效日益扩大

自2005年以来，累计新引进涉林台资企业67家，总投资2.75亿美元，合同利用台资1.55亿美元，注册资金0.84亿美元。其中2010年新引进16家，总投资7715万美元，注册资金4016万美元，当年实际到资2423万美元。截至2010年底，三明共有涉林台资企业96家，总投资2.97亿美元，合同利用台资1.74亿美元，注册资金9670万美元。涉林台资企业的生产领域从原来单一的木材加工向生物医药、森林食品、苗木花卉、休闲观光、木竹家具、木竹工艺品等多方面发展。

（三）林业科技交流合作不断深化

依托海峡两岸的有关高校、社团的科技资源，陆续建立闽台林业研究所、林业科技交流培训中心、珍稀树木园和生物组培繁育中心，先后引进推广台湾省新品种、新技术、新工艺、新设备、新农药等284项，推广面积16.4万亩。

三明参照台湾省现代农业发展的理念和经营模式，创办了35个农林产销班或专业合作社，并推动三明林业合作经济组织的加快发展。截至2010年年底，共组建各类林业合作经济组织和专业协会920个。

（四）合作示范基地建设加快推进

三明先后建立了以苗木花卉为主要特色的清流国家级台湾省农民创业园、以笋竹培育加工为主要特色的永安台湾省农民创业园、以生物医药为主要特色的明溪闽台合作示范基地、沙县两岸现代农林机械制造基地等一批对台林业交流合作示范平台。

（五）海峡两岸林博会品牌逐步打响

作为实验区的标志性项目，连续举办了海峡两岸林业博览会，并于2007年起升格为国家级专业展会，由国家林业局和福建省政府共同举办，国务院台湾事务办公室、商务部为支持单位，先后有11家台湾省知名社团组织参与联办。

九、台海林业合作交流

2011年10月22～23日在福建省农林大学举行了海峡两岸林业生态与可持续发展高层论坛，台湾专家教授和有关人员在大会上进行了交流，相关专家就台湾省森林经营管理、碳汇林营造和生态旅游等专题作了报告。2012年12月，对台湾省林业与生态进行了实地考察，考察地主要包括台湾大学溪头实验林（溪头自然教育园区）、东北沿海防护林、垦丁自然保护区、林业试验所和植物园，与教授学者进行了交流。通过交流，对于两岸林业与生态问题有了更进一步的相互了解，建立了多学科领域的学术合作与交流关系。台湾省在生态林建设、人工林营造、海岸防护林经营和农业产业等方面的科学技术值得我们借鉴（图8-29～图8-31）。

(a)

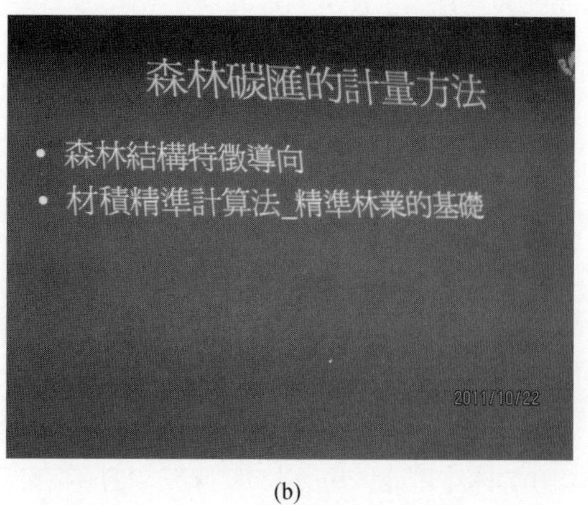

(b)

图8-29　嘉义大学林金树教授在林业高层论坛作“森林经营与森林碳汇计量方法”报告

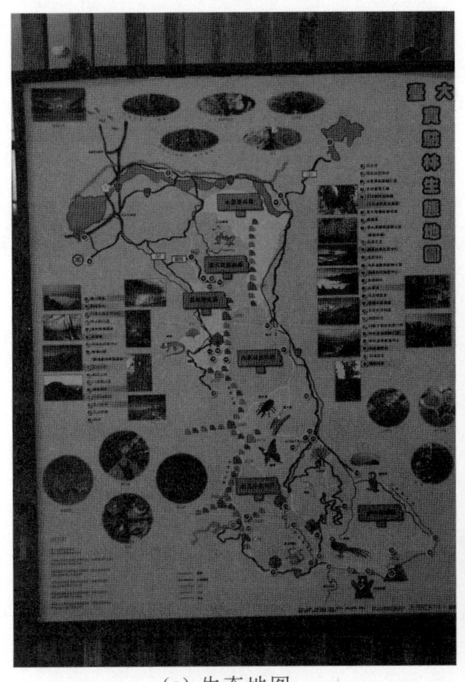

(a) 生态地图

(b) 密度实验林 (1934年营造)

图 8-30　考察台湾大学溪头实验林

(a) 与台湾林业试验所恒春研究中心主任沈勇强教授及中山大学江友中教授交流

(b) 垦丁森林公园的白榕树，独木成林，占地2750m²

图 8-31　交流考察见闻

第七节　福建省现代林业建设

一、福建省林业现状及成就

(一) 森林生态体系建设初显成效

沿海防护林体系建设方面，沿海地区已基本形成海岸林成带、农田林成网、荒山荒滩林成片，形成生态、经济、社会效益相结合的多功能、多效益的森林防御体系，对改善生态环境、防灾减灾、加快吸引外资步伐、加快海西经济区建设发挥极其重要的作用。

生物多样性保护方面，截至 2007 年，全省自然保护区共 93 个，其中国家级自然保护区为 12 个；自然保护区面积为 50.22 万 hm^2，占全省总面积的 4.05%。

生态公益林保护方面，早在 2007 年，福建省就启动了生态公益林管护机制改革。

绿色通道与城乡绿化一体化建设方面，福建省城市建成区绿化覆盖率由“九五”末的 32.89% 提高到 2007 年的 36.58%，城市人均公共绿地面积由“九五”末的 7.02m^2 提高到 2007 年的 9.45m^2。

（二）林业产业体系发展提速

林业产值逐年增加，且增幅明显。2010 年和 2011 年，福建省林业产值分别达到 1673.15 亿元和 2559.4 亿元。

（三）生态文化体系建设

通过建立生态文明建设示范基地，进一步传播生态文化，让人民体验生态与文化、生态与旅游密切融合的独特魅力，体悟生态文明与社会和谐的良性互动。

（四）林业产权制度改革深化

各地以明晰林木产权为重点，探索产权重组、组建家庭联营林场等形式，建立新型的林业合作经济组织；竹林经营全面推行“集体所有、长期承包、明确职责、合理分配”的制度，调动了农民生产积极性。

二、海峡西岸现代林业发展的必要性

海峡西岸发展现代林业是落实科学发展观的需要，是维护国土生态安全的需要，是促进社会主义新农村建设的需要，是满足人们对森林产品及服务的需要，同时也是加强海峡两岸合作交流的需要。

三、福建省林业发展面临的机遇

（一）国家生态文明建设的战略部署

森林是维系人与自然和谐发展的关键和纽带，林业是陆地生态建设的主体，为建设生态文明提供生态环境基础。

（二）林业产权制度的改革

《中共中央国务院关于全面推进集体林权制度改革的意见》指出：集体林权制度改革是推进现代林业发展的强大动力。

完善集体林权制度改革的配套政策措施，如林业税费改革、完善林木采伐管理机制；规范林地、林木流转；建立支持集体林业发展的公共财政制度；推进林业投融资改革；加强林业社会化服务等，也为现代林业发展带来了机遇。

（三）国家现代林业发展战略的实施

必须把建设生态文明作为现代林业建设的战略目标，作为林业工作的出发点和落脚点，作为全体林业建设者义不容辞的神圣职责，始终不渝地坚持抓好。同时，要正确处理好林业三大体系之间的关系。

（四）福建省经济区战略的实施

福建省委、省政府颁发了《中共福建省委 福建省人民政府关于加快林业发展建设绿色海峡西岸的决定》。海峡西岸经济区战略有利于改善林业投资环境，落实外商投资林业的相关优惠政策措施，发挥“五缘”优势，加强闽台林业合作，发展现代林业。

（五）国际社会对森林问题的关注

目前国内外公众的森林生态环境意识有所提高，全球保护森林的呼声高涨。国际应对气候变化给林业带来了机遇。

四、福建省林业面临的主要问题与挑战

（一）森林资源质量有待于进一步提高

福建省森林资源质量较低，全省林分蓄积量平均每公顷仅为 75.96m^3，基本同等条件的台湾省为 182.28m^3。

（二）林业产业竞争力有待于进一步增强

林业产业新产品开发能力低，产品附加值低，名牌产品少，林产工业规模不大，使福建省林业在国内外激烈的市场竞争中处于劣势。总产值和邻近省广东、浙江有一定差距。

（三）生态文化建设内容有待于进一步拓展

人们的生态保护意识还不够强，各种生态文化载体还不够完善，需要完善生态文化建设机构、加大其他森林文化载体投资，进一步拓展建设内容。

（四）分区施策有待于进一步加强

福建省各个地市林业发展条件相差较大，在亚热带水果、速丰林，珍贵用材树种、旅游、古典家具生产等方面初步形成一定特色，但这种区域特色仍不明显。必须分区施策，加强区域引导，突出林业的区域特色。

（五）林业发展保障制度有待于进一步完善

（1）林权制度需要继续探索和突破，诸多配套政策需要继续完善。

（2）科技创新需要投资，只有加大科技投资力度，才能提高林业科技创新能力，才能提高科技对现代林业的贡献。

（3）限额采伐管理制度已适应不了当前集体林权制度改革后林木、林地权属明晰和非公有制林业快速发展的需要，林业所有者和经营者对改革的呼声越来越高。

（4）林农发展林业资金匮乏，需要政府尽快完善林业投融资制度。

（5）由于缺乏可操作的法律依据，各地林地林木的流转行为难以规范。

五、现代林业发展的潜力

福建省商品材产量居全国第一，今后，商品林在林业产业发展的带动下，市场前景将会更好。与此同时，福建省林业产业一体化进程加快，后续产业发展潜力巨大。一是林纸、林板、林化一体化进程加快。二是供求契约关系更加明确规范。三是在龙头企业带动下，产业链条趋于延长完整。

六、福建省发展现代林业的途径

（一）建设生态良好的绿色福建省

1. 保障山地生态安全

山区林业应处理好商品林业与生态林业的关系。山区必须保证水土保持林的营造，有效控制水土流失，进一步抓好长汀县水土保持工作典型，推广长汀水土保持经验，建好南方水土保持试验站。健全森林生态效益补偿制度。一方面，应该制定科学的公益林发展规划。另一方面，应该从增加投入、科学经营、规范管理等方面加强做好工作。要进一步完善森林生态效益补偿机制，调动务林人的生产积极性。

2. 改善城市和乡村人居环境

从全面建设全面小康社会的要求看，不仅要在吃穿住用等方面达到小康水平，更重要的是城乡居民要有一个处处有草地树木、山清水秀、鸟语花香、街道整洁、空气清新、水体清洁的生活、出行和工作环境。

3. 构筑沿海生态屏障

要结合沿海地区的实际，制定科学的林业发展规划，实现林业生产力在空间上的合理布局，以及在时间上的循序渐进，并通过运用行政、法律、经济、科技等手段，对所做规划认真加以落实。

4. 提高森林可持续经营水平

森林可持续经营水平可以从以下三点进行提高。

（1）开展科学的林业分类经营。

（2）实施森林近自然、可持续经营和森林健康经营。

（3）大力倡导实行森林认证管理。

（二）发展持续高效的林业产业

1. 促进循环持续的林业产业发展

（1）加强节材和森林资源综合利用。

（2）走环境友好型生产之路。

（3）降低能源消耗。

（4）推进节约型、循环型和环保型木（竹）材林产品生产示范区建设。

2. 发展集约高效的林业产业

（1）大力实施产业集群战略、名牌战略和龙头带动战略。

（2）优先发展林业第二产业。

（3）大力巩固林业第一产业。

（4）延伸提升林业第三产业。

3. 完善林业产业发展政策

（1）改善宏观调控。

（2）加强市场监管。
（3）优化公共服务。
（4）强化社会管理。
（5）抓好山区综合开发。

（三）培育进步繁荣的生态文化

1. 建立生态文化组织

生态文化建设是一个涉及多个管理部门的整体工程，需要林业、环保、文化、教育、宣传、旅游、建设、财政、税收等多部门的协调与配合。

2. 完善生态文化制度

首先，要将生态文化体系建设纳入福建省和林业部门的相关规划中，明确指导思想、目标任务、实施步骤、保障措施，指导全省的生态文化建设。其次，将生态文化体系建设纳入制度化轨道。最后，加快生态文化体系建设制度化进程。

3. 创新生态文化科技

在福建省进行生态文化建设，这是一个全新的时代课题，必须加强关于生态文化建设的理论研究。

加强生态文化学科建设、科技创新和教育培训，培养生态文化建设的科学研究人才、经营管理人才，打造一支专群结合、素质较高的生态文化体系建设队伍。

4. 建好生态文化载体

建立以政府投入为主，全社会共同参与的多元化投入机制。在福建省林业厅的统一领导下，启动一批生态文化载体建设工程。对改造整合现有的生态文化基础设施，完善功能，丰富内涵。切实抓好自然保护区、森林公园、森林植物园、野生动物园、湿地公园、城市森林与园林等生态文化基础设施建设。

5. 拓展生态文化平台

在采用报纸、杂志、广播、电视等传统传播媒介和手段的基础上，充分利用互联网、手机短信、博客等新兴媒体渠道，广泛传播生态文化；利用生态文化实体性渠道和平台，结合“世界地球日”“植树节”等纪念日和“生态文化论坛”等平台，积极开展群众性生态文化传播活动。

第八节　主要建议

（1）建立闽台林业经济技术合作示范区。促进两岸林业人才的交流与合作，学习和借鉴台湾省林业在政策、法制、投入、科技、人才和服务组织等相关林业保障领域的先进经验；以海峡两岸（三明）现代林业合作试验区、三明院士工作站和海峡两岸现代林业研究中心为平台，逐步将合作试验区的范围扩大到福建省全省，建立闽台林业经济技术合作试验区。不定期地举办两岸林业高层论坛和企业联谊活动。

（2）进一步加强林地潜力提升、林业产业链延伸、生态安全潜在危险规避，以及闽台互补性等方面的研究及相应工程实施。

（3）加强水土保持科技研究。以长汀县水土保持的科学技术与组织管理经验为基础，以“南方水土保持研究院”为平台，坚持长期的水土保持科学技术研究，深化研究成果，提高研究水平，辐射和带动南方其他地区的水土保持研究。

（4）将项目成果与海西经济建设和生态文化建设有机地结合起来。建立以政府投入为主，全社会共同参与的多元化投入机制。启动一批生态文化载体建设工程；改造整合现有的生态文化基础设施，完善功能，丰富内涵；切实抓好自然保护区、森林公园、森林植物园、野生动物园、湿地公园、城市森林与园林等生态文化基础设施建设。

第九章　海西经济区典型河口海洋污染防治与生态修复途径研究

第一节　概　　述

海西经济区，是指台湾海峡西岸，以福建省为主体包括周边地区，南北与珠三角、长三角两个经济区衔接，东与台湾省、西与江西省的广大内陆腹地贯通，具有对台工作、统一祖国，并进一步带动全国经济走向世界的特点和独特优势的地域经济综合体。它是一个涵盖经济、政治、文化、社会等各个领域的综合性概念，总的目标任务是“对外开放、协调发展、全面繁荣”，基本要求是经济一体化、投资贸易自由化、宏观政策统一化、产业高级化、区域城镇化、社会文明化。海西经济区以福建省为主体涵盖浙江、广东、江西3省的部分地区，人口为6000万~8000万人，预计建成后的经济区年经济规模在17 000亿元以上。

（1）海西经济区这个概念是在2004年1月初举行的福建省十届人大二次会议上首次被完整、公开地提出。2006年“两会”期间，支持“海峡西岸”经济发展的字样出现在政府工作报告和“十一五”规划纲要中，计划通过10~15年的努力，海峡西岸将形成规模产业群、港口群、城市群，成为中国经济发展的发达区域，成为服务祖国统一大业的前沿平台。原福建省委书记卢展工认为，建设海西经济区展示了大陆对台湾的最大的努力和最大的诚意。海西经济区不仅会促进周边的浙江省、广东省、江西省等东部地区发展，从全国布局来看，对中部崛起和西部开发也有拉动的作用。党的十七大报告提出，支持海峡西岸和其他台商投资相对集中地区经济发展，这是海西经济区建设首次被写入中共党代会报告。海西经济区的建设和发展得到了各方重视及党中央国务院的大力支持，海西经济区也加快了发展的步伐，被列为我国五大经济发展区之一，2009年5月6日，国务院正式公布了《关于支持福建省加快建设海峡西岸经济区的若干意见》，中央领导人胡锦涛和温家宝对海西经济区的发展也极为重视，先后到福建省视察，并将福建省列为重要的经济发展区。

（2）福建省海湾拥有“渔、港、景、油、能”五大优势资源和独特的对台区位优势。随着高速公路、沿海大通道、沿海铁路及港口的建设与完善，海洋开发前景日益广阔。福建省沿海六个地级市的陆域面积42 397km^2，占全省陆域总面积的37.05%；2011年末，沿海地级市地区总人口达2948万人，占全省总人口的79.2%，地区生产总值（GDP）达14 296亿元，占全省GDP的81.4%，城市化率达到了60.2%。以上数据显示，沿海地区已经成为全省人口、经济的重心，沿海地区的可持续经济发展对全省乃至整个海西经济区的稳定发展具有重要的现实意义和长远战略意义。

（3）在国务院《关于支持福建省加快建设海峡西岸经济区的若干意见》鼓舞下，福建省政府认为要更好更快地发展海西经济区，应该认真研究有关地质生态环境，大力提高海西经济区的生态环境质量，保障其生态安全，以取得可持续的快速发展。为此，卢耀如院士等28位院士曾于2009年10月代表中国工程院提出建议：为海西经济区发展，应当开展有关闽江、九龙江生态流域的示范研究。2010年，许多院士又联合考虑这项重要的研究课题，提出了“海西经济区（闽江、九龙江等流域）生态环境安全与可持续发展研究”这一咨询项目，其被列为中国工程院的重大研究项目，该项目下设8个子课题，分别从海西经济区水资源调配与可持续发展利用、海西经济区林业生态建设与可持续发展研究、海西经济区河口海洋污染防治与生态修复途径研究、海西经济区地质灾害的风险度划分与防治对策研究、海西经济区地下水封洞库的可行性与安全性研究、海西经济区城市群岩土工程特性及地下空间开拓安全性研究、海西经济区水域–陆地–港口系统地质生态环境基本特性与协同发展研究、台湾海峡通道前期方案论证 8 个方面为海西经济区建设提供科学支撑。

闽江、九龙江是海西经济区的主要入海河流，都是发源于福建省，不受其他地区的影响。闽江口是一个重要的生态及鸟类保护区，大片的海岸湿地为鸟类提供了重要栖息场所；九龙江口拥有多种珍稀海洋生物，如红树林、中华白海豚、珍稀鸟类等，河口生物多样性为人类提供了多种多样的生态系统服务。2011 年末，闽江和九龙江两条流域人口总数约 2350 万人，占全省人口总数的 63.2%，流域 GDP 总数约为 11 704 亿元，占全省 GDP 的 66.3%，城市化率达到了 64.5%，两条流域及河口区的生态环境安全以及生态系统服务的永续利用，已成为海西经济区海岸带及社会经济可持续发展的重要保障。

为保障九龙江口、闽江口等重要河口的生态安全，在目前河口环境状况下，必须通过污染防治和生态保护与修复两个途径予以实现。由于河口生态环境的复杂性，河口的生态保护与上游流域以及临近海域有着高度的关联性，目前行政分割的环境管理模式没有能够将流域综合管理与海岸带综合管理链接起来，无法解决跨行政区域协调的问题，往往导致污染防治和生态修复成效不佳，河口区的环境污染、生态破坏现象仍然异常突出。在此背景下，“海西经济区（闽江、九龙江等流域）生态环境安全与可持续发展研究”这一咨询项目特别设立了子项目，即“海西经济区河口海洋污染防治与生态修复途径研究”，目的是基于已有的科学研究调查结果，通过流域与海岸带综合管理的方法和手段，识别需要优先解决的问题，总结具有针对性和可操作性的河口污染防治与生态修复途径，并提出相应的对策建议，为坚持陆海联动，构建海洋生态安全屏障以及建设海洋生态文明，打造海峡蓝色经济试验区提供扎实的支持和保障。

第二节　研究区域自然环境和社会经济发展概况

一、海西经济区近岸海域自然环境与社会经济概况

海西经济区以福建省为主体涵盖浙江、广东、江西 3 省的部分地区，人口为 6000 万 ~ 8000 万人，预计建成后的经济区年经济规模在 17 000 亿元以上。它面对台湾省，毗邻台湾海峡，地处海峡西岸，是一个肩任促进祖国统一大业历史使命的特殊地域经济综合体，因此海西经济区的建设有着重要的意义。截至目前，海西经济区的扩张包括福建省的福州、厦门、泉州、漳州、龙岩、莆田、三明、南平、宁德；浙江省的温州、丽水、衢州；江西省的上饶、鹰潭、抚州、赣州；广东省的梅州、潮州、汕头、揭阳，共计 20 个市。

建设海西经济区，是中央战略决策的重要组成部分，是福建省贯彻落实十六大以来党中央提出的一系列重大战略思想的伟大实践，是福建省服务全国发展大局和祖国统一大业的历史责任，是站在新的历史起点上加快福建省发展的战略选择，具有十分重要的意义。

（1）有利于促进全国区域经济布局的完善。加快海西经济区建设，将有力推进福建省与长江三角洲和珠江三角洲的区域协作，逐步形成从环渤海湾到珠江三角洲整个沿海一线的完整发展布局，凸显海峡西岸在东部率先发展、东中西部良性互动的全国区域发展格局中的重要地位和作用。

（2）有利于在加快东部发展中发挥福建省优势。加快海西经济区建设，有助于福建省在新一轮发展中树立新理念、拓展新思路、开辟新空间，充分发挥沿海港口、外向带动、对台合作、生态资源和对内连接等优势，实现经济社会在新的起点上更高水平、更优效益的又好又快发展，促进人民生活水平上新台阶，使广大人民群众共享改革发展成果。

（3）有利于形成服务中西部发展的东南沿海新的对外开放综合通道。加快海西经济区建设，构建以高速公路、快速铁路、大型海港、空港为主骨架、主枢纽的海峡西岸现代化综合交通运输体系，发挥对外开放的“窗口”示范作用，为促进中部崛起、西部开发提供一条快捷顺畅的对外开放战略通道，并不

断拓展福建省发展空间。

(4) 有利于构建促进祖国统一大业的前沿平台。加快海西经济区建设，将进一步促进海峡两岸经济紧密联系、互动联动、互利共赢，使福建省成为海峡两岸经贸合作和文化交流的结合部、先行区和重要通道，提高台湾同胞对祖国的向心力和认同感，为发展两岸关系、推进祖国统一大业做出新贡献。

1. 海域概况

海西经济区拥有的海域包括福建省海域、温州市海域和粤东地区海域，海域总面积约 16.5 万 km^2，大陆海岸线逾 4600km，其中：①福建省海域总面积为 13.6 万 km^2，海岸线长 3752km，沿岸海湾 125 个，高潮时面积大于 500m^2的岛屿有 1546 个，岸线总长度为 2811.75km；②温州市海岸线全长 339km，所辖海域面积约 1.1 万 km^2，共有 239 个岛屿，面积为 133.1km^2，岛屿岸线长 567.9km^2；③粤东海域包括潮州市、汕头市和揭阳市 3 个地级市，潮州市海岸线长 136.8km，海域面积为 680.9km^2；汕头市海岸线长 110km，海域面积约 1 万 km^2；揭阳市海岸线长 109km，海域面积约 7689km^2。

海西经济区海域是东海和南海的过渡海区，是冷暖流交汇的地方，影响本海域的主要海流有台湾暖流、闽浙沿岸水、南海水。

台湾暖流主体终年沿台湾东部北上，冬春受东北季风影响，部分水体伸入福建省海域的东部和中部。黑潮暖流的另一分支从东南方向伸入福建省南部海域，但由于受沿岸流的影响而减弱，成为混合体。

闽浙沿岸流（东海沿岸流）是一股低盐、低水温，由北向南沿台湾海峡西侧而流动的水流。它几乎终年影响福建省海域。秋季随着东北季风的形成与强盛，该水系作用也随之增强，并向外向南扩展；冬季直抵南部海域；夏季由于西南季风的影响，该水系北缩减弱。

南海水（南海暖流）水系由粤东进入福建省海域。春季随着西南季风的形成和强盛，南海水向北扩展，达福建省南部海域；夏季势力最强，夏末秋初，作用减弱，并与沿岸水交汇形成综合水体，造成南部海域夏季高温低盐的特殊环境。

2. 气候概况

福建省海域及沿海地区地处低纬，气候受太阳辐射、台湾海峡及两侧山地地形影响和季风环流的制约，同时受海洋的调节，具有典型的亚热带海洋性季风气候特征。多年平均气温为 17.4 ~21.3℃，多年平均降水量为 1000 ~1200mm，风向主要受季风和台湾海峡趋向制约，年最多风向一般为 NE-ENE，频率为 25% ~40%。

温州海域属亚热带海洋季风气候，冬无严寒，夏无酷暑，光照足量，雨水充沛。一月份最冷，平均气温为 7.6℃，七月份最热，平均气温为 27℃，全年平均气温为 18℃，极端气温最高为 41.3℃，最低为 -4.5℃。无霜期约 280 天，年降水量为 1100 ~2200mm。

粤东海域属亚热带海洋性季风气候，气候温和，全年平均气温较高，无霜期长，年温差小，日照时间长，湿度大，雨量充沛，但时空分配不均匀，夏秋多雨，受季风影响明显。

二、社会经济发展概况

1. 区域经济持续快速增长

2007 年，区域生产总值（GDP）达 16 351.54 亿元，1998 ~2007 年，海西经济区经济增长速度持续加快，区域生产总值（GDP）平均增幅 8.99%，2007 年增幅达到 12.83%；与全国总体增幅相比，2006 年之前海西经济区生产总值增幅总体略低于全国水平，2006 年之后则略高于全国水平，如图 9-1 所示。

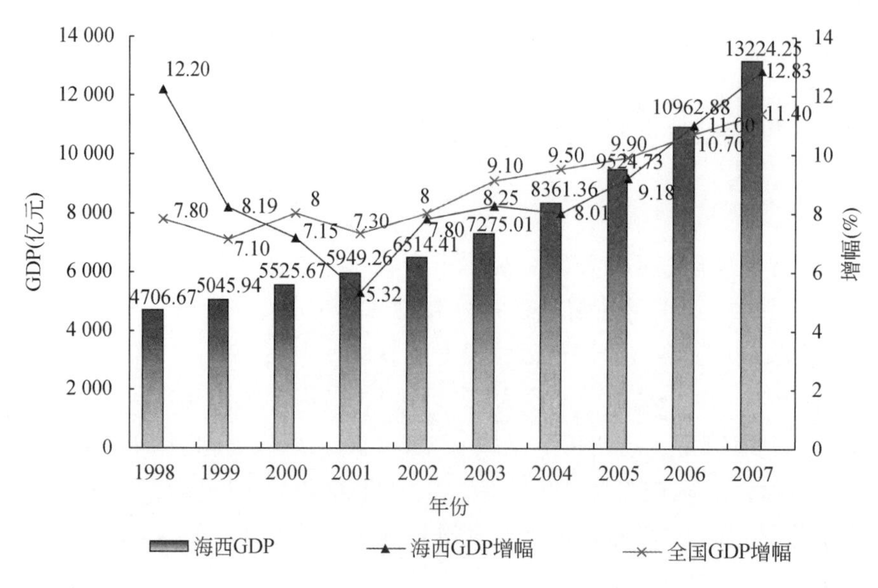

图 9-1　1998～2007 年海西经济区 GDP 增长过程及增幅变化

2. 经济结构与全国相近，第二产业占据主导

海西经济区 1998～2007 年及全国 2007 年产业结构比例如图 9-2 所示。1998 年海西经济区第一产业、第二产业、第三产业增加值比例为 17.0：45.5：37.5，2007 年为 9.3：50.7：40.0。这十年来，海西经济区产业结构总体呈现“二、三、一”的格局，第二产业依然是地区经济发展的主导产业，其比例呈逐年上升的趋势；第三产业也呈现缓慢上升的趋势，对地区经济的贡献逐年提高。

与全国相比，2007 年，海西经济区第二产业比例略高于全国，第一产业农业则略低于全国，第三产业基本持平。海西经济区产业结构总体与全国接近，工业化发展进程略高于全国总体水平，但优势不明显，海西经济区产业结构演变历程如图 9-2 所示。

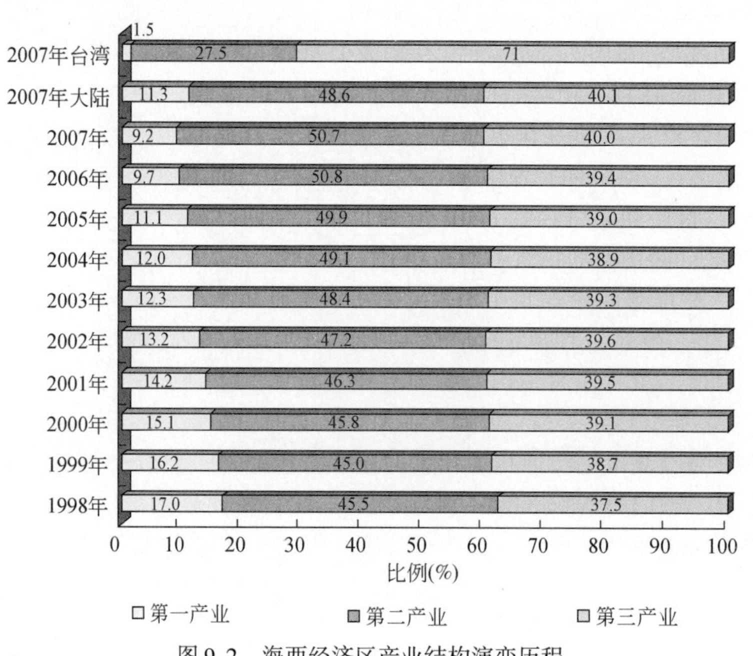

图 9-2　海西经济区产业结构演变历程

三、福建省近岸海域自然环境和社会经济概况

福建省位于我国东南沿海，为海西经济区的主要部分，东临台湾海峡，地处南海与东海的交界处，扼东北亚和东南亚航运通道的要冲。与台湾省仅一水之隔，既是促进祖国统一大业的桥梁，又是带动大陆发展的基地。因此，福建海湾对于当前建设海西经济区、促进闽台交往、完成祖国统一大业，具有十分重要和特殊的区位优势。

福建省大陆海岸线总长3324 km，居全国第二位。海岸线直线长度为535 km，曲折率为1∶6.21，居全国首位。沿岸形成大小港湾125个，其中6个海湾22处岸段可建设20万~50万t级深水泊位。沿海分布着面积在500m^2 以上的大小岛屿共1546个，岛屿总面积约为1400 km^2，岛屿岸线总长2804 km，海洋面积为13.6万km^2，是福建省土地的“半壁江山”，拥有“渔、港、景、油、能”五大优势资源和对台区位优势。一方面随着高速公路、沿海大通道、沿海铁路以及港口的建设完善，海洋开发的前景日益广阔，全省大部分重要工业企业和人口也集中在沿海地区，突显其日益重要的经济地位和战略意义；另一方面，随着社会和经济的发展，尤其是海西经济区的飞速建设，近岸海域生态环境面临着诸多的威胁和挑战，社会和经济的高速发展给近岸海域带来了严重的资源和环境压力。

（一）海洋自然环境概况

1. 海岸海湾地形地貌

福建省海湾地处闽浙沿海山地丘陵的东南翼和闽粤沿海丘陵的北部之间。海岸线北起福鼎沙埕的虎头鼻，南至诏安洋林的铁炉岗，岸线总长3324 km，曲折率高达1∶6.21，多属港湾海岸，地貌类型复杂多样。沿海有大小几十条河流注入海湾，流域面积大于100 km^2的河流有33条。全省海岸呈现出岬角与海湾相间，丘陵台地与海湾平原交错，沿岸有大小港湾125个，主要的有13个，近海及湾内有大于500 m^2 的岛屿有1546个，岛屿岸线总长2802 km。

福建省海岸的性质和曲折程度南北有异，反映出海岸类型的复杂性和地区的差异性。闽江口以北，沿岸群山峻岭，谷岭相间，岗峦起伏的山地丘陵直逼海岸，以港湾基岩岸为主，构成湾套湾的曲折而破碎的海岸形态，岸线十分曲折，其曲折程度为全省之最。闽江口以南沿岸地形较为低缓，丘陵、台地和平原交错，岬湾相间，海岸类型齐全，既有陡峻的基岩海岸，又有平直砂质海岸、宽坦的河口平原海岸及淤泥质海岸。

2. 气候特征

福建省沿海位于温、热带的过渡地带，由于本省西北部高山峻岭的屏障作用及海洋的调节作用，常年气候温和，冬无严寒，夏少酷暑。区域气候类型大体以闽江口为界，北部属于中亚热带海洋性季风气候，南部属于南亚热带海洋性季风气候。沿海年平均气温20℃左右，最冷月出现在1月或2月，最热月是7月或8月。年平均降水量为1000~1400 mm；4~6月为全年降水的最高峰，约占全年降水量的50%。8月和9月因受热带气旋影响，雷雨增多，出现降水第二个峰值。福建省沿海风向年变化具有季节性特征，11月至翌年3月盛行东北季风，7~9月盛行西南季风。海岛及大陆突出部位，年平均风速为6~9 m/s，居全国海岸带之冠。最大风速和极大风速多出现于夏季，最大风速一般为20~40 m/s，尤以八九月最多，风向以东北向居多，此外是东南风，这主要与该时期的热带气旋活动紧密相关。

3. 水文条件

a. 陆地水文

注入福建省海域集水面积在5000 km^2以上的一级河流有闽江、九龙江、晋江和赛江，以闽江为最大，

集水面积达 60 992 km²。此外还有敖江、霍童溪、木兰溪、漳江、诏安东溪、萩芦溪和龙江等。其径流量见表 9-1。

表 9-1 福建省主要入海江河基本情况

入海江河	闽江	九龙江	晋江	赛江	敖江	霍童溪	木兰溪	诏安东溪	漳江	萩芦溪	龙江
面积（km²）	60 992	14 741	5 629	5 549	2 655	2 244	1 732	1 067	961	709	538
流域长度（km）	541	285	182	162	137	126	105	93	58	60	62
平均径流量（亿 m³）	629	148	50.9	65.7	27.67	27.2	9.79	9.85	10.3	3.7	4.4
注入海湾	闽江口	厦门湾	泉州湾	三沙湾	闽江口	三沙湾	兴化湾	诏安湾	东山湾	兴化湾	福清湾

b. 海洋水文

福建省海域是受季风控制的亚热带海区，是东海和南海海水交换的重要通道，多种性质和来源的水系交汇于此，形成福建省近海季节性与区域性变化的海洋水文特征。影响福建省近海的主要水系有：浙闽沿岸水、南海水系和黑潮水系。沿岸海区表层水温多年平均为 18.8 ~ 21.4℃。实测最高水温为 33.4℃，最低为 5.5℃。沿岸海区表层海水盐度平均为 26.7‰ ~ 31.7‰。沿岸海区多年平均表层盐度为 30‰左右。

福建省沿岸海区潮汐类型大部分为正规半日潮，除浮头湾以南海区为不正规半日潮外。受台湾海峡及地形影响，福建省沿海潮差较大，厦门湾及其以北海区平均潮差在 4m 以上，最大潮差都在 6m 以上。

福建省沿海除浮头湾以南为非正规半日潮流外，其余均为正规半日潮流。沿海潮流的运动方式：闽江口以北海域为左旋旋转流，闽江口以南海域一般为往复流，表层流速一般为 60 ~ 100cm/s，最大可达 150cm/s。潮流垂直变化不大，最大值通常出现在 5 ~ 10 m 层，表层略小，底层最小。

4. 主要海洋自然灾害

福建省沿海自然灾害十分频繁，主要有热带气旋、风暴潮、暴雨、大风、干旱、海岸侵蚀和赤潮等。特别是每年夏秋季常遭台风袭击和影响，如果恰逢天文大潮，往往形成台风暴潮，酿成潮灾。福建省台风、风暴潮等海洋自然灾害发生频繁，登陆或影响福建省的台风占我国遭遇台风总数的 62% 以上。1949 ~ 2008年，平均每年影响福建省沿海的热带气旋数为 7.8 个。1986 ~ 2008 年福建省全省共出现 237 站次风暴曾水超过当地警戒水位，年均 1 次。1966 ~ 1993 年台湾海峡海域，波高为 6m 以上的狂浪年平均为 7.29 次。

（二）社会经济发展概况

根据《福建统计年鉴 2012》资料统计，2011 年，福建全省的区域生产总值（GDP）达到了 17 560.18 亿元，第一产业产值为 1623.83 亿元，第二产业产值为 9245.65 亿元，第三产业产值为 6774.34 亿元，第一产业、第二产业、第三产业产值的比例为 9.2 : 52.4 : 38.4，第二产业依然是地区经济发展的主导产业。福建省的常住人口达到了 3720 万人，其中城镇人口为 2161 万人，农村人口为 1559 万人，城市化率为 58.1%，人均地区生产总值达到了 47 377 元（表 9-2）。

表 9-2 1978 ~ 2011 年福建省社会经济发展概况

项目	1978 年	1990 年	2000 年	2005 年	2010 年	2011 年
区域生产总值（亿元）	66.37	522.28	3 764.54	6 554.69	14 737.12	17 560.18
第一产业（亿元）	23.93	147.01	640.57	827.36	1 363.67	1 612.24
第二产业（亿元）	28.19	147.47	1 628.45	3 175.92	7 522.83	9 069.20
工业（亿元）	23.85	150.55	1 422.34	2 801.88	6 397.71	7 675.09
建筑业（亿元）	4.34	23.92	206.11	374.05	1 125.12	1 394.11

续表

项目	1978年	1990年	2000年	2005年	2010年	2011年
第三产业（亿元）	14.25	200.80	1 495.52	2 551.41	5 850.62	6 878.74
人均区域生产总值（元）	273	1 763	11 194	18 353	40 025	47 377
年末总人口（万人）	2 446	3 037	3 410	3 557	3 693	3 720
城镇人口（万人）	—	642	1 432	1 758	2 108	2 161
城市化率（%）	—	21.14	42.00	49.42	57.08	58.09

1978～2011年，福建省经济保持着飞速的发展，GDP的年均增长率为12.8%，人均区域生产总值的年均增长率为11.3%。在此期间，福建省常住人口的年均增长率为1.3%，城镇人口由1990年的642万人增加到2011年的2161万人，年均增长率为5.9%。

从福建省沿海地区的社会经济发展情况来看（表9-3），2011年，福建省沿海地区（宁德、福州、莆田、泉州、厦门和漳州）仍是福建省人口集中和经济发展迅速的区域，沿海地区生产总值为14 295.52亿元，占全省的81.4%，第一产业产值为1062.3亿元，第二产业产值为7556亿元，第三产业产值为5677.22亿元，分别占全省区域生产总值第一产业、第二产业、第三产业产值的65.9%、83.3%、82.5%。福建省沿海地区是全省人口最集中的地区，2011年的常住人口为2948万人，占全省总人口的79.2%，城镇人口为1775.2万人，占全省的城镇人口比例的82.1%，城市化率达到了60.2%，高于全省水平。

表9-3 2011年福建省沿海地区社会经济发展概况

项目	全省	沿海地区	比例（%）
区域生产总值（亿元）	17 560.18	14 295.52	81.4
第一产业（亿元）	1 612.24	1 062.3	65.9
第二产业（亿元）	9 069.20	7 556	83.3
工业（亿元）	7 675.09	6 490.76	84.5
建筑业（亿元）	1 394.11	1 065.25	76.4
第三产业（亿元）	6 878.74	5 677.22	82.5
年末总人口（万人）	3 720	2 948	79.2
城镇人口（万人）	2 161	1 775.2	82.1
城市化率（%）	58.1	60.2	—

沿海地区社会经济中，海洋生产总值为3682.9亿元，约占沿海地区生产总值的25%，其中三次产业比值为8.6∶43.5∶47.9。

四、闽江流域自然环境和社会经济概况

（一）流域地理区位及河口区范围

闽江位于福建省东部，全长为2872km（干流沙溪长度为577km），是福建省第一大河，流经福建省北半部36个县、市和浙江省南部2个县、市（浙江省境内有龙泉和庆元两县，福建省境内有福州、三明、永安、邵武、南平、莆田6个市和建宁、宁化、清流、长汀、连城、明溪、沙县、泰宁、将乐、光泽、顺昌、崇安、建阳、建瓯、浦城、松溪、政和、大田、尤溪、漳平、屏南、古田、德化、永泰、仙游、福清、闽清、闽侯、长乐、连江30个县），流域面积为$6.0992\times10^4km^2$（其中福建省境内$5.9922\times10^4km^2$，约占全省面积的一半），多年平均入海径流量$620\times10^8m^3/a$，多年平均悬移质输沙量为$745.28\times10^4t/a$（图9-3）。发源

于福建、江西交界的建宁县均口乡，建溪、富屯溪、沙溪三大主要支流在南平市附近汇合后称闽江。闽江流至竹岐进入福州盆地，在淮安处闽江受南台岛阻隔分为南北两支，北支穿过福州市区至马尾称为北港，南支称为南港。南北港在马尾汇合后折向东北，穿过闽安峡谷至亭江附近受琅岐岛阻隔，再分南北两汊，南汊至梅花注入东海称为梅花水道，北汊沿琅岐岛西侧出长门，受粗芦岛、川石岛、壶江岛的分隔又分为乌猪水道、熨斗水道和川石水道流入东海，其中川石水道为主航道。

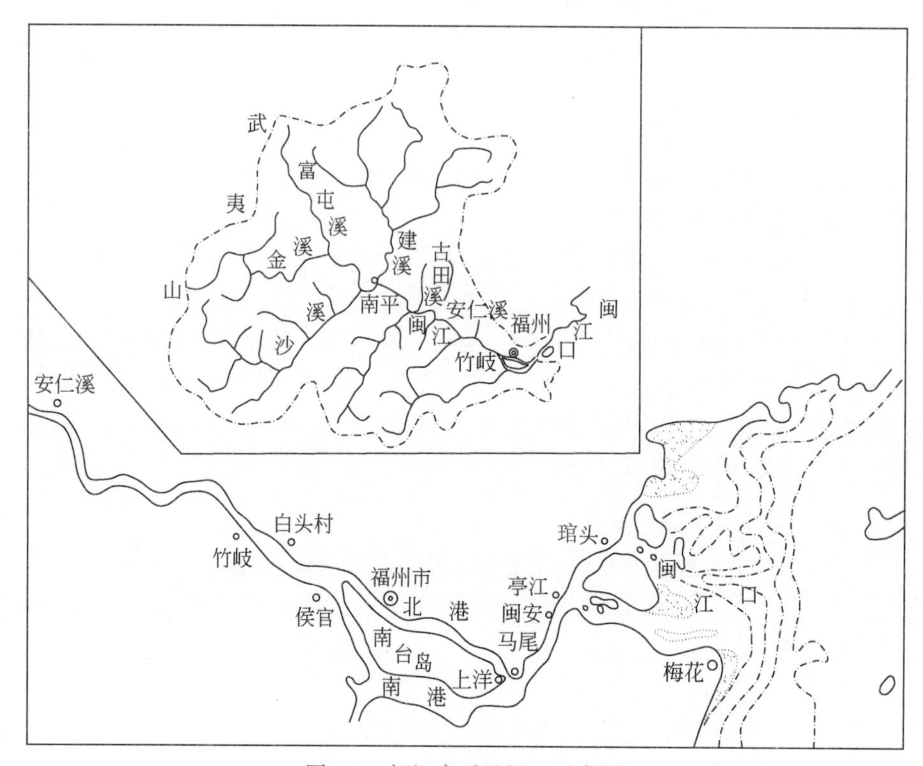

图9-3 闽江水系及河口示意图

根据潮流和径流的相互作用，以及河槽演变特征，闽江河口区可分为近口段（侯官至马江），以径流作用为主；河口段（马江至内沙浅滩），径流和潮流作用均很强烈；口外海滨段，即内沙浅滩以东，以潮流作用为主。闽江河口属于山溪性强潮三角洲型河口，河口三角洲包括陆上部分和水下部分，陆上部分包括福州平原、琅岐岛西部平原、长乐平原的部分等；水下部分呈扇形向东南展布包括了内拦门沙和外拦门沙，总面积约 1800km^2，前缘水深约 15m。

（二）自然环境概况

1. 地质条件

闽江口区位于华南加里东褶皱系东部、浙闽粤中生代火山断折带中段。该区在漫长的地质历史时期中，经历了多次的地壳运动，其中燕山运动奠定了本区构造的基本骨架，制约着后继地貌的发育。

根据邻区地质史分析，闽江口区乃至整个福州湾，其基底为一套地槽型海相碎屑沉积建造，加里东运动以后，褶皱隆起上升，长期接受剥蚀。印支运动后，由于受到区域性断块升降运动的影响（可能受到太平洋板块向西俯冲挤压的影响），开始形成一系列北东向的区域性断裂（长乐-南活深大断裂带形成），至燕山运动中期达到高潮，产生大规模裂陷，并导致大规模的火山喷发和岩浆侵入，形成了陆相火山岩的沉积盖层，断裂活动也达高峰。在此基底区域变质的基础上，又叠加（形成）一套新的动力变质岩。

中生代末期（白垩纪末）至新生代以来，该区地壳运动趋向缓和，岩浆侵入和火山活动渐减并消失。

但构造运动始终继承和保持着原生隆起上升和接受剥蚀之特点，因而形成今日的地质地貌景观。

2. 地形地貌

a. 海岸类型

闽江是在断裂构造基础上发育而成的山溪性河流，沿江海岸类型复杂，按成因形态和组成物质可分为山地基岩陡崖岸、滨海沙质岸、河口平原淤泥质岸和人工岸等。

山地基岩陡崖岸：主要分布于马尾以下至口门，如闽安峡谷两岸及口外的一些岩岛都可见到，此类海岸，山丘迫岸，多岩石陡崖，一般崖高在数米至数十米，由花岗岩和火山岩组成，岸面不太平整，多呈锯齿状，岸前多岩礁。

滨海沙质岸：多见于口门以外滨海平原岸段，以琅岐岛东岸、长乐县东部海岸为典型，沿岸沙质堆积地貌发育，沙滩宽阔，沿岸风沙成带分布。

河口平原淤泥质岸与人工海岸：多分布于宽阔的河口两岸，岸线低平顺直，外有宽窄不等的河口边滩和潮滩，由粉砂质黏土组成。目前均因河口开发，沿岸多建有防洪防潮大堤，构成河口区特有的人工海岸，一般多为石砌坡面，大堤高5～8m。

b. 滩地地貌

河口边滩：闽江河口边滩是发育在河口河道两岸的潮间带地貌，一般宽度在几十米至几百米，在口门以外，面临开敞海域，滩地的宽度达千米之上，滩面平缓，坡度约1×10^{-3}°～3×10^{-3}°。在口门以内，由于滩地高程较高，仅在高潮位时淹没，时间短，水层薄，流速小，波浪影响不大，一般沉积物较细，主要为黏土质粉砂或黏土，有芦苇和水草生长；在口门以外，受波影响，沉积物略粗，浅水区以砂为主，深水区过渡到以粉砂为主。滩地冲淤复杂，一般高潮区滩面较为稳定，中、低潮区滩面因水动力较强流速较大，加之波浪作用，一般冲淤变化较大，滩面不稳定。

河口沙坝或沙洲：闽江口由于河道宽窄不同，江流携带泥沙进入宽阔河段和口门后，因流速顿减，能量消耗，大量泥沙停积，形成心滩、沙坝和沙洲等沙质堆积地貌，一般长数百米到数千米，宽数十米至数百米不等，一般高度在0.5m，地面较平坦，多数为粉细砂和黏土质粉砂组成。

c. 水下地貌

拦门沙：闽江是福建省最大的河流，流量大，径流和输沙季节性明显，年径流量为$620\times10^8m^3$，年输沙量为745×10^4t，最大年输沙量为1999×10^4t，丰富的泥沙在河口沉积，形成广阔的拦门沙浅滩。闽江口出海口由琅岐岛将河槽分成长门汊道和梅花汊道，长门汊道出金牌门又被粗芦岛、川石岛分汊成乌猪水道，熨斗水道及川石水道。在川石水道口门附近发育拦门沙浅滩，是闽江口主要的通海水道上的拦门沙，由粉砂和黏土质粉砂组成。该拦门沙是在多种因素控制下形成的，其中水流分散、盐淡水混合是产生拦门沙浅滩的主要原因，涨、落潮流分离，会潮点的存在对浅滩的形成也起了一定的作用。该浅滩冲淤变化复杂，具有洪冲枯淤的变化规律，浅滩上-5m水道（主航道）时通时断，-2m水道的宽度也时大时小，摆荡不定。

水下三角洲：闽江口外水下三角洲，主要发育于闽江海口以东的口外海滨，呈扇形向东南方向展布，其外缘于马祖列岛和白犬列岛一线，长约为32km，宽约为20km，水下三角洲的顶积层和前积层，由琅岐岛东侧海滩，北侧乌猪港沙嘴、中部铁板沙腰子沙、南侧佛手沙、鳝鱼沙和梅花浅滩等沙质堆积体和辐射状潮汐通道系统构成，基本上沿5～10m的等深线延伸，水下三角洲前缘由粉砂质黏土组成，在15m水深内，形成纵贯南北的平坦浅滩，其年代大于6500年，沉积速率较大，目前仍在发展变化之中。

闽江口为多级分汊河口，自分汊口往外海有三角洲地貌发育。闽江口的分汊形成与水流及地质因素密不可分，一级分汊处有蝙蝠洲，现已被围垦正在开发建设中；琅岐岛和川石岛东侧均发育形成宽广沙洲，沙洲依托已有岛屿向东延伸，滩面泥沙较粗，粒径一般介于0.2～0.4mm，属沙质。闽江口出海航道即位这两个沙洲之间。

河口河槽的演变：闽江口马尾以下的河道，在口门以内河槽相对稳定，冲淤幅度不大，局部宽阔河段，历史上虽曾出现过较大的主泓摆动，但随着近年来整治工程的实施，主泓变动已基本得到控制，河势朝着有利于稳定方向发展。而口门外（外沙浅滩区）河段，因水域辽阔，两侧边界控制性差，河槽形态相对宽浅，主泓有一定的摆动，随着近年来芭蕉尾北导堤的修建，上段的边界条件得到一定的改善，河势趋于稳定。但下段外沙河槽仍处于此消彼长的变化之中，孕育着不稳定因素，这种演变趋势今后仍将继续。

3. 气象气候

福州市属亚热带季风气候，气候温暖、雨量充沛，雨热同期。东南部纬度较低，地势平坦，濒临海洋，光热资源丰富，越冬条件优越。北部与西部纬度相对较高，又多为中、低山，靠近内陆，光热资源较差。这些地理因素的影响，构成了从南亚热带到中亚热带山地的多种多样的气候带或气候类型。

福州市年平均气温为28.7℃，极端最高气温（7月）为41.1℃，极端最低气温（1月）为-2.5℃，热量资源自东南向西部递减，东部、北部的低中山地区极端最低气温可达为-8～-9℃。平均日照数为1700～1980h。地区间随着地势从东南向西北逐渐升高，年降水量也随之增加。沿海岛屿年降雨量仅900～1200mm，平原、台地为1200～1400 mm，低中山区均在1600 mm以上，局部可达2000 mm以上。季节以5～9月的梅雨和台风雷雨季降雨量最多，占全年总雨量的47%～83%。市区常年主导风向为东南风，频率为14.3%，其次为西北风，频率为9.15%，静风频率为21.8%。年平均风速为2.8m/s，最大风速为31.7 m/s。每年八九月台风频繁。

4. 径流

竹岐水文站为闽江下游干流主要控制站，距离闽江口94km，控制流域面积为54 500km^2，占总流域面积的89.6%。根据1934～2003年长系列实测资料统计，年平均径流量约为49.34亿m^3；而汇入南港的大樟溪永泰站控制流域面积为4032km^2，1956～1986年平均来水量为54.6亿m^3。闽江径流年内分配极不均匀，4～7月为主汛期，径流量占全年的61%，10月至翌年2月仅占全年的17.7%。

5. 潮汐潮流

闽江口为强潮陆相河口，潮型属正规半日潮，一天两涨两落，周期约12h 50min，涨潮历时约5h，落潮历时约7h15min，沿河道往上游涨潮历时渐短，落潮历时加长。

闽江口潮波受制于东海潮波系统，由东南方向传入，在开敞海区以旋转流为主，近海各水道以往复流为主。涨、落潮最大流速一般出现在高潮前后2～3h，一般落潮流速大于涨潮流速。

闽江口枯季大潮潮区界在侯官附近，潮流界达文山里；中水时潮流界位于魁岐至马江之间；洪季小潮时，潮区界至解放大桥附近，潮流界在马尾附近；竹岐流量超过13 000 m^3/s以上时，罗星塔断面就无潮汐向上游推进，潮差不断减小，潮流作用减弱，涨潮历时也不断减小。

6. 风浪

闽江口属亚热带海洋性季风气候区，夏秋季易受风暴潮侵袭或影响，平均每年台风登陆或影响次数为2～3次，最大平均风力在12级以上。夏季多东南风、冬季以东北风为主，常风向为NNE，强风向为NE。据长乐市气象站风况资料统计，其年平均风速为3.5m/s，最大风速为26.0 m/s（ENE，1985年8月24日），极大风速为34.0 m/s（NE，1961年9月12日）。

闽江口内受川石、壶江、粗芦等岛掩护，波浪较小；长门口内基本不受海浪影响。

7. 泥沙

闽江属于少沙河流。根据竹岐站的实测资料统计：1951～1989年平均年悬移质输沙量为715万t，最大年悬移质输沙量为2000万t（1962年），最小年悬移质输沙量为272万t（1971年），其中1971～1989年的输沙量比1951～1970年的有所减少，多年月平均输沙量年内分配以11月最小，为11.5kg/s，悬移质输沙集中在汛期，其中4～9月占全年输沙量的89.4%，仅5月就占23.9%，6月占36.6%。枯水期10月～翌年2月悬移质输沙量仅占全年输沙量的4.2%，近期（1990～1996年）年输沙量进一步减小，多年平均输沙量为487万t，1993～1996年平均为239万t，1996年仅为127万t。竹岐站悬移质中值粒径约为0.07mm，推移质泥沙中值粒径约为0.65mm。

1993年4月水口电站大坝蓄水后，据1994年实测有323万t悬移质输沙量停留在大坝库区，约占总输沙量的47%，实际到达水口大坝下游的沙量年平均只有360余万t，1995年竹岐站实测来沙量为254万t，1996年减少到127万t，因而坝下河段的来沙量逐年减少。

8. 生物状况

闽江口是一个重要的生态及鸟类保护区，河口有大片海岸湿地，是鸟类及其他生态的重要栖息地。闽江口及近海海域有浮游植物207种，底栖生物289种，其中软体动物最多，为164种。海洋鱼类资源丰富，常见的有250种，经济价值较高的有100多种，蟹类100多种，经济价值较高的有20多种。头足类最常见的有6种。海产贝类达164种。海藻类149种。多种经济价值高的名贵水生珍稀动物，如石斑鱼、鲥鱼、西施舌等。

（三）社会经济发展概况

2011年，福建省闽江流域的区域生产总值是7252.07亿元，占全省区域生产总值的41.3%，第一产业产值为855.71亿元，第二产业产值为3465.55亿元，第三产业产值为2900.82亿元，分别占全省区域生产总值第一、第二、第三产业产值的54.9%，38.2%，42.2%，三者的比值为12.2∶47.8∶40。闽江流域的常住人口在2011年为1618.28万人，是全省总人口的43.5%，城镇人口有915.55万人，是全省城镇人口比例的42.4%，农村人口有702.73万人，比重为45.1%，城市化率为56.6%，比全省的水平要略低一些，见表9-4。

表9-4 2011年闽江流域社会经济发展概况

项目	全省	闽江流域	流域占全省比例（%）
区域生产总值（亿元）	17 560.18	7 252.07	41.3
第一产业（亿元）	1 612.24	855.71	54.9
第二产业（亿元）	9 069.20	3 465.55	38.2
工业（亿元）	7 675.09	2 821.25	36.8
建筑业（亿元）	1 394.11	644.3	46.2
第三产业（亿元）	6 878.74	2 900.82	42.2
年末总人口（万人）	3 720	1 618.28	43.5
城镇人口（万人）	2 161	915.55	42.4
城市化率（%）	58.1	56.6	—

五、九龙江流域自然环境和社会经济概况

（一）流域地理区位及河口范围

九龙江位于福建省西南部，全长为1923km，是福建省第二大河流，仅次于闽江，流域范围的坐标为

东经116°46′55″～118°02′17″和北纬24°23′53″～25°53′38″。地处福建省经济发达的东南沿海，流经农业集约化水平较高的漳州平原，流域总汇水面积约为1.47万km^2，约占福建省总面积的12%，流域主要覆盖龙岩市、漳州市和厦门市三市，流域范围包括龙岩市新罗区、漳平市和漳州市华安县、长泰县、南靖县、芗城区、龙文区7个县（市、区）的全部（其中，漳州市芗城区与龙文区同为漳州市区的一部分，简称漳州），平和县和龙海市的大部分，以及上杭县、连城县、永定县、永安县、大田县、永春县、安溪县、漳浦县、海沧区、思明区10个县（市、区）的一小部分地区。

九龙江流域平均径流量为149亿m^3/a，河流悬移质含沙量年均0.210kg/m^3，水系由北溪、西溪、南溪三大干流和众多支流构成，三大干流中北溪以万安溪为主源，发源于龙岩市梅花山一带，流域面积为9803 km^2；西溪以船场溪为主源，发源于南靖县和平和县之间的博平岭山脉，流域面积为3964 km^2；南溪较小，全部在龙海境内，发源于博平岭山脉东南端的平和、漳浦两县交界处。北溪和西溪汇合于漳州，至浮宫又有南溪汇入，经厦门西海域出海。

九龙江口河口区水域部分的西界为九龙江北溪的江东桥闸、西溪的西溪桥闸和南溪的南溪桥闸，北界为海沧大桥，东界为厦门岛南端的白石炮台经青屿至龙海市港尾镇岛美村一线，总面积约为854.03km^2。其中水域包括九龙江河口海域和厦门湾南部海域以及西海域的南半部分，面积为199.63km^2。陆域部分包括龙海市角美镇、紫泥镇、榜山镇、石码街道、海澄镇、浮宫镇、白水镇、东园镇，厦门市海沧区海沧镇，思明区筼筜街道、中华街道、鹭江街道、鼓浪屿街道、厦港街道和滨海街道及招商局漳州开发区，面积为600.57km^2，此外，河口区岛屿面积为53.83km^2。

（二）自然地理概况

1. 地质地貌

九龙江流域大地构造处在中国东南新华夏系第二隆起带与南岭构造带复合部，地质构造复杂，岩浆活动频繁，形成复杂的地层结构，主要结构为中生代岩浆岩，其中，燕山晚期侵入的黑云母花岗岩岩体分布最广泛，火山喷出岩性多为凝灰熔岩、流纹岩、凝灰岩等。上游出露部分古生界、中生界沉积岩地层，下游平原多分布第四纪沉积地层。易产生水土流失的成土母岩以花岗岩类为主，另外，还有沉积岩中的局部灰岩、紫色岩等。

流域地貌受燕山期和喜山期造山运动的影响，地势自西北同东南倾斜，地貌类型以中、低山为主。据九龙江流域数字高程模型统计，其中：中山（海拔≥800m）约占21.3%，主要分布在新罗、漳平和安溪；低山（200m≤海拔<800m）约占58.1%，广泛分布在流域的大部分县（市、区）；丘陵（50m≤海拔<200m）约占10.8%，主要分布在南靖、平和、龙海和长泰；平原和台地（<50m）约占9.8%，主要分布在芗城、龙文和龙海。由中山、低山、高丘、低丘到平原作有规律展布，山脉为北东（NE）、北北东（NNE）走向，多群山、峡谷。下游漳州平原是福建省最大的平原。

2. 气候气象

九龙江地跨南亚热带和中亚热带，绝大部分区域属亚热带海洋性季风气候，部分地区如万安溪流域属中亚热带季风气候。气温及降雨的时空差异较显著。多年平均气温为19.9～21.1℃，年均气温的总体变化趋势是由东南向西北递减。多年平均降水量为1400～1800mm，年均雨量由沿海向内陆递增，平和部分区域年均雨量达到1600mm以上，漳平的部分区域年均雨量则小于1600mm。流域降雨量季节变化较为显著。雨季通常可分为3～4月的春雨期，5月的梅雨期及7～9月的台风雨期。

3. 土壤

由于流域地处中、南亚热带，且人为活动较剧烈，土壤主要为红壤、赤红壤、黄壤等地带性土壤和水稻土等为主，以上各类型分布面积约占流域总面积的95%。其中，红壤面积最大，约占全流域的62%，赤红壤次之，约占16%，黄壤和水稻土分别约占8%和9%，还有少量的紫色土、冲积土、山地草甸土、滨海风沙土和盐渍土，流域土壤垂直层带性分布是随地势的升高依次为赤红壤、红壤、黄壤3个土类。据全国第二次土壤调查资料，九龙江流域共有12个土类，41个亚类（土属）。流域表层土壤的有机质含量为0.7%～5.2%，全氮含量为0.46～2.55mg/g，全磷含量为0.28～2.45mg/g，土壤容重为1.08～1.82g/cm^3。

4. 植被和生物

九龙江流域森林覆盖率在66%左右，植被种类繁多。流域属南亚热带与中亚热带（部分），组分复杂多样，且有明显的过渡特征。流域内共有野生高等植物258科、1256属、3091种（其中蕨类植物42科89属228种，裸子植物10科25属60种，被子植物206科1142属2803种）。在天然植被中，有亚热带常绿阔叶林、针阔叶混交林和针叶林等植被类型，主要树种有以壳斗科、樟科、山茶科、木兰科为主的针阔叶树。灌木草类主要有盐肤木、桃金娘、芒萁、茅草。天然植被现存较好的有龙岩梅花山自然保护区、南靖六斗山自然保护区、南靖虎伯寮自然保护区等。流域植被多以人工次生林和人工果林为主，人工次生林主要有杉树、马尾松、桉树、橡胶、油桐、毛竹等，人工果林有荔枝、龙眼、番石榴、芒果、柑橘、香蕉等，经济作物主要有甘蔗、花生、茶等。森林植物主要特点是分布不均，龄组结构不平衡，用材林中成熟林少，多为幼龄林和中龄林。

九龙江流域生态系统主要包括森林、农田、湿地和河口。据统计，九龙江流域（包括龙岩市、漳州市和厦门市）林地总面积为219万hm^2；耕地总面积为14.81万hm^2，占全省的12.6%。九龙江流域原有森林、湿地和野生动植物类型自然保护小区（点）划定面积为5.77万hm^2，占全区土地总面积的4.58%，其中：保护区8个，面积为1.38万hm^2；保护小区333个，面积为4.36万hm^2，保护点为768个，面积为300hm^2。流域内生物多样性层次丰富、物种繁多。陆生脊椎动物达212种（其中两栖类4种、爬行类25种、鸟类158种、兽类25种）；昆虫近2000种。

（三）社会经济发展概况

2011年，福建省九龙江流域区域生产总值为4451.84亿元，占全省区域生产总值的25.2%，第一产业产值为232.5亿元，第二产业产值为2340.94亿元，第三产业产值为1878.39亿元，三者的比值为5.23∶52.58∶42.19。2011年末九龙江流域的常住人口在为731.89万人，是全省总人口的19.67%，城镇人口有530.14万人，是全省城镇人口比例的24.53%，城市化率为72.43%，高于全省的平均水平（表9-5）。

表9-5　2011年九龙江流域社会经济发展概况

项目	全省	闽江流域	流域占全省比例（%）
区域生产总值（亿元）	17 560.18	4 451.84	25.23
第一产业（亿元）	1 612.24	232.5	14.32
第二产业（亿元）	9 069.20	2 340.94	25.32
工业（亿元）	7 675.09	2 022.15	25.58
建筑业（亿元）	1 394.11	318.8	23.80
第三产业（亿元）	6 878.74	1 878.39	27.73
年末总人口（万人）	3 720	731.89	19.67
城镇人口（万人）	2 161	530.14	24.53
城市化率（%）	58.1	72.43	—

第三节　近岸海域及典型河口区环境质量状况

一、福建省近岸海域环境质量状况

（一）近岸海域海水环境质量状况

根据《2010年福建省海洋环境状况公报》数据显示，2010年福建省近岸海域海水水质达到清洁海域水质标准的比例为39.0%，较清洁海域的比例为20.5%，轻度污染海域的比例为10.1%，中度污染海域的比例为18.3%，严重污染海域的比例为12.1%。受污染海域面积较去年减少3.4%，中度污染和严重污染海域主要分布在宁德沿海近岸、罗源湾、闽江口、泉州湾和厦门沿海近岸局部海域（图9-4），主要污染物为无机氮和活性磷酸盐。

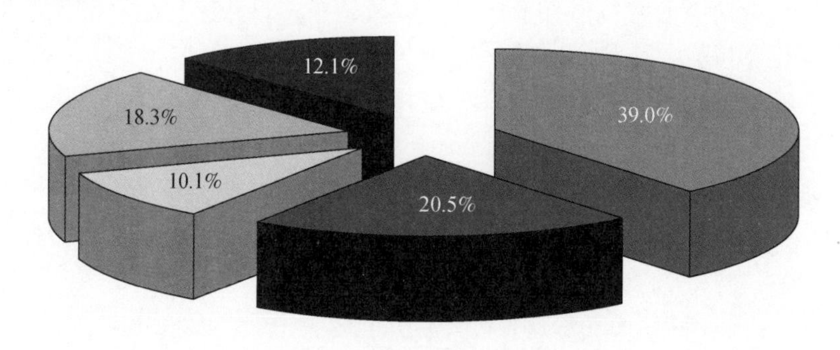

图9-4　福建省近岸海域水体质量状况

其中，闽江口入海口海域为严重污染海域，该海域主要受到闽江无机氮排海影响，无机氮含量超过海水水质第四类标准，活性磷酸盐和化学需氧量含量符合海水水质第二类标准，主要污染物为无机氮。厦门湾中严重污染区域集中在厦门西海域和九龙江入海口处，主要污染物为无机氮和活性磷酸盐。

（二）近岸海域沉积物质量状况

2010年，福建省近岸海域海洋沉积物质量总体良好，但较去年略有下降。沙埕港、闽江口个别站点沉积物中铜、粪大肠菌群含量超出《海洋沉积物质量》（GB 18668—2002）中第一类标准，湄洲湾、厦门湾和诏安湾局部海域沉积物中汞含量超出《海洋沉积物质量》（GB 18668—2002）中第一类标准，罗源湾局部海域滴滴涕含量超出《海洋沉积物质量》（GB 18668—2002）中第一类标准。除此之外，其他近岸海域沉积物质量符合《海洋沉积物质量》（GB 18668—2002）中第一类标准。

（三）生物体质量状况

2010年，福建省沿海开展17处重点海域贝类生物体质量监测，监测的贝类品种为牡蛎和缢蛏，监测项目为石油烃、总汞、镉、铅、铜、砷、六六六（666）、滴滴涕（DDT）和多氯联苯等。

监测结果显示，贝类体质量总体一般，36.4%的测站贝类生物体受到不同程度的污染，除福鼎沙埕港及晋江围头湾部分站点的牡蛎存在铜超标的情况外，大部分贝类符合《无公害食品 水产品中有毒有害物质限量》（NY 5073—2006）的质量标准。与2009年贝类体内污染物残留量相比，2010年贝类质量有所下降。

二、闽江河口区环境质量状况

本节数据资料均来源于福建省海洋开发管理领导小组办公室和南京水利科学研究院编制的《福建省海湾数模与环境研究闽江口化学环境研究专题报告》，2005年10月和2006年4月在闽江口开展了的两个航次的海洋环境化学调查。海洋环境化学各调查项目样品采集、保存和分析方法均严格按照《海洋调查规范》（GB 12763. 4—2007）和《海洋监测规范》（GB 17378. 4—2007）中规定的有关方法进行的。

（一）河口区水环境质量状况

2005年10月闽江口海水环境质量各评价因子中，化学需氧量（COD_{Mn}）、石油类、砷、铜、铅、锌和镉含量均可以满足二类海水水质标准。主要超标因子为溶解氧、无机氮、活性磷酸盐和汞。其中：无机氮含量在0. 300～2. 052 mg/L，平均为0. 98 mg/L，无机氮含量超标现象相当普遍，二、三类海水水质标准的超标率均为100%，四类海水水质标准的超标率分别为60%；活性磷酸盐含量在0. 011～0. 036 mg/L，平均为0. 033mg/L，二类海水水质标准的超标率分别为90%，但均可以满足四类海水水质标准；重金属中只有汞含量出现了超标现象，含量在0. 000 01～0. 000 31 mg/L，平均为0. 000 16 mg/L，二、三类海水水质标准的超标率均达30%，但均可以满足四类海水水质标准。

2006年4月闽江口海水环境质量与秋季调查结果相近，主要超标因子仍是无机氮、活性磷酸盐和汞。无机氮含量在0. 201～0. 720 mg/L，平均为0. 38 mg/L，超标现象较为普遍，二、三类海水水质标准的超标率分别为60%和50%，甚至有超四类海水水质标准现象；活性磷酸盐含量在0. 014～0. 032 mg/L，平均为0. 021 mg/L，二、三类海水水质标准的超标率均为16. 7%，但均可以满足四类海水水质标准；汞仍出现了超标现象，含量在0. 000 04～0. 000 26 mg/L，平均为0. 000 12 mg/L，二、三类海水水质标准的超标率均达20%，但均可以满足四类海水水质标准。

（二）河口区沉积环境质量状况

2006年4月，闽江口潮下带沉积环境质量各评价因子中，有机碳、硫化物、石油类、砷、铜、铅、锌和镉含量均满足一类海洋沉积物质量标准，仅汞含量（均值为0.129×10^{-6}g/g）略有超标，一类海洋沉积物质量标准的超标率为20. 0%；潮间带沉积环境质量各评价因子中，各因子含量均满足一类海洋沉积物质量标准，主要超标因子为镉（均值为0.18×10^{-6}g/g）和汞（均值为0.08×10^{-6}g/g），一类海洋沉积物质量标准的超标率分别为5. 6%和16. 7%，但均满足二类海洋沉积物质量标准。总的来说，闽江口沉积环境质量尚属良好。

（三）河口区生物质量状况

闽江口生物质量各评价因子中，铜、锌、汞、六六六、滴滴涕、多氯联苯（PCBs）和赤潮毒素（DSP、PSP）含量均可以满足一类海洋生物质量标准。砷、铅和镉含量在不同生物体中存在不同程度地超一类海洋生物质量标准的现象，其中铅含量超标较为严重，介于0. 06～1. 14 mg/kg，均值为0. 37 mg/kg，超一类标准近3倍。这表明闽江口海洋生物质量受到轻度的污染。

三、九龙江河口区环境质量状况

本节数据资料均来源于国家海洋局第三海洋研究所编制的《流域-河口区生态安全评价与调控技术研究总报告》，于2009年5月（丰水期）、2009年8月（平水期）和2009年11月（枯水期）在九龙江河口区开展的三个航次的海洋环境化学调查结果进行分析评述的。海洋环境化学各调查项目样品采集、保存和分析方法均严格按照《海洋调查规范》（GB 12763.4—2007）和《海洋监测规范》（GB 17378.4—2007）中规定的有关方法进行的。

（一）河口区水环境质量状况

2009 年丰水期，九龙江河口区海水中化学需氧量（COD）、石油类和重金属等因子基本上处于海水水质标准一类水平，影响河口区海水环境质量的环境因子主要是无机氮和磷酸盐，无机氮含量介于 0.34 ~ 3.06 mg/L，平均含量为 1.34 mg/L，处于劣四类水平；磷酸盐含量介于 0.004 ~ 0.159 mg/L，平均含量为 0.023 mg/L，处于二、三类水平。

2009 年平水期，九龙江河口区海水中大部分评价因子基本处于一类水平，超标因子仍主要是无机氮和磷酸盐，其中无机氮含量介于 0.43 ~ 4.13 mg/L，平均含量为 1.24 mg/L，处于劣四类水平；磷酸盐含量介于 0.024 ~ 0.117 mg/L，平均含量为 0.039mg/L，处于二、三类水平；化学需氧量（COD）含量有所降低，介于 0.81 ~ 5.66 mg/L，平均含量为 2.23 mg/L，处于二类水平。

2009 年枯水期，影响九龙江河口区海水环境质量的环境因子仍是无机氮和磷酸盐，其中无机氮含量介于 0.63 ~ 4.51 mg/L，平均含量为 1.78 mg/L，仍处于劣四类水平；磷酸盐含量介于 0.012 ~ 0.088 mg/L，平均含量为 0.042mg/L，处于二、三类水平。

此外，还在九龙江流域与河口区进行了 103 种常见农药的检测，结果共检出 76 种，监测结果表明，九龙江流域河口区已受到明显的农药污染，其特点主要包括：①在农药污染种类方面，存在新型和传统农药污染并存的现象，但是部分酰胺、苯胺、唑类杂环和菊酯类等新型农药的检出浓度和范围远高于传统的有机氯和有机磷农药，新型农药对河口区水环境的污染状况已经不容忽视；②在流域分布方面，九龙江北溪所受的农药污染较为严重，九龙江作为饮用水源存在农药污染的健康威胁；③在河口区农药分布方面，浓度梯度表明流域输入是河口区重要的农药污染来源，同时个别站位的高污染值表明河口区沿岸其他输入源（如养殖池或制药厂）可能对河口区抗生素的污染起一定贡献。

（二）河口区沉积环境质量状况

2009 年，河口区浅海沉积物质量总体保持良好状态，均值基本处于《海洋沉积物质量标准》一类水平，硫化物、铜、铅和汞含量个别站位处于二类或三类水平。潮间带沉积物中大部分评价因子含量基本处于一类水平，硫化物、铅和汞含量则存在相对普遍的超标现象，硫化物含量介于 95.5×10^{-6} ~ 1522.0×10^{-6}g/g，均值为 411.8×10^{-6}g/g；铅含量介于 49.1×10^{-6} ~ 97.0×10^{-6}g/g，均值为 64.1×10^{-6}g/g；汞含量介于 0.100×10^{-6} ~ 0.751×10^{-6}g/g，均值为 0.230×10^{-6}g/g。

（三）河口区生物体质量状况

2009 年于九龙江河口区主要采集海门岛及紫泥岛的缢蛏进行生物体的重金属和石油类监测，缢蛏体内的铜、铬、汞和砷平均含量符合《海洋生物质量标准》一类标准，铅、锌、铬和石油类的平均含量略有超标但符合二类标准，其中缢蛏体内铅含量平均约为 0.622×10^{-6}g/g，铬含量平均约为 0.712×10^{-6}g/g，石油类含量平均约为 40.2×10^{-6}g/g。

第四节　近岸海域及典型河口区海洋生物生态状况

一、福建省近岸海域生物生态状况

（一）海洋生物状况

本节近岸海域生物生态状况是根据福建省海洋与渔业厅及福建省海洋开发管理领导小组办公室组织

实施的“福建省海湾数模与环境研究”中的相关成果整理而成，海洋生物生态调查也是于2005～2006年进行了两个航次的调查，调查内容包括叶绿素a、初级生产力、浮游动物、潮下带底栖生物和潮间带底栖生物和游泳生物等。

福建省海湾海域海洋生物资源具有明显的亚热带海域特点，南部海湾海域还具有热带海洋性特点。海域的生态环境特点决定了海洋生物种类、组成、数量和分布。

1. 初级生产力

初级生产力的变化在很大程度上决定着海洋水产资源的盛衰。福建省海区初级生产力大致可分沿岸水域和近海水域2种类型。沿岸水域又可分为河口区、港湾区和海岛区3种类型。

河口区初级生产力的变化范围为19.20～203.54 mg·C/(m^2·d)，年平均值为82.08 mg·C/(m^2·d)；港湾区初级生产力的变化范围为11.76～319.9 mg·C/(m^2·d)，年平均范围为53.21 mg·C/(m^2·d)。海岛区的初级生产力变化范围为4～3626 mg·C/(m^2·d)，平均值为207.5 mg·C/(m^2·d)。近海区初级生产力的变化范围为5～3949 mg·C/(m^2·d)，平均值为343.6 mg·C/(m^2·d)。

2. 浮游植物

福建省海岛海域已鉴定到种的浮游植物共有7门357种（含变种、变型），以硅藻门的种类最丰富，达265种之多，占浮游植物种类总数的74.23%；其次为甲藻，共有62种，占种总数的17.37%；黄藻门和裸藻门的种类最少，均仅占0.56%。浮游植物种类数的分布呈现由沿海水域向内湾和河口水域逐渐递减、从高纬度向低纬度递增的明显趋势。

3. 浮游动物

福建省海域已鉴定浮游动物共有305种，其中以桡足类的种类最多（101种），占浮游动物总种数的33.11%，其次为水母类（82种），占总种数的31.06%，种类较多的尚有毛颚类（17种）占5.57%，糠虾类（14种）占4.59%，端足类（13种）占2.64%，腹足类（12种）占3.93%，其余种类较少。

4. 浅海底栖生物

福建省浅海底栖生物共记录有1221种。主要动物类群中，多毛类404种（居首位），软体动物291种，甲壳动物255种，鱼类154种，棘皮动物85种和其他动物32种。主要种和经济种共170种，出现率较高、数量较大的主要种和经济种有60种。

5. 潮间带生物

福建省沿岸海域已鉴定的潮间带生物共999种，其中藻类128种，占总种数的12.81%；多毛类179种，占总种数的17.92%；软体动物357种，占总种数的35.74%；甲壳动物210种，占总种数的21.02%；棘皮动物48种和其他动物77种。其分布特点是，南部海域种类多于北部，湾外海域生物种类多于港湾近岸。

6. 游泳生物

福建省海区游泳生物已鉴定的种类共有387种，其中鱼类最多，有290种，占总种数的74.9%；甲壳类有81种，占总种数的20.9%，头足类仅16种，占总种数的4.1%。生物量分布表明，各航次游泳动物的生物量均以闽江口以北海区为高，闽江口以南海域的密度较低。调查表明，闽江口及其附近海域的鱼类、甲壳类的资源生物量较高，而头足类资源生物量较低。调查同时表明厦门海域渔业资源衰退明显。

7. 微生物

福建省海域的总细菌数量年均值范围：水样为 $2.1\times10^8\sim94.0\times10^8$ 个/L，沉积物样为 $0.03\times10^8\sim9.7\times10^8$ 个/g；粪大肠菌数范围为不足 $30\times10^4\sim4.5\times10^4$ 个/L。总细菌数的变化规律为从北到南菌数逐渐增加，沉积物样总菌数变化不明显，粪大肠菌数既与该地区生活污水排入有关，也受到周围水域的影响。全区细菌数量和粪大肠菌数量都比较高，说明大部分海域的水质都不同程度地受到污染。

（二）珍稀濒危生物

福建省沿海主要的珍稀濒危生物，包括中华白海豚、中华鲟、文昌鱼、中国鲎、各种珍稀鸟类、贝类和红树林植物。上述动植物，除了贝类和红树林植物的自然分布局限于其地理位置外，它们在福建省沿海各港湾均有出现，但与历史调查数据比较，当前珍稀濒危物种的数量和分布范围都有大面积的减少。以中华白海豚为例，虽然过去它曾经出现或经常出现在三沙湾、罗源湾、闽江口、厦门湾、泉州湾和东山湾等港湾。但现在目击次数和出现的数量都大为减少，一些地方基本甚至基本没有出现。

（三）重要物种的遗传多样性

调查结果表明，坛子菜野生种群仍然保持着较高的遗传多样性，而且不同地理种群间进行着较高程度的基因交流。通过对大黄鱼野生群体的调查，结果表明无论野生群体，还是养殖群体，群体之间的分化程度都较低。表明大黄鱼群体间有充分的基因交流，目前没有发现养殖群体出现遗传分化现象。调查揭示，长毛明对虾群体间遗传分化程度较低，种群的遗传多样性水平较高，群体的基因多样性处于良好状态。日本囊对虾群体间遗传分化程度较小，遗传多样性水平处于中等水平。从调查结果看，上述物种的遗传多样性均处于正常水平，未发现群体的遗传多样性分化或者异常现象。

（四）赤潮及生物入侵

1. 赤潮

1962～2009 年福建省沿海共记录赤潮 199 起，其中有毒赤潮 45 起。2010 年，全省发现赤潮 17 起，累计影响面积约 $2691.5km^2$，是近几年赤潮灾害面积最大的一年，赤潮主要发生区域在霞浦近岸、连江黄岐半岛近岸、长乐至平潭近岸海域以及莆田南日岛至石城海域。赤潮的主要藻种为东海原甲藻、夜光藻和血红哈卡藻。1979 年以来有毒赤潮引起人类中毒死亡的特大事件 2 起。赤潮引起渔业生物直接经济损失额达千万元以上的重大事件有 6 起。最大年直接经济损失达 1.8 亿元。

2. 生物入侵

福建省 13 个重点海域及主要港湾仅福清湾、深沪湾、诏安湾未发现互花米草。全省互花米草入侵区域面积为 $99.24km^2$。从福建省马尾、江阴、厦门等港口所获外轮压舱水生物样品检出福建省近岸水域尚未见记录的物种，其入侵性尚待今后进一步观察。

其中，泉州湾区域生物入侵现象较为严重，据 2008 年泉州湾海岸植被调查，外来物种共计 47 种，其中入侵植物 36 种，基本上形成了入侵植物的单优群落，如陈埭石堤的豚草群落，浔浦、西滨的互花米草群落等。与 1989 年相比，泉州湾现状与 1986～1987 年调查资料对比新发现的群落共有 14 个，因外来种入侵而新形成的群落 6 个，即互花米草群落、马缨丹+苍耳群落、豚草群落、喜旱莲子草群落、银胶菊群落、钻叶紫菀群落。其中，互花米草在泉州湾入侵的时间最长，而且目前已侵占了大片海域，也对海水养殖、红树林、底栖生物、鸟类等造成了一定的影响。与历史资料对比，米草景观的面积呈明显的上升趋势，尤其以 2001～2008 年上升最为显著，上升了约 4 倍。2008 年，泉州湾米草分布面积已达 $1212.91\ hm^2$，占生境总面积的比例达6.43%。

二、闽江河口区海洋生物生态状况

(一) 海洋生物

本节数据资料均来源于福建省海洋开发管理领导小组办公室和南京水利科学研究院编制的《福建省海湾数模与环境研究闽江口生物生态研究专题报告》。海洋生物生态调查是于2005年10月和2006年4月进行了两个航次的调查，调查内容包括叶绿素a、初级生产力、浮游动物、潮下带底栖生物和潮间带底栖生物。

1. 叶绿素a和初级生产力

2005年10月闽江口海域叶绿素a含量在0.90～2.87mg/m^3，平均值为1.34 mg/m^3，初级生产力平均值为117.67mg・C/(m^2・d)；2006年4叶绿素a含量在0.52～3.52 mg/m^3，总平均值为1.41 mg/m^3，初级生产力平均值为138.12 mg・C/(m^2・d)。

2. 浮游植物

2005年10月闽江口海域共鉴定到浮游植物4门43属104种（含变种及变型），其中硅藻门90种，甲藻门5种，绿藻门5种，蓝藻门4种，主要种类有中肋骨条藻、虹彩圆筛藻、琼氏圆筛藻、细弱圆筛藻、爱氏辐环藻、小环藻、双菱藻、颗粒直链藻、奇异棍形藻和红海束毛藻等。2006年4月共鉴定到浮游植物5门59属142种（含变种及变型），其中硅藻门123种，甲藻门6种，绿藻门8种，蓝藻门3种，金藻门2种。主要种类有中肋骨条藻、密连角毛藻、尖刺拟菱形藻、爱氏辐环藻和条纹小环藻等。

3. 浮游动物

2005年10月闽江口海域共鉴定到浮游动物75种，其中桡足类30种，枝角类6种，介形类2种，糠虾类5种，磷虾类1种，十足类2种，涟虫类1种，端足类1种，等足类3种，毛颚类2种，水母类2种，浮游幼虫20种，其中优势种有火腿许水蚤、中华异水蚤等。2006年4月共鉴定到浮游动物的桡足类48种，枝角类18种，介形类1种，糠虾类1种，涟虫类2种，端足类1种，等足类1种，毛颚类6种，被囊类1种，多毛类1种，水母类11种，浮游幼虫18类，共计109个种类，其中优势种为汤匙华哲水蚤等。

4. 潮间带底栖生物

闽江口潮间带调查的6条断面均为软相底质，2005年10月调查经鉴定的潮间带生物共有139种，其中甲壳动物53种、软体动物51种、多毛类12种、其他动物23种（包括藻类和鱼类等）。从数量和出现频率看，闽江口潮间带的优势种有：绿螂、鸭嘴蛤、圆球股窗蟹、活额寄居蟹、四齿大额蟹、弹涂鱼等种类。常见的还有泥螺、齿纹蜒螺、紫游螺、光滑河蓝蛤、肉球近方蟹等种类。

2006年4月调查经鉴定的潮间带生物共有139种，其中甲壳动物53种、软体动物51种、多毛类12种、其他动物23种（包括藻类和鱼类等）。闽江口潮间带的优势种有：中国绿螂、圆球鼓窗蟹、纽形动物、光滑河蓝蛤、小亮樱蛤、沙钩虾、双扇鼓窗蟹等种类。常见的还有日本大眼蟹、锯脚泥蟹、焦河蓝蛤、微黄镰玉螺、背蚓虫等种类。

5. 潮下带底栖生物

2005年10月共获浅海大型底栖生物26种，其中多毛类为12种，甲壳动物9种，软体动物4种，棘皮动物1种。从生物数量和出现频率看，优势种为光滑河蓝蛤、模糊新短眼蟹、明秀大眼蟹。2006年4月3个断面计10个站位的调查共获底栖生物31种，其中软体动物13种，多毛类种数9种，甲壳动物8

种，棘皮动物1种。主要优势种为菲律宾蛤、纵肋织纹螺、豆形短眼蟹。

（二）重要生境

1. 河口湿地

闽江口湿地临江濒海，地域宽广，生态环境复杂多样，泥生植物生长茂盛，分布于沙、泥滩和泥滩草洲上的双壳类、甲壳类及水域中的鱼类、虾类等十分丰富，吸引了数以万计的鸟类在此地越冬和栖息。这些鸟类随着潮涨潮落，相互迁飞于各个湿地，闽江口河口区的鳝鱼滩、蝙蝠洲、浦下洲、芦岐洲–道庆洲、塔礁洲和长岸洲等湿地是鸟类目前的主要集群和分散地（图9-5）。

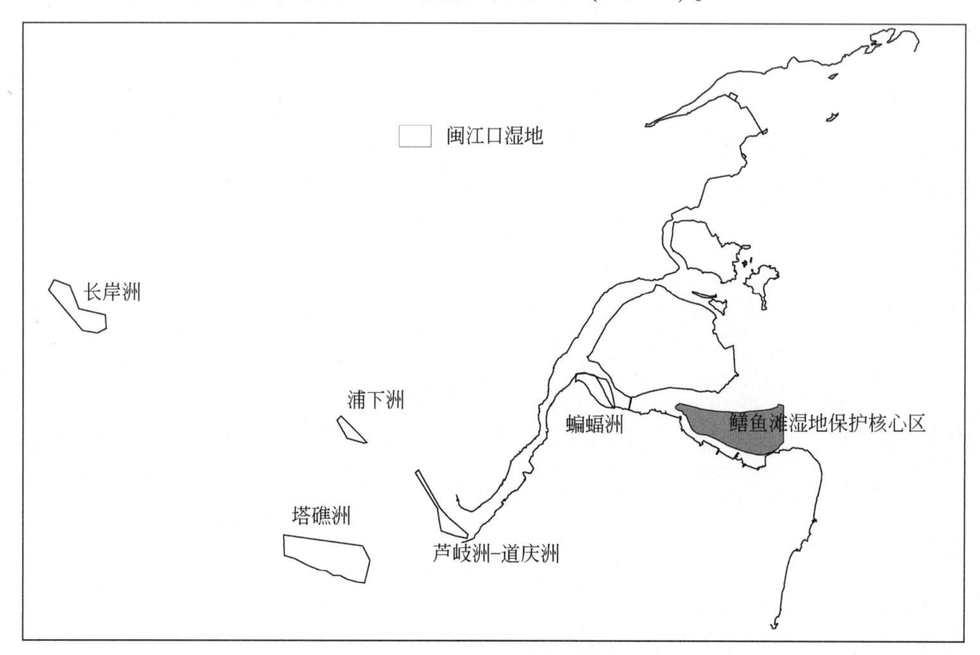

图9-5　闽江口湿地分布示意图

鳝鱼滩湿地：鳝鱼滩湿地位于闽江口长乐市梅花镇至潭头镇，面积约为7200hm²。该湿地主要由沙滩、泥滩水草及中心沙洲种植的木麻黄组成，滩涂有养殖缢蛏、弹涂鱼及天然的双壳类、甲壳类、鱼虾等底栖动物，动物资源十分丰富。鳝鱼滩湿地鸟类资源丰富，栖息于这里的鸟类统计有29科118种，其中属于国家重点保护珍稀鸟类有12种，属于省级重点保护鸟类21种，《中华人民共和国政府和日本国政府保护候鸟及其栖息环境协定》保护鸟类70种，《中华人民共和国和澳大利亚政府保护候鸟及其栖息环境的协定》保护鸟类34种，已发现全球濒危鸟类黑脸琵鹭（*Platalea minor*）及斑嘴鹈鹕（*Pelecanus philippensis crispus*），其种群数量增达几十只之多。每年在这里栖息的鸟类约数十万只，主要常见鸟类有：普通鸬鹚、斑嘴鸭、绿翅鸭、苍鹭、白鹭、青脚鹬、白腰杓鹬、环颈鸻、红嘴鸥、白额燕鸥等。

蝙蝠洲湿地：蝙蝠洲位于猴屿乡，面积约为500hm²。生态环境主要以沙泥滩、农田、套河水洼地组成。由于洲上建堤、围垦、填河，生态环境受到破坏。这里常见的鸟类有：白鹭、苍鹭、红嘴鸥、珠颈斑鸠、白胸翡翠、云雀等，傍晚或涨潮时许多雁鸭类迁飞到这里觅食，鹬类也常常聚集于这一地带。

浦下洲湿地：浦下洲（包括新垱洲、对面洲）位于仓山区东北侧闽江北港中，面积约为570hm²。其生态环境多样，有沙洲、泥滩草洲。洲上种植部分茭白，草洲沿岸和水道中鱼、虾、河蚬等资源十分丰富。由于闽江水域泥沙淤积，河道日益变浅。村民逐年往沿江填土建筑等原因使原有的湿地日益缩小。据1980年以前的调查，这里每年都有大量的雁鸭类、涉禽类栖息。而目前，随着潮水涨潮或傍晚时，鹬类、雁鸭类等才迁飞于此聚集或觅食。这里常见的鸟类有：小鷿鷈、白鹭、苍鹭、池鹭、夜鹭、斑嘴鸭、绿翅鸭、青脚鹬、矶鹬等。

芦岐洲-道庆洲湿地：芦岐洲-道庆洲（包括马杭洲、草洲）位于福州城门洋下村，面积约为330hm²。其附近有马杭洲，洲上有农田、芦苇地等，蟹类、河蚬十分丰富，每年春秋在这里的旅鸟如中杓鹬有几百只。由于马杭洲湿地大部分被吹砂、填土，加上村民在湿地里过度捕捞鱼、虾、蟹等，鸟类栖息地受到严重破坏和干扰。据1980年以前的调查，这里的雁鸭类约有几千只，鹬类集群觅食在滩涂上，数量可观。现在这里常见的鸟类有：苍鹭、池鹭、白鹭、青脚鹬、矶鹬、环颈鸻、绿翅鸭等。

塔礁洲湿地：塔礁洲（包括新墩洲）湿地位于闽侯祥谦镇北侧乌龙江，面积约2400hm²。这里有大片沙滩、泥滩，洲上有部分种植甘蔗、水稻等农作物，养殖大量的河蚬。据1980年以前调查，每年在这里有几万只鸭类和鹬类在此越冬，它们在退潮后相互聚集在此，涨潮时部分在水中漂游，另一部分各自结群栖息于水草泥滩或洲上农田。1990年后，由于村民大量捕捞鳗苗等动物，在各个水道上布满渔网，加之人类活动频繁，鸟类没有安静的栖息地，鸟类觅食和栖息受到干扰。目前常见的种类有：白鹭、苍鹭、斑嘴鸭、绿翅鸭等，猛禽类也时常在这里见到。

长岸洲湿地：位于闽侯竹歧乡，面积约为560hm²。近岸林带主要以大叶桉、相思树、木麻黄等植物为主；洲上以禾草类为主的草地常有毛茛科、莎草科、灯心草科、菊科等草本植物混生其间；此外，福建省重点保护植物——绶草在此有成片分布，为一大特色。在草地，有一些废弃鱼塘、池沼。在潮间带中，分布有河蚬、蟹类、鱼类等水生动物；内缘为农地，主要种植水稻、红薯及果树。在此分布的鸟类主要以近岸鸟类为主，如珠颈斑鸠、喜鹊、大山雀、树鹨、黑领椋鸟等。涉禽类如白鹭、白腰草鹬、矶鹬也常成群栖息于这一带。如遇天气变化，通常在闽江河口下端栖息、觅食的绿翅鸭、斑嘴鸭、红嘴鸥等鸟类常成群溯江而上，迁徙于此避风栖息和觅食，其情景十分壮观。

2. 种质资源增养殖区

长乐海蚌资源增殖区是闽江口重要的生态类型，该区域内位于长乐市东部海域，中心位置为25°59′5″N，119°44′08″E，面积为14 080.4hm²。西施舌（海蚌）为大型的经济双壳贝类，其肉味鲜美、营养价值高，是一种名贵的海珍品，商品贝价格高达160～240元/kg。它在此区域内分布广，栖息密度相对于其他潮下带底栖生物占绝对优势，其秋季的幼体密度高达1210个/m²，平均密度为294个/m²。近年来，西施舌自然资源衰退十分明显。

3. 红树林

闽江河口湿地仅有一种红树植物，即秋茄，多呈带状片断化分布。它主要分布在粗芦岛后二村左湾海边沙泥质潮间带（面积约数百亩）。长乐文岭镇的草塘至浪头的近岸泥滩，在高潮区或中潮区内缘，呈斑块状分布。群落高度为2.9～3.1m，总盖度为85%～90%，单层植物，植株呈丛生状，茎基直径为8.1～12.5cm，生长状况较好。

（三）珍稀濒危生物

闽江口生态生境类型多样，同时也孕育了丰富多样的海洋生物和鸟类。

1. 中华鲟

中华鲟是国家一级保护动物，也是《濒危野生动植物种国际贸易公约》中Ⅰ类保护物种，它是地球上存活的最古老的脊椎动物之一，距今已有1.4亿年的历史，有“国宝活化石”之称。它分布于我国东南沿海，产卵洄游于长江干流，珠江、闽江也有分布。近年来，福州闽江口频频发生中华鲟误入渔网事件，尤其是1996年3月和1998年3月在闽江口先后发现了两条特大的怀卵中华鲟雌鱼，引起管理和科研部门的关注。经有关专家调查和评估，认为闽江口生物饵料丰富，温度、盐度等理化指标适宜中华鲟生长和繁衍，闽江可能成为中华鲟新的产卵场。为保护闽江流域生物多样性和生态平衡，福建省渔业主管部门把重建闽江中华鲟种群列入重要议事日程。

2. 重要鸟类

黑脸琵鹭（*Platalea minor*），分布于朝鲜，越冬于我国长江以南一带；栖息于内陆湖泊、河口、滩涂等湿地，常结小群活动，飞翔缓慢；多在潮间带或浅水边活动，性沉着机警。黑脸琵鹭曾在闽江口湿地终年见到，由于湿地面积日益缩小，生态环境恶化等原因，在闽江口有相当时间没有见到。2003 年 2 月在闽江口鳝鱼滩又重新发现。另据 1998 年有关资料统计，全球黑脸琵鹭总数量为 613 只，数量稀少，被列入《国际鸟类保护委员会（ICBP）世界濒危鸟类红皮书》。我国将其列为国家珍稀二级保护鸟类之一，有关专家提议将其列为一级保护动物。

黑嘴鸥（*Larus saundersi*），国内繁殖于辽宁南部、河北、山东等地，越冬于长江下游以南地区；在闽江口湿地为冬候鸟；主要栖息于沿海滩涂、河口地带，常成小群频繁于水域上空飞翔游荡；数量稀少，据 1990 年亚洲湿地局鸟类冬季调查，总的种群数量约 20 000 只，我国统计到 1559 只，已被列入《ICBP 世界濒危鸟类红皮书》和《中国濒危动物红皮书》。

斑嘴鹈鹕（*Pelecanus philippensis crispus*）繁殖于欧洲东南部、蒙古国和我国西北部，越冬在印度北部和我国南部；在闽江口湿地为冬候鸟；主要栖息于海湾、河口及开阔的湖泊，喜群栖，飞翔时两翅鼓动缓慢；颈紧缩于背，常成小群围捕鱼类。斑嘴鹈鹕冬季分布于我国长江下游、东南沿海湿地，据 1990 年国际水禽研究局调查，我国仅统计到 45 只，在亚洲统计有 1995 只。2003 年 2 月，曾在闽江口鳝鱼滩发现有 30 多只，是该湿地历史以来最大的集群。由于数量少，已被列入《ICBP 世界濒危鸟类红皮书》，我国将其列为国家珍稀动物二级保护。

黄嘴白鹭（*Egretta eulophotes*）分布于我国东北鸭绿江、辽东半岛，往南到青岛、浙江、广东等，在闽江口湿地为夏候鸟；栖息于沿海岛屿、海湾、河口及其沿海附近江河、湖泊、水田等，常单独或小群活动，白天飞到滩涂、农田等活动觅食，常于白鹭混在一起，晚上飞到近海的山林里栖息。黄嘴白鹭是我国南部沿海夏候鸟，鸟巢建于沿海岛屿上，由于各种因素影响，种群日益减少。据 1900 年和 1992 年国际水禽研究局调查，在我国只统计到 143 只。由于数量稀少，目前已被列入《ICBP 世界濒危鸟类红皮书》，我国列为国家珍稀动物二级保护，同时也将其列入《中国濒危动物红皮书》。

黑翅鸢（*Elanus caeruleus*），国内分布于云南、广西、浙江、河北等省，在闽江口湿地为留鸟；栖息于开阔田野、农田等地附近树林，常单独活动，停息于大树梢或电线杆上，遇到地面动物突然直扑而下；数量稀少，1993 年首次在闽江口湿地发现并报道，继后又发现鸟巢，数量增多，列为国家二级保护珍稀动物，也被列入《中国濒危动物红皮书》。

苍鹭（*Ardea cinerea*），分布于我国东北、华北、长江下游等地，在闽江口湿地为冬候鸟，部分留鸟；栖息于江河、湖泊、鱼塘、海岸滩涂及其水域湿地，常小群活动；飞行时两翼鼓动缓慢，颈缩成“Z”字形，两脚向后伸直，晚上多成群栖息于高大树上或在湿地苇丛旁栖息。苍鹭原是我国分布广且较为常见的涉禽，近年来由于湿地开发，胜景条件的恶化，种群数量明显减少，1990 年减少到三分之一。苍鹭在我国已被列为保护动物之一。

三、九龙江河口区海洋生物生态状况

（一）海洋生物

本节数据资料均来源于国家海洋局第三海洋研究所编制的《流域-河口区生态安全评价与调控技术研究总报告》，于2009 年5 月（春季）、2009 年8 月（夏季）和2009 年11 月（秋季）在九龙江河口区开展的三个航次的海洋生物生态调查。海洋生物生态调查与环境化学调查同步开展，调查内容包括叶绿素 a、初级生产力、浮游植物、浮游动物、鱼卵和仔稚鱼、浅海大型底栖生物、潮间带底栖生物和游泳生物。

1. 叶绿素 a 和初级生产力

2009 年九龙江口海域叶绿素 a 均值为 3.11 mg/m^3，初级生产力均值为 103.51 mg · C/m^2 · d，季节变化上基本表现出春夏高秋冬低的特点。高值区均出现于九龙江口南侧和九龙江内河海域。

2. 浮游植物

浮游植物调查共记录 154 种，其中以硅藻为主，有 96 种，绿藻次之，有 29 种，甲藻和蓝藻分别为 12 种和 12 种，裸藻 4 种，金藻和黄藻各 1 种。主要优势种为中肋骨条藻、短角弯角藻和海链藻等，中肋骨条藻、短角弯角藻是河口混合区及厦门西港海域主要的赤潮生物，浮球藻、湖沼色球藻、小席藻是上游水域主要淡水种。浮游植物总细胞密度平均为 123.40×10^{3}cells/L，生物多样性指数（H'）平均为 3.01。

3. 浮游动物

九龙江河口区 2009 年浮游动物调查共鉴定 86 种，主要优势种为弗洲指突水母、中华假磷虾、火腿许水蚤和中华异水蚤，浮游动物生物量均值为 1253.27mg/m^3，总个体密度均值为 167.2ind/m^3，季节变化显著，生物多样性指数（H'）平均为 2.01。

4. 鱼卵和仔稚鱼

九龙江河口区 2009 年鱼卵和仔稚鱼调查共鉴定 42 种（含未定种），以鳀科种类最多，达 10 种，其次是鰕虎鱼科和鲱科种类，各为 7 种和 5 种，其他各科一般，为 1～3 种。其中调查区鱼卵数量春季和夏季分别为 17.9ind/100m^3 和 16.96ind/100m^3，秋季则未采到，主要种类是鲾科、鲻科和鳀科；调查区仔稚鱼的数量平均为 15.96ind/100 m^3，也表现出春夏高秋季低的特点，主要种类为䲗科的美肩鳃䲗、眶棘双边鱼和鰕虎鱼。

本调查区鱼卵和仔稚鱼的群落结构主要受九龙江水影响，出现种类以河口性种类和沿岸种为主。在平面分布上，不同生态性质种类个体数的高低与测区受九龙江水影响的强弱有关，如河口性低盐种类大量密集于受九龙江水影响最强的调查区西部水域，而相对适盐略高的沿岸种和近海种则主要分布在口外水影响较强的海门岛以东水域和鼓浪屿南北水域。

5. 浅海大型底栖生物

九龙江河口区浅海大型底栖生物调查共鉴定 146 种，主要优势种为丝鳃稚齿虫、独毛虫、光滑河蓝蛤、日本大螯蜚、中华拟亮钩虾、莱氏异额蟹、模糊新短眼蟹等，大型底栖生物栖息密度均值为 367.4 个/m^2，生物量平均为 23.01g/m^2，生物多样性指数（H'）平均为 1.38。

6. 潮间带底栖生物

九龙江河口区潮间带底栖生物调查共鉴定 234 种，其中多毛类 80 种，软体动物 63 种，甲壳动物 51 种，棘皮动物 5 种，其他生物 35 种。多毛类、软体动物和甲壳动物占总种数的 82.91%，三者构成潮间带生物主要类群。主要优势种为卷吻沙蚕、毛背鳞虫、僧帽牡蛎、凸壳肌蛤、弧边招潮、小相手蟹等，潮间带生物生物量均值为 688.24g/m^2，栖息密度平均为 3413 个/m^2，生物多样性指数（H'）平均为 2.70。

7. 游泳生物

九龙江河口区渔获游泳生物共记录 58 种，其中鱼类 29 种，虾类 14 种，蟹类 12 种，虾姑 2 种，头足类 1 种。经济种类约占 50%，主要有尖嘴魟、叫姑鱼、海鳗、风鲚、中华海鲶、乌塘鳢鱼、半滑舌鳎、日本对虾、长毛对虾、周氏新对虾、哈氏仿对虾、锈斑蟳和小管枪乌贼等，平均渔获密度为 1319 尾/

（网·h），平均渔获重量15.774kg/（网·h），以鱼类为主。该调查海区所渔获的游泳生物，其个体大小组成以小型种类和近岸河口种类为主、未成熟鱼和幼鱼占绝对优势。从分析结果看，该调查海区是多种游泳生物的天然索饵、繁殖和生长的良好场所。

（二）重要生境

九龙江河口下段滨海湿地面积广阔，生态环境典型且具代表性，河口下段自然分布的红树林植被是九龙江流域重要而特殊的生态类型，被国家列为重点保护湿地。由于其地理位置的特殊性，作为第一性生产力，这里的植被现状、变化趋势，将强烈影响整个河口区直至下游厦门经济特区的建设和海峡西岸的海洋生态环境质量。

龙海九龙江口红树林省级自然保护区位于福建省龙海市九龙江入海口，涉及紫泥、海澄、浮宫和角美4个乡镇，于1988年批准建立。地理坐标为东经117°54′11″～117°56′02″，北纬24°23′33″～24°27′38″。保护区总面积为420.2hm^2，其中核心区面积为237.9hm^2，包括甘文片、大涂洲片和浮宫片三块。主要保护对象为红树林生态系统、濒危野生动植物物种和湿地鸟类等，属海洋与海岸生态系统类型（湿地类型）自然保护区。

保护区植被类型主要有红树林、滨海盐沼和滨海沙生植被3个植被型，有秋茄林、秋茄+桐花树林、芦苇盐沼、短叶茳芏盐沼、互花米草盐沼、苦郎树群落、鸡矢藤群落7个群系。区内野生动植物资源丰富，已查明维管束植物54科107属134种，其中红树植物5科7属10种，分布面积广大的红树植物是主要植物资源。

保护区动物区系属东洋界华南区闽广沿海亚区。已查明野生脊椎动物有21目54科212种，其中兽类3目3科6种、鸟类16目40科181种、爬行类1目6科17种、两栖类1目5科8种。列入国家重点保护的野生动物有卷羽鹈鹕、褐鲣鸟、海鸬鹚、黄嘴白鹭、黑脸琵鹭、黑翅鸢、普通鵟、鹗、小杓鹬、小青脚鹬、褐翅鸦鹃、草鸮等29种。其中属《中华人民共和国政府和日本国政府保护候鸟及其栖息环境协定》保护候鸟有96种，《中华人民共和国和澳大利亚政府保护候鸟及其栖息环境的协定》保护候鸟有52种。

（三）珍稀濒危生物

1. 中华白海豚

中华白海豚在20世纪60年代在厦门港随时可见，平均每天（肉眼观察到）有3.5次中华白海豚出现。另外，在黄宗国等的调查中发现60年代厦门港每年约有3084只（次）中华白海豚出现。杏林湾、马銮湾、筼筜港和同安湾顶的丙洲附近海域是其主要栖息地，但而今杏林湾、同安湾口却均没有发现中华白海豚的出现，西海域依然是中华白海豚的主要栖息地。

1994～1999年，黄宗国等在厦门及其周围海域20个监测站共观察了239个月，共发现12 624只（次）中华白海豚，此外，进行87航次调查，航程2836km，遍及整个厦门及邻近海域，发现中华白海豚392只（次），在这6年中调查发现中华白海豚平均约4.51只（次）/航次。中华白海豚在西海域的火烧屿、大屿，厦门岛东侧和南侧的海洋新村、白石头、何厝海面及同安湾口（五通、刘五店以及澳头）附近海域活动较为频繁。据其初步估算，目前厦门海域的中华白海豚已不足100只，大约为60只 。

2003年6月～2004年5月，国家海洋局第三海洋研究所在厦门海域总共进行了56个航次的海上船只调查，总航程约1700km，调查时间约260h。结果显示，56个航次中共发现中华白海豚总的个体数为123只（次），平均约2.20只（次）/航次，中华白海豚集中活动地点在厦门西海域保护区核心区内及黄厝附近海域，同安湾口却没有发现海豚的出现。

另据南京师范大学相关组织在2004年2～12月在厦门海域进行了150天共181航次的海上调查结果，总航程为6107km，调查时间达969h，总共发现中华白海豚473只（次），平均约2.61只（次）/航次，除厦门西海域是其主要活动海域外，在鸡屿到青屿一带海区的活动频率明显增加。此外，南京师范大学于2006年12月31日至2007年06月20日，在厦门海域又进行了中华白海豚补充调查，共调查122天，127航次，总航程达2945 km，总调查时间为631h，共发现中华白海豚276只（次），平均约2.17只（次）/航次。中华白海豚在厦门西海域大屿、嵩屿、鼓浪屿和鸡屿附近出现频率较高。

2. 文昌鱼

据《中国海湾志（第八分册）》中记载，同安湾东南鳄鱼屿周围一带海域是其理想的繁生地之一，早在20世纪30年代，刘五店海域的文昌鱼就闻名遐迩，成为各国海洋生物学家们的研究基地。高集海堤兴建之前，同安湾西部与厦门西港水道相通，港道畅通不淤，文昌鱼资源丰富，1932年渔场面积达22km^2，年产量57t左右。其分布范围曾到达厦门岛五缘湾口外侧五通-澳头一带海域。1956年高集海堤修成之后，以及湾内滩涂（刘五店北面和南面及高崎至五通之间海域）多处围垦，改变了湾内水动力条件，造成湾内淤积，明显淤浅的有刘五店以南海域及高集海底以东一带，水深减少0.5～1.0m不等，海湾的淤积使文昌鱼赖以生存的砂质环境，不断为淤泥质沉积物所覆盖，文昌鱼渔场逐渐退化以致最后消失，1970年年产文昌鱼仅剩1t左右，1975年以后，原来的文昌鱼渔场已经无人问津。

1986年10月，福建省水产研究所在原刘五店文昌鱼渔场进行了58个站次的采样，没有采集到文昌鱼。1989年4月，对鳄鱼屿北面一处面积约0.15km^{2}的砂地进行调查，结果显示，5个取样站文昌鱼的平均栖息密度为110尾/m^2，最高栖息密度为250尾/m^2。1987年4月～1988年3月，福建省水产研究所在前埔-黄厝海区以及南线-十八线海域进行调查，结果显示，前埔-黄厝海区文昌鱼平均栖息密度为150.7尾/m^2，平均生物量为8.49g/m^2，估算渔场面积约为3km^2，资源量约为25.4t，而南线-十八线海域调查未采集到文昌鱼，依据渔捞日志登记的平均单位日产量，参照前埔海区的调查结果推算，该海域资源量约为35t。

据方少华等于2001年4月～2002年3月在厦门文昌鱼自然保护区及邻近海区约90 km^{2}范围内进行的4次调查采样，研究结果表明厦门海域前埔-黄厝海区的文昌鱼年平均密度为68.7尾/m^2，平均生物量为2.55g/m^2，最大密度为224尾/m^2，最大生物量为6.88g/m^2；南线-十八线海区年平均密度为90.8尾/m^2，平均生物量为3.49g/m^2，最大密度为360尾/m^2，最大生物量为5.25g/m^2；刘五店附近的鳄鱼屿海区因吊养牡蛎，采样困难，获得的文昌鱼密度也较低，密度最高仅30尾/m^2；小嶝岛-角屿海区没有采获文昌鱼。

第五节　近岸海域及典型河口区岸线、浅滩和湿地变化

一、福建省近岸海域围填海状况

1. 围填海规模

长期以来，福建省一直将围填海作为解决沿海耕地资源贫乏、实现耕地土地资源占补平衡的重要途径，围填海活动也是造成岸线变动、滩涂湿地消失、冲淤动态变化、资源退化以及生物多样性受损的重要原因之一。根据福建省海湾数模成果，截至2000年底，全省共建成大小围垦工程979处，总面积为836.68km^2（其中已开发土地为794km^2）（表9-6），约占全省主要海湾面积的13.8%。

表9-6　福建省主要海湾历史围填海情况汇总表

海湾	海湾现状面积（km^2）	历史围填海情况			
		个数（个）	总面积（km^2）	1949～1979年（km^2）	1980年至今（km^2）
沙埕港	76.62	24	26.17	14.54	9.51
三沙湾	738.04	40	77.88	38.02	39.05

续表

海湾	海湾现状面积（km²）	历史围填海情况			
		个数（个）	总面积（km²）	1949～1979年（km²）	1980年至今（km²）
罗源湾	226.7	17	71.96	6.25	65.7
闽江口①	1800	13	19.98	11.4	8.58
福清湾	161.95	19	143.06	87.97	55.09
兴化湾②	622.18	5	122.08	24.03	56.35
湄洲湾	444.6	37	121.07	65.88	55.19
泉州湾	128.18	12	40.27	37.29	2.8
深沪湾③	29	3	—	—	—
厦门湾	1281.21	62	125.74	108	17.74
旧镇湾	69.64	14	25.33	9.13	16.2
东山湾④	247.89	15	22.3	—	—
诏安湾	221.73	14	40.84	18.71	22.13
合计	6047.74	275	836.68	421.22	348.34

①闽江口多处围垦因其面积不详未统计；②兴化湾的围垦工程数量及不同年代面积仅统计万亩以上围垦区；③深沪湾无围填海面积资料；④东山湾资料不全

据不完全统计，目前全省围填海面积可能已经达到1114 km²，面积大于等于10.00 km²的围填海面积有446.29 km²，占围填海总面积的40.04%。围填海面积最大的是泉州市外走马埭围垦，面积达34.67 km²，其次是福清市东壁岛围垦，面积为28.98 km²，位居第三的是连江县大官坂围垦，面积为27.53 km²。

2. 围填海的开发利用类型

福建省围填海主要用于农业种植和水产养殖，二者占了72.40%；其次是用于盐田建设，占19.03%，港口与临港工业及城镇建设用地占8.57%。随着社会经济的持续发展，产业结构发生变化，围填海的开发利用相应发生变化，农业种植的面积下降了7.42%，盐田面积减少了5.98%，水产养殖面积增加3.63%，港口与临港工业用海面积增加了2.26%，城镇建设用地增加了7.51%，面积大于等于0.50km²的围填海开发利用类型情况见表9-7。

表9-7 面积大于等于0.50 km²的围填海开发利用类型情况

面积		农业种植	水产养殖	盐田	港口与临港工业	城镇建设	总面积
初用途	面积（km²）	401.63	405.33	212.05	59.73	35.77	1114.51
	比例（%）	36.03	36.37	19.03	5.36	3.21	100
现用途	面积（km²）	318.86	445.80	145.51	84.89	119.45	1114.51
	比例（%）	28.61	40.00	13.05	7.62	10.72	100

3. 围填海的时间分布

福建省围填海活动，大致可分为3个阶段（表9-8）。20世纪50～70年代，围填海以农业种植、水产养殖和盐业建设为主，大于等于50hm²的围填海面积有538.28 km²；20世纪80～90年代，围填海主要为水产养殖业，部分为种植业，还有“占补平衡”问题，港口与临港工业和城镇建设用海所占的比例仍较小，且主要在厦门市。大于等于50hm²的围填海面积有196.33 km²，围填海主要用于厦门市的港口和机场建设；90年代至今，面积大于等于50hm²的围填海面积有379.90 km²，港口和临港工业、城镇建设围填海大幅度上扬，非农用地需求逐渐增加，一些垦区原有的种植和水产养殖功能也逐渐发生变化。

表9-8 福建省面积大于等于0.50 km² 的围填海时间变化 （单位：km²）

时段	农业种植	水产养殖	盐田	港口与临港工业	城镇建设	总面积
1949～1979年	217.40	148.35	163.11	0	9.42	538.28
1980～1989年	58.10	95.27	37.87	3.00	2.09	196.33
1990年以后	126.13	161.71	11.07	54.78	26.21	379.90
合计	401.63	405.33	212.05	57.78	37.72	1114.51

4. 围填海的空间分布情况

福建省围填海有75%的围填海集中在厦门湾、兴化湾、湄洲湾、罗源湾、三沙湾、海坛海峡、福清湾、诏安湾和泉州湾等半封闭型海湾内，围填海面积为836.16 km²。以厦门湾围填海面积最大，占全省的15.39%，其次是兴化湾和湄洲湾，各占全省的12.02%和11.03%。沿海6个地级市中，福州市围填海总面积居全省沿海6地市首位，共369.14 km²，其次为漳州市，围填海总面积为189.03 km²，其他4个地市的围填海面积基本在130～150 km²。

二、闽江口及其邻近海域岸线、浅滩和湿地变化研究

（一）闽江口及其邻近海域海岸类型

闽江口及附近海域岸段位于福建省中部沿海，行政区划属于连江县和长乐市。该岸段有许多的海湾和河口分布，由北到南分布有黄岐湾，鳌江口，闽江口等河口，海岸总长度为169.2 km。

基岩海岸长65.0 km，占总海岸的38.34%，主要分布于该岸段的北部，苔菉镇—黄岐—筱埕镇—蛤沙这段海岸陆地多花岗岩及火山岩山丘和台地，山地临海，海岸曲折，岬湾交错，如黄歧半岛战地风光旅游区。

随着经济的发展和人类活动的加剧，近年来该岸段人工海岸增加明显，其长度达到88.0 km，占总海岸的51.88%，主要分布在该岸段的南部，从镜路村—鳌江口—晓澳—琯头—文石—梅花—带，海岸的开发主要以海水养殖、造船厂、房地产和沙滩旅游等为主，如黄歧半岛人工海岸和晓澳人工海堤。

砂质海岸长9.5 km，占总海岸的5.57%，与20世纪80年代相比，砂质海岸明显减少，主要是由于人类对海岸的利用和开发，砂质海岸带主要位于湾内凹陷的小湾内，导致砂质海岸带明显减少，而人工海岸快速增加，剩余砂质海岸的海岸较为平直，以旅游开发为主，主要分布在定海旅游区。

粉砂淤泥质海岸长6.1 km，占该岸段的3.62%，主要位于闽江河口的南部。

（二）闽江口及其邻近海域地貌类型

闽江口海域潮间带地貌类型以河口地貌类型为主，主要有入海水道、河口边滩、河口沙嘴和河口沙坝。闽江河口地貌主要分布在闽江各分支河道附近，入海水道、边滩、沙嘴和沙坝发育，其上还生长众多水草湿地，是国际候鸟迁徙的重要暂时栖息地，在闽江口生态系统中重要的组成部分，也是开展湿地生态旅游的重要资源。鳌江口河口地貌少，主要是入海水道和边滩，规模均较小。

闽江口海域潮间带面积为143.12 km²，河口面积占潮间带面积的94.08%；海滩面积为3.02 km²，占2.11%，主要在筱城镇附近弧形海湾中部；蛎坞等地小海湾发育少量潮滩；潮滩面积为2.31 km²，占1.62%，岩滩面积为3.15，占2.20%，主要分布在闽江口北部和各分支河道附近，发育各类海蚀地貌，尤其在黄岐半岛附近，发育有重要的海蚀景观资源，筱城的定海和黄岐半岛与马祖列岛隔海相望，海岸建设有古炮台等历史遗迹，与闽江口湿地、马尾船政等构成闽江口重要的旅游资源。此外，河口区上发育米草，米草滩面积为3.18 km²，占河口区潮间带面积的2.22%，主要在河口沙嘴、河口边滩和河口沙坝上。

（三）闽江口岸线和浅滩变化

1. 闽江口岸线变迁特征

将包括闽江口地形数据的1913年、1950年、1986年、1999年和2005年的海图资料，进行图像扫描配准后，运用ArcGIS软件进行数字化和模块分析，并绘制出闽江口海底冲淤变化分布图。对比分析结果如下。

1913～1950年：粗芦岛西岸向西推进了数百米，而大陆方的西岸向东推进数百米，使得乌猪水道大为缩窄，水道弯曲程度减小，水道各处宽度也趋于接近。琅岐岛南侧的两个沙洲冲淤不一，北侧的雁行洲总体处于淤积状态，向东伸展，面积扩大；南侧的三分洲略并向北迁移，使得两沙洲间的水道缩窄。闽江口南岸岸线变化不大，但由于三分洲北移，梅花水道在此略变宽。

1950～1975年，比较明显的变化是琅岐岛东侧岸线向海推进了数十米；梅花镇东侧闽江口南岸岸线向海推进了数十米，呈较强的淤积。

1975～1986年岸线变化主要集中在琅岐岛南面的雁行洲和三分洲上，琅岐岛已经和雁行洲、三分洲在人工建堤后已连接在一起，使得整个梅花水道西半段的过水断面明显减小，对径流外泄不利。

1986年以后岸线变化不大，琅岐岛的东侧由于围垦养殖，岸线向海推进。梅花镇以东闽江口南岸向外略有淤长，但速度不如1975年以前了。

2. 闽江口海底冲淤变化特征

闽江口海底冲淤变化统计特征见表9-9。总的来说，1986～1999年河口整体呈冲刷状态，其余年份呈淤积状态；自1913～1999年，各时期淤积量和淤积速率不断减少，直至1986～1999年的净冲刷，1999～2005年快速淤积，超过以往各时期，达到1913～1950年的3倍。

表9-9　闽江口海底冲淤特征表

时段	淤积量（亿 m^3）	冲刷量（亿 m^3）	淤积面积（亿 m^2）	冲刷面积（亿 m^2）	平均淤积厚度（m）	平均冲刷厚度（m）	净淤积量（亿 m^3）	净淤积厚度（m）	净淤积速率（亿 m^3/a）
1913～1950年	3.67	0.97	3.35	1.56	1.10	0.62	2.70	0.55	0.073
1950～1975年	2.78	1.17	2.93	1.69	0.95	0.69	1.61	0.35	0.064
1975～1986年	1.67	1.03	2.61	1.91	0.64	0.54	0.64	0.14	0.058
1986～1999年	1.24	1.46	2.10	2.43	0.59	0.60	−0.22	−0.05	−0.017
1999～2005年	1.83	0.43	3.49	1.05	0.52	0.41	1.40	0.31	0.233

3. 河口浅滩迁移与变化

河口浅滩面积与位置变化反映了河口滩槽的迁移和河口地貌的演化。从1913～2005年近百年的时间里，总体表现为面积增加，仅1986～1999年面积减小，其中1975～1986增加速率最高，达到$1.91\times10^6\ m^2/a$，1999～2005年次之，为$1.67\times10^6\ m^2/a$，1950～1975年仅$0.04\times10^6\ m^2/a$，而1986～1999年为$-1.92\times10^6\ m^2/a$。

梅花水道外侧，1913年时水道被浅滩分隔成三条水道，浅滩东端伸向北支口外，略阻隔川石水道流出水沙，显示梅花水道在当时具有较好的输出水沙能力；1950年时水道浅滩与琅岐岛岸外浅滩相接，水道变窄，浅滩东端南缩，对北支的阻流效应减弱；1975年后浅滩向南、向上游迁移和扩张，南分汊变窄直至封闭；1999年以后浅滩进一步发育，水下河道进一步缩窄、甚至呈心滩状。

川石水道及外侧，1913年水道略受梅花水道外延伸浅滩的阻隔，壶江水道尚在发育中；1950年时口外阻流浅滩逐渐消失，与梅花水道相反，川石水道明显成为闽江入海主通道；1975 年时壶江水道形成，呈双汊道形态；1999 年后变化不大。

川石岛东南侧浅滩，1950 年时为两个小浅滩；1975～1986 年面积扩大，逐渐成为一体；1999 年分裂成两个部分，面积减小；2005 年显示明显扩大。

（四）闽江口湿地变化研究

1989～2009 年闽江河口永久性河流湿地面积不断减少，从 1989 年的 22 026.45 hm^2减少到 20 054.01 hm^2。其他 7 种湿地类型（洪泛平原湿地、滩涂、坑塘、水库、水田、人工湖泊、养殖场）1989 年面积为 34 967.73hm^2，1999 年面积为 29 362.74 hm^2，2009 年面积为 22 464.43hm^2，20 年间 7 种湿地类型面积减少了 35.76%，平均每年减少了 625.17 hm^2。

从各湿地类型的具体面积变化来看（表 9-10），1989～2009 年水田面积呈迅速减少的变化趋势，20 年间减少面积达 41.05%，平均每年减少 554.10 hm^2，该时间段水田的减少是造成闽江河口湿地减少的最主要原因。1989～2009 年洪泛平原湿地也呈逐渐减少的变化趋势，1989 年面积为 1460.35 hm^2，1999 年面积为 3260.73 hm^2，2009 年面积为 2354.23 hm^2，平均每年减少 89.675 hm^2，该时段洪泛平原湿地的减少是闽江河口湿地减少的另外一个重要因素。滩涂面积变化不大，1989～1999 年略微减少，1999～2009 年又稍有增加。坑塘、水库、人工湖泊和养殖场在闽江河口湿地中的比例均比较小，其变化特征主要受人类活动的影响。其中坑塘由于被人类占用，其中一部分转化为其他土地利用类型，1989 年面积为 1971.92 hm^2，2009 年减少至 1132.41 hm^2之间。水库面积 1989～2009 年也呈逐渐减少的变化趋势，但是变化幅度不大，在 215.87～169.03 hm^2。养殖场则由于人类进行经济活动的需要，其面积从 1989～2009 年迅速增加了 1228.39 hm^2。

表 9-10　闽江口湿地类型面积变化特征

湿地类型	斑块数（块）			景观总面积（hm^2）		
	1989 年	1999 年	2009 年	1989 年	1999 年	2009 年
洪泛平原湿地	113	68	41	4 147.56	3 260.73	2 354.23
滩涂	13	11	11	1 460.35	1 046.00	1 490.72
水田	367	275	186	26 998.55	22 344.16	15 916.53
水库	22	19	12	215.87	203.17	169.03
坑塘	389	311	146	1 971.92	1 855.28	1 132.41
人工湖泊	1	1	1	29.23	28.88	28.87
养殖场	12	17	18	144.25	624.52	1 372.64
永久性河流	1	1	1	22 026.45	22 002.56	20 054.01
合计	918	703	416	56 994.18	51 365.3	42 518.44
湿地类型	斑块平均面积（km^2）			斑块周长（km）		
	1989 年	1999 年	2009 年	1989 年	1999 年	2009 年
洪泛平原湿地	36.70	47.95	57.42	3 655.49	2 662.80	1 733.00
滩涂	112.33	95.09	135.52	942.23	788.08	656.95
水田	73.57	81.25	85.57	21 349.98	16 270.84	10 725.01
水库	9.81	11.29	14.09	303.00	271.72	218.13
坑塘	5.07	5.97	7.76	4 442.30	3 916.11	2 226.31
养殖场	12.02	36.74	76.26	209.03	560.76	981.73

三、九龙江口及其邻近海域岸线、浅滩和湿地变化研究

（一）九龙江口及其邻近海域海岸类型

九龙江河口位置在北岸为厦门，南岸为龙海，河口湾周边发育潮滩、潮流沙脊，大致平行排列于河口湾内，为潮汐潮流作用占优势的潮成三角洲。

九龙江口及其邻近海域海岸总海岸长度为333.0 km。以人工海岸为主，长度为307.6 km，占92.37%，主要分布泉州的围头至五堡，白沙至石井，奎霞至漳州的后村海岸。其他类型海岸比例很小。例如，基岩海岸长度为13.5 km，占4.06%，主要分布于漳州的深奥至岛美。砂质海岸长度为7.6 km，占2.29%，以分布于白沙、后村、流会为主。在泉州的仙景有小段的粉砂淤泥质海岸，长度为2.8 km，占0.83%。少量的河口海岸，长度为1.5 km，占0.46%，主要分布在漳州的浮宫镇。

（二）九龙江口及其邻近海域地貌类型

九龙江口及其邻近海域沿岸地区陆地地貌类型主要有海积平原、冲积平原、冲积-海积平原、侵蚀剥蚀台地、侵蚀剥蚀高丘陵、侵蚀剥蚀台地、侵蚀剥蚀低丘陵和侵蚀剥蚀中起伏低山8种类型。总体上以海积平原、侵蚀剥蚀低丘陵和侵蚀剥蚀台地为主。

侵蚀剥蚀台地主要分布在围头-大嶝岛对面的茂林，同安湾东岸的刘五店、下后滨河李厝，集美区街道，杏林街道，海沧的鳌冠，嵩屿、白礁和埔尾灯地；侵蚀剥蚀高丘陵主要分布在海沧的太平山，招银港区的东边-后丰、打石坑、桌岐-后石等地；侵蚀剥蚀低山和侵蚀剥蚀低丘陵分布少，前者仅分布在桌岐和镇海角，后者分布浮宫、石码等地。侵蚀剥蚀地貌类型一般分布不连续，且集中在围头-茂林、后石、同安湾东岸、集美、鳌冠-太平山、嵩屿等地，是东山海岸地区的制高点。

海积平原自南岸东石镇向西基本连续分布，侵蚀剥蚀地貌基本分布在海积平原的陆地后方，主要的集中区在莲河-刘五店、同安湾西岸、马銮湾沿岸、东屿湾、九龙江口等地。九龙江口、水头附近冲积、冲积—海积平原较发育。

厦门湾沿海地区海岸基本为人工地貌，主要有码头、防潮堤、路堤、围海造地区等，养殖开发类型的人工地貌类型少，开发强度非常高。

厦门湾潮间带地貌类型主要是潮滩、海滩和河口地貌，少量的岩滩。厦门湾潮间带面积为118.57 km^2，其中潮滩面积为160.06 km^2，占70.03%，常发育潮沟；主要沉积物类型为黏土质粉砂、粉砂、砂质粉砂等；潮滩较宽阔，常作为养殖池塘和围网养殖区。

海滩面积为28.76 km^2，占12.58%，主要分布在同安湾西岸。河口地貌类型面积为36.57 km^2，占潮间带面积的16.00%，分布在九龙江口，主要由河口沙嘴、河口边滩和河口沙坝构成。岩滩面积为3.18 km^2，占1.39%。

海湾内分布有8.36 km^{2}的米草滩和2.93 km^{2}的红树林滩，分别占海湾潮间带面积的3.66%和1.28%。

（三）九龙江口岸线和浅滩变化

1. 九龙江河口湾岸线变迁

对比1976年与2005年的岸线，两期岸线的变化主要集中在三个区域，分别为玉枕洲东部与南溪河口西侧、九龙江河口南岸、北岸开发区和港区。

在玉枕洲东部区域，2005年岸线较1976年明显向东推进，养殖池塘的建设使得原有的沙洲、浅滩消失，形成新的人工岸线，海域面积减小1.37km^2；南溪河口西侧的岸线变化主要为对岸线的判定标准不同造成，实际应无明显的变化。九龙江河口南岸区域，岸线明显向海推进，填海面积达3.32 km^2，岸线向

海推进最大可达近 1.5km。在九龙江口的北岸，海沧港口的发展使得岸线向海推进，填海新形成的陆域面积为 1.56km^2，填海面积相对南岸较小。岸线的变化也使得河口口门宽度明显收缩，以河口宽度最窄的打石坑—嵩屿一线为例，1976 年宽度为 3815m，2005 年变窄到 3188m，宽度减少 16.6%。

综上分析，岸线变化以河口湾南岸最为明显，养殖、港口建设造成的围填海是引起九龙江河口湾岸线变迁的主要因素。

2. 九龙江河口湾浅滩演变

河口浅滩的变化反映了河口地貌的演化，其面积和位置的变化影响了河口湿地、河口水下河道的分布，同时影响了河口物质输送路径，是河口环境演变研究的重要因素。

对比 1976 年与 1986 年、1976 年与 2005 年的河口浅滩分布与面积（表 9-11），可以发现，20 世纪 70 年代，在九龙江河口湾西部，北、中、南港各汊河口因历年河流输沙已形成各自独立的扇形粗粒砂冲积浅滩；1976 ~ 1986 年，浅滩面积与位置均变化不大，面积仅增加 7.27%，浅滩的变化主要出现在河口口门的南侧，在口门内呈零星分布。1986 ~ 2005 年，河道以外浅滩面积急剧扩大，增长约 39.01%；河道部分则减小了 13.73%。整体上，近 30 年来河口浅滩面积呈显著淤涨的趋势，紫泥岛与海门岛之间浅滩，1976 年时多成片状散布在河口湾内，之间有水道相连，至 21 世纪初，整个海门岛以西的浅滩已经连成完整的一片；相对于海门岛以西浅滩的明显变化，海门岛以东海域的浅滩处于相对稳定的状态。

表 9-11　九龙江河口浅滩历史面积统计表　（单位：km^2）

时间	不含河道	河道部分
2005 年	51.31	2.64
1986 年	36.91	3.06
1976 年	34.41	—
1976 ~ 2005 年变化	16.90	—

浅滩变化的原因，主要取决于河口输沙量的变化及建闸截水的影响。近几十年来，河流输沙量呈升高趋势，上游各河道相继建闸，拦蓄了大量粒径相对较粗泥沙，洪季大量粗颗粒泥沙随径流下泄，进入河口湾后水面展宽，流速下降，其在重力和涨潮流的作用下迅速沉积，使得整个海门岛以西的浅滩最终连成完整的一片。

3. 九龙江河口湾冲淤变化

根据收集的海图资料，利用覆盖面较完整的 1976 年版、1991 年版和 2005 年版海图资料建立厦门湾海域的数字海底地形模型，对九龙江及其周边的厦门湾的冲淤变化进行分析。

1976 ~ 1991 年，整个厦门湾地区未表现出大面积比较强烈的侵蚀和淤积。厦门西海域嵩屿水道、猴屿以北航道、小金门岛西侧表现比较明显的淤积；厦门西海域厦鼓水道、大小金门间水道冲刷明显。九龙江河口地区，河口西北侧的紫泥岛东侧呈现微冲特征，河口湾其他地区呈现微淤的特征。

1991 ~ 2005 年，整个厦门湾地区冲淤变化明显。鼓浪屿-打石坑-浯屿间海域呈现大片的淤积区，淤积厚度多在 1m 以上，鼓浪屿南侧淤积中心区超过 2.5m；就九龙江河口而言，在河口湾的中部，可见明显的淤积条带，淤积厚度多在 1m 以上，而在河口湾的两侧、鸡屿南岸可见零星的侵蚀区，在中港口门处侵蚀明显，冲刷深度在 2.5m 以上；环厦门岛呈现出明显的淤积，尤其是厦门西港和同安湾西侧，淤积厚度在 1 ~ 2.5m；在同安湾东侧、大嶝岛周边及金门岛南部海域均呈现明显的侵蚀；九龙江河口湾冲刷与淤积不太明显；厦门湾湾口整体呈现冲刷特征，其中小金门南侧可见 0 ~ 1m 冲刷，大金门南侧可见 1 ~ 2.5m 的冲刷。

4. 九龙江河口湾海底地形演变

对比 2005 年和 1976 年海图等深线，总体上，河口湾内水深呈减小趋势，等深线向海迁移，只在河口湾北侧（鸡屿北侧）水深变深，等深线向西延伸。为了研究九龙江河口湾的地形演变，自东向西选取3条南北向的断面，本节选取1976年、1986年、1993年、2005年版海图进行断面地形对比。

断面1位于九龙江河口口门处，断面长度约3.5km，近30年来断面变化明显，总体呈现淤积的趋势，1976~1993年，断面两侧深槽逐渐变浅，淤积厚度可达3m以上；在断面的中北部，断面地形基本保持稳定。2005年断面地形与其他期次的断面地形有较大不同，断面北侧深槽明显向南侧迁移，而在断面中部形成新的浅滩，断面南侧水深也相对于1993年有显著增大，且深槽向南部迁移，港口建设，航道清淤应为1993~2005年断面地形变化的主要原因。

断面2位于九龙江河口中部海门岛与鸡屿之间，断面长度约5.8km，整体上，1976年、1986年、1993年三期断面地形变化不大，基本保持稳定，只在断面的中部出现少量波动。2005年相对于其他期次的断面地形有较大不同，除去断面北侧基本保持稳定，其他位置均淤积强烈。

断面3位于九龙江河口西部海门岛以东海域，断面长度约8.6km，与断面2的变化趋势一致，1976年、1986年、1993年三期断面地形变化不大，基本保持稳定，只在断面的中南部，1993年相对于前期出现明显淤积。2005年相对于其他期次的断面地形有较大不同，淤积强烈，多数位置均成为浅滩，只有个别水道间或出现在浅滩之间。

（四）九龙江口红树林湿地变化

1. 湿地变化分析

除水体外，九龙江口湿地类型主要以人工湿地为主。在2003~2008年，河口湿地总面积由404.31km^{2}减少至379.74km^2，面积减少了24.57km^2，其中，围海造地，导致沙泥质滩面积减少3.46km^2，水体面积减少3.22km^2。在此期间，随着红树林保护力度的加大，红树林（特别是甘文农场外的红树林）的面积明显增加，面积从2003年的2.00 km^{2}增加到2008年的2.91 km^2。然而，由于互花米草的入侵面积由2003年的0.003 2 km^{2}增加至2008年的1.68 km^2，入侵程度明显加大。

2. 红树林变化分析

九龙江河口分布着福建省面积最大的红树林，也是世界秋茄的分布中心之一，对该河口两岸的生态环境起着重要的保护作用。龙海九龙江口红树林省级自然保护区位于福建省龙海市，涉及紫泥、海澄、浮宫和角美4个镇。保护区地理坐标：24°23′33″~24°27′38″N，117°54′11″~117°56′02″E。总面积为420.2hm^2，其中核心区为237.9hm^2，占保护区面积的56.6%，缓冲区为51.7hm^2，占12.3%，实验区为130.6hm^2，占31.1%。红树林生境也是九龙江口湿地的重要生境类型之一，对其生态安全具有重要的作用。然而，由于多年来的围海造地、围垦养殖、采砂、污染等的影响，红树林面积剧烈萎缩。

（1）1986~1998年：红树林面积由1.16km^{2}增至1.99km^2，增加了0.83km^2；其中，新增红树林面积1.54km^2，主要分布于甘文片区和浮宫等区域；红树林消失0.71km^2，主要分布在厦门西港海沧一侧。

（2）1998~2003年：红树林面积基本保持不变，仅增加0.01km^2；大部分红树林区域保持不变，面积为1.36km^2；新增红树林面积为0.64km^2，主要分布在1998年原有红树林区域的外围（如甘文农场），而消失的红树林面积与新增相当，为0.62km^2，主要分布于原有红树林内侧边缘区域。

（3）2003~2010年：红树林面积由2003年的1.99km^{2}增至2010年的2.91km^2，增加了0.92km^2；其中，原有2003年的红树林区块基本保持不变，面积为1.84km^2；新增红树林面积为1.08km^2，主要分布于甘文片区，主要为保护区内新种植的红树林幼林；红树林减少面积也较少，为0.13km^2，主要分布于海沧一侧，部分红树林由于海沧港口码头及建设开发而遭受破坏。

分析1986~2010年的红树林分布变化可知，红树林面积从1986年的1.16km^{2}增至2010年的2.91km^2，增加了1.5倍。但是，在此期间，仅有0.36km^{2}的红树林保持不变，主要分布于甘文片区的红树林保护区；其中新增红树林的面积占2.56km^2，主要分布于甘文片区和浮宫等区域；而消失的面积达到

0.80km²，主要分布于厦门西港海沧一侧。

除了上述红树林面积减少外，九龙江口红树林也现岸线侵蚀、植被群落结构变化等退化现象。部分岸段的红树林出现严重的岸线坍塌和侵蚀，特别是浮宫镇辖属的浮宫和海门岛红树林片区(图9-6)。以浮宫的草埔头红树林为例，该片红树林为20世纪60年代后陆续人工种植的红树林，种植时林带宽度为50 m。然而，据2011年调查发现，草埔头红树林的林带宽度严重缩小，严重的岸段林带宽度仅存数米，在海堤上即可透过红树林望到林外光滩。与此同时，涨潮时可看到红树林外缘的海岸不断坍塌。

(a) (b) (c) (d)

图9-6　红树林岸线侵蚀（海门岛）

此外，浮宫、海门岛和甘文尾三个片区是九龙江口红树林的主要分布地，其植被组成上以秋茄为优势种。在保护较好的岸段，秋茄植被高度可达6m以上，植被郁闭度90%以上。但是，在一些植被稀疏的岸段，红树林受到外来物种的入侵，其植被群落结构发生变化，组成上由红树植物变成红树植物-互花米草的植被类型。互花米草的快速蔓延，会引起入侵地红树植被的退化，最终消失。

引起九龙江口红树林湿地退化的主要原因包括以下两点。

(1) 互花米草生态入侵。由于互花米草与红树植物和盐沼植物处于相似的生态位，对这些湿地植被的生存和发展产生了严重的威胁。根据遥感解译可知，1986年和1998年九龙江口未分布互花米草，2003年在厦门西港海沧一侧滩涂发现有零星的互花米草分布，面积为0.0032km²。但近几年互花米草的入侵程度明显加强，2010年九龙江口互花米草滩分布面积达到1.67km²，主要分布于甘文片区的红树林外围、大涂洲及附近的冲积光滩上。

（2）水文和地形条件的改变。九龙江口浮宫和海门岛等地红树林面积锐减主要在于地形的条件发生改变后引起红树林岸线不断被侵蚀而坍塌，导致红树林带不断缩减，面积逐渐减少。

水上运输导致的兴浪被认为是引起九龙江口岸线侵蚀的主要原因之一。由于客运快艇马力大，速度快，航次频繁，造成的巨浪破坏力极大，淤泥在巨浪不断冲刷下流失，已经成林的红树林遭到损毁，红树林的宜林滩涂在不断地退缩，新造红树林更是经不住客运快艇巨浪反复的冲刷。

近些年来国内许多河口区存在着无序采砂的状况，已经对河口红树林湿地生态系统造成了严重的影响。由于经济建设的快速发展，建筑市场对砂石料的需求量不断增加，但目前对采砂行业的管理尚不够完全规范，无序采砂改变了已相对稳定的海岸地形形态，改变海流流势和流速，致使海床下切流势改变，直接造成岸线下陷。近些年，过度采砂是造成九龙江口红树林破坏的一个更为显著的严重问题，其对九龙江口红树林危害不是直接的，但危害却十分严重（薛志勇，2005）。九龙江口经常可见到大型采砂船在昼夜作业。

对泥沙的过度采挖，加上快艇巨浪的冲刷作用，加速了滩土的流失和滩涂的塌陷，造成滩涂坍塌、高程降低。

第六节　近岸海域及典型河口生态环境问题及压力分析

一、入海污染物通量持续增大，近岸海域环境污染趋势尚未得到有效控制

海洋环境污染是海洋生物多样性面临的最主要威胁之一。海洋污染物的来源和种类很多且复杂，如大陆径流、工业和生活排污、农业面源、垃圾倾倒、海水养殖、化学品泄漏、海难事故、大气沉降等都可能造成污染。

2010 年福建省近岸海域受污染海域比例为 40. 5%，中度污染和严重污染海域主要分布在宁德沿海近岸、罗源湾、闽江口、泉州湾和厦门沿海近岸局部海域。闽江口和九龙江口仍是污染较为严重海域，主要污染物仍为无机氮和活性磷酸盐，甚至不能满足海水水质三类或四类标准，已凸显富营养化状态，赤潮发生风险增大。值得注意的是，新型污染物（如新型农药等）和持久性有机污染物等污染状况正在加剧，如九龙江流域与河口区仍检出 76 种农药，结果表明九龙江流域河口区已受到明显的农药污染，并呈现新型和传统农药污染并存的现象，甚至部分酰胺、苯胺、唑类杂环和菊酯类等新型农药的检出浓度和范围远高于传统的有机氯和有机磷农药。这些农药和抗生素等低浓度的有毒有害污染物，通过食物链的富集作用，不仅对河口区的生物造成损害作用，同时通过水产品对消费人群的健康构成威胁。

陆源污染尤其是河流携带入海仍是海洋污染的源头，且源多面广，防治难度大。福建省近岸海域接纳的污染物约 80% 以上来自陆域污染源排放的污水（包括畜禽养殖废水、工业废水、生活污水和面源排放），随着沿海城市化进程的加快和临港工业的发展，陆域直接或间接入海的生活污水、工业废水、农业面源污染物不断增加，超过海域的自净能力，导致局部海域污染物种类和污染程度不断加重。闽江口、九龙江河口区污染物的浓度增量相对较高，就是由于河流携带污染物的影响，以及承受周边城市发展带来的污水排放的压力较大。

2010 年，对福建省沿海地区 74 个排污口进行监测，55 个排污口存在超标排污现象，占监测排污口总数的 76. 4%。监测结果表明，74 个排污口污水排海总量约为 91. 85 亿 t，主要污染物总量 36. 40 万 t，其中悬浮物 28. 13 万 t、化学需氧量（COD_{Cr}）7. 56 万 t、氨氮 0. 45 万 t、总磷 0. 19t、石油类 560t、重金属（含砷）118t。

同年，福建省共监测入海河流11条。主要污染物排海总量为90.9万t（表9-12），其中，化学需氧量（COD_{Cr}）86.3万t，营养盐4.3万t，石油类0.2万t，重金属（含砷）0.1万t。

表9-12　福建省主要江河入海污染物总量　（单位：t）

河流名称	COD_{Cr}	营养盐	石油类	重金属（含砷）	合计
闽江	614 807	24 332	1 341	820	641 299
九龙江	60 300	5 592	293	141	66 326
交溪	56 096	969	173	114	57 352
敖江	42 453	587	206	52	43 299
霍童溪	12 010	180.2	31.2	44.1	12 289
木兰溪	21 153	3 738	29	233	25 153
漳江	17 934	4 402	41	7	22 384
晋江	15 320	1 068	114	86	16 587
杯溪	10 826	58	6	7	10 896
龙江	8 050	1 359	9	22	9 440
东溪	3 774	333	19	9	4 135
合计	862 723	42 618.2	2 262.2	1 535.1	909 160

二、围填海需求增大，滨海湿地自然环境发生重大改变

围垦、填海是国家拓展陆域，缓解人地矛盾的最主要方式之一，大规模的围填海造地确实能在短期内促进沿海经济繁荣，但同时也带来了生境破坏和环境退化等一系列严重后果，主要包括：①海域物理特性的变化，如海域面积减少、岸线资源缩减、海岸线走向趋于平直、海岸结构发生变化、濒海湿地面积缩减、海岸自然景观破坏等；②海陆依存关系的变化，如海底淤积、海岸带侵蚀、港湾、滨海湿地纳潮能力下降、海岸防灾减灾能力降低等都是海陆依存关系发生变化的先例；③海洋生态系统的变化，如生物多样性、均匀度和生物密度降低、重要渔业资源衰退、湿地、海岸等生态系统功能退化、海水增养殖产量减少。上述造成的破坏和影响中，对海域生态系统的破坏是不可逆转和无法估量的，而其中对围填海临近海域底栖生物生境的破坏尤为严重。

长期以来，福建省一直将围填海作为解决沿海土地资源贫乏的重要途径，自20世纪50年代围填海活动以来，全省围填海面积可能已经达到1114 km^2，大面积的围填海活动比比皆是，泉州市外走马埭围垦，面积达34.67 km^2，福清市东壁岛围垦和连江县大官坂围垦，面积分别为28.98 km^2和27.53 km^2。围填海改变了水文动力条件，造成海湾纳潮量减少和流速降低，加重了海湾淤积；围填海引起海域水换变差，多处围垦无机氮和活性磷酸盐含量较围垦前普遍增长1~3倍，泉州湾和旧镇湾无机氮增加近6倍；围填海活动较多的海湾，环境容量的损失可达1/3左右。福建省将建设一大批海岸工程，港口及临港工业项目建设刺激新一轮的围填海造地，尤其是在环三都澳、闽江口、湄洲湾、泉州湾、厦门湾五大发展区。产业发展及城市建设诱发的围海造地对海洋生态环境的累积性影响比较突出。各重点海湾的围填海，致使大面积的湿地资源丧失，造成红树林等重要生态系统严重退化。因围填海沙埕港和罗源湾红树林消亡、三都澳水禽湿地保护区缩小、漳江口红树林保护区的破坏等。围填海完全或部分改变海岛周边海域的自然属性，破坏海岛及周围岛礁海域的生态环境和海洋生物资源。

发生在河口区围填海活动造成的影响更加深远，近年来，九龙江河口围海造地呈成快速增长趋势（图9-7），特别是漳州开发区有大量的围海工程和海沧港区的建设，导致九龙江河口湿地减少、红树林等特殊生境被破坏、航道淤积、海岸侵蚀、生物多样性下降、“三场一通道逐渐消失”等一系列负面效应甚

至是颠覆性影响。

(a) 滨南大道围填海工程

(b) 南炮台开山填海工程

(c) 田墘围填海工程

(d) 海门岛开山采石工程

图 9-7　九龙江周边海域围填海工程对海岸环境的破坏

三、外来物种入侵严重，生态系统威胁不减

为保滩护岸、改良土壤、绿化海滩和改善海滩生态环境，1979 年我国从美国引进互花米草，1980 年 10 月在福建省沿海等地试种。因其密集生长，抗逆性与繁殖力极强，在福建省已经造成严重的生态入侵，其危害主要表现在：①破坏近海生物栖息环境，影响滩涂养殖；②堵塞航道，造成内湾淤积，影响船只出港；③影响海水交换能力，导致水质下降，并诱发赤潮；④侵占威胁本土种的生存空间，如红树林等湿地植被，致使其生长繁衍受到严重威胁。目前，福建省沿海互花米草入侵区域面积为 99.24km^2，宁德三都湾、福州罗源湾、泉州湾、闽江口、九龙江口和漳江口等地都不同程度地受到互花米草的入侵。

闽江口北岸的连江晓澳和南岸从潭头镇五门闸到梅花镇浪头鼻的鳝鱼滩有大量的大米草和互花米草入侵。2003 年，闽江河口自然保护区监测时，未见互花米草分布；2004 年，互花米草开始在闽江河口上呈点状零星出现；2005 年底，互花米草由点状零星分布扩大为块状分布，面积达到 900 亩；2006 年，互花米草猛长，由块状分布连接形成片状分布，占据了鳝鱼滩潮间带的高潮位下部大部分区域，并且侵蚀到鳝鱼滩北侧的核心区零星滩涂，2006 年 12 月面积超过 2250 亩；如今，互花米草在闽江口湿地总面积已经超过 3000 亩，生长速度令人咋舌，严重威胁闽江口湿地的生态安全（图 9-8，图 9-9）。由于互花米草生长速度快，无病虫害、根系发达且深、密度大等，形成外来入侵，对闽江河口的中、高潮位湿地生态系统的破坏几乎是毁灭性。同时，互花米草的淤积造陆功能，加快湿地促淤，将使闽江河口的高潮位区成为旱地改变湿地属性。互花米草已经成为闽江河口湿地头号生态杀手。

(a)

(b)

图 9-8　连江晓澳镇互花米草入侵

(a)

(b)

图 9-9　梅花镇浪头鼻的鳝鱼滩互花米草入侵

1986 年和 1998 年九龙江口未分布互花米草，2003 年在厦门西港海沧一侧滩涂发现有零星的米草分布，面积为 0.0032km²。但近几年互花米草的入侵程度明显加强，2010 年九龙江口米草滩分布面积达到 1.67km²，主要分布于甘文片区的红树林外围、大涂洲及附近的冲积光滩上（图 9-10）。

四、捕捞过度造成渔业资源退化，珍稀濒危物种保护严峻

福建省海域渔业资源丰富，鱼类有 800 种以上，绝大部分为暖水性种，暖温性种次之，底栖和近底层鱼类有 545 种，占总数的 68.1%。中、上层鱼类共有 153 种，占 19.1%。岩礁鱼类有 50 种，占 6.3%。福建省捕捞业发达，20 世纪 70～90 年代是捕捞业迅速发展的时期，从 2000 年开始，捕捞量超过 200 万 t，其中主要为鱼类，鱼类捕捞量占总捕捞量比重超过 75%，其次为虾蟹类，所占比例为 17% 左右。藻类最少。但是由于过度捕捞、环境污染以及鱼类栖息地的破坏等，渔业资源严重衰退，传统的高价值的渔业资源如大黄鱼、小黄鱼等资源几乎枯竭。

2009 年在九龙江口海域开展的游泳生物调查结果显示，其个体大小组成以小型种类和近岸河口种类为主、未成熟鱼和幼鱼占绝对优势，这也说明了渔业资源呈现退化状态。厦门湾曾经是良好的渔场，但是由于过度捕捞、环境污染及生态破坏等，厦门渔业资源已经严重衰退，导致主要经济鱼类呈现低龄化、小型化和性成熟提早的趋势，种群数量衰减。位于九龙江入海处至鼓浪屿之间的鸡屿是厦门的主要渔场之一，盛产哈氏仿对虾、青蟹、鲈鱼、鲻鱼，主要有春秋两个汛期，目前资源严重衰退；同安的五通至

图 9-10　紫泥岛甘文尾红树林保护区外缘入侵的互花米草群落

刘五店沿岸有一片礁石带，曾是真鲷的产卵场，年捕捞量曾可达 50t，后因过度捕捞，资源量急剧衰退，现产卵场基本消失了；此外，位于东部和南部海域的大担－青屿渔场是厦门的主要渔场之一，曾经是大黄鱼和鳓鱼流刺网的优良渔场，后因过度捕捞，现已形不成鱼汛。

海域生态环境的破坏，使厦门海域的生物多样性受到较大的损害，海洋生态系统群落结构发生了变化，海洋生物的栖息生境不断萎缩、逐渐破碎化，中华白海豚、文昌鱼和红树林等海洋生物的数量大量减少，生存受到了严重的威胁，厦门湾海洋生物多样性也不断降低。

闽江口长乐海区是海蚌（西施舌）的天然分布区。西施舌为大型的经济双壳贝类，肉味鲜美、营养价值高，是一种名贵的海珍品。近年来，西施舌自然资源衰退十分明显，不仅价值高昂，而且个体严重缩小，这是生态环境的恶化及捕捞量增加所致。

五、赤潮灾害频发，海洋环境风险持续加大

海洋生态灾害和环境突发事件持续增多，重大海上溢油污染风险不断加大，赤潮、绿潮、海岸侵蚀、海水入侵、土壤盐渍化、外来物种入侵等危害严重，气候变化对海洋生态环境的影响逐步显现，给海水养殖和滨海旅游业带来严重影响，不断威胁海洋生态安全和公众用海需求。

尤其需要指出的是，福建省临港工业特别是石化工业的快速发展，各类海洋船舶活动显著增加，海上溢油、危险化学品泄漏等污染事故时有发生，使海洋生态环境存在较大的安全隐患，但全省应对溢油、

危险化学品泄漏等突发事件应急响应能力建设却十分薄弱。在海西经济区建设过程中，福建省将形成环三都澳、闽江口、湄洲湾、泉州湾、厦门湾五大发展区，大力发展港口和临港工业。随着港口建设及临港工业开发，码头航运的事故风险机会随之增加，一旦发生油品或化学品溢漏事件，将对湾内及周边环境造成重大影响，特别是对海洋生态敏感区造成极大危害。2010 年，福建省发生溢油事件 1 起。11 月 27 日，厦门东渡海天码头附近“千和 12”油污接收船与“复港拖 3”拖轮相撞，造成油污水泄漏，导致厦门西海域、厦门至鼓浪屿水道及演武大桥海域岸边沙滩受到污染，影响面积约 40km^2。

此外，赤潮灾害频发，持续时间延长，大面积赤潮增加、区域集中，有毒有害藻种类增加，对滨海旅游和海水养殖等活动造成严重威胁。2010 年，福建省共发现赤潮 17 起，较 2009 年增加 5 起；累计影响面积约 2691. 5km^2，是近几年赤潮灾害面积最大的一年；累积时间 120 天，比去年增加 13 天。赤潮主要发生区域在霞浦近岸、连江黄岐半岛近岸、长乐至平潭近岸海域及莆田南日岛至石城海域。赤潮的主要藻种为东海原甲藻、夜光藻和血红哈卡藻。6 月，深沪湾梅林港海域发生米氏凯伦藻有毒赤潮 1 起，造成海域内成品鱼和幼鱼死亡，直接经济损失约 4 万元。

2000 年以前，九龙江流域及河口很少发生藻华或赤潮。进入 21 世纪，在库区开始有小规模藻华发生。近年来，藻华发生的频率、面积、持续时间不断增加。2009 年九龙江多数库区都发生了藻华，特别是在下游江东库区的藻华持续长达 1 个月之久。2010 年初九龙江河口区发生大规模赤潮，这已经严重威胁到流域人民的饮用水安全。

六、海洋垃圾急需治理，危害海洋生态系统安全

海洋垃圾是指海洋和海岸环境中具持久性的、人造的或经加工的固体废弃物。研究显示，海洋垃圾对人类、自然界生物及环境的危害是多方面的，不仅影响海洋景观，造成视觉污染，还会造成水体污染，水质恶化；威胁航行安全，并对海洋生态系统的健康产生负面影响；对于海鸟、海龟等小型动物来说，塑料袋、渔网等海洋垃圾已成公认的“杀手”，海洋生物往往将一些塑料制品误当成食物吞下，如海龟就特别喜欢吃酷似水母的塑料袋，塑料制品在动物体内无法消化和分解，误食后会引起胃部不适，甚至死亡；海中最大的塑料垃圾是废弃的渔网，它们有的长达几英里，被渔民们称为“鬼网”，在洋流的作用下，这些鱼网绞在一起，成为海洋哺乳动物的“死亡陷阱”，它们每年都会缠住和淹死数千只海豹、海狮和海豚等。人类海岸活动和娱乐活动，航运、捕鱼等海上活动是海滩垃圾的主要来源。

2010 年福建省 5 个区域的监测结果表明，我省监测海域海面漂浮的大块及特大块垃圾平均密度为 0. 071 个/km^2，较去年减少近三成。表层水体中小块及中块垃圾平均密度为 1983. 8 个/km^2，平均重量为 5830. 5g/km^2。垃圾组成主要为木制品、聚苯乙烯泡沫类、橡胶类等。福建省沿海海滩垃圾平均密度为27 200 个/km^2，较 2009 年有所下降，平均重量为 926 000g/km^2，垃圾种类以塑料类、木制品类为主。

七、海岸带及河口生态环境其他问题

1. 河口淡水及泥沙输入日益减少

河口是流域径流、泥沙和其他化学物质在流域内运移的最后出口，是海、陆相互作用的集中地带。其生态系统是在淡水径流下泻与咸水潮汐上涌应力平衡作用下的动态开放系统，是融淡水生态系统、咸水生态系统、咸淡水生态系统、潮滩湿地生态系统等为一体的复杂系统。因此，保持一定的径流入海量对于维持河口水沙、水盐、水热和生态系统平衡都是必要的和重要的。

河口入海泥沙的减少是影响河口环境问题的另一个重要方面。河流入海物质在口外的扩散，形成的冲淡水飘浮在盐水层上面，形成河口锋。泥沙在河口锋区域沉积，形成河口三角洲。可以说，河口泥沙

输入是促进河口更新的最主要方式。我国主要河口与世界上其他许多河口一样都面临着入海泥沙显著减少的现象。

近几十年来，随着全球性、区域性的气候变化，流域社会经济发展对水资源的大量需求，上游水电站的兴建，是导致我国径流及泥沙入海量急剧减少的主要原因之一。九龙江流域水电站建设发展迅速，据统计，流域主要干支流的上中游地区已建上百座大中小型水电站，占可开发利用水能的90%。然而大部分水电站没有按要求落实必要的最小下泄流量，下游生态环境用水得不到保障，造成许多河段断流、水质变差，这些水电站将原本完整的通流顺畅的河流截断成了一个个小水库，破坏了正常的水生生态系统。尤其在枯水期时上游水电站为蓄水发电而截留河水会加剧下游水量的供给，如漳州二水厂取水口的位置在近10年内下降了约5m。

2. 海岸侵蚀影响海域海岸带安全

福建省海岸侵蚀总体表现为：闽江口以北的海岸侵蚀主要发生在突伸入海的半岛和开阔海域中岛屿的基岩海岸。由于人工设施较少，海岸侵蚀速率较小，海岸侵蚀的危害性不甚明显。闽江口以南至九龙江口以北的开敞海区，红壤型风化壳残坡物等第四纪“软岩类”地层广泛分布，是海岸频频发生侵蚀的内在因素。九龙江口以南岸段海岸稳定性与中部岸段大体相近，但发生海岸侵蚀现象略小。

另外，不合理海岸开发利用、海岸管理薄弱及人为破坏等因素，也加剧了海岸侵蚀的发生及其影响。晋江东石的白沙、塔头一带，人为影响加剧了海岸蚀退，近20年蚀退达20~80m，高潮滩蚀低0.5~1m。霞浦东冲半岛长达4km的海岸，20年蚀退了近100m。此外，在平潭的长江澳和大澳的风沙很大，大量海滩沙向岸上运移堆积，对居民生活和生产都产生了严重影响。

3. 违规采砂造成砂质资源破坏严重

闽江口及九龙江河口周边海域及海岸带存在大量无序采砂现象，浪费和破坏砂质资源，导致海底地形复杂多变，生态环境改变，威胁一些海洋生物的生殖繁育。大量采砂还会引起海岸侵蚀，也破坏了红树林湿地。

八、海岸带及流域综合管理中存在的问题

随着海洋管理能力的提高、管理手段的丰富，管理人才的引进，福建省海洋保护工作逐渐走上了科学而规范的法制轨道，有效地控制了全省海洋污染的加剧、防止了海洋环境质量恶化的趋势，并为进一步开展工作取得了许多宝贵的经验，但是，海洋环境管理工作仍然存在着一些亟待解决的问题。

1. 现行海洋环保和海岸带管理法律法规尚不完善

我省的海岸带管理法律体系尚不健全，这些法律规章的制定和实施大都以部门为主，相互之间缺乏联系，导致存在重复、空白甚至相互抵触的现象，实现其有机结合则更加困难。

2. 陆海环境管理脱节，缺乏有效的规划管理和协调机制

现行海洋环境保护的部门分工和执法客观现状，形成了沿海地方环境保护部门负责陆源污染物管理，其他几个部门负责海域环境管理的格局。由于缺乏统一的协调管理机制，部门间的配合缺少约束性措施，也无视流域-河口-海水的整体性和流动性，进一步造成了陆、海环境管理严重脱节、协调监督不力以及疏于执法。由于海岸带海陆管理权的分离，海岸带开发利用的各种规划，如城市建设总体规划、海洋功能区划、港口发展规划、水产养殖规划、旅游发展规划、公路建设规划、园林规划、环境保护规划等，在编制过程中还存在相互独立、各自为政、缺乏统一的管理和协调机制，从而可能出现不相一致，甚至相互矛盾的情况。此外，流域海岸带综合管理机构的权威性也有待提高。

3. 由于实施分部门监督污染源，污染物排放总量难以控制

在当前的管理体制中，海洋污染源的管理和控制分散在有关行业部门中，控制的标准是按国家规定的浓度标准。尽管绝大多数污染物排放单位都实现了达标排放，但是海洋环境质量下降的趋势仍不能完全遏止。因此，实行污染物排海总量控制，用浓度和总量两项标准共同控制污染物排放，是解决海洋环境污染加剧问题的根本途径。

4. 海洋生态监测网络及数据共享系统尚未真正全面建立

海洋、环保等多个部门组织进行了大量的海洋环境监测工作，但重点集中在近岸海水水质及污染物监测方面，影响食品安全及区域生态安全的农药等有毒有害物质的监测尚未常规化，且监测方案的统一制定和监测数据、信息的共享不够，急需建立系统权威且能够实现数据共享的监测网络系统。

5. 海岸带综合管理中利益相关方及公众的参与程度不够

公众参与是公众及其代表根据国家环境法律赋予的权利参与海洋环境保护的制度，是政府依靠公众的智慧与力量，制出海洋环境政策、法律法规，确定开发建设项目的制度，它包括环境知情权、参与环境事务管理与决策的权利、环境诉讼权、获得法律救济和获得相关补偿等内容。从性质上看，它是一项重要的程序性权利，也是环境保护的重要原则与基本制度；从目的上看，它在于限制政府的裁量权，促进政府解决环境问题的科学化、民主化。目前我国海洋环境保护中公众参与环节中存在主要问题包括：①公众的参与权与参与机制不健全；②参与的层次不高，参与形式比较单一；③参与范围相对有限，缺乏代表性和广泛性；④公众环境素养和法律意识低；⑤信息公开滞后，公开力度不够。

第七节 近岸海域及典型河口污染防治与生态修复途径

作为一个包含多要素、相互联系的复杂的系统，生态系统具有整体性、自组织性、层级结构和反馈机制等系统性特征，同时也具有开放性、不确定性及动态性和突变性等非线性特征，并在不同的时空尺度下达到动态平衡。对于流域和海岸带相连且如此复杂的自然-经济-社会复合生态系统，单一方法和技术难以达到生态安全调控与可持续的管理目标，并且在技术、经济和效益方面存在明显的不足，生态系统的复杂性和人类认知的局限性，有必要建立一个综合和全过程的生态安全调控方法体系，而基于生态系统的管理（EBM）的流域—海岸带综合管理正适应了这样的需求。福建省近岸海域和流域河口区存在的生态环境问题，已经影响了沿海地区的社会经济和生态环境的健康发展，单纯采取割裂系统“头痛医头，脚痛医脚”的做法不足以从根本上解决问题，需要采用系统的调控途径来解决目前存在的环境污染和生态退化等问题。

在流域-海岸带综合管理理论的基础上，流域-河口-海岸带生态安全调控的目标是维持区域生态系统服务的数量和质量，促进流域和河口地区资源环境的可持续利用，实现社会经济和生态系统的可持续发展。因此，流域-河口-海岸带的生态安全调控，首先必须了解目前区域的生态安全状况，以及利益相关者对区域生态系统服务数量和质量的需求，从而分析出区域生态安全问题，而后在界定的生态安全调控范围内采取利益相关方参与的手段，制定流域-河口-海岸带生态安全调控目标。在该目标的牵引下，提出相关的调控策略和途径，采取目前可利用的技术支撑，确定相关的污染削减技术、生境修复技术以及管治能力建设技术。而最为关键的，生态安全调控必须强调所形成的调控计划的实施，通过实践才能检验调控的成效。流域-河口-海岸带生态安全调控的技术路线如图 9-11 所示。

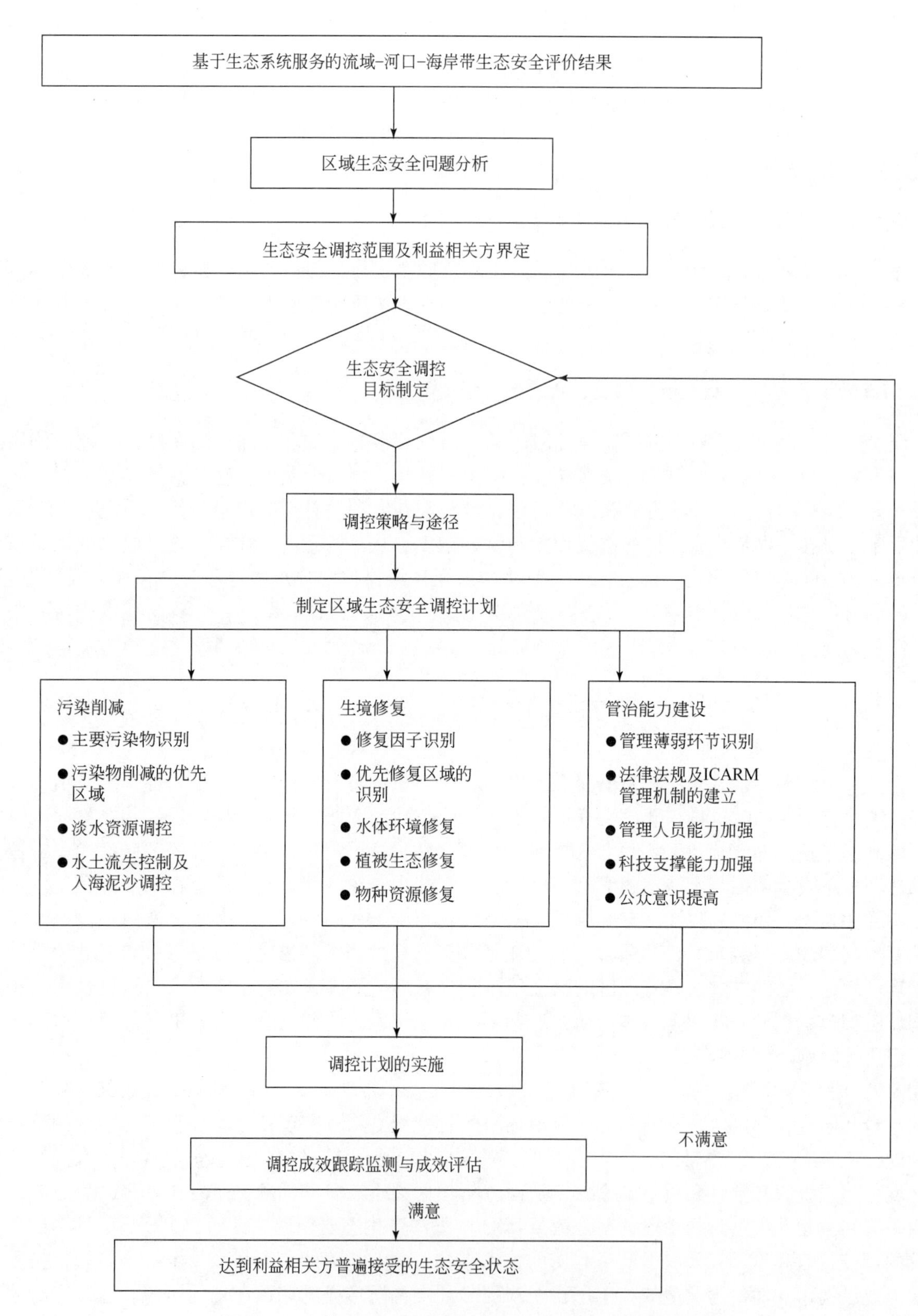

图 9-11　流域-河口-海岸带区域生态安全调控技术路线图

一、近岸海域及典型河口污染防治现状、途径及实践

（一）福建省污染防治形势

1. 近岸海域环境整治

近年来，福建省通过加强近岸海域环境综合整治工作，取得了初步成效。投入经费3200万元，实施了福安白马港船舶业污染环境综合整治、泉州湾海洋环境生态修复、东山八尺门海域生态修复和东山“三湾”环境综合整治等一批生态修复重点项目，取得了初步成效；在全省渔港和避风港清理废弃渔船1420多艘，在重点渔港配置垃圾和废油回收桶3000多个，努力减少渔业船舶垃圾和含油污水对海洋的污染；在全省选择了30处重点渔村、沿海重点乡镇、滨海旅游度假区开展“海漂垃圾”整治示范，收到显著的效果；在宁德三都澳、罗源湾和东山八尺门等主要网箱养殖区开展海上养殖环境整治，通过清理过密养殖的网箱、巡回收集渔排垃圾上岸处置、定期打捞海漂垃圾、规范养殖用药和投饵等措施，逐步解决渔业养殖自身污染问题。

2. 闽江、九龙江等重点流域水环境综合整治

近年来，福建省委、省政府高度重视环境保护工作，各地市、各有关部门深入贯彻落实科学发展观，围绕海西经济区建设的部署和要求，以污染物减排为主线，严格落实环境保护目标责任制，深入推进闽江、九龙江等重点流域水环境综合整治，组织实施闽江、九龙江、敖江、晋江、汀江、龙江和木兰溪、交溪等“六江两溪”重点流域水环境综合整治。“六江两溪”水域功能达标率、Ⅰ～Ⅲ类水质比例和交界断面达标率分别为97.3%、95.5%和98.6%。重点流域水环境整治力度进一步加大，整治工作取得新成效。

3. 政策、法规及制度建设

近年来，福建省高度重视海洋环境保护的立法和相关规划的编制工作，在认真贯彻国家有关海洋环境保护法律法规的同时，结合本省实际制定和颁布了《福建省海洋环境保护条例》《福建省海域使用管理条例》《福建省长乐海蚌资源增殖保护区管理规定》《厦门市中华白海豚保护规定》《厦门市文昌鱼自然保护区管理办法》《厦门大屿岛白鹭自然保护区管理办法》《福州市闽江河口湿地自然保护区管理办法》等地方性法规和各类涉及海洋资源环境保护政策规章30多件，初步建立了福建省海洋环境保护法制体系框架，逐步形成了海洋环境保护规范化管理格局。

4. 机制体制建设

2008年福建省海洋与渔业局与福建省环境保护局建立了海洋与陆地环保协调工作机制，联合下发了《关于印发建立协调工作机制的方案》，建立了协调工作机制和联席会议，定期信息通报，联动监督检查等制度，形成长效密切配合的良好局面。2010年12月，福建省海洋与渔业厅和环境保护厅签订了《关于建立完善海陆一体化海洋环境保护工作机制协议书》，双方加强海洋环境保护规划与环境功能区划管理工作的沟通协调，促进近岸海域污染防治和陆域、流域环境保护相衔接，实现近岸海域环境监测与评价及数据共享，联合执法协作进行重大海洋与渔业环境污染和生态破坏事件的调查处理，共同做好海洋生态保护与修复工作。

5. 监管能力建设

2010年，福建省在全省海域布设了2000多个监测站位，全面开展覆盖全省近岸海域的海洋环境监

测，建立了三都湾、闽江口、平潭沿岸和厦门近岸海域赤潮监控区，初步建立了省、市、县、镇、村五级联动的海洋灾害应急管理体系。进一步完善海洋立体监测网和风暴潮预报服务。为政府和公众提供了实时的海洋预报、海洋环境质量监测等信息服务。截至2010年，中国海监福建省总队已建立了较为完善的国家、省、市、县四级海洋监察机构，进一步加强完善了全省的海洋行政执法能力。

6. 近岸海域污染防治工作存在的问题

（1）“十一五”期间，国家尚未将氮、磷污染物纳入总量控制的指标范围，氮、磷又是近岸海域水质超标的两大主要环境质量指标。目前国家已明确将氨氮指标纳入“十二五”的污染物总量控制指标，这对未来近岸海域污染防治工作将起到重要作用，但仍然存在总磷指标未纳入总量控制管理，淡咸水衔接的河口区域水质标准不能衔接等问题。

（2）城镇污水处理水平有待进一步提高。目前全省大多数沿江、沿海重要建制镇的污水未经处理，直接排放影响了水体环境。

（3）城镇污水处理配套管网亟须进一步完善。目前由于资金、人才的匮乏，部分城市还普遍存在生活和工业污水不彻底、雨污分流不完善，污水管网收集系统维护管理机构不明确、人员及设备配备不足、资金不足等问题，影响了污水处理厂的正常运行。

（4）管理机制还不完善，陆地和海洋环保工作统筹协调机制刚刚建立，尚未形成有效的海陆联动治理的合力，流域污染防治与近岸海域污染防治尚未有效衔接。

（5）海洋环境监管能力难以适应经济快速发展的形势，应急响应能力还十分薄弱。全省沿海地区海洋环境保护队伍和能力建设还相对滞后，多部门的海洋环境监测数据和信息共享尚未实现，海洋环境监测能力、信息共享、人员队伍、技术支撑能力都难以满足基层海洋环境管理的需求。

（6）社会公众海洋环境保护意识有待提高。内陆江河沿岸的向河床倾倒和堆积垃圾带向海洋以及沿岸乡镇生活污水、乡村垃圾随意向海洋倾倒排放现象仍普遍存在。

（二）污染防治基本原则

1. 分区分类，因地制宜

根据近岸海域自然环境特征、海洋生态系统和社会经济发展的差异性，进行近岸海域分区和环境问题分类，针对不同海区的环境问题与特点，因地制宜地开展近岸海域污染防治工作。

2. 陆海统筹，做好衔接

秉承“从山顶到海洋”的理念，统筹海域和陆域污染防治工作，按照“海域-流域-区域”的水污染控制层次体系，使近岸海域污染防治与流域及沿海地区污染防治工作进行协调与衔接。

3. 综合考量，突出重点

以维护海域生态系统健康、保障人类生存和发展为根本，综合考虑陆源污染、富营养化、海洋垃圾、持久性有机物（POPs）、石油污染、重金属、底泥污染等海洋环境污染问题。本着突出重点、有限目标、分步实施的原则，着力解决当前近岸海域面临的突出环境问题。

（三）污染防治途径

海洋是人类污染物的汇集和最终排放场所，海洋容纳和消化污染物是有限的，随着社会经济的快速发展，近岸海域的水环境问题显得日益严重，水体富营养化现象十分严重，为了维系海洋生态系统的健康和人类自身的安全，必须严格控制和削减入海污染物的总量。

1. 入海污染物综合防治及控制途径

入海污染物来自工业废水和固废、生活污水及垃圾、农业面源、禽畜养殖、水产养殖、交通航运、大气沉降等多方面。要针对不同的入海污染的特征与成因，按照“陆海统筹、河海兼顾”的原则，实施不同的控制途径：一是要加强对工业、生活和农业等各种源头污染的控制；二是要通过实施流域综合整治，强化流域和入海河口区的生态环境建设与保护，在污染物向海洋输送迁移的过程中加以截留和净化；三是要加强海洋污染的末端治理，加强对近岸海域的生态修复，改善受损的水环境条件，提高海域水环境容量（纳污能力），见表9-13。

表9-13　入海污染物总量控制途径分析

入海污染物来源	排放形式	产污方式	污染控制途径
陆源污染源	入海河流	工业、生活、农业等	源头控制：工业和生活污水深度处理，提高城镇集中污水处理厂的脱磷除氮的效率；实施农村生活面源削减控制；开展养殖污染控制；推进农业新技术的开发和应用，改进施肥方式和灌溉制度，推广新型复合肥料，合理种植等 过程控制：利用入海河流的环境容量，对污染物加以截留和去除；通过对入海河流采取治理内源污染、控制外源污染排放和对水生生物进行修复，可以有效地提高河流的水环境容量，增强其自净能力，从而实现对河流污染物通量的控制
	直排口	工业企业、城镇污水处理厂、市政下水道	源头：工业和生活污水深度处理，提高城镇集中污水处理厂的脱氮除磷的效率 过程控制：完善城市排污管道系统，实施城市污地表径流污染控制工程
	非点源汇入	村镇生活污水、农业种植业化肥施用、畜禽养殖等	源头控制：实施农村生活面源削减控制；开展养殖污染控制；改进施肥方式和灌溉制度，推广新型复合肥料，合理种植等 过程控制：实施小流域生态治理，建立海岸带生态隔离带等
		水土流失	
海上污染源	海上养殖	施肥、投饵	调整海水养殖结构，实施生态养殖
	船舶	污水排放、溢油	在近岸海域禁止船舶污水直接排放，控制船舶溢油风险
	海洋倾废	陆地污染物倾倒	疏浚物综合利用减少倾倒量

结合典型河口海域主要污染物和区域特征、面临的环境压力，提出相应的控制途径，结果见表9-14。

表9-14　典型河口海域入海污染物总量控制途径

示范区	主要污染物	主要压力	主要控制途径
闽江口	无机氮、活性磷酸盐、COD	入海河流、港区及周边城镇建设	实施流域污染综合整治及入海河流污染排放总量的控制，加强陆域面源污染控制；提高城市污水处理厂高效脱磷除氮工艺的应用，加强入海口湿地保护与建设，提高湿地系统对污染物输入的拦截与削减效率；实施海域综合整治
九龙江口-厦门湾	无机氮、活性磷酸盐、COD	流域范围内工业、城镇和农村生活污水、畜禽养殖等通过河流输送入海；厦门港区及城市排污	加强九龙江流域水环境综合整治，减少陆域污染物排海总量；入海污染物的控制范围应涵盖整个流域，对流域范围内的工业、城镇生活污水实施深度处理；加强农村生活和畜禽养殖污染控制；河流环境综合整治，提高河流系统对污染物的削减能力；实施海洋及海岸带生态修复工程

2. 入海污染物源头控制及削减技术

入海污染物主要包括城镇与农村生活污染源、工业源、养殖污染等，从源头控制入海污染物的措施主要包括产业结构的优化调整、工业与城镇污水的深度处理、城市污染处理的高效脱磷除氮工艺的应用及农业与农村污染的控制、养殖污染的控制等方面。

a. 产业布局优化及产业结构优化调整

产业布局优化及产业结构优化调整目的在于提出利于入海污染物总量控制和减排的可持续发展的城市空间发展战略，调整优化产业布局，规定规划范围内不同空间区域优先发展、限制发展和禁止发展的产业类型，有序整合空间，形成分工合理、与海洋环境承载力相适应的产业新格局。具体途径措施主要包括限制和淘汰落后生产能力措施、发展高新技术产业措施、发展现代服务业措施和提高环境准入门槛措施。

b. 沿海城市普通工业废水高效脱磷除氮处理工艺

近几年来，虽然在沿海兴建了大量的城市污水处理厂，污水处理率逐年提高，城市污水经过处理达标排放，按理已经遏制了主要污染源，但近岸海域水体污染趋势却未得到明显的遏制。水体富营养化的主要控制指标总氮（TN）和总磷（TP），最大限度地控制排放进入水环境中的氮和磷，是防止水体富营养化的关键。

c. 沿海重污染行业工业废水处理

随着沿海地区经济发展格式的形成和沿海经济发展规模的不断扩大，沿海地区大力发展临港工业，特别是随着临港重化工业发展，以石化、制药、船舶修造、冶金、纸业等为主的临港工业排放的污染物种类较一般产业复杂化、多样化，废水排放量及污染物浓度均较高。因此，要合理调整工业布局和经济结构，积极推广先进的清洁生产工艺，开展生态工业园区建设，提高水的重复利用率，严格控制工业废水及水污染物排放总量。

d. 沿海农村生活面源削减技术

村镇生活污水的特点有：村镇生活污水水量小，浓度低、水量不连续变化系数大；与城市生活污水水质相差不大，水中基本上不含有重金属和有毒有害物质（但随着人们生活水平的提高，部分生活污水中可能含有重金属和有毒有害物质），含有一定量的氮、磷，有机物含量高，可生化性好。根据沿江、沿海村镇的农户分布特点及村镇水质水量特点，研发分散处理小水量的村镇生活污水处理工艺，不仅可以节省因建设庞大的收集管网的资金投入，而且工艺可满足建设和管理运行费用低廉、低耗能、操作管理简便、处理稳定可长期使用、部分污水可再利用等要求。目前，较为经济可行的方法是对村落或者居民点的污水进行就地分散式处理。

e. 海水养殖废水处理技术

与工业废水和生活污水相比，海水养殖产生的废水具有两个明显的特点，即潜在污染物的含量低和水量大，加之海水盐度效应，以及养殖废水中污染物的主要成分、结构与常见陆源污水的差异，增加了养殖废水的处理难度。因此，对普通污水处理技术和工艺加以改进才能达到所需效果。通常养殖废水中的营养性成分、溶解有机物、悬浮固体（ss）和病原体是处理的重点。例如，采用混养养殖模式是利用养殖生物间的代谢互补性来消耗有害的代谢物，减少养殖生物对养殖水域的自身污染，不仅有利于养殖生物和养殖水域的生态平衡，而且能利用和发挥养殖水域的生产能力，增加产量具有明显经济效益。

（四）典型河口污染防治实践

1. 九龙江流域污染物总量估算

九龙江流域污染源包括点源和非点源两部分，流域点源污染物根据收集现有的环境统计资料获取并加以统计分析，非点源污染采用SWAT模型进行模拟计算。

2007年九龙江流域–厦门湾区域各类污染源排放量中不同污染物具体情况见表9-15～表9-17，由表中可以看出，在九龙江流域排放污染源中，对COD的贡献相对较大的污染源是畜禽养殖、生活垃圾和生活污水，三者中COD排放量合计占总排放量的80%；对氨氮的贡献最大的污染源首先是生活垃圾，其排放量占总排放量的30%，其次是农田径流、生活污水和畜禽养殖，三者氨氮排放量合计占总排放量的69%；对总氮的贡献最大的污染源首先是农田径流，即农田化肥和农药的使用，其次是生活垃圾，两者总氮排放量合计占总排放量的67%；对总磷贡献最大的污染源首先是畜禽养殖，其排放量占总排放量的60%，其次是生活垃圾和农田径流，工业点源贡献最小。在厦门市排放污染源中，对COD、氨氮、总氮和总磷贡献较大的污染源均为生活污水和生活垃圾，两者污染物排放量合计分别为76%、80%、74%和56%，此外，畜禽养殖也是对总磷贡献较大的污染源之一，其排放量占总排放量的35%。

表9-15　2007年九龙江流域各行政区域污染物排放量和入河/海量　　　(单位：t)

区域	县市区	排放量				入河/海量			
		COD	氨氮	总氮	总磷	COD	氨氮	总氮	总磷
龙岩市	漳平市	29 846	3 972	9 819	1 087	6 868	979	2 495	209
	新罗区	91 649	10 210	23 413	4 041	17 749	2 668	6 419	785
漳州市	漳州市区	51 346	6 104	12 834	1 474	9 845	1 459	2 928	264
	龙海市	84 811	10 007	22 931	2 879	22 520	2 320	5 427	509
	长泰县	26 754	3 384	8 412	1 031	6 940	848	2 183	200
	南靖县	41 797	5 315	13 390	1 359	11 594	1 304	3 410	260
	平和县	47 215	6 609	16 366	1 303	11 668	1 618	4 083	278
	华安县	19 071	2 288	5 629	599	5 491	557	1 423	113
流域合计		392 488	47 890	112 793	13 773	92 676 (入河)	11 755 (入河)	28 367 (入河)	2 618 (入河)
						37 070 (入海)	9 578 (入海)	22 559 (入海)	2 066 (入海)
厦门市		194 995	25 658	53 978	5 089	32 748	4 477	9 534	796

表9-16　各类污染源排放量中不同污染物的量　　　(单位：t)

区域	项目	生活污水	工业点源	生活垃圾	畜禽养殖	农田径流
九龙江流域	COD	89 319	18 091	101 807	120 911	62 362
	氨氮	10 536	479	14 367	10 057	12 451
	总氮	15 016	660	33 563	21 981	41 575
	总磷	1 230	182	2 238	8 205	1 919
厦门市	COD	62 398	7 800	85 798	27 299	11 700
	氨氮	8 211	513	12 059	2 309	2 566
	总氮	11 875	540	28 608	4 858	8 097
	总磷	967	51	1 883	1 781	407

表9-17　各类污染源排放量中不同污染物的所占比例　　　(单位:%)

区域	项目	生活污水	工业点源	生活垃圾	畜禽养殖	农田径流
九龙江流域	COD	0.23	0.05	0.26	0.31	0.16
	氨氮	0.22	0.01	0.30	0.21	0.26
	总氮	0.13	0.01	0.30	0.19	0.37
	总磷	0.09	0.01	0.16	0.60	0.14
厦门市	COD	0.32	0.04	0.44	0.14	0.06
	氨氮	0.32	0.02	0.48	0.09	0.10
	总氮	0.22	0.01	0.52	0.09	0.15
	总磷	0.19	0.01	0.37	0.35	0.08

以上分析可以看出，在九龙江流域各县市，污染源已经从过去工业点源为主变为生活污染和畜禽养殖为主，农田径流也增长为主要的营养盐污染源。而近年来厦门市的主要污染源一直为生活污染。

九龙江流域-厦门湾区域各类污染源入海量中不同污染物具体情况详见表9-18和表9-19，由表中可以看出，在九龙江流域入海污染源中，对COD的贡献相对较大的污染源是生活污水、畜禽养殖和农田径流，三者中COD入海量合计占总入海量的71%，值得注意的是工业点源中COD入海量所占比例比排放量中所占比例有一定的提高，也达到了18%；对氨氮的贡献最大的污染源是生活污水和农田径流，两者中入海量合计占总入海量的66%；对总氮的贡献最大的污染源是农田径流，其总氮入海量占总入海量的44%，其次是生活污水和畜禽养殖；对总磷贡献最大的污染源是畜禽养殖，其入海量占总入海量的46%，其次是农田径流和生活污水。在厦门市入海污染源中，对COD、氨氮、总氮和总磷贡献相对较大的污染源均为生活污水和生活垃圾，两者污染物入海量合计分别为71%、69%、58%和52%，此外，畜禽养殖也是对总磷贡献较大的污染源之一，其入海量占总入海量的32%。

表9-18 各类污染源入海量中不同污染物的量 （单位：t）

区域	项目	生活污水	工业点源	生活垃圾	畜禽养殖	农田径流
九龙江流域	COD	11 121	6 673	4 078	7 785	7 414
	氨氮	3 257	287	1 149	1 820	3 065
	总氮	4 737	451	2 707	4 737	9 926
	总磷	496	165	248	1 267	606
厦门市	COD	14 737	1 637	8 514	4 257	3 602
	氨氮	1 880	134	1 209	492	761
	总氮	2 670	191	2 860	1 335	2 479
	总磷	223	16	191	255	111

表9-19 各类污染源入海量中不同污染物的所占比例 （单位:%）

区域	项目	生活污水	工业点源	生活垃圾	畜禽养殖	农田径流
九龙江流域	COD	0. 30	0. 18	0. 11	0. 21	0. 20
	氨氮	0. 34	0. 03	0. 12	0. 19	0. 32
	总氮	0. 21	0. 02	0. 12	0. 21	0. 44
	总磷	0. 18	0. 06	0. 09	0. 46	0. 22
厦门市	COD	0. 45	0. 05	0. 26	0. 13	0. 11
	氨氮	0. 42	0. 03	0. 27	0. 11	0. 17
	总氮	0. 28	0. 02	0. 30	0. 14	0. 26
	总磷	0. 28	0. 02	0. 24	0. 32	0. 14

从以上分析可以看出，九龙江流域入海污染源主要是畜禽养殖、农田径流和生活污水，控制畜禽养殖污染、化肥和农药污染是控制氮磷营养盐入河/海量的首要政策，控制生活污水污染是控制COD产生的优先考虑的问题，值得注意的是工业点源中COD入海量比例也较大，控制工业点源也是控制COD入海的重要措施。

2. 流域非点源污染发生风险评价

流域非点源污染风险评价指标划分为源风险指标和运移风险指标。源风险指标主要选取化肥施用量、畜禽粪便密度、人口密度、土壤类型作为评价指标。运移指标主要选取土壤侵蚀、年径流深度、至河流距离。

利用GIS的空间数据处理能力来处理流域非点源污染的空间变异性问题，可以方便地实现流域非点源污染发生风险评价。风险评价的基本步骤如下：①收集研究区背景资料及现场实测资料、数据，根据研究区特征筛选、确定与非点源污染物流失关系最密切的因子作为评价指标，建立分类（如源因子、迁移因子）指标体系，根据各个指标的调查资料确定权重与等级值。②根据精度要求与资料条件，采用空间离散化方法将流域划分为性质相近、面积较小的地理单元（较小的地理网格），对各个地理单元内的各项参数指标进行量化识别。③根据土壤性质、所在单元与河道或湖泊的距离、地形坡度及土地利用方式等特征，建立非点源污染指数模型，对各地理单元内的非点源污染发生风险进行量化。④输出流域非点源污染物流失风险指数图。

3. 污染物空间分布

a. 污染物的产生量分布

厦门市的污染物产生量最大，其次是龙岩市、龙海市和漳州市区，再次是漳平、南靖、平和、长泰等市县；而该区域内单位面积污染物产生量最大的首先是漳州市区、厦门市和龙海市，其次是龙岩市和平和县，再次是漳平、华安、南靖、长泰等市县。因此，在污染物产生量控制方面，漳州市区、厦门市、龙岩市、龙海市是人口比较集中的地方，也是污染物产生量较大的地方，应重点治理控制。

b. 九龙江流域-河口污染物入河/海量

厦门市和龙岩市的污染物入河/海量最大，其次是龙海市和平和县，再次是漳州市区、漳平、南靖和长泰等市县；而该区域内单位面积污染物入河/海量最大的首先是漳州市区、厦门市和龙海市，其次是龙岩市，再次是漳平、华安、南靖、长泰、平和等市县。因此，在污染物入河/海量控制方面，漳州市区、厦门市、龙岩市、龙海市是污染物入河/海量较大的地方，应重点管理。

二、近岸海域及河口生态修复现状、途径及实践

（一）国内海洋及河口生态修复现状进展

海洋、海岸带及河口区是最具价值的生态系统之一，它向人类提供丰富的食品和原材料，是人类赖以生存和发展的基础，对于改善全球生态环境、维持生态平衡等具有十分重要的作用。然而，海岸带和河口地区是人类开发活动的高度密集区，也是社会经济最活跃、受人类干扰最大的区域，海岸带开发活动的不断加剧，自然资源的消耗速度也急剧加快，从而引发了海洋环境恶化、红树林消失、滨海湿地萎缩、生物多样性下降等一系列的生态退化问题，已威胁到海岸带地区经济的可持续发展。海洋生态退化已成为当前重要的生态问题之一，海洋生态系统的保护与恢复研究是国际上生态学领域的热点。

我国是一个海洋大国。近些年来，我国沿海各地纷纷开展海洋生态恢复实践与研究，海洋生态恢复已日益得到广泛的重视。《中华人民共和国海洋环境保护法》第二十条提出："国务院和沿海地方各级人民政府应当采取有效措施，保护红树林、珊瑚礁、滨海湿地、河口等具有典型性、代表性的海洋生态系统，对具有重要经济、社会价值的已遭到破坏的海洋生态，应当进行整治和恢复。"《国家海洋事业发展规划纲要》（国函［2008］9号）第四条也提出："加强海洋生物多样性、重要海洋生境和海洋景观的保护；重点实施红树林、海草床、珊瑚礁、滨海湿地等典型生态系统的保护、恢复和修复工程 。"为此，为改善我国海洋生态环境日益退化的现状，我国海洋生态恢复工作的开展显得尤为紧迫。

从生态恢复对象而言，我国的海洋及河口生态恢复研究与实践主要集中于红树林人工种植、水体富营养化治理、人工鱼礁的渔业资源恢复、珊瑚礁恢复等。20世纪50年代，我国沿海地区极少数农民就开始自发进行红树林人工造林，当前红树林的恢复已受到了广泛的重视，沿海各地纷纷开展了有组织的较大规模的红树林人工种植，如珠江口淇澳岛、深圳福田、福建泉州湾、福建九龙江口等地均开展了红树

林的人工种植。红树林生态恢复是我国主要的海洋生态恢复类型之一，并且已具有较成熟的经验和技术，如刘荣成（2010）总结泉州湾红树林种植的技术并汇编了《中国惠安洛阳江红树林》、廖宝文（2010）汇编了《中国红树林恢复与重建技术》等。我国珊瑚礁的恢复研究起步较晚，较早的珊瑚礁恢复研究是1993年陈刚在三亚海域对造礁石珊瑚进行了移植性实验（陈刚等，1995），近些年来，沿海各地的珊瑚礁保护和恢复得到重视，其恢复工作主要集中在海南三亚、广东徐闻、福建东山等地。我国人工鱼礁的实践始于1979年广西防城港近海投放的26座小型鱼礁，90年代以后因资金有限而限制了人工鱼礁的建设，直至2000年以后，广东、江苏、浙江、山东、福建等各沿海地区积极开展了人工鱼礁的建设，鱼礁建设开始规模化，发展迅速。

近些年来，我国海洋生态恢复理论与技术得到迅速发展，但与国际相比，我国海洋生态恢复研究起步较晚，也相对薄弱，其主要体现在：①在研究对象上，主要集中于滨海湿地、红树林等生态系统类型的恢复及污染水体的恢复；②在生态恢复空间尺度上，仍集中于对单个生境或生态系统或群落或物种的恢复，区域或大尺度的海洋生态恢复的研究与实践较为缺乏；③在恢复的技术方法方面，大部分还停留在理论探讨或小规模的试验方面，尚未形成系统成熟的海洋生态恢复技术方法和标准；④在生态恢复研究程序与内容上，大多集中于生态恢复技术措施的研究，而对于生态恢复的其他环节，如退化诊断、生态恢复监测、生态恢复效果评估等方面的研究较为薄弱。

（二）河口湿地生态修复基本原则

生态修复是保障河口生态系统服务得以可持续利用的重要措施和手段。受到各种环境压力的影响，河口湿地退化严重限制了河口生态系统服务功能的发挥。湿地退化主要是指由于自然环境的变化，或是人类对湿地自然资源过度地以及不合理地利用而造成湿地生态系统结构破坏、功能衰退、生物多样性减少、生物生产力下降及湿地生产潜力衰退、湿地资源逐渐丧失等一系列生态环境恶化的现象（张晓龙和李培英，2004）。河口湿地生态修复是指基于大自然的自我修复能力，在适当的人工措施的辅助作用下，帮助已经退化、受损或毁坏的生态系统修复的过程，最终目的在于削减或消除河口湿地生态系统的退化压力，修复已经退化、受损或毁坏的生态系统，以建立一个能自我维持或较少人工辅助下健康运行的河口湿地生态系统，从而保障和提高河口区生态安全。

开展河口湿地生态修复技术的程序主要包括资料收集与现状调查、生态退化分析、生态修复目标确定、生态修复途径确定、生态修复措施、生态修复监测、生态修复成效评估等环节，开展过程中并应遵循以下原则。

（1）遵循河口特征原则。河口是连通陆地和海洋的重要节点，具有独特的自然过程和环境特征，修复过程中应考虑上游流域物质输入以及海洋潮汐对河口生态系统的共同在作用。

（2）注重生态系统的自我恢复能力，只有在生态系统的自然恢复不能实现的条件下，才考虑进行人工修复。

（3）生态修复与保护并举的原则。强调生态修复与保护相结合，并对健康的或退化程度较轻的生态系统，进行优先保护。

（4）适应性管理原则。必须基于适应性管理原则和理念，不断地获取并分析来自生态的、社会的、经济的等多方面相关信息，并据之对规划做出适应性调整和改进，以更好地实现生态系统的有效恢复。

（5）可行性原则。生态修复不仅需考虑自然条件的可行性和适宜性，而且需遵循技术上适当、经济上合理、社会能够接受的原则。

（三）河口湿地生态修复一般技术程序

1. 资料收集与现状调查

资料收集与现状调查的内容必须根据河口湿地生态系统及其退化特征而定。一般地，包括生态修复区及其周边区域（及上游流域）的社会经济（如人口、土地利用、产业结构、相关规划等）、气候条件（降水量、气温、光照等）、污染源（污染源分布、污染物类型、污染物排放浓度及排放量等）、地形地貌、地质、水文动力条件（潮汐、潮位、感潮通道、潮流、波浪、悬浮泥沙等）、环境质量（水环境、沉积环境、生物质量等）、生物群落（物种数、生物量、栖息密度及其分布等）、生境（生境类型、面积及分布等）、关键或重要物种（物种数量、分布等）等。尽可能收集多个不同时期的资料。

2. 河口湿地生态退化分析

对比拟修复区退化前后的生态状况，分析生态系统退化原因，找出影响退化的因子，并评价其退化程度。滨海湿地生态系统退化通常表现为湿地水文和地质条件改变、环境质量恶化、生物多样性下降、生产力降低、生物间相互关系改变，以及生态功能的破坏等方面；滨海湿地生态退化的原因主要包括湿地盲目的围垦和改造、海岸构筑物建设、环境污染、外来种入侵、气候变化、海岸侵蚀等。

在生态退化分析中，通常选取历史的或干扰前的生态系统作为参照生态系统，也可选取生态修复区或邻近区域内未受破坏或破坏程度较轻的“自然生态系统”作为相应的参照系统，参照生态系统应与拟修复区在范围、地形地貌、环境质量、水文动力、生物群落结构等特征相似。

3. 河口湿地生态修复目标

河口湿地生态修复的最终目标是建立一个能自我维持的成熟的湿地生态系统，该系统具有生态功能健康、为本地种或关键种提供适宜的生境、不需要人为的干预等特点。

生态修复的具体目标可包括：①实现湿地关键物理过程的修复，维持湿地生态系统水文和基底条件的稳定性；②实现关键生物过程的修复，提高生态系统的生产力和生物多样性；③为湿地关键生物栖息繁衍提供适宜的生境；④实现健康的湿地生态系统功能，如净化环境、抗洪排涝、提高美学景观等。

具体的生态修复项目可根据实际情况，进一步细化和完善生态修复目标指标，指标总体上应符合明确、具体、定量化，并具可实现性的原则。

4. 河口湿地生态修复途径

河口湿地生态修复的主要途径有自然修复、人工促进修复、生态重建。生态修复途径的选取需根据生态退化情况和生态修复目标而确定。

自然修复：当生态系统受损不超过负荷并且这些损害是可逆时，生态系统修复可通过强化生态系统自然更新修复的方式进行。自然修复主要是采取相应的管理措施，削减或去除生态退化的压力，以控制或逆转导致退化生态系统的过程，从而使生态系统可能得到恢复。

人工促进修复：生态系统受损程度超过负荷，生态结构和功能出现局部或部分退化的现象，即便生态系统退化因素消除也无法实现自然恢复。在这种情况下，生态系统受到较严重的干扰，但生境、生态系统未遭到完全的毁灭性破坏，可以基于生态系统的自我恢复能力，结合生物、物理、化学等一定的人工干扰措施，使生态系统退化发生逆转。

生态重建：当生态系统完全退化或丧失时，需采取人为干扰的措施重建新生态系统的过程，包括重建某区域历史上曾经没有的生态系统的过程。

5. 河口湿地生态修复措施

河口湿地生态修复的措施归纳为两大类：管理措施和技术措施。任何生态修复项目都需采取必要的管理措施，而只有在采取管理措施不能实现生态系统自然修复的条件下，才考虑进行人工辅助的技术措施。

a. 生态修复管理措施

针对滨海湿地退化的原因，采取有效的管理方法减少或消除压力。由于人为干扰是滨海湿地生态退化的主要原因，则生态修复管理主要针对人类的行为活动，具体的措施包括海岸带综合管理、自然保护区建设、污染控制和削减、外来种入侵控制、公众参与等。

在空间尺度上，管理措施的范围指对滨海湿地生态系统造成退化的压力源范围，因此，其不仅局限于退化区域范围，往往可能涵盖了周边一定范围内的区域。尤其是河口湿地，其管理范围还应上溯至河口流域的汇水区。

b. 生态修复技术措施

根据河口湿地生态系统特征，河口湿地生态修复的内容可分为水文状况修复、湿地基底修复、生物修复和污染环境修复，其相应的技术措施主要如下。

（1）水文状况修复：自然水文条件的恢复是滨海湿地恢复的关键，所采取的技术措施包括修建引水渠、筑坝或去除堤坝、挖除填埋物等方法，从而实现自然水文条件的恢复。

（2）湿地基底修复：通过采取工程措施，维护基底的稳定性，稳定湿地面积，并对湿地的地形、地貌进行改造。基底恢复技术包括湿地及上游水土流失控制技术、湿地基底改造技术等，其中湿地基底改造技术主要包括沉积物填充（如疏浚物）、清淤等。

（3）生物修复：主要包括物种选育和培植技术、物种引入技术、物种保护技术、种群动态调控技术、种群行为控制技术、群落结构优化配置与组建技术、群落演替控制与恢复技术等，物种的选择主要考虑本地种，避免引入外来种，同时需考虑植被的物种多样性。

（4）污染环境修复：湿地环境质量改善技术包括污水处理技术、水体富营养化控制技术等，其中湿地富营养控制技术主要采用生物方法，如种植大型藻类吸收水体中的营养盐，引入多毛类等底栖动物净化沉积物环境等。需要强调的是，由于水文过程的连续性，必须加强湿地上游流域的生态建设，严格控制湿地水源的水质。

通常地，一个河口湿地生态修复项目中需开展水文、基底、植被、环境等一项或几项的修复内容。

6. 河口湿地生态修复监测

河口湿地生态修复监测是基于生态修复目标而定。生态修复监测需明确监测站位、监测参数、监测时间、监测频次等内容。

生态修复监测参数主要考虑能表征河口湿地生态过程的控制因素，至少需涵盖湿地水文、底质、生物及环境质量等参数，但参数不宜过多。

生态修复监测的频率应随着生态修复时间的推进而降低。一般地，生态修复实施后的 2 ~ 3 年需每年进行监测，至少每年监测 2 次，此后，每年监测 1 次，直至达到预期的修复标准。一般地，监测至少应持续 3 ~ 5 年。

生态修复监测时间的确定需考虑不同参数（尤其是生物参数）的季节变化，确定最适宜的监测时间。

7. 河口湿地生态修复成效评估

根据生态修复目标，从生态系统的结构和功能，构建生态修复成效评价指标及其评价标准；对比生态修复目标与生态修复监测数据，对生态修复成效进行分析，评价生态修复目标的实现情况。

河口湿地生态修复成效评估标准需明确达到预期成效标准的时间期限，不同生态修复目标完成所需的时间周期不同，一般地，生物因子的修复所需时间要明显长于非生物因子的修复。

（四）典型河口区生态修复实践

1. 九龙江河口湿地潜在生态修复区识别

根据九龙江河口湿地（红树林）变迁分析发现的主要问题，以及综合考虑区域海洋功能区划、城市发展规划、保护区总体规划、环境保护与生态建设规划等相关规划的分析，九龙江口湿地生态修复的重点主要体现在红树林湿地修复、海岛修复、互花米草的控制，以及海洋污染控制与防治等方面。

a. 海门岛及其周边滩涂

海门岛岛屿周边滩涂分布有红树林，但近些年由于采砂、养殖、互花米草入侵等多方面的原因，红树林岸滩遭到严重侵蚀。漳厦大桥的建设对岛屿植被和土壤都构成了破坏，可能会增加海岛水土流失。此外，局部岸线红树林滩外围及岛屿东侧滩涂有互花米草入侵。根据海洋功能区划，海门岛的主导功能为旅游娱乐区，以及漳厦大桥的建设，都迫切地需要海门岛改善和提高当前海岛退化的现状。

b. 甘文尾红树林及周边滩涂

互花米草入侵是甘文尾红树林退化的最主要原因。根据调查与调访，2003 年该片区互花米草多数以零星分布为主，而 2010 年，红树林滩外围几乎都分布有互花米草，组成上由红树林植物变成红树林植物-互花米草的植被类型。互花米草的迅速蔓延可能对该片区红树林的维持构成严重的威胁。根据规划，甘文尾靠陆侧区域规划为红树林自然保护区，故急需控制和整治互花米草的入侵，以及对红树林湿地生境进行修复，以保护和扩大现有红树林分布。

c. 海澄沿岸红树林及周边滩涂

海澄沿岸红树林岸滩侵蚀较为严重，局部出现红树林倒伏现象。

d. 浮宫沿岸红树林及周边滩涂

该片区局部红树林岸滩出现侵蚀，而且长势不好，同时，该片区互花米草入侵严重。但需注意的是，根据海洋功能区划，浮宫红树林现有分布区东侧与招银港口航运区相连，故需避开港口发展对生态修复产生的影响。

e. 玉枕洲、大涂州和新生岛红树林及周边滩涂修复区

互花米草入侵是该区域红树林退化的最主要原因。据调查，大涂洲东侧滩涂以互花米草占绝对优势，互花米草长势非常好，而红树林仅是零星分布。根据相关规划，大涂洲大部分已被规划为自然保护区，故急需采取生态修复措施以保护现有仅存的红树林。

f. 厦门西海域东屿湾滩涂

根据遥感解译及资料分析，西海域东屿湾滩涂历史上分布有红树林，且根据海洋功能区划，该区域规划为旅游娱乐区。因此，从环境条件和海洋功能发展来看，该区域可开展红树林修复。

g. 鸡屿、大屿和猴屿

根据海洋功能区划及自然保护区规划，鸡屿和大屿及其周边滩涂被列入厦门珍稀海洋物种国家级自然保护区的白鹭核心区。因此，该区域需开展生态保护与修复，为白鹭提供适宜的栖息环境，防止猴屿岛屿植被遭到破坏。

h. 九龙江河口区水体

根据调查，九龙江河口区水体氮、磷超标严重，尤其西溪入海口水体污染更为突出。从源头控制污染输入是九龙江河口区污染恢复最有效的措施，具体的重要控制区域见第二章。

2. 九龙江河口湿地生境修复规划分区

a. 湿地生境目标确定

根据九龙江口湿地生境现状，结合历史资料数据及其产生的生态服务功能，确定湿地生境目标。对比分析规划目标生境和生境现状可看出，为达到目标生境，需进行修复的生境主要体现在：甘文红树林区外侧滩涂互花米草生境的治理，以恢复红树林和滩涂生境；新生岛滩涂互花米草生境的治理，以恢复红树林生境；海门岛周边滩涂生境恢复成红树林生境；大涂洲东侧互花米草的清除与治理，以恢复成红树林生境；海澄和浮宫沿岸向海侧增加红树林生境；西海域东屿湾滩涂生境恢复成红树林生境；甘文北侧滩涂盐沼生境的增加；等等。

b. 湿地生境修复规划

根据湿地生态退化分析，结合湿地规划目标生境和生境现状分布，识别出湿地规划生境修复区，其

主要的类型包括海岛修复区、盐沼湿地修复区和红树林湿地修复区。海岛修复区分布于海门岛、大屿、鸡屿和猴屿，盐沼湿地修复区分布于玉枕洲和甘文北侧滩涂，红树林湿地修复区分布于甘文、新生岛、大涂州、海澄和浮宫沿岸、海门岛周边滩涂及厦门西海域东屿湾滩涂。

3. 九龙江河口湿地生态修复项目规划

根据修复生境的类型及在空间上的分布，并依据生态修复优先项目确定的原则，确定九龙江湿地生态修复项目及其时序规划（表9-20）。

表9-20　九龙江口湿地生态修复规划项目

项目类型	生态修复项目	生态修复内容及措施	备注
近期项目	甘文红树林湿地生态修复	现有红树林湿地保护；互花米草的整治；红树林的人工种植	靠陆侧红树林片区位于自然保护区的核心区
	大涂洲红树林湿地生态修复	现有红树林湿地保护，互花米草的整治；红树林的人工种植	靠陆侧红树林片区位于自然保护区的核心区
	海门岛生态修复	现有红树林湿地保护；红树林岸滩立地条件的修复，以防止海岸进一步侵蚀；海门岛植被的修复	岛屿周边滩涂红树林生长较好，但岸滩侵蚀严重，迫切需控制岸滩侵蚀，以保护现有红树林湿地
	新生岛红树林生态修复	现有红树林湿地保护，互花米草的整治	互花米草入侵严重，急需治理互花米草的入侵，以避免该区域米草入侵对自然保护区核心区——甘文和大涂洲红树林湿地修复造成影响
	鸡屿生态修复	岛屿及周边滩涂的保护	为保护区核心区，生态保护较好，需采取措施保护现有生态环境
	大屿生态修复	岛屿及周边滩涂的保护	为保护区核心区，生态保护较好，需采取措施保护现有生态环境
	猴屿生态修复	岛屿植被修复	猴屿是城市视线走廊交汇点
中期项目	海澄红树林湿地生态修复	现有红树林保护；互花米草整治；红树林岸滩立地条件的修复	—
	浮宫红树林湿地生态修复	现有红树林保护；互花米草整治；红树林岸滩立地条件的修复	—
	玉枕洲盐沼湿地生态修复	互花米草整治	—
	甘文盐沼湿地生态修复	互花米草整治	—
远期项目	西海域东屿湾红树林湿地生态修复	红树林湿地重建	—

4. 九龙江河口湿地生态修复措施

a. 管理措施

九龙江口湿地生态修复采取管理措施的目的在于从源头控制湿地生态退化，其主要包括如下。

（1）加强自然保护区的管理，保护现有较好的生态系统，如甘文红树林生态系统、鸡屿和大屿岛屿生态系统等。

（2）禁止非法采砂活动和控制船舶时速，以减少对沿岸岸滩的进一步侵蚀，从而对红树林岸滩和泥滩造成破坏。

（3）控制沿岸污染物的排放，以改善河口区环境质量。

（4）加强公众宣传教育和公众参与，提高公众的环保意识。

b. 技术措施

根据九龙江口生态修复的主要内容，该区域需采取的技术措施主要包括如下。

第一，红树林湿地生境的人工修复。

首先，红树林地改造在水流冲刷拐点用石块与岸线成垂直方向堆砌丁字坝，丁字坝的修建密度为每隔100m一个；在修建丁字坝后的红树林外侧，通过人工堆填淤泥，提高受损滩面的高程，形成红树林宜林地。

丁字坝的高度以天文大潮高平潮淹没为宜，宽度为1.5～2m。人工堆填所需的淤泥可来自项目实施地附近港口或者航道清淤时挖出的淤泥。

其次，红树林种植。堆填的滩面沉降压实后，进行红树林种植。种植物种为九龙江口常见的桐花树、白骨壤和秋茄。红树林种植后，开展种植区域互花米草的防治和红树林地的管护，使之定植成林。

秋茄用当地采集的胚轴直接插植，桐花树和白骨壤用当地培养的实生苗种植。种植时，在堆填区外侧区域（向海）混种桐花树和白骨壤，种植密度为0.2m×0.2m。在堆填区的高潮区（向陆的内侧）种植秋茄，种植密度为0.4m×0.4m。密集种植可提高红树幼林对水流冲刷和台风的抵御能力，也可保证成林后的植被密度。

红树林种植后，聘请种植地邻近村民组成护林队和协管员对种植地进行管护。护林人员通过业务化巡视和管护，防止村民进入红树林地活动，并对红树林的生长和林地内互花米草进行观察。

第二，互花米草的整治。

采用人工清除和机械清除的方式相结合，通过重复割除互花米草地上部分使其死亡。于4～6月互花米草生长旺盛期，草高小于1m时，采用利用割草机和刀具将互花米草割除，10天后，草再长至50cm左右时，再进行一次割除。经过两次割除后，基本可以达到杀死互花米草的目的。也可以采取于春节互花米草生长初期，割除其地上部分，再利用刈割机将其地下部分组织切碎，或者用勾机深翻，将互花米草根系翻出暴晒，通过这两种方式可基本清除互花米草。

发现未死亡小面积互花米草时，继续割除互花米草地上部分，并将互花米草根部挖出去除。

第三，海岛植被的人工修复。

首先，环境整治。在实施生态修复之前，进行生态环境的整治，对岛上的破砖块等建筑垃圾进行清理整治，清理海岛上其他影响景观视觉的各类固体废物和脏乱物。

其次，海岸防护工程。若在海岸一侧种植海岛植被，则需据实地测量，在海岸修建浆砌石挡墙防护，底部要防止坡底受海浪流的冲刷；设计高度在大潮高潮线以上；墙顶留设花槽，种植滨海植物。

最后，海岛植被修复。岛屿裸露大量的岩石，缺乏淡水资源、土壤贫瘠、植被稀少、蒸发量大，极易受大风暴雨等自然气候的影响，海岛生态恢复受到很大的限制。海岸岩壁复绿由于植生条件很差，海浪潮汐冲击，虽有多种复绿方式可供选择，但必须坚持辅助工程坚固、长久，植被生长稳定为原则，不宜采用短时效的钢丝挂网填充基质喷播籽之类的复绿方式。比较适宜岩壁坡面见缝插针方式，即利用石壁间隙凹凸空间砌砖构筑大树穴框格，框格内填客土拌施有机肥，不规则点缀绿化，由小乔木、灌木、藤本结合成植生组。

三、管治能力建设

1. 生态安全调控管治能力建设的必要性

海岸带生态系统和河口生态系统是复杂的、不确定性高的生态系统，从管治的观点看，首要的问题是“如何做到不牺牲生态系统及其生物多样性以促进社会经济发展成为生态安全调控管理的主要目标?”若没有全面考虑人类因素，任何生态系统均难以管理。实际上，若无法控制形成和维持河口生态系统的动力和环境过程，河口生态安全则无从管起。生态系统管理本质上利用行政和社会科学手段，“勾兑”自然科学手段和数据的过程，因此应该在生态系统的物理、生物特征及真正同样重视的人类因子之间达成平衡。可管理的指标体系的本质是对生态系统的“自然”要素趋势和与其相关的人口和社会经济发展趋势之间进行比较。这就需要根据自然科学和社会科学获得的综合信息，从统筹全局的角度出发，采取高级的、综合的方法来制定河口生态安全管理计划并付诸实践。但是，要为决策者、规划者和管理者提供综合的科学信息，事实证明：要研究出可获得这类综合科学信息的多学科技术仍存在很大的困难。

对于河口而言，管理能力建设应该跨越空间尺度，把流域-河口看成是一个完整的生态系统，通过加强该系统的管理能力建设来应对复杂性和不确定性，为河口生态系统服务的可持续利用以及河口生态安全提供保障。

2. 强化调控管理的主要内容

生态安全调控的地方管治所起的作用尚未得到充分理解和认可。生态安全调控管理计划或项目，可以看作是强化地方管治的综合手段。

生态安全调控管理通过以下各方式强化地方管治，同时，以下领域也为强化调控管理提供了保障。

（1）生态安全调控管理通过在利益相关者之间建立共同的愿景和制定战略行动计划来管理流域-河口区的开发利用，促进了相关政策优化。

（2）生态安全调控管理为化解机构间冲突及平衡部门利益创造了协调机制。

（3）生态安全调控管理完善了管理人类活动，尤其是管理会影响环境及生境的人类活动的法律规章。

（4）生态安全调控管理促进了“条条机构”的政策与职能的综合。

（5）生态安全调控管理促进地方关注重要的生态安全问题事件，并采取行动实施重点的行动计划。

（6）生态安全调控管理鼓励利益相关者开展协商，为重大决策提供意见。

（7）生态安全调控管理在其发展和实施过程中提高了能力。

（8）生态安全调控管理促进科学建议纳入政府管理框架。

（9）生态安全调控管理提高了公众意识，为公众充分提供信息。

3. 生态安全调控管治能力建设的主要领域

由以上分析可见，法律法规的健全及管理机制的建立、管理人员能力的加强、科技支撑能力的加强，以及公众意识的提高几个方面是生态安全调控管治能力建设的主要领域。

a. 管理机制建设

如果生态安全调控管理是由“条条机构”管理和实施，则上述生态安全调控管理的作用在效率上就要大打折扣，而事实上，生态安全调控管理偏偏普遍由“条条机构”实施。生态安全调控管理项目非常需要建立起可以促进机构间协调的行政结构。在一些实例中，这样的行政机构直接设立在地方行政长官的办公室内，其他的则由主管规划与发展的部门负责组织领导。但在大部分实例中，生态安全调控管理的行政结构设立于主管自然资源与环境的部门内。无论行政结构如何安排，为了保证生态安全调控管理项目取得成效，其实施过程不仅要和该机构中负责环境与自然资源的相关部门或处室保持紧密联系，而且还要与其他主管政策、经济规划与管理的机构保持紧密联系。因此，环境规划应与经济发展规划携手并进。只有通过紧密的合作，生态安全调控管理才能在地方层面有效地实现。此外，生态安全调控管理机制，还应加强不同行政空间的协调，因此建立起流域-海湾综合管理机构则相当重要。

b. 公众意识提高

生态安全调控的主要措施是污染削减与生态修复，所制定的措施能否付诸实践，除了加强管治能力以外，另外一项重要的途径就是需要获得公众的支持和推动。如果流域内大部分农民的施肥方式和施肥习惯不加以改进，削减农业面源污染的成效则难于实现。

在流域-海岸带综合管理框架下，以社区为基础的生态安全管理或社区共同调控管理的效果和持续性得以加强。由于生态安全事件关系到调控范围内的主要利益相关者，为了保证生态安全调控行动的持续性，应给流域–海岸带范围内的生态安全利益相关者建立起足够的信心和能力，提高利益相关者的自主意识。

第八节　海西经济区流域–河口–海岸带可持续发展建议

2010 年 10 月 18 日，党的十七届五中全会通过《中共中央关于制定国民经济和社会发展第十二个五年规划的建议》，其中第十七条写道：“发展海洋经济。坚持陆海统筹，制定和实施海洋发展战略，提高海洋开发、控制、综合管理能力。科学规划海洋经济发展，发展海洋油气、运输、渔业等产业，合理开发利用海洋资源，加强渔港建设，保护海岛、海岸带和海洋生态环境。保障海上通道安全，维护我国海洋权益。”进一步强调了发展海洋经济和保护海洋生态环境的重要性。

2012 年温家宝总理在《2012 年政府工作报告》中，也对海洋工作进行了全面部署，并对加强海洋环境保护提出了明确要求，海洋生态文明建设已成为促进海洋经济可持续发展和建设现代化海洋强国的必然选择。2012 年 6 月出版的《人民日报》刊登的国家海洋局党组书记、局长刘赐贵的署名文章《加强海洋生态文明建设 促进海洋经济可持续发展》中也提到，加强海洋生态文明建设意义重大，海洋生态文明建设是社会主义生态文明建设的重要组成部分，加强海洋生态文明建设是贯彻落实科学发展观的本质要求，是实现沿海经济社会可持续发展的根本出路，也是满足人民群众过上美好生活期盼的客观需求。

福建省海洋经济发展方式仍较为粗放，经济发展中的资源环境代价仍然较大，海洋生态环境状况不容乐观。为落实好中央决策，福建省海洋生态环境保护要以科学发展观为指导，以构建海洋生态文明为宗旨，坚持陆海统筹，坚持综合管理，坚持科学引领，以海洋环境容量和资源承载力作为发展的前提，以环境保护优化经济增长，将保护与开发并重的方针贯穿于海洋生态文明建设的全过程，为海西经济区可持续发展提供友好的环境基础。通过几年甚至十几年的投入和建设，以期达到控制入海污染物逐步减少、海洋环境质量有所改善、海洋生态破坏趋势基本扼制、海洋环境风险得到切实防范、海洋环境监管体系得到提升、海洋环境对蓝色经济健康发展的贡献进一步提高的目的。

在总结福建省当前海洋生态系统及河口生态系统的现状及问题的基础上，通过近岸海域及典型河口污染防治与生态修复途径研究进而扩展到全省海洋环境保护和管理，基于生态系统服务，从海洋经济布局优化、污染物削减、生态保护和修复、海洋环境监测网络、管理能力建设、公众意识提高等方面提出促进海西经济区河口–海岸带的可持续发展的建议。

一、优化产业结构布局，促进海洋蓝色经济生态化建设

（一）陆海统筹合理衔接陆海经济

福建省沿海地区各级发展改革部门和海洋行政主管部门要始终坚持陆海统筹的发展理念，科学合理地规划布局海洋产业，切实做到“六个衔接”，即沿海陆域资源条件要与海洋资源禀赋相衔接，沿海陆域发展定位要与海域功能定位相衔接，沿海陆域发展规划要与海洋经济发展规划相衔接，沿海陆域产业布局要与海洋产业布局相衔接，沿海陆域污染防治要与海洋环境质量要求相衔接，沿海陆域灾害防御要与海洋环境灾害风险相衔接。坚决防止人为割裂陆海间资源禀赋、环境条件和功能定位的内在联系，不计代价地盲目开发海洋。

（二）优化海洋区划规划和开发布局

“国家海洋经济十二五规划”福建省沿海地区发展和改革部门与海洋行政主管部门要积极编制实施海洋经济规划，海洋行政主管部门要进一步完善海洋功能区划、海洋主体功能区规划。沿海地区海洋经济规划，要严格规范海洋资源开发秩序，合理布局各类海洋产业，高度重视海洋生态环境保护，加强海洋

环境保护宏观管理，切实发挥对海洋开发活动的引导作用，构建分工明确、梯度有序、开放互通、优势互补、生态安全的临海产业布局。省级海洋主体功能区规划，要明确海洋优化开发区、重点开发区、限制开发区和禁止开发区，对不同海洋开发活动实行分区布局和分类管理，并有针对性地制定区域环境管理措施。

（三）发展海洋战略性新兴产业和海洋服务业等绿色产业

福建省沿海地区各级发展改革部门应防止将海洋经济片面理解为海岸经济或临港经济，要将生态环境保护放在重要位置，避免片面追求经济增长、重发展轻环保。要进一步加强对海洋产业、临海产业发展的宏观调控，发展严格执行国家产业政策，积极淘汰落后产能，避免重复建设，限制高耗能、高污染、资源性产业在沿海布局。对于钢铁、石化、能源等新改扩建项目，必须符合国家相关产业布局规划，且必须获得围填海计划指标，通过环境影响评价后，方可受理其审批、核准的申请文件。各级海洋行政主管部门要加快建立海洋产业环境准入和绩效考核体系，严格新改扩建项目的海洋环境保护准入门槛，对不符合国家产业政策的项目和污染严重的海域，探索实行区域海洋工程环境影响评价限批政策，并限制使用海洋倾倒区。对于钢铁、化工、水泥、纸浆、传统煤化工、多晶硅等新建项目，必须符合相关产业发展规划，且规划通过环境影响评价后，方可受理其海洋工程环境影响评价文件。鼓励和扶持海洋新兴产业发展，在符合相关法律法规、产业政策和规划、海洋生态环境保护要求的前提下，发展改革部门要加快有关项目审批进度，海洋行政主管部门可简化项目环境影响评价程序。

（四）河口-海湾临港产业集聚发展

加强河口-海湾港口资源整合，完善发展布局，打造现代化产业集群。加快港口集疏运体系建设，构建分工合理、优势互补的运输系统，积极拓展对台运输业务，充分发挥对台优势。严格控制围填海面积及区域，有效地使用当前已开发的港口资源。加强港口与城市的物流衔接，积极发展公铁海空多式联运，建设一批现代物流园区、专业物流基地和物流配送中心，为临港产业集群发展奠定基础。同时，通过对产业园区的排放的集中处理，整体监管，显著降低污染排放总量，实施“海陆兼顾”的污染物排海总量控制和海洋污染溯源追究制度。

（五）综合利用海洋资源，打造海峡蓝色经济示范区

加快海西经济区建设，将进一步促进海峡两岸经济紧密联系、互动联动、互利共赢，使福建省成为海峡两岸经贸合作和文化交流的结合部、先行区和重要通道，提高台湾同胞对祖国的向心力和认同感，为发展两岸关系、推进祖国统一大业做出新贡献。福建省和台湾省虽地处海峡两岸，却自古以来有着血浓于水的天然联系，有着“地缘近、血缘亲、文缘深、商缘广、法缘久”的特点，再加上福建省拥有海湾河口、港口码头等优势资源，这决定了福建省在发展两岸关系中具有独特的地位和作用。

借此优势，要积极探索海洋产业蓝色发展的新思路与新模式，选划1～2个“蓝色经济主题示范区”，如九龙江流域-厦门湾区，或平潭。并开展蓝色经济示范区的海洋经济运行现状、海洋与海岸带生态环境现状、目前海洋科技创新情况、海洋资源开发利用现状、对台合作与国际交流工作现状的调研分析。制定流域-河口-近海-海岛蓝色经济主题示范区规划，整体规划流域-河口-海洋产业链。严格实施海洋功能区划和海洋环境保护规划，科学有序开发利用岸线和海域空间资源，集约节约利用示范区海洋资源，综合运用海域使用审批、海洋工程环评核准等管理手段，促进产业结构调整和升级。通过生态补偿等手段，平衡区域收益，并将环境成本纳入示范区经济总量核算体系，平衡经济发展与生态保护。加强国际交流与合作，通过国际项目示范吸收先进理念和管理经验，在加强生态环境保护的基础上促进经济快速稳步发展。构建优势突出、特色鲜明、核心竞争力强的现代海洋产业体系。打造福建省具有区域特色和竞争力的蓝色经济示范区，为我省海洋经济发展提供示范和借鉴作用。

二、陆海统筹，完善陆海污染防控体系

（一）发挥海洋环境行政手段的宏观调控作用

加强海洋环境保护宏观管理，将海洋生态环境保护纳入沿海地区社会经济发展政策，组织制定“十二五”海洋环境保护规划、海洋生态保护与建设规划，发挥海洋环境保护的宏观调控作用。沿海地区各级海洋行政主管部门要根据国民经济和社会发展第十二个五年规划纲要确定的污染物总体减排指标，建立完善海洋污染减排指标体系，以落实节能减排绩效指标为核心减少海洋环境污染，根据环境保护规划中指定的化学需氧量、氨氮等主要污染物排放总量减少目标要求，控制和减少向海洋排放污染物。

（二）陆海统筹，加强流域污染控制，实施污染物排海总量控制

实施陆海统筹，开展流域性、区域性环境综合整治，削减流域污染物入海量，改善海域环境质量。切实落实《福建省人民政府关于加强重点流域水环境综合整治的意见》（闽政〔2009〕16号）的各项措施，实施流域综合整治，减少入海污染负荷，严格控制面源污染，强化流域和入海河口区的生态环境建设与保护。落实“六江两溪”流域水环境整治工作，全面开展流域和海洋污染综合治理，加强对重点入海河流的治理，实施氮、磷等主要污染物总量控制计划。以近岸海域水环境质量达标为目标，提出陆域污染物入海量控制目标，并将海域污染物总量控制目标落实到河流区域规划中。

建立跨行政区域、跨管理部门的污染物排海总量控制体系。综合考虑沿海各区海洋环境质量状况、环境容量、排放基数、海洋经济发展水平和削减能力等，按照“海陆统筹、河海兼顾”的原则，以控制海洋主要污染物总量为目标，采取“海洋环境污染通量–海洋环境容量评估–污染物控制分配–构建污染物排海监管联动机制”的思路，将总氮、总磷的排放纳入污染减排指标中，分配减排指标，制定减排方案并监督实施，实现对主要污染源的分配排放控制，实施对重点污染物总量削减情况的考核制度。

坚持河海兼顾，继续加强闽江、九龙江等主要河流污染治理和泉州湾、罗源湾等主要海湾的入海污染排海总量控制。开展重点海湾入海污染物总量控制试点工作，探索建立流域–河口–海湾综合污染防控体系。通过河流跨界断面和入海断面污染通量监测，建立完善重点流域综合污染防控机制，减少流域入海污染负荷量。通过抓好沿海重点行业、重点企业和各类工业开发区的污染源治理，加快沿海城乡污水处理厂建设，严禁未经处理的工业和生活污水直接排海，深入开展“家园清洁行动”，减少农业面源污染，全面治理海漂垃圾和海滩垃圾，加强海上倾废排污管理、严格控制港口和船舶倾泻排污，切实解决一些海湾养殖自身污染，逐步控制和减少入海污染物总量，努力改善海洋环境质量。

（三）控制工业点源陆源面源污染

加强陆源污染物防治，尽快遏制近岸海域环境持续恶化势头。抓紧沿海地区生活污水、工业废水处理设施建设，新建污水处理厂应有脱氮、脱磷工艺，现有污水处理厂要创造条件提高脱氮、脱磷效率，减少营养物排海。控制沿海城市污染，禁止海岸带区域进行城镇盲目发展，做好城镇污水和固体废弃物处理，切实做到城镇垃圾减量化、资源化和无害化。

严格审批沿岸入海排污口，对不符合海洋功能区划和环境保护规定要求、污染严重的排污口要限期整改。利用高科技的监测技术和远程视频及数据传输技术，对排放口的主要污染物实施在线监测和视频监控，进行实时有效的监管。率先在重金属污染重点防控海域落实排污企业向海洋行政主管部门抄报排海污染物制度，建立排海污染源台账。积极推进入海排污口监管部门联动，与环境保护部门开展联合执法专项行动，实现近海污染控制与陆源污染防治的统筹协调。

重视农业面源污染的治理，发展高效农业和先进的施肥方式，严禁使用高毒、高残留农药。制定化肥、农药施用的限量和减量计划，推广精准施肥技术。严格控制陆地集水区畜禽养殖密度及规模，有效

处理养殖污染物。发展生态农业，通过应用减轻土壤侵蚀技术、减少化肥径流技术和畜禽粪便处理技术等减少径流污染负荷，开展河流生态修复，减少入海河流污染。

（四）防治船舶与养殖等海上污染

加强对船舶溢油污染和港口污水达标排放的管理，提高船舶防污设备安装率，实施铅封制度，规范船舶含油污水、压载水、洗舱水、防污有机物的管理，规范船舶污染物接收处理行为。制定实施海上船舶溢油事故应急方案，切实防治船舶溢油污染，减少落后渔船排污量。加强渔港渔船的监督管理，新建渔港要同步建设废水、废油、废渣回收与处理装置。制定港口环境污染事故应急预案，配置相应的污染处理设施，加强危险货物码头巡查工作。

严格控制滩涂养殖密度及规模，减轻海上养殖污染，制定海水养殖投饵标准，控制养殖药物投放，依据养殖环境容量合理布局养殖规模和模式。应用先进生物技术，创建生态养殖模式。加快推荐养殖池塘标准化改造，改进进排水系统，配备水质净化设备，推广应用节水、节能、减排性水产养殖技术和规模，大力发展工厂化循环水养殖，推广高效安全配合饲料，减少养殖污染排放。禁止向海水直接施肥，改善养殖环境和生产条件。

三、加强生态保护和修复，构建生态安全屏障

（一）制定围填海规划，实施围填海红线制度

在围填海计划管理的背景下，建议在科学论证基础上，根据经济和产业发展布局的需要，选择部分海域，采用集中连片围填海的方式，提高围填海的综合效益。鼓励湾外围填和建设湾外人工岛。建立后评价制度，及时开展跟踪评价，发现问题及时整改，以避免重大环境问题的产生，并为今后围填海政策制定和规划研究提供依据。

2006 年，福建省海洋与渔业厅在省政府的要求下，牵头实施了“福建省港湾数模”项目，集中国内优势力量，对全省 13 个主要港湾开展了围填海环境影响评估与预测工作。福建省 908 专项设立了“福建省围填海综合评价”课题，收集统计了中华人民共和国成立以来福建省围填海的主要情况，对围填海项目对福建省近岸海域的影响进行综合评价。近年已着手开展福建省湾外围填海规划和 7 个重点海湾海域使用规划的编制工作。为此，建议深入开展围填海环境效应跟踪评价，统筹协调经济发展与环境保护的共同需求，尽快编制福建省围填海规划，确定科学围填海和生态围填海的主要位置、范围、围填时序、平面布置和重点保护海域等，将围填海规划作为围填海计划管理的依据和海域使用的依据，划出围填海红线，比照城市规划中的建筑红线来管理围填海红线，任何围填海活动不得超出围填海红线。

（二）科学开展海洋生态修复构建生态屏障

对已受损破坏的海洋生态环境实施综合整治和生态建设相结合的政策，组织开展受损海洋生态系统修复恢复工程，提升海洋生态系统的服务功能与可持续发展保障能力，并使之成为海洋产业绿色发展的新增长点。选择在典型海洋生态系统集中分布区、外来物种入侵区、重金属污染严重区、气候变化影响敏感区等区域开展一批典型海洋生态修复工程，建立海洋生态建设示范区，因地制宜采取适当的人工措施，结合生态系统的自我恢复能力，实现生态系统服务功能的初步恢复。制定海洋生态修复的管理制度、总体规划、技术标准和评价体系，做好滨海湿地保护工程实施规划编制工作。合理设计修复过程中的人为引导，规范各类生态系统修复活动的选址原则、自然条件评估方法、修复涉及的相关技术及其适合性、对修复活动的监测与绩效评估技术等。

进一步加大河口和海湾生态保护力度。开展重点海湾生态环境综合治理，进行海湾生态修复与建设工程，修复鸟类栖息地、河口产卵场等重要自然生境，保护滨海湿地等生态系统的健康，保护各级自然

保护区的生态功能。实施闽江口、九龙江口等重点河口及三沙湾、泉州湾、东山湾等重点海湾湿地保护、海洋环境整治和生态修复工程；严格实行伏季休渔制度、实施增殖放流工程和海洋牧场示范工程，逐步恢复渔业资源；建立海岸生态隔离带，形成以沿海防护林为主，林、灌、草有机结合的海岸绿色生态屏障；积极开展清除互花米草，修复红树林植被等滨海湿地修复工作，逐步恢复湿地功能及生态景观。

（三）加强海洋保护区网络体系的建设

截至2010年，福建省已建立15个海洋自然（特别）保护区和27个海岛特别保护区，基本建立了全省海洋保护区网络体系。并先后颁布了《厦门市中华白海豚保护规定》《厦门市文昌鱼自然保护区管理办法》《厦门大屿岛白鹭自然保护区管理办法》《福州市闽江河口湿地自然保护区管理办法》等管理规定，2011年3月24日，福建省人大常委会第二十一次会议又通过了关于修改《官井洋大黄鱼繁殖保护区管理规定》的决定，海洋保护区的规范化管理水平进一步提高。

对海洋生态系统实行分类指导，分级管理，分区推进的保护和利用政策，即对各类典型珍稀的海洋生态区域实行严格保护与生态涵养相结合的政策，建立建立类型多样、布局合理、功能完善、管护有力的海洋保护区网络；对脆弱敏感的海洋生态区域实行限制开发与生态保护相结合的政策，建立海洋特别保护区及海洋公园体系，有效协调和引导生态保护和滨海旅游业等海洋产业健康发展。

实施海洋保护区规范化建设和管理，对已建海洋保护区加强监管管理和能力建设，落实保护区海域使用权属、建立海洋保护区中国海监执法队伍、开展海洋保护区执法工作、落实海洋保护区内开发项目的规范管理、建立健全海洋保护区内各项规章制度、抓紧编制并报批海洋保护区总体规划、根据主要保护对象的生态特征，分区域实施科学有效管理。对于海洋自然保护区，实行严格保护与生态涵养相结合的管理政策，一般禁止开展海洋开发活动；对海洋特别保护区，根据其分类性质，在自然保护的前提下，分别开展生态经济、适度利用和生态旅游活动，实行限制开发与生态保护相结合的管理政策。各海洋保护区要积极开展海洋监测、适时实施生态恢复和建设项目、采取多种形式开展宣传教育和公众参与、积极开展国际合作。要加强海洋保护区管理机构和队伍建设，对保护区管理人员进行技术培训，加大对海洋保护区资金投入，提高海洋保护区管护基础能力，开展保护区管理绩效评估。积极选划和打造一批精品海洋公园（如厦门海洋公园），探索建立高效经营管理模式，实现海洋旅游经济和生态保护的和谐发展。

（四）实施海洋生态补偿和生态损害索赔制度

实施海洋生态补偿制度，运用经济手段促进海洋开发和保护的协调发展。明晰海洋生态资源产权界定，组织制定合理的生态补偿价值计算指标体系，制定适合我省省情的海洋生态损害补偿条例。建立健全海洋重大环境污染和生态破坏事件损害评估制度和责任追究制度。

四、健全环保法律法规体系，大幅提升综合管理效能

（一）完善和健全环保法律法规体系

本着依法行政、创新机制、规范高效的原则，全面建立完善各项海洋环境保护工作的规章制度、政策规划和技术规范体系，既有综合性的法规，还要有专业性的法规。建立完善涉海工程建设项目环境监管、入海排污口监督、区域用海海洋环境影响评价、倾废污染防治、建设项目海洋环境影响后评价、海洋生态保护与建设、海洋特别保护区、海洋环境监测与评价、海洋生态损害赔偿和生态补偿、海洋环境损害鉴定评估等方面的规章制度、标准体系、实施程序。大力推进海洋环境保护和生态建设标准体系建设，研究制定一批海洋污染节能减排、重金属污染防治、应对气候变化、海洋生态保护、海洋环境监测与评价等方面的标准。同时，继续强化对海洋标准执行情况的宣贯实施和监督检查工作。

抓紧进行《福建省海洋环境保护条例》的修订，报福建省人大审议后公布实施；研究制定福建省海洋生态损害补偿办法和海洋污染溯源追究管理办法；尽快编制完成省、市、县三级《海洋环境保护规划》，形成较为完善的海洋生态环境保护法律法规与规划体系。在流域方面则由福建省人大牵头制定统一的、高权威的流域管理法规，如《九龙江流域-厦门湾综合管理法》。该法律需要考虑整个流域的社会、经济发展的需要和环境保护的平衡，依据经济发展水平的差异来进行制定。法律还必须理清省直各相关机关的职能，特别是环保、水利、林业、农业、规划和国土部门之间的分工，明确地方政府在流域综合管理中的权利和义务。

（二）调整流域-海湾综合管理的协调机制

流域-海湾生态系统管理涉及多个行政区域，省政府与地方政府之间、省直各相关部门之间及区域内各地方政府之间的合作和协调是流域综合管理项目成功的基本要求。

建立高级别的流域-海湾管理委员会，负责统一组织、部署、指挥和协调流域-海湾环境的综合整治工作，协调各部门、各地区间的行动。设立流域-海湾管理咨询委员会，负责为委员会制度提供决策咨询。咨询委员会的成员除了政府代表外，还必须包括利益相关者、公众和专家代表，并且这些非政府代表的比例不得低于 51% ，以便更好地反映民众、利益相关者的意见和建议。

健全委员会的工作制度。管理委员会每个季度至少要召开一次会议，总结流域管理工作中存在的问题，提出新的工作要求。会议召开前，要征求流域咨询委员会的意见。咨询委员会必须定期进行流域-海湾综合管理的评估，包括对设定目标是否实现，年度工作计划的进展、投资完成情况、各地方政府任务完成情况、各相关机构的工作完成情况等进行评估，并对没有完成的原因进行分析，为委员会提供决策依据。

强化各级政府的领导责任制，层层抓落实。各县、市政府“一把手”对本辖区内治理工作和社会稳定工作负总责。执行乡镇政府水质交界断面考核制度，由环保部门定期监测，定期考核通报。

建立流域-海湾生态系统管理绩效评估体系。对各级各有关部门开展规划执行落实情况，以及整治方案落实情况进行专项监督。监督情况及水质目标责任制落实情况与官员的政绩挂钩，建立流域-海湾综合整治成效“一票否决”机制。

（三）建立可持续的流域-海湾生态系统管理财政机制

建立科学合理的流域生态补偿的机制。必须在考虑公平和效率的基础上明确各县市的环境责任，下游依据上游各县市完成情况和成本进行生态补偿。并且从法律上明确各生态补偿主体及其义务、生态补偿责任、补偿形式、补偿标准的制定方法。规定财政预算用于环境投资的比例。明确规定财政一般性转移支付制度适用于流域-海湾环境与生态保护。拓宽流域-海湾生态系统管理的融资渠道。近期在局部地区尝试排污权交易试点；合理利用排污收费政策，专款专用；鼓励少污染和绿色产业；运用多元化的金融和财政手段引导社会资本参与流域海湾环境治理。远期实现环境治理市场化。提高水资源价格及污水处理费，一方面为流域-海湾管理筹措资金，另一方面促进节水型城市建设。

（四）强化海洋生态系统监管与执法

各级海洋行政主管部门要对典型海洋生态系统实施统一监管，加大海洋生态执法力度，坚决查处各类侵占、破坏或污染海洋生态环境的违法行为。各级海监机构应将重金属污染等严重危害海洋环境的违法违规案件作为海洋环境保护专项执法的重点内容。加强各级海监执法队伍建设，进一步完善执法监察程序，明晰和规范日常监管和现场执法的对象、内容、环节及程序。不断改善执法手段和执法设施，提高海洋环境管理和执法人员素质，培养和充实大量优秀的基层人员。建立完善相关部门间的海洋环境保护联合执法机制。

（五）加强生态建设科技支撑，扩大环保投资渠道

把海洋生态保护与建设的研究开发和应用作为发展前景广阔的重要领域，组织专门力量，增加项目投入，开展海洋生态保护与建设关键技术的研究与推广，特别是在海洋生态系统管理、海洋生态恢复、海岸带空间规划区划、污染物总量控制、重金属污染防治、海洋生态灾害防治、海洋生态监测与评价、海洋事故应急技术等领域不断创新研究新理论、新技术、新工艺和新方法。加快科技成果在海洋环境保护和生态建设工作中的应用，提高成果转化率。要大力培养造就得力的海洋生态保护与建设人才队伍建设，充实海洋生态保护与管理机构和人员，加大培训和交流力度，加强人才、理论与技术储备，不断提高海洋生态管理队伍、执法队伍、技术支撑队伍的能力与素质。采取多种方式吸纳各方面技术力量参与到海洋生态环境保护工作中来。

要把海洋生态环境保护的主要任务、重点项目落实到国民经济和社会发展的计划中去，统筹安排。各级海洋部门要完善海洋生态保护与建设的资金机制，将海洋生态保护与建设支出纳入预算，不断增加投入力度，保证稳定的投资渠道。积极探索海洋生态补偿机制，依法向企业收取的排污费和海域使用金，要有一定比例投入到海洋生态环境保护工作中。建立健全各类海洋环境经济政策，引进市场机制吸纳社会资金，拓展海洋生态保护与建设的融资渠道。要积极引导和鼓励社会各界投身和投入于海洋生态保护与建设项目中来，依靠群众投工投劳，按照“谁投资、谁经营、谁受益”的原则，调动集体和个人投资海洋生态保护的积极性，对海洋生态建设工程中有收益的部分允许投资人直接受益。

五、强化风险意识，提高风险源管理水平和应急能力

（一）开展沿海及海上环境风险源调查与风险评估

随着沿海地区加速发展重化工产业，海洋环境压力和风险日益加大，要高度防范随之增加的重大海洋环境污染损害事故风险。为此，全面调查与综合评估沿海及海上主要环境风险源和环境敏感点，摸清海洋环境突发事件的高发区域和敏感行业，排查海洋环境风险源。建立海洋重大环境突发事件和区域潜在环境风险评估、预警及信息共享机制，建立海洋环境风险源数据库，实施动态管理和更新。

强化海洋环境风险防范和监管，制定海洋环境风险评估规范和技术标准，在建设项目环境影响评价报告书核准中要对防范环境风险提出明确要求，规范和提升责任企业溢油应急装备水平。建立重金属污染重点防控海域定期监测和报告制度。对海洋生态风险较大的区域、行业和污染物，建立完善生态破坏突发事故风险管理和应急响应机制。

（二）提升海洋环境突发事件应急监测监视与预测预警能力

完善覆盖全海域的海洋应急动态监视预警体系，提升海上溢油、赤潮、绿潮核泄漏等海洋环境突发事件的监测监视、预测预警和鉴定追查能力，建立相应的信息共享机制。继续修改完善赤潮、绿潮等海洋灾害应急预案，建立健全海洋灾害应急预案体系，强化预案具体落实。

强化海洋灾害监视监测能力，增加现场监测设备和可视化监控系统，提高现场数据实时自动采集能力及传输能力，提升早期预警能力。在岸站、浮标、船舶、卫星遥感、航空遥感的基础上，建立多手段、高频率、高覆盖的全天候海洋灾害监测系统，实现数据采集自动化、数据传输程控化，数据处理电脑化，为准确、快速预报海洋环境灾害提供基础。针对目前核电发展现状，强化海洋领域放射性监测监管和能力建设。

（三）完善海洋环境突发事件应急处理机制与信息共享机制

按照“统一牵头组织、责任分工明确、资源共享调配、协调配合有序、运行通畅高效”的原则，进

一步建立海洋环境突发事件应急处理机制，积极防范重大海洋环境突发事件风险。要查清并协调海上溢油及危险品泄漏应急力量与资源，组织成立海洋部门溢油及危险品泄漏应急专家组。建立健全赤潮、绿潮等海洋环境灾害信息的汇集、报告、通报、发布制度。建立海洋应急管理沟通协调工作机制，强化地方各级政府和涉海部门在海洋灾害事件的交流合作，加强志愿者监测监视队伍建设，推动基层海洋环境灾害应急响应机制和体制的建设和完善。

（四）加强海上溢油风险和海洋外来入侵物种防范

在湄洲湾等石化产业聚集的海湾完善海上溢油监视监测体系，加强溢油监测信息网络平台建设，建立定期巡航制度，建立溢油事故的预防制度，加强溢油事故风险和生态损害评估。加强海上溢油应急响应核心技术研究，制定科学的减轻、治理溢油灾害的技术措施。建立海上溢油事故快速反应队伍，提高装备水平，及时清除溢油、有效控制溢油蔓延。

在三沙湾、泉州湾等外来物种危害较为严重的区域建立海洋外来入侵物种的防御体系和早期预警体系，对外来物种进行入侵生态风险评估。建立物种引入后的监测和快速反应体系，加强外来物种引入地对该物种种群数量变化的监测。一旦有暴发和扩散趋势，迅速采取措施控制。一旦预防措施失败，需要制定长期治理计划，采取适当措施清除或控制外来物种的入侵。

六、提升海洋环境监测能力，完善监督和管理体系

（一）建立健全海洋环境监测网络体系

会同有关部门组建福建省海洋环境监测监视网络，创新海洋环境监测与评价工作的管理体制机制，建立开放合作的工作机制，优化我省海洋环境监测力量布局与资源配置，吸纳各涉海部门积极参与海洋监测与评价工作，推动建立科学监测、科学评价、高效实用的海洋环境监测与评价体系。

对福建省海洋环境监测人员及监测机构的科学化、规范化管理，进一步规范海洋环境监测与评价的运行机制，形成海洋监测与评价资质管理的基本格局。建立完善分级指导的海洋监测与评价工作机制，积极推进在有条件的市区建立县级海洋环境监测机构。建立一体化的监测与评价岗位责任制和资质管理制度，在考核的基础上在省级以上海洋环境监测机构颁发监测与评价人员等级证书。大幅度提高海洋环境监测与评价的软实力，加强人才培养，造就一批海洋环境监测与评价领域的领军人物。

（二）深化和拓展海洋环境监测与评价领域

进一步提高海洋环境质量状况、海洋环境监管、海洋环境突发事件和专项服务四大海洋环境监测工作，提高海洋环境监测与评价的覆盖率、时效性和反应能力。针对重金属污染重点防控等海域，实施重点海域环境质量的预报警报。加强对海洋工程、海岸工程、海洋倾废、船舶活动及港口环境开展跟踪监督，对海洋工程和长期倾倒区增加水动力环境和海底地形地貌动态监视，及时掌握建设项目对海洋环境的整体演变影响，为沿海地区产业结构调整和优化布局提供决策支持。结合沿海或流域产业结构及重金属污染分布特点，对重点河流、重点海湾及重点开发海域等重金属污染重点防控海域，开展海洋重金属污染专项常规监测工作，明确重金属类特征污染物。根据沿海地区核电站的大规模建设的新形势，充实海洋放射性监测力量。深化海洋生态监控区工作，对海洋生态敏感海域实施定期定点监视监测，建立完善行政管理、环境监测、行政执法及保护区管理等海洋生态监控综合机制，利用信息技术结合海洋生态系统的结构和功能，开展海洋生态监控区数据集成和分析。综合分析历史监测数据，评价近岸海域重金属等各类海洋污染的现状与趋势，全面准确掌握我省近岸海域各类污染来源、分布、主要种类及污染排放量。建立完善海洋环境突发事件的快速监测和预警工作机制。

（三）提升海洋环境监管服务效能

以“科学监测、科学评价”为原则，建立健全海洋环境监测与评价紧密结合的工作机制和工作格局，不断提高对海洋环境的科学认识。提升海洋环境监测与评价为沿海地区社会经济发展中的服务效能，为沿海地区人民生产生活和海洋经济可持续发展提供有效服务。建立统一规范的海洋生态环境评价体系，提高海洋环境评价能力，完善海洋环境公报发布。围绕群众关心的赤潮、海产品产区环境质量、重大海洋环境破坏事件，建立完善监测、评价和信息发布体系。沿海地级市以上的海洋环境监测机构应建立面向公众的网站，定期向沿海地方政府、有关部门和社会公众定期发布海洋生态环境监测结果。对于海水浴场、滨海旅游度假区、海水增养殖、海洋生态灾害等公益服务监测项目，要按照监测频率及时发布相关监测与评价结果。

（四）推动海洋监管领域的科技创新

继续推动海洋监测与评价领域的科技创新，在关键领域实现重大突破，将科技进步与海洋监测与评价的优化升级、集成创新、原始创新和引进吸收有机结合，大力发展海洋环境监测技术，促进实时、连续、快速的高新环境监测技术在海洋领域的应用。充分利用常规技术和高新技术，如卫星、航空遥感、在线实时自动监测系统等，对海洋生态环境实施动态监控。加强重点海域网络化和立体化监测系统建设，完善由省市级海洋监测机构构成的全国海洋生态监测网络，完善以卫星、船舶、浮标、岸站、水下台站组成的多种监测技术集成的海洋生态监测立体化技术体系。提高实验室检测精度及监测产品质量，达到组织网络化、监测立体化、管理程序化、技术规范化、方法标准化、操作自动化、结果可视化、质控系统化的现代化水平。

七、大力推进生态文明建设，提供公众意识

（一）大力推进和坚决落实海洋生态文明建设

加强海洋生态文明建设的总体思路是：深入贯彻落实科学发展观，以提升海洋对我国经济社会可持续发展的保障能力为主要目标，以提高海洋资源开发利用水平、改善海洋环境质量为主攻方向，推动形成节约集约利用海洋资源和有效保护海洋生态环境的产业结构、增长方式和消费模式，在全社会牢固树立海洋生态文明意识，力争在海洋生态环境保护与建设上取得新进展，在转变海洋经济发展方式上取得新突破，在海洋生态文明建设上取得新成效。

海洋生态文明建设是一项长期任务、系统工程，必须牢牢把握以下几个方面：①要坚持“在开发中保护，在保护中开发”的工作方针，确保海洋资源取之有道、用之有序；确保海洋环境不断改善、永续利用。②要坚持陆海统筹的发展战略。党的十七届五中全会和国家“十二五”规划纲要，提出了陆海统筹的海洋发展战略。在海洋生态文明建设中必须坚持陆海统筹，努力在海域与陆域开发上做到定位、规划、布局、资源、环境、防灾六个方面相互衔接。坚决防止人为割裂陆海间资源禀赋、环境条件和功能定位的内在联系，不计代价地盲目开发海洋。③要坚持“五个用海”的总体要求。坚持规划用海，严格实施海洋功能区划，全面提升海洋功能区划的科学性、前瞻性。坚持集约用海，鼓励实行集中适度规模开发，提高单位岸线和用海面积的投资强度。坚持生态用海，以生态友好、环境友好的方式开发使用海洋，维护、保持海洋生态系统基本功能。坚持科技用海，提高对海洋资源环境变化规律的认识，推动海洋关键技术转化应用和产业化。坚持依法用海，进一步完善海洋开发管理法律法规体系，依法审批用海，坚决查处违法用海、违规批海。

（二）提高公众海洋环境保护与生态文明意识

切实保障人民群众对良好海洋环境的合理诉求，健全海洋环境保护政务公开、民意反馈、社会评议、信访接洽、投诉申诉制度，依法落实人民群众的环境知情权、参与权、表达权、监督权。建立生态环境监督网络和举报机制，形成点面结合、专业执法与群众参与相结合的环境保护公众参与和监督体系，认真及时地处理影响居民生活质量的环境事件。充分调动社会公众特别是沿海基层社区群众参与海洋生态环境保护活动的积极性和主动性，加强宣传教育和舆论监督，开展海洋环境保护法制教育、危机教育、道德教育、责任教育、科普教育，提高公众的海洋生态环境意识和法治观念。普及海洋环境污染防治知识，转变人们的消费模式、传统观念和行为习惯，采取群众喜闻乐见的形式，推动海洋生态文明建设和海洋文化建设的有机结合，形成全社会关注海洋、爱护海洋、支持海洋工作的良好局面。

（三）完善环境宣传教育网络建设，建立环境保护公众参与和监督机制

运用电视、网络、报纸等新闻媒体，开发多方位、多层次的宣传活动，大力宣传环保方针政策、法律法规和各项重大活动，及时表彰环保先进典型，公开曝光和批评污染环境、破坏生态的违法行为，在全社会形成良好的生态环境保护氛围。定期在各种新闻媒体上发布我省海域环境质量状况，通报环境污染和生态破坏的状况和变化趋势信息，使广大公众了解环境保护工作进展情况。完善公众举报、听证、环境影响评价公众参与制度，通过建立环保信箱，设立环保投诉电话，成立非政府环境保护组织等，推动公众和非政府组织参与环境保护。认真处理群众来信来访，及时处理污染事故和纠纷，维护公民的环境权益。

（四）建立公众环境教育基地

开展创建绿色学校活动。在大、中、小学校开设环境保护课程，举办环保夏令营、冬令营、环保竞赛与征文活动，扩大教育面和教育效果。深入社区家庭，开展创建绿色社区活动。举办各种类型环保培训与活动。举办针对政府领导、公务员、企业家、职工、一般公众（包括农民）的学习班和讲座。在地球日、生物多样性日、湿地日等重要国际环保宣传日组织公众参与环保科普活动，建立红树林苗种、观鸟护鸟、白海豚养护等环境保护教育基地，提高公众公益造林和保护自然的积极性，提高全民环保意识、环境法治意识和环保道德水平，动员全社会参与、支持和监督环境保护与生态修复建设。

八、建议的优先行动

福建省拥有丰富的海洋资源和突出的对台区位优势，发展海洋经济基础好、潜力大。“十一五”期间福建省海洋生产总值增速喜人，海洋产业结构日趋合理，陆海统筹的海岸带生态资源优势正逐步显现。2011 年福建省海洋经济生产总值超过 4420 亿元，比上年增长 20. 11%，占福建省经济的 25%，产业结构形成“三、二、一”格局。2011 年，福建省海洋渔业、海洋港口物流业、滨海旅游、船舶修造、海洋工程建筑五大主导海洋产业均呈现快速增长，增加值达 1547. 8 亿元，较上年增长 17. 1%，占海洋主要产业增加值的 79%。福建省海洋渔业已由原来的以传统捕、养为主转型为以远洋渔业、生态养殖业、精深加工业为主的现代海洋渔业。在发展蓝色经济中，滨海旅游业持续升温，客源市场渐趋多元，去年实现增加值 453 亿元，约占海洋经济主要产业增加值总量的 23%，在海洋主要产业中比重仅次于海洋渔业，而福建省海洋交通运输业也向现代港口物流业转型。

从产值规模上来看，福建省已经跻身于我国海洋经济大省行列。但是其存在着产业结构不合理，轻型化特征明显以及产业结构效益不高等问题。从其产业布局上来看，海洋产业都布局在沿海“一线”、“四区”地带，陆海协调性不够。此外，福建省海洋经济发展还存在着海洋资源开发深度不足，高新技术产业发展缓慢，海洋资源综合利用程度低等问题。规划用海方面福建省海洋保护区面积约占已记录的总

用海面积的15%，但仍存在生态保护与经济发展的矛盾较为突出，海洋保护区连通性不够。部分海域、海岛和岸线资源的开发利用不尽合理，海洋生态受损比较严重，依赖海洋生态资源的蓝色产业发展受到制约。海洋产业结构升级和接轨国际市场是海洋开发的战略必然，而福建省海洋经济参与国际竞争的能力不足，部分领域与国外的交流合作较少；海洋领域对台务实合作还不够深入，优势未得到彰显。

基于以上问题，借福建省规划建设海峡蓝色经济试验区的东风，本书建议在坚持陆海统筹思想的基础上，构建陆地、流域、河口、海洋、岛屿的蓝色经济链。以生态系统为基础统筹流域开发、沿岸陆域开发、海洋开发和海岛开发利用。强化陆域和海域生态环境的综合管理，建立并管理好流域–河口–海洋的资源衔接利用体系，综合防治流域–河口–海洋的污染问题，形成联动体系。

为打造流域–河口–海洋蓝色经济链，需要海洋区位和资源环境优势与陆域的产业、科技、人才等方面的优势结合起来，协调好试点工作涉及的各方利益关系。综合分析各区域的区位优势，形成产业聚集区发展，从点到线进而辐射全省。

（一）扎实推进海洋生态文明建设，打造蓝色经济示范区

选划1~2个“蓝色经济示范区”，如厦门蓝色经济示范区，以此来探索海洋产业蓝色发展的新思路与新模式，探索海洋生态文明建设模式，为福建省海洋经济可持续发展和健康发展提供示范和借鉴作用。

在扎实推进海洋生态文明建设中，坚持保护与开发并举，坚持陆海统筹，制定蓝色经济区发展规划；严格实施海洋功能区划和海洋环境保护规划，科学有序开发利用岸线和海域空间资源，集约节约利用示范区海洋资源，综合运用海域使用审批、海洋工程环评核准等管理手段，促进产业结构调整和升级；重点发展港口物流、滨海旅游、海洋文化创意产业以及海洋新型产业，提高海洋资源利用率、做好海洋空间规划布局；构建优势突出、特色鲜明、核心竞争力强的现代海洋产业体系；加强和完善海岸带综合管理协调体制，强化政府对海洋活动的宏观管理和引导，坚持走“立法先行、集中协调、科学支撑、综合执法、财力保障、公众参与”的海洋综合管理路子；通过生态补偿等手段，平衡区域收益，并将环境成本纳入示范区经济总量核算体系，平衡经济发展与生态保护；依托APEC海洋可持续发展中心，加强国际交流与合作，通过国际项目示范吸收先进理念和管理经验，在加强生态环境保护的基础上促进经济快速稳步发展。

（二）基于生态系统途径，构建流域–河口–海岸带的生态安全屏障

闽江、九龙江是海西经济区的主要入海河流，都是发源于福建省，基本不受其他地区的影响，空间范围相对明确，管理边界清晰。2011年末，闽江和九龙江两条流域人口总数约2350万人，占全省人口总数的63.2%，流域GDP总数约11 704亿元，占全省GDP的66.3%，两条流域及河口区的生态环境安全及生态系统服务的永续利用，已成为了海西经济区海岸带及社会经济可持续发展的重要保障。

率先在全国立法，由福建省人大牵头制定统一的、高权威的流域–河口–海岸带综合管理法律法规；建立高级别的流域–河口–海岸带管理委员会，负责统一组织、部署、指挥和协调流域–河口–海岸带环境的综合整治工作，协调各部门、各地区间的行动；综合考虑流域–河口–海湾的环境承载力和地方资源优势，制定或修正城市发展、社会经济及产业布局规划；陆海统筹，加强流域污染控制，坚决实施污染物排海总量控制，建立跨行政区域、跨管理部门的污染物排海总量控制体系；通过开展水土流失治理、涵养水源、植树造林、增殖放流、岸线整治、清除互花米草、红树修复等流域–河口–海湾的综合整治和生态修复手段，保障上下游生态安全；加强饮用水源保护区建设，编制饮用水源应急预案，保障上下游饮用水安全；慎重考虑河口区的围填海活动，杜绝违规采砂，保障淡水、泥沙和营养物输出，保障水生生物的“三场一通道”的畅通；加强流域–河口–海湾的防灾减灾预警体系、防控体系、应急体系和保障体系建设，提高灾害应急反应能力，以及对溢油、危险品泄漏等事故的应急处置和警报联动措施，并完善流域–河口–海湾的生态环境监测系统与评价体系；建立流域–河口–海湾的综合管理共享信息平台和决策支持系统。

第十章　海西经济区地质灾害危险度划分与防治对策研究

第一节　概　　述

福建省是我国地质灾害高危险区之一。山地丘陵占全省陆地面积约90%，山坡残坡积土层分布广泛、厚度大。由于山多地少、用地条件差，山区建设一般依山就势，削坡布局，城乡存在数量庞大的高陡边坡。每逢汛期强降雨，房前屋后高陡边坡、山边河边、沟谷沟口、施工工地、矿山矿区、线性工程沿线等区域易发生地质灾害。目前，全省已查明村（居）地质灾害隐患1.2万多处，房前屋后高陡边坡20多万处，划定地质灾害易发区8.8万km^2，占全省面积的2/3以上。典型地质灾害影像如图10-1所示。

(a) 安溪福田陈天明宅后崩塌(2005年)

(b)三明尤溪联合下云蠕变滑坡(2010年)

(c) 南平延平坡面型泥石流(2010年)

(d) 南平延平区红星村泥石流(2010年)

图10-1　福建省典型地质灾害影像

一、地质灾害特点

福建省地质灾害具有“点多、面广、规模小、危害大”的特点，滑坡、崩塌、不稳定斜坡、泥石流、地面塌陷、地面沉降在福建省均有发生。各类型占比如图 10-2 所示。

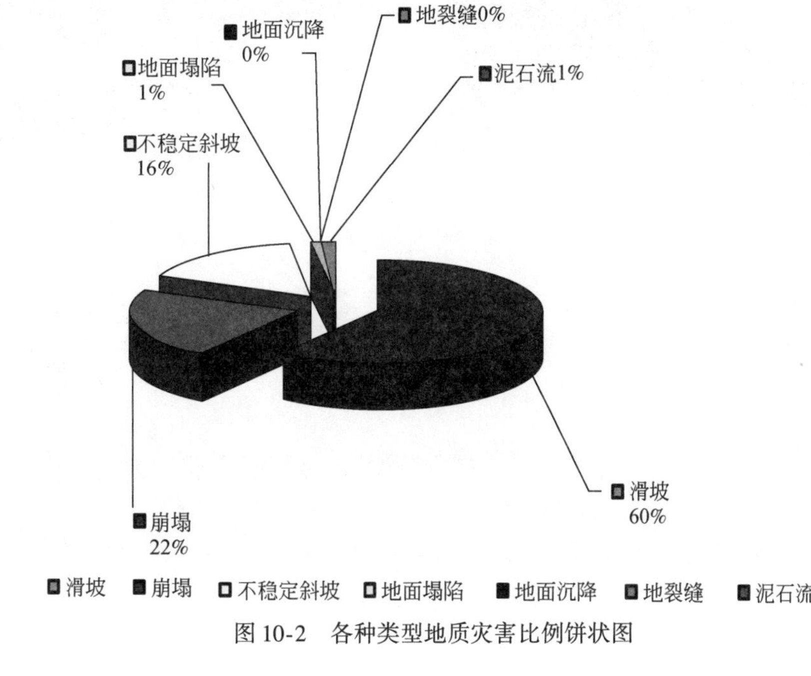

图 10-2　各种类型地质灾害比例饼状图

地质灾害带来人员伤亡和财产损失较为严重。历年灾情情况见表 10-1。

表 10-1　福建省历年地质灾害灾情统计表

年份	地质灾害点数（个）	毁坏房屋（间）	死亡人数（人）	直接经济损失（万元）
2004	113	203	8	868. 20
2005	4 346	8 257	4	3 979. 20
2006	6 473	16 830	97	166 612. 15
2007	1 141	2 510	25	2 710. 15
2008	318	509	3	899. 50
2009	391	587	3	1 234. 3
2010	7 022	32 345	81	800 000

注：本表数据来源于福建省年度地质灾害统计报表

滑坡、崩塌、泥石流的发生受地形控制、强降雨诱发，表现为大雨大滑、小雨小滑。以土质崩塌、滑坡及由此引发的泥石流为主，约占 95%；孕灾地形上，易发生在原始坡度为 20°以上、受斜坡影响的区域；发灾时间上，内陆地区易发于 5～6 月梅雨期，沿海地区易发于 7～9 月台风暴雨期。

地面塌陷分岩溶塌陷和采空塌陷，岩溶塌陷主要发生于三明、龙岩等覆盖型岩溶区，采空塌陷主要发生于矿山地下开采范围大、持续历史长的区域，与覆盖型岩溶区部分叠加。该类型发生数量不多，每年约 3～5 起。典型岩溶塌陷如图 10-3 所示。

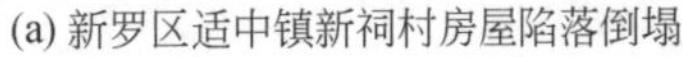

(a) 新罗区适中镇新祠村房屋陷落倒塌　　(b) 新罗区适中镇洋东村下坂石粉厂岩溶塌陷

图 10-3　典型岩溶塌陷图

地面沉降主要发生于东部沿海港湾河口平原区。影响公众生活较为显著的发育区为福州温泉开采区，其沉降从 20 世纪 80 年代中后期即有明显表现，但目前通过限量开采、压水回灌等措施，其沉降趋势已基本停止。

二、主要灾种强度频率规律研究

1998 年以来，福建省开展了全省范围的地质灾害调查区划，记录了成灾的崩塌、滑坡、泥石流、不稳定斜坡案例 10 390 个。

在所有 6197 个滑坡记录中，有 6193 个滑坡有面积和体积的记录。其中，有 5821 个滑坡有发生年代的记录。滑坡发生年代跨度为 1926 ~ 2008 年。根据数据库，在 1988 ~ 2007 年的 5602 个滑坡中，暴雨诱发滑坡占 89%，浅层滑坡（厚度 ≤ 6m）占 96%，因此降雨触发型浅层滑坡是福建省的主要滑坡灾害类型。

选择面积作为滑坡强度的指标。根据滑坡的发生时间、主要触发因素和物质组成进行分组，分组情况和每组的面积-频率分布参数详见图 10-4、图 10-5、表 10-2 及表 10-3。对比发现，双帕累托和反伽马分布对滑坡面积-频率分布的拟合效果最好。

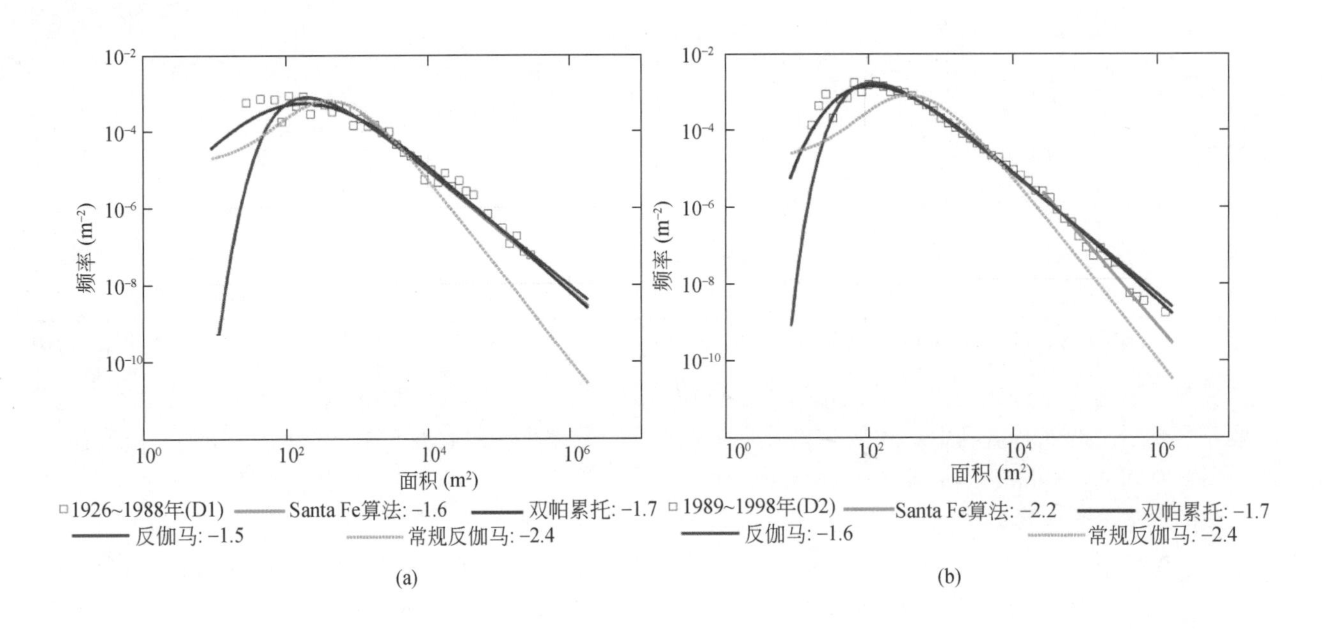

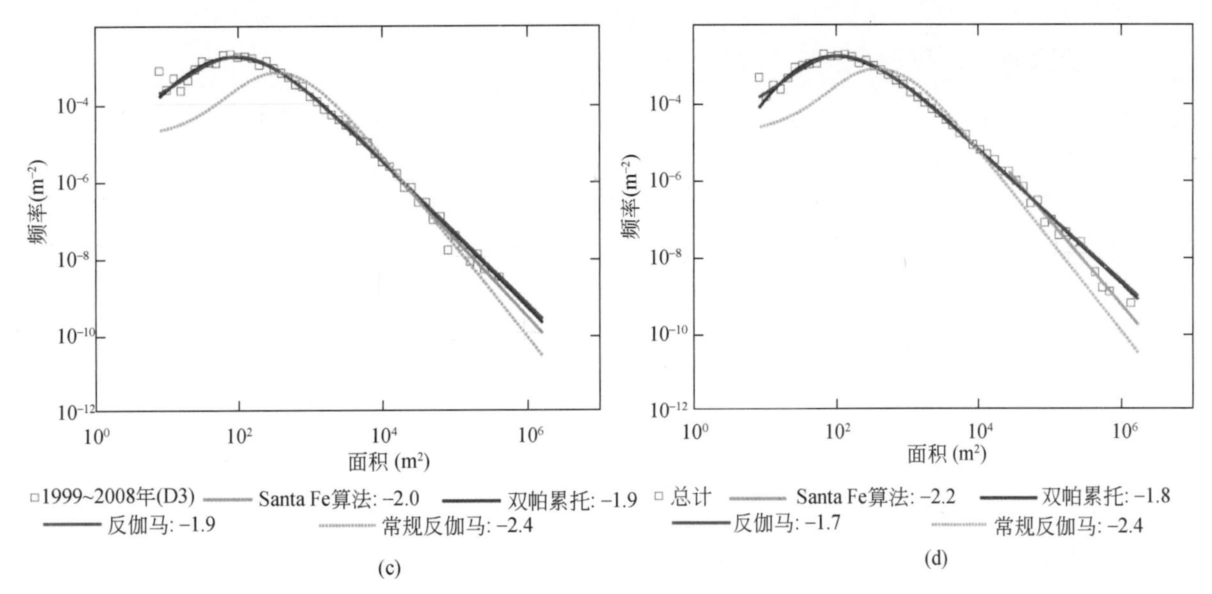

(c)　(d)

图 10-4　不同时段滑坡面积-频率分布

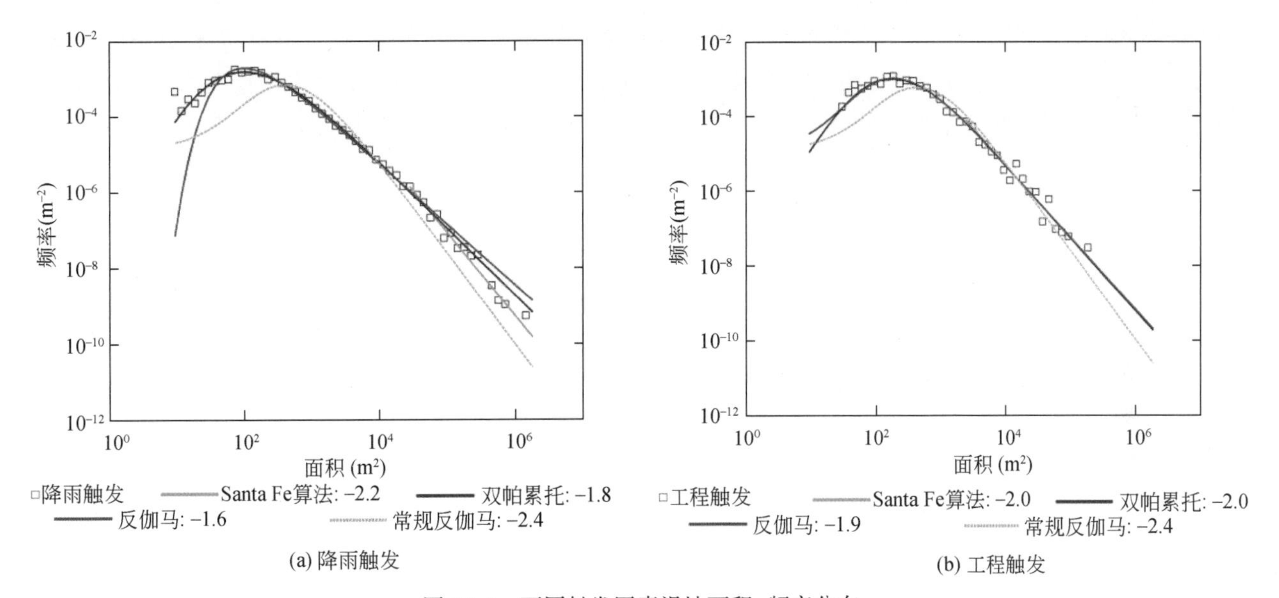

(a) 降雨触发　(b) 工程触发

图 10-5　不同触发因素滑坡面积-频率分布

表 10-2　不同时段滑坡面积-频率分布参数

时段	个数	最小面积（m^2）	最大面积（m^2）	平均面积（m^2）	幂律拐点（m^2）	幂指数
1926～1988 年	268	30	262 500	11 375	190	1.60
1989～1998 年	2 236	20	1 360 000	7 411	124	1.64
1999～2008 年	3 317	5	440 000	2 547	107	1.90
合计	6 193	5	1 360 000	4 950	111	1.75

表 10-3　不同触发因素滑坡面积-频率分布参数

因素	个数	最小面积（m^2）	最大面积（m^2）	平均面积（m^2）	幂律拐点（m^2）	幂指数
降雨	5 432	5	1 360 000	5 246	97	1.68
工程	744	28	180 000	2 863	174	1.95

（一）不同时段滑坡面积-频率分析

从不同时段滑坡分组统计结果可以看出，年代越远，滑坡记录个数越少，即数据集的完整性越差。从分布的幂指数来看，年代越远，幂指数越小，即大滑坡占的比例越大，小滑坡占的比例越小。同时，年代越远，幂律拐点即最概然滑坡面积也更大。这是由于年代越远，小滑坡的痕迹更不易辨识，故而小滑坡的比例越小。

（二）不同触发因素滑坡面积-频率分析

从图 10-5 和表 10-3 中可以看出，工程触发滑坡较降雨触发滑坡面积分布的幂指数高，说明其小滑坡占的比例大。同时，工程滑坡的最大面积、平均面积均较降雨触发滑坡小，也说明工程触发滑坡面积偏小。这可能是由于工程活动，如切坡建房、低等级公路建设、露天采矿等，更容易触发小滑坡。而大型滑坡则主要由降雨触发。

（三）不同物质组成滑坡面积-频率分析

不同物质组成的滑坡，面积-频率分布差异较大（图 10-6 和表 10-4）。土质滑坡面积分布的幂指数最高（1.77），岩质滑坡次之（1.62），碎石滑坡最小（1.53）。在世界范围内的滑坡数据集的研究中，也发现有同样的体积分布幂指数从土质滑坡到岩质滑坡的递减规律（Brunetti et al.，2009）。这说明：滑坡类型对滑坡面积-频率分布的控制作用。土质滑坡的最大面积较大，然而其平均面积却较小。这说明：土质可以产生大型滑坡，同时小型滑坡数量也很多。土质滑坡的幂指数较大，也说明其小型滑坡比例较大。

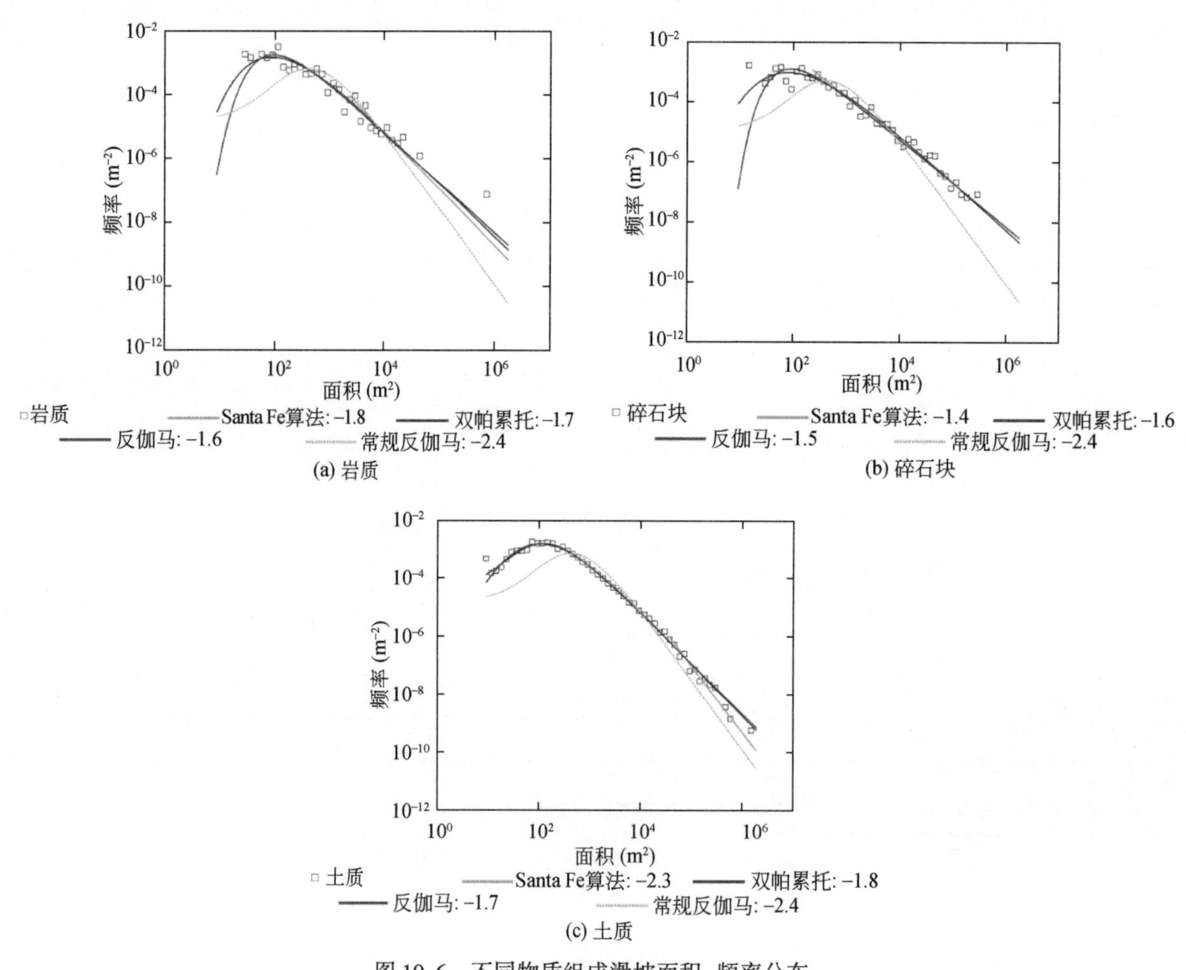

图 10-6　不同物质组成滑坡面积-频率分布

表 10-4　不同物质组成滑坡面积-频率分布参数

物质	个数	最小面积（m^2）	最大面积（m^2）	平均面积（m^2）	幂律拐点（m^2）	幂指数
岩质	84	5	1 360 000	4 633	90	1.62
碎石块	289	15	286 000	9 599	83	1.53
土质	5 808	28	700 000	11 244	113	1.77

三、地质灾害防治情况

2002 年以来，福建省以集镇、村庄等人员集中区为重点，开展了多轮拉网式调查。对查明的隐患点和易发区进行编号登记，逐点逐区制定预案，落实防灾责任人、监测人，发放防灾明白卡和避险明白卡，建立“县、乡、村、监测人”四级群测群防网络，实现“预警到乡，预案到村，责任到人”。目前，福建省共建立群测群防预警点和片区 15 000 多处，群测群防人员 31 000 多名（其中村级防灾协管员 15 063 名），对隐患点和易发区开展监测、巡查。各地根据地质灾害气象预警预报等级和防汛指挥部统一指令分区启动相应防灾工作。当地质灾害气象预警预报“三级”时，群测群防人员加强地质灾害隐患点和易发区的监测、巡查和防范，隐患点受威胁人员提前批量转移；预报“四级”时，加密隐患点和易发区的监测、巡查和防范，隐患点和易发区受威胁人员提前批量转移；预报“五级”时，易发区内所有人员全部提前批量转移。

“十一五”期间，福建省认真实施地质灾害防治“一百千万工程”，取得比较明显的成效。一是建成“一个”基于政务网和互联网的“全省地质灾害气象预警预报及信息管理系统”，实现省、市、县、乡四级地质灾害管理和预警预报信息一体化，并为公众提供隐患点、易发区卫星影像、预警预报信息及防灾减灾知识。二是督办治理“百处”以上重大地灾隐患，“挂牌督办”。三是搬迁“千处”以上受地灾威胁居民。对于工程治理投资过大或治理后仍不能有效消除隐患的地灾点受威胁群众实施搬迁避让，完成近 2000 处隐患点搬迁，20 万人远离地质灾害威胁。四是群测群防体系覆盖“万个”地质灾害易发村庄。积极开展地质灾害群测群防“十有县”建设，基本实现万个村庄群测群防，乡镇国土资源所、行政村村部、受威胁的企事业单位做到“四应有”，防灾责任人、监测人做到“四应知，四应会”。

四、小　　结

1. 福建省地灾总体特点

福建省地灾以崩滑流为主。滑坡、崩塌、泥石流的发生受地形控制、强降雨诱发，表现为大雨大滑、小雨小滑。内陆地区易发于 5～6 月梅雨期，沿海地区易发于 7～9 月台风暴雨期，一次极端降雨即可造成百处以上的崩塌、滑坡或泥石流。

2. 福建省滑坡危险性区划和防治应着重考虑人工切坡因素

由于福建省山多地少，人工切坡活动频发，造成滑坡面积偏小。工程触发滑坡较强降雨触发滑坡幂指数偏大，即小型滑坡占比例大，也说明人类工程活动有使滑坡面积变小的趋势。在福建省滑坡危险性区划和防治时，应充分考虑对人工切坡后边坡的防护。

3. 调查数据的完整性是滑坡危险性分析的保障，需要加强滑坡编目工作

不同时段滑坡数据集统计规律显示，滑坡记录年代越老，其完整性越差，统计数字的准确性越差。因此，灾害数据调查的完整性，是准确分析滑坡危险性的保障。

第二节　基于典型事件强度频率分析的成灾规律研究

受极端降雨的影响，福建省的滑坡往往在某一时段突然群发。为研究极端降雨事件诱发成灾的规律，我们根据滑坡的发生时间和空间分布，对滑坡数据库进行了事件集的划分，并选择了 5 个典型数据集进行面积频率分析。其中，4 个数据集从滑坡区划调查数据库中挖掘，包括 2 个台风季强降雨触发崩滑流的数据集和 2 个梅雨季强降雨触发崩滑流的数据集；1 个数据集从 2010 年 6 月 13 日南平蔡源小流域灾情影像遥感解译获取。

一、区划调查数据库中四个典型事件的强度频率分析

台风路径及各事件前后降雨量、触发的滑坡情况见表 10-5 和图 10-7。

表 10-5　不同事件集情况

事件集	具体情况	时间	最大日降雨量（mm）	灾害群发区域
台风事件集 06	1996 年 8 号台风	1996 年 8 月 3 日 ~ 8 月 10 日	110	龙岩西南部
强降雨事件 10	1998 年 6 月梅雨	1998 年 6 月 8 日 ~ 6 月 24 日	95	南平大部
台风事件集 14	1999 年 14 号台风	1999 年 10 月 3 日 ~ 10 月 11 日	150	莆田大部
强降雨事件 16	2000 年 6 月梅雨	2000 年 6 月 10 日 ~ 6 月 19 日	170	泉州安溪、德化、永春

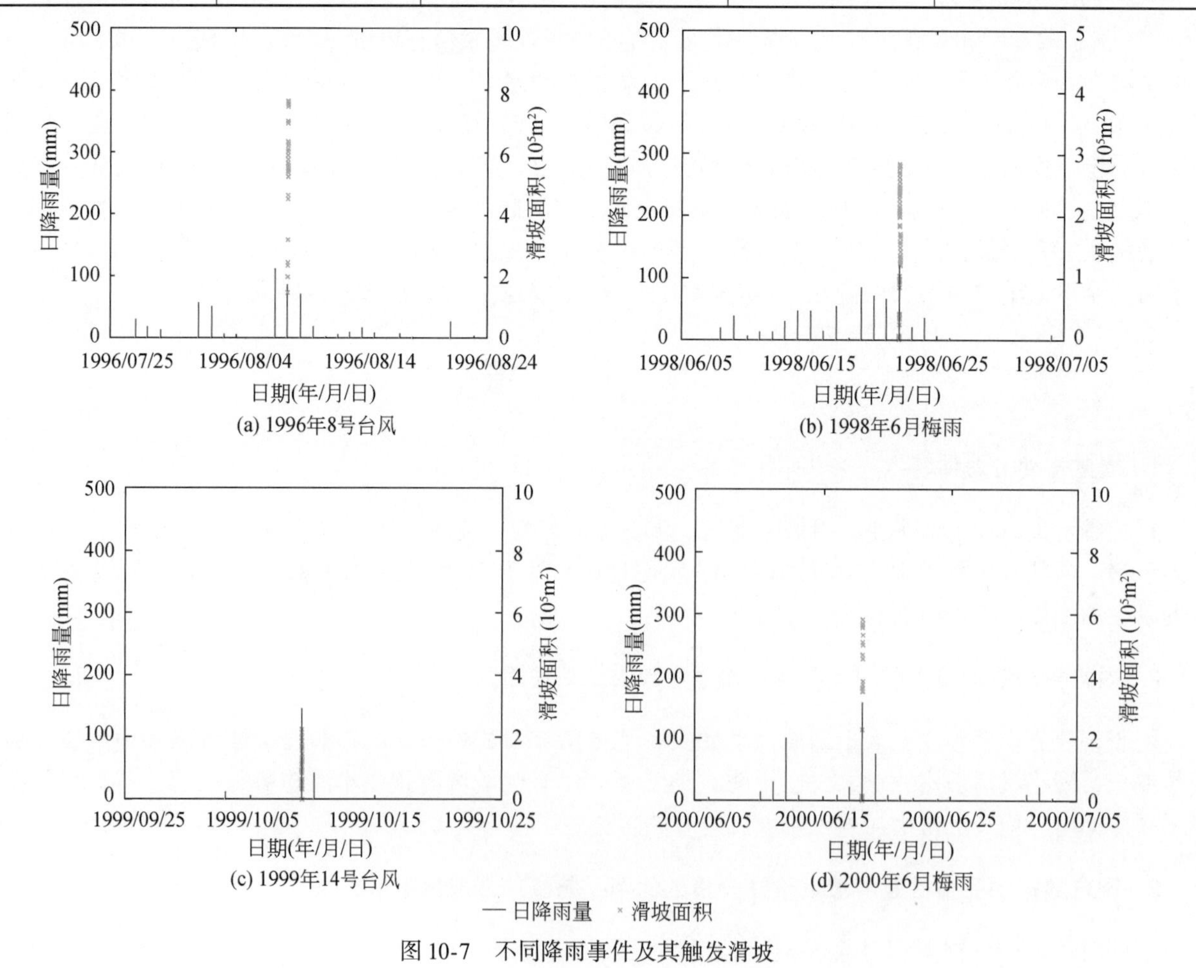

图 10-7　不同降雨事件及其触发滑坡

根据上述数据，可进行不同事件集的滑坡面积频率分析，如图 10-8 和表 10-6 所示。

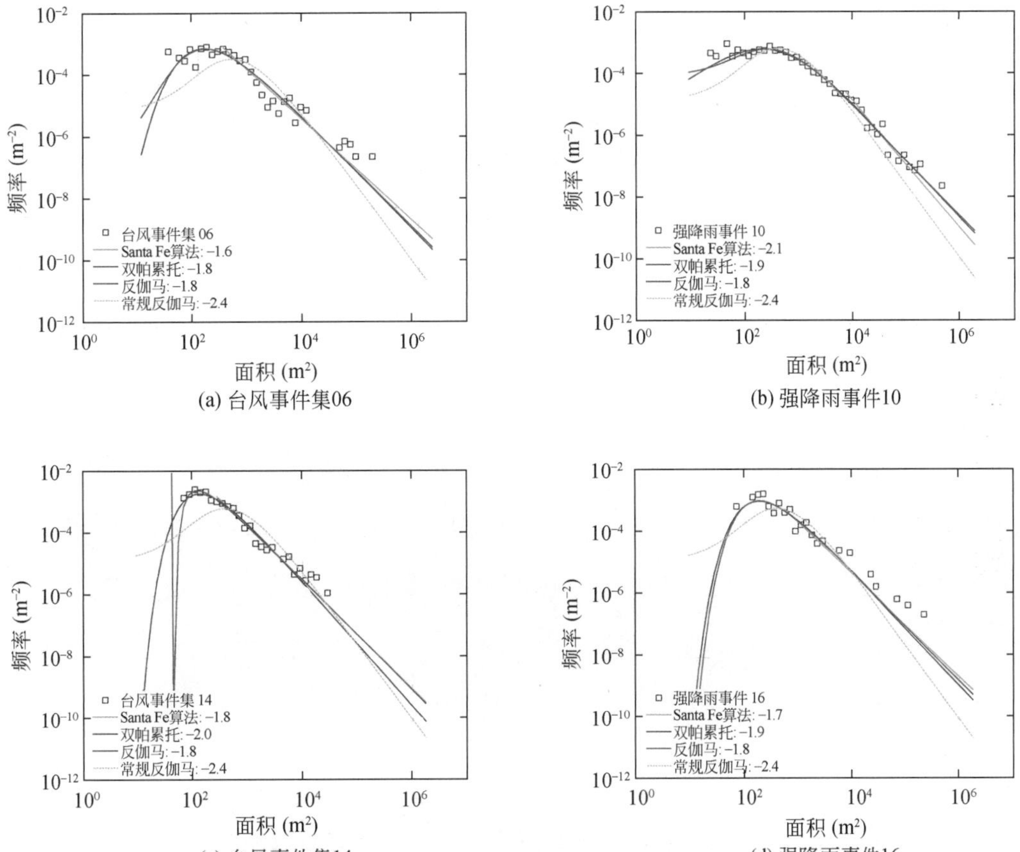

(a) 台风事件集06

(b) 强降雨事件10

(c) 台风事件集14

(d) 强降雨事件16

图 10-8　不同滑坡事件集面积-频率分布

表 10-6　不同事件集滑坡面积-频率分布参数

事件集	个数	最小面积（m^2）	最大面积（m^2）	平均面积（m^2）	幂律拐点（m^2）	幂指数
台风事件集 06	134	30	150 000	5 730	133	1. 8
强降雨事件 10	414	25	430 500	6 910	229	1. 84
台风事件集 14	127	75	30 000	1 780	132	1. 89
强降雨事件 16	80	65	210 000	7 293	189	1. 81

从滑坡事件集空间分布分析，台风触发滑坡多分布于距台风中心路径大于 100 km 的区域。并且，相对于梅雨强降雨触发滑坡，台风触发滑坡在沿海地区分布较多，内陆地区偏少。另外，台风触发滑坡在空间上更集中，而梅雨期强降雨触发滑坡在空间上更离散。

从面积频率分析来看，台风触发滑坡数据集的幂律拐点相较梅雨期强降雨触发滑坡数据集小，即其最概然滑坡面积较小；台风触发滑坡数据集最大面积和平均面积较小，其触发大型滑坡较少。以上两点共同说明：台风触发型滑坡面积偏小，而强降雨触发型滑坡面积较大；台风触发型滑坡强度分布集中，影响范围聚类性强；而梅雨期的强降雨触发型滑坡面积较大，影响范围较广。台风触发数据集与强降雨触发数据集二者幂指数差别不大，大型和小型滑坡的相对比例接近。

二、南平蔡源2010年6月13日强降雨诱发滑坡统计规律

（一）蔡源小流域区域斜坡稳定性评价

利用2010年6月13日灾后SPOT影像，对南平“6·13强降雨事件”峡阳镇-王台镇附近触发的滑坡进行解译。SPOT影像的初步解译结果显示，蔡源小流域在“6·13滑坡事件”中共发生滑坡1028处，滑坡总面积约为1.4 km^2，占整个流域面积的5.5%。利用SINAMP（Stability Index MAPping）模型进行区域斜坡稳定性评价显示，约有88%的真实滑坡落于稳定性系数小于1的范围内，如图10-9所示。

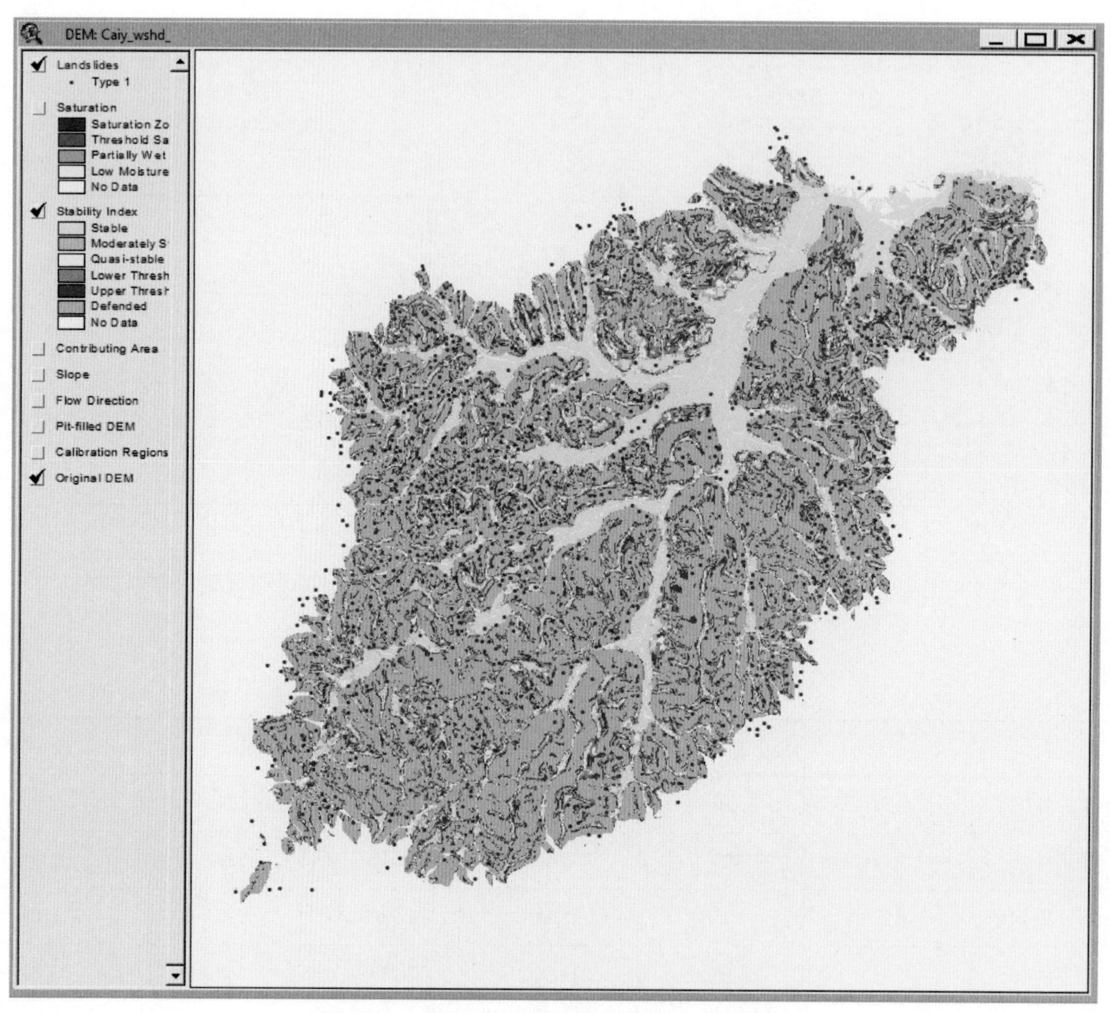

图10-9 蔡源小流域斜坡稳定性评价结果截图
蓝色点为解译的滑坡，红色区域为计算的不稳定斜坡

造成蔡源小流域滑坡危险如此之高的原因主要有两个：一是强降雨，二是大量浅根性植被如毛竹和杉木的种植。强降雨造成浅层滑坡体的饱和度急剧增加，抗滑力下降。毛竹和杉木等的根系分布于表土层，与下部土层形成结构上的分界面。在长时间降雨中，表土层充分饱和，强度降低（如黏聚力）。加上高大乔木的自重作用，容易失稳破坏。另外，在降雨期间多伴随着大风，风对高大乔木的摇动将产生很大的水平推力，而且这种水平推力的方向性不确定，多变化，呈现往复作用。植被把这种推力荷载施加到根系层，增加了根系层土体变形破坏的程度，诱发产生大面积坡体破坏（陈晓清等，2006；崔鹏等，2007；林勇明等，2011）。另外，滑坡大多数集中分布在坡度16°~46°，也从一个方面说明蔡源小流域易

发性较高，较低坡度也可引起滑坡。

（二）蔡源小流域滑坡面积–频率分析

为研究降雨和地质条件等对滑坡面积–频率分布的影响，将峡阳王台研究区分成7个小流域进行面积–频率分析（图10-10和表10-7）。

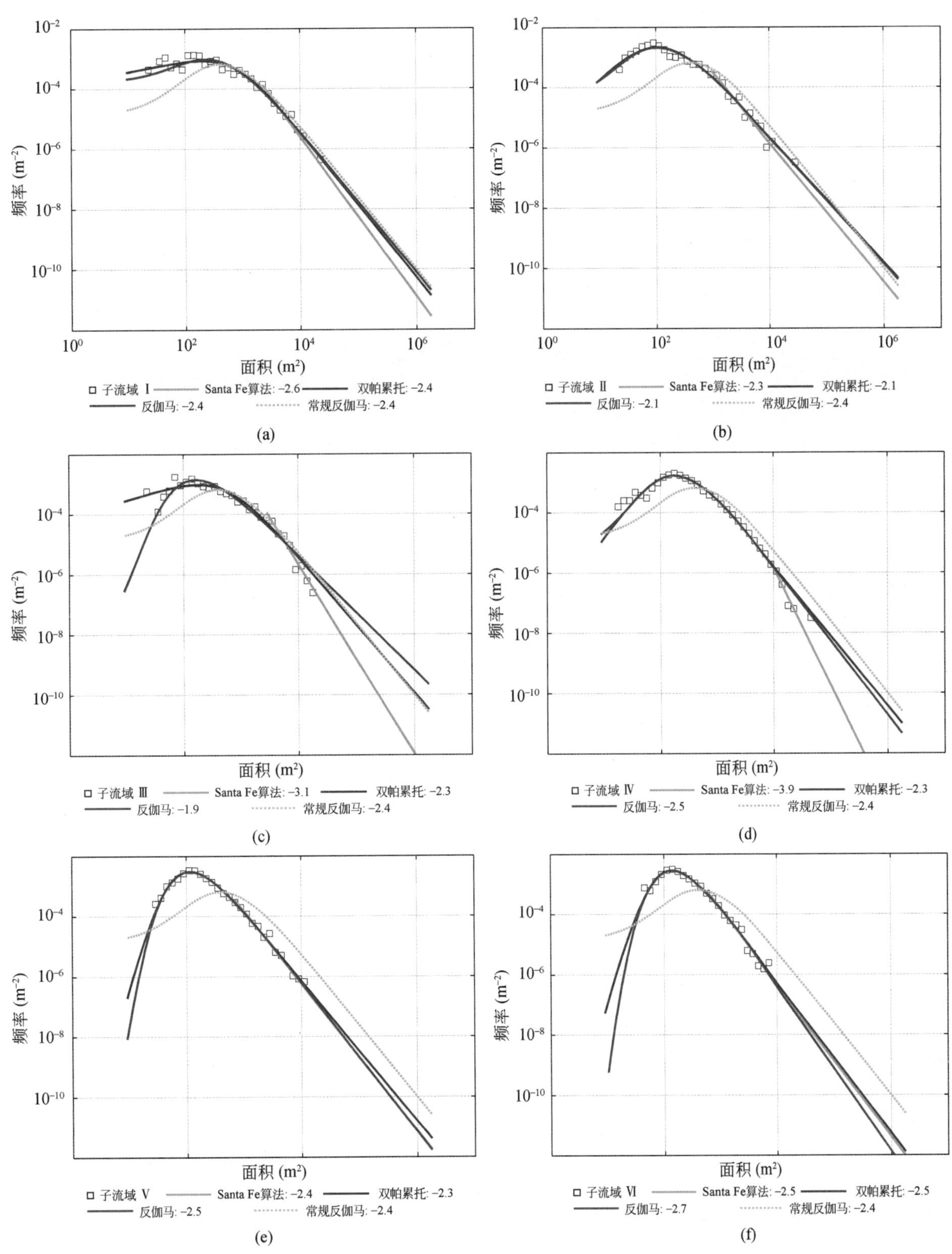

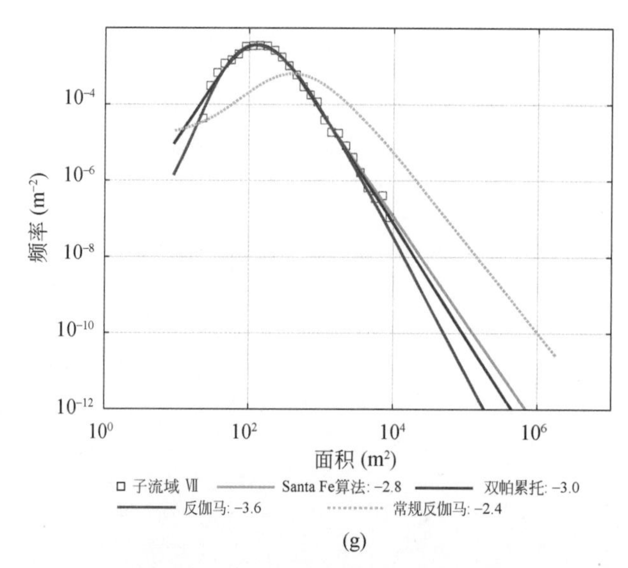

(g)

图 10-10 南平“6 · 13 降雨事件”触发滑坡数据集面积–频率分布（不同小流域）

表 10-7 南平 2010 年“6 · 13 降雨事件”触发滑坡数据集面积–频率分布参数（不同小流域）

数据集	个数	最小面积（m^2）	最大面积（m^2）	平均面积（m^2）	幂律拐点（m^2）	幂指数
Ⅰ	442	25	23 416	1 449	215	2. 38
Ⅱ	486	22	30 752	890	105	2. 09
Ⅲ	1 002	25	17 425	1 410	174	2. 09
Ⅳ	3 089	16	48 846	913	176	2. 39
Ⅴ	577	31	11 877	517	116	2. 41
Ⅵ	498	44	7 859	486	139	2. 61
Ⅶ	4 483	21	9 006	313	127	3. 27

结果显示：各子集幂律拐点相差不大，但幂指数有明显变化。其中，第Ⅶ子流域的幂指数尤其高，第Ⅵ子流域和第Ⅴ子流域的幂指数也较高。分析发现，第Ⅶ、第Ⅵ和第Ⅴ子流域在“6 · 13 降雨事件”中的累计降雨强度相较其他四个子流域高，表明降雨强度越大，滑坡面积–频率分布的幂指数越大。

同时，第Ⅶ、第Ⅵ和第Ⅴ子流域以花岗岩为主，其余四个子流域以变质岩为主。表明变质岩地区的滑坡面积–频率分布幂指数较小，大滑坡所占比例大，即变质岩地区大滑坡发生的概率比花岗岩地区大。同时，变质岩地区滑坡的最大面积、平均面积都比花岗岩地区大，总体上大型滑坡较多。

三、小　　结

（1）台风触发滑坡多分布于距台风中心路径大于 100 km 的区域。相对于强降雨触发滑坡，台风触发滑坡在沿海地区分布较多，内陆地区偏少。并且，台风触发型滑坡空间聚类性更强，梅雨期强降雨触发滑坡在空间上更离散。

（2）台风触发型滑坡面积偏小，而强降雨触发型滑坡面积较大；另外，台风触发型滑坡强度分布集中，影响范围聚类性强。

（3）除降雨强度大外，造成“6 · 13 滑坡事件”中蔡源小流域滑坡大量发生的主要原因是土体抗滑力小。毛竹和杉木等浅根性植被使土体在强降雨过程中饱和度显著提高，进而抗滑力急剧下降。因此，在斜坡地质灾害防治方面，要特别注意浅根性植被的副作用。

（4）风化变质岩地区相较风化花岗岩地区更易发生大型滑坡。鉴于灾害人员和财产损失多由大型滑坡造成，应特别重视变质岩地区的灾害防治。

第三节　崩塌滑坡区域危险性评价

地质灾害危险性是特定地质环境条件下地质灾害发生可能性的一种度量，地质灾害危险性评价为我们指出空间位置上未来地质灾害发生的相对可能性。

福建省多次开展地质灾害调查，建立了地质灾害调查数据库，包括了坡度、土层厚度、基岩岩性、高程等参数，为使用统计模型评估区域崩塌、滑坡危险性提供了基础数据。

不同因子值对应的面积大小不一。为消除面积影响，采用单位面积灾害频数作为衡量因子的敏感性的指标。单位面积灾害频数 P_i 计算公式为

$$P_i = \frac{\dfrac{\text{因子对应滑坡数}}{\text{滑坡总数}}}{\dfrac{\text{因子对应面积}}{\text{全省总面积}}} \tag{10-1}$$

以1∶20万比例尺福建省图为底图，以1km×1km为单元，对该单元进行地质灾害危险度综合评价。

一、坡　　度

福建省地貌可分为闽北断块侵蚀山地区、闽西南断块侵蚀山地区、内陆断块侵蚀丘陵区、沿海断块侵蚀丘陵区、闽西南侵蚀溶蚀山间盆地区和沿海断块堆积平原区。

（1）闽北断块侵蚀山地区：包括海拔500～2158m的低-高山区，以闽北古陆架为基础，多中高山，山体高大陡峻，多呈NNE或NW走向。山坡坡度在30°以上，河谷多见“V”字形谷。

（2）闽西南断块侵蚀山地区：主要分布于闽西地区。海拔一般为500～800m，多为低-中山区，山体较为平缓，多呈NNE或NW走向。山坡坡度为10°～25°，局部大于30°。

（3）内陆断块侵蚀丘陵区：分布于内陆的西北、西南地区。海拔一般为200～500m，山坡坡度一般为10°～20°。

（4）沿海断块侵蚀丘陵区：主要分布于沿海地区。包括丘陵、台地地貌类型，高程一般小于500m，台地一般为20～50m，山坡坡度一般为10°～20°。

（5）闽西南侵蚀溶蚀山间盆地区：零星分布于闽西南山间盆地，坡度在10°以下。

（6）沿海断块堆积平原区：分布于沿海、河岸及河口地带。可分为冲洪积、海积、风积地貌，山坡坡度一般在5°以下。

不同坡度占福建省面积比如表10-8所示。

表10-8　基于1∶10万DEM计算的不同坡度占福建省面积比

斜坡坡度AN（°）	≤15	15<AN≤25	25<AN≤35	35<AN≤50	>50
该坡度斜坡占全省面积百分比（%）	37.3	37.4	21.1	4.1	0.1
发生在相应坡度的滑坡数量（次）	112	1050	2690	1769	549
相应坡度上滑坡数占总个数的比例（%）	1.82	17.01	43.6	28.67	8.9
单位面积灾害频数（次）	0.003	0.032	0.144	0.490	6.239

单位面积灾害频数与高程直接的相关关系如图10-11所示。

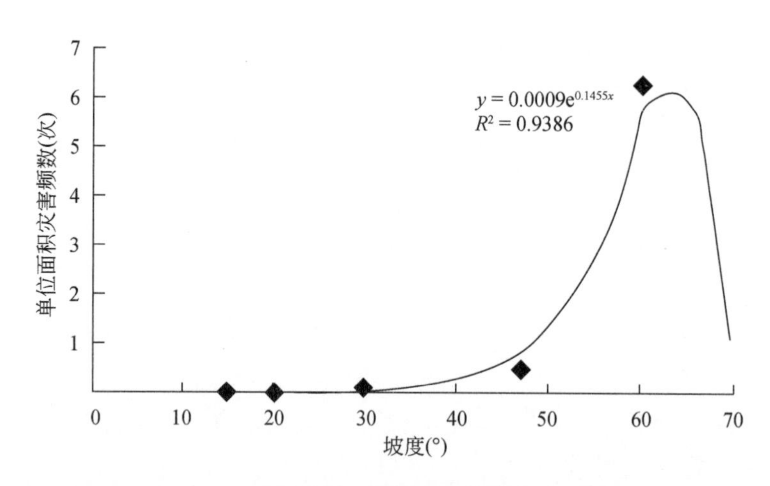

图 10-11 坡度与单位面积灾害频数拟合曲线图

两者经拟合呈指数关系，表达式如图 10-11 中所示，坡度 x 取值在 15°～70°。

二、基岩岩性

福建省地层除志留系、中–下泥盆统和下第三系缺失外，自上太古界至第四系均有出露。按分布面积，沉积岩和变质岩地层的总和与燕山期火山岩地层约各占全省陆域总面积的三分之一。

沉积岩主要分布在闽中、闽西地区，在闽北变质岩及沿海火山岩区也有零星分布。岩性主要为砂岩、砂砾岩、石英砂岩、细砂岩、粉砂岩、硅质岩、碳酸岩、含煤砂岩及砂页岩等；其中黄龙、船山、栖霞、长兴组碳酸岩露头不足 100km^2。

火山岩主要分布在福建省中东部地区，尤以侏罗系南园组、白垩系石帽山群分布最广；岩性为凝灰熔岩、安山岩、凝灰岩、凝灰质砂页岩、流纹岩、流纹斑岩、流纹质晶屑凝灰熔岩、英安岩、玄武岩、橄榄玄武岩夹砂砾岩或泥岩等。

第四系松软土层，由第四系松散堆积物和基岩风化残积土两部分构成，主要分布于福建省内东部沿海的中部至南部地区，另外分布于河谷山间盆地中。松散堆积物可分为海相沉积物和陆相沉积物两种类型，岩性主要为黏性土、砂性土、碎石土、淤泥、淤泥质土、粉土、泥炭土等，厚度变化大，小者 2～3m，大者十余米至百余米，一般河口平原较厚，山间盆地较薄。

本节对福建省县（市）地质灾害调查与区划数据库中滑坡的基岩岩性数据进行挖掘，有效数据为 5 774 个。将基岩岩性分成 6 个种类，各种类型区域内发生的滑坡个数及滑坡面积见表 10-9 和图 10-12。

表 10-9 不同基岩岩性区域内滑坡个数统计表

基岩岩性	花岗岩	凝灰岩	砂岩	泥岩、页岩	石英、片麻岩	石灰岩	合计
基岩面积（km^2）	35 376	22 466	15 787	8 984	4 787	598	87 998
面积比例（%）	40.200	25.530	17.941	10.209	5.440	0.680	100
滑坡（处）	1 876	1 783	1 072	161	851	31	5 774
相应基岩类型的滑坡占总数比例（%）	32.490	30.880	18.566	2.789	14.738	0.537	100
单位面积灾害频数（次）	0.808	1.210	1.035	0.273	2.709	0.790	—

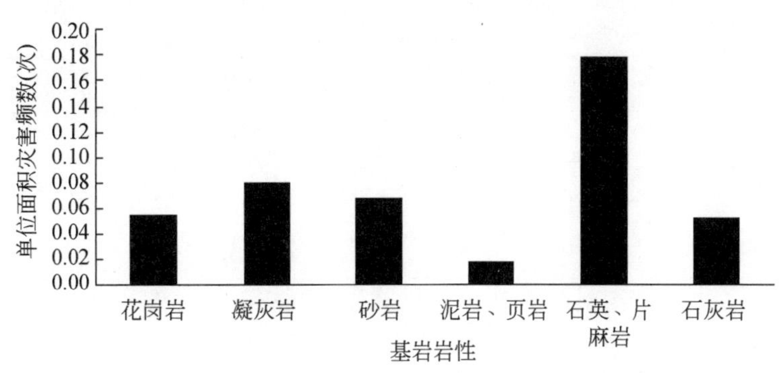

图 10-12　不同基岩岩性单位面积灾害频数分布图

三、土层厚度

福建省残积黏性土岩组厚度主要与母岩有较大的关系。一般侵入岩风化层的连续性好，其厚度随地形地貌变化，在中-低山的山顶几乎不发育，而在丘陵地段的山坡处均较为发育，厚度一般为 3～20m；火山岩、变质岩的残积土层厚度相对较小，一般小于 10m；而碎屑岩的残积土层厚度相对更小，一般小于 5m。

（1）黏土夹沙砾土岩组（NS）：由第四系全新世（Qh）、更新世（Qp）地层组成，较集中于各河口平原和滨海平原地区，山区零星分布于各山间盆地中。主要岩性为冲积、洪积、海积成因的各类黏性土、沙砾土；呈可塑-坚硬状态，其天然含水率为 19.5%～27.9%，孔隙比为 0.62～0.87，压缩系数为 0.224～0.489MPa^{-1}，容许承载力为 100～220kPa；其工程地质性能较好。

（2）淤泥、黏性土、砂性土互层或夹层岩组（NY）：由第四系全新世（Qh）、更新世（Qp）地层组成，分布于沿海各河口平原、滨海平原。主要岩性为淤泥及淤泥质土；呈可塑-软塑或流塑状态，其天然含水率为 50.0%～67.1%，孔隙比大于 1，压缩系数为 0.765～1.713MPa^{-1}，容许承载力一般为 40～60kPa；其可能产生的地质灾害与环境地质问题为软土震陷及地基不均匀沉降等。

（3）砂性土岩组（S）：由第四系风积层（Qel）组成，主要分布于福州以南沿海岬角、半岛区。主要岩性为中、细砂；一般呈中密-密实状态，其天然含水率为 10.3%～28.6%，孔隙比为 0.48～0.93，压缩系数为 0.020～0.31MPa^{-1}，容许承载力一般为 100～300kPa；其可能产生的地质灾害与环境地质问题为饱和砂土液化。

（4）残积黏性土岩组（NT）：由第四系更新统残坡积层（Qpel-dl）组成，福建省广泛分布，较集中于东南沿海，丘陵台地。主要岩性为残积砾质黏性土、残积砂质黏性土、残积黏性土、残积粉质黏性土；呈可塑-坚硬状态，其天然含水率为 21.2%～37.3%，孔隙比为 0.72～1.06，压缩系数为 0.148～0.447MPa^{-1}，容许承载力一般大于 180kPa；其工程地质性能较好。该岩组由于分布广泛，易受人类工程活动的影响，是福建省发育滑坡、崩塌、泥石流等地质灾害的主要物质来源。

福建省内大部分灾害为土质类崩滑灾害，且致灾体多为表层残坡积土体。根据福建省县（市）地质灾害调查数据库统计，根据灾害发生点土层厚度分布情况，可以分为 6 个档次，各区域内发生的滑坡个数及滑坡面积见表 10-10。土层厚度与单位面积灾害频数相关曲线如图 10-13 所示。

表 10-10　不同土层厚度区域内滑坡个数统计表

项目	土层厚度（m）						
	≤3	3<TH≤5	5<TH≤7	7<TH≤10	10<TH≤15	>15	合计
相应厚度所占面积（km^2）	407	1 261	30 926	37 270	15 806	2 328	87 998
面积比例（%）	0.462	1.433	35.144	-12.353	17.962	2.646	100

续表

项目	土层厚度（m）						
	≤3	3<TH≤5	5<TH≤7	7<TH≤10	10<TH≤15	>15	合计
滑坡（处）	4 235	1 476	255	191	25	16	6 198
相应土层厚度滑坡数占总数比例（%）	68. 328	23. 814	4. 114	3. 082	0. 403	0. 258	100
单位面积灾害频数（次）	162. 511	1. 875	0. 132	0. 082	0. 025	0. 112	—

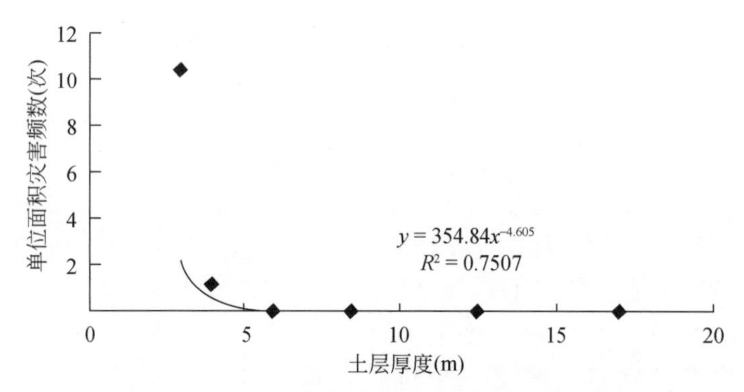

图 10-13　土层厚度与单位面积灾害频数相关曲线

四、降　　雨

控制滑坡发生的因素包括三个方面，即降雨条件、地质条件和地形条件。地质条件及地形条件控制着斜坡本身的力学配置，降雨条件则是触发的力学条件。福建省地处我国的东南沿海，台风暴雨是滑坡的主要触发因素。

（一）极端降雨分布回归分析

利用回归原理对福建省 5 年、10 年、20 年、50 年、100 年和 200 年一遇的极端降雨进行分析，可以得出：①同一回归年限下，不同区域的极端降雨空间差异明显；②这种极端降雨的空间差异在不同回归年限下也不同。

（二）典型地区降雨触发滑坡阈值分析

Caine（1980）提出了指数型的降雨强度——持时模型来确定浅层滑坡和泥石流。对于指数模型，短期降雨导致的滑坡的雨强大于长期降雨导致的滑坡的雨强，并且呈指数下降。其模型为

$$I = aD^b \tag{10-2}$$

由于式（10-1）的 D 为小时降雨量，所以面对长时间序列，把其改为

$$I = a\exp(b \times D) \tag{10-3}$$

式中，I 为灾害的降雨阈值；D 为灾害前期的降雨天数；a、b 分别为模型的参数。系数 a 决定降雨强度的大小；系数 b 决定灾害触发阈值和持时的关系。

研究采用福建省内所获降雨站点方圆 50km 内的灾害数据作为参考灾害数据，气象站点测得的降雨数据作为降雨数据，利用最小二乘法对所使用的灾害点数据和降雨数据进行最小二次拟合得到其指数模型参数 a、b，并确定该站点附近的滑坡灾害阈值。最后利用 Kriging 空间插值获得福建省的灾害阈值分布，从而确定福建省灾害阈值的分布关系。

由于灾害前期的降雨比较复杂，有些可能由连续几天的小雨触发，有些可能由短时间的暴雨造成。确定该滑坡灾害是由几天的降雨天数引起的，目前没有准确定论。本书采用频比法确定，即

$$F(d)=\frac{R_l(d)}{R_h} \tag{10-4}$$

式中，R_l（d）为灾害前期连续 d 天的降雨；R_h 为历史上最大降雨；F（d）为连续 d 天所贡献度，利用贡献度的大小确定灾害是由几天的降雨引起的。

利用上面介绍的方法，对福建省全省不同区域的降雨诱发滑坡的阈值进行分析。图 10-14 为德化、南平、顺昌、厦门和长汀 5 个典型区域的降雨阈值结果。

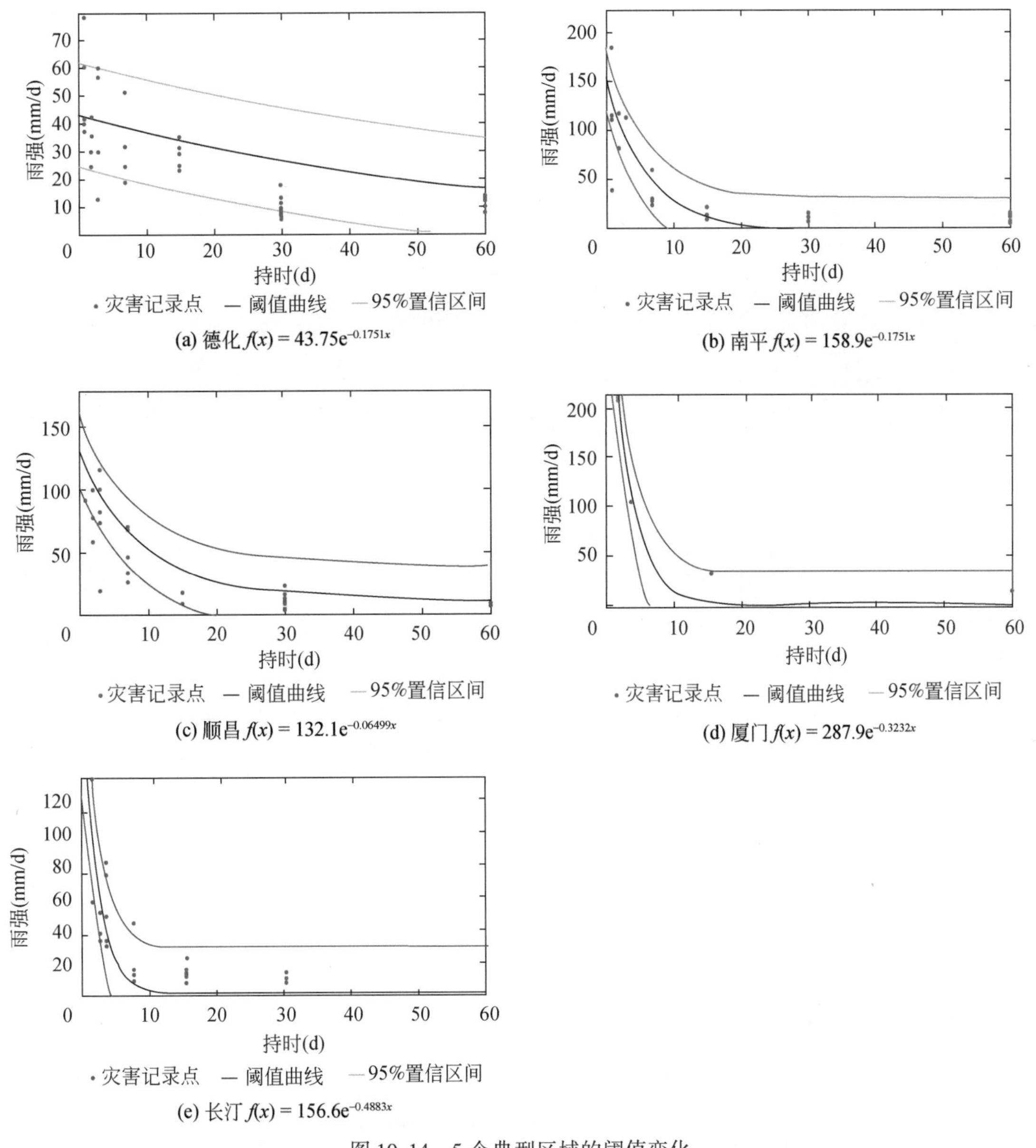

图 10-14 5 个典型区域的阈值变化

在德化、南平、顺昌、厦门、长汀地区的一天触发灾害的降雨阈值分别为：42. 99mm、133. 85mm、123. 69mm、208. 39mm 和 96. 10mm。通过比较可以发现德化地区的一天触发灾害的降雨阈值明显小于其他典型区域。并通过其重现期的计算，德化地区发生群发性的周期为 1 年内发生多次。通过系数 b 显示，长汀地区、南平地区、厦门地区，短期降雨阈值较高。而德化顺昌地区的短期降雨触发灾害的阈值较低。

如图 10-15 所示，由于厦门地处东南沿海，厦门地区的灾害主要是由短期的强降雨造成的，长期的降水影响不大。对于顺昌地区，7 天、15 天和 60 天的前期降雨对其影响比较大。在南平、长汀地区也是 15 天的前期降雨影响比较大。在德化主要有 15 天和 60 天的前期降雨影响较大。因此前期降雨对全省大部分地区的滑坡的发生具有显著的影响，特别需要考虑 15 天、30 天左右前期降雨的影响。

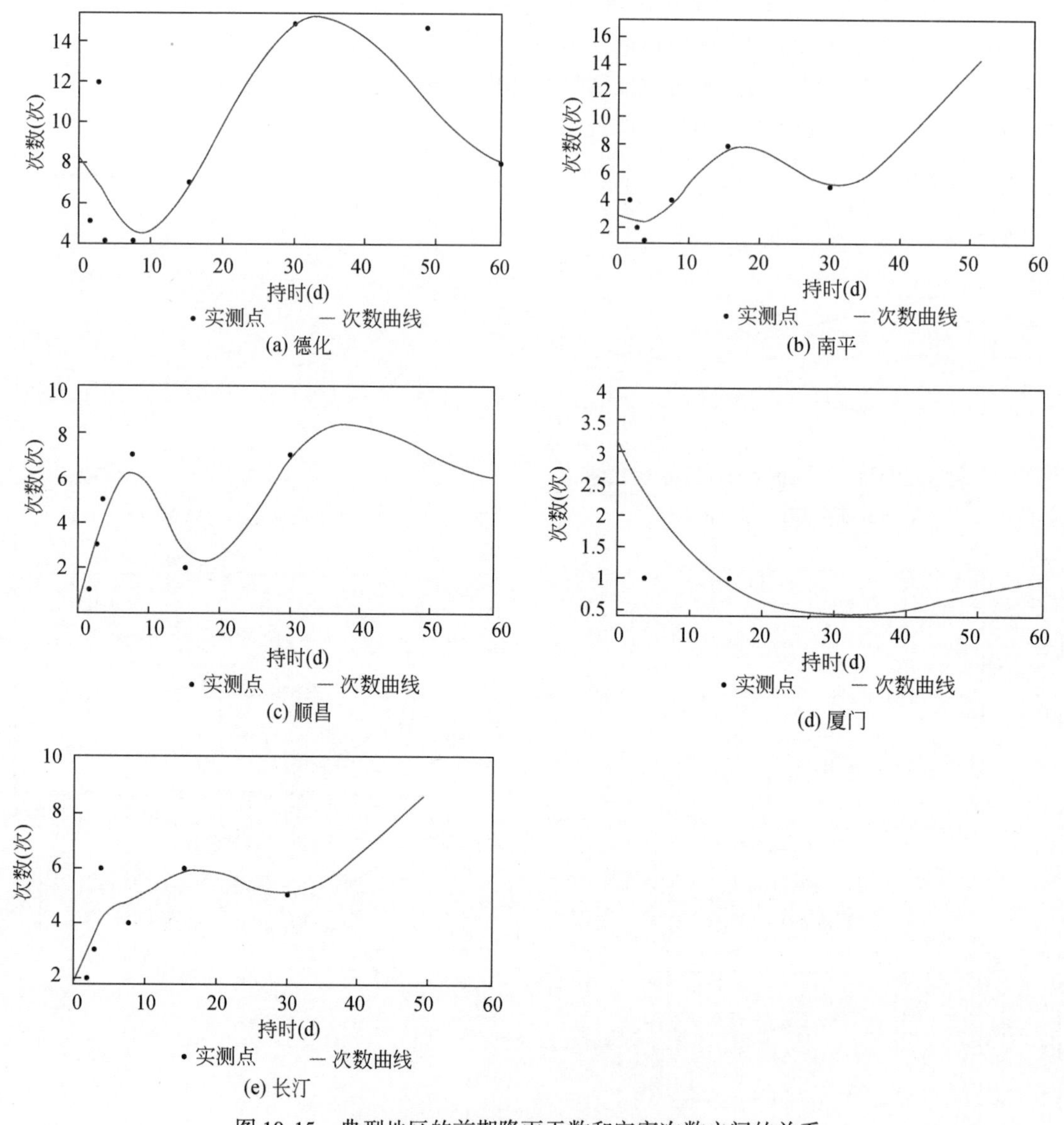

图 10-15　典型地区的前期降雨天数和灾害次数之间的关系

（三）降雨阈值全省空间分布

对福建省全省利用 Kriging 插值得到上面不同连续降雨天数的阈值分布情况，对于一天和两天的降水阈值，福建省的三明市和南平市的降水阈值比较低，处于高危险地段。对于较长期的五天和十五天的降雨阈值，其西南部的降雨阈值高于其他地区。

通过降水阈值的时空分布分析可以判断，在沿海地区，其触发灾害的降水阈值要高于内陆地区，其降水阈值与地形和地质构造有一定的关系。东南沿海为块状坚硬凝灰岩、凝灰熔岩，且坡度比较平缓，因此该地的降雨阈值比较高，不易产生相应的地质灾害。中西部以石英、片麻岩和闪长岩为主且坡度比较陡，因此这些地方的降雨阈值比较低，容易产生滑坡灾害。

五、因子赋值及危险性评价

将四个因子图层叠加，可得到区域地质灾害危险程度。叠加计算公式如下：

$$W_i = \sum_{j=1}^{p} a_i \tag{10-5}$$

$$i = 1,\ 2,\ \cdots,\ m; \quad j = 1,\ 2,\ \cdots,\ p$$

式中，W_i为第 i 单元的地质环境因子综合值；a_i为第 j 评价因子在第 i 评价单元的均一化值；j 为评价因子；m 为评价单元数；p 为评价因子数。

利用 1∶20 万福建省全省 MapGIS 平台计算，将福建全省划为 11 757 个单元，单元地质环境因子综合值在 0.1 ~9.1，平均值为 1.34。可将因子综合值分为 4 级，见表 10-11。

表 10-11　地质环境因子综合值区间划分表

地质环境因子综合值	≤0.25	0.25<W≤0.75	0.75<W≤1.25	>1.25
危险程度等级	Ⅰ	Ⅱ	Ⅲ	Ⅳ
备注	不危险	低危险	中危险	高危险

六、小　　结

（1）根据降雨极值分析及滑坡的时空分布规律，可以初步认为：持时 2 天的极值降雨事件对福建省的地质灾害的空间分布具有关键的控制作用。前期降雨对全省大部分地区滑坡的发生有显著影响。

（2）福建省群发性、大规模地质灾害发生的重现周期在 4 ~7 年。

（3）福建省滑坡降雨触发阈值呈现明显的空间差异。内陆地区由于地形起伏，地质条件差，在同样的降雨条件下，不同地方的降雨触发阈值是不同的。西部、中部地区的降雨触发阈值低于沿海地区。降雨持时长短对滑坡的发生也呈现明显的空间差异。对于东南沿海，短时的强降雨是造成滑坡灾害的主要原因，对于其他地方，应该预防长时间小强度降雨过程，特别是福建省中西部地区，极易造成滑坡的发生。应该针对不同的地方采取不同的滑坡预防措施。

（4）根据全省崩塌滑坡地质灾害危险程度图，可将全省划分为三个崩塌滑坡高危险区。

第一为闽北武夷山脉崩塌滑坡高危险区。包括南平市延平区、顺昌县、建瓯市、浦城县、松溪县、政和县。

第二为闽中–闽西–闽南戴云山–玳瑁山脉崩塌滑坡高危险区。包括三明市的尤溪县、大田县、沙县，龙岩市的新罗区、永定区，漳州市的华安县、平和县，泉州市的德化县、永春县、安溪县，莆田市的仙游县。

第三为闽东–闽中鹫峰山–太姥山脉崩塌滑坡高危险区。包括宁德市的寿宁县、福安市、柘荣县。

以上区域区内房前屋后边坡、公路铁路边坡、山边河边、沟谷沟口等区域地质灾害易发、频发。

第四节　地震诱发斜坡失稳危险性评价

一、地震危险性评价

地震危险性指某一场点今后一定时间（T 年）内遭受某种地震动（如烈度）的超越概率。地震危险性评价主要有两种方法：①以板块构造学说为基础的断层模型；②以历史地震记录为基础的统计模型。断层模型虽然具备力学理论基础，但获得详细的活动断裂分布及形变资料通常困难。因此，在具备良好地震记录数据的支持下，统计模型成为地震危险性评价的可行方法。

对基于面源统计的简化模型（刘杰等，1999）进行改进，得到的地震危险性评价的具体理论和技术步骤如下。

对于特定场地点 i，其地震烈度 I_i超过 I_0的概率表示为

$$P(I_i \geqslant I_0) \tag{10-6}$$

假设场地点周围有 n 个面源（$j=1, 2, \cdots, n$），各面源距场地点的距离分别为 r_{ij}（$j=1, 2, \cdots, n$）。烈度随距离的衰减关系采用：

$$I = I_e + 3.2 - 0.001r - 2.7\lg r \tag{10-7}$$

式中，I 为场地点烈度；I_e为震中烈度；r 为场地点距震中的距离。采用震中震级与烈度的经验关系为

$$M = \frac{2}{3}I_e + 1 \tag{10-8}$$

式中，M 为震级。将式（10-8）代入式（10-7）有

$$I = \frac{3}{2}M + 1.7 - 0.001r - 2.7\lg r \tag{10-9}$$

即面源 j 发生 M_j级地震，则对场地点 i 造成的烈度 I_{ij}为

$$I_{ij} = \frac{3}{2}M_j + 1.7 - 0.001r_{ij} - 2.7\lg r_{ij} \tag{10-10}$$

那么，欲使场地点烈度 I_{ij}达到 I_0，则面源 j 震级 M_j必须为

$$M_{0ij} = \frac{2}{3}I_0 - 1.13 + 0.00071r_{ij} + 1.81\lg r_{ij} \tag{10-11}$$

这样，单一面源 j 影响下，场地点烈度 I_{ij}超过 I_0的概率等同于面源 j 震级 M_j超过 M_{0ij}的概率：

$$P(I_{ij} \geqslant I_0) = P(M_j \geqslant M_{0ij}) \tag{10-12}$$

综合考虑所有面源，场地点烈度 I_{ij}超过 I_0的概率显然为

$$P(I_i \geqslant I_0) = 1 - \prod_{j=1}^{n}[1 - P(M_j \geqslant M_{0ij}] \tag{10-13}$$

在泊松过程假设下，一定年限 T 内，面源 j 震级超越 M_{0ij}的概率为

$$P(M_j \geqslant M_{0ij})_T = 1 - \exp(-F(M_{0ij})T) \tag{10-14}$$

式中，F（M_{0ij}）为震级超越 M_{0ij}的年发生率，可以年频率近似代替：

$$F(M_{0ij}) \approx \frac{N(M_j \geqslant M_{0ij})}{T_0} \tag{10-15}$$

式中，T_0为地震历史记录跨越年数；N（$M_j \geqslant M_{0ij}$）为面源 j 内震级超过 M_{0ij}的地震次数。

Gutenberg-Richter 定律指出，震级的超越概率与震级呈指数关系：

$$\lg N = a - bM \tag{10-16}$$

式中，N 为震级超越 M 的次数。特定面源的历史地震记录集可导出特定的参数 a_j和 b_j值。这样，面源 j 的震级超越年频率为

$$\frac{N(M_j \geqslant M_{0ij})}{T_0} = \frac{10^{(a_j - b_j M_{0ij})}}{T_0} \tag{10-17}$$

综合式（10-13）～式（10-15）及式（10-17），一定年限 T 内，场地点烈度超过 I_0的概率为

$$P(I_i \geqslant I_0)_T = 1 - \prod_{j=1}^{n}[\exp(-\frac{10^{(a_i) - b_j M_{0ij}}}{T_0}T)] \tag{10-18}$$

将福建省按 1 km × 1 km 的格网进行场地点的布置，计算每一个场地点 50 年内不同等级烈度的发生概率。根据历史地震记录（1965～2011 年），通过地震的空间密度分析，将有可能影响福建省的地震源划

分为 10 个面源。可以看出，福建省地震灾害源主要分布在三个区域：滨海地带；闽粤交界地带；台湾地区。福建省北部的地震源较少。值得一提的是：面源 1 的地震活动记录较多，事实上这是由于新丰江水库地震及其余震引起的。

对于 10 个地震面源，这里分别统计了其震级频数的指数关系，如图 10-16 所示。各面源地震记录都较符合 Gutenberg–Richter 定律。参数 b 的范围为 0.69～1.05，参数 a 的范围为 3.99～6.13。台湾地区（面源 10）的大地震记录较多，而其他面源最大震级并未超过 6 级。台湾地区的参数 a 值最大，参数 b 值最小，也证明其大地震所占比例较大。

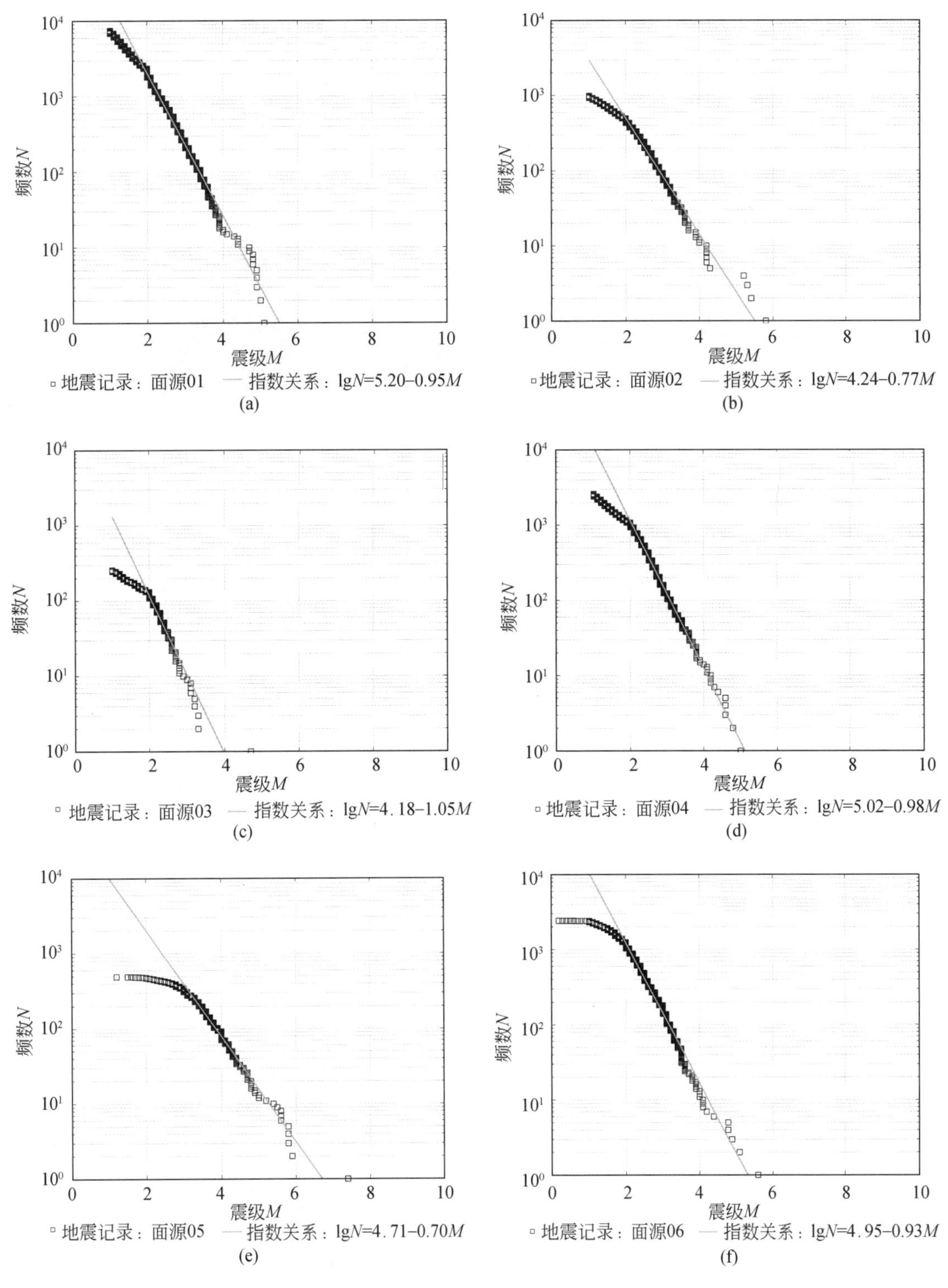

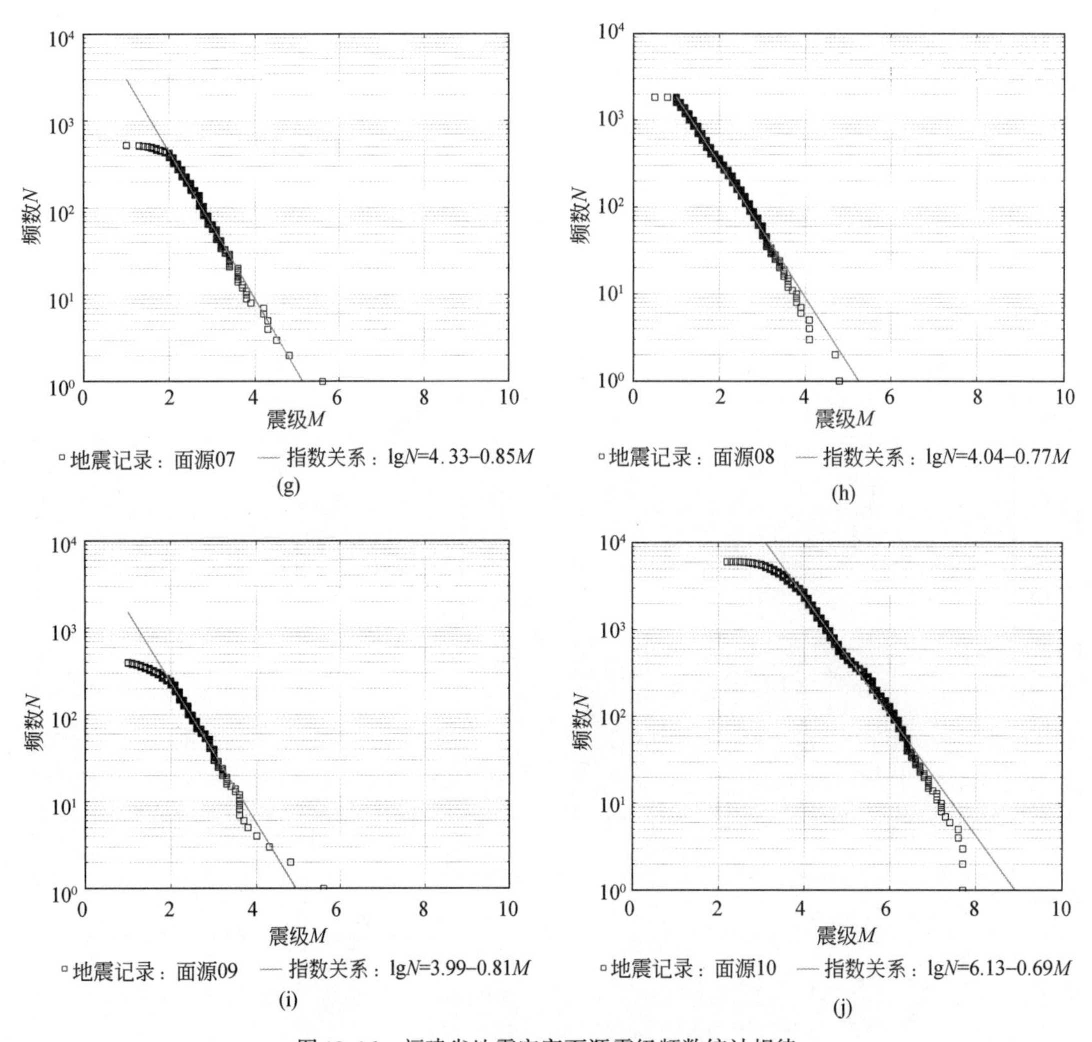

图 10-16　福建省地震灾害面源震级频数统计规律

本书计算了 50 年内不同场地点不同烈度（Ⅰ～Ⅹ）的发生概率。首先，根据式（10-11）计算特定场地点发生特定烈度所需要的不同面源的地震震级期望值，场地点与各面源距离以面源几何中心为准估算。然后，基于各面源历史地震记录统计得出的参数 a 和 b 的值，以及地震震级期望值，根据式（10-18）计算各场地点发生不同烈度地震灾害的概率。

计算结果表明：50 年内，福建省境内烈度Ⅴ及以下的地震灾害超越概率为 1，烈度Ⅶ及更大的地震灾害超越概率为 0，而烈度Ⅵ的地震灾害超越概率大于 0.8 并接近 1。因此，福建省地震灾害设防最低烈度标准应为Ⅶ。另外，从空间分布来看，沿海地带较内陆概率大。

二、地震诱发斜坡失稳危险性评价

地震不仅能造成直接损失，也会诱发滑坡对生命及财产安全进行损害。Newmark（1965）以斜坡上的块体遭受地震力触动的累积位移量作为检测边坡对其的反应。基本假设如下（Abramson et al.，2002）。

（1）存在一个完整的滑动面。

（2）轰动块体为完美塑性刚体。

（3）滑动时剪切强度可被忽略。

（4）当应力超越剪切强度时发生永久位移。

(5) 位移只发生在下坡方向。

通过应用 Newmark 模型，了解地震对福建省滑坡产生的作用进行分析，判断其发生滑坡灾害的概率。其计算过程如图 10-17 所示。

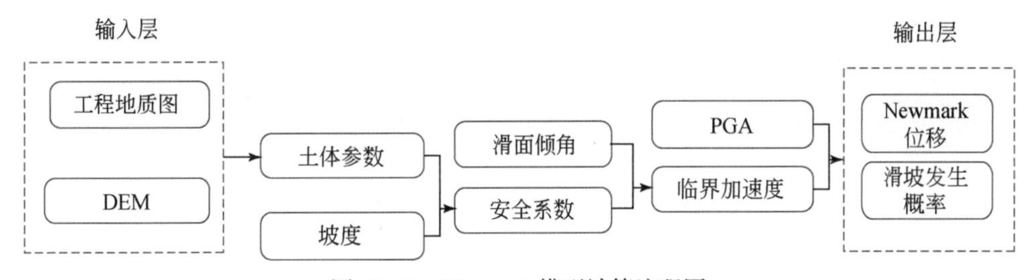

图 10-17　Newmark 模型计算流程图

Newmark 模型最重要的计算是安全系数（FS）的计算。在本模型中简化模型，排除地下水渗流对滑坡的影响，集中探讨地震对滑坡的影响。对于假设没有渗流，采用完全干燥情况下的无限边坡模型计算其安全系数见式（10-19）。

$$FS = \frac{c' + (\gamma d\cos^2\alpha\tan\phi')}{\gamma d\sin\alpha\cos\alpha} \tag{10-19}$$

式中，c'为有效凝聚力；d 为滑坡深度；γ 为干土单位重量；α 为滑坡坡度；ϕ'为有效摩擦角。

由于地震诱发的滑坡多以浅层滑坡为主，Khazai 和 Sitar（2000）测得浅层滑坡的深度和坡度呈线性关系。在本模型中，其滑坡深度由坡度决定（表 10-12）。

表 10-12　利用坡度给定滑坡深度对照表

坡度（°）	滑坡深度（m）
0～30	2.0
30～40	1.5
40～60	1.0
>60	0.5

因此在本模型中，采用上述滑坡深度和坡度之间的关系，通过 DEM 计算出坡度得到滑坡深度 d。总体上，福建省沿海坡度较平缓，其他地方山多且陡。

福建省大构造大致分为三个带：闽西北隆起带，闽东南火山断坳带，闽西南坳陷带。闽西北隆起带主要为上太古界、元古界、震旦系变质岩。闽西南坳陷带主要为晚古生代海相、海陆交互项湖泊沉积地层。闽东南火山断坳带主要为侏罗系、白垩系火山岩、花岗岩。

对于相关的地质材料，其中需要的参数地质材料的参数为干土的单位重量，有效凝聚力和摩擦角。所以本模型通过利用相关的地质图按照《工程岩体分级标准》手册进行相关的参数赋值，结合已发生的一些滑坡灾害点，确定其中的参数见表 10-13。

表 10-13　地质材料相关参数

序号	岩石类型	有效凝聚力（kPa）	有效摩擦角（°）	重力密度（kN/m^3）
1	块状坚硬花岗岩	15	34	30
2	块状坚硬-较坚硬闪长岩	15	34	30
3	块状坚硬-较坚硬凝灰岩、凝灰熔岩	14	29.2	28
4	中、厚层较坚硬砂岩	12	29.2	23

续表

序号	岩石类型	有效凝聚力（kPa）	有效摩擦角（°）	重力密度（kN/m³）
5	薄层较软泥岩、页岩	10	29.2	15
6	中厚层坚硬石英、片麻岩	15	27.3	30
7	中厚层较坚硬碳酸盐岩	13	29.2	25
8	松散沙、黏土	8	19.5	19.4

从完全干燥情况下的安全系数分布可以得出，沿海地区的安全系数比较高，福建省中部的多山区，南平等地安全系数比较低，容易产生滑坡等地质灾害。福建省中部地区灾害的安全系数比较低。

在 Newmark 模型中，作用于块体的总力大于块体的剪力强度时，此时块体所受到的地动加速度作为其临界加速度。临界加速度的值一般采用无限滑坡法的安全系数算出。公式为

$$a_c = (\mathrm{FS} - 1)\sin\alpha \tag{10-20}$$

式中，a_c 为临界加速度值；FS 为安全系数值；α 为滑动面的倾角。福建省的临界加速度在 0.06 ~ 0.09g，一些山区的临界加速度要低些。

Ambrseys 和 Menu（1988）将 Newmark 位移以尖峰地动加速度（PGA）和临界加速度的比值，得到拟合关系为：

$$\log D_N = 0.90 + \log\left[\left(1 - \frac{a_c}{a_{\max}}\right)^{2.53}\left(\frac{a_c}{a_{\max}}\right)^{-1.09}\right] \tag{10-21}$$

式中，$a_{\max}$ 为尖峰地动加速度；a_c 为临界加速度值；D_N 为 Newmark 位移。

据式（10-21），得到福建地区的 Newmark 位移值，沿海地区 PGA 值远远大于临界加速度，因此该地方的 Newmark 位移较大。福建省中部山区，由于安全系数比较低，部分地区的 Newmark 位移在 80cm 以上。闽西北对地震不太敏感。

Jibson 和 Keefer（1993）用 Newmark 位移值和实际观测的滑坡进行匹配，得到 Newmark 位移和滑坡发生概率 P_S 之间的关系：

$$P_S = 0.355[1 - \exp(-0.048 D_N^{1.565})] \tag{10-22}$$

通过计算出的滑坡危险度可知，沿海地区和部分山区滑坡的发生概率大于 0.335。这些地区对地震有较强的敏感性，应该预防地震引起的滑坡等地质灾害。

三、小　　结

（1）采用更完善的地震记录确定海西经济区科学合理的地震灾害评估模型。

福建省地震灾害源主要分布在三个区域：滨海地带，闽粤交界地带，台湾地区。单从 1965 ~ 2011 年的历史记录来看，台湾地区面源发生大地震的可能性大，其他面源最大震级不超过 6 级。

50 年内，福建省境内烈度Ⅴ及以下的地震灾害超越概率为 1，Ⅶ及更大烈度地震灾害超越概率为 0，而烈度Ⅵ的地震灾害超越概率接近 1。因此，福建省地震灾害设防最低烈度标准应为Ⅶ级。

（2）加强地震动下斜坡动力稳定性评估。

沿海地区的 PGA 较内陆大，增加了该地区的滑坡危险性（概率大于 0.3）。该地主要由火山岩和花岗岩为主，应针对该地区的残破积土进行相关治理，预防滑坡发生。

（3）加强地震和降雨等叠加触发的地质灾害危险性分析，注重防范，减少叠加灾害的风险。

内陆地区的滑坡多为强降雨和台风引起，部分地区对地震有较强敏感性，当地震灾害发生时，这些地区应该注意滚石和滑坡灾害。特别应注意震后的强降雨，非常容易产生滑坡、泥石流等地质灾害。

福建省西北部对地震的影响较不敏感，其 PGA 远小于沿海地区，该地主要以变质岩为主，更对降雨

敏感，因此地震对该地区影响较小。

(4) 进一步加强和完善灾害防护治理工程抗震设计，深入开展灾害工程抗震新技术和新方法的应用研究。

从高强度的四川汶川地震到中低强度的云南彝良地震的抗震救灾的实践表明，道路网络特别是生命线工程的抗震性能非常重要。需要切实加强和完善灾害防护治理工程，特别是边坡防护治理工程的抗震设计。要深入开展灾害工程抗震新理念、新技术和新方法的创新性研究，注重灾害工程抗震性能评估和加固修复方面的应用研究。

在这个过程中，需要更新传统的抗震理念，在灾害防护治理工程抗震设计中从传统的拟静力学抗震设计转换到更合理的动力学抗震设计中来，并采用结构抗震与减隔震技术相结合的对策，完善灾害工程的多灾害综合防御技术。

第五节　区域泥石流危险性评价

一、典型区域泥石流过程模拟

泥石流过程的复杂性，使得对其模拟需要更为精确的数据支持，包括高精度 DEM、降雨历线及其他一些力学参数等。利用已有的局部高精度 DEM，这里采用 FLO-2D 对典型泥石流沟进行了泥石流灾害的过程模拟。

FLO-2D 是 O'Brien 和 Julien（1988）提出的洪水与泥石流模拟软件，利用非牛顿流体模型与中央有限差分数值方法求解运动控制方程。FLO-2D 的基本假设有：静水压力分布；差分计算间隔内为稳恒流；满足稳恒流阻滞方程；同一网格点具有单一的高程和曼宁系数；网格点内渠道断面及粗糙度为均值。

南平九坍村为典型的受到泥石流威胁的村庄。九坍村朝北面向上溪主流，南侧山坡分布有两条沟谷。对比灾后 SPOT 和灾前 Google Earth 影像，可知“6·13 滑坡事件”崩塌滑坡已使西沟沟口的几栋房屋遭受破坏。这些崩塌、滑坡为泥石流提供了物质来源，九坍村受到潜在的泥石流威胁。

九坍村西沟长约 400m，高差约 130m，面积约 31 206 m^2；东沟长约 300m，高差约 120m，面积约 20 200 m^2。泥石流模拟采用 5m 分辨率的 DEM。其他参数，土石密度 ρs 为 2.73 $g\cdot cm^{-3}$；层流阻滞系数 K 为 2285（稀疏植被）；曼宁系数 n 为 0.1（稀疏植被）和 0.5（密集植被）；流变参数：$\tau y = 0.811e13.72Cv$，$\eta = 0.00462e11.24Cv$（台湾省实验资料，林伯融，2007）。利用洋口镇记录的 2010 年 6 月 14 日真实降雨过程进行模拟。当日降雨从午夜 4 时开始有记录，一直持续到当日 22 时，降雨停止，15h 后的 6 月 15 日 13 时方又出现降雨。取毛竹林与杉木林的径流系数为 1%，并根据各支沟的面积计算流量过程线。由于没有真实的泥石流土石方量记录，以假设泥石流的体积浓度维持在 60%。研究表明 27mm 的时降雨量可能为泥石流触发的临界降雨值（林伯融，2007），所以假设午夜 6 时降雨强度达到 22.5mm/h 时泥石流发生，并持续 2h。将 2h 泥石流过程与降水事件的产流过程结合进行模拟。模拟时设置上溪主流为流出口，并根据房屋位置手动设置阻流障碍。

模拟的最大流深、最大流速与达到最大流深的时间分别如图 10-18 ~ 图 10-20 所示。可以看出，九坍村西部受泥石流的威胁较小，只有西沟沟口处已被“6·13 滑坡事件”破坏的房屋受到冲击。九坍村东部的若干房屋受到泥石流的冲击，其中东北角的几栋房屋最大流深可达 1 m，最大流速可达 1 m/s，应当引起重视。从达到最大流深的时间来看，大部分栅格都是模拟后 3h，也即最大降雨出现时刻在午夜 6 时以后不久。

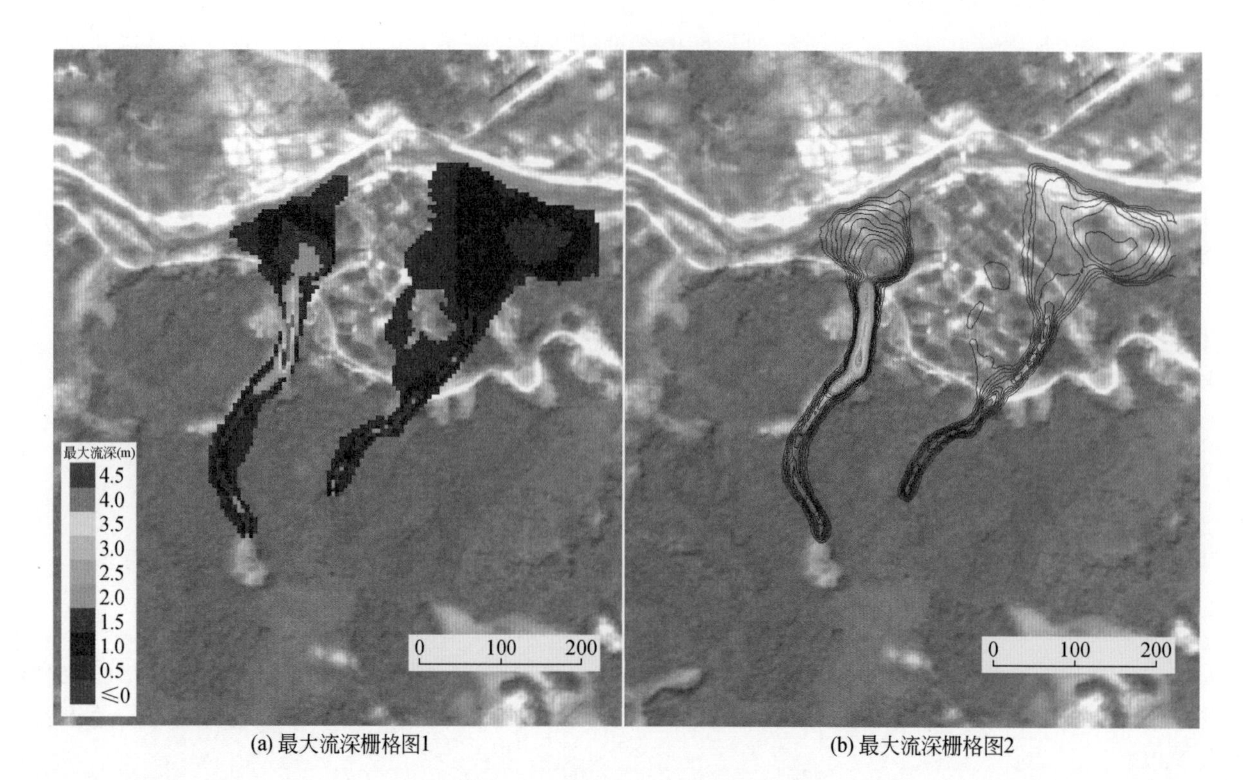

(a) 最大流深栅格图1　　(b) 最大流深栅格图2

图 10-18　九坍村泥石流模拟最大流深

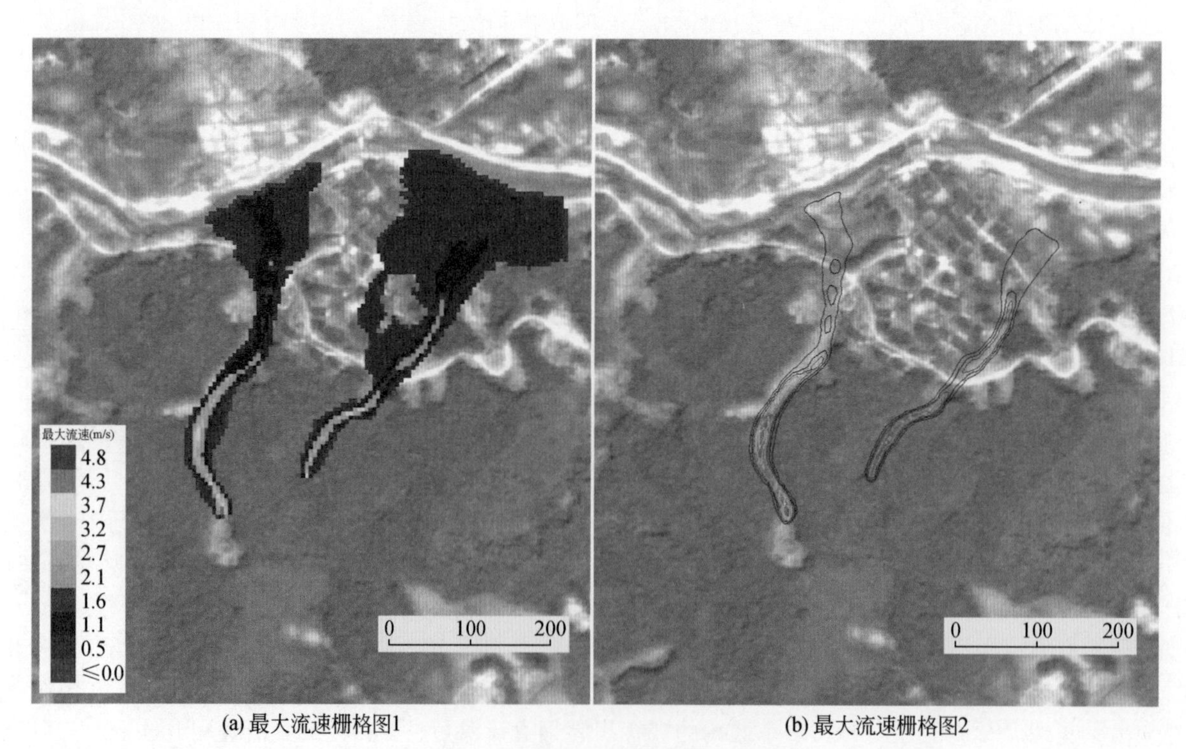

(a) 最大流速栅格图1　　(b) 最大流速栅格图2

图 10-19　九坍村泥石流模拟最大流速

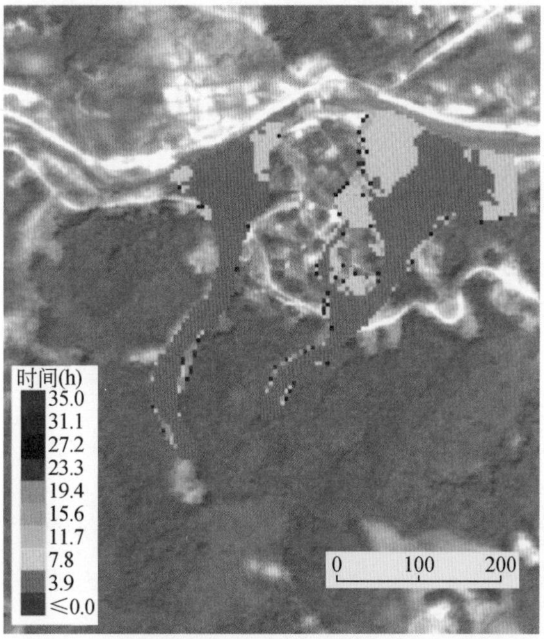

图 10-20　九坍村泥石流模拟达到最大流深时间

二、福建省泥石流危险性区划

目前泥石流地质灾害危险性评价的主要方法有：①启发式模型（heuristic model）。即经验模型，根据专家经验对不同地质环境因素赋予不同的权重。②统计模型（statistical model）。根据地质灾害发生点地质环境因素的统计特征，评价其他区域的危险性。③确定性模型（deterministic model）。基于地质灾害发生的物理力学机制，评价地质灾害的危险性。

基于确定性模型的泥石流过程模拟需要精确度较高的 DEM 数据，目前还难以实现福建全省全覆盖。同样，若采用统计模型进行泥石流评价，又由于调查的数据较少，难以进行准确分析。因此，对全省泥石流危险性区划仍需采用大区域的区划专家经验模型。

影响泥石流发生发展的主要因素有三个方面：①物质条件；②地形条件；③降水条件。因此，泥石流危险性的评价区划应综合考虑这三个方面的因素。拟对这三种条件分别选择一定的指标进行福建全省范围的等级区划，再综合各条件的等级进行泥石流危险性等级划分。泥石流各条件分别划分为三个等级（1～4），将每个区域三种条件的等级值相加得到泥石流综合危险性等级值（3～12）。并根据综合等级值将泥石流危险性划分为四个等级：极高危险区（11～12）、高危险区（9～10）、中度危险区（6～8）和轻度危险区（3～5）。

三种条件指标的选择和指标等级的划分是这一技术方法的关键。

（1）物质条件。考虑到福建省地质灾害的特有情况，地质灾害往往呈链式发生，即强台风暴雨过程中，崩塌滑坡为泥石流的发生提供物质来源，并在强地表径流情况下造成泥石流发生。因此，物质条件拟以第十章做的崩塌滑坡危险性为指标，同时采用崩塌滑坡危险性区划等级作为泥石流物质条件的等级。

（2）地形条件。泥石流易发区地形上往往山高沟深，地形陡峻，沟床纵坡降大，有利于流域汇水和为松散物质提供势能。这样，可以用地形起伏度，即一定范围内最高点与最低点的差值，作为地形条件的指标。地形起伏度越大，越有利于泥石流的发生，反之泥石流不易发生（利用 DEM 计算福建省地形起伏度，并根据计算结果划分为三个等级）。

（3）降雨条件。降雨为泥石流的直接触发条件。泥石流往往由瞬时强降雨触发，因此可以选用的指标如台风暴雨次数、台风暴雨降水量等。针对福建省降雨资料课获取的情况，采用多年平均降雨量。根据降雨指标在福建全省的等值线图，划分为三个等级。

利用的数据包括：①福建省地质灾害（以崩塌滑坡为主）易发程度分区图。从易发性由高到低，分4个等级。②福建省地形起伏度图。分为4个区：高起伏区（300m以上）、中高起伏区（200～300m）、中起伏区（100～200m）、低起伏区（100m以下）。③福建省20年（1988～2007年）年均降雨量。分为四个区：高强度区（1500mm以上）、中高强度区（1300～1500mm）、中强度区（1100～1300mm）、低强度区（1100mm以下）。

将各因素按等级分别赋予1～4的等级值，综合后得分范围为3～12。按极高（11～12）、高（9～10）、中（6～8）和低（3～5）划分泥石流危险度。

三、小　　结

（1）九坍村泥石流过程模拟结果显示，泥石流最大流深和流速并未出现在沟口，而是出现在流路末端。泥石流灾害具有超远程的特点，影响区和源区的关系不明显。因此，精细的小流域灾害规划需要借助于泥石流过程模型。

（2）福建省泥石流的发生，主要受崩塌、滑坡链式诱发。根据崩塌、滑坡危险度区划图、地形起伏度和多年平均降雨量三个参数，可对全省泥石流危险度进行区划。

（3）评价结果表明，全省泥石流高危险区有三个。

第一为闽北武夷山脉泥石流高危险区。包括南平市延平区、顺昌县、建瓯市、光泽县、武夷山市和浦城县。

第二为闽中-闽西-闽南戴云山-玳瑁山脉泥石流高危险区。包括三明市的尤溪县、大田县，泉州市的德化县、永春县。

第三为闽东-闽中鹫峰山-太姥山脉泥石流高危险区。包括宁德市的寿宁县、福安市、柘荣县。

第六节　地面塌陷危险度评价

一、地面塌陷现状

自然形成的溶洞、土洞及采矿造成的采空区在水文地质条件变化或人类工程活动的扰动下，易造成地面塌陷灾害。地面塌陷在福建省时有发生，既有岩溶塌陷，又有采空区塌陷。据初步统计，截至2008年底，福建省地面塌陷有107处，其中74处为岩溶塌陷，33处为采空塌陷。地面塌陷类型以岩溶塌陷为主，地面塌陷规模及成因类型统计结果见表10-14。

表10-14　地面塌陷规模及成因类型统计表

分类依据		类型	处数（处）	占总数比例（%）
岩溶塌陷	按规模分	巨型	0	0
		大型	2	2.70
		中型	8	10.81
		小型	64	86.49
	按排列形式分	长列式	16	21.62
		群集式	58	78.38

续表

分类依据		类型	处数（处）	占总数比例（%）
采空塌陷	按规模分	巨型	0	0
		大型	1	3.03
		中型	3	9.09
		小型	29	87.88
	按排列形式分	长列式	7	21.21
		群集式	26	78.79

（一）岩溶塌陷发育特征

（1）岩溶塌陷主要分布于覆盖型岩溶区山间盆地，由盆地四周山区至盆地中部平原，岩溶逐渐增强。

福建省覆盖型岩溶主要分布于龙岩新罗区、永安大湖、连城北团、三明市区等闽西北山间盆地，分布面积约575km²，一般在地下深度100m范围内岩溶较为发育，岩溶率达20%左右。岩溶塌陷主要分布于上述覆盖型岩溶区，见表10-15。在平面上，由盆地四周山区至盆地中部平原，岩溶逐渐增强。

表10-15　福建省岩溶塌陷分布统计表　（单位：处）

时段	龙岩	永安	连城	三明	长汀	永定	漳平	武平	德化	宁化	安溪	将乐	合计
1960～1970年		3		3									6
1971～1980年	5	6		0				2		2			15
1981～1990年	6	0	3	5	5								19
1991～2000年	8	3	8	0		5	3	2	2		2	1	34
合计	19	12	11	8	5	5	3	4	2	2	2	1	74

（2）岩溶主要分布在第四纪直接覆盖、质纯厚层的可溶岩地层。

影响岩溶发育的因素很多，但可溶岩的性质是岩溶发育的内因。统计1：2.5万福建省龙岩盆地城市供水水文地质勘探的100个钻孔资料发现（表10-16），质纯、层厚的溶岩岩溶强烈；含杂质多、层薄的溶岩岩溶发育程序相对减弱。CaO含量大于50%，岩溶发育强烈，溶洞密集，规模也较大，已知的绝大部分溶洞均发育在这两层内。SiO_2含量较高（3%～30%），CaO含量较低（20%～50%），而且含泥岩等夹层的地层，岩溶发育较弱，溶洞规模一般也小。以硅质岩为主的地层，无论是在地面内还是在钻孔内，均未发现溶洞。

表10-16　钻孔资料揭露溶洞地貌分布表

地貌类型	勘察资料（份）	比例（%）
Ⅰ级阶地	112	70.45
Ⅱ级阶地	41	25.78
丘陵	6	3.77

第四纪直接覆盖、质纯厚层的可溶岩地层，岩溶发育特别强烈，溶岩顶面以下50m内，岩溶率达20%以上。由于第四纪覆盖的溶岩，曾长期经受侵蚀和溶蚀，溶岩表面及浅部岩溶已很强烈；第四纪堆积之后，由于岩层松散，地下水活动仍很强烈，溶岩受地下水进一步溶蚀，岩溶发育就更为强烈。

（3）垂直剖面上具有从浅到深，由多变少的特点。

根据收集的工程勘察报告统计，岩溶发育在垂直剖面上具有从浅到深、由多变少、由强变弱，以至消失的特点，岩溶发育随着埋深的增加而逐渐减弱。

据1977年福建省地质局水文工程地质队在龙岩开展的1：2.5万福建省龙岩盆地城市供水水文地质勘

探中100个钻孔资料统计，地表以下100m内，岩溶发育最强烈，遇溶洞为245个，占总数的60%，溶洞总高为818.66m，占总高的66%，岩溶率为19.73%；100～200m岩溶发育中等，遇溶洞为113个，占总数的27.7%，溶洞总高为288.53m，占总高的23.3%，岩溶率为7.04%；200～300m岩溶发育较弱，遇溶洞为45个，占总数的11%，溶洞总高为125.44m，占总高的10%，岩溶率为4.4%；300m以下岩溶发育微弱，300～800m范围内，仅遇溶洞5个，占总数的1.3%，溶洞总高为7.1m，占总高的0.7%，岩溶率小于0.1%。

根据目前收集的勘察报告统计，在地表以下50m以内揭露的186个溶洞中，地表以下30m以内岩溶发育最强烈，共遇溶洞158个，占总数的84.95%，其中在-20～-10m埋深范围内的岩溶最为发育，在该埋深共揭露溶洞93个，占总数的50%。-50～-30m内的溶洞占全区15%。可见溶洞主要发育在地面以下50m范围内，尤其20m深度范围内最发育。50m以下趋于消失。-20m以下随埋深的增加，逐渐减少。溶洞发育数与埋藏深度拟合分析图10-21表明，溶洞埋深与溶洞发育个数呈以下关系式。

$$y = -6.2083x^4 + 85.083x^3 - 415.79x^2 + 822.94x - 471$$

式中，y为埋藏深度；x为溶洞发育数。

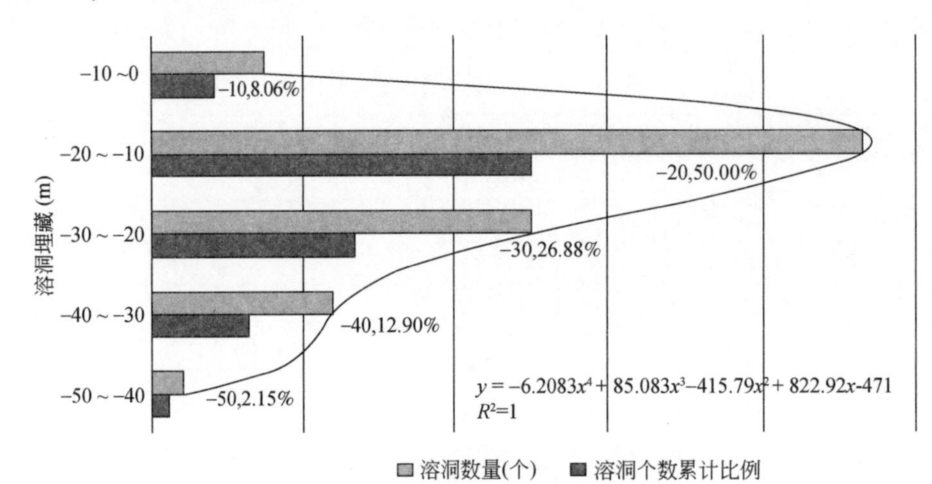

图10-21 溶洞与埋藏深度关系柱状图

（4）岩溶塌陷大多位于断裂破碎带上。

岩溶塌陷大多位于断裂构造较发育区。例如，永安大湖镇湖峰村，增田村以及三明市陈大镇陈墩村市机床厂、大元村市良种场岩溶塌陷均位于断裂带上，龙岩市新罗区的大部分岩溶塌陷均位于背斜轴部。

（5）岩溶塌陷上覆岩土体厚度一般较薄。

岩溶塌陷主要发育于浅覆盖型岩溶区，上覆岩土体厚度类型一般为砂质黏土及砂砾卵石双层结构，厚度薄处一般为5～20m，最厚处约40m。

（6）岩溶塌陷规模以小型为主。

福建省岩溶塌陷规模较小，单个塌陷坑以小于100m^{2}小型为主，占71.74%，常以单个或串珠状出现，最多一处6个陷坑（永安大湖增田村），其深度一般为1～4m，最深为8m；一般规模在10～100m^3。单个塌陷规模最大为龙岩市新罗区后盂市水泥厂旁塌陷，塌陷直径为44.5m，面积为1520m^2、体积为4275m^3。群体规模最大为永定县高头乡大岭下村田下（永盛楼）塌陷，在永盛楼前面稻田中出现十几个大小不等的塌坑、在楼后面也出现塌坑及裂缝，分布面积达31 400m^2，见表10-17。

表10-17 收集的工程勘察资料中各钻孔揭露溶洞高度情况

溶洞高（m）	溶洞数量（个）	溶洞个数累计比例（%）	溶洞总高度（m）	溶洞高度累计比例（%）
<0.5	11	5.91	3.64	0.73

续表

溶洞高（m）	溶洞数量（个）	溶洞个数累计比例（%）	溶洞总高度（m）	溶洞高度累计比例（%）
0.5～1	40	21.51	31.07	6.26
1～2	51	27.42	75.45	15.20
2～5	60	32.26	189.64	38.21
5～10	20	10.75	140.56	28.32
10～20	4	2.15	56	11.28
合计	186	100	496.36	100

1：2.5万福建省龙岩盆地城市供水水文地质勘探中100个深部钻孔揭露的溶洞同时也表现出该规律，在其揭露的408个钻孔中，小于5m的溶洞占总溶洞数的83.33%，大于10m的溶洞仅占总溶洞数的8.33%，见表10-18。

表10-18 1：2.5万福建省龙岩盆地城市供水水文地质勘探钻孔揭露溶洞高度情况

溶洞高（m）	溶洞数量（个）	溶洞个数累计比例（%）	溶洞总高度（m）	溶洞高度累计比例（%）
<0.5	141	34.56	41.56	3.35
0.5～2	126	30.88	135.68	10.94
2～5	73	17.89	238.71	19.24
5～10	34	8.33	257.8	20.77
10～20	27	6.62	377.11	30.40
>20	7	1.72	189.78	15.30
合计	408	100	1240.64	100

（二）采空塌陷发育特征

1. 采空塌陷主要分布于矿产资源较丰富的闽西南地区

采空塌陷主要分布于大田、尤溪、新罗、永安、德化、邵武及长汀等矿业较为发达的县（市、区）。福建省闽西南地区矿产资源较丰富，采矿活动频繁，主要生产煤、铁、石灰石、石板材等，矿区开采常引起采空塌陷。

2. 采空塌陷规模以小型为主

采空塌陷分布面积规模最大的为安溪县感德镇霞云村石灰石矿矿区采空塌陷，分布面积为1km^2；采空塌陷面积1000～1 000 000m^{2}的有16处，100～1000m^{2}的有11处，小于100m^{2}的有5处。

3. 采空塌陷主要由矿坑采空引起

在已发生的33处采空塌陷中，29处为矿坑采空引起，占总数的87.88%，其余4处为抽水引起。

二、地面塌陷危险性区划

按照上述规律，结合福建省可岩溶分布情况及发灾实际，可以评价，福建省岩溶地面塌陷主要分布于闽西南的新罗、长汀、连城、武平、清流、永安等局部灰岩区域。矿山采空地面塌陷主要分布于闽西南的尤溪、永安、大田、永定、武平、新罗等局部矿业发达、地下开采较为普遍的区域，见表10-19。

表 10-19 列入地面塌陷危险性区划的县（市、区）

易发设区市	福州	漳州	泉州	龙岩	三明	南平
易发县	闽清	南靖	安溪	新罗	大田	延平
			德化	连城	永安	顺昌
				武平	尤溪	邵武
				漳平	清流	政和
				长汀	将乐	
					梅列	
合计（个）	1	1	2	5	6	4

第七节 结论及防治建议

一、结 论

（1）福建省地灾总体特点。福建省崩塌、滑坡、泥石流等地灾往往受极端强降雨诱发后，在短时间内一次性群发。内陆地区 5 月初至 6 月末梅雨型的降雨集中，变质岩地区易发较为大型的滑坡、崩塌、泥石流；沿海地区 8 月初至 9 月末台风型降雨集中，侵入岩区较易发生小型浅层土质崩塌。当降雨量超过一定限值时，房前屋后土层厚度大于 1. 5m 的人工切坡均会发生崩滑，极端降雨分布区和地质灾害危险区基本重合。

（2）与国内外其他区域相比，福建省境内已发的崩塌、滑坡、泥石流规模较小，人类工程活动有使滑坡面积变小的趋势。从滑坡数据集分析成果来看，大型滑坡几乎全部分布在变质岩地区。鉴于受灾人员和财产损失多由大型滑坡引起，应特别重视变质岩地区的灾害防治。

（3）台风触发滑坡多分布于距台风中心路径大于 100 km 的区域。相对于强降雨触发滑坡，台风触发滑坡在沿海地区分布较多，内陆地区偏少。台风触发型滑坡面积偏小，强度分布集中，且影响范围空间聚类性强；梅雨期强降雨触发型滑坡面积较大，影响范围较广。

（4）持时 2 天的极值降雨事件对福建省的地质灾害的空间分布具有关键的控制作用。前期降雨对全省大部分地区的滑坡发生影响显著。

（5）福建省群发性、大规模地质灾害发生的重现周期在 4 ~ 7 年左右。

（6）福建省滑坡降雨触发阈值呈现明显的空间差异，福建省西部、中部地区的降雨触发阈值低于沿海地区，西部和中部更应加强崩滑流的防范措施。降雨持续时间长短对滑坡的发生也呈现明显的空间差异。对于东南沿海，短时的强降雨是其造成滑坡灾害的主要原因，对于其他地方应该预防长时间小降雨过程，过程中一次较强的降雨过程极易造成滑坡的发生。

（7）地震动下斜坡动力稳定性评估结果表明，内陆地区的滑坡多由强降雨和台风引起，部分地区对地震有较强敏感性，当地震灾害发生时，这些地区应该注意滚石和滑坡灾害。特别注意震后的强降雨，非常容易产生滑坡、泥石流等地质灾害。福建省西北部对地震的影响较不敏感，其地面峰值加速度（PGA）远小于沿海地区，该地主要以变质岩为主，更对降雨敏感，因此地震对该地区影响较小。

（8）福建省的地面塌陷灾害主要分布在第四纪直接覆盖的溶岩地段。浅部岩溶发育特别强烈，溶岩顶面以下 50m 内，岩溶率可达 20% 以上。

（9）福建全省崩塌、滑坡高危险区可划为三个区域。①闽北武夷山脉崩塌、滑坡高危险区。包括南平市延平区、顺昌县、建瓯市、浦城县、松溪县、政和县。②闽中-闽西-闽南戴云山—玳瑁山脉崩塌、滑坡高危险区。包括三明市的尤溪县、大田县、沙县，龙岩市的新罗区、永定区，漳州市的华安县、平和县，泉州市的德化县、永春县、安溪县，莆田市的仙游县。③闽东-闽中鹫峰山—太姥山脉泥石流高危险区。包括宁德市的寿宁县、福安市、柘荣县。

（10）泥石流危险区在崩塌、滑坡作为物源的基础上，结合地形高差、降雨条件划定，也包括三个区域，但范围比崩塌、滑坡危险区域小。①闽北武夷山脉泥石流高危险区。包括南平市延平区、顺昌县、建瓯市、光泽县、武夷山市和浦城县。②闽中-闽西-闽南戴云山—玳瑁山脉泥石流高危险区。包括三明市的尤溪县、大田县县，泉州市的德化县、永春县。③闽东-闽中鹫峰山—太姥山脉泥石流高危险区。包括宁德市的寿宁县、福安市、柘荣县。

（11）福建省岩溶地面塌陷主要分布于闽西南的新罗、长汀、连城、武平、清流、永安等局部灰岩区域。矿山采空地面塌陷主要分布于闽西南的尤溪、永安、大田、永定、武平、新罗等局部矿业发达、地下开采较为普遍的区域。

二、防治建议

（一）技术方面

（1）针对福建省崩塌、滑坡、泥石流短时群发特点，以细分区域致灾雨量阈值为重点，对地质灾害预警及应急系统进行攻关研究，建立“预警—提前批量转移—灾后安全回迁”的应急响应体制。

（2）相比崩塌、滑坡、泥石流地质灾害，地面塌陷面状风险评价开展精度较低，应加强对岩溶地区的勘测。

（3）地质灾害防范应以预防为先。针对福建省地灾规模偏小、受工程切坡影响显著的特点，严格落实地质灾害危险性评估制度和地灾防治工程与主体建设工程“三同时”制度，控制新发隐患。对农村“面广量大”的农民个人建房，加强规划选址和用地审批时的指导和把关。

（4）在经济条件仍未成熟的情况下，简易降险处理和地质灾害群测群防仍然是治理和防范房前屋后地质灾害的有效手段，应长期坚持，并进一步提高科技含量。

（5）从高强度的四川汶川地震到中低强度的云南彝良地震的抗震救灾的实践表明，道路网络特别是生命线工程的抗震性能非常重要。在发生类似汶川地震强度的地震，并同时强降雨的情况，沿海地区将较易形成碎屑流，内陆地区较易形成大型滑坡，应立即将居住在房前屋后斜坡、边坡地带的群众撤离。

（二）行政方面

以福建省委省政府现有的地质灾害防治“百千万工程”为抓手，制定和实施“福建省地质灾害防灾减灾十年规划”，产学研紧密结合，力争 2022 年实现隐患点高陡边坡底数清晰，群测群防体系无缝覆盖，重大隐患点全面及时工程治理或搬迁避让，小型隐患降险处理到位，极端气候条件下人员伤亡降至最低，直至无伤亡。

（1）尽快完成全省 67 个山地丘陵县地质灾害详细调查，查明新发隐患和高陡边坡，查清地质灾害隐患在自然和人为因素作用下的发生、发展规律及对人民生命财产，以及经济社会的危害程度，建立完善地质灾害详细调查基础数据库，提供科研与管理共享共用。

（2）监测预警和群测群防无缝覆盖。福建省地灾的发生受极端强降雨诱发后，短期群发特征明显，重现期 4 ~ 7 年。持续开展降雨致灾临界阈值研究，提升改造省级地质灾害信息与预警系统，地质灾害易发县每县建立精细到村的地质灾害气象预报预警系统。以地质灾害群测群防“十有县”和“五到位”建设活动为抓手，进一步完善“定人、定责、定时”监测、巡查制度。推行地质灾害易发区段乡镇国土资源所、行政村村部、受威胁的企事业单位“四应有”，受地质灾害威胁的万个村庄的防灾责任人、监测人“四应知，四应会”。

（3）重大地灾隐患得到全面治理或搬迁避让。专项工程治理 500 处以上危险性大、危害性大的重大地质灾害隐患点，实现“补助治理一个，隐患消除一个”。对工程治理投资过大或治理后仍不能有效消除隐患的，实施搬迁避让、异地集中安置。力争搬迁 24 000 户，消除地质灾害隐患 1000 处。

（4）2022 年小型隐患全部得到降险处理。对威胁土木结构房屋、可能发生小崩塌的土质陡边坡实施降险处理，同时使坡脚和建构筑物之间预留一定空间，作为缓冲，减少滑坡、崩塌等地质灾害对人或物的直接伤害。

（5）持续开展致灾机理等科学问题研究。整合福建省内地质灾害防治科研力量，创建地质灾害防治科学研究开放式平台，开展地质灾害成灾机理、监测预警、应急救援和防治工程组合技术等方面研究，提升极端气候条件频发背景下地质灾害科学认知水平。

第十一章　海西经济区地下水封洞库的可行性与安全性研究

根据2009年统计，我国人均石油占有量只有世界人均石油量的6.8%，排在第41位；探明的石油可采储量占全世界探明储量的1.2%，排在第13位；年生产原油1.89亿t，占世界采出原油的5.1%，排在第5位；年石油消费3.88亿t，占世界总消费的8.7%，仅次于美国，排在第2位。净进口原油高达1.99亿t，原油对外依存度达到51.29%，逐年接近国际上公认的60%警戒线。2000～2009年，我国石油消费年均增长6.78%。我国是一个人均占有石油十分贫乏、石油消费在逐年上升、对外依存度逐年提高、存在严重石油能源安全问题的国家，因此加快我国地下石油储备库建设已到刻不容缓地步。

目前国际上的石油储备库分为地上油库和地下油库两大类，地上油库一般均采用钢罐储存；地下油库有多种不同的形式：主要包括废弃盐岩矿井洞穴或人工专制盐岩洞穴、废弃矿井巷道加水幕系统、人工硬岩洞库加水幕系统（简称水封洞库）、地质条件较好的含水层储油、枯竭的油气层储油5种形式。地下储油相对地上储油库因其占地少、投资小、损耗少、污染小、运营管理费用低、安全性能高、装卸速度快而被广泛采用。据统计，世界石油储备总量的90%是储存在地下。其中较多采用的是水封洞库和盐岩洞库，其中水封岩石洞库一般是在稳定的地下水位线以下一定的深度，通过人工在地下岩石中开挖出一定容积的洞室，利用稳定地下水的水封作用密封储存在洞室内的石油，水封岩石洞库1938年起源于瑞典，经过近20多年试验、小规模示范，于20世纪六七十年代进入商业建设的地下水封岩石储备库，从设计到施工形成了比较成熟的技术。目前国际上主要的30多个国家建设有石油或石油产品地下水封岩石储备库200多处。我国在20世纪70年代也曾在山东黄岛、浙江像山建设了两处地下储备库，容积分别为15万m^3和3万m^3，规模较小，均为在花岗岩地层中人工开挖形成，但之后中断了近30年，没有形成大规模石油地下储备库设计、施工的完整技术，没有一部指导性规范。

改革开放20多年来，我国的综合国力得到了迅速增强，面对我国石油资源有限、石油进口量逐年增加及国际石油价格动荡的局面，为了增强国家应对战争、自然灾害等突发事件的能力，防止石油供应中断和石油危机给我国国民经济发展和国家安全带来的冲击，保证国家能源安全，国务院于2005年6月审议通过《中国能源中长期发展规划纲要》（草案），其明确指出解决我国能源问题必须坚持实行的要点：①要坚持把节约能源放在首位，实行全面、严格的节约能源制度和措施，显著提高能源利用效率。②要大力调整和优化能源结构，坚持以煤炭为主体、电力为中心、油气和新能源全面发展的战略。③要搞好能源发展合理布局，兼顾东部地区和中西部地区、城市和农村经济社会发展的需要，并综合考虑能源生产、运输和消费合理配置，促进能源与交通协调发展。④要充分利用国内外两种资源、两个市场，立足于国内能源的勘探、开发与建设，同时积极参与世界能源资源的合作与开发。⑤要依靠科技进步和创新。无论是能源开发还是能源节约，都必须重视科技理论创新，广泛采用先进技术，淘汰落后设备、技术和工艺，强化科学管理。⑥要切实加强环境保护，充分考虑资源约束和环境的承载力，努力减轻能源生产和消费对环境的影响。⑦要高度重视能源安全，搞好能源供应多元化，加快石油战略储备建设，健全能源安全预警应急体系。⑧要制定能源发展保障措施，完善能源资源政策和能源开发政策，充分发挥市场机制作用，加大能源投入力度。深化改革，努力形成适应社会主义市场经济发展要求的能源管理体制和能源调控体系。

依据商业储备与国家战略储备并存的国际惯例，在未来若干年，我国将建设300～500万m^3的大型地下原油储备库10多处，总建库规模将达4500多万m^3，是一项浩大的地下岩石洞库群建设工程。目前水封洞库已在山东黄岛、辽宁锦州、广东湛江、大亚湾等地进行了选址、预可行性和可行性研究。

第一节　地下水封油库基本原理

地下水封储油洞库，就是在稳定的地下水位以下开挖岩洞且洞壁不衬砌，利用地下水压力来封存油品。因此也可称为地下水封裸洞储油。这种地下岩石裸洞储存石油应具备两个条件：一是密封；二是岩石具有一定的强度，以保证油品不渗不漏、不挥发。地下水封储气洞库一般修建在稳定地下水位以下且岩性较好的岩体中。洞室开挖前，地下水通过节理裂隙等渗透到岩层的深部并完全充满岩层孔隙。当储油洞库开挖形成后，周围岩石中的裂隙水就向被挖空的洞室流动，并充满洞室。在洞室中注入油品后，在洞室周围会存在一定气、水压力差，因而在任一相同水准面上，地下静水压力都大于洞内压力，这样，洞内油品就储在这个封闭的压力场中。在水压力的作用下岩体中的裂隙水不断地流入洞室中，而油品却不能从裂隙中泄漏。流入洞内的水且沿洞壁汇集到洞底部形成水垫层，并根据存储方式由抽水泵调节水垫层的厚度。同时利用油比水轻、油水不相混的性质，油品则浮在洞室底部的水垫层上。另外，如果地下水不能完全满足水封要求，则可以人工开挖注水巷道、打注水孔，采用水幕的方式来满足水封条件。水封储油洞库主洞室建在地下水位以下，将洞室置于孔隙水的包围中，水只可能往洞内渗透，而油是不可能往洞外渗透。这就是地下水封式储库原理。

图11-1为地下水封洞库储油原理示意图。作为地下水封岩洞库，在选址上首先要求选择整体性比较完整、坚硬的岩石，在岩石周围有稳定的地下水位。靠岩石周围的水压力，水只能向洞库内流动，同时洞室上方设有水平水幕系统，在油库储存过程中四周都有观测孔，定期检测地下水位及质量。

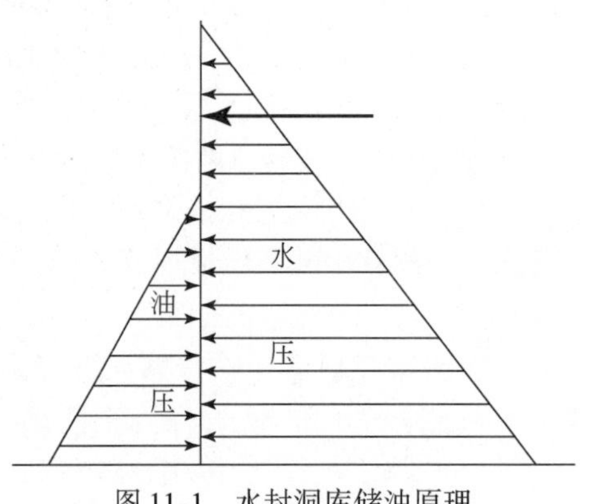

图11-1　水封洞库储油原理

从理论上讲，裂隙地下水并不是要必备的要素，水封式地下储库要求有裂隙地下水的存在，是因为自然界的岩体中发育有裂隙，如果洞库所在岩体为一整块无裂隙岩石或者存在非贯通裂隙，开挖出的洞室本身就可以实现密闭，这种情况下裂隙地下水就是非必要的。也就是说，仅仅是由于岩体中发育有贯通裂隙，裂隙地下水才成为水封式地下储库所必须具备的要素，因此地下水和裂隙在水封式地下储库中的关系是“隙存水补”这样一种主从关系。

地下水在水封式地下储库中所起的作用具有双重性。一方面，岩体内有裂隙发育，要想实现封闭就必须有地下水填充；另一方面，如果它越丰富，说明岩体越破碎，这不仅给洞库的稳定造成威胁，而且地下水与被储油品同为液体，它们之间很容易发生对流，以致造成油品流失和地下水污染，此外，如果地下水量很大，处理地下水（注浆和排水）又将增大工程量，而且还会使洞库的运营成本增加。图11-2和图11-3分别为地下水封洞库和地下水封洞库结构。

图 11-2　地下水封洞库

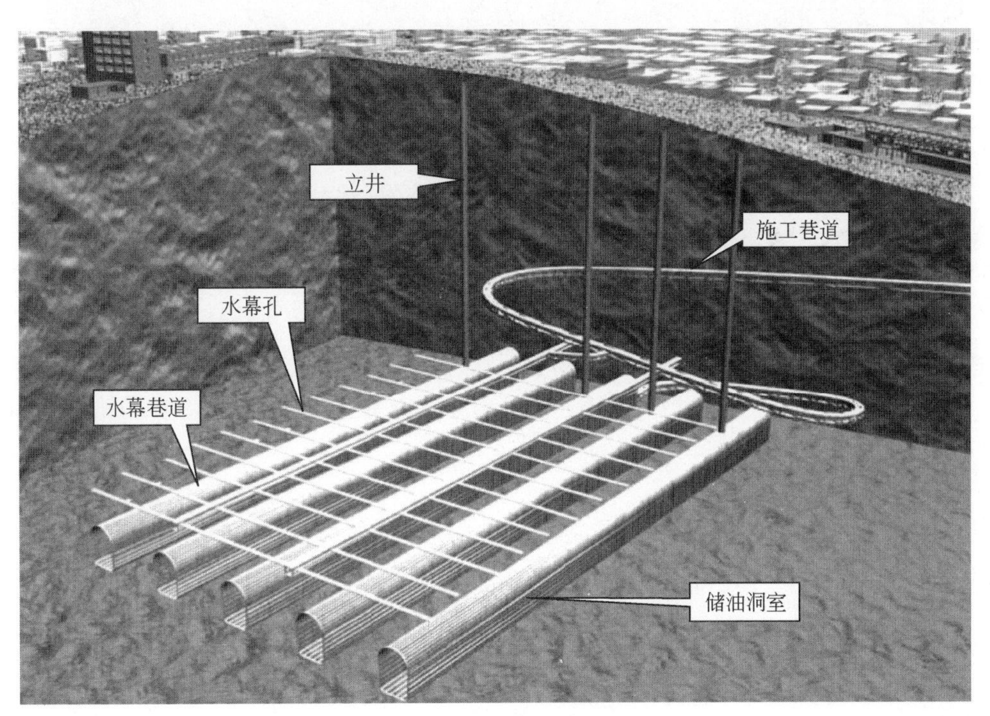

图 11-3　地下水封洞库结构

第二节　地下洞库的优点

（1）安全性好。地下洞库与地面的联系是通过操作竖井实现的，操作竖井用盖封闭。正常操作无油气外漏，而操作竖井直径仅 6m，只相当于一个 200m^3 的地上罐，平时无着火可能，一旦着火，也很容易扑救。

（2）节省投资。当库容达到一定规模时，地下洞库较地上库投资节省。初步核算，如在黄岛、大连两处各建储备300万 m^3 的地下洞库，投资比地面油库可分别节省4亿~5亿元。

（3）适合战备要求。当前，核大国之间发生核战争的可能性很小，但地区间的小规模常规战时有发生，地下洞库都深埋在地下水位线下30~40m，一般的枪、炮、炸弹对其不会构成破坏，而地上库在这方面恰恰是弱点。

（4）占地少。地下洞库一般建在山体的岩石下面，地面设施很少，以在黄岛建300万 m^3 油库为例，地下洞库占地约 $3hm^2$，而黄岛地上库已占地约990亩（$66hm^2$），而且民房建筑要远离油罐1km距离，严重影响社会环境和土地开发。我国是一个多山、少耕地、少绿地的国家，建设大规模的地上储罐必将大量破坏环境，占用大量土地资源。

（5）大呼吸损耗可回收。地下洞库的大呼吸损耗位置集中，如果周转次数较大时，可以考虑建设回收设施解决大呼吸损耗问题，投资仅需增加500万元左右。

（6）节省外汇。地上10万 m^3 钢制油罐大部分钢板靠进口，需大量外汇，以建设300万 m^3 储备库为例，每座地下洞库可节约600万美元。

（7）维修费用低。地下洞库的维修费用只占相同库容地上库费用的1/6，仅这一项每年就可节约630万元。

（8）对自然景观破坏小。特别是在山区，不需大量开山。

（9）建设工期相当。现阶段地下工程进度很快，施工中的量测监控反馈技术对快速、优质建设地下油库，具有很大作用。

国家原油储备库的建设事关国家大计，意义非同寻常。作为战略储备库，地下油库具有地上钢制油罐很多不可比拟的优点，并在世界上被广泛采用，无论是技术上还是施工上都不存在问题。我国已建有比原油储存更难的数个液化石油气地下储气罐，具有很丰富的设计、施工经验。

第三节　地下水封油库建设总体原则

1. 建库工程地质与水文地质条件

选择在坚硬、完整性好，并具有弱透水性的整块状岩体区；最好是结晶状、未风化或微风化花岗岩，岩体级别为Ⅰ级或Ⅱ级；具有稳定的地下水位；尽量依托现有的海运航道、大型油码头和输油管网。

2. 库容规模确定原则

一般按拟选库周边炼油企业90天加工原油能力的2倍产量进行核定，同时考虑工程、水文地质所许可的最大建库规模，宜多不宜少。

3. 储油库埋深确定原则

储油洞室内最大工作压力，一般取0.02MPa，水封压力2个大气压。据此从储油洞室拱顶算起，埋深为设计地下水位埋深 H 取20~25m，合理埋深为30m，不宜过浅或过深。

4. 储油洞室断面形状确定原则

储油洞室的断面形状一般需根据水平地应力大小、方向，岩体的稳定性，便于施工等因素综合确定，可选择曲墙三心圆拱、直墙三心圆拱、半圆拱斜墙形状，断面跨度一般为18~22m、高度为28~30m。

5. 储油洞室长度及走向

储油洞室长度一般根据可用岩体范围、储油库规模、储油洞室的组数等来确定，一般情况为

500～1000m。

储油洞室的走向一般与最大水平地应力平行，或小角度相交。

6. 储油洞室净间距

综合考虑埋深、地应力大小、围岩条件、断面形状等因素，确保洞室之间岩体有足够宽度的非破坏区，可通过数值模拟计算确定，一般取洞室跨度的0.5～1.0倍。

7. 水幕系统设置原则

（1）水幕巷道与储油洞室垂直间距一般取20～30m。

（2）水幕巷道断面采用4.5m×5.0m直墙圆拱形。

（3）水幕巷道与储油洞室的轴线平行、注水孔与储油洞室垂直布置为好。

（4）水幕系统边界需超出储油洞室边界至少10m。

（5）注水孔间距为10～20m。

8. 施工斜坡道设置原则

斜坡道断面根据运输、通风、排水、管线布设、地下设备安装、出渣车辆外形等综合确定，一般采用直墙拱形断面，断面宽度为9.0m，高度为8.5m，应满足双向二车道出碴要求、通风要求。

斜坡道数量可根据工程规模、出碴能力、地形地质条件、工期要求综合确定，可二组或多组，由通风、出碴量和工期决定。

曲线斜坡道坡度应不大于10°，直线斜坡道坡度应不大于12°。

9. 竖井设置原则

每座洞罐竖井布置方案有两种：一是每组平行长洞罐设一个竖井；二是按储存种类不同洞室上各设一个竖井。

方案一：由地下洞室至地面的进、出油管道及其套管，仪表和电缆及其套管等均布置在竖井中，竖井直径宜为7m左右。

方案二：其中一个竖井中布置进、出油管道及其套管，直径为4m，另一个竖井中布置由地下洞室至地面的其他工艺管道及其套管，仪表和电缆及其套管等，直径为6m。

第四节　福建调研工作

要全面评价海西经济区适宜于建设各类地下水封洞库（包括水封原油库、成品油库及液化石油气库）的工程地质、水文地质条件，以及与区域经济发展相适应的总体建设规模和分布特点，对洞库建设与运营期间对周边经济的促进作用及对环境的影响给出科学评估，需要讨论的主要问题如下。

（1）福建省海西经济区哪些地区适合建立地下水封地库？

（2）地下水封地库的建库规模？

（3）建库的方案，有哪些可以借鉴的经验？

（4）建设水封地库对海西经济区及周边地区经济的发展有何促进作用？

一、工程地质调研

福建省大地构造位于华南褶皱系的东部，其地壳演化时期划分为：扬子和加里东时期，全省处于地槽阶段；华力西和印支时期，转变为准地台阶段；燕山时期进入濒太平洋边缘活动带阶段；喜马拉雅时期，全省处于相对稳定阶段。福建省地质构造单元划分为：省内一级单元有闽西北隆起带、闽西南坳陷带和闽东火山断坳带；二级单元有10个；三级单元有10个。全省深断裂带有6条，大断裂带有15条。

（一）加里东期花岗岩

加里东期花岗岩分布于闽西北隆起带，大致可分为东西两个岩体带：东带由徐墩、石洲、洋溪、湖源、小溪和汤湖等混合花岗岩和二云母花岗岩体组成；西带由仙阳、竹洲、东堡、上青、宁化、桂坑等混合花岗岩、二云母花岗岩和片麻状黑云母二长花岗岩组成。以二云母花岗岩和片麻状中粗粒黑云母二长花岗岩为主要岩石，前者多以岩株产出，有的构成混合岩区的核心（如仙阳、竹洲、汤湖等岩体），有些岩体的边缘又出现不强的混合岩，其围岩属于低角闪岩相变质岩；后者以岩基产出，与围岩既有过渡也有侵入关系，围岩多属低绿片岩相。不同的花岗岩体岩性差别较大，同一岩体内的物质组分（包括矿物组分、化学成分）也较不均一。造岩矿物含量或粒级无明显递变，相带不发育，难于划分。岩石化学成分中CaO的平均含量大于1%，属于钙碱性花岗岩，其他各氧化物的平均含量也接近于世界钙碱性花岗岩。本期岩体时代，主要靠同位素年龄测定，年龄值主要集中于400～440Ma，即奥陶至志留纪，个别为早泥盆纪。此外，在三明中村、德化国宝等地也有加里东期花岗岩分布。

其典型岩体有竹洲岩体和宁化岩体。

1. 竹洲岩体

竹洲岩体分布于建阳县的麻沙与吕口之间，出露面积为76km^2，以岩体与混合岩密切伴生，普遍出现稀土矿化为特征。该岩体形成时代与周围片岩的变质时代一致，岩体西侧（麻沙西北2km）云母石英片岩中白云母的钾氩年龄为445.74Ma；岩体中黑云母的钾氩年龄为441.0Ma；白云母的钾氩年龄为421.03Ma，时代属奥陶纪。岩体位于黎源-竹洲混合岩区的核心部位，自岩体往两侧，逐渐过渡为混合花岗岩夹条痕状混合岩带-条痕状（眼球状）混合岩带-混合质变粒岩带。

2. 宁化岩体

宁化岩体是福建省加里东期规模最大的岩体，成因上作为交代花岗岩的代表之一。它位于闵赣交界的宁化-建宁一带，部分延入江西境内。岩体呈南北向伸展，长约75km，宽5～30km，分布面积为1080km^2。岩体与早古生代地层大多为交代混合过渡关系，靠近岩体的围岩多有混合岩出现，尤其是岩体西侧江西境内，与混合岩化变粒岩呈渐变过渡，岩体一侧保留大量变粒岩残留体，围岩一侧则有大量交代花岗岩成分的脉体，野外对岩体边界位置的确定有时较困难。岩体内保存的围岩残留体中有时见有长石浅色边呈肠状分布或穿插残留体，甚至在其中形成交代斑晶。岩体相带不发育，常见粗大长石斑晶紧贴围岩。岩体在形成过程中有些位移，因此偶见切割围岩的现象。

（二）华力西-印支期花岗闪长岩

华力西-印支期花岗闪长岩主要分布于政和-大埔断裂带上，有东山、下元、埂埕、捕虎尖等岩体。捕虎尖岩体呈岩株状产出，出露面积为93.2km^2，其他均为小岩体，面积均小于12km^2。相带一般较发育，可分为内部相和边缘相，中粒至中细粒结构，似斑状构造，岩性上有时过渡为二长花岗岩或花岗岩。据伟晶岩的白云母钾氩法年龄为209Ma（下元），相当于中三叠世。其典型岩体主要是下元岩体。

下元岩体位于南平市东北约13km，岩体面积为11.4km^2，是华力西-印支期花岗闪长岩中时代依据较充分的岩体之一。其西南部和北部被上三叠统焦坑组和下侏罗统梨山组沉积覆盖，焦坑组底部花岗质碎屑岩中发现下伏岩体的砾石，接触面产状平缓。

（三）华力西-印支期二长花岗岩

华力西-印支期二长花岗岩有围埔、大山、桂洋等岩体，出露的规模大，占该期岩体总面积的87%，多沿断裂或背斜轴侵入，呈岩基或岩株产出，成岩过程中受定向区域应力作用明显，使矿物呈定向排列，常显片麻状构造，矿物的应力痕迹也较明显。岩体相带不发育（大方、桂洋岩体），有的发育，如围埔岩体，中心相为似斑状粗粒花岗结构，过渡为片麻状似斑状中-中粗粒花岗结构，边缘相为片麻状碎裂花岗结构。其形成时代，集中于二叠纪至三叠纪（同位素年龄为201～265Ma）。

华力西-印支期二长花岗岩典型岩体主要有桂洋岩体。桂洋岩体位于永春县西北部与德化县交界处，出露面积约70km^2。

（四）燕山早期第二阶段似斑状花岗岩

该阶段侵入岩规模小，出露面积共1872km^2，岩体零星分布于闽西北隆起带的西北部和北部，以及闽西南坳陷带的中部，主要有小陶、光泽、大银厂、高溪、鸡蛋岗等8个，呈岩基、岩株状产出。

（五）燕山早期第三阶段第一次片麻状黑云母二长花岗岩

燕山早期第三阶段第一次片麻状黑云母二长花岗岩出露面积为3469.8km^2。由西北向东南有三条北东向岩体带：华侨-危家窠岩体带，有界首、危家窠等岩体，受崇安-石城断裂带控制，分布零星，多呈小岩株状；筹岭-才溪岩体带，有筹岭、玉山等岩体，受政和-大埔断裂带控制，呈岩基及岩株产出；三山-古美山岩体带，有惠安、古美山等岩体，呈带状岩基产出。

（六）燕山早期第三阶段第三次黑云母花岗岩

该部分侵入岩为福建规模最大，岩体几乎遍布全省，集中分布于西部和南部，出露面积为19 313.8km^2。岩性稳定，大部分稀有、稀土、钨、锡、钼、铋等矿产与其有直接的成因联系。岩体常沿断裂和背斜、隆起轴部侵入，按其展布方向和所处构造位置，可分为五个北东向、两个南北向和一个北西向等岩体带。北东向岩体由西北向东南依序为：①篁村-陈岭；②外屯-河田；③旧镇-古田；④斜滩-金山；⑤黄岐-龙伞崠岩体带。它们分别受崇安-石城、浦城-长汀、政和-大埔、福安-南靖、长乐-东山断裂带所控制，多数岩体产于主断裂的西北侧。南北向岩体带西带为新甸-杨厝岩体带，东带为永兴-大源岩体带，分布于将乐-华安及浦城-嵩口南北向断裂带内。北西向岩体带为武平-下洋岩体带，受上杭-云霄北西向断裂带控制。上述以北东向岩体带为主，其中Ⅱ～Ⅲ岩体带是该部分侵入岩的主体。岩体多呈岩基、岩株状产出，少部分呈岩瘤状及墙状。

（七）燕山早期第三阶段第四次细粒花岗岩

燕山早期第三阶段第四次细粒花岗岩分布零星，规模小，总面积为727.71km^2。岩性以细粒花岗岩为主，少量花岗斑岩及正长岩，呈小岩株、岩瘤状产出，少数为岩墙状，常出现于第三次黑云母花岗岩内或附近，共同组成复式岩体。其中面积大于10km^2 的有前坂、蒋屋、葫芦岭、庄灶岩体，前坂岩体最大达67.2km^2。花岗斑岩见于闽侯广坪、漳平洛阳等地。

（八）燕山晚期第一阶段第二次二长花岗岩、花岗岩

该部分侵入岩为燕山晚期规模最大的一次，出露面积为2477.8km^2。二长花岗岩有丹阳、顶城、古农、鹤塘等岩体；花岗岩有福州、永泰、太武山、四都、太向岭及化蛟等岩体。它们主要分布于福安-南靖断裂带及其以东沿海地区，多产于各组主要断裂带及相互交汇处附近，受断裂带控制明显。

（九）燕山晚期第一阶段第三次晶洞钾长花岗岩和晶洞花岗岩

燕山晚期第一阶段第三次晶洞钾长花岗岩和晶洞花岗岩分布于东部中生代火山岩区内，濒海分布，大小岩体近百个，为燕山晚期规模较大的一次，出露面积为2168km^2，占燕山晚期侵入岩面积为28.6%，占全省侵入岩面积的5.38%。按岩体的特点和分布规律可分为两个北北东向的岩体亚带：东带为太姥山-鹭峰山岩体带，濒闽东北海岸分布，由北向南有太姥山、三沙、三坪、太子帽、魁岐、乌岭、南阳、鹭峰山等岩体；西带即竹洲-乌山岩体，分布于福安-漳州-诏安一线，有竹洲、赤路、方壶山、何岭、平塔、新村、白石山、金刚山、乌山等岩体。另外，沿松溪-宁德北西向断裂带、闽江口-永定NEE向断裂东段、漳平-仙游东西向断裂带东段也有少量岩体分布。

花岗岩出露面积占福建省面积约33%，主要为燕山期花岗岩。花岗岩坚硬、完整性好，并具有弱透水性。抗风化性好，岩体级别大多为Ⅰ级或Ⅱ级，开挖后的洞室无需进行支护，因此在花岗岩地层中建设地下水封洞室有很大的天然优势。

二、水文地质调研

福建省地形起伏较大，多为山地丘陵，平原及小盆地面积狭小，地质构造发育，第四系沉积物厚度不大，基岩以岩浆岩为主，因而决定了地下水类型主要为基岩裂隙水，此外为第四系松散堆积物孔隙水和碳酸盐岩裂隙岩溶水。

（一）地下水补给、径流、排泄

地下水补给来源主要为大气降水，动态变化受季节性影响显著。地下水量仅占降雨量的10%左右。降雨主要呈地表径流排泄，少量沿裂隙、孔隙渗入地下。

地下水补给来源除降雨外，局部有地表水补给，以及沿海地区的海水补给。特别在大量开采地区地表水和海水补给较明显。此外地表水渗入地下形成地下水经过径流后又沿裂隙等溢出地表成泉补给地表水。不同含水层之间地下水还存在互补关系。

福建特有的地形地貌，往往将盆地和平原分割开来，地下水自分水岭向低洼处运动，补给地表水，多呈独立的水文地质单元，补、径、排自成系统。盆地、峡谷集水区，多系就地补给，就地排泄，地下水径流途径短。地表分水岭即地下水分水岭。岩溶盆地内局部地段地下水可跨越地表分水岭而沿构造溶蚀裂隙溶洞运移，其排泄点往往在盆地边缘，以岩溶大泉形成溢出地表。而其他地层则多呈分散小流量排泄构成地表水之源。从地下水长期观测资料得知，一般泉、井流量和钻孔水位均与当地降雨量密切相关；降雨后两三个月内地下水位抬升，水量增大。山区地下水径流途径短，水力坡度大，水循环交替强烈，水质较好；沿海平原区地下水径流缓慢，水力坡度小，水循环交替弱，水质矿化度高，局部地区还存有残留海水。

（二）地下水动态变化

地下水动态变化规律受气象、水文、地质构造、地貌及人为因素影响。地下水动态变化的总趋势是：地下水位逐年降低，地下水量逐年减少（表现在泉水流量变化上），这与降雨量和地表水径流量减少有关，也与森林砍伐有关。从20世纪50年代初至80年代初以来，福建省森林覆盖率减少三分之一，河流最枯流量统计，1958～1975年比1935～1957年平均值减少三分之一。

地下水动态变化，还表现在分水岭或补给区变化大，排泄区变化小的特点。例如，泉流量排泄区平均流量的最大值是最小值的1（岩溶水）至5（基岩裂隙小）倍；分水岭区则为数十、数百倍。水位在排泄区最大变幅在5m，分水岭地区则达数十米。水温最大变幅第四系孔隙水中可达10℃，岩溶水小于10℃。

地下水动态受季节影响变化较大，一般5～9月为高水位期，12月至翌年2月为低水位期。丘陵台地残坡层地下水位根据1960～1962年福州、厦门、莆田、惠安等地观测资料，历年平均埋藏深度为1～6.57m，一般为7～8m，最深可达10余米。水位变化幅度为2～6m。滨海河口平原地下水位根据福州、厦门、东山等地观测资料，历年平均埋藏深度为0.4～6m，水位变化幅度为1～3m，最大变幅为5～6m。海潮对地下水位影响明显，近海边影响大，远离海边影响小，一般海水影响范围为150～300m。裂隙岩溶水动态变化：据龙岩地区1960～1962年和1973年对水塘等上升泉观测资料，泉水流量受大气降水影响明显，枯丰水期变幅相差2～10倍，龙岩地区水位年变幅0.71～9m。

（三）地下水化学特征

地下水化学特征受地形、地层、岩性、水循环条件与海水的远近所制约，自西部山区至东部沿海平原地下水pH由6增至8。矿化度自0.1g/L增加至1g/L以上，最高达35g/L。阴离子分带明显，自HCO_3-Cl型，逐步过渡为Cl-HCO_3型，再过渡为Cl型；阳离子以钠为主，钙离子次之，灰岩中阳离子多为钙、镁。山区基岩地下水化学类型如下。

石灰岩：HCO_3（个别$HCO_3 \cdot SO_4$）-Ca（或Ca·Mg）型。

第四系：HCO_3（或HCO_3·Cl）-Ca·Na或Na·Ca型。

岩浆岩：HCO_3-Na型。

超基性岩：HCO_3-Mg·Na型。

变质岩：HCO_3（$HCO_3 \cdot SO_4$）-Ca·Na型（或Ca·Mg）。

煤系地层：HCO_3（$HCO_3 \cdot SO_4$）-Ca·Mg（个别Ca·Mg）。

红层：HCO_3-Ca·Na型（或Na·Ca型）。

沿海近海平原主要为Cl-Na型水。全省第四系砂砾层地下水中普遍含铁高，一般均超过饮用水标准，岩浆岩基岩裂隙水中往往含氟也高。

（四）滨海区水文地质

1. 岛屿、半岛、岬角

福建省岛屿在500m^{2}以上的有1437个，总面积为（不计高滩）1245km^2，其中大于100km^{2}的4处，即平潭、东山、厦门、金门（厦门、东山已有海堤与大陆相连）；10～100km^{2}的岛屿21处如江阴、南日、粗芦、三都、浮鹰、大嵛山岛等；5～10km^{2}的9处如西洋、章屿、大练岛等。岛屿总人口在120万以上。闽东北诸岛屿面积稍大，人口少，降雨量大，缺水不严重。九龙江以南区域岛屿面积小（有的0.01～0.001km^2）人口稀少。唯闽江至九龙江间岛屿面积稍大，人口密集，经济发达，缺水情况较严重。

岬角、半岛缺水情况与岛屿相似。面积为633km^2，如古雷、六鳌、深沪、黄岐、东冲、长乐滨海等，二者合计严重缺水人口约30万以上。

岛屿、半岛区大部分为花岗岩类（或火山岩）组成的丘陵，平原面积小，砂地面积为417km^2，其中位于岛屿的145km^2。另外岛内还有相当于海湾平原116km^2，缺地表水，第四系沉积厚度变化大。已进行勘探的有厦门、平潭、东山、金门、马祖及崇武、赤湖、霞美等地。除岛内海湾平原沉积物为淤泥且为咸水外，可分砂地孔隙水和基岩裂隙水两类。

a. 砂地孔隙水

砂层平均厚度为5.4～18.9m，绝对最厚为36.9m（平潭）为良好的含水层，依靠降雨入渗补给，全新统砂层入渗系数为0.367，更新统砂层为0.24，其他地区根据推算入渗系数为0.24～0.40，水位埋深小于5m，为潜水，年变幅在2～5m。单孔出水量为200～500m^3/d，富水性均匀，局部大于

$500m^3/d$。单位涌水量为0.2～9.1L/(s·m)，渗透系数为7.8～12.5m/d，最大为89m/d。地下水开采模数为5.3～8.7L/(s·km^2)，矿化度小于0.5g/L，为淡水。有淤泥夹层时含铁稍高，可达0.3～6.4mg/L。砂层地下水易污染，很多地方三氮（NO_3、NO_2、NH_4）和细菌均超标。地下水天然资源为27.54万m^3/d，开采资源28.66万m^3/d，储存资源8.6亿m^3。

b. 基岩裂隙水

岩石入渗系数小，加之岛屿、半岛等面积不大，降雨植被少，因而富水性弱。现有钻孔出水量一般小于$10m^3/d$，个别可达$100m^3/d$。地下水位在凹地中小于10m，个别自流，分水岭处可达数十米。水质以HCO_3-Na或C1·HCO_3-Na型淡水为主，局部存在上淡下咸水。地下水径流模数在1～2L/s·km^2。基岩裂隙水水量虽小，但有些却成为历史名泉、名井。

2. 滨海平原

滨海平原高程一般小于5～10m，第四系沉积厚度为10～81m，上部为海相淤泥（近河处为砂层），下部为陆相砂砾卵石夹海相或陆相淤泥、黏土等。地下水原为咸水，后逐渐淡化。

a. 河口平原

较大河口平原面积在150～400km^2，较小之平原面积在20～50km^2，总面积为1959km^2。其中淡水平原面积为1381km^2。平原中储存淡水资源，第四系松散层厚度在闽江以南约20m（综合厚54m），闽江以北50～60m，含水层以下部砾卵石层为主，近河处还有砂层厚度10～30m。咸水平原除龙海平原厚度较大外，其余同上。地下水主要补给来源为降雨，其次为基岩裂隙水和地表水补给。水位年变幅为1.5～3.0m，其中潮区影响地下水变化值达0.37～0.75m。钻孔出水量近河处可达$1000m^3/d$以上，远离河流处出水量在$500m^3/d$以下，单位涌水量为1～20L/(s·m)，最大40.7L/(s·m)，水质除河口下游部分为咸水外（如福州闽安镇以下，龙海石码镇以下），其余矿化度均小于1g/L之HCO_3-Ca·Mg水，唯含铁量高，达25～26mg/L。河口平原地下水之天然资源为44.76万m^3/d，开采资源132.80万m^3/d，储存资源15.91亿m^3。总之，河口平原第四系孔隙水量巨大，但含铁量高，可除铁后利用，或在河床中打宽井。河口平原之下基岩裂隙水水质较好，可开发饮用。

b. 海湾平原

福建省海湾平原面积为642km^2，主要为围垦区，农业较发达。例如，福清东阁农场、江镜农场、连江大官坂垦区等，由于天然因素和人工围垦，海湾平原的面积逐年扩大。海湾平原中无较大地表淡水体，地下水全部为咸水，第四系下覆基岩裂隙水亦为咸水。只有在表层黏土质砂中，受降雨入渗影响，存在薄层低矿化水，为当地居民饮用。海湾平原含水层中少或缺砂砾卵石层，主要为砂层，钻孔出水量小于$100m^3/d$，局部边缘可达$100m^3/d$以上，钻孔单位涌水量为0.001～0.1L/(s·m)，渗透系数为1～5m/d，淤泥质砂渗透系数为0.02～0.06。总之，海湾平原淡水资源贫乏，较大供水源需靠引水解决。

c. 红土台地

福建省闽江以南沿海地区由20～80m的高地组成的特殊地貌。沟谷、平原散布其间，高地上为砖红色、红色土壤所覆盖，这些土壤系南亚热带地区代表性土壤，成土母岩为花岗岩和其他酸性岩类经长期物理化学强烈风化而成，成土过程中硅与盐基大量淋失，铁铝氧化物相对富集，因而显示出特有的红色。红土台地面积为1928km^2，是福建省重旱区，由于历年缺水，为本省主要旱作物产区。台地以风化裂隙水为主，接受降雨和地表水等补给，单井出水量一般小于$10m^3/d$，富水处不超过$60m^3/d$，最大可达$1200m^3/d$（包括下伏之部分基岩裂隙水），地下水天然资源为3.54亿m^3/a，其中台地间沟谷开采资源为0.28亿m^3/a，主要用于农田灌溉。

滨海区受海水的影响，其地下水水位较为稳定，也成了建设地下水封洞库的优势条件之一。

三、港口码头发展规划

厦门港：充分发挥厦门集装箱干线港、保税港区和特区政策优势，将厦门港建成集装箱运输为主、散杂货运输为辅，客货并举的国际航运枢纽港和国际集装箱中转中心。实施“集装箱突破千万箱工程”，着力发展国际集装箱干线运输，积极开拓外贸集装箱中转和内陆腹地海铁联运业务，强化对台贸易集散服务功能，加快建立新型的第三方物流体系和航运交易市场。加快港区功能优化调整，东渡港区重点发展国际邮轮、对台客运、滚装和高端航运服务，打造邮轮母港；海沧和嵩屿港区重点发展集装箱运输；刘五店港区重点发展散杂货运输；招银港区在发展散杂货的同时着力构建粮食储运系统；后石港区重点发展通用散货泊位；古雷港区重点发展大型液体化工泊位和通用泊位；有序开发东山、诏安、云霄港区。

福州港：加快主要港区的专业化、规模化开发建设，将福州港发展成为集装箱和大宗散杂货运输相协调的国际航运枢纽港。着力建设大宗散装货物接卸转运中心，积极拓展集装箱运输业务，提升临港产业配套服务水平。配套完善江阴港区，培育发展干线集装箱运输；加快发展罗源湾大宗散装货物接卸转运业务，积极争取可门作业区布局建设油品战略储备基地；建设松下港区国家粮食储备基地；加快建设平潭综合实验区港口物流园区和对台滚装码头。推动宁德市港区与临港产业协调发展，重点建设三都澳1000万t原油商业储备、矿石中转储备、15万t级煤储运码头和液化天然气接收站配套码头，促进环三都澳新增长区域开发，加快开发溪南、白马、漳湾、城澳和沙埕等作业区。

湄洲湾港：加快建设湄洲湾港大宗散装货物接卸转运中心，将湄洲湾港建设成为大宗散货和集装箱运输相协调的主枢纽港。加快发展泉州湾石湖、秀涂作业区内贸、内支线集装箱运输；积极推动东吴、莆头、肖厝、石门澳及肖厝作业区整体连片开发，有效整合部分港区多用途、通用泊位功能，调整优化提高港区专业化水平；配套建设湄洲湾南岸油品化工泊位，服务湄洲湾石化产业基地；加快建设湄洲湾罗屿作业区大型超深水泊位矿石散货中转基地，东吴港区1500万t煤炭中转储备和成品油储备基地，秀屿港区木材加工和液化石油气战略储备基地；启动江口作业区建设，促进兴化湾区域开发。

四、石油炼化企业情况调研

“十一五”期间是福建省石化产业实现快速发展的一个时期，石化工业总产值年均增长23.6%。2010年全行业实现工业总产值1646.5亿元，是2005年的2.35倍。主要产品产量大幅上升，在全国位次有较大提高。福建省石化产业的集聚发展已经初见成效，湄洲湾石化基地随着2009年福建联合石化炼化一体化项目的建成投产，已形成一定的产业集聚规模，具备了1200万t/a炼油能力和80万t/a乙烯生产能力。

现有的石油炼化基地有湄洲湾石化基地及漳州古雷石化基地，而宁德溪南半岛、福清江阴正在加紧规划建设石化产业区。

1. 湄洲湾石化基地

湄洲湾石化基地现有：中国石油化工集团公司、福建炼油化工有限公司、埃克森美孚中国有限公司、沙特阿美石油公司四方合资的福建联合石化有限公司炼化一体化项目已于2009年建成投产，形成了1200万t/a炼油、80万t/a乙烯、52万t/a丙烯、70万t/a对二甲苯（PX）的生产能力，并计划进一步扩建延伸；中化集团泉州1200万t/a炼油项目已基本完成所有前期工作，即将正式动工建设，还计划建设配套100万t/a乙烯、70万t/a对二甲苯（PX）装置。

按照基地化、大型化、集约化的原则，合理布局，延伸和完善石化产业链，加快湄洲湾石化基地建设，形成全国重要的临港石化产业基地。积极推进福建联合石化有限公司和中化泉州石化有限公司的项目建设，推动炼化一体化和烯烃原料多元化，提升石化产品深加工和综合利用水平，延伸和完善石化产业链，拉动福建经济增长，为海西经济区建设作出积极贡献。

2. 古雷石化基地

古雷石化基地的启动项目——腾龙芳烃（漳州）有限公司80万t/aPX及整体公用配套工程于2012年10月投产。翔鹭石化（漳州）有限公司150万t/aPTA、海顺德特种油品等项目建设已全面展开，计划与PX项目同步投产。作为福建省漳州市的重点工业项目，启动项目投产后将成为海西经济区新的经济增长点，对加快台湾石化产业园区建设将起到积极的推动作用。

五、福建省石油储备规模

根据福建省经贸委公布的工业信息显示：2012年5月，成品油库存为30.78万t，其中，汽油、柴油可分别销售15.3天、18.8天；2012年4月成品油库存为29.82万t，其中，汽油、柴油可分别销售16.9天、16.8天；2012年第一季度成品油库存为30.1万t，其中，汽油、柴油可分别销售12.9天、18.6天；2012年1~2月成品油库存为31.19万t，其中，汽油、柴油可分别销售12.1天、20.2天；2011年成品油库存为18.42万t，其中，汽油、柴油可分别销售17.1天、6天；2011年1~9月成品油库存为17.7万t，其中，汽油10.38万t，可销售14.6天，柴油7.32万t，可销售7天，如图11-4所示。

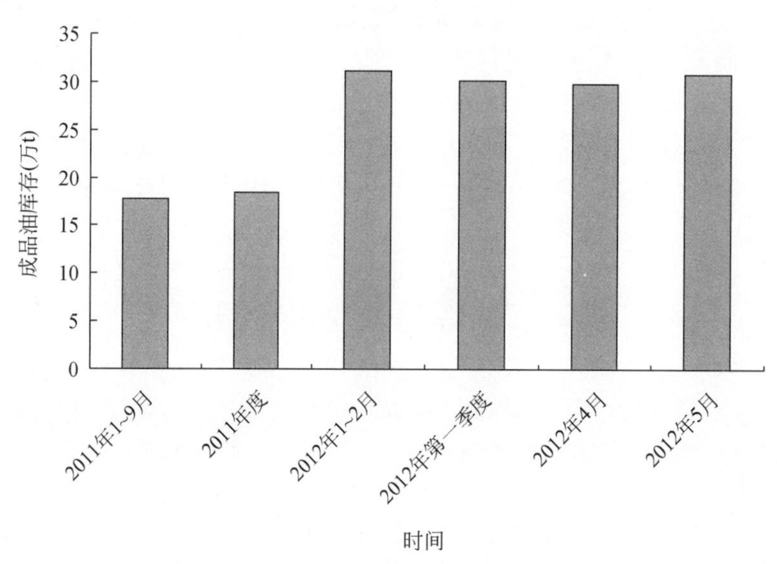

图11-4 福建省成品油库存量

依据国内每亿元GDP的石油平均消耗水平，以及福建省历年来的GDP，可估算福建省石油消耗量如图11-5和图11-6所示。

按照国际能源署（IEA）建议石油输入国保有90天用量进行储备，其储备规模为734万t（约合863万m^3）。

考虑到福建沿海的储油将辐射利用到海峡东岸、长三角、珠三角和内陆江西等省份，可扩大1.5~2倍，其储备规模为1100万~1500万t（约合1300万~1700万m^3）。

因此，建议石油储备规模为1500万m^3。

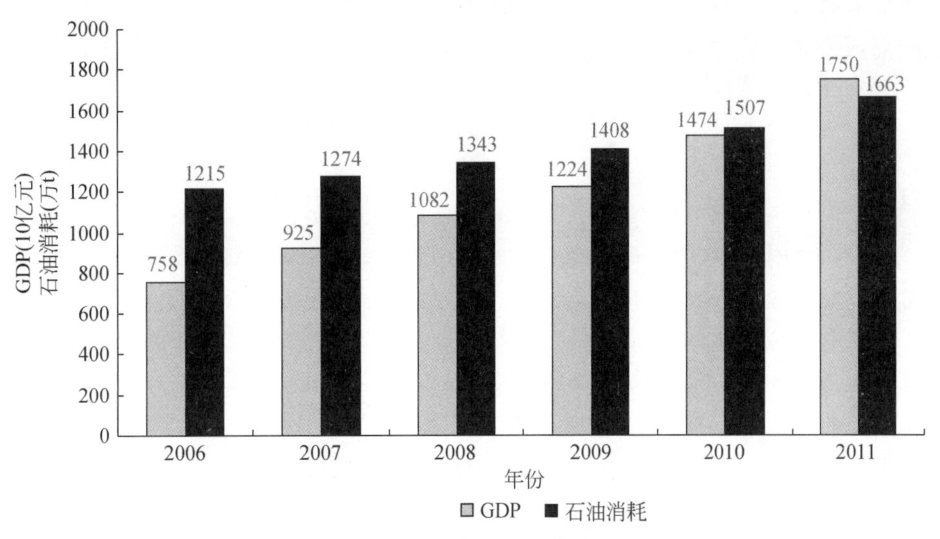

图 11-5　福建省石油消耗量

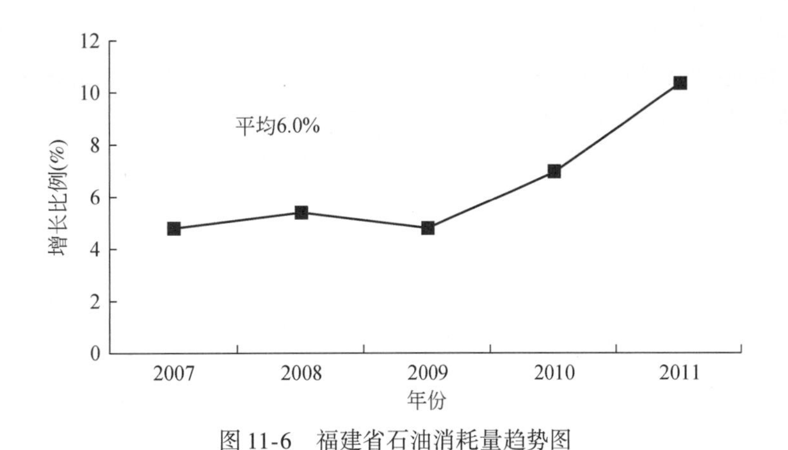

图 11-6　福建省石油消耗量趋势图

六、地下水封地库建议方案

我国 2007 年底制订的《能源法（草案)》对石油储备和建设管理作了如下规定。

第六十四条［能源产品储备］

国家能源产品储备分为政府储备与企业义务储备。

承担储备义务的企业有义务达到国家规定的储备量，按规定报告储备数据，接受能源主管部门的监督检查。企业义务储备不包括企业生产运营的正常周转库存。

政府储备由国家出资建立，企业义务储备由能源企业出资建立。

第六十五条［石油储备建设及管理］

石油的政府储备由国务院能源主管部门负责组织建设和管理。

石油的企业义务储备由从事原油进口、加工和销售经营以及成品油进口和批发经营的企业建立。

第六十八条［地方能源产品储备］

省级人民政府可以根据需要建立本地区的能源产品政府储备。

依据上述法律规定，地下水封储油库的建设有以下三种建设方式。

（1）推荐作为国家战略石油储备库，由国家投资建设。

（2）与具有原油进口权的石油公司合作，作为商业储备库建设。

（3）地方政府或企业出资建设，为本地经济服务。

第五节　小　　结

（1）在福建省沿海有三都澳、罗源湾、福清湾、兴化湾、湄洲湾、泉州湾、厦门港、东山湾等多处优良的深水港，已有和规划可停靠5万t级油轮的码头20处，未来年吞吐能力达15 771万t；在上述油港码头周边存在大面积的二长花岗岩、钾长花岗岩、碱长花岗岩和花岗闪长岩；沿海港口码头附近已建、在建有湄洲湾石化基地、漳州古雷石化基地；宁德溪南半岛、福清江阴正在加紧规划建设石化产业区，远期炼油能力可达到1亿t；周边地区年平均降雨量为1400～2200mm，地表水补给充分，地下水位年变化在2m左右，且近海岸，地下水位稳定，因此福建省沿海具备建设大型地下水封洞库的优良条件。

（2）在三都澳、罗源湾、兴化湾、湄洲湾、东山湾均具备建设300万～500万t地下水封储油库，近期建设规模为1500万～2000万t，远期可达5000万t。因此建议建库地址为三都澳、湄洲湾和古雷港。

（3）福建省位于沿海，与华中华东地区距离较近，从战略的角度考虑，在福建省发展石油储备，对于华中和华东地区的经济政治等都有很大的稳定作用。

（4）石油是工业经济发展的“血液”，我国正面临石油产能不足和对外依存度逐年上升的现状，这将成为制约经济发展的重要因素。海西经济区面临同样问题，建议福建省根据《能源法（草案）》要求，抓住国家在石油储备上的重大需求、充分利用沿海区建设地下水封储油库的优势、采用多种建设方式大力发展石油地下储备，为海西经济区长期稳定可持续发展提供有力保障。

第十二章　海西经济区城市群岩土工程特性与地下空间开拓的安全性研究

第一节　绪　　论

2009 年 5 月，国务院出台了《国务院关于支持福建省加快建设海峡西岸经济区的若干意见》（国发［2009］24 号）。海西经济区范围包括福建省全境及浙江省温州市、衢州市、丽水市，广东省汕头市、梅州市、潮州市、揭阳市，江西省上饶市、鹰潭市、抚州市，陆域面积约为 28 万 km^2。

2011 年 3 月 8 日，国务院批复了《海峡西岸经济区发展规划》（简称《规划》）。海西经济区以福建省为主体，面对台湾，邻近港澳，北接长三角，南接珠三角，西连江西、湖北、湖南和四川等内陆省份，涵盖周边，是具有独特优势的经济区域，也是我国沿海经济发展带的重要组成部分，在全国区域经济发展布局中处于重要地位。

《规划》中将海西经济区划分为三大功能区，即东部沿海临港产业发展区，中部、西部集中发展区，生态保护和生态产业发展区。按照“分工明确、布局合理、功能互补、错位发展”的原则，确定了“一带、五轴、九区”的网状空间开发格局。“一带”即“加快建设沿海发展带”，“五轴”即福州—宁德—南平—鹰潭—上饶发展轴、厦门—漳州—龙岩—赣州发展轴、泉州—莆田—三明—抚州发展轴、温州—丽水—衢州—上饶发展轴和汕头—潮州—揭阳—梅州—龙岩—赣州发展轴；“九区”即“厦门湾发展区、闽江口发展区、湄洲湾发展区、泉州湾发展区、环三都澳发展区、温州沿海发展区、粤东沿海发展区、闽粤赣互动发展区和闽浙赣互动发展区。

根据《海峡西岸经济区发展规划》《福建省建设海峡西岸经济区纲要》和 2011 年 1 月 18 日福建省十一届人大四次会议批准的《福建省国民经济和社会发展第十二个五年规划纲要》，加快推进城镇化进程是加快转变、跨越发展的重要引擎。落实统筹城乡发展的方针政策，优化城市布局，加快发展城市群，以新型城市化带动新农村建设，加快形成以大都市区为依托、大中小城市和小城镇协调发展的格局，力争城镇化率每年提高 1.5 个百分点。

实施海峡西岸城市群发展规划，加快推进城市联盟，适时调整行政区划，拓展城市空间，壮大中心城市综合实力、辐射带动能力和综合服务能力，建设宜居宜业的城市综合体。

（1）加快中心城市建设步伐。着力构建福州大都市区和厦漳泉大都市区，加快城市联盟进程和同城化步伐，推进轨道交通、机场、通信网络等基础设施共建共享，增强三明、莆田、南平、龙岩、宁德等中心城市辐射带动能力。提升区域次中心城市发展水平，推动有条件的县级城市率先向中等城市发展。加强城市规划建设，全面提升城市综合承载力、运行效率和人居环境，积极预防和治理城市病。稳步推进“城中村”、棚户区和城乡接合部改造。加快建设和完善城市交通、供水供气供电、防洪排涝、污水、垃圾处理及救灾避险等市政基础设施，科学布局建设城市公共管线走廊。加快建设面向大众的公共文化体育设施。完善邮政服务体系，提高服务水平。推进城市人防设施建设，合理开发利用城市地下空间。

（2）提升中心城市管理水平。加强城市管理部门联动，推进数字城市建设，建立现代城市综合管理系统。抓好景观整治、立面再造、缆线下地、道路改造、广告规范、城市保洁、公厕、停车场和景区提升。加快改造完善城市道路，形成干线、支线、循环线和广域线等主次分明、顺畅便捷的城市道路交通网络系统，倡导绿色出行。优先发展城市公共交通，强化公交配套设施，优化换乘中心站功能和布局，提高城市公共交通出行效率，逐步形成轨道交通、快速公交、常规公交紧密衔接的城市公交体系。

（3）提升中心城市功能。加快基础设施建设，完善城市功能，提高管理和服务水平，强化中心城市间的分工协作，提高辐射带动能力。

福州市要充分发挥省会中心城市龙头带动作用，按照“富民强市，和谐宜居”的发展定位，深入实施“东扩南进、沿江向海”的城市发展战略，加快构建“一区三轴八新城”的城市发展空间结构，努力建设经济繁荣的中心城市、生活舒适的宜居城市、环境优美的山水城市、人文和谐的文化名城。

厦门市要充分发挥经济特区先行先试的龙头和示范作用，加快岛内外一体化，提高基本公共服务水平，推动现代服务业和先进制造业有机融合，构筑对外开放大通道，延伸辐射城市服务功能，打造现代服务业和科技创新中心、低碳示范城市、两岸同胞融合示范城市、现代化国际性港口风景旅游城市。

泉州市要充分发挥支撑和带动作用，围绕建设海湾型中心城市，实施“一湾两翼三带”城市发展战略，突出环湾区域规划建设，统筹石狮、晋江、南安、惠安、城市发展，强化同城效应，拓展城市规模，提升综合服务功能，推进泉州环湾沿江发展，着力构建海峡西岸现代化工贸港口城市和文化旅游强市。

漳州市要着力做大做强中心城区，加快跨江拓展，推动滨海城市组团式发展，加快推进龙文新区、桥南新城、角美新城、古雷和南太武新港城建设，创新城市发展格局，打造两岸人民交流合作前沿区域和海峡西岸生态工贸港口城市。

莆田市要积极实施“以港兴市、工业强市”战略，优化中心城区空间布局，加快推进滨海新城建设，大力弘扬妈祖文化，提升城市品位，努力建设产业集聚强劲、配套功能完善、生态环境优美的湄洲湾港口城市和世界妈祖文化中心。

三明市要优化三明市区—沙县—永安城市主轴发展布局，推进三明市区、沙县同城化及与永安市的一体化，建设北部和南部新城，统筹产业、交通和社会事业发展，共同打造联合中心城区，构筑海西生态型综合枢纽和宜业宜居中心城市。

南平市要统筹推进南平中心城市和武夷新区发展，建设组团式山水园林城市，积极承接符合环保要求的沿海发达地区产业转移，拓展城市化、工业化发展空间，打造海峡西岸绿色腹地、南接北联战略通道、连片发展前锋平台。

龙岩市要强化中心，拓展新城，培育组团，将高坎、雁白、古蛟三个新城纳入中心城市一体化加快发展，推动城市“南移西扩”集约式、组团式发展，持续推进商务、物流、人居三大板块建设，打造海峡西岸生态型经济枢纽。

宁德市要按照“临海、环海、跨海”城市发展战略，统筹推进港口、产业、城市与生态互动发展，优化提升蕉城区、东侨新区开发布局，规划建设滨海新区、铁基湾新城，构建海峡西岸东北翼中心城市，打造绿色宜居海湾新城。

一、自 然 地 理

（一）地理位置

福建省位于我国东南沿海，简称“闽”，大部分属中亚热带，闽东南部分地区属南亚热带，地处东经115° 50′～120° 43′、北纬23° 33′～28° 20′，东隔台湾海峡与台湾省相望。陆地平面形状似一斜长方形，东西最大间距约480 km，南北最大间距约530 km；全省陆域面积12.4万 km^2（不含金门、马祖）。东北毗邻浙江，西北与江西交界，西南与广东接壤，连东海、南海而通太平洋，是中国重要的出海口，也是中国距离东南亚、西亚、东非和大洋洲较近的省份之一，也是我国与世界交流的重要窗口和基地。2010年全省下设福州、厦门、莆田、泉州、漳州、龙岩、三明、南平和宁德9个设区市，44个县，14个县级市，26个市辖区，2010年末总人口为3689万（《中国统计年鉴2011》，下同）。福建省又是著名的侨乡和台胞祖籍地，旅居海外的华人、华侨达800多万人，台湾同胞中80%的祖籍是福建省。

境内峰岭耸峙，丘陵连绵，河谷、盆地穿插其间，山地、丘陵占福建省总面积的80%以上，素有“八山一水一分田”之称。地势总体上西北高东南低，横断面略呈马鞍形。因受新华夏构造的控制，在西部和中部形成北（北）东向斜贯全省的闽西大山带和闽中大山带，两大山带之间为互不贯通的河谷、盆地，东部沿海为丘陵、台地和滨海平原。

福建省海域面积为13.63万 km^2。全省海岸线总长为6128 km，其中大陆线为3752 km，居全国第一位。大小岛屿为1546个，占全国的1/6；拥有泉州湾、厦门湾、福州湾、兴化湾、湄洲湾、沙埕港、三都澳，东山湾等众多天然深水港湾。

（二）气候特点

福建省依山面海，属亚热带海洋季风气候。横亘西北的武夷山脉挡住北风寒冷空气入侵，海洋的暖湿气流源源不断输往陆地，使得大部分地区冬无严寒，夏少酷暑，雨量充沛。其主要特征：一是季风环流强盛，季风气候显著；二是冬短夏长，热量资源丰富，全省无霜期在250～336天，多数地区接近或超过300天；三是冬暖，南北温差大；四是夏凉，南北温差小；五是雨、干季分明，降雨充沛，多年平均降水量从东南向西北递增，在1000～2200 mm；六是地形复杂致使气候多样；七是灾害天气频繁，水、旱、风和寒历年可见，气候经常偏离常态，水灾主要是梅雨洪涝和台风型洪涝。

（三）河流水系

福建省河流密布，水系发达。流域面积在50 km^2以上的河流有597条，流域面积在5000 km^2以上的一级河流（指直接入海的河流）有闽江、九龙江、晋江和赛江四条。

闽江是福建省最大河流，发源于武夷山脉，流域面积为60 992 km^2（其中，属福建省面积为59 922 km^2，属浙江省的面积为1070 km^2）。南平以上有建溪、富屯溪、沙溪三大支流，南平以下有尤溪、古田溪、大樟溪等支流，最后流经福州马尾入海。

九龙江是闽南主要河流，也是福建省第二大河流，发源于博平岭，流域面积为14 741 km^2。主要由北溪和西溪两条支流汇合后，向东南流经龙海石码，再纳支流南溪后入海。

晋江为闽中主要河流，发源于戴云山脉，流域面积为5629 km^2。由东溪和西溪两条支流汇合后，向东南流经泉州入海。

赛江为闽东主要河流，发源于浙江省境内，流域面积为5549 km^2。由东溪和西溪汇合于福安湖塘坂村，经福安县再纳穆阳溪由下白石入海。

二、研究的主要内容

（1）海西经济区主要城市群地下空间开拓现状与不足研究。

（2）海西经济区主要城市群的岩土工程特性研究。

（3）沿海城市群地下空间开拓的主要安全性问题。

（4）海西经济区主要城市群地下空间开拓的安全性和适宜性研究。

第二节　海西经济区主要城市群地下空间开拓必要性及现状

地下交通网络、地下商业街、地下停车场、地下过街道、地下仓储、地下文化娱乐场所等都属于地下空间开拓的主要形式。在国外，地下空间的利用已有相当长的历史。从1863年伦敦建成世界上第一条地铁开始，日本、北美、欧洲的一些国家对地下空间的利用如今都已达到很高水平。

近几年来，随着城市化进程加快，城市规模不断扩大，人口急剧膨胀，大城市普遍面临着用地紧张、发展空间拥挤的问题。我国著名的防护工程和地下工程专家、中国工程院院士钱七虎在和网友的交流中提到，19 世纪是桥梁的世纪，20 世纪是高层建筑的世纪，而 21 世纪则是地下空间的世纪。

21 世纪是人类开发利用地下空间的世纪，随着北京、上海、广州、深圳等城市地铁的建设，大规模地下空间开发在我国东部沿海经济发达地区已初露端倪。2008 年颁布实施的《中华人民共和国城乡规划法》也指出："城市地下空间的开发和利用，应当与经济和技术发展水平相适应，遵循统筹安排、综合开发、合理利用的原则，充分考虑防灾减灾、人民防空和通信等需要，并符合城市规划，履行规划审批手续。"

地下空间的开发建设成为城市发展的必然趋势，而系统性的地下空间规划显得十分重要。然而，相对于日益增多的地下空间开发，系统性的总体层面的城市地下空间规划与开拓仍十分缺乏。目前，国内仅有北京、青岛、厦门等城市陆续编制完成地下空间开发利用规划，起到一定的示范作用。与此同时，地下空间规划规范也正在编制当中。

地下空间开拓建设具有技术性强、不可逆性、与城市建设相关紧密、涉及面广等特点。城市进入大规模地下空间开拓的前期，迫切需要在总体层面对地下空间进行统筹规划布局。根据城市的特点及发展阶段，以城市总体规划为依据，编制系统完善相当于总体规划层面的地下空间专项规划，将有效地组织、控制、引导城市地下空间的开发利用，使城市地下空间与地面规划、城市建设相协调，促进城市的立体化发展。而无系统规划的地下空间开发，虽然一部分项目的建设可能取得成功，但未做系统研究、急功近利的开发，具有一定的盲目性和实验性，不一定能带动城市整体的地下空间开拓与控制，还可能给城市的未来带来一些不利的影响，甚至是无可挽回的损失。因此，对有大规模开发地下空间意向的城市，编制地下空间总体规划是十分重要的。

地下空间总体规划与开拓通常包括以下四个方面内容：一是城市经济、社会、建设及地下空间开拓利用等方面的现状分析；二是地下空间资源评估、地下空间开拓利用需求预测、地下空间发展战略与发展目标等；三是地下空间平面形态、竖向结构等开发利用总体框架和地下交通系统、地下市政设施、地下公共设施、地下防空防灾系统、地下物资仓储等各专项内容；四是地下空间近期建设规划和实施保障措施。除此之外，对地下空间开拓相关法规、政策、管理机制的专题研究也将推动地下空间的开拓建设。

地下空间的开拓利用纷繁复杂，地下空间各层面的规划与城市规划有相应的层次结构，如图 12-1 所示。

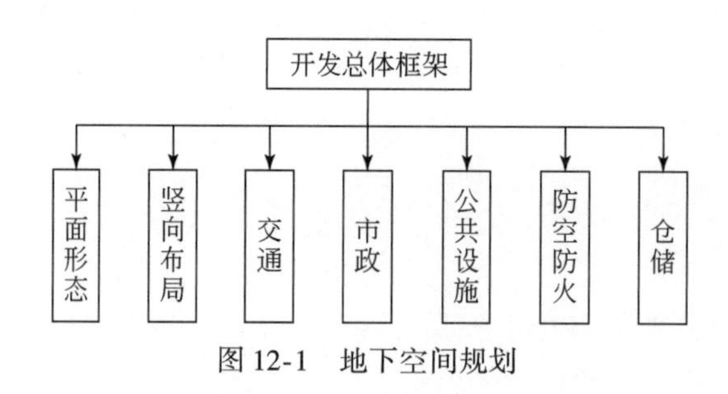

图 12-1　地下空间规划

由于地下空间的独特性，地下空间总体规划与开拓具有系统性、预见性、控制性和引导性等特点。由于地下空间开拓的不可逆性、复杂性，地下空间总体规划与开拓应突出其全面、系统性、安全性和适宜性。地下空间的开拓利用并非独立存在，它与城市经济发展阶段、城市总体规划、城市交通（尤其是轨道交通）建设、城市基础设施建设、城市人防系统与防灾系统、城市的商业、商务设施布局、住宅区建设等内容息息相关，在地下空间规划中，应重视与相关规划的协调衔接。

地下空间是一种非连续的人工空间结构，与城市地上空间形态不同。通过系统规划，地下空间的平面形态、竖向结构将形成相对连续完整的系统。

现阶段，我国城市地下空间开拓利用往往仅限于单个节点，较为分散、不成系统，总体效益低。随着城市的发展，地下空间平面形态将逐步网络化。因此，在总体规划中，应根据城市特点，建构主要线状地下空间设施（如地铁、地下道路等），并连通各类地下空间设施群，形成有地下交通、地下商业、地下停车等多种类型地下空间集结的网络状地下空间形态，成为城市各种功能的延伸拓展，使地下空间全面成系统，并与地面形态相协调相连接。

地下空间的竖向结构也应形成系统。竖向层次通常分为浅层、中层、深层。竖向层次的划分除与项目开发性质、功能有关外，还与其地形、地质条件、区位等相关。在总体规划阶段，界定竖向结构内容，有助于地下空间的系统性。

目前，海西经济区，特别是福建省境内的主要城市群的地下空间开拓还处于初期、低水平和低质量阶段，远远不能满足海西经济区的生态环境安全与可持续发展的需要。现在，只有厦门岛内的地下空间开拓得多一些，而福州的地铁工程才刚刚开始施工，泉州市区只有几条交通隧道和一些人防地下工程，其他地市的地下空间开拓得更少。

一、地下空间开拓与利用的必要性

海西经济区主要城市群地下空间开拓具有急迫性和必要性，具体分述如下。

(1) 战备需要。从全国来看，福建处于东南沿海位置，东隔台湾海峡与台湾省相望，是全国重点人防省份；重要的交通枢纽地位决定了它在战时物资运送、人员疏散、战术阻击方面的重要性，建设地下人防设施具有重要的战略意义。

(2) 城市人口和经济发展的需要。海西经济区主要城市群城区人口大幅膨胀，城市经济和社会事业也将全面发展。由于城市地面空间开发的有限性，城市地面设施的容量难以满足城市快速发展的要求，必须寻求配建地下设施；城市工业的发展，必然要占用大量耕地，而在耕地日益紧缺的情况下，将工业项目的部分设施转移到地下，可以大大节约土地；城市商品交换的繁荣与发展，要有大量的商品储放场所，将城市地面用房和地下空间分别作为商品交换和商品储放场所，有利于提高建筑空间利用的综合效益。

(3) 弥补城市用地不足的需要。海西经济区主要城市群城区规划用地面积大，但实际可用地是十分不足的，城市建筑用地十分紧张，城市发展与城市建设用地的矛盾非常突出。近几年来，城市高层建筑异军突起，城市地面空间开发形势喜人，在一定程度上缓解了城市用地紧张的矛盾。但是，由于城区地形复杂，城市地面空间开发的饱和度在逐步增大，后备资源日益减少，开发利用地下空间资源势在必行。

(4) 解决城市交通问题的有效途径。由于地形和历史的原因，海西经济区这些城市纵向交通组织不畅，市区地面停车场少，不能适应城市车辆发展的需要。合理开发地下空间，可以适当减轻现有城市主干道的压力，健全交通网络，有效地解决城市地面乱停车的现象。

(5) 城市设施多方面发展的需要。随着城市的现代化建设，道路、给排水、电力、通信、消防等设施更新与发展较快，原有设施的改造和扩建难度大、成本高，通过开发地下空间，可以将部分增容的市政设施置于地下，并使地上、地下各成体系，可以有效缓解基础措施扩建的矛盾。

二、地下空间开拓的现状

（一）厦门市地下空间开拓现状

厦门市的地下空间开拓利用起步于 20 世纪 60 年代初，主要用于战争防御作用。在 20 世纪 60 年代末，作为重点设防城市的民防工程建设已形成相当的规模。从 80 年代开始进行“平战结合”，部分民防工事用作地下通道、库房、商业娱乐等民用设施，如钟鼓山隧道、古楼广场地下室、文化宫广场地下民防工程和轮渡大型地下车库等。其中鹭江道滨海地下车库面对风景名胜区鼓浪屿，毗邻中山路，总建筑面积达 1.4 万 m^2，车库净高度为 3 m，内设小型汽车泊位 435 个，是我国唯一的海底停车库。

截至2001年底，厦门市已建成民防工程面积约46万m^2；防空地下室面积约24万m^2。这些民防工程主要位于厦门本岛和鼓浪屿，周边各区数量很少。

这几年，厦门市地下空间开拓利用力度加大，主要体现在以下几个方面。

（1）高层建筑的单建式地下工程结合民防工程建设日益增多。

（2）地下交通隧道建设。例如，已建成仙岳山隧道、县黄隧道、美仁山隧道、笔山洞隧道和机场快速路的石鼓山隧道和翔安海底隧道等。翔安海底隧道是厦门市的第二条进出岛通道。翔安海底隧道长为6.05km，成为中国隧道史里程碑工程。翔安海底隧道跨越海域宽约4200 m。设计采用三孔隧道方案，两侧为行车主洞，各设置3车道，中孔为服务隧道。主洞隧道建筑限界净宽为13.50m，净高为5.0m。服务隧道建筑限界净宽为6.5m，净高为6m。主洞隧道测设线间距为52m，服务隧道与主洞隧道净间距为22m。设计行车速度为80 km/h。隧道最深处位于海平面下约70m，最大纵坡为3%。左、右线隧道各设通风竖井1座，隧道全线共设12处行人横通道和5处行车横通道，横通道间距为300m。

（3）厦门市相当部分的市政设施实现地下化。例如，厦门市首座地下变电站——110 kV湖滨南路地下变电站，该座变电站地上1层，地下2层，埋深12.4m。平面尺寸为27m×50m。

但是厦门市地下空间开拓与规划还存在如下问题。

（1）地下空间开拓利用与民防工程建设缺乏统一规划。民防工程建设是厦门市地下空间开发利用的重要组成部分，但是到目前为止，虽然民防部门有民防工程建设规划，却无法与城市地下空间开发利用相陇调，地上、地下一体化开拓利用考虑不足。开拓利用范围不大、层次不深，现有地下工程规模小、质量差，大部分是各自为政，与城市建设没有很好地衔接，从而出现城市地下空间的开拓利用与城市建设脱节，造成地下空间资源的浪费。

（2）地下空间综合开拓利用系统不完善。地下空间利用目前只限于经营商业、车库等，而在地下公用设施、地下仓储和地下废弃物处理等城市现代化综合功能的利用较少。厦门市大量地下工程都是20世纪60年代修建的民防工程的再利用，使用功能受到一定的局限。

（3）工程总量不足，分布不均衡，配套不完善。厦门市现有人均民防工程使用面积为0.7m^2，虽然本岛人均民防工程使用面积已达0.94 m^2，但与满足战时的防护要求还有相当差距；岛外各区民防工程总使用面积只有284.4 m^2，数量严重不足。民防工程现状分布不均衡，主要集中在本岛旧市区和鼓浪屿，而新区数量较少，岛外各区更少，所具有的防打能力十分有限；已有工程配套极不完善，不能构筑成完整的民防工程防护体系。

（4）地下工程设施水平较低。由于建设投资和当时技术水平的限制，大多数地下工程的内部环境和安全设施等方面，都处于较低的水平。由于年久失修，面临着进一步损毁的威胁，亟待加固改造。

（5）地下空间开拓利用投资机制未建立，无序开发、多头管理现象仍然存在。

厦门市车辆通行隧道从2007年的4条，单洞长10.4 km，增加到2011年的20条，单洞长74.403 km。厦门隧道创下许多全国第一。例如，服务于海峡邮轮中心的狐尾山隧道，两个洞口都在同一岸面上，相当于隧道在山体中转了180°，它也是全国转弯半径最小的隧道。万石山—钟鼓山隧道，是国内首座地下立交互通隧道。这两条隧道都在同一山体内，平面交叉，车辆可以通过隧道匝道来往于两条隧道之间，像一座立交桥修进大山里。环岛干道是厦门岛“第二条环岛路”。环岛干道县黄路—文曾路段起点与环湖里大道—县黄路段终点相接，中间经黄厝隧道、金山隧道、曾山隧道。黄厝隧道左线长980m，右线长1004m；金山隧道左线长1711m，右线长1715m；曾山隧道长909m，目前已经挖进200多米。这3个隧道相隔很近，出了黄厝隧道60m后，又进入金山隧道；过了景州乐园150m的跨线桥后，直接进入曾山隧道。曾山隧道之后，环岛干道还将进入1400多米的厦门大学隧道。

1986年7月1日，厦门市第一条隧道——钟鼓山隧道通车，北起万石植物园钟山北坡，南至南普陀寺鼓山南坡，全长为1161m。1994年7月8日，西侧隧道动工，1995年4月20日建成通车。钟鼓山隧道建成，大大缓解了市区交通压力。钟鼓山隧道原有的人防工程多，整个隧道“大洞套小洞”，像是一个“蜂窝煤”。经过改造后，目前钟鼓山隧道已经拓宽为双向4车道、洞宽7m，原来的狭窄压抑不见了，从植物园方向进洞800m左右，一条隧道匝道出现在眼前，通过这条匝道，可以下转到钟鼓山“身下”的万石山隧道，由此上成功大道往机场。而从南普陀方向进钟鼓山隧道300m左右，则出现了两条隧道匝道，A匝道可以下转到万石山隧道、上成功大道，往机场；而从C匝道则可以直接去往一中、百家村。

仙岳隧道位于厦门岛西北方仙岳山脚下，南起仙岳路，北至南山路。隧道按双洞双向四车道标准建设，东洞长1071.78 m，西洞长1095.89 m，东西隧道净宽为9.25 m，净高为6.7m，两洞线间距为30 m。仙岳山隧道于1997年10月动工建设，1999年2月竣工通车。隧道竣工后，成为火车站直达湖里区或出岛的便捷通道，缓解了嘉禾路、疏港路交通拥挤的状况。仙岳隧道是火车站直达湖里区或出岛的便捷通道，隧道本身及洞口两端的道路交叉口承担着繁重的交通运输任务，近年来，交通流量呈迅猛增长趋势。目前，隧道内尤其是北南向通道常出现交通滞留或交通堵塞现象。

2003年2月，总投资3.9亿元的云顶隧道正式通车。云顶隧道是厦门市打通南北交通的一项关键工程，也是厦门市规划建设中的重要一段。云顶隧道除了拉近莲前大道到环岛路的距离，它本身就是厦门岛“一环两横两纵”快速交通网的组成部分，因此对改善厦门岛东部地区的交通将发挥积极作用。它北起莲前东路洪文村，穿过云顶岩，南通黄厝环岛路，全长为4.244 km。隧道采用双洞形式，单洞长度为1372m，每洞均为双车道。通过云顶隧道与岛内其他主干道、支线的互相衔接，岛内路网结构也得到了完善。

2005年初开工建设的通往厦门机场快速路中有一座短隧道和两座长隧道，其中万石山隧道主干线长2.7km。它是厦门岛内陆上目前最长的一座隧道，其最大开挖断面达246.5m^2，也是当前我国公路隧道开挖的最大断面，因其中有互通式立交的匝道，增大了掘进断面。

厦门机场路万石山隧道是国内第一个地下互通隧道项目，周边环境复杂，施工难度大，质量要求高，工程干扰大。隧道地层结构简单，覆盖层较薄，据地面调查及钻探资料，除表层局部有少量建筑填土和残积压黏土外，主要由燕山晚期花岗岩不同风化层构成。万石山隧道出口为强风化花岗岩，隧道出洞方向与地形等高线呈垂直关系，斜坡类型为顺向坡，自然斜坡处于稳定状态。坡角为已有的旧建筑，右洞外侧为废弃铁路和铁路隧道，不在本工程建设范围内。洞口植被茂密，多为高大乔木。洞身山体由侵入岩构成。洞口浅埋段，受风化影响，围岩稳定性差。万石山隧道就“伏”在钟鼓山隧道的身下。它们之间，通过3条小隧道在立体的空间内形成上跨下穿、南北交叉，形成立交链接起来。厦门大学、植物园的东西向车流，可以通过这里直接跨上南北走向的成功大道。

狐尾山隧道的名字其实叫“国际旅游码头专用通道”，虽然它的长度非常短，只有110m，但是它的名气非常大，甚至在全国都排得上号，因为它的进口和出口都在一个平面上，两个洞口落差约7m，而山体内转弯半径仅为35m，为全国最小。另外，隧道的顶部漆着蓝天白云的图案，它是厦门首座顶部图案如此精美的隧道。

2006年开始，住在东部学生公寓的厦门大学学生仅需10余分钟就可步行到学校本部了，因此厦门大学人行隧道也被厦门大学师生们誉为“最人性化的隧道”。厦门大学人行隧道工程进口位于厦门大学的芙蓉学生食堂，向东穿过1015m的隧道，出口在西坑水库南侧与曾厝垵学生公寓连接，全长为1455m。隧道建成后，住在厦门大学公寓的厦门大学师生只要步行或骑车1.5km就可以到达校区了。

2009年7月8日，厦门梧村山隧道胜利贯通。该隧道位于厦门浦南工业区，隧道浅埋暗挖段全长为665 m，由连拱隧道、小净距隧道和分离式隧道组成，其中连拱隧道段长为415 m，其结构形式为3车道连拱隧道，开挖跨度达34 m。

（二）泉州市地下空间开拓现状

泉州地处福建东南沿海、海西经济区的中心位置，是全国首批历史文化名城、古代“海上丝绸之路”起点、全国著名侨乡，是福建省发展的第一层面和三大中心城市之一。辖区属丘陵地貌，城市地理特征得天独厚，地下空间资源十分丰富。由于历史原因，泉州地下空间开发还比较滞后，不但地下工程数量少，而且这些工程自成一体，社会、经济和战备效益不高。因此，有效利用城市地下空间，不但可以缓解泉州城市人口密集、地面设施日趋饱和的矛盾，也可以发展地下空间产业，形成泉州新的经济增长点。

据泉州市人民防空办公室介绍，泉州人防地下空间的开挖大体分为两个阶段：第一阶段是20世纪80年代前，泉州挖了很多坑道、防空洞、防空战壕等。据统计，这样的人防地下空间，中心市区尚有5万～6万 m^2，全市有12万 m^2；第二阶段是20世纪80年代后，大部分是结合民用建筑建设的人防工程，少部分是政府建设的人防工程，目前，这样的人防工程，中心市区有约50万 m^2，全市有约100万 m^2。

20世纪80年代前开挖的原有地下空间，有些已经倒塌或进水，废弃不能使用。尚能使用的防空洞，宽度大多只有2～3m，这么小的空间，连停放车辆（至少要6m）都不够，目前，这些防空洞多只作为仓库等简单的用途，而且大部分还未得到很好利用。

20世纪80年代后的地下空间大部分是开发商建设的，根据"谁投资、谁受益、谁管理"的原则，这些地下空间由开发商出租或出售，大部分作为停车场使用，在一定程度上缓解了停车难题。

除了停车场之外，还有部分地下人防空间被改为了商场，如市区的沃尔玛，泰和大酒店前面的新华都等。其他县（市、区）的地下空间也得到了一定程度的开拓利用，石狮九二路的狮城国际广场负一楼面积达到7000多平方米，也是一个人防工程，这个地方聚集着衣服、鞋帽等商品，楼层中央还有一个儿童游乐场，麦当劳等餐饮企业也进驻其中。据石狮市人民防空办公室的工作人员介绍，石狮步行街地下的人防工程有2.42万 m^2，最多可以容纳6000多人。而该工程自从2007年竣工后，就作为停车场投入使用，最多可以同时停放600多辆小车，极大地满足了步行街商圈的停车需求。

另外，泉州市区还有几条的交通隧道，具体如下。

（1）于2012年通车的泉州市区东海隧道，起于津淮街东段与坪山路交叉口，路线往东与云鹿路交叉口处左转，从云鹿村北侧设置隧道，下穿国公爷山，出洞口设于宝秀小区，新增匝道及匝道桥，与晋江大桥北立交桥相接，终于东海大街，总长约4.2km，为城市Ⅰ级主干道，设计行车速度为60km/h，其中隧道长约2.2km，双向四车道。

（2）大坪山隧道（非机动车及人行隧道工程）位于泉州市区内，全长1528m，其中非机动车及人行隧道长1356m，是福建省最长的城市人行隧道。隧道宽为7.7m、净高为4.8m，一侧为2m多宽的人行道，另一侧为4.5m宽的自行车道，行人与非机动车分道走，互不干扰。隧道最大埋深为60m。该隧道从既有泉厦高速公路大坪山隧道下穿过，两隧道间岩层厚度仅有5m，地质条件变化大且频繁，施工难度极大。工程自2003年11月15日开工后，建设者们针对隧道口复杂环境，采用增设"超前大管棚支护"的施工方案，确保了进洞安全、缩短了贯通时间。

（3）朋山岭隧道位于泉州市区清源山北，山势为NW—S东向，为晋江水系和洛江水系分水岭，属构造侵蚀高丘陵，两侧为低丘陵和台地。朋山岭第二条隧道工程起自普贤路，隧道长为1.32km。工程采用机动车主隧道与非机动车及供水隧道分修方案，机动车主隧道行车道宽为2m×3.75m，净高为5m，非机动车及供水隧道净宽为6.6m，净高为3.5m。

（4）泉州后渚至城东通道工程中，2011年通车的连接东海城东两片区的北山隧道，隧道长310m，设计时速为60km/h，属于城市一级主干道。

（三）福州市地下空间开拓现状

对于福州来说，由于老城区自身的地下岩土工程特性（软黏土层深厚、力学强度低等特点），目前地下空间的开拓尚处在起步阶段。不但地下工程数量少，而且这些工程自成一体。

福州市已开拓的主要人防设施，如福州市中心地段乌山地下的地下防空洞，总面积达3000 m^2，毛洞质量好，交通也很便捷。另外，还有福州火车站站前广场、乌山地下礼堂、商业街、市委地下会议室、烟台山地下文化宫等地下空间。1996年在五一广场西侧，在原有人防工程的基础上，经改造处理后建成了福建省最大的地下图书城——"越洋图书城"，总面积达13 000 m^2，成为福州市地下空间开拓利用的"窗口"工程。1984年11月至1985年3月福建农业科学院与盖山食用菌场合作，在福州空军某地防空洞里进行两次金针菇栽培实验，取得了良好效果。福州商业城地下商场与于山防空洞相邻，商场采用机械通风方法，将室外空气通过约 1 200 m 长的防空洞，使其变温后送入商场大厅。

福州市已逐步开始探索地下空间开拓。自 2002 年福建省出台了《福建省规范防空地下室易地建设收费实施办法》，规定“新建民用建筑必须严格按照《福建省人民防空条例》修建防空地下室。新建 10 层以上或者基础埋置深度 3 米以上的民用建筑，必须严格按照地面建筑底层面积修建防空地下室，9 层以下且基础埋置深度不足 3 米的民用建筑，按照地面总建筑面积的百分之二修建防空地下室”。坚持地下室工程必须与地面建筑同时规划、同时设计、同时建设、同时竣工验收，严格质量管理，为地下空间的开发提供了先决条件。

目前，福州的地下工程建设正迅速地发展起来，福州地铁建设已经有了新进展，《福州市城市快速轨道交通建设规划》已经通过国家发改委委托的中国国际咨询公司评审，地铁 1 号线已经国务院批准立项，正在施工中。另外，许多在建项目已经体现了地上、地下空间一体化的趋势，如已改造完成的茶亭街项目系沿八一七路高桥路段至洋头口段近 1000m 长的地下大型商业街，总投资近 40 亿元，其中已建成的地下商业街是全省最长的地下商业街。茶亭公园和八一七路地下空间分别作为地下停车场和地下商业街。但总体而言，福州的地下工程建设还属于起步阶段，都是单建式的，没有统筹规划，没有形成网络，而且地下空间的利用率偏低，节能效果也不明显，如何综合开拓福州的地下空间需要更深入的研究。

（四）漳州市地下空间开拓现状

对于漳州市区来说，由于地下岩土工程特性（覆盖层深厚等特点），目前地下空间的开拓尚处在起步阶段。不但地下工程数量少，而且这些工程自成一体。

漳州市已开拓的主要地下空间为人防设施和高层建筑地下车库等，如延安南路的地下防空洞，总面积达约 1700 m^2。总体而言，漳州的地下工程建设还属于起步阶段，都是单建式的，没有统筹规划，没有形成网络，而且地下空间的利用率偏低，节能效果也不明显，如何综合开拓漳州的地下空间需要大家做更深入的研究。

漳州市已逐步开始探索地下空间开拓。2010 年 8 月 10 日，由漳州市规划设计院编制的《漳州市人民广场地下商业空间开发项目控制性详细规划》在漳州市行政中心通过了建设局、国土资源局、人民防空办公室等相关部门联审。10 万 m^2 的人民广场地下商业广场建成使用后，将成为福建省最大的地下商业广场。

按照规划，将在人民广场地下修建 10 万 m^2 的商业广场，主要包括香港名店街休闲购物中心、美食广场、娱乐中心、数字影院等多个大型项目。地下商业广场共分多个方向进出口，而且在南出口处还从地下跨过迎宾路，与锦绣一方的购物广场连为一体。

漳州人民广场处于漳州芗城区与龙文区交界处，总面积为 228 亩，为福建省最大的城市广场之一。广场设有城市雕塑、集会广场、大型音乐喷泉、植物观赏区等景点，交通便利，是举办大型室外活动及市民游玩的好场所。随着漳州市区的东移，人民广场周边人气越来越旺，步文镇政府、龙文检察院、龙文医院、一中分校等均在附近，虽然周边还建起了锦绣一方、书香门第、日出印象、香榭花都等大型社区楼盘，但商业氛围还很淡。目前漳州市区的商业圈主要集中在老城区芗城区一带，而人民广场地下商业广场建成后，将带动新区的商业发展，成为新区的商业中心。

（五）三明市地下空间开拓现状

对于三明市区来说，由于地下岩土工程特性、人口规模和经济发展水平等因素制约，目前地下空间的开拓尚处在起步阶段，不但地下工程数量少，而且这些工程自成一体，都是单建式的，没有统筹规划，没有形成网络，地下空间的利用率也偏低，节能效果也不明显，如何综合开拓三明市的地下空间需要大家做更深入的研究。三明市的防空洞大多已荒废、关闭，有少量被作为地下商场、仓库、娱乐场所、香蕉储藏场所和珍稀菇、蘑菇及其他食用菌栽培场所。

随着三明市社会、经济的发展，以及市区地上可利用土地日趋紧张，探索和规划三明市地下空间开拓已成为日益紧迫的课题。

（六）莆田市地下空间开拓现状

对于莆田市区来说，由于地下岩土工程特性、人口规模和经济发展水平等因素制约，目前地下空间的开拓尚处在起步阶段，不但地下工程数量少，而且这些工程自成一体，都是单建式的，没有统筹规划，没有形成网络，地下空间的利用率也偏低，节能效果也不明显，如何综合开拓莆田市的地下空间需要大家做更深入的研究。

莆田市史称“兴化”“莆仙”，地处闽东南沿海中部要冲，北依省会福州，南靠闽南“金三角”，东临海峡西岸，与台湾隔海相望，战略地位十分重要，是海西经济区建设的重要组成部分。全市辖1县4区2个管委会，陆域面积为4200 km^2，人口300多万人。虽然莆田人防建设从无到有，经过多年持续努力已取得了历史性突破。但是，莆田人防建设仍任重道远。

莆田市人防起步较晚，20世纪90年代才被定为省级人防重点城市，在此前，全市既无人防机构也无一处完整的人防设施。2000年，莆田市被国家确定为二类人防重点城市，所辖县、区被省政府、省军区确定为全省第一批重点设防县、区。

2000年以前，莆田全市未建成一项人防工程，到2007年11月，已竣工防空地下室几十万平方米。

（七）南平市地下空间开拓现状

由于地下岩土工程特性、人口规模和经济发展水平等因素制约，南平市城区地下空间开发已有一定基础。20世纪60年代后期，根据备战需要，先后修建了6万多平方米的地下人防工事，有1万多平方米的人防工事平时作会场、歌舞厅、酒家、保鲜库、油库等用途。近十几年来，随着高层建筑的不断增多，利用高层建筑的基础埋深设置的地下室不断增多，拉开了城市建筑附建式地下空间开拓的序幕。

由于地形和历史的原因，南平市城区八一路、中山路路幅窄，与环城路之间的距离过大，城市纵向交通组织不畅；市区地面停车场少，不能适应城市车辆发展的需要。合理开发地下空间，可以适当减轻现有城市主干道的压力，健全交通网络，有效地解决城市地面乱停车的现象。

（八）龙岩市地下空间开拓现状

对于龙岩市区来说，由于地下岩土工程特性、人口规模和经济发展水平等因素制约，目前地下空间的开拓尚处在起步阶段，不但地下工程数量少，而且这些工程自成一体，都是单建式的，没有统筹规划，没有形成网络，地下空间的利用率也偏低，节能效果也不明显，如何综合开拓龙岩市的地下空间需要大家做更深入的研究。

龙岩市的防空洞大多已荒废、关闭，有少量被作为地下商场、仓库、娱乐场所、香蕉储藏场所和珍稀菇、蘑菇及其他食用菌栽培场所。

目前，龙岩市政府已通过了《龙岩市中心城市地下空间开发利用管理暂行办法》，要求进一步加强龙岩市中心城市地下空间的开发利用管理，合理开发地下空间资源，促进土地节约集约利用，推动中心城市可持续发展。

（九）宁德市地下空间开拓现状

宁德市地下空间开发利用始于人防工程，人防工作始于20世纪60年代，主要地下空间人防工程有：单人防空掩体、露天防空壕、掩盖防空壕、半地下防空壕、地面防空墙、防空洞等。截至2008年底，宁德市区已开发利用的人防工程主要是用于市民停车泊位需求和物资储备。

宁德市地下空间开发利用大体上分为初期、发展时期、调整时期三个时期。初期工程防空工事主要有：单人防空掩体、露天防空壕、掩盖防空壕、半地下防空壕、地面防空墙、防空洞等；发展时期的工程：1969 年至 1978 年是人民防空工程的发展时期，全区掀起了群众性修建防空工事的高潮，家家户户动手，男女老少参战。调整时期的工程：1979 年以后，是人防工程建设的调整改革时期。此时，重点是对已有工程的加固改造、口部处理和危及地面建筑安全的工程之处理，并续建部分重点工程。近年来，宁德市坚持按照“长期准备，重点建设，平战结合”的方针搞好宁德人防建设，人防工程的战备效益、经济效益和社会效益逐步提高。截至2008 年底，宁德市区和各县市城关共建成地下空间工程若干个，总建筑面积达几十万平方米。城市地下空间资产总值达到几亿元。已开发利用的人防工程主要是用于市民停车泊位需求和物资储备。

宁德市的人防建设虽取得了显著的成绩，但与福建省内其他人防重点城市相比，仍存在许多问题和较大差距。

三、主要城市群地下防空洞的破坏程度及其处理和利用情况

福建省各大城市地下人防工程较多，在建设施工中经常遇到地下人防工程的问题，如不能及时地发现拟建建筑地基下的防空洞并加以处理，将会对落成后的建筑，特别是高层建筑造成严重的后果。目前，由于大多数地下人防工程已经废弃，洞口多被填埋，在这种情况下，通过物探方法来确定地下空洞的位置将是一种有效而经济的方法。

20 世纪，内陆山区城市的地下已建造了一张四通八达的防空洞网，这些防空洞在特定的年代发挥了它的历史作用，然而却给现代城市建设，特别是房屋建筑带来不少麻烦。由于不确定防空洞的准确位置，许多建筑物的孔桩挖到防空洞，还有一些孔桩可能悬在防空洞顶上，这将是一个严重的安全问题，会给建筑物带来无法挽救的损失。

第三节　海西经济区主要城市群岩土工程特性研究

一、地 形 地 貌

福建省总面积为 12. 14 万 km^2，山地和丘陵面积为 10. 92 万 km^2，海域面积为 13. 6 万 km^2。

福建省大地构造位于华南褶皱带，呈现山丘多、河谷盆地多、港湾多、平原少和海岸曲折等特点。全省地形以闽西北和闽中两大山带构成骨架，境内群山耸峙，丘陵连绵。闽西北大山带，又称为武夷山脉，蜿蜒于闽赣边境，向南延伸至闽粤交界，长约 500 km，宽度自十几公里至数十公里不等，海拔为 700 ~ 1500 m，为闽江、汀江与江西省鄱阳湖水系的分水岭。闽中大山带，被闽江干流和九龙江截成北段鹫峰山脉、中段戴云山脉和南段博平岭三段，宽度自数十千米至百余千米。

福建省地貌复杂，地势西北高、东南低，西北山区耕地多为梯田和河谷盆地，东南沿海有福州、莆田、泉州和漳州四个低丘平原，总面积为 1865m^2，为福建省经济、文化最为发达的地区。全省陆域面积中山地丘陵占 90% 以上，一小部分为平原，其余为围垦的滩涂地，素有“八山一水一分田”之称。山坡残坡积土层广泛发育，且厚度大；岩石风化强烈，节理裂隙和软弱结构面发育。福建省分布有闽东火山断坳带、闽西南坳陷带和闽西北隆起带（图 12-2）。闽东火山断坳带：主要为侏罗系、白垩系火山岩和花岗岩。闽西南坳陷带：主要为晚古生代海相、海陆交互相湖泊沉积地层。闽西北隆起带：主要为上太古界、元古界、震旦系变质岩。

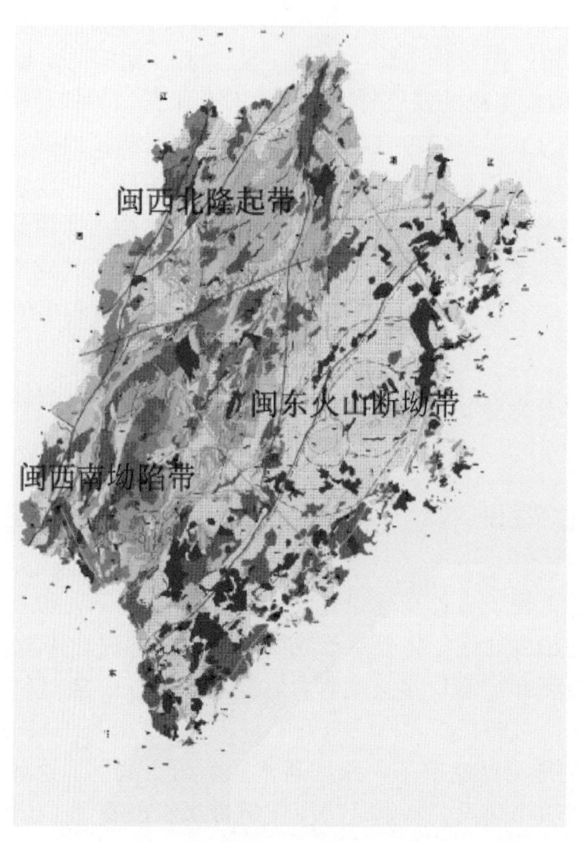

图 12-2　福建省隆起、坳陷及火山断坳示意图

二、区域稳定性

福建省位于环太平洋地震带上，地震活动频度高、震级也高。地震强度呈东强西弱，南强北弱的规律，又以东南沿海最为强烈。区内 NE 向断裂发育，主要断裂有长乐–南澳断裂、滨海断裂。近 500 年来，发生在长乐–南澳断裂带上的 4 级以上地震主要分布在南澳岛、东山岛、漳州、泉州、莆田、福州等地，最大震级为 6. 5 级。地震活动带 1604 年在泉州海域发生了 7. 5 级地震。

海西经济区主要城市群内主要区域地质构造有长乐–南澳断裂带、滨海断裂带等，这些断裂带内发育有多条断裂，具有继承性活动的迹象，沿海的福清核电站、泉港石化基地、古雷化工基地等重大工业设施均位于该断裂带上。

三、花岗岩风化壳、软土和液化砂土等不良岩土体分布

海西经济区内花岗岩风化壳主要在海拔 200m 以下的花岗岩地区，以侵蚀剥蚀作用为主，基岩裸露或局部覆盖有较薄的残积土层，人类工程经济活动较强烈。

福建省内的花岗岩主要有：加里东期花岗岩；华力西–印支期花岗闪长岩；华力西–印支期二长花岗岩；燕山早期第二阶段似斑状花岗岩；燕山早期第三阶段第一次片麻状黑云母二长花岗岩；燕山早期第三阶段第三次黑云母花岗岩；燕山早期第三阶段第四次细粒花岗岩；燕山晚期第一阶段第二次二长花岗岩；燕山晚期第一阶段第三次晶洞钾长花岗岩和晶洞花岗岩；花岗岩出露面积占全省面积约 25. 8%，主要为燕山期花岗岩。

区内软土主要分布于冲积、冲洪积堆积阶地分布区、海积阶地分布区、近岸潮间漫滩区。

区内液化砂土主要分布于抗震设防大于6度的风积阶地分布区。

四、水文地质条件

福建省滨海区地下水包括砂层孔隙水和基岩裂隙水两类。

（1）砂层孔隙水：砂层平均厚度为5.4～18.9m，最厚36.9m（平潭）为良好的含水层，依靠降雨入渗补给，水位埋深小于5m，为潜水，年变幅为2～5m。

（2）基岩裂隙水：岩石入渗系数小，加之岛屿、半岛等面积不大，降雨植被少，因而富水性弱。地下水位在凹地中小于10m，个别自流，分水岭处可达数十米。

福建省滨海平原高程一般小于5～10m，第四系沉积厚度10～81m，上部为海相淤泥（近河处为砂层），下部为陆相砂砾卵石夹海相或陆相淤泥、黏土等，基岩埋深较大。

五、福建沿海地区主要土体与土层

福建沿海地区主要土体与土层详见表12-1。

表12-1　福建沿海地区主要土体与土层一览表

成因类型	土的种类	土体或土层名称		厚度（m）	顶板埋藏深度（m）	主要岩性特征
堆积	人工填土	杂填土	瓦砾填土	<5	2～6	以黏性土和破砖碎瓦为主，含有机物等；常含旧墙基、抛石、井沟、三合土等；黏土质填土主要为黏性土，软塑至可塑
			黏土质填土			
			淤泥质填土			主要由挖填淤泥和少量瓦砾组成，也见于废气井沟塘河等局部地段；软弱填土常见有垃圾、瓦砾、有机质，多呈流塑状态
			软弱填土			
		素填土		—	—	主要由黏性土、砂类土组成，常夹碎石、块石、石片或炉渣、炉灰等；应区分其成分和填土年代，注明其密度与湿度特征
		冲填土		3～8	0～3	
冲积	黏性土和粉性土	黏土（Ⅰ）	黏土（Ⅰa）（Ⅰb）	0.8～3	0～2	沿海平原及盆地表层长乐组的上段沉积，相应于一级阶地。多呈黄、褐黄色（Ⅰa），部分转褐灰（Ⅰb）；有的相变为砂层或缺失
		黏土（Ⅱ）	黏土 轻砂质黏土 黏性土互层 砂质黏土	2～8	8～13	埋藏在淤泥（Ⅰ）之下，系东山组地层的标志层。灰黄、灰绿、黄绿或黄褐色；可塑，局部软或硬塑；含云母、氧化铁等。以黏性土为主，间有粉土互层或夹层。局部地段或古河道地带常相变为砂层
		黏土（Ⅲ）	黏土 轻砂质黏土 （含砾）黏性土 黏性土互层	1～6	20～28	埋藏于淤泥（Ⅱ）或砂层之下，为龙海组上段沉积。多为灰黄、黄褐或灰白色，局部灰绿色。可塑至硬塑，局部软塑。时夹铁质结核，含氧化铁，云母等；常相变为较纯净砂层。岩性以黏性土为主，局部有砂类土或碎石类土的夹层、互层。局部地区可见淤泥（Ⅲ）等软土或与其相间呈层状出现

续表

成因类型	土的种类	土体或土层名称		厚度（m）	顶板埋藏深度（m）	主要岩性特征
冲积	砂类土	单一砂层	细砂 中砂 粗砂 （含砾）中砂 （含碎、卵石）粗砂	8～20	15～30	常见于东山组地层下部或龙海组地层中；从上往下，粗粒逐渐增多；中下部以粗、中砂为主，夹部分砾、卵石，细粒砂显著减少，不含泥。在远河流地段，可相变为黏土（Ⅱ）或黏土（Ⅲ），属沿海主要含水层，水质较好
		含泥	粉细砂 细中砂 中砂 粗中砂或中粗砂	6～15	5～12	常为长乐组下段或东山组沉积，以细中砂为主，混有黏性土，多见于第一含水层，也见于河道变迁带；其水平与垂直方向变化较大。粒径以细粒居多，间有淤泥或黏性土夹层或透镜体

六、厦门市岩土工程特性

（一）地形地貌

厦门市的地貌单元大部分属闽东南沿海低山丘陵-滨海平原区。陆域为风化剥蚀型微丘地貌，两岸地势开阔平坦，主要为残丘-红土台地，丘顶高程为20～35m，丘体多呈椭圆体，坡度和缓。丘间洼地高程一般为5～15m，沟、塘较多。滨海局部为全新世冲海积阶地，地面高程一般为2～5m，略向海边倾斜。

厦门海岸带为海蚀海岸及堆积海滩地貌，岸线曲折，岸坡以土质陡坎为主，坎高为7～20 m，部分地段坎底基岩裸露。岛内岸多为侵蚀海岸，海滩多礁石，岛外岸大部分为堆积海岸，海滩宽阔，滩面被浮泥覆盖。

（二）水文与气象

厦门海域为正规半日潮，历年来最高潮位为4.53m，最低潮位为-3.30m，平均高潮位为2.39m，平均低潮位为-1.53m，平均潮差为3.92m，最大潮差为6.92m，平均海平面为-0.32m（黄海高程）。潮流形式属往复型，涨潮时最大流速为1.3kn，流向为333°；落潮时最大流速为1.4kn，流向为137°。

厦门岛内陆域没有河流，大气降雨靠丘（岗）间沟谷排泄流入港湾或海中。区内小型水体较多，池塘遍布。

厦门地区属亚热带海洋性气候，冬无严寒，夏无酷暑，四季如春。年均气温为20.8℃，极端最高气温为38.4℃，极端最低气温为2.0℃。每年2～8月为雨季，年均降雨量为1143.5mm。主要风向为EN向，其次为ES向，9月至次年4月为沿海大风季节，多为东北风，平均风力为3～4级，最大为8～9级。7～9月为台风季节，风力7～10级，最大可达12级，最大风速为60m/s。

（三）区域地质背景

1. 地层岩性

厦门地区地层比较简单，主要出露地层如下。

上三叠系文宾山组（T_{3W}）：见于嵩屿、东渡、火烧屿及大任屿等地，为海陆交互沉积，灰、灰黄色石英细砂岩，粉砂岩、中细粒石英砂岩、长石石英砂岩、灰黑色泥岩及含砂泥岩，经变质具片理化、白云母化。厚度大于100m。

上侏罗系南园组（J_{3n}）：出露于海沧、大帽山、文圃山、东渡、嵩屿等地，主要为浅酸性火山碎屑熔岩，最大厚度约2700m。

新近系佛昙群上段（Nft^b）：见于小金门岛，为玄武岩夹砂砾岩，厚度大于100m。

第四系（Q）：地层发育齐全，受地形及沉积环境所控制，成因类型繁多，分布零星，岩性、岩相和厚度各地相差悬殊。

侵入岩：侵入岩石时代均为燕山期，岩石类型以花岗岩为主。其次为二长花岗岩及花岗闪长岩等，脉岩有石英岩脉、细晶岩脉、伟晶岩脉、石英斑岩脉。石英正长斑岩脉、正长斑岩脉、细粒花岗岩脉、闪长岩、闪长玢岩脉、二长岩脉、辉绿岩脉及一些基性岩脉，主要受北东向构造控制，其次受北西向构造控制。

2. 地质构造

据中国地震局地球物理研究所、福建地震地质工程勘察院，厦门地区所处大地构造单元为闽东中生代火山断坳带（二级构造单元）之闽东南沿海变质带（三级构造单元）。在此构造单元内，对区内地质构造具有控制意义的断裂构造为长乐-诏安断裂带和九龙江断裂带。

长乐-诏安深断裂带：位于东南沿海丘陵地带，呈北东向平行海岸线展布，北起闽江口，经长乐、惠安、泉州、厦门、诏安，向南延伸至广东南澳、惠来入海，长约450km。该断裂带由一系列近于平行、长短不一的断层组成，带宽为38～58 km。该断裂带上地震活动近期还较弱，最新活动年代为晚更新世早期。

九龙江断裂带：分布于厦门、漳州和南靖等地，走向北西至东西，由二到三条次级断裂组合而成，长120 km以上。断裂形成于晚侏罗世，沿断裂片理化、糜棱岩化现象明显。在晚第四纪时期，该断裂某些地段有较强活动，扭断水系，断错上更新统。此外，沿断裂是地热异常带，发生过多次5～6.5级地震。

区内的主要构造如下。

北东向钟宅断层组：由穆厝断层（F_{11}）、五通断层（F_{12}）、官浔断层（F_{13}）、莲坂断层（F_{14}）、洪山断层（F_{15}）、尚中断层（F_{16}）等推测断层组成，发育在燕山晚期厦门岩体中（主要为花岗闪长岩及黑云母花岗岩）。根据构造应力场资料和断层结构面力学性质分析，属于新近纪—第四纪应力场作用产物。该断层组分布在钟宅村至厦门市区，影响宽度约2 km，走向60°～70°，两端隐没于海域。地面所见断层破碎带宽一般小于10m，延长5～10 km。另有资料显示该断层是北东向区域性断裂的组成部分，目前在穆厝断层与尚中断层交汇处尚有温泉出露。

北东向东排山断层组：主要有140.2高地断层（F_{25}）、无尾塔山（F_{26}）、东排山断层（F_{27}）等断层，总体走向25°，宽约4 km，两端延出区外。发育在燕山晚期厦门岩体中，以密集的剪裂面为特色，岩石被切割成1～2cm的板块体，断面平直光滑，由宽1～10m，长500～700 m的许多小断层呈左行斜列形式展布，具剪切性质。在东界村东部一带，还发育有走向340°的平推断层——宋洋断层（F_{28}）。在五通侧海边的礁石上可见裂隙面平直，如刀劈状，辉绿岩岩脉沿裂隙侵入。

北西向浔江推测断层（F_{31}），其西北端在后溪村出露，在燕山期花岗岩中发育一组走向310°、倾向南西、倾角68°～84°的断层。该断层大部隐伏于海域中，卫星照片线性影像清晰，向东南穿过浔江。

3. 现代构造应力场

据前人研究，厦门地区自中生代以来的构造应力场可分为三期：第一期构造应力场出现于三叠纪—侏罗纪，以走向NW308°—SE128°及近水平的最大主压应力轴为特征。区域上形成一系列走向NNE或NE的逆断层、逆掩断层或左行压扭性断层，在NE向断裂带中，由于强烈的挤压剪切作用普遍发育糜棱岩带，与其同时还伴生一些走向北西的张性——张扭性断层。

第二期构造应力场出现于白垩纪—新近纪，以走向 NE30°～40°—SW210°～220°及近水平的主压应力轴为特征。在此构造应力场作用下，使原有的 NNE 向断层由压扭性转为张扭性，还出现一系列走向 NNE 的单向断陷盆地。原 NW 向断层由张扭性转化为压扭性，普遍出现糜棱岩带、挤压破碎带或挤压柔皱带。

第三期构造应力场主要发生于第四纪，并延续至现代。多数研究者确认，厦门地区近代区域构造应力主轴方向为 NWW—SEE，即大致为 NWW285°—SEE105°。

据五通岸钻孔（该孔及附近地段岩体完整性与其他地段相比相对较好，岩心呈长柱状，裂隙不发育）深度 25～41m 段的地应力测试，测试结果显示最大水平主应力为 3.24MPa，方向为 NW—SE 向，与上述第三期构造应力场基本一致。

4. 新构造运动与地震

区域上新构造运动较为强烈，以老构造复活和断块间差异性升降活动为主要特征。总的活动趋势以稳定的间歇性上升为主。新构造运动的主要标志为老构造复活、频繁的地震、众多的温泉及海岸变迁等。

a. 老构造复活

有关资料表明长乐-南澳深断裂带白垩纪仍强烈活动，新近纪至今该断裂带控制上新近系佛昙群岩层分布，近代地震与温泉也多沿该带分布，说明其为活动性断裂带。九龙江断裂带恰是九龙江入海地带，漳州以东河道、港湾均为东西向，九龙江北岸发育Ⅲ级阶地或红土台地，第四系厚小于 10m，而南岸几乎未见阶地或红土台地，同时沿线又是弱震密集区。这些都说明该断裂带是活动性断裂带。

b. 温泉

厦门市及外围共有温泉 20 多处，均分布在 118°30′以西地区，其中安溪的上汤温泉温度最高，达 85℃，厦门杏林湾水量最大，约 $81m^3/s$，温泉分布明显受构造控制。

c. 地壳形变、地貌及海岸变迁

区域内地貌呈西北高东南低，阶梯状下降至东南沿海，层状地形明显。西北部山脉走向明显受构造格架所控制，地形剥、侵蚀作用明显，反映为幅度较大的持续上升。东南部主要为低山、丘陵、红土台地和堆积平原。

d. 地震活动

东通道场址位于我国东南部地震活跃的东南沿海地震带内。在场址周围半径 150km 范围的区域内，历史上共记录到 35 次 Ms≥4.7 级地震，其中最大的地震为泉州海外 1604 年 7.5 级地震，距厦门市约 83km，影响烈度达 7 度。厦门区内最近的强震是 1185 年厦门海外 6.5 级地震，影响烈度也是 7 度左右。厦门市近期共遭受到 6 次影响烈度为 6 度以上地震的影响。其中有两次达到 7 度。据中国地震动参数区划图（GB 18306—2001），厦门市地震动峰值加速度为 0.15g，反应谱特征周期为 0.40s，相当于地震基本烈度Ⅶ度。

（四）工程地质区段划分

为便于地层分布情况的叙述及工程地质条件分段评价，综合地形地貌、地层发育情况及水文地质条件等特征，划分为残丘台地（Ⅰ）、丘间洼地（Ⅱ）、潮滩区（Ⅲ）浅海区（Ⅳ）。图 12-3 是厦门市区典型工程地质剖面图。

（五）厦门市岩土工程特征

据地质调绘和钻探揭示，厦门市地层主要情况如下。

1. 第四系地层

第四系地层以侵入岩残积土为主，其次为上更新统冲洪积、以白色基调为主的黏性土（当地称白土）和黏土质砂，少量全新世冲坡积或海积砂土、黏性土、淤泥等。

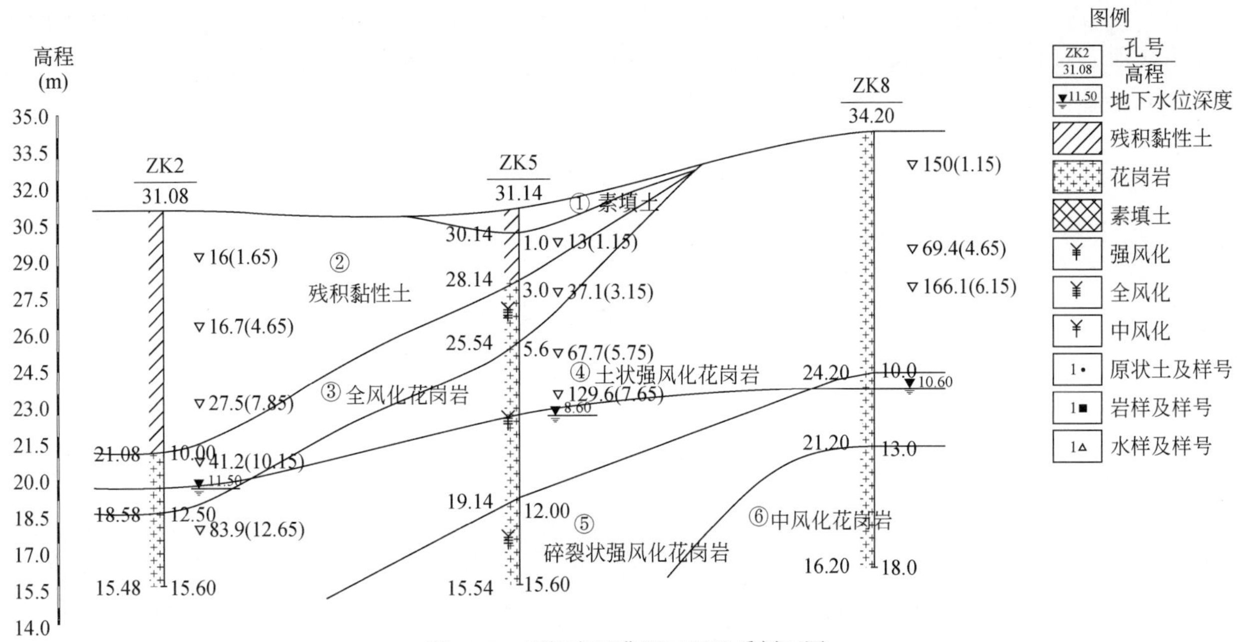

图 12-3　厦门市区典型工程地质剖面图

侵入岩残积土水平方向较为均一，垂直方向则显示出不甚明显的分带现象，本区残积土一般可分为上、中、下三个带，即棕红色黏土带、棕红杂灰白花斑色亚黏土带、灰白色砂质或砾质黏性土带，此类土在丘顶处薄，丘体边缘较厚，厚度一般为 5～15m。

上更新统白土主要分布于丘间洼地，层厚变化大，最厚处可达 20m 左右。全新统主要分布于海域及堆积潮滩地带，少量分布于丘间洼地表部。

各类土体特征及分布情况如下。

（1）填筑土（Q_4^{me}）：多为杂填土，局部为素填土，结构疏密不均，主要分布于人口居住区，厚度一般不超过 3m，有的以海堤、塘埂、路堤等形式出现。

（2）全新世海积淤泥或（Q_4^{m}）：灰色-灰黑色，含贝壳碎片，土质均匀，黏性较强，流动-流塑状，局部混少量砂；主要分布于港湾及沿海潮间带，陆域沟、塘中有少量分布。本区潮滩前缘地带此类土较厚，最厚处达 6m 以上。

（3）全新世海积砂类土（Q_4^{m}）：多呈灰色，局部呈浅黄色，多为中、粗砂，结构松散，成分以石英为主，分选性差。局部含较多泥质和贝壳碎片，呈淤泥混砂状（③-1）；主要分布于海岸边及浅海暗礁群内，厚度一般不超过 7m。

（4）全新世亚黏土、淤泥质亚黏土及泥炭质土：本区丘间洼地表部一般均有全新世冲洪积亚黏土（Q_4^{al+pl}），颜色以黄褐色居多，洼地边缘过渡为棕红色，软塑状为主，局部流塑或硬塑状，层厚一般小于 2m；滨海低凹处常有湖沼相灰色淤泥质黏土（Q_4^{l}）或黑色泥炭质土（Q_4^{f}）分布其下，流塑-软塑状，同安区钻孔揭示有此类地层，分布高程在 0～7.0m，泥炭层厚度一般小于 1m，淤泥质黏土厚度小于 3m。

（5）上更新世冲洪积黏性土及黏土质砂（Q_3^{al+pl}）：此类土以白色为主基调，残丘边缘过渡为棕黄杂灰白色，以砂质黏性土为主，某些深度可出现细腻的黏土夹层，硬塑-半干硬状。下部往往夹密实的黏土质中粗砂透镜体（⑤-1），该土层砂粒含量及粒径垂向变化大；海域中更新统冲洪积中粗砂局部含卵、砾石，最大粒径可达 10cm 左右，反映出山前古冲沟或古洼地的沉积特征。前者在本区丘间洼地均有所分布，揭示最大厚度近 15m。该类土顶界最高点为 4.88～5.72m。

（6）第四纪残积层（Q^{el}）：表部均为棕红色，往下过渡为棕红杂黄色、灰白色花斑状，以砂质黏土、亚黏土居多，硬塑-半干硬状，广泛分布于残丘台地，厚度多为 5～10m。

2. 基岩

本区基岩大部分以燕山早期第二次侵入的花岗闪长岩及中粗粒黑云母花岗岩为主。其内穿插二长岩、闪长玢岩、辉绿岩（玢岩）等岩脉，脉岩以辉绿岩最为多见，多沿本区最为发育的近南北向及北北东向高角度裂隙侵入，脉宽一般不足1m，个别部位宽达10～20m。基岩按风化程度可分为全、强、弱、微四个风化带，各带特征如下。

全风化带（W_4）：全风化花岗闪长岩（⑦-1）及黑云母花岗岩（⑧-1）一般呈棕黄-灰黄色，含灰白色及褐色斑点，岩体已呈砂质黏土或砂质亚黏土状；全风化辉绿岩为灰黄含黑褐色细纹，呈硬塑-半干硬黏土状；全风化闪长岩为灰黄-浅黄色，岩体呈硬塑黏土状；全风化闪长玢岩多为紫红含灰白斑点，呈硬塑-半干硬黏土状；全风化二长岩多白色，含较多高岭土，呈硬塑黏土状。全风化带的厚度主要取决于其顶部受剥蚀程度，陆域普遍较厚，一般为10～30m，海域变化很大，浅海区及潮滩区该风化带几乎被冲刷剥蚀殆尽，但构造破碎带内仍可达30m左右。

强风化带（W_3）：花岗闪长岩（⑦-2）及黑云母花岗岩（⑧-2）强风化带呈棕黄-灰黄色，从上至下一般由砾质黏性土→泥质砂砾石土→酥脆岩体过渡，中下部常有大小不等的弱-微风化球状残余体，辉绿岩、闪长岩、闪长玢岩等脉岩强风化带为棕黄色，呈坚硬土-极软岩状，风化差异不及前两者明显。强风化带顶界高程一般低于-10m，厚度一般小于15m，构造破碎带内可达30m以上；在个别风化深槽内，其底界可深至-100m以下。

弱风化带（W_2）：岩体被较多风化裂隙切割，风化裂隙一般追踪构造裂隙或原生节理发育，部分追踪低倾角裂隙，裂隙两侧数毫米至数厘米范围内的矿物风化成黄色，部分裂隙内充填物或胶结物已风化为泥，岩块大部仍保持原岩特征，仅边缘带变软。弱风化花岗闪长岩（⑦-3）厚度一般不超过5m，局部追踪构造破碎带可达很深部位；弱风化黑云母花岗岩（⑧-3）最厚处达30m。

微风化带（W_1）：花岗闪长岩（⑦-4）及中粗粒黑云母花岗岩（⑧-4）为灰白色，后者常见暗色包体；辉绿岩脉呈灰绿色，石英岩脉呈白色，二长岩脉呈淡黄色，闪长玢岩呈灰黑色，上述微风化岩石均属硬质岩类，岩脉多沿高角度构造裂隙侵入，两者界面多很规则，熔融现象不明显。微风化带顶界形态主要受构造控制，岩体完整地带其顶界较平缓，构造破碎或裂隙发育带则顶界变化很大。本区基岩微风化顶面多处于-55～0m，少数风化深槽处于-70m以下。

微风化岩破碎带：颜色与原岩基本相同。多分布于风化槽轴线附近，岩体被三组以上构造裂隙切割，裂隙间距小于20cm，岩体被割成碎石状，岩质仍较硬，少数裂隙内存在碎屑物，一般呈高角度带状产出。

（六）水文地质条件

分布于陆域范围内地层中的地下水，据其赋存形式分为松散岩类孔隙水、风化基岩孔隙裂隙水、基岩裂隙水三种，均为潜水。其中松散岩类孔隙水赋存于第四系残积层中，风化基岩孔隙裂隙水赋存于基岩全-强风化层中，基岩裂隙水赋存于弱微风化基岩的风化裂隙及构造裂隙中。陆域地层中除可能存在的富水性好的基岩破碎带外，均为弱富水，渗透性较差，属于弱或微含水层。陆域地下水主要受大气降水的补给，就近向低洼地段排泄，总体上属于潜水，仅局部洼地因上覆土层中含大量高岭土的黏土相对隔水层，地下水具承压性，但承压水头是变化的，干旱季节承压转为无压。

松散岩类孔隙水：地下水的动态受气候、地形的影响明显。地下水水位随降雨的频率变化剧烈，且有滞后现象。随地形的变化，地下水水位变化很大，水位变幅一般在0.33～4.0m。5～6月水位最高，12月至翌年2月最低。大气降水是地下水的主要补给源，降水垂直入渗后，由高处向低洼处径流，所以低洼处孔隙水除受大气降水的直接入渗补给外，还受侧向径流的补给。局部受岩性影响略具承压性。松散岩类孔隙水除蒸发、人工抽取排泄外，多排向沟溪、河流、入海，少部分入渗补给下部弱含水岩组。

全-强风化岩层孔隙裂隙水：与松散岩类孔隙水实为一层地下水，两者间并无明显隔水层存在，全-强风化岩层孔隙裂隙水直接受上部松散岩类孔隙水的下渗补给，然后又缓慢地径流或侧向补给基岩裂隙含水岩组。

基岩裂隙水：除出露地表者可直接接受大气降水的入渗补给外，隐伏型均受其他类型地下水的入渗补给，其径流严格受裂隙形态控制，呈层状或带状，有时互不连通，无统一水面。

陆域地下水浅部一般为中性淡水，pH 为 6.64～7.15，但受所处环境的影响，变化较大。其矿化度和水化学类型具分带性，从远离海域到近海区矿化度由小变大，179.46～3350mg/L，而在过渡带上则高达 10 000mg/L 以上。水化学类型则由 HCO_3-Ca 型渐变为 HCO_3 · Cl-NaCa 型乃至 Cl-Na 型。深部地带呈弱酸性，根据《公路工程地质勘察规范》（JTGC 20-2011）附录 D 的判定，陆域地下水在Ⅲ类环境下（Ⅲ类环境系指各气候区中，混凝土弱透水层中，均不具有干湿和冻融交替作用）对砼，五通岸具分解类弱碳酸型-中等碳酸型及弱酸型腐蚀作用。

依据《岩土工程勘察规范》[GB 50021—2001（2009 年版）] 第 12.2.4 条和第 12.2.5 条判定，陆域地下水对钢筋混凝土结构中的钢筋无腐蚀性、对钢结构具弱腐蚀性。

岩土层的渗透性指标的确定通过现场水文地质试验（抽水、压水）和室内试验（渗透系数、渗透破坏）获得。

陆域抽水实验成果见表 12-2。综合全区室内渗透系数测试结果列于表 12-3。

表 12-2　陆域抽水实验成果表

岩性	实验段深度(m)	$Q(m^3/d)$	l(m)	S(m)	r(mm)	R(m)	K	
							(m/d)	(cm/s)
残积土、全风化岩层	0.0～19.65	16.2	9.5	1.45	75	10	0.79	9.4×10^{-4}
		43.4	9.5	4.4	75	10	0.55	6.4×10^{-4}
残积土、全风化岩层	5.7～23.7	3.6	12.1	5.45	75	11.8	0.047	5.4×10^{-5}
残积土、全风化岩层	7.23～22.13	1.87	14.9	2.2	75	5.06	0.053	6.4×10^{-5}
		4.75	14.9	6.2	75	13.3	0.046	5.3×10^{-5}
全风化岩层 为主	0.0～28.15	1.47	14.55	8.34	75	3.6	0.018	2×10^{-6}
强风化带	34.4～36.2	—	—	—	—	—	0.036	4.16×10^{-5}
弱、微风化带	4.65～6.70	—	—	—	—	—	0.391	4.5×10^{-4}
弱、微风化带	37.5～40.1	—	—	—	—	—	0.023	2.66×10^{-5}

表 12-3　室内渗透系数测试综合统计表

岩性	渗透系数（10^{-6}cm/s）
黏土	1.0～9.8
砂质黏土、亚黏土	3.10～147.0
黏土、砂质黏土	0.5～59.0
全风化岩层	2.5～261.0
强风化岩层	121.0～503.0
弱风化岩层	1.49～175.0

从表 12-2 中可看出渗透系数值以 $n\times10^{-5}$ 占绝对优势（占 51.7%），$n\times10^{-6}$ 占 36.9%，而 $n\times10^{-4}$ 仅占 11.4%。属微、弱透水层。

另外，全风化岩层的渗透性普遍小于强风化岩层，而弱风化岩层渗透系数的大小则与裂隙的形态、密集程度密切相关。

区内全强风化岩层为各向同性，为松散孔隙介质。基岩裂隙水属裂隙介质体，为各向异性不连续体，受结构面的控制。岩体在各个方向上的渗透系数不同，采用裂隙样本法进行等效化处理。

现将区内抽水实验、压水实验和室内渗透实验获得的全强风化岩体的渗透系数进行分级统计，除去极值，按加权平均获得均值，见表12-4。

表12-4 厦门市岩土渗透系数综合统计均值

工程位置	岩性	渗透系数均值 K（10^{-5}cm/s）		
		室内测试	压水实验	抽水实验
陆域	坡残积+全风化	6.4～25.4	—	1105.3
	全风化岩层	30.2～95.7	—	49.0～295.7
	强风化岩层	488.5	—	41.6
	弱、微风化岩层	5.0	—	239.6
浅滩	海积沙层	—	—	539.9
	黏土	4.0	—	—
	全风化岩层	40.4～47.2	—	—
	强风化岩层	155.7	—	—
	弱风化岩层	—	40.5	99.5
	弱、微风化岩层	—	—	112.8
	微风化岩层	—	—	2.3

表12-4是按不同位置及不同岩性分别统计的。三种方法测试值受测试方法和测试环境的影响，个别区段在同一类岩性中，其数值相差较大，室内测试结果与抽水实验结果相差10倍，而在弱、微风化岩层中相差达40多倍，是受工作环境影响造成，利用时应有所侧重，要根据具体情况做具体分析。

三种测试结果多数较为接近，均真实地反映出了该区渗透性的多变性，也清楚地显示渗透性受岩性控制和裂隙发育程度的控制。

（七）岩土体工程特性

厦门市岩土体工程特性及主要参数建议值详见表12-5。

表12-5 岩土体工程特性及主要参数建议值

地层代号	岩土名称	工程特性	容许承载力 $[\sigma_0]$（kPa）	压缩模量 E_s（MPa）	重力密度 γ（kN/m^3）	动弹性模量 E_d（GPa）	动剪切模量 G_d（GPa）	静弹性模量 E（GPa）	泊松比 μ	计算摩擦角 ϕ（°）	摩擦系数（圬工与围岩）f
Q_3^{al+pl}	黏性土	中等压缩性，承载力较高	200	7.0	20	—	—	—	—	—	0.3
	黏土质砂		300	—	19	—	—	—	—	—	0.3
Q^{el}	砂质黏土、亚黏土	中等压缩性，承载力较高	200	7.0	18	—	—	—	—	—	0.3
W_4	全风化带	中等压缩性，承载力较高	220	9.0	18	0.7	0.2	0.1	0.48	25	0.3
W_3	强风化带	中等压缩性，承载力较高	300	10.0	19	2.4	0.8	1	0.46	30	0.4
W_2	弱风化带	连续性差，不均匀，抗剪、抗拉强度小	1500	—	25	33	13	25	0.29	50	0.5
W_1	微风化带	连续性好，均匀，抗剪、抗拉强度高	>4000	—	26.5	63	26	40	0.20	70	0.6
f	微风化岩破碎带	连续性较差，抗剪、抗拉强度较低	3000	—	26	35	14	25	0.28	55	0.5

七、泉州市岩土工程特性

（一）地理位置

泉州位于北纬24°22′～25°56′，东经117°34′～119°05′。泉州市地处低纬度，又濒太平洋，形成亚热带海洋性季风气候，温暖湿润、雨量充沛、四季常春，年平均气温为19.5～21℃。但自然灾害较为频繁，主要为旱、涝、风害等。

泉州依山面海，境内山峦起伏，丘陵、河谷、盆地错落其间，地势西北高东南低，山地有1000多万亩，耕地有217万亩，山地、丘陵占土地总面积的五分之四，俗称“八山一水一分田”。其中陆域面积为11 014.78 km^2（包括金门岛），约占全省陆地面积的9.08%；海域面积为11 360 km^2，海岸线总长为541 km；大小港湾14个，岛屿208个。

（二）岩土工程地质条件

泉州市区位于福建省东南沿海。从东至西方向，横跨了由花岗岩坡残积土构成的红色台地、第四系冲洪积、冲积阶地及海积阶地等地貌单元。从地表向下，场地土主要由杂填土、粉质黏土、淤泥及淤泥质黏土、中粗砂及粗砂（中粗砂、含泥中粗砂、含卵石中粗砂、含黏性土粗砾砂及砾粗砂）、卵石及砂砾卵石、残积土及强风化基岩等组成。场地局部发育有耕土、黏土、粉土、中砂、淤泥夹砂、含卵石砾砂、淤泥质黏土、含泥粉细砂及全风化花岗岩等。

泉州市区的场地主要发育第四系冲洪积、冲积、海积等成因类型的黏土、淤泥、淤泥质土、砂、砂砾卵石，以及坡积、残积成因的粉质（砂、砾质）黏土，下部一般为全强风化花岗岩。土层厚度、性质及结构依不同的地貌单元而不同，海积阶地工程地质条件复杂，层数多，结构复杂，普遍发育软弱夹层，沉积厚度一般可达30m；而红土台地一般为坡、残积土及强风化岩，岩性单一，厚度小，一般为10m左右。例如，泉州平原一些历史上受过两次海进影响，地貌单元为海积阶地的场地，图12-4是该种典型场地的地层结构剖面图。

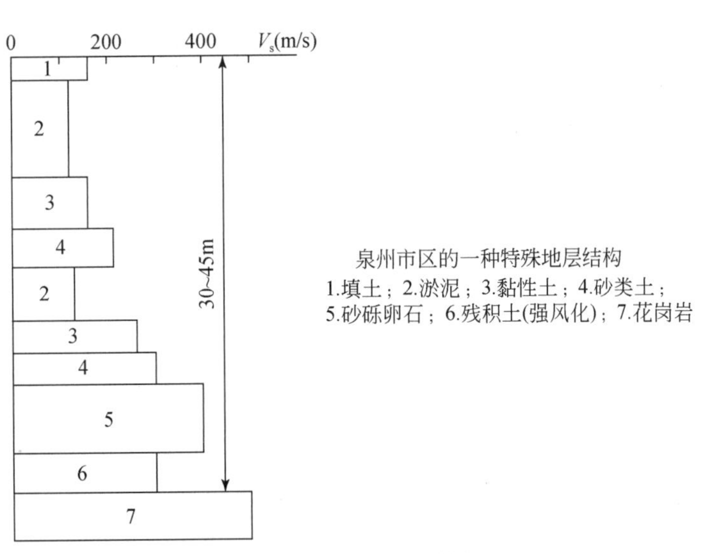

图12-4　泉州市区地层结构剖面图

由于受地质、地貌、水文和气象等条件的控制和影响，第四系厚度变化较大，在空间分布上，泉州市区中西部较厚，东北部及西北部靠山较浅，沿东北部及西北部山边则软土层逐渐消失。

表 12-6 列出了上述有关地貌单元中相应的土层剪切波速值 V_s（m/s）及由 V_s 值和覆盖层厚度 d（m）得到的场地土类别及场地类别。

表 12-6　不同地貌单元的场地土及场地类别

地貌单元	红土台地	冲积阶地或冲洪积扇	海积阶地
V_s（m/s）	>200	160 ~ 250	<160
d（m）	8 ~ 30	22 ~ 45	25 ~ 45
场地土类别	中硬土居多	中软土居多	软土居多
场地类别	Ⅱ	Ⅱ类居多	Ⅲ类居多

（三）场地土剪切波速特征

通过现场实测得到泉州市区场地各土层剪切波速，并对剪切波速进行了统计分析，获得图 12-5。

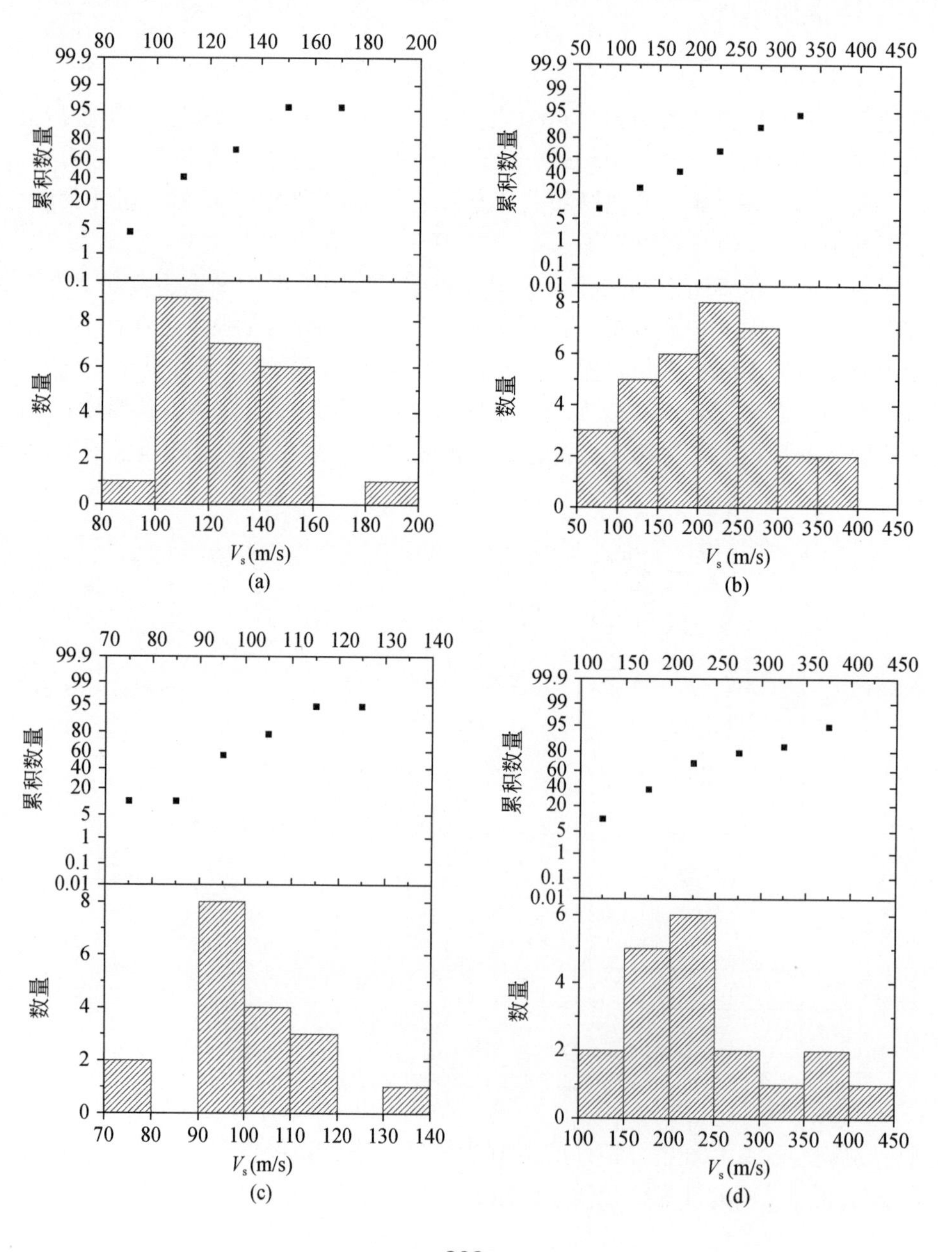

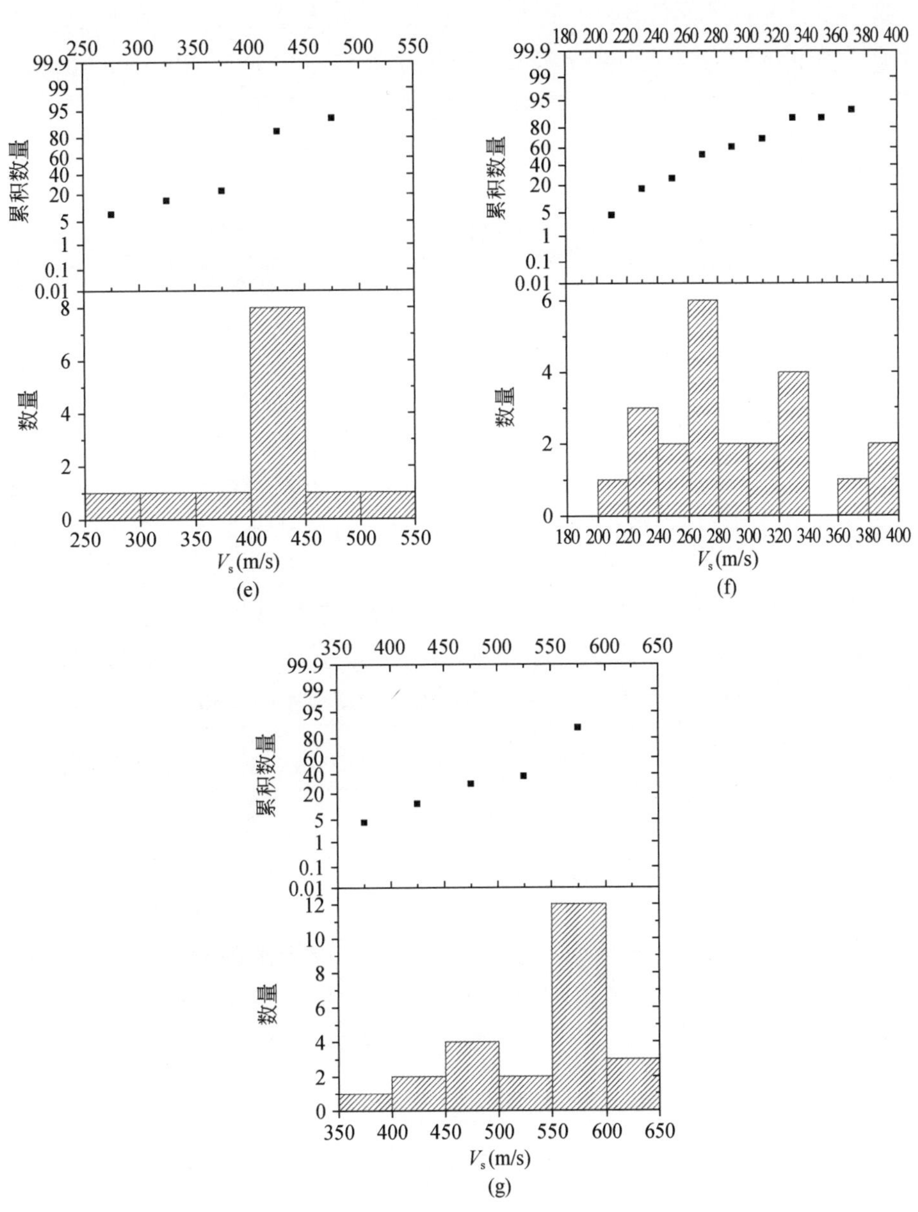

图 12-5　泉州市区场地土层剪切波速数理统计概率直方图

1. 杂填土剪切波速的特征

对泉州市区场地共进行 24 组杂填土的剪切波速测试。对测试结果进行统计分析，如图 12-5（a）所示。

由测试结果的数理统计结合图 12-5（a）分析可知，泉州市区场地杂填土的剪切波速分布规律如下：泉州市区场地杂填土的剪切波速的均值为 127.72 m/s，标准差为 23.29。在 24 组测点中，V_s最小的为 85 m/s，最大的为 197.17 m/s；V_s小于 140m/s 的有 17 点，约占总数的 70.8%；V_s在 140～250m/s 的有 7 点，约占总数的 29.2%。

2. 粉质黏土剪切波速的特征

对共进行 33 组粉质黏土的剪切波速测试。对测试结果进行统计分析，如图 12-5（b）所示。

由测试结果的数理统计结合图 12-5（b）分析可知，泉州市区场地粉质黏土的剪切波速分布规律如下：泉州市区场地粉质黏土的剪切波速的均值为216.6 m/s，标准差为83.3。在33组测点中，V_s最小的为91 m/s，最大的为399 m/s；V_s小于140 m/s的有8点，约占总数的24.2%；V_s在140～250 m/s的有15点，约占总数的45.5%；V_s大于250 m/s的有10点，约占总数的30.3%。

3. 淤泥剪切波速的特征

对泉州市区场地共进行18组淤泥的剪切波速测试。对测试结果进行统计分析，如图12-5（c）所示。

由测试结果的数理统计结合图12-5（c）分析可知，泉州市区场地淤泥的剪切波速分布规律如下：泉州市区场地淤泥的剪切波速的均值为101.5 m/s，标准差为14.6。在18组测点中，V_s最小的为73.65 m/s，最大的为135.63 m/s；全部测点的V_s均小于140 m/s。

4. 中粗砂及粗砂剪切波速的特征

泉州市区场地中粗砂及粗砂，包括中粗砂、含泥中粗砂、含卵石中粗砂、含黏性土粗砾砂及砾粗砂。对泉州市区场地共进行19组中粗砂及粗砂的剪切波速测试。对测试结果进行统计分析，如图12-5（d）所示。

由测试结果的数理统计结合图12-5（d）分析可知，中粗砂及粗砂的剪切波速分布规律如下：中粗砂及粗砂剪切波速的均值为235.6 m/s，标准差为79.5。在19组测点中，V_s最小的为133.3 m/s，最大的为400 m/s；V_s小于140 m/s的有2点，约占总数的10.5%；V_s在140～250m/s的有11点，约占总数的57.9%；V_s大于250m/s的有6点，约占总数的31.6%。

5. 卵石及砂砾卵石剪切波速的特征

对泉州市区场地共进行13组卵石及砂砾卵石的剪切波速测试。对测试结果进行统计分析，如图12-5（e）所示。

由测试结果的数理统计结合图12-5（e）分析可知，泉州市区场地卵石及砂砾卵石的剪切波速分布规律如下：泉州市区场地卵石及砂砾卵石的剪切波速的均值为404.46 m/s，标准差为52.1。在13组测点中，V_s最小的为299 m/s，最大的为500 m/s；全部测点的V_s均大于250m/s。

6. 残积土剪切波速的特征

对泉州市区场地共进行23组残积土的剪切波速测试。对测试结果进行统计分析，如图12-5（f）所示。

由测试结果的数理统计结合图12-5（f）分析可知，泉州市区场地残积土的剪切波速分布规律如下：泉州市区场地残积土的剪切波速的均值为290.0 m/s，标准差为51.6。在23组测点中，V_s最小的为202.76 m/s，最大的为395 m/s；V_s在140～250 m/s的有5点，占总数的21.7%；V_s大于250 m/s的有18点，约占总数的78.3%。

7. 强风化花岗岩剪切波速的特征

对泉州市区场地共进行24组强风化花岗岩的剪切波速测试。对测试结果进行统计分析，如图12-5（g）所示。

由测试结果的数理统计结合图12-5（g）分析可知，泉州市区场地强风化花岗岩的剪切波速分布规律如下：泉州市区场地强风化花岗岩的剪切波速的均值为535.5 m/s，标准差为67.0。在24组测点中，V_s最小的为385 m/s，最大的为622 m/s；全部测点的V_s均大于250m/s。

根据场地土剪切波速测试结果，对泉州市区场地进行了评价，得出：泉州市区场地类别为Ⅱ类场地约占69.23%，Ⅲ类场地约占30.77%。这可为泉州市区建筑物的抗震设防及场地选择提供参考依据。

八、福州市岩土工程特性

(一) 地理位置

福州位于福建省东部沿海，闽江下游，介于北纬25°15′~26°39′，东经118°08′~120°31′。东濒东海，与台湾省隔海相望，西接三明市、南平市，北接宁德市，南邻莆田市，泉州市。

福州市区所在地属于典型的河口盆地，盆地四周被群山峻岭所环抱，其海拔多在600~1000m。东有鼓山，西有旗山，南有五虎山，北有莲花峰。境内地势自西向东倾斜。全市总面积为12 154 km，其中市区总面积为1786 km。

(二) 岩土工程地质条件

福州盆地为福建省四大平原之一，福州市区位于闽江下游，系一山间断块河口盆地。由平原、丘陵和山地所组成。从盆心到外缘作层状分布，平原上分布着许多岛状花岗岩残丘如高盖山、乌石山、于山、屏山。盆地东部为深切峡谷的花岗岩中低山。盆地西北高，东南低。闽江将盆地分割成江北平原和南台岛两部分，组成福州平原主要为冲积海积平原，城区平地高程在3~5m。盆地内有剥蚀垅状丘陵、残山，区内地貌发育，其演变受地质构造控制。

市区温泉发育的地带主要受王庄—八一水库断裂控制。这是一条穿切福州盆地中部直接控制福州地热异常带（温泉带）和新店溪发育的NW向断裂，也是影响福州盆地东西区地貌、第四纪地质乃至岩土工程特性产生差异的重要断裂，在其东侧发育的断层残山、台地和指状冲沟以及洪积扇和冲海积平原十分清晰，而在其西地势相对平缓，发育闽江冲洪积平原、沙洲及岛丘等地貌单元。显示出被一系列北西向断层切割的鼓山-鼓岭断块具有强烈上升的特征。在全新世时期，差异活动则有所减弱，以发育地热异常带为特征，并导致福州盆地处在缓慢的整体性上升状态。

八一水库—尚干断裂，表现为张扭性特征，为发育在花岗岩风化层内部的断层，并没有切割盆地底界和盆地内部晚更新世中晚期沉积物，盆地内主要断裂的活动性较弱，至少为晚更新世中期以来的不活动断裂。从现有地质资料分析，场地内尚未发现有较大的区域性断裂从本场地通过，盆地趋于稳定而略有上升，近期垂直变幅很小，处于相对稳定状态。

福州第四纪沉积物厚度较大，一般可达30~60m，分布广泛，性质变化很大。福州市位于第四纪断陷盆地的平原区。从工程地质分区角度分析表明，大多属于闽江古河道漫滩冲淤积亚区与闽江古河道洼地淤积亚区过渡地段。其沉积的地层主要是一套第四纪上更新世至全新时期的河相、海相沉积物。第四系覆盖层的厚度最深处大于60m。它们的分布与厚度明显受古地理条件控制，其下伏的基岩大多为燕山晚期侵入的黑云母花岗岩及岩脉。

依据地质成因、形成年代及岩性组合特征，将福州市区第四系覆盖层综合划分为七种类型：全新统长乐组，包括①上长乐组陆相层、②下长乐组海相层；上更新统东山组和龙海组，包括③上更新统上层、④上更新统、⑤上更新统中层、⑥上更新统下层、⑦中更新统。此外还有人工填土。图12-6为福州市区典型地层结构图。

盆地内典型的覆盖层岩土体自上而下主要有：黏土，陆相，多为灰黄色，饱和，软-可塑，黏性很强，含有氧化物和少量粗砂，$V_s=150\text{m/s}$；淤泥，饱和、软塑，$V_s=80\sim90\text{m/s}$；淤泥、淤泥中细砂互层、粉质黏土、含泥砾粗中砂、中砂、粗砂、淤泥质土等，$V_s=120\sim250\text{m/s}$；泥质砂砾卵石，饱和，中密-密实，以砂砾为主，$V_s=350\sim400\text{m/s}$；黏土、砂质黏土或粉质黏土，湿，可塑-硬可塑，$V_s=250\sim350\text{m/s}$；黄色泥质砾卵石，$V_s=400\sim500\text{m/s}$；砂质黏土，湿，可塑-硬可塑，石英砂具有良好的分选性，$V_s=220\sim280\text{m/s}$。

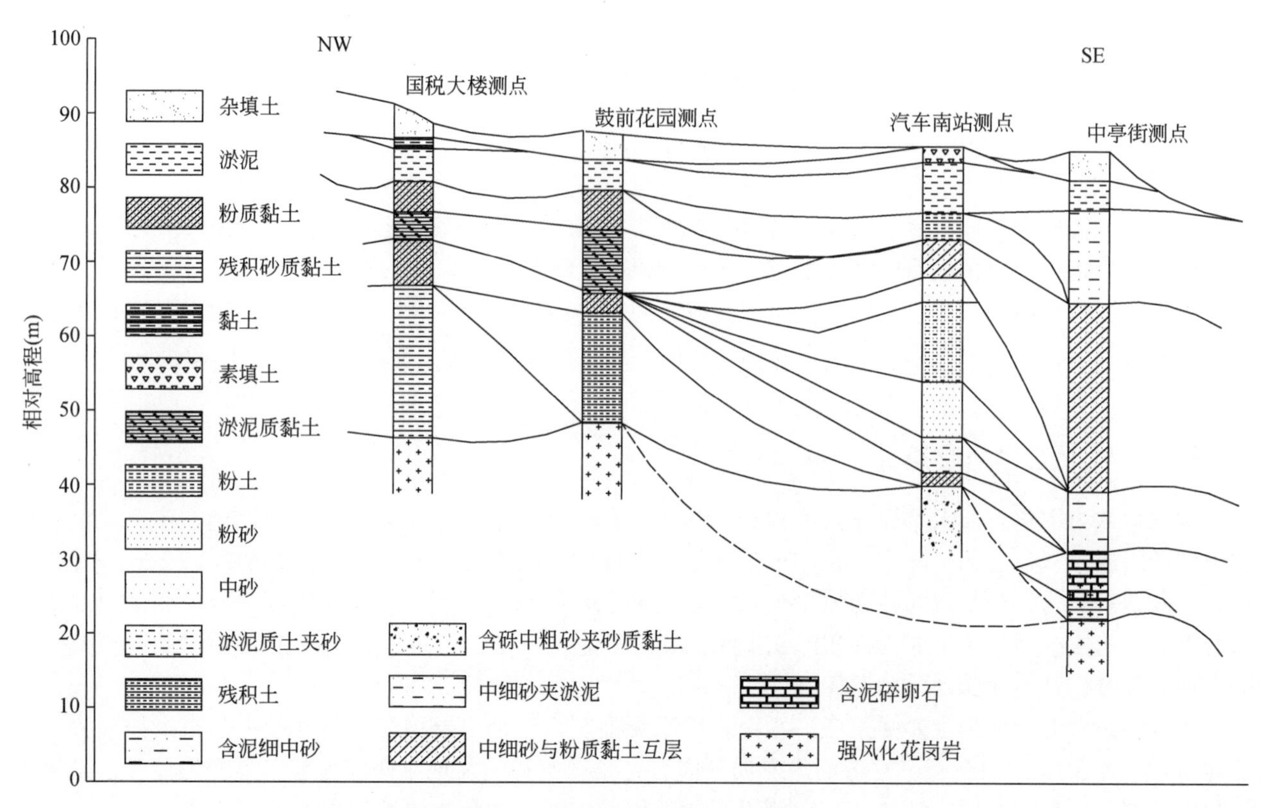

图 12-6 福州市区典型地层结构图

福州市区场地土剪切波速分布规律为：市区中部、南部的场地土剪切波速较市区北部的场地土剪切波速较低，如图 12-7 所示。

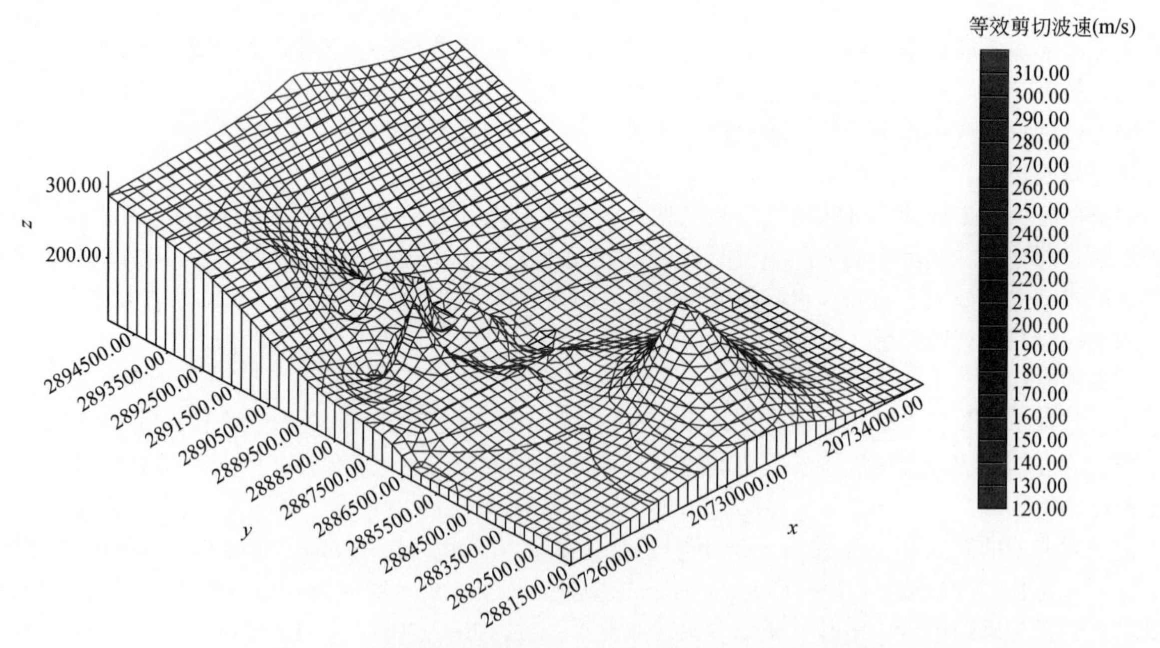

图 12-7 福州盆地典型场地土等效剪切波速分布规律立体图

由于受地质、地貌、水文和气象等条件的控制和影响，福州市区第四系覆盖层厚度变化较大，在空间分布上，福州盆地中部较厚，向四周靠山渐浅，沉积物厚度较大。各层并非普遍存在，且各层厚度也变化较大。

(三) 场地地震活动

福建地处我国东南沿海地震带北段，与我国地震活动最强烈的台湾隔海相望，是该区地震活动最为强烈的地区之一。福州盆地地处我国东南沿海地震带东北端的长乐-诏安断裂带与闽江断裂交汇部位，邻近地区历史上曾发生过多次6级以上强震活动，特别是1604年泉州海外7.5级大地震和1574年连江5.75级中强地震，曾导致福州城区遭受破坏。福州盆地无活动断裂通过，有时出现弱震活动，处于相对稳定状态。

(四) 地层及岩性

福州盆地的基底主要为燕山晚期侵入的花岗岩及岩脉，其盖层主要为第四纪河-海相沉积层。第四纪沉积层广泛分布于福州盆地，由于该盆地属海湾溺谷型的河-海相沉积，盆地内沉积物种类繁多，结构复杂，厚度一般为20~40m，最大达70m以上。地层结构分述如下。

(1) 上部：全新统长乐组冲积黏性土、海侵淤积的淤泥、泥质细砂等，总厚度为20~30m。分为上下两段：上段除地表有人工杂填土外，大部分沉积有2m左右的黏土层；而下段是含水量为60%~80%、高压缩性的软弱淤泥层，厚度变化大。

(2) 中部：上更新统东山组闽江冲积和海侵淤积的交互粗中砂、中细砂、淤泥质土和黏性土等，厚度为30~35m。粗中砂、中细砂中往往夹有数层厚度不一的软弱土层，即淤泥质土或砂层与淤泥质土呈交互产出，似“千层糕”状。由于海侵作用，厚度变化较大。

(3) 下部：上更新统龙海组闽江冲洪积之泥质砂砾、卵（碎）石和含砾黏性土，总厚度为20~30m，由于闽江古河道的多次变迁作用，泥质砂砾、卵（碎）石和含砾黏性土的岩性结构在横向、纵向上变化甚大，有碎（卵）石、圆（角）砾、含泥质圆（角）砾、卵（碎）石和含碎（卵）石漂石层。

(五) 场地土工程地质分层

根据工程地质层划分原则，福州市区的场地土划分为17个工程地质层，29个工程地质亚层，从上到下分述如下。

1. $①_1$杂填土（Q^{ml}）

褐黄色，杂色，近期人工堆填为主，松散，稍湿，主要为碎块石混黏性土地，碎块石含量大于50%，局部顶部为沥青、混凝土等，均匀性较差。

场地表部均有分布，成分杂，均匀性差，密实度差异大，揭示层厚一般为1.80~4.40m，最大为9.20m。

2. $①_{2b}$素填土（Q^{ml}）

灰黄色，近期人工堆填中细砂为主，稍密，湿，分选较好。

主要分布于闽江北岸与台江路之间，揭示层厚为5.10~9.50m，物理力学性质稍好。

3. $①_3$浜填土（Q^{ml}）

深灰、灰黑色，流塑，主要为淤泥，有机质含量高，局部含少量垃圾。

主要分布于台江路与新玉环路之间，揭示层厚为1.00~2.90m，物理力学性质差。

4. ②粉质黏土（Q_4^{al}）

褐黄色，可塑，含铁锰结核等氧化物，切面有光泽，干强度、韧性中等，无摇震反应。

场区内零星分布，仅 Q11XZ2、Q11XZ4 孔揭露，揭示层厚为 0.60～1.10m，顶板标高为 3.65～4.62m，中压缩性，物理力学性质较好。

5. ③$_1$淤泥（Q_4^m）

灰色，流塑，偶含腐烂植物碎屑，有腥臭味，切面有光泽，干强度、韧性中等，无摇震反应。

场地内闽江北侧均有分布，揭示厚度为 0.40～5.30m，顶板标高为-2.30～4.72m，高压缩性，物理力学性质差。

6. ③$_2$中砂（Q_4^{al-m}）

浅灰黄、浅灰色，稍密，饱和，主要为石英颗粒，分选稍差，局部含少量淤泥，土质不均。

场地内闽江及闽江北侧均有分布，厚度变化大，揭示层厚为 2.40～14.30m，顶板标高为-13.00～-0.85m，物理力学性质一般。闽江附近该层局部夹③$_{2j}$淤泥薄层，流塑，性质差。

7. ④粉质黏土（Q_3^{al-l}）

褐黄色，含氧化斑，可塑，切面稍有光泽，干强度、韧性中等，无摇振反应，粉粒含量高。

场区内闽江北侧局部分布，仅 Q11CZ1、Q11XZ2、Q11XZ4 孔揭露，揭示层厚为 1.90～4.50m，顶板标高为-7.71～-1.78m，中压缩性，物理力学性质较好。

8. ④$_j$ 中砂（Q_3^{al}）

灰黄色、浅灰绿色，中密，饱和，主要为石英颗粒，含少量云母片，分选一般，土质不均 。

场区内闽江北侧局部分布，仅 S11XZ18、S11XZ21、Q11XZ1、Q11CZ2、Q11XZ4 孔揭露，揭示层厚为 1.20～2.40m，顶板标高为-8.15～-1.52m，中压缩性，物理力学性质较好。

9. ⑤$_1$淤泥质土夹粉砂（Q_3^m）

深灰色，流塑，有腥臭味，含粉细砂，局部显薄层理，土质不均，切面有光泽，干强度、韧性中等，无摇震反应。

场区内闽江及闽江北侧广泛分布，大部分钻孔揭露，揭示层厚为 1.20～7.00m，顶板标高为-13.23～-6.60m，高压缩性，物理力学性质差。

10. ⑤$_2$细砂（Q_3^{al-m}）

灰色，饱和，稍密为主，主要为石英、长石颗粒，分选较差，土质不均，含黏性土，以淤泥为主。

场区内局部分布，主要分布于闽江附近，部分钻孔揭露，厚度变化大，揭示层厚为 2.00～17.30m，顶板标高为-13.20～-3.31m，中压缩性，物理力学性质稍好。

11. ⑤$_3$淤泥质土夹粉砂（Q_3^m）

灰色，流塑，含粉细砂薄层，显层理，局部互层状，土质不均，切面有光泽，干强度、韧性中等，无摇震反应。

主要分布于闽江南汊，Q11XZ21、Q11XZ22、Q11XZ23 孔揭露，揭示层厚为 0.30～4.20m，顶板标高为-22.30～-15.20m，高压缩性，物理力学性质差。

12. ⑦粉质黏土（Q_3^{al-l}）

浅灰白色、褐黄色，可塑，含氧化斑，切面有光泽，干强度、韧性中等，无摇震反应，局部含较多粉土、细砂，土质不均。

场区内闽江及间闽江北侧广泛分布，大部分钻孔均揭露，揭示层厚为0.90～3.90m，顶板标高为-16.31～-6.28m，中压缩性，物理力学性质较好。

13. ⑦$_j$ 中砂（Q_3^{al}）

浅灰、浅灰白色，中密，饱和，主要为石英颗粒，分选较差，局部含少量黏性土，土质不均，局部以细中砂为主。

场区内闽江及闽江北侧广泛分布，大部分钻孔揭露，揭示层厚为0.65m～11.00m，顶板标高为-18.00～-2.92m，物理力学性质较好。

14. ⑧$_1$ 淤泥质土（Q_3^{m}）

灰色，浅灰褐色，流塑，含粉土膜，显层理，土质不均，局部含腐殖物碎屑，切面有光泽，干强度、韧性高，无摇震反应。

场区内闽江及闽江北侧广泛分布，大部分钻孔揭露，厚度变化大，揭示层厚为1.00～17.00m，顶板标高为-23.54～-4.15m，高压缩性，物理力学性质较差。

15. ⑧$_2$ 中砂（Q_3^{al-m}）

浅灰色，中密，饱和，主要为石英颗粒，分选较差，土质不均，局部为粉细砂，含淤泥质土。

场区内闽江及闽江北侧广泛分布，大部分钻孔揭露，厚度变化大，揭示层厚为1.70m～19.30m，顶板标高为-30.04～-15.50m，物理力学性质较好。

16. ⑧$_3$ 淤泥质土夹粉砂（Q_3^{m}）

浅灰褐色，流塑，含粉土、粉砂薄层，局部互层状，土质不均，局部含腐殖物碎屑，切面有光泽，干强度、韧性高，无摇震反应。

场区内闽江及闽江北侧广泛分布，大部分钻孔揭露，厚度变化大，揭示层厚为1.00～9.10m，顶板标高为-36.91～-23.80m，高压缩性，物理力学性质较差。

17. ⑩粉质黏土（Q_3^{al-l}）

浅灰白色、褐黄色，可塑，切面有光泽，干强度、韧性中等，无摇震反应，粉粒含量较高，土质不均。

场区内零星分布，仅Q11XZ1、Q11CZ2孔揭露，揭示最大层厚为6.60m，顶板标高为-29.91～-18.74m，中压缩性，物理力学性质较好。

18. ⑩$_j$ 中砂（Q_3^{al-m}）

浅灰色，中密，饱和，主要为石英颗粒，分选一般，局部含少量黏性土，土质不均。

场区内零星分布，仅Q11XZ4、Q11CZ6孔揭露，揭示层厚为0.50～2.10m，顶板标高为-31.20～-30.45m，物理力学性质较好。

19. ⑪$_2$ 中砂（Q_3^{al}）

浅灰色，中密-密实，饱和，主要为石英颗粒，分选一般，局部含少量黏性土，土质不均。

场区内局部分布，闽江及闽江北侧大部分钻孔揭露，厚度变化大，揭示层厚为2.30～14.50m，顶板标高为-40.35～-28.35m，物理力学性质较好。

20. ⑪$_4$中砂（Q_3^{al}）

灰黄色，密实，饱和，主要为石英颗粒，分选较好。

场区内局部分布，主要分布于闽江附近，部分钻孔揭露，厚度变化大，揭示最大层厚为16.00m，顶板标高为-52.25～-29.80m，物理力学性质较好。

21. ⑪$_6$卵石（Q_3^{al}）

灰黄色，中密-密实，饱和，粒径一般为30～50mm，少量达80mm以上，亚圆形，分选较好，中风化状凝灰岩类为主，质硬，少量黏性土及砂充填，土质不均。

场区内局部分布，Q11CZ1、Q11XZ2、Q11XZ3、Q11XZ4、Q11XZ5、36钻孔揭露，厚度变化大，揭示最大层厚为13.90m，顶板标高为-44.11～-32.20m，物理力学性质较好。

22. ⑫$_a$ 粉质黏土（Q^{al-el}）

浅灰黄色，褐红色，含浅灰白色斑，可塑，局部硬塑，切面有光泽，干强度、韧性高，无摇震反应。

场区内局部分布，主要分布于闽江南侧剥蚀残丘表部，部分钻孔揭露，揭示层厚为1.90～7.10m，顶板标高为9.63～13.12m，中压缩性为主，物理力学性质较好。

23. ⑬$_a$ 残积粉质黏土（Q^{el}）

浅褐黄色，浅灰褐色，可塑-硬塑状，土质不均，母岩主要为花岗岩，局部为辉绿岩，含少量石英砂粒，含量小于5%，分布不均。

场地内局部分布，仅Q11XZ29、Q11CZ10、Q11XZ33孔揭露，揭示层厚为1.50～10.00m，标高为8.57～11.41m，中压缩性，物理力学性质较好。

24. ⑬$_b$ 残积砂质黏土（Q^{el}）

浅灰黄色，可塑-硬塑状，土质不均，母岩主要为花岗岩，含石英砂粒，含量为5%～15%不等，分布不均。

场地内局部分布，仅S11XZ18、S11XZ21、Q11XZ1、Q11CZ1孔揭露，顶板、厚度变化大，揭示层厚为2.60～8.10m，顶板标高为-31.64～-9.72m，中压缩性，物理力学性质较好。

25. ⑬$_c$ 残积砾质黏土（Q^{el}）

浅灰黄、灰褐色，硬塑、局部稍密状，土质不均，母岩主要为花岗岩，含石英砂粒，含量大于20%，分布不均。

场地内局部分布，仅Q11CZ9、Q11XZ29、Q11XZ30、Q11XZ31、Q11CZ10、S12CZ1孔揭露，揭示层厚为0.80～7.60m，顶板标高为3.87～12.28m，中压缩性，物理力学性质较好。

26. ⑭全风化花岗岩（γ_5^3）

浅褐黄色，浅灰褐色，风化剧烈，原岩结构局部尚可辨，矿物大部分风化为黏性土。

场地内广泛分布，大部分钻孔揭示，主要分布于闽江南侧，厚度、埋深变化较大，揭示最大层厚为12.10m，顶板标高为-25.96～11.22m，中压缩性，物理力学性质较好。

27. ⑮散体状强风化花岗岩（γ_5^3）

灰黄、褐黄色，原岩结构可辨，部分矿物风化强烈，矿物成分主要为石英颗粒、长石及白云母，岩体极破碎，岩心呈砂土状。岩体完整程度属极破碎，岩体基本质量等级为V类。

场地内普遍分布，大部分钻孔揭示，顶板、厚度变化大，揭示层厚为 1.10～15.60m，顶板标高为 -34.20～12.38m，物理力学性质较好。

28. ⑯碎块状强风化花岗岩（γ_5^3）

褐黄色、浅灰色，节理裂隙发育，不规则，岩体破碎，岩心呈碎石状为主。岩体完整程度分类为破碎，坚硬程度属较软岩，岩体基本质量等级为Ⅴ类。

场地内普遍分布，厚度、顶板变化大，大部分钻孔揭露，揭示最大层厚为 19.00m，顶板标高为 -25.80～8.28m，物理力学性质良好。

29. ⑰中风化花岗岩（γ_5^3）

浅灰白色、浅肉红色，节理裂隙较发育，局部为发育，多不规则，岩体较完整为主，岩心呈短柱状为主，节长 5～60cm 不等，岩质坚硬，为坚硬岩，饱和单轴抗压强度平均为 92.23MPa，RQD 一般为 10%～80%，岩体基本质量等级为Ⅱ类。

场地内普遍分布，厚度、顶板变化大，大部分钻孔揭露，揭示最大层厚为 30.50m，顶板标高为 -50.80～4.48m，物理力学性质良好。

（六）场地土的地震效应

1. 抗震设防烈度、场地土类型及场地类别

根据《中国地震动参数区划图》（GB 18306—2001）及《中国地震动峰值加速度区划图》福建省区划一览表，《中国地震动反应谱特征周期区划图》福建省区划一览表，确定本场地地震动峰值加速度为 0.10g，抗震设防烈度 7 度，设计地震分组为第一组。

根据钻孔波速测试成果，按《铁路工程抗震设计规范》（GB 50111—2006）中的相关公式进行计算，计算深度（覆盖层厚度和 25m 二者的小值）范围内等效剪切波速为 176～262 m/s，建筑场地类别判别为Ⅱ、Ⅲ类。

2. 场地地基土液化判别

福州市区大部分场地土 20m 内以浅饱和砂土、粉土为主，主要为$③_2$层中砂、$④_j$ 中砂、$⑤_2$细砂。其中$④_j$ 中砂、$⑤_2$细砂夹淤泥均为 Q3 以前沉积的砂土，根据《铁路工程抗震设计规范》（GB 50111—2006）及《建筑抗震设计规范》（GB 50011—2001）初判为不液化；$③_2$层中砂经初判具液化趋势。

采用标准贯入试验判别法依据《铁路工程抗震设计规范》附录 B1（液化土判定的试验方法）计算公式，对$③_2$层中砂进行砂土液化可能性的判别，计算水位取福州市区内涝水位最高值 7.5m（标高），因地面标高基本低于 7.5m，地下水位埋深取 0.00m，液化临界标准锤击数 N_0取 6 击。根据对场地内 20 个钻孔$③_2$层 56 个点进行标准贯入液化判别，28 个点具液化可能，抗液化指数为 0.62～0.99，平均值为 0.82。

根据《建筑抗震设计规范》，对其进行标贯法液化判别，计算水位取福州市区内涝水位最高值 7.5m（标高），因地面标高低于 7.5m，地下水位埋深取 0.0m。根据对经初判具液化趋势土层$③_2$层中砂进行标贯液化判别，对场地内 20 个钻孔判别，10 个为中等液化孔，轻微液化孔 6 个，不液化 4 个。

根据液化判别，场地内液化土层主要为$③_2$层中砂，分布于闽江北岸，厚度为 2.40～14.30m，局部地段液化；根据《铁路工程抗震设计规范》判别，抗液化指数平均值为 0.82；根据《建筑抗震设计规范》判别液化等级以中等液化为主。

3. 软土震陷

福州市区软土主要为③$_1$层淤泥、⑤$_1$层淤泥夹粉砂、⑤$_3$层淤泥质土夹粉砂、⑧$_1$层淤泥质土，主要分布于闽江北侧，根据本次勘察所实测钻孔波速资料，等效剪切波速为176～262m/s，均值>90m/s。根据《岩土工程勘察规范》（GB 50021—2001）第5.7.11条条文说明及福建省《岩土工程勘察规范》（DBJ 12-84—2006），按地震设防烈度7度考虑，当等效剪切波速V_{se}>90m/s时，可不考虑软土震陷影响。

（七）特殊土岩土工程特性

1. 软土工程特性

福州市区软土层广泛分布，软土具“天然含水量大于液限，天然孔隙比大于1.0，压缩性高，强度低，灵敏度高，透水性低”等特点。福州市区场地软土层主要为③$_1$层灰色淤泥、⑤$_1$层灰色淤泥夹粉砂、⑤$_3$层灰色淤泥质土夹粉砂、⑧$_1$层灰色淤泥质土，分布于闽江北岸。软土分布范围、厚度变化较大，大面积厚层软土分布对工程建设带来的岩土工程问题，主要表现为软土分布厚度不均，地层变化大，易产生不均匀沉降；地下空间构造物（如地铁等）位于软硬地层过渡段易产生差异沉降，导致构造物损坏。

2. 人工填土

人工填土广泛分布于场地表部，表部主要以①$_1$杂填土为主，成份杂，常见厚度为50～60cm的沥青或混凝土层，下部为碎块石混黏性土，厚度一般为1.80～4.40m不等，最大达9.20m，均匀性较差。闽江北侧岸边①$_1$层下布①$_{2b}$层素填土，主要为人工回填中细砂，稍密为主，厚度为5.10～9.50m；台江路与新玉环路之间地段分布①$_3$层，主要为浜填土，为淤泥、流泥状，含建筑、生活垃圾，厚度为1.00～2.90m。人工填土一般结构较松散，局部地段经压密，密实度较好；由于填土的成分杂，均一性较差，渗透性变化大。

3. 可液化土

采用标准贯入试验判别法依据《铁路工程抗震设计规范》及《建筑抗震设计规范》对场地内③$_2$层中砂进行判别，根据判别③$_2$层局部为可液化土，③$_2$主要分布于闽江北岸，厚度为2.40～14.20m；根据《铁路工程抗震设计规范》判别，抗液化指数平均值为0.82；根据《建筑抗震设计规范》判别液化等级以中等液化为主，③$_2$层主要分布于浅部，底板高程为-18.00～-2.04m。地下空间构筑物顶板高程若为-24.00～-10.30m，液化土层对其影响将较小。

4. 风化岩与残积土

福州市区基岩为燕山晚期花岗岩侵入体（γ_5^3），根据勘察表明，场地内基岩顶板起伏较大，场地闽江北侧主要为冲淤积平原，基岩埋深大，除场地北端外，埋深大于50m；场地闽江南侧为剥蚀残丘，基岩埋深较浅，埋深一般小于10m。

勘察揭示场地内岩体风化分带比较明显，一般随着深度的增加，自上而下岩体的风化程度由全风化带向中风化带呈渐变过渡。残积土根据土中砾的含量可分为⑬a残积粉质黏土、⑬b残积砂质黏土、⑬c残积砾质黏土，为可塑-硬塑黏性土状，天然状态下性质较好，局部分布。⑭全风化岩风化剧烈，原岩结构局部尚可辨，岩心手搓易散，呈硬塑、可塑黏性土状，粉粒含量高，标贯击数27～49击，平均41.3击；⑮散体状强风化岩，风化强烈，岩体极破碎，岩体基本质量等级为V类；⑯碎块状强风化岩，节理裂隙发育，不规则，岩体破碎，完整程度属破碎，岩心轻击易碎，属较软岩，岩体基本质量等级为Ⅴ类；⑰中风化花岗岩，节理裂隙较发育，局部发育，岩体较完整，RQD为10%～80%，岩质坚硬，饱和单轴抗压强度大于60MPa，属坚硬岩，岩体基本质量等级为Ⅱ级。

5. 孤石

场地基岩为燕山晚期花岗岩侵入体（γ_5^3），勘察时钻探揭示局部分布孤石，分布深度变化很大，一般为11.50～33.00m，为强-中风化状，岩心呈碎块状，敲击易碎，分布于全风化层及散体状强风化层中。

（八）水文地质条件

1. 地表水

福州市场地内地表水发育，地表水体主要为闽江。

闽江为福建省最大河流，宽约400 m，由中洲岛分为南北两汊。闽江河水的水量和流速受潮流和径流的双向影响，其300年一遇洪峰流量为11 200m^3/s，洪水水位为10.499 m；其10年一遇洪峰流量为7590m^3/s。闽江百年冲刷预测河底标高为-18.57m。

闽江口为半日潮区，属于强潮河口。枯水期大潮的潮区界可抵侯官，一般的只到北港观音亭和南港的科贡，潮流界可抵洪山桥。潮型为正规半日潮，最大潮差达7.04m，平均潮差大于4m。潮波沿河上溯，潮差不断减少，径流影响增强，落潮历时不断加长。闽江段附近解放大桥下潮位站潮位资料统计分析，其最高潮位为8.22m（1998年），其最低潮位为0.44m（1996年），最大潮差为4.78m（1996年）。闽江下游河床比降小，河水流速转缓，汛期时，潮水对河水有较强的顶托作用。

2. 地下水

根据地下水含水层介质、水动力特征及其赋存条件，场地范围内与工程有关的地下水主要为松散岩类孔隙潜水、松散岩类孔隙承压水及基岩裂隙水。

a. 松散岩类孔隙潜水

第四系松散岩类孔隙潜水主要赋存于浅部的杂填土及上层黏性土、砂土、残坡积层土中，含水层介质渗透性变化大。填土层以碎块石为主时，富水性、渗透性较好，渗透系数约为0.1～0.25cm/s；当填土成分主要黏性土混少量碎石时，富水性，透水性及渗透性相对较差，渗透系数取5.0×10^{-3}～1.0×10^{-4}cm/s；黏性土层透水性较弱，多为微透水层，含水层水量较小；砂土主要为③$_2$层中砂，富水性较好，水量丰富，根据抽水试验结果：③$_2$层渗透系数为11.15m/d（1.29×10^{-2}cm/s），为强透水层。场地内潜水水位随季节性变化，变幅一般小于1.50m，勘察测得稳定水位埋深为1.70～5.50m，高程为2.05～11.48m。

场地内孔隙潜水主要接受大气降水竖向入渗补给和地表水的侧向入渗补给，多以蒸发方式排泄；表部填土富水性、透水性及渗透性变化大，与地表水联系密切，主要接受地表水、管道渗漏水和大气降水的补给。

b. 松散岩类孔隙承压水

场地内松散岩类孔隙承压水主要赋存于场地内的⑦$_j$中砂、⑧$_2$中砂、⑪$_2$中砂、⑪$_4$中砂及⑪$_6$卵石中，承压含水层厚度，埋深变化较大。

场地上部④粉质黏土、⑤$_1$淤泥质土夹粉砂、⑦粉质黏土及⑧$_1$层淤泥质土，为微透水层-不透水层，组成下部砂土承压含水层的隔水顶板；局部分布⑧$_3$淤泥质土夹粉砂、⑩粉质黏土成为⑪$_2$中砂、⑪$_4$中砂及⑪$_6$卵石含水层的局部隔水顶板，深部残积土及基岩，渗透性较小，多为微透水层，成为承压含水层的隔水底板，承压水主要受侧向或层间越流补给或排泄，地下水动态变化较小，由于浅部砂土层中的潜水同闽江河水水力联系密切，受闽江潮水位影响，常引起承压含水层上部水压力的变化，从而引起承压水水头的变化，根据初勘时观测结果，承压水水头变化随潮水位涨落而起伏，时间上稍滞后于潮水变化。

场地内对工程影响较大的承压含水层主要为⑦$_j$中砂、⑧$_2$中砂含水层，根据抽水试验成果：⑦$_j$、⑧$_2$中砂中砂承压水测压水位埋深为4.54～5.50m，高程为2.01～2.97m，渗透系数为9.50m/d（1.10×10^{-2}cm/s），属中等透水层。

孔隙承压水主要受侧向或层间越流补给或排泄，受闽江潮水位变化，地下水水位随潮水位变化，水位变化幅度较小。

c. 基岩裂隙水

基岩裂隙水主要赋存于场地内的⑯碎块状强风化花岗岩、⑰中风化花岗岩中，主要分布于闽江南岸和市区北部（如五四北路及八一水库等）。

风化岩层中裂隙张开和密集程度、连通及充填情况都很不均匀，所以裂隙水的埋藏、分布及水动力特征非常不均匀，主要受岩性和地质构造控制，透水性及富水性一般较弱，渗透系数为0.066m/d（7.68×10^{-5}cm/s），为弱透水层；补给来源主要为含水层侧向补给和上部含水层垂直补给。根据抽水试验观测，水位埋深为6.10m，高程为5.11m，具弱承压性。

3. 水文地质参数

根据抽水试验综合成果可知，场地内⑦$_j$、⑧$_2$中砂承压含水层渗透系数约为9.50m/d（1.10×10^{-2}cm/s），基岩裂隙水渗透系数约为0.066m/d（7.68×10^{-5}cm/s）。

（九）场地岩土物理力学性质指标的统计与分析

1. 土层物理力学性质指标的统计

根据室内试验提供的土工试验成果，首先进行归层、检查，删去个别异常值。常规试验指标由微机按照Grubbs法准则进行分层统计，分别统计出各项指标的最大值、最小值、算术平均值、变异系数和统计个数；特殊试验指标采用计算器进行统计，分别提供算术平均值或代表性试样指标。其中剪切指标φ、C值为峰值抗剪强度，统计结果见表12-7～表12-10。

表12-7　岩土层物理力学性质指标平均值表

层号	岩土名称	含水量W（%）	天然重度γ（kN/m^3）	天然孔隙比e_0	塑性指数I_p（%）	液性指数I_L	压缩系数a_{1-2}（MPa^{-1}）	压缩模量E_{s1-2}（MPa）
③$_1$	淤泥	59.2	16.0	1.622	19.2	1.54	1.27	2.11
④	粉质黏土	30.4	18.7	0.882	9.7	0.48	0.33	5.75
⑤$_1$	淤泥质土夹粉砂	57.7	16.3	1.504	18.6	1.43	0.91	2.96
⑤$_3$	淤泥质土夹粉砂	55.0	16.5	1.472	20.8	1.43	1.12	2.31
⑦	粉质黏土	26.9	19.4	0.790	12.9	0.51	0.26	6.93
⑧$_1$	淤泥质土	43.3	17.0	1.232	14.0	1.29	0.64	3.50
⑧$_3$	淤泥质土夹粉砂	45.6	17.2	1.270	15.9	1.58	0.66	3.50
⑫$_a$	粉质黏土	31.1	18.9	0.845	11.9	0.55	0.33	5.62
⑬$_a$	残积粉质黏土	20.8	20.4	0.615	11.6	0.35	0.23	7.15
⑬$_b$	残积砂质黏土	23.5	18.5	0.817	10.6	0.36	0.41	4.48
⑬$_c$	残积砾质黏土	24.7	19.1	0.744	12.3	0.56	0.30	5.75
⑭	全风化花岗岩	22.4	19.9	0.646	9.30	0.29	0.28	6.41

注：由于场地内地基土中部分地层局部或零星分布，原状土数量采取有限，部分地层样本数较小

表 12-8　主要土层力学性质指标统计成果表一

层号	岩土名称	统计项目	静止侧压力系数 K_0	快剪		三轴快剪		无侧限抗压强度		
				快剪 C（kPa）	快剪 φ（°）	快剪 C_{uu}（kPa）	快剪 φ_{uu}（°）	原状土 q_u（kPa）	重塑土 q_u'(kPa)	灵敏度 St
③$_1$	淤泥	统计个数	1	5	5	5	5	5	5	5
		最大值	0.42	16.80	3.50	18.00	1.40	52.50	21.70	7.76
		最小值	0.42	14.30	2.00	13.00	0.80	22.50	2.90	1.38
		平均值	0.42	15.70	2.70	14.60	1.00	35.32	10.10	4.92
④	粉质黏土	统计个数	—	1	1	—	—	—	—	—
		最大值	—	31.9	12.7	—	—	—	—	—
		最小值	—	31.9	12.7	—	—	—	—	—
		平均值	—	31.9	12.7	—	—	—	—	—
⑤$_1$	淤泥质土夹粉砂	统计个数	3	6	6	2	2	1	—	—
		最大值	0.52	21.20	4.40	24.00	1.40	11.10	—	—
		最小值	0.40	7.00	2.70	20.00	0.90	11.10	—	—
		平均值	0.46	16.40	3.37	22.00	1.15	11.10	—	—
		标准差	—	5.57	0.60	—	—	—	—	—
		变异系数	—	0.34	0.18	—	—	—	—	—
		修正系数	—	0.72	0.85	—	—	—	—	—
		标准值	—	11.80	2.87	—	—	—	—	—
⑤$_3$	淤泥质土夹粉砂	统计个数	—	2	1	2	2	1	1	1
		最大值	—	15.00	6.60	27.00	1.70	53.10	8.50	6.25
		最小值	—	10.00	6.60	12.40	0.10	53.10	8.50	6.25
		平均值	—	12.50	6.60	19.70	0.90	53.10	8.50	6.25
		标准差	—	—	—	—	—	—	—	—
		变异系数	—	—	—	—	—	—	—	—
		修正系数	—	—	—	—	—	—	—	—
		标准值	—	—	—	—	—	—	—	—

表 12-9　主要土层力学性质指标统计成果表二

层号	岩土名称	统计项目	静止侧压力系数 K_0	快剪		三轴快剪		无侧限抗压强度		
				快剪 C（kPa）	快剪 φ（°）	快剪 C_{uu}（kPa）	快剪 φ_{uu}（°）	原状土 q_u（kPa）	重塑土 q_u'（kPa）	灵敏度 St
⑦	粉质黏土	统计个数	—	2	2	—	—	1	1	1
		最大值	—	37.00	15.90	—	—	121.1	44.6	2.72
		最小值	—	31.70	11.50	—	—	121.1	44.6	2.72
		平均值	—	34.35	13.70	—	—	121.1	44.6	2.72
		标准差	—	—	—	—	—	—	—	—
		变异系数	—	—	—	—	—	—	—	—
		修正系数	—	—	—	—	—	—	—	—
		标准值	—	—	—	—	—	—	—	—

续表

层号	岩土名称	统计项目	静止侧压力系数 K_0	快剪		三轴快剪		无侧限抗压强度		
				快剪 C (kPa)	快剪 φ (°)	快剪 C_{uu} (kPa)	快剪 φ_{uu} (°)	原状土 q_u (kPa)	重塑土 q_u' (kPa)	灵敏度 St
⑧$_1$	淤泥质土	统计个数	2	6	9	3	3	2	2	2
		最大值	0.40	23.10	6.60	17.00	1.90	41.1	11.3	5.07
		最小值	0.38	13.00	4.00	12.00	1.10	22.7	8.1	2.01
		平均值	0.39	19.72	5.14	13.67	1.57	31.9	9.7	3.54
		标准差	—	3.56	0.86	—	—	—	—	—
		变异系数	—	0.18	0.17	—	—	—	—	—
		修正系数	—	0.85	0.90	—	—	—	—	—
		标准值	—	16.78	4.61	—	—	—	—	—
⑧$_3$	淤泥质土夹粉砂	统计个数	1	7	7	2	2	1	—	—
		最大值	0.30	25.70	26.10	74.00	7.90	21.90	—	—
		最小值	0.30	11.00	2.40	16.00	7.90	21.90	—	—
		平均值	0.30	18.14	11.30	45.00	7.90	21.90	—	—
		标准差	—	5.45	10.25	—	—	—	—	—
		变异系数	—	0.30	0.91	—	—	—	—	—
		修正系数	—	0.78	0.33	—	—	—	—	—
		标准值	—	14.11	3.72	—	—	—	—	—
⑫$_a$	粉质黏土	统计个数	1	1	1	1	1	1	—	—
		最大值	0.22	31	19.6	37.00	0.50	81.80	—	—
		最小值	0.22	31	19.6	37.00	0.50	81.80	—	—
		平均值	0.22	31	19.6	37.00	0.50	81.80	—	—
		标准差	—	—	—	—	—	—	—	—
		变异系数	—	—	—	—	—	—	—	—
		修正系数	—	—	—	—	—	—	—	—
		标准值	—	—	—	—	—	—	—	—

表 12-10 主要土层力学性质指标统计成果表三

层号	岩土名称	统计项目	静止侧压力系数 K_0	快剪		三轴快剪		无侧限抗压强度		
				快剪 C (kPa)	快剪 φ (°)	快剪 C_{uu} (kPa)	快剪 φ_{uu} (°)	原状土 q_u (kPa)	重塑土 q_u' (kPa)	灵敏度 St
⑬$_a$	残积粉质黏土	统计个数	—	4	4	1	1	—	—	—
		最大值	—	38.0	19.2	34.8	0.60	—	—	—
		最小值	—	34.0	16.6	34.8	0.60	—	—	—
		平均值	—	36.3	17.9	34.8	0.60	—	—	—
⑬$_b$	残积砂质黏土	统计个数	—	1	1	1	1	2	—	—
		最大值	—	28.30	22.50	28.00	6.40	64.3	—	—
		最小值	—	28.30	22.50	28.00	6.40	26.5	—	—
		平均值	—	28.3	22.5	28.00	6.40	45.4	—	—
		标准差	—	—	—	—	—	—	—	—
		变异系数	—	—	—	—	—	—	—	—
		修正系数	—	—	—	—	—	—	—	—
		标准值	—	—	—	—	—	—	—	—

续表

层号	岩土名称	统计项目	静止侧压力系数 K_0	快剪		三轴快剪		无侧限抗压强度		
				快剪 C (kPa)	快剪 φ (°)	快剪 C_{uu} (kPa)	快剪 φ_{uu} (°)	原状土 q_u (kPa)	重塑土 q_u' (kPa)	灵敏度 St
⑬$_c$	残积砾质黏土	统计个数	1	1	1	1	1	—	—	—
		最大值	0.29	38.60	18.10	26.00	6.40	—	—	—
		最小值	0.29	38.60	18.10	26.00	6.40	—	—	—
		平均值	0.29	38.6	18.1	26.00	6.40	—	—	—
		标准差	—	—	—	—	—	—	—	—
		变异系数	—	—	—	—	—	—	—	—
		修正系数	—	—	—	—	—	—	—	—
		标准值	—	—	—	—	—	—	—	—

2. 场地岩石物理力学性质指标

场地岩样分别测试了天然密度、饱和状态下的单轴极限抗压强度、抗剪断强度及弹性模量等，岩样物理力学性质指标平均值见表12-11。

表12-11　岩样物理力学性质指标表

岩性	统计项目	天然试样密度 (g/cm^3)	极限抗压强度 (MPa)		变形试验		抗剪断强度参数	
			天然	饱和	弹性模量 E_s (GPa)	泊松比 ν	φ (°)	C (MPa)
中风化花岗岩	统计个数	12	11	6	8	8	3	3
	最小值	2.59	67.20	32.50	29.20	0.10	59.40	0.50
	最大值	2.69	155.00	132.00	47.90	0.33	59.40	2.00
	平均值	2.62	96.36	92.23	36.69	0.21	59.40	1.00
	标准差	0.0234	28.456	35.37	7.66	0.084	—	—
	变异系数	0.009	0.295	0.383	0.209	0.409	—	—
	修正系数	0.995	0.837	0.683	0.859	1.277	—	—
	标准值	2.61	80.64	63.03	31.50	0.26	—	—

（十）波速测试指标的统计与分析

首先进行单孔统计，分别求出各孔的分层加权平均值，其次按照Grubbs法则对整个场地进行分层统计，分别统计各指标的算术平均值。统计结果见表12-12。

表12-12　波速测试成果表

层号	岩性	V_s (m/s)	V_p (m/s)	μ_d	G_d (MPa)	E_d (MPa)
①$_1$	杂填土	156.17	648.33	0.46	44.13	128.73
①$_{2b}$	素填土（填砂）	182.67	1050.00	0.47	60.37	177.53
③$_1$	淤泥	129.25	1143.00	0.49	27.13	80.95
③$_2$	中砂	206.82	1470.91	0.49	81.95	244.02
④$_j$	中砂	180.50	1318.33	0.49	57.12	170.22
⑤$_1$	淤泥质土夹粉砂	143.86	1453.00	0.49	34.99	104.57

续表

层号	岩性	V_s（m/s）	V_p（m/s）	μ_d	G_d（MPa）	E_d（MPa）
⑦$_j$	中砂	236.67	1446.67	0.49	107.50	319.17
⑧$_2$	中砂	213.22	1618.89	0.49	86.00	256.47
⑧$_3$	淤泥质土夹粉砂	209.00	1420.00	0.49	83.00	246.95
⑪$_2$	中砂	235.55	1578.18	0.49	108.47	322.96
⑬c	残积砾质黏土	265.24	1512.33	0.48	133.46	395.75
⑭	全风化花岗岩	333.27	1687.00	0.48	220.05	649.80
⑯	碎块状强风化花岗岩	651.62	1966.62	0.44	914.98	2618.73
⑰	中风化花岗岩	971.74	2421.05	0.40	2342.65	6514.29

九、漳州市岩土工程特性

漳州地处东经117°~118°、北纬23.8°~25°，是福建省内最大的平原地区。漳州东邻厦门，东北与厦门市同安区、泉州市安溪县接壤，北与龙岩地区漳平、龙岩永定等县毗邻，西与广东省大埔、饶平县交界，东南与台湾省隔海相望。

（一）地形地貌

漳州市西北多山，东南临海，地势从西北向东南倾斜。地形多样，有山地、丘陵、又有平原。西北部横亘着博平岭山脉，海拔为700~1000 m，平和县境内的大芹山为最高点，海拔为1544 m，其他较著名的山岭，有平和县的小芹山、灵通山、长泰县的天柱山、良岗山、漳浦县的梁山，诏安县的九侯山，云霄、诏安、漳浦三县交界的乌山等。全市山地面积为8000 km^2。海拔80~240 m的丘陵地约2956 km^2，占总面积的23.56%。

九龙江沿岸有许多河谷盆地。在九龙江下游的漳州平原有566 km^2，是福建省的第一大平原。

（二）水文与气象

漳州最大的河流是九龙江。九龙江发源于博平岭山脉，分北溪、西溪、南溪三条干流，横贯华安、长泰、平和、南靖、芗城、龙文、龙海市七个县区。干流长258 km，合支流共长1923 km，为福建省第二大河。流域面积为14 741 km^2，在境流域面积为7586 km^2，九龙江中下游平原面积为720 km^2。两条干流在龙海市的三叉河汇合后，又分流进东海。除九龙江外，境内较大的河流还有云霄县的漳江、诏安县的东溪、漳浦县的鹿溪、长泰县的龙津江。

漳州年平均温度为21℃。1985年最高日气温为36.3℃，最低气温为-4.7℃。无霜期达330天以上，年日照为2000~2300 h；年积温为7701.5℃。年降雨量为1000~1700 mm，雨季集中在3~6月。年平均风力为二级。漳州每年6~9月常有台风袭来，最大风力达12级，台风常带来暴雨或大暴雨，造成洪涝灾害。但在高温季节，台风也有助于降低气温和解除旱象。漳州气候条件优越，打开世界地图，可看到在南、北23.5°（回归线）附近，属于亚热带季风性湿润气候的地方并不多，而漳州则是少数属于亚热带季风性湿润气候的地区之一。它整体地形依山面海，呈倾斜状和台阶状，山势走向由西北向东南，西北有武夷山脉和戴云山脉挡住寒流入侵，东南面临开阔的大海，温湿气流源源而来，构成了一个得天独厚的区域性气候。

（三）区域地质构造

漳州盆地是福建省最大的陆地断陷盆地，于1185年和1445年分别发生过6.5级和6.3级地震，是福建省唯一陆上发生过6级以上地震的地区。隐伏的九龙江断裂横贯盆地的北部，具有发生强烈地震的危险。

九龙江断裂为1185年6.5级地震的发震断层，断裂与其他方向的活动断裂交汇部位往往是地震发生部位，或破裂的起始位置。九龙江断裂东南端与北东向白云山山前断裂相交，推测这两条断裂的交汇处为未来地震的震中，即可能的破裂起始点。向西至与古塘—大梅溪隐伏断裂的交汇处，断裂长约11 km。

（四）地震动峰值加速度的空间分布及浅层波速度结构剖面

漳州盆地浅层剪切波速结构剖面见表12-13。

表12-13　漳州盆地浅层剪切波速结构剖面

层号	平均深度（m）	岩性	V_s（m/s）
1	2.70	细砂	118
2	4.00	淤泥	122
7	13.50	泥质砂砾卵石	273
9	16.00	残积粉质黏土	345
15	28.00	全风化花岗岩	299～435
17	32.00	强风化花岗岩	419～550
18	35.00	弱风化花岗岩	570～650

（五）场地岩土层结构及特征

目前漳州市区场地在揭露深度范围内，地基土可分为10个岩土层。上部为人工填土层（Q_4^{ml}）、中部为全新统冲洪积层（Q_4^{al+pl}）、残积层（Q^{el}），下部为燕山早期花岗岩风化带（$\gamma_5{}^3$）。各岩土层的具体分布特征自上而下详述如下。

①杂填土（Q_4^{ml}）：浅黄色、灰褐色，稍湿-湿，松散-稍密，欠固结，主要由黏性土、砂砾、砖瓦、碎石、块石等组成，硬杂质含量为25%～40%，堆填时间为5～25年。本层场地内均有分布，层厚为0.40～5.60m。

②粉质黏土（Q_4^{al+pl}）：浅灰、灰黄色、褐红、灰白色，湿-饱和，可塑-硬塑状态，由黏性土和粉细砂组成。无摇振反应，无光泽反应，干强度、韧性中等。本层场地内均有分布。层厚为2.70～12.50m，顶板埋深为0.3～9.0 m，层底标高为-4.32～5.27m。标准贯入试验修正击数N为4.5～17.2击。

②-1中砂（Q_4^{al+pl}）：为②粉质黏土层中的透镜体。灰黄、灰色，饱和，松散-稍密，主要由石英砂组成，颗粒呈次棱角状，其中，砾砂0～19.6%，粗砂17.9%～35.6%，中砂27.2%～42.0%，细砂10.0%～26.8%，含5.5%～9.9%黏性土。局部地段由于粗颗粒的富集而相变为粗砂。本层分布于场地部分地段，层厚为1.50～3.70m，层顶标高为1.0～7.0m，层底标高为-3.0～5.0m。标准贯入试验修正击数N为5.2～12.3击。

③粗砂（Q_4^{al+pl}）：局部地段由于颗粒的富集而相变为中砂或砾砂，灰黄、灰色，饱和，中密-密实状态，以中密为主，主要由石英砂组成，其中，砾砂2.3%～13.1%，粗砂47.3%～65.5%，中砂8.1%～18.1%，细砂9.0%～19.8%，含3.3%～9.9%黏性土。本层分布于整个场地，层厚为0.70～9.90m，层顶标高为-7.0～6.0m，层底标高为-12.0～-0.3m。标准贯入试验修正击数N为8.1～23.3击。

③-1粉质黏土（Q_4^{al+pl}）：为③粗砂层中的透镜体。浅灰、灰黄色，湿，可塑状态，由黏性土和粉细砂组成。无摇振反应，无光泽反应，干强度、韧性中等。本层分布于场地局部地段，仅在部分地段有分布。层厚为2.20～4.70m，层顶标高为-4.5～2.0m，层底标高为-10.80～-0.60m。标准贯入试验修正击数N为6.7～18.2击。

④残积砾质黏性土（Q^{el}）：灰黄色，湿，可塑-硬塑。母岩为花岗岩，无摇振反应，干强度、韧性中等，光泽反应稍有光泽。主要成分为长石和石英等矿物，原岩结构不清，母岩为花岗岩类，除石英外其余矿物成分已风化成黏性土，残余结构较明显。该层遇水易软化、崩解。本层分布于场地部分地段，层厚为2.80～12.20m，层顶标高为-12.0～-0.5m，层底标高为-22.0～-4.5m。标准贯入试验未修正击数小于30击，标准贯入试验修正击数N为5.4～20.0击。

⑤全风化花岗岩（γ_5^3）：浅黄色、灰绿色、紫褐色，中粗粒花岗结构，散体状构造。主要矿物成分以石英、长石为主，长石大部分已风化成黏性土，岩心呈砂土状，岩体完整程度为极破碎，岩体为极软岩，岩体基本质量等级为Ⅴ级。本层厚度为1.0～8.60m，层顶标高为-23.50～-0.20 m。标准贯入试验修正击数N为21.7～33.0击。

由于强风化花岗岩层厚度较大，此处把该层分为散体状和碎块状两层。

⑥散体状强风化花岗岩（γ_5^3）：灰绿色、浅黄色，中粗粒花岗结构，散体状构造。矿物成分主要为石英、长石、云母，风化裂隙很发育，岩心呈砂土状，岩体完整程度为极破碎，岩体为极软岩，岩体基本质量等级为Ⅴ级。本层分布于场地大部分地段，层厚为1.30～28.70m，层顶标高为-27.50～-0.30m。标准贯入试验修正击数N为33.9～69.7击。

⑦碎块状强风化花岗岩（γ_5^3）：灰绿色、灰白色，中粗粒花岗结构，碎块状构造，矿物成分主要为石英、长石、云母，风化裂隙很发育，岩心呈碎块状，RQD值为0。岩体完整程度为极破碎，岩体为较软岩，岩体基本质量等级Ⅴ级。本层分布于场地绝大部分地段，层厚为0.20～41.00m，层顶标高为-36.80～-3.00m，层底标高为-66.70～-4.50m。

⑧中风化花岗岩（γ_5^3）：灰白色、浅红色，中粗粒花岗结构，块状构造。矿物成分主要为石英、长石、云母，节理裂隙较发育，岩心呈柱状，长5～20cm不等，RQD值约为32。岩体完整程度为较破碎，岩体为较硬岩，岩体基本质量等级为Ⅳ级。本层厚度为3.60～26.0m。层顶标高-63.0～-2.80m。

（六）水文地质条件

场地地下水主要赋存和运移于①杂填土、②-1中砂、③粗砂、⑤全风化花岗岩、⑥散体状强风化花岗岩、⑦碎块状强风化花岗岩及⑧中风化花岗岩中。①层地下水属孔隙潜水类型；②-1层及③层地下水属孔隙承压水类型；⑤～⑧层地下水属裂隙弱承压水类型。其中①杂填土属弱透水层，分布有季节性上层滞水，富水性较差；②粉质黏土层、③-1粉质黏土属极弱透水层，为相对隔水层，富水性、透水性极差；②-1中砂层及③粗砂层具强透水性，强富水；④残积砾质黏性土层富水性、透水性均不均匀，为相对隔水层；⑤～⑧层为弱透水层，富水性、透水性均较差。

上述各含水层中，上部①杂填土与②-1中砂及③粗砂因②粉质黏土和③-1粉质黏土层而相对隔离，③粗砂与岩层间水力联系较密切。

场地覆盖层厚度范围内，层次较多，层位相对较不稳定，发育有多层地下水含水层。地下水初见水位标高为1.60～8.80m。

场地内地下水主要受大气降雨垂直下渗补给及相邻含水层的侧向径流补给，地下水通过蒸发及侧向径流排泄，根据地下水稳定水位标高来看，地下水总体趋势从东北向西南方向排泄（渗流）。

根据国标《岩土工程勘察规范》（GB 50021—2001）附录G中G.0.1表规定，场地处于湿润气候区，且存在含水量W≥20%的强透水层，故判定场地环境类别为Ⅱ类A型。

场地内地下水化学类型为HCO_3-SO_4～K-Na-Ca型水，pH6.6，属弱酸性水。场地内地下水对砼结构具弱腐蚀性，地下水对钢筋混凝土中的钢筋不具腐蚀性，对地下钢结构具弱腐蚀性。

（七）场地岩土承载力特征值及主要物理力学指标

根据国标《岩土工程勘察规范》有关条款的要求，将各主要地基土层室内土工、岩石试验物理力学试验指标及标贯试验击数N（击）进行数理统计，按离散度大小（变异系数小于0.30）进行取值。除

②粉质黏土和④残积砾质黏性土液性指数指标 I_L 离散性（变异性）稍大外，其他测试数据均在岩土测试试验参数正常离散性（变异性）范围之内，测试数据可靠。根据本研究获得的各种测试成果，结合当地建筑经验，综合分析并参照福建省《建筑地基基础勘察设计规范》（DBJ 13-07—2006），确定各岩土层承载力特征值及主要物理力学指标列于表 12-14。

表 12-14　岩土层承载力特征值及相关参数

土层序号及名称	岩土承载力（kPa）				W（%）	γ（kN/m³）	快剪		E_{s1-2}(E_0)（MPa）	a_{1-2}（E_0）（MPa^{-1}）
	土工试验值	标准贯入试验值	地区经验值	建议值			C（kPa）	φ（°）		
①杂填土	欠固结				—	16.5 *	—	—	—	—
②粉质黏土	144	182	140～160	150	30.6	18.3	23.9	15.7	4.97	0.39
②-1 中砂	—	140	120～140	130	—	18.5 *	—	17.0	—	—
③粗砂	—	221	180～220	200	—	19.0 *	—	20 *	(50 *)	—
③-1 粉质黏土	160	220	160～200	180	28.3	18.7	26.0	16.5	5.15	0.37
④残积砾质黏性土	175	280	180～220	200	—	17.4	26.3	18.3	5.29	0.36
⑤全风化花岗岩	—	>400	300～400	350	—	20.0 *	—	—	(70 *)	—
⑥散体状强风化花岗岩	—	>500	400～500	450	—	20.5 *	—	—	(110 *)	—
⑦碎块状强风化花岗岩	—	—	600～700	650	—	21.0 *	—	—	(150 *)	—
⑧中风化花岗岩	5780	—	3000～4000	3500	—	23.0 *	—	—	—	—

注：* 为经验值，( ) 内为变形模量 E_0（MPa）

（八）场地岩土的地震效应

根据我国住房和城乡建设部、国家地震局文件，按《中国地震动参数区划图》（GB 18306—2001）附件 1——《建筑抗震设计规范》（GB 50011—2010）及闽建设〔2002〕37 号文件及闽建设〔2003〕10 号文件规定，场地抗震设防烈度为 7 度，设计基本地震加速度值为 0.15g，设计基本地震分组为第一组。

1. 场地地震效应

按场地岩土的剪切波速分类，漳州市各岩土层的主要类型如下。

①杂填土剪切波速平均值为 138.5m/s，为软弱土；

②粉质黏土剪切波速平均值为 192.3m/s，为中软土；

②-1 中砂剪切波速平均值为 177.0m/s，为中软土；

③粗砂剪切波速平均值为 195.0m/s，为中软土；

③-1 粉质黏土剪切波速平均值为 208.0m/s，为中软土；

④残积砾质黏性土剪切波速平均值为 244.0m/s，为中软土；

⑤全风化花岗岩剪切波速平均值为 299.0m/s，为中硬土；

⑥散体状强风化花岗岩剪切波速平均值为 419.0m/s，为中硬土；

⑦碎块状强风化花岗岩剪切波速平均值为 548.5m/s，为坚硬土；

⑧中风化花岗岩为基岩，剪切波速大于 570.0m/s。

场地覆盖层厚度为 3～50m，按《建筑抗震设计规范》第 4.1.6 条划分，场地类别为Ⅱ类。根据第 5.1.4 条判定特征周期为 0.35s。

根据测试报告，场地地面常时微动卓越周期平均值为：东西（EW）向为 0.342s，南北（SN）向为 0.361s，垂直（UD）向为 0.378s。

2. 场地饱和砂土液化判别

在地面以下20m深度范围内，场地饱和砂土层为②-1中砂层及③粗砂层，根据国家标准《建筑抗震设计规范》（GB 50011—2010）进行初步判别：由于地下水位埋深较浅，在7度地震作用下，饱和的②-1中砂层及③粗砂层为Q4地层，故②-1中砂层及③粗砂层可能产生液化。根据《建筑抗震设计规范》（GB 50011—2010）再做进一步判别，按《建筑抗震设计规范》（GB 50011—2010）公式进行计算，计算时场地整平黄海标高按10.61m，近期最高水位按黄海标高9.20m。计算结果表明，在设防烈度为7度时，②-1中砂层会产生轻微-中等液化，③粗砂层会产生轻微液化。场地液化指数为6.18，场地地基液化等级为中等。因此，应考虑饱和砂土液化的影响。实际标贯锤击数与临界标贯锤击数的比值平均为0.71，深度10m以上砂土层液化影响折减系数为1/3，10m以下土层液化影响折减系数为2/3。

（九）地基土评价

① 杂填土层：分布于整个场地，松散状态，密实度不均，厚度变化较大，力学性质均匀性差，工程性能差，并且在地下室开挖范围之内，因此不适宜选作拟建场地的天然基础持力层。

② 粉质黏土层：分布于整个场地，可塑状态，为中等压缩性土，厚度大，工程性能一般，力学性能较均匀，但层面分布较不稳定，且其分布有液化砂类土夹层，故不能作为拟建物的天然基础持力层。

②-1 中砂层：分布于场地局部地段，松散，厚度较小且变化大，工程性能较差，力学性能较不均匀，层面分布较不稳定，且该层可能产生液化。

③ 粗砂层：分布于整个场地，主要呈中密状态，层厚较大但局部变化较大，工程地质性能较好，但力学性能较不均匀，层面局部分布较不稳定，故该层不宜作为拟建物的桩基础持力层。

③-1 粉质黏土层：分布于场地局部地段，可塑-硬塑状态，为中等压缩性土，其工程性能一般，力学性能较均匀，但层面分布不稳定，厚度普遍较小且变化大，不能作为拟建物的桩基础持力层。

④ 残积砾质黏性土层：分布于场地大部分地段，可塑-硬塑状态，为中等压缩性土，工程性能一般，力学性能较均匀，但层面分布较不稳定，厚度变化较大，故不能作为拟建物的天然基础持力层。

⑤ 全风化花岗岩层：分布于整个场地，不存在破碎岩体、临空面、软弱岩层及洞穴等，工程性能较好，力学性能较均匀，但层面分布较不稳定，其厚度普遍较小且变化较大。

⑥ 散体状强风化花岗岩层：分布于整个场地，层厚普遍较大，但变化也大，且存在孤石。不存在临空面、软弱岩层及洞穴等，力学强度较高，工程性能较好，力学性能较均匀。

⑦ 碎块状强风化花岗岩层：分布于整个场地，层面局部地段起伏较大，且存在孤石，不存在临空面、软弱岩层及洞穴等，但层厚大，力学强度高，工程性能好，可作为拟建物的桩基持力层。

⑧ 中风化花岗岩层：分布于整个场地，层面局部地段起伏较大，不存在破碎岩体、临空面、软弱岩层及洞穴等，力学强度高，工程性能良好，是良好的拟建物桩基础持力层，也是地下空间开拓的最适宜、最安全地层。

十、三明市岩土工程特性

（一）地形地貌

三明市属多山地区，主干山脉的走向与主构造线走向一致，呈NE、NNE向展布。地势略似马鞍形：东部系戴云山脉和玳瑁山脉的北段，海拔为700～1500 m；西部为武夷山脉南段和杉岭山脉南段，海拔为700～1500 m；中部沙溪谷地，海拔为120～500 m。最高峰白石顶，位于建宁、泰宁两县交界处，海拔为1857.7 m。最低点位于尤溪县的尤溪口河段水面，海拔为50 m。境内峰峦叠嶂，山岭连绵，丘陵起伏，峡谷与盆地错落相间。

三明市在全国地貌区划中属华东华南低山与丘陵大区中的东南沿海低山与丘陵区。又可分为：闽浙流纹岩低山与中山区，闽西北低山与中山区，闽西南低山与丘陵区和沙溪河谷区4个地貌分区。

（1）闽浙流纹岩低山与中山区：位于溪坪、高地、琅口、洋山、回窑、西际、仑坪、西洋镇、水尾、员岭一线以东以南地区。东部洋中汤川、中仙、大仙峰一带属戴云山脉北段，以中山为主，海拔多为700～1500 m，少数超过1500 m（大田县大仙峰海拔为1553.4 m）。西部池田、锣钹顶、普禅山、大岭山、紫云洞山等属玳瑁山脉。地势高、起伏大，千米以上山峰近百座。中部尤溪谷地以低山丘陵为主，海拔多在800 m以下，沿河的两岸分布着面积不大的串珠状盆地，地形较平坦。本区属闽东火山断坳带，白垩纪流纹岩、花岗岩组成，群峰挺立，坡度大多在30°以上。东坡较平缓，西坡较为陡峻，山顶物理风化作用强烈，常见有岩石崩坠而形成的陡崖。在海拔1000～1200 m、600～700 m的局部地段尚保留有小面积的剥蚀面。一些较大的谷地及山间盆地如大田县均溪镇、上京、建设、桃源，尤溪县团结、西滨等由中生代、上古生代沉积碎屑岩如砂砾岩、砂岩、粉砂岩、泥岩、灰岩等组成。盆地边缘山地坡度一般在25°以下，风化残积层深厚。盆地底部为小面积的冲洪积平原。

（2）闽西北低山与中山区：范围东自沙县松林经陈邦，梅列陈墩，明溪县梓口坊，宁化县延祥、时州、龙头、大坊尾、新坊，明溪县熊地，宁化县张坊、河龙、伍坊至下洋一线以西、以北地区。东部有雪峰山、龙栖山、宝台山，中部为杉岭南段，海拔为700～1500 m，以中山为主。西部武夷山脉南段东麓，海拔在1000 m左右，相对高度为200～500 m，以低山丘陵为主，少数中山。山地间分布小面积的山间盆地，如泰宁县杉城、朱口，建宁县濉城、均口，宁化县安远，将乐县古镛等。盆地底部为冲洪积平原。本区在地质构造上属闽西北隆起带，地貌外营力以流水侵蚀为主。组成岩性有花岗岩、流纹岩、砂砾岩、砂岩、灰岩、变质岩类的变粒岩、千枚岩、石英片岩等。在花岗岩裸露地段上有崩塌现象，以变质岩构成的山岭有小规模的土溜现象。区内水系发育，河谷狭窄，落差大。河床险滩栉比，河曲发育。

（3）闽西南低山与丘陵区：东起梓口坊，向南经永安市曲丘、下吉山、蚌口、西洋镇以西，北与闽西北低山与中山区相连，南至边界。西部武夷山脉南段海拔多在500～800 m，少数超过1000 m，如宁化县鸡公岽，海拔为1389 m。东部玳瑁山脉，海拔为500～1000 m。在地质构造上，本区属闽西南坳陷带，褶皱断裂发育，地层破碎。但整个构造轮廓仍呈NE—SW向，自东至西背斜与向斜相间排列构成复背斜与复向斜展布，故区内山脉分布与复背斜紧密相关。组成物质主要为元古代、下古生代浅变质岩类和上古生代-中生代砂砾岩、石英砂岩、粉砂岩等。此外，还有大面积花岗岩及零星的玄武岩出露。由花岗岩构成的山岭、山顶较浑圆，山坡陡峭，坡度大于30°左右。但山谷较宽，水系呈放射状。由石英砂岩、砂岩、砾岩覆盖的山顶则比较尖峭，谷地狭窄。玄武岩分布的地方形成台地地貌。低山丘陵中尚有少数断陷盆地，如宁化禾口。

（4）沙溪河谷区：属闽中谷地南部，呈EN—WS向。北起沙县青州镇，南抵永安市西洋镇，长约100 km，宽8～35 km，海拔大多小于500 m。本区在地质构造上属沙县-永安复向斜，沙溪河谷大致顺着构造线发育，其流向与原始地形一致，支流多与构造线正交，构成格子状水系。沿河分布有小面积串珠状断陷盆地。自北而南依次有沙县盆地、梅列盆地、永安盆地。盆地外围山地多为花岗岩、侏罗纪火山岩构成，断陷盆地多由白垩纪红色岩层构成。盆地边缘地形系红层高丘陵，一般倾角较大，常呈单斜地形。向盆地中心过渡为低丘、平原；盆地中心河谷宽广，地形平坦，偶有残丘突兀其上，如三明市区的麒麟山。沿河断续分布小面积阶地，常见有二级阶地，局部也有三级阶地。在河谷两侧由红色砂砾岩、砾岩出露地段，常形成丹霞地貌，碧水丹山，风景秀丽，如永安市栟榈山，沙县性天峰、七峰叠翠等。

在晚近地质历史中，三明市地貌作用的内营力以构造上升为主，外营力以流水侵蚀为主，风化剥蚀及堆积作用居次。

三明市区位于梅列盆地，地处中亚热带，地势较低洼、平坦，山地以低山和丘陵为主，海拔多在150～500 m，河谷与溪流错落相间，四周耸峙山岭环抱。

（二）水文地质条件

三明市区场地地下水按其埋藏条件和性质可划分为孔隙潜水、孔隙微承压（局部潜水）水与风化基岩裂隙微承压水，孔隙潜水主要赋存于砂砾卵石层中，孔隙微承压水赋存于粉砂和卵石中，含水层厚度变化较大，属富水性较好含水层，向沙溪河排泄。基岩孔隙裂隙微承压水赋存于强风化粉砂岩和中风化粉砂岩等岩层的裂隙中，属富水性贫乏含水层，主要接受侧向补给，向沙溪河排泄。

场地静止水位0.21～4.22m，相应的水位标高为126.33～126.05m（黄海高程），据访问水位年变幅2.00m左右（年最高水位标高为128.33m），主要受大气降水和地表水体的补给，径流途径短，其水位受季节、降水量和附近地表水水位变化的影响。

（三）场地岩土层结构及特征

1. 地层结构

场地表层为杂填土、素填土，上部土层为第四系全新统（Q_4^{al-pl}）冲洪积形成的粉质黏土、粉砂、中砂和卵石，下部为侏罗系长林组（J_{3C}）强风化粉砂岩、中风化粉砂岩和白垩系红色岩层。根据时代成因将所揭露的岩土层划分为6个工程地质层。三明盆地为构造断陷盆地，盆地内区域地质为沉积岩分布区。

（1）杂填土：灰色–深灰色，稍湿–湿，稍密。以粉质黏土为主，夹有少量碎砖瓦及卵石等，厚度为0.30～2.40 m，属中高压缩性土，工程地质性能差。

（2）粉质黏土：褐黄色，湿，可塑–硬塑状态，上下段土质稍有变化，一般上部较软，中部较硬实，下部含砂略高，与下伏中砂呈渐变关系，厚度为2.80～6.20 m，埋深0.30～2.40 m，属中等压缩土，工程地质性能尚好。

（3）中砂：褐黄色，湿，松散，具有上细下粗的特征，且层顶一般含少量黏粒，厚度为2.05～5.20 m，埋深为4.30～7.80 m，属中等压缩性土，工程地质性能一般。

（4）砂砾卵石：灰黄色，湿–饱和，中密状态，含砾卵石40%～60%，其成分以石英砂岩、石英砂砾岩为主，圆–亚圆状，粒径多为5～15 cm，少量大者可达20 cm以上，中粗砂充填，层面埋深8.60～12.60 m，属低压缩性土，工程地质性能良好。

2. 岩土体特征

三明市区场地主要岩土层的岩性特征、埋深、厚度及分布情况详见表12-15。

表12-15 岩土体特征表

层号	时代成因	岩土名称	层厚（m）	层底深度（m） 层底标高（m）	岩性特征
①	Q^{ml}	素填土	0.50～4.10	0.50～4.10 127.37～122.23	灰黄色，湿，稍密状态，填料均为黏性土。填积时间10年左右
②	Q_4^{al-pl}	粉质黏土	0.80～8.30	1.30～8.30 126.57～119.59	褐黄色，湿，可塑状态，无光泽，无摇振反应，干强度一般，韧性一般
③	Q_4^{al-pl}	粉砂	0.90～9.10	9.10～9.70 118.69～117.51	灰黄色，湿–饱水，稍密状态，颗粒均匀，成分多为石英，含少量黏粒，黏粒4%左右，级配较好，分选性好
④	Q_4^{al-pl}	卵石	0.60～6.80	9.80～14.10 117.99～116.32	灰黄色，饱和，中密状态，含卵石50%～60%，粒径多为30～50mm，少量大者达90mm以上。圆–亚圆状，成分以砂岩、石英岩为主，中粗砂充填。级配较好，砾卵石新鲜未风化。土层厚度自西向东逐渐增厚

续表

层号	时代成因	岩土名称	层厚（m）	层底深度（m） 层底标高（m）	岩性特征
⑤	J_{3C}	强风化粉砂岩	4.20～25.00	14.60～35.60 111.84～92.51	紫红色，散体-碎裂状，部分矿物发生变化，岩心以碎块和短柱为主，岩心可用手捏碎，局部夹中等风化粉砂岩块。岩层倾角15°～21°。质量等级为Ⅴ级。属软岩，较破碎岩体
⑥	J_{3C}	中风化粉砂岩	>23.80	>46.60	紫红色，岩石较致密坚硬，块状构造，完整程度为较完整。软硬程度为较软岩。岩心多为短柱状，一般柱长11～15cm，最大柱长27cm，锤击声脆，不易击碎。TCR=75%，RQD=30%～45%。基本质量等级为Ⅳ级。单轴饱和抗压强度为20.40～22.70MPa

（四）岩土工程特性指标

在现场进行了钻探取样，并对岩土体分别进行了 N_{10}轻便触探试验、标准贯入试验、圆锥 $N_{63.5}$触探试验，在室内对土、水样进行土质、水质分析，对岩石样进行单轴饱和抗压试验。

表12-16为岩石单轴饱和抗压强度试验统计表。

表12-16　岩石单轴饱和抗压强度试验统计表　（单位：MPa）

岩层名称单轴饱和抗压试验	单轴饱和抗压强度					
	最大值	最小值	平均值	标准差	变异系数	标准值
中风化粉砂岩	20.40	22.70	21.52	0.08	0.02	20.96

根据标准贯入试验和室内试验成果，结合地区经验，提供各层岩土的承载力特征值和压缩模量建议值如表12-17。

表12-17　各层岩土的天然重度、承载力特征值和压缩模量建议值

层号		①	②	③	④	⑤	⑥
岩土名称		素填土	粉质黏土	粉砂	卵石	强风化粉砂岩	中风化粉砂岩
天然重度 γ（kN/m^3）		18.60	19.20	19.00	19.50	21.00	25.00
承载力特征值 f_{ak}（kPa）		100	160	150	400	400	1200
压缩模量建议值 E_s（MPa）		3.80	5.10	6.00	30.00	25.00	—
承载力修正系数	η_b	0.00	0.30	2.00	3.00	1.50	单轴饱和抗压强度为20.40～22.70MPa
	η_d	1.00	1.60	3.00	4.40	3.00	

注：素填土、粉砂、卵石、强风化粉砂岩的压缩模量值为地区经验值

根据直剪试验，遵照《建筑地基基础设计规范》（GB 50007—2011）附录E的规定，提供地基土的抗剪强度指标，详见表12-18，设计时可根据需要采用。

表12-18　岩土的抗剪强度指标

试验方法	指标土层及层号	素填土①	粉质黏土②	粉砂③	卵石④	强风化粉砂岩⑤
直接剪切	内聚力标准值 C_k（kPa）	7.00	14.90	1.00	—	25.00
	内摩擦角标准值 ϕ_k（°）	8.00	22.70	15.00	25.00	30.00

注：素填土、粉砂、卵石、强风化粉砂岩的指标值为地区经验值

（五）场地地震效应

三明市位于福建省中部，据区域地质资料，三明市为断陷盆地，无大的断裂带通过，历史记载，未

发生过破坏性地震。

区域地质数据显示，本地区的区域地壳稳定性等级属基本稳定区，场地在第四系上更新统以来均处于相对稳定状态，对场地的稳定性不会造成直接的影响。

根据《建筑抗震设计规范》（GB 50011—2010）和闽建设［2002］37 号文的有关规定，场地的抗震设防烈度为 6 度，地震动峰值加速度值为 0.05g，所属设计地震分组为第一组，场地位于河流冲洪积阶地，建筑抗震地段属一般地段。

据钻孔波速测试，场地覆盖层 20.00m 深度范围内土层 V_s 实测值，素填土为软弱土 V_s = 100.00 m/s，粉质黏土为中软土 V_s = 178.40 ~ 203.50 m/s，粉砂为软弱土 V_s = 124.00 ~ 127.50m/s，卵石为中硬土 V_s = 275.40 ~ 296.30m/s，强风化粉砂岩 V_s = 410.00 ~ 412.70m/s，计算场地等效剪切波速为 275.40 ~ 296.30 m/s。依据《建筑抗震设计规范》（GB 50011—2010）判定，场地土类型属中软土，场地类别为Ⅱ类。

根据《建筑抗震设计规范》（GB 50011—2010），场地特征周期为 0.35s。

十一、莆田市岩土工程特性

（一）地形地貌

莆田市区大部坐落于滨海平原与红土台地之上，边缘局部为丘陵山地。

滨海平原为海积一级阶地，高程为 2 ~ 5m，地势平坦。红土台地为火山岩或花岗岩风化残积而成，高程为 8 ~ 32m，波状起伏顶部较平坦，坡度小于 8°。

丘陵山区分布于市区西北部边缘，为火山熔岩组成，高程在 110m 以下坡度一般在 10°左右。

总的来看，市区地形地貌较简单。

（二）地质条件

莆田市区地层分布如下。

（1）平原区分布着第四系全新统长乐组及上更新统龙海组松散岩类，厚 5 ~ 17m，岩性为淤泥类土、砂层、卵石、黏性土等下伏基岩为凝灰熔岩及花岗岩类。

（2）台地区出露更新统残积层，厚 1 ~ 6 m，为残积黏性土。

（3）丘陵区出露上侏罗系南园组流纹质晶屑凝灰熔岩、凝灰岩。

莆田市区侵入岩分布如下。

一般隐伏于第四系之下，为燕山晚期的花岗岩类侵入岩。

（三）地质构造

莆田市区多被第四系覆盖，地表构造痕迹不明显。据物探及钻孔揭示，区内存在 NE 向及 NW 向断裂，这两组断裂是区内主要构造格架。区内温泉出露、侵入岩及地层分布均受该构造格架控制。

（四）岩土体类型及特征

按岩土成因类型、岩性组合、物理力学性质指标将区内岩土分为 3 个工程地质分区。

1. 滨海平原区

滨海平原区自上而下分布的岩土体单元如下。

（1）黏土、粉质黏土：为软土顶部硬壳层，厚 1 ~ 4m。

（2）淤泥、淤泥质土：为高含水量、高压缩性的软土，厚 5 ~ 10m，工程地质性能较差。

（3）含少量泥质细砂：松散，饱和，厚2m。

（4）砂砾卵石：中密，饱和，厚2～10m。

（5）残积黏性土：为花岗岩斑岩、二长花岗岩、凝灰岩、凝灰熔岩，厚度较大，一般多大于30m。

滨海平原区存在有软土地基处理及饱和砂层液化评价问题，其下部砂卵石层及强风化层为工程建筑提供了桩基持力层。本区建筑抗震不佳，岩土种类较多且性质变化较大，属Ⅱ类场地。

2. 红土台地区

红土台地区自上而下分布的岩土体如下。

（1）残积黏性土：由凝灰熔岩、花岗岩类风化残积而成，具中低压缩性，承载力达200～400kPa，厚3～15m，厚度变化较大。

（2）风化基岩：母岩为凝灰熔岩、花岗岩类，强风化层承载力达230～590 kPa。其顶面埋深起伏变化较大。

总之，红土台地区工程地质条件较好，属Ⅰ类场地，但残积土厚度及其下伏风化层顶面埋深变化较大，基岩风化不均匀，局部有不均匀沉降及边坡不稳隐患。

3. 丘陵山区

莆田市区西北部丘陵山区，分布火山熔岩，地形起伏，坡度较大，基岩裸露。受地形限制，工程建设开挖石土方量较大，形成边坡应注意评价稳定性。

（五）水文地质条件

依据地下水赋存特征，市区地下水类型如下。

（1）松散岩类孔隙水：赋存于滨海平原区砂层、砂砾卵石层内，为承压水，承压水位埋深1～2 m，含水层厚4～7 m，顶板埋深8～12 m。单井出水量10～130 m^3/d 不等，富水性贫乏－中等。水质为微咸水－咸水，局部pH超标，对砼结构具有弱腐蚀性。

（2）残积土孔隙水：赋存于残积粉质黏土、含碎石轻砂质黏土、粉土内。含水层厚度一般为2～6 m，水位埋深为1～5 m。含水性、透水性差，水量贫乏，单井涌水量一般小于 $10m^3/d$，局部达 $18m^3/d$。水质局部侵蚀性 CO_2 超标，对钢筋混凝土具有弱腐蚀性。本层地下水对红土台地区基抗开挖影响较大。

（3）基岩裂隙水：基岩上部风化带内可赋存风化裂隙水，常与上部残积土孔隙水相通。水位埋深为1～5 m，单井出水量为10～100 m^3/d，水量贫乏－中等。

基岩下部赋存构造裂隙水，富水性受构造裂隙发育控制，赋水性不均一，单井出水量最大可达 $1000m^3/d$ 以上。

值得一提的是，市区及涵江区均存在地下热水资源。市区在广化寺及莆田糖厂一带有地下热水分布。广化寺地下热水水位高出地面4.90m，水量为 $28m^3/d$（降深9.15m），井口水温为36℃。糖厂西面地下热水位高出地面8.5m，水量为 $432m^3/d$，井口水温为46℃。涵江地热田位于保尾、周墩、洋尾、下江一带以深度100m温度大于30℃计算，面积为 $3.1km^2$，中心部位水位高出地面1～2 m，单井涌水量大于1000 m^3/d，自流量为30～$200m^3/d$，井口水温为45～58℃。

地下热水是宝贵的矿产资源，可用于养殖、疗养、旅游等产业，城市规划中应注意保护、合理利用地热资源。

（六）场地岩土主要物理力学指标

根据《岩土工程勘察规范》（GB 50021—2001）有关条款的要求，将各主要地基土层室内土工、岩石试验物理力学试验指标及标贯试验击数 N（击）进行数理统计，按离散度大小（变异系数小于0.30）进行取值。

表 12-19 为土层标准贯入试验成果表。从表中可知，不同深度的残积砂质黏性土、全风化花岗岩和强风化花岗岩的标准贯入锤击数是不同的，一般呈现随深度加深同一岩性地层的标准贯入锤击数呈增加趋势；同一深度的残积砂质黏性土、全风化花岗岩和强风化花岗岩的标准贯入锤击数也有较大差异；残积砂质黏性土、全风化花岗岩和强风化花岗岩的标准贯入锤击数的均值分别为 12.70 击、28.0 击和 59.0 击。

表 12-20 为中风化花岗岩的岩石试验指标分层统计表。从表中可知，不同深度的中风化花岗岩的单轴饱和抗压强度试验值是不同的，一般呈现随深度加深中风化花岗岩的单轴饱和抗压强度试验值呈增大趋势；同一深度的中风化花岗岩的单轴饱和抗压强度试验值也有较大差异；中风化花岗岩的单轴饱和抗压强度试验值的均值为 50.2 MPa。

表 12-19　土层标准贯入试验成果表

岩土体名称	标准贯入试验深度（m）	锤击数（击）
残积砂质黏性土	1.95 ~ 2.25	7.7
	2.55 ~ 3.45	7.4 ~ 8.4
	3.75 ~ 4.05	8.4 ~ 9.3
	3.95 ~ 4.45	9.0 ~ 14.8
	4.85 ~ 5.15	9.90
	5.15 ~ 5.45	11.6
	5.45 ~ 6.00	8.0 ~ 16.0
	6.45 ~ 6.75	13.0
	6.75 ~ 7.45	10.4 ~ 12.8
	7.45 ~ 7.95	9.4 ~ 17.9
	8.0 ~ 8.30	13.2
	8.65 ~ 8.95	14.0
	9.25 ~ 9.80	11.4 ~ 16.2
	10.25 ~ 10.55	16.1
	10.95 ~ 11.25	16.10
	11.65 ~ 11.95	20.2
	12.00 ~ 12.45	12.4 ~ 19.4
	12.60 ~ 12.90	19.4
	13.85 ~ 14.15	21.3
	14.00 ~ 14.30	14.90
均值	—	12.7
全风化花岗岩	13.35 ~ 13.65	23.2
	14.1 ~ 14.4	23.2
	15.15 ~ 15.45	24.3
	15.45 ~ 15.75	26.5
	15.75 ~ 16.30	24.3 ~ 32.4
	17.05 ~ 17.85	24.4 ~ 28.7
	18.85 ~ 19.15	26.7
	19.15 ~ 19.45	29.5
	19.45 ~ 19.75	25.3
	19.75 ~ 20.05	27.0
	20.10 ~ 20.60	29.9 ~ 33.4

续表

岩土体名称	标准贯入试验深度（m）	锤击数（击）
全风化花岗岩	21.0～21.45	27.6～31.2
	21.50～21.80	32.40
	22.70～23.0	28.7
	23.0～23.3	34.3
	24.55～24.85	29.90
均值	—	28.0
强风化花岗岩	23.35～23.90	38.5～70.7
	24.55～24.85	36.9
	25.15～25.70	63.0～83.7
	26.30～26.65	37.7～66.8
	27.60～27.90	54.8
	28.15～28.45	63.1
	29.35～29.65	68.5
均值	—	59.0

表 12-20　中风化花岗岩的岩石试验指标分层统计表

岩石名称	取样深度（m）	单轴饱和抗压强度（MPa）
中风化花岗岩	26.6	42.8
	31.0	48.8～54.7
	31.8	51.2
	32.9	50.5
	36.0	52.9
均值	—	50.2

根据获得的各种测试成果，结合当地建筑经验，综合分析并参照福建省《建筑地基基础勘察设计规范》，确定土的主要物理力学性质指标建议值列于表 12-21 和表 12-22。

表 12-21　土层物理力学性质指标平均值表

取样深度（m）	岩土名称	含水量 W（%）	天然重度 γ（kN/m^3）	天然孔隙比 e_0	塑性指数 I_p（%）	液性指数 I_L	压缩系数 a_{1-2}（MPa^{-1}）	压缩模量 E_{s1-2}（MPa）
2.2	残积砂质黏性土	31.4	18.3	0.869	15.2	0.58	0.37	5.05
4.7		32.2	18.0	0.904	14.9	0.63	0.37	5.15
5.0		30.0	19.0	0.789	14.8	0.52	0.33	5.42
6.0		31.8	18.8	0.833	15.3	0.56	0.34	5.39
8.2		31.7	18.7	0.841	15.4	0.58	0.36	5.11
8.8		29.5	18.8	0.801	15.2	0.53	0.33	5.46
9.9		30.1	18.6	0.828	15.0	0.51	0.36	5.08
均值		30.96	18.6	0.838	15.11	0.559	0.351	5.237

表 12-22 主要土层物理力学性质指标统计成果表

取样深度（m）	岩土名称	黏聚力 C（kPa）	内摩擦角 ϕ（°）	渗透系数（10^5cm/s）	
				垂直	水平
2.7	残积砂质黏性土	38.0	28.0	6.25	6.30
3.3		32.0	28.2	6.74	6.77
3.6		33.0	27.7	6.82	6.87
4.8		35.0	27.8	6.89	6.91
5.0		36.0	22.6	—	—
6.0		41.0	22.5	—	—
7.0		38.0	22.7	—	—
8.2		40.0	22.8	—	—
8.8		40.0	23.1	—	—
9.9		39.0	22.8	—	—
均值		37.2	24.82	6.675	6.71

（七）场地主要的岩土工程问题

根据已有的地质资料分析，莆田市区大致存在以下几个主要岩土工程问题。

1. 软土地基工程问题

软土在本省沿海平原广泛分布，沿海许多城市的市区和郊区都位于软土分布区，如福州（含长乐、福清）、莆田、晋江、泉州、厦门、漳州（含龙海）和宁德等。莆田市区大部坐落于软土分布区，由于软土本身工程力学性质较差，这成为软土分布区工程建设的主要问题之一。

软土地基引起的建筑病害原因是过量沉降及不均匀沉降，主要表现为不均匀地面沉降和建筑物开裂倾斜。据统计，以软土为天然浅基的建筑物中，有 20% 出现不同程度的建筑病害。

软土地基的工程地质条件是由其物质构成、结构和沉积环境决定的。因此，应研究软土的工程地质性能、查明城市建设区软土分布范围及埋藏条件，采取相应的必要处理措施，如恰当的基础及埋深，加强上部结构的整体刚度，进行软基加固措施，调整城市规划功能区等。

2. 饱和砂土、粉土液化及软土震陷

莆田市位于《中国地震烈度区划图》7 度区。在沿海平原广泛分布饱和砂土和饱和粉土，其液化评价问题是工程地质工作内容之一。查明饱和砂土及粉土的分布、埋藏条件、液化可能性及程度等，可为减轻或防治地震灾害提供必要的依据。

软土作为地基土，其抗震性能很差，存在软土震陷问题。

3. 滑坡、崩塌

城市中天然或建设中形成的高陡边坡应研究其稳定性，注意滑坡、崩塌等隐患。在城市开发建设中，往往由于不合理人工开挖建设形成不必要的安全隐患，直接影响人们生命财产安全。城市规划建设中明确存在的隐患地段，就能避免工程建设的投资浪费。

4. 区域构造问题

城市建设中应尽量避开断层破碎带，特别是活动断层。断层破碎带对城市建设是极其不利的，有时

甚至是毁灭性的。应进行工程地质调查，了解断层破碎带的走向、长度及性质。为城市建设规划提供基础地质资料。

5. 风化岩石界面确定问题

正确评价风化岩石界面，对基础施工和桩基勘察等具有指导意义。

综上所述，莆田市有若干岩土工程问题值得总结和分析。

（1）莆田市区东南部滨海平原区，上部淤泥工程地质条件差，其表层硬壳层可作为一般的低层建筑物的持力层；下伏较密实的冲洪积层强度较高，可作为多层建筑物的持力层。

（2）莆田糖长-霞林-南门一带较大面积的红土台地区，地势平缓开阔，工程地质条件好，力学强度高，承载力大，是良好的建筑场地。

（3）莆田市区西、北侧丘陵山区，岩石饱和单轴极限抗压强度高，工程地质条件好，但地形起伏，不利于连片大面积建筑体的建设，宜于个体群落建筑或地下洞室建筑。

（4）地下热水是宝贵的矿产资源，城市建筑规划中应注意保护，合理利用地热资源。

在莆田市大规模开发的今天，曾出现了一次工程事故，故之后在勘察设计中应谨慎从事，特别是拟建高层建筑物时更应如此。由于莆田市城区经过数年的变化发展，就是在土层较好地段勘察时，也应注意浅部较多的河塘、井沟、旧基、土洞及各类软硬地下掩埋体等小范围软弱土层的存在。

（八）场地类别评价

场地覆盖土层的等效剪切波速值为150.7～280.0 m/s，属于中软场地土。场地覆盖层厚度为3～30m，按《建筑抗震设计规范》（GB 50011—2010）第4.1.6条划分，场地类别为Ⅱ类。

根据测试报告，场地地面常时微动卓越周期平均值为：东西（EW）向为0.336s，南北（SN）向为0.345s，垂直（UD）向为0.340s。莆田市区场地土常时地微动卓越周期在0.330～0.357 s，均值为0.340 s。

十二、南平市岩土工程特性

（一）地形地貌

南平市位于福建省北部，东接福建省城福州市和宁德市，地处武夷山脉北段东南侧，福建、浙江、江西三省结合部，是福建的“北大门”，为闽江的发源地。建溪、富屯溪、沙溪在南平城汇合始称闽江。辖区面积为2.63万km^2，是福建省面积最大的行政区域，辖邵武、武夷山、建瓯、建阳四市和顺昌、浦城、光泽、松溪、政和五县及延平区，总人口为305万人。境内山峦起伏，河谷纵横，水系发达，属典型的中低山丘陵构造侵蚀地貌。

南平市位于福建省北部、武夷山脉东南坡、闽江上游，俗称“闽北”。市域土地总面积为26 281 km^2，地势西北高、东南低，呈向中、向南倾斜的马蹄状盆地。境内山岭耸立、低山起伏、丘陵广布、河谷与盆地错综其间。山地和丘陵面积约占市域总面积的85%以上。属中低山丘陵构造侵蚀地貌。东西部分别有鹫峰山脉和武夷山脉雄峙，北部有仙霞岭支脉屏障。建溪自东北流向西南，富屯溪自西北流向东南，沙溪自西南流向东北，于延平区汇合后（称闽江）向东南流经福州马尾入东海。

地形条件深刻地影响着南平市城镇体系的发育和发展，对城镇体系的空间分布、战略模式、基础设施建设等都有一定的影响。

（二）工程地质条件

本研究综合收集的有关工程地质勘察报告分析可知：南平市城区地层岩性较简单，主要为第四系填土层及残积黏土层，下伏基岩一般为中生界三叠系粉砂岩岩层，粉砂岩埋藏深度一般为3.5～23 m，虽节理较发育，但断裂带少，地下空间开发中只要适当进行结构处理，即可承受上部覆盖层和侧向的土压力，确保结构安全。

（三）水文地质条件

南平市区场地地下水类型属风化基岩裂隙水，埋藏较深。丰水期受降雨入渗影响，表层残坡积土和强风化岩含风化带网状孔隙裂隙水，水量和水位受降雨量控制。

据场地勘察时的渗水、注水、压水试验结果，残积黏性土渗透系数为 4.8×10^{-3} ~ 5.2×10^{-3} cm/s，具中等透水性；土状强风化泥质粉砂岩，渗透系数为 6.2×10^{-5} ~ 9.4×10^{-6} cm/s，具弱-微透水性；块状强风化泥质粉砂岩，渗透系数为 1.1×10^{-4} ~ 7.9×10^{-6} cm/s，具弱-微透水性，局部裂隙连通性好的地带具中等透水性；中-微风化泥质粉砂岩，透水率为 0.65 ~ 1.64 Lu，具弱-微透水性。

（四）地质构造

根据地质调查，南平市区场地及其影响范围内未见断裂构造及新构造活动，仅在场地中部见一小褶曲构造，轴部走向近南北，受其影响，轴部岩体破碎，节理裂隙发育，两翼岩层分别向东、西两侧倾斜，岩层相对较完整，倾角西翼较陡、东翼较缓，产状略有变化。

（五）场地岩土层结构及特征

图 12-8 和图 12-9 分别是南平市区工程地质典型剖面图和钻孔柱状图。

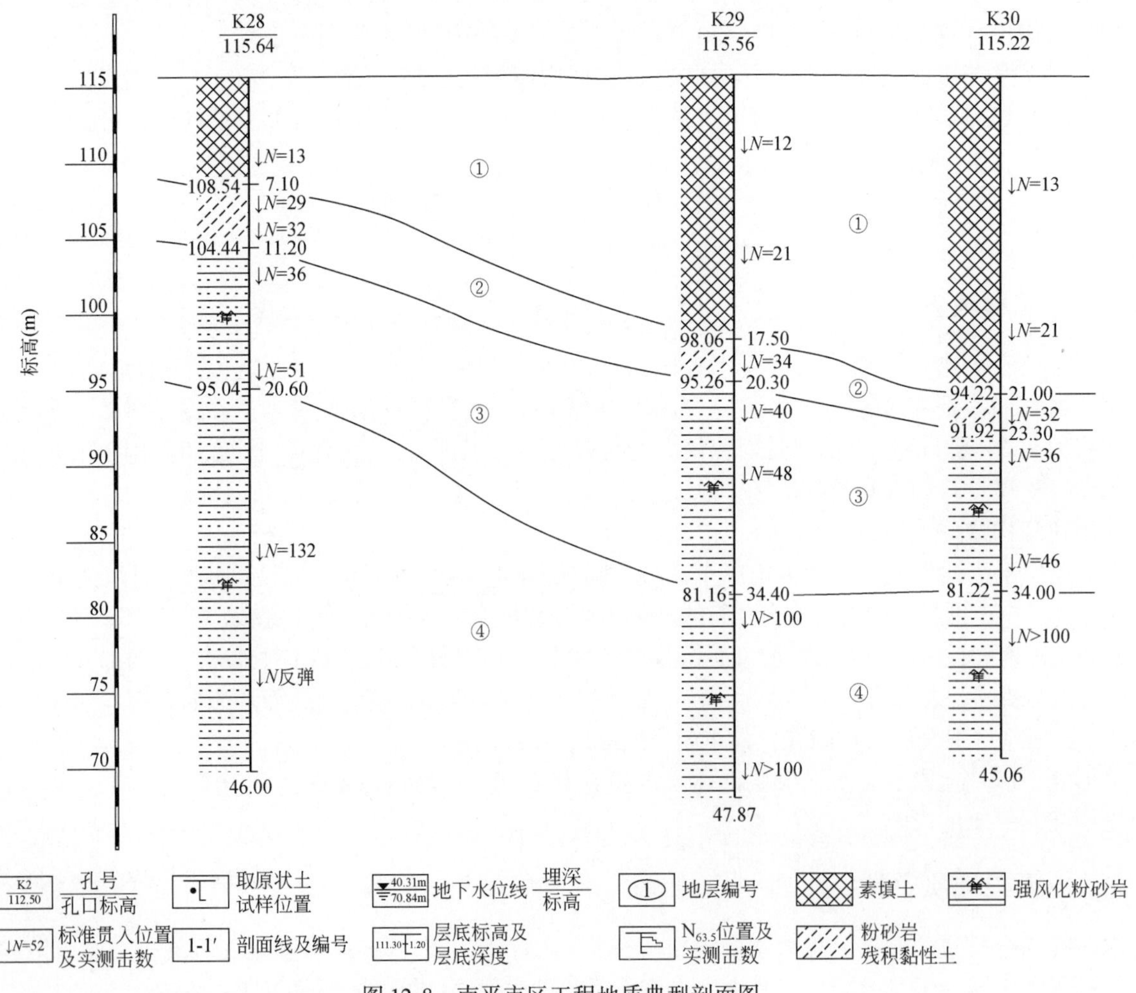

图 12-8　南平市区工程地质典型剖面图

地质时代	层号	层底标高(m)	层底深度(m)	分层厚度(m)	柱状图 1:300	岩性描述	测试方法	测试深度(m)	实测击数(击)
Q_4^{ml}	①	108.16	3.70	3.70		素填土：灰黄，干，稍密，主要为残坡积土夹混砾碎石，硬质含量>25%，均匀性差，堆填时间>10年			
Q_4^{ml}	①	104.36	7.50	3.80		块石：灰色、主要成分为块石夹少量黏性土，含量为60%~70%，块石块径200~700mm，主要成分为石英砂岩，质硬，堆填时间>10年			
Q_4^{ml}	①	83.66	28.20	20.70		素填土：灰黄、棕褐色，干，稍密，主要为残坡积土夹混砾碎石，砾碎石含量为25%~40%，堆填时间>10年，底部少量为耕植土或含生活垃圾	N N N N	12.40 19.20 23.00 27.60	11.0 14.0 14.0 17.0
	④	64.78	47.08	18.88		碎裂状强风化粉砂岩：灰黄、紫红、紫灰色，原生层理清晰可见，岩心以碎裂状为主。岩心锤击易碎，钻进慢，响声大	N N	30.00 32.05	>50.0 反弹

图 12-9　南平市区工程地质典型钻孔柱状图

南平市区场地出露的岩性自上而下分述如下。

（1）残积黏性土：褐红色、褐黄色，呈硬塑坚硬状态，该层自然斜坡表层广泛分布，一般厚度为0.3~4.0m,局部厚为6.0~15.0m。

（2）巨状强风化粉砂岩：褐黄色、浅紫红色，风化强烈，岩体极破碎，岩心呈散体土状或碎屑状、夹个别碎块，遇水极易软化，属极软岩，层间夹有中厚层状中风化砂岩、砂砾岩等。该层一般厚度为2.0~17.0 m，局部厚为25.380 m。

（3）块状强风化粉砂岩：灰褐色、紫红色，风化强烈，裂隙发育，岩体破碎，岩心呈碎块状、块状，个别短柱状，较坚硬，锤击可碎裂，岩石单轴极限饱和抗压强度为5.2~13.8MPa，软化系数为0.32~0.56，属软岩。该层分布厚度为3.00~19.20 m。

（4）中-微风化粉砂岩：青灰色、灰黑色、细粒-中细粒结构，薄-中厚层状构造，泥质、炭质胶结，裂隙较发育，岩体较破碎，岩心呈块状、碎块状、短柱状为主，长小于12 cm，锤击较坚硬，岩石单轴极限饱和抗压强度为42.2~57.8 MPa，属较硬岩，局部岩石单轴极限饱和抗压强度大于60 MPa，属坚硬岩类，软化系数为0.80~0 89，该层厚度为2.00~18.5 m。

（六）岩土工程特性指标

在现场进行了钻探取样，并对岩土体分别进行了 N_{10}轻便触探试验、标准贯入试验、圆锥 $N_{63.5}$触探试验，在室内对土、水样进行土质、水质分析，对岩石样进行单轴饱和抗压试验。

根据《岩土工程勘察规范》（GB 50021—2001）有关条款的要求，将各主要地基土层室内土工、岩石试验物理力学试验指标及标贯试验击数 N（击）进行数理统计，按离散度大小（变异系数小于0.30）进行取值。

表12-23为岩土层标准贯入试验成果表。从表中可知，不同深度的素填土、全风化粉砂岩和强风化粉砂岩的标准贯入锤击数是不同的，一般呈现随深度加深同一岩性地层的标准贯入锤击数呈增加趋势；素填土、全风化粉砂岩和强风化粉砂岩的标准贯入锤击数的均值分别为12.78击、42.17击和99.5击。

表12-23 岩土层标准贯入试验成果表

岩土体名称	标准贯入试验深度（m）	锤击数（击）
素填土	2.3	10.0
	4.75	8.0
	7.20	12.0
	9.65	13.0
	12.40	11.0
	14.65	16.0
	19.20	14.0
	23.0	14.0
	27.60	17.0
均值	—	12.78
全风化粉砂岩	21.50	36.0
	23.80	37.0
	26.40	39.0
	28.70	44.0
	31.30	46.0
	34.05	51.0
均值	—	42.17
强风化粉砂岩	36.20	71.0
	38.65	70.0
	40.90	102.0
	42.85	105.0
	44.95	123.0
	49.30	126.0
均值	—	99.5

根据获得的各种试验成果，结合当地建筑经验，综合分析并参照福建省《建筑地基基础勘察设计规范》，确定土的主要物理力学性质指标建议值列于表12-24和表12-25中。

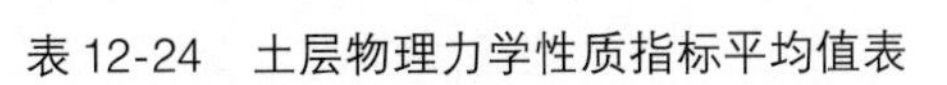

表 12-24　土层物理力学性质指标平均值表

取样深度（m）	岩土名称	含水量 W（%）	天然重度 γ（kN/m^3）	天然孔隙比 e_0	塑性指数 I_p（%）	液性指数 I_L	压缩系数 a_{1-2}（MPa^{-1}）	压缩模量 E_{s1-2}（MPa）
1.8～2.1	素填土	19.9	17.7	0.785	8.5	-0.20	0.27	6.51
2.3～2.6		30.4	17.4	0.974	16.3	0.25	0.64	3.09
4.75～5.05		28.1	16.0	1.106	13.7	0.09	0.99	2.12
5.25～5.55		20.7	18.9	0.682	8.7	-0.16	0.3	5.53
7.30～7.60		25.6	17.2	0.938	16.2	-0.04	0.59	3.30
12.1～12.4		23.9	18.5	0.77	13.8	-0.01	0.59	2.98
13.1～13.4		27.8	18.6	0.803	10.1	0.66	0.53	3.38
17.8～18.1		27.1	19.0	0.762	11.6	0.52	0.36	4.86
18.5～18.8		27.4	17.2	0.958	11.8	0.04	0.57	3.42
26.9～27.2		21.5	19.5	0.636	8.7	0.43	0.32	5.17
均值		25.2	18	0.841	11.94	0.158	0.516	4.036
2.3～2.6	残积砂质黏性土	24.8	18.5	0.783	20.7	0.02	0.37	4.78
3.75～4.05		24.1	18.7	0.754	12.1	0.20	0.34	5.20
5.15～5.45		21.1	18.1	0.767	12.2	-0.02	0.36	4.88
9.35～9.65		32.7	17.7	0.983	18.3	-0.05	0.46	4.31
10.25～10.55		25.4	18.1	0.83	15.9	-0.07	0.44	4.14
11.6～11.9		26.0	17.4	0.922	17.2	-0.29	0.48	4.02
12.0～12.3		26.4	18.1	0.838	12.1	0.26	0.54	3.42
13.2～13.5		34.4	17.9	0.968	16.4	-0.02	0.4	4.95
14.05～14.35		35.6	18.0	0.990	24.3	-0.19	0.38	5.2
14.45～14.75		39.6	17.5	1.102	21.3	-0.09	0.24	8.62
16.05～16.35		31.4	16.8	1.059	13.6	0.44	0.57	3.59
16.75～17.05		40.2	17.3	1.135	22..9	-0.01	0.32	6.61
17.0～17.3		33.0	17.7	0.995	17.4	0.11	0.39	5.06
17.5～17.8		45.5	16.4	1.335	21.6	0.12	0.47	4.96
17.95～18.25		36.8	17.1	1.123	20.8	-0.12	0.49	4.38
18.4～18.7		28.1	17.9	0.883	14.3	0.17	0.39	4.86
19.0～19.3		39.3	17.7	1.074	19.3	0.17	0.46	4.55
19.45～19.75		28.3	17.7	0.925	18.1	-0.31	0.25	7.66
19.95～20.25		54.6	16.2	1.511	16.0	0.44	0.49	5.17
20.1～20.4		31.8	18.2	0.899	20.1	-0.23	0.26	7.27
20.45～20.75		26.0	16.7	1.001	14.7	-0.22	0.89	2.26
20.75～21.05		26.4	19.3	0.732	13.6	0.15	0.31	5.6
21.0～21.3		44.1	16.1	1.355	14.8	0.36	0.48	4.92
21.9～22.2		26.3	18.7	0.785	16.4	0.13	0.45	3.98
均值		32.58	17.66	0.99	17.01	-0.043	0.426	5.016
14.2～14.5	残积砾质黏性土	20.9	17.8	0.78	8.0	0.10	0.71	2.51
17.15～17.45		21.9	19.3	0.665	9.5	0.29	0.64	2.62
均值		21.4	18.55	0.723	8.75	0.195	0.675	2.565

表 12-25 主要土层物理力学性质指标统计成果表

取样深度（m）	岩土名称	黏聚力 C（kPa）	内摩擦角 ϕ（°）	渗透系数（cm/s）
17.8～18.1	素填土	17.5	9.8	1.34×10^{4}
9.55～9.85	残积砂质黏性土	43.2	23.8	8.05×10^{4}
10.25～10.55		36.0	25.9	3.21×10^{4}
12.00～12.30		51.1	19.0	6.9×10^{6}
14.05～14.35		27.0	29.2	1.62×10^{5}
14.45～14.75		17.1	12.2	1.53×10^{6}
17.5～17.8		28.9	24.5	1.51×10^{6}
17.8～18.1		17.5	9.8	1.34×10^{4}
18.4～18.7		29.4	12.5	5.41×10^{5}
19.5～19.8		37.2	4.3	$9.60e\times10^{5}$
19.95～20.4		31.9	25.1	8.22×10^{6}
20.45～20.75		24.1	18.2	2.60×10^{4}
20.75～21.05		19.1	16.2	9.17×10^{5}
均值		30.208	18.391	1.497×10^{4}

（七）场地类别评价

场地覆盖土层的等效剪切波速值为 147.24～258.27 m/s，属于中软场地土。场地覆盖层厚度为 0～38m，按《建筑抗震设计规范》（GB 50011—2011）第 4.1.6 条划分，场地类别为Ⅱ～Ⅲ类。

根据测试报告，场地地面常时微动卓越周期平均值为：水平向为 0.279s，垂直向为 0.273s。

十三、龙岩市岩土工程特性

（一）地形地貌

龙岩盆地位于福建省西南部，是龙岩市所在地。其地理位置为东经 116°57′30″～117°04′00″，北纬 25°00′00″～25°10′00″，北起铁山，南至东肖后田，东起东宝山，西至虎坑山，面积约 186 km^3（包括龙岩市新罗区城区的 4 个办事处和曹溪、东肖、龙门、红坊、西破、铁山等乡镇）。龙岩盆地主要是由下二叠统栖霞组灰岩和上石炭统船山组灰岩、黄龙组灰岩组成的岩溶盆地，是一个构造盆地，也是一个溶蚀洼地。盆地中部石灰岩（可溶岩）大面积分布，盆地周围是山区，多由二叠系地层（包含下二叠统童子岩组煤系地层）构成，多处呈现构造背斜谷，向斜山的地貌景观。

龙岩市东西长约 192 km，南北宽约 182km，总面积为 19 050 km^2，占全省陆地面积的 15.7%。其中山地为 14 964 km^2，丘陵为 3101 km^2，平原为 985 km^2。地势东高西低，北高南低。境内武夷山脉南段、玳瑁山、博平岭等山岭沿 EN-WS 走向，大体呈平行分布。全市平均海拔为 652 m，千米以上山峰 571 座。最高峰为玳瑁山区的狗子脑主峰，海拔为 1811 m；最低点位于永定县峰市镇芦下坝永定河口，海拔为 69 m。

（二）工程地质条件

根据有关工程地质勘察报告分析可知：龙岩市位于闽西，城区分布的地层以石炭纪-晚二叠纪地层为主，其中的灰岩地层主要为灰黑色中厚层中石炭-二叠系栖霞组灰岩，其中岩溶发育，城区地下水主要为分布于上部松散堆积物中的第四系孔隙潜水，灰岩中赋存承压岩溶水，断裂构造部位为断层脉状裂隙水。地下水活动强烈，为岩溶发育创造条件。

龙岩城区灰岩分布区具埋深起伏变化大、岩溶发育、岩溶高度变化大且具连通性等特点。上部残积红黏土具高液塑限、高孔隙比等特点。该地段具体灰岩分布特征主要如下。

（1）灰岩岩面起伏变化大。龙岩盆地范围内灰岩岩面埋深多在 10 ~ 20 m，浅处则为 3 ~ 7m，最深处达 65 ~ 70m，如市区东侧的“龙岩市邮政大楼”场地灰岩顶面埋深在 50 ~ 80m；南侧的“龙岩市邮电通信指挥中心”部位，灰岩埋深 2.0 ~ 23.0 m 不等；西侧的“龙岩市公路大厦”灰岩顶面埋深 15.0 ~ 70.0 m。

（2）灰岩顶板厚度变化大且具突变性。灰岩顶板厚度多为 1.0 ~ 4.0 m，大部分地段高度及厚度变化大。

（3）灰岩分布地段中溶洞发育。溶洞高度变化大且多具连通性，溶洞多为半充填或无充填。例如，龙岩市东侧“龙岩邮政大楼”场地揭露灰岩的数十个钻孔中，灰岩溶洞高度多为 3.6 ~ 16.6 m；“龙岩市邮电通信指挥中心”场地溶洞高度多为 0.60 ~ 6.50m。

（4）灰岩风化残积坡积层工程性能差。在盆地四周的山坡灰岩分布区，灰岩风化残坡积（次生）红黏土分布范围较广且厚度较大。特别是龙岩城区西部、北部的较大范围的山坡残坡积（次生）红黏土厚度多在 15 ~ 25m，具高液塑限、高孔隙比等特点。

（三）水文地质条件

龙岩市属亚热带海洋性季风气候。2005 年，全市平均气温为 18.7 ~ 21.0℃，平均降水量为 1031 ~ 1369 mm，日照时数为 1804 ~ 2060 h。全年气候温和，无霜期长，雨量充沛，适宜亚热带作物和林木的生长。

龙岩市境内溪河众多，分别属于汀江、九龙江北溪、闽江沙溪、梅江水系。集水面积达到或超过 50 km^2 的溪河共有 110 条。河川年径流量为 190 亿 m^3，水力资源理论蕴藏量为 214.5 万 kw，可供开发的水能蕴藏量为 182.7 万 kw。

场地内地下水主要是赋存于含泥卵砾石层中孔隙型潜水，透水性较好，富水性一般。初见水位埋深为 1.7 ~ 4.50 m，高程为 327.01 ~ 329.74 m。钻孔终孔 24h 后统一观测地下水稳定水位，观测到的地下水稳定水位埋深在 1.50 ~ 4.30 m，高程为 326.81 ~ 329.74m。场地中的地下水由西向东，由北向南方向迁流，并往南排泄，大气降水及地表水是其补给来源。下部岩溶水为赋存于灰岩岩溶裂隙中的承压水，岩溶地下水水位埋深在 10.50 ~ 14.10 m，高程为 317.10 ~ 320.50 m。根据龙岩盆地水文地质情况，第四系地下水位年变化幅度为 3 ~ 5 m，岩溶水承压水头年变化幅度为 3 ~ 7 m。常年的最高水位为 330m，抗浮水位取 330 m。

岩溶地下水位主要受地形控制，地势高、起伏大的低山丘陵区水位埋藏深，动态变化也大；平缓的山间盆地区水位埋藏浅，动态变化也小。该区为四周高，中央低平的盆地，岩溶水由四周往中央汇集。因此，岩溶地下水位由四周山区到中部平原逐渐减小，大致可划分为 3 个区域。

（1）盆地四周的低山丘陵区，如北侧坑东山、东侧翠屏山、南侧九峰岐山、西侧红炭山等地，水位埋藏一般大于 20 m。

（2）山前缓丘台地区，如青草盂、谢洋、浮蓥、吴坑一带，岩溶水位埋藏为 10 ~ 20 m，为水位埋藏中等的地区。

（3）盆地中部平原区，岩溶水位埋藏一般小于 10 m，为水位埋藏浅的地区。其中，紧邻山前缓丘台地区，如青草盂、西陂、曹溪、铁山、红坊等地，水位埋藏为 5 ~ 10 m；盆地低洼处，如水塘、城关、隔口和东山等岩溶泉溢出处，水位埋藏小于 5 m。

（四）地质构造

根据地质调查，龙岩盆地处于龙岩山字形构造脊柱部位和前弧东翼，主要构造为盆地中部近南北向多个次一级褶皱组成的九峰岐山复式背斜。

（五）场地岩土层结构及特征

龙岩盆地南北两端分布泥盆系桃子坑组-白炭系林地组，为一套粗碎屑沉积建造；东西两侧主要出露二叠系翠屏山组、童子岩组、文笔山组，主要为海陆交互相含煤细碎屑沉积建造；中部及山前地带分布有栖霞组灰岩，多数为第四系松散堆积物覆盖。晚侏罗世火山岩、侵入岩在区内零星或小范围出露。

依据多个场地勘察资料综合分析，龙岩市区的工程地质特性在剖面上是：其岩性组合较复杂，上部为浮土层为杂填土及第四系全新统冲洪积物，下部基岩为下二叠统栖霞组灰岩地层。龙岩市区场地出露的由上而下岩土层特征简述如下。

（1）素填土：灰红、灰黄色，以黏性土为主，夹砂粒、植物根茎等，人工堆积成因。呈很湿、松散-稍密状态。层厚为0.50～0.80 m。

（2）杂填土：灰黄色，以黏性土为主，夹碎、卵石，含量为10%～20%，粒径为20～40 mm，个别达300 mm以上，呈湿，松散状态。

（3）粉质黏土：灰黄色，局部含少量圆砾，干强度、韧性中等，稍有光滑，无摇振反应，呈湿，可塑状态，呈透镜体状分布。

（4）泥质卵石：黄、灰白、红色，卵石约占50%，砾石为15%～20%，砂为5%～10%，其余为泥质。磨圆一般，亚圆形，卵石粒径一般为20～50 mm，砾石粒径一般为2～20 mm，卵砾石成分多为强-中风化的石英砂岩、砂砾岩和粉砂岩，多呈强风化，泥砂质完全充填，冲洪积成因。呈很湿-饱和、松散-稍密状态。分布较不均匀。层厚为0.70～13.0 m。

（5）红黏土：黄色，质纯，干强度、韧性中等，光滑，无摇振反应，偶见裂隙，收缩后复浸水膨胀，不能恢复到原位，复浸水特性为Ⅱ类，残积成因。呈饱和，可塑-硬塑状态。

（6）土洞-1：灰黑色，呈饱和，软塑-流塑状态，部分呈空洞，钻探过程中有掉钻现象。

（7）含角砾粉质黏土或含少量角砾粉质黏土：深黄、灰黄色，以粉质黏土为主，角砾占10%～20%，粒径为2～20 mm，分布不均，呈强风化-中风化状。呈很湿，可塑状态；碎石约为5%，碎石粒径为20～40 mm，分布不均，局部富集，冲洪积成因，成分以棱角状硅质岩、粉砂岩为主，呈强-中风化状。干强度、韧性中等，稍有光滑-光滑，无摇振反应。呈很湿，可塑-硬塑状态。场地内均有分布，最大揭示厚度为66.62 m。

本层局部钻孔底部发育有土洞。充填物成分以黏性土为主，含少量强风化硅质岩角砾，颜色呈灰黑色，部分呈空洞，呈饱和，软塑-流塑状态，钻探过程中有全泵量漏水及掉钻现象。

（8）泥质碎石：灰黄色，以粉质黏土为主，角砾占5%～15%，粒径为2～20 mm；碎石约占50%，粒径多在20～40 mm，分布不均，局部富集，成分以棱角状石英为主，呈强风化-中风化状；呈很湿，可硬塑状态。

（9）中风化辉绿岩：绿色，块状结构，主要矿物成分为角闪斜长石，晶粒较细，致密坚硬，岩体基本质量等级为三类，属硬岩。采取率为80%，RQD值为30%，场地内仅在局部地带有揭示，最大揭示厚度为1.4 m。

（10）中风化灰岩：灰色、灰黑色，栖霞组灰岩，风化程度中等，裂隙、节理较发育，裂隙主要由方解石充填，岩体呈碎块-块状结构，中厚层状构造，上部岩心较为破碎，呈碎块状，下部岩心较完整，多呈5～20 cm的短柱-柱状，最长达41 cm。属较软岩、较破碎灰岩，岩体基本质量等级类别为Ⅳ类，采取率为30%～90%，RQD值为0～85。本层场地内均有揭示，最大揭示厚度为9.50m以上。

本层局部钻孔分布有溶洞，部分为空溶洞，大多为充填溶洞，充填物中卵石、碎石占10%～30%，灰黑、灰黄色，其余为灰褐、灰黑色含少量角砾粉质黏土、黏性土充填，卵石、碎石、角砾成分为石英砂岩、砂砾岩、硅质岩、灰岩。呈饱和，软塑-可塑状态。高度为 1. 80 ~ 3. 20 m。

图 12-10 是龙岩市区场地工程地质典型剖面图。

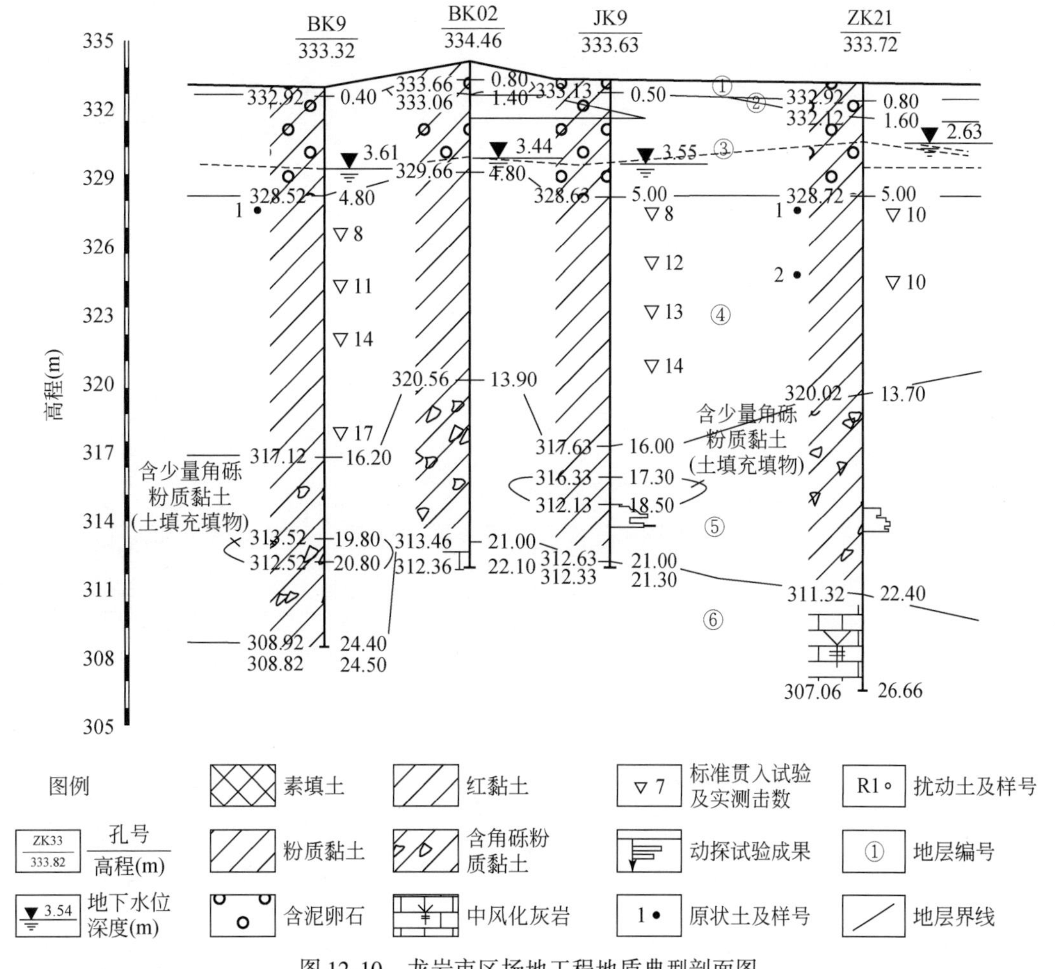

图 12-10 龙岩市区场地工程地质典型剖面图

（六）岩土工程特性指标

在现场进行了钻探取样，并对岩土体分别进行了 N_{10}轻便触探试验、标准贯入试验、圆锥 $N_{63.5}$触探试验，在室内对土、水样进行土质、水质分析，对岩石样进行单轴饱和抗压试验。

根据《岩土工程勘察规范》（GB 50021—2001）有关条款的要求，将各主要地基土层室内土工、岩石试验物理力学试验指标及标准贯入试验击数 N（击）进行数理统计，按离散度大小（变异系数小于 0. 30）进行取值。

表 12-26 为岩土层标准贯入试验成果表。从表中可知，不同深度的红黏土、粉质黏土和含角砾粉质黏土的标准贯入锤击数是不同的；红黏土、粉质黏土和含角砾粉质黏土的标准贯入锤击数的均值分别为 9. 91 击、6. 583 击和 11. 297 击。

表 12-26 岩土层标准贯入试验表

岩土体名称	标准贯入试验深度（m）	锤击数（击）
红黏土	3. 85 ~ 4. 15	19. 54
	4. 35 ~ 4. 65	4. 67

续表

岩土体名称	标准贯入试验深度（m）	锤击数（击）
红黏土	4.65～4.95	5.62
	5.35～5.65	7.36
	5.85～6.15	7.14
	6.35～6.65	7.06
	6.85～7.15	7.76
	7.15～7.45	5.16
	7.55～7.85	6.02
	7.65～7.95	12.80
	8.05～8.35	16.25
	8.35～8.65	9.98
	8.65～8.95	9.39
	9.05～9.35	8.18
	9.45～9.75	7.44
	9.8～10.10	11.48
	10.05～10.35	14.61
	10.35～10.65	8.98
	10.65～10.95	12.09
	10.95～11.25	11.17
	11.55～11.85	10.27
	11.85～12.15	15.81
	12.25～12.55	6.30
	12.55～12.85	8.56
	12.85～13.15	7.78
	13.15～13.45	11.61
	13.85～14.15	10.72
	14.15～14.45	7.65
	14.55～14.85	13.64
	15.05～15.35	9.02
	15.60～15.90	12.48
	15.95～16.25	11.83
	16.45～16.75	7.99
	18.25～18.55	10.61
均值	—	9.91
粉质黏土	1.65～1.95	7.0
	1.95～2.25	4.99
	2.25～2.55	4.99
	2.75～3.05	6.79
	4.25～4.55	9.36
	4.65～4.95	6.53

续表

岩土体名称	标准贯入试验深度（m）	锤击数（击）
粉质黏土	6.35 ~ 6.65	6.24
	8.75 ~ 9.05	6.76
均值	—	6.583
含角砾粉质黏土	11.65 ~ 11.95	8.78
	20.10 ~ 20.40	14.0
	23.65 ~ 23.95	11.11
均值	—	11.297

根据获得的各种试验成果，结合当地建筑经验，综合分析并参照福建省《建筑地基基础勘察设计规范》，确定土的主要物理力学性质指标建议值列于表 12-27 和表 12-28 中。

表 12-27　土层物理力学性质指标平均值表

取样深度（m）	岩土名称	含水量 W（%）	天然重度 γ（kN/m^3）	天然孔隙比 e_0	塑性指数 I_p（%）	液性指数 I_L	压缩系数 a_{1-2}（MPa^{-1}）	压缩模量 E_{s1-2}（MPa）
5.30 ~ 5.55	红黏土	47.6	17.27	1.39	21.0	0.55	0.51	4.69
6.35 ~ 6.60		44.5	17.07	1.168	18.2	0.04	0.50	4.34
6.60 ~ 6.85		49.7	16.38	1.402	17.5	0.27	0.64	3.75
7.10 ~ 7.35		43.8	16.97	1.278	13.8	0.84	0.59	3.86
7.35 ~ 7.60		47.2	17.27	1.30	13.0	0.98	0.46	5.00
7.80 ~ 8.05		53.6	16.58	1.545	16.7	0.57	0.61	4.17
8.40 ~ 8.65		51.6	16.80	1.510	12.9	0.36	0.60	4.21
9.70 ~ 9.95		45.9	16.68	1.36	12.0	0.07	0.40	5.90
10.55 ~ 10.80		48.1	17.07	1.392	14.8	0.31	0.39	6.13
11.70 ~ 11.95		45.8	16.68	1.376	18.0	0.27	0.61	3.9
14.50 ~ 14.75		42.0	16.78	1.309	15.0	0.13	0.55	4.20
均值		47.255	16.868	1.366	15.72	0.399	0.533	4.559
6.50 ~ 6.75	粉质黏土	26.8	18.44	0.801	11.3	<0	0.50	3.60
9.95 ~ 10.20	含少量角砾粉质黏土	30.4	18.54	0.856	11.7	0.44	0.39	4.76

表 12-28　主要土层抗剪强度指标统计成果表

取样深度（m）	岩土名称	黏聚力 C（kPa）	内摩擦角 ϕ（°）
5.30 ~ 5.55	红黏土	34.2	17.5
6.35 ~ 6.60		30.2	15.3
6.60 ~ 6.85		34.6	13.4
7.10 ~ 7.35		34.2	13.8
7.35 ~ 7.60		34.0	13.6
7.80 ~ 8.05		33.6	12.9
8.40 ~ 8.65		34.3	15.6
9.70 ~ 9.95		35.2	16.8
10.55 ~ 10.80		35.2	16.8

续表

取样深度（m）	岩土名称	黏聚力 C（kPa）	内摩擦角 ϕ（°）
11.70～11.95	红黏土	42.2	18.3
14.50～14.75		24.2	9.8
均值		33.809	14.891
6.50～6.75	粉质黏土	38.0	13.7
9.95～10.20	含少量角砾粉质黏土	46.5	16.7

根据收集的资料分析可知，场地内各岩土层设计参数见表12-29。

表12-29 主要岩土层设计参数建议值

岩土层名称	重度 γ（kN/m^3）	压缩模量 E_{s1-2}（MPa）	内摩擦角 ϕ（°）	黏聚力 C（kPa）	承载力特征值（kPa）				
					计算值	土工试验	原位测试	地区经验	建议值
素填土	17.5	—	10	15	—	—	—	80～120	100
泥质卵石	19.5	（20）	25	15	—	—	280	220～320	260
含少量角砾粉质黏土	18.5	6.9	17.0	31.5	200	210	240	180～220	210
中风化灰岩	23.0	—	—	—	—	—	—	800～3000	2500

注：①括号内数值为变形模量；②中风化灰岩的室内饱和抗压强度标准值为44.4 MPa

（七）场地类别评价

场地覆盖土层的等效剪切波速值为170.60～278.85m/s，属于中软场地土。场地覆盖层厚度为3～50m，按《建筑抗震设计规范》第4.1.6条划分，场地类别为Ⅱ类。

十四、宁德市岩土工程特性

宁德市区位于福建省东北部三都澳之滨，地理坐标为东经119°08′30″～119°51′20″，北纬26°30′36″～26°58′00″。陆地面积为1537.17 km^2，海域面积为280 km^2，海岸线长211.04 km，总面积为1817.17 km^2。大小岛屿为27个。山地丘陵面积广，约占全区陆域面积的85%以上，山坡坡度大，残坡积土发育，厚度较大。

（一）地形地貌

宁德市区地处鹫峰山脉东南麓，东面临海。山脉走向大致呈NE-NEE展布。总体地势由西向东逐渐倾斜，到城关南北一线以东，地势由南北两侧向中间降低，形成西、北、南三面高，东部低的三级阶梯下降，阶梯形状为向西凹的半弧形，总体地形似口小腹大的土箕状。海拔为0～1479 m。主要河流为霍童溪。

第一级区位于境内北部的岗口—茶子洋—小岭—吴—眉洋岭一线以西，包括虎贝、洋中、石后、洪口全部，霍童、赤溪、九都、八都、七都、金涵、城南、飞莺等乡镇部分，面积达1077.59km^2，占全区陆地总面积的72.24%。这一带属鸳峰山脉向南延伸部分，平均海拔逾800 m，境内1000m以上山峰均集于此。第一旗（山名）旁边的无名峰海拔为1500m，为区内最高峰。区内海拔500m以上的77个行政村均分布于此，最高的天湖村海拔为950m。此区域内山体高大，群峰林立，山坡陡峭，绝壁高悬，峡谷深切，雨雾多，湿度大，具中山地貌特色。

第二级区位于境内中部的坪塔—金涵—北山—福口—漈山一线以西和东南部，前者是第一级区山地之延伸，西陡东缓；后者自南向北倾斜，山地直通海岸，地形突变大，多开阔的“U”形沟谷。平均海拔为600 m，而山峰多在500 m以上，东南界有些山峰海拔还超过800 m。有43个行政村分布于此，其海拔在200～500 m。该区域属于山岭崎岖，雨量一般，气候温凉，植被茂密的低山地貌。

第三级区位于东南沿海和霍童溪两岸。此地带丘陵、河谷平原低缓开阔，海拔均在400 m以下，至三都、青山等岛屿地势稍有抬高。分布此间的148个行政村，海拔均在100 m以下，最低者仅5 m。这里地势平坦，气候适宜，交通方便，是宁德市区人烟稠密区。

（二）工程地质条件

本研究综合收集的有关工程地质勘察报告分析可知：本区地层主要有侏罗系上统和白垩系下统酸性、中酸性火山喷发-喷溢-碎屑沉积岩及第四系堆积物，面积达1169 km^2，占全区陆地总面积的78.35%。详见表12-30和表12-31。

表12-30 宁德市区地层划分简表

系	统	组	代号	岩性	分布	面积(km^2)	地貌特征
第四系	全新统	长乐组	Q_{4c}^{m}	淤泥、淤泥质黏土、淤泥质砂	东湖塘、南埋、西陂塘	40.9	组成洪积平原、山间盆地和海积平原、滩涂等
			Q_{4c}^{al}	浅黄色砂、砾卵石	八都	5.3	
			Q_{4c1}^{ml+p}	上部为砂质黏土、黏土质粉砂，下部为砂砾卵石	霍童、虎贝、八都等	30.2	
			Q_4^{ml-p}	灰色砂质黏土、砂砾卵石	洋中、虎贝等	160	
	更统新	龙海组	$Q_{3l_1}^{sl-p}$	上部为灰黄色黏质黏土，下部为泥质砾卵石、泥质巨砾卵石	金涵、七都、古溪	19.2	
		同安组	Q_{21}^{pl}	上部为红色含砾砂质黏土，下部为黏土含砾卵石	七都	3.3	
白垩系	石帽山群	上组	$K_{1_b}sh_2$	灰紫色流纹岩、石泡流纹岩、熔结凝灰岩、火山角砾岩、集块岩夹薄层凝灰质粉砂岩等	梅鹤-际头-大石以西，亭里-礁头-城澳以南	260.5	中山、低山地貌，断块山、单面山
			$K_{1_a}sh_2$	紫红色英安质粉砂岩、砂砾岩、沉凝灰岩等			山间盆地，中、低山缓坡地带
		下组	$K_{1_b}sh_1$	灰紫色英安岩、英安质凝灰熔岩、流纹岩夹薄层凝灰质粉砂岩等			中山、低山地貌
			$K_{1_s}sh_1$	紫红色凝灰质粉砂岩、砂砾岩夹英安岩、火山角砾岩、凝灰岩等			山间盆地，中、低山缓坡地带
侏罗系	上统	小溪组	J_3x^b	灰紫色晶屑凝灰岩、流纹岩夹安山岩、英安岩、沉凝灰岩、凝灰质粉砂岩等	主要分布在过溪—菰洋和八都及九都九曲岭等地	146.8	中低山地貌
			J_3x^a	深灰、灰黑色凝灰质泥岩、粉砂岩、砂砾岩、沉凝灰岩夹流纹岩、晶屑凝灰岩等			低山缓坡地貌、山间洼地

续表

系	统	组	代号	岩性	分布	面积(km^2)	地貌特征
侏罗系	上统	南园组	J_3n^c	深灰、灰黑色流纹质晶屑凝灰岩、流纹岩、凝灰角砾岩、英安质熔结凝灰岩、火山角砾岩等	在西部的赤溪-大泽溪和南部飞鸾一带	482	
			J_3n^b	灰、灰白色流纹质晶屑凝灰岩、流纹岩、凝灰岩夹凝灰质粉砂岩等			中低山地貌和部分丘陵地貌
			J_3n^a	灰色、灰照色英安质晶屑凝灰岩、熔结凝灰岩、英安岩、英安岩夹少量英安质流纹质凝灰岩等			

表 12-31　宁德市区侵入岩划分表

代号	岩性	分布	面积（km^2）	地貌特征
$\xi o\pi_5^{3d}$	石英正长斑岩	零星分布于三都岛曾厝里、港口	2.65	丘陵
$\xi\gamma\pi_5^{3d}$	钾长花岗斑岩	零星分布于西北部的河头湾、坑口及中南部的流水坑	12.14	中山
$\gamma\pi_5^{3d}$	花岗斑岩	零星分布于西侧的汉塘、沿海南埕	3.80	丘陵
$\xi\gamma_5^{3d}$	细粒钾长花岗岩	少量分布于沿海金蛇头、责岐	0.69	丘陵、中低山
$\xi\gamma_5^{3c}$	钾长花岗岩	陈家洋、飞鸾、沃里、青山、三坪	58.83	丘陵、低山
γ_5^{3c}	含黑云母花岗岩	富洋里、五峰、长潭、黄田、玛坑	52.01	丘陵、低山
$\eta\gamma_5^{3b}$	二长花岗岩	黄家村、邑坂	23.02	丘陵、中低山
$\gamma\delta_5^{3a}$	花岗闪长岩	虎贝、洋中、三都	66.20	丘陵、低山
$\gamma_5^{2(3)c}$	中粒含黑云母花岗岩	兰田	34.16	平原、丘陵
$\eta\gamma_5^{2(3)b}$	二长花岗岩	漳湾、赤溪	44.72	丘陵
$\delta o_5^{2(3)b}$	石英闪长岩	九都	9.88	丘陵
$\delta_5^{2(3)b}$	闪长岩	长阜村	3.02	丘陵
$\xi\gamma\pi K_1$	次钾长花岗岩	少量分布于中北侧的凤桥	0.80	丘陵
$\gamma\pi K_1$	次花岗斑岩	零星分布于中北侧小石、天峰亭	5.50	中山
$\eta o\pi K_1$	次石英二长斑岩	零星分布于西南侧的半岭、姚厝	5.08	中低山

本区侵入岩主要为燕山早、晚期侵入岩，面积达 323 km^2，占全区陆地总面积的 21.65%。

（三）水文地质条件

场地地下水类型以弱承压孔隙型潜水为主，承压水头高度为 6.70 m，含水层为中砂和圆砾层；场地地下水对混凝土结构具弱腐蚀性，对钢筋混凝土结构中钢筋上部干湿交替环境具弱腐蚀性，中下部长期浸水环境无腐蚀性，对钢结构具中等腐蚀性。

（四）地质构造

根据地质调查，区内位于东亚大陆边缘濒太平洋北北东向构造带中，政和—大埔大断裂之东侧，北北东向构造构成基本骨架。此外，还有北东向构造、南北向断裂和北北西、北西断裂。

北北东向、北东向构造主要以断裂为主，本区属斜贯福建省南靖—福安大断裂带的东北段，具多期活动性。由一系列平行排列的压性、压扭性断裂组成。断裂走向为25°～40°，倾角为50°～90°。主要有何台山断裂（区内延伸9 km）、横坑断裂（长4 km）、洋岸坂断裂（长9 km）、三望断裂（长约7 km），虎头山断裂（区内延伸7.5 km）、猴循山断裂（区内延伸5.5 km）、红门里断裂（长约6 km）等。

南北向断裂常与北东向断裂斜接，主要由一系列南北向的压性、压扭性断裂组成，倾角较陡。较大的断裂有：闽坑断裂带（由三条平行排列而成，单条长8 km）、黄田断裂（区内延伸6 km），天湖断裂带（由三条短而小的断裂平行排列而成）等。各断裂带内劈理发育，岩石挤压破碎，常构成花岗岩与火山岩界线。

北北西、北西断裂主要分布于南部飞弯镇境内，由两组断裂带组成：北西向压扭性断裂，沿断裂有数米至数十米挤压破碎带，可见糜棱岩，围岩有硅化、叶蜡石化等现象；北北西向张扭性断裂，沿断裂可见几米到十几米的角砾岩，角砾大小不一，胶结疏松，轻微硅化。

（五）场地岩土体类型及特征

根据《县（市）地质灾害调查与区划基本要求实施细则》要求，结合本调查区工程地质岩组的特征，将岩土体划分为五种类型：块状坚硬花岗岩岩组（γ），厚层坚硬火山岩岩组（J-K），黏性土双层土体（Q^{el-dl}），（砂质）黏土、（黏土质）砂砾卵石双层土体（Q^{al-pl}），黏土、淤泥、细砂双层-多层土体（Q_4^m）。

1. 块状坚硬花岗岩岩组（γ）

块状坚硬花岗岩岩组（γ）包括燕山、喜山各期次侵入岩，主要分布在七都、石膺—洋中、城澳等地，出露面积约323 km^2，约占全区面积的21.65%。一般构成低山或残丘。岩性主要有二长花岗岩、黑云母花岗岩、钾长花岗岩、花岗闪长岩及花岗斑岩等。该岩组以原生闭合型构造节理为主，裂隙结构面间距大于2 m，呈厚层状，整体性较好，岩体稳定。但在断层破碎带，呈碎裂状，岩石完整性遭到破坏，稳定性差，易引起岩体失稳。

2. 厚层坚硬火山岩岩组（J-K）

厚层坚硬火山岩岩组（J-K）包括侏罗系上统南园组、小溪组，白垩系下统石帽山群，广泛分布于境内，出露面积为890 km^2，占全区的59.65%。在地形上构成中、低山，切割剧烈，沟谷发育，由于受多次构造作用，岩石节理裂隙发育，风化强烈，除局部裸露地表外，多数覆盖有薄层的碎石土。岩性以酸、中酸性熔岩为主，夹有火山碎屑岩。岩石致密坚硬，呈厚层块状。该岩组虽然节理裂隙较发育，但在自然状态下，裂隙结构面互相牵制，整体性较高，岩体基本稳定，不过，在人工开挖破坏边坡稳定性及爆破震动下，岩石呈碎裂状，易沿结构面滑动。

3. 黏性土双层土体（Q^{el-dl}）

该层几乎遍布宁德市区，厚度较大者主要分布于侵入岩地区，尤其是漳湾、七都等地厚度可达20～30 m。按风化程度不同，一般分两部分，上部为红壤化的砂质黏土，厚为1～5 m；下部为黄色黏质砂土，局部见原岩结构，是本层主体，一般厚为3～17 m。岩土工程特性：含水量为21.2%～37.3%，天然孔隙比为0.72～1.06，压缩指数为0.153～0.449 MPa^{-1}，塑性指数为9.4～29.6，液性指数为-0.07～0.57，内聚力为20～60kPa，内摩擦角为15°～35°。该层人类活动如削坡建房、修筑道路等工程活动强烈，是致灾的主要土体。

4. （砂质）黏土、（黏土质）砂砾卵石双层土体（Q^{al-pl}）

（砂质）黏土、（黏土质）砂砾卵石双层土体（Q^{al-pl}）包括更新统、全新统冲洪积及全新统冲积层，分布于河流两侧及山间盆地，面积为58 km^2，约占全区的3.89%。组成河流一级、二级阶地，是主要农耕地区。岩性可分上下二部分，上部为黏土、黏质砂土；下部为砂砾卵石层。结构松散，厚度一般为2～10 m（是建筑用砂的主要来源），岩土工程性能：含水量为19.5%～27.9%，天然孔隙比为0.62～0.87，压缩指数为0.224～0.489 MPa^{-1}，塑性指数为7.8～22.3，液性指数为-0.08～0.33。该层不易产生崩塌滑坡，但过度采砂，造成河床下切，河流侵蚀会形成河岸崩塌。

5. 黏土、淤泥、细砂双层-多层土体（Q_4^m）

黏土、淤泥、细砂双层-多层土体（Q_4^m）分布于东湖塘、南埋、西陂塘、蒋澳、漳湾，面积为41 km^2，约占全区的2.75%。岩性为淤泥、淤泥质砂及砂等，厚为0.8～12.76 m，属软土，岩土工程性能：含水量为50.0%～67.1%，天然孔隙比为1.35～1.84，压缩指数为0.76～1.713 MPa^{-1}，塑性指数为18.4～23.4，液性指数为1.76～2.86。该层易产生不均匀沉降、砂土液化，一般不易产生崩塌、滑坡。

图12-11和图12-12分别是宁德市区场地工程地质典型剖面图和钻孔柱状图。

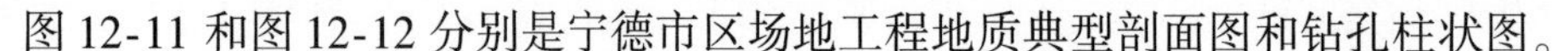

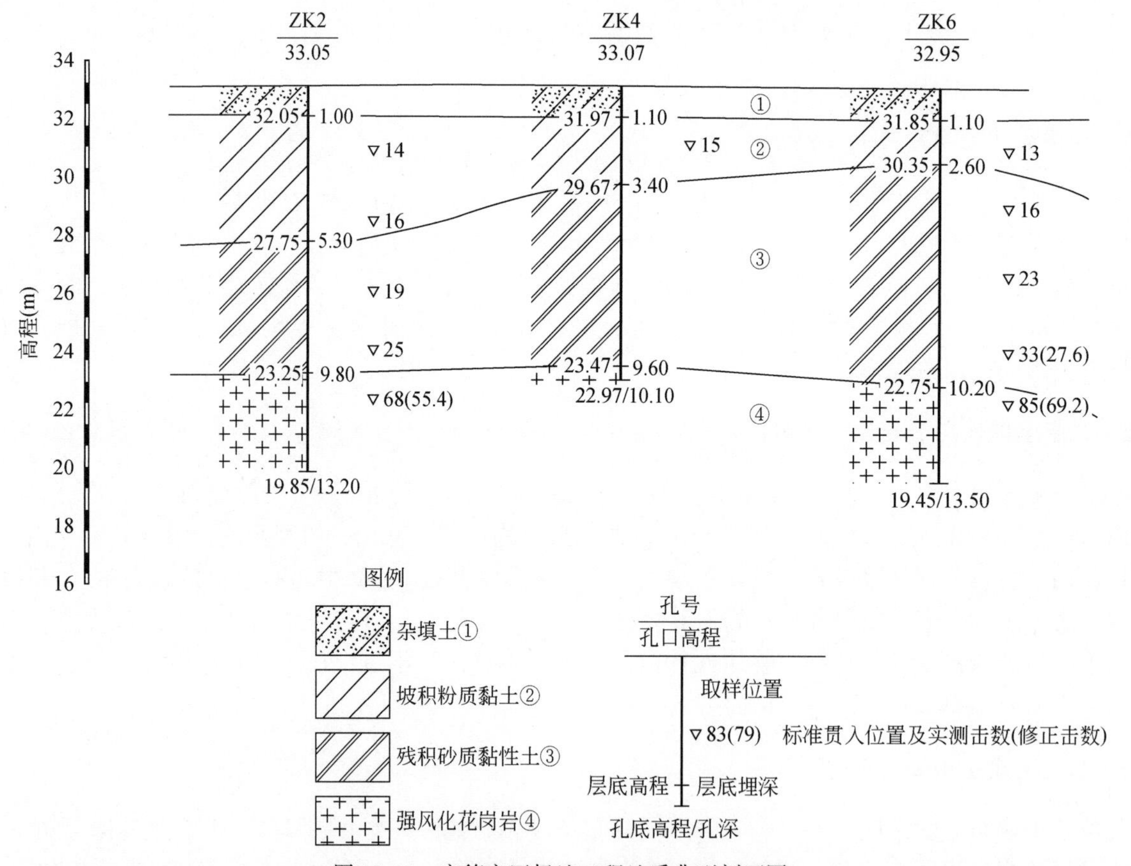

图12-11　宁德市区场地工程地质典型剖面图

宁德市区第一种场地：场区上部为第四系覆盖土层，下部为燕山晚期花岗岩风化岩层。第四系覆盖土层由人工堆积层、海积层、冲洪积层和残积层组成，厚度可达20～30 m，土质变化较大。场地出露的岩性自上而下分述如下。

（1）素填土：黄褐色，主要成分由粉黏粒及砂组成，新近堆填，层厚为3.00～8.80 m。

（2）海积淤泥：深灰色，主要成分由粉黏粒，局部夹薄层粉砂，层厚为13.30～15.70m。

地编层号	深度	高程	厚度	柱状图图例 1:100	地层特征描述	取样 编号/深度(m)	标准贯入 击数(N)/深度(m)
	(m)						
1	2.80	30.32	2.80		杂填土：灰、灰黄色，松散–稍密，稍湿，上部主要由0.20m厚混凝土、碎砖块、黏性土及建筑垃圾组成，硬杂物含量占30%~40%，下部主要由黏性土组成，堆填时间为6~7年		
2	5.00	28.12	2.20		坡积粉质黏土：砖红、灰黄色，硬塑–坚硬，稍湿，局部相变为坡积黏土	1/3.30	18/3.65
3	11.20	21.92	6.20		残积砂质黏性土：灰黄、灰褐色，坚硬，稍湿，可辨原岩结构，矿物已风化成砂土状，岩心手搓具砂感，为中细粒花岗岩风化而成	2/5.90 3/8.20	20/6.25 27/8.55 34/10.65
4	4.30	18.82	3.10		强风化花岗岩：黄褐色，呈散体–碎裂状，原岩结构清晰，部分矿物已风化成土状，残留岩心碎块手折可断，锤击即散		66/11.55

图 12-12 宁德市区场地工程地质典型钻孔柱状图

（3）冲积中砂：浅灰、浅黄色，局部分布，层厚为0.50~2.45m。

（4）冲洪积圆砾：浅灰、浅黄色，卵石占15%~30%，粒径为40~120 mm，圆砾占30%~50%，层厚一般为0.90~5.20 m，最大达7.50 m。

（5）残积砂质黏性土：为标准贯入试验进行杆长校正后，击数小于30的花岗岩风化残积层，呈黄褐色、白色，以硬塑为主，上部较软，往下强度渐增，遇水易软化，层厚为9.70~15.40 m。

（6）全风化花岗岩：为标准贯入试验进行杆长校正后，击数小于50且大于或等于30的花岗岩风化岩层，呈黄褐色、浅黄、白色，含亲水矿物，遇水较易软化，为较为理想的桩端持力层，层厚为6.90~15.60 m。

（7）强风化花岗岩：为标准贯入试验进行杆长校正后，击数大于50的花岗岩风化岩层，呈黄褐色、浅黄、白色，上、中部主要呈砂土状，下部呈砂土状、碎块状。揭示层厚为7.45~15.30m。

宁德市区第二种场地：场区岩土层上部除人工填土外，主要为第四纪冲积形成的卵石（含漂石）、粉质黏土夹砾卵石，下部为凝灰岩风化而成的强风化岩和中等风化岩。场地揭示的岩性自上而下分述如下。

（1）杂填土：厚度范围为0.30~4.1 m（层面埋深为0.00m），主要为建筑垃圾回填。含较多碎砖、卵石，局部见有块石。

（2）填石：厚度范围为0.40~3.70m（层面埋深为0.00m），主要为漂石或卵石回填，呈中等风化状，岩心较完整，没有充填物。

（3）卵石（含漂石）：厚度范围为7.70~17.20 m（层面埋深为0.00~4.10m），以含卵石为主，部分为漂石，充填物为中细砂。地基承载力特征值为950 kPa；人工挖孔桩极限端阻力标准值为3000~4000

（灌浆）kPa；冲孔灌注桩极限侧阻力标准值为150 kPa，极限端阻力标准值为5000～6000（灌浆）kPa。

（4）粉质黏土夹砾卵石：厚度范围为0.40～5.20 m（层面埋深为9.20～17.10m），含高岭土、氧化铁等。含较多中粗砂，局部夹较多砾卵石。地基承载力特征值为250 kPa。冲孔灌注桩极限侧阻力标准值为80 kPa。

（5）强风化凝灰岩：厚度范围为0.70～6.20m（层面埋深为12.60～20.90m），岩体结构大部分破坏，矿物成分显著变化，风化裂隙发育。地基承载力特征值为500kPa。冲孔灌注桩极限侧阻力标准值为100 kPa。

（6）中等风化凝灰岩：厚度范围为0.90～6.10 m（层面埋深为14.90～24.10m），岩体结构部分破坏，沿节理面有次生矿物，风化裂隙发育，岩石质量等级为Ⅲ。该层无洞穴、临空面、破碎岩体或软弱夹层。地基承载力特征值为3000 kPa；冲孔灌注桩极限侧阻力标准值为300 kPa，极限端阻力标准值为16 000 kPa。

（六）岩土工程特性指标

在现场进行了钻探取样，并对岩土体分别进行了N_{10}轻便触探试验、标准贯入试验、圆锥$N_{63.5}$触探试验，在室内对土、水样进行土质、水质分析，对岩石样进行单轴饱和抗压试验。

根据《岩土工程勘察规范》（GB 50021—2001）有关条款的要求，将各主要地基土层室内土工、岩石试验物理力学试验指标及标准贯入试验击数N（击）进行数理统计，按离散度大小（变异系数小于0.30）进行取值。

表12-32为岩土层标准贯入试验成果表。从表中可知，不同深度的残积砂质黏性土、残积粉质黏土和强风化花岗岩的标准贯入锤击数是不同的；残积砂质黏性土、残积粉质黏土和强风化花岗岩的标准贯入锤击数的均值分别为19.404击、15.59击和68.48击。

表12-32　岩土层标准贯入试验成果表

岩土体名称	标准贯入试验深度（m）	锤击数（击）
残积砂质黏性土	1.55～1.85	14.0
	3.90～4.20	20.05
	4.15～4.45	14.89
	5.55～5.85	14.21
	5.85～6.15	28.42
	6.15～6.45	15.10
	6.45～6.75	20.42
	6.95～7.25	16.68
	7.75～8.05	16.21
	8.25～8.55	15.36
	8.55～8.85	23.04
	9.05～9.35	20.96
	9.65～9.95	19.56
	10.65～10.95	27.71
	11.85～12.15	24.45
均值	—	19.404

续表

岩土体名称	标准贯入试验深度（m）	锤击数（击）
残积粉质黏土	2. 15 ~ 2. 45	13. 70
	2. 65 ~ 2. 95	15. 66
	3. 65 ~ 3. 95	17. 18
	4. 55 ~ 4. 85	15. 82
均值	—	15. 59
强风化花岗岩	2. 35 ~ 2. 65	62. 63
	3. 55 ~ 3. 85	79. 24
	5. 95 ~ 6. 25	111. 75
	7. 15 ~ 7. 45	65. 85
	10. 65 ~ 10. 95	55. 42
	11. 55 ~ 11. 85	53. 20
	13. 45 ~ 13. 75	51. 26
均值	—	68. 48

根据获得的各种试验成果，结合当地建筑经验，综合分析并参照福建省《建筑地基基础勘察设计规范》，确定土的主要物理力学性质指标建议值列于表 12-33 和表 12-34 中。

表 12-33　土层物理力学性质指标平均值表

取样深度（m）	岩土名称	含水量 W（%）	天然重度 γ（kN/m^3）	天然孔隙比 e_0	塑性指数 I_p（%）	液性指数 I_L	压缩系数 a_{1-2}（MPa^{-1}）	压缩模量 E_{s1-2}（MPa）
1. 75 ~ 1. 95	坡积黏土	32. 71	17. 93	0. 973	17. 7	0. 11	0. 27	7. 28
4. 15 ~ 4. 35		29. 68	18. 23	0. 889	20. 1	0. 09	0. 34	5. 62
均值		31. 20	18. 08	0. 931	18. 9	0. 1	0. 305	6. 45
1. 6 ~ 1. 8	坡积粉质黏土	26. 54	18. 52	0. 821	16. 1	0. 01	0. 18	9. 89
2. 95 ~ 3. 15		24. 19	19. 11	0. 707	13. 9	<0	0. 23	7. 52
3. 2 ~ 3. 4		24. 10	18. 82	0. 732	15. 7	<0	0. 25	6. 90
均值		24. 94	18. 82	0. 753	15. 23	<0	0. 22	8. 10
5. 10 ~ 5. 30	残积砂质黏性土	29. 41	17. 44	0. 913	16. 90	<0	0. 53	3. 60
5. 80 ~ 6. 00		32. 04	18. 03	0. 909	16. 70	<0	0. 43	4. 42
6. 50 ~ 6. 70		23. 53	18. 60	0. 751	16. 60	<0	0. 36	4. 80
7. 30 ~ 7. 50		30. 99	18. 82	0. 814	16. 40	<0	0. 36	5. 04
8. 10 ~ 8. 30		22. 41	18. 72	0. 711	15. 9	<0	0. 23	7. 31
8. 60 ~ 8. 80		30. 24	18. 23	0. 862	18. 2	<0	0. 47	3. 98
9. 20 ~ 9. 40		32. 27	26. 56	1. 066	12. 10	<0	0. 57	3. 65
均值		28. 70	19. 49	0. 86	16. 11	<0	0. 421	4. 686

表 12-34 主要土层抗剪强度指标统计成果表

取样深度（m）	岩土名称	黏聚力 C（kPa）	内摩擦角 φ（°）
1.75～1.95	坡积黏土	45.5	9.5
4.15～4.35		44.0	12.9
均值		44.75	11.2
1.6～1.8	坡积粉质黏土	108.2	12.0
2.95～3.15		104.5	9.5
3.2～3.4		69.5	23.5
均值		94.07	15.0
5.10～5.30	残积砂质黏性土	47.8	23.6
5.80～6.00		46.0	10.8
6.50～6.70		61.5	30.8
7.30～7.50		30.5	12.9
8.10～8.30		74.0	26.5
8.60～8.80		28.0	18.8
9.20～9.40		11.5	29.3
均值		42.76	21.814

（七）场地类别评价

场地覆盖土层的等效剪切波速值为 158～290 m/s，属于中软场地土。场地覆盖层厚度为 0～24 m，按《建筑抗震设计规范》（GB 50011—2010）第 4.1.6 条划分，场地类别为Ⅱ类。

第四节 沿海城市群地下空间开拓的主要安全性问题

沿海地区城市群地下空间开拓常见的四种主要事故直接诱因类型如下。

（1）地层变形及围岩失稳引起的地层坍塌和结构物破坏；

（2）不良地质体诱发的安全事故；

（3）地下管线破裂与渗漏引起的安全事故；

（4）施工管理不当造成的安全事故。

地层变形和围岩失稳是城市地下工程环境风险的主要诱因，主要表现在过度变形、突然变形和失稳。隧道施工引起的地层扰动和失水等均可造成地层细观结构的失稳，从而引起地层的变形和破坏；地层变形与结构的作用，则可能造成结构的破坏；地层变形量突然增大时，则因反应不及时可能造成结构破坏，有时还可能出现伴生灾害和事故；而对于砂层和卵石地层，隧道围岩的稳定性较差，施工影响下易于出现失稳和坍塌。

不良地质体分布不确定并且难以准确探测，在隧道施工影响下常常造成安全事故。在城区可能存在空洞、水囊、建筑垃圾及其他不明构筑物，其形成的原因非常复杂，对地下工程施工的影响主要表现在水囊失水、空洞扩大、空洞群的连通等引起的地层坍塌和隧道内涌水等。

隧道施工引起管线的断裂和破坏有时还会诱发更严重的安全事故。地下管线基础的过度变形可造成管线的破坏，酿成事故；管线的渗漏水使周围地层稳定性降低，在施工影响下极易失稳，即造成管线的大范围悬空从而造成断裂。

地下工程施工对象的复杂性、专业的多样性及作业人员素质不高给管理工作带来极大的困难，也是造成诸多安全事故的重要原因。

一、城市地下空间开拓对地表建筑群的影响

如果城市浅埋暗挖隧道施工处理不当，极易造成地表建筑物沉降、倾斜、甚至产生裂缝，影响建筑物的安全和正常使用。

厦门市机场路一期工程梧村山隧道下穿浦南段，平面布置为分岔式结构，即由连拱隧道、小净距隧道组成。埋深为9～27 m，最大跨度为34 m，总长约680 m；该段围岩为Ⅴ～Ⅵ级，地下水位埋深为2～4 m。鉴于隧道埋深较浅，地表建筑物密集，施工采取浅埋暗挖方法，难度属国内罕见。

隧道穿越的莲前西路至浦南工业区段为密集的居住区。该路段施工期间受影响的房屋有67栋，主体结构均为砌体结构，基础多为扩大条形基础或独立基础，埋深约2m。其中，34#楼位于隧道上方，屋面板混凝土保护层严重脱落，钢筋外露且锈蚀严重。

34#楼建于1994年，为砌体结构住宅楼，共7层，总高度为20.1 m，首层（储物间）层高为2.1 m，其余各层层高为3.0 m；矩形平面，长为56 m，宽为10.5 m；毛石基础，埋深为1.5 m；中间设一道沉降缝。

34#楼所处地段隧道拱顶距地表平均约16.0 m。地层自上而下分别为杂填土、泥质粗砂、残积亚黏土和Ⅴ～Ⅵ级强风化花岗岩，隧道斜向穿过34#楼，其宽度约为40 m。

34#楼所处围岩条件差，地下水较丰富，且地面建筑物密集。为了保证围岩和地面建筑物的稳定，施工中采取全断面帷幕注浆止水，封闭开挖断面四周围岩的主要水流通道，同时采用自进式大管棚和小导管相结合的联合超前支护手段。初期支护采用双层全封闭式喷射混凝土、钢拱架、锚杆联合支护措施。在隧道下穿34#楼的施工中，采取竖向止浆帷幕、基底注浆加固和动态跟踪注浆抬升三种措施控制其沉降，减小隧道施工对建筑物的影响。

隧道施工引起地表变形和建筑物基础变形，从而导致上部结构产生附加应力和变形，甚至造成建筑物的损害，包括沉降或倾斜、裂缝等。

在隧道穿越34#楼施工过程中，楼房出现了裂缝。裂缝主要集中在房屋底层纵墙上：建筑底层窗台边沿着门窗洞口对角线方向的斜向裂缝；底层窗台下或窗间墙墙体上的竖向裂缝。

二、利用山体开拓地下空间建设隧道互通立交的安全性

利用山体开拓城市地下空间建设隧道互通立交。山体开拓城市地下空间建设隧道互通立交的结构复杂段主要表现为岔道较多，有万石山隧道与匝道分岔部、钟鼓山隧道与匝道分岔部及并线段三种。同时，各部分岔部及并线段所在位置的围岩特性有较大差异。

地下空间交通隧道互通立交的大跨暗挖隧道洞室与匝道分岔部及并线段或其他地下洞室围岩的稳定性与许多因素有关。如洞室围岩的稳定性不仅与岩体中的初始地应力状态、岩体结构特征、地下水情况和岩性特征等地质因素有关，而且也与洞室形状、跨度大小、施工方法和支护措施等因素有关。实践表明，在同级同类围岩中，洞室跨度越大，围岩的稳定性也越差。洞室形状不同，则同样地质条件情况下，洞室围岩周边的应力状态不同，围岩的稳定性也不同。因此，在可能条件下，应选择有利于围岩稳定的洞室断面形状。此外，在同级同类岩体中，由于采用的施工方法不同，对洞室围岩的稳定性也有不同的影响。例如，采用光面爆破或其他减震爆破先开挖中心小洞后扩挖成型等控制性爆破或毫秒微差梯段爆破起爆方式开挖就比普通爆破方法对围岩的扰动小，而对需要支护的围岩，支护及时且支护结构有足够密度的情况，显然比支护不及时或支护结构密度不够的情况能保持围岩的稳定。

三、复杂地质与环境条件下城市地下空间开拓的安全性

在复杂地质与环境条件下开拓城市地下空间一般涉及的主要安全性问题有：由隧道施工引起地下市政、电力、通信等管线的不均匀沉降；临近高层建筑物时的地面沉降控制问题；穿越富水黏性土、砂层、强风化花岗岩等地层时浅埋暗挖隧道的稳定性和突涌水问题；灰岩等碳酸盐类岩地层地下空间开拓过程中涉及的岩溶发育、溶洞和大型溶腔等高压突水突泥问题。例如，厦门环岛干道会展中心隧道工程，主要涉及的安全性问题有：控制由隧道施工引起排洪箱涵的不均匀沉降量问题；临近新景海韵园高层建筑物时连拱隧道设计与施工；穿越富水黏性土、砂层、强风化花岗岩等地层时浅埋小净距隧道和连拱隧道的稳定性和突涌水问题。

厦门环岛干道会展中心隧道场地沿线为近岸滩涂地貌，后经人工填土整平形成道路及绿化用地，场地地势开阔，地面较平坦。会展南二路东侧沿线均为高层建筑；会展北路以北沿隧道方向，为新填路基土，场地沿线南高北低，高差为7.58 m。隧道沿线地下水稳定水位埋深为1.12 ~ 6.10 m，场地地下水位随季节性变化不大，其年变幅约1.0 m。地下水对砼结构具弱腐蚀性。隧道洞身主要穿越性质差异极大的各类杂填土、黏土、砂层、砂砾层、全风化或强风化花岗岩，围岩级别属于Ⅴ级及以下的特殊围岩，有很多区段隧道洞身处于软硬交错的土岩交互地层，地下水位线仅处于地表下1.12 ~ 6.10 m，与海水有连通性，且主体隧道为浅埋条件下的暗挖双洞小净距隧道和连拱隧道。

厦门环岛干道会展中心隧道开拓中采用的防灾对策如下。

（1）长管棚超前注浆支护，并在长管棚间采用作小导管超前注浆支护，以保证加固圈发挥效应。

（2）最大限度控制地层沉降，采用“中洞法”工法开挖施工，使大断面隧道施工分割为较小断面的施工。

（3）开挖后立即初喷混凝土、架设钢支撑封闭成环并用纵向钢筋将钢支撑连成整体。

（4）初期支护背后回填注浆，以减少沉降变形。

（5）加强一次衬砌背后回填注浆工作，以减少沉降变形。

在灰岩等碳酸盐类岩地层地下空间开拓过程中，主要涉及的安全性问题如下。

（1）城市地下空间开拓对地表建筑群的影响。

（2）复杂地质与环境条件下城市地下空间开拓的安全性，如由隧道施工引起地下市政、电力、通信等管线的不均匀沉降；临近高层建筑物时的地面沉降控制问题。

（3）软土地下空间开拓的安全性，如高层建筑深大基坑开挖稳定性问题。

（4）岩溶洞穴发育、大型溶腔、岩溶岩面起伏大、地基不均匀和土洞坍落等对地下空间开拓存在的危害，以及地下岩溶暗河、溶洞、落水洞和密集岩溶管道等可能给地下空间开拓造成高压突水突泥和涌水灾害。

在灰岩等碳酸盐类岩地层地下空间开拓中采用的防灾对策如下。

（1）充填溶腔注浆。

（2）采取“释能降压”实施爆破技术揭示并排放超大型溶腔的高压岩溶水。

（3）修建导流设施，让暗河入渠。

（4）施作大规模、大直径钻孔灌注桩进行支护。

（5）施作大直径钢筋混凝土立柱作永久支撑，处理大型溶洞和暗河通道。

（6）采用隧道正线及两侧边墙分别修建拱桥跨越，解决穿越高溶腔。

四、海底隧道开拓的安全性

我国既是内陆国家，又是海洋国家，漫长的海岸线和众多的岛屿在“国家高速公路网（7918规划）”中

需要连接。在沿海，已建成的海底隧道有厦门东通道（翔安海底隧道）工程和胶州湾海底隧道工程，正在规划或修建渤海湾跨海工程、大连湾跨海工程、台湾海峡连线工程、（香）港—珠（海）—澳（门）跨海工程、琼州海峡工程等。尽管世界上至今已经成功建造了诸如日本的关门海峡海底隧道、轻津海峡的青（森）函（馆）隧道，英法海底隧道，以及挪威的一些海底隧道等几十座，但是关系海底隧道建设成败的围岩稳定性分析及施工高压突水预警预报这两个关键问题远未得到很好的解决，如青函隧道施工时发生过4次较大塌方涌水事故，其中一次用了5个月时间才绕过涌水段。青函隧道原来估计工期10年，预算600亿日元，没想到开挖后，因恶劣地质及大量涌水，工期一直延宕，直到25年后才打通，总经费飞涨。

海底隧道开拓的安全性涉及如下问题：陆域浅埋段，隧道开拓的安全性问题；富水砂层洞段发生涌水涌泥及坍塌；海底风化深槽的开拓安全性问题；潮汐对海底隧道衬砌稳定性影响；衬砌结构的耐久性问题；战争中防深水炸弹毁损问题（涉及钢筋混凝土特殊结构问题）。

（1）陆域浅埋段，隧道开拓的安全性问题：如厦门东通道（翔安海底隧道）工程是厦门岛第三条进出岛跨海通道，工程全长8.695 km，其中海底隧道段长约5.95 km。工程场址位于厦门岛东北侧，地貌单元属闽东南沿海低山丘陵——滨海平原区。

隧道工程场址陆域为风化剥蚀型微丘地貌，两岸地势开阔平坦，主要为残丘——红土台地，丘顶高程为20～35m，丘体多呈椭圆体，坡度和缓。丘间洼地高程一般为5～15m，沟、塘较多。

ZK12+400～ZK12+445段位于厦门市翔安区，为翔安海底隧道工程陆域段的一端，地表为1～2m厚的填土，下伏黏土、亚黏土（CRD-1部围岩开挖范围），CRD-2部围岩开挖范围为全强风化花岗岩，有少量渗水，主要受降水补给。本段浅埋暗挖隧道采取CRD法施工。至2006年2月28日，CRD-1部从ZK12+445开挖掘进至ZK12+405，CRD-2部开挖掘进至ZK12+420，CRD-3部开挖掘进至ZK12+426，CRD-4部未开挖。

2006年2月17日在CRD-1部ZK12+430～ZK12+420拱腰部位出现纵向开裂，用3根20b工字钢对开裂部位进行支顶，但是2月23日支顶拱腰部位的3根20b工字钢出现较大变形，说明该部位围岩与初支护结构体处于不稳定状态，并于当日又增加2根20b工字钢加强支顶。2006年2月25日ZK12+430～ZK12+424.5CRD-2部抑拱闭合2m。2006年2月25～27日连续降雨（之前2月17～19日连续降雨），浅表地层土壤被雨水浸泡软化，出现沉降异常，并于2006年2月28日20时20分ZK12+410～+405洞段CRD-1部出现坍塌。坍塌造成CRD-1部ZK12+410～+423段初期支护下沉侵限二衬净空，洞顶地表塌方部位出现一个直径约8m的塌穴（图12-13），深度约4m。ZK12+418附近洞段CRD-1部失稳大约出现于2006年2月28日21时30分。

图12-13　洞顶坍塌

（2）富水砂层洞段发生涌水涌泥及坍塌：如2007年7月14日22时，右线行车隧道CRDⅠ部YK11+856掌子面开挖时，右侧弧形导坑拱脚处有带砂泥浆涌出，掌子面及边墙出现小塌方，导致YK11+856～+866段初期支护出现不同程度的环向裂缝，边墙处出现喷混凝土剥落，拱架严重变形，经测量初期支护结构变形侵入净空104 cm。

（3）海底风化深槽的开拓安全性问题：高水压作用下隧道开挖施工期或初支护后围岩的稳定性和突涌水失稳。海域段风化深槽围岩洞挖施工后，围岩可能发生突泥、突水失稳险情，而引起洞顶塌方和突水；围岩位移和塑性变形极大，根本无法自稳，将会发生突泥、突水失稳险情，必须在隧道挖掘前进行预处理加固。

（4）潮汐对海底隧道衬砌稳定性影响：潮汐荷载不断循环变化，相当于在衬砌上不断作用“拉”“压”荷载，这种循环荷载对衬砌的长期稳定性是极为不利的。因此，在分析海底隧道工程的长期稳定性时，尤其是衬砌的长期稳定性时，如果潮汐变化较大，应充分考虑潮汐荷载对衬砌长期稳定性的影响。

（5）衬砌结构的耐久性问题：海底隧道工程通常穿越各种复杂地质结构，包括不同岩体结构、不同岩性、不同土质等地质体，即不仅要考虑地下混凝土结构所要克服的水渗透破坏，还要考虑各种侵蚀介质对结构可能产生的长期侵蚀作用。主要侵蚀介质包括硫酸盐和氯离子，同时还可能会面对环境中微生物的长期腐蚀，而长期碳化腐蚀的影响可以忽略。近年来国际上新发现的水泥混凝土的碳酸钙型硫酸盐侵蚀（TSA）属于一种特殊的硫酸盐类侵蚀，其形成条件主要是低温、潮湿、有硫酸盐介质和土壤的环境，破坏力极强，可以将混凝土转化为毫无强度的泥状，我国已在八盘峡水库工程中发现相关案例，海底隧道中也可能会存在类似环境条件。

（6）战争中防深水炸弹毁损问题：用大型深水炸弹连续轰击，炸弹在水中爆炸的冲击力比在陆地上大很多，只要深水炸弹在隧道上震出一点点裂缝，海水的巨大压力就可能毁掉整个隧道。

五、软土地下空间开拓的安全性

开拓城市地下空间时，若地下空间覆土太浅，则施工难度较大；水下施工时，若地下空间覆土太浅，将导致施工安全性较低；施工中地下空间上方一定范围内的地表沉降难以完全消除，特别是对于饱和含水松弛地层而言，施工中应采取严密的技术措施以控制沉降；在饱和含水地层和水下隧道施工过程中，两盾构隧道之间的联络通道尚需用矿山法人工开挖，存在较大风险。

软土盾构隧道开拓的安全性主要涉及：车站深大基坑开挖稳定性问题；联络通道和水泵房的冻结法施工安全性问题；地铁长期运行震动荷载作用下引起的震陷问题。

在地铁工程的建设过程中，无论采用何种工法和工艺都不可避免地对工程本身及周边环境造成直接影响或一定程度的破坏（包括人员伤亡或其他安全事故）。通过对地铁工程施工中大量出现的安全事故分析，参考现有分类方法，可将地铁施工过程中出现的安全事故按影响对象归纳为以下五类。

（1）工程结构事故主要是指在施工过程中对地铁工程结构本身的破坏。

（2）人员安全事故主要是指在施工过程中对施工方及第二方的人员造成伤亡的安全事故。

（3）环境安全事故主要是指在施工过程中对地铁周围的环境造成破坏，如地表建筑物沉降、倾斜及裂缝（或出现新的裂缝）超过允许值；道路路面出现坍塌，导致车辆、人员伤亡及财产的损失；地下管线的破坏及其他如桥梁等设施的破坏等。

（4）社会影响事故主要是指在施工过程中产生的破坏对社会产生的负面影响，如由于地铁施工导致的交通阻塞，地下管线遭受破坏导致停水、停电、通信中断等社会影响。

（5）生态环境事故主要是指在施工过程中对自然环境造成破坏，如改变地下水位及径流、改变河流水位等。

（一）地铁车站深大基坑开挖稳定性问题

软土地铁车站深大基坑施工过程中，往往会因为降雨和富含土体中地下水的强烈作用而导致基坑失稳，造成人员重大伤亡和财产重大损失，甚至影响到经济活动的正常运行和社会稳定。

例如，2008 年 11 月 15 日 15 时 20 分，正在施工的杭州地铁湘湖站北 2 基坑发生大面积（长 75 m，深 16 m，宽 20 余米）坍塌事故，造成 21 人死亡，24 人受伤，以及房屋倒塌，直接经济损失为 4961 万元。客观上，此次事故是连续降雨和土层沉降引起的次生灾害。发生事故的主要原因如下。

（1）基坑塌方期间，当地已经连续降雨多天，且本地铁车站基坑距离钱塘江很近，地下水补给充足。

（2）基坑地层为粉细砂层（透水性强）和软黏土（触变性强）。

（3）基坑底部没有或没做预加固层导致突涌（突出变形）。

（4）事故发生的主要原因为设计、施工和业主管理不合理。

（5）“拍脑袋、图便宜、赶工期”，领导意见替代科学决策。

宽大基坑（20 m 宽，已开挖 200 m 长）开挖到底（-17 m 左右）后，沿坑长纵向未及时加设钢筋砼底板封底（一般最好每隔 15~20 m 分段错隔构筑底板），致使纵长达 60m 均为空腔。这样，对连续墙的抗倾稳定度不足，进而造成基底抗“突涌”风险，大量泥沙、淤土涌入坑内，形成翻砂、管涌。这类出险后就通常是群死群伤（施工人员 21 人被掩埋）。

在基底遇突发事变前，基坑未考虑预加固和跟踪注浆等处理预案（如预注浆，指在挖到基底标高之前，预先就采用井格式旋喷预注浆法加固基底土层）；也未在地下墙钢筋笼架中绑扎注浆管，以便在监测做出预警时就能向地下墙底端以下土体进行跟踪注浆，以隔断流土涌入坑内。

当监测数据显示坑周土层“沉降速度”异常时，未实时进行细致的研究分析；发现事实上已出露的险情危象后，并未及早做出预报和预警，及时实施加固处理预案；未能做到“动态设计”和“信息化施工”。这是最重要的一点！这个原因可说是致命的失误和失职，未能做到“防微杜渐”，是极不应该的，有关方面将难辞咎责。

需加强调的是：软土的失稳和塌陷绝不会是“突发性”的，人们看到的流土大量涌入坑内，只是先“由量变再发展到质变”的这一失事瞬间，看上去似为“突发的自然事故”，而实际上它是有明显的先兆的！

（二）地铁联络通道和水泵房的冻结法施工安全性问题

地铁工程的主要风险源见表 12-35 所示。

表 12-35　地铁工程的主要风险源

分项工程名称	风险源名称
施工技术	地基加固、支护结构、后靠稳定、进洞控制、盾构推进、管片拼装、注浆、密封防水、运输、堵漏嵌缝
盾构机械	大刀盘和刀头磨损、泥浆排送泵和管路堵塞、轴承磨损、密封件防水、盾尾密封、铰接密封失效
材料质量	管片、止水条、螺栓、注浆材料
地质条件	障碍物、全断面流沙、地层空洞、可燃性有毒气体
环境	相邻隧道、重要管线、泥浆排放浓度、堤岸码头
安全	电线短路、意外断电断水、通风故障、盾构停顿

上海市轨道交通 4 号线是该市轨道交通环线的东南半环，全长 22km。2003 年 7 月 1 日凌晨，上海市轨道交通 4 号线董家渡越江隧道区间用于连接上、下行线的安全联络通道——旁通道工程施工作业面内，因大量的水和流沙涌入，引起隧道部分结构损坏及周边地区地面沉降，造成三栋建筑物严重倾斜，黄浦江防汛墙由裂缝、沉降演变至塌陷，隧道区间由渗水、进水发展为结构损坏，附近地面也出现不同程度的裂缝、沉降，并发生了防汛墙围堰局部塌陷并引发管涌等险情。这个事故，直接造成至少 3 幢 6 层以上的大楼在 48h 内紧急拆除，其中有一幢为当时的音像市场所在地。上海市区所有的液力拆除机全部调过去昼夜不停进行拆除施工。同时严重危及周边一幢名为临江花园的 20 多层住宅楼，该大楼全体住户紧急撤离，并已做好了随时拆除该大楼的准备。幸好大楼桩基很深，地陷及时控制，大楼得以保持。事故发生地，正好有董家渡泵站。事故造成泵站报废并紧急拆除，周围地区排水管网整体失效，董家渡地区及周围地区无法排水。由于正值汛期，在一周内紧急安排了十多公里的排水埋管工程，将该地区的水迂回排放。事故直接造成事发地地面下陷，地下水上冒。为了止住险情，紧急进行水泥注浆。数十台注浆机连续工作几十个小时，据称注下水泥千余吨。最严重的是事故直接引发黄浦江防汛墙坍塌几十米。

上海市轨道交通 4 号线董家渡越江隧道区间发生事故的旁通道工程，位于浦东南路至南浦大桥之间穿越黄浦江底约 2km 长的区间隧道内，距离浦西江边防汛墙 53m，并且地处 30m 以下的地下深层，事故发生点位于地下土层第 7 层。旁通道工程采用冻结加固暗挖法施工，隧道区间的上下行线已经贯通，事故发生时离旁通道贯通尚余 0.8m。这是一起造成重大经济损失和社会影响的责任事故。发生事故的主要原因如下。

(1) 旁通道《冻结法施工方案调整》存在欠缺。经过工程试验和试点，冻结法施工工艺在上海多项地铁工程建设中曾取得过成功。2002 年 6 月，隧道公司项目部结合某矿山公司上海分公司编制的《风井及旁通道工程施工组织设计》，编制了《明珠线二期浦东南路站——南浦大桥站区间隧道工程施工组织设计》，并通过了上海某隧道公司盾构分公司、隧道公司的审批和监理单位的审定。2003 年 3 月，某矿山公司上海分公司项目部对原施工组织设计进行调整，制订了《冻结法施工方案调整》。2003 年 4 月 7 日，经某矿山公司副经理、总工程师李某批准，但方案调整未按规定经过盾构分公司、隧道公司的审批及地铁监理公司审定，隧道公司项目部也未编制相应调整的施工组织设计。方案调整存在欠缺。调整后的方案，降低了对冻土平均温度的要求，从原方案-10℃减少到调整方案的-8℃；下行线选用的小型制冷机，计算时未考虑夏季施工冷量损失系数，制冷余量不足；旁通道处垂直冻结管数量减少，长度缩短，由原方案 24 根减少到 22 根，并将其中原为 25m 深的 7 根垂直冻结管中的 4 根减少到 14.25m，3 根减少到 16m，造成旁通道与下行线隧道腰线以下交汇部冻土薄弱；下行线仅设单排 6 个冻结斜孔，孔距 1.0m，虽在冻结孔长度上予以增加，但其数量偏少，间距偏大，其冻结效果不足以抵御该部位的水土压力。

（2）在旁通道冻结条件不太充分的情况下，进行开挖。根据方案，要求冻结时间需要 50 天，而上行线 5 月 11 日开始冻结。旁通道 6 月 20 日开挖，实际 6 月 24 日开挖，冻结时间仅 43 天，小于施工方案冻结时间的要求。下行线冻结不充分，未满足开挖条件。6 月 24 日下行线盐水去路温度为-23.9℃，回路温度为-21.1℃，去、回路温差为 2.8℃，大于开挖时盐水去、回路温差的要求。旁通道冻结开挖施工设计存在缺陷，施工中冻土结构局部区域存在薄弱环节，并又忽视了承压水对工程施工中的危害，导致承压水突涌，是事故发生的直接原因。

（3）施工单位对险情征兆没有采取有效制止措施。6 月 28 日上午，下行线小型制冷机发生故障，停止供冷 7h30min。下午约 2 点，施工人员在下行线隧道内安装水文观测孔，发现一直有压力水漏出。虽立即安上水阀止水，并安装了压力表测量水压，但当止水后测得土体温度上升时，尽管采取了一定的措施，但效果不佳。6 月 29 日凌晨约 3 点，测得该处水压为 $2.3kg/cm^2$（与第 7 层承压水水压接近），没有采取紧急降水降压措施。不仅险情征兆没有得到及时排除，而且未向隧道公司及监理公司汇报，遂使险情逐步加剧。

（4）施工单位现场管理人员在险情征兆已经出现的情况下严重违章、擅自凿洞。7 月 1 日零时许，项目副经理在旁通道冻土结构存在严重隐患、工程已停工情况下，擅自指挥拆除掘进面部分封板，从旁通道向下行线隧道钢管片方向用风镐凿出直径 0.2 m 的孔洞，准备安装混凝土输送管。正是由此孔洞出水，其出水点逐渐下移，水沙从掘进面的右下角和侧墙下角不断涌出，以致封堵无效，酿成事故。

（5）监理单位现场监理人员失职。在旁通道施工期间，现场监理部无冻结法施工专业技术监理人员。总监代表李某负责施工监理，未对调整后的方案进行审定。6 月 24 日旁通道开挖后，到 7 月 1 日发生事故期间，仅在 6 月 25 日、30 日下井检查过两次，未及时发现和制止险情。6 月 29、30 日的监理日记却记载“各项工作均正常”，无任何有关险情征兆的记录。6 月 24 ~ 30 日旁通道晚上加班施工期间，未安排人员值班；发生事故时，现场无监理人员。

（6）总包单位现场管理人员对分包项目管理存在漏洞。对施工单位项目部编制的《冻结法施工方案调整》，总包单位项目技术负责人未向隧道公司总工程师和盾构分公司主任工程师汇报，致使隧道公司、盾构分公司未对此方案给予审批。项目经理袁某在 6 月 24 日 ~ 7 月 1 日旁通道施工期间，仅在 6 月 24 日和 26 日去过旁通道施工作业面。质量员竟一次也未去施工作业面进行技术、质量检查。在 6 月 28 ~ 30 日的施工日记中，没有反映险情征兆的情况，却记载“一切正常”。

在这起事故中，任何一个相关单位若能认真履行职责，严格执行有关技术规范和技术措施，完全可以避免事故或者可以减轻事故造成的损失。

事故的预防对策如下。

（1）施工单位进一步完善冻结开挖施工组织设计，特别是从施工技术方面补充冻土结构局部区域存在的薄弱环节，高度重视和改善承压水对工程施工中的危害。建立健全企业安全生产责任制，明确生产管理各岗位管理人员的安全生产管理职责，建立项目工程生产安全事故应急救援预案，强化事故的防范措施。

(2) 总包单位应依照《中华人民共和国建筑法》的有关规定，严格履行总包单位的安全职责，杜绝以包代管，包而不管的行为。认真落实各项技术、质量和安全责任制和管理制度，加强日常的监督管理和技术管理。

(3) 监理单位应认真履行监理单位的职责，对施工方案及变更调整后的方案严格组织监理审定；加强施工现场的监理旁站管理；对监理的工程实施有效的巡视检查，及时发现险情和防止事故。

(三) 地铁长期运行震动荷载作用下引起的震陷问题

软黏性土一般是指天然含水量大、压缩性高、承载力低的一种软塑状态的黏性土。它一般是在静水或缓慢的流水环境中沉积，经生物、化学作用形成的。据交通运输部颁布的《公路软土地基路堤设计与施工技术规范细则》(JTG/T D31-02-2013)，在总结经验的基础上，软土的划分标准一般采用天然含水量大于等于35%或液限、天然孔隙比大于等于1.0、十字板剪切强度小于35 kPa三项指标。凡符合以上三项指标的黏性土均为软土。

在上海、南京和广州等软黏性土地基的地铁区间隧道，经过长年跑车运营，其下卧软黏性土地层的“震陷”病害也不鲜见。软土地基在遭受地铁行车震动荷载作用下，即便是经过长期固结过程的软土地基也会产生不同程度的沉降。例如，日本某铁路在开通运行5年后的最大沉降量达近1 m，同时伴有冒泥现象。根据已经营运的1、2号等地铁线和正在建设的地铁，其设计深度大多位于或穿越饱和软黏性土层。但是，在某些淤泥质软黏性土的软弱地基区段，因地铁持续多年跑车引起了隧道底部地基土体的震陷，导致了隧道底部地基的软黏土体内形成一定尺寸的空穴，现只能用砼和注浆灌填密实作工程处理，而其本质机理则迄少研究。上海地铁隧道及其周围环境的监测情况表明，上海地铁在某区段轴线沉降量已超过25 cm，严重影响了地铁的正常运营，并且还引起地铁线路周围一些老房屋的开裂。这些很大程度上与软黏性土在地铁行车震动荷载作用下发生微观结构破坏有关，其发生和发展表现为一个从量变到质变的渐进的过程。

地铁运行时，地铁震动产生的能量通过轨道传递给衬砌，再由衬砌将能量传递给周围地基土体，在土水作用下能量逐渐衰减。由于在经受动力扰动时，土体中水的敏感度比土骨架高得多。所以，在震动开始阶段，传至衬砌周围的能量大部分先被孔隙水吸收，用于克服饱和软黏性土中孔隙水的初始水力坡度，致使孔隙水压力（水头）迅速升高；随着作用在土骨架上有效应力的降低及往复，部分土体结构单元之间的胶结开始松动并开始瓦解，以持续耗散传来的能量，并开始承担主要的能量，此时，孔隙水压力将维持一个动态的平衡。

随着震动作用的消失，超孔隙水压力开始消散，水头逐渐回落。由现场实测资料可知，地铁经过时引起的超孔隙水压力幅值不是很大，而且引起的震次只有几次而已。地铁运营时间间隔一般为2～6 min，在这段时间间隔内超孔隙水压力大部分可以得到消散。下一班列车通过时，震动又表现出同样的规律。当列车停止运行后，孔隙水压力往复变化逐渐结束，最终达到平衡稳定状态。

一些学者认为，天然软黏性土的结构性是普遍存在的，绝大多数天然沉积的正常压密软黏性土都具有一定的结构性，并且原状的结构性软黏性土类似于块石砌成的不均质结构。在地铁隧道实际的应力条件下的循环三轴试验结果表明，试样有明显的回弹现象，其性状与砂土的剪胀性十分相似。

地铁震动的能量通过轨道、衬砌传至隧道周围土体，由于孔隙水的敏感度远比土骨架高，地铁震动荷载作用于饱和软黏性土的开始阶段，孔隙水吸收由轨道、衬砌传递来的大部分能量，造成土体有效应力的迅速降低，致使“砌块”发生弹性释放；随着震动的不断增加，有效应力趋于稳定，地铁震动的能量开始由“砌块”承担，“砌块”之间的薄弱连接开始发生松动、破坏，形成微裂缝，裂缝之间为尚保持完整的“大块”。但随着地铁列车长期动载作用下，即震次的不断增加，“砌块”上能量的不断积聚，裂缝逐渐扩展连通，把大“土块”分割为小“土块”和团粒，破坏严重的地方形成剪切带，带内的团粒进一步被剪裂、粉碎。

六、地震作用下地下空间开拓的安全性

在大地震中发生地下结构的震害，已成为工程设计必须考虑的问题。随着地下空间开发和地下结构建设规模的不断加大，地下结构的抗震设计及其安全性评价的重要性、迫切性愈来愈明显。地下结构具有不同于地面结构的抗震性能和破坏特征，在某些情形下，同样会发生严重甚至强于地面结构的破坏。

我国地处于环太平洋地震带上，地震活动性非常频繁，是世界上最大的一个大陆浅源强震活动区。我国大部分地区为地震设防区。300 多个城市中，有一半位于地震基本烈度为 7 度乃至 7 度以上的地震区。23 个百万以上人口的特大城市中，有 70% 属 7 度和 7 度以上的地区，像北京、天津、西安等大城市都位于 8 度的高烈度地震区，南京也位于 7 度区内。

我国六个地震活动区：台湾及其附近海域、喜马拉雅山脉地震活动区、南北地震带、天山地震活动区、华北地震活动区、东南沿海地震活动区。

地震时地下结构与地层是共同作用的，地层在震动中起主导作用，地下结构主要是在地层的约束下运动。地下空间建筑物震害有地层破坏导致结构破坏和结构自身薄弱导致破坏两种。

（1）地层破坏导致结构破坏：地层断裂、砂土液化、软化震陷等现象引起的地层位移、错动、滑移，使地下结构失去周围土体的约束保护、受力失去平衡，产生过大变形，最终导致破坏。

（2）结构自身薄弱导致破坏：在周围土体并未因地震作用失稳的条件下，结构自身强度低、柔性差，抗震能力不够，不敌地震作用下产生的位移和地震力，产生地震应力和变形，最终结构破坏。

地下结构地震时的破坏特征：地下结构震害主要来自结构的剪切破坏，如日本阪神地震中大开地铁站的严重破坏，经分析首先主要是由于地层的水平剪切振动导致其内结构的剪切破坏；其次是竖向地震力的破坏作用，竖向地震力一般约为水平地震力的 1/3～2/3。对浅埋明挖（或暗挖）地下结构，由于其上覆地层不能形成压力拱，结构顶板的上载土重会产生较大的竖向惯性力，当它与水平剪切振动相结合时，加剧了地下结构的破坏过程，大开站的地震破坏就是例证。

地震可造成多种地下结构的破坏。破坏最严重的当属地铁车站。造成最大损失的可能是各类地下管道。

1995 年，阪神地震对地铁结构造成的破坏为世界地震史上大型地下结构在地震中遭受严重破坏的首例。在神户市内 2 条地铁线路的 18 座车站中，有 6 个站和多处隧道（神户高速铁道的大开站、高速铁道长田站及它们之间的隧道部分，神户市营铁道的三宫站、上泽站、新长田站、上泽站西侧的隧道部分及新长田站东侧的隧道部分）均发生严重的破坏。

阪神大地震中，包括诸如地铁车站及区间隧道等结构在内的大量大型地下结构出现严重的破坏，使人们对地下结构的抗震安全性产生怀疑。

1906 年美国旧金山大地震（M8.3），三条主要输水管道破坏，上千处破裂，消防水断绝，火灾无法扑灭，大火燃烧三天三夜，造成 800 余人死亡，财产损失达 4 亿美元。

1976 年中国唐山大地震（M7.8），唐山市给水系统全部瘫痪，经一个月抢修才勉强恢复供水；秦京输油管道发生 5 处破坏。

地铁车站破坏的主要特点如下。

（1）车站的破坏主要发生在中柱上：出现了大量裂缝；柱表层混凝土发生不同程度的脱落，钢筋暴露，有的发生严重屈曲。大开站有一大半中柱因断裂而倒塌。

（2）上层破坏比下层破坏严重。

（3）地下结构上部土层厚度越厚，破坏越轻。

（4）不对称结构发生的破坏比对称结构严重。

在强震作用下，供水管、排水管、输油管、输气管、共同沟均可能发生震害。

地下管道地震破坏可能导致各种次生灾害。

(1) 共同沟、燃气管道破裂可能导致火灾。

(2) 供水管道破坏无法提供消防用水，火灾失控。

地下管道的破坏特点如下。

(1) 管道接头破坏多于管段本身破坏。

(2) 柔性接头（法兰盘+橡胶垫）破坏小于刚性接头（焊接、丝扣连接等）。

(3) 口径较小的管道更容易破坏。

(4) 回填土中的管道破坏严重。

场地破坏（地基液化、沉陷、滑坡等）产生的破坏占大多数。场地条件的影响程度超过地震烈度。埋深越大，破坏越小。

岩石隧道的地震破坏：断层、破碎带等地层软弱处易破坏；隧道口易遭破坏。

第五节　海西经济区主要城市群地下空间开拓的安全性研究

19 世纪是“桥”的世纪，20 世纪是“高层建筑”的世纪，21 世纪为了节约能源、保护环境，人类必须大量利用地下空间，21 世纪对人类来说是“地下空间”的世纪。

现在，福建 9 个地市城市群地面上的土地开发已经接近饱和，几乎达到土地使用的红线。可利用的土地越来越少。城市人口极度膨胀，城市交通愈发拥堵，房地产开发土地成本也愈发昂贵，商业设施、娱乐场所和仓储物流场地愈显不足。这些都严重阻碍了海西经济区主要城市群的生态环境安全与可持续发展。所以，加快地下空间开拓显得越来越迫切。

目前，地下空间的开发可深达 100 m 以上，如图 12-14 所示，一般可按地下空间分为浅层、次浅层、次深层、深层来布局不同的功能，形成一座立体的“地下城市”来进行开拓。浅层可以建商场、娱乐场所和停车库；地铁交通放在次浅层；污水处理放在最下面。在整个“地下城市”规划中，物流中心建在郊外，运输全部通过地下进行。让市民全部住在地上，呼吸新鲜的空气，在花草丛中漫步。可以将海西经济区的厦门、三明、龙岩、南平的全境、泉州、福州、莆田、漳州和宁德的大部分市区作为全国试点，打造“地下新城”。试点以 60 m 内的中浅层空间为主，分为三个层面。其中，负三层以地下交通开发为主。在负二层和负一层设置商场、餐饮、音乐厅、剧院和地下步行街等商业设施，在负二层与地铁衔接。同时，在地下负三层到地面设置垂直的人行交通设施，使地下商业和地面商业相贯通。

对于海西经济区主要城市群来说，如果城市面积太大，那么对于机动交通的依赖度就非常大了，这意味着城市的能源消耗就要扩大。因为一个城市 1/3 的能源消耗为建筑能耗、1/3 以上为交通能源的消耗，如果我们在城市里办事或者休闲，如到北京国家大剧院看一场戏，全城的人要跑上百公里的路来看一场戏，能源消耗就很大，因为步行不行，自行车也不行，所以对机动交通的能源依赖度就扩大了，这就意味着城市的能源消耗就增加了，就不利于节能减排。所以，海西经济区，特别是福建省，必须建设一个紧凑型的城市群，像欧洲一样，不应当宽马路、大广场、无限制摊饼式地扩大城区面积。

另外，城市的面积、人口的数量是受生态环境制约的。生态环境的承受力，如水的问题，福建东南沿海大部分地市都是缺水的城市。如果城市人口太多，用水量肯定不足，无法承受。不能无限制地扩大城市面积和增加城市人口，否则，城市环境就受不了。因此，城市建设应该贯彻节约化的概念，根据一个城市生态环境的极限面积，建设一个紧凑型的城市。

海西经济区城市群是一个立体型的城市群。例如，所谓建设紧凑型城市，就是将很多设施要转入地下，提高土地的利用率。如果我们光利用地面是单重利用，如果利用了地下之后，就可以二重利用、三重利用，利用多了，城市就变小了，变紧凑了。

海西经济区城市群可利用的土地面积比平原城市小很多，所以土地特别珍贵，更需要开拓利用地下空间。同时，立体型的城市更有利于交通转入地下。公交轨道、商场、地下停车库应尽量转入地下。除了交通设施，一切可以转入地下的设施，都可以向地下延伸，如人们已熟悉的地下商场，还有噪声较大

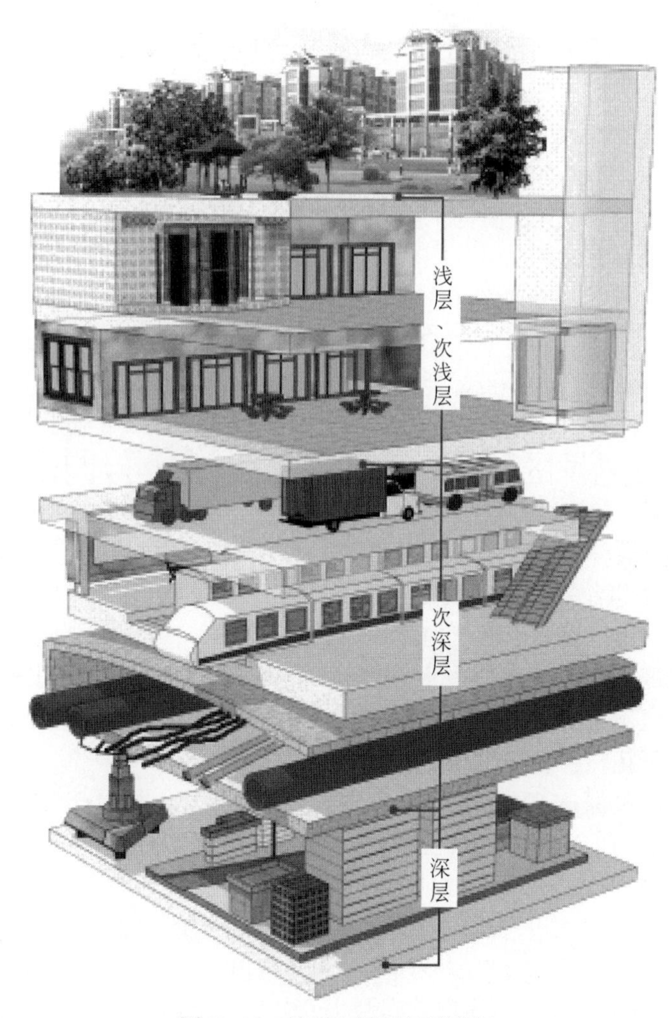

图 12-14　地下空间开拓示意图

的游泳池、运动场等，以及污染大的企业和污水处理厂等，都可以转入地下。现在地面上的垃圾、污水，未来都将在地下运输和地下处理。

海西经济区城市群每年常有超强台风破坏的问题，损失很大。地下风吹不进去，所以它不受损害。如果输电线路在地下，生命线工程就不会影响。这是两大优点。但是也有问题，如抗火灾和暴雨、洪水，如东京地下街曾经受火灾影响比较大，有过惨重的教训。例如，杭州地铁事故，就是不科学地开发地下空间，粗放地开发地下空间引起的灾害。杭州基坑事故主要是施工原因，没有按照设计来做。

地下空间有一个很重要的特点是不可逆的，就是地面上盖的楼房可以拆除，甚至炸掉，地下如果要重新变更建设就难得多了。所以，一定要进行科学规划。要科学地开发利用地下空间，包括科学的地质勘测、科学设计和科学的施工，之前还要有一个周密科学的规划。

在地下空间开发利用中要解决结构的问题、通风的问题。一个地下商场大约有多少人进去，需要多少空气量应该进行科学计算，然后通过地下通风设备的设计，保证足够的通风量。

一般地震主要是地面水平加速度，所以地下的结构周围有很多岩土围住，如果发生地震，其随着地动而动。地面不一样，地下在动，产生弯曲、剪力，地面可能就断了。日本发生的阪神大地震，因为此次地震是直下型地震，震源就在其下面，地震不是水平加速度，所以大阪“大开地铁车站”被地震震坏了。这个问题就是地下建筑不但要抗水平加速度，还要抗垂直加速度，应当在地下建筑抗震规范里注意这个问题，这是可以避免的。总之，地下建筑抗震应比地面好。

一、厦门市地下空间开拓的安全性及适宜性

按照国际惯例，一个城市的人均 GDP 超过 3000 美元是进入城市地下空间开发高峰阶段的重要参考指标。2011 年厦门市常住人口为 353.1347 万人，人均 GDP 已超过 11 426.8 美元，这说明了厦门市当前应该是地下空间开发的高峰期。

充分利用地下空间资源，把交通设施、商业街、商场、仓库和娱乐设施建设在地下，将可节省大量建设用地，并节省大量空调能耗。

厦门是海西经济区重要中心城市。厦门市的地下空间开发利用始建于 20 世纪 60 年代，主要用于防御。80 年代，开始利用部分人防工事用于地下通道、库房、商业娱乐等设施。到 2001 年底，厦门市已建成人防工程面积约 46 万 m^2。

根据厦门市岩土工程特性，其地下空间可做四层开发。地下一层，作为浅层地下空间，在地下 0 ~ 10m 位置，分布商业、餐饮、娱乐和停车库等公共空间；地下二层，作为次浅层地下空间，在地下 10 ~ 30m 位置，作为地铁隧道、物流隧道、防空防灾专业设施和仓储设施；地下三层，次深层地下空间在地下 30 ~ 50m，布设基础设施和地下储水洞库；地下四层，在地下 50 ~ 100m 的深层地下空间作为污水处理厂、资源保留。

厦门地下 30m 深适宜近期开发的空间为 9.3 亿 m^3，10m 深度的为 3.1 亿 m^2。但厦门在地下空间利用上目前还存在一些问题，地下空间开发利用范围不大，层次不深，现在地下工程规模小、质量差，大部分是各自为政，与城市建设没有很好地衔接。地下空间综合开发利用的范围不广泛，目前只限于经营商业、车库等，而在地下交通、地下仓储和地下废弃物处理等城市现代化综合功能的利用较少。工程总量不足，工程分布不均衡，配套不完善。人防工程主要集中在本岛老城区和鼓浪屿，新区数量较少，岛外更少。

随着厦门人口规模的扩大，土地资源有限，地上空间供给不足，有必要适度开发利用地下空间，解决厦门城市战略发展需要，而且厦门现在也具备了这个经济基础。由于地下空间开发的不可逆性和高成本，一定要做好前期规划，谨慎开发。

地下空间开发主要包括人防工程系统、地下交通系统、地下公共设施、地下市政设施、地下生产、仓储、高层建筑地下室及污水处理等。从地下空间开发趋势来说，目前厦门市隧道工程、人防商业街、高层建筑地下室、市政管线工程等地下工程建设规模迅速增大，厦门地下空间开发利用已经进入了浅层地下空间开发建设阶段，并逐步走上了城市空间向三维拓展的轨道。

不过，地下空间的开发利用要有一定的限度，要与城市发展及经济相适应，把握开发方向。目前，应该重点开发浅层、中层地下空间，对深层地下空间必须实行保护控制。因此，首先可在中心区商业繁华路段修建地下商业街，并将道路两侧商业建筑的地下室连接起来，形成一个更为系统和立体化的商业购物中心。同时将地面上的部分用地规划为绿地，改变市中心区的城市空间环境。其次，在交通最繁忙的路段修建地下通道，避免过街天桥给城市街道景观造成破坏。另外，修建地下停车库，这也是解决目前道路停车及路面停车位不足的一个有效措施。最后，在具体规划中要根据地面商业网点的总体规划布局，尽量做到地下与地上相贯通，结合地铁站及城市商业中心规划城市地下综合体，进行多功能地下交通网络的规划。

所谓浅层地下空间是指位于地下 10m 以内的地下空间，结合城市改造，地下、地上统一开发，主要利用方式为商业、旅游、停车库、步行街、人防工程及城市水电气通信等市政公共设施。

中层地下空间指位于地下 10 ~ 30m 以上的地下空间，主要有轨道交通、公路隧道，建设地下综合体，部分高防护级的人防工程。

深层地下空间指位于地下 30m 以下的地下空间，主要利用方式为快速地下交通线路、危险品仓库和污水处理厂等。

目前，厦门地下空间利用较好的工程有：翔安海底隧道、轮渡地下商业街、家乐福、沃尔玛、SM 等大卖场、明发商业广场、梧村汽车站地下商业设施、南中大地广场、信息大厦地下俱乐部、东芳山庄地下娱乐场、黄厝公安部厦门九一八工程地下娱乐中心。

厦门已规划建设 10 个地下城市综合体，把交通设施、商业街、商场、仓库、车库、娱乐设施、餐饮等集中在一起，其中一个亮点，是在交通枢纽站点建地下综合体。这 10 个城市综合体在岛内外均有分布：厦门火车站、会展中心、营平片区、滨北中心区、枋湖片区、马銮湾、嘉庚体育馆、翔安商务中心、厦门北站和同安银湖广场。地下城市综合体中，还将设置地下急救医院。

其中，规划在梧村汽车站—火车站建设的地下综合体和轨道 1 号线相结合，有轨道 1 号线和轨道 4 号线经过。

在厦门市地下空间开拓过程中，主要涉及的安全性问题如下。

（1）城市地下空间开拓对地表建筑群的影响。

（2）利用山体开拓地下空间建设隧道互通立交的安全性。

（3）复杂地质与环境条件下城市地下空间开拓的安全性，如由隧道施工引起地下市政、电力、通信等管线的不均匀沉降；临近高层建筑物时的地面沉降控制问题；穿越富水黏性土、砂层、强风化花岗岩等地层时浅埋暗挖隧道的稳定性和突涌水问题。

（4）海底隧道开拓的安全性，如陆域浅埋段，隧道开拓的安全性问题；富水砂层洞段发生涌水涌泥及坍塌；海底风化深槽的开拓安全性问题；潮汐对海底隧道衬砌稳定性影响；衬砌结构的耐久性问题；战争中防深水炸弹毁损问题。

另外，为了充分发挥厦门市的硬质花岗岩的优质岩土特性，在开拓地下空间时，务必严格地进行洞室围岩的光面爆破和预裂爆破等减震爆破，确保爆破质量，以达到绿色、节能环保和可持续发展的目标。

二、泉州市地下空间开拓的安全性及适宜性

2011 年泉州市常住人口为 812.8530 万人，人均 GDP 已超过 8351.6 美元，这说明了泉州市当前应该是地下空间开发的高峰期。因此，泉州必须抓住机遇，加快城市地下空间开发利用的步伐，为泉州城市可持续发展提供一个广阔的地下发展空间。

根据泉州市岩土工程特性，其地下空间可做四层开发。地下一层，作为浅层地下空间，在地下 0～15m 位置，分布商业、餐饮、娱乐和停车库等公共空间；地下二层，作为次浅层地下空间，在地下 16～45m 位置，作为地铁隧道、物流隧道、防空防灾专业设施和仓储设施；地下三层，次深层地下空间在地下 45～60m，布设基础设施和地下储水洞库；地下四层，在地下 61～100m 的深层地下空间作为污水处理厂、资源保留。

推进建设一座规划合理、安全有序的泉州“地下城市”，符合泉州城市的长远发展要求，是一项功在当代，利在千秋，惠及子孙的宏图伟业。加强、加快泉州地下空间开发不但条件具备，而且十分必要。

一是大大节约土地资源。泉州市陆地面积为 11 015 km^2，平原面积只有 2200 km^2，泉州中心市区面积约 70 km^2。2011 年泉州全市人口约为 813 万人，中心市区约为 60 万人，全市人均土地面积只有 1396 m^2，中心市区人均面积仅 116 m^2。随着海西战略的实施，泉州经济社会发展和城市化进程将进一步加快，土地紧张、交通拥堵、地面空间拥挤、生态环境恶化等城市化伴生的问题日益突出。按照有关专家介绍的方法估算，泉州市可利用的浅层地下空间约为 2.1 亿 m^2，可提供建筑面积为 3000 万 m^2，开发潜力巨大。因此，加强城市地下空间开发，是解决这些问题、促进城市可持续发展的有效途径，所以城市的发展应向地下寻求出路，以节约有限土地资源。

二是有效缓解交通压力。交通是社会经济的动脉。泉州市虽已建成陆海空一体的交通体系，形成了四通八达的交通网络，但交通用地占全市总面积的比例有限。加上老城区不少街道标准不高，不但影响车速，而且限制通过能力，因而，常常造成堵车现象。既影响城市经济联系，又浪费了时间与能源，当

前，市区交通问题已成为制约泉州发展的一件大事。通过地下空间开发利用，合理安排好地下商场、地下仓库、地下医院、地下电厂、地下停车场、地下交通设施、市政设施及污水输运处理等地下空间使用功能，实现真正的人车分流，不但可以有效缓解地面交通、购物拥堵状况，而且可以腾出大量广场、公园用地，有效缓解市区交通压力。

三是可以美化城市环境。随着城市化的进展，越来越多的人口涌入城市，造成城市拥挤，城市环境日益恶化，影响市民卫生和健康。泉州市许多街道由于原有规划设计没有考虑到城市人口和车辆增容的速度，一些重要的农贸市场、商业中心和居民小区，因附近没有停车场，车辆只能露天停放在道路两旁，使本来并不宽敞的道路更加拥挤。这样既影响了城市的交通，又影响到城市的环境。若在较繁华的温陵路、田安路、打锡街和东湖公园、丰泽广场等修建地下工程项目或者修建地下停车场，让地于民，把绿地还给市民，不但停车问题迎刃而解，而且可以增加绿地面积，大大美化城市人居环境。

四是降低公共设施成本。我们经常看到城市道路不时被“开膛破肚”，一会儿埋自来水管，一会儿埋排水管，一会儿埋煤气管道，一会儿埋通信管道，到处都是“城市拉链”，不但影响了城市的环境，给广大市民生产生活带来许多不便，而且重复建设极大地浪费了社会财富，还极易产生交通隐患和城市空气污染，极大地损坏了政府形象和公信力。开发地下空间，构建城市“共同沟”，用于集中铺设自来水、雨水、污水、供电、天然气、煤气和通信等市政管线。共同沟的优点在于一次建成后，可以避免路面的重复刨掘所造成的资金和人力的浪费，使维护管理成本大大降低，从而大大降低公共设施经费，且建成后对环境、交通、居民生活等方面几乎不再影响，可以说是一劳永逸。

五是能够提高防护水平。泉州作为国家二类设防城市，必须提高城市的总体防护能力，包括防御战争和抗震、救灾等各方面的能力。地下空间具有恒温性、恒湿性、安全性和抗震性等优点，不仅具有防空功能，而且具有抗震减灾优势。为了防止和减轻战争和灾害对城市的破坏，可以充分利用这些优点，在城市地下空间开拓过程中对其设计一定的防护措施，提高城市的总体防护功能，增强地面建筑的抗毁能力。这样，不但可以在平时发挥城市的社会效益，还可以在战时作为城市民防体系的组成部分，大大提高城市防灾抗灾能力。

六是满足城市特殊需求。地下空间具备的某些特殊性和优越性是地上空间不能比拟的，如良好的抗震性、稳定性、隐蔽性、防护性、隔音性等，正适合满足城市的某些特殊需求，如城市中的一些保护建筑，需要扩建时借助于利用了地下空间的开发，这在国内外已有不少成功先例，巴黎的卢浮宫扩建，利用了地下空间开发，避开了场地狭窄的困难和新旧建设风格矛盾和冲突；南京夫子庙为保护古建筑，在地下开辟商场和游乐场；西安古城地上地下文物密集，通过精心设计地下工程，如地铁分叉绕行技术，成功保护了古城墙等重要文物。泉州市在保护开发西街开元寺片区时，也完全可以利用开发地下空间得以实现。

加强、加快泉州地下空间开发是泉州城市经济社会发展的客观要求，也是贯彻落实科学发展观的必然要求。

在泉州市地下空间开拓过程中，主要涉及的安全性问题如下。

（1）城市地下空间开拓对地表建筑群的影响。

（2）利用清源山、东海山体开拓地下空间建设隧道互通立交的安全性。

（3）复杂地质与环境条件下城市地下空间开拓的安全性，如由隧道施工引起地下市政、电力、通信等管线的不均匀沉降；临近高层建筑物时的地面沉降控制问题。

（4）软土地下空间开拓的安全性，如地铁车站深大基坑开挖稳定性问题；联络通道和水泵房的冻结法施工安全性问题；地铁长期运行震动荷载作用下引起的震陷问题。

（5）海底隧道开拓的安全性，如陆域浅埋段，隧道开拓的安全性问题；富水砂层洞段发生涌水涌泥及坍塌；海底风化深槽的开拓安全性问题；潮汐对海底隧道衬砌稳定性影响；衬砌结构的耐久性问题；战争中防深水炸弹毁损问题。

（6）地震作用下地下空间开拓的安全性，如软土地下建筑物震害有地层破坏导致结构破坏和结构自身薄弱导致破坏两种；岩石隧道的地震破坏：断层、破碎带等地层软弱处易破坏；隧道口易遭破坏。在强震作用下，供水管、排水管、输油管、输气管、共同沟均可能发生震害。地下管道地震破坏可能导致各种次生灾害：共同沟、燃气管道破裂可能导致火灾；供水管道破坏无法提供消防用水，火灾失控。

另外，为了充分发挥泉州市清源山和东海片区的硬质花岗岩的优质岩土特性，在开拓地下空间时，务必严格地进行洞室围岩的光面爆破和预裂爆破等减震爆破，确保爆破质量，以达到绿色、节能环保和可持续发展的目标。

三、福州市地下空间开拓的安全性及适宜性

近几年来，随着城市化进程加快，城市规模不断扩大，人口急剧膨胀，大城市普遍面临着用地紧张、发展空间拥挤的问题。

地下商业街、地下停车场、地下过街道、地下仓储、地下文化娱乐场所等都属于地下空间开发的主要形式。在国外，地下空间的利用已有相当长的历史。从1863年伦敦建成世界上第一条地铁开始，日本、北美、欧洲的一些国家对地下空间的利用如今都已达到很高水平。在国内，北京、上海、深圳等城市也在地下空间利用方面也走在了前列。但对于福州来说，地下空间的开发与利用尚处在起步阶段。当前，是福州进行地下空间开发的绝佳时机。

目前福州已经具备了开发利用地下空间的条件。2011年福州市常住人口为711.5370万人，人均GDP已超过8126.77美元，这说明了福州市当前应该是地下空间开发的高峰期。其次，这些年来福州地面建设以高层为主，地面土地资源的利用已渐趋饱和，向地下发展是福州未来发展的必然趋势。再者，福州开发利用地下空间的软硬件环境正在逐步完善，地铁的建设将盘活整个地下空间。根据福州的地质条件和经济发展水平，目前大部分地下空间的开发应控制在地下50m以内，即以地下一层和地下二层为主。按照《福州市城市总体规划（2009—2020年）》，福州市将建立依托福州地铁网络、以城市公共中心为枢纽的地下空间体系。重点开发城市公共活动聚集、开发强度高、轨道线网规划所确定的主要站点和城市中心等地区，包括城市中心商务区、东部新城、科学城等地区。

在福州，地下空间的开发已经被提上议事日程。茶亭公园地下空间的开发已初见成效，福州地铁1号线的工地上机声隆隆，火车南站、南街等地的地下空间开发也在紧锣密鼓地进行中，福州的地下空间被多样地开发利用起来。

根据福州市岩土工程特性，其地下空间可做四层开发。地下一层，作为浅层地下空间，在地下0～20m位置，分布商业、餐饮、娱乐和停车库等公共空间；地下二层，作为次浅层地下空间，在地下20～50m位置，作为地铁隧道、物流隧道、防空防灾专业设施和仓储设施；地下三层，次深层地下空间在地下50～70m，布设基础设施和地下储水洞库；地下四层，在地下71～100m的深层地下空间作为污水处理厂、资源保留。

开发利用地下空间在节约成本方面优势明显。仅从商业开发角度来说，同一地段的地下空间出让金仅为楼面空间的一半甚至三分之一，而越往深层费用越少。地下商城的辐射效应也是商家所青睐的。

在福州市地下空间开拓过程中，主要涉及的安全性问题如下。

（1）城市地下空间开拓对地表建筑群的影响。

（2）利用福州市区北部、南部、东部和市中心的金牛山、文林山、乌山、于山、大梦山、金鸡山等山体开拓地下空间建设隧道互通立交的安全性。

（3）复杂地质与环境条件下城市地下空间开拓的安全性，如由隧道施工引起地下市政、电力、通信等管线的不均匀沉降；临近高层建筑物时的地面沉降控制问题。

（4）软土地下空间开拓的安全性，如地铁车站深大基坑开挖稳定性问题；联络通道和水泵房的冻结法施工安全性问题；地铁长期运行震动荷载作用下引起的震陷问题。

（5）海底隧道开拓的安全性（如平潭与外岛及台海通道），如陆域浅埋段，隧道开拓的安全性问题；

富水砂层洞段发生涌水涌泥及坍塌；海底风化深槽的开拓安全性问题；潮汐对海底隧道衬砌稳定性影响；衬砌结构的耐久性问题；战争中防深水炸弹毁损问题。

（6）地震作用下地下空间开拓的安全性，如软土震陷和砂土液化对地下建筑物的破坏、软土地下建筑物震害有地层破坏导致结构破坏和结构自身薄弱导致破坏两种；岩石隧道的地震破坏：断层、破碎带等地层软弱处易破坏；隧道口易遭破坏。在强震作用下，供水管、排水管、输油管、输气管、共同沟均可能发生震害。

地下管道地震破坏可能导致各种次生灾害。

（1）共同沟、燃气管道破裂可能导致火灾。

（2）供水管道破坏无法提供消防用水，火灾失控。

另外，为了充分发挥福州市区北部、南部、东部和市中心的金牛山、文林山、乌山、于山、大梦山、金鸡山等硬质花岗岩的优质岩土特性，在开拓地下空间时，务必严格地进行洞室围岩的光面爆破和预裂爆破等减震爆破，确保爆破质量，以达到绿色、节能环保和可持续发展的目标。

四、漳州市地下空间开拓的安全性及适宜性

漳州市地处福建东南沿海，东邻厦门，东北与厦门市同安区、泉州市安溪县接壤，北与龙岩地区漳平、龙岩永定等县毗邻，西与广东省大埔、饶平县交界，东南与台湾省隔海相望。博平岭横亘于西北，戴云山余脉深入北部境内。平和县的大芹山主峰海拔为1544.5 m，为全市第一高峰。九龙江全长为1923 km，为福建第二大河。流域面积为14 741 km^2，在漳州境内流域面积为7586 km^2。此外，还有鹿溪、漳江、东溪等主要河流。九龙江中下游平原面积为720 km^2，是省内最大平原。

漳州是福建南部的“鱼米花果之乡”，青山碧水，山川秀美，气候宜人，物产丰饶，为文明富庶的经济开发区、国家外向型农业示范区，也是闽西南的商贸重镇和富有亚热带风光的滨海城市。

对于漳州市区来说，由于历史原因，漳州市地下空间开发还很滞后，不但地下工程数量少，而且这些工程自成一体，社会、经济和战备效益也不高。因此，有效利用城市地下空间，可以缓解漳州城市人口密集、地面设施日趋饱和的矛盾。

2011年漳州市常住人口为480.9983万人，人均GDP已超过5849.7美元，这说明了漳州市当前应该是地下空间开发的高峰期。另外，这些年来漳州地面建设以中、高层为主，地面土地资源的利用已渐趋饱和，向地下发展是漳州未来发展的必然趋势。

根据漳州市岩土工程特性，其地下空间可做四层开发。地下一层，作为浅层地下空间，在地下0～22m位置，分布商业、餐饮、娱乐和停车库等公共空间；地下二层，作为次浅层地下空间，在地下22～45m位置，作为地铁隧道、公路交通隧道、物流隧道、防空防灾专业设施和仓储设施；地下三层，次深层地下空间在地下45～65m，布设基础设施；地下四层，在地下65～100m的深层地下空间作为污水处理厂、资源保留。

加强、加快地下空间开发是漳州城市经济社会发展的客观要求，也是贯彻落实科学发展观的必然要求。

在漳州市地下空间开拓过程中，主要涉及的安全性问题如下。

（1）城市地下空间开拓对地表建筑群的影响。

（2）复杂地质与环境条件下城市地下空间开拓的安全性，如由隧道施工引起地下市政、电力、通信等管线的不均匀沉降；临近高层建筑物时的地面沉降控制问题。

（3）软土地下空间开拓的安全性，如地铁车站深大基坑开挖稳定性问题；联络通道和水泵房的冻结法施工安全性问题；地铁长期运行震动荷载作用下引起的震陷问题。

（4）海底隧道开拓的安全性（如古雷半岛通道），如陆域浅埋段，隧道开拓的安全性问题；富水砂层洞段发生涌水涌泥及坍塌；海底风化深槽的开拓安全性问题；潮汐对海底隧道衬砌稳定性影响；衬砌结

构的耐久性问题；战争中防深水炸弹毁损问题。

（5）地震作用下地下空间开拓的安全性，如软土地下建筑物震害有地层破坏导致结构破坏和结构自身薄弱导致破坏两种；岩石隧道的地震破坏：断层、破碎带等地层软弱处易破坏；隧道口易遭破坏。在强震作用下，供水管、排水管、输油管、输气管、共同沟均可能发生震害。

地下管道地震破坏可能导致各种次生灾害。

（1）共同沟、燃气管道破裂可能导致火灾。

（2）供水管道破坏无法提供消防用水，火灾失控。

另外，为了充分发挥漳州市区地下硬质花岗岩的优质岩土特性，在开拓地下空间时，务必严格地进行洞室围岩的光面爆破和预裂爆破等减震爆破，确保爆破质量，以达到绿色、节能环保和可持续发展的目标。

五、三明市地下空间开拓的安全性及适宜性

三明市位于福建省中部连接西北隅，东依福州市，西毗江西省，南邻德化县、永春县，北傍南平市，西南接长汀县、连城县、福建漳平市。三明市境域以中低山及丘陵为主，北西部为武夷山脉，中部为玳瑁山脉，东南角依傍戴云山脉。全境总面积为22 959 km^2；辖1个县级市（永安市）、2个市辖区（梅列区、三元区）、9个县。三明是一座新兴的工业城市，是全国创建精神文明先进城市和国家卫生城、园林城及中国优秀旅游城市。三明人口270万。三明市是福建省的重点林区，也是国务院批准建立的全国集体林区改革试验区，全国集体林区林业产权制度改革唯一试点和海峡两岸现代林业合作试验区。

对于三明市区来说，由于经济发展水平、人口规模和历史等原因，三明市地下空间开发还很滞后，不但地下工程数量少，而且这些工程自成一体，社会、经济和战备效益也不高。因此，有效利用和开拓城市地下空间，可以缓解三明市区地面用地紧张、人口密集、地面设施日趋饱和的矛盾。

2011年三明市常住人口为250.3388万人，人均GDP已超过7826.0美元，这说明了三明市当前应该是地下空间开发的高峰期。

随着地面土地可开发资源的日益紧张，向地下发展商贸、仓储和修建大型立体中心停车场，开发和利用市区公共地下空间，是三明市未来发展的必然趋势。

当前，随着经济的发展，私有轿车迅速增加，而原有的城市建设结构不可能完全同步更新，许多街道、小区、旧楼都未配备相应的停车位，造成轿车乱停乱放现象屡见不鲜，人行道、生活小区、公共活动场所都被车辆占据。而摩托车、电动车等频繁进出人行道也给行人带来极大的危险与安全隐患。三明市区交通不畅的原因，主要源于交通的迅速发展与城市建设不能同步，究其直接原因，在于无法提供足够的停车位。现有的部分闹市地下停车场数量远远不能满足现有的城市车辆停车需求。

开发和利用市区公共地下空间，日益成为摆在眼前的迫切问题。现代国内外许多大城市利用闹市区的街道地下进行深挖，建设包含商铺和过街地道的地下步行街；利用城市广场的地下空间，建设地下商场和地下停车场，并同地下步行街相连。这类工程的进行是根据需要挖空后，迅速铺设钢筋混凝土层代替原有路面（地面），然后再进行地平面以下部分的装修，影响市区交通和市民休闲的时间较短。完工后既能解决闹市区停车购物造成的拥挤，也能同时解决过街地道的不足或使用率低的问题。

为此，建议三明市区兴建大型地下立体停车场。在市区交通黄金地段或人口和车辆密集的小区，选址修建大型地下立体停车场，便于各路车辆迅速到达停车场，解决闹市区路面因停车过多造成的交通拥堵。既解决黄金地段停车难的问题，又降低黄金地段的停车成本。同时，新建、改建、扩建公共建筑、商业街区、居住区、大中型建筑等，应当配建、增建机动车停车场。建设公共设施及绿地时，有条件的，应当统筹利用地下空间，建设停车场。各部门和单位，应充分利用待建土地、空闲厂区、边角空地，因地制宜地设置临时停车场。

建议开发和利用三明市区公共地下空间。要做好项目规划，将开发利用三明市区公共地下空间列入

城市建设规划，及时立项并公开招标。目前可先规划一项包含1~2个城市广场、2~3条街道的市区公共地下空间开发项目，街道下的空间为地下步行街，城市广场下的空间为地下商场和停车场，附带地下人防工程配套设施。要借鉴其他城市同类项目成功经验。要注重工程的双重效用，保证平常商用、交通和战时防空功能齐全，督促完善相关设施。

根据三明市岩土工程特性，其地下空间可做三层开发。地下一层，作为浅层地下空间，在地下0~15m位置，开拓商业、餐饮、娱乐和停车库等公共空间；地下二层，在地下15~50m位置，作为公路交通隧道、物流隧道、防空防灾专业设施和仓储设施以及布设基础设施；地下三层，深层地下空间在地下50m以下，作为污水处理厂、资源保留。

在三明市地下空间开拓过程中，主要涉及的安全性问题如下。

（1）城市地下空间开拓对地表建筑群的影响。

（2）复杂地质与环境条件下城市地下空间开拓的安全性，如由隧道施工引起地下市政、电力、通信等管线的不均匀沉降；临近高层建筑物时的地面沉降控制问题。

（3）软土地下空间开拓的安全性，如高层建筑深大基坑开挖稳定性问题。

（4）在开拓地下空间时，必须严格地进行洞室围岩的光面爆破和预裂爆破等减震爆破，确保爆破质量，以达到绿色、节能环保和可持续发展的目标。

六、莆田市地下空间开拓的安全性及适宜性

莆田为福建省地级市，史称“兴化”，位于福建省沿海中部。因多荔枝，故又称“荔城”。历史上称“兴安”“兴化”，又称“莆阳”“莆仙”，为海西经济区中心城市之一，全国鞋类生产基地，闽中政治、经济、文化中心。1983年国务院批准建立地级市。现辖荔城区、城厢区、涵江区、秀屿区和仙游县。人口为326.5万，陆域面积为4119 km^2，海域面积为1.1万 km^2，海岸线总长534.5 km。

莆田市地理位置优越，位于福建省沿海中部，台湾海峡西岸，北依省会福州市，南靠闽南“金三角”，是沿海经济开放区之一。全市东起东经119°56′的莆田县南日群岛，西至东经118°27′的仙游县度尾镇境内，南自北纬25°2′的湄洲群岛，北到北纬25°46′的莆田县大洋乡境内。东西长122.4 km，南北宽80.5 km。东北与福清市交界，西北与永泰县交界、德化县比邻，西南与永春县、南安市、惠安县接壤，东南濒临台湾海峡。从东至南有兴化湾、平海湾、湄洲湾三大海湾，湾内有南日岛、乌土丘岛、湄洲岛等诸多岛屿，与台湾省隔海相望，距台中港仅70多海里。

对于莆田市区来说，由于历史原因，莆田市地下空间开发还很滞后，不但地下工程数量极少，而且这些工程自成一体，社会、经济和战备效益也不高。因此，有效利用城市地下空间，可以缓解莆田城市人口密集和地面设施日趋饱和的矛盾。

2011年莆田市常住人口为277.8508万人，人均GDP已超过6042.3美元，这说明了莆田市当前应该是地下空间开发的高峰期。另外，这些年来莆田地面建设以中、高层为主，地面土地资源的利用已渐趋饱和，向地下发展是莆田市未来发展的必然趋势。

根据莆田市岩土工程特性，其地下空间可做四层开发。地下一层，作为浅层地下空间，在地下0~18 m位置，分布商业、餐饮、娱乐和停车库等公共空间；地下二层，作为次浅层地下空间，在地下18~40m位置，作为地铁隧道、公路交通隧道、物流隧道、防空防灾专业设施和仓储设施；地下三层，次深层地下空间在地下40~65m，布设基础设施；地下四层，在地下65~100m的深层地下空间作为污水处理厂、资源保留。

在莆田市地下空间开拓过程中，主要涉及的安全性问题如下。

（1）城市地下空间开拓对地表建筑群的影响。

（2）复杂地质与环境条件下城市地下空间开拓的安全性，如由隧道施工引起地下市政、电力、通信等管线的不均匀沉降；临近高层建筑物时的地面沉降控制问题。

（3）软土地下空间开拓的安全性，如地铁车站深大基坑开挖稳定性问题；联络通道和水泵房的冻结法施工安全性问题；地铁长期运行震动荷载作用下引起的震陷问题。

（4）海底隧道开拓的安全性（如湄洲岛与陆地海底隧道），如陆域浅埋段，隧道开拓的安全性问题；富水砂层洞段发生涌水涌泥及坍塌；海底风化深槽的开拓安全性问题；潮汐对海底隧道衬砌稳定性影响；衬砌结构的耐久性问题；战争中防深水炸弹毁损问题。

（5）地震作用下地下空间开拓的安全性，如软土地下建筑物震害有地层破坏导致结构破坏和结构自身薄弱导致破坏两种；岩石隧道的地震破坏：断层、破碎带等地层软弱处易破坏；隧道口易遭破坏。在强震作用下，供水管、排水管、输油管、输气管、共同沟均可能发生震害。

地下管道地震破坏可能导致各种次生灾害。

（1）共同沟、燃气管道破裂可能导致火灾。

（2）供水管道破坏无法提供消防用水，火灾失控。

另外，为了充分发挥莆田市区地下硬质花岗岩的优质岩土特性，在开拓地下空间时，务必严格地进行洞室围岩的光面爆破和预裂爆破等减震爆破，确保爆破质量，以达到绿色、节能环保和可持续发展的目标。

七、南平市地下空间开拓的安全性及适宜性

南平市地处福建省北部，武夷山脉北段东南侧，位于闽、浙、赣三省交界处，俗称“闽北”，介于北纬26°15′~28°19′、东经117°00′~119°17′。南平是福建辖区面积最大的设区市。辖一区四市五县，即延平区、邵武市、建阳市、建瓯市、武夷山市、顺昌县、浦城县、光泽县、松溪县、政和县，共121个乡镇、19个街道办事处，1601个村委会、69个居民委员会，136个社区居委会，辖区面积2.63万km^2，占福建省的五分之一，具有中国南方典型的“八山一水一分田”特征。现有户籍总人口为304万，常住人口为286万人。

由于地下岩土工程特性、人口规模和经济发展水平等因素制约，南平市城区地下空间开发已有一定基础。20世纪60年代后期，根据备战需要，先后修建了6万多平方千米的地下人防工事，有1万多平方千米的人防工事平时作会场、歌舞厅、酒家、保鲜库、油库等用途。近十几年来，随着高层建筑的不断增多，利用高层建筑的基础埋深设置的地下室不断增多，拉开了城市建筑附建式地下空间开拓的序幕。

南平市是福建省的内陆地区，但从全国来看又处于东南沿海位置，是福建省的重点人防城市；既是外福铁路和横南铁路的交点，又是316国道和205国道的交点；重要的交通枢纽地位决定了它在战时物资运送、人员疏散、战术阻击方面的重要性，建设地下人防设施具有重要的战略意义。由于城市地面空间开发的有限性，城市地面设施的容量难以满足城市快速发展的要求，必须寻求配建地下设施；城市工业的发展，必然要占用大量耕地，而在耕地日益紧缺的情况下，将工业项目的部分设施转移到地下，可以大大节约土地；城市商品交换的繁荣与发展，要有大量的商品储放场所，将城市地面用房和地下空间分别作为商品交换和商品储放场所，有利于提高建筑空间利用的综合效益。由于地形和历史的原因，南平市城区八一路、中山路路幅窄，与环城路之间的距离过大，城市纵向交通组织不畅；市区地面停车场少，不能适应城市车辆发展的需要。合理开发地下空间，可以适当减轻现有城市主干道的压力，健全交通网络，有效地解决城市地面乱停车的现象。随着城市的现代化建设，道路、给排水、电力、通信、消防等设施更新与发展较快，原有设施的改造和扩建难度大、成本高，通过开发地下空间，可以将部分增容的市政设施置于地下，并使地上、地下各成体系，可以有效缓解基础措施扩建的矛盾。因此，有效利用和开拓城市地下空间，可以缓解南平市区地面用地紧张、人口密集、地面设施日趋饱和的矛盾。

2011年南平市常住人口为264.5549万，人均GDP已超过5396.6美元，这说明了南平市当前应该是地下空间开发的高峰期。

为此，建议南平市区兴建大型地下立体停车场。在市区交通黄金地段或人口和车辆密集的小区，选址修建大型地下立体停车场，便于各路车辆迅速到达停车场，解决闹市区路面因停车过多造成的交通拥堵。既解决黄金地段停车难的问题，又降低黄金地段的停车成本。同时，新建、改建、扩建公共建筑、商业街区、居住区、大中型建筑等，应当配建、增建机动车停车场。建设公共设施及绿地时，有条件的，应当统筹利用地下空间，建设停车场。各部门和单位，应充分利用待建土地、空闲厂区、边角空地，因地制宜地设置临时停车场。

建议开发和利用南平市区公共地下空间。要做好项目规划，将开发利用南平市区公共地下空间列入城市建设规划，及时立项并公开招标。目前可先规划一项包含1～2个城市广场、2～3条街道的市区公共地下空间开发项目，街道下的空间为地下步行街，城市广场下的空间为地下商场和停车场，附带地下人防工程配套设施。要借鉴其他城市同类项目成功经验。要注重工程的双重效用，保证平常商用、交通和战时防空功能齐全，督促完善相关设施。

根据南平市岩土工程特性，其地下空间可做三层开发。地下一层，作为浅层地下空间，在地下0～18m位置，开拓商业、餐饮、娱乐和停车库等公共空间；地下二层，在地下18～55m位置，作为公路交通隧道、物流隧道、防空防灾专业设施和仓储设施以及布设基础设施；地下三层，深层地下空间在地下55m以下，作为污水处理厂、资源保留。

在南平市地下空间开拓过程中，主要涉及的安全性问题如下。

（1）城市地下空间开拓对地表建筑群的影响。

（2）复杂地质与环境条件下城市地下空间开拓的安全性，如由隧道施工引起地下市政、电力、通信等管线的不均匀沉降；临近高层建筑物时的地面沉降控制问题。

（3）软土地下空间开拓的安全性，如高层建筑深大基坑开挖稳定性问题。

（4）在开拓地下空间时，必须严格地进行洞室围岩的减震爆破，确保爆破质量，以达到绿色、节能环保和可持续发展的目标。

八、龙岩市地下空间开拓的安全性及适宜性

龙岩市位于北纬24°23′～26° 02′、东经115°51′～117°45′，地处台湾海峡西岸、福建省的西部，通称闽西。东与福建省泉州、漳州两市接壤，西与江西省赣州市交界，南与广东省梅州市毗邻，北与福建省三明市相接，距厦门142 km（高速公路里程，下同）、泉州216 km、福州376 km。龙岩是距离厦门最近的内陆临海城市，也是海西经济区延伸两翼、对接两洲、拓展腹地的交通枢纽与重要通道。

2011年龙岩市常住人口为255.9545万人，人均GDP已超过7832.7美元，这说明了龙岩市当前应该是地下空间开发的高峰期。

为此，建议龙岩市区兴建大型地下立体停车场。在市区交通黄金地段或人口和车辆密集的小区，选址修建大型地下立体停车场，便于各路车辆迅速到达停车场，解决闹市区路面因停车过多造成的交通拥堵。既解决黄金地段停车难的问题，又降低黄金地段的停车成本。同时，新建、改建、扩建公共建筑、商业街区、居住区、大中型建筑等，应当配建、增建机动车停车场。建设公共设施及绿地时，有条件的，应当统筹利用地下空间，建设停车场。各部门和单位，应充分利用待建土地、空闲厂区、边角空地，因地制宜地设置临时停车场。

建议开发和利用龙岩市区公共地下空间。要做好项目规划，将开发利用龙岩市区公共地下空间列入城市建设规划，及时立项并公开招标。目前可先规划一项包含1～2个城市广场、2～3条街道的市区公共地下空间开发项目，街道下的空间为地下步行街，城市广场下的空间为地下商场和停车场，附带地下人防工程配套设施。要借鉴其他城市同类项目成功经验。要注重工程的双重效用，保证平常商用、交通和战时防空功能齐全，督促完善相关设施。

根据龙岩市岩土工程特性，其地下空间可做三层开发。地下一层，作为浅层地下空间，在地下0～

20m 位置，开拓商业、餐饮、娱乐和停车库等公共空间；地下二层，在地下 20～55m 位置，作为公路交通隧道、物流隧道、防空防灾专业设施和仓储设施及布设基础设施；地下三层，深层地下空间在地下55m以下，作为污水处理厂、资源保留。

龙岩市区在地下空间开拓过程中，可能面临的主要危害如下。

（1）岩溶岩面起伏大，地基不均匀。由于岩溶岩面起伏大，其上覆土层厚度差异也大。地基不均易产生建筑物的不均匀沉降，桩长难以控制，桩基易产生滑动剪切破坏。城区灰岩分布的诸多地段，特别是南侧汽车站及龙岩市公路局附近，灰岩岩面起伏很大，有些地段甚至陡变。部分地段水平距离仅 1～2m，而灰岩岩面高差达 4～10m，有些甚至达 20～30m。因此，当上部土层厚度不大且较软弱而选择基岩为持力层时，桩长较难确定；而若选择天然地基，则极易产生不均匀沉降；在基岩突变部位施工冲击桩基础时，易发生断锤现象及严重漏浆，对施工极为不利。

（2）岩溶洞穴的连通性及其规模性。岩溶洞穴的连通性，扩大了洞穴的规模，使其上部洞体顶板基岩厚度加大才能满足建筑物基础的安全需要；由于洞穴的连通性，采用灰岩使桩基础施工难度加大，漏浆流浆，使泥浆护壁难度加大。

（3）土洞坍落形成地表塌陷。灰岩分布区的残坡积（次生）红黏土，孔隙比较大，相对而言较易使地下水渗透流动，使土粒逐渐被水所挟而形成土洞，洞体扩大后波及地表形成地表塌陷或地面变形。由于土洞具有发育速度快、分布密度大的特点，对上部建筑物造成较大危害。例如，龙岩城区西侧的师专教学楼附近，曾有过多次塌陷；南侧龙马公司住宅楼附近，也曾发生地面自然塌陷事故，对建筑物的稳定性构成威胁。

在龙岩市地下空间开拓过程中，主要涉及的安全性问题如下。

（1）城市地下空间开拓对地表建筑群的影响。

（2）复杂地质与环境条件下城市地下空间开拓的安全性，如由隧道施工引起地下市政、电力、通信等管线的不均匀沉降；临近高层建筑物时的地面沉降控制问题。

（3）软土地下空间开拓的安全性，如高层建筑深大基坑开挖稳定性问题。

（4）岩溶洞穴发育、岩溶岩面起伏大、地基不均匀和土洞坍落等对地下空间开拓存在的危害，以及地下岩溶暗河等可能给地下空间开拓造成突水和涌水灾害。

（5）在开拓地下空间时，必须严格地进行洞室围岩的减震爆破，确保爆破质量，以达到绿色、节能环保和可持续发展的目标。

九、宁德市地下空间开拓的安全性及适宜性

宁德市别称为闽东、蕉城，位于东经 118°32′～120°44′、北纬 26°18′～27°4′，南连福州，北接浙江，西邻南平，东面与台湾省隔海相望，是福建离“长三角”和日本、韩国最近的中心城市。全市辖蕉城区、福安、福鼎两市和霞浦、柘荣、寿宁、古田、屏南、周宁六县。土地面积为 1.34 万 km^2，直接相邻的海域面积为 4.46 万 km^2。地形以丘陵山地兼沿海小平原相结合为特点。

1999 年 11 月，中华人民共和国国务院批准撤销宁德地区，设立地级宁德市。宁德市下辖蕉城区、东侨开发区（东侨新区）、福安市、福鼎市、古田县、霞浦县、周宁县、寿宁县、屏南县、柘荣县（4 个沿海县区，5 个山区县），124 个乡、镇、街道办事处，2261 个村（居）委员会，土地面积为 1.34 万 km^2。宁德市户籍人口为 339.3698 万人，常住人口为 282.1996 万人。宁德是国务院批准的全国农村开放促开发扶贫综合改革试验区。

2011 年宁德市人均 GDP 已超过 5265.1 美元，这说明了宁德市当前应该是地下空间开发的高峰期。另外，这些年来宁德市区地面建设以中、高层为主，地面土地资源的利用已渐趋饱和，向地下发展是宁德市未来发展的必然趋势。

宁德市地下空间开发利用始于人防工程，人防工作始于 20 世纪 60 年代，主要地下空间人防工程有：

单人防空掩体、露天防空壕、掩盖防空壕、半地下防空壕、地面防空墙、防空洞等。截至2008年底，宁德市区已开发利用的人防工程主要是用于市民停车泊位需求和物资储备。目前，宁德市已经制定了《宁德市城市地下空间利用及人防工程建设专项规划》，正在做好大规模地下空间开发利用的准备。

根据宁德市岩土工程特性，其地下空间可做四层开发。地下一层，作为浅层地下空间，在地下0～13m位置，分布商业、餐饮、娱乐和停车库等公共空间；地下二层，作为次浅层地下空间，在地下13～30m位置，作为地铁隧道、公路交通隧道、物流隧道、防空防灾专业设施和仓储设施；地下三层，次深层地下空间在地下30～60m，布设基础设施；地下四层，在地下60～100m的深层地下空间作为污水处理厂、资源保留。

在宁德市地下空间开拓过程中，主要涉及的安全性问题如下。

（1）城市地下空间开拓对地表建筑群的影响。

（2）复杂地质与环境条件下城市地下空间开拓的安全性，如由隧道施工引起地下市政、电力、通信等管线的不均匀沉降；临近高层建筑物时的地面沉降控制问题。

（3）软土地下空间开拓的安全性，如地铁车站深大基坑开挖稳定性问题；联络通道和水泵房的冻结法施工安全性问题；地铁长期运行震动荷载作用下引起的震陷问题。

（4）海底隧道开拓的安全性（如市区到三都澳海岛通道），如陆域浅埋段，隧道开拓的安全性问题；富水砂层洞段发生涌水涌泥及坍塌；海底风化深槽的开拓安全性问题；潮汐对海底隧道衬砌稳定性影响；衬砌结构的耐久性问题；战争中防深水炸弹毁损问题。

另外，为了充分发挥宁德市区地下硬质花岗岩和火山岩的优质岩土特性，在开拓地下空间时，务必严格地进行洞室围岩的光面爆破和预裂爆破等减震爆破，确保爆破质量，以达到绿色、节能环保和可持续发展的目标。

第六节　主要建议与下一步研究的计划

一、主要建议

目前，海西经济区各主要城市群中地下空间开拓利用较好的有厦门、福州和泉州三个中心城市，南平和宁德两个城市地下空间开拓利用次之，三明、龙岩、漳州和莆田四个地市的地下空间开拓利用还处于起步阶段。福州地铁1号线已经进入施工阶段；厦门市主要开拓城市交通隧道和城市地下立交交通通道，厦门地铁也进入施工前的准备阶段；泉州市主要开拓城市交通隧道和城市地下立交交通通道。福州、厦门和泉州三个中心城市已对地下人防工程进行了开拓利用。南平、三明和龙岩三个地市主要利用地下空间作为仓储和地下商场等，达到弥足山城地面空间受到限制的不足。南平、三明、龙岩、宁德、漳州和莆田六个地市由于经济发展在海西经济区各城市群中处于较低水平，财政收入有限，以及人口规模小，这些城市发展还无法支撑大规模的地下空间开拓与利用，目前还仅限于地下人防工程的利用方面。

（1）对于厦门、福州和泉州三个中心城市，在未来城市发展中，地下空间可做四层开发：地下一层，作为浅层地下空间，分布商业、餐饮、娱乐和停车库等公共空间；地下二层，作为次浅层地下空间，布设地铁隧道、公路交通通道、物流隧道、防空防灾专业设施和仓储设施；地下三层，作为次深层地下空间，布设基础设施和地下储水洞库；地下四层，深层地下空间作为污水处理厂、资源保留。

（2）对于南平、三明、龙岩、宁德、漳州和莆田六个主要城市群，在未来城市发展中，地下空间可做三层开发：地下一层，作为浅层地下空间，开拓商业、餐饮、娱乐和停车库等公共空间；地下二层，作为公路交通隧道、物流隧道、防空防灾专业设施和仓储设施，以及布设基础设施；地下三层，深层地下空间，作为污水处理厂、资源保留。

（3）厦门、福州、泉州、漳州和莆田五个主要城市群地下空间开拓过程中，主要涉及的安全性问题为：① 城市地下空间开拓对地表建筑群的影响。② 利用山体开拓地下空间建设隧道互通立交的安全性。③ 复杂地质与环境条件下城市地下空间开拓的安全性。④ 软土地下空间开拓的安全性。⑤ 地震作用下地下空间开拓的安全性。

（4）南平、三明、龙岩和宁德四个主要城市群地下空间开拓过程中，主要涉及的安全性问题为：① 城市地下空间开拓对地表建筑群的影响。② 复杂地质与环境条件下城市地下空间开拓的安全性。③ 软土地下空间开拓的安全性。

（5）为了充分和有效地利用海西经济区主要城市群地下硬质花岗岩等优质岩石资源，在开拓地下空间时，务必严格地进行洞室围岩的光面爆破和预裂爆破等减震爆破，确保爆破质量，以达到绿色、节能环保和可持续发展的目标。

（6）地下空间有一个很重要的特点是不可逆的，地下如果要重新变更建设就难得多了。所以，建议福建省人民政府一定要早日做好地下空间开拓的中长期科学规划。要科学地开发利用地下空间，包括科学地进行地质勘测，科学设计、科学施工，之前还要有一个周密科学的规划。

（7）地下空间开发利用里要解决结构的问题、通风的问题，一个地下商场大约有多少人进去，需要多少空气量应该科学计算好，然后通过地下通风设备的设计，保证足够的通风量。

（8）大力科学开拓与利用地下空间资源，建设节约型和紧凑型的海西经济区现代化城市，以解决城市交通问题、城市人口和经济发展以及人防与战备的需要，弥补城市用地不足，满足城市现代化建设、更新与发展道路、给排水、电力、通信、消防等设施的需要。

（9）以福州、厦门和泉州市为示范，大力加速开拓海西经济区城市群地下空间资源，综合利用与改造已有地下人防设施；建造地下立体交通网络和物流网络解决城市交通发展瓶颈；营造地下水库解决城市发展的供水、饮水问题；结合旧城改造，合理、科学利用地下空间，解决城市交通发展瓶颈。

（10）充分利用海西经济区城市群地下优质的花岗岩等硬质岩石的岩土特性，严格采用光面爆破和预裂爆破等减震爆破技术，高效、合理地开拓和利用地下空间资源，以达到绿色、节能环保和可持续发展的目标。

二、下一步研究的计划

（1）下一步应深入开展福州、厦门和泉州三个中心城市群及漳州和三明等城市群的岩土特性和地下空间开拓安全性和适宜性研究。

（2）结合深化研究的需要，开展浙江、江西和广东省内的其他海西经济区城市群的岩土特性和地下空间开拓安全性和适宜性研究。

（3）尽快科学制定《海西经济区城市群地下空间开发与利用中长期规划》。

（4）加大对海西经济区城市群地下空间开拓中硬岩光面爆破技术与质量控制的研究力度。

第十三章　海西经济区水域–陆地–港口系统地质–生态环境基本特性与协同发展途径研究

第一节　海西经济区（福建省）概况

一、自然地理经济概况

（一）自然地理

福建省地处中国东南沿海，东隔台湾海峡，与台湾省相望，东北与浙江省毗邻，西北横贯武夷山脉与江西省交界，西南与广东省相连。

福建省是中国著名侨乡，旅居世界各地的闽籍华人华侨有1088万人。福建省与台湾省关系密切，两省之间的交流更是源远流长。台湾同胞中80%祖籍为福建。福建省居于中国东海与南海的交通要冲，是中国距东南亚、西亚、东非和大洋洲最近的省份之一。

截至2011年11月，福建省常住人口为3689万人，全省城镇化水平为48.7%。现共辖9个设区市、26个市辖区、14个县级市、45个县、173个街道办事处、591个镇、322个乡、18个民族乡。

福建省属多山地区，陆地总面积有12.4万km^2，其中山地、丘陵占陆域的80%，俗称“八山一水一分田”。地势西北高、东南低，自西向东由武夷山带、闽中大谷地、鹫峰山—戴云山—博平岭带到沿海丘陵、台地、平原，略似马鞍形倾斜。西部的武夷山脉走向为NNE—SSW，主峰黄岗山海拔为2160.80 m，为省内最高峰。海域面积为13.63万km^2，陆地海岸线为3752km，岛屿为1545个。海岸线曲折多湾，形成众多天然良港。全省耕地面积为135.40万hm^2，人均耕地面积为0.038hm^2，人均土地和耕地面积均不到全国人均的一半。福建海域宽阔，滩涂广阔，目前在理论基准面以上的滩涂资源有20.67万hm^2，主要分布在三都澳、兴化湾、罗源湾等港湾，其中可围垦滩涂资源约有4.27万hm^2。可作业海洋渔场面积约12.5万km^2，水产品总量居全国第三位，人均占有量居全国第一位。

福建省地处亚热带，气候温和，雨量充沛。年平均气温为20.1℃，年降水量为1452.9mm。福建省水系发育，流程在20km以上的水系有37条，总长度为13 596km，流域面积为112 842 km^2。流域面积在50km^2以上的河流有597条，流域面积在500 km^2以上的一级河流（指流入海的）有闽江、九龙江、汀江、晋江、交溪、敖江、霍童溪、木兰溪、诏安东溪、漳江、荻芦溪、龙江12条河流。水资源总量为1180.56亿m^3，占全国水资源总量的4.2%，人均资源量高于全国平均水平，是我国水资源蕴藏量丰富的省份之一。

福建省矿产资源较丰富。截至2007年，全省已发现各类矿产种数133种，占全国已发现矿产总数的77.8%；探明储量矿产101种。其中优势矿种为天然石英砂（玻璃用砂、水泥标准砂、铸型用砂）、饰面用花岗岩、叶蜡石、高岭土、地热；次优势矿种为金、铌钽、钨、钼、铜、铅、锌、稀土、萤石、重晶石、水泥用灰岩、硫铁矿、膨润土等。

福建地处东南沿海，地质构造位置独特，地质历史漫长，岩石类型丰富，在漫长的地质演化历史中，留下众多不同类型的宝贵地质遗迹。主要有：丹霞地貌、岩溶地貌、花岗岩地貌、火山岩及古火山地貌、变质岩地貌、构造地貌、水体景观、典型地层剖面、典型化石产地、典型矿产地、古火山构造、特殊地质构造现象、地质灾害遗迹等，拥有十分丰富的旅游资源。

（二）主要城市经济概况

2011年末福建省各地区生产总值分别为：福州3736.38亿元、厦门2539.31亿元、泉州4270.89亿元、漳州1768.2亿元、莆田1050.62亿元、宁德930.12亿元、三明1211.81亿元、龙岩1242.15亿元、南平894.31亿元，泉州列第一位，福州次之。各城市地区生产总值占全省比例如图13-1所示。

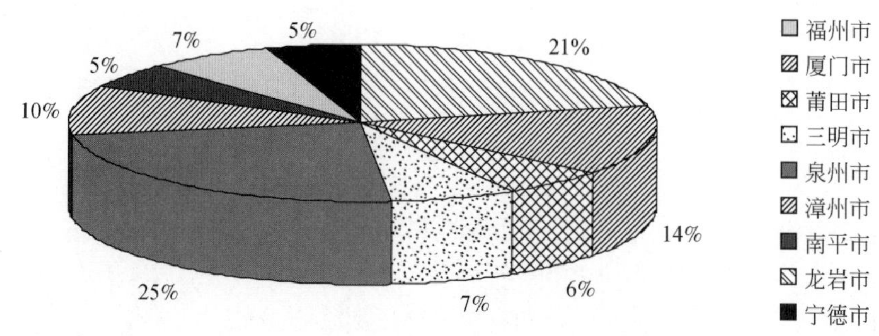

图13-1 2011年末福建省各城市地区生产总值占全省比例

福州地处中国东南沿海，福建省东部的闽江口，东邻台湾海峡，北接宁德，西靠三明、泉州，南靠莆田。辖鼓楼、台江、仓山、马尾、晋安、长乐六区，福清市，闽侯、连江、罗源、闽清、永泰、平潭六县。2011年人口为649万人，面积为12 153km^2，人均GDP为57 535元。

厦门位于福建省东南沿海。与泉州市、漳州市相邻。辖思明、湖里、海沧、集美、同安、翔安六区。2011年人口为185.26万，面积为1569km^2，人均GDP为137 064元。

泉州地处福建省东南沿海，东北与莆田市、福州市交界，北部与西北部与三明市、龙岩市接壤，西南面与漳州市、厦门市毗邻，东南隔台湾海峡与台湾省遥遥相望。辖鲤城、丰泽、洛江、泉港四区，石狮、晋江、南安三市，惠安、安溪、永春、德化、金门五县。2011年人口为689.5万，面积为11 244km^2，人均GDP为61 941元。

漳州位于福建省东南部，东临台湾海峡，东北与泉州、厦门相邻、西北连接龙岩市，西南与广东接壤。辖芗城、龙文二区，龙海市和云霄、漳浦、诏安、长泰、东山、南靖、平和、华安八县。2011年人口为479.2万，面积为12 888km^2，人均GDP为36 897元。

莆田位于福建省东部沿海，东临台湾海峡，北依福州市，西、南靠泉州市。辖城厢、涵江、荔城、秀屿四区和仙游县。2011年人口为326.49万，面积为4119km^2，人均GDP为32 179元。

宁德位于福建省东北部，东临东海，南连福州市，西临南平市，北与浙江省毗邻。辖蕉城区，福安、福鼎两市，霞浦、古田、屏南、寿宁、柘荣六县。2011年人口为340.03万，面积为13 452km^2，人均GDP为27 354元。

三明位于福建省中西北部，东接福州，南邻泉州，西连龙岩，北毗南平，西北靠赣州。辖三元区、梅列区、永安市、大田县、尤溪县、沙县、将乐县、泰宁县、建宁县、宁化县、清流县、明溪县。2011年人口为273.34万，面积为22 929km^2，人均GDP为44 332元。

龙岩位于福建省的西部，东与泉州、漳州两市接壤，西与江西省赣州市交界，南与广东梅州市毗邻，北与三明市相接。辖新罗区、永定区、长汀县、上杭县、武平县、连城县和漳平市。2011年人口为295.1万，面积为19 027km^2，人均GDP为42 096元。

南平地处福建省北部，武夷山脉北段东南侧，位于闽、浙、赣三省交界处，俗称“闽北”。南平是福建辖区面积最大的设区市。辖一区四市五县，即延平区、建阳区、邵武市、建瓯市、武夷山市、顺昌县、浦城县、光泽县、松溪县、政和县。2011年人口为313.40万，面积为26 278km^2，人均GDP为28 536元。

二、区域地质概况

（一）地层岩性

福建省地层，除志留系、中下泥盆统和古近系缺失外，从元古界至第四系发育比较齐全。岩石类型复杂，沉积岩、变质岩地层的总和占全省陆地面积的1/3，火山岩地层出露面积占1/3，其余1/3为侵入岩。福建省地层属华南地层区，地层分区性明显。北部及西北部以元古代变质岩地层为主。中部及西南部出露震旦纪至晚白垩世的浅变质岩、沉积岩及火山岩地层，尤以晚古生代沉积地层发育较齐全，古生物化石较为丰富。其中，石炭纪至早二叠世地层，为石灰岩、无烟煤、铁矿、锰矿、铅锌矿的重要含矿层位。政和至广东大埔一线以东的福建东部地区，则以大面积出露的晚侏罗-早白垩世陆相火山岩地层占主导地位，其岩性复杂，厚逾万米，是研究中国东南沿海中生代火山岩地层的重要地区之一。新近系及第四系地层分布零星，在沿海一带较为发育，由基性火山岩、沉积岩及海相、陆相松散沉积物组成。福建地层自元古界至第四系共建立11个系56个岩石地层单位。通过调查，基本查明了各时代地层的岩性特征、沉积特征、古生物特征及岩相古地理面貌和有关矿产的时、空分布。

福建省侵入岩出露面积为40 316 km^2，约占陆地面积的33%。侵入活动期有加里东期、华力西-印支期、燕山期和喜马拉雅期。其中，燕山期不仅规模大，且有多阶段和多次侵入活动。全省侵入岩岩类齐全，有超基性、基性、中性、中酸性、酸性、碱性等。其中，中酸性和酸性岩类占97%以上。花岗岩类中除了广泛分布的黑云母花岗岩外，还有十分独特的晶洞钾长花岗岩。各期侵入岩多沿一定方向呈带状分布。

（二）第四纪地质概况

福建省沿海第四系沉积物主要分布在沿海河口区及零星分布于低山区的山间盆地中；其中河口区平原面积占沿海面积的10%，山间盆地占面积的3.5%，且分布面积均较小，超过100 km^{2}的沉积平原有福州、龙海、漳州、泉州、莆田、长乐，山间盆地大的也仅20～50 km^2。

在沿海地区，由于受到第四纪时期海平面升降运动影响，海侵时沉积了海相灰黑色淤泥层，海退后，在河口平原又沉积了漫滩相黄色黏土；在山区和沿海第四纪海平面变动影响不到的地区，沉积物均为陆相的冲积、冲洪积、坡积等，沉积厚度薄。

（三）主要活动断裂

福建省NE向、NW向断裂发育，组成网格状的断块构造格局。上述断裂晚更新世以来都具有较为强烈的张性活动，表现为高角度倾滑型。在它们交汇的地方，如福州、莆田、泉州—晋江、漳州—龙海—厦门、诏安—东山地区，形成了断陷盆地、平原和海湾。例如，福州盆地、马尾港；莆田平原、兴化湾；晋江平原、泉州湾；漳州平原、龙海平原、厦门港；诏安平原、东山湾等。这些海岸、港湾的形成、发育和演变，大多受到NE向、NW向断裂的严格控制。

（四）主要矿产资源

1. 基本情况

截至2011年底，福建省已发现矿产133种，占全国矿产总数77.8%；已探明储量矿产101种，占全国探明矿产63.5%。其中，能源1种，金属27种，非金属71种，水气2种。全省已探明固体矿区（上储表）960处（含共生矿）。其中，煤矿257处，黑色金属184处，有色金属354处，贵金属88处，稀有稀土金属72处，非金属矿5处；特大型3个，大型63个，中型158个，小型736个。保有储量居全国前10

位的有37种矿产，前5位的有17种矿产，依次为水泥标准砂、铸型用砂、水泥用安山玢岩、建筑用砂、玉石、叶蜡石、粉石英、建筑用花岗岩、明矾石、压电水晶、玻璃用砂、宝石、高岭土、岩棉用玄武岩、普通萤石、熔炼水晶、陶粒页岩等。福建省矿产资源种类相对齐全，能源、黑色金属、有色金属、稀有金属、稀土金属、非金属等矿种，在省域范围内均有分布。

2. 矿产资源特点

福建省矿产种类齐全，能源、黑色金属、有色金属、贵金属、稀有、稀土金属、非金属矿产均有分布。矿产资源的主要特点如下。

（1）矿产具有明显的区域性分布特征，且储量相对集中。铁矿主要集中分布在闽西南的龙岩、漳平、安溪、大田一带；马坑铁矿和行洛坑钨矿的探明储量分别占全省总量的73.8%、95.1%；锰矿集中在连城、武平、永安、清流一带；铌钽矿仅产于南平市；煤集中在龙岩、永定、大田、永安、永春五大煤炭基地；石灰岩主要分布在龙岩、永安、漳平、明溪、将乐、顺昌一带；叶蜡石主要集中在东南沿海火山岩地区，尤其是福州市；萤石主要分布在闽北的邵武、建阳、光泽、顺昌一带；饰面花岗岩石材、石英砂则以闽江口以南的东南沿海地带最为丰富；地下热水主要分布于闽江以南。

（2）非金属矿产资源丰富，类型多样，砂、石、土资源在全国占有重要地位，保有储量位居全国前5位的矿种均为非金属矿产，主要分布在沿海地区。铸型用砂、玉石、建筑用砂、水泥标准砂、水泥用安山玢岩五种矿产储量名列全国第一，叶蜡石、粉石英、建筑用花岗岩三种矿产排名第二；明矾石、压电水晶、砖瓦黏土、高岭土、宝石、玻璃用砂六种非金属矿产储量居全国第三位。

（3）金属矿产主要分布在闽西南和闽西北地区。全省探明的大型、特大型金属矿床只有四处。已探明的金属矿床以多组合矿床为主，如铅锌矿多与硫铁矿伴生在一起，含有铜、银等多种有益元素。上杭紫金山矿床，有金、铜、硫铁矿、明矾石等多种矿产。此类矿床由于含多种有益元素，提高了矿床的经济价值，但同时因为矿石成分复杂，增加了开发与选矿的难度。

第二节　闽江、九龙江等流域水文地质工程地质概况

一、水文地质条件

（一）含水岩组

福建省地下水含水岩组可划分为：松散岩类孔隙含水岩组、碳酸盐岩类岩溶裂（溶）隙含水岩组和基岩裂隙含水岩组三大类。

1. 松散岩类孔隙含水岩组

松散岩类孔隙含水岩组富水层为砂、砂砾石层，一般厚数米至十余米。多为潜水，局部为承压水。山间盆地水量一般小于$100m^3/d$，河床边侧全新统中水量可达$100\sim500m^3/d$，局部大于$1000m^3/d$。河口平原水量一般为$500\sim1000m^3/d$。在河床沿（岩）岸，由于受河水补给，水量可达$5000m^3/d$。岛屿、半岛水量一般小于$500m^3/d$，局部可达$1000m^3/d$。海湾台地区水量小于$100m^3/d$。

2. 碳酸盐岩类岩溶裂（溶）隙含水岩组

碳酸盐岩类岩溶裂（溶）隙含水岩组由黄龙组、船山组、栖霞组及长兴组、溪口组碳酸盐岩类组成，偶有前寒武纪碳酸盐岩。岩性以石灰岩为主，综合厚度为$328\sim852m$，钻孔视厚度为$50\sim612.4m$。主要分布于闽西南，福建裸露型石灰岩总面积仅$100km^2$；覆盖型石灰岩总面积为$616km^2$；埋藏型石灰岩总面

积大于2000km^2。裸露型岩溶其岩溶率小于10%，形态多为溶洞；覆盖型岩溶其岩溶率与深度成反比，100m深度内岩溶率平均20%，随深度增加，岩溶率逐渐减小；埋藏型岩溶多数埋深大于200m，岩溶率为0.1%~17.8%。

碳酸盐岩类是福建主要的含水层之一。在第四系覆盖区、第四系盆地之下埋藏区及盆地边缘文笔山组之下埋藏区，水量可大于1000m^3/d，单泉流量一般为10~100L/s。长观泉最大流量多年平均为239L/s，绝对最大泉流量为468L/s。

3. 基岩裂隙含水岩组

基岩裂隙含水岩组包括侵入岩、火山岩、变质岩及碎屑岩，占全省总面积为94.8%。其中碎屑岩夹碳酸盐岩处较富水，单孔水量可大于1000m^3/d；变质岩富水处水量为100~1000m^3/d；白垩纪红层孔隙裂隙含水层富水处水量为100~700m^3/d。除上述局部富水地段外，该岩组泉流量一般小于0.1L/s，钻孔水量小于100m^3/d。地下水富水性还与地形、降雨量、植被覆盖程度有关。一般面积大的盆地水量丰富；谷地比山地富水；盆地中埋藏浅的碎屑岩、向斜构造、构造破碎带等相对富水；侵入岩中岩脉上盘也较富水。

（二）地下水类型

福建沿海地区根据地下水的赋存条件和含水层的性质，可划分为基岩裂隙水、松散岩类孔隙水。

1. 基岩裂隙水

基岩裂隙水包括侵入岩、变质岩、火山岩及各类碎屑岩等，出露面积约占福建省面积的94.8%。此类地下水水量大小与降水、植被、岩性、地貌、构造等因素有关。每个盆地均为一独立的水文地质单元，补给限于分水岭之内，主要接受大气降水补给，在沟谷和断裂带较富水。

2. 松散岩类孔隙水

a. 基岩风化孔隙裂隙水

基岩风化孔隙裂隙水以东南沿海最为发育。孔隙裂隙水一般是由于基岩风化形成的砂质黏土、黏质砂土。其透水性差，富水程度微弱，常见泉流量为0.01~0.11L/s，民井水量一般小于10m^3/d，主要受大气降水补给，部分也受基岩裂隙水的补给。

b. 滨海平原松散岩类孔隙水

滨海平原松散岩类孔隙水主要分布于沿海各大河口平原和沿海各港湾地带。大部分地区为海相沉积，下部为陆相沉积，一般构成两个承压含水层，局部为潜水。含水层岩性主要为砂、砂砾石，富水性较好，单孔水量一般为100~500m^3/d，富水处水量可达1000m^3/d。主要补给来源为大气降水和基岩裂隙水，局部地段也受河水补给。

c. 山间盆地松散岩类孔隙水

山区第四系盆地呈串珠状沿河分布，面积狭小。含水岩组为全新统冲积层、更新统洪积层。含水层岩性为全新统冲积层、更新统洪积层。含水层岩性为中细砂、砾卵石或含泥砾卵石，厚度小，一般为20~30m，水量小于100m^3/d为主，富水处水量可达100~500m^3/d。

d. 岛屿和半岛地区松散岩类孔隙水

岛屿和半岛地区松散岩类孔隙水主要分布于厦门。含水层岩性为全新统和更新统风积及海积砂、砂砾石层，平均厚度为25~30m，单孔水量一般为10~50m^3/d。

（三）地下热水

福建沿海温泉较多，主要出露于第四系盆地中。出露特点：首先，大部分出露于第四系凹地中，如福州、南靖、厦门杏林等；其次，温泉带范围常一侧以河，另一侧以二级阶地为界，如福州、漳州等，而且宽度亦狭，常重合于凹地内之较小断裂；最后，构造相同之相邻盆地之间的温泉，有时甚至同一盆地内（如福州北区与南区）均少水力联系。

福建温泉（泉）温度多为 20 ~ 60℃，以中低温为主，占温泉总数的 70%，60 ~ 80℃中高温的占 24%，大于 80℃高温的占 6%。全省温泉平均温度为 51℃，最高孔温为 120℃（漳州），最高泉温为 89℃（德化南埕）。区域上分为：闽中南沿海咸水温泉区；闽东南中高、高温温泉区；闽西南中、低温高流量温泉及碳酸水区；红土台地无泉区；闽西北低温少泉区；闽东北中温少泉及氡水区。沿海一带温泉分布较多，泉温较高，水量较大。

二、工程地质条件

根据福建省火山岩、沉积岩、变质岩分布情况结合工程地质区、亚区的划分和命名的原则，全省划分为 3 个工程地质区、8 个工程地质亚区。

（一）东部沿海丘陵、台地、平原、岛屿松散沉积物为主工程地质区（A）

该区位于福建省东部的沿海地区，包括半岛和岛屿。西部边界大致由沙埕，经三沙、连江、闽侯、南安、同安、云霄至西潭。以丘陵、台地、平原为主，平原为冲积、海积平原。区内地质构造发育，新构造运动较为强烈，地质活动较为频繁。丘陵、台地区以黏性土为主，平原区以黏性土，淤泥类软土为主。

该区存在的主要工程地质问题有：港口码头、航道、河道的淤积问题；淤泥、淤泥质土等特殊性土的问题；花岗岩等侵入岩及火山岩的风化层作为建筑物基础的问题；砂土的震动液化问题；水土流失的防治问题；海岸冲蚀问题；水库坝体渗漏、坝基稳定性问题；不均匀沉陷问题。

1. 沿海岛屿花岗岩类亚区（A_1）

该亚区包括沿海绝大部分的岛屿、半岛，主要有台山列岛、福瑶列岛、马祖列岛、平潭岛、南日群岛、金门岛、澎湖列岛、古雷半岛、东山岛等。该亚区主要分布着坚硬的块状花岗岩类组，坚硬的块状凝灰熔岩流纹岩岩组、坚硬的厚层状变粒岩石英片岩岩组及少部分的黏性土岩组、砂性土岩组、淤泥类土岩组。该亚区边坡稳定性较差，冲沟现象较常见。常见地貌有海蚀洞穴、海蚀阶地、海蚀岩崖、球状风化等。

2. 沿海丘陵台地黏性土岩组次不稳定亚区（A_2）

该区包括福清、惠安、晋江、同安、漳浦、诏安等县的大部分地区。

该亚区主要分布黏性土岩组，以坚硬的块状花岗岩类岩组、砂性土岩组、淤泥类土岩组。局部还有软弱的薄层状页岩、厚层状砂岩，沉积土常有双层或多层结构。该亚区工程地质性质优良，对于由淤泥类土组成的双层结构类型土体分布区，则查清软土性质和分布特征。海岸工程建筑应考虑地壳升降及淤积，注意水库坝基的稳定性，坝体渗漏问题。该区天然建筑材料丰富。

3. 福州—长乐、莆田、泉州、漳州—龙海平原软土类次不稳定亚区（A_3）

该区主要分布在福州—长乐、漳州—龙海及莆田、泉州等平原地区。

该区广泛分布淤泥、淤泥质土、砾、砂等。其中淤泥、淤泥质土等特殊性土的工程地质条件极差，是工程建筑不良的地基；砂性土层较厚时需注意其震动液化问题。另外该亚区港口、航道存在的淤积问题，务必引起重视。

（二）闽中、闽东中山、中低山火山岩类为主工程地质区（B）

该区东界与A区交界，西界即宁德、福州、莆田、泉州、漳州的西部边界。该区北部以中山、中低山为主。岩性也有些差别。所以大致以晋江—永安断裂为界分成南北2个亚区，即北部中山、中低山火山岩类亚区（B_1）和南部中低山火山岩侵入岩类亚区（B_2）。

1. 北部中山、中低山火山岩类亚区（B_1）

该亚区河流水系较为发育，河床纵比降大，落差大，又因流经地区多为山区坚硬岩类，常形成“V”字形谷；由于该亚区广泛分布坚硬的块状凝灰熔岩、流纹岩岩组及坚硬的块状花岗岩岩组，都是工程地质条件优良的建筑地基；对水库库区、坝址选中极为有利。另外由于闽江切割山脉处形成了深长的峡谷，在铁路沿线的开挖处发育崩塌、滑坡等外动力地质现象。

2. 南部中低山火山岩侵入岩类亚区（B_2）

该亚区岩体基本上以坚硬的块状凝灰熔岩流纹岩和坚硬的块状花岗岩类为主，局部分布有坚硬的厚层状砂岩、砾砂岩和较坚硬的中厚层状砂岩、粉砂岩，山间河谷盆地分布黏性土、砾质土。主要的工程地质问题是坚硬岩层中的软弱夹层地基的不稳定性，花岗岩、火山熔岩、流纹岩、玄武岩等岩浆岩的基岩风化不均一性，滑坡、崩塌等边坡失稳、水土流失、冲刷、河岸崩塌后退等。

（三）闽西北中山低山变质岩类为主工程地质区（C）

该区位于西北部，东北与浙江省交界，东边为政和—大埔断裂，西部是江西省、南界基本上是南平—宁化一带的变质岩与侵入岩、沉积岩的分界。该区分为3个亚区，即东部侵入岩变质岩类亚区（C_1）、南部变质岩类亚区（C_2）和西北部变质岩侵入岩类亚区（C_3）。

三、福建沿海地区工程地质问题

1. 沿海软土工程地质问题

福建沿海地区第四系沉积层分布广，全新世软土层系一套海相为主的、海陆过渡相深积。厚度一般为3～10m。由于软土天然含水量大，压缩性高，承载力低，在扰动条件下，结构极易破坏，强度大为降低，危及建筑的安全与稳定，软土工程地质问题日益明显。砂土液化主要分布于沿海地区，在Ⅶ度近震条件下可能会产生轻微-中等液化，对建筑物易产生不均匀沉降和过量沉降，基坑开挖易发生边坡失稳、建筑物开裂等问题。

以宁德市及福州市为例：宁德市海岸线自东北向西南方向延伸，海岸曲折，海阔港深，大陆海岸线长942km，约占测区海岸线的1/3。海域被陆地环绕，滨海海积地层较多，海积地层岩性主要以黏土、淤泥等软土为主，厚度为0.35～43.21m，结构多为单层结构；厚度为边缘薄，中间厚，湾内薄，湾口厚。出现建筑物不均匀沉降、软土地基滑塌和软土地基的振动液化等软土工程地质问题，所以工程地质问题较为严重。

福州市软土主要分布于平原中部以及闽江河口地带，软土层厚度为2.64～19.49m，以大于10m为主。埋深顶板深度均以浅埋为主，一般小于5m，但位于闽江口的福州、长乐平原除小于5m的浅埋型软土外，尚有一定比例顶板埋深5～10m和大于10m的分布面积。在鳌峰洲一带、南台岛、长乐路等地局部存在饱和砂土轻微-中等液化现象，为典型软土地基问题。

2. 岸蚀与淤积

港口码头岸坡稳定性及港口航道冲淤问题日益显现；闽江口、九龙江口、晋江口等沿海各大港湾、河口地带及水口库区等侵蚀淤积现象较为严重。闽江流域水土流失较为严重，流失面积约 100km^2，从竹岐水文站监测的数据看，闽江多年平均含沙量为 0.14kg/m^3，每年闽江输沙量大，对福州市区乌龙江、北港的淤积，以及沿岸海域影响显著。闽江河床淤积已成为较突出的工程地质问题。

3. 花岗岩风化残积土引发的工程地质问题

福建沿海地区花岗岩出露面积非常大，花岗岩风化残积土分布广泛。在裸露型、覆盖型风化壳地区，常常利用剧风化带、强风化带、中风化带作为一般建筑的天然地基，由于缺乏较准确预测这些风化带的地基承载力，常引发边坡稳定性等一系列工程地质问题。

4. 水土流失

福建沿海地区水土流失分布广泛，面积大。流失类型以面蚀、沟蚀、崩岗为主，其中面蚀普遍发育，侵蚀的主要对象是花岗岩及其风化壳，产沙量大，对江、河、湖（库）、海淤积危害大。

以泉州市为例：泉州市地处晋江河口平原，海岸多为淤泥质侵蚀岸，水动力较复杂，除受潮流、海浪作用外，还有河流径流影响。晋江流域含沙量居全省之冠，年平均入海泥沙量为 223 万 t，所携带的泥沙使泉州湾年平均淤积升高 20cm，主航道由 20 世纪 50 年代的水深 18m，淤浅为 12m，严重影响了港口的吞吐量与航运。河流侵蚀、淤积等工程地质问题较为突出。

四、小　　结

（一）水文地质条件

福建省水文地质条件较复杂，地下水富水性受地貌、构造、岩性及大气降水的控制。第四系松散层堆积盆地和岩溶盆地为主要富水地段，基岩地区地下水量则较贫乏。含水岩组主要有松散堆积孔隙含水岩组、碳酸盐岩类岩溶裂隙含水岩组和基岩裂隙含水岩组三大类。

地下水主要补给来源为大气降水。地下水接受大气降水的补给范围主要限于山地、谷地和盆地分水岭以内。地下水动态多年变化出现水量逐年减少的趋势，其主要原因是植被减少引起降水渗入量减少，以及过量的开采。

福建省山区水质类型单一，沿海则因地形和距海远近诸因素影响，水质较复杂。地下水矿化度一般小于 1g/L，高山补给区甚至小于 0.1g/L；近海处一般为 1 ~3g/L，最大可达 35g/L。

福建地下水资源较丰富，一般埋藏浅，易开采。在经济发达和人口较集中的盆地、平原地区，都有一定数量的地下水可供开采。作为饮用水水源一般可满足需求。广大丘陵山区地下水可零星分散开采，可作为供水水源。

（二）工程地质条件

根据福建省的地层、岩石、构造、地貌、水文地质特征、物理地质现象、岩土物理力学性质、天然建材诸因素对工程建筑的影响程度，将福建省工程地质条件分述如下。

（1）根据工程地质岩土体类型可分为岩体和土体。

（2）根据工程地质条件的相似性和差异性，可将全省划分为 4 个工程地质区、8 个工程地质亚区：①闽东南沿海丘陵、台地、平原、岛屿松散沉积物为主工程地质区；②闽中、闽东中山、中低山火山岩类为主工程地质区；③闽西北中山、低山变质岩类为主工程地质区；④闽西南中山、低山、丘陵沉积岩为主工程地质区。

第三节　闽江、九龙江等流域水资源及土地利用现状

一、水资源概况

福建省范围内多年平均降水量为1000～2200mm。降水量时空分配不均，年内年际变化大。春季雨量充沛，降雨时间长，覆盖范围广。春夏之交5～6月降雨强度大，雨量集中，是闽江洪水主要季节。6月下旬前后，全省梅雨季节基本结束。夏季7～9月，全省在西太平洋高压的控制下，多雷雨台风，雨势猛、雨期短，雨区大小不定。10月至翌年2月为少雨季节。多年平均汛朔4～9月降水量占年降水量67%～75%，每年的1～2月及10～12月为全省少雨季节，这5个月各地降水量大都在200～300mm，仅占年降水量的13%～20%。降雨的区域分布也极不均衡，内陆山区高于沿海。

福建水系发育，河网密度大。境内河流总长度约1.3万km，河网密度每公里超过0.1km。受断裂构造的控制，全省主要河流多与山脉走向垂直，支流与山脉平行，形成典型的外流区单向性格子状水系，多峡谷险滩，河床比降大，多在万分之五以上，加上境内降水量大，径流量相当丰富，水力资源蕴藏量居华东各省之首。

全省流域面积在100km^{2}以上的河流有29条，其中：一级支流为60条，二级支流为106条，三级支流为113条，四级支流为76条，五级支流为19条，六级支流为6条，一至六级支流共380条。

闽江为福建最大河流，全长为577km，发源于武夷山脉，流域面积为60 992km^2（其中，属福建省面积为59 922km^2，约占全省面积的一半；南平以上有建溪、富屯溪、沙溪三大支流，南平以下纳尤溪、古田溪、大樟溪等支流，最后流经福州马尾入海。

九龙江为闽南主要河流，也是福建第二大河流，发源于博平岭，流域面积为14 741km^2。主要由北溪和西溪两条支流汇合后，向东南流经龙海石码，再纳支流南溪后入海。

晋江为闽中主要河流，发源于戴云山脉，流域面积为5629km^2。由东溪和西溪两条支流汇合后，向东南流经泉州入海。

福建省流域面积在1000km^{2}以上的主要河流流域特征见表13-1。

表13-1　福建省主要河流流域特征表

河名	闽江	九龙江	晋江	交溪	鳌江	木兰溪	诏安东溪	汀江
流域面积（km^2）	60 992	14 741	5 629	5 549	2 655	1 732	1 127	9 022
河长（km）	541	285	182	162	137	105	89	285
河道坡降（万分率）	5	20	19	37	26	15	21	15
流域形状系数	0.21	0.18	0.17	0.21	0.14	0.16	0.14	0.11

二、地表水资源及地下水资源量

（一）地表水资源量

根据福建省水利厅提供的资料显示，全省多年平均年地表水资源量为1179.32亿m^3，折算全省多年平均年径流深为952.2mm。年径流变差系数CV值为0.26，CS/CV=2.0。丰水年（P=20%）地表水资源量为1426.63亿m^3（P为灌溉设计保证率），平水年（P=50%）地表水资源量为1152.85亿m^3，偏枯水

年（$P=75\%$）地表水资源量为960.65亿m^3，枯水年（$P=90\%$）地表水资源量为807.36亿m^3，特枯水年（$P=95\%$）地表水资源量为724.17亿m^3。

（二）地下水资源量

福建省的地形地貌特点决定了地下水资源地域分布与地表降水量、径流深、分水岭的地域分布一致，各个山间盆地构成相对独立的水文地质单元，闽西、闽北山区地下水资源丰富，沿海地区地下水资源较少。

地下水含水岩组主要由松散堆积层含水岩组、基岩裂隙含水岩组、碳酸盐岩类含水岩组等组成。其中松散堆积层含水岩组存于第四系地层中，包括冲洪积、海积、风积层，厚度薄，一般厚十余米，大也不超过百米，地下水赋存于砂、砾卵石层中，其富水性一般。

碳酸盐岩类含水岩组包括石炭系黄龙组、船山组、二叠系霞组及长兴组灰岩、硅质灰岩、白云岩。地貌上多形成盆地，单体面积最大为66.5km^2（龙岩盆地）。该含水岩组是福建省最富水的岩组，也最具供水意义。覆盖型岩溶盆地区含水层均有流量大于1000m^3/d的岩溶泉，最大可达到20 686 m^3/d；单孔水量多在1000～3000 m^3/d，最大可达17 488 m^3/d（龙岩），实际已代表该岩溶盆地的总排泄量。基岩裂隙含水岩组包括侵入岩、变质岩、火山岩及各类碎屑岩等。出露面积约112 137km^2，约占全省面积的92.4%。地下水主要赋存于基岩裂隙中，水量大小与降水、植被、岩性、地貌、构造等因素有关，沟谷与断裂发育处相对富水。

根据福建省水利厅提供的资料显示：全省多年平均地下水资源总量为342.38亿m^3，其中，山丘区地下水资源量为338.59亿m^3，平原区地下水资源量为2.77亿m^3，地下水资源和地表水资源间的不重复量仅1.24亿m^3。

（三）水资源总量

福建省多年平均水资源总量为1180.56亿m^3，其中地表水资源量为1179.32亿m^3，地下水资源量为342.38亿m^3，地下水资源量中与地表水资源量的不重复计算水量为1.24亿m^3，水资源量基本上以地表水资源量为主，占水资源总量的99.9%。主要流域中以闽江流域水资源量最多，达到575.78亿m^3。

三、水资源特点

1. 水资源相对丰富，但时空分布不均

福建省水资源相对丰富，但时空分布不均，水资源分布年际和年内变化大，旱涝灾害频繁，水资源量年最大值和年最小值之比一般在2～4倍，多年平均年内汛朔（4～9月）来水量占全年来水量的70%～80%，枯水期（10～3月）来水量只占全年来水量的20%～30%。从地域分布看，水资源量西北多东南少，差异明显。闽西北地区水资源丰富，人均拥有水资源量约7200 m^3，亩均水资源占有量约7300 m^3，东南沿海地区水资源贫乏，人均水资源一般仅1500 m^3左右，亩均水资源占有量约4000 m^3左右，特别是沿海半岛（突出部）与海岛，人均水资源一般少于500 m^3，亩均水资源占有量少至1000 m^3左右，与经济总量在全省区域上分布相反。

全省各地水资源量情况，详见表13-2，全省主要流域水资源量情况，详见表13-3。

表13-2 各设区市水资源情况

设区市	多年平均水资源量（亿m^3）	人均水资源量（m^3）	亩均水资源量（m^3）
福州	101.76	1519	4167

续表

设区市	多年平均水资源量（亿 m^3）	人均水资源量（m^3）	亩均水资源量（m^3）
厦门	12.64	575	2663
莆田	35.06	1257	3288
泉州	96.49	1276	3926
漳州	121.26	2591	4250
三明	213.39	8114	7190
南平	269.86	9395	7376
宁德	146.46	4802	5906
龙岩	183.64	6712	7906
全省合计	1180.56	3352	5697

表 13-3　主要流域水资源量情况

流域名称	多年平均水资源量（亿 m^3）	人均水资源量（m^3）	亩均水资源量（m^3）
闽江	575.78	5898	6725
九龙江	159.63	2717	5520
晋江	64.38	981	3139
汀江	115.79	5631	7035
交溪	58.58	5236	6719
霍童溪	38.18	5321	8246
鳌江	36.61	2781	3797

2. 人均水资源占有量相对较丰富，但与世界平均水平仍有差距

福建省水资源总量为1180.56亿 m^3，人均水资源占有量为3352 m^3，约为全国平均的1.5倍，为全省经济社会的快速发展奠定了良好基础。但与世界人均水资源量（8400 m^3）相比，差距仍较大，仅为世界平均水平的40%左右。按国际通用概念，人均水资源低于1700 m^3，高于1000 m^3，又经常发生缺水情况，定为“水资源紧张区”，低于1000 m^3，即为“贫水区”，低于500 m^3，属“绝对贫水区”。按该标准，福建省沿海许多区域属于“水资源紧张区”，沿海半岛及岛屿几乎属于“贫水区”，局部区域甚至属于“绝对贫水区”。

3. 水旱灾善频繁

水资源时空分布不均，年内年际变化较大，且常出现连续丰水年或连续枯水年的情况，因此福建省水旱灾害发生频繁，洪水期有大量弃水无法利用而流入大海。据统计，全省多年平均入海水量为1069.19亿 m^3（含过境水量）。其中闽东诸河多年平均入海水量为176.69亿 m^3（含过境水量）；其中闽江流域多年平均入海水量为585.66亿 m^3（含过境水量）；其中闽南诸河多年平均入海水量为306.84亿 m^3（含过境水量）。

4. 河流源短流急，水资源开发利用难度大

福建省地形“八山一水一分田”，80%以上为地形为山丘区，中小河流众多，均为山区性河流，且均独流入海。上游山区河流坡陡流急，骨干性蓄水工程点和资源点不多，调蓄径流的能力有限，中下游地区人口密集，同时受河口潮汐影响，水资源开发利用难度较大。

四、土地资源现状与特点

（一）土地资源现状

福建省土地总面积为 1240.16 万 hm^2，其中，农用地面积为 1076.46 万 hm^2，占土地总面积的 86.80%；建设用地面积为 58.89 万 hm^2，占土地总面积的 4.75%；未利用地面积为 104.81 万 hm^2，占土地总面积的 8.45%（图 13-2）。

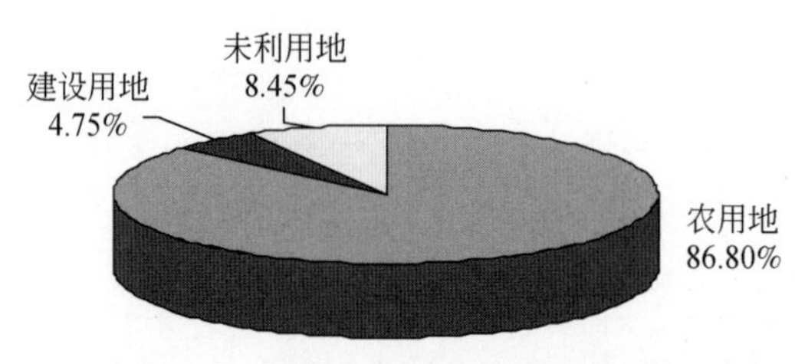

图 13-2　福建省土地利用现状结构图

1. 农用地

a. 耕地

福建省耕地面积为 135.40 万 hm^2，占土地总面积的 10.92%。主要包括灌溉水田、望天田和旱地，其中灌溉水田面积为 86.18 万 hm^2，望天田面积为 22.97 万 hm^2，旱地面积为 21.23 万 hm^2，合占耕地面积的 96.29%。

福建省耕地主要分布于沿海地区（包括福州市、厦门市、莆田市、泉州市、漳州市和宁德市，下同）。沿海地区耕地面积为 77.45 万 hm^2，占全省总量的 57.20%，人均耕地面积为 0.03hm^2；内陆地区（包括三明市、南平市和龙岩市，下同）耕地面积为 57.95 万 hm^2，占全省总量的 42.80%，人均耕地面积为 0.07hm^2。

b. 园地

福建省园地面积为 61.94 万 hm^2，占土地总面积的 5.00%。主要包括果园和茶园，其中果园面积为 44.79 万 hm^2，茶园面积为 14.17 万 hm^2，分别占全省总量的 72.31% 和 22.88%。

福建省园地主要分布于沿海地区。沿海地区园地面积为 45.81 万 hm^2，占全省总量的 73.96%；内陆地区园地面积为 16.13 万 hm^2，占全省总量的 26.04%。

c. 林地

林地是福建省面积最大的用地类型。林业部门统计面积为 908.07 万 hm^2，土地利用变更调查数据为 832.54 万 hm^2（按国土部门分类的统计口径，包括有林地、灌木林地、疏林地、未成林造林地、迹地和苗圃，不包括园地和林业部门统计口径的宜林地，下同）。全省森林覆盖率为 62.96%。全省林地以有林地为主，有林地面积为 667.33 万 hm^2，占全省总量的 80.16%。

福建省林地集中分布于内陆地区。内陆地区林地面积为 547.64 万 hm^2，占全省总量的 65.78%；沿海地区林地面积为 284.90 万 hm^2，占全省总量的 34.22%。

d. 牧草地

福建省牧草地面积为 0.26 万 hm^2，占土地总面积的 0.02%。其中天然草地面积为 0.19 万 hm^2，占全省总量的 73.08%。牧草地在全省零星分布，近年来面积基本没有变化。

e. 其他农用地

福建省其他农用地面积为 46.31 万 hm^2，占土地总面积的 3.73%。全省其他农用地主要分布于沿海地区。沿海地区其他农用地面积为 27.23 万 hm^2，占全省总量的 58.80%；内陆地区其他农用地面积为 19.08 万 hm^2，占全省总量的 41.20%。

2. 建设用地

a. 城镇工矿用地

福建省城镇工矿用地面积为 16.58 万 hm^2，占土地总面积的 1.34%，人均城镇工矿用地为 $99m^2$。

全省城镇工矿用地集中分布于沿海地区。沿海地区城镇工矿用地面积为 12.94 万 hm^2，占全省总量的 78.06%，人均用地为 $97m^2$；内陆地区城镇工矿用地面积为 3.64 万 hm^2，占全省总量的 21.94%，人均用地为 $104m^2$。

b. 农村居民点用地

福建省农村居民点用地面积为 25.76 万 hm^2，占土地总面积的 2.08%，人均用地为 $139m^2$。

全省农村居民点用地集中分布于沿海地区。沿海地区农村居民点用地面积为 18.36 万 hm^2，占全省总量的 71.27%，人均农村居民点用地为 $133m^2$；内陆地区农村居民点用地面积为 7.40 万 hm^2，占全省总量的 28.73%，人均用地为 $155m^2$。

c. 交通、水利及其他建设用地

福建省交通、水利及其他建设用地面积为 16.55 万 hm^2，占土地总面积的 1.33%。其中，交通运输用地面积为 6.71 万 hm^2，水利设施用地面积为 6.04 万 hm^2，分别占全省交通水利及其他建设用地总量的 40.54% 和 36.50%。

福建省交通、水利及其他建设用地主要分布于沿海地区。沿海地区交通水利及其他建设用地面积为 10.64 万 hm^2，占全省总量的 64.30%；内陆地区交通水利及其他建设用地面积为 5.91 万 hm^2，占全省总量的 35.70%。

3. 未利用地

福建省未利用地面积为 104.81 万 hm^2，占土地总面积的 8.45%。主要以荒草地、滩涂、河流水面为主。其中，荒草地面积为 51.98 万 hm^2，占未利用地总面积的 49.59%，主要分布在内陆地区；滩涂面积为 22.94 万 hm^2，占未利用地总面积的 21.89%，主要分布在沿海地区；河流水面面积为 15.51 万 hm^2，占未利用地总面积的 14.80%，主要分布在沿海地区。

（二）沿海主要城市土地利用特征

1. 福州市

福州市土地资源面积约 12 153.5km^2，其中林地面积为 6691.6km^2，占福州市土地资源面积的 55%；耕地面积为 1854.8km^2，占福州市土地资源面积的 15%；水域面积为 1248.1km^2，占福州市土地资源面积的 10%；未利用地为 962.9km^2，占福州市土地资源面积的 8%；如图 13-3 所示。

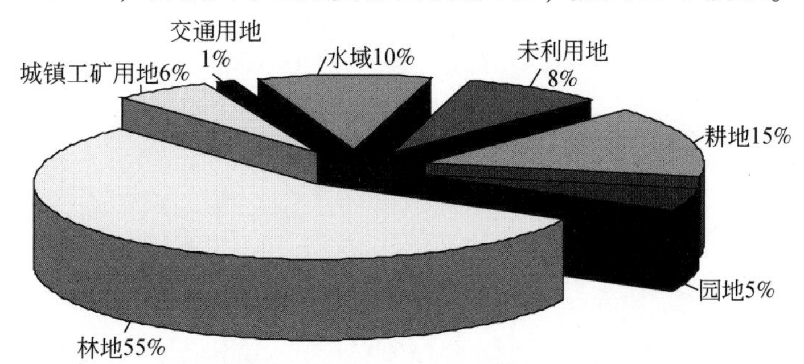

图 13-3　福州市土地利用现状图

2. 厦门市

厦门市土地资源面积约1652.1km²，其中林地面积为492.9km²，占厦门市土地资源面积的30%；耕地面积为327.0km²，占厦门市土地资源面积的20%；未利用地面积为61.2km²，占厦门市土地资源面积的4%；如图13-4所示。

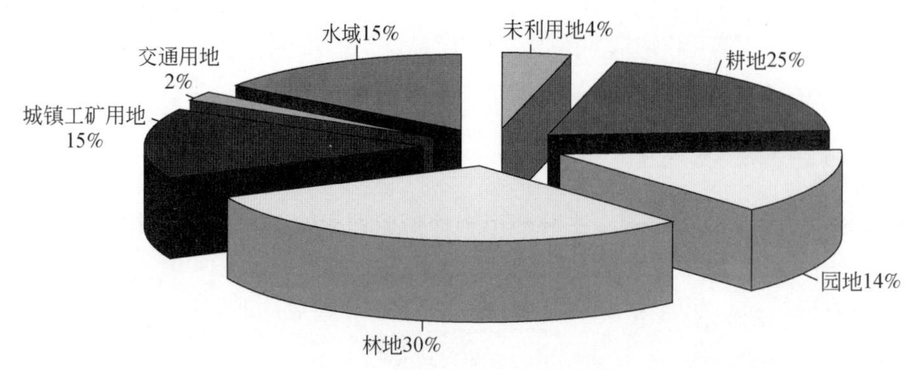

图13-4　厦门市土地利用现状图

3. 宁德市

宁德市土地资源面积约13 452.5km²，其中林地面积为8635.0km²，占宁德市土地资源面积的65%；耕地面积为1508.9km²，占宁德市土地资源面积的11%；水域面积为871.7km²，占宁德市土地资源面积的6%；未利用地面积为1344.0km²，占宁德市土地资源面积的10%；如图13-5所示。

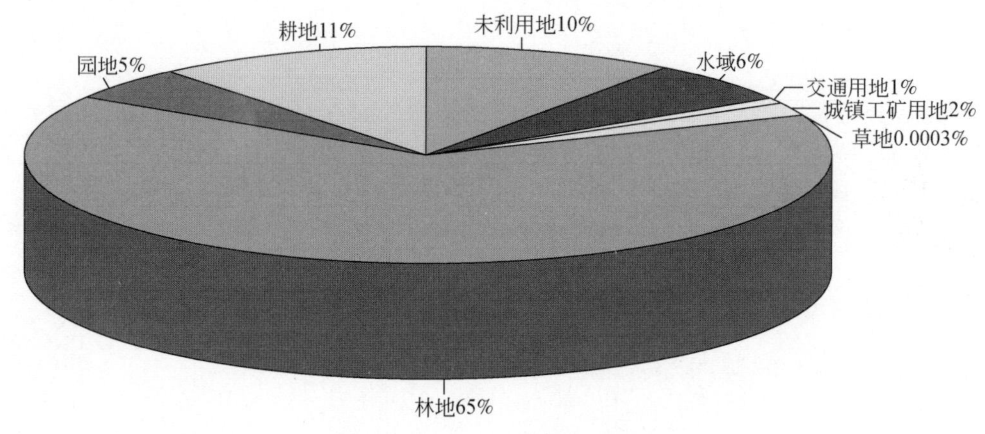

图13-5　宁德市土地利用现状图

4. 莆田市

莆田市土地资源面积约4119.0km²，其中林地面积为1740.9km²，占莆田市土地资源面积的43%；耕地面积为787.6km²，占莆田市土地资源面积的19%；水域面积为428.9km²，占莆田市土地资源面积的10%；未利用地面积为460.0km²，占莆田市土地资源面积的11%；如图13-6所示。

5. 泉州市

泉州市土地资源面积约11 244.9km²，其中林地面积为5277.6km²，占泉州市土地资源面积的47%；耕地面积为1646.8km²，占泉州市土地资源面积的15%；居民用地面积为1020.8km²，占泉州市土地资源

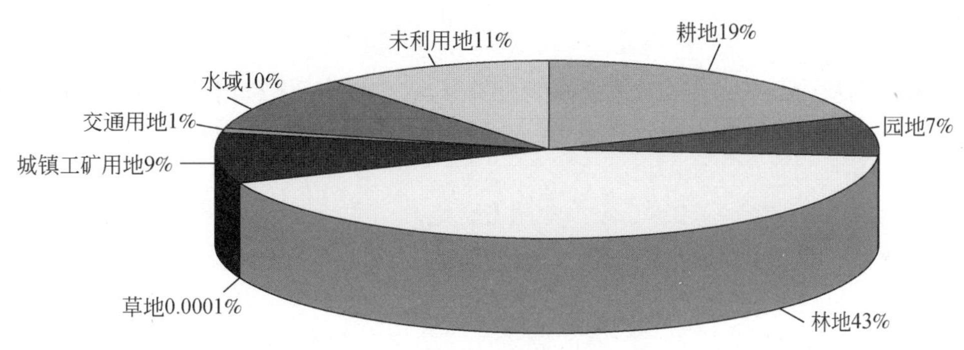

图 13-6　莆田市土地利用现状图

面积的 9%；未利用地面积为 1677.7km²，占泉州市土地资源面积的 15%；如图 13-7 所示。

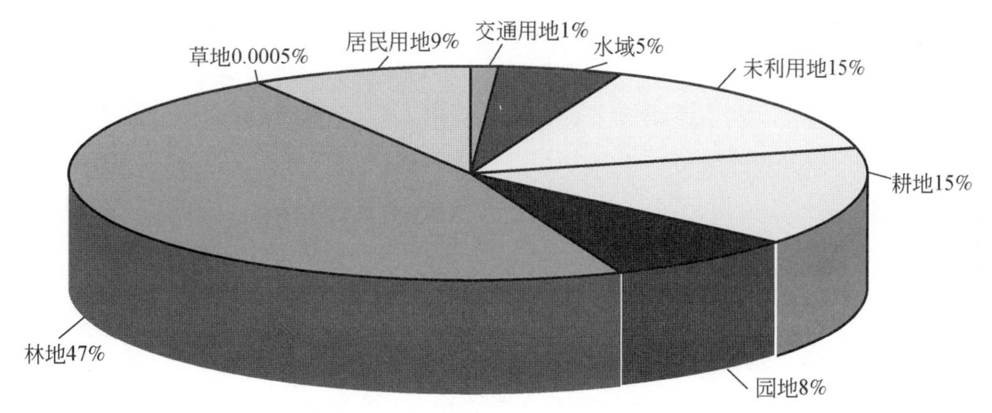

图 13-7　泉州市土地利用现状图

6. 漳州市

漳州市林地占漳州市土地资源面积的 45%；耕地占漳州市土地资源面积的 14%；居民用地占漳州市土地资源面积的 4%；未利用地占漳州市土地资源面积的 15%；如图 13-8 所示。

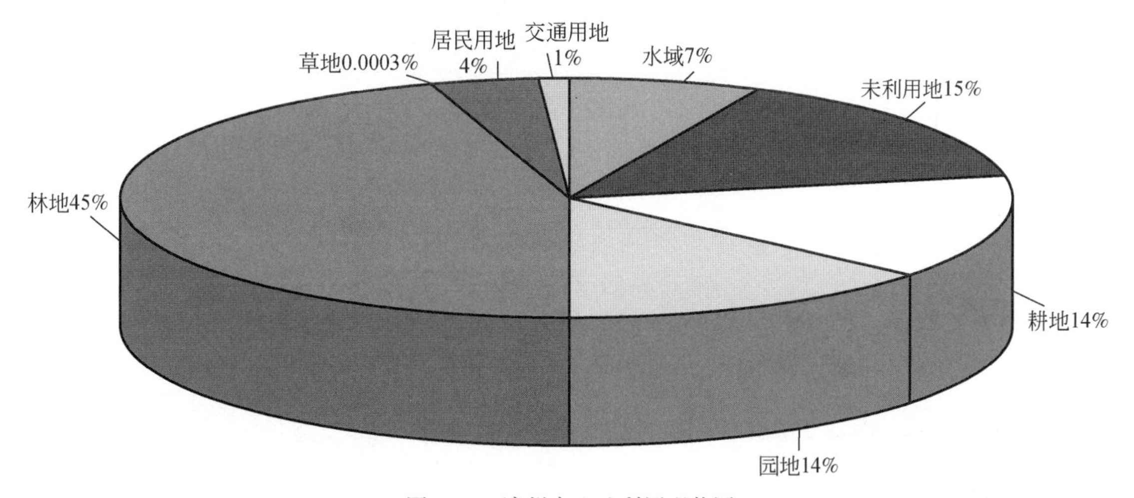

图 13-8　漳州市土地利用现状图

（三）土地资源特点

（1）土地资源绝对量少，人均耕地少。福建省土地总面积仅占全国土地总面积1.30%，人口占全国2.70%。人均土地面积为0.35hm^2，仅占全国平均水平的48.14%。人均耕地面积为0.038hm^2，仅占全国平均水平的41.14%。

（2）宜林地多，宜耕地少。福建省丘陵山地约占土地总面积90%，宜林地约占土地总面积74%。宜耕土地主要分布在平原（主要包括漳州平原、福州平原、泉州平原、兴化平原）和河谷盆地，仅占土地总面积的11%左右。

（3）耕地中高产田少，中低产田多。依据福建省“十一五”农田基本建设专项规划，全省耕地中，高产田占30.6%，中产田占51.3%，低产田占18.1%，中低产田约占全省耕地面积69.4%。

（4）建设用地分布不均衡，土地利用效益区域差异明显。建设用地分布不均衡，沿海地区建设用地面积合计占全省总量71.22%。建设用地利用效益区域差异明显，沿海地区现状单位建设用地第二、第三产业产值为116.49万元/hm^2，是内陆地区（50.74万元/hm^2）的2.3倍。

（5）浅海滩涂广阔，开发利用仍有潜力。海域宽阔，海岸线长达3752km。沿海的海湾125个，其中大型天然深水良港7个。港湾内侧大多分布着浅海滩涂，开发利用潜力较大。

五、小 结

（一）现状水资源存在问题及分析

福建省水资源相对丰沛，目前存在的主要问题如下。

（1）福建省山区与沿海带水资源呈现分布不协调的特点。水资源分布于经济发展中心不匹配，沿海福厦一线城镇带（福州、莆田、泉州、厦门）水资源贫乏，年人均拥有水资源量仅575~1519m^3，年亩均占有水资源近2663~4167m^3，属于水资源紧张-贫水区；而山区一带（漳州、龙岩、三明、南平、宁德）水资源则较为丰富，年人均拥有水资源量为2590~9395m^3，年亩均占有水资源量为4250~7906m^3。福厦沿海一线是全省最繁华、人口最密集的地带，人口总数占全省的55%，地区生产总值占全省的68%，而多年平均水资源仅占全省的21%，而山区地区却占79%。这种水资源量沿海与山区之间的分布不均，将成为制约社会经济发展的因素之一。

（2）水资源开发利用程度总体不高，区域间水资源开发利用程度不平衡，差别大，闽南诸河水资源开发利用程度较高，而闽江、闽东诸河等区域水资源开发利用程度仅10%左右。全省主要以工程性缺水为主，山丘区工程性缺水及部分沿海城市和海岛地区资源型缺水同时存在。闽东南等沿海一些经济发达地区由于水资源相对缺乏，存在资源型缺水趋势，提高水资源开发利用水平应作为解决缺水问题主要手段之一。

（3）骨干性调蓄工程较少，水资源调蓄能力有限，工程型缺水与局部资源型缺水问题同时存在。蓄水工程对天然径流的调蓄能力不高，地表水供水能力中蓄水工程仅占30%左右。

（4）全省用水水平较低，农业和工业等主要用水大户定额偏高，水资源浪费普遍和水资源没有得到高效利用，水资源利用效率与效益较低，用水浪费严重，节水潜力大。平均单方水GDP产出不到发达国家平均水平的40%，灌溉水生产率不到发达国家的一半。现状平均灌溉水利用系数约0.45，灌溉水生产率只有0.54。供水管网的漏失率在25%左右，一些地方甚至达到或超过了30%。

（5）水环境变化趋势不容乐观，河流健康状况不佳，一些地区受到水质污染的威胁造成缺水。城镇污水处理率低，局部地区水环境恶化，加剧了用水紧张局面。随着经济社会的快速发展，点源和面源污染排放量不断增加。污染负荷大量集中于沿海经济发达地区和城市密集地区，如福州地区、三明地区和闽南三角地区，城镇污水集中处理率低，远远不能满足污水处理要求。水污染发展迅速，对供水安全构成威胁。

(6) 水资源管理力度有待于加强，公众参与意识不强。水资源统一管理体制尚不健全，多龙管水的状况依然存在，水资源管理尚未形成较为完善的法律、法规体系，水资源价格偏低影响了水资源的高效利用和节约用水。

(二) 土地资源利用存在问题

(1) 土地资源利用变化区域差异性大，沿海与山区之间变化幅度不平衡。福建省各土地利用类型的变化，特别是耕地和建设用地，无论从总量上还是速率上，都有明显的区域差异，耕地面积的减少主要集中在沿海地带的福州、漳州、泉州三地。变化率最快的集中在东南沿海经济发达的厦门、泉州、福州、漳州、莆田五地。居民点和工矿用地面积明显增加的主要也是集中在沿海地区的泉州、福州和漳州三地。与沿海地区的明显变化形成鲜明对比的是内陆山区变化较为缓慢。

(2) 土地利用空间有限。全省坡度小于15°的土地面积仅占土地总面积的23.67%，但分布着全省现有71.64%的耕地和66.40%的建设用地，现有及规划的生产、生活和各项建设的用地都集中于此，行业间用地矛盾突出。并且沿海地区土地资源紧缺，沿海地区既是城镇化、工业化发展的主要承载空间，同时也是主要农业产区，随着耕地保护力度的加大，土地资源的瓶颈日益凸显。

(3) 土地资源低效利用的现象依然存在。一方面全省土地开发利用强度低，仅为4.75%，土地开发利用强度亟待提高，另一方面闲置土地、低效土地依然存在，主要表现在城镇内部结构和布局不尽合理，存量土地亟待盘活；农村居民点多面广，存在“只见新房，不见新村”和“空心村”现象；部分沿海县市农村居民点建设散乱；部分开发区土地利用效率不高，平均投资强度和容积率低。根据“四查清、四对照”，全省低效用地约有8.20万 hm^2。

(4) 耕地后备资源匮乏。根据耕地后备资源专项调查，全省国家级耕地后备资源总量仅有5.25万 hm^2，主要是可开垦荒草地和可开垦滩涂，合计占全省总量的93.35%。其中，可开垦荒草地分布零散，集中连片少，开发利用受到地形坡度和水资源的制约；滩涂围垦投资成本高，存在生态环境保护等政策方面的制约。

第四节 闽江、九龙江等流域地质灾害特征

一、福建省地质灾害概况

福建省是我国地质灾害高危险区之一，其地质灾害特点详见第十章。根据福建省地质灾害调查数据库，全省突发性地质灾害点9513处，其类型为滑坡、崩塌、泥石流、不稳定斜坡、地面塌陷五大类，见统计表13-4和图13-9。

表13-4 福建省各种类型地质灾害统计表

灾害类型	滑坡	崩塌	泥石流	不稳定斜坡	地面塌陷	合计
数量（处）	5816	1888	103	1591	115	9513
比例（%）	61	20	1	17	1	100

注：①为有别于已发生的崩滑灾害，本书将不稳定斜坡作为一个单独的地质灾害类型来探讨；各县（市）的部分山体裂缝灾点已归入不稳定斜坡类灾害；②区内暂无真正意义上的地面沉降灾害；各县（市）的部分地面沉降点已归入地面塌陷类灾害

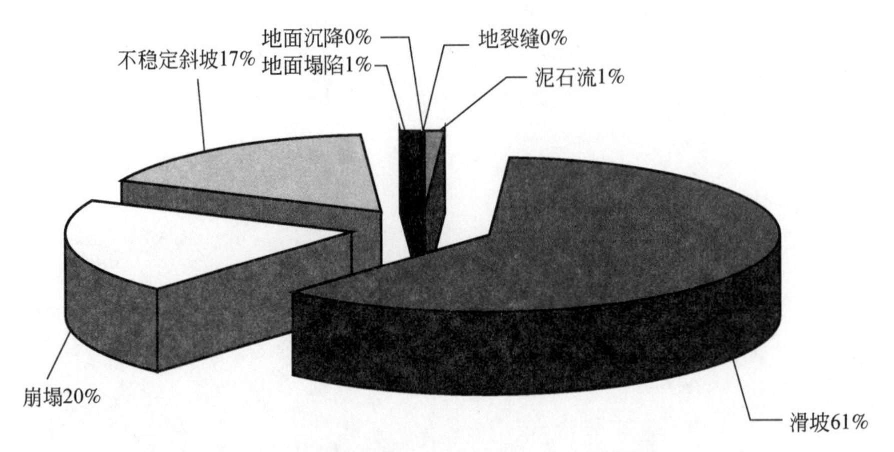

图 13-9　各种类型地质灾害百分率饼状图

历年地质灾害带来人员伤亡和财产损失见表 13-5。

表 13-5　福建省历年地质灾害灾情统计表

年份	地质灾害点数（个）	毁坏房屋（间）	死亡人数（人）	直接经济损失（万元）
2004	113	203	8	868.20
2005	4 346	8 257	4	3 979.20
2006	6 473	16 830	97	166 612.15
2007	1 141	2 510	25	2 710.15
2008	318	509	3	899.50
2009	391	587	3	1 234.3
2010	7 022	32 345	81	800 000

注：本表数据来源于福建省地质灾害统计报表

二、主要流域典型地质灾害特征

（一）闽江流域

1. 流域地质灾害分布

闽江是福建省最大河流。发源于福建、江西交界的建宁县均口乡。沙溪、富屯溪、建溪三大主要支流在南平市附近汇合后称闽江。至福州市南台岛分南北两支，至罗星塔复合为一，折向东北流出琅岐岛注入东海。以沙溪为正源，全长为577km，流域面积为60 992km^2，约占福建全省面积的一半。该流域内主要城市地质灾害分布情况见表 13-6。

表 13-6　闽江流域地质灾害分布密度综合统计表

地区	县（市、区）	面积（km^2）	地灾点数（个）	地灾点密度（个/100km^2）
福州市	罗源县	1 187.00	57	4.80
	闽清县	1 466.57	119	8.11
	闽侯县	2 136.00	128	5.99
	连江县	1 190.10	49	4.12

续表

地区	县（市、区）	面积（km^2）	地灾点数（个）	地灾点密度（个/100km^2）
福州市	福州6区	1 036.40	92	8.88
	永泰县	2 241.00	59	2.63
	长乐区	658.00	30	4.56
	福清市	1 518.24	66	4.35
	平潭县	370.00	54	14.59
	合计	11 803.31	654	5.54
南平市	浦城县	3 383.93	478	14.13
	武夷山市	2 813.91	66	2.35
	光泽县	2 338.00	92	3.93
	松溪县	1 043.00	110	10.55
	邵武市	2 882.40	227	7.88
	建阳市	3 383.00	95	2.81
	政和县	1 735.00	154	8.88
	建瓯市	4 233.00	160	3.78
	顺昌县	1 992.00	155	7.78
	延平区	2 653.00	526	19.83
	合计	26 457.24	2 063	7.80
三明市	建宁县	1 745.70	201	11.51
	泰宁县	1 533.80	155	10.11
	将乐县	2 246.70	207	9.21
	明溪县	1 708.58	62	3.63
	沙县	1 815.09	137	7.55
	宁化县	2 381.00	81	3.40
	清流县	1 825.17	77	4.22
	梅列区	353.00	26	7.37
	三元区	803.40	58	7.22
	尤溪县	3 442.00	459	13.34
	永安市	2 942.00	239	8.12
	大田市	2 227.70	252	11.31
	合计	23 024.14	1 954	8.49

2. 流域地质灾害概述

闽江作为福建省第一大河流，流域范围内涉及省内南平市、三明市及福州市。流域中上游地区主要为南平地区和三明地区，下游为福州地区。

a. 闽江中上游地区

南平地区地层主要以晚元古代变质岩地层为主，该区属低山丘陵构造侵蚀地貌，区内山峦起伏，高山林立，山麓绵亘，蜿蜒曲折，地表切割十分强烈，沟谷纵横，水系发达，河谷盆地错综其间，地形复杂多样。受岩土体类型、地质构造、地形地貌等因素的影响，主要发育的灾种为滑坡、崩塌，其次为泥石流。滑坡厚度较小，一般为5～15m，多属浅层、中厚层滑坡；滑坡区斜坡结构类型主要为顺向坡和斜向坡。崩塌主要发生在坚硬块状岩体中，块状岩体、上硬下软的层状缓倾岩体及顺向坡、逆向坡等容易产生崩塌。

三明地区地跨福建省三大构造单元。该区内主要发育的灾种为滑坡、崩塌，局部地区岩溶塌陷也较严重。滑坡、崩塌主要分布在尤溪、建宁、大田、泰宁；岩溶塌陷主要发育于清流、永安、宁化等县区。

b. 闽江下游地区

流域下游地层所出露的多为晚侏罗世火山岩，约占陆地面积的五分之二；闽江两岸及闽江口滨海地区，第四系较为发育，约占五分之二，此外出露于地表的侵入岩，占五分之一。区内地貌上，福州盆地北沿山岭大多是陡立山，自西向东连成一线，以此为界：北部是中、低山区，海拔在600～1000m；南部为海积-冲洪积平原。该区地貌类型多种多样，西北、西部以山地、丘陵为主。山地主要分布在永泰县东部、闽侯县西南部、福清市西部、连江西部及福州市区北部。丘陵主要分布在连江县、罗源县的东部。山地与丘陵地区地面坡降大，天然陡坡地形发育。

根据收集的地质灾害点信息，闽江流域下游地区的滑坡与崩塌分布较多，不稳定斜坡、塌岸、泥石流分布较少。滑坡共178处，占地质灾害总数的45.1%，为闽江流域下游地区最主要的地质灾害类型；其次为崩塌，共143处，占地质灾害总数的35.9%；泥石流最少，仅发育3处，且都位于长乐区。

对闽江流域下游地区地质灾害进行规模统计，表明区内滑坡与崩塌规模上全为小型，见表13-7。区内滑坡及崩塌以土质为主，土体主要为砂质黏性土与含碎石黏性土，土质松散，力学性质差。灾害点分布位置以房前屋后的人工边坡为多，在暴雨的作用下失稳，形成地质灾害。

表13-7　闽江流域下游地区地质灾害规模统计表

规模＼类型	滑坡		崩塌	
	点数（处）	比例（%）	点数（处）	比例（%）
大型	0	0	0	0
中型	0	0	0	0
小型	178	100	143	100
合计	178	100	143	100

注：①滑坡规模分类：大型（100×10^4～$1000\times10^4m^3$）、中型（10×10^4～$100\times10^4m^3$）、小型（$<10\times10^4m^3$）。②崩塌规模分类：大型（10×10^4～$100\times10^4m^3$）、中型（1×10^4～$10\times10^4m^3$）、小型（$<1\times10^4m^3$）

闽江流域下游地区地质灾害点分布不均，见表13-8，地质灾害点个数较多的县市分别为：福州市区（96处）、闽侯县（84处）、福清市（80处）。按灾点密度分析，地质灾害点分布最密集的县市分别为：福州市区（0.092处/km^2）、长乐区（0.068处/km^2）、连江县（0.054处/km^2）。各类地质灾害的分布情况如下：塌岸主要分布在闽侯县的江岸与连江县的海岸，其中闽侯调查到12处塌岸，连江调查到6处，福州市区仅调查到一处；滑坡与崩塌分布较广，特别是在闽侯、连江、福州市区北侧的丘陵山区大量分布。

表13-8　闽江流域下游地区各县市地质灾害分布状况一览表

地区	面积（km^2）	地质灾害危险隐患点（处）						点密度系数（处/km^2）
		塌岸	滑坡	崩塌	泥石流	不稳定斜坡	合计	
福州市区	1044	1	37	24	0	34	96	0.092
连江县	1168	6	22	34	0	1	63	0.054
福清市	2430	0	52	25	0	3	80	0.033
长乐区	658	0	8	23	3	11	45	0.068
闽侯县	2136	12	47	24	0	1	84	0.039

续表

地区	面积（km^2）	地质灾害危险隐患点（处）						点密度系数（处/km^2）
		塌岸	滑坡	崩塌	泥石流	不稳定斜坡	合计	
罗源县	1187	0	0	3	0	0	3	0.003
永泰县（葛岭、塘前）	370	0	2	0	0	1	3	0.008

3. 流域典型地质灾害

该流域内主要发育的灾种为滑坡、崩塌，局部地区如三明岩溶塌陷也较严重。滑坡、崩塌主要分布在福州市的闽清，南平市的延平、浦城、松溪，三明市的尤溪、建宁、大田、泰宁；岩溶塌陷主要发育于三明市的清流、永安、宁化等县区。以下针对该流域的一处典型滑坡进行叙述。

南平市延平区水东街道办塔下村后坑尾滑坡发生时间于2010年6月24日，威胁下方铁路南平南站单身公寓及工务工区职工、后坑尾居民共计85人生命财产安全。若滑坡进一步发展，可能对下方南平南站及铁路路线造成威胁。

滑坡属土质滑坡，滑动体宽约40m，长约60m，厚度为8～10m，下滑主轴方向45°，滑体规模约2万m^3。后缘壁高约20m，坡度约75°，后缘坡顶拉张裂缝发育，潜在滑体规模约3万m^3。滑坡体掩埋南古路道路长度约50m（图13-10）。

(a) 后坑尾滑坡全貌

(b) 后坑尾滑坡堆积体

图13-10　后坑尾滑坡

（二）九龙江流域

1. 流域地质灾害分布

九龙江是闽南主要河流，也是福建省第二大河流，发源于博平岭，流域面积为14 741km^2。主要由北溪和西溪两条支流汇合后，向东南流经龙海石码，再纳支流南溪后入海。该流域内主要城市地质灾害分布情况见表13-9。

表13-9　九龙江流域地质灾害分布密度综合统计表

地区	县（市、区）	面积（km^2）	地灾点数（个）	地灾点密度（个/100km^2）
厦门市	厦门市	1 565.09	96	6.13

续表

地区	县（市、区）	面积（km^2）	地灾点数（个）	地灾点密度（个/100km^2）
漳州市	华安县	1 315.00	163	12.40
	长泰县	912.67	83	9.09
	南靖县	1 962.00	216	11.01
	芗城区	253.10	7	2.77
	龙文区	113.00	5	4.42
	龙海市	1 326.00	37	2.79
	平和县	2 328.60	201	8.63
漳州市	漳浦县	1 949.80	55	2.82
	云霄县	1 054.30	53	5.03
	诏安县	1 291.50	17	1.32
	东山县	248.90	1	0.40
	合计	12 754.87	838	6.57
龙岩市	长汀县	3 099.50	68	2.19
	连城县	2 596.00	345	13.29
	漳平市	2 975.34	104	3.50
	上杭县	2 879.00	134	4.65
	新罗区	2 678.00	62	2.32
	永定县	2 216.30	281	12.68
	武平县	2 635.20	156	5.92
	合计	19 079.34	1 150	6.03

2. 流域地质灾害特征

九龙江流域范围内涉及省内龙岩市、漳州市及厦门市。中上游主要为龙岩地区和漳州市南靖、华安等山区县，下游为厦门地区。

a. 九龙江中上游地区

九龙江流域上游地区发育的地质灾害主要为滑坡、崩塌和岩溶塌陷。岩溶塌陷主要分布于该区的部分浅覆盖型的盆地中，主要地域为龙岩市的新罗区及适中镇。根据内区已发生的31处岩溶塌陷资料统计分析，岩溶塌陷主要盆地中部的河流Ⅰ级堆积阶地，其上部第四系松散覆盖土层厚度<20m的区域内。其中分布于土层厚度<10m的区域内有14处，占岩溶塌陷统计数31处的45.16%；分布于土层厚度10～20m的区域内有16处，占统计数的51.61%；分布于土层厚度20～30m的区域内有1处，占统计数的3.23%；上部覆盖土层厚度>30m的区域内目前还未发现过岩溶塌陷。已发生的岩溶塌陷面积一般为3～30m^2，个别达180～480m^{2}均属小型；塌陷的深度一般为0.5～2.5m，个别的可达7～7.5m。此外，在永定、新罗区因矿山地下开采导致的采空塌陷局部存在。

b. 九龙江下游地区

九龙江下游地区主要为漳州市龙海及厦门地区，该区大面积出露的侵入岩以燕山期酸性花岗岩类为主。地貌形态有山地、丘陵、台地、平原及滩涂等类型，其中山地面积占8.2%、丘陵占33.1%、台地占41.8%、平原和滩涂面积分别占8.5%和8.4%。发育的地质灾害主要为崩塌、滑坡。花岗岩球状风化剥蚀形成的孤石多为崩塌的隐患点。

3. 流域典型地质灾害

该流域内发育有省内典型的岩溶塌陷。龙岩市新罗区适中镇洋东村下坂岩溶塌陷发生于2010年10月19日上午，具体位置为龙岩市新罗区适中镇洋东村下坂石粉厂（319国道盂头岭东侧）。该次塌陷造成下坂石粉厂有6名人员陷入坑内失踪，并有一部龙马汽车、两台变压器、一间房屋及生产设备塌陷于坑中。陷坑直径为46～50 m，平面近圆形，面积约1900m^2，可见深度为25～28m，地表可见陷坑形态近于上大下小的平底碗形。地表陷坑体积约20 000m^3。四周环状拉张裂隙发育，裂隙宽为2～5cm，单条长度为30～100m，由陷坑向外扩展，间隔为2～5m，每侧可见5～6条。单侧变形区宽度为16～20m（图13-11）。

(a) 塌陷坑全貌

(b) 塌陷造成房屋倾斜

图13-11 岩溶塌陷

根据现场调查灾害特征分析，构造条件有利于溶洞发育，表层第四系松散堆积物厚度不均；地下水水量丰富且分布不均，易产生岩溶塌陷。据当地群众反映，场地所处的沟谷曾出现多处地面塌陷；场地区原有地表水较丰富，并与下部矿坑地下水有一定的水力联系。对场地稳定性不利，场地区为石粉厂转运场所，粉碎机、重型车辆出入造成高频度的震动，对岩溶塌陷有一定影响。

（三）晋江流域

1. 流域地质灾害分布

晋江为闽中主要河流，发源于戴云山脉，流域面积为5629km^2。由东溪和西溪两条支流汇合后，向东南流经泉州入海。该流域内主要城市地质灾害分布情况见表13-10。

表13-10 晋江流域地质灾害分布密度综合统计表

地区	县（市、区）	面积（km^2）	地灾点数（个）	地灾点密度（个/100km^2）
泉州市	德化县	2232.20	592	26.52
	永春县	1466.60	177	12.07
	安溪县	3128.50	593	18.95
	惠安县、泉港区	1088.10	72	6.62
	南安市	2036.00	141	6.93
	鲤城、丰泽、洛江	535.87	50	9.33
	晋江市	721.70	13	1.80
	石狮市	189.20	0	0.00

2. 流域地质灾害特征

晋江流域广泛分布中生代火山岩系，岩浆侵入活动频繁。地质构造以 NE 向、NNE 向构造为主。该区地貌类型复杂多样，山地及丘陵约占总土地面积 79%，平原及台地约占 21%。地貌以山地、丘陵为主。山地均属戴云山山脉及其延伸支脉、余脉，构成西北及中部的大山带。丘陵分布于山地外侧及河流两岸或河谷盆地的边缘，在沿海一带也有广泛分布，并逼近海岸或伸入海中，组成半岛和岛屿。

根据各地市所提交的地灾调查报告，以县（市、区）为单元进行统计。流域内地灾点最多的为泉州安溪县（593 处）、德化县次之（592 处）。该流域内主要发育的典型灾种为滑坡、崩塌。从区内地质灾害的分布看，灾害主要分布于德化、永春及鲤城区北边的葵山—大阳山一带低山丘陵区、丰泽区西北瑞象山—大坪山山脉、鲤城区西部紫帽山东北山麓、洛江区以东惠安地界岩山—深坑山一带低丘区，平原区极少见。

3. 流域典型地质灾害

德化县南埕镇蟠龙村龟洋自然村滑坡 2001 年 8 月强降雨期间，该点后山斜坡中部距边坡前缘约 50m、高程约 816m 处发现 1 条拉张裂缝，裂缝长约 100m、宽 1 ~ 5cm、可见深度为 0.3 ~ 0.5m，延伸方向为 60° ~ 180°，呈弧形展布（裂缝已用黏土夯填）。2006 年 7 月中旬台风“碧利斯”带来暴雨期间，该点中部再次发生滑坡，滑坡长为 12m，前缘宽约为 27m，滑体厚度约为 2m，滑坡土方量约为 600m^3。部分滑体仍堆积于坡脚民房后侧，堆积体体积约 200m^3（图 13-12）。

(a) 滑坡全貌

(b) 滑坡体前缘

图 13-12　滑坡灾害

三、小　　结

福建省地质灾害具有“点多、面广，规模小、危害大”的特点，滑坡、崩塌、不稳定边斜坡、泥石流、地面塌陷、地面沉降在福建省均有发生。其中滑坡、崩塌、不稳定边斜坡及泥石流所占比例最大。

地面沉降主要发生于东部沿海港湾河口平原区。影响公众生活较为显著的发育区为福州温泉开采区，其沉降从 20 世纪 80 年代中后期即有明显表现，但目前通过限量开采、压水回灌等措施，其沉降已基本趋于停止。

第五节　闽江、九龙江等流域地球化学特征

一、闽江流域地球化学特征

（一）闽江流域表层土壤元素背景含量特征

闽江流域与九龙江流域、晋江流域和三都澳流域相比，重金属有害元素 Cd、Hg、Pb、Cr，稀有稀土元素 La、Ce、Y、Li、Be、Rb、Nb、Zr、Sc，铁族元素 Ti、V，分散元素 Ga、Ge，放射性元素 Th、U，以及 W、Al 背景含量高。

（二）闽江流域重金属有害元素特征

闽江流域表层土壤环境质量与重金属有害元素含量特征见表 13-11。

表 13-11　闽江流域表层土壤质量分类表和重金属元素地球化学参数

类别	参数	汞	镉	铅	锌	铜	铬	镍	砷
Ⅰ类	含量（10^{-6}）	≤0.15	≤0.2	≤35	≤100	≤35	≤90	≤40	≤15
	面积（km^2）	16 480	14 244	3 156	15 468	19 152	19 380	20 332	19 620
	占全区比例（%）	79.08	68.35	15.14	74.22	91.90	92.99	97.56	94.15
Ⅱ类	含量（10^{-6}）	0.15～0.3	0.2～0.3	35～250	100～200	35～50	90～150	—	15～30
	面积（km^2）	3 312	4 076	17 424	4 940	1 032	1 288	—	924
	占全区比例（%）	15.89	19.56	83.61	23.70	4.95	6.18	—	4.43
Ⅲ类	含量（10^{-6}）	0.3～1.5	0.3～1.0	250～500	200～500	50～400	150～300	40～200	—
	面积（km^2）	880	2 272	172	396	656	136	500	—
	占全区比例（%）	4.22	10.90	0.83	1.90	3.15	0.65	2.40	—
超Ⅲ类	含量（10^{-6}）	>1.5	>1.0	>500	>500	>400	>300	>200	>30
	面积（km^2）	168	248	88	36	0	36	8	296
	占全区比例（%）	0.81	1.19	0.42	0.17	—	0.17	0.04	1.42
最大值（10^{-6}）		29.30	12.50	7 756	1 560	360	531	302	347
最小值（10^{-6}）		0.005	0.031	14.7	18.5	1.93	2.6	0.75	0.33
平均值（10^{-6}）		0.164	0.207	63.87	87.46	17.69	41.01	13.62	6.39
中值（10^{-6}）		0.103	0.151	48.9	77.3	13.3	29.6	10.4	4.41
算术平均值（10^{-6}）		0.102	0.167	53.02	76.1	15.22	37.95	12.06	5.06
标准离差（10^{-6}）		0.047	0.081	20.07	28.24	9.14	25.39	6.95	2.93

注：根据样品数统计

土壤环境质量评价根据《土壤环境质量标准》（GB 15618—1995）分 4 类。

Ⅰ类主要适用于国家规定的自然保护区、集中式生活饮用水源地、茶园、牧场和其他保护地区的土

壤，土壤质量基本保持自然背景水平。

Ⅱ类主要适用于一般农田、蔬菜地、茶园、果园、牧场等土壤，土壤质量基本上对植物和环境不造成危害和污染。

Ⅲ类主要适用于林地土壤及污染物容量较大的高背景值土壤和矿产附近等地的农田土壤（蔬菜地除外）。土壤质量基本上对植物和环境不造成危害和污染。

超Ⅲ类，有害元素含量超过Ⅲ类土壤最高临界值者。

1. 土壤汞

土壤汞对植物和环境不造成危害的Ⅰ类和Ⅱ类含量区占流域面积的94.97%。可能造成危害Ⅲ类与超Ⅲ类土壤区占流域面积的5.03%，分布在闽江口平原和三明市尤溪县、泉州市德化县和福州市永泰县三县交界“金三角”地区。

其中，“金三角”地区表层土壤汞元素含量最大值为29.30mg/kg，位于葛坑乡邱村，平均含量为1.274mg/kg，Ⅲ类与超Ⅲ类土壤区面积为216km^2，占流域Ⅲ类与超Ⅲ类土壤区面积的20.61%。对比1∶20万区域水系沉积物测量资料，该区区域水系沉积物汞含量最大值为0.22mg/kg，平均含量为0.053mg/kg，表层土壤汞含量是水系沉积物汞含量的十几倍或数十倍。最大倍数为1723.5倍，平均倍数为23倍。

“金三角”地区表层土壤与水系沉积物汞含量的巨大差异，表明土壤中汞具有其他成因来源。据了解，20世纪90年代该区进行了大规模的民间金矿开采活动，采用汞金齐法提炼金，表层土壤汞高含量可能与民间金矿开采活动有关。

2. 土壤镉

土壤镉对植物和环境不造成危害的Ⅰ类和Ⅱ类含量区占流域面积的87.91%。可能造成危害的Ⅲ类与超Ⅲ类土壤区占流域面积的12.09%，主要分布于闽江口平原区和尤溪、大田、德化、永安一带。

大面积分布的表层土壤镉Ⅲ类以上土壤区已对生态环境和人类健康造成了严重危害，在表层土壤镉Ⅲ类土壤区采集的稻米、花生等农产品样品多数超标。

3. 土壤铅

土壤铅对植物和环境不造成危害的Ⅰ类和Ⅱ类含量区占流域面积的98.75%。对植物和环境可能造成危害的Ⅲ类与超Ⅲ类土壤区占流域面积的1.25%，分布于尤溪、大田等铅锌多金属矿区，与水系沉积物铅异常区分布范围较吻合。但在铅Ⅱ类土壤区采集的稻米等农产品样品铅含量多数超标，是已造成生态危害的土壤环境问题。

4. 土壤铜

土壤铜对植物和环境不造成危害的Ⅰ类和Ⅱ类含量区占流域面积的96.45%。对植物和环境可能造成危害的Ⅲ类与超Ⅲ类土壤区占流域面积的3.55%，分布于尤溪县、大田县一带，农作物中未发现铜超标现象。

5. 土壤锌

土壤锌对植物和环境不造成危害的Ⅰ类和Ⅱ类含量区占流域面积的97.92%。对植物和环境可能造成危害的Ⅲ类与超Ⅲ类土壤区占流域面积的2.08%，锌的Ⅲ类以上土壤区分布与铜、铅、镉相似，但面积和规模较小，位于土壤铅、镉的异常中心，空间上与水系沉积物异常中心相吻合，但异常强度和规模土壤锌比水系沉积物锌高和大。未发现稻米等农产品中锌含量超标现象。

6. 土壤铬

土壤铬对植物和环境不造成危害的Ⅰ类和Ⅱ类含量区占流域面积的99.17%。对植物和环境可能造成危害的Ⅲ类与超Ⅲ类土壤区占流域面积的0.83%，分布于永安、大田、尤溪一带，空间上与水系沉积物铬异常区相吻合。

7. 土壤镍

土壤镍对植物和环境不造成危害的Ⅰ类和Ⅱ类含量区占流域面积的97.56%。对植物和环境可能造成危害的Ⅲ类与超Ⅲ类土壤区占流域面积的2.44%。

8. 土壤砷

土壤砷对植物和环境不造成危害的Ⅰ类和Ⅱ类含量区占流域面积的98.58%。对植物和环境可能造成危害的Ⅲ类与超Ⅲ类土壤区占流域面积的1.42%，分布于永安、大田、尤溪、德化一带，与水系沉积物和土壤Cu、Pb、Zn、Cd、Au、Ag等元素异常分布范围较一致。闽江流域对植物和环境不造成危害的Ⅰ类和Ⅱ类土壤区占流域面积的比例大于94.5%的重金属元素（按比例大小排序）有铬、铅、砷、锌、镍、铜、汞，其中铬大于99%；对植物和环境可能造成危害的Ⅲ类与超Ⅲ类土壤区占流域面积的比例大于1%的重金属元素（按比例大小排序）有镉、汞、铜、镍、锌、砷和铅，镉为12.09%，汞为5.03%，铜为3.15%。

二、晋江流域地球化学特征

（一）晋江流域表层土壤元素背景含量特征

对比九龙江流域、晋江流域和三都澳流域，晋江流域锡、铅含量高。

（二）晋江流域重金属有害元素特征

晋江流域表层土壤环境质量与重金属有害元素含量特征见表13-12。

表13-12 晋江流域表层土壤质量分类表和重金属元素地球化学参数

类别	参数	汞	镉	铅	锌	铜	铬	镍	砷
Ⅰ类	含量（10^{-6}）	≤0.15	≤0.2	≤35	≤100	≤35	≤90	≤40	≤15
	面积（km^2）	4 364	4 576	804	4 444	5 092	5 360	5 380	5 140
	占全区比例（%）	80.93	84.87	14.91	82.42	94.44	99.41	99.78	95.33
Ⅱ类	含量（10^{-6}）	0.15～0.3	0.2～0.3	35～250	100～200	35～50	90～150	—	15～30
	面积（km^2）	860	528	4 552	876	180	28	—	220
	占全区比例（%）	15.95	9.79	84.42	16.25	3.34	0.52	—	4.08
Ⅲ类	含量（10^{-6}）	0.3～1.5	0.3～1.0	250～500	200～500	50～400	150～300	40～200	—
	面积（km^2）	164	276	36	68	120	4	12	—
	占全区比例（%）	3.04	5.12	0.67	1.26	2.23	0.07	0.22	—
超Ⅲ类	含量（10^{-6}）	>1.5	>1.0	>500	>500	>400	>300	>200	>30
	面积（km^2）	4	12	0	4	0	0	0	32
	占全区比例（%）	0.07	0.22	—	0.07	—	—	—	0.59

续表

类别	参数	汞	镉	铅	锌	铜	铬	镍	砷
最大值（10^{-6}）		2.71	18.23	370.3	741.1	211.6	235.5	118.5	65.68
最小值（10^{-6}）		0.03	0.017	18.9	19.0	1.8	2.4	2.5	0.53
平均值（10^{-6}）		0.12	0.159	60.1	76.8	14.2	18.7	8.0	5.67
中值（10^{-6}）		0.095	0.121	50.2	69.2	10.5	15.6	7.0	4.4
算术平均值（10^{-6}）		0.104	0.129	53.9	71.6	11.8	15.9	7.1	4.67
标准离差（10^{-6}）		0.044	0.057	20.5	25.0	6.44	5.1	2.08	2.39

注：根据样品数统计

对植物和环境不造成危害的Ⅰ类和Ⅱ类土壤区占流域面积的比例大于94.5%的重金属元素（按比例大小排序）有铬、镍、砷、铅、锌、铜、汞和镉，其中铬、镍、砷、铅大于99%，对植物和环境可能造成危害的Ⅲ类与超Ⅲ类土壤区占流域面积的比例大于1%的重金属元素（按比例大小排序）有镉、汞、铜和锌。汞分布于晋江河口平原的泉州、南安和石狮等城区和城郊区，镉分布于安溪县、永春县、南安市和晋江河平原的泉州、晋江等城区和城郊区。

三、九龙江流域地球化学特征

（一）九龙江流域表层土壤元素背景含量特征

九龙江流域Se、S含量高。P、S、U、Al_2O_3 4种元素和指标背景含量最高，有37种元素和指标背景含量是3个河口平原区中最低。

（二）九龙江流域重金属有害元素特征

九龙江流域表层土壤环境质量与重金属有害元素含量特征见表13-13。

表13-13　九龙江流域表层土壤质量分类表和重金属元素地球化学参数

类别	参数	汞	镉	铅	锌	铜	铬	镍	砷
Ⅰ类	含量（10^{-6}）	≤0.15	≤0.2	≤35	≤100	≤35	≤90	≤40	≤15
	面积（km^2）	11 752	11 396	4 480	12 188	13 560	14 360	14 636	13 804
	占全区比例（%）	79.64	77.23	30.36	82.60	91.89	97.32	99.19	93.55
Ⅱ类	含量（10^{-6}）	0.15~0.3	0.2~0.3	35~250	100~200	35~50	90~150	—	15~30
	面积（km^2）	2 380	1 956	10 104	2 332	828	388	—	748
	占全区比例（%）	16.13	13.26	68.47	15.80	5.61	2.63	—	5.07
Ⅲ类	含量（10^{-6}）	0.3~1.5	0.3~1.0	250~500	200~500	50~400	150~300	40~200	—
	面积（km^2）	620	1 212	112	192	368	8	120	—
	占全区比例（%）	4.20	8.21	0.76	1.30	2.49	0.05	0.81	—
超Ⅲ类	含量（10^{-6}）	>1.5	>1.0	>500	>500	>400	>300	>200	>30
	面积（km^2）	4	192	60	44	0	0	0	204
	占全区比例（%）	0.03	1.30	0.41	0.30	—	—	—	1.38
最大值（10^{-6}）		1.525	21.03	6 609.6	2 093	299.2	200	64.2	270.32
最小值（10^{-6}）		0.015	0.006	11.2	19.3	1	3	1.1	0.37
平均值（10^{-6}）		0.126	0.185	58.9	77.8	17.04	32.5	11.6	6.57

续表

类别	参数	汞	镉	铅	锌	铜	铬	镍	砷
中值（10^{-6}）		0.095	0.115	43.7	66.4	13.3	23.6	8.8	4.5
算术平均值（10^{-6}）		0.093	0.135	47.5	70.1	15.2	31.3	10.5	5.25
标准离差（10^{-6}）		0.046	0.082	20.45	25.8	9.7	21.6	6.1	3.54

注：根据样品数统计

对植物和环境不造成危害的Ⅰ类和Ⅱ类土壤区占流域面积的比例大于94.5%的重金属元素（按比例大小排序）有铬、镍、铅、砷、锌、铜和汞，镉为90.49%，其中铬、镍大于99%，对植物和环境可能造成危害的Ⅲ类与超Ⅲ类土壤区占流域面积的比例大于1%的重金属元素（按比例大小排序）有镉、汞、铜、锌、砷和铅，镉为9.51%，汞为4.23%，铜为2.5%。

土壤镉分布于龙岩城区与城郊区，其次分布于万安镇、苏坂乡、西洋乡等地。与二叠系地层关系密切，在该区采集的稻米、花生等农产品中镉含量已超标，说明本流域部分土壤中的镉已对农作物和人类健康造成危害。

土壤汞Ⅲ类土壤分布于九龙江河口平原漳州市芝山镇、九湖镇、石亭镇、朝阳镇、榜山镇、角美镇、紫泥镇、海澄镇、浮宫镇东园镇、白水镇、官浔镇一带，此外是龙岩市小池镇、龙门、西陂、铁山、曹溪镇、红坊镇、东肖、江山、莒溪镇、适中镇和漳平市城区等地。汞超Ⅲ类土壤仅分布于九龙江河口平原的漳州市老城区。漳州市城区和城郊区表层土壤汞的分布具有从人口密度大的旧城市→人口密度小的城郊区逐渐递减的趋势，说明土壤汞含量与人类活动时间的长短及人口密度关系密切，这从九龙江流域汞的Ⅲ类土壤区主要分布于城镇区也得到证明。除人类活动提供的汞源外，九龙江河口平原区及流域其他地区，表层土壤汞还来源于地热资源带来的地壳深部汞源。

四、三都澳流域地球化学特征

（一）三都澳流域表层土壤元素背景含量特征

三都澳流域重金属有害元素As、Cr、Cu、Pb，农业营养有益元素P 、K、Ca、Cl、Mn、Mo，亲铜成矿元素Au、Ag、Bi、Sb，分散元素Sr、Ba、Tl，以及造岩元素Na、Si，稀有元素Rb，铁族元素Co背景含量高。

（二）三都澳流域重金属有害元素特征

三都澳流域表层土壤环境质量与重金属有害元素含量特征见表13-14。

对植物和环境不造成危害的Ⅰ类和Ⅱ类土壤区占流域面积的比例>96.5%的重金属元素（按比例大小排序）有铅、铬、镍、锌、铜、砷、汞和镉，为90.49%，其中铅、铬、镍、锌、铜、砷>99%，对植物和环境可能造成危害的Ⅲ类与超Ⅲ类土壤区占流域面积的比例>1%的重金属元素（按比例大小排序）有镉和汞，镉为3.34%，汞为1.83%。镉分布于九都镇、溪尾镇一带。

表13-14 三都澳流域表层土壤质量分类表和重金属元素地球化学参数

类别	参数	汞	镉	铅	锌	铜	铬	镍	砷
Ⅰ类	含量（10^{-6}）	≤0.15	≤0.2	≤35	≤100	≤35	≤90	≤40	≤15
	面积（km^2）	2 308	2 080	280	1 876	2 256	2 396	2 392	2 236
	占全区比例（%）	96.33	86.81	11.69	78.30	94.16	100.00	99.83	93.32

续表

类别	参数	汞	镉	铅	锌	铜	铬	镍	砷
Ⅱ类	含量（10^{-6}）	0.15～0.3	0.2～0.3	35～250	100～200	35～50	90～150	—	15～30
	面积（km^2）	44	236	2 116	508	116	0	—	136
	占全区比例（%）	1.84	9.85	88.31	21.20	4.84	—	—	5.68
Ⅲ类	含量（10^{-6}）	0.3～1.5	0.3～1.0	250～500	200～500	50～400	150～300	40～200	—
	面积（km^2）	44	80	0	12	24	0	4	—
	占全区比例（%）	1.84	3.34	—	0.50	1.00	—	0.17	—
超Ⅲ类	含量（10^{-6}）	>1.5	>1.0	>500	>500	>400	>300	>200	>30
	面积（km^2）	0	0	0	0	0	0	0	24
	占全区比例（%）	—	—	—	—	—	—	—	1.00
最大值（10^{-6}）		0.856	0.096	214.3	383.4	74.6	85.5	44.4	270.32
最小值（10^{-6}）		0.035	0.048	27.3	23.5	3.9	10.9	3.4	0.37
平均值（10^{-6}）		0.103	0.145	55.3	80.6	16.8	27	10.77	6.57
中值（10^{-6}）		0.085	0.128	47	73.8	14	22.7	8.6	4.5
算术平均值（10^{-6}）		0.092	0.134	50.1	78.1	15.7	24.7	9.1	5.25
标准离差（10^{-6}）		0.037	0.046	14.6	24.5	7.96	10.2	3.7	3.54

注：根据样品数统计

五、硒元素含量特征

硒是人体必需的微量元素之一，具有较强的抗自由基能力。硒在地球的表面分布极不均匀，全世界约有72%的土壤缺硒，造成大多数人群体内缺硒，免疫力低下，诱发多种疾病的发病率升高，因此富硒土壤是优质自然资源。

福建省多目标区域地球化学调查发现，福建局部地区表层土壤硒含量高，硒含量大于等于0.44mg/kg的富硒土壤面积1.79万km^2。富硒土壤分布面积最大的区域为龙岩市新罗区及周边地区，总面积近3000km^2，此外为云霄县—诏安县、华安县—长泰县、永安市—大田县等区域，云霄县—诏安县Se含量大于等于0.44mg/kg富硒土地面积达624km^2，且其中Se含量大于等于0.71mg/kg的特别富硒区域近300km^2，Se含量大于等于0.92mg/kg的极富硒区约30km^2。

土壤硒的分布与地质背景密切相关，主要有两种分布模式。一是沿海火成岩分布区，这类富硒区表层土壤硒含量高，重金属有害含量低，适宜无公害富硒农产品开发利用；二是二叠系地层分布区，土壤富硒但镉等重金属元素含量也高，仅适宜于不易吸收重金属元素的富硒农产品开发利用。

各流域富硒土壤面积等参数见表13-15。4个流域中富硒土壤区占流域面积的比例以九龙江流域最大，其次是闽江流域。

表13-15 各流域富硒土壤面积等参数表

富硒土壤	闽江流域	晋江流域	九龙江流域	三都澳流域
面积（km^2）	5080	856	4984	340
占流域比例（%）	24.38	15.88	33.78	14.19

云霄县—诏安县富硒区位于上述4个流域之外，分布于花岗岩分布区，对产于该区的农产品硒含量初步调查成果显示，该区稻米、花生、大豆等农产品达到富硒无公害农产品标准，应大力开发富硒农产品产业。而位于九龙江流域的龙岩市新罗区及周边地区富硒区，稻米、花生、大豆等农产品也富硒，但同

时重金属含量高，应研究不易吸收重金属元素的富硒农产品种类加以开发利用，如大田武陵富硒萝卜，虽长于重金属含量高的富硒土壤区，但富硒萝卜重金属含量低。

六、小　　结

（1）福建省表层土壤环境质量总体较好，Ⅰ类和Ⅱ类土壤区占流域面积的94.5%以上。除镉元素外，在闽江、晋江、九龙江和三都澳4个流域，土壤中汞、铅、锌、铜、铬、镍、砷7个重金属元素的含量，主体均属对植物和环境不造成危害的Ⅰ类和Ⅱ类土壤区。

（2）汞Ⅲ类和超Ⅲ类土壤区主要分布于河口平原区及各城镇区，与人口密度、人类活动时间长短以及地热等温泉资源关系密切。

（3）镉Ⅲ类和超Ⅲ类土壤区，分布于二叠系地层分布区，为地质背景成因。

（4）福建省富硒土地资源丰富，分布于花岗岩等火成岩分布区的富硒土地资源利用价值大，已发现富硒无公害农产品，应大力开发利用。分布于二叠系沉积岩地层的富硒土壤区，由于土壤重金属含量高造成多数农产品重金属含量高，应研究不易吸收重金属元素的富硒农产品种类加以选择性开发利用。

第六节　海西经济区沿海水环境地球化学特征

一、地表水与浅层地下水元素背景含量特征

（一）地表水元素含量特征

地表水元素背景含量特征见表13-16。对比《地下水质量标准》（GB/T 14848—2017）中Ⅰ类水（代表自然低背景含量）上限，Se、I、As、Co、Zn、Cu、Ni、Hg、Cl、F、Cd、Pb低于该上限，NO^{2-}、Ba、Fe、Be、Mn、Mo高于该上限。

表13-16　地表水样品地球化学参数（n=1185）

元素	原始参数		剔除离群样品（平均值±3倍标准差）后统计值					低背景上限	K_1
	最小值	最大值	几何平均值	中值	平均值	标准差	变异系数		
NO^{2-}	0.25	2 084	7.6	6.3	34.67	62.03	1.79	1	6.3
As	未检出	60.46	0.51	0.5	0.81	0.97	1.20	5	0.1
Ba	3.89	661.25	54.49	52.74	61.33	34.43	0.56	10	5.27
Be	未检出	10.511	0.041	0.044	0.058	0.068	1.17	0.02	2.2
Cd	0.002	17.75	0.045	0.042	0.079	0.16	2.03	0.1	0.42
Cl	0.3	25 946.9	23.25	12.3	193.33	747.75	3.87	50	0.25
Co	0.1	63.74	0.82	0.68	1.19	1.4	1.18	5	0.14
Cr	未检出	2 739.61	3.17	3.08	4.68	10.93	2.34	—	—
Cu	0.17	3 610	1.92	1.66	5.11	21.1	4.13	10	0.17
F	未检出	28.2	0.25	0.25	0.31	0.28	0.90	1	0.25
Fe	1.7	19 009.7	299.63	287.7	489.44	560.79	1.15	100	2.88
Hg	未检出	1.183	0.013	0.012	0.014	0.009 7	0.69	0.05	0.24
I	0.000 1	0.52	0.003	0.003	0.005 9	0.007 3	1.24	0.1	0.03

续表

元素	原始参数		剔除离群样品（平均值±3倍标准差）后统计值					低背景上限	K_1
	最小值	最大值	几何平均值	中值	平均值	标准差	变异系数		
Mn	0.19	9 685.02	84	80.87	171.09	231.11	1.35	50	1.62
Mo	0.01	1 495.54	1.59	1.42	2.16	2.32	1.07	1	1.42
Ni	0.2	3 035.92	1.37	1.045	4.22	16.41	3.89	5	0.21
Pb	0.86	243.98	5.45	4.77	6.92	6.26	0.90	5	0.95
Se	未检出	10.754	0.063	0.065	0.077	0.089	1.16	10	0.01
Sr	7.445	6 983.15	117.28	88.22	196.42	293.8	1.50	—	—
Zn	0.12	7 704.01	7.62	7.84	16.56	43.33	2.62	50	0.16

注：除I、F和Cl的表示单位为mg/L外，其余项目均为μg/L。NO^{2-}以N计；K_1为中值/低背景上限［据《地下水质量标准》（GB/T 14848—2017）］

其中，Mo、Be、Ba、Mn含量较高与本带地质背景中占主要地位的酸性火成岩（花岗岩、酸性火山岩）有关，而Fe、Mn可能与红壤、赤红壤富铁锰化作用有关，地表水中的悬浮物可能带有大量的Fe、Mn元素。

（二）浅层地下水元素含量特征

浅层地下水元素背景含量特征见表13-17。

表13-17　浅层地下水样品地球化学参数（n=1206）

元素	原始参数		剔除离群样品（平均值±3倍标准差）后统计值					K_2	K_3
	最小值	最大值	几何平均值	中值	平均值	标准差	变异系数		
NO^{2-}	0.25	512	1.03	0.8	3.94	10.64	2.70	0.80	0.13
As	未检出	61.13	0.28	0.3	0.48	0.79	1.65	0.06	0.60
Ba	0.85	2 961.92	97.36	97.13	128.05	107.77	0.84	9.71	1.84
Be	未检出	3.078	0.077	0.068	0.119	0.14	1.18	3.40	1.55
Cd	0.001	4.007	0.049	0.044	0.07	0.085	1.21	0.44	1.05
Cl	0.25	13 062.4	27.62	27.1	62.36	115.36	1.85	0.54	2.20
Co	0.06	33.21	0.76	0.7	0.96	0.83	0.86	0.14	1.03
Cr	0.13	103.95	2.92	2.86	3.1	1.24	0.40	—	0.93
Cu	0.12	86.01	1.21	1.13	1.51	1.32	0.87	0.11	0.68
F	未检出	3.45	0.12	0.14	0.19	0.19	1.00	0.14	0.56
Fe	1.2	14 704.3	50.33	38.6	138.57	317.69	2.29	0.39	0.13
Hg	未检出	1.502	0.013	0.012	0.018	0.022	1.22	0.24	1.00
I	0.000 1	0.98	0.002 8	0.001 9	0.011	0.024	2.18	0.02	0.63
Mn	0.12	10 371.17	18.65	10.63	99.1	249.74	2.52	0.21	0.13
Mo	0.03	77.75	1.24	1.07	1.79	2.03	1.13	1.07	0.75
Ni	0.195	44.41	1.25	1.16	1.45	0.93	0.64	0.23	1.11
Pb	0.72	257.63	5.51	5.2	6.5	4.52	0.70	1.04	1.09
Se	未检出	6.338	0.11	0.1	0.17	0.23	1.35	0.01	1.54
Sr	1.01	3 415.52	138.52	154.67	207.69	187.08	0.90	—	1.75
Zn	0.74	13 938.42	13.08	11.55	49.65	182.96	3.68	0.231	1.47

注：除I、F和Cl的表示单位为mg/L外，其余项目均为μg/L。NO^{2-}以N计；K_2为中值/低背景上限；K_3为地下水中值/地表水中值

对比《地下水质量标准》（GB/T 14848—2017）中Ⅰ类水（代表自然低背景含量）上限，Se、I、As、Cu、Co、F、Mn、Zn、Ni、Hg、Fe、Cd、Cl低于该上限，Ba、Be、Mo、Pb高于该上限，Ba是该上限的9.71倍。

对比地表水，Cl、Ba、Sr、Be、Se、Zn、Ni、Pb、Cd在浅层地下水中含量高，Fe、Mn、NO^{2-}含量明显下降。反映出浅层地下水明显受到海水的影响（Cl高出地表水2.2倍），而反映环境污染的Fe、Mn、NO^{2-}指标在浅层地下水中含量低，说明浅层地下水未受到地表水污染的影响。

二、地表水与浅层地下水元素分布特征

（一）地表水元素分布特征

对比全区地表水均值，将流域均值与全区均值的比值大于等于1.2视为在该流域含量高；将流域均值与全区均值的比值小于等于0.8视为在该流域含量低，各流域地表水元素含量具有以下分布特征。

诏安湾流域地表水富含Cl、Cd、Sr、Pb，Fe、Ni、Cu、NO^{2-}含量低，Zn、Cr含量全区最低。

东山湾流域地表水富含Cl、Sr、Pb，Be、F、Ba、Fe、Cr、Mn、Ni含量低，Cu、Zn、NO^{2-}含量全区最低。

漳浦丘陵区地表水Ni、Cr、Zn、F含量全区最高，Cl、Cu、Mn、Be、Co、Cd、Sr、Fe、Se、Pb含量高，NO^{2-}含量低，As含量全区最低。

九龙江流域地表水除Cd、Ba外，其他18种元素和指标含量均高，其中，Cu最高，其次是Ni、Se、Cl。

同安—石狮丘陵台地区地表水Cu、Se、Hg、Co、I、Ba含量全区最高，Ni、Cr、Zn、Cl、Cd、Sr、NO^{2-}、Mn、Pb、F、Mo、As、Fe、Be等含量高，且除Fe外均高于九龙江流域。

晋江流域地表水Cd含量全区最高，Zn、Cr、Ni、Cu含量高，Be、Mo、Mn、As、I、Sr含量低，Hg、Co、Fe、Cl含量全区最低。

湄洲湾流域地表水Cl、Pb含量全区最高，Cd、Sr、As、Se、I、F、Mo、Co、Ba、Hg含量高。

兴化湾流域地表水Cl、Sr、I、NO^{2-}、As、F、Mn、Co、Pb含量高，Cu、Zn含量低。

福清湾流域地表水As、Sr、Fe、Be含量全区最高，Cl、Cu、NO^{2-}、Zn、I、Cd、Pb、F、Mn、Co、Mo、Se、Ba含量高，Ni含量低。

长乐沿海地区地表水NO^{2-}、Mn含量全区最高，Cl、As、I、Sr、Fe、Cd、Co、F、Pb、Zn、Mo含量高，Cu、Ni含量低。

闽江流域地表水Mo含量全区最高，Zn、Se、NO^{2-}、As、I、Fe、Mn含量高，Co、Cr、Cu、Ni、Sr、Cl含量低。

敖江流域地表水Cu含量高，Cr、Ni、NO^{2-}、Zn、Se含量低，Cd、Mo、Mn、F、Sr、Ni、I、Cl含量全区最低。

罗源湾流域地表水Cl、Fe、I、Mn、Hg、Cd、Sr含量高，Mo、NO^{2-}、Ni、Cu含量低，Se含量最低。

三都澳流域地表水Cl含量高，Cr、I、As、NO^{2-}、Zn、Ni含量低，Be、Ba、Cu含量最低。

（1）从诏安湾—闽江流域—三都澳流域，地表水沿NE向展布沿海地区具有如下分布特征。

Cl、Sr、Co、Pb、I、F、Hg具有相似的分布模式，如图13-13所示。该组元素指标含量在晋江流域、闽江流域和敖江流域明显低于全区背景值，在诏安湾—厦门—石狮沿海地区、湄洲湾—长乐沿海地区含量高。

Cr、Ni、Zn、Cu、Be具有相似的分布模式，如图13-14所示。高含量区主要分布在漳浦丘陵区和厦门—石狮沿海地区。

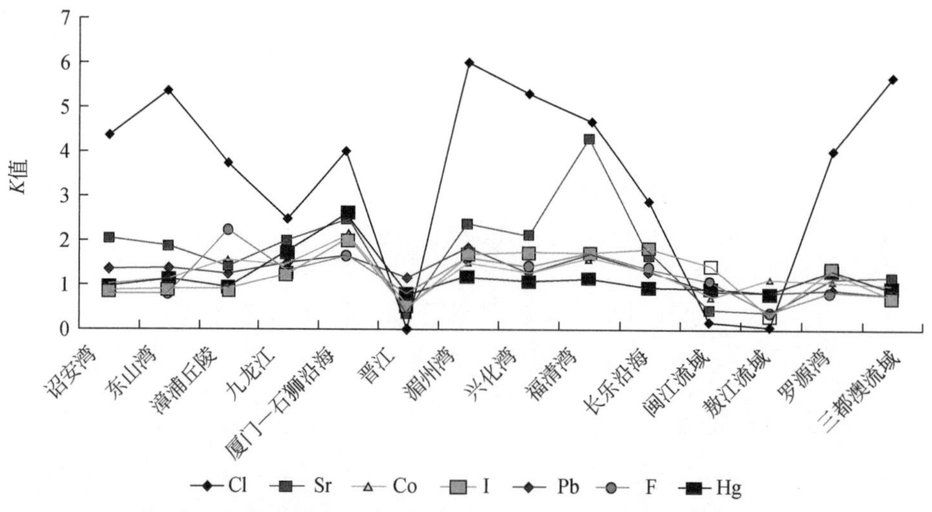

图 13-13　福建沿海地区各流域地表水 Cl、Sr 等元素含量分布图

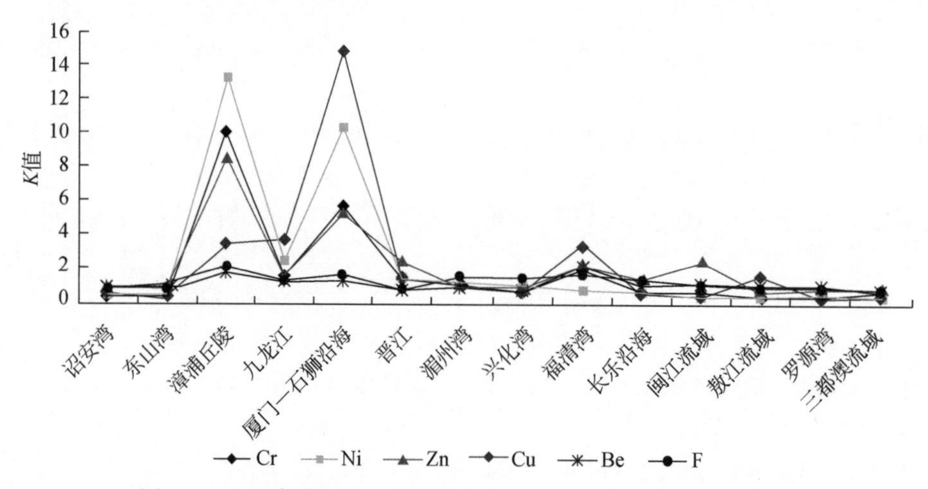

图 13-14　福建沿海地区各流域地表水 Cr、Ni 等元素含量分布图

NO^{2-}、As、Fe、Mn、Mo 指标具有相似分布模式，如图 13-15 所示。该组元素指标在九龙江流域、厦门—石狮沿海区、福清湾、长乐沿海等丘陵台地区含量相对高，福清湾 As、Fe 最高，长乐沿海 NO^{2-}、Mn 最高，Mo 在闽江流域含量最高。

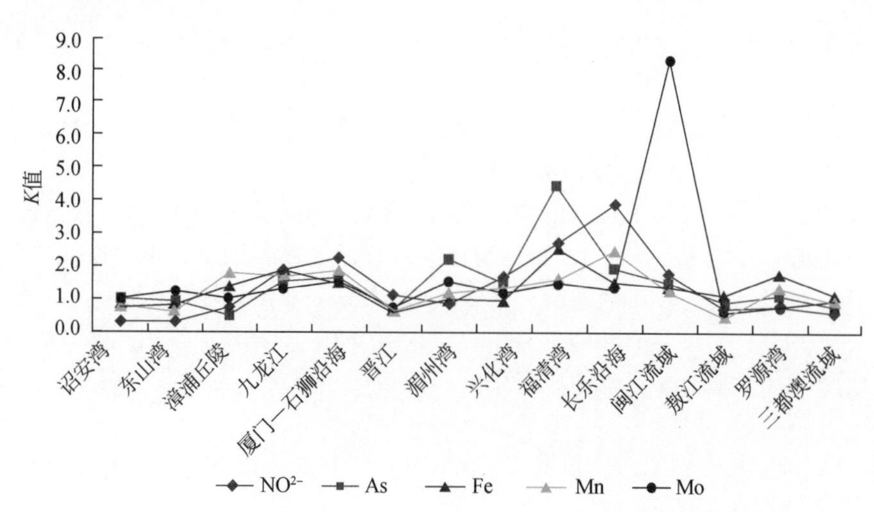

图 13-15　福建沿海地区各流域地表水 NO^{2-}、As 等元素含量分布图

Cd元素在晋江流域、厦门—石狮沿海、诏安湾、湄洲湾含量高，其次在漳浦丘陵区、福清湾、长乐沿海含量高（图13-16）。Se在厦门—石狮沿海区、九龙江流域含量高，此外是闽江流域、福清湾、湄洲湾等地区。

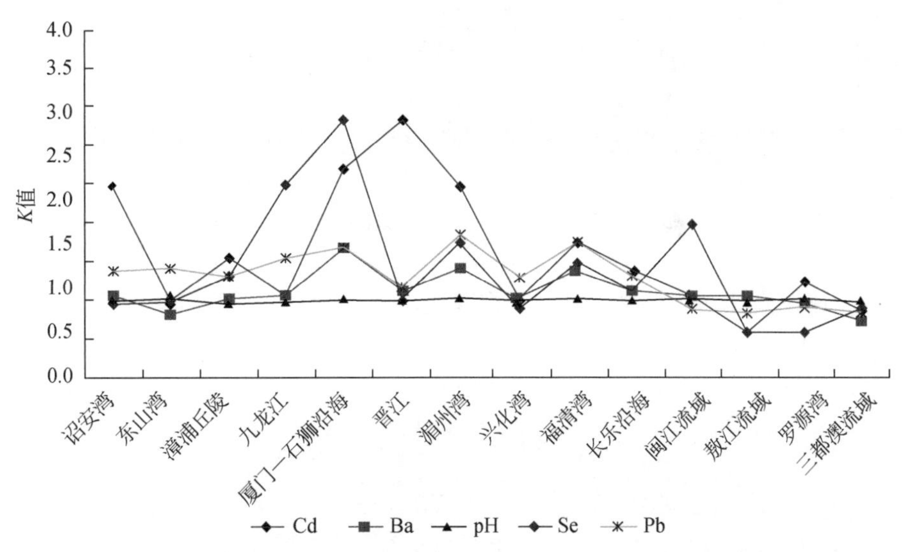

图13-16 福建沿海地区各流域地表水Cd、Ba、Se、Pb等元素含量分布图

（2）沿北西侧山区—沿海地区，地表水多数元素含量北西侧山区低，沿北西侧山区—沿海丘陵台地区，地表水元素含量逐渐升高，高含量区主要分布于沿海台地丘陵区。

（二）浅层地下水元素分布特征

对比全区浅层地下水均值，将流域均值与全区均值的比值大于等于1.2视为在该流域含量高；将流域均值与全区均值的比值小于等于0.8视为在该流域含量低，各流域浅层地下水元素含量具有以下分布特征。

诏安湾浅层地下水Ba含量全区最高，Mn、Be、NO^{2-}、Fe、I、Co、Sr、Cl、Pb、Mo、Cd、Se、Ni含量高，Zn含量低。

东山湾浅层地下水Pb含量全区最高，Zn、Fe、Mn、Cl、Co、Cu、Se、I、Mo、NO^{2-}、Sr、As、Be、Ba含量高。

漳浦丘陵区浅层地下水Be、Cr、Ni全区最高，NO^{2-}、Fe、Se、Co、Pb、Cu、Ba含量高，Mo、Zn含量低，pH、F、As含量全区最低。

九龙江流域浅层地下水Fe、Mn、I、Cu、Co、Cd含量全区最高，Hg、Cl、NO^{2-}、Se、Pb、Zn、Ba、F、Sr、Be、Ni、Mo含量高。

同安—石狮丘陵台地区浅层地下水Zn、Hg含量全区最高，Se、I、Cl、Cu、Sr、Pb、Co、Mo、Ni、Be、Ba、Cr含量高，NO^{2-}、F、Fe含量低。

晋江流域浅层地下水I、Mn、Cr、Ba含量高，Cl、Hg、Mo、Co、Sr、Zn、Pb、Fe、Se含量低。

湄洲湾流域浅层地下水Cl、Sr含量全区最高，I、Se、Mo、Co、NO^{2-}、Zn、Ni、F、Pb、Ba含量高，As、Fe含量低。

兴化湾流域浅层地下水Mo含量全区最高，Zn、Cl、I、Cd、Mn、Se、F、As、Fe、Ba含量高，Cr含量全区最低。

福清湾流域浅层地下水Se含量全区最高，Cl、I、Sr、Cr、Zn、Mo含量高，Fe、Mn含量低，Be、NO^{2-}含量全区最低。

长乐沿海地区浅层地下水As、F含量全区最高，Fe、Mn、I、NO^{2-}、Zn、、Mo、Cl、Ni含量高，Hg、

Ba 含量低。

闽江流域浅层地下水 Zn、Fe、Cd、As、Mn 含量高，Co、Hg、Sr、Se、I、Cl 含量低。

敖江流域浅层地下水 NO^{2-} 含量全区最高，Cd、As、Cr 含量高，Ni、Co、Se、Pb、Sr、Cu、Zn、Cl、I 含量低，Mo、Fe、Mn 含量全区最低。

罗源湾流域浅层地下水 As 含量高，Mo、Zn、Mn 含量低，Cd、Hg、Ni、Pb、Co、Ba、Sr、Se、Cu、Cl、I 含量全区最低。

三都澳流域浅层地下水 Hg、Ni、Ba、Cu、Pb、Co、Fe、Mn、Cl、I 含量低，Sr、Zn 含量全区最低。

总体上，从诏安湾—闽江流域—三都澳流域，浅层地下水沿 NE 向展布沿海地区具有如下分布特征。

（1）闽江以北的敖江流域、罗源湾流域、三都澳流域浅层地下水元素含量低。此外是闽江流域和晋江流域（图 13-17 ~ 图 13-21）。

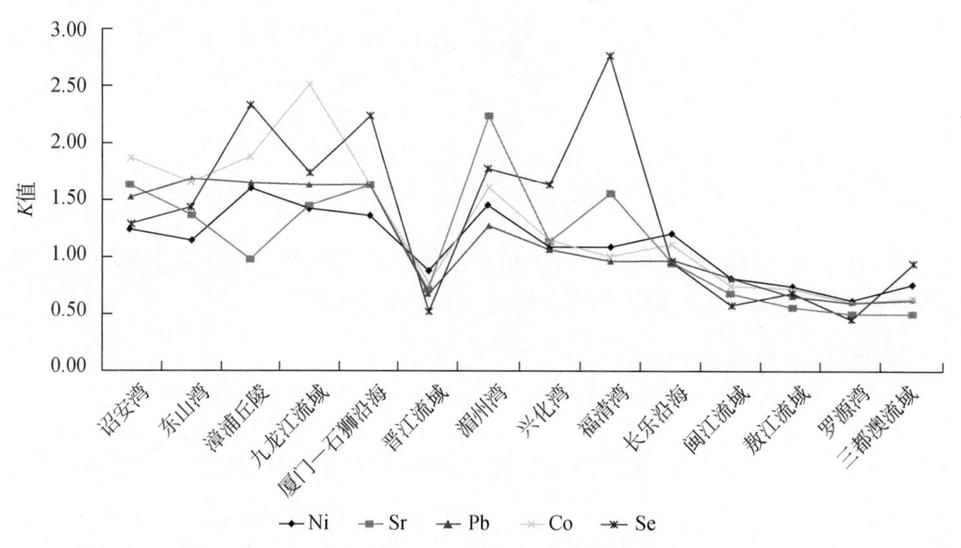

图 13-17 福建省沿海浅层地下水 Ni 等元素含量分布图

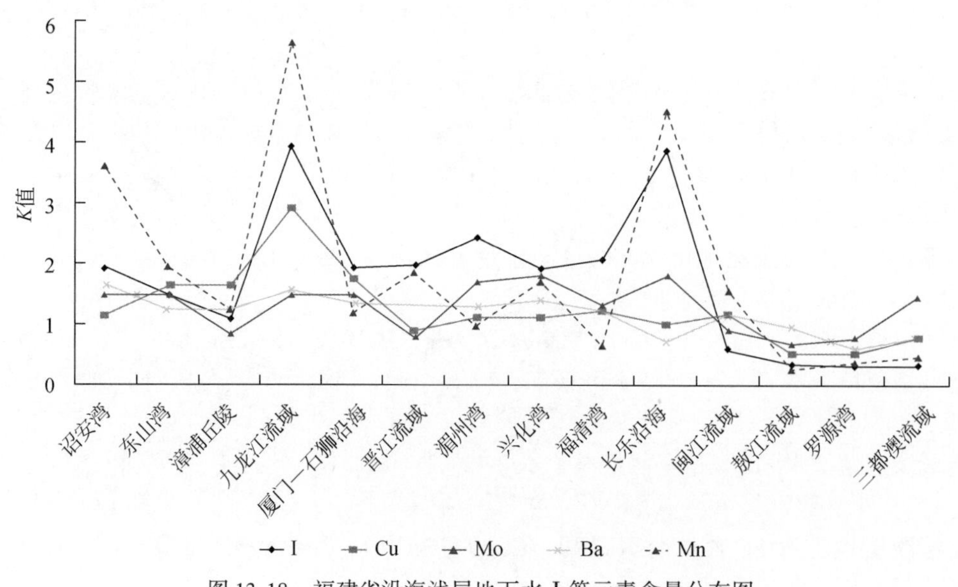

图 13-18 福建省沿海浅层地下水 I 等元素含量分布图

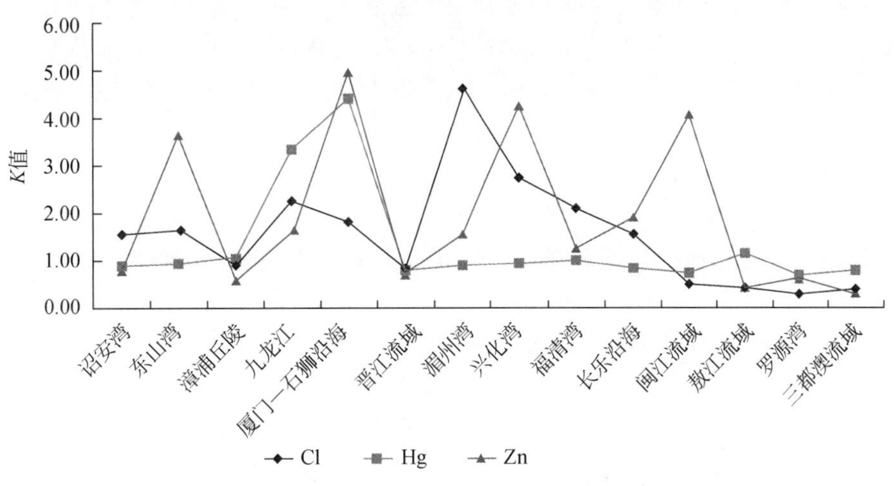

图 13-19　福建省沿海浅层地下水 Cl 等元素含量分布图

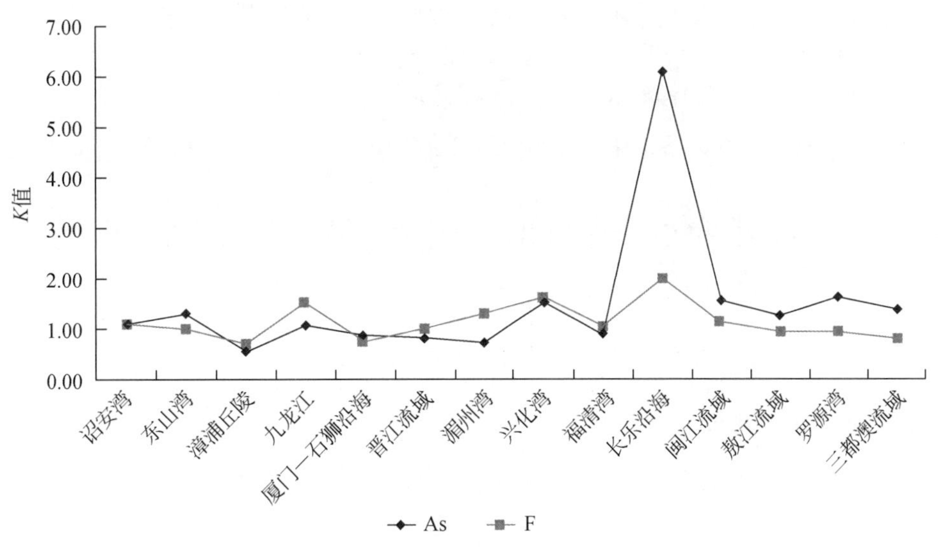

图 13-20　福建省沿海浅层地下水 As 等元素含量分布图

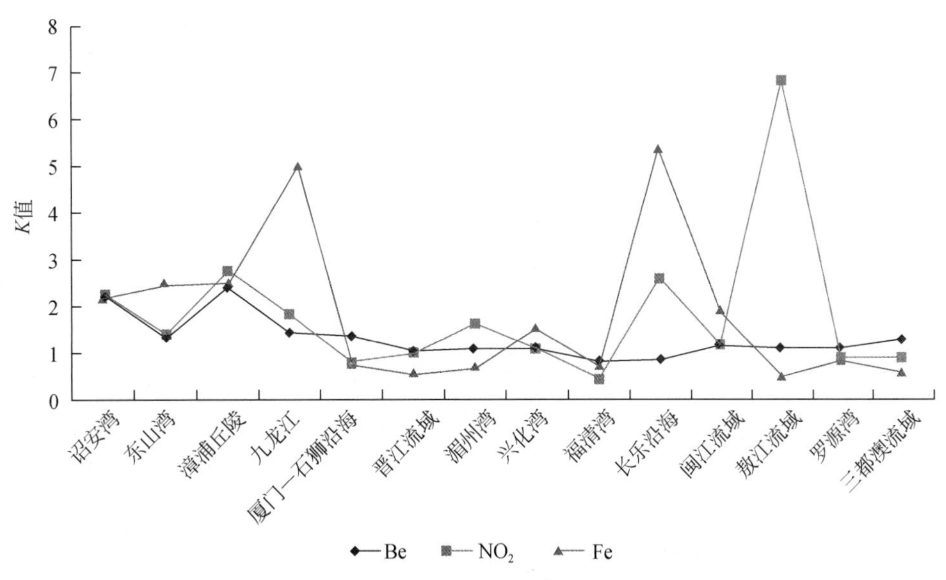

图 13-21　福建省沿海浅层地下水 Be 等元素含量分布图

（2）九龙江流域浅层地下水元素含量高，18 种元素指标含量均值高于全区均值；诏安湾、东山湾、漳浦丘陵区、九龙江流域、厦门—石狮沿海、湄洲湾—长乐沿海区等地区多数元素指标含量高于全区均值。

（3）Ni、Sr、Pb、Cl、Co、Se、I、Cu、Mo、Ba、Mn、Hg、Zn 13 种元素具有相似的“南西高北东低”分布模式。

（4）As、F 分布模式相似，高值区分布在长乐沿海地区。

（5）NO^{2-}、Fe、Be 分布模式相近，九龙江流域以南、长乐沿海区含量较高。

（6）从北西侧山区→沿海地区，浅层地下水多数元素含量逐渐升高，北西侧山区元素含量低，高含量区主要分布于沿海台地丘陵区。许多元素以福州—平和一线为界（大约为 1400mm 降水量等值线），该线以南含量明显升高。这种分布反映了地形及气候的影响，西部为山地，降水量大，水动力强，矿化度低；而东南部多为丘陵台地及河口盆地，水动力较弱，降水量较小，矿化度高。

以浅层地下水 Cl 为例，西北部一般小于 20mg/L，罗源、连江、永泰、安溪、南靖等县部分地区含量极低，小于 10mg/L。而向东南逐渐升高，至闽南滨海地带升高到大于 250 mg/L，超过生活饮用水卫生标准。部分海湾附近的井水 Cl 含量特别高，显然是受到海水的影响，成为咸水。

地下水 F 含量高被普遍认为是地氟病的主要因素，本带浅层地下水 F 含量不是很高，大部分为Ⅰ类水和Ⅱ类水，但含量较高的Ⅱ类水，也主要分布在海岸带附近。

（7）沿主要水系下游，呈北西向分布，有浅层地下水 Fe、Mn、NO^{2-}、Ni、Pb 等。该种分布模式可能与人类活动造成的污染有关，因为海岸带、主要水系下游均为交通要道，人口密集，污染较严重。

三、地表水与浅层地下水重金属元素含量特征

将地表水和浅层地下水中重金属元素含量超过水质Ⅲ类标准者视为超标水，福建沿海地区地表水和浅层地下水中重金属元素含量总体较低，仅局部地区存在重金属含量超标水。

1. 地表水重金属元素含量超标区

共有 13 个地区地表水存在 1 个或 3 个重金属元素含量超标，如图 13-22 所示。

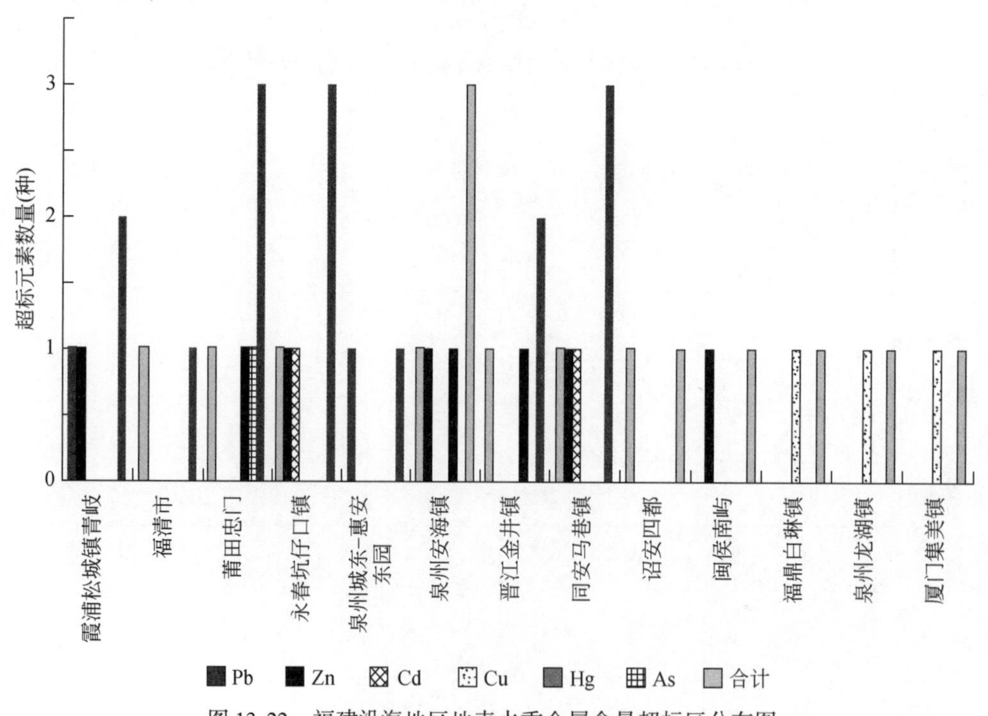

图 13-22 福建沿海地区地表水重金属含量超标区分布图

3 种重金属含量超标的地区有 4 个，分别是莆田忠门 Pb-Hg-As 超标区、永春坑仔口 Pb-Zn-Cd 超标区、泉州安海 Pb-Zn-Hg 超标区和同安马巷 Pb-Zn-Cd 超标区，2 种重金属含量超标的地区有 2 个，分别是霞浦松城镇青岐 Pb-Zn 超标区和晋江金井 Pb-Hg 超标区，7 个单个重金属元素超标区，其中：Pb 为 3 个、Cu 为 3 个、Zn 为 1 个。铅元素超标区最多，共 9 个；其次是 Zn，共 5 个；Hg、Cu 均有 3 个超标区，Cd 有 2 个超标区，As 有 1 个超标区。

地表水重金属超标，主要是污染成因，如永春坑仔口 Pb-Zn-Cd 超标区，有天湖山煤矿及造纸厂，应为工业污染成因。

2. 地下水有害元素超标区

共有 17 处浅层地下水重金属超标区，如图 13-23 所示。

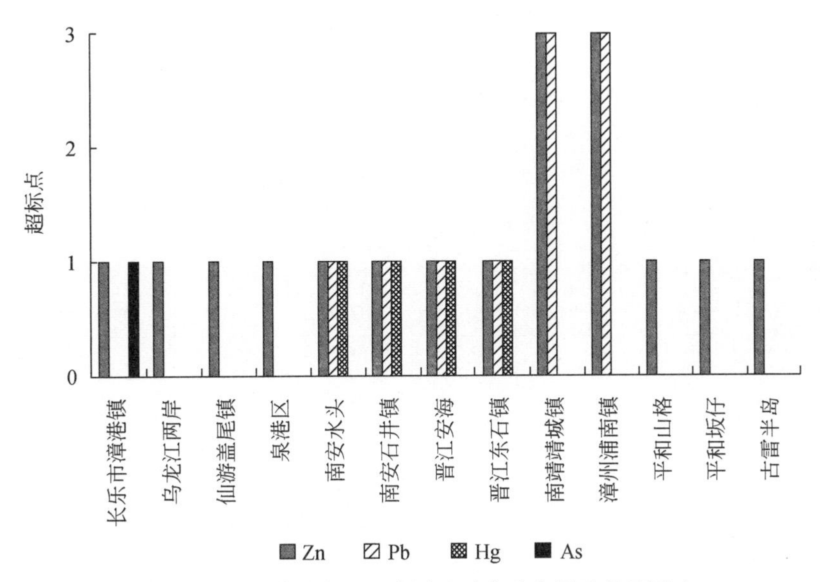

图 13-23　福建沿海地区浅层地下水重金属元素超标区

3 种重金属元素超标区有 4 个，分布于南安水头、南安石井、晋江安海和晋江东石，均为 Pb-Zn-Hg 超标区；2 种重金属超标区共有 7 个，长乐市漳港镇 Zn-As 超标区，南靖靖城镇和漳州浦南镇各 3 个 Zn-Pb 区；其余 6 个均为 Zn 超标区。

Zn 是本区浅层地下水主要超标元素，共有 17 处超标区；其次是 Pb，共有 10 处；再次是 Hg，共有 4 处。

浅层地下水重金属元素超标，主要为污染成因。例如，南安水头—晋江东石浅层地下水 Pb-Zn-Hg 超标区，与该区人口密度大、工厂企业多特别是电镀工业多密切相关。

四、小　　结

（1）福建沿海地区地表水和浅成地下水中多数元素处于自然低背景状态，以富含钼、铍、钡为特征。地表水铁、锰含量高，主要是携带了大量可酸解的悬浮物造成的，与本区环境中红壤、赤红壤富铁锰化作用有关。

（2）水环境中元素含量的分布受地形和气候的影响较明显，总体上具有从西部山地到东部沿海丘陵、台地和河口平原，水中微量元素含量逐渐升高，高值异常区呈 NE 向沿海岸展布，中低值异常区则在流域下游与沿海区之间呈北西等方向展布。

（3）地表水的分布与人类活动关系密切，高含量区主要分布于流域下游和河口平原区；地下水的分布主要与地质背景、人类活动及供水源关系密切，高含量区主要分布于闽江以南的沿海台地丘陵区，闽江以北丘陵区含量低。闽江以南的沿海台地丘陵区多为农用地和工业用地，人类活动频繁，地下水供水量相对不足，水中元素含量相对高。

（4）地表水与地下水重金属有害元素含量超标，主要是人为污染造成的。地表水 Pb、Zn 超标较严重的地区主要有莆田忠门、永春坑仔口、泉州安海和同安马巷；浅层地下水 Zn、Pb、Hg 超标较严重地区有南安水头、南安石井、晋江安海和晋江东石。应引起政府相关部门的重视。

第七节　沿海浅海 10m 等深线沉积物地球化学特征

一、浅海沉积物样品地球化学参数

（1）表层浅海沉积物（含滩涂）样品地球化学参数见表 13-18。

表 13-18　表层浅海沉积物样品地球化学参数

元素	原始参数		剔除离群样品（平均值±3 倍标准差）后统计值					中国浅海沉积物	K_5
	最大值	最小值	几何平均值	中值	平均值	标准差	变异系数		
SiO_2（10^{-6}）	96.94	50.15	66.25	64.11	67.00	10.31	0.15	63.8	1.00
Al_2O_3（10^{-6}）	23.08	0.58	14.26	15.80	14.09	4.68	0.33	11.1	1.42
TFe_2O_3（10^{-6}）	11.90	0.34	3.97	4.77	4.37	1.85	0.42	4.4	1.08
K_2O（10^{-6}）	7.12	0.35	2.97	3.02	2.93	0.67	0.23	2.3	1.31
Na_2O（10^{-6}）	3.57	0.06	1.39	1.53	1.47	0.66	0.45	2.0	0.77
CaO（10^{-6}）	9.97	0.06	1.15	1.38	1.46	0.96	0.65	5.3	0.26
MgO（10^{-6}）	3.12	0.05	1.04	1.51	1.41	0.85	0.60	1.8	0.84
Ag（10^{-6}）	0.600	0.028	0.102	0.097	0.109	0.051	0.470	0.063	1.54
As（10^{-6}）	91.90	1.00	7.00	8.08	7.97	3.73	0.47	7.7	1.05
Au（10^{-9}）	490.00	0.22	1.17	1.12	1.27	0.64	0.51	1.1	1.02
B（10^{-6}）	114.59	3.20	36.66	47.86	46.18	26.07	0.56	58	0.83
Ba（10^{-6}）	1 440.00	32.00	460.45	463.50	458.59	122.48	0.27	410	1.13
Be（10^{-6}）	4.20	0.27	2.16	2.36	2.21	0.76	0.34	2.0	1.18
Bi（10^{-6}）	4.27	0.01	0.47	0.53	0.51	0.24	0.47	0.33	1.61
Br（10^{-6}）	93.50	0.40	21.92	32.15	31.56	21.42	0.68	15	2.14
Cd（10^{-6}）	1.17	0.01	0.076	0.07	0.086	0.053	0.61	0.065	1.08
Ce（10^{-6}）	203.40	6.40	77.31	82.00	76.68	26.09	0.34	67	1.22
Cl（10^{-6}）	22 911.00	31.00	2 748.05	4 904.00	6 170.71	5 330.91	0.86	3 400	1.44
Co（10^{-6}）	43.42	0.70	9.86	11.34	10.69	4.74	0.44	12	0.95
Cr（10^{-6}）	313.30	3.90	38.81	50.80	48.97	28.00	0.57	61	0.83
Cu（10^{-6}）	71.90	1.70	16.79	18.90	19.90	10.81	0.54	15	1.26
F（10^{-6}）	916.00	70.00	415.18	506.00	486.94	234.88	0.48	480	1.05
Ga（10^{-6}）	28.90	1.50	17.44	19.10	17.64	6.09	0.35	14	1.36
Ge（10^{-6}）	2.09	0.74	1.35	1.42	1.37	0.24	0.18	—	—
Hg（10^{-6}）	1.416	0.001	0.051	0.055	0.053	0.025	0.472	0.025	2.20

续表

元素	原始参数		剔除离群样品（平均值±3 倍标准差）后统计值					中国浅海沉积物	K_5
	最大值	最小值	几何平均值	中值	平均值	标准差	变异系数		
I（10^{-6}）	54.25	0.15	8.08	10.61	10.31	6.20	0.60	18	0.59
La（10^{-6}）	128.00	2.70	39.84	42.40	39.82	13.53	0.34	33	1.28
Li（10^{-6}）	89.40	5.45	36.07	47.49	44.19	23.50	0.53	38	1.25
Mn（10^{-6}）	3 164.00	60.00	753.14	811.00	805.55	335.49	0.42	530	1.53
Mo（10^{-6}）	10.22	0.19	0.93	0.91	1.00	0.50	0.50	0.5	1.82
N（%）	0.378	0.002	0.066	0.078	0.070	0.034	0.488	—	—
Nb（10^{-6}）	88.80	2.50	16.86	17.70	16.84	4.64	0.28	14	1.26
Ni（10^{-6}）	113.40	1.70	17.92	23.40	23.36	14.17	0.61	24	0.98
P（10^{-6}）	1 393.00	54.00	424.21	490.00	448.47	172.21	0.38	500	0.98
Pb（10^{-6}）	938.30	0.10	36.13	37.50	36.10	11.92	0.33	20	1.88
Rb（10^{-6}）	353.70	14.00	140.30	149.85	138.48	38.61	0.28	96	1.56
S（10^{-6}）	4 010.00	46.00	615.78	875.00	857.78	563.74	0.66	510	1.72
Sb（10^{-6}）	5.01	0.08	0.42	0.46	0.46	0.19	0.41	0.5	0.92
Sc（10^{-6}）	21.92	0.54	9.42	11.09	10.33	4.79	0.46	9.8	1.13
Se（10^{-6}）	1.21	0.01	0.17	0.17	0.17	0.07	0.42	0.15	1.13
Sn（10^{-6}）	161.75	0.90	4.28	4.21	4.38	1.66	0.38	3.0	1.40
Sr（10^{-6}）	811.80	14.80	107.19	111.40	110.29	41.56	0.38	230	0.48
Th（10^{-6}）	56.20	1.80	16.22	17.10	16.30	5.51	0.34	11.5	1.49
Ti（10^{-6}）	8 701.00	248.00	3 474.98	3 959.50	3 570.60	1 308.19	0.37	3 600	1.10
Tl（10^{-6}）	1.27	0.16	0.75	0.79	0.77	0.19	0.25	0.3	2.63
U（10^{-6}）	12.29	0.54	2.54	2.66	2.63	0.92	0.35	1.9	1.40
V（10^{-6}）	227.00	4.70	62.66	76.80	71.76	34.38	0.48	71	1.08
W（10^{-6}）	19.60	0.15	1.91	2.17	2.02	0.85	0.42	1.5	1.45
Y（10^{-6}）	69.60	2.10	23.56	25.80	23.41	7.40	0.32	22	1.17
Zn（10^{-6}）	318.60	3.70	81.68	93.90	87.00	38.11	0.44	65	1.44
Zr（10^{-6}）	2 870.00	32.00	210.41	197.00	212.65	73.14	0.34	210	0.94
总碳（%）	5.72	0.02	0.78	0.85	0.84	0.40	0.48	—	—
有机碳（%）	11.76	0.04	1.22	1.26	1.23	0.56	0.45	—	—

注：中国浅海沉积物平均值来自赵一阳和鄢明才，1993，1994；K_5 为中值/中国浅海沉积物平均值

福建沿海地区浅海沉积物表层样品中大多数元素含量高于中国浅海沉积物平均值，有 24 种元素 K_5 大于 1.2，按 K_5（中值/中国浅海沉积物平均值）从大到小顺序排列：Tl、Hg、Br、Pb、Mo、S、Bi、Rb、Ag、Mn、Th、W、Zn、Cl、Al_2O_3、Sn、U、Ga、K_2O、La、Nb、Cu、Li、Ce。最高的是 Tl，为中国浅海沉积物平均值的 2.63 倍，其次为 Hg，为 2.2 倍。这 24 种元素中，大多是花岗岩类岩石中含量较高的元素，与福建省沿海地区的地质背景以花岗岩类岩石为主相吻合。

K_5 小于 0.8 者（从小到大排列）为 CaO、Sr、I、Na_2O，其中最小者为 CaO，仅为中国浅海沉积物平均值的 26%。

（2）深层浅海沉积物（含滩涂）样品地球化学参数见表 13-19。

表 13-19 深层浅海沉积物样品地球化学参数

元素	原始参数		剔除离群样品（平均值±3 倍标准差）后统计值					中国浅海沉积物	K_6
	最大值	最小值	几何平均值	中值	平均值	标准差	变异系数		
SiO_2 (10^{-6})	89.83	54.55	65.01	63.72	64.85	6.04	0.09	63.8	1.01
Al_2O_3 (10^{-6})	28.54	3.12	16.47	16.81	16.50	3.33	0.20	11.1	0.94
TFe_2O_3 (10^{-6})	7.92	0.63	4.34	4.84	4.55	1.48	0.32	4.4	0.99
K_2O (10^{-6})	5.47	1.14	3.00	3.02	2.97	0.57	0.19	2.3	1.00
Na_2O (10^{-6})	2.56	0.12	1.24	1.37	1.30	0.54	0.41	2.0	1.12
CaO (10^{-6})	9.46	0.08	1.03	1.27	1.33	0.88	0.66	5.3	1.09
MgO (10^{-6})	2.68	0.11	1.12	1.49	1.40	0.76	0.55	1.8	1.01
Ag (10^{-6})	0.398	0.037	0.090	0.085	0.092	0.034	0.368	0.063	1.14
As (10^{-6})	18.62	0.71	6.86	7.79	7.56	3.26	0.43	7.7	1.04
Au (10^{-9})	9.65	0.38	1.00	0.94	1.03	0.41	0.39	1.1	1.19
B (10^{-6})	103.00	4.89	37.64	49.12	46.67	25.39	0.54	58	0.97
Ba (10^{-6})	1 473.00	112.00	498.99	479.00	496.86	112.40	0.23	410	0.97
Be (10^{-6})	3.77	0.39	2.40	2.52	2.43	0.58	0.24	2.0	0.94
Bi (10^{-6})	2.48	0.01	0.46	0.49	0.47	0.22	0.45	0.33	1.08
Br (10^{-6})	74.80	0.90	14.40	22.10	20.98	14.37	0.69	15	1.45
Cd (10^{-6})	0.312	0.015	0.077	0.071	0.079	0.033	0.41	0.065	0.99
Ce (10^{-6})	171.90	16.10	81.93	83.00	81.16	23.74	0.29	67	0.99
Cl (10^{-6})	14 741.00	27.00	1 735.74	3 762.00	3 466.26	2 702.59	0.78	3 400	1.30
Co (10^{-6})	25.34	1.34	10.47	11.50	11.14	4.02	0.36	12	0.99
Cr (10^{-6})	99.80	5.00	41.01	51.40	48.58	24.94	0.51	61	0.99
Cu (10^{-6})	62.40	2.70	16.81	17.85	18.59	8.72	0.47	15	1.06
F (10^{-6})	866.00	94.00	456.92	527.00	500.52	203.05	0.41	480	0.96
Ga (10^{-6})	30.20	3.50	19.67	20.20	19.69	4.30	0.22	14	0.95
Ge (10^{-6})	2.08	0.73	1.45	1.47	1.45	0.21	0.15	—	0.97
Hg (10^{-6})	0.324	0.007	0.040	0.043	0.044	0.020	0.463	0.025	1.28
I (10^{-6})	22.60	0.46	6.06	7.17	7.32	4.21	0.58	18	1.48
La (10^{-6})	129.50	9.10	41.62	42.70	42.14	11.88	0.28	33	0.99
Li (10^{-6})	84.53	8.01	39.81	50.97	46.22	21.72	0.47	38	0.93
Mn (10^{-6})	1 693.00	131.00	647.42	705.00	698.30	286.87	0.41	530	1.15
Mo (10^{-6})	4.33	0.21	1.00	0.91	1.05	0.51	0.49	0.5	1.00
N (%)	0.148	0.006	0.046	0.059	0.055	0.027	0.498	—	1.32
Nb (10^{-6})	38.50	4.50	17.35	17.90	17.33	3.53	0.20	14	0.99
Ni (10^{-6})	50.50	2.70	19.30	24.05	23.12	11.90	0.51	24	0.97
P (10^{-6})	1 739.00	78.00	347.41	425.00	385.84	164.72	0.43	500	1.15
Pb (10^{-6})	103.20	9.40	35.24	35.80	35.36	10.26	0.29	20	1.05
Rb (10^{-6})	230.70	43.70	143.82	149.55	142.39	33.43	0.23	96	1.00
S (10^{-6})	4 619.00	30.00	620.00	999.50	986.94	765.36	0.78	510	0.88
Sb (10^{-6})	1.45	0.09	0.41	0.43	0.44	0.17	0.39	0.5	1.07

续表

元素	原始参数		剔除离群样品（平均值±3倍标准差）后统计值					中国浅海沉积物	K_6
	最大值	最小值	几何平均值	中值	平均值	标准差	变异系数		
Sc（10^{-6}）	18.00	0.95	11.03	11.87	11.24	3.77	0.34	9.8	0.93
Se（10^{-6}）	0.86	0.04	0.17	0.16	0.17	0.06	0.35	0.15	1.06
Sn（10^{-6}）	13.16	1.27	3.76	3.78	3.80	1.12	0.30	3.0	1.11
Sr（10^{-6}）	350.80	36.40	108.33	109.70	114.79	43.64	0.38	230	1.02
Th（10^{-6}）	43.30	3.60	17.32	17.80	17.26	4.76	0.28	11.5	0.96
Ti（10^{-6}）	5 940.00	546.00	3 709.71	3 991.00	3 737.86	1 024.57	0.27	3 600	0.99
Tl（10^{-6}）	1.1	0.46	0.77	0.77	0.78	0.135	0.17	0.3	1.03
U（10^{-6}）	9.21	0.60	2.82	2.88	2.83	0.75	0.27	1.9	0.92
V（10^{-6}）	140.00	11.80	68.53	76.90	74.25	28.40	0.38	71	1.00
W（10^{-6}）	13.32	0.23	1.93	2.14	1.99	0.78	0.39	1.5	1.01
Y（10^{-6}）	69.80	3.30	24.88	26.00	24.60	6.44	0.26	22	0.99
Zn（10^{-6}）	226.50	8.20	80.04	90.60	85.12	32.06	0.38	65	1.04
Zr（10^{-6}）	570.00	62.00	217.53	208.00	216.73	57.02	0.26	210	0.95
总碳（%）	2.51	0.01	0.57	0.75	0.66	0.37	0.56	—	1.13
有机碳（%）	3.32	0.09	0.85	1.09	1.03	0.53	0.52	—	1.16

注：中国浅海沉积物平均值来自赵一阳和鄢明才，1993，1994；K_6 为表层样品中值/深层样品中值

福建浅海沉积物深层样品的 pH、总碳及有机碳与表层样品基本相同，pH 在 8.3 左右，为弱碱性。大多数元素 K_6（表层样品中值/深层样品中值）在 0.8～1.2，说明表层样品与深层样品元素含量变化不大，与土壤样品的垂向变化情况不同，浅海沉积物与滩涂的垂向变化不大。

表层样品含量明显高于深层样品（K_6>1.2）的元素有 I、Br、N、Cl、Hg，K_6在 1.48～1.28，而仅 S 元素明显较低（K_6=0.88）。这些元素的变化，与土壤样品的垂向变化也小得多。

二、与环境质量及污染有关的异常

1. 表层沉积物

将重金属含量超过《海洋沉积物质量》中的第一类底质标准的区域视为超标区，福建沿海浅海滩涂沉积物的质量除厦门港外，总体上较好。闽江入海口以北的海湾浅海滩涂区沉积物的质量总体不及闽江入海口以南的海湾，厦门港沉积物质量是全省海区中最差的，出现了 As、Pb、Hg、Zn 等多种元素异常，且都已经超过一类底质标准。

闽江入海口以北的各海湾浅海滩涂区表层沉积物中出现大面积的区域性 Cr 异常，尤其是沙埕港、晴川湾、福宁湾、东吾洋和罗源湾面积最大，几乎遍及海湾浅海滩涂区，其中沙埕港、晴川湾、福宁湾出现 Cr 异常含量超过《海洋沉积物质量》中的第一类底质 Cr 含量标准，超标的区域以晴川湾、福宁湾面积最大，沙埕港也有部分区域超标。福宁湾以南至定海湾，Cr 异常含量基本上未超过《海洋沉积物质量》中的第一类底质 Cr 含量标准。该异常可能主要是由其底质以泥质为主。

泥质对 Cr 有强烈的吸附作用，水中镍可被水中悬浮颗粒物吸附、沉淀和共沉淀，最终迁移到底部沉积物中，沉积物中镍含量可达到水中含量的 3.8 万～9.2 万倍，导致 Cr 在泥质沉积物中富集；此外，矿产资源开发可能也是重要因素之一。福鼎有较大范围的玄武岩出露，玄武岩石板材是一种高档的建筑装饰材料，省内著名的“福鼎黑”就是福鼎的玄武岩石板材，主产地在福鼎的白琳，由于玄武岩具有高含

量的铁族元素 Ti、Cr、Mn、Fe、Co、Ni 及 Cu、Ca 等元素，在开采玄武岩过程中，对玄武岩分布区植被的破坏造成水土流失，石板材锯板过程中，有大量的玄武岩粉末，它们随地表水流入海湾，在滩涂区和浅海区就会沉积下来，导致出现这些元素的异常。沙埕港 Cr 异常强度较大，出现两处 Cr 超标区，其中一处就是靠近白琳，Cr 含量为 112×10^{-6}，是区内最高含量，同时也出现 Cu、Ca 异常。另外，玄武岩在自然风化作用过程中，其所富的元素在风化条件下也会形成可溶性盐随地表水流失，并被黏土矿物吸附，在沉积物中自然富集。

晴川湾、福宁湾的 Cr 异常可能是源自沙埕港的污染物在东北方向洋流的作用下迁移后沉积所致。除 Cr 外，Ti、Ni 等铁族元素也明显较高，且深层样具有同样的异常，因此有可能在附近海域，有基性火山岩存在，为滨海基性岩带的一部分。只有较大面积的基性火山岩才能形成如此大面积的铁族元素异常。

闽江入海口以南的海湾浅海区表层沉积物中出现大面积的区域性 Cr 异常的主要是兴化湾，此外，平海湾、湄洲湾、大港湾、泉州湾东北部、深沪湾等也出现有零星的 Cr 异常，但未超过《海洋沉积物质量》中的第一类底质 Cr 含量标准；佛昙至港尾东部浅海中出现有 Cr 的强异常，是由于其土壤的母岩为佛昙群玄武岩所致。需要特别指出的是，围头湾内湾的晋江市东石镇、南安市石井镇出现两处 Cr 的强异常，并伴随有 Cu 异常，是典型的人为污染引起的。

Cu 异常的分布与 Cr 异常关系密切，分布特点也基本一致。Cr 含量超标区基本上都伴随有 Cu 异常，Cu 异常（$Cu>34.5\times10^{-6}$）接近《海洋沉积物质量》中的第一类底质 Cu 含量标准（$Cu\leqslant35\times10^{-6}$），可以认为已经超标。三沙湾以南的浅海滩涂区，除泉州湾外，一般未出现 Cu 异常。泉州湾出现有较大面积的 Cu 异常，并伴有 Pb、Zn 异常，可能与人为污染有关。

As 异常分布局限，主要见于厦门港、沙埕港及晴川湾，沙埕港及晴川湾异常强度较弱，没有超过《海洋沉积物质量》中的第一类底质 As 含量标准。但厦门港出现 As 的高异常，最高含量达 46.7×10^{-6}，超过《海洋沉积物质量》中的第一类底质 As 含量标准两倍多。该异常很可能是人为污染造成。

Pb 超标区主要见于九龙江入海口及浮鹰岛和西洋岛东部浅海区，泉州湾也有小面积的超标区。九龙江入海口 Pb 超标区面积非常之大，达 $340km^2$，随着沉积物向海区输入，超标区已延至厦门港，该异常可能是人为污染所致。泉州湾 Pb 超标区主要分布在晋江、石狮两市的滩涂区，也可能是人为污染所致。

Hg 异常主要出现在厦门港、龙海县港尾镇东南的白坑海域和东山县北部海域。厦门西港 Hg 最高含量 0.517×10^{-6}，是一类底质标准的 2.5 倍。Hg 含量最高的异常区在白坑海域，Hg 最高含量达 1.416×10^{-6}，是一类底质标准的 7 倍，该异常的成因有待查证。东山县北部 Hg 最高含量也达 1.089×10^{-6}，是一类底质标准的 5 倍，该异常可能是人为污染所致。值得注意的是，闽江入海口、浔江湾南岸厦门岛东北部的滩涂区 Hg 含量已达到超标的临界状态，尤其是闽江入海口，处于临界状态的浅海滩涂区面积很大，应引起有关部门的重视。

Zn 异常仅见于泉州湾和厦门西港两处，泉州湾 Zn 异常局部达到 168×10^{-6}，超过《海洋沉积物质量》中的第一类底质 Zn 含量标准 150×10^{-6}。厦门西港 Zn 异常有多处超过《海洋沉积物质量》中的第一类底质 Zn 含量标准，最高含量 192×10^{-6}，其中九龙江入海口个别样品中含量达 281×10^{-6}。

2. 深层沉积物

深层沉积物中圈定出面积较大的异常 4 处，编号为 TaW2-5。其中陆地 1 处，浅海滩涂区 4 处。异常形成的原因尚不明，异常特征分述如下。

TaW2—Cu-Cr-Ni-Pb 异常：位于晴川湾东南部海区至福瑶列岛，异常分为两部分，北部为 Cu、Cr、Ni 叠合异常，三者范围一致，面积为 $33km^2$，Cu 最高含量 33×10^{-6}，接近《海洋沉积物质量》一类底质对 Cu 的限量为 35×10^{-6}；Cr 最高含量为 95×10^{-6}，超过一类底质标准；Ni 最高含量为 46.2×10^{-6}。南部为铅异常，面积大于 $50km^2$，包括福遥列岛在内，主要是 As 异常，最高含量为 40.1×10^{-6}，超过一类底质标准一倍。

TaW3—Cu-Cr-Ni-Pb-Zn 异常：位于福宁湾至浮岛东部海区，异常也分为两部分，北部 Cu、Cr、Ni

叠合异常，异常未闭合，面积大于 130km²，Cu 最高含量未超过一类底质对 Cu 的限量；Cr 最高含量 91×10^{-6}，超过一类底质标准。南部为 Cu、Pb、Zn 异常，异常未闭合，面积大于 150km²，Cu 最高含量为 62.4×10^{-6}，Pb 最高含量为 103.2×10^{-6}，均超过一类底质标准近 2 倍。

TaW4—Hg 异常：位于琅岐岛东北部海区，面积为 85km²，Hg 最高含量为 0.315×10^{-6}，已经超过一类底质标准。

TaW5—As 异常：位于平潭北部海区，面积大于 78km²，未闭合。As 最高含量 21.4×10^{-6}，超过一类底质标准。

三、小　　结

（1）福建省沿海 10m 等深线以内浅海沉积物中元素含量以富集花岗岩类岩石中含量高的 T1 等种 24 元素为特征。

（2）海湾浅海滩涂区沉积物的质量具有明显的地区特色，全区基本上未出现 Pb 异常。闽江入海以北的罗源湾、三都澳等，以 Cr、Cu 含量高为特征，与基性岩脉石材开采加工关系密切；闽江入海口以南，除厦门港外，Hg、Cd、Zn、As 超标区小面积局部分布，质量总体上较好。但厦门港沉积物质量是全省海区中最差的，出现了 As、Pb、Hg、Zn 等多种元素异常，且都已经超过一类底质标准。

（3）海湾浅海滩涂区沉积物元素含量的分布与地质背景关系密切。罗源湾及以北的海湾及浅海滩涂明显富集铁族元素 Co、Ni、V、Mn 及 B，与基性岩类岩石有关。

第八节　福建沿海断裂带对城市群及重要工程设施的影响

一、城市群及重要工程设施

福建沿海断裂带是福建省人口密集的地区，人口为2600 多万人，约占全省总人口的 70%，福州、泉州、厦门、漳州为全省经济最发达的城市，是福建省政治、经济、文化的聚集区，并分布有大量重要工程设施，如福清核电站、湄洲湾化工基地、古雷半岛石化基地、高速铁路、高速公路、福州港、湄洲湾港、厦门港等沿海各大港口，以及大量与民生密切相关的供水供电、通信设施等。

二、主要断裂构造

（一）NE 向断裂

1. 长乐—南澳断裂带

长乐—南澳断裂带主要由平潭—南澳、三山—诏安及长乐—建设 3 条 NE 向次级断裂带组成。

（1）平潭—南澳断裂：该断裂沿东部滨岸展布，通过莆田石城埭头、惠安小西丘、晋江金井，走向 NE30°~40°，倾向北西或南东，倾角为 80°~90°。平潭综合实验区、泉港石化及古雷石化等位于该断裂上。该断裂晚更新世某些地段有所活动，多为正断层，全新世以来活动不明显。

（2）三山—诏安断裂：福清核电、泉港石化、泉州市区、厦门市区以及福州港江阴港区、湄洲湾港、厦门港均位于该断裂上。该断裂为长乐—南澳断裂带的主干断裂，经江口、涂岭、惠安、晋江、石井、厦门岛东侧、港尾等，走向 NE30°~50°，倾向南东或北西，倾角大于45°。断裂多数地段在第四纪早期曾有活动，晚第四纪以来其活动性大为减弱。

（3）长乐—建设断裂：该断裂自莆田西天尾，经郊尾、梅山、洪濑、南安、新圩，达龙海角美。走向NE40°~50°，倾向南东，倾角大于45°。经过长乐、福清、莆田、南安、龙海等城区。该断裂在第四纪早期曾有过强烈活动，晚第四纪晚期差异活动不明显。

长乐—南澳断裂带在中生代是一条陆内大型韧性剪切带，新近纪以来转为断块的差异隆升活动。

2. 滨海断裂带

滨海断裂带位于台湾海峡西侧，沿福建近岸海域50~60m等深线附近展布，总体走向为40°，倾向东南，倾角为70°~80°，是福建沿海水下岸坡带与台湾海峡盆地之间的边界断裂，该段总长为500km。位于牛山岛—乌丘屿—兄弟屿一线东侧30~60km，由4~5条次级断裂斜列组合而成。滨海断裂带被一组北西向断裂分割成大致等长的4段。由北向南可分称为平潭海外段、泉州海外段、金门海外段和东山海外段。滨海断裂第四纪以来有强烈的活动性，断裂带以走滑运动为主，兼有逆断层性质。

（二）北西向断裂

（1）闽江断裂：经闽侯至平潭东部。在地表主要表现为福州盆地及福州—永泰若干北北西、北西和北西西向断层。

（2）沙县—南日岛断裂：东南起自台湾海峡中西部，向北西经湄洲湾南缘至莆田以南，再断续延伸经永泰嵩口至沙县。走向290°~300°，倾向NE，倾角为70°。该断裂活动年代为晚更新世晚期。

（3）永安—晋江断裂：该断裂自永安，经安溪、泉州，向东南延伸入台湾海峡。走向300°~330°，倾向SW，倾角为70°~80°。该断裂新生代以来活动规模和强度已明显减弱，中更新世以来没有活动迹象。

（4）九龙江断裂：东南起自台湾海峡中南部，向北西经金门岛以南、九龙江口至漳州一带。走向285°左右。该断裂晚更新世以来差异性活动明显，为正断层。

三、主要断裂构造与地震活动

（1）长乐—南澳断裂带：近500多年来，沿长乐—南澳断裂带的中强地震和强震主要发生在汕头、漳州和安溪等地，最大地震强度未超过6.25级。

（2）滨海断裂带：1519年以来，在台湾海峡滨海断裂带附近曾发生过1次8级大震，2次7~7.3级地震，多次6级地震，小震活动更为频繁，密集成带，是东南沿海地震带上活动性最强烈的组成部分。

（3）北西向断裂：闽江断裂、沙县—南日岛断裂、永安—晋江断裂、九龙江断裂历史上均发生过多次地震，震中多位于北西向与NE向断裂交汇处，震级4.7~7.5级不等。

长乐—南澳断裂带中多数断裂，最新活动时代在更新世晚期，全新世时期不再活动，但长乐—南澳断裂带位于东南沿海地震活动活跃地带，历史上曾发生过多次中强以上破坏性地震。因此，从长远看，并不能排除在长乐—南澳断裂带主要断裂上发生中等—中强破坏性地震的可能性。

四、新构造体系

研究区内新构造活动发育，沿长乐—南澳断裂带的滨海地区尤其十分明显，主要反映在断块的差异升降运动、老断层的活化、频繁的地震、众多的温泉、海岸的变迁、大陆的升降、河谷的切割及河流、海岸阶地的发育等。受闽江断裂、沙县—南日岛断裂、永安—晋江断裂和九龙江断裂切割，形成若干断块。

福建省构造形变的总体特征为南强北弱，东强西弱，尤其是闽东南地区为地壳形变较集中的地位，同时也是地震活动较强的地区。

泉州湾海外及漳州—厦门一带出现小范围的局部沉降外，厦门市及周边的地壳垂直形变总体呈上升趋势，九龙江以南地区的地壳垂直形变等值线大体呈北西走向，向东逐渐偏转为近南北走向。龙岩—华安一带为地壳垂直上升最为强烈的地段，年变速率达4～7mm，向东向南变小，其间夹有沉降区。据等值线形态和年变速率大小，可进一步划分四个小区。

（1）泉州上升区（闽东南断块间歇上升区I_3）：等值线呈NE向圈闭，速率1～2mm/a。以东为泉州湾海外的大岞沉降区，下降速率为-3～-2mm/a。

（2）龙岩—华安上升区（闽中断块倾斜隆升区Ⅱ）：隆升最为显著的地方，速率达4～7mm/a。

（3）漳州—厦门差异升降区（九龙江下游断陷区I_2）：区内局部升、降紧密相间出现，其中漳州—龙海及龙海—厦门的小沉降区，下沉速率分别为-4.0～-2.0mm/a和-1.0～2.0mm/a；龙海以南及厦门—同安间的上升小区，上升速率分别为1.0mm/a和2.0～3.0mm/a。

（4）漳浦—诏安掀斜活动区（闽南断块上升区I_1）：由漳州市南侧的上升速率1.0mm/a左右，向西南逐渐转为沉降，在诏安附近下降速率为-1mm/a。

五、沿海断裂带对城市群及重要工程设施的影响

（一）断裂带对城市群及重要工程设施的影响概述

（1）断裂构造所在位置往往造成地基承载力降低、易发生塌陷和滑坡，对一般性建设工程，选择适当措施加以处理，可不进行避让，但对特别重要或重大的建设工程，应做进一步工作。

（2）断裂构造活化对城市群及重要工程设施的影响。福建沿海处于欧亚大陆板块东南缘，靠近欧亚板块与菲律宾海板块汇聚边界，地壳构造变形强烈，地震活动频率高。断裂构造是地壳薄弱地带，受应力作用原有断裂构造易活化产生断层错动。在现实生活中，断层地表错动引起的地基失效在建筑物中的作用越来越突出。城、镇居民区要工业基地、设施周围往往分布有多条断裂构造，具有发生地表断层错动和同源地震的可能，对建筑物和重要工业设施可能产生破坏作用。

（二）沿海断裂带对主要城市群的影响

1. 对福州城市群的影响

福州城市群的断层为鼓山山前断裂（F10）、闽侯—南屿断裂（F14）、五虎山北麓断裂（F13）、湖头—苗圃断裂（F12）和盆地中呈隐伏状态的八一水库—尚干断裂（F9）、桐口—洪山桥断裂（F11）。北西向断裂是盆地的主要控制构造，盆地内的断裂一般为高角正断层（北西向兼有左旋运动），断层倾向盆地内部（F9、F11倾向不定）。其中F9为晚更新世中期以来的不活动断裂，F14为晚更新世中晚期以来的不活动断裂，其他为晚更新世以来的不活动断裂。

2. 对泉州城市群的影响

泉州城市群由北西向和北东向两组断裂控制，以北西向断裂为活动主体。根据以往资料表明：清源山断裂（F15）、晋江—寺角断裂（F16）和乌石山—紫帽山断裂（F17）等北西线断层均呈高倾角正断层，倾向盆地中心。其中晋江—寺角断裂（F16）最新活动时间为更新世晚期，其余断裂最新活动时间为第四纪早期或之前。

3. 对厦门城市群的影响

厦门岛主要发育北东向文灶—龙山—五通断裂（F20）、狐尾山—钟宅断裂（F21）、港断裂（F24）和北西向石胄头—高崎断裂（F22）、濠头—塔头断裂（F23）。厦门岛的第四纪构造主体由北东向断裂控

制，贯通全岛的倾向相对的 F20 和 F21 正断裂构成港断陷。探测结果表明，筼筜断裂（F24）可能为更新世晚期的活动断层，岛上其他断层的最后活动时间为第四纪早期或之前。

4. 对漳州城市群的影响

漳州盆地是一个由北东向和北西向 2 组断裂互相切割而成的断陷盆地，北西向断裂占主导地位，盆地呈北西向展布，形成了以盆地为地堑、周边山区为地垒的构造组合。已探明盆地内的断层有西向的珩坑—岱山岩断裂（F19）、珠坑断裂（F18）、九龙江断裂（F8）。北西向断裂 F19、F18、F8 分别是由 2～5 条长短不等的断层组成的断层组，为倾向盆地内的高角度正断层，其中 F8 断层组中有 1 条倾向 NE 的断层是更新世晚期的活动断层，其余北西向断层都是第四纪早期和之前活动的断层。

（三）沿海断裂带对核电站、重要港口和化工基地的影响

1. 对福清核电站的影响

（1）厂址附近范围基岩主要为晚侏罗世南园组火山岩和燕山早期花岗岩类；第四系松散堆积物分布较广泛，但厚度均较薄（小于 10m），以海积层为主，残积层次之，洪积层少量。厂址区基岩为片麻状中粗粒黑云母花岗岩，不存在软弱夹层和不良地质体。

（2）厂址附近范围存在 4 条断层，而且相对集中地分布在调查工作区的北部；断层规模较小，早期以挤压变形、强烈蚀变重结晶为特征，晚期具有张性活动。地球物理勘探（高精度磁测、浅层地震）未发现切割第四系覆盖层的断层。

（3）区内没有大规模断裂破碎带通过，“长乐—南澳断裂带”在区内实际表现为左旋走滑性质的韧性-脆韧性剪切带，其构造变形特征与脆性断层明显不同，对岩体的完整性、连续性没有明显的改造。

（4）调查区的基本构造格局为北东东向韧性-韧脆性剪切带，北部片理化、重结晶的晚侏罗世火山岩与南部糜棱岩化、片麻状燕山早期花岗岩的构造面理一致或相近，二者属于同一构造体系。根据区域和近区域地质构造资料，其主变形期在早白垩世早期。

2. 对泉港石化基地的影响

（1）场址附近范围基岩主要为晚侏罗世南园组火山岩和燕山早期花岗岩类及侏罗世变质岩系，少量老变质岩系；第四系松散堆积物分布较广泛。

（2）发生高烈度地震时，断裂可能会对石化基地造成严重影响。

3. 对古雷化工基地的影响

（1）场址附近范围基岩主要为喜马拉雅期辉绿岩、辉长岩；第四系松散堆积物分布较少，厚度均较薄（<10m），以海积层为主。

（2）发生高烈度地震时，断裂可能会对石化基地造成严重影响。

4. 对拟建漳州核电站的影响

（1）站址附近范围基岩主要为燕山早期和燕山晚期花岗岩类，局部出露早侏罗世梨山组；第四系松散堆积物分布较广泛，但厚度均较薄，局部达 20m，以海积层为主，残坡积、坡积层次之，冲洪积层、风积层少量。

（2）站址区基岩坚硬完整，主要为中粗粒二长花岗岩，海边部分出露条痕状中粒花岗闪长岩，不存在软弱夹层和不良地质体。

（3）站址附近范围存在 2 条规模较小的断层和 6 条有一定规模的节理带。断层以剪切变形、破碎硅化蚀变为特征；节理带 3 条为北西走向，3 条为北东走向。断层及节理带均未通过厂址区。

原“大平山断裂”经实地追索调查，断裂自西往东变弱，大阪一带见宽约2m的挤压破碎带（大阪村西北西向断层F2），至疏港公路变为0.5m的挤压破碎带（F2），至灵鹫寺减弱为节理带（灵鹫寺北西向节理带JL3），这与福建省的区域地质构造背景关系密切。原北东向断裂，在区内表现为北东向展布的岩脉群，局部为节理带（多仙水山北东向节理带JL5）。

（4）地球物理勘探（高精度磁测、浅层地震）未发现切割第四系覆盖层的断层。第四系盖层以下的基岩未见断层。

（5）区内没有大规模断裂破碎带通过，以往所称的“长乐—东山断裂带”在区内实际表现为左旋走滑性质的韧性变形带，其构造变形特征与脆性断层明显不同，由于韧性剪切带连续应变、递进变形的性质和强烈重结晶特点，变形作用对岩体的完整性、连续性没有明显的改造。

（6）区内的基本构造格局为北东向韧性变形带，出露的早侏罗世侵入岩和梨山组地层中发育的条痕、片理、糜棱面理与韧性变形带一致或相近，二者属于同一构造体系。根据区域和近区域地质构造资料，其主变形期在晚侏罗世末期—早白垩世早期，卷入变形的为前白垩纪地层和岩体。

5. 对拟建莆田核电站的影响

断裂构造在近区域范围内不发育，仅零星分布8条，规模小。

（1）卫片解译的大蚶山、鹭峰山一带的断裂，经实地查验，主要表现为密集节理或顺沟节理、岩脉充填，仅局部发育有错动的断裂面（发育擦痕、摩擦镜面）。

（2）区域性构造（平潭—东山构造带）韧性剪切等变形形迹在近区域内主要发育于西部及北部江阴、高山等地的前白垩纪地层及侵入体。

（3）“莆田—南日岛断裂”仅在南日岛西南部有分布，即新厝断裂F_8，在笏石半岛北边莆田—石城一带不存在北西向断裂，但北西向节理甚为发育，局部呈节理密集带。南日岛断裂带是一条规模小的断裂，断裂性质为压扭性为主，兼具逆断层性质。

（4）近区域新构造运动主要表现为断块运动及断块边缘的断裂活动，断块和断裂主体继承先前的构造格局，陆地以大面积间歇性抬升运动为主，海域以持续性不均匀下降为特征。同时，新构造断块进一步分异，形成差异升降运动条带。

六、小　　结

福建沿海断裂带现今的构造格局和特征是经过多构造阶段的演化而形成的，其地质构造的复杂性、断裂的发育，地壳的活动造成了地震、山崩、滑坡等多种地质灾害的发生。鉴于福建沿海集中分布着城市群、港口群、产业群，人口密集，是福建全省乃至海西区经济社会发展的引擎，地位举足轻重。沿海断裂带的运动或活化会引发地震，对沿海城市和重大工程设施的安全存在威胁。故对沿海断裂带开展地质调查与研究意义重大，通过综合地质手段，对沿海断裂区域地壳稳定性进行分区评价，为沿海地区国土主体功能区划、重大工程规划布局、防灾减灾提供基础地质数据，为城市建设与安全运行提供支撑。

第九节　海西经济区地质生态环境安全与可持续发展对策建议

一、海西经济区建设应充分利用水工环地质调查成果资料

海西经济区建设遇到的主要工程地质问题有以下几类。

（1）斜坡稳定问题。海西是地质灾害多发地区，特别是每年的台风暴雨季节引起的崩塌、滑坡、泥石流造成巨大的生命财产损失。斜坡变形破坏防治对策：以防为主，及时治理，并根据工程的重要性及

社会效应制订具体的整治方案。

（2）特殊岩土体的工程地质问题。福建沿海分布大面积的软土，其承载力低，属欠固结土，作为天然地基易产生地面沉降。此外，东部沿海地区基底岩性大部分为岩浆岩，花岗岩球状风化导致地基承载力差异明显进而不均匀沉降。不良或软弱地基的工程处理措施：当天然地基土的承载力不能满足工程要求时，就要考虑采用深基础或者进行地基加固。花岗岩地区开发建设需探明基底孤石空间分布范围，并采取相应的工程处理措施。

（3）地下围岩工程地质问题。地下建筑包括矿山坑道、公路铁路隧道、水工隧洞、地铁、地下商场、地下停车场、地下仓库等。工程地质问题主要有三个方面：①岩爆，福建是多山的省份，重要交通干线隧道施工时，深埋隧道地应力集中地段有可能发生岩爆。②突水涌水，断裂破碎带或节理裂隙密集带一般也是含水构造，地下工程施工时易发生突水、涌水事故。③降低围岩级别，构造带降低了围岩级别，对硐壁稳定性产生影响。维护地下建筑围岩稳定性的措施：工程上一般采用喷锚支护，围岩支护应最大限度地利用围岩的自承能力，充分发挥支护与围岩的共同作用，改造与加强围岩岩体强度的功能。

（4）动力条件下岩土体工程地质问题。主要是地震活动引起的次生灾害，包括：①砂土和粉土液化。福建沿海存在大面积的易液化砂土，特别是福州、莆田、泉州、厦门、漳州等都市区，存在易液化的饱和砂土和粉土，液化常带来建筑物的严重沉陷、铁道弯曲、桥梁倒塌、农田淹没等严重后果。②软土震陷。福建沿海低海拔地区表层普遍发育淤泥、淤泥质土等高液限软土，易产生软土震陷，影响建构筑物安全。③滑坡。地震易引起港口码头、水库库岸滑坡。

（5）水库岸坡工程地质问题。水库岸坡破坏形式有塌岸、滑坡和崩塌，福建省两大流域均有梯级水电站，研究评价水库岸坡稳定，特别是近坝库岸稳定问题对水电建设至关重要。

（6）海港及近岸建筑区的工程地质问题。海西区沿海分布福州港、湄洲湾港、厦门港三大港口，港口工程地质问题主要表现在：①海岸泥沙运动问题。沿岸泥沙运动往往造成海岸带侵蚀及物质的重新分配，产生侵蚀或淤积。②海平面变化问题。海平面变化的直接后果是现今港口的淹没和废弃，间接后果是改变海岸，从而改变其工程地质条件。例如，泉州港、福州台江等部分地段。③海底土体的滑动问题。主要表现在堆场软土地基滑移，岸坡码头滑塌等。

（7）地下空间开发利用的工程地质问题。城市地下空间工程适宜性影响要素主要包括工程地质、水文地质、竖向层次位置等因素；在工程地质方面，主要有地形地貌，地质构造、岩土体物理力学特性的影响；如基岩的完整性、硬度、强度、结构层状对其相应地下空间的开挖难度、围岩稳定性有决定性影响；其组成成分、承载力、土层的变形模量、地震后可能引起的震陷、砂土液化、与地下水的相互关系等对地下空间的开挖、支护、负载和稳定性均有重要影响；水文地质方面主要有地下水位埋深、岩土体的渗透性、含水性、径流及腐蚀性等，影响着地下工程结构的施工、防水、防腐、维护难度和成本。

针对以上存在的地质问题，福建省内外地质系统开展大量的调查研究，积极了丰富资料，为城乡规划建设和防灾减灾提供了科学的基础依据。今后，应进一步加强综合水工环地质调查研究，在项目可行性研究阶段，全面调查评价建设项目所在地区和场址的适宜性，查明场地工程地质条件，包括地质环境现状及容量、供水水源及水源保护、区域稳定性、地面稳定性及基础稳定性，不良工程地质体的危害性和地质灾害现状、演变趋势等，提出工程施工和运营后可能出现的环境地质问题及其防治措施。

二、沿海城市群、产业群、港口群建设要高度重视沿海断裂带的影响

沿海断裂带的活化会引发地震甚至海啸，对沿海城市和重大工程设施的安全存在威胁。对沿海断裂带开展地质调查与研究意义重大，针对福建沿海主要断裂带（如长乐—南澳断裂带）进行探测，结合地面稳定性和介质（岩土体）稳定性评价，对区域地壳稳定性进行分区评价，为沿海地区国土主体功能区划、重大工程规划布局、防灾减灾提供科学依据，为城市安全运行提供保障。

三、重视地热资源的科学高效利用

福建省地热资源丰富，地热作为可再生的清洁新能源越来越受到重视。发达国家试验研究表明，利用干热岩发电，几乎不受外界环境影响，几乎不对人类环境产生污染和破坏。福建位处我国四大高热流区，具有得天独厚的发展中高温地热和干热岩发电的地质背景条件。为更好利用地热资源，缓解能源需求对环境造成的压力，在打造温泉旅游品牌的同时，建议加强深部高温地热的调查评价，促进福建省在全国率先开展地热能源的开发利用，促进生态文明建设。

四、进一步提高全省地质灾害易发区的防灾减灾水平

海西区山地丘陵占陆地面积比重大，是我国地质灾害高危险区之一，具有“点多、面广，规模小、危害大”的特点，滑坡、崩塌、不稳定边斜坡、泥石流、地面塌陷、地面沉降在海西区均有发生。地灾带来的人员伤亡和财产损失巨大，同时造成严重的社会影响。应加强总结全省地质灾害的进空分布规律，研究地质灾害的成灾机理，提高地质灾害监测预报预警能力，完善地质灾害综合管理与预警预报系统。

五、充分利用福建省多目标区域地球化学调查成果建设生态文明

福建省多目标区域地球化学调查，获得了系统的表层土壤、深层土壤、浅海滩涂表层沉积物、深层沉积物 54 项指标、地表水、地下水等 21 项指标的高质量数据，数据的系统性、规范性、可对比性在国际上处于领先水平，具有极其重要的使用价值。这套数据系统地反映了福建省不同介质中元素的空间分布特征，可以为地学、农学、医学、环境学、生态学等学科建立大信息量的、内涵丰富的研究平台，为福建省生态省建设提供准确的基础性地球化学资料。生态省建设要充分利用福建省多目标区域地球化学调查成果。

1. 绿色农业布局

表层土壤汞、镉、铅、铜、锌、铬、镍等重金属元素的调查成果，反映了土壤环境质量，一般根系土壤重金属元素含量高，产出的农产品中重金属元素含量也高，要进行“生态文明建设”，生产出重金属元素含量低的无公害绿色农产品，发展绿色农业，应充分利用福建省多目标区域地球化学调查成果，避开土壤重金属污染区。优选绿色农产品的种植区，合理规划绿色农产品基地。

2. 土地分等定级与利用规划

表层土壤氮、磷、钾、钙、镁及汞、镉、铅等元素的调查成果，查清了土壤中生命必需的营养元素、营养微量元素的丰富区和缺乏区，查清了土壤肥力以及土壤环境质量，为科学合理地利用土地资源提供了科学依据。国土资源部出台的《关于提升耕地保护水平全面加强耕地质量建设与管理的通知》（国土资发〔2012〕108 号），提出应充分运用土地质量地球化学调查等技术方法和成果，开展耕地质量建设与管理，加强对特色农产品原产地土壤保护和利用，提高耕地质量等级。要科学地进行土地分等定级及开发利用，应充分利用福建省多目标区域地球化学调查成果，充分考虑土地养分与质量，提高土地在“生态文明建设”中的作用。

3. 富硒土地资源开发利用

福建省多目标区域地球化学调查已发现约 2 万 km^2 的富硒土地资源，调查发现富硒土地可以生产出富

硒农产品，福建省已发现大田武陵无公害富硒萝卜、龙岩雁石富硒花生、龙海富硒杨梅及多处富硒茶叶、富硒大豆、富硒鸡与鸡蛋和富硒稻米（约占1000多件调查样品的三分之一）。硒是一种“生命元素”，适量的硒具有提高人体免疫力、抗癌、防治心血疾病与糖尿病等疾病的功能，采用食品途径补充人体硒是最有效和安全的方法，生产富硒农产品可增加农产品附加值和提高全民健康水平，具有巨大的社会经济效益。2011年11月，福建省相关领导对福建省开发利用富硒土地资源作出了重要批示，开发利用富硒土地资源，应充分利用福建省多目标区域地球化学调查成果进行可具开发利用的富硒土壤区筛选，并加大采样密度，落实到具体地块。

4. 局部污染治理与修复

河口平原区和人口密集区的土壤-水体等局部环境污染是不争的事实，党的十八大提出建设美丽中国，提出环境污染修复的宏伟目标。但环境污染的治理和修复的任务是艰巨和困难的，特别是在福建省土壤酸化、土地沙化、水土流失较为严重时，环境污染的治理和修复更为困难，应针对土壤酸化区、土地沙化区等不同环境问题采用科学合理的治理和修复方案，才能从根本上达到治理与修复的效果。例如，土壤酸化造成稻米铅、镉等有害元素含量超标问题，应考虑如何减少农作物吸收耕地土壤中重金属含量而又不破坏耕环境质量和不增加太多成本以及不影响正常的农业生产的方案。福建省多目标区域地球化学调查成果，不仅能准确和全面地划分出土壤酸化区、土地沙化区等不同环境区，还进行了大量的农产品与作物根系土壤配套采样，较为深入地研究了作物与根系土壤重金属元素含量的相关性及影响因素，应充分利用福建省多目标区域地球化学调查成果，减少不必要的工作重复，加快污染治理与修复进程。

5. 蓝色经济带开发利用

海洋经济是福建省重要的产业之一。福建沿海10m等深线以浅的表层和深层浅海底积物与滩涂中54项元素和指标含量，三都澳、湄洲湾、泉州湾、厦门港等港湾的生态地球化学评价，较好地揭示了河口海湾的环境质量现状以及多种海产品、海底藻类等植物的质量，要进行蓝色经济带开发利用，进行海洋养殖区划，应充分利用福建省多目标区域地球化学调查成果，避开浅海底积物污染区和充分利用好优质区，科学指导沿海渔业布局，加快蓝色经济带开发进程，对蓝色经济的持续发展具有重要意义。

6. 保护海湾及河口平原区的生态环境

海湾及河口平原区也是人口密集区和福建省重要的城市群分布区，如何加强保护力度，关系到国计民生问题，关系到可持续发展问题。福建省多目标地球化学调查结果显示，海湾及河口平原区重金属等有害元素污染最为严重，土壤酸化、土地沙化、水土流失、地下水污染以及湿地破坏等环境问题较为严重，应充分利用福建省多目标区域地球化学调查成果，高度重视土壤重金属污染与活化、地下水污染、湿地破坏等重大环境问题，进行土壤与地下水污染治理与修复、红树林种植区划，在海岸带规划工业开发，严格控制有害元素向海湾的排放，保护海湾内平原滩涂的生产能力和优良的生态环境，建设美丽城市与河口海湾，提高人居环境的安全性和适宜性，促进经济社会可持续发展。

7. 城镇化建设要充分考虑地球化学背景，提高人民生活的幸福指数

城镇是人口居住、生活、工作的密集区，城镇所在地的地球化学背景直接涉及人民的身心健康。因此，在城镇化、新农村建设的选址上要避开重金属的高值区，要充分考虑水源地的地球化学背景，保证人民居住生活环境安全。

第十四章　台湾海峡越海通道方案研究

第一节　台湾海峡越海通道修建的必要性

一、台湾海峡越海通道的研究背景

宝岛台湾位于祖国东南沿海大陆架，西隔台湾海峡与大陆相望。2008 年 12 月 15 日随着两岸空运、海运直航和直接通邮的同步实施，1979 年元旦全国人民代表大会常务委员会《告台湾同胞书》首倡的两岸“三通”在 30 年后取得了历史性突破，两岸民众及世界华人期待多年的梦想终成现实。

回顾历史，1987 年两岸人员往来和经济、文化等领域的交流陆续开展；1993 年 4 月在新加坡举行的两岸高层间第一次会谈成为两岸走向和解的历史性突破，推动了两岸各领域的互助合作。1987 年至今，海峡两岸经济技术交流与合作已具规模；两岸贸易额从 1987 年的 15. 2 亿美元增长到 2008 年的 1292 亿美元，大陆已成为台湾第一大贸易伙伴、第一大出口市场以及最大顺差来源地。

海峡两岸经贸活动的蓬勃发展极大地促进了两岸人员的往来，与此同时，两岸仁人志士也不断提出修建台湾海峡通道的设想，1987 年，工程地质工作者姜达权提出了修建台湾海峡隧道设想；1996 年清华大学吴之明教授提出了总结英吉利海峡隧道的经验，修建台湾海峡隧道的构想。1998 年 11 月清华大学 21 世纪研究院和台湾大学在厦门举行“台湾海峡隧道工程论证学术会议”，提出台海通道北线、中线、南线三大方案设想，从 1998 年起两岸及海内外学者已先后在平潭、福州、厦门等地召开了有关海峡通道问题的研讨会。2007 年两岸学术界成立了“海峡两岸通道学术委员会”，组织海峡两岸学术界继续进行通道工程的学术研讨，不断推进海峡通道工程的前期研究工作。近年来，两岸多次共同主办了海峡两岸通道（桥隧）工程学术研讨会、海峡两岸隧道与地下工程学术及技术研讨会等学术会议，将海峡通道研究从学术前期探索阶段逐步向工程技术研讨阶段推进。

2004 年和 2008 年，国家批准的《国家高速公路网规划》和《中长期铁路网（2008 年调整）》中分别将北京至台北的高速公路和铁路纳入远期建设规划，并均以福州至台北的北线方案作为规划方案。

台湾海峡通道的建设无疑将进一步增强两岸人员来往、加强两岸文化联系和促进两岸经济交流，不断拓展两岸文化交流与经贸合作的优势，同时也将增强台湾海峡和平与稳定。如此举世瞩目的浩大工程，必须未雨绸缪、超前谋划，先期对工程和技术有关问题进行深入、周密的研究，提出安全、可靠、客观、科学的方案和建议，以备科学的决策。

二、台湾海峡越海通道的必要性

台湾海峡跨海工程是国家高速公路和铁路网的重要组成部分，是大陆连接台湾的便捷、大能力陆岛运输通道，是促进协调发展的经济干线通道。它的建设，是适应两岸交通运输需求不断增长、确保交通安全的需要，是促进海峡经济区经济社会协调发展的需要，是实现海峡两岸经济可持续发展的需要，对巩固国防、应对突发事件、维护和平发展环境也具有重要意义。具体来讲，建设台湾海峡通道的必要性可从如下几点体现。

（一）两岸经济往来的需要

密切台湾和大陆的联系是海峡两岸以及海内外中华儿女长期的共同愿望。建设台湾海峡隧道必将促进海峡两岸的来往，有利于中华民族的共同繁荣和富强。

1. 两岸经贸交往进一步密切

目前台湾资本在大陆的投资已初具规模，2007 年台湾地区对大陆投资总额为 99.71 亿美元。2008 年两岸贸易达到了 1292 亿美元，占台湾对外贸易总额的 26%，1980～2008 年两岸贸易年均增长 21.1%。目前，台湾是大陆第七大贸易伙伴，大陆为台湾最大的贸易伙伴，如表 14-1 所示。

表 14-1 两岸经济往来情况表 （单位：亿美元）

年份	贸易总额	大陆出口台湾	台湾出口大陆	贸易差
1990	41	8	33	-25
1995	179	31	148	-117
2000	305	50	255	-205
2005	913	166	747	-581
2006	1078	207	871	-664
2007	1245	235	1010	-775
2008	1292	259	1033	-774
2009	1062	205	857	-652

2. 大陆台资企业进一步发展

截至 2009 年 12 月底，大陆累计批准台资项目 80 061 个，实际利用台资 495.4 亿美元，占大陆外来投资的 5.2%。据统计，仅 2011 年 3 月大陆共批准台商投资项目 252 个，环比上升 111.8%，实际使用台资金额 2.1 亿美元，环比上升 31.3%。截至 2011 年 3 月底，大陆累计批准台资项目 83 712 个，实际利用台资 525.5 亿美元。

3. 台湾大陆企业投资进一步扩大

2009 年海峡两岸就大陆资本赴台投资事宜达成共识，台湾对大陆企业投资开放 100 个行业，首次旅台商业代表团签订的初步协议规模即高达 680 亿美元。可以预见，未来大陆企业将对台湾经济发展起到积极的促进作用。

4. 经济合作机制进一步构建

自两岸开展经贸合作以来，先后签订了《海峡两岸空运协议》《海峡两岸海空运协议》《海峡两岸邮政协议》；签订的《食品安全、农产品检疫检验协议》，进一步加强了两岸农业合作；两岸经济合作架构协议（ECFA），将进一步加强经济合作交流。

目前，台湾是大陆第七大贸易伙伴，大陆为台湾最大的贸易伙伴。海峡两岸经济互补、互利，共同繁荣的前景是乐观的。台湾的经济辐射自然会带动福建的发展。隧道两端地区会成为新的经济增长点。台湾海峡经济区与长江三角洲、珠江三角洲连成一个高效的交通网，必将促进地区和整个中国经济的增长。

（二）两岸运输的需要

1. 客运量

台湾有2300万人口，即使每年有1/3的人到大陆探亲、观光一次，往返就是1500万人次。大陆居民到宝岛旅游、务工等，往返人次将更多。至2008年，台湾往来大陆累计人数已突破5000万人次，超过台湾地区人口总数的两倍；1990～2008年台湾居民来大陆的客流年均增长9.2%。大陆居民赴台，1990～2008年年均增长21.4%。

采用多种方法对两岸旅客交流进行预测，预测2050年两岸来往的客流为1.0亿～1.2亿人次，铁路承担的客流为3000万～4000万人次（单向），约占30%的份额，见表14-2。

表14-2　海峡两岸（1987～2009年）往来人次　（单位：万人次）

项目	1987年	1988年	1989年	1990年	1995年	2000年	2005年	2006年	2007年	2008年	2009年
台湾至大陆	4.7	44.6	55.2	89.1	153.2	310.9	410.9	441.3	462.8	436.8	448
大陆至台湾	—	—	—	0.9	4.2	10.3	16.0	20.8	23.0	27.9	97.2

2. 货运量

另据2008年的统计，大陆自台湾进口货物1027万t，主要为塑胶橡胶制品、金属矿产及制品、化工品、机电产品等；大陆出口台湾货物1621万t，主要为建材、非金属及金属矿产、农产品及机械等。到2009年，两岸贸易货物和中转货物往来共计5780万t，比2008年增长2%。两岸巨大的贸易与人员往来对于跨海通道的建设有极大需求。另外，台湾对外出口同期增长率为5.6%，台湾至大陆货物年均增长率达到11.0%；台湾同期对外进口增长率为6.9%，大陆至台湾货物年均增长率高达20.5%。大陆和台湾快速增长的客货交流使跨海通道的建设日益紧迫，见表14-3。

表14-3　台湾与大陆的货物运量（1990～2008年）

项目		1990年	1995年	2000年	2005年	2006年	2007年	2008年
台湾至大陆	货运量（万t）	56	259	446	1127	1314	1156	1027
	贸易额（亿美元）	33	148	255	747	871	1010	1033
	单位指标（万t/亿美元）	1.71	1.75	1.75	1.51	1.51	1.14	0.99
大陆至台湾	货运量（万t）	61	237	364	1334	1496	1478	1621
	贸易额（亿美元）	8	31	50	166	207	235	259
	单位指标（万t/亿美元）	7.89	7.64	7.23	8.06	7.21	6.30	6.26

与海峡通道配合的铁路、公路运输与海运和空运比较各有其特点。据统计，不同运输方式的经济运距，对于货运，铁路为600～800km，水运为1300～1500km，航空为2100～2300km；对于客运，铁路为200～300km，水运为50～70km，航空为1300～1400km。台湾海峡宽度在120～200km，客货运输起点到终点的距离多数在200～800km的范围内，选择与通道配合的铁路运输是比较适宜的。

未来随着海峡两岸经贸投资的不断发展，大陆资源优势和台湾资本优势将会更好融合，贸易额将快速增长，2050年两岸贸易额将突破5000亿美元，两岸贸易量将突破3000万t，本通道承担的货运量预测约为700万t。

铁路运输比水运快捷，并无需港口转乘和装卸，比空运经济并可以承载汽车通过。此外，如果选用隧道工程，受气候影响较小，有特殊的优势。

（三）两岸文化联系的需要

2005年，台湾一些党派人士相继访问大陆，胡锦涛总书记分别与他们举行会谈，并达成了共同谋求两岸和平双赢、追求中华民族振兴的多项共识，也为增强两岸的文化交流奠定了基础。修建台海通道，将进一步拓宽人员来往的渠道，降低两岸文化交流的“门槛”，扩大文化交流的范围。

（1）深化两岸教育、科技、卫生、体育、文化艺术、广播影视、新闻出版等领域全方位合作；

（2）积极推动富有地方特色的民间艺术、民俗文化和有一定影响力的文化交流项目，开展双向交流；

（3）招收更多台湾学生来大陆就学深造，推动两岸青年一代的交流，加强年轻一代对祖国文化的认同感；

（4）充分利用闽南文化、客家文化、妈祖文化等独特的吸引力，广泛开展与台湾各界、各阶层的文化交流；

（5）推动闽台族谱对接和赴台展示工作，吸引更多台湾民众来闽寻根谒祖，增强了解和互信，促进台湾民众对“根”“祖”“脉”的认同。

（四）建立经济增长带的需要

两岸的经济及人员往来日益密切，但是运输形式并不多样化，而铁路作为最主要的运输模式对一个地区的经济起着决定性作用。假设福建省平潭至台湾省新竹间的通道建成，台北至福州的交通时间将有可能缩短至2h以内，这就大大提高了两岸经济往来的效率和速度。在信息化时代的未来社会，这种现代化运输工具会产生很多商机，从而拉动整个局部地区的经济。为了实现“台湾海峡经济增长带”的伟大目标，修建一条能够改变两岸交通运输模式的通道是十分必要的。

（五）实现国家路网完整的需要

通过交通运输将海峡两岸人民密切地联系起来，是数百年来多少仁人志士的梦想。

台海通道的修建将形成一条纽带，把台湾的传统铁路、高速铁路和高速公路与大陆的铁路网和高速公路网紧密地联系起来，把两个系统联结成为一个整体，实现了全国铁路网和公路网的完整。国家铁路网和公路网的完整，将为国家领土的完整提供坚强的保障。

综上所述，台海通道的建设，将实现数百年来海峡两岸联结的夙愿，大大加强两岸联系，有利于两岸人员往来，有利于两岸文化交流，有利于促进两岸经济的发展，对实现国家路网完整乃至中华民族统一，具有重要的深远意义。

三、越海通道修建后对经济的拉动作用

台湾海峡通道的修建不仅能满足海峡客货运量和国防的需要，而且建成后将会对两岸的经济发展起到巨大的拉动作用。主要有以下几个方面。

（一）海峡的建设有可能引发新一轮投资建设热潮

隧道的研究、设计、融资、建设等过程都蕴藏着巨大商机，借此可以营造一种投资气氛，必然引起国内外投资商的注目。

（二）工程建设过程对经济的拉动效应

工程建设需要大量的水泥、碎石、沙子、钢材等建筑材料及隧道施工的机械设备，将有力地推动建材工业及机械工业的发展。此外，可新增10万人以上的就业机会，并促进两岸科学技术的交流与合作。

（三）通道建成后对两岸旅游业的拉动效应

目前到台湾的游客进出是以飞机为主，一般人难以接受，如果能够建成台湾海峡通道，旅游人数还会有一次大的飞跃。据2010年统计数据，台湾仅日月潭就接纳大陆游客70万人，收入40亿元，2008～2011年大陆游客共为台湾创汇2154亿新台币。如果建成台湾海峡通道，势必吸引更多的大陆游客赴台，以每年增加1/3计，那么每年可为台创汇增加240亿新台币。

（四）通道建成后对两岸内需的拉动

目前台湾经济已经进入稳步发展的成熟期，在未来相当长的时期内，内需是制约其经济发展的一个重要因素。大陆虽然整体上处于较高的增长模式下，但2008年经济危机之后，逐步认识到扩大内需的重要性，在这种情况下假如台湾海峡通道付诸实施，则必将在相当长的时期内成为两岸内需扩大的一个重要力量，而两岸经济会在巨大的需求拉动下出现持续增长的前景。

（五）通道建成后对台湾海峡经济带的影响

台湾海峡通道的建设，必将加强大陆与台湾企业之间的经贸合作关系，充分发挥两岸科技资源的互补性，加速大陆东南五省市的产业结构调整同时给台商提供更多的投资机会。同时大陆、台湾将形成垂直分工与水平分工共存的合作与竞争局面，充分发挥各方优势，使台湾海峡经济圈不再是梦想。

四、前期工作的紧迫性

台湾海峡越海通道工程属于超级工程。超级工程在国际上一般是指总投资10亿美元以上的项目，并且技术复杂、工期长及对环保、政治、经济等各方面有重大影响。根据国家的基本建设程序，重点工程建设项目需要进行规划、预可行性研究、工程可行性研究、初步设计、技术设计等前期工作，然后进行施工设计和筹资兴建。超级工程的前期工作顺序基本相同，但内容就复杂得多。超级工程最大的特点是前期调查、研究、论证工作量巨大，时间长。前期工作项目繁多，主要包括自然资料调查、人文资料调查、地区经济分析、交通量预测、建设必要性的论证、指定必要的规范与标准、投资估计、经济评价、确定方案、探讨技术可能性和实施可行性、方案比选、环境影响，以及建设方案批准后进行的初步设计、技术设计、施工前的准备工作、资金筹措等一系列重大问题。世界上重大的海峡工程的前期工作一般是十几年到几十年。表14-4给出了世界上几个典型的海峡隧道工程的前期研究工作时间。

表14-4　世界上典型海峡隧道前期工作时间

序号	工程名称	长度（km）	最大水深（m）	前期工作（年）	现况
1	日本关门隧道	3.61	18.8	33	已建成
2	日本青函隧道	53.85	140	29	已建成
3	英法海峡隧道	50.5	60	24	已建成
4	丹麦大海峡隧道	7.26	53	20	已建成
5	西班牙—摩洛哥直布罗陀隧道	50	330	28	研究中
6	美国—俄罗斯白令海峡隧道	113	51	38	研究中
7	日本丰予海峡隧道	40.7	195	26	研究中
8	印尼巽他海峡隧道	39	100	15	研究中

从表14-4可以看出，世界上各大海峡隧道工程的前期研究工作都是很长的，即使是长度较短，水深较浅的日本关门海峡铁路隧道，也进行了30多年的前期工作。对于像台湾海峡这样的场地条件，海峡宽

而水深大，海况条件严峻，地质构造复杂，又位于台风及地层活动地区，而且海上需通过十万吨级以上的船只。因此需要一系列针对性的新构思来解决一般工程所未见过的问题，这些都已超出常规成熟的技术范畴。根据工程类比可以看出，台湾海峡越海通道工程前期研究工作的工作量巨大，技术复杂，难度大，所需的时间较长。

20多年前就有人提出建设台湾海峡通道的想法，已多次召开两岸专家研讨会议，来自中国台湾、大陆，以及英国、法国、美国、新加坡、日本等地的海内外代表近600人次参加；已正式出版、公开与非公开发表的研究文章资料近百篇；著名的海内外和海峡两岸的作者达百余名。在2005年初交通运输部公布的《中远期的国家高速公路网建设规划》中也包括了从北京到台北的高速公路一线，这表明台湾海峡通道建设已经列入国家长远交通规划。

经过各方努力和富有成效的探索，对台湾海峡通道项目的前期研讨已经积累了不少有参考价值的成果，学者在许多方面取得了共识。

其一，台湾和大陆在经济上有很好的互补性。修建台湾海峡通道对两岸民众的来往、两岸经济的进一步繁荣都有重大的意义。

其二，台湾海峡通道的方案论证是十分必要的，具有重要意义。海峡固定通道在全天候性、速度和载重、与陆上交通网的连接等方面有其固有的特点和优点，是空运和海运方式难以完全替代的。

其三，在各种海峡固定通道方案中，海底隧道方案优于其他方案。

其四，尽管台湾海峡地区的地形地质和地震条件比较复杂，根据现有资料和当今科学技术的创新，建筑台湾海峡隧道在技术上是可能的。当然，还需要做进一步的工程地质勘察及隧道修建技术方面的深入研究。

其五，台湾海峡隧道与世界上任何伟大工程一样，将面临巨大的困难和风险，包括技术、财务、经济、社会等方面的困难，需要开展长期的前期研究工作。

第二节　世界主要越海通道工程简介

一、概　　述

地球表面海洋占71%，陆地占29%，且陆地被海洋分割。从交通便捷考虑，海峡通道工程的建设前景广阔。在跨海通道中，隧道方案具有占地少、对环境影响小、不妨碍通航、不受台风等恶劣天气的影响等多重优点。

世界发达国家自20世纪30年代起，就开始修建跨海峡的海底隧道。迄今修建海底隧道的国家主要包括日本、英国、法国、美国、挪威、澳大利亚、丹麦、冰岛、中国等。日本于1942年建成的关门海底隧道拉开了人类历史上修建海底隧道的序幕。著名的日本青函铁路跨海隧道全长53.85km，海底部分长23.0km，位于火山岩、堆积岩中，有多处裂缝、断层，该隧道以钻爆法为主开挖持续20年，克服了许多包括4次海水淹没和强大土压力带来的困难，于1985年8月竣工。有两条行车主洞和一条服务隧道构成的英法海峡隧道，海底段长39km，采用成熟的先进技术，通过充分的地质工作找到理想的岩层，设计安全，较好地解决了某些特殊的工程技术问题。挪威有较长的海岸线及大量的狭湾与岛屿，大多数人生活在海岸附近，因此修建了较多的海底隧道。

随着全球经济一体化的发展，各国之间的联系越来越紧密，目前许多国与国之间的海峡隧道，甚至连接洲与洲的超长大隧道，正在修建与规划中。跨越意大利墨西拿海峡隧道，隧道全长23km，最大水深150m；连接印度尼西亚的爪哇岛与苏门答腊岛之间的巽他海峡隧道，全长约39km，最大水深为200m；跨越日本与韩国的对马海峡隧道，将把日本与亚洲内陆连接起来，长约250km，最大水深210m；连接欧洲内陆与非洲内陆的直布罗陀海峡隧道，长约50km，最大水深300m；连接欧亚内陆与美洲内陆的白令海峡隧道，海峡宽约113km，最大水深51m。

相比于欧美国家，中国在海底隧道的建设上起步较晚，但发展势头很快。2009年建成厦门翔安隧道，青岛胶州湾海底隧道相继开通，连接香港、澳门和珠海的港珠澳跨海工程及大连湾海底隧道的修建标明了中国的海底隧道建设已经迈开了步伐。另外，中国正在考虑建造多条跨海隧道，如旅顺—蓬莱的渤海湾跨海隧道；上海—宁波的杭州海湾工程；连接广东和海南两省的琼州海峡的跨海工程及台湾海峡隧道工程等。可以预见，在未来数十年内我国的越江跨海隧道工程将得到快速发展。

二、英法海峡隧道

1750年法国的德斯马娄倡议修建英法海峡永久性联络通道；1802年法国马蒂厄和英国的查尔斯分别提出修建隧道的方案；1872年英国成立隧道公司；1875年开始钻探；1878年开始挖竖井和导坑，1883年停工；1965年重新开始勘探，1975年停工；1986年开始隧道施工，直到1993年完成，共花费7年时间，其中海底主要工程部分不到3年。

英法海峡通道曾经有过北线的桥梁方案、南线的公铁两用隧道方案和中线的铁路隧道方案，经过多年的论证比较，最后采用了中线的铁路隧道方案，线路从法国的马基斯经灰鼻角，横越海峡，到达英国的多佛尔，线路为反向曲线。

英法海峡隧道隧道长49.2km，由三条隧道组成，内径4.8m的服务隧道居中，内径7.6m的铁路隧道位于两侧。采用全断面隧道掘进（TBM）方法施工，共用11台掘进机。建成后的铁路隧道主要用于装载乘客、汽车的穿梭列车、特快列车和货物列车运行。隧道有37.5km位于海底。海底段岩石覆盖层平均厚度为40m，距海平面约100m，英法海峡隧道结构如图14-1所示。

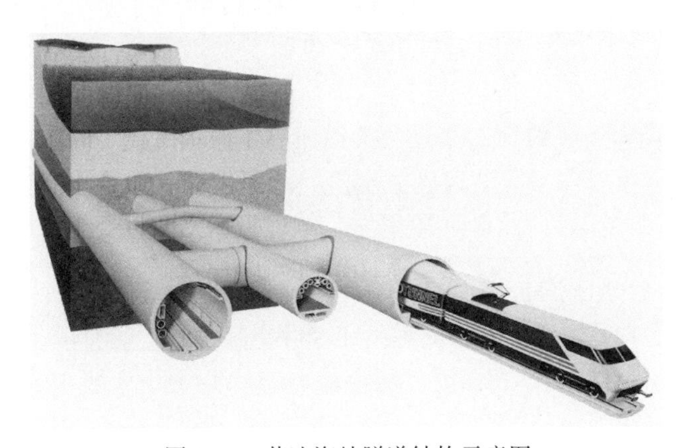

图14-1　英法海峡隧道结构示意图

三、丹麦斯多贝尔特铁路隧道

斯多贝尔特铁路隧道（Storebaelt Railway Tunnel）位于大贝尔特工程的东段，是连接东、西丹麦（菲瑛岛与西兰岛）的一条由桥梁和隧道组合而成的通道。整个工程总长约18km，分东、西两段：西段是一座铁道和四车道高速公路并行的桥梁；东段分为两条长8km的海底隧道和中央主跨达1624m的海上公路桥。斯多贝尔特铁路隧道采用盾构法施工，全长8025m。隧道从1990年开始施工，到1994年的10月完工，斯多贝尔特铁路隧道横断面见图14-2。

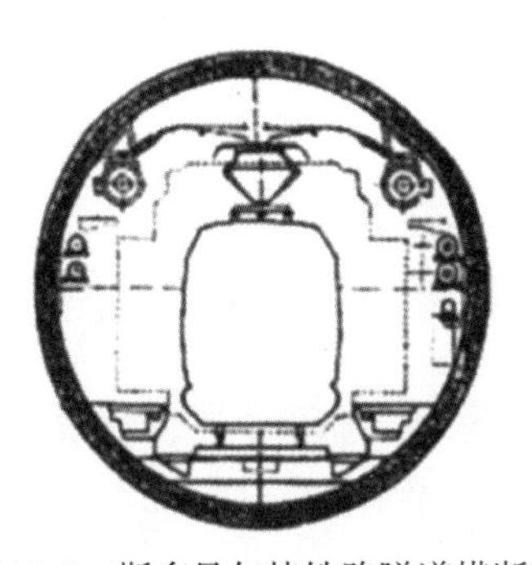

图14-2　斯多贝尔特铁路隧道横断面

四、东京湾桥隧工程

东京湾桥隧工程于1966年4月开始进行环境及地质调查，1989年5月正式开工，1997年12月竣工并投入营运。

该公路设计车速为80km/h，4车道×3.5m（随着交通量的增加，将来可拓展为6车道）。隧道长为9.5km，桥梁长为4.4km，最大坡度为4%，曲线半径R=10km；隧道间距：海底段为1D（D为盾构的直径），坡道段为0.5D；水深及覆盖：海底段平均水深为27.5m，水压为6kg/cm^2，海底段平均覆盖层为16.0m；衬砌尺寸：一次衬砌外径为13.9m，内径为12.6m，二次衬砌厚为0.35m。为了安放盾构掘进机并作为施工基地，在大约隧道中部设置直径195m的人工岛（隧道施工完成后作为营运通风竖井），并在隧道两端设置人工岛或通风竖井（其中一端为桥隧结合部），如图14-3所示。

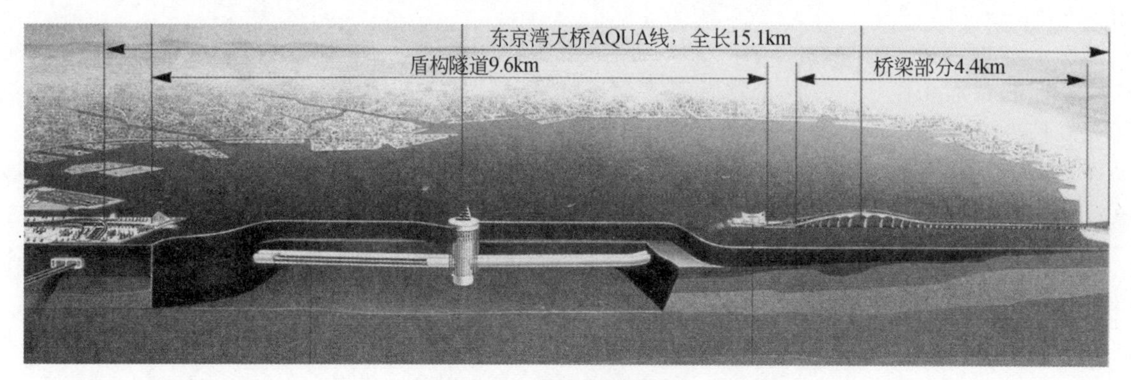

图14-3　东京湾桥隧工程

五、日本青函海峡隧道

青函隧道南起青森县（今别町滨名），北至北海道知内町汤里，全长为53.86km。其中，海底部分长23.30km，位于水下100m的青函隧道由3条隧道组成。除主隧道外，还有两条辅助隧道：一是先导隧道；二是搬运器材和运出砂石的作业隧道。青函海底隧道从1971年4月开工到1988年3月建成通车，整整建了17年。

青函隧道采用钻爆法掘进，曾采用过的工法有：底设导坑法、侧壁导坑法、上台阶法、眼镜法等。在不良地段，特别是在海底段，采取相应的处理措施是：①在超前导洞两侧用深孔水平钻机，勘探前方地质情况，找出大量涌水和破碎带的详尽资料，选择最好的开挖方法，以确保施工安全；②先堵水、加固围岩之后再开挖，同时加强机械排水能力；③增设作业坑道，以增加工作面和利于通风。

青函隧道曾出现过四次较大的涌水事故，每分钟80m^{3}一次，每分钟10m^{3}三次。这四次涌水事故，主要都是靠注浆来解决的，并辅以强有力的抽水系统。最严重的一次发生在吉冈工区，1976年5月6日在作业坑道突然涌水，涌水量从0.7m^3/min增加到70m^3/min，坍方1000m^3，隧道被埋长度约70m。后来采用筑挡水墙、抽水、迂回导坑、注浆等方法处理，花了半年左右时间，才通过该点。根据这次经验教训，后来修建足够的断水闸门、排水泵和排水管道。

六、厦门翔安海底隧道

厦门翔安海底隧道为双洞双向六车道公路隧道，全长为6.05km，其中海底部分4.2km，采用两行车隧道+服务隧道形式。隧道海底段最小埋深28.4m，覆跨比为1.6，最大水深为26.2m，最大断面170m²。隧道于2005年开工，2010年3月建成通车。隧道采用钻爆法施工，隧道穿越5条风化深槽（囊）及富水砂层和全、强风化花岗岩软弱地层，海水中隧道覆盖层最浅只有15m，是目前世界上覆盖层最浅的海底隧道。在不良地质地段采用浅埋暗挖法、CRD法或双侧壁导坑法等辅助工法，厦门翔安海底隧道纵断面和横断面如图14-4和图14-5所示。

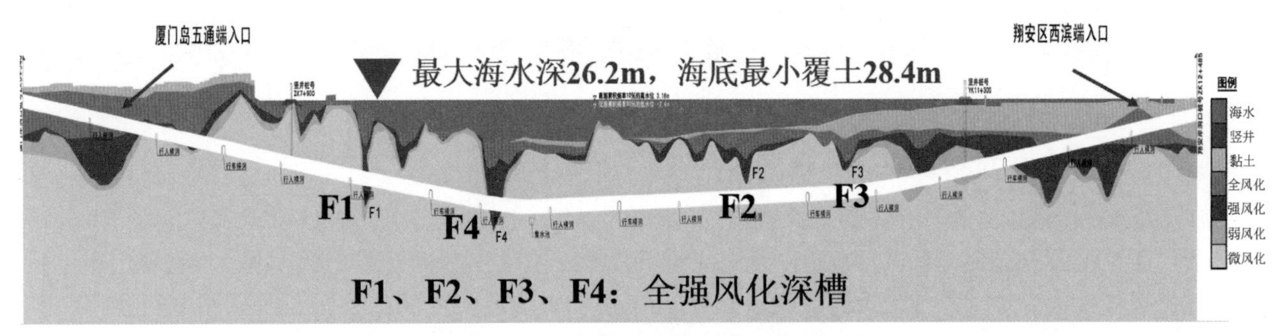

图14-4 厦门翔安海底隧道纵断面图

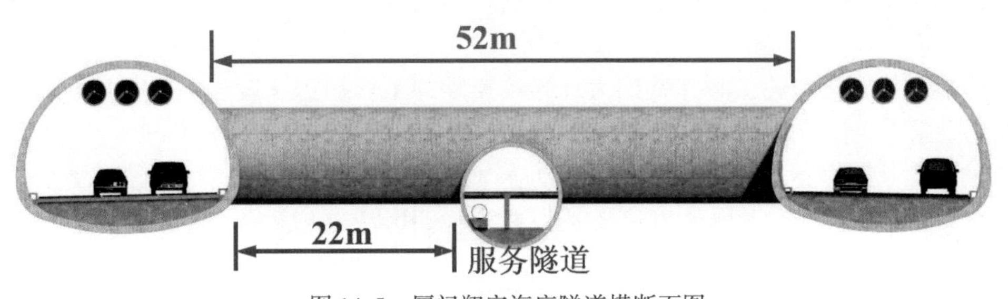

图14-5 厦门翔安海底隧道横断面图

七、青岛胶州湾海底公路隧道

青岛胶州湾海底隧道为双洞双向六车道公路隧道，全长为6.17km，跨海段为3.95km，采用两行车隧道+服务隧道形式。隧道海底最大断面为202m²，最小埋深为34m，近岸最大断面为412m²，最小埋深为11m，是目前世界上最大断面的海底隧道。隧道海底段最小埋深为34m，覆跨比为2.0，最大水深为42m，隧道采用V形坡，隧道最低点高程为-70.5m。隧道于2006年12月开工，2011年建成通车，胶州湾海底隧道纵断面如图14-6所示。

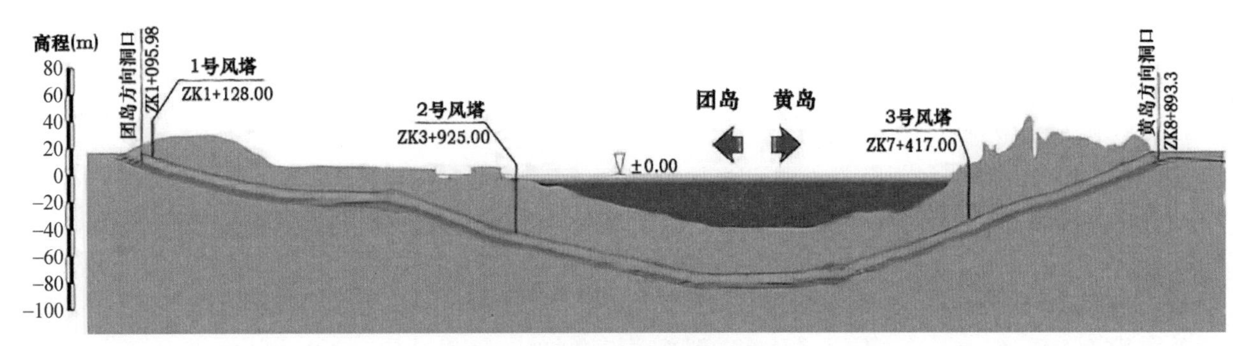

图14-6 胶州湾海底隧道纵断面

隧道共穿越18条断层破碎带，采用钻爆法施工。主隧道Ⅱ、Ⅲ级围岩段采用导洞超前再扩挖方法施工；Ⅳ级围岩采用台阶法施工；Ⅴ级围岩陆域段和海底破碎带地段采用“CD”法施工，必要时进行超前注浆止水；陆域的大断面段 DZ1 ~ DZ2 断面采用 CD 法施工，DZ3 ~ DZ7 断面采用台阶法施工。服务隧道Ⅱ、Ⅲ、Ⅳ级围岩段采用全断面法施工，Ⅴ级围岩段采用台阶法施工。

第三节 海底隧道特点及施工技术

一、海底隧道的特点

（一）海底隧道基本特点

海底隧道与陆地隧道相比具有如下特点。

（1）通过深水进行海底地质勘测比在地面的地质勘测更困难、造价更高、而且准确性相对较低，所以遇到未预测到的不良地质情况风险更大。因此很有必要对隧道工作面前方很长范围内进行水平钻孔（青函隧道最长为 2200m）。

（2）海底隧道施工的主要困难是突然涌水，特别是断层破碎带的涌水。因此必须加强施工期间对不良地质和涌水点预测和预报。

（3）沿海底隧道线路布置施工竖井费用大，导致连续的单口掘进长度很大，从而对施工期间的后勤和通风有更高的要求。目前有轨运输独头通风已能达到 10km。

（4）很高的孔隙水压力会降低隧道围岩的有效应力，造成较低的成拱作用和地层的稳定性。

（5）很高的渗水压力可能导致水在有高渗透性或有扰动区域或与开阔水面有渠道相连的地层中大量流入。

（6）海底隧道不能自然排水，堵水技术是关键技术。先注浆加固围岩，堵住出水点，然后再开挖。在堵水的同时加强机械排水，以堵为主，堵抽结合。

（7）在高水压下开挖横通道是一大技术难题，将来很有必要有专门在困难条件下开挖横通道的隧道掘进机。

（8）衬砌受长期的较大的水压作用。

（9）单口连续掘进的距离很长而导致工期很长，财政投资很高，因此必须采用能快速掘进的设备。

目前修建海底隧道的基本方法有：钻爆法、沉管法、盾构法和掘进机法。除了这几种施工方法外，还有一种正在实验的跨越深水海域的较为经济的隧道修建法——水中悬浮隧道，这种方法已有很多研究成果，许多国家准备将这种设想变为现实。另外，跨越海峡还可以将上述这几种方法混合使用，或采取桥隧结合的方法。

（二）海底隧道覆盖层厚度

海底隧道的覆盖层厚度决定其隧道长度，如以隧道纵坡为 3% 计，深度每增加 1m，长度就要增加 66.7m。因此覆盖层厚度是一个主要经济因素，覆盖层厚度越小，隧道越短，静水压力越低，作用在衬砌上的势能荷载也越小，造价越小，工期越短；另外，覆盖层越厚，在海底和隧道之间的渗流通道就越长，就会降低流向隧道的渗水体积。图 14-7 为挪威采用钻爆法施工的海底隧道最小岩石覆盖厚度与水深的关系，对公路隧道通常把最小覆盖厚度定为 50m，岩石好时可降到 40m。图 14-8 为英法海峡隧道中的服务隧道的覆盖层厚度与渗水量之间的关系，它表明覆盖层增大到一定厚度后，渗水量逐渐减小到一个极限，因此可以确定一个最佳覆盖层厚度。

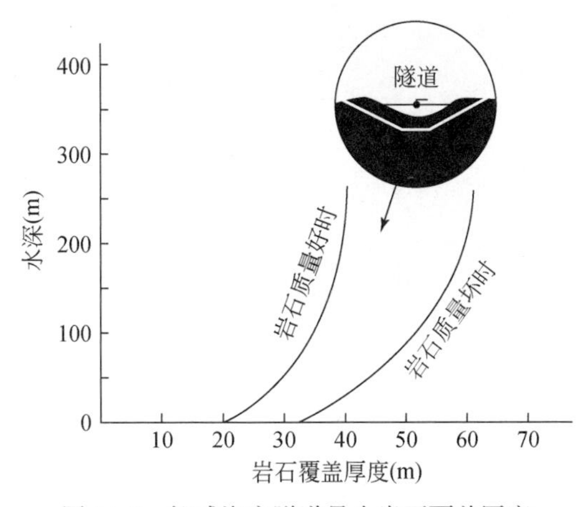

图 14-7　挪威海底隧道最小岩石覆盖厚度

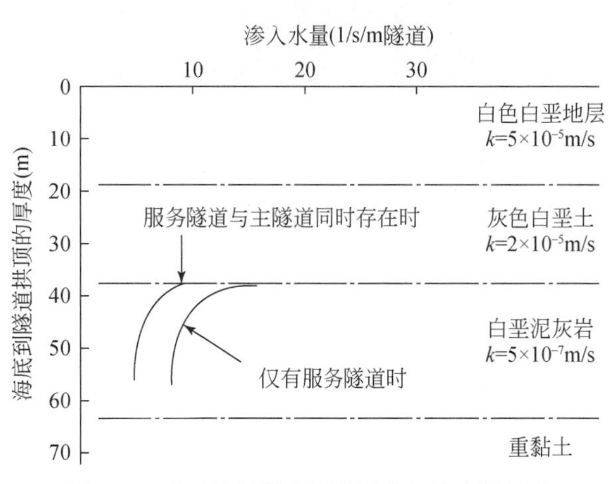

图 14-8　英法海峡隧道覆盖厚度与渗水量关系

用盾构法建造海底隧道时，确定隧顶的最小覆盖深度是一个十分重要的问题。例如，用气压法施工时，气压过小，地下水会涌入盾构，气压过大，压缩空气会大量流失，甚至会发生喷发事故。气压用于平衡盾构直径的 $2/3D$ 处的水压力，故盾构顶部有 $2/3D$ 范围的过剩压力，覆盖厚度是根据此过剩压力来考虑的。一般都认为最小覆盖层厚度为 $1D$。对于沉管隧道，管段的覆盖层主要是利用开挖基坑出来的岩土回填，以恢复河床原貌，另外，确保隧道永久稳定，覆盖层厚度视具体情况而定。

（三）海底隧道衬砌荷载

海底隧道与陆地隧道作用荷载的不同之处在于海底隧道除了实际覆盖层以外，还有很高的静水荷载。图 14-9 为衬砌不漏水情况下隧道上方垂直应力，有效覆盖荷载被地层拱现象降低，而静水荷载仍保持为全值。图 14-10 为有控制地排水时隧道上方的垂直应力，此时，静水压力可以充分降低，但由于地层的渗透压力而使有效的地层压力会增大。从造价来看，自由排水衬砌的最初造价低一些，但长期运营中抽水和维修增加的费用会超出最初节省的费用。

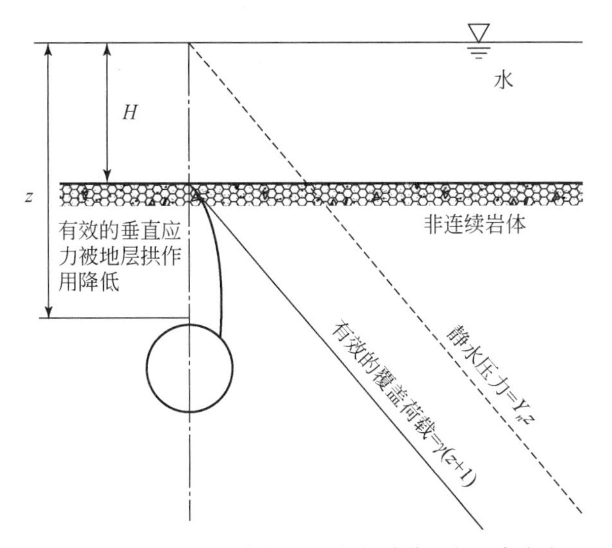

图 14-9　在有不漏水衬砌的海底隧道上方垂直应力

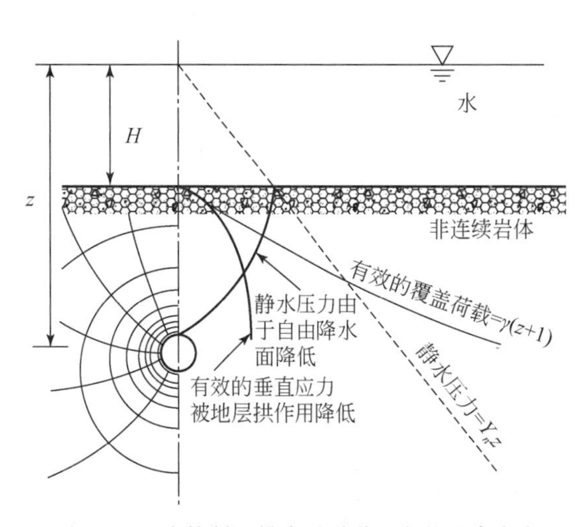

图 14-10　有控制地排水时隧道上方的垂直应力

降低高静水压力对衬砌作用的方法是在衬砌周围注浆形成一个密封环，静水压力就会作用在注浆环上，而不是直接作用在衬砌上，于是注浆环与管片衬砌之间的荷载分布就可以根据组合结构理论进行控制。图 14-11 为在静水作用下注浆环与管片衬砌之间的相互作用。

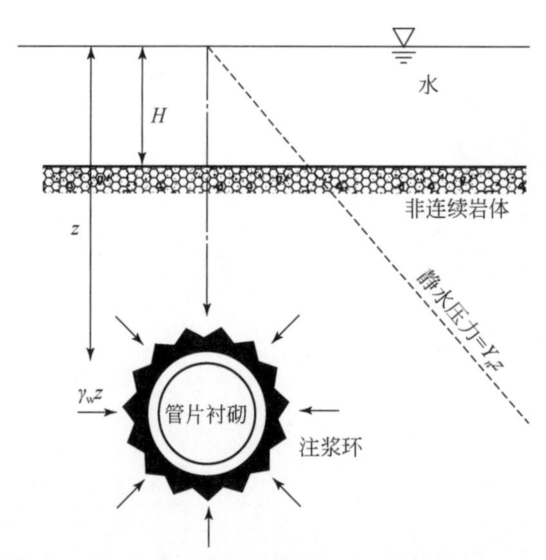

图 14-11　在静水压力下注浆环与管片衬砌之间作用

二、海底隧道钻爆法施工技术

采用钻爆法施工的海底隧道主要有日本的新关门隧道及青函隧道、英国的墨尔西隧道、冰岛的华尔海峡隧道及挪威的各海底隧道。作为世界上最长的海底隧道——青函隧道，它在水平钻探、超前注浆加固地层、喷射混凝土等技术上有巨大的发展，尤其在处理海底涌水技术方面独具一格，为工程界所津津乐道。

海底隧道穿越断层破碎带的施工技术是最关键的。在海底岩层中穿越的隧道工程，勘测、定位和选线受限制很大，故其穿越断层破碎带的概率大，数量也多。海底隧道都是处于地面水系之下，地下水富存，断层破碎带若与其上或其附近的水系相沟通，随时都有可能给工程带来淹没、塌通、涌水，或形成泥石流的危险。重则使工程的安全和施工人员的生命毁于一旦，轻则给工程进展造成影响，如日本丹那隧道，在 1925 午 12 月施工时遇到高压涌水，水压达 21kg/cm^2，并夹带泥石流，花费了 42 个月之久才突破险关。日本青函隧道发生过 4 次较大塌方涌水事故，最严重的一次 1976 年 5 月 6 日发生在北海道侧平行导坑内，由凝灰岩断层破碎带内的高压水引起，涌水量高达 70m^2/min，经修挡水墙、压浆堵水封断水源，而后又开挖迂回坑道用了 5 个月时间才绕过了涌水段。因此，断层破碎带的穿越，是海底隧道工程施工的关键。

穿越断层破碎带的问题，主要就是断层破碎带的支撑、加固堵水的问题。目前国内外经常采用的方法是强行穿越法、注浆法、冻结法和其他辅助方法。

（一）强行穿越法

强行穿越法是最常用的古老方法，其特点是支撑护顶，随挖随砌。它对设备和技术要求较低，可根据设备条件和技术力量灵活应用。人们从工程实践中创造出了多种的强行穿越法。

（1）短段掘进：此法即将开挖衬砌施工段由长化短，跨度由大化小，边开挖掘进，边支撑衬砌，达到减小围岩临空面，缩短围岩暴露时间、减弱对围岩扰动的目的，使临时或永久支护抢在围岩松动坍塌之前。主要用木材、型钢或钢筋等构件支撑。

（2）喷锚支护：利用喷锚支护施工快速灵活、结构柔韧密贴的特点，达到开挖后及时支护快速承载、灵活施喷、尽早封闭加固围岩、允许围岩有一定变形、减小岩压等目的，从而穿越断层破碎带。施工时要严格按新奥法要求，边掘进，边支护、边监测。

(3) 超前支架：即在下段开挖之前，预先打入超前支架，防止开挖后围岩的松动坍落，在支架下进行衬砌施工。

(4) 侧壁导坑法：国外在大断面海底隧道穿越较大断层时，在使用埋管的同时采用侧壁导坑。从侧壁底层开始，沿两侧墙先开挖小导坑，然后灌注边墙混凝土，再上移一层同样开挖小导坑，灌侧墙，利用这样一层一层的侧壁导坑完成两侧墙的支护。最后以此为基地，利用环挖法开挖拱部，用钢拱架支撑或浇灌第一层砼衬砌，在衬砌保护下挖核心和仰拱。日本新关门海底铁路隧道即是用这种方法通过主断层的。

(二) 注浆法

注浆法是人工充填围岩裂隙的一种方法，在一定的注浆压力作用下，浆液被挤压进岩层沿裂隙流动扩散，由于其充塞和水化作用。在裂隙内成为具有一定强度和低透水性的结石体，从而达到堵塞裂隙、截断水路和加固围岩的目的。

注浆材料一般可分成水泥浆和化学浆（水玻璃类、树脂类）两大类。水泥浆液适用于渗透系数为$10^{-3}\sim10^{-2}$cm/s的岩土，树脂类浆液适用于渗透系数为$10^{-4}\sim10^{-3}$cm/s的岩土。在注浆过程中，注浆的扩散半径随着岩层渗透系数、裂隙宽度、注入时间的增大而增大；随着浆液浓度和黏度的增加而减小。一段地说，对于裂隙细微且贯通性较差的围岩，以灌注好的化学浆液为宜；对于裂隙稍大的围岩，以水泥浆液灌浆为宜；对于有较大孔隙的，则可在水泥浆液中掺加沙子、惰性粉末或骨料等，也有运用泡沫浆液的。从经济效能来说，水泥浆液较为便宜，而一般化学浆液成本较高。

注浆在海底隧道中对防止涌水并加强岩体强度是必不可少的，它也是使岩体与衬砌一起共同抵抗外来压力的主要方法。采用注浆法要选择好以下几个注浆参数。

1. 注浆压力

注浆压力是浆液在裂隙中扩散、充塞、压实脱水的动能。注浆压力太低，浆液不能充满裂隙，达不到截断地下水流的目的。提高注浆压力，可提高浆液结石体强度和不透水性，减小渗水量，使施工进度加快。但压力过高，易引起裂隙扩大，岩层移动和抬升，浆液扩散到注浆范围以外造成浪费，因此注浆压力也有一个合理的上限。目前国内外注浆工程计算最大注浆压力的经验和图表很多，如日本青函隧道按静水压力的20~40倍确定。只考虑静水压力，而影响注浆压力的其他因素予以综合考虑，确定一经验数字。

2. 注浆段长度

注浆段长度应根据岩层裂隙发育情况，压水时进水量多少，以及钻机能力等确定。注浆段长些，可减少注浆工程量，加速施工。但过长，钻孔倾斜大，会影响注浆效果，如钻孔长且俯角大，岩粉不易冲出，钻进效率降低，实践证明一般取50m是可行的。日本青函隧道，注浆段长取60~70m。欧洲注浆段一般取得较短，如英国第二座达特福德（穿越泰晤士河）隧道，导洞通过淤泥、砂砾层时，注浆段仅取11m。因此注浆段多长为宜，应视具体情况及经验而定。

3. 注浆范围

由于岩层裂隙的不均匀性，浆液扩散距离差异大。其基本设想是使注浆带厚度延伸到松弛带外侧，由围岩的渗透系数、强度等各种物性值的松动范围决定注浆范围。一般来说，如土质好、渗水量小，注浆区厚度为隧道半径的3倍，如土质差、渗水量大，则注浆区厚度为隧道半径的6倍。

注浆法在海底隧道工程中取得了广泛的应用，在国内外用钻爆法施工的海底隧道多采用探水注浆法进行开挖前的堵水和加固围岩，在这样的工程中采用注浆法加固断层破碎带应该是首选方法，因为它不需再另行准备设备，只在注浆材料和注浆工艺设计上针对断层破碎带的特点加以改进就可以了，日本青函隧道就是采用注浆法成功地穿越了 8 个断层破碎带。

对于注浆法必须弄清水质对注浆材料的影响，注浆材料凝固时间对地下水流速的限制。地下水流速过大会导致浆液大量流失，达不到预期效果，水压或水量过大也有可能使注浆失败。另外，注浆法对于渗透系数小于 10^{-4}cm/s 的断层泥很难实现效果，这时就要考虑采用其他方法了。

（三）冻结法

冻结法是利用冷媒传递冷量给地层使含水地层降温冻结，依靠冻土的强度达到承受地压的目的，使开挖和衬砌工作处在冻土保护之下安全进行。冻结法的制冷方法，目前主要有两种，一种是压缩制冷，制冷剂多数为氨，国外在隧道、地下铁道工程中多用氟利昂（冻结布置在洞外）。另一种是液态氮冻结法，它是将液体氮用特制的汽车（称槽车）运到现场，直接通入冻结器，利用氮的气化潜热和温升显热实现快速低温冻结。

冻结法的特点是适应地层条件广。国内外一般都用在不适于其他加固方法的地层，往往是在使用其他加固方法不能奏效时使用冻结法。另外冻结法可靠程度高。因为只要能连续不断加冷量，地层就会越冻越硬，使开挖和衬砌工作一直处于冻结壁的保护之下。在国外由于冻结设备和工艺的发展，冻结法已广泛应用于城市地下铁道和公路隧道工程中，它完全有条件用于海底隧道穿越断层破碎带，尤其对于注浆法不能实现的渗透系数小于 10^{-4}cm/s 的断层泥，完全可以作为一种最后手段加以应用，确保安全可靠地穿越断层破碎带。

（四）其他辅助措施

为了安全可靠地穿越断层破碎带，除采用以上方法，还要采取几种辅助措施。

（1）超前探水：在施工过程中，不仅要详细了解地质因素，随时掌握地质条件的变化，还要随时注意地下水的活动情况，从而根据地质和地下水的变化，决定改变或修正穿越断层破碎带技术方法或进行某些技术参数的改变和修正，也为继续施工组织设计提供依据。故此，超前探水是决不可缺的辅助技术措施。

（2）设置安全疏散口：由于海底隧道断层破碎带与地面径流相勾通，一旦发生大涌水或塌通，其涌水和泥石流就不是短时间可以制止的，所以施工时必须设置安全疏散口以保证在险情时人员和重要技术设备的及时撤出。

（3）强排和堵截措施：主要包括有足够排水能力的水泵、管道和动力保证措施，在一定距离内设置的挡水门或临时挡水墙等。

以上方法各具特点，在实际工程中为了合理地选用穿越断层破碎带的技术方法，必须综合考虑断层破碎带的规模、断层内构造岩的特性、水文地质条件、破碎带的部位等各方面情况，在此基础上进行方案设计。实践证明，穿越一个较大规模的断层破碎带，有时要选用两种以上的技术方法，进行组合应用。

三、海底隧道 TBM 法施工技术

（一）概述

隧道掘进机（TBM）有两种基本类型：部分断面掘进机和全断面掘进机。

全断面掘进机用于断面一次开挖，通常用于圆形隧道断面，这类掘进机有各种不同的类型。在坚硬岩层，掘进机通常具有圆形的圆盘或切削头，它围绕着隧道轴线旋转，盘上装有切割刀具。这些刀盘围绕着平行于钻头的轴自由旋转，超过开挖面，这样就切进开挖面，当压力作用在掘进机头部时，在开挖面上产生沟槽。

隧道掘进机的掘进过程如下：刀头在岩石中切割出一条沟槽，同时第二个刀头按一定间隔切割出另一条沟槽，两条沟槽之间的岩石承受压力和剪力，形成碎块而掉落，掉落岩石的厚度至少等于沟槽的深度。

切削头用千斤顶顶紧在岩面，同时将开挖下来的碴石收集起来并转送至一条输送带上以便将其输送至掘进机的后面。切割头以1.5～12r/min甚至15r/min的速度旋转。滚刀作用在岩层的压力和切割表面之间的比值，是一个十分重要的指标，其值必须足够地高以确保足够的切割深度，然而也不能太高致使刀具不能自由地旋转或者使刀具损坏，为使隧道工程有效地进行，该压力必须为岩石破碎强度的5～8倍，对于28cm的滚刀，相应压力为12.5～20t。

可以采用两种形式的支撑将载荷传递到切削盘。如果没有预制混凝土，铸铁衬砌或有足够有效的横撑临时支护系统，可在沿隧道周边上平行于隧道轴线的纵向安装千斤顶。如果没有这类支撑可资利用，则掘进机本身必须支撑自己，这可以通过设置在沿直径方向的成对的千斤顶在隧道边墙上来实现。千斤顶通过称为“撑靴”的金属块来传递荷载，撑靴的压力最低不小于刀盘推力的3倍。当千斤顶移动了一个整间隔或行程（1～2m）后，撑靴从墙面上缩回，掘进机向前移动，然后重新放置好，开始下一个行程。

全断面隧道掘进机已经成功地用于很多海底隧道，如最著名的英法海峡隧道，TBM在施工中采用了最新的技术及设备，并创下了下列一些的掘进新成就。

（1）采用TBM掘进大断面隧道长度18 532m创世界之最。

（2）最大月进尺1487m创长大海底铁路隧道施工掘进最好成绩之一。

（3）在长大的海峡隧道中TBM时间利用率提高到90%，整个系统的时间利用达到了60%的最好成绩，也是最新纪录。

（4）建造海底长大铁路隧道采用混合机型TBM崭新技术的施工还属首创。

（5）由于最初的基本技术的应用得到了极大的变革，已为复杂地质条件下开发出相适用的TBM的适用性、可靠性和先进性在工程实践中作用也得到了证实。

（二）地质勘探

对深水下隧道的一些地质和岩土工程的要求与所有的隧道都是相同的，即地层的边界、岩土的特征、可切削性、耐磨性、总的渗透性、危险气体的出现等。水下隧道的特殊要求与水的存在有关，故必须查明以下几点。

（1）隧道及其附属结构的上面有无能保证安全施工需要的足够厚度的不透水地层，对这一地层在隧道已知的一段长度上有无中断之处；

（2）若没有不透水地层，则考虑隧道掘进的最小安全深度；

（3）各个地层的裂隙程度，在施工期间裂隙是否引起隧道不稳定和水的涌入；

（4）预测可能有的与海底连接的缝隙的范围和位置；

（5）大砾石，这种砾石很可能需要在困难的条件下进入到工作面处去排除它；

（6）在隧道掘进时，需要用超前钻孔探测法取得的附加信息。

对于隧道工作面前方的钻孔探测是耗费时间的并会造成掘进中断。大多数承包商都希望尽可能地避免钻孔探测，理由是隧道掘进机具都已设计成能够对付所有不测事故的，而且钻孔探测获得的信息是有限的和有疑问的。然而，必须说明，如果预先就知道那些会引起不幸事故的情况，则可避免许多不幸事故的发生。施工前的现场调查不管怎样详尽，仍存在一些不确定的因素。故不能忽视任何机会在施工期间去获得更确定的信息。

（三）地层改良

对丹麦大海峡隧道实施的降水方案，或许不是唯一的，但在控制隧道掘进条件上开辟了新的可能性，当然，在这种特定情况下允许用这样规模的降水只是偶尔的，不过这种概念现在已在设计者心中充分确立。

其他的地层改良技术，如局部降水、渗透或压密灌浆和冷冻，是对诸如横通道之类的附属工程施工的主要辅助手段。然而除非已提供了一条服务隧道，否则这些手段对主隧道来讲在后勤上都不是可行的。必须始终记住灌浆和冷冻不是一种“精确的”工艺。在常常可遇到的极其多变的土壤中，地层改良的作用也许像打补丁一样，而且还必须采取预防措施避免在局部失效的情况下发生大的灾难。

作为改善隧道掘进条件的一种手段，应用压缩空气的可能性早已讨论过。正如过去已多次证明，这是一种强有力的手段，而且也得到了合理的使用，它解决了技术上的问题并提高了施工安全。1992 年 10 月在英国举行的“压气下作业的工程与健康”座谈会上，讨论了在超气压下工作对人的生理影响。

有一些方法使人在很高压力环境下安全地工作，虽然这些方法是花钱的而且不方便。尤其是这些方法用于近岸和海上的潜水领域，由于情况和所涉及的工作性质不同，这些方法不能简单直接地移用于隧道。然而，不应惧怕去坚持找到在具体情况下，在很高的空气压力下工作的可能性。机器人（自动状态）工作的一般监管，工人就可能做到，他们在工作的大部分时间可在密封舱内工作。

（四）掘进机选型

要正确选用 TBM 进行隧道施工的关键因素如下。

（1）地质条件：必须能充分探测到在隧道轴线附近和 TBM 掘进工作面前方有无坏的或更坏的地质情况。该探测要求即应告诉（TBM 的设计者、制造者和施工者）关于隧道沿线的涌水、岩石稳定性、易燃的瓦斯和其他的危险情况。

（2）TBM 的设备配套：TBM 施工的机械化程度越高，要求各工序间相互匹配的作业要求越高，而且设备的基本功能和辅助功能均要完善和可靠。所谓 TBM 法设备配套，是以 TBM 的刀盘回转掘削围岩为“龙头”相应把隧道衬砌支护成（管片拼装）、出渣运输、施工测量等一系列施工作业任务，按事先制订进度完成各自任务，并按照实现目的和手段的逻辑关系将设备匹配好。那么，TBM 掘进作业的施工效率就高，也就是设备配套的优化组合就理想化。否则，TBM 发挥不出最佳效率。

（3）TBM 机械结构特征：掘进机结构形式很多，根据地形地质条件适合的结构形式。例如，英法海峡隧道采用的掘进机结构形式是一种新型的机种。

对于英法海峡隧道，英法两国施工地段的地形和地质条件差别很大，因此这种高性能 TBM 在各自施工区段进行隧道开挖时有如下的特殊要求。

（1）按硬岩掘进机配上一个软岩盾构功能设计，TBM 具有闭胸与开胸的双功能特性；

（2）按隧道管片拼装作业与开挖掘进作业并进而连续开挖的概念进行设计；

（3）按快速施工要求，TBM 具备管片储运机构和双拼装机的双功能作业；

（4）配有 ZED 激光导向系统，以便控制 TBM 推进方向正确；

（5）由于水压大（0. 92MPa），对水淹浸的防护技术和结构设计必须是最有效的；

（6）在混杂地质和破碎地层中的海底隧道施工，TBM 首选压力舱运出石渣的装置；

（7）利用计算机对 TBM 的运转状况进行监控监测及高新技术诊断技术分析 TBM 的运转效果，指出电器和机械问题，从而明确了机电维修保养目标；

（8）由于海峡两端 TBM 各自向海峡中央作单向推进的长度分别为 21. 2km 和 16. 3km，因此 TBM 的机械构造设计可靠性及其配套设备的使用寿命，均应满足 TBM 的长距离推进时的要求而设计。

（五）隧道衬砌

衬砌必须能抵抗地层和水的荷载以及隧道掘进机推力，但不能选用难以接受的笨重管片；利用机械手（自动安装机）来装配衬砌；在侵蚀性环境下具有耐久性。至于结构设计，在设计能抵抗深达 300m 的地层和水的荷载的管片拼装衬砌时，应该没有大的困难。对设计的主要影响，将是隧道掘进机的推力。因为如果整个覆盖层压力和水压力都施加在掌子面上时，这个推力可能相当大。例如，加在直径 8. 75m

的丹麦大海峡隧道的隧道掘进机的闭胸隔板上的压力，当其轴线上的最大深度达73m左右时，可能要接近4400t。顶在衬砌上的推进千斤顶的推力必须要能克服这个压力以及摩擦力，而且还必须对开挖的刀具提供足够的荷载。这个推进机安装的千斤顶的能力为9600t。对那些有很大深度的隧道来说是明显的，如前面所讨论的，要将水压力的影响下降到可以在隧道内施加压力的程度。

为非常深的隧道设计接缝防水密封件，至今还是未经探查的领域。目前的密封垫片设计，已在丹麦大海峡隧道做了工作压力到0.8MPa的试验（1.6MPa的压力试验，则允许蠕变）。肯定需要的深度超过80m的隧道开发将来的密封垫片。

用机械手（自动装置）安装衬砌正在开发和研究之中，设计将紧随安装系统的开发。必须注意到，管片的连接螺栓只在安装时需要，它们可以在完成的隧道上去掉，至少从结构观点来看是可以的（例如，英法海峡隧道法国端就是这样做的）。一些替代的临时紧固件都不穿过接缝，也许更容易自动化一些。

已发现在一些水下隧道中的预制钢筋混凝土衬砌的耐久性还不够。由于少量含盐水的渗透已引起氯化物造成钢筋锈蚀。在埃及阿默得哈姆迪（Ahmed Hamdi）隧道中，水中盐的浓度高到在混凝土内形成盐的膨胀性结晶而发生局部破坏。必须说明在埃及的状况是异常的，就是未加钢筋的混凝土衬砌也不能免除这后一问题的危害。对于预制衬砌，产业界已非常认真地考虑这些问题，并提出以下解决办法。

（1）采用具有较低离子扩散系数的高质量且充分养护的混凝土；

（2）采用较高质量的环氧涂层对钢筋进行预先保护。

这些办法比对管片进行涂层更有效，虽然管片涂层方法也在广泛使用。

在这一点上无疑还有进一步发展的余地，因为与铸铁管片选择相比混凝土衬砌在费用上有吸引力这一点很重要。

作为对管片拼装衬砌的一种替代方法，可考虑用“挤压式”现浇衬砌，对此系统有支持者也有反对者，对于必须输送到隧道内的拌和混凝土数量和在一个自动化的环境中，这个系统提出了重要的后勤问题。一般来说，认为挤压式衬砌自身的长久性耐用性还不够充分可靠，故要设置二次衬砌，这种选择在高水压下的长隧道是不可接受的。

水下现浇混凝土衬砌需要防水薄膜（除非能保证干燥的条件），近年来，这些薄膜在质量上的改进使得现在可高度依赖它们。

四、海底隧道盾构法施工技术

（一）概述

盾构法一般限制在港湾下的浅水区和沿海地带，在深堆积层等软弱的不透水黏土中最为适用。在这种情况下，开挖可在大气中完成，尽管当黏土十分软弱和压力很大并有挤入隧道的趋势时，可能要在隧道导坑的工作面施加压力。

盾构施工的隧道穿过透水地层或穿过含有透水的晶状体通常要限制深度，在那里地下水压力可用内部的空气压力相平衡，医学上对工人安全的绝对限值约为3个大气压，相应于水面下30m的静水压头。但是，如果具有上述条件的很长的隧道，则经济上的限值似乎更接近于20m。

日本为了掘进海底隧道，通常是选择泥浆加压式盾构。例如，1969年修建的东京湾羽田隧道，采用了直径7.29m的大型泥浆盾构，东京湾渡海公路隧道，采用4台开挖外径14.4m的特大断面泥浆盾构。这种盾构概括地说，就是用泥水压力代替气压，用全断面机械化切削代替人工开挖或半机械化开挖，用管道输送泥浆代替矿车排土，其主要优点如下。

（1）无喷气冒顶现象，尤其是海底隧道施工更为安全可靠；

（2）工人在常压下施工，消除了气压施工的弊端，提高了工作效率；

（3）采用气压施工，隧道上部往往压力过剩，而隧道底部则往往压力不足，而泥浆盾构可在全断面上取得稳定的平衡，能更好地稳定开挖面，防止地面沉陷；

（4）开挖下来的泥土，搅成泥浆后，采用水力输送，加快了掘进速度。

泥水盾构的主要缺点是要有一套复杂的泥水分离装置，占地面积大，设置投资高，为补救此问题，日本 1974 年在东京修建水道时，首次研制了土压平衡盾构，并获成功。由于土压平衡盾构较泥浆盾构设备结构简单施工工艺简化，投资少，同时又不使用其他辅助工法，因而发展迅速。但土压式盾构如遇到砂多，摩阻力大的土层还受到一定的限制，必须采取措施，注入塑化材料与开挖面泥土混合，使之塑化，增加其流动性，以保证开挖面压力平衡与稳定。在实际工作中，大多情况是一条长隧道土层不会均匀一致，故在使用盾构法的同时，有必要考虑其他辅助工法（如化学灌浆、降水，气压和冻结等）配合使用，以期得到最优的技术经济效果。

采用盾构法修建了很多海底隧道，其中典型的工程有日本德山港海底隧道、东京湾渡海公路隧道、丹麦大海峡隧道等。

（二）衬砌形式

海底隧道的盾构法修建，其衬砌型式以钢筋混凝土预制管片为主，铸铁管片和钢管片很少使用。早期的铸铁（钢）管片，环、纵向都用很多螺栓连接，依靠这些螺栓结成一个整体围管，纵缝一般采用双排螺栓，还采取错缝拼装来增加纵缝的刚度。为了使相邻管片之间能够互相传递弯矩，还必须增加环缝之间纵向螺栓的数量，使之有相当的抗剪能力。这样拼装起来既费工，又费时，造价很高，而且这种连接方式会在结构内产生很大的次应力，带来相反的效果。于是人们进行了大量的研究得出一种新的设计概念——柔性结构的概念。

根据弹性地层中圆环的理论，单位长度衬砌圆环中的弯矩 M 为

$$M = \frac{P_0 a^2 EI}{6EI + 2a^3 \lambda}$$

式中，E、I 分别为衬砌的弹模和截面模量；a 为衬砌有效半径；λ 为地层变形模量；P_0为垂直压力与水平压力差。

当刚度比 $3EI/a^3\lambda$ 很小时，衬砌的弯矩 M 值趋近于零；当刚度比很大时，弯矩 $M=P_0a^2/6$，这就表明柔性结构的特点。达到柔性结构的途径有三条：①装配式接头的刚度减小，采用无螺栓或单螺栓连接；②装配式接头数量的增加；③衬砌厚度减薄，厚度与直径之比从 8% 下降至 2% 。

从当前实际出发，按地质不同，建议采用：

①硬黏土和软岩中，采用无螺栓多铰砌块结构；

②软黏土和粉砂中，采用单螺栓钢筋混凝土管片，单螺栓的作用是保证安装时的稳定性。

在海底隧道中除了主要受力结构管片（砌块）外，还设有内衬。内衬也称为二次衬砌以区别于外衬。内衬主要是作为隧道的内部装饰而设，同时也为通风提供表面光滑的内壁，降低阻力。

（三）防水技术

用盾构法建造海底隧道，防水尤显重要。隧道防水通常由三个环节组成，一是地层及衬砌壁后压浆，二是衬砌结构本身及其接缝的防水，三是内衬防水。

（1）注浆。及时注浆能有效控制地面沉降，且使衬砌稳定，减少变形和接缝张角。并在衬砌壁后形成密实层，有助于防水。注浆材料有水泥浆、膨润土浆、化学浆等，当地层中裂隙较发育或粒径较大，如卵石、砂砾石时一般用水泥灌浆；当土壤粒径细微不宜用水泥灌浆时，则用化学灌浆。灌浆方法有的在开把面进行超前注浆，条件许可时也有自地面（水面）进行预注浆。

（2）钢筋混凝土衬砌的精度与密实性：对装配式钢筋混凝土衬砌来说，提高管片精度是隧道防水的主要措施，它不仅直接加强弹性密封垫的压密防水效果，也大大改善了接触面造成的局部应力集中，减少了成环的椭圆度，减少了开裂与张角。

(3）混凝土衬砌的接缝防水：以弹性密封垫为主，采用多道防线（如灌注密封剂、填料塞密等），效果良好，优于以前的全衬砌面涂刷涂料的方法。

(4）螺栓孔密封防水：一种方法是在孔外设一浅槽，其上放置防水垫圈，压密防水；另一种方法是在肋腔内螺孔口制成锥形孔倒角，垫圈在压力作用下挤入拴孔与螺栓四周使之防水。

此外，为了改善衬砌防水，有时在第一层衬砌作简单的处理基础上，通过第二层砼衬砌加强防水，即通过双层衬砌解决防水。有时也可以在管片背面粘贴或涂抹防水层。

五、海底隧道沉管法施工技术

（一）概况

所谓沉管隧道，就是将若干个预制管段分别浮运到海面（河面）现场，并一个接一个地沉放安装在已疏浚好的地槽内，以此方法修建的水下隧道，就叫沉管隧道。地槽底面和隧道底部之间的空间应事先准备好砾石垫层或在隧道下面泵送砂垫层或喷射砂垫层。当土壤情况需要时，有时使用桩基。在施工进行中，对隧道上面进行回填，完工的隧道经常是在顶板上覆盖一层保护层。

自 1910 年美国人用沉管法修建了穿越底特律河的水下隧道，沉管法修建隧道引起了人们注意，使 100 年来盾构法修建水下隧道的首居地位受到撼动。至今已修建了 100 多座沉管隧道，最长的为 5. 8km。沉管隧道的结构形式有钢结构和钢筋砼结构两大类，钢结构一般为圆形断面，钢筋砼结构一般为矩形断面。美国和日本习惯于使用圆形的钢壳沉管。而荷兰和其他西欧国家则习惯用矩形钢筋砼结构沉管，他们认为矩形断面的有效空间利用率优于圆形断面，矩形面隧道的高度和覆盖层都比圆形隧道小和薄，隧道的长度也相应减小。

我国修建沉管隧道起步较晚，已建成的有上海金山供水隧道、黄浦江宁国路隧道、天津海河隧道、宁波甬江隧道及广州珠江隧道，这些隧道都是在河底穿过，而在海底修建沉管隧道我国还没有尝试。

沉管法修建水下隧道，具有许多公认的优点，其表现在对地质条件的适应性强、隧道的覆盖层薄，从而使隧道总长度减小，隧道断面利用率高，防水可靠度高，施工周期短及工程造价合理等。但由于管道的水下连接和基础处理工艺一度未能很好解决，曾影响了沉管法的迅速发展，直到 20 世纪 50 年代末，形势发生了突变。沉管法的这两大难题先后被各国工程师以新的构思一一攻破，随之，沉管法迅速占据了水底隧道修建上的优势，越来越被普遍采用。

从沉管隧道发展进程来看，目前沉管隧道的设计施工，正向大型化方向发展。沉埋管段的长度已从 20 世纪 40 年代的 60 多米（如荷兰的马斯隧道管段长度为 62m）发展到 200 多米（如荷兰的赫姆斯普尔隧道管长 268m）。为适应城市交通发展，隧道的车道数已由最初的双车道发展到目前城市隧道通用的 6 车道，甚至 8 车道。

（二）沉管隧道施工方法

1. 地质、水力、气象调查

在一项沉埋管段隧道工程的研究和实施中，地质、水力、气象调查对设计和施工方法起着决定性作用。

必须调查的地质：研究了解地层的承载能力；沟槽、斜坡道的大小及形状；了解必要的浚挖技术（汲入、链斗、吊斗、爆破等）；寻找和量测水下沉船及其他障碍物。

必要的水力调查：流速、流向；潮汐；海浪浪高及频率；水的比重差异。

2. 管段制作与装配

管段作为隧道的主体工程，造价比率最大。对管段施工的主要要求是：本身不渗漏；管段本身是均质的，重量对称，否则浮运时将有倾倒的危险；结构牢固，以保证在水上拖运足够的路程。

管段施工的关键技术如下。

（1）干弦高度：管段在浮运时，为了保持稳定，必须使管段面露出水面，其露出高度称为干弦。具有一定干弦的管段，遇风浪发生倾斜后，会自动产生一个反倾力矩，使管段恢复平衡。一般矩形断面的管段，干弦多为10～15cm，而圆形、八角形或花篮形断面的管段则多为40～50cm。干弦高度不宜过小，否则稳定性差。但也不宜过大，因为管段沉没时，首先要灌注一定数量的压载水，以消除这干弦所代表的浮力。干弦越大，所需压载水箱（或水灌）的容量也越大，导致不经济。

（2）抗浮安全系数：在管段下沉施工阶段，应采用1.05～1.1的抗浮安全系数。管段沉放完毕后，抛上回填时，周围河水与沙、土相混，其比重大于原来河水比重，浮力即相应增加。因此施工阶段的抗浮安全系数务必选用1.05以上，否则易导致“复浮”，使施工产生麻烦。在计算施工阶段的抗浮安全系数时，临时架设在管段上的施工设备（如定位塔、端封墙等）重量均可不计。在覆土完毕后的使用阶段，抗浮安全系数应采用1.2～1.5，计算时可考虑两侧填土所产生的负摩擦力。设计时应按最小的混凝土容重和体积，最大的水比重来计算各阶段的抗浮完全系数。

（3）预应力的应用：在一般情况下，沉管隧道多采用普通钢筋混凝土结构，而不用预应力混凝土结构。因沉管结构厚度并非由强度决定，而是由抗浮安全系数决定。由抗浮要求所决定的系数，对于强度而言，不是不足而是有余。施加顶应力虽另有提高抗渗性的长处，但若纯为防水而采用预应力混凝土结构，常得不偿失。但当隧道跨度较大，或者水、土压力又较大时，采用预应力的混凝土结构常可得到较经济的解决。在有的沉管隧道中，仅在水中最深，荷载最大的部分管段中采用了预应力混凝土结构。其余各节都仍用普通钢筋混凝土的管段结构。

（4）变形缝的布置与构造：钢筋混凝土的沉管结构如无适当措施，会因隧道的纵向变形而致开裂。最有效的措施是设置垂直于隧道轴线方向的变形缝，将各节管段分割成若干节段。根据实践经验，节段的长度不宜过大，一般为10～20m。节段间的变形缝构造，须满足以下两点要求：应能适应一定幅度的线变形与角变形，浮运、沉浮时能传递纵向弯矩。变形缝前后相邻节段的断面之间，须留一小段间隙，以便张、合活动。间隙中以防水材料充填，间隔宽度应按变温幅度与角度适应量来决定。可将管段侧壁及顶、底板中的纵向钢筋，于变形缝处采取构造上适应的处理。即外排纵向钢筋全部切断，而内排纵向钢筋则暂时不予切断，任其跨越变形缝，连贯于管段全长，以承受浮运、沉没时的纵向弯矩。待沉完后再将跨越变形缝的内排纵向钢筋全部切断。

3. 制作管段的干坞

管段预制场地常在干坞中，在陆地上挖出的坞底，地基强度一般能满足要求，坞底上施加的荷载约为1kg/cm^{2}左右。基础的处理方法是，在砂层上铺设23～230cm厚的一层素砼或钢筋砼。为防止管段上浮时被吸住，在砼面上可再铺一层砂砾和碎石；在软弱土壤中的干坞基础，应铺1～2.5m厚的黄砂，其上部再铺20～30cm厚砂或碎石，以防砂子乱移。基础处理范围应超出管底边缘1.5～2m。沉管一旦制作完毕，即向坞内大量灌水，此时也向沉管内的压载水箱中灌水以保持管段不致离开坞底而浮起。然后，打开围堤把管段逐个浮运出去，装上沉放设备，拖运到沉放基槽。

制作干坞并非经常靠近隧址。当现场场地受限或由于地下水位降低会引起危险时，管段就不得不由拖船从下游或上游相当远处拖至隧道现场。为提供拖运隧道管段之需，河流必须具有足够的深度。

4. 挖槽坑

管段制作和装配的同时，就应该开始挖槽坑。挖槽作业必须远在管段敷设工作之前进行，以免干扰基础施工和管段敷设时所用的水上设备。沉管隧道的基槽挖掘时要深于隧道底面0.5～1m，给浚挖作业提供适应的允许误差。挖槽方法、机械和设备的类型取决于土层和水工条件。挖槽机械可用吸泥船、液压式和抓斗式挖泥机、爆破等方法。对于基槽的主要要求是：边坡稳定，无大垂直偏差，槽底干净。

5. 基础施工

隧道一船高为8～9m，故其基础低于海床10m左右。基础的施工方法有刮铺法、喷砂法、压砂法（流砂法）三种主要方法。刮铺法是在管段沉放之前进行，而其他两种方法在管段沉放后进行。有时由于地基条件所限，隧道也使用桩基。

刮铺法。在基底两侧打数排短桩安设导轨，以控制高程和坡度。在刮板船上安设导轨和刮板梁，刮板梁支承在导轨上，钢刮板梁扫过水底的砂和碎石而形成基础。刮板船用大块平衡重沉到海底，使船浮于水中稳定的水位上。用抓斗或通过的刮铺机的喂料管向海底投放砂、石料。

喷砂法。喷砂法是把一种粗砂和水的混合物通过设在隧道管段顶部的可移动门式台架上的砂泵喷入管段底下的空隙中。砂由驳船供应并吸送到泵喷系统。喷砂管是要伸入基底，它由三根管组成，中间为喷砂管（100mm），两侧为吸水管（80mm）。根据回水中的含砂量测定砂垫的实度。砂颗粒平均粒径为0.5mm。砂垫层的厚度1m左右，垫层的空隙比为40%～42%。喷砂完成后，管段从临时支座上释放下来，引起垫层5～10mm的下沉。隧道的最终沉降取决于槽底的地层软硬，垫层并不是控制因素。

压砂法（流砂法）。压砂法是通过管底部预留孔向基底注砂。荷兰自从在弗拉克隧道首次应用之后，压砂法已取代了喷砂法。它要求砂和水的混合物通过在隧道底板中的流沙孔压出。混合物在空隙中向各个方向流动，直到其流速下降到足够小而沉积成圆形砂丘为止。砂丘的外侧斜坡逐渐向外扩充，但在内部由于受湍流的影响而使砂难于沉积却形成了砂坑。砂丘的顶部逐渐升高直至触及隧道底板面为止。随后砂坑中悬浮物的压力升高使砂丘被冲开而形成小溪，通过它，砂被送到砂丘的外侧斜坡，当流速减小到足够慢时便沉积下来。由于小溪逐渐延长，摩擦力也随之增高，经过一段时间后砂丘又在其他处决口。这个过程会重复多次，于是砂丘的直径会越来越大。当摩擦阻力升高时，砂坑中的水压力也随之升高，会引起作用于隧道底部的向上顶力以致管段上浮。经逐步减少材料，小溪和砂坑会被砂充满。接下去打开下一个流砂孔，于是上述过程又重新开始。

6. 管段拖运

施工干坞灌水之前，需在管段的纵向施加预应力以防在浮起、拖运、沉放期间发生弯矩使接头拉开。弯矩由非均匀荷载引起，如端墙、压载水箱、沉放设置以及曲线管段两端的干舷比中间部分大而产生的不等的向上压力等。拖运及沉放期间的受力F如下：

$$F = 1/2 \times C_w \times r \times V^2 \times A$$

式中，C_w为阻力系数；r为水的比重；V为相对速度；A为垂直水流管段的吃水面积。

相对速度是河流的自然流速与管段对于堤岸速度之差。阻力系数取决于管段的形状、吃水深度、水深及河流的横截面形状。其值一般为1.3～6。在某些不利情况下，阻力系数值可以超过10。

7. 管段沉放

管段沉放是整个沉管隧道施工中比较重要的一个环节，它受到气象、洋流、自然条件的直接影响，还受到航道条件的限制。压载水舱灌满后，管段下沉。这时，原先的浮运过程中搁置于管段上的浮箱和悬于其下的管段一起沉向水中。把管段下降到基槽底部并置于4个临时支座上，利用管段的前端搁置在前一管段上的或明挖结构上的鼻式托座上。在另一端，管段搁置于两个千斤顶上，千斤顶支承于管段运抵现场前就已在基槽中设置好的混凝土临时支承板上。通过千斤顶的顶杆伸缩，管段可作竖向移动或侧转。管段需在其临时支承板上非常准确地定位。管段下沉以后，用水灌满压载水舱以防止管段由于水密度的变化或者船只的来往而升浮。

8. 管段联结

水下压接的主要工序是对位、拉合、压接、拆除封墙。当管段沉放到临时支承上后，用钢绳进行初步定位，然后用临时支承上的垂直和水平千斤顶精确对位。之后，已设管段和新铺管段还留有间隙，用千斤顶驱动螺杆并插进已设管段上支墩的槽口里，用150t的力把新设管段拖靠到已设段上，由于螺杆的拉力，吉那垫圈软舌部被压缩，两节管段初步密贴。接着用水泵抽掉封在隔墙间的水，新管段自由端受到3000～4500t静水压力的作用，“Gina”型垫圈硬橡胶部分被压缩，接头完全封住。此时可以拆除隔墙。

9. 回填和保护管段

管段沉放和基础处理后，按设计要求在管段顶部及两侧进行覆盖和回填，以恢复海床原貌，也可确保海底隧道的永久性稳定。回填材料分两类，先抛填碎石、砂子类为主的硬性材料，然后在其上面直接取用航道疏浚部门在其他河段疏浚的土方，以开底驳停泊在隧道上方，趁平潮或流速较小时直接在隧道顶部回填、覆盖。

10. 沉埋管段的防水

沉埋管段长度为70～120m，管段之间接头处是一漏水点，这需要垫圈和防水层解决。每节管段每隔15～20m要设置伸缩缝，伸缩缝也是一漏水点，这需要从结构上解决。混凝土本身也会产生裂纹，这些裂纹能造成管段的渗漏，使钢筋锈蚀，甚至能危及管段本身，所以管段的防水是至关重要的。

混凝土的抗渗性。裂缝产生的原因主要是干涸、气候温度的变化、由于水泥的水化作用引起的温度变化等。防止裂缝的措施是控制砼的成分配比（如选择合适的水泥、减少水泥用量、使用粗骨料的级配、减少掺入水量等）；降低温差（如通过冷却来降低砼浆的初始温度、冷却侧墙新浇注的砼、加热底板等）；施工期间延迟拆除模板，连续浇灌全管段；加设辅助防渗层。

接缝的水密性。施工缝：底板和侧墙的施工缝是一潜在的漏水源，常用注浆方式处理。伸缩缝：密封由两种组成，内缝由金属-橡胶止水带组成，外缝盖由聚氨基甲酸酯油灰或三角形橡胶带组成。管段间的接头：采用“Gina”型橡胶垫来密封，沿着准备沉放的管段端头封头钢板的周边安装，用一小力就可把新沉放的管段紧压在已沉放好的管段上。

第四节　台湾海峡自然及地质条件

一、地形地貌特征

台湾海峡是中国台湾岛与福建海岸之间的海峡，属东海海区，南通南海。南界为台湾岛南端猫鼻头与福建、广东两省海岸交界处连线；北界为台湾岛北端富贵角与海坛岛北端痒角连线。呈NE—SW走向，长约370km。北窄南宽，北口宽约200km，南口宽约410km；最窄处在台湾岛白沙岬与福建海坛岛之间，约130km，总面积约8万km^2。

（一）海峡西岸地形地貌

海峡两岸地貌形态差别较大，西岸为福建中、南部海岸，多为岩石海岸，岸线曲折多湾，悬崖峭壁，奇石异峰，海洞岬角，海岛密布。福建省有大小港湾30多个，海岛600多个。自海峡北口西端（长乐南）至闽粤海岸交界处，大陆海岸线长约1900km，岸线曲折。濒海陆地为闽东山地向东南延伸的山丘分支，直逼海滨，形成较多半岛、海湾、岩岸和近岸岛屿。在木兰溪、晋江、九龙江下游入海处形成莆仙、晋江和漳厦等平原。良好的港湾有兴化湾、湄洲湾、泉州湾、厦门港、东山湾等。近岸岛屿500个，重要岛屿有海坛、南日、湄洲、金门和东山等。

（二）海峡东岸地形地貌

海峡东岸为台湾岛西海岸，从富贵角至猫鼻头海岸线长约560km，岸线平直，向西凸出成弧形，在布袋泊地以北略呈NE走向，以南呈SE走向。濒海陆地南北多山，中部为平原。从桃园至枋寮为低平沙岸，台中以北平地纵深较小，台中以南有纵深达50km的台南平原和屏东平原，河流纵横，稻田遍布，人口稠密，交通发达。近岸多沙洲、潟湖，以布袋附近尤甚，并逐年向海扩展海埔新生地。台湾西海岸少天然良港，多为利用沙洲、潟湖挖掘疏导而成港口，如高雄、左营、安平、台中等港。除澎湖水道有澎湖列岛外，近岸岛屿很少。仅在高雄南30km处有琉球屿，面积为6.8km^2，海拔为90m。另在海口泊地外有海丰岛，面积很小，为沙洲岛。澎湖列岛位于海峡南部，由64个岛屿和许多礁石组成，岛屿总面积约127km^2。为火山喷出熔岩凝结而成的玄武岩台地，最高海拔为79m。以澎湖、白沙、渔翁3岛面积最大。

（三）海峡海底地形地貌

海峡海底地形比较复杂，丘、谷相间，起伏较大，这是在形成台湾海峡时地壳变动和火山岩侵入而造成的。早在第四纪更新世（距今约2万年）时，台湾海峡和整个东海都是一片陆地，为一沿海大平原，平原上栖息着陆地哺乳动物群。在台湾海峡西侧的浙闽沿海有一个NE—SSW向的断裂，在海峡东侧的台湾西海岸有一个EN—WS向、NNE—SSW向、WN—ES向的弧形断裂，这两个断裂间的地壳在第四纪初期就开始下沉；到第四纪更新世末期（距今20 000～15 000年），海面上升，海水入侵，逐渐淹没了这一沿海大平原，形成了现在的台湾海峡。另外，在澎湖列岛东侧还有一EN—WS向的断裂，该断裂与台湾西岸的WN—ES向断裂交汇于澎湖水道北口，由于这两个断裂间的地壳也下沉，因而形成了三角形谷地，这就是现在的澎湖水道。澎湖列岛和台湾浅滩生成于断裂发生及台湾海峡形成之后，由沿裂缝溢出之岩浆冷却而成，高出水面者就是现在的澎湖列岛，不露出水面的就是现在的台湾浅滩。

台湾海峡海底地形大体可分为六个部分。

1. 澎湖水道

澎湖水道介于澎湖列岛与台湾西岸，是由地堑式下沉而形成的海底谷地，南宽北窄，呈三角形，水较深约为150～160m，为台湾海峡的最深处，水道两侧的海底坡度较大。

2. 台湾海峡中部隆起区

澎湖列岛与台湾浅滩并向西至闽南沿岸，形成了一个弧形的海底隆起部，构成一条横贯台湾海峡南口的浅水带，成为台湾海峡海底的“分水岭”。澎湖列岛位于隆起部的东北部，最小水深为9.6m。

3. 台湾海峡中部凹陷区

台湾海峡中部凹陷区主要有三个凹陷，从北到南分别为新竹凹陷、乌丘凹陷、厦澎凹陷，水深较大，一般在60～80m。

4. 台湾海峡西部

海峡西部与福建山区相连，海岸曲折，沿岸附近岛屿众多、礁滩密布，因此海底起伏较大，水深变化很不规则，虽然除了东引岛、乌丘屿、兄弟屿、南澎列岛等孤立岛屿外，其他岛礁多在20m等深线以内，但在海峡北口西侧的50m等深线附近仍有几个浅水点，其中最浅者水深仅9.1m。

5. 台湾海峡东部

海峡东部与台湾西岸相接，海岸平直，海底平缓，水深变化规则。北部沿岸水稍深；中部沿岸由于东接陆上平原，河流入海的沉积作用，水深较浅；南部沿岸水深最深，高雄至鹅銮鼻一带，200m 等深线距岸仅 500 ~ 1000m。另外，在东港泊地外方，有一条深 200 ~ 500m、宽约 200m、长约 5000m 的海底谷地，由外海直插下淡水溪河口附近。

6. 台湾海峡南部浅滩

台湾海峡南部主要特征地形之一，位于隆起部的西南部，东西长 115km，南北宽 50km，水深一般为 10 ~ 20m，但海底地形起伏很大，丘谷相间，水深变化极不规则，其上约有 6 个水深小于 10m 的浅点，最浅者水深为 8.6m。浅滩西部以颈状台地与广东及福建交界的东山岛及南沃岛相连，东北接澎湖列岛，其水深一般在 10 ~ 25m，主要由水下沙丘、孤立的长垣、高地和洼地等组成，且作高低相间的排列。长垣有明显的 NE 向排列，沙丘面大都比较平缓，但浅滩总体上高低不平，其下部的岩层由白垩纪的火山岩及前白垩纪的变质岩岩层组成。

二、气象及水文条件

（一）气象条件

台湾海峡地处北回归线附近，属于热带边缘的亚热带，受季风控制比较明显的季风气候区，同时也受大陆性气候和海洋性气候共同影响，呈现以亚热带季风气候为主，海洋性气候、大陆性气候并存的复杂气候区。夏季一般受海洋气流的影响，冬季主要受大陆气流控制，冬干夏湿是其基本特征。台湾海峡的季风分为东北季风和西南季风两个风系，风向随季节变化明显。10 月下旬至翌年 3 月中旬的冬季，受东北季风控制。风向分为东北风或偏北风，风力强劲，常在 4 级或 4 级以上，6 级或 6 级以上强风占 37%~53%，海面常掀起 2 ~ 3m 高的大浪。5 月上旬至 9 月中旬的夏季，为西南季风期，风向多为西南风或偏南风，风力较弱，基本在 3 级或 3 级以下，5 级以下风和 4 级以下浪占 90% 左右。但 7 ~ 9 级台风较多，平均每年 3 ~ 4 次，风力达 12 级以上。3 月下旬至 4 月下旬和 9 月下旬至 10 月中旬的春秋季节为季风转换期，期间风向多变，虽然也有较大风浪，但相对来说属风小浪低时期，6 级以上的强风占 10%~17%，5 级或 5 级以上大浪占 17%。

1. 气温

台湾海峡气温终年较温和，冬季不严寒、夏季不炎热。海峡月平均温度分布为西北冷东南暖，等温线呈 EN—WS 走向，且气温分布的季节变化很明显。冬季海峡等温线水平梯度较大，夏季等温线水平梯度较小。海峡年平均相对湿度为 78% 左右，相对湿度月变化不明显，同温度变化趋势相似，也呈北高南低分布，一般夏季比冬季要偏高。

2. 降水量

台湾海峡的降水分布受地形影响明显，东岸多于西岸。冬季风时期，东北气流遇到台湾岛东北部山脉阻挡，产生质量堆积被迫抬升，形成海峡东北部多云雨的气候特征，而西南部处背风坡，气流过山下沉，形成“雨影”地带，降水稀少。台湾海峡年降水量为 1000 ~ 1900mm，降水（雷暴）主要集中在春夏两季，占年降水量的 70%（表 14-5）。其中海峡北部 2 ~ 6 月是降水频率最高的时期，降水频率在 10%~20%，其余各月均在 10% 以下；海峡南部降水频率以 6 ~ 8 月较高，其次 2 月也较高，其余各月也均在 10% 以下。

表 14-5　台湾海峡逐月降水及海雾频率表　（单位:%）

项目		1月	2月	3月	4月	5月	6月	7月	8月	9月	10月	11月	12月
海峡北部	降水	9	20	11	10	12	16	8	9	9	4	6	8
	海雾	1.4	1.7	4.8	4.7	2.9	0.9	0.2	0.5	0.2	0.1	0.2	0.9
海峡南部	降水	6	14	7	10	10	17	17	20	10	6	8	6
	海雾	0.3	1.1	5.7	4.1	1.3	0.4	0.8	0	0	0	0	0.4

3. 相对湿度

海峡年平均相对湿度为78%左右，相对湿度月变化不明显，同温度变化趋势相似，也呈北高南低分布，一般夏季比冬季要偏高。1月海峡平均相对湿度为75%、4月为80%、7月为80%、11月为75%，一年中以6月的平均相对湿度最高，达到85%。

4. 海面风分布及季节变化特征

台湾海峡属于典型的亚热带季风区，冬季盛行东北风，夏季盛行西南风，盛行风向频率冬季高于夏季。冬季风一般出现在9月至翌年5月，盛行于10月至翌年3月，特点是平均风速大，大风日数多，盛行期长。在地形槽和狭管效应的共同作用下，台湾海峡是我国近海冬季的最大风区之一，海峡北部的月平均风速、大风频率高于海峡南部。6～8月盛行夏季风，特点是平均风速小，大风日数少。春季和秋季为季风交替季节，如图14-12和图14-13所示。

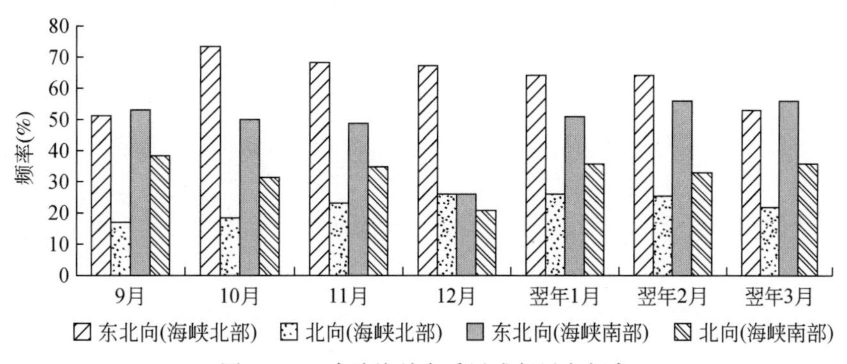

图 14-12　台湾海峡冬季风盛行风向频率

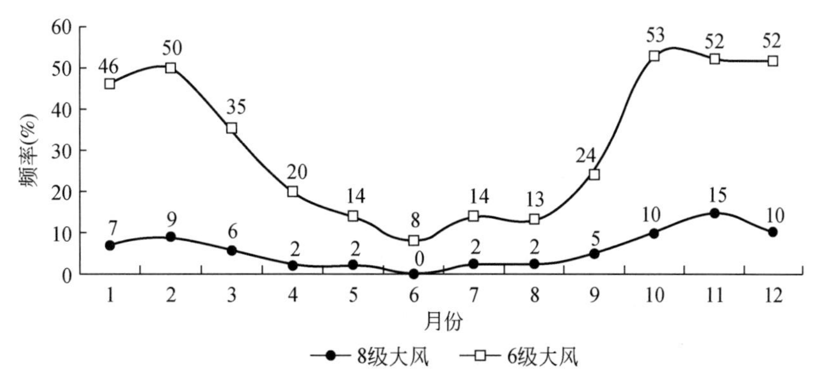

图 14-13　台湾海峡月平均大风频率图

5. 台风

每年10月至翌年2月，台湾海峡北部各月平均风速可达10～12m/s，6级以上的大风频率可高达50%，其中8级以上的大风频率在10%以上；海峡南部平均风速为8～10m/s，6级以上的大风频率也可达40%。每年3月冬季风开始减弱，台湾海峡北部月平均风速为8～9m/s，6级以上的大风频率约为30%；海峡南部月平均风速减弱为7～8m/s，6级以上的大风频率下降为25%。4～5月海峡风速比冬季风控制时期明显减小，海峡北部各月平均风速是6～7m/s，但6级以上的大风频率仍有20%～25%；海峡南部月平均风速仅为5～6m/s，6级以上的大风频率已降至10%～15%。6～8月，在没有台风影响的情况下，海峡风力较小，月平均风速为5～6m/s，是全年中月平均风速最小的时期，6级以上的大风频率只有5%～10%。9月海区风速开始增大，上、中旬整个台湾海峡的平均风速已达7m/s左右，6级以上的大风频率增加到20%；下旬时海峡北部月平均风速为8～9m/s，海峡南部月平均风速为6.5～7m/s，大风频率为30%上下（北部高于南部）。海峡风力的强弱变化趋势与季节变化、风向转换有关，冬季风时期风速明显大于夏季风时期，大风频率也明显较高。

6. 海雾及能见度

台湾海峡能见度普遍良好，但海峡全年都有雾出现，1～5月是雾季，其中3月、4月是雾出现最多的月份。海峡雾日的地区分布特点也具有其独特的地域性：西多于东，北多于南，且雾日随海拔增高而增多，多集中于福建沿岸和澎湖列岛附近海区，见表14-6。

表14-6　台湾海峡逐月能见度频率表　（单位:%）

项目	1月	2月	3月	4月	5月	6月	7月	8月	9月	10月	11月	12月
<0.5海里	0.76	1.10	1.89	2.25	1.01	0.63	0.77	0.45	0.34	0.20	0.27	0.47
<2海里	1.79	1.96	3.42	3.92	2.01	1.73	1.03	1.63	1.01	0.52	1.10	1.02
≥5海里	93.61	93.01	91.04	90.83	93.45	96.08	97.35	96.21	96.71	97.39	96.43	96.79

（二）水文条件

1. 水温

受黑潮影响，水温较高，盐度和透明度也较大。年平均表层水温17～23℃，1～3月水温最低，平均12～22℃；7月最高，平均26～29℃。

2. 盐度

台湾海峡平均盐度为33‰，西北侧为30‰～31‰，东南侧为33‰～34‰。透明度东部大于西部，平均为3～15m。水色东部蓝色，西部蓝绿色，河口或气候不良时呈绿黄色。台湾海峡海水盐度分布的总趋势是较稳定而有规律，等盐线分布大致与岸线平行。盐度值具有东部高、西部低，南部高、北部低，且季节性变化明显等特点。

3. 海浪

海峡为东海风浪较大地区。涌浪多于风浪，以4级浪最多，占全部海浪42%，5级占28%，大于5级的占8%。东北季风季节，以EN—N向浪为主。西南季风季节以WS—S向浪为主。在冬季寒潮和夏季热带气旋影响下，可形成8～9级浪。海流为北上的黑潮西分支和南海流及南下的浙闽沿岸流所控制，并受季风影响。夏季沿岸流停止南下，整个海峡为西南季风流和黑潮西分支结合的东北流，流速一般为0.6kn，澎湖水道达2.3kn。冬季受东北季风影响的沿岸流南下，西部和中部为西南流，流速约0.5kn；东部的东北流减弱，当东北风强劲时，表层甚至改变为西南流。

4. 潮汐

整个海峡潮汐性质分为三种类型：海峡北口至中部的澎湖列岛北半部为规则半日潮，澎湖列岛南半部及以南海域除冈山至枋寮为不规则全日潮外，其余海域均为不规则半日潮。

由于潮波从太平洋传来，台湾东岸的潮时晟早，由此向台湾岛南、北两端推迟。台湾海峡的潮时由台湾岛南北两端传入，海峡北口的台山列岛至台湾北端附近为09时30分，到海峡中部福建南日群岛至澎湖列岛北部为11时30分。海峡南口山恒春的07时向北推迟，到澎湖列岛南部为11时30分，海峡东岸的潮时在海口泊地以南海域南早北迟，相差4个多小时。福建沿岸的潮时，北早南晚，最北沙埕港至最南东山港平均高潮间隙、平均低潮间隙均相差3个多小时。

该海峡平均潮差分布基本上是24°N以南平均潮差等值线沿纬向分布，梯度较大，平均潮差在0.5～3.0m，以北平均潮差等值线沿经向分布，梯度较小，平均潮差大于3.0m，湄州湾至闽江口最大，大于4.0m，台湾西南部外海最小，小于0.5m。最大可能潮差分布与平均潮差类似，澎湖列岛以南最大可能潮差在2.0～6.0m，以北为6.0～8.0m，湄洲湾以北福建近岸最大，大于8.0m，仅在台湾西南部外海小于2.0m。

5. 潮流

潮流类型分布图分为10m、底层，最大可能潮流分布图分为表层、10m、30m、50m、底层。

表层：南澳岛与澎湖列岛连线以北为规则半日潮流，以南为不规则半日潮流。福建沿海各港湾，台湾西部沿海各港湾及澎湖列岛附近，都是顺水道的往复流。最大可能潮流流速南北两端最小，小于2.0kn，海峡大部在2.0kn以上，海坛岛至桃园连线向南到湄州湾至新竹连线的区域及澎湖列岛附近潮流较大，在3.0kn以上。

深层：10m层以下潮流类型与表层一致。最大可能潮流流速分布也与表层相似，海峡两端小，在2.0kn以下，海峡中的流速一般大于2.0kn。

6. 海流

台湾海峡的海流是由黑潮暖流、大陆沿岸流和南海暖流三支流系组成，但仍属风海流性质，具有明显的季节变化。

表层：海峡受季风影响明显，流速也较大。流向东岸受北赤道流从巴士海峡向北的分支影响，终年北上，西岸则冬季沿岸南下，夏季北上。10月至翌年3月为西南流，平均流速为0.1～0.5kn；5～8月为东北流向，平均流速为0.2～0. 8kn；4、9月流向较乱，流速较小，为0.1～0.2kn。澎湖水道终年为偏北流，是海峡的强流区，常年流速在0.9～1.4kn。全年东北流较强，这是西南季风与南海暖流、黑潮分支共同影响所致；南海暖流、黑潮分支终年北上，与冬季西南流逆流，致使冬季西南流较弱。

最大实测流向的变化规律与平均流向基本一致，但流速要大得多。10月至翌年3月最大实测流速在1.0～3.0kn，且各月均有大于3.0kn的强流区：5～8月的东北流最大实测流速为0.8～2.5kn：4月、9月最大实测流速较小，为0.9～2.2kn。最大实测流冬季明显强于夏季，这是冬季短时持续东北大风引起的。

深层：深层流的流向与表层相似，季风对流的影响随深度迅速减弱，深层流流速也随深度而减小，底层最大实测流速一般小于2.0kn。

三、地层岩性

（一）地壳厚度

1. 海峡属于减薄型地壳

大陆地壳平均厚35km，而台湾海峡地壳厚度仅在29km以下。与相邻的闽、台陆域相比较薄，如台湾中央山脉厚达35km，福建大田、漳平一带为34km左右。

2. 自陆向海呈波状起伏

西侧陆地厚，至海峡厚度减薄，向东至台湾又增厚，台湾东部外海又减至20km，形成波状起伏的厚度变化。显示海峡内具有地幔上隆、地壳减薄，台湾中央山脉地壳加厚，受大洋板块俯冲挤压造山特征。

3. 分区明显

与邻区共组成4个区。海峡减薄型地壳区、东侧台湾岛与西侧福建地壳区、东南台湾西南海域大陆-大洋地壳过渡区（由27km急减至20km）。

（二）地层

根据地球物理勘测、石油勘探等研究，海峡区内的白垩系-新生界地层都有不同程度的发育。

1. 白垩系

白垩系已在海峡东部的南北部大部分地区被揭示，主要属一套海相碎屑岩建造，但不同地区发育程度、厚度及埋深等均有差异。

海峡南部地区的白垩系，已在澎湖、台湾浅滩和台西南盆地等处钻孔中钻遇。除台湾浅滩东缘（CEJ-1井）属中白垩统外，其余主要属下白垩统。澎湖一带白垩系下统发现于通梁一号井（TL-1井）的503.5m以下，由含燧石且受到热液蚀变的长石砂岩、砂岩、粉砂岩及玄武岩等组成。台西南盆地中心位于高雄西南约50km海区，白垩系以坚硬页岩夹粉砂岩和砂岩为主。

海峡北部地区的白垩系主要发育于东海陆架西南部至基隆外海一带，据地震剖面解释，推测白垩系最厚可达4000m。

2. 古新统（E_1）

据目前钻井揭示资料，海峡东部仅北部地区发育古新统，主要属一套海相碎屑岩建造。基隆外海一带岩性主要由页岩和细砂岩互层组成，夹灰岩和火山碎屑岩，厚度大于858m，不整合在白垩系之上。

3. 始新统（E_2）

海峡东部以北部地区发育较好，南部较差。基隆外海始新统沉积最大厚度约1000m。海峡西部除在澎北凸起缺失此地层外，坳陷区均广泛分布此层。

4. 渐新统（E_3）

海峡东部全区均有发育，以南部地区发育较好。南部地区（台湾浅滩、西南盆地）有钻探揭示证实存在。例如，台湾浅滩渐新统由一套浅海-次深海相页岩间夹粉砂岩组成。台西南盆地渐新统揭示厚度为53～430m，下部为细到极细粒砂岩，夹薄层灰岩，厚度为65～277m。经勘探测试砂岩层是一个很好的油气储集层。上部以页岩夹粉砂岩为主，厚度为53～380m。北部地区较差，基隆外海彭佳屿盆地钻遇一套此地层，厚度为329～548m。

5. 中新统（N_1）

中新统（N_1）广泛分布。如澎湖一带的中新统位于320m深度之下（TL-1井），由海相砂岩、泥岩夹灰岩组成，厚度为185m，不整合在下白垩统之上。台西南盆地中新统位于约1700m深度以下，以海相砂岩和页岩为主，夹灰岩薄层，厚度估计在500m以上，不整合在渐新统或白垩系之上。在致昌构造区（CFC）下部中新统砂岩中已钻获丰富油气。北部地区中新统目前是推测其存在，但大都未经证实。

6. 上新统—第四系

上新统—第四系广泛分布，北部地区属以滨、浅海相为主的碎屑岩沉积，除澎湖隆起一带含较多火山岩和火山碎屑岩外，其余地区均由砂岩、粉砂岩、泥岩及一些松散的砂砾、砂、黏土等沉积物组成，厚度不一。澎湖隆起一带厚约320m，南部地区最大沉积厚度大于2300m，北部地区沉积厚度大于600m，大致呈由北往南增厚趋势。

综上所述：台湾海峡南部为白垩系地层，岩性主要为长石砂岩、砂岩、粉砂岩、玄武岩、坚硬页岩夹粉砂岩。海峡北部及东部为古新统的海相碎屑岩，岩性主要为页岩和细砂岩互层，夹灰岩和火山碎屑岩。第四系覆盖层厚50m左右。

（三）变质岩带

台湾海峡东西两侧对称分布有变质岩带，由系列的变质岩构成。

1. 平潭—东山变质岩带

自东山至南澳岛延伸长达375km，宽为10～25km，由区域变质岩和超变质岩组成，包括各类片岩、变粒岩、浅粒岩、斜长角闪岩、各种混合岩、片麻岩及混合片麻岩等。据对变质矿物生成温度及压力研究，变质过程属低压高温变质作用。据岩石同位素测年和古生物化石推断原岩时代为早古生代或震旦纪-早古生代，变质岩达到变质高峰年龄为1.5亿～1.7亿年。

2. 大南澳中生代变质岩带

大南澳中生代变质岩带位于台湾中央山脉东翼大南澳岩石群出露区，分布有角闪岩块、蓝闪石片岩、蛇绿岩系等岩石，参照相邻的琉球八重山群岛同类岩石对比或测定变质年龄为1.59亿～1.75亿年或79Ma，可划分为东西二带（高温低压与高压低温变质带）。

3. 中央山脉新生代变质岩带

台湾中央山脉中古近纪和新近纪沉积岩层普遍受到轻度变质作用，形成硬板岩及板岩带，变质程度由西向东逐渐增强。

故可见台湾海峡西侧变质岩带并不是单一生成，而是与台湾岛有紧密联系在共同地质场作用下的产物，也与海峡生成密切相关。

（四）岩浆活动

1. 分布

台湾海峡海底岩浆活动频繁，目前已发现有多期岩浆活动。

古近纪：根据海域物探调查结果，推测古近纪基底有中生代火山岩或侵入岩。澎湖列岛通梁1号井在深503.5m以下曾钻遇玄武岩及玢岩，时代可能是白垩纪。

新生代：岩浆活动明显，喷发活跃。

始新世：在澎湖台地周围，早-中始新世地层火山活动活跃，形成基本上是陆相成因的红色页岩和凝灰岩沉积。在海峡西部厦澎凹陷东南部斜坡与深凹交接部位，地震剖面上见到T_3°以下反射层呈乱岗状，反射层断断续续，局部甚至无反射，具有强顶反射特征，可能为一个较大范围的火成岩发育区。对照磁测资料，这些火成岩体无明显异常表现，推测可能以中酸性喷出和侵入岩为主。

中新世：海域地震剖面中处处可见火山活动形迹。例如，新竹外海的地震剖面可见大量火山岩通道穿插于中新世地层中。在海峡西部凹陷也都有火山岩分布。该期岩体在地震剖面上特征比较明显，多呈柱状（似火山通道），两侧反射层突然中断，其间无反射，具强顶反射特征，刺穿层位直达T_2°反射界面，是中新统与上新统分界的重要标志。

在磁测剖面上，多数岩体具明显尖锋状正异常特征，推断该期出浆活动以基性玄武岩质火山喷发为主。

上新世-更新世，澎湖列岛几乎全由玄武岩流覆盖，最大高度约在海平面之上50m，钻孔揭示地下还有320m厚的玄武岩。同位素测年（K-Ar法）为800万~1300万年。

2. 岩石特征

据对闽、台地区玄武岩的研究，福建福鼎、闽清、松溪等地玄武岩以碱性玄武岩（碱性橄榄玄武岩和碧玉岩）为主，明溪、松溪一带还出现强碱性玄武岩（橄榄霞石岩和橄榄玄长岩），而拉斑玄武岩出现很少。福建沿海（漳浦、龙海）一带玄武岩则以拉斑玄武岩为主，其次为碱性玄武岩，且碱性较弱。台湾、澎湖列岛也都同样出现碱性系列和拉斑系列玄武岩，未发现强碱性玄武岩。在碱性玄武岩中，福建陆上具有钾质与钠质系列过渡的特征，而往台、澎则属钠质系列玄武岩（Na_2O含量远大于K_2O）。

在化学成分上，福建内陆玄武岩以低SiO_2（45%~47%）、低Al_2O_3（12%~13%）和高MgO（9%~11%）、高钾（>1.8%）为特征。而往东至沿海及澎、台，除沿海碱性玄武岩K_2O高含量外，均以富SiO_2、Al_2O_3和低MgO、贫钾、贫磷为特征，如福建沿海拉斑玄武岩K_2O平均含量为0.43（0.28~0.78），P_2O_5平均为0.21（0.10~0.49）；海峡中的澎湖拉斑玄武岩K_2O含量为0.7（0.37~0.95），台湾碱性及拉斑玄武岩K_2O普遍低，分别为0.23及0.32。但若与大洋玄武岩相比，海峡（澎湖）玄武岩Al_2O_3偏高，MgO或FeO偏低。故海峡玄武岩具有从陆往大洋过渡特征（表14-7），而且高铝或富铝特点具有指示构造环境意义。由于高铝玄武岩主要分布于造山带、岛弧和活动内陆边缘，福建沿海牛头山玄武岩及澎湖玄武岩反映构造环境活跃。

表14-7　台湾海峡（澎湖）玄武岩化学成分及其与邻区、大洋对比表　　（单位:%）

项目	福建内陆		福建沿海	澎湖列岛	台湾岛	大洋 明溪	福建内陆 明溪-福鼎	福建沿海	澎湖列岛	台湾岛
	明溪	明溪-福鼎								
	碱性玄武岩	碱性玄武岩	碱性玄武岩	拉斑玄武岩	碱性玄武岩	拉斑玄武岩	碱性玄武岩	拉斑玄武岩	夏威夷玄武岩	大洋玄武岩
SiO_2	45.53	47.05	49.08	51.65	43.89	51.67	47.67	50.76	50.29	45.6
TiO_2	2.83	1.79	2.19	1.29	2.75	1.87	1.50	1.36	3.03	1.7
Al_2O_3	12.17	12.37	15.38	16.06	14.52	14.66	14.09	14.73	12.92	8.3
Fe_2O_3	1.33	2.36	3.59	1.98	4.37	2.86	3.87	3.78	1.48	2.3
FeO	11.22	9.91	6.93	7.93	8.25	8.04	6.77	5.72	9.77	10.2

续表

项目	福建内陆		福建沿海	澎湖列岛	台湾岛	大洋 明溪	福建内陆 明溪-福鼎	福建沿海	澎湖列岛	台湾岛
	明溪	明溪-福鼎								
	碱性 玄武岩	碱性 玄武岩	碱性 玄武岩	拉斑 玄武岩	碱性 玄武岩	拉斑 玄武岩	碱性 玄武岩	拉斑 玄武岩	夏威夷 玄武岩	大洋 玄武岩
MnO	0.19	0.16	0.13	0.14	0.23	0.20	0.13	0.12	0.14	0.1
CaO	7.95	9.09	7.97	8.67	9.41	8.87	9.28	10.24	10.84	7.5
MgO	10.10	10.06	6.63	7.01	8.74	6.40	8.71	7.10	8.07	21.7
K_2O	1.86	1.97	2.13	0.43	1.07	0.70	0.23	0.32	0.46	0.4
Na_2O	2.86	3.47	3.60	2.67	3.11	2.64	4.03	3.75	2.26	1.3
P_2O_5	1.78	0.73	0.59	0.21	0.08	0.15	0.25	0.22	0.36	0.3

（五）矿物成分

1. 重矿物

根据福建省《海洋志》提供的资料，台湾海峡西侧重矿物含量变化明显表现自南向北的纵向变化（表14-8）。

表14-8　台湾海峡西侧海底重矿物含量表　（单位：%）

矿物	台湾海峡西侧			
	平均	北区	中区	南区
钛铁矿	18.2	3.23	15.31	26.83
磁铁矿	1.3	0.50	1.26	1.73
锆石	4.3	1.42	3.31	6.24
辉石	0.5	0.17	0.52	0.59
电气石	1.9	1.38	1.89	1.95
红柱石	0.6	0.09	0.64	0.82
蓝晶石	0.13	0.03	0.10	0.23
黑云母	2.7	7.34	1.92	1.58
云母类	13.2	46.06	7.05	3.08
白云石	1.1	1.88	1.25	0.63
自生黄铁矿	—	1.81	0.49	0.20
角闪石	21.2	12.93	27.09	20.34
绿帘石	16.6	8.62	20.41	17.14
石榴石	1.3	0.18	1.39	1.30
榍石	0.6	0.33	0.68	0.53
自生菱铁矿	—	0.11	0.15	0.08

南区（Ⅱ）为钛铁矿、绿帘石、锆石、磁铁矿、石榴石矿物区，矿物种类多，除黑云母、云母类、白云石、自生黄铁矿、角闪石、绿帘石等外，多数矿物为全区高值区。例如，钛铁矿达26.83%。

中区（Ⅲ）为角闪石、绿帘石、钛铁矿、石榴石矿物区，特点是角闪石（27.09%）、绿帘石

(2.041%）含量高。

北区（Ⅳ）为云母类、自生黄铁矿、角闪石矿物区，特点是片状矿物和自生矿物富集，云母类含量达46.06%，自生矿物（黄铁矿、菱铁矿）含量居全区之首。白云石含量也高，其中不乏自生形成。

2. 黏土矿物

沉积物中黏土矿物主要为水云母（伊利石）、绿泥石、高岭石、蒙脱石。其含量随着物质来源、沉积环境及海水动力条件不同而有各自区域特点（表14-9）。

表14-9 台湾海峡海底黏土矿物含量表 （单位:%）

分区	水云母	绿泥石	高岭石	蒙脱石
近福建海域	50～65	10～20	15～30	9～12
台湾海峡北部	70～75	10～15	7～9	4～8
台湾海峡南部	65～70	13～16	9～12	5～10

四、地质构造

台湾海峡及其两岸的断裂较为发育，大多为NE向或NNE向。台湾海峡的主要是NE向、NEE向断裂，如NE向平潭牛山岛-东山兄弟屿断裂、NEE向义竹断裂；海峡东岸的台湾岛其发震构造是NNE向断裂，如NNE向中央山脉断裂；海西的福建沿海其发震部位是NE向断裂与NW向断裂交汇地区，如漳州盆地是NE向龙海角美—白云山断裂、NE向天宝大山山前断裂与NW向九龙江下游断裂带交汇的地方。

（一）台湾海峡地质特征

台湾海峡基本上是由一些断裂所围限的沉积盆地和沉积物不厚的古近纪基底所组成。地质学上的盆地在不同的地质时代中，可因不同的构造运动产生不同沉降幅度和构造变形，因此一个盆地在其发育的地质早期和晚期阶段，其大小和沉积的岩层厚度和性质是有所不同的。这就是说，台湾海峡这一海域在古近纪时所包含的盆地和新近纪至第四纪的同一盆地的大小范围是不同的，这里研究的是新近纪、第四纪以至全新纪的盆地构造特征和岩层特性。台湾西海岸新竹—苗栗地区地质描述。

新竹（竹南）、苗栗（龙后）沿海一带海拔不到300m，海岸区则更低，地形从平坦渐变成起伏，地表大部分为第四纪顶部红土所覆盖，红土尚未固结成层。在起伏的丘陵地带则露出更新世沉积物。

岩性：巅科山组主要是由含此类化石的各色砂岩，中灰色砂岩页岩、浅灰色泥质砂岩和砾岩所组成，总厚度在1250m以上，但Ky-1钻孔所遇岩层层厚变薄。这一厚度有继续向近海海域延伸一定距离的趋势。

大南海湾的岩性，据“台湾地址图”（1986年版）的编者何春荪的图例说明，上部更新统为含砾石的红土，黏性甚大。

但据台湾陈汝勤教授的资料，苗栗的近海台西盆地内的第四纪层均为页岩。这就为隧道的防水（防止海水下渗）提供了较好的条件。

至于断裂构造，由于地表覆盖红土，这里没有介绍，只知在竹南背斜（做NE向）的北端有近EW向的断裂，将来需要进一步予以查明。

（二）海峡东岸

海峡东岸的台湾岛呈纺锤形，长轴为NNE向。南北最长为385km、东西最宽为144km，面积为35 795km^2，是我国第一大岛。台湾岛地形高峻，岛上大小山峰连绵不断，海拔为3000m以上的山峰有

100 多座，主峰玉山海拔为 3997m，居太平洋西缘岛屿高山榜首。自东而西的海岸山脉、中央山脉、雪山山脉、玉山山脉和阿里山山脉五大山脉近平行呈 NEE 方向展布。

台湾地区断裂发育，以 NEE 向断裂为主，自东而西主要有：①海岸山脉断裂；②中央山脉断裂；③梨山断裂；④屈尺—潮州断裂；⑤义竹断裂。此外，还有 NW 向福建宁德—台湾三貂角断裂。

现将 NNE 向中央山脉断裂的活动性叙述如下。

该断裂构成台东纵谷的西界，南北两端都延伸到纵谷外，进入太平洋，陆域部分全长 180km，走向为 NE23°。该断裂是一条规模巨大、倾向北西的高角度上冲断裂。在瑞穗等地，可见到该断裂逆冲的构造形迹，上盘向南东上冲数公里，致使中央山脉东坡的前第三系南澳群变质岩逆冲到台东纵谷的第四系之上。中央山脉东麓自北而南，断层崖连绵不断。在瑞穗、鹿野、知本等地，温泉循断裂产出。

该断裂上盘的中央山脉，呈 NNE 向延伸，与断裂走向一致，成因上属断块山。第四纪以来中央山脉强烈上升，海拔 3000m 以上的山峰有 100 多座。有三级夷平面发育，海拔分别为 3300 ~ 3400m、2100 ~ 2300m 和 1000 ~ 1200m。形成时代分别为中新世、上新世-早更新世和中更新世。反映在上升过程中具有间歇性。在中央山脉东麓的寿丰、凤林、瑞穗、玉里、关山、鹿野、知本等地，有规模巨大的中-晚更新世和全新世冲洪积扇成串分布，走向为 NNE。冲洪积扇扇径大于 10km，扇面起伏不平，新老冲洪积扇之间的高差大，相邻的冲洪积扇因部分交错形成复式冲洪积扇，同一地点的新冲洪积扇往往叠覆在老冲洪积扇之上。1914 ~ 1979 年地壳形变测量资料显示，中央山脉东坡地壳上升速率为 10 ~ 30mm/a。

断裂下盘（东侧）是台东纵谷，它呈 NE23°方向延伸，与断裂走向一致，成因上属断陷盆地，长为 150km，宽 3 ~ 6km。中更新世以来，台东纵谷强烈下降，在纵谷南部卑南大溪下游两岸沉积了厚达 500 ~ 3000m 的中更新世早期卑南山组；在纵谷北部米仑村附近，沉积了厚达 350m 以上的中更新世晚期米仑组。纵谷中还广泛分布着晚第四纪冲洪积层。1914 ~ 1979 年的地壳形变测量资料表明，纵谷南部卑南大溪河口平原的下降速率为 20mm/a。

该断裂水平运动的迹象也很清晰。断裂上盘有岩石水平形变、牵引褶皱和近水平擦痕，后者指示该断裂具有左旋水平位移。左旋位错的另一个迹象是河流流向的突然变化。秀姑峦溪由中央山脉往东流，在玉里南注入台东纵谷后突然拐向北，到瑞穗以东再拐向东，切过海岸山脉后在大港口附近入海，河道向北偏移 25km（图 14-14）。

图 14-14　台湾秀姑峦溪流流向

在台东纵谷北部所做三角点检测结果表明，1909～1971 年，左移运动量为 3.65m，其速率约为 60mm/a。

由于该断裂第四纪以来乃至现今仍有强烈活动，沿断裂强震频频发生。仅 1900 年以来就有 4 次 7.0～7.3级地震发生，其中 1972 年 4 月 24 日发生在瑞穗的 7.3 级地震，产生了走向 NE25°、长 2.5km 的地震断裂，最大垂直位移 0.7m。

（三）台湾海峡断裂带

台湾海峡断裂发育，以 NE 向断裂为主，其中平潭牛山岛—东山兄弟屿断裂与地震关系最为密切。

该断裂北起平潭县牛山岛海外，向西南经莆田县南日岛海外、惠安县乌丘屿、金门岛海外、东山县兄弟屿海外，到达广东省南澎列岛附近，全长 660 km，总体走向为 NE40°～60°，兄弟屿以北倾向 SE，以南倾向 NW，倾角为 50°～75°。

根据现有地质资料并结合历史强震和现今小震活动，可将该断裂划分为 4 个活动段：①莆田海外活动段；②泉州海外活动段；③厦门海外活动段；④东山海外活动段。

依据台湾海峡西部海域晚第四纪地层资料，对比断裂带两侧晚第四纪地层在平面、剖面上的分布特征，初步认为该断裂带错断了晚第四纪甚至全新世晚期（大约 2500 年以来）地层，是一条活动年代很新且活动性很强的断裂带。

（四）海峡西岸断裂带

海峡西岸只有漳州盆地历史上发生过 2 次 6 级以上地震，盆地中 NE、NW 向断裂发育，主要有 NE 向角美—白云山断裂、天宝大山山前断裂和 NW 向珠坑—白云山断裂、衍坑—岱山岩断裂。台湾海峡西邻福建省，具体地质构造如下。

1. 向角美—白云山断裂

该断裂是 NE 向长乐—诏安断裂带西界断裂福清东张—诏安汀洋埔断裂的组成部分，也是漳州盆地与龙海平原的边界断裂。它沿着白云山西北坡坡麓展布，向 NE 方向经观音山、镇头宫到龙海市角美镇以北。总体走向为 NE40°～50°、倾向为 NW 或 SE、倾角为 50°～70°，全长 32km。

在该断裂西北侧白云山西北坡坡麓的龙海市颜厝镇洪塘村坑口，一条规模巨大的冲沟由此出山，在其山前地带形成规模巨大的晚更新世冲洪积扇，仅出露地表的冲洪积扇长约 2200m，最大宽度约 750m，面积约 1.1km^2。冲洪积扇的扇顶海拔高 75m，前缘高 5m。该冲洪积扇规模巨大、坡度较陡，反映晚更新世期间，角美—白云山断裂的东南侧地层强烈上升。

在断裂西北侧除了上述晚更新世冲洪积扇分布以外，还有全新世冲洪积扇和全新世晚期冲海积平原。据钻孔揭露，在马州村，晚第四纪冲海积地层厚 19.36m。

以上表明，该断裂晚更新世期间东南盘强烈上升，西北盘相对下降，活动性质主要为倾滑型张性活动。

该断裂在晚更新世期间还有明显的右旋运动。上述晚更新世冲洪积扇具有两个特点：第一，它的扇顶不是位于冲沟出山口处坑口，而是出现在坑口东北约 200m 处；第二，以坑口为出山口的那条巨大冲沟在到达出山口最后一段的走向为 N32°W，而由它形成的上述晚更新世冲洪积扇的长轴方向为 N2°W，与冲沟走向构成 30°夹角，即顺时针偏转了 30°。

上述冲洪积扇在距扇顶 40m、距扇面 0.20m 处的浅棕红色砂质黏土夹砾石层，其热释光年龄为 82.1±2.3 Ka B.P.。由此可见，NE 向角美—白云山断裂约 8 万年来顺时针水平移动速率为 2.4mm/a。

此外，该断裂在龙海市汤兜，走向为 NE30°、倾向为 NW、倾角为 75°，其断层泥热释光年龄为 42±4 Ka B.P.；在龙海市镇头宫，该断裂走向为 NE 20°～40°、倾向为 ES、倾角为 70°，断层泥热释光年龄为 94.6±7.6 Ka B.P.。这都表明，NE 向角美—白云山断裂在晚更新世期间具有强烈的活动。

2. NE 向天宝大山山前断裂

该断裂是区域性深大断裂 NE 向福安—南靖断裂的组成部分，也是漳州盆地的西部边界断裂，它沿天宝大山（海拔 919.8m）山前展布，总体走向 NE40°，倾向 SE，倾角为 50°～70°。晚更新世以来，断裂西北侧（下盘）天宝大山强烈上升，在其山前地带形成规模巨大的晚更新世冲洪积扇和全新世冲洪积扇。这些冲洪积扇还展布到断裂东南侧较远的月岭村、红听村附近。上述两种冲洪积扇中，晚更新世冲洪积扇的规模更大些，它的最大长度 4km，最大宽度 2.1 km，面积 3.7km^2。在花帕岭一带，它的组成物质粗大，坡度也较陡，其扇顶海拔高 75m，前缘海拔高 25m，并在其前缘形成长约 150m、高 8～10m 的陡坎。全新世冲洪积扇的规模颇大，在花帕岭东南侧，它的长度 1.8km，最大宽度 1.2km，面积约 1.4km^2。该冲洪积扇的坡度较陡，后缘海拔高 50m，前缘海拔高 15m，并在其前缘形成长约 50m、高 5m 的陡坎。

该断裂东南侧（上盘）除了上述两种冲洪积扇分布外，主要是地势低平的红土台地和全新世冲积平原。在月岭村西南，分布着海拔 30～40m 的红土台地，由深厚的红土风化壳组成，据区域地质资料，该红土风化壳的主要形成时期为中更新世。在红听村东南，有大面积全新世冲积平原，据钻孔揭露，该冲积平原的晚第四纪冲积地层厚度为 20～25m。

以上表明，晚更新世以来，该断裂下盘强烈上升，上盘相对下降，活动性质为倾滑型张性活动。

3. 北西向珠坑—白云山断裂

该断裂西起天宝大山的花帕岭，向南东经珠坑、马鞍山到白云山东北坡坡麓。总体走向为 NW310°～320°，大多倾向为 SW，倾角为 40°～75°。在花帕岭一带，该断裂错断晚更新世冲洪积扇，形成长 500～600m、高 8～10m 的断层陡崖。在龙海市古县，该断裂走向为 NW305°～310°，倾向为 NE，倾角为 72°，其断层泥热释光年龄为 34±4Ka B. P. 。

4. 北西向衍坑—岱山岩断裂

该断裂走向为 NW320°，倾向为 NE，倾角为 78°。该断裂有明显的左旋活动。有 2 条冲沟通过该断裂时，逆时针同步拐弯，位错 220～250m。在岱山岩西，该断裂的断层泥热释光年龄为 77.8±6.5 Ka B. P. 。由于展布于漳州盆地的 NE、NW 向断裂晚更新世以来具有明显的活动性，该盆地历史上发生了 5 次5.0～6.5 级地震，且现有资料表明这些地震的发生与 NE 向断裂的活动关系更为密切。

（五）福建省地质构造

福建省位于华南褶皱系东部。泥盆纪前处于地槽阶段，奥陶纪末开始转为准地台阶段，早侏罗世以来又进入濒太平洋大陆边缘活动带阶段。在漫长的地质历史时期中，形成多种类型的沉积建造，多旋回的构造运动，多期次的岩浆活动，多期的变质作用，构成复杂的构造，它们主要呈 NE 向延伸。

早在 20 世纪 20 年代初期，已有关于福建大地构造的论述，葛利普在《中国地质》一文中，曾将福建划为华夏古陆的一部分。1945 年黄汲清将福建划归加里东褶皱带。1950 年李四光将福建划为亚洲东部向东南突出的三列边缘弧中闽南弧的一部分，并于 1970 年将福建武夷山、戴云诸山脉划属新华夏系第二个巨大的隆起带的部分和东西向南岭带的一部分。1960 年陈国达将福建划为低洼区。1963 年福建省地质局和江西省地质局合编的 1：100 万福州幅大地构造图及说明书，将福建省大地构造单元划分为，一级构造单元南华后加里东准地台；二级构造单元华夏台隆；三级构造单元有四，即遂（昌）建（瓯）台拱，永（安）梅（县）上古台陷，浙闽粤中断陷及闽东滨海台拱。1974 年张文佑将福建划为华力西褶皱带。1980 年任纪舜等将福建划为华南褶皱系和东南沿海褶皱系的一部分。1980 年郭令智等将福建大地构造划分为武夷云开加里东期古岛弧褶皱带、政和—大埔加里东俯冲带、闽西南—粤东海西印支期弧间盆地和浙闽粤沿海燕山期火山弧系等构造单元。1982 年边效曾等将福建的大地构造划为闽北加里东隆起区、闽西南海西凹陷区、闽东沿海中生代火山岩活动带等单元。此外，1980 年福建区测队编制的 1∶50 万福建省构造体系图及说明书，以及 1985 年《福建省区域地质志》区域地质构造篇，也从不同角度对福建的地质构造进行了较系统的总结，提升了研究程度。

福建的构造单元划分为闽西北隆起带、闽西南坳陷带、闽东火山断坳带三个一级构造单元。进而划分若干个隆起和坳陷及断陷二级构造单元。在二级构造单元内，又进一步依据其所形成的主要褶皱，划分为一系列复式背斜和复式向斜。

构造单元划分如下。

Ⅰ、闽西北隆起带：Ⅰ1、邵武—建宁坳陷；Ⅰ2、浦城—洋源隆起；Ⅰ3、松溪—建西坳陷。

Ⅱ、闽西南坳陷带（永梅坳陷带）：Ⅱ1、明溪—武平坳陷；Ⅱ1A、泉上—长汀复式向斜；Ⅱ1B、清流—武平复式背斜；Ⅱ1C、明溪—龙井复式向斜；Ⅱ1D、宣和复式背斜；Ⅱ1E、连城—上杭复式向斜；Ⅱ2、胡坊—永定隆起；Ⅱ3、大田—龙岩坳陷；Ⅱ3A、沙县—永定复式向斜；Ⅱ3B、南平—万安复式背斜；Ⅱ3C、广平—龙岩复式向斜；Ⅱ3D、太华—长塔复式背斜；Ⅱ3E、大田复式向斜。

Ⅲ、闽东火山断坳带：Ⅲ1、屏南—梅林断陷带；Ⅲ2、周宁—华安断隆带；Ⅲ3、福鼎—云霄断陷带；Ⅲ4、闽东南沿海构造带。

1. 闽西北隆起带

包括武夷山北段和鹫峰山以西的大部分地区，东以政和—大埔断裂与相邻单元为界，南以大致宁化—南平一线与闽西南坳陷带相接，向北、向西分别与浙、赣接壤。闽西北隆起带由元古代至早古生代巨厚的变质岩系组成。前震旦纪，本区处于地槽下沉阶段，沉积厚逾 9000m 的下部陆屑建造；自早震旦世晚期，受澄江运动影响，逐渐形成 NEE—NE 向的隆起和坳陷。其中央是一个相对隆起带，两侧分别为坳陷带。在坳陷带中，沉积了厚近万米的震旦系—下古生界火山复理式和复理式建造。其中，西部坳陷带的震旦系厚 7900m，火山岩为钙碱性系列；东部坳陷带的震旦系厚大于 9000m，火山岩为拉斑系列和钙碱性系列。

奥陶纪末的加里东运动，导致本带强烈的褶皱、断裂活动、区域变质作用和岩浆活动，并结束了地槽的活动历史。褶皱构造以紧密线形的复式褶皱为主，走向为 NEE—NE，次级倒转褶曲也较发育。断裂构造以崇安—石城和政和—大埔断裂为代表，并以其为热轴，相应形成崇安—宁化和政和—南平两条变质岩带。

加里东运动之后，本带大部分地区隆起遭受剥蚀，普遍缺失泥盆纪及早石炭世的地层。但在某些凹陷部位，如光泽司前、将乐、建阳虞墩、建瓯房村口等地，仍有晚古生代海相沉积。至少，自石炭纪至二叠纪，海水曾一度漫延到本带的许多地区，形成超覆，但厚度较薄，并由于受华力西和印支运动的影响，再一次地剧烈隆起而遭受剥蚀，多呈零星残留于断陷带中。

印支运动，使本来不厚的盖层全面褶皱而剥蚀殆尽。嗣后，在一系列断裂带和山间坳陷中，沉积了晚三叠世、中侏罗世含煤建造；晚侏罗世则以大规模的岩浆活动为特征；白垩纪时，构造变动由盛而衰，岩浆活动微弱，断裂活动由原来的压剪性转为一度的张性，从而突出断陷活动的特征。在某些断裂的一侧，形成断陷盆地，堆积一套红色碎屑岩，虽其盆地范围不大，但沉积厚度却相当可观。

喜马拉雅运动，本带处于隆升背景。第四纪以来，本带仍处于上升，广泛发育的V形谷、急流瀑布、频繁的弱震、石崩和滑坡等。

a. 邵武—建宁坳陷

邵武—建宁坳陷位于崇安—石城断裂以西的武夷山地区，向西、向北与江西接壤。该坳陷主要出露震旦系和下古生界变质岩，而最老地层麻源群仅见于光泽新甸。震旦系广泛分布，为各种变粒岩夹片岩、黄铁矿层及含钙硅质岩，总厚为 6890m。下古生界邵武五福羊—泰宁神下呈狭窄带状出露，为云母石英片岩、石墨片岩、石墨石英岩、石英岩、变质砂岩、粉砂岩及千枚岩等，厚大于 2330m。盖层不很发育，仅于光泽司前残存上泥盆统，厚大于 599m，但在江西境内有石炭至二叠系分布。中生代沉积，主要沿崇安—石城断裂分布。

褶皱发育，较重要的有邵武五福羊—泰宁神下复向斜和光泽新甸—建宁里心复背斜。断裂构造以走向NE、NNE为主，多数是燕山期块断活动的产物。NE向断裂有邵武莲塘—建宁里心断裂带，由莲塘、桂林及里心断裂组成；NNE向断裂：有崇安桐木关—建宁伊家断裂带，光泽—武平断裂带。

b. 浦城—洋源隆起

浦城—洋源隆起西以崇安—石城断裂为界与邵武—建宁坳陷相连，东以浦城—武平断裂与松溪—建西坳陷为邻。其东北端延入浙江，西南端在将乐洋源一带倾伏。该隆起大面积出露麻源群，岩性以各种片岩、变粒岩为主，夹变质中基性和中酸性火山岩及石墨层，总厚大于9642m，原岩为火山砂泥质（陆屑）建造。震旦系分布于西部近崇安—石城断裂一带，主要为黑云斜长变粒岩、各类片岩，上部偶夹薄层钙硅质岩，并夹酸性及中酸性火山岩，总厚大于3800m，原岩为火山复理式建造。下古生界仅分布于将乐一带，为变质砂岩、粉砂岩及千枚岩，夹少量大理岩及黄铁矿，厚1166m，为砂泥质复理式建造。此外，盖层不发育，仅于将乐、建阳虞墩等地见零星分布的上古生界。中生代为类磨拉石建造堆积，以及中小型花岗岩侵入和火山喷发。

浦城—洋源隆起由三个线形褶皱形成，即建阳五峰岗—邵武卫闽复背斜，建阳南岭—邵武洪墩复向斜，松溪寺坑—明溪枫溪复背斜。总的轴向为NEE—NE，并显示向ES方向凸出的弧形。

断裂构造主要有两组，一组走向为NE—NEE，另一组走向为SN。前者多是燕山旋回以来断块活动的产物，后者至少从加里东期开始活动，对古生界和侏罗系沉积建造和岩浆活动都有显著的控制。NE向断裂有崇安—石城断裂带和浦城—武平断裂带。SN向断裂有将乐—华安断裂带和崇安星村—沙县金龙顶断裂带。

c. 松溪—建西坳陷

松溪—建西坳陷西侧以浦城—武平断裂带为界，东以政和—大埔断裂带北段与闽东火山断坳带相邻。该坳陷出现地层除西部有麻源群外，震旦系广泛分布，下部为迪口组之斜长变粒岩夹片岩及斜长角闪岩，厚大于5879m；上部为龙北溪组之绿色片岩、片岩及石英岩，厚3800m，属细碧角斑岩建造。上震旦统至下古生界分布于坳陷中心，为变粒岩和二云片岩，厚大于1462m，其中部分变粒岩原岩为角斑质凝灰岩。盖层不发育，仅于顺昌吴墩、建瓯房村口处之断裂中见有上古生界，中生代含煤建造亦见于断陷带中。本带褶皱不发育，有建瓯复向斜、松溪洋墩—建瓯南雅复背斜，政和—建瓯大历复向斜。断裂构造很发育，有NE、NNE向及后期之SN向及NW向之断裂。

NE—NNE向断裂：有政和—大埔断裂带和建瓯附近断裂带。政和—大埔断裂带，分布于政和、南平东、尤溪、大田、漳平及龙岩东一带，西南端延入广东，属丽水—海丰断裂的一部分，全长为390km，宽20km左右，总体走向为30°~50°。由一系列平行分布倾向东南的陡倾角断裂组成，也是福建东、西部构造单元的分界线。SN向断裂：有浦城—永泰嵩口断裂带，长为240km，宽为12km。NW向断裂：有松溪—宁德断裂带和顺昌—闽清断裂带。

2. 闽西南坳陷带（永梅坳陷带）

闽西南坳陷带位于福建西南部，北以宁化至南平一线与闽西北隆起带相接，东以政和—大埔断裂带与闽东火山断陷带相邻，往西南延入广东省。闽西南坳陷带是叠加在加里东褶皱基础上发展起来的坳陷带，主要有晚古生代至三叠纪地层组成，褶皱、断裂均很发育，并有华力西—印支期花岗岩侵入。基底出露震旦系和下古生界浅变质岩，属复理石沉积，中生代为磨拉石型沉积，但晚三叠世和早侏罗世地层中，多处发现含海相瓣鳃类之沉积层，可能为广东东江冒地槽之一部分。该坳陷带可划分三个二级构造单元。

a. 明溪—武平坳陷

明溪—武平坳陷简称西部坳陷，北以长汀—明溪一线与闽西北隆起带相邻，东与胡坊—永定隆起平行相接，向南延入广东，呈NE向带状分布，长为220km，宽30~60km。基底为震旦纪和早古生代地层，震旦系为浅变质之砂泥质复理式建造，下古生界也为浅海相复理式建造。坳陷由晚古生代至三叠纪地层组成，上泥盆统和下石炭统为粗碎屑岩建造；中、上石炭统和下二叠统栖霞组，均为碳酸盐岩建造，文笔山组为砂泥质建造，童子岩组和翠屏山组为含煤细碎屑岩建造，其他均为钙、硅泥岩建造。这些地层呈 NE 向长条状分布，褶皱断裂发育，并有华力西期片麻状花岗岩侵入。褶皱有复式向斜 3 个、复式背斜 2 个及 1 个穹窿构造。即泉上—长汀复式向斜，清流—武平复式背斜，桃溪穹窿构造，明溪—龙井复式向斜，宣和复式背斜及连城—上杭复式向斜。

b. 胡坊—永定隆起

胡坊—永定隆起位于明溪—武平坳陷与大田—龙岩坳陷之间。该隆起南部出露下震旦统楼子坝群，已形成混合岩和混合花岗岩；北部和东缘出露下古生界；其余地区被燕山早期胡坊、古田及小陶之黑云母花岗岩及似斑状花岗岩所占据。但在永安加福安砂等地仍有较大面积的上古生界出露，其余仅在局部地方残留有震旦系和下古生界。加福、安砂地区的上古生界以复式向斜出现，褶曲走向 NNE，叠加在下古生界同方向褶皱之上。这些也是福建重要的产煤地区之一。

c. 大田—龙岩坳陷

大田—龙岩坳陷简称东部坳陷，位于政和—大埔断裂带西侧，东与闽东火山断坳带相邻，西与胡坊—永定隆起相接，向南延入广东。基底为震旦纪和早古生代地层，岩性及建造与前述明溪—武平坳陷之基底相同，唯早古生代地层厚度变化大，粒度变细。该坳陷由晚泥盆世—晚三叠世地层组成，岩性、建造与前述明溪—武平坳陷相似，但沉积厚度增大，火山活动增加，褶皱断裂更加强烈，形成一系列较紧密的复式背、向斜构造，甚至倒转。华力西—印支期石英闪长岩和花岗岩侵入。其褶皱有 3 个复式向斜、2 个复式背斜。即沙县—永安复式向斜，南平—万安复式背斜，广平—龙岩复式向斜，太华—长塔复式背斜及大田复式向斜。

闽西南坳陷之断裂构造较为发育，以 NE—NNE 向为主，其次为 NW 向和 SN 向。NE—NNE 断裂有：浦城—武平断裂带、政和—大埔断裂带及永安安砂、沙县湖源、漳平西埔、龙岩苏邦等断裂。NW 向断裂有永安—晋江和上杭—云霄断裂带。南北向断裂有将乐—华安断裂带及泰宁—龙岩断裂带。

3. 闽东火山断坳带

闽东火山断坳带位于福建东部，西以政和—大埔断裂带为界，北入浙江，南延广东。该带是在加里东和华力西—印支坳褶的基础上，经燕山运动发生大规模断陷和坳陷，造成厚度较大的晚侏罗和早白垩世大规模的火山喷发，构成浙闽粤火山带之一部分。在燕山早期时，沿构造带发生强烈的区域变质作用和混合岩化作用，形成变质岩带。同时，还有强烈的岩浆活动，形成燕山早、晚期的岩体带。基底局部出露下元古界、震旦系—下古生界变质岩和石炭系—三叠系地层。盖层为上第三系沉积岩和玄武岩零星分布。可划分为屏南—梅林断陷带、周宁—华安断隆带、福鼎—云霄断陷带及闽东南沿海构造带等四个次一级构造单元。

a. 屏南—梅林断陷带

屏南—梅林断陷带位于政和—大埔断裂带东侧，呈 NE 向长条状分布，长约 400km，宽 15 ~ 20km。其地层由下、中侏罗统陆相碎屑岩和上侏罗统、下白垩统火山岩组成。

b. 周宁—华安断隆带

周宁—华安断隆带位于屏南—梅林断陷带东，并平行分布，长达 400km，宽 10 ~ 35km。以断续出露大面积的前中生代地层和燕山期黑云母花岗岩大规模侵入为特征。基底地层分布在该带的中心，出露有麻源群、龙北溪组、下古生界、石炭系、二叠系及溪口组、文宾山组。这些地层褶皱强烈，断裂发育。

c. 福鼎—云霄断陷带

福鼎—云霄断陷带位于周宁—华安断隆带东侧，西以福安—南靖断裂带为界，东与沿海构造带相邻，呈 NE 向带状展布，长 480km，宽 50 ~ 80km，是福建最主要的火山喷发带。由晚侏罗世、早白垩世中酸性火山岩组成，梨山组、长林组分布在该带的两侧，而南园组则是该带的主要组成部分，石帽山群横跨在该带之上。该带火山构造极为发育，分布有上百个火山机构或喷发中心，并组成十几个大型破火山组合体，呈串珠状分布，构成火山喷发带。基底地层出露零星有：下—中石炭统复理式沉积、大隆组、溪口组、文宾山组等。

d. 闽东南沿海构造带

闽东南沿海构造带位于福建东南沿海，以往称闽东南沿海变质带，呈 NE 向长条状分布，西以长乐—东山断裂带为界，与上述断陷带相邻，东濒台湾海峡，北起马祖，往西南经晋江、东山、延入广东南澳岛，宽 38 ~ 58km，长达 400 余公里，为中生代低压型区域变质带。其地层为文宾山组和梨山组，以及上侏罗统片理化火山岩及变质较深的各种片岩和变粒岩，该带褶皱呈线状复式背形，断裂也较发育，变质带广泛发育低绿片岩相、高绿片岩相和低角闪岩相，呈带状由西北向东南依次变质作用递增的特点。混合岩化强烈，混合岩、混合花岗岩广泛出露，并有变质交代的二长花岗岩侵入。此外，还有燕山早、晚期黑云母花岗岩及晶洞钾长花岗岩侵入。

平潭—南澳复式背形构造：位于近海一侧的岛屿与半岛地区。从平潭、福清高山，经莆田忠门、惠安崇武、晋江等半岛、金门岛、龙海深澳、漳浦古雷、东山岛，向南延入广东南澳岛，NE 走向呈“S”弧形弯曲，长 375km，宽 10 ~ 25km，核部由混合花岗岩组成，两翼基本对称分布各种混合岩、变粒岩及片岩。

闽东火山断坳带之断裂构造较为发育，主要为 NE 向和 NW 向，次为 EW 向和 SN 向，再次为 NNE 向和 NEE 向。NE 向断裂有，政和—大埔断裂带、福安—南靖断裂带、长乐—东山断裂带。NW 向断裂有，松溪—宁德断裂带、顺昌—闽清断裂带、永安—晋江断裂带、上杭—云霄断裂带。SN 向断裂有，浦城—永泰嵩口断裂带、寿宁—连江断裂带。EW 向断裂有，柘荣—建阳徐市断裂带、罗源—明溪断裂带、仙游—漳平断裂带、厦门—南靖断裂带。NNE 向断裂有，福鼎白琳—莆田笏石断裂带、松溪—南靖断裂带。NEE 向断裂有，古田—上杭断裂带、闽江口—永定断裂带。

综上所述，台湾海峡主要断裂构造汇总见表 14-10。

表 14-10　台湾海峡主要断裂构造

名称	产状	主要断裂带	特征
海峡西岸断裂系	走向 NE—NNE，倾向 SE	长乐—南澳断裂带、平潭—澳角断裂带（F5）	控制台湾海峡西岸海陆构造和海岸发育
海峡裂谷断裂系	走向 NE—NNE，倾向 SE 或 NW	闽粤滨海断裂带、峡西断裂带、峡中断裂带、台西滨海断裂带（F3、F4）	有张性或张剪性断裂，为控制台湾海峡中央格局及其演化的主要断裂
弧陆碰撞断裂系	NNE—SN 向断裂，NW—SW 向断裂	台东纵谷断裂、中央山脉断裂等；海坛北断裂，九龙江断裂、太平断裂、云林断裂、嘉义断裂（F1、F2）	张剪性断裂，控制台湾海峡两岸沿岸断块的差异升降
陆缘平移断裂系	走向 NW，倾向 SW 或 NE	菲律宾海盆断裂、七星岩断裂、南澎断裂和汕头外海断裂	分布于台湾岛及台湾海峡南北两侧，为大型平移断裂

五、地震活动

（一）华南滨海断裂带的时空分布特征

1. 华南滨海断裂带地震活动的空间分布

华南滨海断裂带是一条经历多期次活动的强活动断裂带，它控制着台湾海峡的地震活动和构造活动，也控制着台湾海峡的形成和演化。台湾海峡的滨海断裂带是华南滨海断裂带的一部分，是影响沿海海岸工程建设最大的一条强活动断裂带。

台湾海峡不同区域地层岩石特征差异较大。据地震剖面、钻井和邻近区域地质资料分析，华南滨海断裂带是我国华南地区主要活动构造带之一，其规模宏大，断裂两侧的动力学环境存在明显差异，是海陆块体构造单元的边界。华南滨海断裂带强震活动频繁，台湾海峡区段属于华南滨海断裂带的东段，故强震活动也频繁。断裂带总体走向为 NNE 向。

华南滨海断裂带经过台湾海峡西部，大致沿 50m 水深线分布，控制水下地形呈线状展布。华南滨海断裂带是一条发育在大陆边缘的规模巨大的断裂带，伸至西南部的北部湾涠洲岛，断裂呈 NNE—NE 向展布，大致与岸线平行，断裂带宽为 30 ~ 60km，由若干条互相平行斜列的断层组成，近年来已有越来越多的地质地貌、地震反射剖面、重磁异常、地壳厚度、卫星影像以及地震活动等方面的综合资料确定它的存在。

华南滨海断裂带所经过的台湾海峡及其邻近海域属闽粤沿海印支—燕山活化带，元古代以来经历过多次构造变格运动，构造线以 NE 向为主。第四纪以来受台湾运动影响，该断裂重新活动，使台湾海峡及其邻近海域的地壳活动渐趋活跃，从而奠定了该断裂带地质地貌形成和发育的基础。

该断裂带经过的南澎列岛位于韩江口外，距离南澳岛东南约 20km，由南澎岛、中澎岛、顶澎岛和芹澎岛等岛屿和众多的礁石组成，为强烈片理化带，由片麻花岗岩构成，该列岛长约 14km，地貌以低丘陵为主，地势波峦起伏，危崖耸立。南澎岛最高点海拔为 62.6m，面积约 0.7km^2，它是南澎列岛最大的岛屿，外围水深 20 ~ 30m，水动力较强，海蚀现象明显，岩石裸露，南岸海崖陡峭，高度达到 20m。

由于构造活动强烈，岛上岩石因动力作用而强烈变质，辉绿岩脉普遍被挤压成片状，岩脉中夹有片状的且发生扭曲了的片麻岩；网状构造发育，由走向 50° 及 350° 的节理、岩脉和小断层组成，倾角为 70° ~ 85°；NE 向断裂构造带中片麻岩破碎成碎裂岩，后期又被硅质胶结，近期小断裂发育密集。本区海底地貌是大陆地貌向海底的延伸，它是构造地貌的综合反映。第四纪冰后期的海侵及外动力条件的变化使得与大陆有密切关系的地貌组合形态经受改造，但总的轮廓仍保持原有的构造地貌形态。

2. 华南滨海断裂带地震活动的时间分布特征

台湾海峡的地震主要分布在靠近福建海岸的滨海断裂带附近和台湾西南部的澎湖断裂带附近。前者分布呈 NNE—NE 向，地震频度较低、强度较大，曾发生 1600 年南澎列岛 7 级和 1918 年 7.25 级大地震，均为浅源地震，台湾海峡约有 2/5 的地震分布在该带；后者分布呈 NNE 向，地震频度高和强度稍高，最大地震为 1972 年 7.3 级，嘉义外海大于 6 级地震达 7 次，均为浅源地震，台湾海峡约有 3/5 的地震分布在该带。

另外，台湾海峡中部也有零星地震发生，频度较低，强度较小，最强地震为 1922 年 6 级地震，均为浅源地震。东南沿海地震带控震构造主要为 NE—NNE 向的东亚系，多为中、弱活动断裂，发震构造为 NW 和 NEE 向断裂，地震的分布深度有从陆地往沿海逐渐增大的特征。

该带地震频度低、强度小，自有地震记录以来发生过强度大于 5 级地震 15 次，最强的是 1067 年潮安西部 6.75 级地震，均为浅源地震。地震活动在时间上均有动、静交替的周期性变化规律，以台湾海峡及其邻近海域地震活动最明显，1919 ~ 1922 年为第 1 活动期，1935 ~ 1943 年为第 2 活动期，1972 ~ 1975 年为第 3 活动期，1994 年至今为第 4 活动期，至今尚未结束；其中第 1、第 2 活动期都是震级相对较小的地震，一般都小于 7.0 级，第 3 和第 4 活动期震级可达 7.2 级以上。

根据华南滨海地震带的活动断裂、地震活动和深部构造应力分布特点，对该带未来 100a 内的潜在震源区进行划分，并初步划分出 6 个潜在震源区，它们分别是 A 区（7 ~ 7.5 级）、B 区（5.25 ~ 6.5 级）、C 区（6.75 ~ 7 级）、D 区（5.5 ~ 6 级）、E 区（6.5 ~ 6.75 级）和 F 区（5.5 ~ 6.5 级），华南滨海断裂带在海域的延伸是近几年得到的新认识，它是一条大型的活动断裂带和地震带，对沿岸大型工程和台西盆地石油开发工程有重要的影响。

（二）台湾地区地震活动的时空分布特征

1. 地震活动空间分布特征

台湾海峡的大地构造位于欧亚大陆板块东角边缘，是东海大陆架的一部分，处于菲律宾板块和欧亚板块碰撞带中的前沿后侧，居于板块内部、自中生代白垩纪以来，这两大板块相互碰撞，其结果使得处于被撞击的欧亚大陆东缘地壳发生隆起，同时产生张裂，又继之以不断的升降。

隆起带东部的纵向隆起成为今日台湾岛上的几条主要的山脉，隆起带西部台湾岛两岸，平原上及其以西，则由一些断裂了的陆壳不断下降而形成许多大小不一，深浅各异的盆地，继续接受来自隆起了的陆壳所产生的碎屑沉积物。

目前抬升出海面的，即为今日的台湾西部的各沉积盆地，其没入海下部分的所有盆地即是今日之台湾海峡。它北连东海大陆架，南接南海大陆架，直至现阶段尚未发展成裂谷。

台湾海峡的地质构造为不对称状西北高而东南低的半堑型断陷盆地，其边界的主要断层大都为平行海峡的 NE 向断层，盆地南北两端则又为 NW 及 EW 向断层所切割。因此，海峡通道工程（主要为 NW 向），将不可避免地穿越这些断层，但选线时应尽量避开顺轴向的断层。

2. 地震活动的时间分布及时空迁移

台湾海峡滨海断裂带是浙闽粤滨海深大断裂的一部分，断裂规模巨大，延伸长，具有发生大震、强震的蓄能条件，沿断裂带地震活动频繁，曾发生过 1 次 8 级大震，2 次 7 ~ 7.3 级大地震，多次 6 级以上地震，近期小震活动频繁，密集成带，是东南沿海地震带的重要组成部分。

在滨海断裂带上，主压应力轴为 NWW—SEE 向。在滨海断裂带西面的福建沿海地区，由 GPS 观测结果得到的主压应力轴为 N47°W 方向。在滨海断裂带东面的台湾地区，由 1986 年花莲 Mw7.4 地震和 1999 年集集 Mw7.6 地震震源机制解得到的台湾地区的主压应力轴为 N55E 方向。这表明，福建沿海地区、台湾海峡和台湾岛的主压应力方向一致为 NW 向或 NWW 方向，这 3 个地区存在一个统一的应力场。这个应力场可能来源于菲律宾海板块在台湾东部向欧亚板块 NW 向持续碰撞仰冲的作用力。

（三）台湾海峡地区地壳稳定性评价

台湾海峡的形成演化在很大程度上受华南滨海断裂带的影响和控制。它经历了中生代末—中始新世初始张裂、晚始新世—渐新世全面张裂、中新世构造调整及中新世末以来挤压—收缩—封闭等阶段，现今已成为残留陆缘裂谷盆地，是陆缘裂谷从产生到衰亡的一个典型实例。

台湾海峡中的台西盆地是我国重要的海上油气远景区，盆地内快速沉降形成巨厚的沉积，具有良好的油气前景。该区所处活动构造位置特殊，油气资源丰富，因此对它的研究就显得更加重要区内自新近纪以来，新构造运动表现得十分强烈，其表现形式主要为断裂作用、火山活动、地震活动和地壳差异升降运动。

海峡中最大的一次地震是 1604 年泉州外海的 7.5 级大震，震中位于滨海大断裂和一条通过台中市的 NW 向断裂（不过台湾的活断层分布图上并未表露，是否存在，尚需考查）的交汇处。其次是 1918 年南澳的 7.5 级地震，震中又恰好位于上述同一条滨海大断裂和通过南澳至台湾南端南海中的一条 NW 向大断裂的交汇点。这两次大震均与地壳型的滨海 NE 向大断裂及与之相交的 NW 向大断裂交汇有关。

在沿 NE 向大断裂的相关处所设置监视点，可以设法测定断层上的地应力集中情况，断层的蠕变量及其他参数，以便监测强震的发生规律及其对工程结构物的破坏程度。

台湾海峡地处欧亚大陆板块与太平洋菲律宾板块的接台地带，晚更新世晚期以来，台湾海峡与其两岸在垂直方向上的断块差异运动相当强烈。相同时代的海相地层，在台湾海峡，它们出现在水深数十米地方；在海峡两岸，它们却出现在海拔数米到数十米地方。

晚更新世晚期以来，台湾海峡与台湾岛西海岸之间的断块差异运动速率大于它与福建海岸之间的断块差异运动速率。

综上所述，台湾海峡的地壳稳定性属于不稳定区。福建沿海陆地上的NW向断裂向东南方向延伸，进入台湾海蛱，在与NE向近岸海域断裂交汇处，如泉州海外厦门海外、东山海外，现今小震活动频繁，历史上又发生过多次破坏性地震。今后仍有可能发生破坏性地震。加强对这些地方的地震监测、研究工作，具有重大的经济效益和社会效益。

六、台湾海峡的形成

早在6亿年以前古生代晚期造山运动开始时，就在台湾海峡地区出现“台湾滩”，这是海峡中的最高处，深度仅20m，但两岸间许多地区依然连为一体。20世纪70年代，在台湾北港地区的石油勘探中，发现菊花化石，这是中生代的标准化石，由此证明，在中生代（约2.2亿年以前）三叠纪和侏罗纪期间，两岸间虽然许多地方已经出现海水，但主要还是陆地。台湾海峡位置上的地壳运动没有停止。到1.92亿年前的中生代侏罗纪和白垩纪之间，两岸间发生剧烈的地壳运动，此时台湾开始成为陆地，地质史上台湾称为“南澳运动”（即由大南澳片岩演变为大理石），称为“燕山运动”。此时，在两岸间分别出现喜马拉雅山脉和中央山脉。但是两岸间还是相连的。

海峡最初的形成。两岸分离开始于白垩纪和古新世时期，也就是在约5400万年以前，台湾中部地区开始被水淹，中间成为浅海，开始成为海峡。在始新世早期的地壳运动中，台湾开始“太平运动”，大陆开始“茅山运动”，两岸陆地连成一片。直到第四纪更新世时期，华南地区的花岗岩被沙化，岩石中的石英和云母被冲积到台湾海峡中的低部地区，今天台湾北部和中部地区大量开采，成为新竹玻璃工业的重要原料。因为两地相连，史前动物来往两岸，在台中大坑发现了剑齿象化石，在桃园发现了古犀牛化石，这些生活在大陆的史前动物在台湾留下来，是两岸连在一起的地质证明。

海进海退期的出现。自第四纪冰河期以来，大海进入海进期，海水面上升约有100~130m，形成了今天的海平面，台湾海峡开始形成。自此开始，两岸间的来往由陆地转为海上。但在4500~2000年以前，因出现海退，台湾海峡变浅易于渡海，也为航海不发达时期的两岸居民来往提供了方便。

第五节　海峡两岸道路交通

一、海西经济区公路交通

1. 海西经济区公路交通现状

交通基础设施实现适度超前，网络更趋完善，结构逐步优化。福建省公路总里程达到9万km，其中高速公路从“十五”末的1200km增至2400km，基本形成“两纵三横”主骨架，约80%县城半小时内上高速；普通国省建设全面推进，二级及以上公路里程突破1万km，98%县城实现了二级公路连接；五年建设改造农村公路约2.7万km、总里程超过8万km，在全国率先基本实现村村通水泥路。全省公路客运等级站总数达到390个，五年增幅超过40%，其中二级及以上客运站超过100个，并建成农村客运站约350个。

2. 海西经济区公路交通未来规划情况

第一，建设“三纵八横”高速公路网。加强纵深推进、南北拓展的高速公路建设，全面建成已列入国家公路网的福建段高速公路项目，加快实施海西高速公路网规划项目。重点抓好厦蓉高速公路厦漳新建工程、京台高速建瓯至闽侯段、沈海复线宁德经福州至漳州段，以及宁德至武夷山、松溪至建瓯、永安至宁化、建宁至泰宁、莆田至永定、南安金淘至厦门、长乐至平潭等高速公路项目续建工作。建设沈海复线福鼎至宁德段、厦蓉高速公路漳龙段扩容工程、湄洲湾至重庆高速公路福建段，以及厦门至沙县、漳州至永安、福安至寿宁、南平至顺昌、邵武至光泽等高速公路项目。加快绕城高速公路建设，基本建成福州、厦门、泉州等中心城市绕城高速公路，拉大城市发展框架，改善城市交通拥挤状况。加快建设跨设区市高速公路联络线，以及连接县城、重要旅游景区、沿海港口、机场的高速公路支线、连接线，提高网络化水平和通达深度。适时调整海西高速公路网规划，进一步完善便捷高效的高速公路网络系统。

第二，加快普通国省干线公路和重要县道改造建设。全面完成现有的“两纵两横”国道、“八纵九横”省道改造，及时开展省级公路网规划修编，积极争取更多普通公路通道列入新的国家公路网规划，完善全省国道路网布局，强化普通国道与高速公路衔接联络，增强对乡镇节点的连接和覆盖。加快推进省道拥挤路段和未达标路段以及重要县道的升级改造，增加县市出入口快速通道和过境公路，着力改善县城以上节点的过境交通繁忙路段通行能力，实现国省干线路网全面贯通。积极推进台商投资区等两岸交流合作重要基地对外通道建设，加快建设重要疏港通道、重要枢纽疏解线、城际快速通道、省级重点发展区域对外联络线及重点旅游景区对外交通干线。

第三，完善农村公路网络。着眼提升服务水平，继续推进农村公路网络化建设，提高乡村通达便捷度，增强网络系统安全可靠性。积极推进农村公路撤渡改桥、危桥改造、陆岛交通工程，加快推进300人以上有条件的较大自然村公路建设，加强农村公路管理养护，推进农村公路灾害点整治，积极扶持综合改革建设试点小城镇干线公路建设。

二、海西经济区铁路交通

1. 海西经济区铁路交通现状

建成通车温福、福厦快速铁路和峰福铁路峰南段电气化改造三条铁路干线及肖厝通港铁路支线，福建省铁路进出省通道达到5个，铁路正线里程达到2132km，其中电气化里程1517km。新增快速铁路504km，结束只有单线、低速铁路的历史，进入双线快速运输动车时代。福建省境内在建铁路约1615km。启动福州地铁一期工程，推进厦门、泉州轨道交通前期工作。建立铁路建设部省重大问题协商协调机制，拓宽铁路建设的多元化投资融资渠道。

2. 海西经济区铁路交通未来规划情况

按照建设高标准、大容量、大通道的现代化铁路要求，围绕“构筑高速铁路，加强出海通道、贯通区域线路、完善海西路网”的总体目标，加快实施纳入国家中长期铁路网规划和海西铁路网规划的铁路建设项目，构建快捷出福建省的“三纵六横九环”铁路网，形成连接海西经济区与长三角、珠三角以及中西部地区的大运力快捷运输通道。

加快推进新建干线铁路和支线铁路建设，积极整合和扩能提速改造原有铁路，不断完善铁路网络系统和拓展铁路出省通道。建成京福高速铁路、龙厦、厦深、向莆、赣龙铁路和南平至龙岩铁路扩能工程，以及福州至平潭、福州至长乐机场和漳州港尾铁路等续建项目；加快建设连接全省主要港口、重要工业基地的铁路支线，包括湄洲湾南北岸、罗源湾南北岸铁路支线，福州江阴、松下、宁德白马、溪南、漳湾和泉州秀涂与漳州古雷等港口铁路支线项目；积极开展杭广线南平至丽水、龙岩至广州以及永安至长沙铁路、南平至宁德铁路和台湾海峡铁路规划研究；逐步实现沿海铁路货运、城际客运、高速客运分线运行，形成连接长三角、珠三角以及中西部地区的大运力快速铁路通道。

台海铁路主要通过福州综合交通枢纽与大陆铁路衔接。通过京广—武九—昌九—向莆、京九—向莆、京沪（京九）—合福等多条铁路与大陆交流。其中直接与台湾海峡通道相连的货运线路为向莆线，客运线路为合福线。

平潭铁路是台海通道的组成部分，线路自福州站东端引出，跨闽江，穿首石山，在长乐东约3.5km

的鹤上镇附近设站，经古槐镇至规划的松下港附近，跨海坛海峡进入平潭，之后折向南，在西北设平潭站，线路全长84.81km。

三、台湾交通

1. 公路

2005年，台湾省公路总里程为21 061km。台湾9条国道均为高速公路，其中1号和3号为南北向干线，5号为东西干线，其他6条为联络线和支线。

2. 铁路

台湾铁路分为传统铁路、高速铁路、捷运铁路和轻便铁路。

传统铁路：台湾传统铁路营业里程为1094.4km，其中复线659.0km，单线435.4km。传统铁路主要由环岛干线铁路和数条支线构成，轨距为1067mm，大部分为50kg/m钢轨。已制定东部干线快速化改造规划，包括台北至宜兰捷径线、北回线改造、花东线电气化与局部复线等。

高速铁路：台湾高速铁路北起台北，南至高雄左营，全长345km，最高运行速度300km/h。2000年3月开工，2007年3月2日正式运营，设台北、板桥、桃园、新竹、台中、嘉义、台南、左营8个车站。台湾高速铁路采用法国高速铁路和日本新干线混合系统，轨道及信号控制系统为法国TGV技术。

捷运铁路：包括通常概念的地下铁路和城市轻轨铁路。当前，台湾捷运铁路主要分布在台北县市、桃园县、高雄县市等，新竹、台中、台南等县市也正在规划修建捷运铁路。规划基隆至桃园铁路、桃园至苗栗铁路、屏东至潮州铁路等改造成为捷运铁路。

轻便铁路：指企业专用铁路。轻便铁路昔日曾密布全台，如今现存的部分铁路主要用作观光客运线。

台海铁路通道引入高铁新竹站，客运作业可在高铁新竹站办理。货物列车可从台海铁路出岔设置与竹北换装站的联络线，在竹北火车站设置换装站办理货运作业，或深入研究后优选其他方案。

3. 港口

台湾省有基隆、高雄、台中和花莲四大港口，均为国际港。2005年，台湾四大港口及其附属港总面积为19 695.7万m^2，共有码头290座，码头总长为60 306.6m，泊位总重为778.1万t。2005年，台湾四大港口货物吞吐量为36 372.2万t，集装箱吞吐量为1279万TEU。

4. 民航

2005年台湾地区有18个民用机场。其中，台北中正机场、高雄小港机场、台中清泉岗机场、花莲机场、台东丰年机场和澎湖马公机场为国际机场，台北松山、嘉义水上、台南、屏东屏北、屏东恒春、澎湖七美、澎湖望安、台东绿岛、台东兰屿、金门、马祖南竿和马祖北竿等机场为地区机场。2005年，台湾民航客运量为4427万人次。

第六节　台湾海峡越海通道方案

一、桥梁与隧道方案比选

（一）概述

隧道和桥梁是人们在长期生存和生活中总结出来克服江河、海峡等天然障碍的有力交通工具，其技术含量较高，反映不同时期科技发展的综合水平，两者各有自己的功能特性。根据世界上各海峡固定跨越工程，其形式一般有隧道、桥梁或桥隧组合三种方案，而各种跨越方式根据不同的用途，又可分为铁路隧道（或桥梁）、公路隧道（或桥梁）、公铁两用隧道（或桥梁）及它们的组合。各方案都各有优缺点，应根据海峡场地的具体条件及工程的性质和用途来进行方案比选。

21 世纪是高科技发展的世纪，在选择隧道、桥梁、或桥隧结合方案作为跨越江河、海峡的通道时，应该客观地体现它们的优缺点，紧密结合通道工程的工程地质、水文、工程环境、周边环境和使用功能的要求，综合、系统地进行分析确定，才能安全可靠、适用方便、有利环境、高质量、高水平、短工期、经济地建设好我国的通道工程。

随着科技的发展，根据世界许多国家建设跨越江河、海湾、海峡通道的工程实例证明，对于较窄、较浅的江河、海峡采用桥梁方案可靠、经济，而对于宽而深的海湾、江河、海峡宜采用水底隧道方案，如北欧、挪威以前用轮渡通过海峡共有 166 处，累计长度为 2400km，现要改成永久性、全天候的跨海通道，经方案比较得出在宽、深、海风、地震较大的江河、海湾之处，隧道方案优于桥梁方案。再如前面所述，在世界各大海峡的跨越工程中，无论是已经建成的、或者正在施工的、或者正在规划的，大部分均为隧道方案，也有一小部分为桥隧组合的方案，全桥梁方案只是在宽度小、水深浅的海峡中采用。

（二）桥隧方案优缺点分析

1. 桥梁方案

目前世界上所采用的大跨度桥梁主要为斜拉桥和悬索桥两种结构形式。

斜拉桥的跨径集中在 200～1000m，以 200～600m 最多。在现代铁路斜拉桥中，绝大多数是公铁两用斜拉桥，如郑州黄河公路铁路两用大桥、芜湖长江大桥和武汉天兴洲公铁两用长江大桥等，最大跨度为 1008m。

悬索桥跨度可以较大，目前世界上跨度超过 1000m 的桥梁有 20 余座，但建成的桥梁跨度均小于 2000m。意大利墨西拿海峡桥跨度为 960m+3300m+810m，最大跨度的方案为 2500m+2×5000m+2500m 的直布罗陀海峡超长跨度方案。

跨海桥梁优缺点分析如下。

a. 优点

（1）施工技术成熟，可以多点施工，建设周期较短。

（2）避免长隧道方案通风、防渗和防灾等问题。

（3）相比隧道节省投资；跨海大桥与跨海隧道相比，地质条件对其控制影响相对较小，可跨越不良地质地段。

b. 缺点

（1）由于台湾海峡具有多台风、风力强、多地震等气候地质特征，遇恶劣气候，跨海大桥关闭或限速将不可避免，其功能将受到影响。

（2）地震多发区的海峡修建大跨、高墩、深水大桥，施工极其困难。

（3）跨海大桥目标明显，难于伪装和防护，抵抗战争和自然灾害能力弱，且恢复困难。

（4）桥梁结构和强度要求较高，对抗风和抗震要求较高。

（5）考虑公路运输，中间还需设置海上服务设施等。

（6）海峡通道通航及防撞要求高。

（7）台湾海峡海底表层第四系沉积厚度推测大于 100m，主要为松散的泥沙沉积，越海设桥方案的持力层大多埋藏深，桩基础的桩长较长，工期长，难度大，受海峡区的断裂构造和地震的影响，结构抗震要求高。

2. 隧道方案

相比桥梁方案而言，海底隧道的优点如下。

（1）全天候运营，不受恶劣气候影响，如台风、暴雨等。

（2）目前世界上海峡地区的航运一般为自由航行，航道较宽，而隧道深埋于地下，运营期间对水上的航运无影响。

（3）隧道深埋于地下，海上洋流、黑潮等对隧道运营不造成影响。

（4）历史经验证明，隧道抗震性能较好。

（5）海底隧道在战争时期，具有很好的自好保护能力和自我生存能力。

（6）隧道附近30m范围以外的区域均可新建其他通道，不影响通道资源的利用。

但是隧道方案也存在以下缺点。

（1）运营风险较大，主要表现在运营通风和灾害条件下的逃生疏散救援较为困难。

（2）虽主体结构采用钢筋混凝土结构，土建工程养护、维修量小，但机电设备系统（通风、照明、排水、消防等）的维护与使用成本较高，特别是电费较高。

（3）隧道内空间较狭小，灾害处理时间相对较长。

（4）隧道深埋在海底的砂层或岩层中，面临地质变化难掌握，存在施工困难等。

3. 桥隧建设方案环境影响分析

桥梁方案在进行墩台基础施工或人工岛填筑时对海底产生扰动，对海洋生态环境、渔业资源、海水水质都将产生不利影响；施工过程中钻孔灌注泥浆水及出渣如不妥善处理将污染海洋或近岸环境；海上作业船只存在机油泄漏以及倾覆等环境风险，对海洋环境产生不利影响等。

隧道方案如采用盾构或TBM方案，施工期对海洋环境影响较小，施工期间虽然出渣量较大，但可以通过管道输送至陆地进行处置，将不会对海洋生态环境、渔业资源、海水水质产生影响。如采用沉管施工，对海底扰动较大，对海洋生态环境、渔业资源、海水水质将产生极为不利的影响；如采用爆破暗挖施工，对海洋环境影响也相对较小，其产生的震动可通过控制药量进行控制，但大量出渣运输过程中对近岸环境产生噪声、尾气、粉尘等污染，施工过程中可能产生涌水。

（三）台湾海峡选择隧道方案的原因

根据目前对台湾海峡的研究结果，初步认为跨海通道宜隧不宜桥，其原因主要有如下几点。

1. 台湾海峡跨度大

台湾海峡最窄的地方也超过100km，不利于修建桥梁。因为，高速行驶的列车或汽车对海峡大桥产生横向振动，加大了设计难度，桥长与桥宽是有一定比例的，当桥跨很大时，必然会造成横向宽度的加大，否则会产生横向失稳，根据日本有关报道，振动位移横向达1m以上，而隧道不存在这个难题。在造价上，常规的桥梁单位长度造价不高，一般比隧道低，但在水深大、长度大、跨度大、净空高的情况时，桥梁的总造价不仅很大，而且技术非常复杂，这种情况往往隧道更为经济、合理。

2. 台湾海峡的气候条件的制约

1986年12月10日，日本的山阴线全部铁路上正在行驶的列车，被风速25m/s的强风吹翻坠落大海，悲惨的教训，使日本制定了海上桥梁交通限制的标准，见表14-11。日本的经验证明，当风速达到33m/s（风力11级）时，可导致列车倾覆，无法保证铁路运输畅通无阻。

表 14-11　日本海上桥梁交通限制标准

项目	限速 40km/h	禁止通行
风	平均风速：在 15m/s 以上	平均风速：在 25m/s 以上
雨	连续雨量：在 200mm 以上 阵雨量：在 20mm 以上	连续雨量：在 250mm 以上 阵雨量：在 40mm 以上
雾	视程：在 100m 以上	视程：在 50m 以上
雪	初始积雪状态	严重积雪，并有飘雪妨碍视线
冻结	部分区间发生结冰	可看出结冰具有一定强度
地震	震度：4 以上 50 ~ 80gal	震度：5 以上 80gal

日本海上桥梁交通限制标准是惨痛教训的总结，很值得我们参考。根据台湾海峡的气候条件，若建桥梁越海，将受到限速和禁止通行方面的不便，桥梁的功能将受到很大影响。而修建隧道越过台湾海峡，将不受大风、大雾、暴雨等气候变化的影响，是全天候通道。因此，台湾海峡跨海通道宜隧不宜桥。

3. 台湾海峡航道的制约

台湾海峡水道有万 t 和十几万 t 以上巨轮穿行其间，海军航空兵，尤其是海军水上飞机训练和巡逻飞行频繁，建桥净空最少不能小于 65m，桥梁全高必然侵入水路航道净空和飞行净空，影响水路航运和低空飞行，影响航务设施和干扰指挥联系及巡逻训练任务的执行。而隧道完全不存在以上问题。

4. 在抵抗战争和自然灾害破坏方面隧道优于桥梁

一颗激光制导巡航导弹即可破坏一座大桥，同时还阻塞航道。科索沃战争中位于科索沃境内多瑙河上的几乎所有桥梁被炸毁，而隧道除一处涵洞被炸毁外，均未被炸坏，这是因为大桥为线目标，十分明显，难于伪装和设防，而隧道仅两洞口部暴露，易于伪装和防护。特别是海峡宽度大，为保证大吨位船只的通航，必须增大桥梁跨度，多采用斜拉桥、悬索桥方案，这两种结构的桥梁，只要炸塌索塔，则全桥立即彻底自毁，无法修复。而炸索塔，对于精确制导武器，易如反掌。这是桥梁和隧道在抵御战争破坏能力上的差别。

在抗御自然灾害方面：1976 年 7 月 28 日，我国河北唐山、丰南一带发生 7.8 级强烈地震，震中裂度达到 11 度。唐山地区铁路工程中受震害的桥梁占总数的 39.3%，其中遭受中等破坏的占 55%，严重破坏的 45%。这次位于 11 度区的唐山机车车辆厂人防地下工程中的指挥所，发电机房均完好无损（四周 30m 范围内建筑全部倒塌）。在整个 10 度、11 度区地面建筑大部倒塌，而地下人防工程基本未遭损坏。在 2008 年 5 月 12 日的汶川特大地震中，桥梁受到严重破坏，而隧道只有洞口部位受到轻微损坏。

因此从抵抗战争破坏和自然灾害能力上考虑，修建台湾海峡通道，宜隧不宜桥。

5. 隧道有利于保护环境

从隧道保护环境出发，修桥不如隧道，隧道洞口占地少，噪声少，环境影响少，不影响通航，有利于战备。

综上所述，隧道方案的主要优点是：不受天气的影响，可以保证全天候运营，不干扰海面通航及海域的污染，能保护生态的平衡，而且结构安全度高，维修费用低等。根据台湾海峡这样的海况和风况，对跨海大桥的建设和车辆通行是不利的，但能否采用桥梁方案，或者桥梁方案是否为最优方案，还得通过深入细致的调查研究和方案论证比较，最后才能得出正确的结论。

经过上述的简单比较，我们初步建议采用隧道方案作为跨越台湾海峡的可行方案。隧道的形式主要有三种，即海底掘进隧道（包括钻爆法、TBM 法和盾构法施工）、沉管隧道和悬浮隧道，但由于海峡跨度太大，沉管隧道很难解决纵向稳定等问题，而悬浮隧道目前还处于研究阶段，世界上还没有一座工程实例，这次对台湾海峡隧道方案的比选时并不考虑这两种形式，对于掘进隧道，则根据不同线位的地形、地质和海水情况进行选择。

二、公路隧道与铁路隧道方案比选

台湾海峡固定通道方案必须能同时满足铁路运输和公路运输的要求。汽车过海的隧道方式主要有公路隧道、汽车背负式运输铁路隧道、公铁合建隧道（隧道内设置双层通道，分别布置铁路及公路）三种。

如果采用公铁合建隧道，则隧道直径将达到 19m（双车道公路+单线铁路），而目前世界上最大直径的盾构机仅为 15.43m，盾构机或 TBM 掘进机的设备制造难度极大，施工风险巨大，并且公路与铁路对最大纵坡、最大纵向通风的距离也不一样，因此不推荐此方案。

因为通风的问题，水下公路隧道在长度规模上远不及水下铁路隧道，如果让汽车直接行驶通过隧道，必须扩大隧道断面，增加通风设备，并在海峡中间修建多个人工岛作为通风竖井，如日本的东京湾海底公路隧道（长 9.5 km），这样势必使施工难度更大，并大量增加工程造价和运营时的通风费用。此外，还要增加照明、监控、防灾等一系列运营费用。而且汽车在超长公路隧道内连续行驶，容易产生紧张感和疲劳感，事故率远远高于铁路隧道，超长公路隧道的安全性差，另外，根据公路相关规定，高速公路需要按 50km 的间距设置服务区，而公路隧道在海中兴建规模巨大的服务区尚存较大技术难题。

综合研究，铁路隧道可以运行穿梭列车，汽车可通过穿梭列车背负式穿过隧道，这与世界各大海峡隧道的方案是一致的。

三、台湾海峡隧道线位方案

（一）线位位置

根据台湾海峡的宽度、水深、地形、地质、地震、交通运输等条件，进行线位方案设计和比选。台湾海峡海底地貌变化急剧，施工难度很大，选线的好坏直接影响工程技术与经济的可行性。海底地质复杂，断层与灾害性地质分布广泛，且难于勘测，这给线位的合理选择带来很大的困难。

现基于前期的研究基础，考虑到福建省交通的总体规划，并根据海峡的海底地形及已有的地质、地震资料，初步选择四条线位方案，如表 14-12 所示。

表 14-12　各方案线路及海底隧道长度表　　（单位：km）

工程项目	北线方案（平潭至新竹）	中线一方案（莆田至苗栗）	中线二方案（泉州至台中）	南线方案（厦门至嘉义）
海面长度	123	133	179	207
隧道长度	135	144	172	191

（二）各线位的综合比较

台湾海峡线路的选择需考虑以下条件。

隧道的起点和终点：原则上铁路的起点和终点选择在交通枢纽、大都市、经济中心比较适宜，或者选择在经济中心或交通枢纽附近地区，符合经济地理的有利条件。

两端点距离：两端点间的距离越短或者海下隧道的距离越短，施工费用、运营费用越低，同时施工及运营风险也较小。

海底地形：如果海底存在深沟等地貌或者海底地形复杂多变，隧道选线变得十分困难，施工风险也相应增加。

海底地层条件：海底地层完整或岩性较好对于隧道的施工及运营都具有安全保障。

隧道周边断裂的分布：隧道选线应尽量避免活动断裂较多的区域。

1. 各方案两岸综合交通路网布局分析

从综合交通网分析，台湾省产业布局，城镇人口主要分布在西部沿海带，该区域已经形成公、铁发达的陆路交通系统，四个接轨点之间除台中有国际机场及国际综合港口，其他三个接轨点相差无几，而且100km范围内均可抵达机场及大型港口，对外交通也十分便捷。分析认为台湾四个接轨点中，台中方案综合交通布局略强，其他三个方案综合交通路网布局优势相当，无明显差距。

福建沿海四个接轨点，福州及厦门为国家级综合交通枢纽，与内陆及东南沿海地区，均有发达的公路及铁路交通网沟通，且两者均有国际机场及国家干线公路网。莆田市公路布局主要沿东南沿海方向，缺少内陆便捷通道，且无机场，港口吞吐能力及航线相对较差。泉州的交通布局也主要沿东南沿海方向，与内陆交流略强于莆田，但逊于福州及厦门。分析认为，福建沿海四个接轨点方案，福州与厦门处于均势，为最优；其次为泉州，莆田逊于其他三个方案。

综上所述，从各方案两岸综合交通路网布局分析，北线及南线方案较好，中线二方案其次，中线一方案略差。

2. 各方案两岸城市区位优势分析

从城市区位影响分析，新竹方案接近台北，台海通道接入新竹，对台湾影响及意义最大；台中方案的台中自身实力较强，距台北、高雄两大经济中心距离均适中；苗栗、嘉义方案与其他两个方案相比，两头不就，自身实力又低于台中，因而对周边影响力较弱。

大陆四个接轨点，福州为福建省的政治、文化、经济中心，台海通道接入福州可以带动闽东、闽北地区的发展，且意义影响深远；厦门是福建省的经济中心，台海通道接入泉州、厦门可以带动闽西南地区的发展，影响较广；莆田方案，由于自身经济实力较弱、处于福厦之间，对周边影响力较小。分析认为，大陆四个接轨点中，台海通道引入福州市区位优势最佳；其次为泉州、厦门方案；莆田方案略差。

综上所述，从两岸城市区位优势分析，北线方案最好，其次为中线二方案，南线方案强于中线一方案。

3. 各方案地质及水文分析

a. 北线方案（福州、平潭至新竹）

西端平潭历史上未发生过破坏性地震，现今地震频度较低，仅发生过5级左右地震。终点新竹位于台湾岛北部，距台湾岛北端的大屯火山群较近，直线距离仅100km；距台湾北部地震频发地带宜兰，直线距离仅72km。宜兰南澳及宜兰近海仅发生过六级以下地震。

西海底地形平坦，水深约50～60m，最大水深为100m左右，工程难度小。沿线地质断裂带少，岩体较好。

从水文条件分析，北线方案两端潮汐较小，海流较缓。

b. 中线一方案（莆田至苗栗）

莆田距泉州约70km，1604年泉州海外发生7.5级大震。莆田仅发生过5级以下地震。终点苗栗位于台湾岛中部，历史上屈尺—潮州断裂带（F2）明显控制台湾西部强震活动，如苗栗、嘉义等地7.0级地震，以及屡见不鲜的5～6级地震，因而形成了台湾西部地震带。

莆田的沿海地区和南日、湄洲等岛均为花岗岩分布地带，岩石具有良好的承载力和隔水性能。线路方案沿线断裂带少，岩体较好。

东部水槽最大水深位于约80m，中部水槽最大水深位于约65m，北部盆地水深45～55m，中部台中浅滩水深25～45m，最浅处水深为9.6m，是建造人工岛的理想地点。

c. 中线二方案（泉州至台中）

西端泉州于1604年在泉州海外发生7.5级大震，距今已达400余年，超越了300～400年的活动周期，但距震中较近，对工程有一定影响。

终点台中市距南北地震频发地带较远，虽距台湾东部地震频发地带花莲直线仅92km，但中央山脉像一道屏障在很大程度上吸收了地震能量，使得台中处于较为安全的位置。据台湾地震部门实际观测，在花莲发生5级地震时，台中市强度仅为1级。

西部水槽最大水深约78m，东部水槽最大水深约62m，中部台中浅滩水深25～45m，最浅处水深9.6m，是建造人工岛的理想地点。

从水文条件分析，中线方案两岸水流较缓，但浪潮较高，潮差较大。

d. 南线方案（厦门至嘉义）

西端历史上福建滨海断裂发生一次7.0级以上强烈地震；终点嘉义市位于台湾岛中南部，距义竹断裂较近，嘉义海外义竹断裂曾发生过三次7.0级以上强烈地震。

厦门为花岗岩分布地带，岩石具有良好的承载力和隔水性能；中部有面积较小的浅滩，可以修建人工岛；东端澎湖水道，宽约46km，由北向南水深由70m到160m，沟内水流较急，给施工带来较大的难度。澎湖列岛为火山喷出熔岩凝结而成的玄武岩台地，岩体坚韧不易掘进，也给施工带来困难。

金门至澎湖海底地形平缓，最大水深约68m，澎湖至台湾岛之间还有约45km宽的海域，其中澎湖水道，水深较大，最大水深超过100m。

从水文条件分析，本方案浪潮不大，但澎湖列岛附近潮汐流较大，流速达3.5kn，澎湖水道黑潮流速达2.5kn。

地震活动分布总的趋势是东强西弱、南强北弱。海底广泛分布砂质沉积，当地震发生时，砂土达到了液化状态，丧失了承载能力，故通道工程的构筑物埋入地震液化带以下。

通过对四个通道方案地质条件的分析和比较，北线方案地质条件具有较明显的优势，有利于施工；中线一方案地质条件次之；南线方案及中线二方案地质条件差。

海峡水文条件对隧道工程影响甚小，但对桥梁工程有较大影响，若建桥宜选择水流较缓、潮差较小的北线方案或南线方案。

综上所述，不难得出以下几点。

（1）北线方案及中线一方案地形及地质条件基本相同，只是海峡宽度上略有差异，如考虑海水深度，尽量避开深水沟槽，那么中线一方案略有优势，另外从地理及经济角度上看新竹距离台北市更近一些而平潭距离福州较近，有利于未来的开发和使用。

（2）中线二方案海面宽度比北线方案及中线一方案宽得多，但可利用海底浅滩（台湾海峡中西部浅滩），其占海域宽度一半以上，是其独特优点。因台湾海峡中西部浅滩水深平均只有20～30m。

（3）南线方案海域地段最宽，隧道全线长240km，但其可利用澎湖列岛作为隧道中间连接段，可进行分段施工，在澎湖列岛上可进行陆地施工，又从金门岛到澎湖列岛的吉贝岛海面宽度为130km左右，最大水深只有50m左右。但东段（从澎湖列岛到嘉义海滨段），要穿过澎湖水道，水深达124m，此段难度较大，另外此段西侧距离厦门经济特区很近，对未来经济发展有利。

通过以上分析，北线方案及中线一方案从土建工程上将是隧道工程的最优路线，因为其隧道线路最短，海水深度浅且避开几个最深的海底沟槽。考虑北线连接端都距离经济政治中心较近，因此推荐为最优的线路方案。

四、台湾海峡隧道断面方案

（一）纵断面方案

1. 坡度选择

台湾海峡隧道的坡度问题不仅要考虑工程建设的可行和风险，而且要考虑隧道运营及防灾救援的要求，结合海峡两岸及海底地形地质条件及海水深度，初步研究9‰、12‰、18‰、25‰四个坡度方案。

9‰方案跨海隧道长度166km，其中海底长132 km，需在海上修建人工竖井两座，从工程的艰巨性及工程投资方面初步分析该方案不可取。

25‰方案跨海隧道长度132km，较12‰、18‰方案分别短3.5 km和2km，其减小海底隧道工程的效果并不明显，但恶化了运营条件和防灾救援条件，并且运营成本大幅上升，因此25‰方案不是合适的坡度方案。

12‰、18‰坡度方案跨海隧道分别长137km和135km，两者相差2km，因此暂推荐采用18‰的最大坡度方案。

2. 最小埋深确定

对于海底隧道其最小覆盖层厚度由隧道承受的最大水压力、施工安全、海床的稳定性等因素决定。如果岩石覆盖层太薄，隧道承受的水压会较大，围岩条件较差，施工安全性也就相对较差。如果岩石覆盖层太厚，施工相对安全，但隧道太长，成本太大，隧道坡度设计条件也变差。

根据初步了解的地质资料，台湾海峡海底上部为第四系细粒（页岩）深水沉积（50m左右），下部为上新世地层（砂岩），但是海峡内水文条件恶劣，海床演变情况不详，因此考虑到隧道的安全，将隧道深埋于岩石中的原则确定隧道埋深，另外隧道深埋于隔水性较好的花岗岩及泥质页岩中，可以减小掘进机的工作压力，便于选择条件较好的地段进行刀具更换、机械维修、海中对接，从而现实单机长距离掘进的要求。经综合考虑，建议海底隧道埋深100m左右。

3. 纵断面选择

平潭—新竹线位的纵断面如图14-15所示，海底段主要通过新近系地层砂页岩，具有很好的自稳能力和隔水作用，有利于减小水压力。隧道总长约135km，共设置四个通风竖井，即牛山岛、台湾端岸边各一座通风竖井，海峡中部设置两座通风竖井（人工岛），相距40～50km。

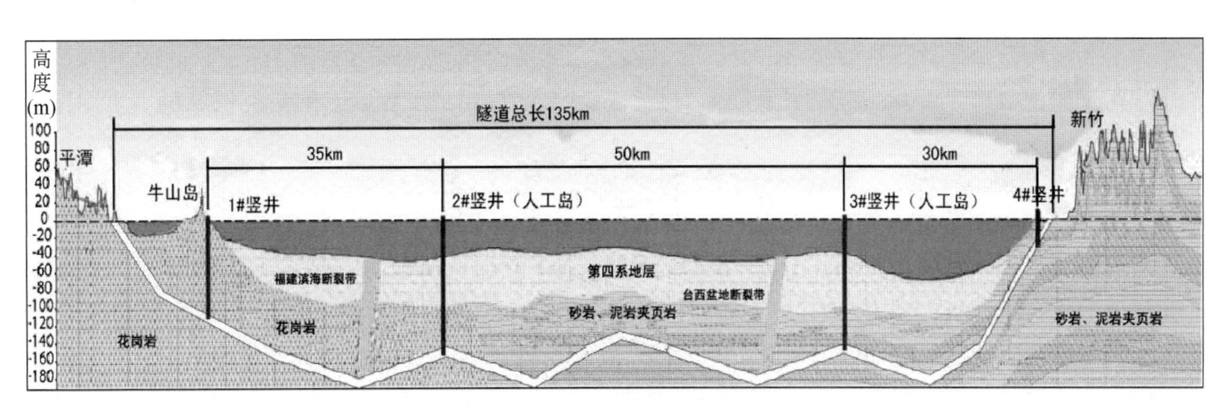

图14-15　北线铁路隧道纵断面

（二）横断面方案

一次修建三孔隧道，两侧为铁路隧道、中间为服务隧道。主要技术标准：双线，时速 250km 客货共线运行，通行双层集装箱列车，兼顾开行背负式汽车运输列车，主体结构使用年限 120 年。

铁路隧道内轮廓按同时满足铁路限界、缓解空气动力学效应等要求考虑，隧道内径 9. 7m，外径 11. 3m，采用双层衬砌（500mm 厚钢筋混凝土管片+300mm 厚的钢筋混凝土内衬）。铁路隧道内净空面积为 66m^2。服务隧道除防灾救援功能外，还应具有防灾通风功能。经初步分析，服务隧道内径为 8. 6m，外径为 9. 5m，采用厚 45cm 的单层钢筋混凝土管片衬砌，如图 14-16 所示。

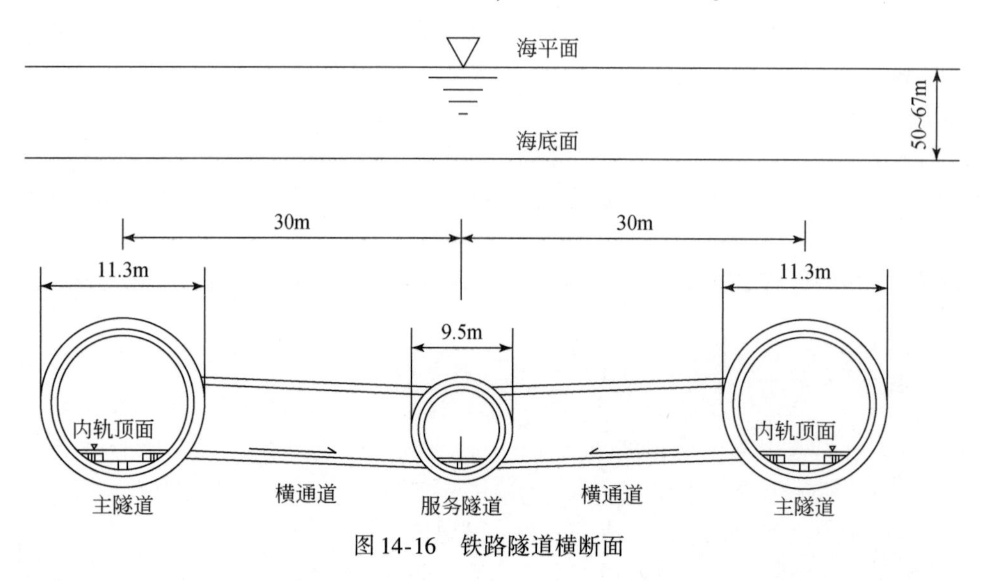

图 14-16 铁路隧道横断面

主隧道需满足 200km/h 客车铁路运输限界、汽车背负式运输限界、疏散救援通道限界、缓解空气动力学效应等要求，内净空面积需 66m^2。在参考英法海峡隧道及我国的狮子洋隧道的断面大小基础上，初步设计：内径为 9. 8m，外径为 11. 4m，采用复合式衬砌，主隧道初支 30cm，衬砌 50cm。

服务隧道需满足防灾通风、救援功能，初步设计：内径为 6. 6m，外径为 8m，采用复合式衬砌，初支为 30cm，衬砌为 40cm。

五、台湾海峡隧道口位置

依据铁路路网规划图，以及规划的平潭高铁站位置，院士专家进行了实地考察，确定了两个隧道口位置进行比选。隧道口 1 位于澳前附近，距离海边较近。隧道口 2 位于规划的高铁站附近，这里地形平坦、开阔，与高铁站的连接十分方便，但该方案与隧道口 1 方案相比，隧道长约 4km。

经过初步比选分析，推荐隧道口 2 的位置，并建议高铁站采用地下方式，减少高铁站的大量用地。

六、台湾海峡隧道施工方法

海峡通道隧道长、水深大，并且海洋气候恶劣，特别是存在特有的黑潮现象，这些因素对悬浮隧道和沉管隧道来说，目前均存在难以逾越的技术障碍，不适宜于台湾海峡隧道的修建。矿山法隧道造价相对低，但是洞内作业环境差，超长距离施工时洞内运输难度大，施工进度慢，不宜单独采用。

根据目前掌握的基础资料，海底上部为第四系细粒（页岩）深水沉积，下部为上新世地层（砂岩），中有阶梯状断裂。已固结的第四系砂页岩，具有良好的承载力和隔水性能。为了隧道运营安全，隧道宜采用深埋方式，选择岩性较好的砂岩或条件较好的第四系砂页岩等隔水能力较强的基岩作为隧道埋设层，比较适合的工法仅有 TBM 掘进机法和盾构法。

因此，主隧道与服务隧道均采用敞开式 TBM+钻爆法施工，施工从福建与台湾两端同时向中间进行。其中服务隧道先行施工，两条主隧道随后。横通道采用人工开挖。

超前地质预报是海底隧道施工十分重要的工序。在施工中，服务隧道作为超前导洞首先向前掘进，服务隧道掌子面与主隧道掌子面之间保持一定距离（可根据详细地质情况取 3 ~ 5km），两个主隧道掌子面之间也保持一定的距离（可取 0.5 ~ 1km）。在服务隧道掌子面的前方进行超前水平钻探，钻孔深 100m，并且在掌子面前方必须经常保持至少 20m 的已钻探地层。同时，在服务隧道两侧向主隧道钻一排水平钻孔，钻到超过主隧道的外边界，钻孔深约为 50m，钻孔水平间距为 500m。在超前钻探中，如果发现服务隧道掌子面前方或主隧道掌子面前方有不良地质，如高富水的断层破碎带，则可在服务隧道内进行超前注浆等处理。

通过选择合适的施工工法和隧道埋置深度，可以减少施工风险，克服高水压条件，采用换刀和海中对接，也可以实现单机长距离掘进，并且通过技术攻关，也是可以解决深水竖井施工的技术难题。因此，修建海底隧道的条件是适宜的，修建技术也是可行的。具体施工方法在详细了解海峡地质条件及断面确定后再做深入的研究。

七、台湾海峡隧道可行性分析

（一）工程类比

国内外已经修建了大量的海底隧道，如前面介绍的英法海峡隧道、丹麦斯多贝尔特铁路隧道、东京湾桥隧工程、青函隧道、厦门翔安海底隧道、青岛胶州湾隧道及狮子洋隧道等，这些工程的成功修建，可为台湾海底隧道的建设提供借鉴和技术支持。

（二）区域稳定性对比

台湾海峡位于华南地震区东南沿海地震带的外带。海峡地区地震活动特点是南强北弱。平潭—新竹的北线线位方案的平潭端，历史上未发生过破坏性地震，现今地震频度较低，仅发生过 5 级左右地震，而台湾侧近海也仅发生过 6 级以下地震。目前该线位穿越的断裂有两条，系福建滨海断裂，总体来说，相对于日本青函隧道穿越 9 条地震断层，台湾海峡区域稳定性显然优于津轻海峡，隧道抗震设计过程中，通过设置变形缝等手段，可以满足隧道的抗震安全。

（三）海峡深度对比

台湾海峡北线线位海水最大深度 67m 左右，深度比日本津轻海峡最深水位 140m 要浅，比较分析，台湾海峡隧道的建设规模较大，长度虽大于目前世界上的海峡隧道，但海水深度不是太深，修建同等深度的隧道已有一定的先例，通过一定的特殊设计，台湾海峡隧道的修建是可行的。

（四）地下水压对比

地下水压是与海水的深度有紧密联系的，台湾海峡隧道最不利的施工水压为 1.8MPa，比青函隧道的施工水压要低。隧道采用深埋方式，尽量将隧道设置于砂岩、泥岩夹页岩等隔水能力较强的基岩中，同时选用对围岩扰动较小的 TBM 掘进机法施工，尽量保持围岩的完整性、隔水性和自承能力，因此，修建此水压条件下的海底隧道是可行的。

（五）施工技术可行性

1. 高水压下衬砌及机械密封性的可行性

高水压条件下隧道支护结构采用高强混凝土的复合衬砌。高水压条件下隧道施工的实例也较多，如英法海峡隧道 TBM 所承受的最大水压力为 1.1MPa，南京长江隧道盾构设备按承受水压力 0.9MPa，瑞典哈兰山隧道盾构设计工作压力 1.3MPa，美国米德湖取水隧道工程盾构设计工作压力达到 1.7MPa 等。而按照 TBM 掘进机和盾构机的设计惯例，其抵抗水压的极限值均在正常设计值的 1.5 倍以上。这些实例表明，现有科学技术水平完全可以解决本工程最大水压力 1.5MPa 所带来的防水与施工难度问题。

2. 大直径 TBM 海中对接的可行性

东京湾海底隧道的 8 台盾构采用冻结法进行了四次海中对接，日本采用机械式盾构对接施工的工程实例也有多例，我国的狮子洋隧道也成功地实现了水下对接，为台湾海峡隧道的实施提供了很好的借鉴作用，本工程采用隧道深埋方式后，对接条件较好。

第七节 小结及建议

一、主要结论

综合以上研究，得出以下初步结论。

（1）根据台湾海峡的自然及地质条件，通过对桥隧方案的比较分析，本书认为隧道方案优于桥梁方案，而隧道方案则采用铁路隧道形式，汽车可通过穿梭列车背负式穿过隧道。

（2）通过对北线、中线、南线隧道线位方案的比选，认为北线的平潭—新竹线位较优，隧道长 135km，在牛山岛、新竹端各设一通风竖井，海峡中部设一座人工岛及通风竖井。

（3）为了减小海底隧道的施工风险及技术难度，可考虑采用深埋隧道方案，并且尽可能地减小隧道断面，海底隧道埋深 100m 左右，纵断面采用 W 形，最大坡度可用 18‰。隧道横断面采用两行车隧道+服务隧道的形式。

（4）隧道施工采用 TBM 法+钻爆法，可采用分期修建的方案，平潭到牛山岛段可考虑先行施工。

（5）通过对台湾海峡隧道的可行性分析，认为在我国现有隧道修建的技术水平与经济能力下是可行的。

二、建 议

（1）两岸分别成立常设的民间机构，建立长效沟通机制。在目前由两岸专家各自独立研究的基础上，逐步过渡到共同研究和交流；争取在项目必要性、工程技术条件、重大技术方案等方面取得成果；在此基础上，通过海峡两岸关系协会、海峡交流基金会会谈，推动台湾海峡隧道建设进入实质性的阶段。

（2）开展工程地质、地质灾害调查，以获取更详细的海底地形地貌、表层沉积物特征、浅地层结构及各种破坏性的地质灾害因素和限制性工程地质条件分布特征。

（3）研究地质勘探方案，并推进实施，为比选工程技术方案提供可靠的基础资料。

（4）对海峡现状生态环境、渔业资源及珍稀保护水生动物等进行资料收集和现状调查。

（5）开展海上人工岛修建技术、超长海底隧道逃生救援系统、超长铁路海底隧道通风排烟技术、超长距离海底隧道 TBM+钻爆法施工技术、衬砌结构耐久性等专题研究。

（6）开展海上人工岛和超长海底隧道施工对海洋环境的影响及对策研究。

（7）开展建设和安全运营风险研究。

（8）开展投资、融资方案及经营模式研究。

第十五章　福建沿海港口发展建议

第一节　概　　述

一、项目背景

2009年5月国务院通过《国务院关于支持福建省加快建设海峡西岸经济区的若干意见》，海西经济区的发展上升为国家战略。

福建省三面环山，一面临海，海域面积13.6万km^2，西靠武夷山脉与江西省接壤，北接浙江省，南邻广东省，连接长江三角洲和珠江三角洲，东隔台湾海峡与台湾省相望，位于中国东海与南海的交通要冲，是东南沿海的出海口。海岸线北起沙埕港，南至诏安湾，全长3752km。曲折的海岸线形成众多优良的港湾，其中有沙埕湾、三沙湾、罗源湾、兴化湾、湄洲湾、厦门湾、东山湾7处拥有可大规模开发建设10万t级以上泊位的天然深水岸线。经过几十年的发展，港口已成为福建省经济社会发展重要支撑、成为推动台海两岸经贸往来的重要门户和台海经济全面对接的重要枢纽。

福建省港口建设虽然取得了长足发展，但和海西经济区经济社会发展的要求，尤其是其在海西经济区及全国沿海港口中应有的地位和作用相比仍存在很大差距。国务院出台的《国务院关于支持福建省加快建设海峡西岸经济区的若干意见》强调了支持福建省加快建设海西经济区的战略意义，明确了总体要求、发展目标和具体任务，赋予了对台先行先试政策，这给福建带来了难得的历史性发展机遇，也为海峡西岸港口群增添了新的发展动力，提出了新的更高的发展要求。随着海西经济区建设的全面推进和两岸人民交流合作的不断深入，沿海港口的地位将日益提高，作用将更加突显，将成为推进海西经济区建设的重要支柱。

港口的建设发展需要利用海岸资源并会对海洋生态环境形成影响，随着经济的发展、港口规模的扩大，港口对港区及周边地区生态环境的影响程度不断加深。港口与环境的协调发展是实现港口可持续发展的必然，在新的发展形势与发展要求下，福建港口在满足经济发展需求的同时，应当更加注重生态环境安全与可持续发展的问题。

二、研究思路

回顾总结福建沿海港口的发展历程、发展特点，分析目前存在的主要问题；结合国内港口行业的发展形势、海西经济区的发展要求，预测沿海港口的吞吐量发展水平；并结合港口建设条件，给出总体发展思路、规划布局建议、环境保护建议、近期发展重点，以及相应的政策保障措施等，为福建沿海港口的发展提供决策参考。

三、主要研究结论

（一）福建沿海港口发展的特点与评价

福建沿海港口在地区经济发展中发挥着重要作用，是海峡两岸经贸合作与人员往来的重要口岸，突出表现在：吞吐量持续较快增长，成为腹地经济社会发展的重要支撑；外贸货物吞吐量快速增长，成为福建省参与全球经济合作与竞争的重要战略资源；能源、原材料等大宗物资主要通过港口运输，成为福建省重化工业发展的重要保障；临港产业加快发展，成为福建省优化产业布局的重要依托。

同时，港口发展也存在以下问题：沿海港口规模与港口资源大省地位不相匹配；港口码头存在结构性矛盾；港口公共配套设施较为薄弱。

（二）港口运输需求及吞吐量预测

腹地经济社会发展对港口的运输需求主要表现在：一是经济持续快速发展对港口保持旺盛运输需求；二是内需的释放推动港口内贸运输业务增长；三是重化工业临港化要求港口增强临港服务功能；四是腹地经济的发展要求沿海港口增强服务内陆腹地煤炭、铁矿石等大宗散货及通用杂货运输功能；五是闽台合作增强要求港口配套完善的对台客运及滚装运输服务。

根据吞吐量预测，全省沿海港口吞吐量2030年将达到9.20亿t。根据福建沿海各港口的功能定位、资源和集疏运通道条件，预计福州港、湄洲湾港、厦门港吞吐量分别为3.0亿t、3.3亿t、2.9亿t。

（三）港口总体发展思路

一是以“大型专业化港口”为发展重点，充分发挥港口对海西经济区建设的支撑作用；二是以“综合交通”为发展理念，加强港口同其他交通方式的协调发展；三是以“服务两岸”为发展特色，发挥港口在两岸交流中的纽带作用；四是以“转型升级”为导向，集约利用港口岸线、土地和海洋资源，推动绿色安全港口建设，提高港口的可持续发展能力。

（四）港口规划布局建议

福建沿海港口应围绕发展大港口、大通道、大物流，积极整合港湾资源，加快建设海峡西岸北部、中部、南部三大港口群，加快建成福州港、湄洲湾港、厦门港三个亿吨级以上大港，形成面向世界、服务中西部发展的现代化、规模化、集约化港口群。

福州港：依托外海港区规模化的开发及江阴保税物流园区的建设，逐步发展成为以能源、原材料等大宗物资运输为主，集装箱协调发展的区域航运枢纽港。

湄洲湾港：充分发挥大型能源企业及临港工业的带动作用，以能源、原材料等大宗物资和内贸集装箱运输为主，逐步发展成为特色鲜明的散货物流中心和内贸集装箱枢纽港。

厦门港：充分发挥厦门集装箱干线港、保税港区和特区政策优势，将厦门港建成以集装箱运输为主、散杂货运输为辅、客货并举的国际航运枢纽港和国际集装箱中转中心。

（五）港口环境保护建议

港口发展在满足经济发展需求的同时，应当注重可持续发展与生态环境安全问题。在港口规划设计环节，应进一步加强环境因素的作用，力求在选址、平面布置、结构设计、构建生产运营系统等方面，应用先进、成熟的节能环保技术，体现生态修复理念和措施。在港口建设运营环节，应重点强化污染防治措施，积极推广先进的港口作业方式，进一步加强危险品事故溢出的防范措施，加强港区环境监测与监督管理，使港口生产对生态环境的影响降至最低。

（六）近期建设发展的重点

结合未来福建沿海港口的总体发展思路，建议近期发展的重点为：一是继续扩大港口基础设施规模；二是调整优化港口布局和结构；三是强化港口集疏运体系；四是完善港口公共配套设施；五是拓展港口服务范围；六是提高港口可持续发展能力。

（七）政策保障措施

建议政府从以下七个方面对港口发展进行引导和扶持：一是抓紧编制沿海港口总体布局规划，进一步强化规划在港口发展中的擎领作用；二是理顺港口管理体制，加快推进沿海港口资源的整合力度；三是构建以港口为核心的综合运输协调发展保障体系；四是继续扩大港口开放度；五是继续实施港口投资和经营多元化政策；六是探索实施港口环境保护措施；七是用好“先行先试”政策，开创闽台港口合作新机制。

第二节　福建沿海港口发展现状及评价

一、港口发展历程

改革开放前，福建对外经济交流少，国民经济和海运事业发展缓慢，制约了港口资源的开发。港口码头泊位少，等级低，吞吐量小，港口建设基本处于半停滞状态。至1978年，福建港口吞吐量仅有408万t，全省最大的码头仅是福州港马尾的两个万吨级泊位。

改革开放给福建经济和港口发展创造了良好的机遇，在福建经济和对外贸易逐步发展的带动下，港口落后状况得到初步改善。特别是20世纪90年代后期，为了适应临港工业和航运船舶大型化、集装箱运输规模化、港口建设和经营多元化的发展趋势，沿海各港纷纷开辟新的港区和作业区。福州港为摆脱闽江航道的制约，建设松下、罗源湾、江阴等外海深水港区；厦门港开始建设嵩屿、海沧港区；泉州港开始建设石狮石湖、晋江围头作业区；漳州港开始建设招银港区、后石港区。

进入21世纪，福建省工业化、城市化发展步伐加快，国民经济及对外贸易持续快速发展，临港工业发展迅猛，福建港口进入历史上发展最快的时期。“十五”期间，港口完成投资64亿元，为“九五”期间的3.2倍，“十一五”期间更是高达330亿元，至2010年全省沿海港口生产性泊位达到439个，其中万吨级以上泊位达122个，泊位年吞吐能力达3.2亿t，其中集装箱1282万TEU，如图15-1所示。

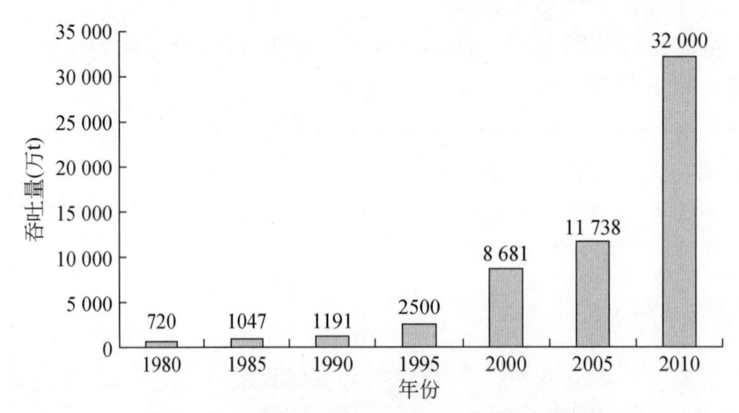

图15-1　福建省沿海港口吞吐能力发展情况

从吞吐量发展看，改革开放以来，特别是“八五”计划之后，福建省沿海港口进入快速发展时期。吞吐量由1991年的1706万t增长到2011年的3.73亿t，增长了21倍，年均增长速度到达16.7%；其中外贸吞吐量增长了30倍，年均增长速度达到18.7%，如图15-2所示。

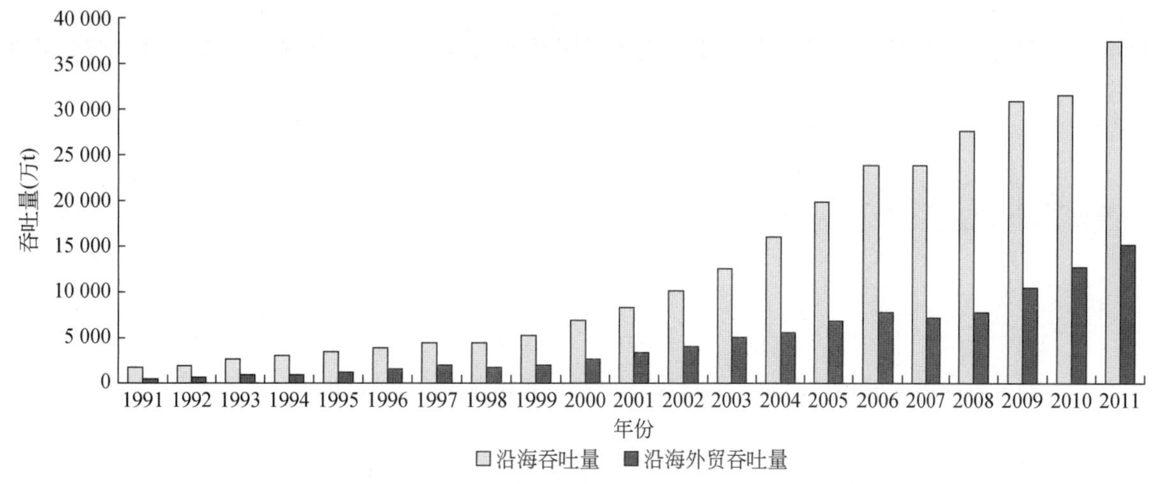

图15-2　1991年以来福建省港口货物吞吐量发展情况

从发展历程来看，吞吐量增长大致经历了四个阶段，如图15-3所示。第一阶段是20世纪90年代之前，港口吞吐量增长速度基本在10%上下波动，但80年代末受外部国际政治环境的影响，吞吐量出现明显下滑。

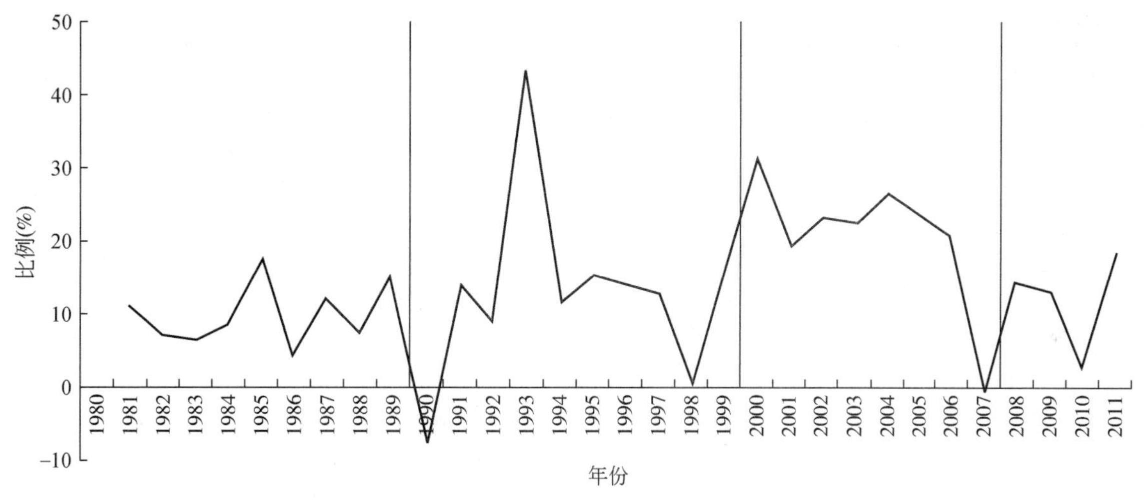

图15-3　1980年以来福建省港口货物吞吐量发展历程

第二阶段是20世纪90年代初至2000年之前，这一时期腹地经济基本呈平稳增长的发展趋势，港口吞吐量保持在10%以上增长速度，但受亚洲金融危机影响，末期出现下滑。

第三阶段是2000年之后至2008年之前，全省经济的增长步伐逐步加快，工业重型化发展，港口运输需求呈现出高速增长的势头，港口吞吐量的增长速度基本保持在20%以上，2007年受国家对河砂出口的限制，总吞吐量出现负增长，但除河砂外的其他货物仍保持17%的增长速度。

第四阶段是2008年之后，受国际金融危机影响，港口吞吐量增长速度放缓，2010年同比增长3.08%，2011年由于前一年基数较小，实现同比增长18.4%。

二、港口发展现状

（一）码头泊位总体概况

2009年8月福建省委八届六次全会通过《福建省港口体制一体化整合总体方案》，确定福建省三大港口范围。其中，北部福州港由福州港域与宁德港域组成；中部湄洲湾港由泉州港域、莆田港域组成；南部厦门港由厦门港域、漳州港域组成。

福州港海岸线北起福鼎市与浙江省苍南县交界处的沙埕镇虎头鼻，南至福清、莆田两市交界处的江口镇，岸线总长约1826km。截至2010年，福州港共有生产性泊位168个，年通过能力9656万t。其中，福州港域生产性泊位124个，年通过能力8320万t；宁德港域生产性泊位44个，年通过能力1336万t。

湄洲湾港海岸线北起莆田市江口镇江口大桥中点，南至与厦门市交界的菊江村，岸线长约813km。截至2010年，湄洲湾港共有生产性泊位143个，年通过能力9999万t。其中，莆田港域生产性泊位42个，年通过能力1364万t；泉州港域生产性泊位101个，年通过能力8635万t。

厦门港海岸线北起与湄洲湾港交界的菊江村，南至广东省交界的诏安县，岸线总长约1113km。截至2010年，厦门港共有生产性泊位128个，年通过能力12 259万t。其中，厦门港域生产性泊位111个，年通过能力11 803万t；漳州港域生产性泊位17个，年通过能力456万t，见表15-1。

表15-1 2010年福建省沿海港口泊位情况

港口	码头长度（m）	泊位数（个）	深水泊位数（个）	通过能力	
				（万t）	其中集装箱（万TEU）
合计	59 343	439	122	31 914	1 282
一、福州港	20 334	168	42	9 656	245
宁德港域	4 367	44	2	1 336	3
福州港域	15 967	124	40	8 320	242
二、湄洲湾港	16 547	143	23	9 999	140
莆田港域	3 881	42	4	1 364	4
泉州港域	12 666	101	19	8 635	136
三、厦门港	22 462	128	57	12 259	897
厦门港域	20 828	111	56	11 803	897
漳州港域	1 634	17	1	456	0

（二）专业化码头泊位现状

截至2010年，福建省沿海共有煤炭、原油、集装箱专业化泊位56个，年通过能力1.9亿t，分别占泊位总数的13%和码头年通过总能力的59%。

分港口看，福州港拥有煤炭专业化泊位10个，年通过能力2860万t，其中福州港域9个，年通过能力2360万t，宁德港域1个，年通过能力500万t；拥有集装箱专业化泊位7个，年通过能力240万TEU，主要集中在福州港域。

湄洲湾港拥有煤炭专业化泊位3个，年通过能力1494万t，其中莆田港域1个，年通过能力150万t，泉州港域2个，年通过能力1344万t；拥有原油专业化泊位2个，年通过能力1615万t，主要集中在泉州港域；拥有集装箱专业化泊位6个，年通过能力130万TEU，主要集中在泉州港域。

厦门港拥有煤炭专业化泊位2个，年通过能力980万t，其中厦门港域1个，年通过能力180万t，漳州港域1个，年通过能力800万t；拥有集装箱专业化泊位26个，年通过能力890万TEU，主要集中在厦门港域，见表15-2。

表 15-2　福建省沿海专业化码头泊位情况统计

项目	港口	泊位数（个）	通过能力（万 t）
煤炭（万 t）	福州港	10	2860
	湄洲湾港	3	1494
	厦门港	2	980
原油（万 t）	福州港	—	—
	湄洲湾港	2	1615
	厦门港	—	—
集装箱（万 TEU）	福州港	7	240
	湄洲湾港	6	130
	厦门港	26	890

另外，由于福建省本省铁矿石需求量不大，且后方铁路集疏运系统不完善，目前福建省还没有专业化的矿石泊位，省内矿石需求主要由福州港、湄洲湾港以及厦门港的通用泊位完成。

（三）港口生产经营现状

2011 年福建沿海港口共完成货物吞吐量 3.73 亿 t，同比增长 14%。其中，福州港完成 10 220 万 t，占 27.4%；湄洲湾港完成 11 403 万 t，占 30.6%；厦门港完成 15 652 万 t，占 42.0%。由于 2011 年国际煤炭、矿石等大宗商品及海运运费较低，全省大宗散货进口量增幅较大，推动外贸进口货物快速增长 19%，达到 1.52 亿 t，成为推动沿海港口吞吐量增长的主要力量，见表 15-3。

表 15-3　2011 年福建省沿海港口吞吐量

港口	吞吐量（万 t）	同比增长（%）	外贸货物吞吐量（万 t）	同比增长（%）
总计	37 275	14	15 169	19
一、福州港	10 220	20	4 454	36
宁德港域	2 002	41	1 136	104
福州港域	8 218	15	3 318	22
二、湄洲湾港	11 403	12	2 681	13
莆田港域	2 073	18	740	43
泉州港域	9 330	10	1 941	4
三、厦门港	15 652	12	8 034	13
厦门港域	14 152	11	7 963	12
漳州港域	1 500	25	71	51

注：为便于统计说明，此处厦门湾内的港区全部统计在厦门港域

分货类统计数据看，煤炭、金属矿石、矿建材料等大宗干散货为港口的主要货类，2011 年完成 2.9 亿 t，占全省港口吞吐量的 78%，其中，砂 7205 万 t，占到 19.3%；石油、成品油等液体散货完成 2335 万 t，占全省吞吐量 6.3%；集装箱完成 971 万 TEU，同比增长 11.9%，见表 15-4。

表 15-4 2011 年福建省沿海港口分货类吞吐量

货类	合计	福州港		湄洲湾港		厦门港	
		宁德港域	福州港域	莆田港域	泉州港域	厦门港域	漳州港域
货物吞吐量合计（万 t）	37 275	2 002	8 218	2 073	9 330	14 152	1 500
1. 液体散货（万 t）	2 335	35.5	186	289	1 419	286	119
其中：原油（万 t）	1 067	—	—	—	1 001	—	66
成品油（万 t）	757	35.5	160	—	244	286	31
2. 干散货（万 t）	16 687	1 643	4 333	1 320	3 176	5 214	1 001
其中：煤炭及制品（万 t）	7 029	722	2 710	454	1 216	1 927	—
金属矿石（万 t）	2 453	235	1 276	—	122	820	—
3. 集装箱（万 TEU）	971	0	166	0.6	157	647	—
重量（t）	10 102	—	1 812	6.4	2 831	5 453	—
4. 件杂货及其他（万 t）	8 151	324	1 887	458	1 904	3 199	380

注：为便于统计说明，此处厦门湾内的港区全部统计在厦门港域

三、港口发展特点

（一）港口吞吐量持续快速增长

2000 年以来，福建省沿海港口进入了快速发展时期，特别是海西经济区发展战略的实施，进一步促进了腹地运输需求的快速增长。吞吐量由 2000 年的 6944 万 t 发展到 2011 年的 37 275 万 t，年均增长率达到 16.5%，虽然总量较其他港口群稍差，但增速已经超过长三角地区和珠三角地区，成为全国沿海地区发展较快的港口群之一。沿海主要港口完成的吞吐量在全国港口中的比例已由 2000 年的 5.5% 上升至 2011 年的 6.1%，在全国港口中的地位逐步提高。

（二）内贸货物吞吐量为主，外贸吞吐量增速逐步加快

福建省外向型经济发展基础较弱，影响了港口外贸吞吐量的发展水平，内贸货始终占据吞吐量的主要份额，2001 年完成内贸吞吐量 4982 万 t，占吞吐量的 60.2%，2011 年上升至 22 106 万 t，占吞吐量的份额仍达到 59.3%。同期，在进口原油、化工原料、轻工产品以及外贸集装箱快速增长下，外贸吞吐量呈现加速上涨态势，2001 ~ 2005 年外贸吞吐量年均增长 19.8%，低于内贸吞吐量 7.4 个百分点；2005 ~ 2011 年外贸吞吐量年均增速为 14.3%，高于内贸吞吐量 5.1 个百分点，增长速度逐步加快，见表 15-5。

表 15-5 典型年份福建省沿海港口分内外贸吞吐量

指标	2001 年		2005 年		2011 年	
	吞吐量（万 t）	占比（%）	吞吐量（万 t）	占比（%）	吞吐量（万 t）	占比（%）
总量	8 278	100	19 809	100	37 275	100
内贸吞吐量	4 982	60.18	13 030	65.78	22 106	59.31
外贸吞吐量	3 296	39.82	6 779	34.22	15 169	40.69

（三）港口货物吞吐量构成逐步优化

煤炭、石油、金属矿石等大宗散货吞吐量增长迅速，由2005年的3921万t增长至2011年的11 817万t，占全省吞吐量的比例由19.8%上升至31.7%；以河砂为主的矿建材料逐步减少，吞吐量由2005年的8287万t下降到2011年的7205万t，在总吞吐量中的比例由41.8%大幅度下降至19.3%；集装箱吞吐量稳步上升，在全省港口的比例由2005年的24.7%上升至2011年的27.1%，如图15-4所示。

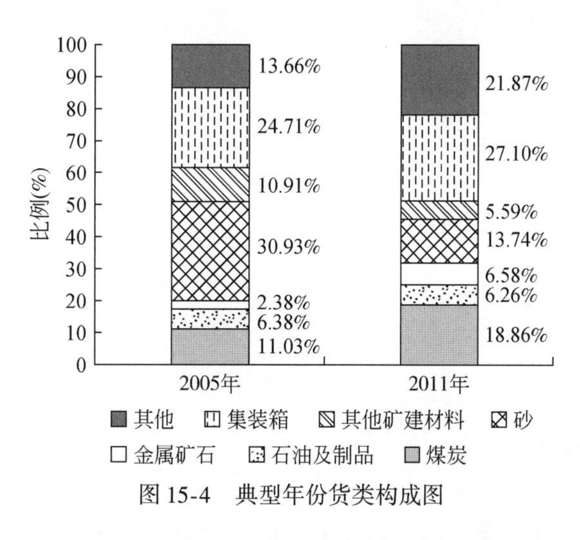

图15-4　典型年份货类构成图

（四）沿海港口在能源、原材料等物资运输中发挥着重要作用

受资源限制，福建省所需的煤炭、石油等能源物资需要大量调入。2011年福建省经沿海港口共调入煤炭6874万t，占全省煤炭消费量的60%；本省炼厂加工所需的原油全部由港口调入，2011年外贸进口量达到1067万t；进口液化气、天然气全部由港口调入；另外，港口在金属矿石、粮食、化肥及其他原材料运输中也一直发挥着重要的作用，水运调入量占总调入量的比例一直保持在50%以上。

（五）沿海港口成为海峡两岸经贸合作与人员往来的重要口岸

福建省凭借独特的对台优势，积极推动闽台贸易发展，福建省已有8个一类口岸被列入对台“三通”港口。目前，台湾已成为福建省第一大进口市场、第三大贸易伙伴。对台货运方面，2008年全省沿海港口实现对台进出口量2256万t，集装箱57万TEU，分别占沿海港口外贸吞吐量的21.4%、外贸集装箱吞吐量的12.2%；对台客运方面，2009年全省沿海港口实现对台客运量138万人，同比增长34%。沿海港口在促进两岸经贸交流合作、密切两岸人员往来中起到了重要作用。

（六）初步形成厦门港域、福州港域为主、其他港域加快发展的格局

长期以来，福建绝大部分的海上货物运输都是通过福州港域以及厦门港域完成的。以1997年为例，福州港域、厦门港域共完成吞吐量3135万t，集装箱148万TEU，分别占当年完成吞吐量及集装箱的70%和89%。2000年以后，随着三都澳、湄洲湾等临港工业的开发以及泉州港内贸集装箱的快速发展，其他港域呈现快速发展的态势。2011年，除厦门港域、福州港域外，其他港域共完成吞吐量14 905万t、集装箱158万TEU，分别占福建沿海完成吞吐量及集装箱的40%和16%，其他港域在地区经济中的作用及在福建沿海港口中的地位逐步提升，如图15-5所示。

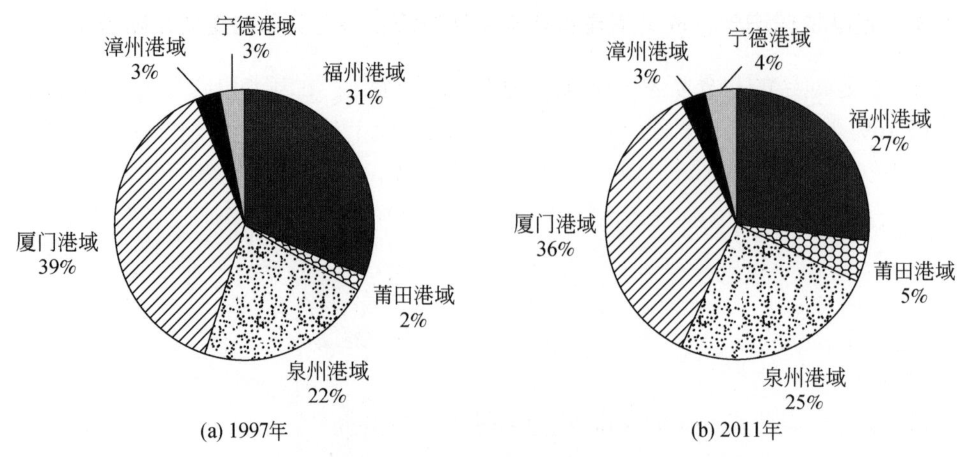

图 15-5　1997 年、2011 年不同港域吞吐量占比对比图

四、综 合 评 价

(一) 沿海港口的重要作用

1. 吞吐量持续较快增长，成为腹地经济社会发展的重要支撑

港口是海西经济区经济社会发展重要支撑、参与国际经济合作的战略资源、发展临港产业的重要依托、推动两岸经贸往来的重要门户和两岸经济全面对接的重要枢纽。改革开放以来，沿海港口货物吞吐量与福建省经济保持了同步较快增长的发展趋势，二者的相关系数达到了 0.980，属于密切相关，沿海港口已经成为了腹地经济社会发展的重要物质基础。同时，依托港口优势，沿海宁德、福州、莆田、泉州、厦门和漳州等沿海城市积极调整产业布局，加快发展外向型经济，经济总量高速增长，其经济总量、利用外资额和外贸进出额占全省的比例均达到了 50% 以上，港口经济正成为带动全省经济发展的新的增长点，如图 15-6 所示。

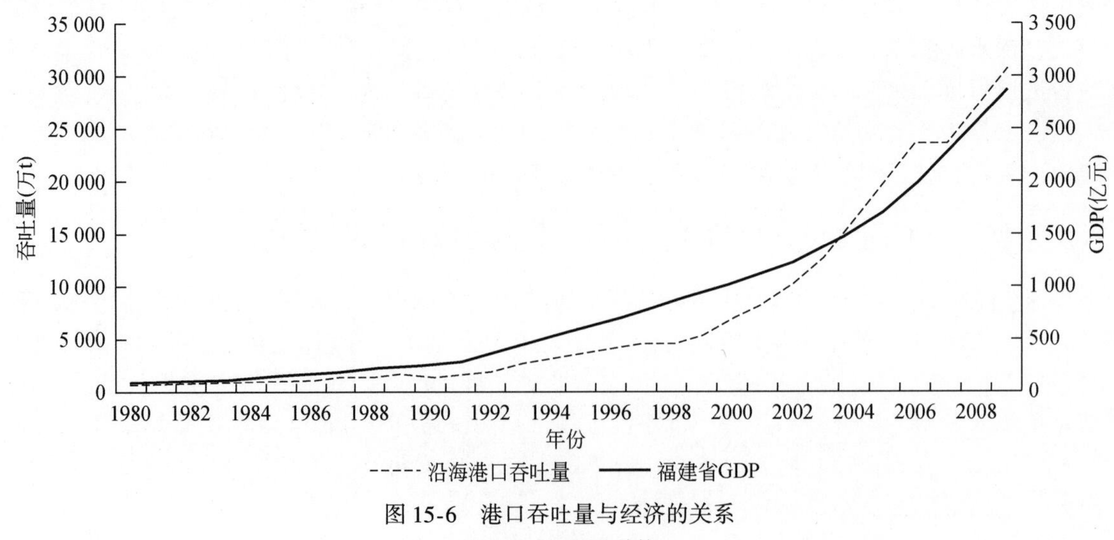

图 15-6　港口吞吐量与经济的关系

以 1980 年不变价计算

2. 外贸货物吞吐量快速增长，成为福建省参与全球经济合作与竞争的重要战略资源

2000年以来，福建地区的对外贸易呈现出加速增长的趋势，沿海港口外贸吞吐量也随之迅速增长，2011年达到了15 169万t。目前，福建省沿海港口已经与全球210多个国家和地区建立了海运航线，福建本省及周边地区的绝大部分外贸物资都是通过福建省沿海港口运输的。沿海港口已经成为福建省承接国际产业转移、参与国际竞争，利用国内外两种资源、两个市场的重要战略资源。

3. 能源、原材料等大宗物资主要通过港口运输，成为福建省重化工业发展的重要保障

目前，沿海港口不仅承担了福建省绝大部分的外贸物资的运输任务，而且也是腹地石化、电力、钢铁等重化工产业发展的重要依托。全省煤炭消耗量的60%、原油消耗量的100%、铁矿石消耗量的70%都需要通过港口运输，为福建省工业的健康发展提供了重要保障。

4. 临港产业加快发展，成为福建省优化产业布局的重要依托

福建拥有丰富的港口资源，港口经济发展具有得天独厚的条件。特别是海西经济区发展战略实施以后，沿海经济迎来新的发展机遇，各种产业特别是对运输需求较大的工业向港口及周边区域聚集已经成为一种大趋势。福州、厦门、泉州等港口周边已经出现了一批以石化、冶金、电力、造船等为主的产业聚集区，沿海港口在优化产业布局中的作用更加突出。

（二）现状存在的主要问题

从能力平衡情况分析，沿海港口码头总体能力与港口吞吐量基本相适应，但不同货种码头能力存在不平衡现象，厦门港、福州港集装箱吞吐能力均超过实际吞吐量50%；煤炭吞吐能力与吞吐量水平总体基本平衡；油品等液体化工吞吐能力已大大超过实际吞吐量；矿石吞吐能力和其他散杂货码头能力处于总体不足状态。沿海港口存在的主要问题或薄弱环节如下。

1. 沿海港口规模与港口资源大省地位不相匹配

福建省港口资源丰富，全省沿海海岸线为3752km，占全国海岸线的21.3%；岛屿岸线为2804km，可利用的港口岸线全长597km，其中深水岸线为311km。福建省拥有三都澳、罗源湾、兴化湾、湄洲湾、厦门湾、东山湾等优良深港湾，进港航道自然水深在-14m以上，规划水深可达-20m以上，可建设20～30万吨级的大型深水码头岸线资源为全国之最。

福建省港口建设虽然取得了长足发展，但和海西经济区经济社会发展的要求，尤其是其在海西经济区及全国沿海港口中应有的地位和作用相比仍存在很大差距。沿海港口建设较为滞后，无论是港口码头泊位数量，还是万吨级码头泊位数量福建省都落后于临近的浙江、广东。2010年福建省沿海拥有万吨级以上泊位122个，而相邻的广东省拥有245个，浙江省也有159个。2011年福建省沿海港口货物吞吐量完成3.73亿t，吞吐量规模仅排在广西和海南之前；集装箱吞吐量为971万TEU，仅占全国沿海港口集装箱吞吐量1.46亿TEU的6.6%。与福建省同处我国东南沿海的广东省、浙江省，2011年沿海港口货物吞吐量分别达到11.3亿t、8.7亿t，集装箱吞吐量为4101万TEU、1584万TEU，见表15-6。

表15-6　福建省沿海港口发展现状与周边省份对比

地区	沿海万吨级泊位数（个）	2011年吞吐量（万t）	2011年集装箱吞吐量（万TEU）
浙江省	159	9	1584
广东省	245	11	4101
福建省	122	4	971

2. 沿海港口码头泊位存在结构性矛盾

一是区域码头通过能力不平衡；二是部分企业专用码头能力富裕，而社会公用码头能力存在缺口；三是没有25万吨级以上矿石专业化泊位，无法适应矿石运输船舶大型化、专业化发展要求；四是对台客货滚装码头缺乏，难以适应对台运输发展趋势；五是部分老作业区码头等级低、陆域小，对城市环境、交通等造成较大影响，与城市发展间的矛盾日益突出。

3. 港口公共配套设施较为薄弱

福建山多地少，高山阻隔，连接内陆省份的铁路少、运力低，多数港区（作业区）没有支线铁路，使得港口辐射范围和带动能力受到制约，港口仍局限于主要为福建本省经济发展服务。同时，由于港口布局相对分散，港口公共配套设施建设资金又较为缺乏，使得航道、口岸等公共配套设施建设相对滞后，一定程度地制约了港口能力发挥和港口运行效率。

第三节　福建沿海港口发展形势分析

一、国内外宏观环境分析

1. 世界经济格局大调整

国际金融危机影响深远，新兴经济体在世界经济格局中的地位和作用增强。经济全球化和贸易国际化继续推进，但受贸易保护主义的影响加深，贸易壁垒和摩擦增多。国际产业转移趋势日益加快，技术和信息密集型产业成为发达国家产业发展重点，传统产业加快向发展中国家转移。新一轮科技革命蓄势待发，将成为未来世界经济发展的新引擎，并将引发全球产业结构的调整重组。

2. 中国经济持续平稳较快发展

我国保持经济社会平稳较快发展的基本条件和长期向好的基本趋势不会发生根本性改变，经济发展仍将保持较快增长，2020～2030年，我国将全面实现工业化，并进入发达经济发展阶段，经济发展速度也将转向平稳。

3. “转方式、调结构”成为国家经济发展的主线

经济发展方式将从资源要素依赖向创新依赖转变，绿色、低碳成为经济发展主题，高新技术产业将突飞猛进。经济结构将由以工业化为主导向工业和服务业双驱动调整，工业化将表现出“重化工业化”与“新型工业化”重叠特征，主导产业将由重化工业逐步过渡到服务业和信息产业。第一产业比例呈持续稳步小幅下降态势，第三产业比例呈稳步上升趋势，产业结构将呈现不断优化升级的基本趋势。工业内部结构变化将较为剧烈，高加工度制造业将逐步成为主导产业；轻工业比例将小幅下降；能源原材料工业比重将逐步降低。国家将培育发展战略性新兴产业。

4. 国家城市化进程持续推进，国内消费需求逐步释放

工业化和城镇化是我国经济发展的两个强大驱动力量。近年来，我国城市化率每年增长近1个百分点，每年约有1000万人口从农村转入城市，2011年我国城镇化率首次超过50%，达到51.3%。随着国家城镇化进程的推进，城市人口的增长、城市建设和改造规模的不断扩大、建筑及房地产行业的发展，国内消费需求将进一步扩大，内需逐步释放成为拉动我国经济持续和强劲增长的动力。

5. 国家对外贸易在调整中稳步增长

根据世界经济和贸易发展趋势，对外贸易发展有所调整，一是贸易产品结构不断升级，出口商品中高附加值产品比例逐步提升；二是贸易国家中，同新兴经济体和能源资源富集地区的贸易量快速增加；三是贸易顺差规模将明显减少，进口增速将大于出口，外贸进出口趋于平衡。

二、国内港口行业发展形势分析

沿海港口的发展在相当程度上取决于经济和对外贸易的发展速度，同工业化进程、经济增长方式、产业结构、国际产业转移趋势、对外经贸联系和世界经济形势密切相关。我国港口行业发展将呈现以下特征与趋势。

1. 港口运输需求持续增长

全国沿海港口运输需求依然旺盛。一是国际贸易态势总体向好，石油、金属矿石、木材、粮食等资源的国际贸易对沿海港口依然存在较大需求。同时，世界制造基地向沿海转移必将有效带动港口腹地国际贸易的增长，直接给沿海港口带来较大的运输需求。二是我国国民经济继续保持较快增长，且整体更趋稳定和均衡，孕育新的运输需求。同时，我国仍将处于工业化、城镇化快速发展阶段，经济增长和产业结构仍将保持以重化工为主导的基本态势，港口运输需求总体上仍会保持较快增长的趋势。三是区域重大产业和生产力布局有利于全国沿海港口发展，尤其是西部开发、中部崛起战略的贯彻落实将为全国沿海港口带来更充足的货源。

但是，随着经济发展方式的转变，全国沿海港口运输需求增长速度会有所放缓。

2. 港口运输货物结构有所调整

随着我国向工业化后期发展，产业结构进一步优化升级，资源环境朝可持续方向发展，沿海港口吞吐量结构将发生变化。港口煤炭、原油、铁矿石等大宗散货吞吐量将趋于缓慢增长；集装箱吞吐量虽将继续保持总体增长态势，但增速也将明显放缓；依托于先进制造业和新能源产业发展，重大件、滚装汽车、天然气、液体化工等货类将成为港口吞吐量新兴增长点，呈现快速增长态势；内需的释放拉动国内贸易的增长，南北地区间物质交流量扩大，港口内贸货物运输，特别是内贸集装箱运输呈快速增长趋势。

3. 港口转型升级步伐加快

转方式、调结构是未来一段时期我国经济发展的主线，作为国民经济的基础产业，港口产业同样需要进行转型发展，港口发展需要实现由追求数量规模型向追求质量效益型的转变。加快港口转型升级的主要任务是大力发展港口现代物流、积极发展现代航运服务业、提升港口信息化水平、发展绿色安全港口。

4. 港口资源整合力度加大，核心港口地位和作用更加突出

随着港口市场竞争的日趋激烈，利润率下降，港口行业内联合、兼并、收购成为必然，通过跨地区经营可以扩大规模、降低成本，成为促进港口企业横向联合的重要推动力。此外，港口横向整合可以优化港口资源配置，提高港口整体服务水平和竞争力。近年来，河北沿海港口、宁波-舟山港等港口企业和管理机构的整合重组就印证了这一点。未来，随着竞争的进一步加剧，港口资源整合力度将进一步加大。在整合过程中，全国和地区性核心港口的地位和作用将得到强化。

三、海西经济区发展形势分析

为谋划好海西经济区发展布局，指导和促进海西经济区在更高的起点上实现又好又快发展，根据《国务院关于支持福建省加快建设海峡西岸经济区的若干意见》要求，2011 年国家发展和改革委员会制定《海峡西岸经济区发展规划（2011—2020）》。按照规划，海西经济区四大战略定位为两岸人民交流合作先行先试区域、服务周边地区发展新的对外开放综合通道、东部沿海地区先进制造业的重要基地、我国重要的自然和文化旅游中心，将着力建设“四区”，即科学发展之区、改革开放之区、文明祥和之区、生态优美之区。

在国家发展政策支持下，海西经济区经济、产业发展将呈现以下趋势和特征。

（一）经济持续快速增长，增长极作用凸显

海西经济区近年经济表现出强劲的增长速度，年均增长水平在 10% 以上，2011 年海西经济区 GDP 总量达到 28 727 亿元，约占全国的 6.1%。海西经济区上升为国家战略后，福建省出台建设海西经济区发展规划。以福建为主体的海西经济区将保持强劲发展动力，成为中国经济新一轮发展的增长极。

（二）经济拉动由出口、投资为主向投资、出口、消费协调发展转变

无论是服务海西经济区的建设，还是国家“中部崛起”战略要求，都需要进行大规模的投资。加大固定资产投资，特别是铁路、高速公路、港口等基础设施的建设，将是促进地区经济发展的重要的抓手和主要推动力。今后，经济的发展、民生的改善都需要大规模的投资，高的投资水平是今后一个时期内海西经济区发展的一大特点。经历了全球金融危机的冲击后，大力发展内需成为我国的重要发展战略，也将是海西经济区发展的突出特点。可见，在对外经济继续发展的同时，海西经济区的经济发展将逐步呈现出投资、出口、消费“三驾马车”协调发展的趋势。

（三）产业结构优化调整，产业布局趋于完善

海西经济区产业结构将持续优化调整，第一产业占 GDP 比例将持续下降，第二产业占 GDP 比例比较平稳，第三产业占 GDP 比例逐步上升。海西经济区产业发展布局将持续完善，重点发展电子信息、机械装备、石油化工三大主导产业，以传统优势产业为基础，加大产业链延伸。产业发展呈现重型化、集聚化的特点，石化、机械制造、能源等的发展将加快工业重型化过程，特色优势产业将进一步发展壮大而形成有竞争力的集群。

（四）对台经贸合作持续拓展

经过多年的经贸交流，台湾经济已然形成了和大陆经济密不可分的格局，大陆的台资布局已经成为台湾企业全球布局、提升竞争力的重要环节。海西经济区凭借独特的对台优势将构建两岸交流合作的前沿平台。未来在两岸经贸合作中，海西经济区将着重加强两岸产业深度对接、深化农业合作、提升服务业合作水平、扩大对台直接贸易，对台经贸合作将不断拓展和深化。

四、周边港口发展及竞争格局

根据全国沿海港口布局规划，全国沿海港口划分为五大港口群体，包括环渤海地区、长三角地区、东南沿海地区、珠三角地区和西南沿海地区。福建沿海港口属于东南沿海群体，其北接长三角港口群体，南邻珠三角港口群体。其中，长江三角洲地区港口群以上海港、宁波-舟山港、连云港港为主，包括温州、南京、镇江、南通、苏州等沿海和长江下游港口。珠江三角洲地区港口群由粤东和珠江三角洲地区

港口组成，以广州港、深圳港、珠海港、汕头港为主，包括汕尾、惠州、虎门、茂名、阳江等港口。

2011 年，长三角港口群体（不含长江下游港口，下同）、东南沿海港口群体、珠三角港口群体完成货物吞吐量分别达到 164 847 亿 t、37 279 亿 t、97 580 亿 t，2005～2011 年三大港口群体货物吞吐量年均增长率分别为 9.7%、11.3%、10.2%，东南沿海港口增长最快，但规模较长三角、珠三角港口仍有很大差距，如图 15-7 所示。

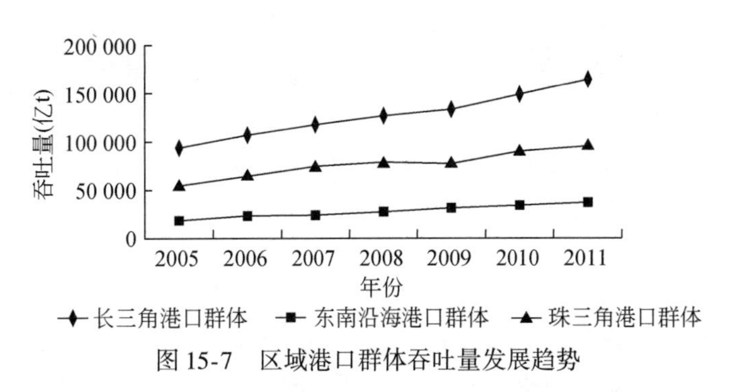

图 15-7　区域港口群体吞吐量发展趋势

在煤炭、原油、铁矿石、集装箱四大货种运输方面，三个港口群体发展水平存在较大差异。目前，长三角港口群体的煤炭、原油、铁矿石吞吐量规模远远大于其余两个港口群体，集装箱吞吐量比珠三角港口群体高出近 1200 万 TEU，表 15-7 为 2011 年主要货种运输情况。

表 15-7　2011 年主要货种运输情况

港口	煤炭（万 t）	原油（万 t）	铁矿石（万 t）	集装箱（万 TEU）
长三角港口群体	29 276	10 659	29 519	5 243
东南沿海港口群体	7 030	1 067	1 382	970
珠三角港口群体	18 787	4 014	2 118	4 064

三大港口群体吞吐量的增长态势主要取决于自身优势及腹地社会经济发展水平和产业结构。东南沿海港口群处于长三角、珠三角两大港口群之间，港口群的经济腹地不如长三角、珠三角地区广阔，腹地经济发展水平和港口服务水平也存在一定的差距，东南沿海港口的发展面临着长三角港口群、珠三角港口群的夹击。特别是受港口发展水平相对落后、港口与腹地间的交通条件较差的制约，东南沿海港口群在江西省、湖南省、重庆市、四川省等内陆交叉腹地范围内的竞争处于劣势地位。随着中部崛起、西部大开发等国家发展战略的深入推进以及沿海产业向内陆地区的梯度转移发展，交叉腹地经济发展水平快速提升，面对交叉腹地日益增长的港口运输需求，三大港口群之间的竞争将更加激烈，表 15-8 为区域港口群优势腹地。

表 15-8　区域港口群优势腹地

港口群	主要港口	优势腹地	竞争腹地
长三角地区	上海港、宁波-舟山港、连云港港、南京港、镇江港、南通港、苏州港	长江三角洲及长江沿线地区	江西省、湖南省、重庆市、四川省等内陆地区
东南沿海地区	福州港、湄洲湾港、厦门港	福建省、江西省等内陆省份部分地区和对台交流	
珠三角地区	广州港、深圳港、珠海港、汕头港	华南、西南部分地区	

五、福建沿海港口环境保护形势分析

福建省自“十一五”开始，逐步加快实施海洋经济强省战略，海洋经济获得持续健康发展，形成了以海洋渔业、滨海旅游业、海洋交通运输业及海洋建筑业、海洋化工业及海洋船舶工业等为支柱产业的海洋经济产业体系。但在海洋经济快速发展的同时，海洋生态环境不容乐观。根据《福建省海洋环境保护规划（2011—2020）》，福建全省近岸海域海水水质达到清洁海域水质标准的比例为39.0%，较清洁海域比例为20.5%，轻度污染海域比例为10.1%，中度污染海域比例为18.3%，严重污染海域比例为12.1%；中度污染和严重污染海域主要分布在宁德沿海近岸、罗源湾、闽江口、泉州湾和厦门近岸局部海域。且随着港口和临港工业的快速发展，工业污染源和海上污染源有逐步增加的趋势，海洋环境容量和自净能力面临着越来越严重的挑战。

港口作为海洋经济的主要产业之一，在建设维护、生产运营中会直接产生水、气、声、固体废物污染及生态环境损失、污染事故风险等多种不利的环境影响。分析海西经济区港口发展的现状，港口发展对环境保护主要存在以下三个方面的负面影响。

1. 港口开发过程中疏浚、挖泥、填海造地等作业对环境的污染

疏浚和填海施工造成悬浮泥沙增加局限于项目附近，项目施工期间产生的悬浮泥沙对附近海域海水养殖会造成一定的影响，但是影响是暂时的，疏浚施工结束后，水质状况将逐渐恢复。只要采取有效的防治措施，对周围海水养殖的影响是可以接受的。但填海造地彻底改变施工海域的底质环境，仅有少量活动能力强的底栖种类能够逃离，大部分将被掩埋、覆盖而死亡，并且填海将长期占用海域，对生物及生态环境的破坏是长期的。

2. 港口生产运营中对环境的污染

港口在生产、装卸过程中，由于运输流程工艺和装卸设备的原因而产生的各类废水、废气、粉尘、噪声和生产垃圾排放与泄漏，以及由船舶进出港口所引起的油类物质、压载水、机舱水、垃圾等船舶废物均对环境造成较大的污染。目前，虽然有部分港口企业已采取了一定的处理措施，但远不能满足环境保护的要求。

3. 船舶及港口作业危险品事故溢出风险

福建海域是海上交通要道，近年来港口吞吐量急速上升，加上台风等自然灾害频发，存在发生船舶碰撞而污染海域风险事故的可能，一旦发生危险品溢出事故，将对海水水质、底质、海洋生物及渔业资源造成较大的影响。

第四节　福建沿海港口吞吐量发展预测

一、腹地经济发展对港口运输的需求

（一）经济腹地

根据福建沿海港口地理位置、集疏运条件、区域内的定位，确定福建沿海港口的直接腹地是福建省，间接腹地是江西省、湖南省等内陆省份。

（二）腹地经济发展现状及趋势

1. 直接腹地经济社会发展现状

福建省总面积为12.4万km^2，海域面积达13.6万km^2，人口3720万人。2011年全省地区生产总值达到17 410亿元，比上年增长12.2%，高于全国平均增长率。全年进出口总额1436亿美元，比上年增长32.0%（表15-9）。

表15-9　2011年腹地主要经济指标统计

指标	福建省	江西省	湖南省
面积（万km^2）	12.4	16.7	21.1
人口（万人）	3 720	4 488	7 136
GDP（亿元）	17 410	11 584	19 635
第一产业比例（%）	9.2	12.0	13.9
第二产业比例（%）	52.7	56.9	47.5
第三产业比例（%）	38.1	31.1	38.6
工业增加值（亿元）	7 775	5 612	8 083
外贸进出口额（亿美元）	1 436	316	190

目前，全省已形成机械、电子、石化三大主导产业。2011年，机械装备业实现增加值1206亿元，增长16.4%；电子信息业实现增加值626亿元，增长22.6%；石油化工业实现增加值883亿元，增长14.3%，福建省近年经济发展情况如图15-8所示。

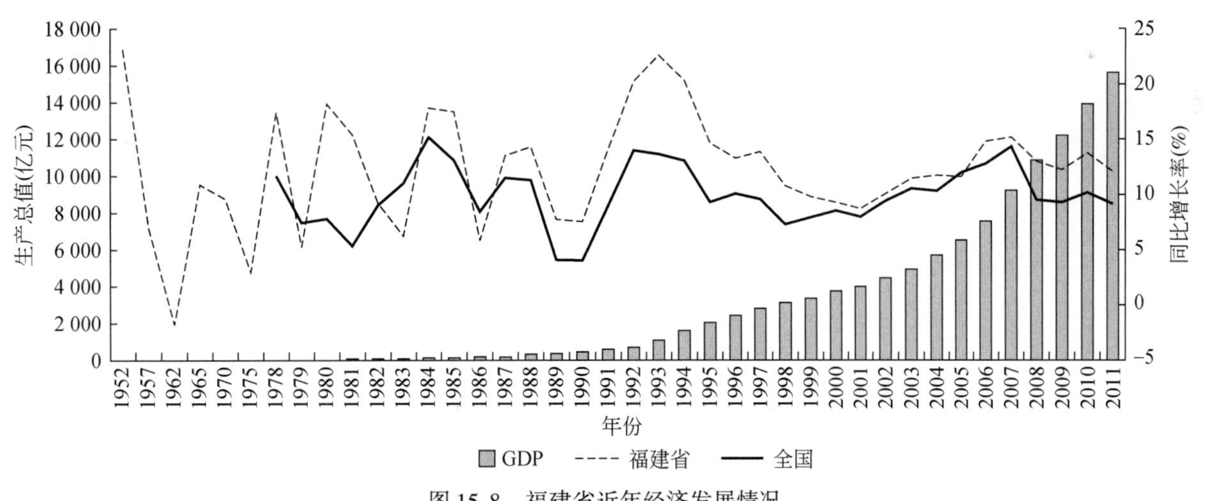

图15-8　福建省近年经济发展情况

海西经济区发展上升为国家战略后，福建省经济发展突出先行先试的政策优势，闽台合作不断增强。在传统闽台经贸交流的基础上，福建省进一步探索两岸合作新模式，建设平潭综合实验区。该区域发展定位为探索两岸合作先行先试的示范区和海西经济区科学发展的先行区，目前重点推进产业发展区、国际旅游发展区、商贸合作区、现代物流港区、科技文化产业区、城市发展区六大区域建设。闽台合作已成为福建经济社会发展的重要特色与优势。

2. 间接腹地经济社会发展现状

a. 江西省

江西省地处中国东南偏中部长江中下游南岸，与福建省相邻，全省总面积为16.69万km^2，现有人口4488万。2011年地区生产总值11 584亿元，比上年增长12.5%。三次产业结构调整为12.0：56.9：31.1，产业结构进一步强化和巩固。全年进出口总额316亿美元，比上年增长46.1%。江西省的经济重心在赣北地区，工业以冶金、机械、食品和纺织为主，钢铁和有色金属工业占优势。2011年工业增加值5612亿元，比上年增长17.6%，占生产总值的比例达48.4%。

b. 湖南省

湖南省地处我国东南腹地，东邻江西省，全省总面积为21.18万km^2，人口为7136万。2011年地区生产总值19 635亿元，比上年增长12.8%。全省进出口总额190亿美元，比上年增长29.6%。新型工业化推进成效明显，经济结构得到优化，三次产业的比例调整为13.9：47.5：38.6。区域经济协调发展，长株潭城市群“两型社会”实验区建设取得实质性进展，核心增长极日益突出。

3. 腹地经济发展趋势

根据中央提出的海西经济区快速发展的要求，结合福建省发展和改革委员会相关研究成果，预测2020～2030年福建省经济发展达到较高水平，年均增长率放缓，约为4%。

随着海西经济区区域经济的梯度发展，凭借区位优势和良好的产业基础，对沿海地区产业转移的承接速度加快，中远期江西省和湖南省的经济发展速度相对放缓，预计2020～2030年平均增长率约为4.5%。

主要经济指标预测见表15-10。

表15-10 腹地主要经济指标预测

指标		直接腹地	间接腹地	
		福建省	江西省	湖南省
2030年预测	GDP（亿元）	51 700	29 000	49 700
	外贸进出口额（亿美元）	2 990	600	520

（三）腹地经济社会发展对港口的运输需求

结合福建沿海港口发展环境分析和腹地经济发展预测，腹地经济社会发展对港口的运输需求主要表现在以下方面。

（1）经济持续快速发展对港口运输需求保持旺盛。随着海西经济区建设的进一步深入，经济总量快速增长，货运需求将不断增加，海运在运输体系中将发挥更加重要的作用，福建沿海港口吞吐量将保持较快的增长速度。

（2）内需的释放推动港口内贸运输业务增长。随着我国区域产业分工的深化、国家对内需发展的重视，国内贸易活动更加频繁，福建内贸货物运输需求扩大，港口内贸业务，尤其是内贸集装箱业务将成福建沿海港口吞吐量进一步提升的重要推动力。

（3）重化工业临港化要求港口增强临港服务功能。福建石化、机械制造等主要产业进一步向沿海集聚，临港产业步入快速发展期，以石化、制造业为主导的临港产业的原材料、产成品的运输需求将快速发展。

（4）未来随着向莆铁路、泉南高速等延伸至内陆的横向大通道陆续建成，港口对内陆腹地辐射能力进一步增强，同时随着我国经济由东至西的梯度发展，内陆地区对外运输需求日趋强烈，要求沿海港口增强服务内陆腹地煤炭、铁矿石等大宗散货及通用杂货运输功能。

（5）对台货物运输需求将有大幅增长，另外人员往来更加频繁，要求港口配套完善对台客运及滚装运输服务。

二、沿海港口吞吐量预测

（一）预测依据与方法

1. 预测的主要依据

港口吞吐量的发展不仅受国家和地方的经济社会发展目标、战略、政策和方针的影响，而且受地区经济结构调整、产业发展布局及重大建设项目的直接影响，取决于腹地众多的生产、运输企业和贸易公司对港口运输需求的不断增长。因此，预测福建省港口吞吐量的基本依据和参考资料主要如下。

（1）《国务院关于支持福建省加快建设海峡西岸经济区的若干意见》、福建省贯彻落实《国务院关于支持福建省加快建设海峡西岸经济区的若干意见》的实施意见、《海西经济区发展规划（2011—2020）》；

（2）《全国沿海港口发展战略》《沿海港口布局规划和沿海主要货类运输系统规划》；

（3）福建省及相关省份发展规划；

（4）福建省综合交通发展规划和相关研究成果；

（5）福建省发展和改革委员会，外经贸、能源、交通等行业主管部门，经济技术开发区及管理部门的调查资料；

（6）沿海港口历年统计数据、主要外贸进出口公司、货运公司、船公司经营状况及其发展规划的调查。

2. 预测年度

预测基础年：2011 年。

预测水平年：2030 年。

3. 预测思路与方法

本次吞吐量预测共分三个步骤进行：总量预测、分货类吞吐量预测和分港口吞吐量预测。总量预测主要依据腹地经济发展规划和对港口运输需求的分析，针对不同的时间跨度采用合适的数学模型与综合分析相结合进行预测；分货类吞吐量预测主要是对煤炭、石油、金属矿石、集装箱等主要货类进行货源调查和产需平衡的基础上结合系统分析专册的相关论证成果进行预测；分港口吞吐量预测是在总量与分货类预测的基础上，结合各港口的发展特点进行预测。

本次预测对近期、中期和远期的吞吐量采用了不同的预测思路和分析方法。预测思路如图 15-9 所示。

（二）总量预测

经综合分析平衡，预测 2030 年福建沿海港口吞吐总量为 9.2 亿 t，2020 ~ 2030 年的年均增速为 2.8%，详见表 15-11。

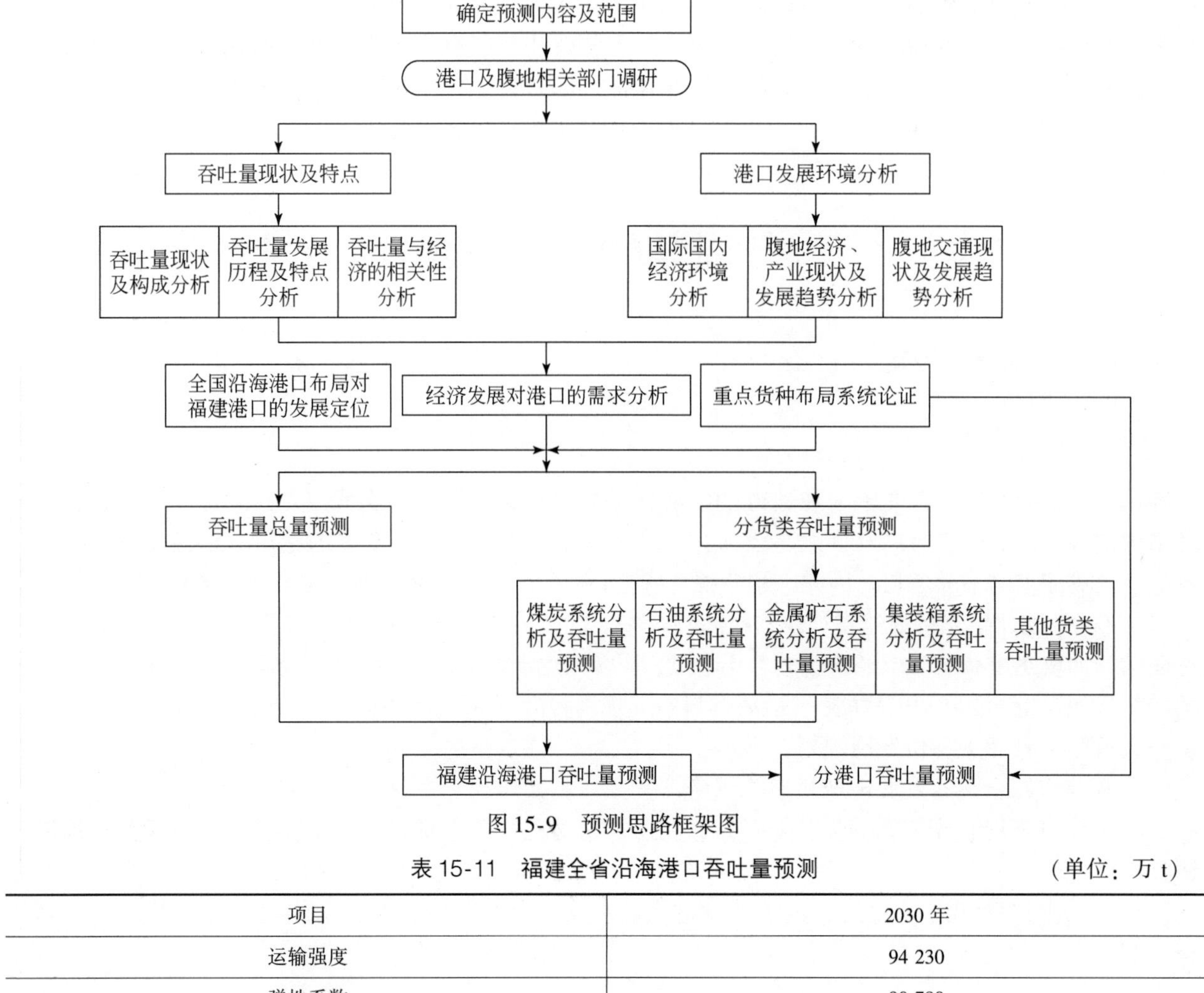

图 15-9　预测思路框架图

表 15-11　福建全省沿海港口吞吐量预测　（单位：万 t）

项目	2030 年
运输强度	94 230
弹性系数	90 780
最终推荐结果	92 000

（三）分货类吞吐量预测

1. 煤炭

2011 年，福建省沿海港口煤炭吞吐量达 7030 万 t，较 2000 年年均递增 23%，主要服务于福建省沿海电厂及一般工业用煤和生活用煤需要。

根据福建省煤炭资源储备和生产情况，为保证省内煤炭长期稳定的供应，未来全省煤炭生产能力将维持在 2300 万 t/a 左右。随着煤炭需求的逐年增加，需求缺口也将逐步扩大，预计 2030 年福建省煤炭供需缺口将达到 13 200 万 t。未来福建省煤炭需求的增长主要来自煤电行业的发展，而新增煤电建设基本安排在沿海地区，因此，福建省煤炭需求增量的调入将主要由海运承担。由此预测，2030 年福建省通过海运调入的煤炭量将达到 12 700 万 t，见表 15-12。

表 15-12　福建省煤炭产运销预测　（单位：万 t）

年份	实物消费量	本地产煤	省内外运	缺口	其中海运调入	其中陆路调入
2030	15 500	2 300	300	13 500	12 700	800

未来在我国鼓励煤炭资源进口、积极促进煤炭来源渠道多元化的发展背景下，随着福建省沿海港口腹地拓展战略的实施，江西境内的火电厂、钢铁厂等用煤大户将有部分煤炭通过福建沿海港口运进。尤其是通过福建沿海港口及闽赣省际铁路联运的煤炭将与日俱增。预计 2030 年江西省通过福建沿海港口调入的煤炭量为 2000 万 t。

台湾岛内矿产资源较为贫乏，尤其是煤炭，因岛内储量过少，已于 2001 年停止了开采，目前煤炭需求全部依赖进口。从煤炭来源看，印度尼西亚和澳大利亚为台湾煤炭进口的主要来源地。未来，台湾煤炭需求仍将依靠进口满足。福建沿海中远期将逐步发展对台煤炭中转业务，预计 2030 年通过福建沿海港口中转的煤炭量为 500 万 t。

综合以上分析，可以预计 2030 年福建沿海港口的煤炭吞吐量为 15 820 万 t。

2. 石油及制品

2011 年福建省沿海港口石油及制品吞吐量共完成 2327 万 t，其中原油 1067 万 t、成品油 756 万 t，LNG（液化天然气）317 万 t。

a. 原油

石化产业是福建省重点发展的产业之一，目前正在大力发展湄洲湾、古雷半岛、环三都澳、厦门湾等临港石化产业集群，未来沿海港口原油需求将主要来自上述石化基地的炼化企业。另外，福建沿海港口凭借深水岸线资源丰富的特点和后方土地充足的优势，具备发展油品储备、油品贸易的基础设施条件。综合以上因素预测 2030 年福建沿海港口原油吞吐量将达到 11 800 万 t（表 15-13）。

表 15-13　福建沿海港口原油吞吐量预测　（单位：万 t）

项目	2030 年
福建省本省炼化企业吞吐量	8 800
储备、贸易（含对台中转）吞吐量	3 000
合计	11 800

b. 成品油

成品油需求主要来自交通行业和一般工业消费，从今后发展看，经济的快速发展，家庭轿车的普及、机场规模的扩大、船舶数量的增加，成品油的需求将逐步增大。综合考虑成品油产能和陆上需求，预计 2030 年成品油吞吐量为 2400 万 t。

c. 液体化工品

未来，随着临港石化基地乙烯、丙烯等石化产品生产能力的扩大，码头配套设施建设及专业化船舶的使用，部分石化产品的外运将主要通过水路完成。预计 2030 年液体石化产品吞吐量为 600 万 t。

d. LNG

目前，中海油福建 LNG 一期工程的接收站已经建成投产，东固气田已经开始向福建供气。沿海港口接卸的 LNG 除满足本省需求外，还将通过建设海西天然气管网向周边省份供气。随着 LNG 接卸规模的扩大，综合预测 2030 年 LNG 吞吐量为 1000 万 t。

综合原油、成品油、液体化工品、LNG 吞吐量预测结果，预计 2030 年福建沿海港口石油及制品的吞吐量将达到 15 800 万 t，见表 15-14。

表 15-14　福建沿海港口原油吞吐量预测　（单位：万 t）

指标	2030 年
合计	15 800
原油	11 800

续表

指标	2030 年
成品油	2 400
液体化工品	600
LNG	1 000

3. 金属矿石

a. 铁矿石

目前福建省还没有专业化的矿石泊位，省内矿石需求主要由福州港、湄洲湾港及厦门港的通用泊位完成。2011 年福建沿海港口共完成铁矿石吞吐量 1382 万 t，其中外贸进口 1190 万 t，占总吞吐量的 86%。三大港口中福州港完成 571 万 t，占福建省沿海铁矿石吞吐量的 41.3%，厦门港完成 732 万 t，占 53.0%，湄洲湾港占 5.7%，港口完成的铁矿石接卸主要供应省内的三明钢铁集团及地方小钢厂，少量流向江西腹地。

通过论证福建沿海港口铁矿石运输系统，除本省腹地以外，福建省港口发展铁矿石运输的优势腹地为江西省的钢厂；对于湖南省的钢厂，可以作为该地区钢厂运输多元化需求的有效补充；而对于台湾地区的钢厂，福建省发展水中转的市场可以定位为中转巴西矿及发展保税贸易等，为中小钢厂服务。

基于以上分析，预计 2030 年福建本省钢铁企业上水铁矿石量为 1470 万 t；江西、湖南等地通过福建港口上水量为 2000 万 t；考虑中远期可逐步发展对台中转运输，预计台湾通过福建沿海港口进行中转运输的量为 400 万 t。

综上，可以得到福建沿海 2030 年铁矿石吞吐量将为 4270 万 t。

b. 其他金属矿石

2011 年福建沿海港口共完成其他金属矿石吞吐量 1071 万 t，主要是德盛镍业进口的镍矿石及腹地钢厂炼钢过程中添加的矿石辅料等。考虑相关冶金厂的扩能计划、腹地钢厂的辅料需求，以及少量地产矿省际调剂等因素，预计 2030 年其他金属矿石的吞吐量为 1600 万 t。

综合铁矿石及其他金属矿石的预测，可得 2030 年福建沿海港口的金属矿石吞吐量为 5870 万 t。

4. 钢铁

福建省内的钢铁厂生产钢铁的品种较为单一，且总产量有限，因此钢材还需进口，其中一部分进口为钢铁粗加工品，作为钢铁加工生产的原料使用，另一部分主要供给沿海城市的工业生产和城市建设。近几年，随着福建省工业化及城市化的不断推进，腹地钢铁需求逐年增加。2000 年通过沿海港口的钢铁吞吐量为 294 万 t，2011 年上升至 1268 万 t，年均增长率达到 14.2%。

未来，福建沿海港口钢铁吞吐量主要来自建筑、船厂及机械、汽车配件、装备制造等重点产业的发展，并相应考虑运输条件改善后腹地钢铁企业产品外运服务，以及适当的品种调剂等情况。由此预测 2030 年钢铁吞吐量将达到 2500 万 t。

5. 矿建材料

福建省港口矿建材料吞吐量主要由河砂及石材构成。由于福建省沿海地区河砂、海砂及石料储量丰富、质地优良、易于开采，长期以来矿建材料大量出口，主要供应华东沿海、日本和韩国。目前，除对港、澳、台出口天然砂实行出口许可证管理外，其他地区禁止出口，而对标准砂实行全球出口许可证管理。2011 年福建省沿海港口共完成矿建材料吞吐量 7207 万 t，其中砂的吞吐量 5120 万 t、其他矿建材料 2087 万 t。

在未来需求方面，考虑长远期我国基础设施与城市建设经历高速增长阶段后，对砂、石料的需求将趋于平稳增长的态势，预计未来河砂吞吐量增长将受到抑制，各类毛、碎石等建筑料石的矿建材料吞吐量逐步上升。由此预计2030年福建沿海港口矿建材料的吞吐量将达到12 000万t。

6. 粮食

福建省山多地少，是我国缺粮省份。随着经济发展，腹地对粮食的需求加大。目前粮食调入主要通过铁路和港口运输。2011年福建沿海港口共完成粮食吞吐量735万t，其中进港量为728万t，占99%。分港口看，粮食吞吐量主要集中在湄洲湾港和厦门港，2011年两港完成吞吐量564万t，占沿海港口吞吐量的77%。

随着经济发展、人口和工业用地的增加，沿海地区农田趋于减少，同时居民口粮自产不足，食品加工业和饲料加工用粮增加将进一步扩大福建粮食供应的缺口，未来福建省粮食调入，特别是外贸粮食调入将主要依靠港口完成。

综上考虑各方面需求和粮食生产能力，预测2030年福建省沿海港口粮食吞吐量为1600万t。

7. 木材

福建省木材产量集中于闽西、闽北等内陆山区，东部沿海较少。从资源方面看，福建省是我国木材主要产区之一，但由于保持水土的要求不断提高，天然林保护工程的全面实施，全省木材供应量正逐年减少。福建省木材消耗主要集中在造纸和家具制造两个行业。由于国内经济增长对纸品和家居木制品需求逐年加大，以及国外市场上我国家居物美价廉竞争力强，都拉动了福建省木材消耗量的逐年递增。

沿海地区所需木材除少量铁路调运外，大多由港口运进，基本为外贸进口。2011年福建省港口共完成木材吞吐量250万t。分港口看，木材吞吐量主要集中在湄洲湾港和厦门港，2011年两港共完成木材吞吐量244万t，占福建沿海吞吐量的97.6%。

考虑福建目前的木材消费市场及发展趋势，以及重点项目的建设时序及不确定性，预计2030年福建沿海港口的木材吞吐量将达到1000万t。

8. 集装箱

福建省自20世纪80年代末开展集装箱运输以来，经过初期的市场培育后进入了快速发展阶段，2011年完成集装箱吞吐量970万TEU，是1991年的88倍，年均增长率达到25.1%。2000年之前，集装箱平均增长率为36%，高出全国沿海港口平均水平6个百分点，这主要是因为福建省集装箱业务起步基数较小，在贸易与集装箱箱化率双重因素带动下发展迅速；2000年之后，集装箱增长速度有所减缓，受2008年全球金融风暴的冲击，2009年福建沿海港口吞吐量呈现负增长。总体来看，2009年之前，福建省沿海港口吞吐量发展速度低于全国平均水平，这主要是由于福建省的经济基础与沿海发达地区相比还比较落后，集装箱生成量与发达地区相比还有一定距离。2009年之后，随着海西经济区的建设，福建沿海港口吞吐量迅速提升，2011年达到970万TEU，且近两年增速都略高于全国平均水平，如图15-10所示。

分内外贸吞吐量来看，1997年之前几乎全部为外贸集装箱，1998年之后，开始逐步发展内贸集装箱业务。由于福建省产业结构以轻工业为主，与北方以重工业为主的产业结构存在较大互补性，加之福建特有的农副产品、石材加工等特种产业，内贸集装箱发展迅速。2001年以来，内贸集装箱平均增长率达到30%，比外贸集装箱的增速高出16个百分点，成为推动集装箱吞吐量增长的主要力量。2011年完成外贸集装箱吞吐量619万TEU，完成内贸集装箱351万TEU，如图15-11所示。

分港口看，逐步形成了福州港（福州港域）、厦门港（厦门港域）、湄洲湾港（泉州港域）三大集装箱港，其中厦门港（厦门港域）为福建省的集装箱干线港，2011年完成吞吐量647万TEU，其中内贸集装箱151万TEU，占总吞吐量的23.3%；福州港（福州港域）逐步发展成为主要的支线港，2011年完成吞吐量166万TEU，其中内贸集装箱53万TEU，占总吞吐量的31.9%；湄洲湾港（泉州港域）逐步发展成为福建省最大的内贸集装箱港，2011年完成集装箱157万TEU，其中内贸集装箱148万TEU，占总吞吐量的94.3%，见表15-15。

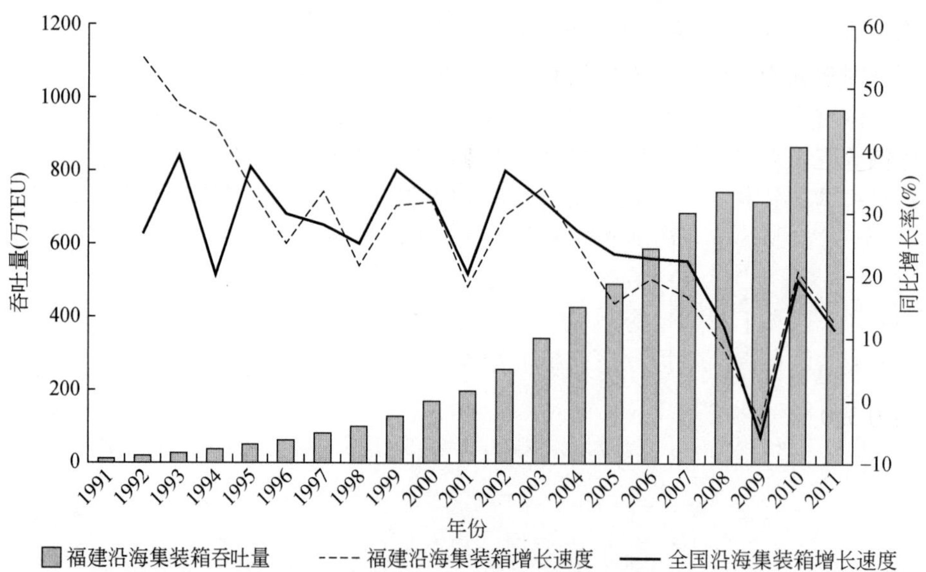

图 15-10 福建沿海港口集装箱吞吐量统计

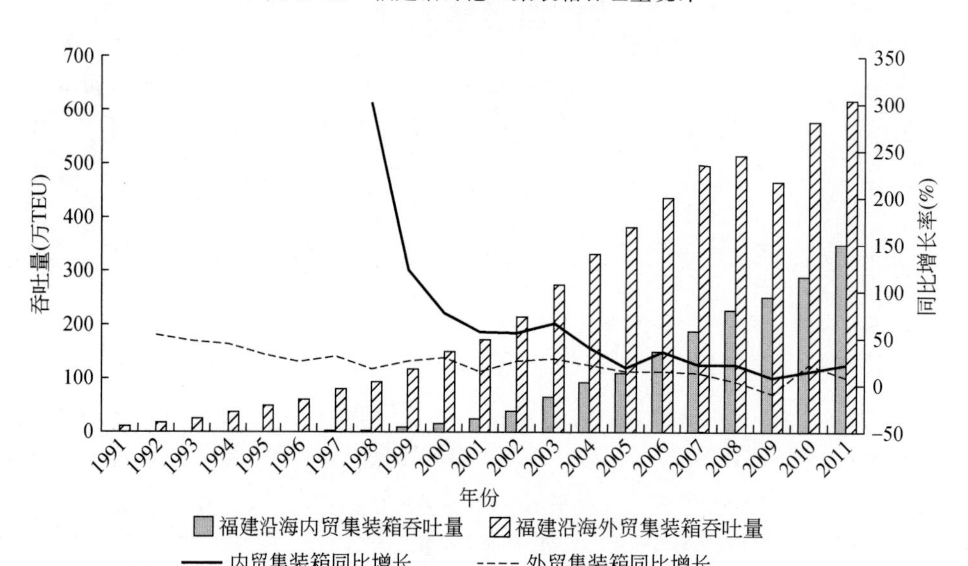

图 15-11 福建沿海港口内外贸集装箱吞吐量统计

表 15-15 福建沿海港口典型年度集装箱吞吐量 （单位：万 TEU）

港口	2000 年		2005 年		2011 年	
	吞吐量	其中：内贸	吞吐量	其中：内贸	吞吐量	其中：内贸
福州港	23	0.2	80	11	166	53
宁德港域	—	—	—	—	—	—
福州港域	23	0.2	80	11	166	53
湄洲湾港	4.2	3.6	64	61	157	148
莆田港域	0.7	0.1	1.2	0.3	0.7	—
泉州港域	3.5	3.5	63	60	157	148
厦门港	55	12	348	39	647	151
厦门港域	55	12	334	26	647	151
漳州港域	0.3	—	13	13	—	—

外贸集装箱生成量的规模是由外贸进出口额、适箱货比重、适箱货单位重量、箱化率、重箱平均货重、空重箱比例等因素共同决定的，外贸集装箱生成量预测主要采用与上述关键因素相关的多因素动态系数法进行预测；内贸集装箱主要同地区产业结构、适箱货比重、适箱货单位重量、箱化率、重箱平均货重、空重箱比例等因素有关，同样可以建立多因素动态系数法进行预测。

通过建立数学模型，预测2030年福建沿海港口的外贸集装箱吞吐量为2150万TEU；内贸集装箱吞吐量为1200万TEU。

（四）分港口吞吐量预测

分析福建沿海各港口的功能定位、资源条件、集疏运通道状况，预测2030年福州港、湄洲湾港、厦门港吞吐量分别为3.0亿t、3.3亿t、2.9亿t。具体预测结果见附录。

第五节　沿海港口发展建议

一、岸线资源评价

福建省海岸线为3752km，占全国海岸线的21.3%；沿海岛屿中面积大于500m^{2}的有1546个，岛屿岸线长2804km。沿海各设区市海岸线长度分别为：宁德市1046km、福州市920km、莆田市336km、泉州市541km、厦门市194km、漳州市715km。

目前，利用沿海岸线的主要是港口、临港工业、渔港、旅游、城市生活、养殖业等。福建省沿海已利用建港自然岸线为115.3km，占全省海岸线的3.1%，占规划利用建港自然岸线长度的19.3%，已利用深水建港自然岸线47.1km，占规划深水建港自然岸线长度的15%。

总体来看，福建省沿海岸线资源的主要特点有：以基岩海岸为主，岸线曲折，具有丰富的深水港口资源和良好的深水航道与锚地条件；海湾内水域宽阔，潮汐动力强，泥沙来源少，水体含沙量低，淤积较轻；沿岸地貌以丘陵台地为主，陆域偏窄，部分地区港口的陆域形成和道路建设投资大；受台湾海峡台风和风浪影响较大，但对掩护良好的海湾内港口影响不大；部分地区地震烈度较高。

二、运输条件分析

（一）港口条件分析

1. 福州港

福州港海岸线北起福鼎市与浙江省苍南县交界处的沙埕镇虎头鼻，南至福清、莆田两市交界处的江口镇，海岸线总长约1826km。其中，罗源湾、兴化湾、三都澳为建港条件最好的深水海湾。

罗源湾四面环山，腹大口小，出口朝向东北，岸线长约79.4km。罗源湾属强潮型海湾，湾内深槽水深一般在10m以上，罗源湾湾口的可门水道是进出罗源湾唯一通道，担屿岛将罗源湾航道分为南、北两支。北航道从可门水道经担屿北水道至将军帽航道长为12.7km，宽为350m、最小通航水深为26m、天然水深可满足30万t散货船不乘潮单向通航；南航道从将军帽至碧里作业区狮岐码头长约9km航道，宽为200m，最小通航水深为7.8m，满足5万吨级散货船单向乘潮通航要求。

兴化湾伸向内陆达30km，其10~20m深槽自湾口伸至湾顶江阴岛附近，水深稳定，为良好的通海水道。现江阴航道自台湾海峡国际航线至兴化水道口门，沿兴化水道20m天然深槽进入兴化湾，沿路屿航门进入江阴港区，全程约44.4km，可满足5万吨级集装箱船不乘潮双向通航。

三都澳区域面积达4577km^2，其中陆域面积为3863km^2，海域面积为714km^2，水深大于10m的水域有173km^2，主航道水深30～115m，无碍航暗礁，水道优良，大型船舶可随时进港。另外，三都澳口小腹大，掩护条件好、泊稳条件佳，深水岸线近90km，深水岸线资源丰富，具有较好的港口开发价值。目前，宁德深水岸线开发利用率还很低，大部分深水岸线还处于自然状态，开发潜力非常大。

2. 湄洲湾港

湄洲湾港海岸线北起莆田市江口镇江口大桥中点，南至与厦门市交界的菊江村，海岸线长约813km，深水自然岸线为24.5km，其中湄洲湾为建港条件最好的深水海湾。

湄洲湾自然岸线长约210km，水域纵深30余公里。湾内三面为山丘、台地环抱，沿海一带表层地质以淤泥质、砂质为主，下卧残积层、风化层基岩。湾口有湄洲、大小竹等岛屿构成的屏障，水深、港阔、纳潮量大，湾内掩护条件较好，尤其湾中部以上岸线泊稳条件优良。无大河流携沙入湾，航道和港池多年不淤，口门至海湾中部的进港航道水深为20～40m，锚地面积达25km^2。东吴、秀屿、肖厝、斗尾四处岸段水深均在15m以上，建港条件优越。目前，湄洲湾现有航道包括10万吨级主航道、福建炼油厂30万吨级进港航道、肖厝5万吨级进港航道、福建炼油厂10万吨级支航道、肖厝5万吨级进港航道及湄洲湾电厂码头支航道等。

3. 厦门港

厦门港海岸线北起与湄洲湾港交界的菊江村，南至广东省交界的诏安县，海岸线总长约1113km，其中厦门湾、东山湾为建港条件最好的深水海湾。

厦门湾是沿断裂构造发育的潮汐汊道型港湾，湾内水域宽阔，岸线曲折、湾中有湾，口外有岛屿掩护，港湾深入隐蔽，除湾口段和湾内局部岸段外，基本不受外海波浪侵袭；主要潮流通道和深槽水深、稳定，主槽水深达10～20m，为港口发展提供了天然的深水岸线、航道和锚地。近年来随着两岸关系的缓和，锚地附近疑存雷区的清除，主航道扩建三期工程提出了航道取直方案，建成后可满足15万吨级散货船和15万吨级集装箱船乘潮通航要求，目前该工程正在进行。

东山湾水域宽阔，南北纵深18 km，东西宽达11 km，岸线总长约110km，水域面积约180 km^2，湾口向东南，被塔屿（又称东门屿）分为东、西两口，东口宽为4 km，水深为20～30 m，西口宽为2 km，水深为10m以上。东山湾东侧有古雷半岛作屏障，湾内有虎屿、马鞍屿、大坪屿、亦屿、对面屿、铁钉屿等岛屿呈WN—ES向排列，有层层环抱之势，成为东山湾内的一道天然防波堤，减弱了东北向波浪的影响。湾内水域宽而深，许多地方水深10m以上，可以通行大型船舶，且具有天然深水航道和避风锚地。

（二）集疏运条件分析

1. 综合运输网络现状

目前，福建省沿海港口集疏运通道主要有“一纵两横”三条。其中，纵向通道分别由沈海高速公路、104国道、324国道、福厦铁路组成，是沟通沿海六市、连接南北两洲（长江三角洲、珠江三角洲）的重要运输通道；横向北通道由福银高速、京台高速、316国道、鹰夏铁路、峰福铁路构成；南通道主要由厦蓉高速、319国道及赣龙铁路构成。总体来看，福州港域、厦门港域初步建立了较为完善的运输通道，但其他港口、港区只能通过沈海高速公路组织疏港交通，导致港口与后方腹地缺少直接联系，竞争力不强。

2. 综合运输网络规划

根据相关规划，未来福建省的综合交通将构建“369海峡铁路网”及“三纵、八横、三环、三十三联”高速公路网，形成“两纵四横”的综合运输通道。

与福州港相关的运输通道：纵向主要有沈海高速公路及复线、长深高速公路、温福铁路、福厦铁路及沿海铁路货运专线；横向主要有京台高速公路、福银高速公路、宁德—上饶高速公路、衢宁铁路、北京—福州铁路、峰福铁路、向莆铁路（永泰分叉后引入福州站）。

与湄洲湾港相关的运输通道：纵向主要有沈海高速公路及复线、长深高速公路、福厦铁路及沿海铁路货运专线；横向主要有莆田—永定高速公路、泉南高速公路、向莆铁路、长永泉铁路。

与厦门港相关的运输通道：纵向主要有沈海高速公路及复线、长深高速公路、福厦铁路、夏深铁路及沿海铁路货运专线；横向主要有厦门—沙县高速公路、厦门—成都高速公路、古雷—武平高速公路。

三、港口总体发展思路

目前，海西经济区建设与周边地区经济合作进程加快，相互竞争日趋激烈，这不仅对海西经济区建设提出了新的要求，而且对福建沿海港口运输体系建设提出了更高要求。综合福建沿海港口的发展环境、发展条件、结合现代港口的发展理念，未来福建沿海港口的总体发展思路如下。

（1）以“大港口”为发展重点，充分发挥港口对海西经济区建设的支撑作用。

积极打造三大港口群，逐步形成面向世界、连接海峡两岸、促进对外开放、服务内陆腹地、带动临港产业、促进经济发展的规模化、大型化、信息化的海西港口群，实现福建省港口跨越式发展，实现海西经济区发展战略目标的要求。

（2）以“综合交通”为发展理念，加强港口同其他交通方式的协调发展。

发挥港口在综合交通运输体系中的龙头作用，对各种运输方式进行统一规划、建设与管理，形成规模化、集约化、快捷高效、结构优化的现代集疏运体系，实现多种运输方式协调发展，增强港口物流服务的集聚效应。

（3）以“服务两岸”为发展特色，发挥港口在两岸交流中的纽带作用。

依托福建沿海港口较为完善的基础设施和规划的海峡通道布局，加强两岸经贸合作和人员往来，争取在两岸“三通”上有更大作为、有更多贡献、有更重地位，在福建沿海与台湾直接往来上有拓展、有创新、有特色，推进福建沿海港口成为中西部省份进出台湾的重要海上通道和两岸“三通”的前沿平台。

（4）以“转型升级”为战略导向，集约利用港口岸线、土地和海洋资源，推动绿色安全港口建设，提高港口的可持续发展能力。

抓住经济增长方式调整优化的历史契机，坚持合理高效、低碳、可持续的原则，转变港口发展理念和模式、有效实施港口结构调整与资源整合、着力拓展港口服务功能、大力推动港口绿色安全发展、提高港口企业效益、提升港口技术保障水平，构建布局合理、要素完善、功能齐全、节能环保、服务先进的现代港口体系。

四、港口规划布局建议

（一）总体布局建议

按照《福建省建设海峡西岸经济区纲要（修编）》的要求，经过一段时间港口资源整合和建设，福建将形成北（福州港）、中（湄洲湾港）、南（厦门港）三大港口齐头并进的发展局面。

1. 福州港

功能定位：国家综合运输体系的重要枢纽、我国沿海主要港口；做大做强省会中心城市，全面实现工业化的重要依托；福州市、宁德市发展外向型经济和连接国际市场的重要支撑；对台“三通”的重要口岸。

发展方向：依托外海港区规模化的开发及江阴保税物流园区的建设，逐步发展成为以能源、原材料等大宗物资运输为主，集装箱协调发展的区域航运枢纽港。

服务范围：以闽中、北地区为主，随着综合运输网不断完善，将为浙、赣、湘的部分地区提供运输服务。

2. 湄洲湾港

功能定位：我国东南沿海地区综合运输体系的重要枢纽；东南沿海及中西部地区大宗散货中转基地、国家战略物资储备基地；海西经济区承接台湾产业转移的依托和对台“三通”的重要口岸；福建省、莆田市和泉州市国民经济发展的基础，发展临港工业和现代物流业的重要依托。

发展方向：充分发挥大型能源企业及临港工业的带动作用，以能源、原材料等大宗物资和内贸集装箱运输为主，逐步发展成为特色鲜明的散货物流中心和内贸集装箱枢纽港。

服务范围：以泉州市、莆田市为主，随着综合运输网不断完善，其腹地范围将扩展至周边地市及赣、湘的部分地区。

3. 厦门港

功能定位：我国集装箱干线港、国家综合运输体系的重要枢纽、我国沿海主要港口；海西经济区率先实现现代化的重要依托；福建调整产业结构、优化生产力布局、加快新型工业化进程和基本实现工业化的重要支撑；福建及周边地区扩大对外开放和全面参与经济全球化的战略资源；海西经济区经济社会发展的重要平台，对台“三通”的重要口岸。

发展方向：充分发挥厦门集装箱干线港、保税港区和特区政策优势，将厦门港建成集装箱运输为主、散杂货运输为辅、客货并举的国际航运枢纽港和国际集装箱中转中心。

服务范围：覆盖整个海西经济区，随着地区综合运输网不断完善，其腹地范围将扩大到赣、湘等其他内陆地区。

（二）主要专业化码头布局建议

1. 煤炭

目前，福建省煤炭消耗量的70%需要通过省外调入，其中通过港口以海运方式调入的量占到省外调入量的85%以上，沿海港口在全省煤炭调入中发挥了主导作用。

未来，福建沿海港口的煤炭运输将主要服务于本省，并且随着福建省沿海港口腹地拓展战略的实施，赣龙复线、向莆铁路等的建成，江西境内的火电厂、钢铁厂等用煤大户将有部分煤炭通过福建沿海港口运进。

综合考虑未来福建省及周边地区海运煤炭需求发展趋势、分地区分布、港口条件等因素的基础上，对未来福建省沿海港口煤炭码头布局的主要建议如下。

（1）结合未来福建沿海电厂和临港工业煤炭运输需求情况，建议在福州港、湄洲湾港和厦门港布局建设5万~10万吨级及以上的大型煤炭接卸码头。

（2）从铁路运输看，福州港接卸煤炭的优势腹地主要集中在赣东北地区，湄洲湾港的优势腹地主要集中在赣西南地区，建议在两港布局建设大型煤炭码头，提供煤炭水陆中转和物流加工等业务。

（3）考虑台湾与大陆关系的不确定性，近期不推荐福建沿海港口发展对台煤炭中转业务，远期推荐福州港开展对台煤炭中转业务。

2. 原油

目前，石化产业已经发展成为福建省三大主导产业之一，现阶段福建省石化产业在龙头项目的带动下，呈现跳跃式发展，在国内石化产业中的地位不断提升。并且石化产业布局发生重大变化，开始向沿海集聚发展，产业集中化程度明显提高。

结合福建省及周边地区石化产业发展规划，未来福建省及周边地区原油需求主要来自三个方面：一是福建省大型炼化企业原油进口需求；二是在环三都澳区域、湄洲湾区域的原油储备、原油贸易的运输需求；三是对台中转需求。

综合考虑未来福建省石化产业等的原油需求发展趋势、分地区分布、原油的流量和流向、港口条件、航道条件等因素的基础上，对未来福建省沿海港口原油泊位布局的主要建议如下。

(1) 考虑到福建省大型炼厂原油需求的稳定性和需求量大的特点，推荐在湄洲湾港（泉州港域）、厦门港（漳州港域）尽量建设30万吨级大型原油接卸泊位，远期根据环三都澳石化产业的发展情况适时建设30万吨级的原油接卸泊位。

(2) 考虑福州沿海岸线石化企业发展具有小规模的运输需求，同时结合未来福建省建设原油交易储备基地的发展需求，可在湄洲湾港（泉州港域）布局建设大型原油转运中心，提供原油中转业务。

(3) 考虑台湾与大陆关系的不确定性，近期不推荐福建沿海港口发展对台原油中转业务，远期推荐湄洲湾港（泉州港域）开展对台原油中转业务。

3. 铁矿石

目前福建省还没有专业化的矿石泊位，省内矿石需求主要由福州港、湄洲湾港及厦门港的通用泊位完成。随着向莆铁路、龙厦铁路等通往中西部地区运输通道的建设，服务范围将延伸至江西、湖南等地区，并具备中转台湾的可能。

综合考虑未来福建及周边省份冶金产业的发展趋势、分地区分布、铁矿石运输流量和流向、港口条件、航道条件等因素的基础上，对未来福建省沿海港口铁矿石专业化泊位布局主要建议如下。

(1) 与三都澳、罗源湾等具备建设大型矿石泊位的港区相比，湄洲湾港（东吴港区）距腹地主要钢厂的铁路距离近40～80km，结合港口建设条件，推荐在湄洲湾港集中布局建设20万吨级以上大型铁矿石接卸码头。

(2) 罗源湾、三都澳等自然水深可直接满足30万吨级矿石船的吃水要求，远期根据福建省冶金产业的发展程度，可在两港区布局30万吨级矿石码头，引导大型钢厂向该地区布局。

(3) 同煤炭、原油类似，近期不推荐发展对台中转铁矿石业务，远期可利用湄洲湾港大型矿石泊位的条件，发展对台铁矿石中转业务。

4. 集装箱

目前福建沿海集装箱运输格局已基本形成，逐步形成了福州港（福州港域）、厦门港（厦门港域）、湄洲湾港（泉州港域）三大集装箱港。其中，厦门港（厦门港域）为福建省的集装箱干线港；福州港（福州港域）逐步发展成为主要的支线港；湄洲湾港（泉州港域）逐步发展成为福建省最大的内贸集装箱港。

未来随着海西经济区的逐步发展和经济、产业结构调整步伐的加快集装箱发展潜力很大，但同时也将面临着来自周边地区港口的激烈竞争。

综合考虑未来福建及周边省份经济及产业的发展趋势、港口条件、航道条件等因素的基础上，对未来福建省沿海集装箱专业化泊位布局主要建议如下。

(1) 福建省70%以上的外向型经济都集中在厦泉漳地区，需继续加强厦门港集装箱码头的建设，并借助“无水港”及国际中转业务的发展拓展陆向及海向腹地，建成东南沿海最主要的国际集装箱干线港。

(2) 根据以福州为中心的闽北地区外向型经济的发展程度逐步发展福州港集装箱干线运输，形成与厦门港优势互补、协作分工的集装箱干线港布局。

(3) 根据港口直接服务地市及临港经济的发展程度，福州港宁德港域、湄洲湾港、厦门港漳州港域逐步发展近洋航线及内支线运输，形成干线、支线、喂给层次分明的集装箱运输网络。

(4) 内贸集装箱方面，形成以湄洲湾港（泉州港域）为中心港，以厦门港（厦门港域）、福州港（福州港域）为主要港口的布局，服务福建本省、辐射江西、湖南等内陆地区，并为广东等沿海地区内贸集装箱中转服务。

5. 滚装运输

经过改革开放，福建省沿海滚装运输得到初步发展。目前福建省对台滚装运输进入新的发展阶段，闽台客货运输为密切两岸合作交流起到重要作用。

但闽台客货滚装运输还处于发展的初期，现有营运滚装码头泊位小而散、对台本岛滚装定期班轮航线航班较少，缺乏竞争力和影响力。未来随着两岸合作交流的日益密切，闽台客货滚装运输需求将快速增长。

综合对台运输的发展需求，未来福建沿海对台滚装运输的发展建议如下。

(1) 依托福州、厦门、泉州三大中心城市，逐步形成福州港（福州港域）、湄洲湾港（泉州港域）、厦门港（厦门港域）三个闽台滚装运输的主通道，并争取开通厦门、福州直达台湾本岛的邮轮客运航线。

(2) 近期推荐福州—基隆、福州—高雄、泉州—台中、厦门—台中、厦门—高雄等航线；中期增加莆田—台中、泉州—高雄等航线；远期增加宁德—基隆、漳州—高雄等航线。

五、港口环境保护建议

1. 加强港口规划设计环节环境因素的作用

注重港口规划设计阶段环境因素的作用，从源头降低港口对环境的负面影响。

首先，应加强港口及码头的选址研究工作，避免在自然保护区等敏感水域及其附近建设噪声及振动影响较大和施工作业较多的港口码头，尽可能避免对水动力条件和沉积物环境的扰动及改变，尽可能减少对底栖生物、鱼卵仔鱼和渔业资源的损害，对于不得已而造成的扰动和损害要及时采取弥补湿地、人工鱼礁和增殖放流等适当的生态补偿、修复对策，帮助生态环境尽快恢复其正常功能。

其次，港口规划应当体现合理利用岸线资源的原则，遵循“深水深用、浅水浅用”的原则，集约使用岸线资源建设港口。结合区域特点和岸线情况，合理开发近海岛屿岸线。减少海湾内大规模填海造陆工程，避免因围填海而造成海湾面积缩小、生境变化、水体交换能力下降、航道淤浅、码头港池淤积加剧等严重影响海湾资源可持续利用的现象出现。

再次，在岸线不可再生的强力约束下，深入研究港口功能定位和可持续发展。根据港口的区位优势、自然条件、发展规模和发展潜力等，分层次、分系统和分区域规划港口布局，形成统一规划、层次分明、合理分工、大中小结合的港口体系，实现地区之间、码头类型之间的协调发展。

最后，在具体港口规划设计中重视港口生态规划，加强与城市生态规划、设计相衔接，充分考虑借助、协调城市生态环境的“边缘效应”提升港区的环境质量；并且在设计中力求在平面布置、结构设计、构建生产运营系统等方面，应用先进、成熟的节能环保技术，体现生态修复理念和措施，使港口对生态环境的影响降至最低。

2. 重视港口建设过程中的污染防治措施

为将污染降至最低，港口施工过程中，严格按环保有关规定，采取系列污染防治措施。

港口疏浚、挖泥作业采用产生悬浮泥沙少的挖泥船，严格到指定抛泥区抛泥；造陆采用先筑围堰后抛泥的施工程序，以减少流入海中的淤泥量。采用防污帘和沉降剂等措施，以减轻悬浮物对海域浮游生物的影响。

陆域施工时，及时清扫道路上的散落物，在回填区和进场道路进行必要的洒水和覆盖措施，防止沙尘污染大气。

采用符合噪声标准的施工设备，并采取消声、隔声措施。控制施工时间，最大限度降低噪声危害。

建筑垃圾设置垃圾堆场，分类集中堆放并且及时清理；生活垃圾设置垃圾袋（箱）收集，由市政垃圾车外运处理。

3. 积极推广先进的港口作业方式

码头、堆场等使用的陆上运输机械漏油是港口作业的主要污染源之一。“油改电”工艺在国内外港口作业中有过成功的实践，轮胎式集装箱门式起重机是集装箱作业的重要机械，厦门港应用节能技术对轮胎式集装箱门式起重机进行“油改电”，改造后集装箱吊运作业单箱能耗下降50%，单箱作业成本下降70%。该项目全面推广，将极大地减少环境污染、降低作业噪声、增强设备运行安全、节能减排。

4. 重点强化港口生产运营中的环保措施

国内大中型港口在生产运营中已积累了众多环境保护的措施，尤其是对污染严重的大宗散货，福建省港口在发展过程中应充分借鉴这些先进的措施，减少对环境的影响。

a. 粉尘防治措施

码头采用先进的除尘、防尘技术和设备，最大限度地降低粉尘排放量。以湿式防尘为主、干式除尘为辅，在装卸、堆存、搬运等主要起尘环节洒水抑尘、密闭防尘。

b. 有害气体污染防治措施

化工原料及制品装卸、储存、木材熏蒸在指定区域进行，并采用毒性较小的熏剂，同时加强对操作人员的劳动保护；码头辅助区设卫生防护区和防护林带，以吸附有毒、有害气体。

c. 港区污水防治措施

港区排水采用雨污水分流排水体制。港区产生的含矿、含油等生产污水及生活污水应集中收集，经污水处理厂处理达标后排放。港区停靠码头的船舶机舱含油水应严格执行有关规定，由船舶配备的油水分离器处理，含油浓度低于15mg/L后按海事部门的有关规定排放。

d. 噪声污染防治措施

各功能区合理布局，将高噪声机械作业区集中布置并远离生活区，港区机械选用低噪声动力设备，并设隔声、消声装置，控制夜间作业时间，保证港区周围声环境质量。进出港车辆限速行驶，禁止鸣笛或限用低噪声喇叭。港区生产区、生活区、办公区保持合理间距，并以绿化带隔离，降低噪声传播距离。港区道路两侧、机房四周进行防护绿化。

e. 固体废弃物防治措施

建立垃圾站收集陆地、船舶垃圾，配备清扫车、垃圾箱和清运车，及时把垃圾运出并送到指定地点集中处理。

f. 港口绿化和美化

绿化是综合性防治污染措施，港区为消音、除尘、绿化美化环境，应统一规划和实施绿化工程。

5. 危险品事故溢出的防范措施

建立事故应急反应中心，设立以海事、港务、环境保护等部门组成的区域事故应急领导小组，制定区域和港口应急计划，通过组织开展港口与船舶溢油事故综合演习等方法，加强应急能力培训。配备围油栏等应急设施，及时处理化工、油品和其他有毒、有害物质溢出事故和其他事故，防止引起水体的污染和其他危害，使港区事故性危险品泄漏得到及时处理。

6. 加强港区环境监测与监督管理

港口的环境监测工作应由环境监测站定期进行。港区应成立环保管理机构，配备专职环保管理人员负责港区环境管理和监测。

六、近期发展的重点

根据海西经济区的相关发展规划，福建沿海港口将围绕发展大港口、大通道、大物流，积极整合港湾资源，加快建设海西北部、中部、南部三大港口群，加快建成福州港、湄洲湾港、厦门港三个亿吨级以上大港，形成面向世界、服务中西部发展的现代化、规模化、集约化港口群。

结合未来福建沿海港口的总体规划布局，建议近期发展的重点如下。

1. 继续扩大港口基础设施规模

重点加快罗源湾、湄洲湾内20万吨级以上大型干散货码头和深水航道建设，适应国际航运市场船舶大型化、航线网络化等发展要求；继续推进江阴港区、厦门湾集装箱码头建设；加强各类工业园区、开发区、台商投资区配套的港口基础设施建设，提供基础设施保障；加强沿海港口对台客运、滚装码头建设，适应两岸发展要求。

2. 调整优化港口布局和结构

巩固和提升厦门港集装箱干线港地位，着力培育发展福州港江阴港区集装箱干线运输，做大做强湄洲湾港石湖港区内贸集装箱运输；加快形成湄洲湾、罗源湾大宗散货接卸转运中心；坚持新建与技术改造相结合，推进老港区功能调整和结构优化，促进港口结构升级和港城协调发展。

3. 强化港口集疏运体系

充分发挥内河、铁路、公路等多种运输方式的比较优势，因地制宜，构建经济合理、保障有力的港口集疏运体系。

内河方面，首先以闽江为发展重点，着力解决闽江水口和沙溪口坝下水位下跌问题，保障闽江干支和江海直达运输通道；逐步解决其他流域内河航道问题；同时推进内河航运船舶船型标准化，提高内河航运能力。

铁路方面，在现有鹰厦、外福、横南、梅坎、赣龙等进出省通道的基础上，加快龙厦、向莆、宁衢等横向铁路的建设，构建辐射中西部的大能力运输通道；并注重福州、厦门和湄洲湾港口铁路的衔接与配合，提高系统整体效率与能力。

公路方面，继续推进“三纵、八横”高速公路网的建设，并注重完善疏港高速与外部路网的衔接，充分发挥公路“门到门”运输的优势，提高港口机动灵活的集疏运能力。

4. 完善港口公共配套设施

加快港口供电、供水、通信、环保和口岸联检设施等公共配套设施建设，提高沿海港口公共配套设施整体水平和运行效率。加快港口EDI（电子数据交换）信息平台建设，提高港口信息化水平。

5. 拓展港口服务范围

发展环境上，一是改善口岸监管环境，提高港口通关效率；二是在海关、运输、税收等方面出台优惠政策，降低港口综合运输成本；三是加大与中西部省份、台湾地区的交流与合作，营造良好的互动发展空间。

港口功能上，用好沿海保税区、出口加工区等方面的政策优势，大力发展中转运输业务；在港口地区建设分拨中心、配送中心、流通加工中心等，提高港口现代物流的服务水平；大力推进腹地“无水港”建设，提升港口辐射范围和有效带动空间；并进一步完善交易功能，引进金融机构等相关服务行业，提高现代港口的综合服务能力。

6. 提高港口可持续发展能力

全面提升沿海港口规模化、集约化、专业化和现代化水平，推进港口节能减排，提高岸线利用效率，建设生态型、节约型港口；大力拓展港口服务临港产业功能，促进临港工业集聚，推动临港产业与港口良性互动发展；进一步拓展港口物流功能，推动港口功能转变升级，促进现代港口物流业发展。

第六节　政策保障措施

1. 抓紧编制沿海港口总体布局规划，进一步强化规划在港口发展中的擎领作用

结合港口资源整合和海西经济区发展要求，尽快修编福建省沿海港口布局规划和资源整合后的沿海各港口总体规划。以规划为依据，加强对港口陆域、海域、岸线等资源的管理，特别是沿海重点岸线、大型深水港址岸线的保护和开发利用管理。同时建立港口岸线后方陆域土地使用协调机制。

2. 理顺港口管理体制，加快推进沿海港口资源的整合力度

2006 年 1 月福建省成功将厦门港、漳州港和漳州开发区港口合并成立新的厦门港，2009 年 4 月将莆田港和泉州港的湄洲湾南北岸整合为湄洲湾港，并组建湄洲湾港口开发有限责任公司，负责湄洲湾港口整体开发建设。厦门港、湄洲湾港的整合，为建设亿吨级港口群提供了机制保障。在下一步的发展中，福建省应巩固提升厦门港、整合优化福州宁德港、加快开发湄洲湾港，进一步加大沿海港湾资源整合力度，构建对应海西经济区北部、中部、南部的三大港口群。

3. 构建以港口为核心的综合运输协调发展保障体系

首先，应明确“大港口、大交通、大物流”发展战略中港口的核心地位；其次，加强以港口为核心综合运输发展政策、标准规范的研究，促进各种运输方式政策标准的衔接，完善运输服务标准，推进公铁联运、海铁联运发展；最后，建立和完善区域综合运输协调机制，加强沟通与协调，及时调整、完善相关的运输政策、服务标准，使港口为核心的交通一体化建设得到保障。

4. 继续扩大港口开放度

2008 年国家批准建设厦门海沧保税港区是福建省沿海港口扩大开放的重要举措。为进一步扩大福建沿海港口开放度，要在加快建设海沧保税港区的同时，扩大保税港区政策的覆盖范围，积极推动福州保税区、厦门象屿保税区及保税物流园等与港口实施“区港联动”。

5. 继续实施港口投资和经营多元化政策

鼓励和吸引实力强的国内外各种经济成分企业在闽依法按照港口规划，独资、合资建设港口基础设施。大力支持省、市政府主导的港口资源规模化开发，推动港区（作业区）连片发展；优先支持中央企业、大型国有企业参与港口开发和经营；优先支持有实力的大陆企业和台资企业来闽投资建设码头。

6. 加强港口环境保护措施监管

完善港口环境保护法律法规体系的实施条例，制定港口节能减排管理办法；建立港口环境保护管理体系，实施全过程环境监督管理，完善落实“政府引导、企业主体、社会参与、市场运作”的运营机制；并针对船舶溢油、散装化学品泄漏、赤潮等主要环境风险事故，建立突发性环境风险事故领导小组，制定港口环境风险应急预案，并建立福建沿海港口突发性环境风险应急决策支持系统，强化对环境突发事件的应急管理。

7. 用好“先行先试”政策，开创闽台港口合作新机制

抓住国家推进海西经济区发展的良好机遇，进一步发挥厦门经济特区在对台方面的先行先试作用，推进福州（平潭）综合实验区建设，使之成为两岸交流合作先行先试和海西经济区科学发展先行先试的综合实验区，并在此基础上，探索海西经济区港口群与台湾港口的交流合作机制，营造两岸港口合作发展的新局面。

参考文献

蔡秀玲 . 2009. 福建省港口腹地拓展研究 . 华侨大学学报，(3)：29-37.

陈成栋 . 2008. 海西港口开发与环境保护的协调发展 . 发展研究，(8)：101-103.

陈刚，熊仕林，谢菊娘，等 . 1995. 三亚水域造礁石珊瑚移植试验研究 . 热带海洋学报，(3)：51-57.

陈晓清，崔鹏，韦方强 . 2006. 良好植被区泥石流防治初探 . 山地学报，24 (3)：333-339.

崔鹏，林勇明 . 2007. 自然因素与工程作用对山区道路泥石流、滑坡形成的影响 . 灾害学，22 (3)：11-16.

丁祥焕，王耀东，叶盛基 . 1999. 福建东南沿海活动断裂与地震 . 福州：福建科学技术出版社 .

江传捷，郑汉钊 . 1997. 闽江河口潮区界上延变动成因初探 . 水利科技，(4) . 48-50，23.

李怀根 . 1992. 闽江下游河槽冲淤分析 . 水利科技，(1)：7-15.

廖宝文 . 2010. 中国红树林恢复与重建技术 . 北京：科学出版社 .

林丹军，尤永隆，苏雪红，等 . 2009. 闽江中下游鱼类资源现状调查与分析 . 亚热带资源与环境学报，4 (4)：1-10.

林勇明，陈建忠，吴承祯，等 . 2011. 闽北森林对持续性强降雨作用的反馈与恢复对策 . 中国农学通报，27 (8)：13-16.

刘杰，刘桂萍，李丽，等 . 1999. 基于大陆地震活动特点建立的简化动力学模型——细胞自动机模型 . 地震，19 (3)：230-238.

刘荣成，2010. 中国惠安治阳江红树林 . 北京：中国林业出版社 .

宋友好 . 1996. 闽江下游北港河道急剧刷深的原因分析 . 水利科技，(3)：37-39，43.

孙英，蔡体录，柴加龙，等 . 1983. 闽浙山溪性河口的径流特性及其对河口的冲淤影响 . 东海海洋，(2)：29-35.

谭忠盛，罗时祥 . 2009. 琼州海峡铁路隧道方案初步比选分析 . 中国工程科学，11 (7)：39-44.

谭忠盛，王梦恕 . 2013. 渤海海峡跨海隧道方案研究 . 中国工程科学，15 (12)：45-51.

王浩 . 2010. 湖泊流域水环境污染治理的创新思路与关键对策研究 . 北京：科学出版社 .

王浩，王建华，秦大庸，等 . 2006. 基于二元水循环模式的水资源评价理论方法 . 水利学报，37 (12)：1496-1502.

王梦恕 . 2008. 水下交通隧道发展现状与技术难题——兼论台湾海峡海底铁路隧道建设方案 . 岩石力学与工程学报，27 (11)：1-5.

王梦恕 . 2013. 渤海海峡跨海通道战略规划研究 . 中国工程科学，15 (12)：4-9.

文明章，吴滨，林秀芳，等 . 2011. 福建沿海 70 米高度风能资源分布特点及评估 . 资源科学，33 (7)：1346-1352.

翁清光 . 2008. 福建省港口腹地拓展如何突破 . 福建交通，(3)：40-42.

辛林 . 1998. 两岸直航对福建海港港口腹地的影响和对策 . 集美大学学报：社会科学版，(3)：87-95.

徐刚 . 2012. 关于福建海洋生态环境问题的几点思考 . 福建行政学院学报，(1)：98-101.

徐心群 . 1991. 闽江下游南、北港分流口航道整治效果分析 . 水利科技，(1)：30-38.

薛志勇 . 2005. 福建九龙江口红树林生存现状分析 . 福建林业科技，32 (3)：190-193.

张晓龙，李培英 . 2004. 湿地退化标准的探讨 . 湿地科学，2 (1)：36-41.

张月娥 . 2006. 港口的环境保护与可持续发展 . 行业纵深，(8)：16-17.

赵一阳，鄢明才 . 1993. 中国浅海沉积物化学元素丰度 . 中国科学：化学，23 (10)：1084-1090.

赵一阳，鄢明才 . 1994. 冲绳海槽海底沉积物汞异常——现代海底热水效应的“指示剂” . 地球化学，(2)：132-139.

Kuesel T R. 1997. 直布罗陀海峡的桥隧通道方案 . 王英译 . 世界隧道，(5)：36-41.

Ambraseys N N，Menu J M. 1988. Earthquake induced ground displacements. J M Earthq Engng Struct Dynam，16 (7)：985-1006.

Brunetti M T，Guzzetti F，Rossi M. 2009. Probability distributions of landslide volumes. Nonlinear Processes in Geophysics，16 (2)：179-188.

Caine N. 1980. The rainfall intensity-duration control of shallow landslides and debris flows. Geografiska Annaler，62 (1/2)：23-27.

Hunasaki T. 1999. Mechanizing and construction result of world largest diameter tunnel for Trans-Tokyo Bay Highway//Torjus A T. Challenges for the 21st Century：Proceedings of the World Tunnel Congress'99. Rotterdam：A. A. Balkema.

Jibson R W，Keefer D K. 1992. Analysis of the seismic origin of a landslide in the New Madrid Seismic Zone. Seismological Research Letter，(3)：427-437.

Malamud B D，Turcotte D L，Guzzetti F. 2010. Landslide inventories and their statistical properties. Earth Surface Processes & Landforms，29 (6)：687-711.

Newmark N M. 1965. Effects of earthquakes on dams and embankments. Géotechniques, 15 (2): 139-160.
O'Brien J S, Julien P Y. 1988. Laboratory analysis of mudflow properties. Journal of Hydraulic Engineering, 114 (8): 877-887.
Stark C P, Hovius N. 2001. The characterization of landslide size distributions. Geophysical Research Letters, 28 (6): 1091-1094.

附　　录

附表 1　分货类吞吐量预测　　　　(单位：万 t)

货类	2030 年					
	合计		进港		出港	
		外贸		外贸		外贸
合计	92 000	47 040	62 240	33 090	29 760	13 950
煤炭	15 820	5 400	15 200	4 900	620	500
石油	15 800	12 050	11 850	11 050	3 950	1 000
原油	11 800	10 600	10 150	10 000	1 650	600
金属矿石	5 870	5 570	5 220	5 170	650	400
钢铁	2 500	580	2 000	500	500	80
矿建材料	12 000	2 900	6 500	500	5 500	2 400
木材	1000	900	970	900	30	
粮食	1 600	600	1 570	600	30	
集装箱	30 560	16 340	15 280	8 170	15 280	8 170
（万 TEU）	3 350	2 150	1 675	1 075	1 675	1 075
其他	6 850	2 700	3 650	1 300	3 200	1 400

附表 2　2030 年分港口吞吐量预测　　　　(单位：万 t)

货类	合计	福州港			湄洲湾港			厦门港		
			宁德港域	福州港域		莆田港域	泉州港域		厦门港域	漳州港域
合计	92 000	29 680	6 880	22 800	32 960	11 780	21 180	29 360	15 930	13 430
煤炭	15 820	6 700	1 800	4 900	5 620	3 620	2 000	3 500	1 100	2 400
石油	15 800	2 400	1 900	500	9 000	2 400	6 600	4 400	800	3 600
原油	11 800	1 650	1 500	150	7 650	1 750	5 900	2 500	0	2 500
金属矿石	5 870	2 200	200	2 000	2 450	2 200	250	1 200	1 050	150
钢铁	2 500	1 200	450	750	650	150	500	650	250	400
矿建材料	12 000	4 600	1 000	3 600	3 800	1 300	2 500	3 600	2 100	1 500
木材	1 000	90	40	50	610	510	100	300	20	280
粮食	1 600	500	150	350	630	400	230	470	170	300
集装箱	30 560	9 740	640	9 100	8 180	730	7 450	12 640	8 540	4 100
（万 TEU）	3 350	1 070	70	1 000	880	80	800	1 400	950	450
其他	6 850	2 250	700	1 550	2 020	470	1 550	2 600	1 900	700

注：漳州港域包括厦门湾内在漳州境内的作业区

农村城市相和谐，共展韧性强国基
（代后记）

作为中国工程院重大咨询项目的这份研究成果，得到国家领导人与国家发展和改革委员会的重视与支持。这些年来，福建省作为海西经济区的重要核心区，也取得了很好的发展。

中国作为拥有14亿多人口的大国，于2010年时成为世界第二大经济体，于2021年初宣告我国脱贫攻坚战取得了全面胜利。在2021年庆祝中国共产党成立一百周年之际，中国宣告全面建成了小康社会，历史性地解决了绝对贫困问题。这是伟大的成就！全国欢腾，举世瞩目，难能可贵！中华民族迎来了从站起来、富起来到强起来的伟大飞跃。福建作为第一个生态文明建设示范区，今后应更好发挥示范作用。

2021年初，《中共中央 国务院关于全面推进乡村振兴加快农业农村现代化的意见》发布，全国围绕“乡村振兴”这个目标积极响应，我也在此说说我的理解。

农村要更好地发展，与城市快速发展相适应，这是非常必要的。农村不能很好发展，城市发展再好，也是根基不牢的。

中国共产党团结带领中国人民，推翻了帝国主义、封建主义、官僚资本主义三座大山，建立了人民当家作主的中华人民共和国，之后又团结带领中国人民，自力更生、发愤图强，创造了社会主义革命和建设的伟大成就。其中有不少曲折，这也是必然的，因为没有前人做过这样伟大的事业。

在改革开放40多年后的今日，中国取得的成就是举世公认的。在这样的情况下，党中央提出“乡村振兴”，这个目标很明确，但也是艰巨重大的任务。要让广大农村都振兴，与城市发展融为一体，这是伟大的事业，也是伟大的目标和任务。

我有关于更好发展农业、发展农村的想法也是很久了。前两年在福建省农业科学院成立60周年的庆祝会上，我作了题为“做顶天立地人，保国泰民安基”的报告，就呼吁要注意农业，特别是粮食安全，以及农村和城市融合发展的问题。

党中央高屋建瓴地提出“乡村振兴”这一重大战略，各个行业、各方面的科学研究，都应当相随而行，地质环境这方面的研究，更是应当先行，为此我想提几点想法。

一、城乡融合发展的主要内涵

一个城市拥有相应较大面积的农村，分散的农村人口相对集中居住于县级及地区级城镇。省级都市人口虽多，但所管辖的地区内的农村人口还是居多数，只有特大城市，如首都及直辖市等，所管辖的农村人口相对要少些，如北京、上海、广州、深圳、天津、重庆等。但是其辖区内的农村居民已有不少成为新兴产业的工人。

这里强调的是省级以下地区农村的发展如何与相应城市的发展相和谐，这种和谐不是让农村也像城市一样，高楼大厦林立。农村振兴过程中，要发展多种产业。

1. 绿色生态、和谐发展的基本农业

基本原则是，绿色生态环境下的农产品供应，首先能满足或大部分满足其对应的城市的需求，其中包括主粮、菜蔬、水果、肉类、蛋奶等。这里说的是尽可能满足，通常也需要多些品种，就需要和管辖区外的地区进行相应的农产品输入交易。这种和谐不是不和外地城镇农村有一定的交易关系，而是体现了相依存的城市与农村之间有着生存与发展的共同纽带关系。包括种植业、养殖业、林业等都是如此。

这里强调的是这种消费与生产的农产品要数量大，是保障生活的基本条件，能应对异常事件的发生，不至于那时立即断绝生机。

2. 农产品的加工产业

农村中的农产品，有的需要一定的加工，包装成可输送的产品。这种加工产业，应就地建立，这也体现在农村的产品价值中。这种加工，不只针对食用产品，也包括林、木的加工企业。有特色的产品，也可供给国内外，成为交易量大的商品。

3. 农村的生态环境保护治理工程企业

包括农村废弃物的处理、污水的处理工程，如果场地许可，相连的城市的污水也可在城乡接合部进行处理。这方面治理，主要是应用生物方法治理，以发展不污染的农业。

4. 矿山等生态修复工程企业

最近国务院也公布了，这类企业可以有外来资金投入。许多农村所在地，有已经停产的矿山，有的没有很好地进行生态环境治理修复。进行治理后，可发展相应的农林业，增强农村的经济实力。

5. 外输农产品的生产与经贸系统的建立

不少农村，当地农产品享有盛誉，不仅可供给当地城市，也可满足国内其他城市及海外需求。这就是在本地和国内小循环经济之外，还有国外大循环的产品产业。这样农村经济就可与城市产业相联系，壮大成为一支重要的外循环产业。专门的农产品贸易，应有相应的商业网络系统。

6. 机械化农业耕种队伍的建立

目前农业生产机械化程度不断提高，播种收割时间缩短，播种面积增大，不少地区也实

现了机械化生产。在农村与城市的和谐发展中，可进行区域或地带性合作组建这类队伍，短时间内就可完成播种收割任务。这类队伍也可承担农村振兴中有关新建筑的兴建工作。

7. 联合组建建设工程的施工队伍

到相应的城市去承担有关城市发展的新的施工任务，包括地表建筑、地下空间、水利及交通等建设工程，这方面农村劳动力已发挥了大作用。这里强调要联合组成队伍，不影响当地农村生产，也不能分散寻找工程。

8. 接纳邻近城市中转移的一些工厂企业

利用农村的山水条件，可以接纳一些工厂企业，就地利用自然条件而无污染地生产，也可让部门农村劳动力转入企业工作。这种转移，应是农村振兴的一个重要途径，也减少了相应城市的压力。

二、文化与旅游产业

农村振兴发展在文化与旅游产业方面大有作为。

1. 展现多民族文化的产业

我国有56个民族，不同民族都有其文化和历史，不同地区也有不同的特色，展现不同民族文化和历史的方式，包括戏剧、歌舞、评书、绘画、服饰、建筑、体育文娱等很多种类，有的可成为产业。当然这种产业不是一线，而是要强调地区的联合展现。

我国有很多少数民族歌唱家、艺术家、画家，经受当地文化熏陶成长，从农村山区走出。但是，有一些脱离了当地到大都市、大团体参加有关演出，失去了当地的进一步影响，很快就失去原先光芒。所以文化产业还是要在当地不断继承壮大发展，可得到更好效果。

2. 多民族的手工产业企业

汉族及少数民族有许多手工业制作的产品，尤其是传扬不同地区不同民族文化的产品很受欢迎，也创造了不少价值，包括香包、背包、刺绣产品、挂画、民族风格的纺织品等，销路很广。但现在不少都停止了生产，劳动力趋向于成为城市打工人员。其实这方面恢复扩大是很有前途的。

3. 开展多种方式的旅游观光业

目前有的地方开展乡村旅游业，主要形式是乡村的农家饭，也有少数农家乐，住宿1～2天，游览一番，把农家乐休闲旅游和当地景观与古迹观赏密切结合起来。旅游业中，农家住宿，还有相应的当地特色的纪念品、礼物的购买供给，形成一条龙服务的还不多。

4. 不同地区的特色旅游纪念品的生产企业

目前各旅游地点能反映当地特色的纪念品不多，各地也大同小异。这方面应当组织力量生产，其潜力是很大的。

5. 当地特色的餐饮业

各旅游地点有当地特色的食品，饭菜量都不大，品种各地也都差不多，这方面也有需求。应该改革以得到旅游者的喜爱与赞赏。

三、农村振兴中需特别注意的几个问题

1. 科技教育下乡，培养农村振兴定向人才

以前也提倡科技人员下乡，有的是短期去帮助指导工作，有的是对涉及当地农村发展的问题开展研究，也起了不少作用。今后应当增派科技教育人员和专家，到农村指导建设及帮助解决问题，这方面涉及地质、农业、林业、水利、商业、交通等。可在当地短期举办讲座，进行科普，解决当前主要问题。更重要的是选拔年轻的人才，作为定向培养生，学习后回当地，担任科技创新的指引者和领导者。

2. 农村组织防灾交流会和参观考察，使农村振兴过程互相学习、相互支持

农村和相应城市及所在地区地带应统筹考虑自然灾害防治与安全问题，特别是涉及灾害——地质灾害与生物灾害的问题。资源性条件，农村和城市也应统筹考虑开发，不要诱发不良效应。

要让农村与城市和谐发展，防治灾害是一个不可忽视的问题。因为大的灾害的发生都会涉及城市和农村，甚至是一定面积的大区域，这方面需要有统一的监测手段。能有系统的监测布置，并建立相应的预警预报系统，这是非常重要的。因此，农村中一些劳动力要转为地质环境监测人员，包括气象、水文等的监测，还要做些试验分析工作。

3. 农村和相应城市发展能否和谐，体现在韧性城市与乡村上

农村与城市和谐，体现在平时农村提供给相应城市一定的粮食、菜蔬，城市能给予农村发展必要的科技人才和资金支持。

遇到突然灾患之时，城市和农村息息相关，要相互支持、相互依靠，才能度过短时间的艰难，具有共同抗击灾患的能力。

韧性城市和韧性农村构成了蕴藏着巨大能量的不可分离的生态共同体。

中国 960 多万平方千米的陆地上有 14 亿多人口，要真正强大起来，农村更好地振兴时不我待。当然，广大农村的振兴，需要全国人民在中国共产党的领导下，共同努力奋斗。但

是有一点特别重要，那就是当日中国革命的成功，是依靠农村的力量包围了城市，今日农村要振兴，城市应当予以坚定支持。城市要主动融合农村。

农村真正都振兴了，中国才能真正强大起来。

农村与城市相融和谐发展，共有韧性可抵抗一切灾患。

这次海西经济区的研究成果，在中国共产党第十八次全国代表大会上习近平同志强调的生态文明建设这一战略思想的指引下，得以更好地归纳展示。时间过了八年，今日再回首这八年历程的变化，那就是要更好地高质量发展，更好地让农村振兴，更好地使农村城市更和谐发展。

在这成果正式出版前夕，补些后记。我们要在习近平新时代中国特色社会主义思想的指引下，更好地发展海西经济区。福建有全福，要让福建更好地在新时代中，更光辉地走向未来！

卢耀如

2021 年 11 月 22 日

《念故乡》

月是心中明，好酒闻得香，
品茗念亲友，祝福我故乡。

卢耀如
2021 年中秋节于上海

《福建赞》（七律）

武夷山青绿闽水，
景观多样寓福音。
南果北林多栋梁，
西绿东蓝海丝兴。
生态环境保安全，
防灾兴利多创新。
生态文明建设好，
赞我福建示范馨。

卢耀如
2021 年 11 月 22 日于北京